개정 건축시공학

정상진 · 정재영 · 소양섭 · 강경인
문장수 · 김영수 · 안용선 · 김의식 공저

技文堂

머 리 말

최근에 이르러 국내의 건설산업은 생활수준의 향상과 산업의 급속한 발전으로 인하여 건축물이 대형화, 고층화, 다양화되어 가고 있는 추세에 있다. 이에 따라 시공에 관련한 기술의 중요성이 점차적으로 증대되어 가고 있어, 과거와 같이 단순노동기술에 의존하지 않는 고도의 시공기술을 확보하여 국제 경쟁력을 발휘해야 할 실정에 있다.

건축시공학은 설계도면에 표기되어 있는 건축물을 구체적으로 생산하는 것을 연구하는 학문을 뜻하며, 건축공학에 있어 건축계획, 설계, 구조와 더불어 매우 중요한 분야에 속하는 학문이다. 건축시공학은 대체로 다음과 같은 특징을 갖고 있다.

- 첫째, 건축재료학과 관련이 깊은 학문이며, 이외에도 건축일반구조, 건축법규 등과도 연관성이 있는 학문이다.
- 둘째, 관련공종 및 범위가 매우 넓은 반면에 내용상 깊이가 그다지 깊지 않은 학문이다.
- 셋째, 내용면에서 이론적인 분야가 많지 않고 경험적이거나 습관적인 분야가 많은 학문이다.
- 넷째, 내용면에서 체계적이지 못하고 단편적인 부분이 많은 학문이다. 콘크리트공사, 지반조사, 철골공사 등과 같이 어느 정도 체계를 갖춘 분야가 있는 반면에 도장공사, 미장공사, 내장공사 등은 단편적인 지식으로서 체계성이 떨어진다.

그러나 건축은 공학이기 때문에 규모가 작고 매우 조그마한 시공일지라도 합리적·이론적으로 생각하는 노력이 필요하다고 할 수 있다.

본 서에서는 신시공기법으로 ALC공사, 프리캐스트철근콘크리트공사, 커튼월공사를 추가하여 총 23개의 장으로 구성했으며, 총론에서는 건축생산, 시공계획, 품질관리, 원가관리, 공정관리, 안전관리 등을 삽입하여 건축생산관리 시에 도움을 주고자 노력했다. 그리고 각 장마다 신시공기술을 가능한 많이 삽입하고자 노력했으며, 공법의 종류가 많은 토공사 및 흙막이공사, 기초공사, 거푸집공사, 방수공사 등에서는 그림을 많이 삽입하여 공법 이해에 도움을 주고자 하였다.

본 서가 대학 및 전문대학의 교육용 교재가 될 수 있도록 노력했을 뿐만 아니라 건축실무에서도 참고서로 활용될 수 있도록 하였다.

끝으로 이 책을 집필함에 있어 도표의 작도작업에 함께 참여해 준 학부생 박정희 군, 석윤정 군, 전지영 군과 출판을 위해 성원과 지원을 아끼지 않으신 기문당의 강해작 사장님께 감사드리는 바이다.

저자 대표 정상진

차 례

제1장 총 론

제2장 가설공사

제3장 토공사 및 흙막이공사

제4장 기초공사

제5장 철근콘크리트공사

제6장 신재료 · 기타공법

제7장 프리캐스트철근콘크리트공사

제8장 철골공사

제9장 벽돌공사

제10장 블록공사

제11장 돌공사

제12장 타일공사

제13장 방수공사

제14장 커튼월공사

제15장 지붕공사 및 홈통공사

제16장 미장공사

第17장 금속공사

第18장 창호공사

제19장 유리공사

제20장 목공사

제21장 칠공사

제22장 수장공사

제23장 기타공사

제1장 총 론

1-1 건축생산

1-1-1 건축생산

건축생산에는 자재·기계·노동력·에너지·정보 등을 필요로 한다. 이러한 각 요소를 적절하게 활용하는 것에 의해 목적하는 건축물을 완성시키는 것을 건축생산이라고 하고, 이러한 생산활동은 그림 1-1에 나타낸 바와 같이 공장생산과 현장생산으로 나타낼 수 있다. 소정의 Input에 의해서 상응의 Output을 얻기 위한 변환과정을 시스템이라고 부르지만 건축생산도 공장생산과 현장생산으로 된 하나의 시스템이라고 할 수 있다. 현장생산의 존재가 건축의 특징이며 시공이라고 하면 현장생산만을 가리키는 경우가 많은데 근래에는 현장생산이 적어지고 공장생산이 증가하는 경향이 현저하다. 이외 건축물의 사용시에는 필요한 유지관리 및 보수, 더욱이 건축물 자체의 해체 등도 건축생산활동의 일부로서 광의적으로 생각하는 경우도 있다.(그림 1-1 참조).

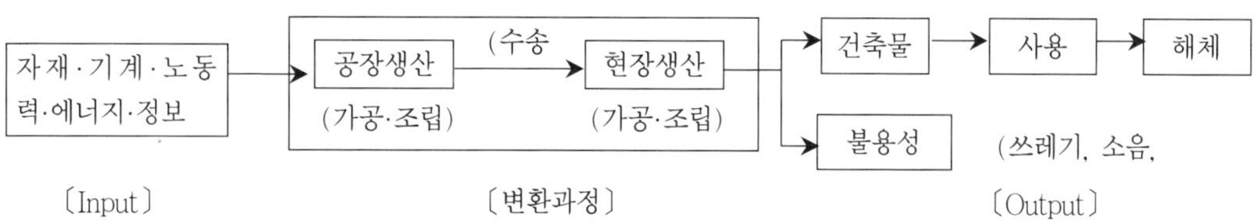

그림 1-1 건축생산 (물류)

1-1-2 건축시공의 의의

건축은 설계가 선행되고 시공에 의해 완성된다. 이와 같이 건축은 설계와 시공의 2개 분야로 생각되지만 건축학의 연구는 주로 설계분야에 치중되어 왔다. 이러한 배경은 시공기술이 이에 관련되는 요소가 많아서 과학적인 방법으로 이론화 하거나 체계화하기가 어려운 때문일 것이다. 또 건축시공이 주로 실무자에 의해 실시되므로 경영상의 문제와 더불어 현장에 있어서는 이론보다는 경험을 중요시 하고 과학적 방법을 경시하는 경향이 있었던 까닭일 것이다. 과거에는 시공현장에서 과학적인 방법을 택하려는 경향이 적었지만, 현재에 이르러서는 건축산업의 현대화, 대량화 또는 거대화에 따라 시공기계의 발달에 의한 과학적인 경영법, 시공법, 관리방법을 적극적으로 채택하여 이에 대처해야 한다.

따라서 넓은 의미의 건축시공학은 기업경영, 시공계획, 관리, 각종 시공기술, 건축법규, 행정, 보험, 방재, 환경 등에 관련되고 이상의 각 분야와 함께 과학기술로 성립되는 것이다.

1-1-3 설계와 시공

건축생산에 있어서'정보의 흐름'은 설계단계와 시공단계로 나누어 생각할 수 있다. 설계는 어떤 건축물을 만들까 하는 계획에 중점이 있으며, 시공은 이 계획에 근거하여 실시한다고 하는 의미로부터 관리에 중점이 있다. 건축물의 기능과 성능을 정하고 형태를 정하는 것은 분명 설계의 역할이다. 그러나 그것을 어떻게 해서 실시할까 하는 생산방법에 관계된 문제는 설계단계에서도 고려해야 할 일이지만 '시공단계'에서 더욱 중요한 과제이다.

건축 이외의 생산에는 개략 설계부터 건물의 완성시까지 같은 기업 내에서 이루어지지만 건축현장은 개별적으로 산재된 부지에 일품수주생산이라고 하는 것으로부터 설계와 시공에 참여하는 기업이 다른 경우가 많다. 설계와 시공을 각각 다른 기업에서 실시하는 것이 좋은지, 일괄하여 동일한 기업에서 시행하는 것이 좋은지 이러한 우위성의 이론은 건축에 있어서 새롭고도 오래된 문제이다.

설계도는 의장적인 면과 계획적인 면을 포함한 재료의 조합에 의해 건축물을 축조하는 도면이므로, 이 설계도의 여하에 따라 공사의 난이가 결정되고 그 건축비도 달라진다. 따라서 설계자도 시공에 대한 충분한 지식을 갖추어야 하고 시공자는 이 설계도에 따라 우수한 건축을 시공하도록 노력해야 한다.

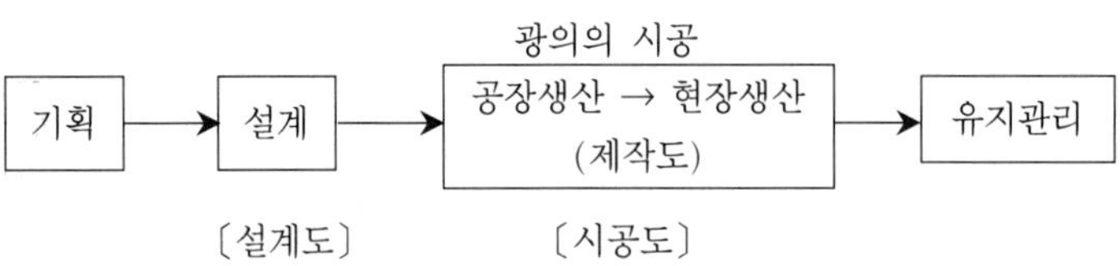

그림 1-2 건축생산 (정보의 흐름)

1-1-4 건축공업 생산의 특성

건축생산은 자연산 재료 또는 공업제품을 모아 이것을 미술적 또는 공학적 기능과 기술을 가하여 여러 전문 직능이 참가하여 이루어지는 종합적인 공업이다. 건축공업과 일반공업을 비교해 보면 그 특수성을 더 잘 알 수 있다.

① 건축공업은 상시필수공업(常時必需工業)이고, 계절적 또는 사치적 공업품은 아니다.
② 건축공업은 미적·예술적 풍모를 지녀야 한다.
③ 건축공업은 국내적이며 중공업이고, 수출을 위한 경공업은 아니다.
④ 건축공업은 보편 · 종합적 공업이고, 생산물은 일정하지 않고, 단일 공업이 아니다.
⑤ 건축공업은 주문생산 · 도급식(都給式) 또는 직영식(直營式)으로 이루어지고 예기상품생산(豫期商品生産)이 될 수 없다.
⑥ 건축공업은 소요되는 위치가 공장이 되고, 육체노동이 주가 되므로 대량생산·계속생산이 될 수 없다.
⑦ 건축공업은 구성·공사비·공사기일 등의 제약을 받는다.
⑧ 건축공업에 종사하는 노무자는 단시간 교체성이 없고 부동성(浮動性)이 심하다.
⑨ 건축공업은 직업장인(職業匠人) 공업에서 자본가 공업으로 이행되었다.
⑩ 건축공업으로 생산된 건축물은 소모가 극히 완만하다.

1-1-5 시공하기 좋은 설계

건축생산에 있어서 설계와 시공의 관계는 음악에 있어서 작곡과 연주에 대응시켜 생각하면 이해하기 쉽다. 이런 경우 설계도서는 악보의 역할을 하고 있다. 악보에 충실하게 연주하는 것만이 좋은 연주라고는 말할 수 없다. 그러나 충실하다고 하는 것은 필요조건이지만 충분조건은 아니다. 따라서 건축시공의 경우에도 주어진 설계범위에서 가능한 좋은 건축물을 만들기 위한 시공측면의 연구가 요구되어진다.

건축시공의 입장에서 볼 때 설계자와 공사담당자는 대부분의 경우 분리되어 있어 어떠한 유기적인 관계없이 설계만이 선행된다. 따라서 공사단가, 품질, 완성도 등의 책임이 설계에 있는가 공사에 있는가 애매한 상태로 되는 경우가 많다. 그러므로 시공결과가 나쁜 경우라 해도 시공자의 평판이 떨어지는 이외의 직접적인 손실은 양자 모두 적기 때문에 반성도 하지 않게 된다.

이와 같은 일은 건축에서 설계와 공사가 분리되고, 대부분의 경우 입찰로 공사자를 정하게 되어 설계 초기부터 설계자와 공사담당자가 합의하여 연구하는 일이 극히 드물기 때문이다.

그러나 현재의 입장에서 최선의 방법을 말한다면 설계자인 건축사는 매우 우수한 디자이너인 동시에 우수한 시공법의 연구자이어야 하는 것이다. 그렇지 못할 경우에 건축사는 미리 우수한 시공법의 연구자와 협력해야 한다는 것이다. 이는 마치 음악의 작곡가와 연주자, 그리고 오케스트라의 지휘자와 같은 맥락에서 견주어 볼 수 있다. 즉 좋은 설계는 좋은 작곡이라 할 수 있으며, 각 공종별 전문작업자는 연주자일 것이며, 시공 전반을 관리하는 시공관리자는 지휘자의 역할과 같은 것으로 연주하기 좋고 지휘하기 좋은 작곡이 훌륭한 음악이라고 할 수 있다.

1-1-6 시공의 정도

시공의 정확성 혹은 정밀도를 시공정도라고 한다. 예로서 벽체 $10m^2$에 대해서 몇 mm의 편차까지 평활하게 해야 하는가의 시공의 허용한계를 규정하는 정도가 바로 이것이다. 이와 같은 정도를 통해 건축시공의 정도를 시방서에 규정하면 도급자는 이 규준에 따라 공사를 진척시킬 수 있고 감독자도 이와 같이 감리할 수 있을 것이다.

근래에는 이와 같은 불합리를 해결하기 위한 수단으로서 시공정도의 규준이 시방서에 규정하려고 하는 경향이 있다. 이것은 시공의 합리화를 위해 매우 환영할 만한 일이다. 종래의 시방서에는 형용사적인 문맥이 많다. 예를 들면 "뒤틀림이 생기지 않게" 또는 "바르게 합치하도록" 등의 정성적인 표현이 많다.

건축공사에서는 절대로 기하학적인 직선이나 평면 또는 실험실의 배합과 똑같은 콘크리트의 배합을 결코 얻을 수는 없다. 그러나 이와 같은 것들의 편차가 너무 클 때에는 완성한 건축물의 기능상, 의장상 지장을 초래하게 되므로 적당한 시공정도란 당연히 어느 폭으로나 존재하지 않을 수 없다. 일반적으로 품질이 좋은 재료를 사용할수록 정도를 높게 요구해야 할 것이고, 이것을 원칙으로 해서 정도가 결정되어야 할 것이다.

이와 같은 정도를 어떻게 조사할 것인가 하는 문제가 생기지만 현대과학으로는 매우 용이하다. 예를 들면 콘크리트의 품질이 요구한 것과 같은가의 여부는 분석 및 통계확률에 의해서 판단할 수 있고, 강도는 비파괴시험방법 혹은 하중시험방법 등에 의해서 알 수 있다. 또한 철근콘크리트 부재 내에 몇 mm의 철근이 몇 개 들어 있고, 어떻게 배근되어 있는가도 자기탐사법으로 조사할 수 있다. 평면의 정도 등 기하학적인 정도의 판정은 더욱 간단하다. 가장 어려운 내구성 시험도 비교법에 의해 촉진시험으로 판정할 수 있다. 이와 같은 시공정도가 규정되면 이 정도를 얻기 위한 시공관리가 더욱 필요하다.

1-1-7 시방서의 의의

시방서는 설계도에 표현할 수 없는 내용, 사용재료, 공사방법, 품질을 규정하는 도서로 설계도와 함께 설계도서가 된다. 이 두 가지가 정해지면 설계는 완료되고 적산, 입찰, 계약의 순서로 공사에 착수하게 된다. 표준시방서란 대체로 오늘날의 기술레벨을 규정한 것으로서 대부분의 경우 이것을 규준으로 하여 어느 건축 특유의 시방이 부기되어 시방서가 작성된다. 시방서는 조잡하게 된다든가, 부분적으로 지나치게 세밀하다든가, 기술적인 밸런스가 잡히지 않게 작성되어서는 안 된다.

오늘날의 시방서는 중요한 개소를 엄중하게 규정하고 기타는 시공자의 기술에 맡기는 방식으로 만들어 시공자가 기술을 발휘할 여지를 충분히 남기고 있다. 이것은 시공자의 기술을 신용하는데 연유된 것이고, 한편으로는 공사담당자의 부단한 연구와 노력과 반성을 요구하고 있는 것이라고 볼 수 있다.

공사담당자가 무책임하게 될수록 시방서는 더욱 더 엄격하게 규정될 것이고, 공사담당자의 기술이 신용할 수 있는 것이라면 시방서는 점차로 간략화 되어 시공자의 기술을 발휘할 여지를 더욱 많이 남겨둘 것이다.

시방서의 내용에는 시공자의 건축기술 연구, 창조, 진보, 반성이 직접·간접적으로 쓰여져 있다. 공사담당자는 시방서 안에 쓰여진 이와 같은 의의를 충분히 이해할 필요가 있다.

B.C 2200 년경에 제정된 함무라비법전에는 매우 엄격한 건축자에 대한 책임과 의무를 보여주고 있다. 이는 작금의 상황에서 우리의 현실을 다시 한번 돌이켜 보게 한다.

A. 만약 건축자가 사람을 위해 지은 집의 건축이 잘못 되어 세워진 집이 무너져 집주인이 사망케 되면 건축자는 죽음을 면할 수 없다.
B. 만약 집이 붕괴되어 집주인의 자식이 사망하면 건축자의 자식이 죽음을 면할 수 없다.
C. 만약 집이 붕괴되어 집주인의 노예가 사망했다면 건축자는 사망한 노예와 동등한 가치를 지니는 노예를 집주인에게 주어야 한다.
D. 만약 집이 붕괴되어 재산이 파괴되었다면, 건축자는 그 재산이 얼마일지라도 원래대로 복구해야 한다. 건축자의 공사 잘못으로 집이 붕괴되었다면 건축자는 자신의 비용으로 그 집을 재건시켜야 한다.
E. 만약 건축자가 사람을 위해 집을 지은 후 그 건설이 요구사항에 부합되지 않아 벽이 무너지면 건축자는 자신의 비용으로 그 벽을 보강해야 한다.

그림 1-3 함무라비법전에 나타난 건축자의 의무

1.2 건축생산조직

1.2.1 조직구조

건축을 하나의 생산과정으로 볼 때, 여기에 관련되는 관계자는 건축주(owner : 기업주, 국가, 개인 등)와 건축기술자(architect & enginner)로 구분되며, 다음과 같다.

① 설계감리자(designer)
② 구조계산자(structural engineer)
③ 시방서 작성자(specification writer)
④ 견적자(estimation maker)
⑤ 설비설계자(equipment designer)
⑥ 도급업자(contractor)
⑦ 하도급업자(sub-contractor)
⑧ 건설노무자(laborer)

건축생산조직은 발주자, 설계자, 감리자, 시공자로 구성된다. 발주자는 자금을 투자하여 건축물을 만들려고 하는 공사의 주문자이다.

설계자는 발주자가 의도하고 있는 요구를 파악하고 여러 종류의 법적 규제를 만족시키고 안전한 건축물을 설계하는 것이기 때문에 건축물의 규모에 따라서 일정 수준의 건축사의 자격이 필요하다.

감리자는 발주자의 위탁을 받아 공사가 설계대로 시공되도록 검사·승인 등을 실시한다. 통상은 설계자가 감리자를 겸하는 경우가 많다. 관공서나 대기업 등에서는 발주자 자체로서 설계를 하고 공사감리의 기능을 가지고 있는 경우가 있지만 일반적으로는 설계·감리를 전업으로 하는 건축설계사무소에 설계를 발주하고 설계종료 후 건설회사에 시공만을 발주한다. 외국의 경우 설계부문을 가지고 있는 건설회사에 '설계 + 시공'으로 발주하는 경우가 많이 있다.

시공자는 발주자와 공사계약을 맺고 공사를 맡아 시행하는 자이다. 발주자와 직접 공사계약을 하는 업자를 원도급자라고 하며, 원도급자로부터 발주를 받아 전문으로 하는 공사부분을 청부 맡은 자를 하도급자(최근은 subcontractor를 협력업체라고 부르는 경우가 많다)라고 한다. 경우에 따라서는 하도급자가 청부 맡은 공사의 일부를 다시 하도급 받는 시공자도 있다.

1-2-2 하도급구조

건축의 시공에는 많은 노동력이 필요하고 건축산업은 노동집약형의 산업이라고 불리우고 있다. 그리고 거의 모든 노동력을 하청기업에 의존하고 있는 것이 특징이다. 원도급건설회사는 통상 관리자만을 고용하고 있으며, 모든 현장작업은 하도급기업이 담당한다. 하도급건설회사도 충분한 수의 작업자를 항상 고용하고 있지는 않고, 노동력은 오히려 재하도급에 의존하고 있는 경우가 많다. 건설업에서는 이와 같이 계속적으로 하도급에 의존하는 것에 의하여 노동력을 확보하고 있다. 이와 같이 하도급의 관계를 중층 하도급구조라고 한다. 하도급제도가 건설업에서 특히 심한 원인은

① 일품수주생산으로 공사량이 불안정에 있다.

② 현장이 개별적으로 산재해 있고 공장생산과 다르게 인력의 장기고용이 어렵다.

③ 임금이 불안정하고 계절적 노동자에의 의존도가 높다.

등을 꼽을 수 있다.

중층 하도급구조로 되어 있는 가장 큰 문제는 공사마다 다른 작업팀을 편성해야 하며 작업의 합리화가 곤란하다는 것이다. 이런 문제를 안고 있는 건설의 여건은 사회정서로 볼 때 이 중층하도급구조는 계속될 것이라고 생각해야 할 것이다.

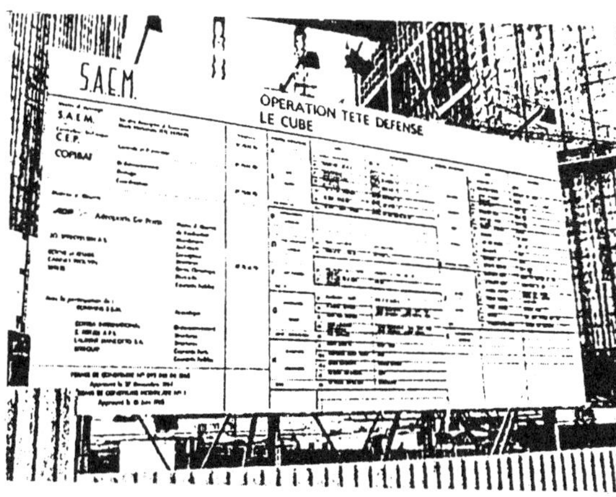

그림 1-4 건축생산조직의 간판 예

1-2-3 건설업의 EC(Engineering Construction)화

최근 건설산업이 대규모화, 고도화, 다양화, 전문화됨에 따라 국제 건설 수주의 패턴이 종래의 단순 기술에 의한 시공만이 아닌 고도의 기술, 거대한 자본, 우수한 인력을 필요로 하는 일괄발주방식(turn key base) 또는 패키지(package)화 수주방식으로 변화됨에 따라 EC화의 필요성이 더욱 확대되고 있다. EC화란 종래의 단순한 시공업(general contractor)과 비교하여 건설사업의 발굴 및 기획, 설계, 시공, 유지 관리에 이르기까지 사업(project) 전반에 관한 것을 종합, 기획 관리하는 업무영역의 확대를 말한다. EC화의 흐름단계는 다음과 같다.

[단순 시공] → [설계 · 시공] → [기획, 설계, 시공, 운영, 관리] 의 변화를 말한다.

EC화의 영역을 살펴보면 다음과 같다.

국내에서 EC화에 대한 건설업의 실태나 문제점을 살펴보면 건설산업 자체가 시공이라는 한계를 벗어나지 못한 도급공사 위주의 수주형태가 제도적으로 이루어지고 있다는 점이다. 또한 기업이나 정부가 건설기술개발 투자 미비로 인한 EC 수행능력 부족과 도급공사 위주로 공사를 수행했기 때문에 턴키(turn key) 능력이 외국에 비해 크게 저하되어 있으며, 전문기술 인력의 부족을 들 수 있다.

EC화의 발전을 위해서는 이의 필요성을 공감하고 의식의 전환이 필요하며, EC화를 통한 국제 수주의 기술 경쟁력을 제고하고, 기술력을 바탕으로 한 고부가가치를 추구하는 산업개발과 시장개방에 따른 건설 수요의 패턴변화에 대응해야 한다.

따라서 EC화의 단계적인 개선을 추진해야 할 것인바, EC화를 현재의 기능에 근접한 분야부터 부분적·한정적으로 확대시켜 나가면서 기업의 경영 능력에 맞는 분야를 선택하여 단계적으로 특성화시키면서 전문분야를 확대, 유도하는 것이 바람직하다. 또한 소프트 기술 능력을 강화시키기 위해서 단순시공에서 설계시공의 엔지니어링(engineering)형 또는 CM(Construction Management)형으로 종합화하고 종합건설업(genecon)을 점진적으로 시행하면서 해외 EC 프로젝트(project)에 공동 참여함으로써 노하우(know-how) 축적과 전문인재 육성 및 교육을 해야 한다.

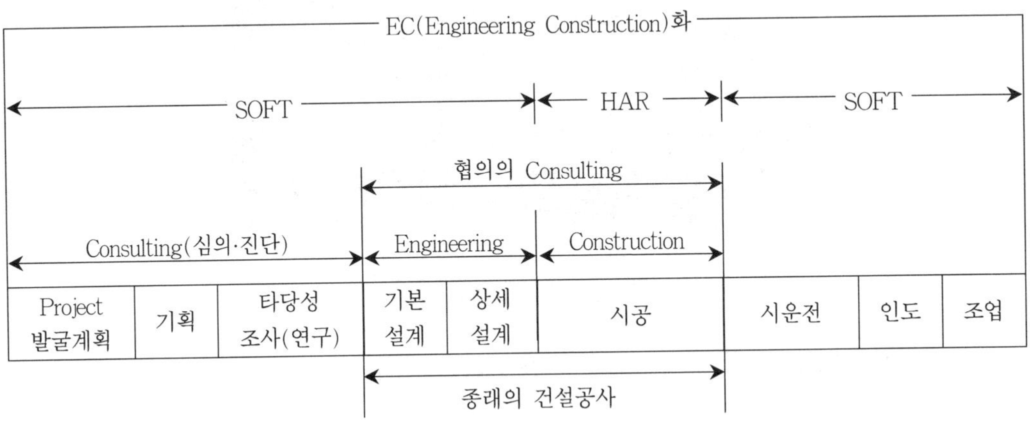

그림 1-5 EC화의 영역

1-2-4 사업관리(CM : Construction Management)

(1) 개 요

CM이란 건설의 과정의 전과정에 결쳐 프로젝트를 보다 효율적이고 경제적으로 수행하기 위해 각 부문의 전문가들로 구성된 통합된 관리기술을 건축주(발주자)에게 서비스하는 것을 말한다.

공기가 긴 대규모 공사의 경우 통상적으로 설계가 완료된 이후에 입찰·시공에 뛰어드는 것은 시간적으로 낭비이며, 인플레이션(inflation) 때에는 공사비도 증가된다. 그래서 설계가 어떤 단계까지 진행된 상태에서 시공을 개시할 수 있는 방식이 추진되며, 설계와 시공의 겹침, 설계와 시공의 조정 등을 가능하게 하는 것으로 CM 방식이 도입되게 되었다. 그림 1-5에 CM의 위치관계를 나타낸다.

설계·시공 양측의 매니지먼트(management)를 하고 또한 분리발주한 다수의 전문시공회사를 조정하는 데에는 건설회사와 동등 이상의 능력을 필요로 한다. 국내에서 CM은 거의 실시되지 않고 있으나 도입단계에 있으며, CM을 필요로 하는 대규모 공사의 현장시공을 담당하는 것은 대형건설회사에 한정되어 있다. 대형건설회사는 다양하고 많은 기술을 갖춘 직원(staff)들을 보유하고 있으며, CM적 역할을 발휘하고 있는 경우도 있다. 금후 더욱 복잡화·대형화·장기화되는 공사가 증가함에 따라 CM방식이 발전할 가능성이 있다.

(2) CM의 주요 업무

1) 설계부터 공사관리까지 전반적인 지도, 조언 관리업무

① 설계시 공법에 관한 사항
② 장비·설비 종합리스트 준비
③ 발주자가 제공하는 자재관리
④ 품질보증, 품질관리 확보업무 : 설계, 자재구매, 변경, 시공성
⑤ 안전계획 업무
⑥ 조직관리 : 하수급자간의 관련업무

2) 부동산 관리업무

3) 입찰(bidding) 및 계약관리업무

① 입찰서류 준비
② P.Q(Prequalification) 심사
③ 입찰에 관한 업무

4) 원가(cost) 관리업무

① 원가산출, 검토 : 자재가격, 노임, 공법의 분석, 운반조달, 생산조건
② 원가관리, 공정관리 및 보고

5) 제네콘(genecon) 관리업무

6) 현장조직(field organigation) 관리업무

7) 공정관리(Scheduling)

① 종합공정, 상세 공정관리
② 현금 흐름(입·출금) 관리
③ 조달공정관리
④ 안전사고와 위험관리(risk management)
⑤ 하도급자(下都給者)간의 분쟁소지
⑥ 기후적 제약
⑦ 건설관리 업무

8) 자재조달(Procurement) 업무

검사, 조달관리, 보관·운반관리

(3) CM 방식의 분류

① 종합건설업자가 컨스트럭션 매니저(construction manager)를 겸업하는 방식
② 설계자가 컨스트럭션 매니저가 되는 방식
③ 부동산 업자가 컨스트럭션 매니저가 되는 방식
④ 컨스트럭션 매니저를 전문업으로 하는 방식

1) 종래의 방식

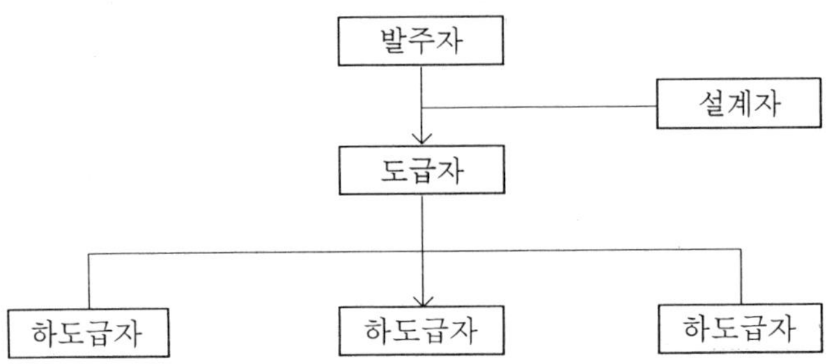

그림 1-6 종래의 방식

2) CM의 방식

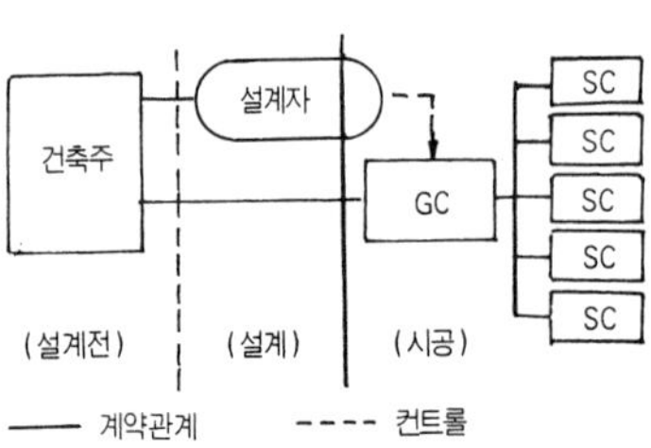

(a) 전통적 일괄도급방식

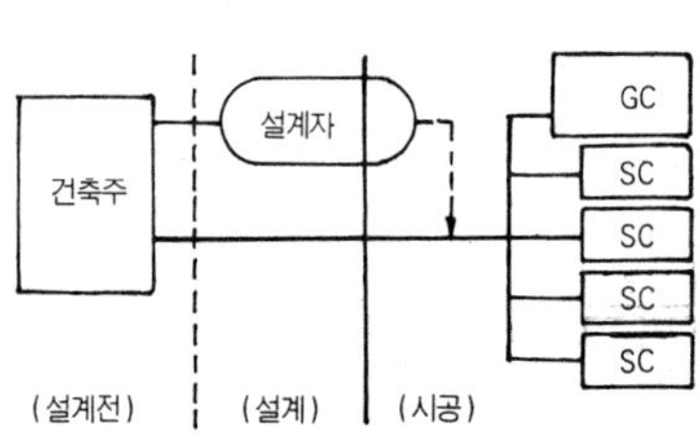

(b) 전통적 분할도급방식

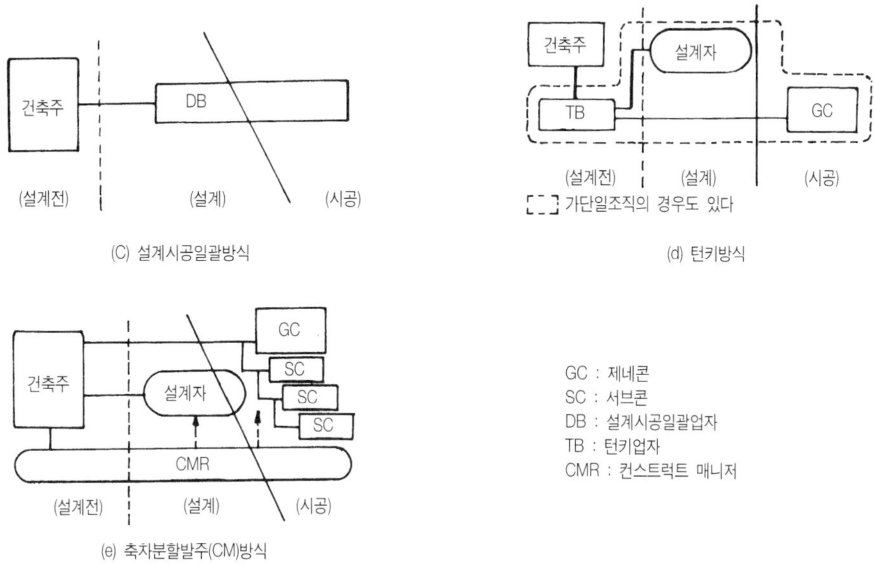

그림 1-7 공사발주방식

1-3 공사계약

기업주는 계획설계서에 따라 건설공사를 실시할 때는 직영방식(direct management system)으로 하거나, 시공도급계약방식(contract agreement system)에 의한다. 이것은 공사의 규모, 경제적, 사회적 입지조건에 따라 기업주가 선택한다.

1-3-1 현행 시공계약제도의 분류

건축공사는 종류, 규모, 성질에 따라 적절한 제도하에 실시되어야 한다. 그 실시방식을 분류하면 다음과 같다.

(1) 직영제도(day labour system)

(2) 도급제도(contract system)

1) 공사실시방식에 의한 분류

① 일식도급계약제도(general contract system)

② 분할도급계약제도(several contract system)

③ 공사별도급계약제도(seperate contract system)

2) 공사비지불방식에 의한 분류

① 단가도급계약제도(unit price contract system)

② 정액도급계약제도(lump sum contract system)

(3) 실비정산식 시공계약제도(cost plus fee contract system)

① 실비, 비율보수가산식 시공계약제도(cost plus a percentage contract system)

② 실비한정, 비율보수가산식 시공계약제도(cost plus a percentage with guaranted limit contract system)

③ 실비, 정액보수가산식 시공계약제도(cost plus a fixed fee contract system)

④ 실비, 준동률보수가산식 시공계약제도(cost plus a sliding scale contract system)

(4) 공동도급(joint venture)방식

이상의 각 제도는 각각의 장단점이 있다. 다음은 각각의 내용에 관하여 상술한다.

1-3-2 도급방식

발주자가 시공자에게 공사를 발주하는 경우 계약방식에 의한 시공방식을 분류하면 다음과 같이 된다.

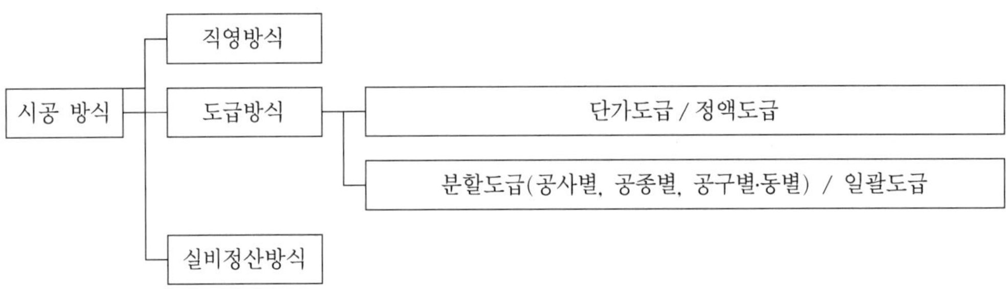

그림 1-8 도급방식

발주자가 공사에 필요한 재료를 구입하고 작업자를 직접 고용하여 시공하는 방식을 직영방식이라고 한다. 그것에 대하여 어떤 공사를 수주 받아 완성시키는 것으로 보수를 약속하는 것을 도급(민법에서는 "당사자 한쪽이 어떤 일을 완성시키는 것을 약속하고, 상대가 그 결과에 대하여 보수를 지불하는 것을 약속한다"이다)방식이라고 한다. 건축공사의 경우, 도급방식에 의해 시공되는 것이 일반적이며, 건설회사를 도급자라고 부르는 경우도 많다. 건물의 일부는 직영방식, 일부는 도급방식이라고 부르는 경우도 있다.

도급방식에는 단가도급과 정액도급이 있으며, 전체의 도급금액을 결정하여 계약하는 정액도급이 일반적이다. 공사단가(콘크리트 m^3당 단가, 철근 ton당 단가 등)만을 계약해 놓고, 공사실시 후 그 수량에 따라 도급금액을 결정하는 방식이 단가도급이다. 착공시 설계도면이 완성되어 있지 않아도 계약할 수 있다.

하나의 공사를 복수의 시공자에게 분할하여 도급시키는 방식을 분할도급이라고 한다. 이것에 대하여 공사 전체를 통합하여 도급시키는 방식을 일괄도급(그런 업자를 제네콘 : general contractor, 종합도급업자라고 부름)라 하고, 일괄도급의 가장 일반적인 방식이 일식(一式)도급이다. 일식도급을 더욱 확장한 방식을 턴키(turn key) 방식이라고 하며, 설계·시공에서 조업개시까지, 때로는 일정 가동기간까지의 업무도 포함하여 하나의 도급조직에 맡기는 계약방식이다.

공사용 재료, 공사임금 등에 대한 발주자와 시공자가 협력하고, 그 실비를 설계자의 승인을 얻으면서 견적을 내고, 주문·구입한 공사를 실시하는 방식을 실비정산방식이라고 하고, 시공자는 완공공사비에 대한 일정비율의 보수를 받게 된다. 불확정 요인이 많은 공사(토공사, 특수 구축물 등)의 경우에 유효한 방식이지만, 발주자, 시공자 모두 견적업무 등을 처리할 수 있는 조직을 갖고 있는 것이 전제되어야 하며, 큰 공사가 아니면 불가능하다.

1-3-3 직영공사(直營工事, direct management works)

직영공사는 특별전문직 도급업자의 분업이 미숙한 시대에 흔히 쓰였고, 현재는 점차 줄어 단순한 공사에 채용되고 있다. 이 방법은 시공주(施工主, builder)가 계획을 세우고 직접 재료 구입, 노무자 고용, 시공기계 및 가설재를 마련하여 일체의 공사를 자기책임으로 시행하는 것이다. 공사내용이 단순하며, 시공과정도 용이하고 풍부하고 저렴한 노동력·재료의 보유 또는 구입 편의가 있고, 시급한 준공을 필요로 하지 아니할 때 많이 채용된다.

또 일반도급으로서는 그 대가를 정하기가 곤란한 기술적 특수성이나 실험 연구과정이 필요할 때, 또는 실업구제사업 등에 채택되지만 최근 점차 감소되는 경향이 있다. 직영공사는 영리를 목적으로 하는 도급공사(contract)에 비하여 영리를 도외시한 확실성 있는 공사를 할 수 있고, 계약에 구속되지 아니하여 임기응변의 처리가 가능하며 발주, 계약 등의 수속이 줄어드는 이점은 있으나, 공사비의 증대, 재료의 낭비 또는 잉여, 가설재 시공, 기계의 비경제성과 시공관리(기술자, 기타 현장원 고용), 능력 부족 등으로 경제상 불리하며 또한 공사기일도 연장되는 결점이 있다.

1-3-4 도급의 종류

도급공사란 건축주가 꾸민 설계서에 따라 도급업자(contractor)에게 공사계약을 체결하여 그 책임 하에 공사를 완성시키는 것이다. 도급업자는 공사에 소요되는 일체의 재료 · 노무 · 시공기계 설비 등을 제공하고 일정기간 내에 일정도급액으로 공사를 완성한다. 이 도급방식에는 일식도급(一式都給＝一括都給, general contract)또는 총도급(總都給)과 분할도급(分

割都給, several contract, partial contract)이 있다.

(1) 일식도급(general contract)

하나의 공사 전부를 도급자에게 맡겨 재료·노무·현장시공업무 일체를 일괄하여 시행시키는 방법이고 건축주는 계획설계대로 시공 여부를 확인하고 작업 내용에 대한 지도 감리를 하는 것이다. 공사비가 확정되고 책임한계도 명료하여 공사관리가 용이할 뿐만 아니라, 가설재의 중복이 없어서 공사비의 절감이 되는 이점은 있으나, 건축주의 의향(意向)이나 설계도서의 취지가 충분히 이행되지 못해 도급자의 이윤이 가산되어 공사비가 증대되며 말단 노무자 지불금이 과소하게 되어 조악한 공사가 되는 경향이 있다. 따라서 설계도서 내용의 규준화와 시공기술의 기계화 등으로 건축주가 요구하는 공사내용과 부합하게 건설되도록 개조방안이 강구되고 또 제도상으로도 상당한 발전을 보이고 있어 현행 공사방법 중 가장 일반적인 것이다.

(2) 분할도급(several contract, partial contract)

공사를 어느 유형으로 세분하여 각기 따로 도급자를 선정하여 도급계약을 맺는 방식이다. 전문공종별(專門工種別), 공정별(工程別, process) 또는 공구별(工區別)로 나누되 재료, 노무 일체를 도급으로 할 때와 재료는 건축주가 조달하여 지급하고, 노무만을 도급 주는 경우가 있다.

1) 전문공종별(專門工種別) 분할도급

시설공사(施設工事) 중 설비공사(전기·난방 등)를 주체공사에서 분리하여 전문공사업자와 직접 계약하는 방식이고 설비업자(設備業者)의 자본·기술이 강화되고 복잡한 공사내용이 전문화되므로 기업주와 시공자와의 의사소통이 잘되는 반면, 공사의 전체 관리가 곤란하고 가설 및 시공기계의 설치가 중복되어 공사비가 증대될 우려가 있다.

2) 공정별(工程別) 분할도급

건축공사에 있어서 정지·구체·마무리공사 등의 과정별로 나누어 도급주는 방식이다. 설계의 완료분만을 발주하거나 예산배정상 구분될 때에 편리하다. 그러나 후속공사를 다른 업자로 바꾸거나 후속 공사금액의 결정이 곤란하며, 특수할 경우 외에는 채용하지 아니한다.

3) 공구별(工區別) 분할도급

대규모 공사에서 지역별로 공사를 분리하여 발주하는 방식이고, 각 공구마다 총괄도급으로 하는 것이 보통이다. 이것은 중소업자에게 균등기회를 주고, 또 업자 상호간의 경쟁으로 공사기일 단축·시공기술 향상 및 공사의 높은 성과를 기대할 수 있어 유리하다.

4) 직종별, 공종별 분할도급

전문직별 또는 각 공종별로 도급주는 방식이고 직영제도에 가까운 것으로서 총괄도급자의 하도급(下都給)에 많이 적용되며, 노무만을 도급줄 때도 있다. 이것은 현장 종합관리사무가 번잡하고 경비도 가산되지만 전문직공에게 건축주의 의도를 철저하게 시공시킬 필요가 있을 때 채용된다.

1-3-5 공동도급(共同都給, joint venture contract)

이것은 원래 대규모공사의 시공에 대하여 여러 개의 건설회사가 공동출자 기업체를 조직하여 한 회사의 입장에서 공사수급, 시공을 하는 것이며 미국에서 발달하였다. 이것은 공사수급의 경쟁완화 수단이 되며, 적절한 가격으로 공사를 분담·시공도 할 수 있는 관계로 한 회사로서 부담하기 곤란한 공사라도 발주할 수 있는 실력을 올리고 있다. 공동기업체로서 기업주와의 접촉, 기타는 한 회사가 전담하고 공사의 이윤은 각 회사의 출자비율로 배당된다. 이것은 한 회사의 도급공사보다 경비는 증대된다. 공동도급(joint venture)의 특질로서는 다음의 세 가지를 들 수 있다.

⑴ 손익분담의 공동계산

각 사가 분담하는 이해관계의 비율로서 그 비율에 의해 출자하고 이익을 분배하며, 혹시 손실이 있었을 때는 그 비율로 분담한다.

⑵ 단일목적성

JV방식에서는 협정으로 정해진 특정공사 이외에는 그 효력을 발생하지 못한다. 즉 특정한 공사에 대하여 JV방식으로 협정한 회사가 특정공사 이외의 시공사의 취득을 위해 상호경쟁할 것이다. 또 타 회사와 JV방식의 협정을 할 때도 있을 것이다.

⑶ 일시성

특정한 공사를 완성하는 데 한정된 목적이 있었으므로 공사준공과 동시에 그 J.V는 해산된다. 이상과 같은 성격으로 볼 때 단일회사가 대규모의 공사를 도급함으로써 위험을 수반하는 공사인 경우는 그 효과가 크다고 볼 수 있을 것이다.

JV 방식의 이점은 다음과 같다.

① 융자력의 증대 : 각 사의 소요자금이 경감되므로 소자본으로 대규모 공사를 도급할 수 있다.
② 위험의 분산 : 1개 회사에서 대규모 공사를 시공하면 타의 공사를 도급할 여력이 없어지고, 그 공사의 손익은 그 회사의 존립을 좌우하게 될 수도 있다. 그러나 JV방식은 각 사가 위험을 분산부담하게 된다.
③ 기술의 확충, 강화 및 경험의 증대 : 공사가 대규모이고 특히 새로운 기술분야에 속하

는 경우일 때는 상호기술의 확충, 강화 및 새로운 경험을 얻을 수 있다.

③ 시공의 확실성 : 자금 및 기술적인 면에서도 개개의 회사에 비하면 그 능력이 증대되었고 계약이행의 책임도 연대 부담하게 되므로 주문자로서는 시공의 확실성을 기대할 수 있다.

JV방식은 건축업자로서는 자금, 기술 또는 수익면에서도 무리 없이 공사를 진행시키고 위험을 분산부담하게 된다. 이는 구성 각사의 상호신뢰와 협조로서 그 효과를 거둘 수 있고 그 운영형태는 다음과 같다.

① JV의 운영을 구성원의 대표회사에 일임하고 각 구성원은 자금 또는 기계 등의 현물 출자를 하는 형태.

② 전구성원이 자금, 인원, 기계 등을 제공하여 새로운 조직으로서의 운영형태.

JV방식을 응용한 공동기업체를 구성하여 공동기업으로서 입찰에 참가하고 공동시공의 경험으로 중소기업의 합병 또는 합동체의 전제가 될 수 있을 것이다.

1-3-6 도급방식(都給方式)

(1) 도급금액 결정

도급금액의 결정방법에 따라 정액도급(定額都給), 단가도급(unitcost contract) 및 실비정산보수도급(cost plus fee contract) 방식이 있다.

(2) 정액도급(定額都給, lumpsum contract sum contract)

공사비 총액을 확정하여 계약하는 것으로 공사관리업무가 간편하고, 도급업자는 자금·공사계획 등의 수립이 명확하여 공사원가를 저감시키도록 노력할 수 있어서 유리하다. 이것은 공사변경에 따른 도급액의 증감이 곤란하며, 이윤관계로 공사가 조악해질 우려가 있다. 따라서 장기 공사기간시 설계변경의 가능성이 많거나 전례가 없는 공사에는 부적당할 것이다.

(3) 단가도급(單價都給, unit price contract)

공사금액을 구성하는 물공량(物工量), 또는 단위공사 부분에 대한 단가만을 확정하고 공사가 완료되면 실시수량의 확정에 따라 정산하는 방식이고 공사를 빨리 착공할 수 있으나 자재·노무비를 절감하고자 하는 의욕이 적고 단순한 작업의 단일공사 이외에는 일반적으로 채용되지 아니한다.

(4) 실비정산 보수가산도급(實費精算報酬加算都給, cost plus fee contract)

공사의 실비를 건축주와 도급자가 확인·정산하고, 시공주는 미리 정한 보수율에 따라 도급자에게 그 보수액을 지불하는 방법이다. 도급자는 비율보수가 보장되어 양심적인 공사를 할 수 있으나 공사비 절감의 노력은 없어지고, 공사기일이 지체되는 것을 막을 방법이 없으므로 이를 보완하는 실비정산비율보수도급·실비정산정액보수도급 또는 단계실비정산(段階實費精算) 비율보수도급 등이 있다.

1.3.7 실비정산식 시공계약제도

(1) 개 요

이 제도는 직영 및 도급제도 중에서 장점만을 택한 제도이다. 설계도와 시방서가 명확하지 않을 때 또는 설계는 명확하지만 공사비 총액을 산출하기 곤란할 때로서 발주자가 양질의 공사를 기대할 때에 채택되는 방식이다. 발주자는 시공자에게 시공을 위임하고 실제로 시공에 소요된 비용, 즉 공사비와 미리 결정해 놓은 보수를 시공자에게 지불하는 방식이다.

이 방식은 시공자가 건축주를 대신하여 시공하고 이에 소요된 공사비를 공사진행에 따라 수령하여 지불대행을 하고 이에 대한 보수를 받는 방식이다. 또 이 제도는 건축주, 건축사, 시공자의 3인이 입회하여 공사에 소요되는 실비와 이것에 대한 보수를 미리 협의하여 정한 후 공사진행에 따라 시공자에게 공사비를 지불하는 경우도 있다. 건축주, 건축사, 시공자의 3인이 상호신뢰하여 공사를 진척시킬 때 원활히 진행되므로 신용이 계약의 기초가 되는 것이다.

이 제도는 원칙적으로 공사비가 과다하게 높아지지 않고 시공자는 불의의 손해를 입을 우려가 없다. 따라서 양질의 공사를 기대할 수 있는 장점이 있다. 단점은 비교적 안심하며 공사에 임하게 되므로 직영일 때와 같이 공사기간이 연장되고 공사비가 상승하는 경향이 있는 점이다.

(2) 각종 실비정산식 시공계약제도

다음 항목에서의 기호는

A =사실비, A' = 한정된 실비, f = 비율보수, F = 정액보수이다.

1) 실비, 비율보수가산식 시공계약제도 …… $A+Af$

공사의 진척에 따라 정해진 시기에 실비(A)와 이 실비에 미리 계약된 비율을 곱한 금액(Af)을 보수로 시공자에게 지불해 가는 방식이다. 이 제도의 특징은 예산을 수립했더라도 이에 구속되지 않는 점이다. 그러므로 신뢰를 기초로 하지 않으면 공사비는 팽창될 우려가 있다.

2) 실비한정, 비율보수가산식 시공계약제도 …… $A'+A'f$

실비에 제한을 두고 시공자에게 제한된 금액 내에서 공사를 완성시키는 책임을 지우는 방식이다. 보수비율이 정해져 있으므로 실비가 적어지면 보수도 적어지므로 시공자에게만 불리한 제도이다. 이 제도는 도급제도와 비슷하다고 볼 수 있다.

3) 실비, 보수가산식 시공계약제도 …… $A+F$

실비의 여하를 막론하고 미리 계약된 일정액의 보수만을 지불하는 방식이다. 그러나 설계변경으로 공사비가 많이 증액될 때는 문제가 될 우려가 있으므로 변경 정도 또는 한계를 미리 정해 둘 필요가 있을 것이다.

4) 실비, 변동보수가산식 시공계약제도 …… $A+A\times$aliable f

$A+(F-A\times$valiable $f)$

실비를 몇 단계로 분할하여 공사비가 각 단계의 금액보다 증가될 때는 반대로 비율보수 또는 정액보수를 체감하는 방식이다. 건축주측에서 볼 때 공사실비의 다소에도 불구하고 공사실비와 보수의 합계금액, 즉 공사비 총액은 큰 차이가 없을 것이다.

1-3-8 턴키도급(turn-key contract, package deal contract, all-in contract)

건축주는 열쇠만 돌리면 건물을 사용할 수 있다는 뜻에서 온 말이고, 모든 요소를 포함한 도급계약방식이다. 주문받은 건설업자는 대상계획의 기업·금융·토지조달·설계·시공·기계기구 설치·시운전 및 조업지도까지 주문자가 필요로 하는 모든 것을 조달해 주문자에게 인도하는 도급계약방식이다. 이것은 미국에서 시작하여 중동 각국에서 성행되고 있으며, 우리나라에서도 1980년부터 실시되고 있다.

턴키도급의 종류를 보면 첫째, 설계도와 시방서가 없이 간단한 성능만을 제시하고, 모든 것을 응찰자의 제안에 기대하는 계약방식과 둘째, 기본 설계도와 개략적인 시방서가 주어지고 응찰자에게 상세 설계의 제출을 요구하는 계약방식, 셋째, 완전한 설계도와 시방서가 주어지고 설계의 특정 부분이나 전체에 대한 대안의 제출을 요구하는 계약방식 등의 3가지로 대별할 수 있다.

따라서 턴키(turn-key)방식의 수행능력을 제고하기 위해서는 1) 운영절차와 입찰도서의 숙지, 2) 참여자의 노하우(know-how) 기술 개발, 3) 타당성 분석 능력과 연구능력 배양 4) 기술자료의 확보와 활용방안 모색, 5) 우수한 기술인력 확보에 의한 전문성 유지, 6) 기술혁신에 의한 첨단기술 개발로 경쟁력 배양, 7) 턴키 계약의 운영체계에 대한 발주자와 도급자와의 이해가 수반되어야 한다.

턴키 계약방식은 산업기술의 고도화, 전문화와 건축물의 고층화, 대형화에 따른 시설의 현대화가 가속화됨으로써 앞으로는 국내외적으로 턴키 계약방식은 증가되리라 보며, 계속 발전되리라 본다.

1-3-9 시공자의 결정

시공자를 선택·발주하는 방식에는 다음과 같은 방법이 있다.

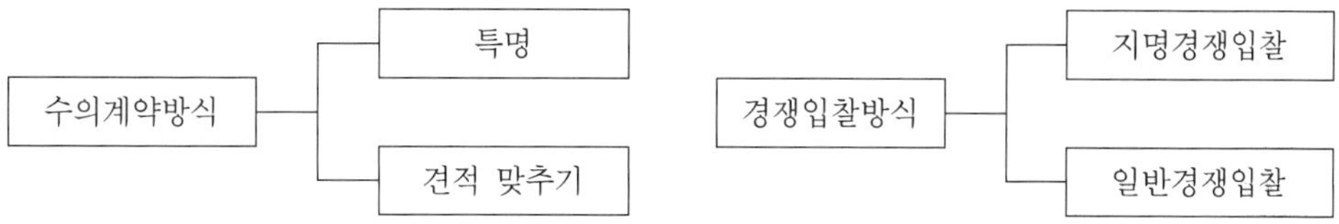

그림 1-9 입찰방식

다른 건설업자와 경쟁시키지 않고 적당하다고 생각되는 시공자로 결정하는 방식을 특명이라고 한다. 또 몇몇 건설업자로부터 견적을 받아 그 내용을 상세히 검토하고, 건설업자의 특징 등을 고려하여 시공자를 결정하는 방식을 견적 맞추기라고 한다. 이것에 대해서 몇몇 건설업자로부터 제출된 공사도급금액의 비교에 의해 시공자를 결정하는 방식을 경쟁입찰이라고 하며, 지명경쟁입찰은 건설업자의 재력, 기술, 경력 등을 참고로 소수의 입찰 참가자를 지명하여 입찰하게 함으로써 결정하는 방식이다. 공공 공사는 원칙적으로 경쟁입찰을 하지 않으면 안 된다.

입찰이라고 하는 것은 미리 결정된 일시·장소에 공사금액을 기입한 입찰서를 지참하고 발주자에 제출하는 것을 말하며, 상자에 지폐를 투입하는 관습에서 입찰이라고 하는 말이 사용되게 되었다. 일반적으로는 최저액 입찰자에게 낙찰되지만, 먼저 금액의 상하범위를 정해두고 그 범위 내의 최저액 입찰자로 하는 경우도 있다. 최저액 입찰이 예산 내에 없는 경우는 재입찰이 되지만, 재입찰을 반복해도 예산 내에 들어오지 못하는 경우는 최저액 입찰자와 수의계약을 맺는 것이 보통이다.

1-3-10 도급업자의 선정

(1) 입찰과 견적서

도급업자를 선정함에는 견적서(estimate sheet) 제출방법과 입찰서(bid offer, bid tender)에 의한 방법이 있다. 한 업자만의 견적서로 공사의 도급계약을 맺을 수도 있으나, 다수업자의 견적을 받아 비교·검토하고, 그 중 가장 적격업자와 도급계약을 하는 것이 보통이다. 입찰은 경쟁입찰에 의할 때와 특명입찰에 의할 때가 있고, 경쟁입찰은 일반공개입찰과 지명경쟁입찰방식이 있다. 입찰에 있어서는 공사비의 총액만을 기재하지만 견적서에 있어서는 공사내역명세서를 첨부하는 것이 보통이다.

(2) 입찰의 순서 및 방법

1) 공사입찰순서

① 입찰공고(통지)

공사규모, 현장설명일시, 입찰자격

② 설계도서 배부

③ 현장설명 및 질의응답

대지조건, 현장조건, 설계도면과 시방서로 설명이 불충분한 부분

④ 적산 및 견적기간

통상 - 소규모 : 5~7일
중규모 : 10~14일
대규모 : 20~30일

⑤ 입찰등록(입찰보증금 : 예산회계법 70조5항 - 입찰금액의 10% - 현금, 국공채, 유가증권, 보험회사 입찰보증서)

⑥ 입찰(入札)

⑦ 개찰(유효입찰) - 재입찰(유찰) - 수의 계약

⑧ 낙찰

⑨ 계약(차액보증금, 계약보증금)

· 절차 : 연대보증2명
· 계약서류
· 설계도, 시방서, 계약서 및 공사 도급 규정
· 공사비 내역서

① 견적기간

도급업자는 도면과 시방서를 받고 또 현장설명을 들은 후 입찰할 때까지의 기간이 견적기간이다. 이 기간이 적당하지 않으면 충분한 견적을 할 수 없다. 그러므로 공사의 규모, 성질 등에 따라 적당한 기간을 두어야 한다. 견적기간은 공사현장을 설명한 날부터 3일 이상으로 하게 되어 있다.

② 입찰과 개찰

㉠ 입찰 - 입찰은 미리 정해진 입찰일시에 입찰보증금을 납입한 후 행한다. 입찰 후 낙찰자가 결정되면 낙찰자 이외의 입찰보증금은 즉시 반환한다.

㉡ 재입찰 - 개찰결과 입찰가격이 예정가격을 초과한 때에는 일정한 시간 후에 희망자에게 재입찰시킨다. 재입찰 후에도 예정가격을 초과했을 때는 수의계약을 체결하도록 한다.

㉢ 수의계약 - 재입찰해도 예정가격을 초과할 때는 최저입찰자부터 순차교섭하여 예정가격 이내의 금액으로 계약을 체결한다. 이것을 수의계약이라 한다. 수의계약이 성립되지 않으면 설계변경 등으로 예정가격을 수정하여 입찰에 붙이기도 한다. 또 특수한 경우 또는 비상급시 등은 수의계약을 체결하는 것이 보통이다.

2) 입찰에 의한 도급업자의 결정

최소한 3개 이상의 공사업자에게 공사비총액(견적금액)만을 기재한 입찰서를 동시에 제

출시키고 공사예정가격에 합당한 업자에게 낙찰도급시키는 방식이다. 경쟁입찰은 정실개입의 여지가 없고, 경쟁으로 공사금액을 절감시키는 이점은 있으나 입찰수속이 번거롭고 공사기밀의 유지에 난점이 있다.

① 일반공개입찰(open bid)

일반공개입찰은 공입찰(公入札)이라고도 하며, 입찰참가자를 공모(신문지상 공고게시 등)하여 유자격자는 모두 참가할 수 있는 기회를 주며 담합(conference on bidding combination)의 가능성을 줄이고 공사비절감, 정실개입이 적은 이점은 있으나, 입찰참가자가 많으면 등록사무가 번잡하고 부적격업자에게 낙찰될 우려도 있으며, 과대경쟁으로 건설업의 건전한 발전에 해가 되는 결점도 있다.

② 지명경쟁입찰(limited bid)

이것은 일반공개입찰과 특명입찰의 중간을 가는 것이고, 공사에 가장 적격하다고 인정하는 37개 정도의 시공회사를 선정하여 입찰시키는 방법이다. 공사규모의 내용에 따라 지명할 도급회사의 자본금, 과거실적, 보유기재, 자재 및 기술능력 등을 감안하여 지명한다. 지명회사를 적게 하면 특명에 가까운 방법이 되고, 많이 하면 일반공개입찰에 가깝게 되며, 지명에 정실이 개재될 수는 있으나 가장 일반적인 방법이다.

③ 특명입찰(individual negotiation)

건축주가 시공회사의 신용, 자산, 공사경력, 보유기재, 자재, 기술 등을 고려하여 그 공사에 가장 적격한 1명에게 지명하여 입찰시키는 방법이고, 시공업자는 특명을 받은 대가로 성의를 다하여 공사비를 책정하고, 양심적인 시공을 하게 되므로 좋은 공사를 기대할 수 있다. 또 공사기밀 유지에도 유리하고, 업자선정 사무는 간단하다. 공사금액 결정이 불명확하며, 불공평한 일이 내재하고 있다. 특명에 의한 계약을 수의계약(隨意契約)이라 하며, 실비정산보수공사, 특수공법을 요하는 공사, 종속공사 또는 추가공사(追加工事), 기타 도급업자 선정의 여지가 없을 때 채용된다.

1-3-11 공사계약

(1) 도급계약의 의의

도급의 법률상의 정의는 "당사자의 일방이 어떤 일을 완성할 것을 약정하고 상대방이 그 일의 결과에 대하여 보수를 지급할 것을 약정함으로써 그 효력을 발생한다"(민법 제664조)는 것이다. 즉 건축공사의 도급계약에 있어서는 도급자가 도면, 시방서, 계약서, 기타에 표시된 것에 따라 공사를 완성할 것을 약정하고 건축주가 그 공사의 결과에 대한 보수, 즉 공사비를 지불할 것을 약속함으로써 계약이 성립되는 것이다. 따라서 도급자는 소정의 건축공사를 완성해야 할 의무와 공사비청구의 권리가 있고, 건축주는 이에 대한 공사비지불의 의무가 있다.

도급자는 도급공사를 일식하도급으로 맡기거나 건축공사비 청구권을 제3자에게 양도할 수 없게 되어 있다. 그리고 건축공사의 도급계약 종료는 완성된 건축물을 건축주에게 인도하고 건축주는 이에 대한 공사비를 도급자에게 지불함으로써 건축물의 소유권이 건축주에게 이전된 때이다.

발주자가 시공자를 결정하면 공사계약을 한다. 공사계약은 계약서에 발주자와 시공자가 각각 기명날인한 경우에 성립한다. 계약서는 2통 작성하고 각자 1통씩 보유한다.

건설업법에 의하면 공사계약서에는 다음과 같은 내용이 필요하다.

① 공사내용(공사명, 공사장소)
② 도급대금액 및 그 지불방법
③ 공사착수 시기 및 그 완성 시기
④ 천재 및 그 외의 불가항력에 의한 손해 부담
⑤ 각 당사자(발주자, 시공자)의 이행 지체, 그 외 채무 불이행의 경우 지연이자, 위약금
⑥ 계약에 관한 분쟁 해결방법

공사계약에 있어서 필요한 서류는 공사계약서, 계약약관, 설계도서, 시공계획서(현장설명서도 첨부) 등이 있다. 공사계약은 하나의 상거래이며, 법적으로 문제가 일어나지 않을 내용으로 해둘 필요가 있다. 그 때문에 각각의 공사마다 변하지 않는 일반적인 계약사항을 정리한 것이 계약약관이다. 보통 건축공사 계약에서는 시공계획은 시공자에게 맡기는 것이 일반적이며, 시공계획서는 첨부되지 않는 경우도 많다.

1-4 건축시공의 근대화

1-4-1 개 요

건축시공의 근대화는 제2차 세계대전 후 급속하게 발전되어 왔다고 알려져 있다. 그 배경에는 전후 경제성장과 그에 따른 국내 건설 수요의 급속한 증가가 있었다는 것은 말할 필요도 없다. 그래서 현재의 시공기술 현상을 알기 위해서는 먼저 발전의 발자취를 개관해 둘 필요가 있다. 그것은 현재 시공기술의 상태를 아는 의미로서 금후의 발전을 예측하는 데 반드시 필요할 것이다. 또한 이의 필요성을 보면 건축물의 대규모화, 고층화, 다양화에 따른 재래식 공법의 한계와 건설업의 국제화에 따른 생산의 근대화로 체질을 개선하고 하드웨어(hardware)적 관리에서 소프트웨어(software)적 관리 기술로 전환해야 한다고 본다.

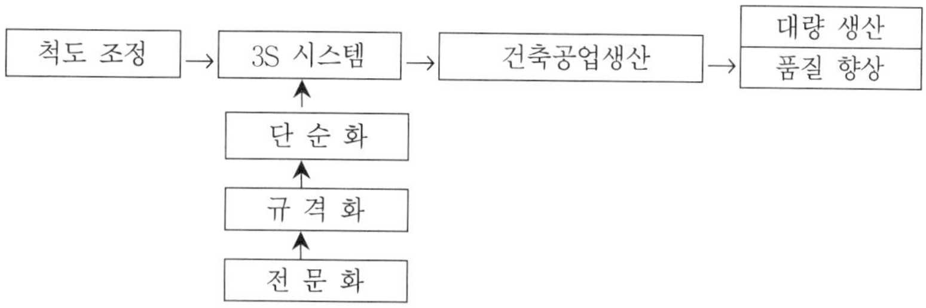

그림 1-10 건축부품 3S 시스템

1-4-2 급속하게 발전한 현대 건축시공 기술

6.25 전후 바로 도래한 제1차 건설 붐(1953~1960년)에서는 전후복구공사를 주축으로 외국의 구호물자에 의한 건설공사가 대부분으로 취약한 면이 크다. 1960년대가 되자 5. 16군사혁명 이후 경제개발 5개년 계획을 점진적으로 진행하면서 경부고속도로, 농어촌 취락개선 등 제2차 건설 붐(1961~1970년)과 함께 공사량도 크게 증가되었다. 70년대에 들어서면서 월남파병 이후 건설의 해외진출을 계기로 제3차 해외건설 붐(1971~1980년)이 이루어지면서 공사에서 많은 외국의 신기술 신공법을 도입하는 전환점이 되었으며, 경제발전에 크게 기여했다. 또 새로운 건자재가 계속해서 해외로부터 도입되고, 국내에서도 개발되어 판매되게 되었다. 마감공사에서도 현장작업이 많은 습식공사는 마감공사 중심으로부터 서서히 감소되어 가면서 건식공법이 도입되게 되었다.

특히 토공사 관계에서의 건설기계 보급은 현저하다. 또 주택의 대량 수요를 소화하기 위해서는 종래와 같은 수제품의 한 품목 생산이 아니고 공업화된 수법에 의한 양산화가 요구되고, 개인주택에 대해서는 각종의 양산주택구법이 개발되어 상품화되었다.

초고층 빌딩이 건설되기 시작한 것도 1970년대로서, 그에 따라 많은 시공기술이 개발되었다. 예를들면 철골의 내화피복, 철근의 접합방법, 커튼월, 시스템 천장, 칸막이벽, 설비 유닛 등의 새로운 시공법이 필요하게 되었다. 초고층 빌딩의 건설에 따라 여러 종류의 공법이 도입되고 소화 개량을 걸쳐 새롭게 발전되었다.

1960년대부터 1980년대에 걸쳐서는 양적인 확대를 했지만, 1990년대에는 그것에 대한 반성기라고 말할 수 있다. 경제적으로도 오일쇼크(1973년)등의 경험을 하고, 지금까지의 양을 중심으로 한 경제발전을 다시 되돌아보는 시기였다. 1990년도 이후 건설공해에 대해서도 사회적인 관심이 높아져 공사에 따른 소음이나 진동을 가능한 한 적게 하는 공법이 필요하게 되었다. 건축물의 품질보증도 사회적으로 주목되어, 80년대 후반이 되자 통계적 품질관리수법(SQC)을 발전시킨 전사적 품질관리인 TQC를 도입하는 건설회사도 나타났다.

시공기술을 하드웨어기술(공법·재료·기계 등)과 소프트웨어기술(계획·관리·운영 등)로 나눈다면, 80년대까지는 양의 확대를 중심과제로 하드웨어적인 기술이 중심이었지만, 90년대에 들어서자 성역·성(省)에너지가 중심이 되고 소프트웨어적 기술이 중시되게 되었다.

그 결과로 공사현장의 시스템화가 생각되게 되었다.

1-4-3 시공의 기계화

급속한 기술혁신과 경제성장에 따라 공업생산의 모든 부분이 기계화 되어 가고 있다. 특히 건축시공에 있어서 기술개발, 운반기술의 발달이 기계화의 주요인이 되고 있으며, 운반기술의 발달은 대형 크레인, 공사용 기계, 대형 콘크리트 배처 플랜트(batcher plant), 콘크리트치기용 펌프 등이 제작되어 건축생산의 근대화에 공헌하고 있다.

경제성장에 따라 점차 기계화 되어 가고 건축시공에 대형 기계가 도입되면서 기계화가 본격화되어 가는 느낌이다. 시공시 기계에 요구되는 요소로서는 ㉠ 기계의 성능이 좋아야 한다. ㉡ 사용하기 편하고 내구성이 있어야 한다. ㉢ 조립 및 사용에 품이 적게 들어야 한다. ㉣ 고장이 없어야 한다는 등의 요건이다. 바꾸어 말하면 인력에 의한 시공보다 신속하고, 운반비, 조립해체비, 유휴비, 감가상각비를 포함하여 값이 저렴해야 하며, 더욱이 정도가 높아야 하는 것 등이 절대요건이다.

기계는 용도에 따라 다르고 각각 특색이 있는 것이므로 시공회사에서 다량의 기계를 보유하면 유휴비 및 이에 따른 노력의 손실도 예상되므로 전문적인 기계임대회사의 출현으로 이들 비용을 절감할 수 있을 것이다.

기계화의 이점을 살펴보면 ㉠ 기동성이 풍부하고 작업 능률이 향상된다, ㉡ 노동력이 절약되어 공비가 싸진다. ㉢ 균질의 시공이 가능하다, ㉣ 공기단축이 가능하다.

그러나 단점으로는 ㉠ 소음·진동·공해가 발생하기 쉽다, ㉡ 장비의 구입과 임차에 많은 자금이 필요하다. ㉢ 장비 사용에 따른 공간이 필요하다, ㉣ 시공기계 선택이 어렵다는 것 등이다.

(1) 양중기계

건설시공에서 작업은 운반과 조립(붙임)이 대부분이기 때문에 양중기계가 매우 중요한 의미를 가지고 있다. 특히 프리패브화가 진행되고 있어 크레인의 종류가 점점 중요한 역할을 하게 되었다. 1970년대 중반 무렵부터 서서히 고층건물의 시공에 타워 크레인이 사용되기 시작했지만, 초고층 빌딩 건설이 많게 됨에 따라 급속히 증가했다.

(2) 콘크리트 타설기계

콘크리트 공사도 대폭적으로 기계화가 진행되었다. 지금까지의 일반적인 콘크리트 공사는 콘크리트 타워를 세워 윈치를 사용하여 콘크리트를 양중하고, 콘크리트 타설층에 카트비계를 세우고, 카트(손으로 미는 2륜차)에 의해 콘크리트를 수평으로 운반하는 방법이었다. 그 때문에 콘크리트 타설에는 매우 많은 노력을 필요로 했다. 그런데 1970년대 중반부터 레디믹스트콘크리트 판매가 보급되고, 콘크리트의 조합이 공장에서 이루어지고, 운반에는 믹서차, 애지테이터 트럭이 보급되었다. 또, 현장에서는 콘크리트 펌프카가 나타나고, 콘크리트 시공법이 급변했다. 콘크리트 펌프를 사용하면 콘크리트 타워나 카트 비계 등의 설비가 불필요하게 되고, 콘크리트 타설에 필요한 공정수가 그때까지의 1/3~1/4에서 끝나게 되었다.

(3) 로봇, 매니퓰레이터(Manipulator)

현재 로봇이 유용하게 활용되고 있는 것은 주로 공장 내이지만, 건설공사 분야에서는 건축공사보다도 토목공사 쪽에서 로봇이 많이 이용되고 있다. 그 이유는 토목공사의 대부분은 철도, 도로, 하천, 호안, 터널 등과 같이 선 모양으로 일정한 공사가 연속된 것이 많기 때문이다. 이 경우 작업에 필요한 기계를 순서에 맞게 위치시킨 후 일정한 속도로 선상을 진행시키면 공사를 자동적으로 진행시킬 수 있다. 공장의 경우는 작업순서에 따라 기계가 고정되어 있는 곳을 가공될 물건이 진행하기 때문에 공장의 로봇과 선상에서 작업이 계속되는 토목공사 사이에 운전상의 차이는 있으나 기본적 사고방식의 차이는 없다.

이에 대하여 건축은 건물이나 방마다 사양이 다른 것이 보통이므로 같은 기계로 작업할 수 있는 장소가 점상으로 산재되어 있어 하나의 작업에서 다음 작업으로 움직이는데 기계의 이동, 때로는 분해·운반·조립이라고 하는 작업이 포함된다. 로봇의 이용에 관한한 선상의 작업쪽이 점상의 작업보다 압도적으로 유리하다.

그러나 건축공사의 작업도 건설공사의 하나로서, 위험, 더러움, 중노동을 동반하는 것이 많다. 그러므로 로봇과 같이 지능적인 기계가 아니더라도 인간의 지시대로 인간의 노동을 대신하는 기계, 즉 매니퓰레이터는 더욱 더 이용되는 경향이 있다. 매니퓰레이터도 최근에는 점점 고급화되고 대상의 강함, 상태 등을 판단하면서 작업하는 것이 있어서 이와 같은 기계는 건설 로봇이라고 불리는 경우가 많다.

표 1-1은 일본에서 제작되어 발표된 각종 건축시공용 로봇이다. 그러나 로봇은 아직 고가이며, 보급되어 있는 기종은 극히 적다. 지금까지 인간이 하고 있던 작업을 단순하게 기계화하는 것만을 생각하는 것이 아니고, 건축공사 그 자체를 기계화에 적합하도록 체질을 바꾸며, 더욱이 그것이 가능하기 쉽도록 설계를 생각하는 단계까지 거슬러 올라가는 것으로 생각되고 있다.

표 1-1 건축시공 로봇의 개발사례

공사분류			로봇의 종류
대항목	중항목	소항목	
토공사	토공사	지정(地定)	택지조성 공사용 매니퓰레이터
구체	철근콘크리트	철근	자동철근배근 로봇
			중량철근배근 로봇
		콘크리트	콘크리트 디스트리뷰터
			콘크리트 바닥마감 로봇
	철골	조립	철골조립 로봇
		용접	철골용접 로봇
		내화피복	내화피복 분사 로봇
마감	외벽	도장	가이드레일 외면 분사 로봇
			외벽도장 로봇
	바닥	청소	바닥청소 로봇
	내장	보드	보드인장 매니퓰레이터
		도장	내벽도장 로봇
	천장	보드	천장보드 붙임 로봇
유지보전	검사	외벽 타일	타일박리 검사기
		크린룸	크린룸 환경계측 로봇
	청소	창	창닦기 로봇
		바닥	바닥청소 로봇
	보수		외벽도막 박리 로봇

1-4-4 철근콘크리트 구조의 발전

(1) 철근콘크리트 구조의 도입

유럽의 철근콘크리트 구조는 기와, 석조와 공존하여 그 부재로서 치환되어 사용된 것에 반하여, 우리의 경우는 목조기와, 석조가 혼재되어 오면서 철근콘크리트 구조가 도입·발전해 왔다. 이는 근대적 건축시공 기술의 발전은 일본의 메이지시대 초기 유럽으로부터 석조, 기와구조 기술을 도입한 것에서 시작한다. 도입된 기술이 선진국 유럽에서 왔었고, 당시 일본을 결쳐서 직공에 의해 기술이전이 이루어졌다고 생각된다.

(2) 현장 거푸집, 현장타설 콘크리트가 주류

초기 당시의 철근콘크리트 구조는 발명된 지 얼마 되지 않았으므로, 시공에 있어서는 외국의 독자적인 개발에 따른 것이 많았다. 즉 선진국을 통해 국내에 철근콘크리트 시공방법은 현장에서 목재 거푸집을 조립하여 콘크리트를 타설하는 방법이었다.

물론 유럽에서도 현장에서 거푸집을 만드는 시공방법이 없는 것은 아니지만, 이것은 프리캐스트 콘크리트가 사용되지 않는 부분이 주로 나타나고 기초나 특수한 대가구(架構) 등에 한정되어 사용되는 것이 많았다.

이에 반하여 프리캐스트콘크리트나 콘크리트블록 등은 거의 없고 철근콘크리트 구조라면 어떤 복잡한 것에서도 아무리 반복사용이 많아도 하나씩 현장에서 거푸집을 만드는 시공방법이므로 유럽에서 보면 특수한 것이라고 해도 좋다.

(3) 대형 PC판의 도입과 융합

이상과 같은 경향은 목수가 부족하게 된 1970년대까지, 특히 1980년대에 들어서자 거푸집 목공의 부족은 심각해져 점차적으로 프리캐스트콘크리트(PC)를 이용하지 않으면 안 되는 상황이 되었다.

이에 앞서, 1970년대 중반에는, 앞서 언급했듯이 집합주택 건설용에 대형 PC패널구조가 유럽, 일본 등에서 도입되었다. 그러나 이 무렵에는 아직 목수직 부족이 그 정도로 심각하지 않았기 때문에 현장 거푸집, 현장타설 시공의 가격이 저렴했다. 따라서 대형 패널구조는 가격면에서 경쟁력이 없고, 1990년대에는 PC공장 가동률이 낮아져 대형 패널의 생산은 일시적으로 격감했다.

그러나 이때에 등장한 시공방법은 유럽의 대형 PC패널 시스템과 현장타설 콘크리트에 의한 재래 시공방법과 조합된, 때와 장소 및 건물 개개의 사정에 맞게 연구되었다. 따라서 매우 많은 종류의 것이 출현하게 되었다.

그림 1-11 초기의 대형 PC판

1-4-5 재료의 건식화

현장 콘크리트 시공 또는 미장마감 등과 같이 습식공법에 의한 시공이 일반적이지만 근년에 급속한 건식재료의 진보와 기술개발에 따라 건식화된 콘크리트부재, 마감용 각종 보드 등의 출현으로 건식공법으로 바뀌어가고 있다.

재료의 건식화에 따른 장점으로는 1) 노무비용이 크게 줄어든다, 2) 시공이 용이하고 숙련공이 거의 불필요하다, 3) 공사속도가 빨라 공기를 단축시킬 수 있다 등이다. 이에 대한 앞으로의 과제로는 보드류의 접착공법 개발, 불연성, 연소에 의한 유독가스 및 연기가 나지 않는 재료의 개발이 시급히 요청된다.

1-4-6 프리패브(Prefab)화 · 시스템화

건축시공의 근대화를 개관하면, 새로운 건재의 채용에서 건설기계의 이용에 이르기까지 많은 종류의 신기술이 도입되었다.

그러나 이러한 많은 종류의 기술도입 배경에는 이들을 고차원화 하려는 경향이 있었고, 추진하려는 저력이 있었다. 그 목표는 공사의 비용절감, 공기의 단축, 품질의 확보, 안전성의 향상, 공사환경의 개선 등이었다. 그러나 공기단축 이외의 것은 때로는 비용의 절감과 경합하는 것도 있고, 공사라는 협소한 관점에서는 결정하기 어려운 것이 많다. 그래서 공기, 품질, 안전성 등 모든 조건을 고려해 보면 시공분야에 도입된 기술은 전부 비용절감 수단이었다고 해도 과언은 아니다. 따라서 프리패브화·시스템화는 그 때문에 총합적 수단이라고 해도 좋을 것이다.

프리패브화에는 공장에서 양산된 기성 부품·부재를 사용하는 것과 주문을 받아서 하나씩 만드는 프리패브가 있다. 전자는 소위 신건재·공업부품을 사용하는 것이고, 이제까지 현장의 노동량과 인건비 상승을 흡수하는데 유용하였다. 미장공사의 건식화, 설비기기의 유닛화는 그 대표적인 예이다. 이에 대해 후자의 예는 양산(量産)과는 대조적으로 현장단위의 일품종 생산품도 있고, 이것은 현장의 직공이 하는 것보다는 완성된 물품을 운반하는 쪽이 싸다는 결과이다.

물론, 실제 건축현장에는 양자의 중간에 위치하는 것이 많고, 소위 프리패브 주택은 부품을 대량생산하여, 각각의 주문에 대해 개별적으로 현장에서 맞추는 것이 보통이다. 또, 커튼월은 건물 한 동마다 다르다는 의미에서 기성품과 같은 양산은 없으나, 커다란 건물이라면 상당한 양산도 가능하고, 또한 고층건축의 경우는, 현장이 높은 장소로 직공이 옮겨 다니는 것이 극히 비능률적이기 때문에 프리패브화 하기에는 가장 적절한 예라 할 수 있다.

프리패브화의 또 하나의 이점은 가설재를 생략할 수 있다는 것이다. 가설재에는 조립과 해체, 왕복운반이 필요한데 잔존하는 성과물이 없다. 이것은 전부 불필요한 일이므로, 이것을 설치하지 않으면 효율은 크다. 수송비용을 생각하지 않으면 프리패브화는 클수록 효율이 좋다. 따라서 프리패브의 대형화는 수송비용과의 밸런스로 결정된다. 거기서 트럭이나 양중기계가 대형화되고, 그 사용료가 싸면, 프리패브 부품은 그만큼 대형화되고, 결국에는 완성품을 운반하게 된다. 현장 양중기계의 대형화는 그러한 방향으로 개발되었고, 그 경향은 아직도 진행되고 있다.

그런데 프리패브화가 어느 정도 발전되어도 현장에서의 작업은 없을 수 없다. 여기에 최근에는 현장에서의 작업을 될수록 정연하게 하여 공장에서의 작업에 가까운 상태로 정비하려고 하는 경향이 있다. 시스템화는 그 하나의 수단이다. 즉, 작업일정의 계획성을 높이고, 고용의 안정, 학습효과의 활용, 안전성의 확립 등을 목표로 한다. 이는 인건비가 높고, 고용조건이 엄격한 건설업계에서 비용절감에 커다란 역할을 달성하는 것이 주목받게 됐다. 그래서 최근에는 프리패브화와 병행하여 시스템화가 진행되고 있다.

1-4-7 건축의 공업화

건축의 일부 또는 거의 전부를 종래의 건설 현장생산으로부터 보다 효율적인 시설과 장비 시스템을 갖춘 공장으로 옮겨 생산하고, 이 생산한 부재를 건설현장으로 옮겨 조립함으로써 건축의 종합생산성을 극대화하는 것을 말한다.

규 격 화	→	부 품 화	→	조 립 화	→	건축의 공업화 건 식 화 자 동 화

그림 1-12 공업화 건축의 과정

(1) 기대효과

① 기능인력의 절감에 의한 인력난 해소 : 현장가공 노동력 경감

② 공기 단축에 의한 시간 생산성 향상으로 공급확대

③ 공장 생산시스템에 의한 시간 생산성 향상으로 공급확대

④ 품질향상의 균질화된 시장 상품화로 종합 생산성 향상 : 작업의 정밀성, 안전시공, 시공관리기술 향상, 신제품 개발

⑤ 원가절감으로 안정된 가격의 주택공급에 기여 : 자재손실절감, 공기단축, 생산성 향상

⑥ 건설자재의 계절적 수급불안 해소

(2) 장·단점

1) 장 점

① 건축생산에서 노사관계의 현대화로 기본적인 제문제가 해결됨.

㉠ 기능 인력의 전문화로 노동력 전체가 절약

㉡ 단순 인력을 쉽고 빠르게 전문화 가능

㉢ 공사의 촉진과 지속적인 고용으로 좋은 보수 지급 가능

② 계속적 생산으로 자금계획, 재료공급계획의 합리화

③ 공기의 단축효과 기대 : 동절기 시공 가능, 자본회수가 빠름.

④ 가설 낭비요소 격감 기대 : 노동력 절감, 공사비 절감

2) 단 점

① 건축생산적 측면 : 수송의 제한으로 설계상 제한, 접합부위에 누수, 열관류, 음의 누설 등 하자의 소지, 이중 운반으로 설비운영의 고가 경비 소요

② 경제적 측면 : PC부재 생산시설의 초기투자비용 과다, 사업물량의 불확실성과 경제성 채산성의 불확실성이 상존

③ 기술적 측면 : 표준화·규격화 등 기반조성 미흡, 공업화·기술 수준 미흡, 전문 기술인력의 부족 및 PC공업의 현장시공을 위한 관리체제 미흡

④ 산업체 측면 : 기술개발 투자미흡, 기존공법 선호하고 새로운 공법의 위험부담을 가지고 있는 실정, 관련업체간에 협력체제 미흡

⑤ 수요자 측면 : 하자발생 경험과 다양성 결여로 선호도 낮음, 조립식 건물의 성능에 대한 불확신(구조성능, 차음성능, 벽체장식물 부착 설치 곤란)

1-4-8 공사관리 기술의 발전

과학적인 공정계획·관리의 사고방식은, 많은 하드(hard)기술과 같이 일제하에서 메이지시대에 구미에서 도입되었다. 그러나 6.25동란 이전의 건축공사는 보통 실업대책적인 의미도 갖고 있었기 때문에 공정계획·관리를 합리화하는 것에 대해서는 관심 밖의 일이었다. 그러다 전후 복구사업과 관련하여 점차 건축공사량이 늘어났다. 한편 5.16 이후 5개년 경제개발계획이 추진되면서 건설물량이 더욱 늘어나게 되고 과학적인 공정계획·관리를 실시해야 할 필요성이 대두되었다.

공정계획·관리 기술로서 근래 가장 중요한 의미를 갖는 것에는 네트워크기법이 있다. 네트워크기법은 1950년대 후반에 미국에서 개발된 것이나, 국내에서도 1960년대 중반부터 서서히 보급되었다. 종래 건설공사에서는 갠트(Gantt)에 의해 만들어진 봉선공정표 본차트(bone chart)가 널리 사용되었으나, 네트워크기법의 지침이 발간되었다.

네트워크기법은 단지 표현방법이 새롭다는 것만이 아니다. 공사가 순서관계를 갖는 복수의 작업에 의해 구성되는 시스템이라고 하는 생각을 명확히 하게 한 점에 커다란 의미가 있다. 그래도 네트워크에 대한 사고는 원가관리나 인력관리에도 그대로 이용되어, 공사관리 전반에 걸친 시스템모델이라 할 수 있다.

그러나 이와 같은 본래 의미로의 네트워크, 즉 계획·관리 기술로서의 네트워크는 충분히 보급되어 있다고는 말하기 어렵다. 네트워크의 표현기술과 계산기술만이 보급되어 있기 때문이다. 오히려 표현기술만이 보급되어 있다고 해도 과언은 아니다. 이 주요한 원인은 네트워크에 이용하기 위한 작업데이터를 어떻게 취급해야만 하는가가 커다란 문제가 된다.

이와 같은 소프트(soft) 기술에 있어서는 컴퓨터가 커다란 힘을 발휘한다. 최근의 소형 컴퓨터를 중심으로 하는 정보시스템의 보급은 놀라울 정도이고, 건설현장의 OA(Office Automation)화도 급속히 진전되고 있다. 설계에 있어서 CAD(Computer-aided Design) 시스템이나 컴퓨터 이용 견적 시스템, 공사관리 시스템을 연동시키는 것에 따라서 건축생산에서의 CIM(Computer Integrated Manufacturing)이 가능하게 됐다.

1-4-9 건설기술 연구개발

시공회사가 발전하려면 기술연구 개발을 중요시해야 한다. 시공회사간의 경쟁이 심하므로 특색 있는 특화된 기술을 개발함으로써 타사와의 경쟁력을 강화할 수 있을 것이다. 건설기술이란 건설공사에 관한 계획, 조사, 설계 및 시공과 시설물의 유지, 보수, 철거 및 관리 등에 관한 기술(건기법 제2조 제2호)을 말하며, 신기술이란 국내에서 최초로 개발한 건설기술 또는 외국에서 도입하여 소화, 개량한 것으로 국내에서 신규성, 유일성, 진보성이 있는 기술(건기법 제18조 제1항)을 말한다.

기술연구 개발은 충분히 조사하여 시장성, 경제성, 장래성을 미리 검토하여 개발에 착수하고 개발팀을 편성하여 개발토록 하고, 연구가 필요할 때는 연구소에 의뢰·연구해야 한다. 그 결과가 정리되면 시공시방서, 계산서를 작성하고 재평가하여 시험제작하게 하거나 실시단계에서 문제점을 개량토록 하며 실시하도록 한다. 또한 기술보호를 위한 특허관리가 중요하다.

1-5 시공계획

1-5-1 시공계획의 기본

어떤 목적을 달성하기 위해서 연관된 여러 가지의 작업을 좋은 효율로 실시하기 위해서는 무엇인가의 관리(control)가 필요하게 된다. 또 적절한 관리를 하기 위해서는 충분한 계획(plan)이 필요하게 된다

건축시공관리는 여러 측면에서 실시하여야 하지만 특히 중요한 것은 다음의 5개의 관리가 주이며 시공의 5대 관리라고도 한다.

① 공정관리
② 품질관리
③ 원가관리
④ 안전관리
⑤ 환경관리

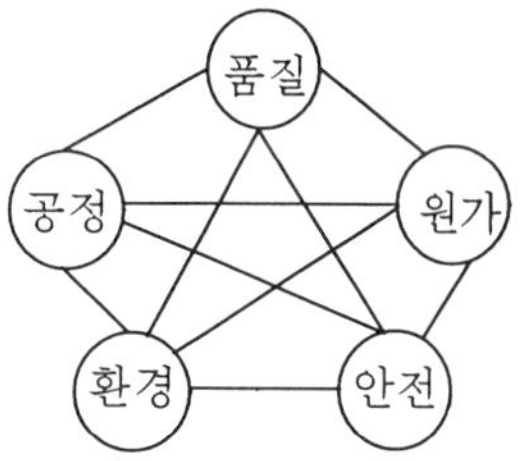

그림 1-13 시공관리

이외에 노무관리, 기자재관리, 정보관리 등 여러 종류의 관리가 있으며, 각각 중요하지만 위에 나타낸 5대 관리에 포함하여 생각할 수 있다.

5대 관리에는 각각 충분한 계획이 중요하지만 시공단계에서 특히 계획을 중시하지 않으면 안되는 것은 공정계획이다. 품질이나 원가에 관해서는 설계단계에서 중요사항이 결정되며, 시공단계에서는 착실한 관리가 보다 중시된다. 안전위생은 설계단계에서는 거의 검토되지 않지만, 일상관리가 특히 중요하며, 계획측면은 공정계획과 일체화하고 있다고 할 수 있다.

공정계획은 요구된 공기내에 건물을 시공하기 위한 계획이다. 어떤 공법을 채용하여 어떻게 운용할까 하는 공법에 관한 계획이 가장 중요하며 이것을 공법계획이라 한다. 뛰어난 공법계획은 5대 관리를 균형 좋게 실시하기 위한 최적의 계획이지 않으면 안된다.

건축공사계획의 대상이 되는 공사에는 크게 나누어 아래의 것이 있다.

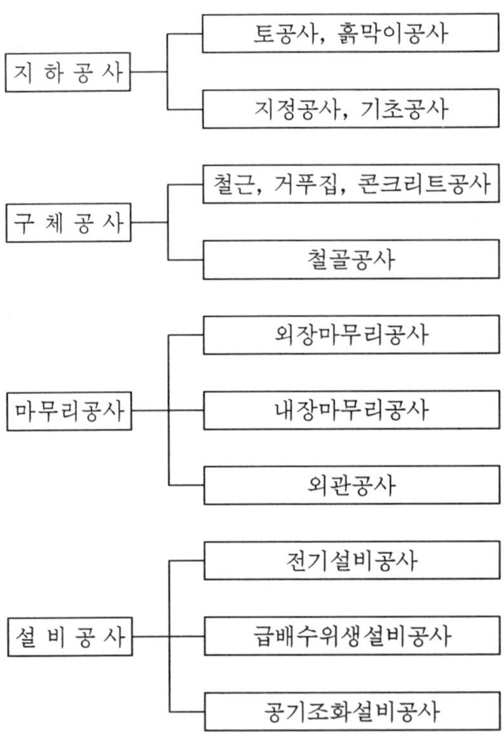

그림 1-14 건축공사계획대상

1-5-2 시공계획도서의 분류

제조건의 결과를 참조하여 각 공사의 시공계획의 방침이 결정되면 각 공사별로 공사방식, 공법, 순서, 설비, 공정을 명확하게 지시하는 시공계획도 및 표, 설명서를 작성하게 된다. 이러한 내용을 나열하면 다음과 같다.

① 일반 가설공사 계획도(임시 울타리, 사무소, 헛간, 창고, 숙사 등의 배치 구조)
② 장애물 철거 계획도
③ 주변의 땅, 주변의 건물 양생 계획도
④ 기초 흙파기, 지보공의 계획도(흙막이 등)
⑤ 말뚝박기 지정공사 계획도
⑥ 특수기초 지정공사 계획도
⑦ 기초 및 지하 콘크리트 타설 계획도
⑧ 철골 세우기 계획도
⑨ 철근 콘크리트 공사 계획도
⑩ 거푸집 공사 계획도
⑪ 비계, 비계다리 설비 계획도
⑫ 짐올리기, 짐내리기의 설비 계획도
⑬ 공사기계, 부속설비 계획도
⑭ 동력, 용수, 조명설비 계획도
⑮ 통신·통보설비 계획도 : 방재·방음·안전설비 계획도, 공정표, 노무 계획표
⑯ 자료반입 계획표 등이 있다.

지하공사는 공기, 비용 등 건축공사 전체에서 차지하는 비율이 크다. 특히 토공사 중에서 절토 흙막이 계획은 시공자의 계획에 맡기는 경우가 많고, 계획에 맞지 않으면 큰 실수로 연결되므로 충분한 조사 후 여유를 갖는 계획이 필요하다. 또 지하의 구체공사를 시공할 때에 흙막이 벽·지보공에 방해되지 않도록 시공수순을 고려하여 계획하여야 한다.

구체공사의 시공은 요구되는 강도를 갖는 구조체를 만들어 내도록, 철골·철근·콘크리트 각각의 품질을 제일로 생각하여야 한다. 품질을 확보하기 위해서 철골과 철근의 연결, 콘크리트의 충전이 완전히 가능하도록 형틀과 철근의 처리를 고려한 계획, 콘크리트 타설에 따르는 하중에 대하여 충분한 강성을 갖는 형틀계획 등이 중요하다. 또한 마감에 관련된 가설물에서, 마감에 앞서서 구체공사 단계에서의 검토도 중요하다. 타일이나 바닥재 등의 마감공사에 있어서는 할당치수보다 구체치수를 결정하지 않으면 안되므로, 빠른 시기부터 마감공사의 계획을 세워야 한다.

마감공사에는 크게 나누어 외장공사와 내장공사가 있다. 외장공사는 건물의 겉모양을 좌우하는 중요한 공사이지만 간단히 치장하는 것이 아니라, 방수·구체보호 등의 목적에서 내후성에 충분히 주의하지 않으면 안된다. 또 내장공사에 대해서는 외장공사와 비교하여 실내에서 작업하는 것이므로 조건은 좋지만, 많은 작업이 동시 병행하게 되므로 요구되는 품질을 확보하기 위해 적정한 공기를 확보하도록 하지 않으면 안된다. 전기실이나 방재센터 등 다른 부분에 앞서서 마감해야 할 필요가 있는 경우도 있으며, 이런 관점에서도 마감공정을 검토하지 않으면 안된다.

1-5-3 사전조사

(1) 계약도서의 확인

공사준비를 함에 있어서, 먼저 설계도서(설계도, 공통시방서, 특기시방서)에서 건물의 구조, 규모, 용도, 마감내용 등을 이해해야 한다. 그리고 시공방법의 지정(지정공사, 철골접합방법, 타일붙이기 공법 등)이나 품질관리의 기준, 제품의 등급이나 지정업자 등은 특기시방서와 설계도서에 명기되어 있지 않은 부분에 있어서는 견적시 질의응답서에 각각 표시되어 있으므로 확인한다.

(2) 입지상황의 조사

입지상황 조사에 있어서는 다음과 같은 내용을 중점적으로 검토한다. 부지조사로서는 부지의 경계선, 고저조사, 부지 내의 기존건물 및 그 기초 등 시공의 장해가 되는 기존물의 형상·위치, 부지경계선과 계획건물의 위치 등의 확인이 중요하다.

또 부지 주변에 관하여서는 주변도로 상황의 조사, 인접건물의 위치·형상의 조사, 상하수도관·가스관 등의 매설물 조사, 전기·전화 등의 도입 상황의 조사 등을 행한다. 이러한 조사는 공사사무소계획, 비계의 계획, 흙막이 등의 시공계획, 공사용 차량의 진출입계획, 공사용 전기설비, 공사용 급배수설비 등의 계획에 이용된다.

다음으로, 부지 내의 지반조사는 설계시점에서 행해지는 경우가 대부분이지만 계획 장소 주변의 데이터를 모아서 지층도를 작성하고, 지하수의 상황, 각층의 고저 등을 확인한다.

또한, 건축공사는 옥외작업이 많으므로 기후의 영향을 받기 쉽다. 따라서 그 지역의 강우량, 적설량, 풍속 및 기온 등을 파악하여 두는 것도 계획상 중요하다.

또 근래에는 기존건물을 해체하고 건축공사를 하는 경우가 많다. 이 경우는, 기존 지하부분 및 기존 말뚝의 현상을 계획도와 같이 현지에서 확인을 하지 않으면 안 된다. 설계도면대로의 시공이 가능한지에 대해서 특히 정밀한 조사가 필요하다.

(3) 법적규제의 조사·확인

건축공사에 있어서 법적규제 및 행정지도를 받는 경우가 있으므로, 사전에 법적규제 등의 내용을 충분히 파악하여 둘 필요가 있다. 그 주된 것을 다음에 나타내었다. 이러한 법적규제에는 서류가 필요한 것도 있으며, 공정에 지장이 없도록 미리 서류준비를 한다.

건축기준법, 소방법, 산업안전보건법, 소음규제법, 진동규제법, 도로교통법, 도로법, 수도법, 하수도법, 전기사업법, 폐기물처리 및 청소에 관한 법률 등에 관한 사전검토가 필요하다.

1-5-4 공법계획

(1) 공법계획의 사고방식

앞에서도 서술한 바와 같이, 시공계획에는 시공관리에 필요한 소위 계획을 포함하지만, 그 중심이 되는 것은 현장에 있어서 직접적인 생산활동으로서의 공법에 관한 것이며, 이것을 공법계획이라 한다.

공법계획에는 다음 2가지 명제가 있다.

① 공법선택(어떤 공법을 사용할까)

② 작업계획(그 공법을 어떻게 운용할까)

공법이라는 것은 건축물의 전체 또는 부분을 실현하기 위한 방법이며, 사용하는 공구·기계·가설구조물 및 작업수순에 따라 구성된다.

그림 1-15 건축계획의 게시

작업계획이라는 것은 특정의 공법을 실현하기 위해서 어떻게 공구분할을 하고 어떻게 작업팀을 구성하여, 어떻게 일정계획을 세울까라고 하는 문제에 대해서 최적의 해법을 구하는 것이다. 작업계획에서는 단순히 인간의 작업을 최적화하는 것만이 아니라 양중기계 등의 이용계획이나 가설부재의 전용계획도 포함한다

공법선택이 시공방법의 정성적인 계획이라고 한다면, 작업계획은 정량적인 계획이라고 할 수 있다. 공법이 결정되지 않으면 작업계획은 불가능하고, 작업계획을 하지 않으면 공법을 평가할 수 없다. 먼저 시공조건에 필적하는 소위 공법을 선택하는 것부터 시작한다. 다음으로 기본적인 항목에 있어서의 대략의 작업계획을 하면서 서서히 공법을 좁혀 나간다. 최후에 남은 유력한 공법에 있어서는 상세한 작업계획을 작성하여 최종적인 평가를 한다. 도중에 적절한 공법이 없어질 것 같은 경우에는 새로운 공법을 생각해 내든가, 시공조

건을 변경하여 일련의 작업을 고치든지 어느 쪽의 방법을 선택하여야 한다.

공법계획의 순서를 그림 1-16에 나타내었다.

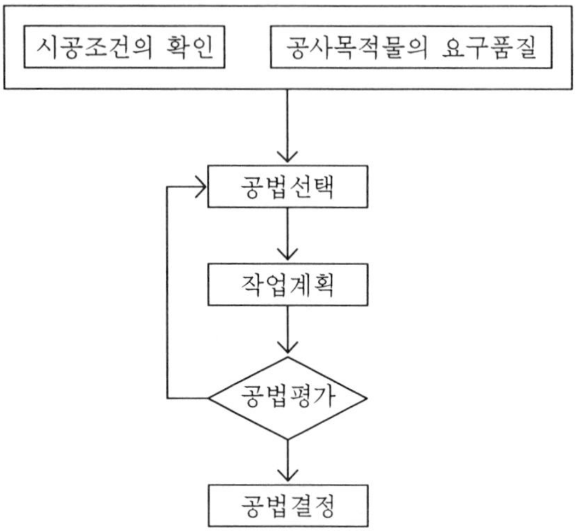

그림 1-16 공법계획의 순서

(2) 공법선택

공법을 선택하는 경우, 아래에 나타낸 3개의 사항을 특히 고려한 뒤, 비용을 최소화하도록 하여야 한다.

1) 품질확보

공사를 책임진 시공자는 설계도면등에 따라 발주자가 요구한 품질 및 KASS(대한건축학회 건축공사 표준시방서) 등에서 결정된 표준적인 품질을 확보할 책임이 있다. 이를 위해 공사계획단계에서 작업성이 좋고, 안정된 품질을 얻을 수 있는 공법을 채용하는 것이 중요하다.

2) 공기준수

공기는 계약서에 명기된 대로 공기를 준수하는 것은 중요한 계약조건의 하나이며, 정해진 공기내에 공사를 완성시키도록 노력해야 한다. 이를 위해서는 공사수량을 파악하고 시공 난이도와 맞추어서 공사를 소화하는데 필요한 노동력을 확보하여야 한다. 또 철골이나 마감공사에서는 공장제작된 제품을 반입하여 이용하는 공사가 많으므로, 공장제작에 필요한 공기를 파악하여 전문업자에게 발주하여야 한다. 또한 발주자의 요망으로 짧은 공기를 강요당하는 일도 있으므로, 그런 경우는 설계단계에서 시공성을 고려하여 검토를 하고, 적극적으로 프리패브공법, 건식공법을 채용하도록 마음의 준비를 한다.

3) 작업의 안전성 확보와 제3자 재해의 방지

공법선택을 하는 경우, 현장작업원과 제3자(공사관계 이외의 사람)에의 재해방지를 충분히 고려하여야 한다.

사고나 재해는 기업으로서의 사회적 책임에 반하는 것이며, 공기 및 비용 측면에서 보더라도 최대한의 장해가 된다. 비례·낙하에 의한 재해를 피하기 위해서 시공중의 상하 동시 작업을 시행하지 않는 공법, 충분한 강도를 갖는 가설구조물, 공사도중에서의 건축물의 붕괴방지, 대형중기 전도방지를 위해서 견고한 작업지반의 확보 등 중대재해로 연결되는 사고를 일으키지 않도록 안전성 있는 공법을 채용하는 것이 중요하다.

(3) 작업계획

작업계획을 행함에 있어서 특히 고려하여야 하는 것은, 노동력의 성력화와 시공에 필요한 가설재나 건설기계의 효율적인 운용이다. 일정의 작업을 행하는 경우 작업자나 건설기계를 증가시키면 짧은 공기내에서 작업을 종료시킬 수 있다. 따라서 같은 공법을 채용하더라도 여러 가지 작업계획이 가능하게 된다. 그런데 근년에 이르러 건설작업자의 사람수가 감소하고 있으며, 가능한 한 적은 작업자로 시공하도록 하는 계획을 하지 않으면 안된다. 또 건축기계도 많이 사용하게 되면 가동률이 나쁘게 되는 경향이 있으며, 비용절감의 의미에서 가능한 한 적게 하는 것이 바람직하다.

근로생산을 향상시키기 위해서는, 빠른 시일내에 반복 작업을 되도록 많게 하여 학습효과를 높이도록 한다. 이를 위해서는 공구를 적절히 분할하여 동일의 작업팀이 동일의 작업을 몇 회라도 반복하도록 한다. 이러한 공구분할을 적절하게 하면, 가설재나 건설기계도 효율적으로 운용할 수 있다. 따라서 특히 대형의 공사에서는 항상 이런 방법을 생각하여야 한다.

일반적인 작업계획의 순서는 아래와 같다.

① 공구분할의 결정

② 사이클시간의 결정

③ 작업팀의 구성

④ 각 작업팀의 작업순서, 작업일정의 계획

⑤ 가설기기, 재료의 운용계획

작업계획을 할 때에 있어서는 먼저 공구 분할을 한다. 공구라는 것은, 어떤 특정의 시점에서 한 종류의 작업만을 행하는 스페이스를 말한다. 즉, 한 개의 작업팀만이 작업하기 위한 스페이스라고 할수 있다. 쉬지 않고 2개 이상의 작업팀이 같은 공구에서 작업하는 경우도 있지만, 작업능률을 좋게 하기 위해서, 가능한 한 그런 상태는 피하는 것이 좋다. 일반적으로 공구를 최소로 작게 분할하여 사이클시간(각 작업팀이 일련의 단위작업에 필요한 시간)을 되도록 작게 하도록 계획하는 것이 반복 횟수가 많아지고 학습효과를 기대할 수 있다. 또한 정도가 높은 공정관리가 가능해지며, 작업원의 기다리는 시간도 감소되어 생산설비의 가동률을 높일 수 있다. 하지만 공구를 작게 하면 공구당의 작업원의 수를 감소시킬 필요가 있으며, 시공속도는 저하되어 버린다. 또 좁은 공구에 많은 작업원을 넣게 되면 작업이 어려워지며 능률이 저하된다. 이러한 일들을 종합적으로 고려하여 최적의 공구의 크기를 고려하여야 한다.

(4) 가설공사의 결정

시공에 직접 필요한 각종 준비를 하는 것이다. 이들 준비는 공사마다 거의 비슷하지만 공사규모, 대지상태, 예산 등에 따라 가장 경제적이고 또 능률적으로 배치계획을 해야 한다. 이들 준비사항은 다음과 같다.

① 가설건물 및 비계 - 가설울타리, 감리 및 감독사무실, 도급자 사무실, 각종 창고, 작업일간, 변소, 비계발판 등
② 흙파기공사 - 흙운반로, 흙막이, 배수설비 등
③ 지정공사 - 말뚝 및 잡석지정, 말뚝박기 기계 및 운반로 등
④ 콘크리트공사 - 골재적치장, 믹서 및 콘크리트 타워의 설치, 콘크리트 운반로의 설정 등
⑤ 철골공사 - 데릭 또는 크레인 설치, 재료적치장 등
⑥ 잡설비 - 재료운반로, 더스트 슈트, 엘리베이터, 변전소 기타 동력설비, 급수설비, 위험특수설비 등

이상의 각 준비사항은 시공계획도에 표시한다.

(5) 재료의 준비 및 반입계획

재료는 노동력과 함께 필요한 시기까지 필요량을 제공하여야 한다. 그러므로 원료 채취장이나 현품 제조공장을 상세히 조사하여 공급능력이 확실하게 인정될 때 구입계약을 체결한다. 재료는 일반적으로 외관이 우수하고 치수가 정확하며 물리적, 화학적인 성질이 좋고 사용하기 편한 것이라야 한다. 재료 구입 시에는 이와 같은 조건을 구비한 것을 견본으로 제출받고 이것을 기준으로 하여 검수해야 한다.

(6) 노력의 동원

공사의 원활한 진척을 도모하려면 재료와 노력을 적기에 합리적으로 공급해야 한다. 또 노동력 동원은 근로기준법의 규정에 따라 고용해야 한다. 기능공과 인부를 직영할 때는 과학적인 계획에 의해야 한다. 또 노동력의 투입은 합리적인 작업방법을 연구하여 실행예산을 초과하지 않도록 계획하여 능력 있는 노동력을 고용해야 한다. 그렇지 않으면 노임에서도 손실이 생기고, 또 재료의 낭비로 손실을 가중하게 된다.

1-5-5 공정표

(1) 공정표의 작성

공정표는 공사착수 전에 정해진 공사기간에 맞추어 작성한다.

공정표는 각 부분공사의 시공기간을 합리적으로 결정하여 이것을 유기적으로 순서있게 만든 것으로 각 부분공사의 착수와 완성일, 공사량, 공사의 진행속도 등을 표시한 것이다.

적절한 공정표를 작성하려면 설계도서를 충분히 이해하고 시공기술을 연구하여 시공법을 결정하여야 한다. 또 공사의 시기와 기상조건, 자재의 수급상태, 노무 동원사정 등을 고려해야 한다.

공정표를 작성할 때는 전체공사 공정을 대체적으로 결정하고, 이것에 맞추어 각종 부분공사의 공정을 결정하고 이 각 부분공사의 공정을 재차 상세하게 검토하여 최초의 전체공사 공정을 조절하여 기본 공정표를 확립한다.

공정표에는 다음과 같은 종류가 있다.

① 기본공정표

② 상세공정표 ⅰ) 월간공정표 ⅱ) 순간공정표 ⅲ) 주간공정표

이것을 형식으로 구분하면

① 횡선식 ② 사선 또는 곡선 그래프식 ③ 열기식

또 새로운 공정관리방법으로 네트워크식 공정표가 있다.

1) 기본공정표

이것은 타 종류 공정표의 기본이 되는 것이다. 기본공정표를 작성할 때는 공사를 다음의 5종으로 대별하여 계획하는 것이 편리하다.

① 가설공사 - 가설울타리, 가설건물, 수평 및 수직보기, 비계발판, 각종 양생 등 가설공사는 공사 착공시부터 완공시까지 계속되는 것에 유의해야 한다.

② 기초공사 - 흙파기, 흙막이, 잔토처분, 기타 특수기초공사 등

③ 주체공사 - 철골철근콘크리트, 칸막이, 방수공사, 목공사 등

④ 마감공사 - 돌공사, 타일공사, 미장공사, 기타 내외마감공사

⑤ 부대설비공사 - 위생, 난방, 환기, 전기, 가스, 배수, 엘리베이터 및 기타 설비공사

일반적으로 기초공사는 지질과 기상관계로 예정과 같이 진행되기 어려우므로 다소의 여유를 두는 것이 좋다. 가설공사와 주체공사는 예정공정에 맞추어 진행되는 것이 보통이다.

2) 상세공정표

기본공정표에서 정해진 일정 내에 각 부분공사를 완성할 수 있도록 각 부분공사에 대하여 새로 상세한 공정표를 주로 그래프 식으로 작성하여 공사진행을 확실하게 한다. 상세공정표의 일례를 철골공사로 표시하면 그림 1-7과 같다. 이것은 지하 1층에서부터 3층까지의 예이다.

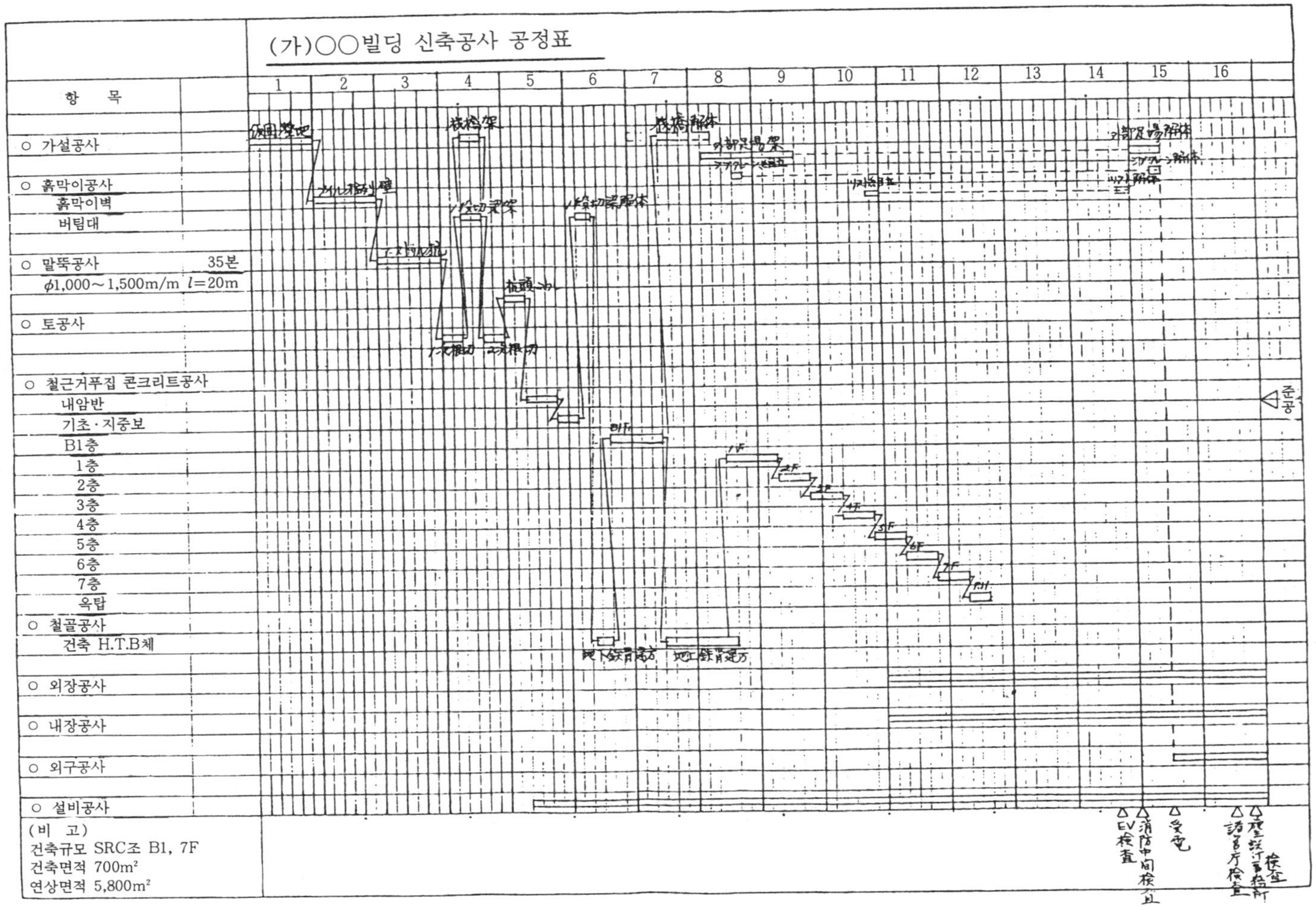

그림 1-17 주요 구체공사의 공정표의 예

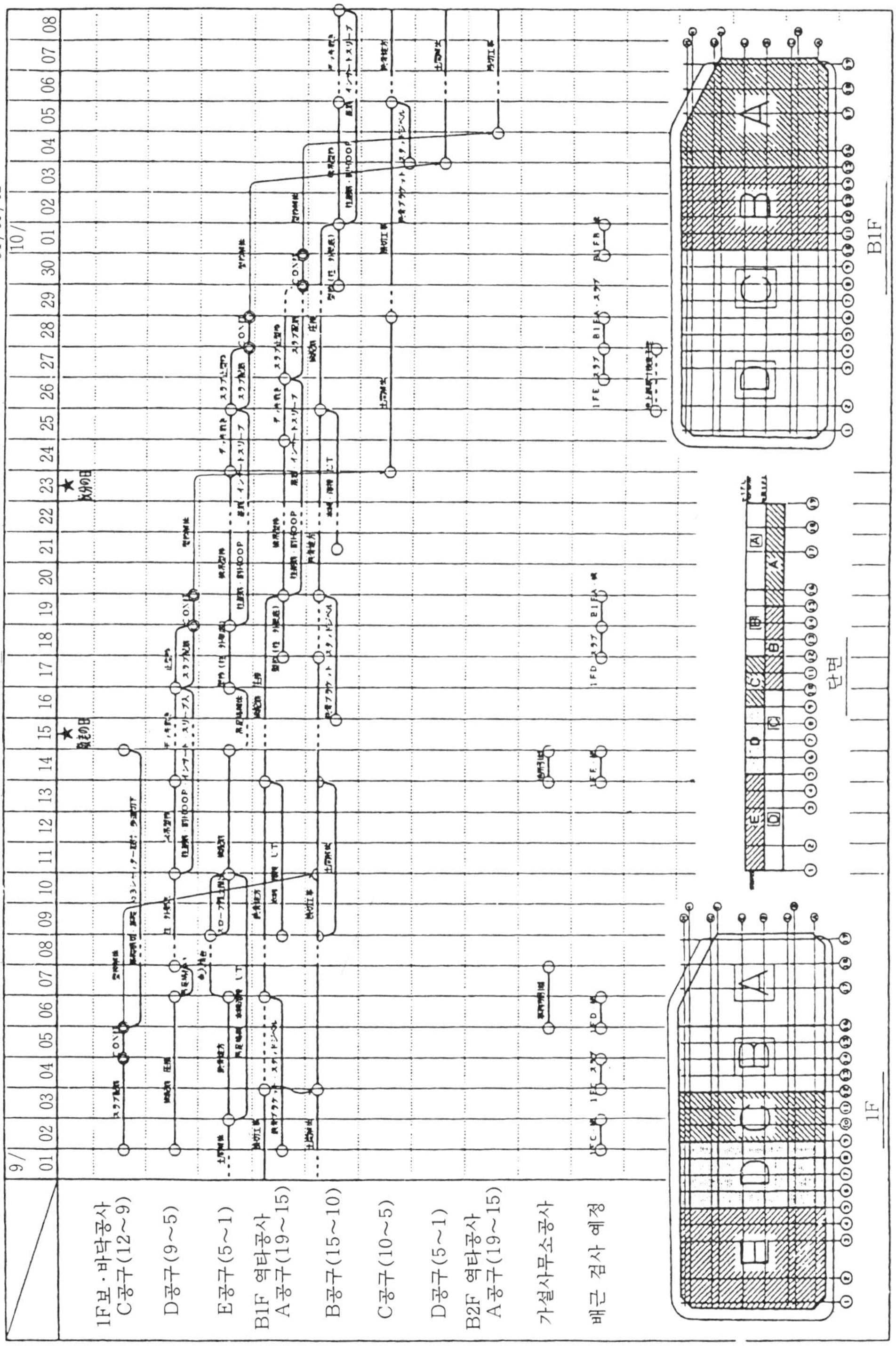

그림 1-18 네트워크 공정표

3) 열기식 공정표

기본공정표와 상세공정표에 표시된대로 공사를 진행시키기 위해 재료, 노력, 원척도 등이 필요한 기일까지 반입, 동원될 수 있도록 필요한 사항을 열기식으로 작성한다.

4) 공정표의 형식

기본공정표는 일반적으로 횡선식으로 작성하는 때가 많고 이것은 대별된 각종 공사별 공정의 순서, 중복 등의 관계를 아는 데는 편리하지만 공정진행과 기성고의 관계를 일목요연하게 알기는 어렵다. 그러므로 사선그래프를 병용하게 된다.

5) 네트워크기법에 의한 공정관리

네트워크기법은 프로젝트의 수행에 관련하는 공정상의 제문제를 네트워크라고 하는 도해적 또는 수학적 모델에 의해서 해명하는 기법이다. 환언하면 화살표와 ○표로 조립된 망상도이고 이 망상도에 의해 작업의 순서관계를 정확하게 표현한다. 네트워크기법에는 PERT와 CPM이 있다.

① PERT와 CPM－PERT(Program Evaluation and Review Technique)는 1954년 경부터 미해군이 개발 이용하여 그후 미국에는 제관계기관의 신규사업에 공정관리수법으로 이용되어 왔고, 현재는 여러 선진제국에서 사용하고 있다.

CPM(Critical Path Method)는 1956년 미국의 듀퐁(Dupont)사가 신규설비 및 투자자금의 효율향상을 도모하려고 연구개발한 수법이다.

이들 양 수법은 개발과정은 다르지만 작업공정의 진행과정을 분류하여 순서 있게 관련작업을 조정하는 경제적이고 과학적인 공정관리방식으로서 전자계산기의 이용과 더불어 세계적으로 이용되고 있다.

② 네트워크도의 용어와 구성－네트워크도에는 화살형과 서클형이 있다.

화살형은 그림 1-19에서와 같이 ①, ②, …, ⑤는 각각 결합점이라 하고, 작업의 착수, 완료의 시점을 표시하고 A, B, …, E는 각각 활동 또는 작업을 표시한다. 각종 작업내용, 사무수속, 재료반입기간 등이 시간적 요소를 포함하는 작업진행과정을 화살표로 표시하고 있다. 또 ②→③의 점선으로 표시하는 화살표는 명목상의 작업을

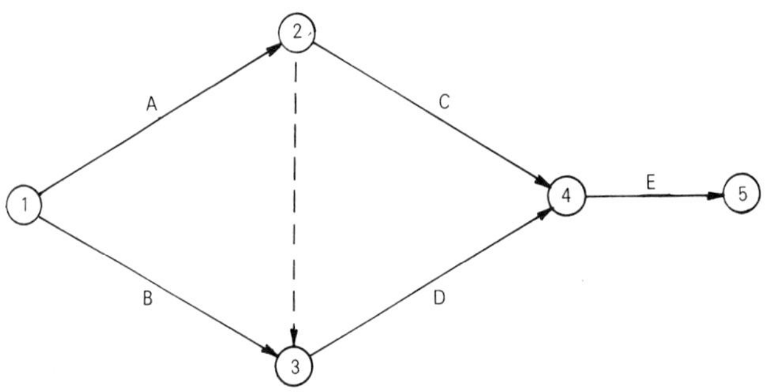

그림 1-19

표시하고 ② → ③에의 소요시간은 영(零)이고, D작업의 착수 전에 A작업이 완료되어 있어야 하는 관련성을 표시하는 의사작업이다. 이 네트워크는 A의 작업이 완료한 후 C작업을 시작하고 한편으로는 A의 작업이 완료하고 또 B의 작업이 완료됨으로써 D 작업에 착수할 수 있다. C, D작업이 모두 완료됨으로써 E작업에 착수하는 공정을 화살형으로 표시한 것이다.

③ 주공정선 - 그림 1-20에서 액티비티(activity)에 표시한 숫자는 작업소요일수이다. 이벤트(event)에서 이벤트까지의 경과일수 중에서 소요일수가 가장 많은 경로가 ⓪→①→②→④→⑤ 이고 21일이 소요된다. 이 경로를 크리트칼패스(critical path)라 한다. 크리트칼패스는 굵은 선으로 표시하여 곧 알아볼 수 있게 한다.
시공계획도에서 특히 중요한 것은 공정표이다. 공정표는 공정계획, 공정관리에 최우선의 것이라고 할 수 있으며, 시공계획의 모든 면에서 등장한다. 공정표는 간단히 정보를 전달하는 도구라고 생각할 것이 아니라, 공정계획을 고려하기 위한 도구이다.

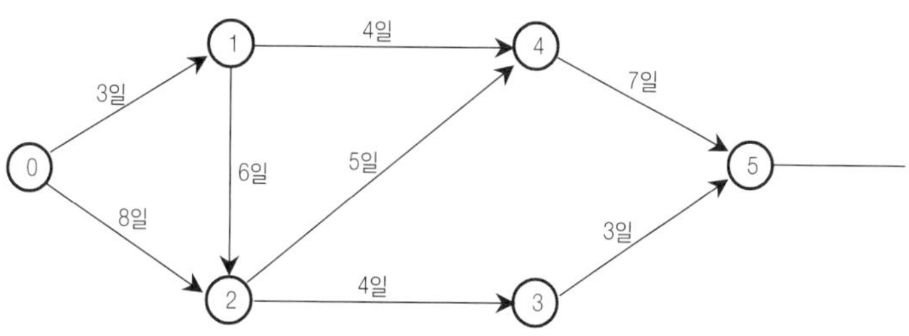

그림 1-20

1-5-6 시공계획서

시공계획의 결과는 위에 서술한 공정표와 시공계획도에서 대부분 설명할 수 있지만 왜 그러한 계획을 세웠는지에 대해서는 확실하게 설명할 수 없다. 또한, 품질관리나 안전대책에 대한 계획도 공정표나 시공계획도에서는 표현하기 어렵다. 여기서 이런 문제에 대해 대응할 수 있도록 시공계획서를 작성하는 것이 좋다.

시공계획서에 기재해야 할 사항은 대상으로 하는 공사에 따라 다르지만, 보통 아래와 같은 내용을 포함하게 된다.

① 작업의 질과 양
② 시공조건 (장소, 계절, 공기, 근린, 교통, 지반 등)
③ 사용재료
④ 공법 (시공기계, 가설구조물)
⑤ 공정계획, 작업계획 (공구분할, 팀편성)
⑥ 안전위생대책, 환경보전대책
⑦ 관리치 및 검사방법

⑧ 기록방법(검사기록, 진척기록, 사진기록)

1-5-7 시공도, 제작도

시공도는 건물의 완성된 상태를 표현한 것이며, 설계도는 시공단계에서 현장의 작업자가 직접 사용하기에는 꼭 적당하지는 않다. 여기서 시공도를 작성하는 것이 일반적이다. 또 공장에서 제작하는 부품, 부재에 대해서는 같은 방법으로 제작도를 작성한다.

시공도, 제작도는 시공계획을 위한 그림이 아니므로 시공계획도의 중간에는 들어가지 않는데, 시공계획도와 밀접한 관계를 갖는 일이 많다. 시공계획과 시공도, 제작도의 관계를 그림 1-12에 나타내었다. 시공도, 제작도는 정확하고 보기 쉽게 해야 한다. 설계도서에 나타나지 않은 상세부분에 대해서도, 치수, 연결 단면 등을 정확하게 표시하지 않으면 안 된다. 현장의 작업자가 현장에서 바로 이해할 수 있는 간단명료한 표현으로 하여야 한다.

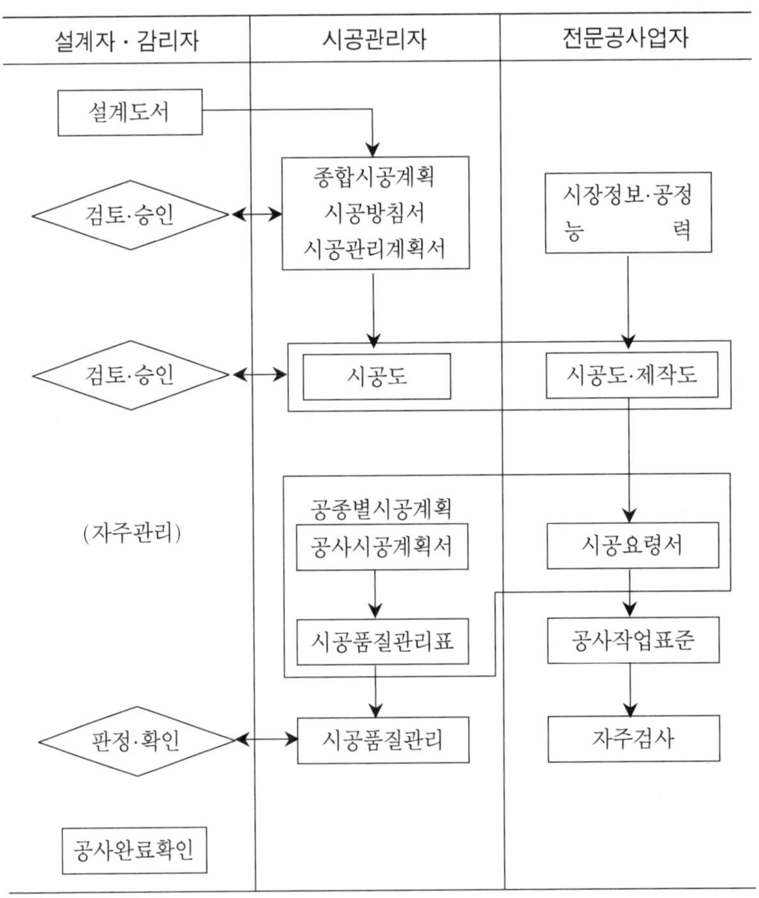

그림 1-21 공사계획서와 시공도의 위치

표 1-2 시공도, 제작도 일람표

공사명칭	콘크리트구체도
철근콘크리트공사	콘크리트구체도, 거푸집가공도, 철근가공도
철골공사	철골구체도, 보복도, 기둥상세도, 보상세도, 앵커배치도, 상세도
조적, ALC, 프리캐스트 콘크리트, 슬레이트공사	나누기도면, 현치도
방수공사	마무리도면, 신축줄눈설치도면
돌, 타일공사	나누기도면, 마무리상세도, 현치도
목공사	구체상세도, 마무리현치도
금속공사	제작철물도면, 현치도, 천정, 벽바탕나누기도, 금속판나누기도
미장공사	마무리현치도, 줄눈설치나누기도면
창호공사	창호배치도, 상세도, 현치도
유리공사	나누기도면, 마무리현치도
내장공사	천장복도, 벽줄눈설치도면, 바닥비닐타일나누기도
가구공사	조작관계상세도, 조작현치도
설비공사	슬리브, 인서트, 구멍도, 각층 평면도 및 단면도, 기기 및 기구주변상세도, 기계실평면 및 단면상세도, 샤프트, pit상세도, 기계기초도

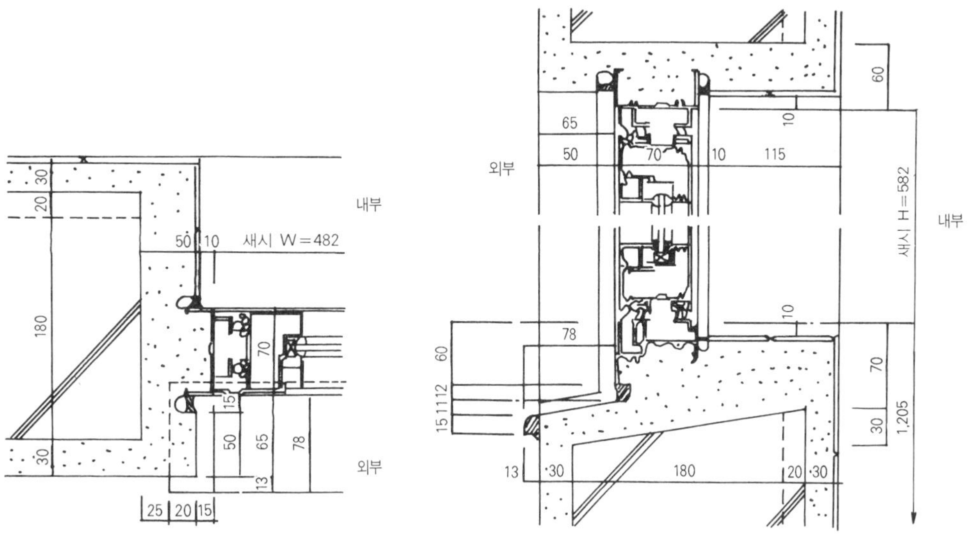

새시횡단면(수평) 새시종단면(수직)

그림 1-22 마감 시공도의 예

일반적인 건축공사에서 작성되는 시공도, 제작도는 표 1-2에 나타내었는데, 준비된 표준의 필요에 맞게 추가·삭제를 한다. 철근콘크리트조, 철골철근콘크리트조에서 특히 중요한 시공도는 콘크리트 구체도이다. 콘크리트 구체도는 형틀조립에 매우 중요하지 않을 뿐 아니라 각부의 연결 구체와 관련 있는 각 마감공사, 설비공사와의 연결 · 확인에도 중요한 역할을 한다.

1-6 공정관리

1-6-1 공정과 기상

공정을 짜는데 있어 현장 소재지의 연간 기상을 무시할 수는 없다. 설계자는 기상에 대한 연구·검토도 하고 공사기일을 책정했겠지만, 공사실시에 있어서는 그 공사기간을 유효하게 써서 공사를 추진하는 것은 시공자의 책임이다. 따라서 과거의 경험 또는 기상통계를 참고로 하여 강우기(降雨期), 한랭기(寒冷期) 등에 부딪히는 공정은 어느 것이며, 또 그 기간은 얼마인가를 충분히 연구하여 그 대책을 세워야 한다. 야외작업이 많은 건축공사에 좋은 기상조건은 건조, 상온(15℃~20℃), 무풍(無風), 청천(晴天) 등이다. 물론 청천이라도 더운 날씨가 계속되면 작업환경(作業環境)이 나빠지고, 갈수(渴水)되어 물을 쓰는 공사에 지장을 주거나 급격한 건조는 균열이 발생하기도 하지만 맑은 날씨는 공사에 가장 좋은 상태이다.

우리 나라의 계절로는 7~8월의 장마철, 9~10월의 태풍기, 12~2월의 엄동기가 가장 크게 영향을 받고, 그 다음이 8~9월의 혹서기, 11~3월의 한랭기 등이다. 엄동 3개월간은 작업이 곤란하고, 대체로 물을 사용하는 습식공사는 조건에 대응하는 조치를 강구하지 아니할 경우는 작업이 중지되어야 한다.

(1) 강우의 영향

강우가 건축공사에 미치는 영향은 다음과 같다.

1) 공사재료에 주는 영향

반입재료는 오손(汚損) · 변질(變質) · 유실(流失)되고 운반 불가능 등으로 반입시기의 지연, 자갈 · 모래 등의 골재채취가 불가능하게 되는 점 등이 예상된다.

2) 노무자에 주는 영향

비오는 시간에 따라 여러 가지 영향이 초래된다. 이른 아침의 비는 노무자의 출동을 막는다. 즉 현장에 나가도 일을 할 수 없거나 교통의 불편, 기타 부수적 조건 또는 기분이 내키지 아니하므로 쉬게 된다. 비가 와도 작업을 하기로 약정된 것 외에는 그 후 비가 개어도 그날은 출력하지 아니하는 것이 통례이다.

현장 출력 후의 강우시에는 비가 와도 지장이 없는 다른 일을 하거나 반나절(半日)만이라도 채워 보려고 한다. 오후부터의 강우시에도 일은 중지된다. 다만 그날의 작업예정으로 중단할 수 없는 공종만은 적당히 끝날 때까지 작업을 강행하는 것이 보통이다.

3) 작업에 주는 영향

강우 중에는 외부공사는 물론, 내부공사라도 작업불능 곤란 또는 위험하여 못하게 된다. 또 습기를 피하는 공사, 건조를 기다려야 하는 공사는 물론 지붕방수공사 후에 해야 되는 공사, 또는 고인 물의 배제, 건조처리 등으로 다음 공정에 옮길 수 없는 것이 생긴다.

4) 시행완료 부분에 주는 영향

비새기, 비들이치기, 빗물굄 등에 의하여 기초파기의 토사유실, 붕괴, 흙막이에의 압력증대 등과 실내 마무리부분의 탈락, 오염, 손상 등이 생긴다.

5) 강우 전후의 영향

공사 도중에 강우로 인하여 손상, 오염 등의 우려가 있는 공사부분은 비가 내릴 것으로 예측되는 날은 시작하지 않아야 한다. 또 비가 온 후 개어도 빗물 및 습기 처리를 한 후가 아니면 작업이 불가능하거나 곤란할 때도 있다. 공사 종류에 따라서는 비오는 날 뿐만 아니라 그 다음 며칠간은 쉬어야 할 때도 있다.

(2) 기온의 영향

기온이 시공에 미치는 영향은 고온보다 저온일 때에 문제가 된다. 특히 물을 쓰는 공사, 보온처리를 하는 재료의 공사에는 화학변화의 정지, 물리적 작용의 감퇴, 동결(凍結)은 물론 인체의 작업능률의 부진을 초래하게 되어 시공불능 또는 그 결과 불량부분이 생기게 된다. 그러나 기온은 지역 또는 계절에 따라 매년 거의 같은 상태로 예측되므로 그 대책을 강구하여 두거나 공사기일을 선택하면 지장이 없을 것이다.

(3) 바람의 영향

바람은 공사중의 건물·가설물 등의 도괴(倒壞), 미완성 부분의 탈락(脫落)·비산(飛散)을 일으키고, 높은 곳의 작업에 지장을 준다. 먼지를 피하는 공사에는 오염 등이 생기게 되고 측량, 먹매김 등이 곤란하게 된다. 그러나 적당한 바람은 습기가 찬 것의 건조를 돕고 더위를 덜어 작업환경을 좋게 한다. 강풍에 비가 겹치면 현장에 대한 영향이 크고 위험스런 상황에 처하게 된다.

(4) 건조, 습도의 영향

건조는 화재 수경재(水硬材)의 경화 또는 미장작업 면에 균열 등을 초래하고, 과도한 습도는 목재의 건조 불충분, 칠공사 불량, 미장작업을 지체시키는 일은 있으나, 우천 이외에는 고려할 여지가 없는 것이다. 이상과 같은 영향으로 건축공사에는 다음과 같은 손실 및 작업일수의 지연이 생긴다.

① 괸 물, 샘물의 양수비(揚水費)

② 빗물에 의한 손상, 오염의 수리비

③ 재료 및 작업완료부분의 건조처리비

④ 빗물에 대한 대책 및 보양비(保養費)

⑤ 재료의 피해(시멘트 경화, 모래의 유실, 목재의 변질, 철재의 녹슬기)

⑥ 공정지연으로 생긴 낭비 및 일반경비 증대

⑦ 각종 기계기구 손료 및 정비비의 증대

⑧ 우중작업 장비비 및 장려금 지출

⑨ 공정회복에 따르는 돌관작업비(突貫作業費)

⑩ 재료의 납입지연, 작업능률 및 질의 저하로 인한 손실

⑪ 공정기일 만회불능일 때의 연체료(延滯料)

1-6-2 기본공정계획

기본공정계획은 공법계획에 기초하여 시공의 순서를 계약공기내에 완성할 수 있도록 하는 기본이 되는 것이다. 기본공정계획에서는 착공 및 완료일, 중간공기, 본설전기의 수전예정일, 관공서의 서류수속예정 등 공정상 중요한 구획 나누기를 하는 시점(마일스톤, 관리일)을 명확하게 하여야 한다. 특히 건축물을 건축주에게 인도하기 위해서는 준공 전에 수전검사, 소방검사 건축검사 등의 관계 관공서 및 공사감리자, 발주자의 검사를 받아야 하므로 검사예정, 보수기간을 고려하여 계획을 세운다. 기본공정계획의 작성순서는 그림 1-23에 나타낸다. 결정된 공법에 대해서 작업간 상호의 관련을 아래와 같이 정리한다.

① 하나의 작업을 시작하기 위해 어떤 작업을 하여야 하나

② 하나의 작업이 완료되면 어떤 작업을 시작하여야 하나

③ 어떤 작업이 평행하여 작업할 수 있나

작업상호간의 정리를 행하는 경우, 단기간에 대량의 작업원을 집중시키는 것은 곤란하므로 노무(작업원의 사람수)를 평균화할 수 있도록 노력할 필요가 있다. 다음으로 공사마다의 수량을 산출하고, 작업일수를 산출한다. 작업일수는 공사수량, 작업인원수, 기계대수 및 그것의 능률에 의하여 산출한다. 이것들의 자료를 기초로 작업간의 관계에 주의하여, 전체의 공기를 산출한다. 마감공사는 충분히 검토를 하지 않고, 구체공사 종료한 후 몇 개월 후에 하는 경우가 있지만, 경우에 따라선 마감공사는 여러 종류의 공사가 서로 겹치고, 공사의 종류에 따라 양생기간을 필요로 하기 때문에 적정한 공기를 확보하도록 하여야 한다.

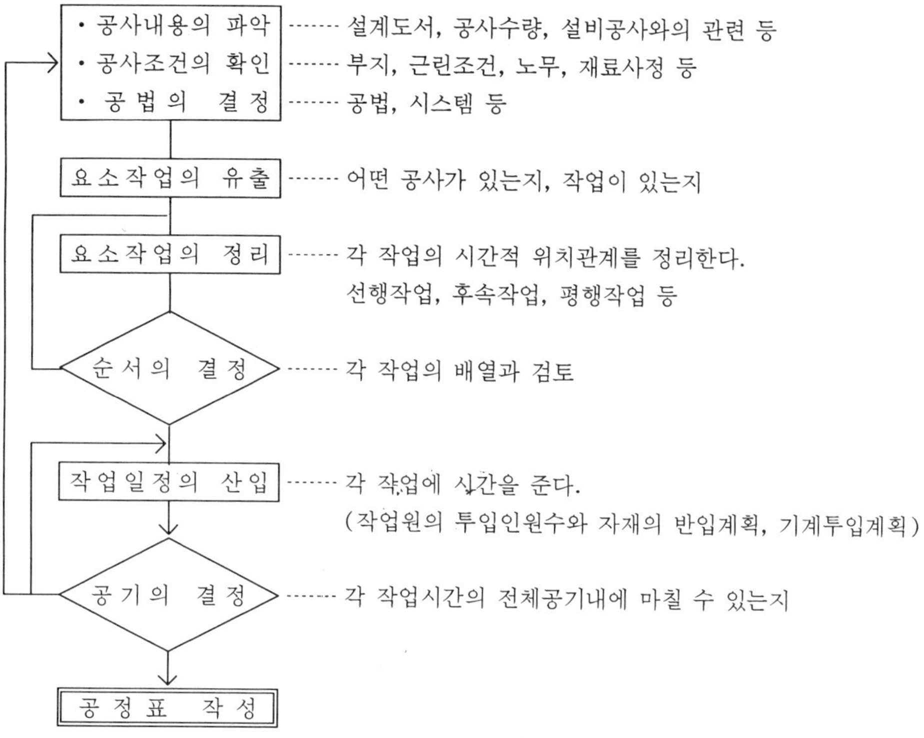

그림 1-23 기본공정계획의 작성순서

또, 현장에서의 공사는 설계도를 기초로 작성한 시공도에 의해 공사를 진행하므로, 시공도 작성공정을 검토하여야 한다. 철골, 새시 등 공장에서 제작된 제품을 반입하여 시공하는 공사에 대해서는 공장에서의 제작공정을 확인하고, 공정의 취부시기에 납입될 수 있도록 발주하여야 한다. 기본공정계획에서는 기초공사에서 마감, 설비공사까지의 전체의 흐름을 균형 있고 원활하게 하는 일이 중요하다.

(1) 갠트차트(Gantt Chart)와 PERT, CPM

프로젝트(project)를 계획하고, 통제·관리하기 위한 기법으로서 Gantt Chart, CPM, PERT, GERT, LOB(Line Of Balance), PDM(Precedence Method), PERT/COST, PERT/LOB, KIZZ도표, MOST도표, Simulation 등이 있다.

1) 갠트차트(횡선식공정표, 바차트)

1909년대 초 테일러(F.W. Taylor)에 의해 표준시간 설정 등의 과학적 관리법이 제창된 이후 1차 세계대전중 미육군 병기국에서 병기 생산을 위해 갠트(Herry L. Gantt)가 공정관리기법으로서 처음 개발·사용하였다.

시초의 갠트차트는 각 요소작업별로 타임스케일(time-scaled)된 막대그림표로 구성되어 있으며 요소작업의 시작과 작업기간 및 작업 완료점을 막대그림으로 나타낸 것이다.

또한 갠트차트는 계획과 실제 추진 작업과의 비교를 도표로 나타낸 것으로 계획량은 절대치로서 숫자로 표시하고 달성률은 백분율로서 시각적으로 표시한다.

2) PERT와 CPM

PERT(Program Evaiuation & Review Technique), CPM(Critical Path Method)은 네트워크(network)기법을 이용한 가장 기본적이고 새로운 계획수립 및 관리기법이다.

제2차 세계대전을 고비로 원자탄 및 핵무기의 개발은 막대한 인적·물적 자원이 소요되었고, 이를 효율적으로 계획·관리하기 위한 필요에서 PERT가 1958년에 미국의 폴라리스(Polaris) 잠수함 건조계획에 도입되어 건조기간을 2년간 단축할 수 있었다.

이후 미공군, 육군, 정부기관 및 각 민간기업에서 널리 실용화되었으며, CPM은 이보다 다소 앞서 미국의 듀퐁사에서 기업규모의 확대와 경쟁력 강화를 위해 신계획관리법으로 개발되었으며, 현재는 각종 건설사업 및 여러 프로젝트에 있어서 보편화되었다.

PERT와 CPM은 둘 다 갠트차트와는 달리 네트워크를 이용한 계획 관리수법의 일종이나 PERT는 명확하지 않은 사항이 많고 확립된 표준이 없는 조건하에서 수행되는 신규사업에 많이 이용되며, CPM은 비교적 경험이 많은 반복적인 사업에 주로 이용될 뿐더러 작업표준이 확립된 사업에도 통상 활용된다.

3) PERT와 CPM의 비교

전술한 바와 같이 CPM은 반복적이고 경험적 사업에 주로 사용되어진 반면 PERT는 주로 계획적인 신규사업에 사용되어진다.

요소작업의 공기(duration)를 추정할 때 CPM은 확정적이고 PERT는 확률적이다. 즉 CPM은 공기를 단일점 추정하고 PERT는 3점(点) 추정한다는 것이다.

PERT와 CPM의 차이점은 표 1-4와 같다.

표 1-3 갠트 차트와 PERT와 CPM의 비교

주 안 점	막대도표(bar chart)	PERT/CPM
작업전후관계	작업선후관계 불명확	작업선후관계 명확
중 점 관 리	공기에 영향을 주는 작업의 발견이 난해	공기 관련 중점작업을 애로공정(critical path)에 의해 발견
탄 력 성	일정의 변화에 손쉽게 대처하기 어렵다.	CP 및 여유공정을 파악, 수시로 일정변경을 할 수 있으며, 컴퓨터 등이 이용된다.
통 제 기 능	통제기능의 미흡	애로공정과 여유공정에 의해 공사통제 가능
예 측 기 능	문제점의 사전예측이 어렵다.	애로공정과 여유공정에 의해 공사통제 예측 가능
최 적 안	최적안 선택기능 전무	비용과 관련된 최적안 선택이 가능함.

표 1-4 PERT와 CPM의 비교

PERT	CPM
미군수국 특별계획부(S.P.O)에 의해 개발	Walker(Dupont)와 Kelly(Remington)에 의해 개발
Polaris Missile 개발에 응용	Dupont에서 투자자금의 효과적 사용과 납기준수에 응용
신규사업, 비반복 사업, 경험이 없는 사업 등에 활용	반복사업, 유경험 사업 등에 이용
3점 추정(t_o, t_m, t_P)	1점 추정(t_m)
$e=\frac{t_o+4t_m+t_P}{6}$	$t_e=t_m$
Node time 중심의 일정계산 (T_L, T_E)	Activity time 중심의 일정계산 (ES, EF, LS, LF)
주공정(CP)의 발견 $T_L-T_E=0$	주공정(CP)은 $TF=FF=0$

4) 네트워크기법에 의한 공정관리

네트워크기법은 프로젝트의 수행에 관련하는 공정상의 제문제를 네트워크라고 하는 도해적 또는 수학적 모델에 의해서 해명하는 기법이다. 환언하면 화살표와 ○표로 조립된 망상도이고 이 망상도에 의해 작업의 순서관계를 정확하게 표현한다. 네트워크기법에는 PERT와 CPM이 있다.

PERT와 CPM을 적용함으로써 효과를 거둘 수 있는 사업분야들을 열거해 보면 아래와 같다.

① 각종 건설계획－간척공사, 하천개수, 고속도로, 교량, 댐, 항만시설, 공업단지 조성 등
② 경제개발 계획
③ 신공장 건설 및 발전소 건설
④ 공장설비(또는 장비)보수, 보전 계획
⑤ 선박건조 계획 및 보수 계획
⑥ 도시개발 계획
⑦ 각종 농업개발 사업－수산 및 어업시설, 조림, 사방(砂防)사업
⑧ 신제품 개발 계획
⑨ 대규모 기계의 제작과 조립 계획
⑩ 미사일(missile) 발사 계획
⑪ 각종 대규모 행사 계획
⑫ 컴퓨터(computer) 도입 계획

1-6-3 네트워크의 작성

(1) 준 비

네트워크를 작성하기 위하여서는 다음과 같은 자료를 준비한다.

설계도서, 시공장소의 입지조건 및 기상조건, 개략시공계획, 각 공종별 작업량, 각종 노무자의 작업능률, 시공기기의 작업능률, 자재와 노무의 조달에 관한 시장조사 등을 실시한다.

(2) 내용검토

네트워크를 작성하는데 있어서는 다음에 유의해야 한다.

① 공사자료에 따라 공사내용을 분석하고

② 관리목적을 명확히 하고 배열을 강구한다.

③ 작업은 세분화·집약화한다.

④ 공정의 기술적 순서, 상호관계를 네트워크에 표시한다.

다음은 작업에 대한 계산을 한다.

① 작업량·수량 품셈에서 소요작업인원, 기계대수를 파악한다.

② 작업공간의 크기, 동원제한 등에 따라 단위 시간당 종업원, 기계대수의 능률적인 인원, 수량을 검토해 보고,

③ 공사기일은 무시하고, 날씨 등으로 작업을 못하는 날은 고려하지 않고 보편적인 상태에서의 작업일수만을 헤아린다.

(3) 일정계산(시간계산)

네트워크에 있어서의 일정계산 방법은 손(手)계산으로 하는 방법과 전자계산기를 써서 하는 방법이 있고 어느 것이든 개시결합점(開始結合點)에서 종료결합점(終了結合點)에 이르기까지 네트워크의 모든 루트(route)에 걸쳐 계산되고 각 결합점에 있어서의 시각(時刻)이나 개개의 작업착수 가능시각, 종료시각을 가하여 각기의 작업의 여유시간(float time) 및 프로젝트를 완성하는데 필요한 일수(공사기일)를 구하는 절차를 포함한다. 이와 같이 구한 공사기일을 계산공기(計算工期)라 한다. 이 계산을 하기 위하여 전자계산기가 쓰일 뿐이지 계산기 자체가 공정계획과 관리를 하는 것은 아니다.

(4) 공기조정(工期調整)

네트워크에서는 공기를 둘로 나누어 다루되 그 하나는 미리 지정된 공기로서 이것을 지정공기라 하고, 다른 하나는 일정계산에서 말한 바와 같이 계산에 의하여 구하는 계산공기이다. 계산공기가 지정공기와 같거나 짧으면 문제는 없지만, 일반적으로 반대일 때가 많다. 이때의 계획은 다시 수정하거나 작업일수를 변경하여 지정공기에 맞추는 작업을 해야

한다. 이것을 공기조정이라 하고 이 단계에 있어서 계획에 수정이 있을 때는 일정계산을 다시 해야 한다.

1-6-4 공정관리(工程管理)

공정계획은 면밀히 하였더라도 그 관리가 잘되지 아니하면 그 효과는 반감될 것이다. 따라서 알기 쉽고 보기 좋은 네트워크를 짤 필요가 있고, 그 계획과 관리가 유리되지 아니하는 의미로서도 계획담당자와 협의하는 것이 중요하며 전체공정도에 따라 부분(상세)공정을 작성하여 헛됨이 없는 공정의 계획을 세울 필요가 있다.

여유(float)가 있는 작업이라도 그 시점에서 그 여유를 이용하든가 미리 계획에 집어넣는 일을 잊지 않도록 해야 한다. 네트워크기법은 다른 기법보다 우수한 정보를 제공하지만 이 정보를 충분히 활용하도록 힘써야 한다. 공사담당 주무자는 중지(衆知)를 모아 만든 공정을 활용하는 의미로서 공정상으로 통제를 하는 것도 필요하다.

네트워크에서 얻어지는 정보의 활용을 열거하면 다음과 같다.

① 크리티칼패스(critical path)와 중점작업의 파악
② 작업순서와 상호관계의 파악
③ 플로트(float)의 종류와 특성의 파악
④ 계획단계에서 만든 여러 데이터(data)의 수집
⑤ 변경이 있을 때 전체에 대한 영향의 파악
⑥ 네트워크에서 경험자료의 정리와 장래를 위한 피드백(feedback)

네트워크의 기법이라 하여도 계획과 실적(實績)은 차질이 생긴다. 이 차질은 중요한 정보로서 그 이후의 공정계획 관리를 어떻게 할 것이며 또 활용해야 되며, 공사의 진전에 따라 일정 목표의 오차의 정밀도를 굳히는 것을 잊어서는 안된다.

네트워크 공정표는 계획이나 관리를 위한 방법일 뿐 계획시 너무 상세한 표현을 하면 그 이후 여러 변경, 기타로 인한 네트워크의 수정이 번거롭게 되어서는 곤란하다. 공정관리를 하는데 있어서는 다음의 조직상의 책임권한, 기타의 문제를 명확히 해둘 필요가 있다.

① 공정계획의 입안→협의→결정→실행의 프로세스(process)와 그의 책임 권한의 명확화
② 공정관리에 있어서는 변경이 생기면 재빨리 계획수정을 한다.
③ 공정관리를 하는데 있어서는 직제기구(職制機構)와 측면적인 관리기구와의 융합을 충분히 도모할 필요가 있다.

1-6-5 네트워크기법의 특징

네트워크 공정표의 장점과 단점을 열거하면 다음과 같다.

(1) 장 점

① 개개의 작업 관련이 도시되어 있어 내용이 알기 쉽다.

② 재래의 개념적인 공정표가 숫자화되고 계획·관리면에서 신뢰도가 높으며 전자계산기의 이용이 가능하다.

③ 크리티칼패스 또는 이에 따르는 길에 주의하면 다른 작업에 계획누락이 없는 한 공정이 원만하게 추진되어 공정관리가 편리하다.

④ 개개의 공사의 완급 정도와 상호관계가 명료하므로 크리티칼한 일에는 현장직원 작업인원의 중점배치가 가능하다.

⑤ 작성자 이외의 사람도 이해하기 쉬우므로 건축주나 관련업자와의 공정회의에 대단히 편리하다.

(2) 단 점

① 다른 공정표에 비하여 손익힐 때까지 작성시간이 필요하다.

② 작성 및 검사에 특별한 기능이 요구된다.

③ 실제의 공사에 있어서는 네트워크와 같이 구분하여 이행(移行)하지 아니하므로 진척관리(進陟管理)에 있어서는 특별한 연구가 필요하다.

1-6-6 네트워크 공정계획

네트워크 공정표는, 봉선공정표에서는 명확하지 않은 작업간의 상호관련 및 평행하여 시공하고 있는 작업 중 어느 작업이 공정관리상 중요할까, 또 어느 작업이 공기를 좌우할까를 정확하게 판단할 수 있는 장점이 있다. 네트워크 공정표에는 애로우형 네트워크와 서클형 네트워크가 있다. 애로우형 네트워크는 작업을 화살표선으로 표시하고, 서클형 네트워크는 원(圓)으로 작업을 나타내는 공정표이다.

여기에서는 일반적으로 자주 이용되는 애로우형 네트워크에 대하여 설명한다. 네트워크는 아래 그림처럼 구성된다(그림 1-24 참조).

① 작　업 : 공정을 구성하는 단위를 말하며, 작업의 표시는 화살표선으로 나타내고, 화살표선의 후단은 작업의 시작을, 화살표선의 선단은 작업의 완료를 나타낸다.

② 더　미 : 가공의 작업으로 작업의 상호관계를 그림으로 표시하기 위한 것으로, 파선을 이용한다.

③ 결합점 : 작업(또는 더미)의 결합하는 점 및 공정의 개시점 및 완료점을 말하며, 각 결합점에는 식별용의 번호(결합점 번호) 또는 기호를 붙인다.

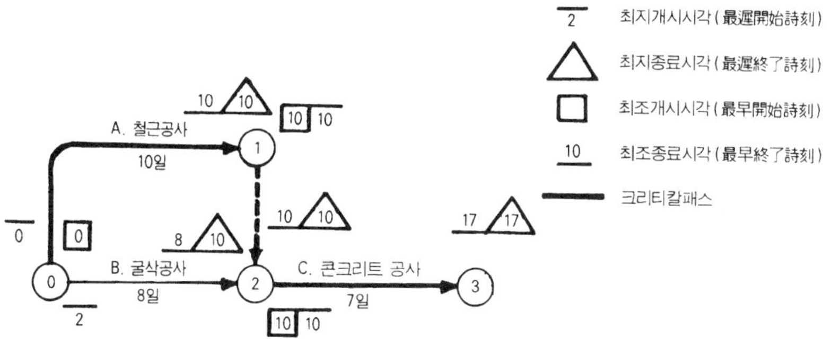

그림 1-24 네트워크

(1) 제일 빠른 개시시각(EST), 제일 빠른 종료시각(EFT)

각 작업의 작업개시 가능한 가장 빠른 시각을 최조개시시각(最早開始時刻, EST)이라 하고, 작업종료 가능한 가장 빠른 시각을 최조종료시각(最早終了時刻, EFT)이라 한다. 이들은 다음의 원칙에 따라서 계산할 수 있다.

① 공사의 일번최초 시작되는 작업의 EST는 모두 0(零)으로 한다.

② 어느 작업도, EST에 작업일수를 첨가하면 EFT가 된다.

③ 어느 작업의 EST는 선행작업의 EFT의 최대치가 된다.

이들의 원칙에 따라, 그림 1-24의 네트워크의 EST와 EFT를 계산하면 다음과 같다.

작업 0 ----→ 1　　EST= 0 (일), EFT=0+10=10 (일)

작업 0 ----→ 2　　EST= 0 (일), EFT=0+8=8 (일)

작업 1 ----→ 2　　EST=10 (일), EFT=10+0=10 (일)

작업 2 ----→ 3　　EST=10 (일), EFT=10+7=17 (일)

철근공사와 굴착공사의 양방이 완료하지 않으면, 콘크리트공사의 작업을 개시할 수 없다. 즉, 철근공사의 소요일수 10일과 굴착공사의 소요일수 8일의 최대치가 콘크리트공사의 최조개시시각이 된다.

(2) 최지개시시각(LST), 최지종료시각(LFT)

주어진 공기 중에, 각 작업의 개시가능한 가장 늦은 시각을 최지개시시각(最遲開始時刻, LST)이라 하고, 작업종료 가능한 가장 늦은 시각을 최지종료시각(最遲終了時刻, LFT)이라 한다. 이들은 네트워크의 최후로부터 다음 원칙에 따라 계산할 수 있다.

① 공사의 일번최후의 작업의 LFT는 지정공기로 한다.

② 어느 작업도 LFT로부터 작업일수를 빼면 LST가 된다.

③ 어느 작업의 LFT는 후속작업의 LST의 최소치가 된다.

이들의 원칙에, 그림 1-24의 네트워크의 LST 와 LFT를 계산하면 다음과 같다. 또 지정공기는 앞에서 구한 공기로 한다.

작업 2 ----→ 3　　LFT=17(일), LST=17-7=10(일)

작업 1 ·········> 2 LFT=10(일), LST=10−0=10(일)
작업 0 ·········> 2 LFT=10(일), LST=10−8=2(일)
작업 0 ·········> 1 LFT=10(일), LST=10−10=0(일)

(3) 크리티칼패스(Critical Path)

출발점에서 종점의 이벤트까지를 애로우로 이은 네트워크에 대해 이들 출발점에서 종점의 이벤트에 이르기에는 여러 종류의 경로로 거슬러 올라갈 수 있다. 이 경로를 패스(path)라 한다. 패스로 가장 소요일수가 오래 걸리는 것을 크리티칼패스라 하고, 크리티칼패스의 소요일수를 공기라 한다. 여기에서 크리티칼패스상의 작업이 1일 늦어지면 공기도 1일 늦어진다. 즉, 크리티칼패스상의 작업은 EST=LST, EFT=LFT가 된다. 따라서, 크리티칼패스상의 작업은 중점 관리할 필요가 있다.

그림 1-25의 여유일수를 계산하면,

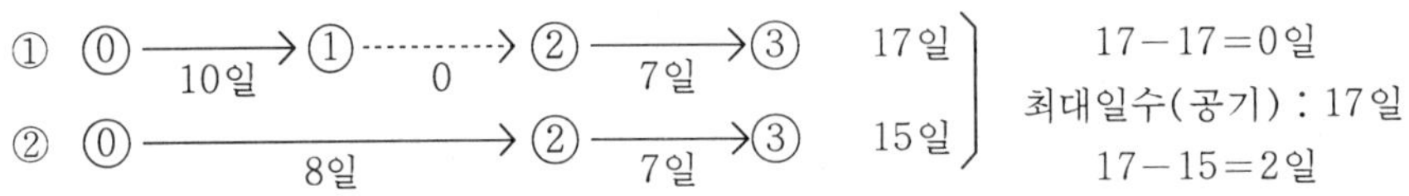

그림 1-25 여유일수 계산

0·········> 2·········>3의 경로에 2일간의 여유가 있음을 알 수 있다. 또 크리티칼패스는 여유가 0의 경로라고도 말할 수 있다.

1-6-7 자원배당(Resource Allocation)

(1) 자원배당의 목적

공사를 수행하는 데 있어 제자원을 충분히 투입할수록 공사는 신속하게 이루어 질 수 있지만 공사의 비용과 장비, 인원 등의 효율을 생각해 볼 때 가장 효과적인 제자원의 투입량은 공사를 주어진 공기내 수행할 수 있는 최소의 장비와 인력이라 할 수 있다.

따라서 타임스케줄(time scheduling)시 수립된 일정계획이 실행 가능한 것인가를 검토하고 비용의 증가를 최소로 억제하는 선에서 적절한 자원의 분배가 필요한 것이다.

결국 자원 소요량과 투입 가능한 자원량을 상호 조정하고 아이들타임(idle time)을 제거함으로써 자원의 효율화를 기하고 아울러 비용의 증가를 최소로 하는 것이 자원배당의 목적이라 하겠다.

(2) 자원배당 방법

1) 네트워크 작성 및 일정계산표(boundary time table) 계산

2) 자원배당의 대상

일반적으로 자원이라 함은 아래와 같이 대별할 수 있다.

① 인력(labor, manpower)

② 장비, 설비(equipment, machine)

③ 자재, 재료(material)

④ 자금(money)

자원을 그 특성상으로 분류하면,

① 내구성(耐久性) 자원(carried - forward resource) : 인력, 장비 등

② 소모성(消耗性) 자원(used - by - job resource) : 자재, 자금 등

3) 자원배당량산출(Loading)

타임스케줄(time schedule)에 의하여 자원의 소요량을 산출하는 방법에는 ES(Early Schedule)과 LS(Late Schedule)에 의한 방법이 있다.

① ES에 의한 자원의 소요량

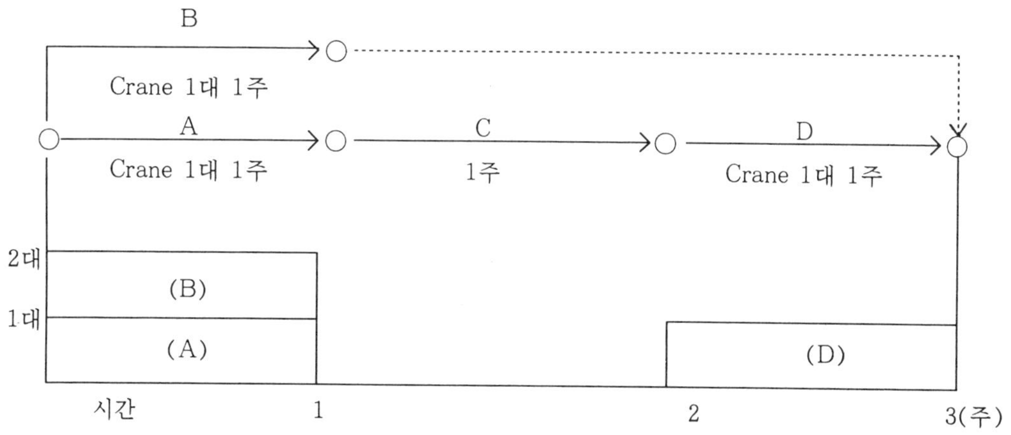

② LS에 의한 자원의 소요량

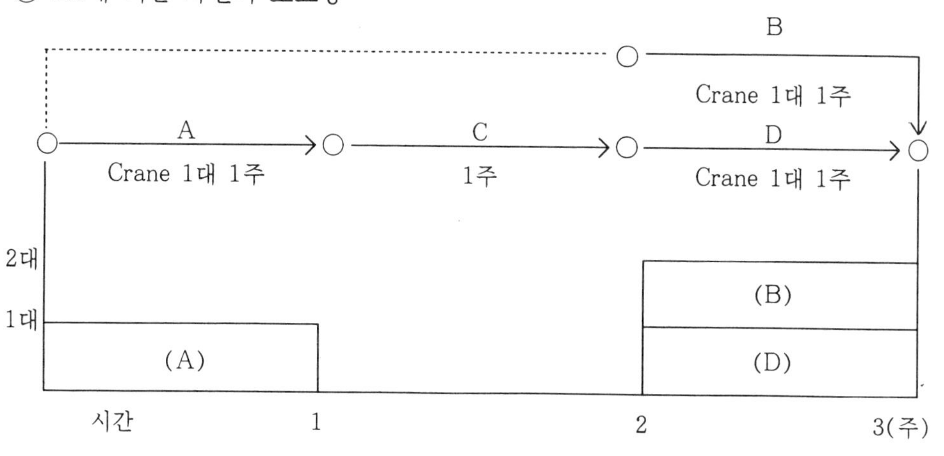

4) **자원의 평준화**(Levelling)

자원의 피크(peak)나 밸리(valley) 등과 같은 불균형을 없애고 자원의 투입을 평준화한다.

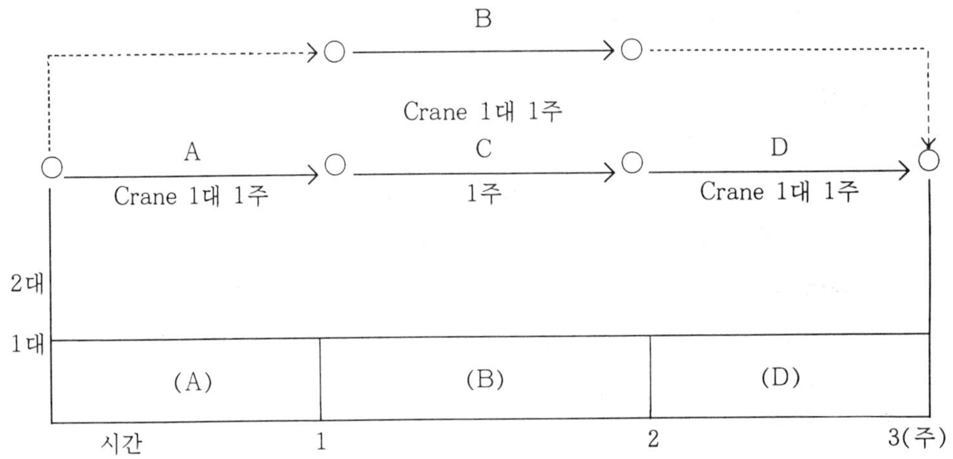

위의 예에서 자원의 ES나 LS에 의한 로딩(loading)과 최적 스케줄(schedule) 자원배당을 비교하면 아래의 그림 1-26과 같다.

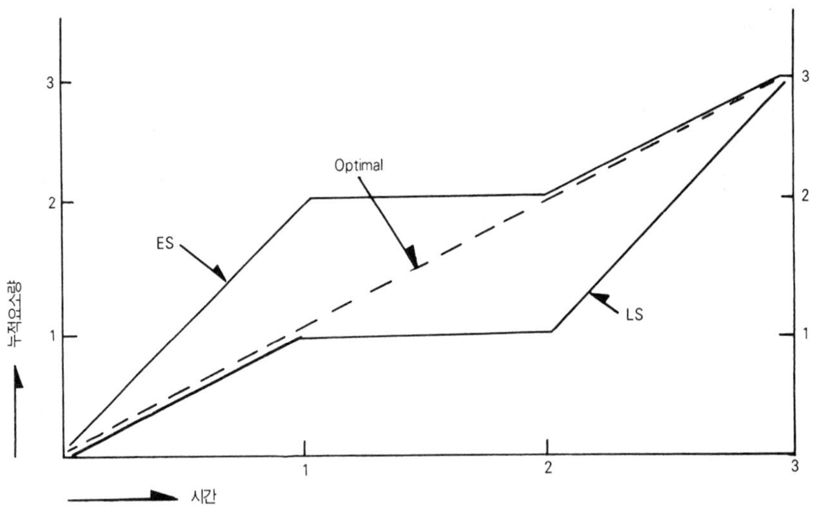

그림 1-26 ES, LS 와 최적 스케줄과의 비교

자원의 평준화(levelling)는 아래의 두 가지 경우로 생각할 수 있다.

① **공기를 고정하는 경우**(Fixed-Time)

전체 공기를 고정하는 경우 CP상의 작업들은 여유를 전혀 갖지 않으므로 일정을 재조정할 수 없으며 단지 여유를 갖는 Non-CP 액티비티(activity)에 대해서만 일정을 조정할 수 있다.

자원의 전체 소요량이 투입가능량(resource availability)을 초과하거나 투입수중의 불균형이 심할 때 액티비티별로 자원배당의 우선순위(priority)를 주어 자원배당이 될 수 없는 액티비티에 대해서는 여유(float) 범위내에서 뒤로 지연시키게 된다.

이때 어느 액티비티부터 먼저 배당할 것인가에 대한 우선순위(priority)는

㉠ 여유가 가장 적은 액티비티부터

㉡ 기간이 짧은 액티비티부터 우선적으로 해 주는 것이 보통이다.

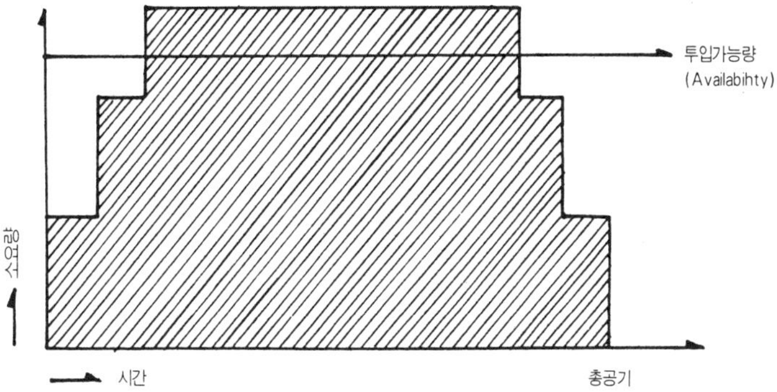

그림 1-27 공기를 고정하는 경우

② **투입자원을 제한시킨 경우**(Fixed-Resource)

자원의 투입가능량(resource availability)이 극히 제한된 경우는 자원부족이 발생했을 때 여유가 없는 CP상의 액티비티라 하더라도 지연시킬 수밖에 없게 된다. 따라서 전체 공기가 어느 정도 지연될 수 있는가를 고려하여 허용지연기간(allowed delay)내에서 일정을 조정한다.

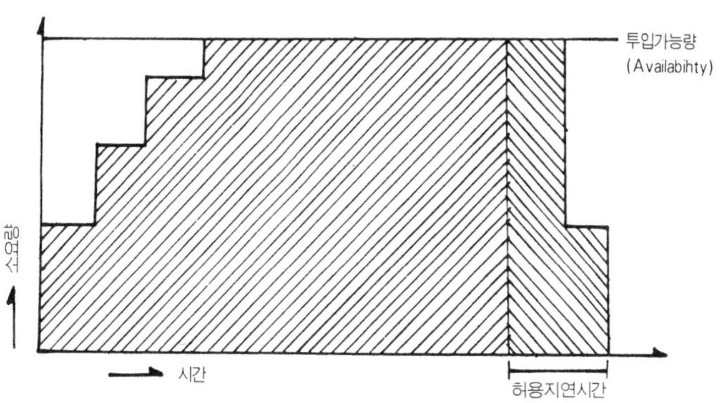

그림 1-28 투입자원을 제한시킨 경우

1-6-8 공기단축

(1) 공기단축의 의의

정상계획(normal plan)에 의해 수립된 초기공정계획의 총공기가 계약공기보다 긴 경우나 공사수행 도중 작업이 지연되어 총공기의 연장이 예상되는 경우에 공기단축이 불가피하게 된다. 이때,

① 요소작업(activity)의 소요공기 추정 재검토
② 주공정(C. P)상의 액티비티 병행 수행의 가능성 검토
③ 계획공정 로직(logic)의 변경 등을 먼저 검토하여 공비(工費)의 증가 없이 총공기를 단축할 수 있는지의 여부를 점검한다.

위의 방법으로 소기의 목적을 이루지 못하면 공비를 증가시켜서 총공기를 단축해야 하는데 이때, 비용의 증가를 최소로 하고자 하는 것이 공기단축의 목적이라 하겠다.

(2) 공기단축의 방법

1) 비용분류

① 직접공사비

공사에 직접 투입되는 비용을 말하며 그 구성은 인건비, 자재비, 장비 사용료 등이 이에 속한다.

② 간접공사비

현장에서 공사를 수행하지 않더라도 고정적으로 지출되는 비용을 말하며, 이에는 현장관리 유지비, 경상비 등이 있다.

2) 비용구배(cost slope)

공기를 단축하기 위해서는 장비와 인력의 투입증가가 필요하고 자재조달비가 증가할 수 있으므로 요소작업에 대한 이러한 비용증감에 대한 구배(cost slope)를 구하면

$$C_{ij}=\frac{m_{ij}-M_{ij}}{T_{ij}-t_{ij}} \qquad \text{비용구배}=\frac{\text{특급소요공비}-\text{정상소요공비}}{\text{정상소요공기}-\text{특급소요공기}} \text{ 이다}$$

여기서, T_{ij} : 정상공기(normal duration)
M_{ij} : 정상공기에 의한 코스트(nomal cost)
t_{ij} : 특급공기(crash duration)
m_{ij} : 특급공기에 의한 코스트(crash cost)

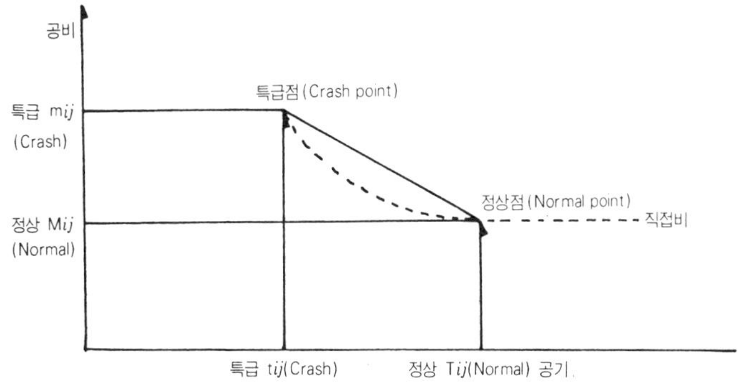

그림 1-29 공기와 직접비의 관계

예를 들어 어떤 한 요소작업의 정상, 특급공기 및 공비가 아래의 표와 같다면 비용구배는 15,000(원/일)이 된다.

정 상		특 급	
공 기	공 비	공 기	공 비
7일	30,000원	5일	60,000원

$$C = \frac{60,000\text{원} - 30,000\text{원}}{7\text{일} - 5\text{일}} = 15,000\text{원/일}$$

3) 공기단축기법

공기단축기법으로 MCX(Minimum Cost Expediting)가 가장 일반적으로 사용되고 있으며, 여기에서는 예제를 중심으로 풀이하여 소개하기로 한다.

① **MCX**(Minimum Cost Expediting)

주공정(CP)상의 요소작업 중 비용구배(cost slope)가 가장 작은 요소작업부터 단위시간씩 단축해가며 이로 인해 변경되는 주공정(CP)이 발생되면 변경된 경로의 단축해야 할 요소작업을 결정한다. 공기단축시 주의할 것은 변경된 주공정(CP)를 확인하도록 하며 특급공기 이하로는 공기를 단축할 수 없다는 것이다.

(예제 1) 그림 1-30과 같은 네트워크에 대하여 정상공기와 정상공기에 의한 공비(직접비) 그리고 특급공기와 특급공기에 의한 공비가 표 1-5와 같이 주어질 때 '비용 최소'라는 조건으로 일정 단축을 검토한다.

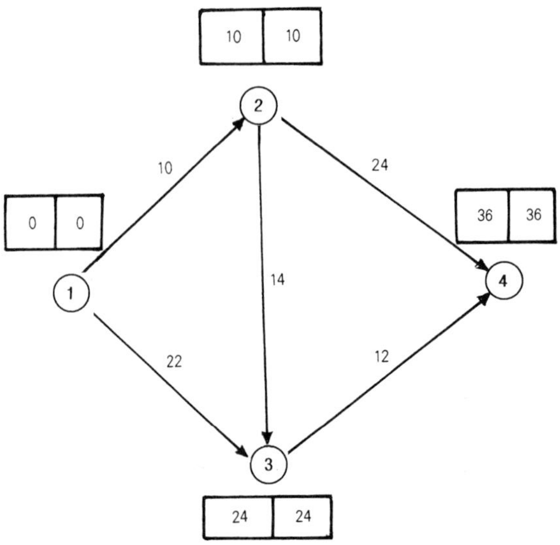

그림 1-30

표 1-5

요소작업	정상		특급		비용구배
	공기(일)	공비(원)	공기(일)	공비(원)	(원/일)
1−2	10	20,000	9	30,000	10,000
1−3	22	24,000	18	50,000	6,500
2−3	14	28,000	13	50,000	22,000
2−4	24	20,000	22	25,000	2,500
3−4	12	68,000	8	84,000	4,000
합 계		160,000		239,000	

CP와 여유공정을 발견하기 위해 일정계산표(boundary time table)을 구하면 표 1-6과 같으며 이를 네트워크상에 나타내면 그림 1-31과 같다.

CP상에서 비용구배가 최소인 요소작업으로부터 일정단축을 해 나간다.

표 1-6 일정계산표

요소작업	소요공기	ES	LS	EF	LF	TF	FF	IF	CP
1−2	10	0	0	10	10	0	0	0	*
1−3	22	0	2	22	24	2	2	0	
2−3	14	10	10	24	24	0	0	0	*
2−4	24	10	12	34	36	2	2	0	
3−4	12	24	24	36	36	0	0	0	*

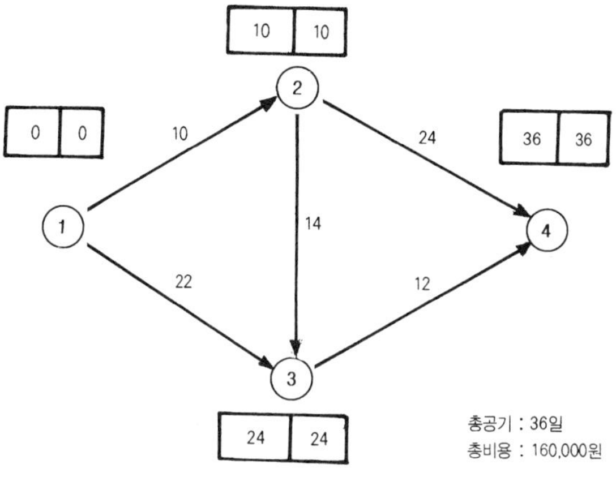

그림 1-31

(제 1 단계) 맨처음 1일간의 일정을 단축하려면 CP상의 소요공기를 단축하여야 하는데 이중에서 비용구배가 가장 적은 소요작업은 ③→④이며 직접비 4,000원을 추가하여 소요공기 1일간을 단축할 수 있으며 이는 그림 1-32와 같다.

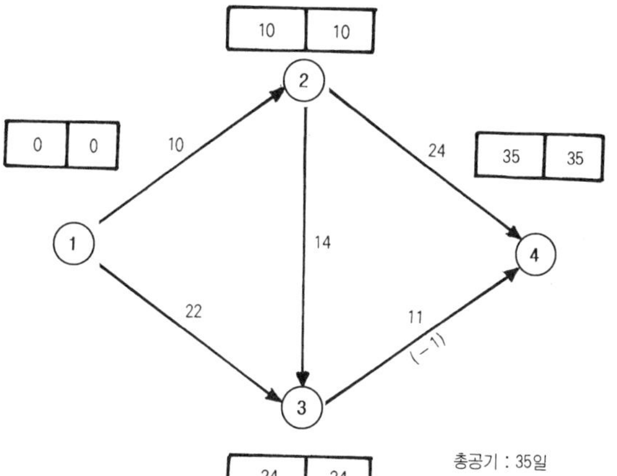

그림 1-32

총공비(직접비)는 160,000원+4,000원=164,000원이 된다. 또한 요소작업 ③→④는 특급공기가 8일이므로 정상공기 12일에서 4일간을 단축할 수 있다.

(제 2 단계) 2일간을 단축하려면 요소작업 ③→④를, 1일간 더 단축하면 그림 1-33과 같으며 총공비(직접비)는 164,000원+4,000원=168,000원이 된다.

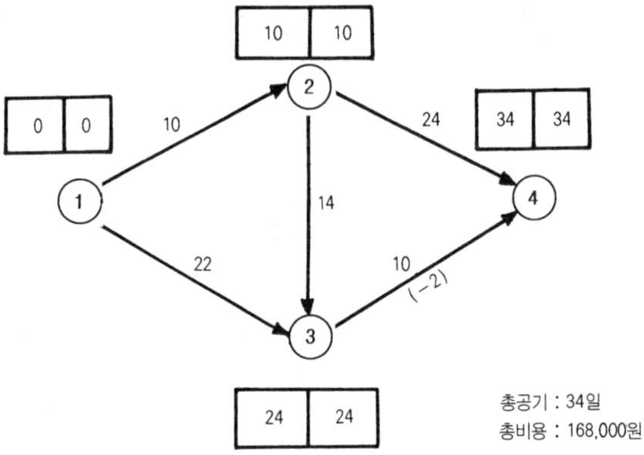

그림 1-33

(제 3 단계) 그림 1-33과 같이 2개의 CP를 가지므로 두 가지 경로가 표 1-7과 같이 나타난다. 따라서 3일간을 단축하려면 CP상에 비용구배가 가장 적은 경로 1−2−3−4의 요소작업 ③→④와 경로 1−2−4의 요소작업 ②→④의 일정을 각각 1일간씩 단축하여야 한다(그림 1-34 참조).

표 1-7

경로 1−2−3−4		경로 1−2−4	
요소작업	비용구배	요소작업	비용구배
1−2	10,000	1−2	10,000
2−3	22,000	2−4	2,500
3−4	4,000		

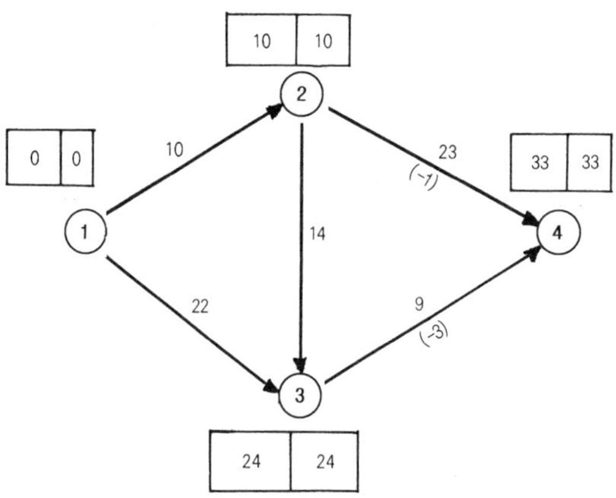

그림 1-34

이때 총공비(직접비)는 168,000원 + 6,500원 = 174,500원이 된다.

(제4단계) 4일간을 단축하려면 경로 1 - 2 - 3 - 4의 요소작업 ③→④와 경로1 - 2 - 4 의 요소작업 ②→④의 일정을 각각 1일간씩 단축하여야 한다.

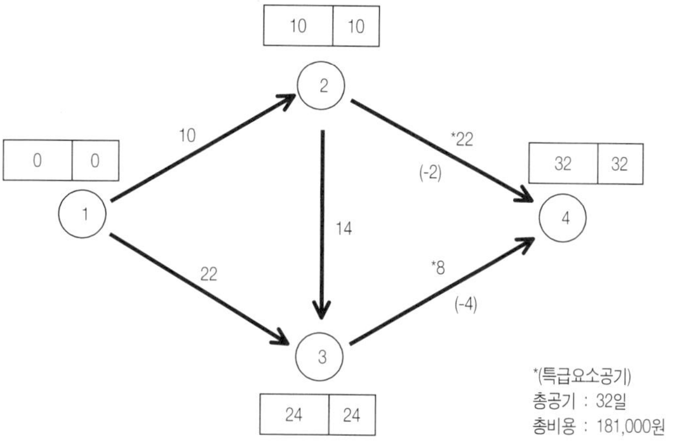

그림 1-35

이때 총공비(직접비)는 174,500 + 6,500 = 181,000원이 된다.
이상과 같이 소요공기와 그 공기에 따른 공비(직접비)를 비교하면 다음 표 1-8과 같다.

표 1-8

요소작업	정상소요공기 36일	-1일 35일	-2일 34일	-3일 33일	-4일 32일
1 - 2 1 - 3 2 - 3 2 - 3 3 - 4	10 22 14 24 12	10 22 14 24 *11	10 22 14 24 *10	10 22 14 *23 *9	10 22 14 22 8
직접비	160,000원	164,000원	168,000원	174,500원	181,000원

1-6-10 진척도관리

공사가 공정계획과 함께 진척하고 있는가 어떤가를 확인하고, 지연되고 있을 시에는 대책을 세우는 것이 진척도관리이다.

(1) 기성고곡선에 의한 관리

공정을 직접 나타내는 것은 아니지만, 공기에 대한 횡선식 기본공정표에 의한 기성고 예정곡선 그림 1-36을 나타내고, 진척도를 공사비에 환산하여 표현한 것이다. 이것에 의한 공정 및 기성고의 체크를 할 경우에 사용한다.

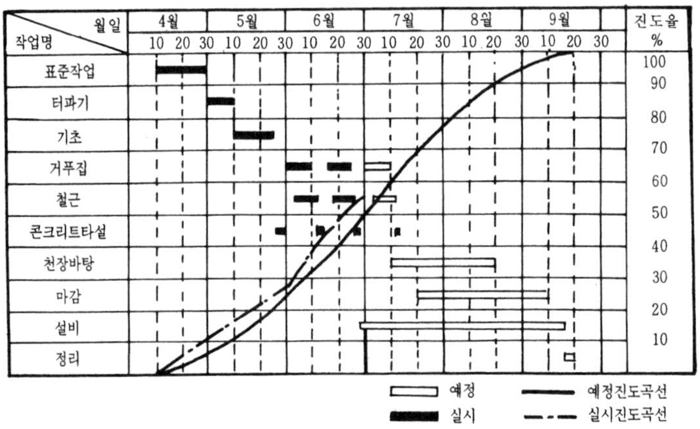

그림 1-36 기성고 예정곡선

(2) 횡선식 그래프에 의한 관리

그림 1-36에 나타낸 바와 같이, 각공사의 작업종료시점을 100%로 하며, 횡축에 그 달성도를 취하여 진행상황을 나타내는 그래프이다. 각공사의 정량적인 파악은 가능하다. 작업간의 관련을 알 수 없기에, 공정의 변화에 대한 대응이 곤란하고 전체의 영향이 명확하지 않은 결점이 있다.

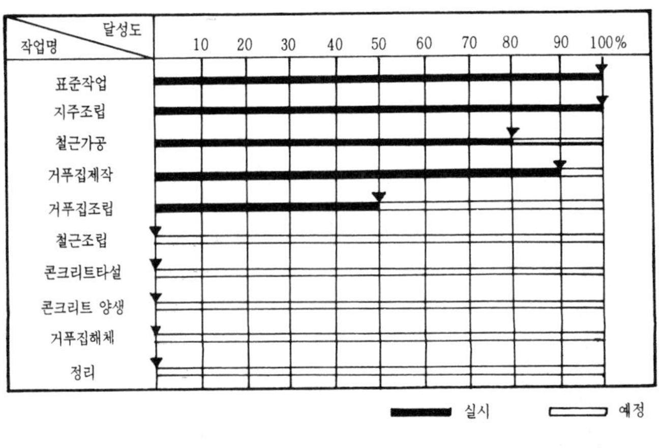

그림 1-37 횡선식 그래프

1-6-10 작업개선

계획과 실시의 사이에서 어긋났을 경우에는 계획을 변경할까, 현상을 고칠까, 어느 쪽인가의 계획을 수정하면 코스트에 영향을 미치는 일이 많기 때문에 가능하면 작업개선에 의해 현상의 문제점을 해결해 나가는 방향이 바람직하다. 작업개선의 기술은 공업생산의 분야에서는 일반적으로 산업공학을 IE(Industrial Engineering)라고 하며, 공장생산내에 불가결의 기술로서 위치를 점하고 있다. IE의 창시자라 불리는 테일러와 길브래드가 건설작업을 대상으로 하여 연구를 하였음에도 불구하고, 현재로는 건설업에 대한 작업개선의 기술은 타산업에 비교하여 늦어졌다고 말할 수 있다. 타산업에 대한 IE의 기술을 흡수하면서 건설업자의 작업개선기술을 확립해 갈 필요가 있다.

1-7 품질관리

1-7-1 품질관리의 개설

건축생산의 합리화, 성력화는 최근 특히 중시되어 그 수단으로서 여러 가지 관리기법이 개발·실시되고 있다. 그 중에서 품질관리는 공정관리, 원가관리, 안전관리와 병행한 건축생산의 중요한 항목이며, 공사시공계획의 단계에서 기본적인 방침이 결정되어 공정의 진행에 맞춰 관리항목이 결정된다.

일반적으로 생산활동은 무엇을 생산할까 하는 품질을 결정하고, 조직적인 회사의 기술표준이 만들어져 그에 따라 생산하고 판매한다. 더욱이 생산물을 소비자가 어떻게 받아들일까를 조사하여, 그 결과를 품질과 기술표준에 의하여 재설계를 한다. 이 사이클을 돌림으로 다음 생산을 계속하여 품질의 향상과 품질관리의 철저를 도모한다. 이와 같은 것을 가리켜 품질은 공정의 단계에서 만들어진다라고 말할 수 있다.

품질관리를 줄여서 QC(Quality Control)라고도 한다. 또 근대적인 품질관리는 통계적인 수단을 채용하기 때문에 특히 통계적 품질관리를 SQC(Statistical Quality Control)라고 한다. 품질관리를 효과적으로 실시하기 위해서는 시장의 조사, 연구, 개발, 제품의 기획, 설계, 생산준비, 구매, 외주, 제조, 검사, 판매 및 애프터서비스 또는 재무, 인사, 교육 등 기업활동의 전단계에 걸쳐 경영자를 시작으로 관리자, 감독자, 작업자 등 기업의 전원의 협력이 필요하다. 이렇듯 전원 참여에 의해 실시되어진 품질관리를 전사적 품질관리(CWQC : Company-Wide Quality Control) 또는 종합적 품질관리(TQC : Total Quality Control)라고 한다.

1-7-2 건축업의 특성

(1) 일품수주생산

건축은 일반적으로 주문자가 발주하여 설계가 시작되고 생산되어진다. 수주 후 완성까지에는 상당한 기간을 요한다. 또 같은 건축물의 반복 생산은 거의 이루어지지 않는다. 따라서 발주자의 충분한 신뢰를 얻지 않고서는 안된다.

(2) 건설현장조직

1개의 공사에 종사하는 직능분담자는 일반적으로 기획자, 설계자, 시공자, 재료·부품 조달자 등 그때마다 조직이 변한다. 이 직능분담자 중 기획자, 설계자와 시공자가 다른 기업체에 소속되는 것은 건설업계의 특성이다.

(3) 오랜 라이프사이클과 주관적 품질평가

건축물은 일반의 공업제품에 비해 그 수명이 현저히 길다. 긴 수명의 기간에는 그 건축물의 평가가 달라질 때가 있다. 따라서 이를 위한 품질보증의 활동도 어렵다.

1-7-3 품질관리의 목적

건설공사의 품질관리는 공정관리, 원가관리, 안전관리, 환경관리와 함께 공사의 5대 관리업무의 하나이며, 그 목표는 계약약관, 설계도서 등에 나타낸 기준을 충분히 만족시킬 수 있는 시설물을 가장 경제적으로 시공하는 것이므로 공사담당자 전원의 협조와 함께 주도한 계획과 착실한 실행이 있어야 효과를 낼 수 있다. 품질관리를 효과적으로 실시하기 위해서는 시공중의 관리뿐 아니라 공사관리의 기본이 되는 시공계획의 입안단계에서 충분히 검토되어야 하며 그 효과는 추진방법이나 실천정도 또는 기업체의 규모 등에 따라 다소 차이가 있으나 품질관리의 목적별로 분류해 볼 때 다음과 같은 효과를 기대할 수 있다.

1) 시공능률의 향상

① 시공상 불필요한 노력이나 시간의 낭비를 피할 수 있다.
② 차기 공정에 대한 작업의 연결이 원활하게 된다.
③ 올바른 자재를 사용할 수 있으므로 자재의 낭비를 막을 수 있다.
④ 장비 및 설비의 가동률이 향상되며 수명이 연장된다.

2) 품질 및 신뢰성 향상

① 품질의 변동이나 불량률을 감소시킬 수 있다.
② 건설시장의 신용도를 높일 수 있다.
③ 공사수주의 증대를 기할 수 있다.

④ 불필요한 검사를 배제하고 신뢰성이 높은 분석결과를 얻을 수 있다.
⑤ 하자 발생률을 감소시킬 수 있다.

3) 설계의 합리화
① 설계 및 시방서의 불합리한 점을 배제할 수 있다.
② 불량요인을 정확하게 파악하여 신뢰성이 높은 분석결과를 얻을 수 있다.

4) 작업의 표준화
① 작업의 표준을 설정할 수 있다.
② 작업의 표준을 준수할 수 있다.
③ 작업의 표준을 개선할 수 있다.

건축의 품질은 건축주의 요구를 만족한 설계의 품질, 그것을 설계도에 따라 시공한 시공의 품질, 더구나 유지관리의 품질 등으로부터 성립되고 있다.

1-7-4 품질관리의 특성

(1) 관리특성의 결정

품질관리의 제1단계에서는 구조물에 요구되는 품질과 규격을 정확하게 파악할 필요가 있다. 일반적으로 설계품질을 설계도서 특히 시방서에 규정되어 있으나 반드시 명확해야 하고, 상호모순이 있든가 경제적으로 달성할 수 없는 것일 경우에는 면밀히 검토할 필요가 있다.

이러한 품질요건을 만족시키기 위해서 주목해야 할 관리특성을 결정하는 데는 다음과 같은 내용을 유의해야 한다.

① 공정의 상태를 종합적으로 지시할 것
② 설계품질에 중요한 영향을 미칠 수 있는 것일 것
③ 공정의 초기에 측정할 수 있고, 결과를 일찍이 얻을 수 있을 것
④ 대용특성 또는 공정요인을 관리특성으로 하는 경우에는 원특성과의 관계가 확실할 것
⑤ 측정이 쉽고, 공정에 대해서 조치하기 쉬운 특성일 것

(2) 품질표준

품질표준은 현장시공에서 실현하고자 하는 품질의 목표로서 일반적으로 설계품질의 기준치를 사용하는 경우가 많다. 그러나 구조물의 품질은 어디에서나 같은 것이 아니고 어느 값을 중심으로 산포되어 있어서 설계품질을 목표로 하게 되면 이 값을 만족하지 않는 것이 상당히 있게 된다. 그러므로 설계품질을 충분히 만족시킬 수 있도록 하기 위해서는 이러한 산포를 고려해서 여유를 갖는 품질을 확보하도록 작업을 수행할 필요가 있다.

건축물은 시공주의 의향, 주문내용을 설계자가 도면에 표현하고, 감독자의 지시로 시공

자가 건설하는 것이며, 건축의 품질에 대한 최종의 판정자는 고객이다. 설계자와 시공자는 항상 연결되어 있으며 이 품질에 대한 요구를 충족시켜야 한다. 그러기 위해서는 품질에 대한 표준을 설정하기 위해 계획적인 활동(예 : 시공계획서, 콘크리트 품질관리기준 등의 작성)을 하며, 각각의 시공과정에 있어 시공품질표준을 확보할 수 있는 체제를 갖춘다.

예로 콘크리트의 압축강도라는 설계품질은 설계기준강도가 σ_{ck}이고, 품질표준은 배합강도(목표강도)는 σ_r이다. 이 배합강도는 현장에서 예상되는 품질의 변동에 따라서 할증계수(증가계수) a를 정해서 설계기준강도에 곱해서 결정하게 된다. 예로 $\sigma_{ck} = 210\text{kg/cm}^2$이고, $a = 1.15$이면 $\sigma_r = \sigma_{ck} \times a = 210 \times 1.15 = 241.5\text{kg/cm}^2$이 된다. 시공단계에서는 이 배합강도를 기준으로 하여 관리한다.

(3) 작업표준

건설공사에서 품질관리와 작업표준의 관계를 이론적으로 설정하기는 어렵지만, 과거에 시공한 같은 조건의 시공실적을 참고하면 경우에 따라서는 콘크리트의 시험 비비기나 토공의 시험쌓기와 같은 실험을 해서 그 관계를 파악하고, 처음에는 개략표준을 정해서 시공을 진행하고 결과를 검토해서 완전한 표준을 정할 수 있게 된다.

표 1-9 작업 표준의 예

품질관리공정표

외 벽 콘 크 리 트 구 체 공 사	품질목표	적용범위	공사명
	크랙에서 누수가 되지 않아야 함	RC조. SRC조의 외벽콘크리트	주지 : 외벽콘크리트에 대해 일상관리

작업흐름	중요도	NO	관리항목·관리기준		관리분담	관리 방법				응급처치	관리 검사요일
			점검점	관리기준		측정시기	빈도	측정방법	표준류 시트NO		
설계도서검토시 ↓	A	1	벽 두 께	150mm 이상		설계도서 검토시		설계도서조합	있음 102	개선제안	
철 근 ↓	A	2	벽 철 근	더블철근				〃	있음 102	〃	
배 합 ↓	A	3	개 구 부 보 강	보강근설치		〃		〃	있음 103		
타설계획 ↓	A	4	물 시 멘 트 비	보통 RC 65% 이하		배합계획시	배합계획	배합보고서 검토	있음 106		
	A	5	각층타설계획	인원, 방법 등		RC타설전	공구		있음 109	재시검토	
타설 ↓	A	6	슬럼프허용범위	18cm 이하±2.5cm		부림시	150m^3/1회	슬럼프시험	있음 116		
양생	A	7	양 생	습윤양생 5일 이상		양생시	외벽전면	육안	있음 112		
중요도 A : 반드시 실시 B : 가능한 실시			관리점 균열폭	관리점, 기준폭 2.0mm 미만		마감전 보수작업	전 면	균열스케일 육안	있음 113	보 수	

품질목표가 결정되면 이것을 실현시키기 위해서 어떠한 작업방법과 순서로 해야 할지를 구체적으로 결정하고, 이것을 주지시킬 필요가 있다. 콘크리트의 비비기작업을 예로 든다면 사용재료의 품질에서는 조사방법, 골재의 표면수량에 대한 보정방법, 사용재료의 계량

방법 그리고 허용오차범위, 사용기기, 믹서에 재료를 투입하는 순서와 혼합시간 등을 결정해야 한다.

이러한 작업표준이 명확하게 정해지면 이것에 따라 충실히 작업을 수행하고, 조사 결과를 가지고 이 작업표준을 평가하면 지금까지 충분하지 않았던 표준을 개선하고 더 완전한 품질을 확보할 수 있는 조치를 취할 수 있다.

건축시공의 작업을 표준화하는 것은 시공능률 향상을 위해 오랜 기간에 걸쳐 시험되어 왔다. 그러나 건축제품의 단일성, 개인의 기능도 수준 등으로부터 미루어 짐작해온 부분이 많았던 것도 사실이다. 근년에는 공장제품을 중심으로 다수의 건축재료가 기획화·표준화되어, 한편 시공현장에 있어서도 성력화를 목적으로 작업 전체의 표준화 등에 역점을 두어 작업표준의 일반화에 노력하고 있다.

(4) 시험결과의 판정과 활용

여러 가지 시험에서 얻어진 여러 품질관리 특성치를 자료로 사용해서 필요한 조치를 취하게 된다. 측정치가 만족스럽지 못한 경우에는 불만족한 현상을 제거하기보다는 이러한 현상을 야기한 원인, 특히 근본적인 원인을 찾아서 제거해야 한다. 이러한 관리를 위해서는 작업표준을 확립하고, 작업을 이 표준에 따라 실시해서 재발방지를 위한 조치를 찾아 작업표준에 반영하는 순환과정을 착실히 반복해야 한다. 또한 결과를 조사할 때에는 얻어진 측정치를 정리하고 판정하는 방법과 측정치가 지시하는 상태의 정도를 알아야 한다.

작업의 결과에 영향을 미칠 수 있는 원인은 무수하게 많고, 이것을 모두 알고 있는 것은 아니므로 어떤 표준으로 작업을 하더라도 품질특성치는 반드시 산란해서 분포하게 된다. 그러므로 공정에 이상이 있는지는 측정치를 개별적으로 검토해서는 판단할 수 없고, 분포가 변동하는 형태부터 판단해야 한다.

(5) 각종시험

1) 선정시험(재료시험)

건축공사의 구체공사 및 마감공사의 각 공사는 설계도서에 따라 시공하여야 하지만 각각의 공사에 대한 요구품질은 공통사양서, 특기사양서에 나타나 있다. 여기에서 말하는 선정시험은 재료 그 자체와 시공시에 하는 시험과 크게 구분된다. 선정시험의 방법이 서술되어진 것에는 KS 관련 규격·기준, KASS(Korea Architectural Standard Specification, 대한건축공사표준시방서) 그외 타공공기관 공사표준시방서 등이 있고, 여기에 상세히 기재되어 있다.

2) 관리시험

관리시험은 공사 시공과 함께 일상의 각종 관리의 필요상 행해야 할 시험이다. 시공중인 공사부품의 품질의 이상을 검출하기 위해, 자료를 발취하여 검사하는 공정관리 검사는 품질관리작업 중에서 특히 중요한 활동의 한가지 이다.

(6) 전수검사와 발취검사

품질검사의 방법에는 전수검사와 발취검사가 있다. 재료의 품질을 조사하는 데는 전수검사를 하는 것 밖에는 없지만, 전부를 조사하는데도 파괴하지 않으면 의미가 없는 검사도 있다. 또 경제적인 면에서도 전수검사로 바꾸어 일부 발취검사를 행하는 쪽이 좋을 수도 있다.

1) 발취검사가 필요한 경우

① 피 시험체를 파괴하지 않으면 검사의 목적을 달성할수 없는 경우
(예) 콘크리트의 강도시험

② 수량이 많고 전수검사가 곤란하거나 경제적이지 않는 경우
(예) 시멘트, 모래, 기름, 전선, 와이어로프 등

③ 품질판정기준, 로트에 의한 판정기준 등의 측정방법이 명확할 경우

2) 발취검사가 유리한 경우

① 다수량의 것으로 어느 정도의 불량품의 혼입이 허용되는 경우
(예) 벽돌, 타일

② 검사항목이 많은 경우
전수검사가 곤란하여도 발취한 적은 수에 대하여 각 항목의 검사를 할 수가 있으며, 경제적으로 목적을 달성할 수가 있는 경우

③ 발취검사의 방법
발취검사는 로트 중에서 일부의 자료를 유출하여 자료에 모이는 부적합의 정도로부터 로트의 불량의 정도를 판정하는 것이다. 검사를 하여 불량을 판정할 경우, 로트내의 불량개수를 기준으로 하는 계수기준과 자료 중의 개체에 대해 실제로 측정을 하여 합부판정의 기준으로 하는 계량기준에 의한 방법이 있다.

1-7-5 시공의 품질관리

(1) 품질관리의 내용

품질에는 '목표로서의 품질'과 '결과로서의 품질'이 있다. 또 품질에는 사용자'(user)에 건네주는 품질'과 '다음공정이 받아들이는 품질' 이 있다. 품질관리를 행할 때에는 그저 막연하게 품질만이 아니고, 목표를 좁혀 '품질특성'을 명확하게 해둘 필요가 있다. 예로써 길이, 무게 정도, 마무리 등이 품질특성이 된다. 품질특성이 결정되면, 그것을 수량화하여 데이터로 한다.

설계상 · 시공상의 품질관리의 항목에는 다음과 같은 것이 있다.

① 건물의 등급(grade)－건축주의 요구, 설계의 품질, 코스트
② 적법성－건축기준법, 소방법 등
③ 사용상의 요구조건－사용년수, 안전성, 내구성
④ 유지관리의 난이－보수, 점검정비, 수리방법
⑤ 부품의 교환성－교환부품의 재고, 반입경로, 교환공사용설비
⑥ 시공의 방법－공법, 시공순서 등
⑦ 검사의 방법－판정기준, 제품검사, 성능시험의 방법 등

(2) 중요품질항목의 결정

고객의 요구에 합치하고 만족도를 높이기 위해 발주자로부터 요구되는 많은 항목 중에서 중요한 것을 골라, 이것을 중점적으로 관리해 나간다. 이것이 중요품질 항목이다. 중요품질항목을 결정하는데는 먼저 '고객, 설계자의 요구의 정도'를 판정하기 위해, 중요 품질 항목 일람표를 작성하면 알기 쉽다.

공사마다 고객과 설계자로부터의 요구가 강한 품질항목과 그것을 실현하기 위해 난이도를 검토하고, 현장에서 가장 중점적으로 관리해야 할 품질항목을 고른다. 실현의 난이도는 코스트, 공기, 안전, 시공상의 제약조건과 기술, 경험을 고려하여 종합적으로 판단한다.

	공사마다 고객, 설계자의 요구에 따른 품질항목과 난이도로부터 관리해야 할 품질항목선정	상호	○○	결정일 년 월 일	부 장	소 장
		공사명	○○○○ 신축공사			

	중요품질항목(후보)	고객·설계자의 요구정도	실현 난이도	결정 항목
1	예 PC판 설치정밀도	△	○	
2	제치장면의 정밀도확보	◎	◎	○
3	기계실의 작업	◎	○	
4				
5				
6				
7				

주 요 결 정 일 정
• 고객으로부터 요구사항 ①콘크리트제치장면의 정도 ②좋은 구체콘크리트 • 실현가능성면에서 ①표준공기보다 단축 ②구체부정형부분이 많고 정밀확보가 곤란 ③거푸집공의 부족 ④콘크리트의 균열방지 어려움

그림 1-38 중요품질항목 일람표의 예

1-7-6 건설공사현장의 품질관리와 문제점

우리 나라 건설업은 70년대 해외 건설시장에서의 많은 시공경험에도 불구하고 선진국의 시공법과 신기술을 제대로 개발하지 못하고 모방하는 데만 그쳐 기술 투자가 전혀 되지 못하였다. 더욱이 최근에는 국제 건설경기의 불황으로 인한 건설수주에 있어서 심각한 문제가 되고 있으며, 국내 건설 또한 노동인력의 부족과 고임금, 기능도의 저하 등에 따른 품질 저하가 가속되어 건축 생산방법에 대한 문제점이 제기되고 있다.

그러므로 국내 건설업계도 업체의 체질개선에 따른 경영방식에 대한 문제점이 제기되어 각 사업체마다 종합적 품질관리(TQC)의 이념을 도입하여 공정관리, 원가관리, 안전관리, 환경관리와 더불어 5대 관리의 균형적 발전이 제기되고 있다. 그러나 품질관리의 실시 결과는 여전히 부진하다고 할 수 있으므로 품질관리의 활성화에 대하여 살펴 본다.

품질관리에 대한 인식의 변천상황을 살펴보면 기능시대→생산성시대→대사회시대로 변천되어 왔으며, 대량생산의 하드웨어(hardware)시대→토탈 개념의 소프트웨어(software)시대로 변천되었다. 먼저 기능의 시대에 있어서 제품의 물성을 중시하는 품질관리는 제품의 물성을 검사하고 시험하는 일을 품질관리라고 인식되었으며, 다음 생산성 시대에 있어서는 생산자 중심시대로서 제품물량+가격+납기에 품질관리를 두고 있으므로 생산관리가 곧 바로 품질관리이다. 즉, 생산성 향상에 의한 품질관리(quality control)시대를 말한다. 끝으로, 대사회시대에 이르러서는 생산자보다는 소비자 중심시대로 변화되면서 품질은 물론 소비자의 기호, 품질, 안전 등을 보증하기 위한 애프터서비스(after service)시대로서 종합적 품질관리(total quality control)시대 즉, 피드백(feed back)시대로서 사회의 환경공해 문제까지를 말한다.

따라서 기업체의 품질관리 활성화를 위해서는 관리자 중심 사고에서 작업자 중심 사고를 통해 과감한 기업경영의 체질을 개선하고, 인간 존중에 의한 스스로 창조력에 의한 작업 향상에 있다고 본다. 이를 위해서는 1) 결과와 원인을 생각하는 합리적인 사고, 2) 시작부터 불량한 개소가 생기지 않도록 하고, 3) 검사를 품질관리로 생각해서는 안되며 건설 현장에서 철근 검사, 거푸집 검사를 아무리 철저히 한다 해도 콘크리트 타설시 배근을 구부리면 검사는 소용이 없는 것이다. 4) 예산이 없어 좋은 건물을 만들 수 없다는 사고를 버려야 하고, 5) 건물의 품질은 설계, 시공, 연구 개발 등 전체가 종합적으로 만드는 것이 되어야 한다. 6) QC의 분임조를 적극 활용할 것 등이다.

1-7-7 건설공사의 TQC(Total Quality Control)

TQC는 보다 좋은 품질을 경제적으로 생산할 수 있도록 회사내의 조직이 전사적으로 벌이는 활동의 전반적인 품질관리 방법을 말하는 것이다. TQC 활동 방법에는 TQC 즉, 전사적 품질관리와 SQC인 통계적 품질관리가 있다.

(1) TQC의 목적

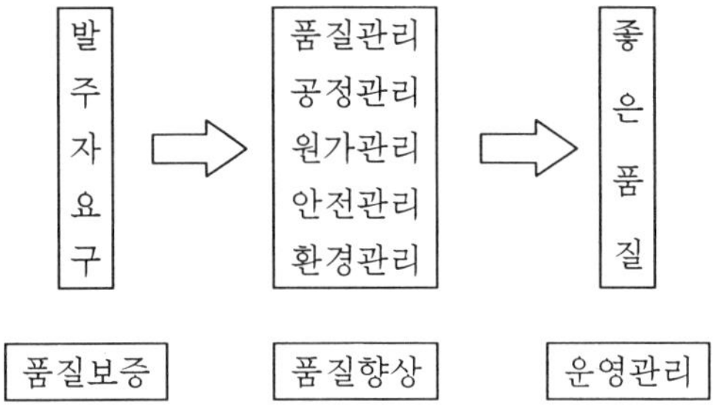

소정의 품질을 확보함과 동시에 품질을 개선, 향상시키고 균질한 품질을 생산함으로써 재시공, 보수를 줄임으로서 품질에 대한 보증과 원가절감 작업방법의 개선 및 검토를 꾀하고자 하는 것이다.

(2) TQC 활동

품질 향상이나 효과적인 작업문제에 대해서 지금까지는 관리자측에서 모든 것을 정하던 것을 인간성이 존중되어 '일하고 싶은' 마음으로 작업의 기쁨을 발견할 수 있게 하여 작업자 스스로 생산성을 향상시킬 수 있게 하는 전사적인 체질 개선에 의한 품질관리 방법을 말한다.

(3) 기대 효과

① 작업자의 주인의식 고취 및 품질의식 향상
② 창조적인 활동 기대
③ 결과 중시에서 과정 중시로 의식전환
④ 부서간의 협력에 의한 문제개선
⑤ 신뢰성에 따른 품질보증
⑥ 자발적 활동에 따른 기술 경쟁력 향상

(4) TQC의 개선 방향

① 전작업 과정에서 실시되어져야 하고
② 전조직원이 동참해야 하며
③ 상호 유기적인 종합관리로 개선되어져야 한다.
④ TQC 7가지 도구의 활성화를 통하여 품질향상을 기해야 하고, 그 내용을 보면 히스토그램, 파레토도, 특성 요인도, 관리도, 산포도, 체크 시트, 층별 등을 활용하여야 한다.

(5) 품질관리의 4단계

발주자가 요구하는 설계시방서에 적합한 품질의 구조물을 경제적으로 축조하는 수단의 시스템을 말하며 그 순서로는

① 계획(plan)→② 실시(do)→③ 검토(check)→④ 시정(action)을 되풀이하여 실시한다.

1-7-8 관리기법

(1) 통계적 관리기법

통계적 관리기법이라는 것은, 관리대상의 집단으로부터 그 일부를 채취하여 그 특성을 측정하여, 그 데이터에 의해 모집단의 성질을 통계적 기법에 의해 측정하는 방법이다.

(2) 집단의 성질표시

편차를 갖는 모집단의 성질을 나타내는 것은, 그 중심이 되는 측도(위치의 측도)와 상황을 나타내는 측도 편차를 2가지로 표현한다.

모집단의 성질을 나타내는 수치를 모수라고 한다.

위치의 측도로서는 평균치와 중앙치가 많이 이용된다. 편차의 측도로서는 범위, 표준편차 등이 이용된다

(3) 품질관리의 순서

① 관리하는 대상의 품질특성치를 결정한다.
② 품질표준을 정한다.
③ 작업의 방법을 정한다.
④ 작업표준을 따라 시공하고 데이터를 취한다.
⑤ 각 데이터가 여유를 갖고 품질규격을 만족하고 있는가를 히스토그램 등에 의해 확인한다. 또 같은 방법에 의해 관리도를 만들어, 공정이 안정되어 있는가를 확인한다.
⑥ 작업과정으로 관리한계선을 벗어나 데이터의 점이 나오거나, 관리한계선내에 있어도 이상한 경향을 보일 때는 그 원인을 추적하여 재발방지의 조치를 취한다.
⑦ 일정의 시간적 경과마다, 데이터 수가 어느 수에 도달할 때마다 순서 1)～6)을 반복한다.

1-7-9 데이터 정리의 방법

(1) QC 7의 도구

시공의 품질관리를 진행시키기 위해서는, 다음과 같은 통계수법이 있으며 QC 7가지 도

구라 불리운다.

1) **파레토그램**(그림 1-39 참조)

파레토그램은 불량품, 결점, 고장 등의 발생 건수를 현상과 원인별로 분류하고, 여러 가지 데이터를 항목별로 분류해서 문제의 크기 순서로 나열하여, 그 크기를 막대그래프로 표기한다. 더욱이 이들의 크기를 순차적으로 누적하여 절선그래프로 나타낸 그림을 말한다. 현장관리자가 담당하고 있는 업무 중에서 하자 발생 또는 결함 등을 개선하기 위한 문제점을 확실히 판단하기 위한 목적으로 문제가 어디에 있는지를 찾아내는데 이용된다.

작성방법은 가로축에 시공 불량의 원인을 세로축에 그 영향도(불량수)를 표시하고 막대그래프를 그리고 그 누적 계수를 꺾임선으로 표시하여 그래프를 작성한다.

불량 데이터도

불량 항목	불량수
A. 콜드 조인트	8
B. 기둥 충전 불량	20
C. 개구부 주위 충전 불량	5
D. 벽 충전 불량	10
E. 기 타	7

파레토도 데이터도

불량 항목	불량수	%	누적 불량 수	누적(%)
B	20	40	20	40
D	10	20	30	60
A	8	16	38	76
C	5	10	43	86
E	7	14	50	100
계	50	100	50	100

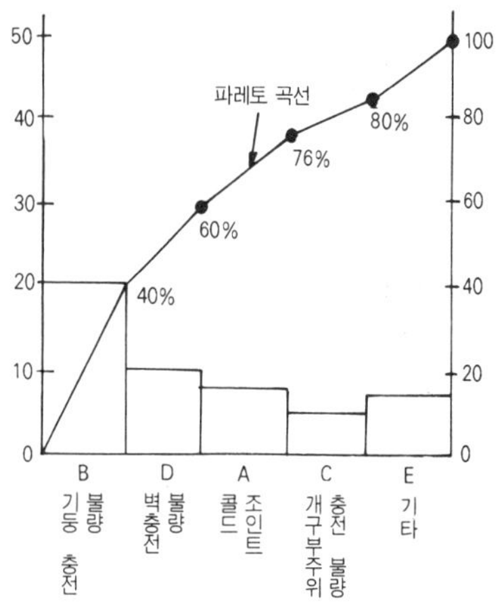

그림 1-39 콘크리트 충전도 불량 파레토도

2) **특성요인도**(그림 1-40 참조)

특성요인도란 품질의 특성(결과)과 요인(원인)이 어떻게 관계하고 있는가를 문제로 하는 특성과 그것에 영향을 미치고 있다고 생각되는 요인과의 관련을 정리하여 생선의 가시와 같이 알기 쉽게 수형상으로 표시한 그림을 말하며, 건축 공사의 공정 중에 발생한 문제점 하자 분석을 할 때 사용된다. 작성 방법은 먼저 품질의 특성을 정하고, 요인을 큰 가지에 쓰고 공정순으로 쓰던지, 아니면 4M(재료, 인력, 장비, 자금)으로 쓰고, 각 요인의 그룹에 더 적은 요인을 단계적으로 써 넣는다.

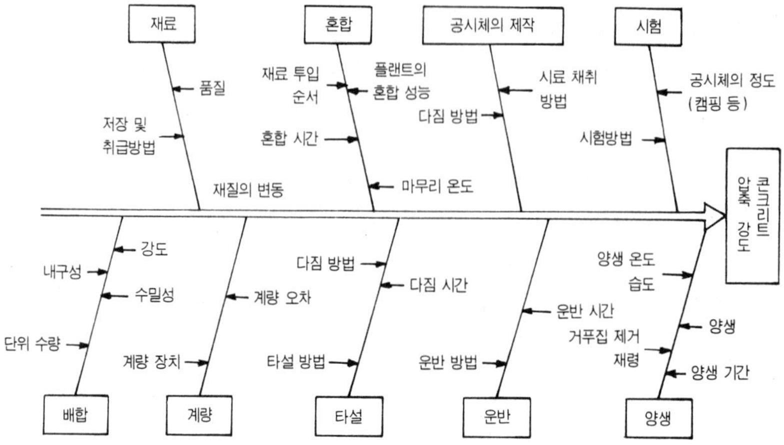

그림 1-40 콘크리트 압축강도 특성요인도

3) 히스토그램(그림 1-41 참조)

히스토그램(histogram)은 공사 또는 제품의 품질상태가 만족한 상태에 있는가의 여부를 판단하는 데 사용되는 것으로서, 가로축에 특성값을 세로축에 도수를 잡고 구간의 폭으로 주상의 그림을 그린 도수도를 말한다. 길이, 중량, 시간 등 계량한 데이터가 어떤 분포를 하고 있는가를 막대그래프로 나타낸다. 통상, 상한, 하한의 규격치를 넣는다.

작성법은 ① 데이터 수를 가능한 많이 수집(N값), ② 범위 R를 구한다(최대값－최소값＝R), ③ 급의 폭을 구한다, ④ 경계값을 구한다, ⑤ 도수 분포도를 구한다, ⑥ 히스토그램을 작성한다, ⑦ 안정, 불안정을 검토한다.

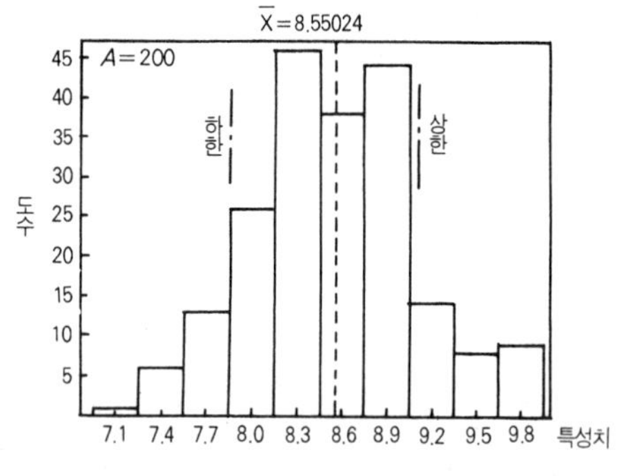

그림 1-41 철판의 두께의 히스토그램

4) 체크시트

체크시트라 함은 불량수, 결점수 등 셀 수 있는 데이터를 분류하여 항목별로 나누었을 때 어디에 집중되어 있는가를 알기 쉽도록 한 그림 또는 표이다. 이 방법을 적용할 때에는 목적을 정확히 하여 데이터의 분류 항목을 요령 있게 결정하는 것이 중요하다.

데이터가 간단하게 구해져 그 데이터가 정리하기 쉽도록 미리 정하여진 서식을 말한다. 기록에서 직접 불량수, 결점수 등 분포의 판단이 가능하며, 다른 그림과 조합하여 부적합의 원인의 발견에 이용된다.

5) 관리도(그림 1-42 참조)

관리도는 작업공정에 있어 우연 원인에 의한 변동과 이상원인에 의한 변동을 구별하여, 공정을 관리하기 위한 그림이다. 관리도는 가로측에 날짜 혹은 로트 순 등을, 세로축에 품질 특성으로서 치수, 강도, 불량률 등의 관리나 해석이 되는 항목을 적고 중심선과 상하 2개의 공정에 이상 유무를 편성하기 위한 관리한계선을 설치하여 그린 그림을 말한다.

1개의 중심선과 그 상하에 합리적으로 결정되어진 관리한계선으로 구성되어 있다. 데이터의 시간적 변화를 본다. 공사 또는 제품의 품질관리 개선에 효과적인 방법으로 불량 품질의 직접적 해결보다는 공장의 안정적 운영에 목적이 있다.

관리도의 종류는

① 계량값 관리도

㉠ 평균값과 범위의 관리도 ($\bar{x}-R$) : 분포의 편차를 나타냄.

㉡ 개개 측정값 관리도 : 분포의 평균 변화를 나타냄.

㉢ 메디안과 범위의 관리도

② 계수값 관리도

㉠ 불량 개수의 관리도

㉡ 불량률의 관리도

㉢ 결점수의 관리도

㉣ 단위당 결점수의 관리도 등이 있다.

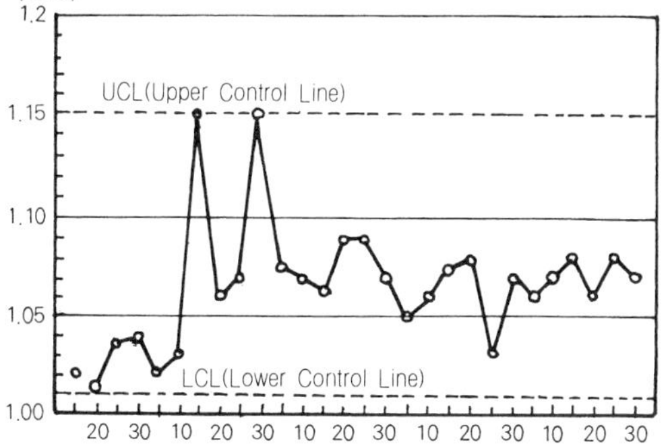

그림 1-42 관리도의 예

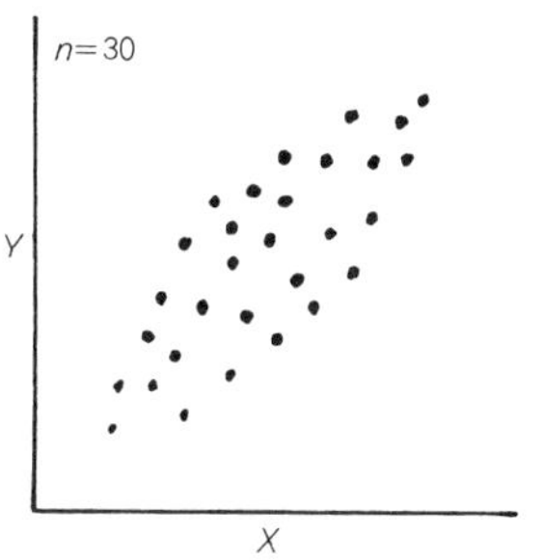

그림 1-43 산포도의 예

6) 산포도(그림 1-43)

히스토그램은 치수라든가 강도 등 어느 하나의 품질 특성에 대해서 그 분포상태를 잡는 도구인 데 비해, 산포도는 이와 같은 품질의 특성과 이것에 영향을 미치는 두 종류의 데이터의 상호 관계를 말한다. 관련이 있는 2조의 데이터 x, y를 취해 첫 번째 것을 횡축에, 첫 번째를 종축으로서, 측정 데이터를 그래프상에 도시한 것이다. 그림상의 점의 분포의 방향에 의해 상호관련의 유무를 파악할 수 있다.

산포도의 특성을 살펴보면 검토대상의 특성과 깊은 관계가 있는 다른 특성을 선정해야 두 특성 사이의 관계가 확인되고 이를 개선할 수 있다.

7) 층 별

층별은 데이터의 특성을 적당한 범주마다 얼마간의 그룹으로 나누어 도표에 나타낸 것이다. 층별로 한 결과는 파레토그림 등에 나타내는 일이 많다. 즉, 얻어진 데이터를 적당한 요인별 그룹으로 분류한 것을 말하고, 전체 데이터에서는 분명치 않은 것이 명확하게 되거나 층별 그룹 사이의 상이점을 알 수 있다. 어떤 요인에 주목하여 층별할 것인가가 중요하며, 대개 시간별, 재료별, 작업조건별, 기계별로 분류한다. 이는 품질관리를 좀더 유효하게 하기 위한 보조수단이다.

1-7-10 품질보증

(1) 품질관리와 품질보증

건설업에서는 설계, 현장시공만으로는 고객이 바라고 있는 사업은 완성되지 않는다. 영업부문이 설계, 현장과 공통의 인식을 가지고 고객과 접할 필요가 있다. 건축시공의 품질은 건축주의 요구에 적합한 것이어야 하며, 시공의 품질관리가 완료되고 구체화 되어진 증거로서 고객이 장기간에 걸쳐 영속적인 만족을 얻게 될 때, 처음부터 품질관리가 완전하게 성취되어졌다고 할 수 있는 것이다. 이 품질관리 활동이 모든 시공물의 구석구석에까지 미치게 되어 고객의 주문에 부합되는 상태가 됨으로써 초기부터 품질보증을 확립할 수 있다.

하나의 건축물을 시공하고, 그 품질을 보증하기 위해서는 타 산업 이상으로 복잡한 구성요소로 성립되어 있는 건설산업에 있어서는 실행해야 할 품질관리 활동의 중요성을 십분 이해하는 일이 중요하다. 도중에 끝나버리는 품질관리 활동으로는 건축물의 품질보증을 할 수 없다. 일품생산인 건설업만의 TQC 활동에 의한 품질관리가 중요하며, 고객 요구의 파악은 품질을 관리하는 데에 큰 목표가 된다. '품질관리'라고 하는 수단에 의하지 않고, 전통적으로도 건설업은 무언가의 방법으로 고객에 대한 품질보증을 해왔다. 현재는 건설업계가 '품질관리'에 의해 품질보증을 하려 하고 있다. 품질보증이라 함은, 고객의 요구에 적합한 것을 보증하는 것이며, 고객에게 받아들여진 제품이 기대된 품질수준에 있는 것을 목적으로 하는 것이다. 그러나 건축시공에 있어서의 고객의 요구라 하는 것은 건설을 하려는 동기의 출발점에서 실시 계획을 세우는 단계, 설계의 단계, 시공이 완성되어 1년 후, 2년 후, 10년 후라고 하는 장기에 걸쳐 동일하지 않고 항상 변화하는 것이다. 건축시공에 있어 품질보증이라 함은 "이들의 모두에 대해 만족을 얻는 책임시공이다"라고 하는 생각을 하지 않으면 안된다.

이 변화에 대응해 가는 것을 장기에 걸친 품질보증 활동이라 한다.

(2) 하자담보책임

'하자'라 함은 "물건의 사용가치 또는 교환가치를 감소시키는 결함을 갖고 있는 것 또는 보증된 성질을 갖고 있지 않는 것"을 말한다. 즉 하자담보책임이라 함은 앞서 설명한 품질보증에 있어 수리, 보수 및 손해배상에 관한 법적 의무이기도 하다. 공사가 완성될 때 도급자는 공사 목적물을 주문자에 인도하고, 동시에 도급대금의 지불을 받는 것이지만, 그 공사 목적물에 하자가 발견된 경우 주문자는 도급자에 대하여,

① 상당의 기한을 정하여 보수를 청구한다.

② 보수 대신에 또는 보수와 함께 손해배상을 청구한다 등의 2가지 수단을 취할 수 있다.

그러나 공사목적물의 인도 후는 그 하자가

③ 도급자의 시공상 잘못에 의한 것일까.

④ 주문자의 설계상의 실수 또는 사용상의 실수에 의한 것일까 불명확하게 되는 경우가 많아 분쟁이 발생한다. 하자 담보책임의 발생시기는 공사 목적물을 인도한 시기로부터이며 또 그 기간은 법에 정해져 있다.

그러나 실제상 인도된 후 장기간 경과되면, 그것이 시공상의 하자일까 사용상의 하자에 의한 것일까 불명확하게 되기 때문에 하자담당기간이 길게 되면 도급자를 장기간 불안정 상태에 빠뜨리는 경우도 있다.

1-8 원가관리

1-8-1 건설업의 회계관리

건설업의 원가관리는 종래에는 현장단위에서 예산관리가 이루어져왔다. 그러나 그렇게 되면 경제활동의 효과를 기대할 수 없기 때문에 회사 전체에서의 종합원가관리가 요청되고 있다. 건설업에서 전사적으로 원가관리를 실행할 경우에는 기업에서의 경영조직을 가장 정확하게 운영하고, 그의 이익계획, 자금계획, 예산통제 등 중요한 기능을 모두 효율적으로 잘 가동시킬 수 있는 것이 중요하다. 건설업의 조직편성은 통상 본사조직, 지점조직, 현장조직으로 크게 구별된다. 회사의 규모 등에 의해 각 기업의 조직형태는 복잡다양하다. 여하튼 현장은 건설업에 있어서 최일선의 조직으로서 기업이윤의 추구에 중요한 역할을 하고 있다.

금전의 수지는 거의 대부분이 관리부문에서 일어나며, 물품의 대금지급은 대부분이 시공부문에서 일어난다. 그의 일부분은 보조부문에서도 일어난다.

(1) 현장의 회계

공사청부금은 계약조항으로 정한 수속방식에 의해 통상 본지점 등의 관리부문에서 수령하는 것이 많지만, 시공부문에서 받을 경우에는 현금, 수표에 관계없이 관리부문에 송금하지 않으면 안된다. 시공현장에 적용되는 공사원가는 경비를 제외하면 재료비, 노무비, 외주비로 분류하는 것이 가능하다. 이것들은 현장에서 수량, 단가, 금액 등 확인의 지불전표를 작성하고, 통상 본사에서 한꺼번에 지급한다.

현장경비는 사무담당자가 지불서를 사규에 따라 작성한다. 공사에 필요한 기자재, 소모재료 등은 소정의 장소에 잘 보관·저장하고 창고계원이나 공사계원 등의 책임자가 승인한 출고전표에 의해 출고한다. 재고품 등은 통상적으로 결산기에 있어서 실지 감가법에 의해 현 재고량을 조사 계상하고, 장부잔고와 대조한다. 감가상각은 시공중인 공사의 기성고에 있어서도 필요하다.

(2) 현장의 경리관리

현장의 경리관리에 있어서 기초가 되는 것은 그 담당공사의 공사원가이다. 보통 설계도에 입각해서 관리부문의 적산담당자가 수량, 단가를 산출 조사하고 계상한 것을 공무담당자가 각사의 데이터를 이용하여 담당현장의 공사원가를 결정한다. 공사의 시공담당자는 주어진 공사원가를 재검토하고 실행예산서를 작성한다. 건축공사의 원가관리는 많은 공사범위와 다수의 재료품목, 직종, 변동이 많은 단가 또는 복합단가 등은 복잡한 요소에서 성립되고 있다. 공사 시공담당자 관리수완이 필요하다.

관리부문과 시공부문의 원가관리 활동으로 행해야 되는 사항과 관리부문에 있어서 해야 할 원가관리의 필요한 작업은 다음과 같다.

① 원가관리가 용이하게 되는 경영조직의 확립
② 원가계획의 입안과 예정원가, 원가표준, 원가자료의 작성
③ 유사건물의 실적조사가 되는 원가계획의 조합과 높게 책정된 금액(실제 투입된 비용)의 추적 및 분석
④ 원가관리가 예정되지 않을 경우의 대책 등이다.

시공부문에 있어서 해야 할 원가관리의 필요작업은 다음과 같다.

① 시공활동의 경제적인 관리통제의 실행
② 작업소장의 확정 지시된 원가관리 목표의 달성방법과 실시
③ 작업의 스케줄 작성과 관계자와의 지시전달
④ 시공자 안건에 대한 검토
⑤ 원가관리를 위한 기술적 자료를 작성
⑥ 현장담당자의 원가의식의 철저
⑦ 원가관리의 효율화를 기술지도·관리

1-8-2 공사원가의 개념

일반적으로 원가(cost)라고 하면 어떤 목적활동을 수행하는 과정에서 발생하였거나 발생할 수 있는 소비를 화폐가치로 측정한 것을 말하며, 공사원가는 공사를 완성하는데 사용되는 재료, 노무, 장비, 경비 등 소비를 금액으로 계산한 것이다.

(1) 예정원가와 실제원가

원가를 계산하는 시점을 기준으로 발생할 것이라고 예상되는 사전원가를 예정원가, 이미 발생한 사후원가를 실제원가라고 구별한다.

(2) 견적원가와 표준원가

예정원가는 때로 견적원가로 구별된다. 견적원가는 공사발주를 위한 의사결정에 참고할 수 있도록 제시하거나 설계나 공법의 경제성을 검토하기 위해서 과거의 실적을 참고하여 추정한 원가이다.

표준원가는 견적원가와는 달리 실적자료에 대한 과학적이고 통계적인 조사를 기초로 하여 계산한 원가이며, 일반제조업에서와 같이 일정한 공정으로 연속해서 대량생산하는 경우에 설정할 수 있다.

(3) 실행예산원가

건설공사에서는 표준원가의 설정이 어려우므로 예정원가를 사용목적에 따라 견적원가와 실행예산원가로 구별할 때가 많다. 실행예산원가는 도급공사를 수주할 때 제시한 견적원가를 수주 후에 세밀하게 검토된 시공계획과 조사된 실적자료를 기초로 하여 원가계산방법으로 재편성한 예정원가이다.

(4) 원가관리의 목표

원가관리는 원가계산의 기법과 조직에 의해서 얻어진 원가수치를 관리기준으로 사용하여 경영활동을 합리화하고 원가를 절감하는 것을 목표로 한다.

건설공사에서 원가관리 업무의 내용은 다음을 들 수 있다.

① 가장 경제적인 시공계획을 세워서 이것을 기초로 원가의 기준이 되는 실행예산을 설정해서 지시

② 설정된 실행예산을 기준으로 하여 실제원가의 발생액을 계산해서 기록

③ 실제원가와 실행예산을 비교해서 차이의 원인 분석·검토

④ 위의 실적자료는 시공계획을 재검토, 재평가하는데 활용하여 원가절감 도모

⑤ 필요할 때 적절한 시정조치를 취하고 그 결과를 확인

(5) 원가관리의 요령

건설공사의 원가관리 업무는 공사의 시공에 앞서서 가장 합리적이고 경제적인 시공계획을 세우고, 이것을 기초로 하여 실행예산을 작성하고, 원가절감을 위해서 공사착공으로부터 공사준공까지 계속적으로 통제하고 개선해 가는 기능이다.

원가개선기능은 원가절감조치를 강구해서 적정이윤을 확보하는 것이 목표이므로 원가의 변동요인을 파악하고, 공사의 종류, 규모, 내용에 따라 중점적으로 그리고 신속, 정확하게 효과적으로 관리하는 것이 중요하다.

건설공사의 원가관리는 관리의 순환체계에 따라 다음의 순서로 실시할 수 있다.

① 원가관리체계를 확립하고, 원가계산제도를 설정하여, 원가관리의 기준이 되는 실행예산 작성

② 공사착공 후 발생하는 원가실적을 공정에 따라 정기적으로 수집, 정리하여 원가계산 실시

③ 실적과 예산을 대비하고 재료, 노력, 장비, 외주 등이 계획대로 조달되었는지, 공사가 계획된 설계와 방법에 따라 공정대로 진척되었는지를 분석, 검토

④ 검토결과, 현시점에서 예상되는 공사의 최종손익을 추정하고, 필요하면 원가절감을 위한 적절한 시정, 개선조치 실시

(6) 원가관리체제

1) 현장관리조직

관리기능은 신속, 정확하고 효과적으로 수행되어야 하므로 그 기능을 담당하는 조직부서의 역할은 중요하다. 공사현장에서 원가관리업무는 일반적으로 공무부서가 담당하고 있지만, 다른 업무부서와의 유기적인 협조와 조정이 무엇보다 중요하다.

현장에서 원가관리가 효과적으로 되기 위해서는 모든 현장요원들의 협력, 의욕, 창의가 필수적이므로 교육을 통한 원가관리의식과 자발적인 원가관리의욕을 북돋우고 창의적인 노력이 추진될 수 있는 여건조성이 필요하다.

2) 원가부서의 역할

원가관리 담당자는 업무지식과 함께 시공경험이 있고 현장의 실정에 밝아야 하며, 업무를 통해서 현시점에서의 수지현황, 문제점, 최종예상손익 등을 현장관리자에게 보고하고, 공사설계변경과 조건변경에 대하여 발주자와 협의할 자료를 작성하는 것 등을 임무로 하고 있다.

따라서 다음 사항에 대하여 충분한 이해를 가져야 한다.

① 계약문서(설계도서, 계약약관)의 내용

② 시공계획과 공정계획

③ 공사실행 예산서의 작성지침과 내용

④ 노력, 자재, 장비 등의 조달계획

⑤ 관련업무

⑥ 자금계획

1-8-3 건축공사원가

(1) 예산의 검토

일반적으로 수주시에 제출한 견적서는 발주자가 제출기일을 지정하고 제한된 짧은 시일에 만들었던 것이기 때문에 수량은 개산요소를 포함하고, 단가는 표준과 실제가 차이가 있으므로 정확하지 않게 되는 경우가 많다. 예산의 결정이 제시됨에 있어서 가장 정확 타당한 금액을 구하기 위해서 상세하게 검토할 필요가 있다.

견적서 작성에 있어서 건축 원가(cost)의 계상에는 요소별, 공종별, 부문별, 부위별의 4종의 구분법이 있다. 경영관리상에서는 요소별의 비목처럼 관리를 하는 것이 일반적이다. 견적시의 적산원가 내용의 구성은 그림 1-44처럼 구분되고, 이것에 있어서 건축공사의 원가가 파악된다.

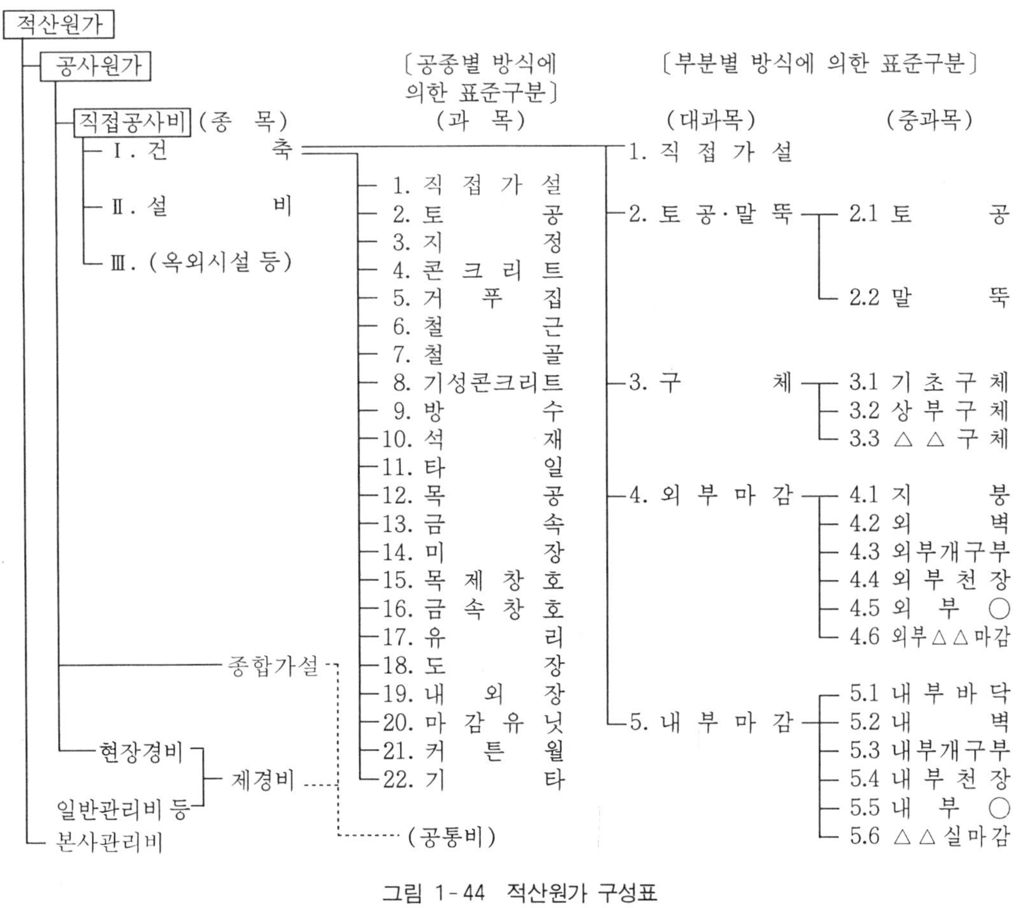

그림 1-44 적산원가 구성표

(2) 공사원가

원가는 수량과 단가의 집계이다. 건축의 원가는 설계도서에 따라서 전체 수량산출을 하고 단가를 정하여 산출한다. 견적의 작업에 있어서는 그 공사에 있어서의 상세하고 신중한 검토가 필요하다.

견적은 그 공사가 실시되는 장소의 지리적·경제적 제조건, 그 공사의 규모, 예산, 물가의 변동, 각종 시공조건, 시공시기, 공기 따위의 조건을 고려하고 작성한다. 건축의 원가는 당초의 견적적산시의 원가, 공사완성시의 원가 등, 공사진행시점에 있어서의 동일공사의 공사원가에 있어서도 크고 작은 차이가 생기는 것이다.

건설업의 원가는 완성공사원가라고 하지만 이것을 요소별로 분류하면 재료비, 노무비, 외주비, 경비의 4과목이 된다. 완성공사원가의 보고양식을 결정하는 것은 다음과 같다.

① 재료비 : 건축비의 일부을 구성하는 소재, 반제품, 제품 등의 재료로서 단가에는 가공비, 인수시 운임, 보험료 등이라든지 현장운반비용을 가산한다. 재료의 가공비용이 있고, 설치 등은 별도로 발주한다.

② 노무비 : 직영, 하청 등 현장에서 작업만 하는 사람의 노무비로, 현장내 소운반, 가설공사노무비를 포함하고 있다.

③ 외주비 : 하청업자가 재료를 제공하고, 가공공장이 있는 현장에서 작업을 하는 것의 제비용을 말한다. 건축업의 원가요소 중에서 가장 큰 비율을 갖는다. 외주비는 하청구조가 복잡해서 세목의 구분에 있어서 특별한 규정은 없다.

④ 경비 : 현장에서 시공을 하기 위한 비용과 현장을 관리하기 위한 비용이다. 공사경비는 동력, 용수, 광열비, 기계 등의 경비, 지대, 임차 등이 있고, 작업 제경비에는 노무관리비, 조세공과, 종업원급료, 수당, 법정복리비, 복리후생비, 사무용품비, 통신·교통비, 교제비 따위가 포함된다.

1-8-4 원가관리

(1) 원가관리

원가관리란 경제적인 시공계획을 세워 실행예산을 작성하고 공사 시작부터 공사가 끝날 때까지 실공사에 소요된 비용을 절감하기 위한 것을 말한다. 더욱이 공사 수주에서 경쟁력이 있으려면 철저한 원가관리에 의한 견적단가가 형성되어야 하며, 또한 원자재 등의 물가가 상승되는 만큼 원가관리의 필요성은 더욱 느끼게 된다. 따라서 원가관리의 필요성은

① 견적가와 실제비용을 비교하는 공사비 지출의 분류와 기초가 된다.

② 공사 견적시 누락이 되지 않게 되어야 하며

③ 다른 유사한 종류의 공사원가와 비교·검토 자료가 된다.

④ 장래 견적시 참고자료가 될 수 있는 것이다.

한편, 원가관리의 문제점 및 대책을 살펴보면

① 건축공사는 특정한 건설부지에서 이루어지기 때문에 지역에 따른 단가의 차이도 크며 공기가 길기 때문에 공사기간 중에도 가격변동이 있으므로 불확실한 요소가 많아 원가관리가 어렵다.
② 공사별 수주생산으로 현장마다 원가가격이 틀려 기준을 잡기가 어렵다.
③ 또한 투입한 원가에 의해 제품가격이 정해지는 것이 아니라 이미 가격이 정해져 원가의 기준을 잡기가 어렵다.
④ 공사 때마다 조직과 환경이 다르므로 유사한 공사로서는 원가 비교가 어려우며 공사를 완료한 후에야 원가가 명확해진다.
⑤ 공사의 대부분이 전문 하도업체에 외주하는 경우가 많아 세부적인 원가파악이 어려우며, 같은 공종일 때에도 실제가격에 의해 좌우된다는 것 등이다.

(2) 원가절감대책(Cost Down)

1) 공사비 절감요소의 파악

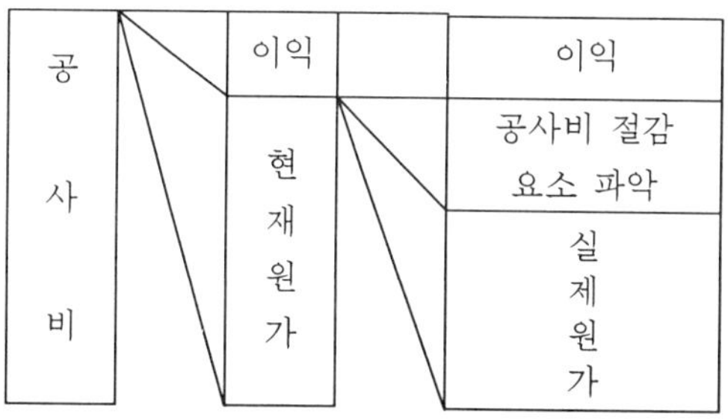

① 시공관리가 불비된 곳은 없는가를 파악하고
② 작업의 비능률 부분을 제거하고
③ 재작업이나 보수를 줄이고
④ 과잉 시방설계된 곳은 설계 변경하고
⑤ 기술정보의 부족에 따른 공사비 증대 부분의 파악 등이다.

2) 공사비 절감 여지가 많은 부분을 집중 분석하여 원가절감을 한다

① 공사비 금액이 큰 공종
② 단가가 높은 공종
③ 시행실적이 없는 새로운 공종
④ 지하공사 등의 어려움이 많은 공종
⑤ 구조방식 등에 따른 고도의 기술적 해결이 요구되는 부분 등을 면밀히 검토하여 원가절감의 요소로 삼아야 한다.

건설공사의 원가 관리는 공사의 장소, 시공조건, 기후조건, 공사기간 등에 따른 불확정 요소가 많기 때문에 투입원가도 상당히 유동적이어서 계획적인 원가관리가 이루어져야 한다. 나아가 항상 새로운 기술을 개발하여 신공법에 의한 원가절감이 이루어져야 수주경쟁에서도 경쟁력이 있으리라 본다.

1-8-5 실행예산

(1) 실행예산 편성기준

실행예산이란 공사목적물을 계약된 공기내에 완성하기 위하여, 공사손익을 사전에 예지하고 이익계획을 명확히 하여, 합리적이고 경제적인 현장운영 및 공사수행을 도모하도록 사전에 작성되는 예산이므로, 건설업의 특성인 불확실성을 최소화하고 최소의 비용으로 정확하고 안전하게 시공이 되도록 작성되어야 한다.

(2) 실행예산서의 의미

① 실행예산액은 각각의 공사금액 집계가 아니고 그 공사의 실행금액의 목표이다. 그의 내역은 예산의 분배를 의미한다.

② 이 실행예산액은 각 공사의 상세 시공계획을 단가와 수량으로 표시하고, 그 공사의 목표 이외의 것이 아니면 안된다.

(3) 실행예산의 작성

건축공사를 수주한 회사는 수주공사의 실시면에 내재해 있는 공사적 요소를 계상하고, 이윤의 목표를 설정한 후 시공을 위해서 예산계획을 세워야 한다. 이것을 실행예산이라 한다. 실행예산은 시공을 효율적이고, 순서에 알맞게 실시하기 위해서 금전면에서의 관리 수단임으로 작성시기가 매우 중요하다. 통상은 공사수주 후 곧바로 착수하는 것이지만, 낙찰 후에 견적서를 확인하고 담당자 자신이 수량 확인을 한 다음에 실행예산을 작성함에는 시간이 걸린다. 여기에서 작성책임자는 현장책임자이지만, 공사과장이 대신하기도 한다. 추가공사를 해야 하는 설계변경공사에는 별도 항목의 실행예산서를 작성하는 방법이 좋고, 많은 추가공사를 위한 설계변경공사는 손익을 크게 좌우하는 경우가 있다. 이의 추가공사를 착공하기 전에 발주자, 감리자부터 서면에 의한 지시를 정식으로 수령하는 일이 필요하고 중요한 것이다.

(4) 예산기간

실행예산의 시작하는 시기와 끝나는 시기는 공사의 착공과 준공이 거의 일치하지만 실시상에는 얼마간의 비목에는 공사기간을 벗어나는 경우도 있다. 그러한 경우 실무면에서는 공사완료 후에 잔무정리하는 일이 많이 남게 된다.

1-8-6 예산의 편성과 공사

(1) 예산편성

실행예산은 계약공사비를 분할해서 공사에 직접 사용할 수 있는 비용, 그외의 비용, 기업이익 등을 명확히 하여 작성한다. 실행예산의 각 비목예산은 하청을 발주하는 일에 편리하게 하기 위해서는 공사발주 전에 고려하는 것이 좋다. 일반적으로 견적서에 사용되고 있는 공종별 내역이나 부분별 내역을 적절히 고치는 예가 많다. 예산서식은 실행예산만을 기입하는 것, 실행예산과 실시결과를 비교·대조할 수 있는 것, 견적가격과 실행예산을 비교할 수 있는 것 등 회사에 따라 가지각색이다.

과목	세목	각 취급사양	단위	수량	단가	금액				비 고
						재료비	노무비	외주비	경비	

그림 1-45 예산편성에 필요한 서식의 예

(2) 실행예산의 구분

1) 본예산

공사의 계약체결 후 당해 공사의 현장여건 및 사전조사 결과를 통하여 해당 공사수행에 필요한 소요예상 공사비를 공사계약 내역과 연관, 별도로 작성하는 예산을 말한다.

2) 예산

본예산 편성 전 또는 인정된 사유로 인하여 공사계약 이전에 사전공사 집행이 불가피할 경우나 공법변경 또는 여건변경, 신규 아이템(item)이 발생하였을 시 본예산 편성 전까지의 공사수행에 따른 소요예상 비용을 말한다.

3) 변경예산

공사의 설계변경 또는 타당하다고 인정된 사유발생시 본예산을 변경, 수정한 예산을 말한다.

(3) 실행예산변경 편성 원칙

1) 편성책임

실행예산의 변경은 해당 현장에서 편성함을 원칙으로 한다.

2) 편성시한

실행예산 변경사유가 발생하면 현장소장은 변경사유 발생일로부터 일정기일내 변경실행예산을 작성, 해당 기술담당부서로 송부하여야 한다.

3) 편성절차

① 실행예산 변경시 변경부분에 대한 내역만을 당초 실행예산과 비교하여 작성한 후 당초 실행예산금액의 변경에 따른 증감액을 가감한 실행예산 변경품의서, 실행예산(공종별, 비목별)내역총괄표, 실행예산 변경내역서(해당변경부분)을 작성, PM 결재 후 기술담당부서로 송부한다.

② 변경실행예산을 접수한 기술담당부서는 그 내용을 검토한 후 사장의 승인을 얻어 확정한다.

③ 확정된 변경실행예산서 원본은 기술담당부서에서 보관하고, 그 사본을 각1부씩을 현장, 관련부서로 송부한다.

(4) 실행예산의 구성

실행예산은 공사구분별로 직접공사비, 간접공사비, 본사관리비로 구성되며, 이중 직접공사 공종별 내역과 비목별 내역으로 구성된다.

1) 직접공사비

공사시공을 위하여 공사에 직접 투입되는 비용으로 공종별, 비목별로 구분

① 공종별 : 공사구분별 도급내역서의 공종에 따라 세부공종으로 구분

② 비목별 : 공종별 예산을 자재비, 노무비, 외주비, 중기비 등 원가항목으로 구분

2) 간접공사비

공사시공을 위하여 간접 투입되는 비용으로 공사를 수행키 위한 현장운영 제경비

3) 본사관리비

본사 근무직원의 급료 및 본사 일반관리비를 말하며, 연도별로 산출된 매출액에 대한 실 발생비율로 계상한다.

(5) 실행예산 작성 및 승인절차

1) 실행예산 작성

① 실행예산 작성 주관부서인 기술담당부서는 업무담당부서로부터 계약체결 통보와

설계도면, 견적서, 시방서 및 도급산출내역서를 받으면 이를 근거로 일위대가표 및 현시가를 참조하여 실행예산을 작성한다.

② 실행예산 작성과 병행하여 기술담당부서는 공정계획표, 주요(자재, 중장비)투입계획서를 작성한다.

2) 실행예산 승인 및 절차

① 실행예산 작성 주관부서인 기술담당부서는 실행예산 작성이 완료되면 실행예산품의서, 실행예산내역총괄표, 실행예산내역서 및 아래 서류를 첨부하여 사장의 승인을 얻는다.

- 공정계획표
- 주요자재투입계획서
- 주요중장비투입계획서

② 사장의 승인을 얻은 실행예산서 원본은 기술담당부서가 보관하고, 당해 현장 및 관련부서에 사본을 배부하여야 한다.

(6) 지급조건

건축공사 금액은 큰 금액이기 때문에 지급조건은 금리 등의 면에서 수주회사에 큰 영향을 미친다. 그렇기 때문에 영업, 경리담당자는 물론 공사담당자도 계약지급조건, 공사기성고의 지급하는 시기 등에는 충분히 주의를 해야 한다. 특히 공사기성에 대한 취하금액(기성고에 의해 수령하는 공사계약금액)과 그 시기는 계약 지불조건에 있어서도 중요하다.

(7) 공사계획과의 관계

공사계약시에는 공사기간이 명시되는 것이 보통이며, 그것에 기초해서 공사계획서가 작성되고, 실행예산서가 작성된다. 공사계획에는 각 공정별 완료시점을 나타내는 마일스톤(mileston)이라고 불리우는 공사의 주요 포인트가 있으나, 거기에 있어서의 공사진척도와 공사기성고 금액의 밸런스(balance)를 맞추지 않으면 안된다. 그러나 공사의 특성에 따라, 실행예산 작성 전인 공사수주와 동시에 공사를 착수하는 경우도 있으며 그 경우에는 잠정적인 추정예산을 짜서, 당면의 공사를 진행시킨다.

1-8-7 예산집행

(1) 월별원가

공사진행에 따라 공사기성고금이 산출되고 실행예산의 각 항목을 체크한 후 시공관계업자에게 공사기성금의 지불이 실시된다. 공사기간에 맞추어 매월 공사원가를 정확히 파악하기 위해서 월별로 원가표를 작성한다. 회사에 따라 다소 차이가 있으나 그림 1-46에 한 예가 있다. 월별원가표에 기초한 실행예산서의 각 항목금액, 당월의 기성고 금액 전월까지의 누계기성고 금액, 금후 지급이 예정된 예산잔액 등이 포함된다.

(2) 하도급계약

각 공사를 담당하여 실제 시공하는 협력업자에 대해 간단히 주문서를 발행할 수 있도록 공종별로 예산을 짠다. 단지 한 업자에게 발주하는 내용이 공사를 포함한 경우에는 부분별로 구분한 예산관리 방법이 편리하다.

실 행 예 산

번호	재 료	단위	수량	단가	예산금액	비고

당월발주액	누계발주액	당월잔고	누계잔고	금후발주예정					

그림 1-46 월별원가표의 예

(3) 단가변동

건축공사의 계약은 비교적 기간이 길다. 사회·경제적으로 불안정한 변동시기이면 공사계약시점의 단가가 긴 공사 기간중에 변동하는 경우도 있다. 현재 민간공사를 중심으로 하여 일반적으로 사용되고 있는 정부계약서에서는 장기적인 계약으로 법령의 제정, 개발, 물가, 임금 등의 변동에 따라 계약을 한 시기부터 1년을 경과한 후의 공사부분에 대한 청부대금 담당액 적당하지 않다고 인정될 때 상대방에 대해 변경을 요구할 수 있다고 되어 있다.

(4) 손익 예산 예상

1) 공사손익예상표

공사담당자는 공사진행에 맞춰 예산소비의 상황을 빠뜨리지 않고 체크할 필요가 있다. 현장에서 작성하는 것에는 공사손익예상표가 있다. 이는 완성공사원가의 손익을 예측하는 것으로 현장에서는 가장 중요한 관리부문의 보고서이다. 매월 공사손익을 일람표로 보고한다. 공사비지급 예상이나 공사손익 예상은 숫자로 명확히 표시하여 보고하는 경우가 많다. 공사손익을 좌우하는 요소에는 재료비, 노무비의 가격변동이나 시공관리의 양부에 따른 수량오차, 사고 등이 있다.

보고서 작성에 있어서는 아래의 사항에 주의한다.

지점 공사건명							공사번호 (단위 : 만원)				년 월 일 현재
기호	코드	공사명칭	당초예산 A	기주문액 B	발주손익 C	예산잔액 D=A-(B+C)	금후발주예상액 E	최종예상발주액 F=B+E-G	변경공사발주 증감액 G	최종예산손익 H=A-F	비 고
	01	토 공 사									
	02	흙막이공사									
	03	말 뚝 공 사									
	04	콘크리트공사									
	05	거푸집공사									
	06	철 근 공 사									
	~	~									
A		건축공사계									
B		건축부대공사									
C		설 비 공 사									
D		가 설 공 사									
E	01	현장경비인건비									
	02	기 타									
F		설 계 료									
G		그 외									
A~G		합 계									
중점	①	가설자기재손료									
관리	②	운 반 비									
비목	③										
추가설계변경 공사관리		I확정추가공사금액 M 금후예상도급금액			J=I에 대한 금후발생예상금액 N=M에 대한 금후발생예상 금액		K=G+J최종예상발주액 O=G+N최종예상발주액				

그림1-47 공사손익예상계산서

① 매월 정기일에 명확히 함으로써 그 후 시공 능률향상을 위한 판단자료, 지침이 되도록 한다.

② 잔여공사량, 잔여공사기간과의 비교가 정확히 되도록 한다.

③ 추가공사, 설계변경공사는 별도 항목으로 한다. 이들은 손익을 크게 좌우하는 경우가 많기 때문에 주의해야 한다.

④ 공사손익예상표는 정확한 숫자로 표시하는 것이 중요하지만 그래프나 표를 이용하는 것이 좋은 경우도 있다.

2) 예산초과의 대책

공사중의 현장에서는 예상할 수 없는 상황이 발생할 경우가 있다. 만의 하나 태풍, 지진, 붕괴, 매몰, 전락 등의 사고에 의해 예산에 큰 변동이 생길 경우, 공사보험금의 예산과 수속을 급히 해야 할 필요가 있다. 부족한 잔금액은 남은 공사기간중에 가능한 한 빨리 시기를 만회할 방법을 검토한다. 시공관리 방법을 재고하여 시공능률은 상승시키고 재료수량은 엄하게 체크한다. 예산초과의 예상이 비교적 조기에 될 경우는 추가변경예산을 다시 짜는 것이 필요하다.

3) 공사완성시 예산과 실시와의 대조

공사가 완성된 당초 예산과 실시금액과의 차이를 명확히 파악하여 이유를 확인한다. 그 작업은 담당소장의 차기공사의 준비에 귀중한 자료가 된다.

1-8-8 원가차이의 분석

원가관리의 목적을 달성하기 위해서는 시공중 모든 면에서 무리, 낭비, 과오가 일어나지 않은지 추적, 조사하고 공사의 채산성을 유지하기 위해서는 현시점의 예산에서 허용되는 지출액과 지출실적을 비교하고, 원가차이를 분석해서 필요하면 시기를 놓치지 않고 적절한 시정, 개선 조치를 취해야 한다.

(1) 재료비 차이의 분석

① 가격변동 : 실행예산 작성시와 재료구입시 그동안의 시장가격 변동으로 인한 경우, 예정구입 수량이 증감한 경우, 납품장소를 변경한 경우, 납품일정이 변경되어 무리가 있는 경우, 지불방법이 변경된 경우, 품귀나 과잉생산이 있는 경우 등이 원인

(2) 노무비 차이의 분석

① 노임변동 : 재료비에서와 같이 실행예산 작성시와 실제로 근로자를 사용한 시기동안에 시세의 변동이 있는 경우에 노임이 상승하는 경향이 있는 시기에는 주의가 필요하다.

② 품셈의 차이 : 실행예산 작성시의 노무품이 실제보다 과대 또는 과소한 경우, 기능, 능력 등이 다른 작업원을 사용한 경우에 일어난다.

(3) 장비비 차이의 분석

① 시간사용료의 변동 : 장비의 상각비(손료) 또는 임대료가 실적과 예산에서 다른 경우, 운전원 임금이나 유지, 연료의 사용량과 가격의 변동이 있는 경우, 수리비나 부품비가 당초 예상보다 크게 달라진 경우 등.

② 시간당 능력의 차이 : 실행예산 편성시의 능력 추정이 실제보다 과대하거나 과소한 경우나 작업방법, 작업조건, 작업시간 등의 당초 예상보다 크게 달라진 경우.

(4) 외주비 차이의 분석

외주비 차이는 재료, 노무, 장비에 대한 차이가 복합되는 경우가 많이 있으며, 발주관리를 효과적으로 하여 개선할 수 있는 여지도 있다.

(5) 현장경비 차이의 분석

경비에서 큰 부분을 점하는 것이 인건비와 그 관련 비용이므로 현장요원의 인원수, 자질 등이 당초 계획에서 변동이 있거나 급료의 인상, 정기승급이 다를 때 차이가 일어난다.

이밖에 전력수도료, 산재보험료, 세금공과, 지대임차료, 보험료, 교통비 등의 요율 개정을 비롯해서 기성취하, 지불조건의 변경으로 인한 자금이자의 증감으로 차이가 일어난다.

1-9 계약분쟁

1-9-1 계약과 분쟁

(1) 분쟁 및 클레임

건설공사에서는 발주자와 도급자간에 후자에 의해서 공사비 증액, 공기연장을 위한 분쟁이 흔히 발생된다. 도급자가 발주자측에 의한 계약 위반에 근거하여 발주자에 대해 유효한 클레임을 제제하거나, 계약상에 요구되는 것 이상의 작업이 진행되었을 때 유효한 클레임을 제기하는 것은 전혀 이상한 일이 아니다.

분쟁과 클레임은 건설공사가 본질적으로 가지고 있는 작업조건의 광범위함과 다양함에서 연유된다고 볼 수 있다. 계약 당사자들간의 의견대립은 계약 해석상의 차이, 발주자에 의한 변경, 발주자의 잘못으로 인한 공기지연, 상이한 현장조건, 조건변경, 작업가속, 작업중단, 도면, 시방서의 하자 등에서 연유한다.

(2) 법정체제

① 관습법 : 주로 소송이 적대적이며 과거 판례에 근거－영국계에서 주로 사용
② 민법 : 주로 소송이 질문적이며 법령에 근거－로마에서 유래
③ 회교법 : 법리적이며 사회적 정치적이며 종교적인 체제

(3) 법체제의 3대 기본요소

① 소송절차법 : 특정 국가의 법정이 계약분규를 관장하게 하는 조항이다.
② 실체법 : 계약체결시 효력이 미치는 계약분규에 사용되는 법체제
③ CALVO조항 : 계약자가 계약발주국의 법이나 법정의 지배를 받되 모든 외교적 권리 주장을 취소시키는 조항

(4) 계약도서(시방서 포함)해석

건설계약에서 발주자는 계약 공사수행 저해를 금하는 묵시적인 보증조건이 있는데 이것

이 '묵시적 보증(implied warranty)'이며, 만일 발주자가 제공한 하자 있는 시방서가 계약자 공사수행의 걸림돌이 되면 계약자는 '묵시적 보증'의 근거로 손해보상권이 있다.

이 설계해석의 표준은 상거래 경험적 연륜이 계약법의 초석인 'predictability(유효한 법정체제의 기본)'를 개발하는 'Reasonableness(합리성)'에서 기초한다.

'Reasonableness'를 바탕으로 한 표준계약 해석의 '십계명'은 다음과 같다.

(5) 계약해석의 십계명

제1규칙 : 가장 중추적인 규칙이다. 합리적이고 논리적인 해석을 구하라.

제2규칙 : 전체적인 합의가 고려되어야 효력이 있다. 계약은 전체로서 읽혀야 한다. 이 원리는 도면이나 시방서에서 인쇄상이나 혹은 어의적인 오류나 누락이 있을 때 자주 응용된다.

제3규칙 : 정상적으로 통용되는 의미가 담겨진 단어들이 사용되어야 한다.

제4규칙 : 제일 명백한 핵심의 목적 의식이 있어야 한다.

제5규칙 : 관례와 관용법이 계약언어의 의미를 명백히 밝혀준다.

제6규칙 : 계약 일방 당사자는 상대 당사자의 해석을 인식함으로써 구속된다.

제7규칙 : 동일점에 접근하는 해석들은 합리적 해석의 좋은 증표이다.

제8규칙 : 문서 기준의 우선순위가 결정적이다.

제9규칙 : 계약서 작성제출자에 반하여 적용된다.

제10규칙 : 계약자는 계약의 모호성을 명백히 할 의무가 있다.

즉, 상기의 원칙들이 적용된 후 만일 두 개의 합리적인 해석이 있을 때에는 그 계약을 초안한 당사자에게 불리하게 해석되는 규칙이 적용된다. 발주자와 건설계약자의 경우에 계약초안자는 대부분의 경우 발주자이다.

(6) 발주자의 묵시적 의무사항(Implied Obligation)

발주자는 공사수행에 있어서 계약자에게 다음과 같이 협조할 묵시적 의무가 있다.

① 적기검증(검사)

② 계약에 따른 시험실시

③ 제작도면(shop drawing)의 적기 승인

④ 변경지시(change order)의 적기 승인

⑤ 계약별 작업장 인계

상기 의무사항은 발주자가 미조치 한다든가, 불합리하게 지연되게 한다면(별도로 계약기간 설정이 없다면) 묵시적 보증의 계약위반이 될 수 있다.

(7) 기록과 문서 처리

1) 준비사항

① 양식의 획일화
② 공사완공과 직원 재배치 전의 공사기록 전부

2) 기록 정보 원천

① 현장 직원
② 공사분석(C.P.M)
③ 일일보고
④ 주간/월간 작업회의 비망록
⑤ 기성금 일정
⑥ 주간/월간 작업진도 사진

3) 필요사항

① 계약서류의 완전 파악
② 통지문의 중앙편철 관리
③ 모든 통신의 반송서 및 확인서 완전편철

4) 공사의 길잡이

① 공정(일정과 관련비용 포함)
② 시방서와 도면
③ 계약조건들 (일반, 보조 및 특수)

5) 회의록 기재사항

① 회합 일자, 시간, 장소
② 모든 참석자의 성명, 직위, 소속
③ 공사에 관련된 모든 대화내용
④ 문제의 해결·합의 안되면 회의 말미에 참석자들의 최종입장 기재
⑤ 참석자들간의 의견 불일치를 지적한 모든 비망록의 복사 배부

6) 현장비망록(일지)

① 일일인력과 작업요소
② 도면과 시방서의 모순기록
③ 공사진행 간섭사항
④ 필요한 청사진과 도면비치
⑤ 비공식 회합 비망록(십장 등)
⑥ 구두지시(육하원칙)

⑦ 천후
⑧ 방문객의 소속과 성명

7) 구두통신의 메모 내용

① 일자
② 수신
③ 발신
④ 제목
⑤ '금일 대화내용의 확인을 다음과 같이 합니다'의 확인서
⑥ 토의내용
⑦ 합의사항, 결정사항, 조치사항
⑧ 통신유형－직접대화 또는 전통
⑨ '상기 진술에 관하여 우리(쌍방)의 이해 표현여부를 알려주시기 바랍니다'의 내용의 확인
⑩ 작성자 서명

1-9-2 계약의 특성

계약은 법으로 강제하는 양당사자의 합의를 말한다. 어느 경우에는 제3자에게 계약이익이 돌아가는 제3자 합의가 있을 수 있다. 그 예는 보험공채, 생명보험 등 제3자가 수익자가 되는 경우이다. 그러나 대개 건설계약(합의)은 양 당사자들의 이익을 위해 양 당사자간에 이루어진다.

(1) 계약의 표시어

계약은 이행되어질 수 있고(executed) 혹은 장차 효력이 발생될 수 있다(executory).

① 이행(executed) : 계약은 양 당사자가 계약조건에 따라, 완전히 수행했을 때 이행된다. 건설계약은 계약자가 계약조건에 따라 공사를 완수하고 발주자가 그 공사 대금을 지불완료 했을 때, 이행되었다고 할 수 있다. 계약이행은 계약에 사인(sign)하고 그 계약에 양 당사자가 구속되었음을 의미한다. 계약에서 계약 의무이행은 별개의 문제다.

② 미이행(executory) : 계약의 일부의 이행 효력이 아직 남아 있는 계약 표현. 양 당사자나 어느 일방에게 생길 수 있다. 공사 대금 지불이 안되었으면 아직 미이행(executory)이다. 양 당사자에게 전부 미이행(executory)인 경우는 어느 일방이나 양 당사자가 적어도 그들의 의무를 수행한 계약보다 쉽게 취소될 수 있다.

계약은 쌍무계약이지 일방계약이 있을 수 없다. 쌍무계약은 계약 양당사자에 의한

상호약속으로 이루어진다. 이 계약 유형에는 각자가 2중 역할을 하게 된다. 즉 '약속자'와 '피약속자'의 역할이다. 다시 말하면 약속이 교차되는 것이다. 모든 건설계약은 발주자가 발주자(buyer)가 되고 계약자가 건설계약자(seller)가 되는 쌍무계약이다. 이와 반대로 일방 계약은 교환과정에서 어느 일방이 반대급부 인수 때까지 혼자 책임지는 것이다.

③ 명시계약(express contract) : 계약조건이 구두로든 문서로든 분명하고 간략하고 명확하게 그리고 확실하게 되어 있는 계약이며 대부분 건설계약은 이 명시(express) 계약이다.

④ 묵시계약(implied contract) : 계약조건이 분명히 기술되어 있지 않았으나 유추나 연역법을 통해 이루어지는 계약이다. 계약을 둘러싼 사실과 환경이 그 계약의 상호 뜻이 결정되기 전에 평가되어야만 한다. 즉 계약조건이 계약 당사자들의 행위로부터 암시되어야만 한다. 예를 들면 운전자가 도심에서 유료주차장에서 관리인에게 3,000원을 주고 주차시켰으면 주차 특전 대가로 3,000원 지불되었음을 합리적으로 유추할 수 있는 경우이다.

⑤ 공동합의(joint arrangement) : 부동산의 공동소유의 경우이며 책임과 의무가 계약조건에 따라 다르며, 소유권에 복잡성이 있다.

⑥ 번복의 금지(estoppel) : 당해 계약당사자 사이에 정식 계약이 체결되지 않은 사실임에도 불구하고 그 계약이 구속력이 있는 원리를 말한다. 특히 묵시적 동의(implied agreement)가 이루어졌을 때 생긴다. 즉 어느 일방이 상대방에 묵시적 동의(implied agreement)가 있게 인도하면, 그 일방은 후에 그 계약의 기본적 요소 일부가 빠졌다고 주장할 수 없다는 것이다.

⑦ 보증(warranties, guaranties)

설계와 기술 분야에서 특히 '보증(warranties)'이라고 하며 여기에는 두 가지가 있다.

㉠ 명시보증(express warranties) : 질적 수준(level of quality)으로 보증

㉡ 묵시보증(implied warranties) : 사용목적 적합성으로 보증 전문인(기술인)이건 비전문인이건 다같이 어떤 특수 목적 적합성의 묵시 보증을 받는다. 이 묵시보증은 계약시 계약자(seller)가 어떤 인도 (판매)시공품의 특수 용도 목적을 인지하고 그 계약자(seller)가 자기(seller)의 기술이나 양식을 믿고 발주자(buyer)측이 그 시공품을 선택했거나 혹은 공급했음을 인지할 경우 이 묵시보증(lmplied warranty)이 성립된다(예 : 상품, 부동산). 그러나 만일 발주자측의 기술 등을 믿지 않고 계약자가 독자적 판단을 했다면 그 묵시보증은 성립되지 않는다. 똑같이 인도된 시공품이 발주자측이 제공하는 도면과 시방서에 따라 시공되었다면, 그 시공품의 용도(사용목적) 부적합은 그 도면과 시방서의 하자에 대한 발주자측의 변명이 용인되지 않고 따라서 그 묵시보증 시공계약자에 대항하여 발주자는 구제방법(피해보상권)을 행사할 수 없다.

⑧ 법정상의 요구권 포기(waiver)

건설산업에서 시공계약자(P.Mr)가 계속해서 알아야 할 '함정'은 '기권(waiver; 요구권 또는 주장 포기)'이다. 이 기권(waiver) 원리하에서는 계약 일방이 그 계약하에서 별도로 그가 가지고 있는 권리를 포기할 수 있다. 예를 들면, 만일 건설계약자(seller)가 불완전하고 하자가 있고 혹은 지연되는 작업수행을 하고 발주자측의 대리인이 그 작업수행을 반대 없이 승인하든가 또는 그 하자 교정작업을 요구하지 않으면 그 발주자측은 엄밀한 작업수행에 대한 권리를 포기하게 된다. 어떤 예에서 하자 있는 당사자는 자기의 불완전한 작업에 의거 발생한 손해에 대한 책임이 있게 된다. 그러나 그 책임에 대한 발주자측(감리자)의 포기가 그 위약이 구체적 위약(material breach)이 안되므로 그 계약은 해약으로 요구할 수 없다고 하는 것이다.

⑨ 법정상의 위약(breach)

계약의무 불이행은 계약위반이 된다. 즉, 계약당사자는 '약속대로' 이행할 의무가 있다는 것이다. 그 원리는 'Pacta Sunt Servanda(모든 계약거래는 존중되어야 한다)'라는 계약의 근본정신에서 연유된다. 계약위반 손실액의 양은 그로 인해서 피해 당사자가 입은 손실금 만큼이다. 대부분의 위약은 계약조건 불합치로 발생되며 그 손해는 재구입시의 과비용과 하자나 지연으로 인한 가치의 감쇠로 구성된다.

위약에는 다음 두 가지가 있다.

㉠ 계약위약(breach of contract) : 계약에 부과된 의무 불이행

㉡ 직접위약(meterial breach of contract) : 비위약 당사자의 거래 이익, 즉 위약 당사자가 당초대로 이행했으면 취할 수 있었던 이익금을 박탈당하는 중대한 위약 사항이다. 이 경우 무과실 상대 당사자는 계약의 어느 의무에서도 해제된다.

계약상 공기가 언급되어 있지 않으면 공사이행은 '합리적인' 공기내에 완료하면 된다. 그러나 계약자가 완공시기가 중요하다고 생각되면 그 계약에 '공기완료 시점준수(time is of the essence)'가 들어 있으면 그 기간내의 불이행은 계약의 직접위약(material breach)이 성립되고 발주자측은 그 지연된 공사를 꼭 인수할 필요가 없다.

⑩ 면책조항(exculpatory clause) : 특별한 사건이 돌발했을 때 혹은 계약자가 공사에서 어떤 예방이나 주의 의무를 못했을 때 생기는 잘못이나 책임에서 발주자나 감리자(engineer)를 면책시켜 주는 규정들.

⑪ 계약변경(cardinal change) : 계약 양 당사자가 당초 약정했던 계약 범위 밖이나 상당히 상이한 공사를 요구하는 계약 공사의 변경은 계약위반이다.

1-9-3 계약효과의 요소

(1) 기 준

모든 계약이 유효화하기 위해서는 어떤 기준을 만족시켜야 하는데 그 기준은 다음과 같다.

① 의견의 완전한 일치(meeting of the minds)
② 제공과 수락(offer and acceptance)
③ 대가(consideration)
④ 합법성 문제(law of subject matter)
⑤ 당사자의 법적 자격(competent parties)

(2) 내 용

1) 완전한 의견일치

① 계약 당사자들이 계약의 기본적 의미와 법률적 관계를 합의하는 것이다.
② 계약의 근본 목적이다.
③ 합의의 비현실화가 있을 수 있다(unreality of consent).
④ 계약의 한쪽만이 계약을 이행하고자 하면 계약 무효화에 관한 법률적 복잡성으로 빠지게 된다.
⑤ 계약은 '사실' 바탕 위에서 이루어진 '합의'이어야 한다.

2) 사실의 오류 가능성

① 일방의 오류나 상호실수(고의성 없는) : 양 당사자는 합의 주제 정체에 대한 납득이 다를 수 있다. 합의 주제는 사망의 결과나 화재 등의 파괴로 소멸될 수 있다.
② 정보제공 오류(무결점 사실의 오정보)
③ 사기(사기 목적을 띤 사실의 허위정보 제공, 합의에 결정적인 당해 정보의 고의적 미제공)
④ 협박(합의에 강요하는 공갈)

3) 제공(입찰)과 수락

제공은 어느 일방이 상대방에게 어떤 정해진 조건에 따라 구속력 있는 계약을 체결하겠다는 의향을 알리는 것이다. 이 일방(제공자)이 그 조건을 수락함으로써 구속력 있는 계약의 창조력을 상대방(피제공자)에게 주는 것이다. 이 제공은 명시(express)와 묵시(implied) 두 가지가 있는데 수락이 이루어지지 않는 한 취소할 수 있다.

수락은 정확해야 하고, 제한이 없어야 하고 무조건적이어야 한다. 그렇지 않으면 역제공(conuter offer)이 생길 수 있다. 건설계약에서는 제공이 발주자에게 제출되는 '입찰'이다.

공사의 입찰광고는 단지 발주자의 제공측(입찰자) 입찰에 대한 요청에 지나지 않는다.

4) 대 가

넓은 의미로 대가는 가치의 별도 개념이다. 이것은 계약 성립에 일차적 이유가 되며 혹은 주요 원인이 될 수 있다. 즉 어느 일방이 가치 있는 항목이나 행위의 교환으로 받아들이는 별도의 가치이다. 이것은 양 당사자가 '대가'로 인정하지 않으면, 그 대가로 인정되지 않는다. 양 계약 당사자들이 대가를 받아야만 한다. 그렇지 않으면 그 계약은 무효이다. 일방에게 실질적 이익이 없는 즉, 대가 제공자에게 오히려 단순한 손실이 있을지라도 대가가 성립되는 경우가 있다.

1-9-4 계약의 변경

계약에는 클레임과 분쟁의 해결에 대한 절차가 규정되어 있다. 또한 도급자가 갖는 권리로서 1) 모든 계약도면, 계약서류는 확신을 가지고 신뢰할 수 있도록 완벽하고 정확하다고 믿을 권리와 2) 공평한 대우를 받을 권리, 3) 수락될 수 있는 공사이행분에 대한 공사비의 적기 지급을 기대할 권리 등을 갖는다. 반면에 발주자가 가지는 권리로는 1) 기성고로 지급될 수 있는 공사 이행분에 대한 적기 이양을 기대할 권리와 2) 1)항에 대한 표기된 적절한 품질을 기대할 권리, 3) 적기 시행을 기대할 권리, 4) 적절히 표기된 범위까지 시행해 줄 것을 기대할 권리 등이다. 이러한 쌍방간의 권리가 상충하고 있기 때문에 클레임과 분쟁이 발생할 수밖에 없다.

변경의 주요한 요인 및 파급효과를 살펴보면 다음과 같다.

(1) 변경의 요인

① 설계의 하자(위법, 오류, 모순, 불일치, 시공불가)
② 시방서나 도면에 기표된 지정품의 시장부재
③ 발주자의 요구조건 변동
④ 미공개된 기존 조건의 공개(발주자만의 인지사항)
⑤ 아직 알려진 일이 없는 잠재적 조건의 부상
⑥ 가치공학적 분석에 따른 제안 및 개선사항
⑦ 설계자의 기호, 편향성의 변동
⑧ 공사의 원래 의도와 모순된 계약서 및 도서내용
⑨ 법규, 사용상의 요구와 같은 외적인 요소의 변경
⑩ 계약범위 외의 타공사와 통합·조정이 필요한 경우(기계설비와 같은 타수급인과의 마찰이 발생할 경우)

(2) 변경의 파급효과

발주자의 권리는 공사조건 변동에 평형적 보상을 기대할 권리이다. 평형적 조정의 범위는 공사에 영향을 주는 공사조건 변동의 도급자가 모든 것이다. 공사조건 변동의 파급효과는 작업범위가 바뀌는 충격 이상일 수도 있다.

① 정리정돈된 작업순서의 혼란 및 방해
② 계획된 공사 인도의 장해
③ 기존의 통합 조정의 무효화
④ 공정계획상의 로직(logic)의 변동
⑤ 변경지시의 내용에 직접 설명되지 않은 작업에 파급되어 그 작업의 공법 변동
⑥ 현장 가동준비가 정상적으로 완료된 상태로 원래 예정보다 공사착공을 지연시키는 변동 등이라 할 수 있다.

모든 사항이 계약규정에 따라 해결될 수는 있지만 가능한 발주자, 도급자 양자는 분쟁이나 클레임을 피하고 상호협력적인 분위기에서 공사를 이행하는 것이 가장 바람직하다.

1-9-5 공사분쟁

(1) 클레임(Claim)의 개요

1) 클레임의 정의

① 계약의 계약금이나 계약공기 또는 양자의 조정이나, 계약조건에 따른 기타 구제를 구하는 양 당사자의 요구 또는 주장.
② 계약에서 변경지시 과정을 통해서 양 당사자에 의해 해결될 수 없는 불일치.

2) 분쟁(Dispute)의 정의

계약의 해결방법인 중재, 소송, 기타 ADR 방법 등에 의해서 판결될 수 있는 미해결된 클레임.

3) 클레임발생의 인문적 배경

① 오해
② 자만
③ 발주자의 욕심
④ 계약자의 욕심
⑤ 계약자의 손실만회 충동심리
⑥ 계약자의 엄격한 해석
⑦ 발주자의 보복성

(2) 클레임과 CPM(Critical Path Method)

1) 클레임 발생 요인들

① 계약에 없는 추가작업 요구
② 당초 약정과 다른 작업
③ 당초 예상한 것과 다른 방식과 방법으로 수행토록 요구하는 작업
④ 계약체결 후 변경, 수정, 개정, 과장 혹은 해명된 계약도서의 작업
⑤ 설계도서의 불충분한 상태로 야기된 예상 밖의 작업
⑥ 모호한 설계도서로 야기된 예상 밖의 작업
⑦ 시방서의 여러 공법을 제외한 특수한 공법을 요구하는 작업
⑧ 공사순서를 무시하고 요구하는 작업
⑨ 발주자의 공사 전부 또는 일부, 직접 또는 간접으로 공사중지 방해 등의 행위
⑩ 계약자 이외의 현장 점유로 인한 작업방해
⑪ 발주자 공급재의 지연, 불량, 부적합
⑫ 작업가속 수행이나, 계약자 지연 외의 지연에 의한 일정만회, 예상 외의 연장작업 및 교대작업 증가요구
⑬ 당초와 다른 짧고 새로운 일정 준수 요구
⑭ 계약자 조정 밖 사안의 발주자 협조 부족으로 인한 작업 재배치 요구
⑮ 계약표시와 다른 현장조건 상이
⑯ 계약해석의 다양
⑰ 시방서 하자
⑱ 발주자나 그외 대리인의 행위나 미조치로 인한 지연
⑲ 비보증 작업 거절
⑳ 계약과 다른, 과다한 검증요건, 시험 혹은 Q/C계획
㉑ 계약의 변경, 승인제출서, 지불 등의 발주자 승인 지연
㉒ 공사관련 정보의 발주자 공개 미조치
㉓ 파업
㉔ 천재지변
㉕ 계약조건과 반대의 정부조치
㉖ 불합리한 검증과 수락지연 등

2) 클레임상의 CPM의 역할

① CPM은 양 당사자의 상세한 오류 등을 그대로 내비친다.
② CPM은 1,000장의 사진과 10,000장의 서신 이상의 가치가 있다.
③ 계약의 명시적 언어로 요구한 'Letters of Notice'의 대용으로 CPM을 의지하지는 말아야 한다.

④ 발주자가 입찰서류의 일부로 종합적 공사일정과 비용조정 체제장치를 제공해 주는 것은, 이 CPM이 절대적이다.

(3) 클레임의 유형

클레임의 근본적인 원인제공자는 계약서류 혹은 계약문서라 할 수 있다. 계약서류 조항 간의 문제점이나 계약서류와 현장조건 또는 시공조건의 차이점에 의해 발생되는 문제점에 대해 발주자나 시공자가 이의를 제기함으로써 클레임이 시작되는 것이다. 이와 같은 클레임의 유형은 다음과 같이 크게 네 가지로 분류할 수 있다.

① 지연에 의한 클레임(delay claim) : 가장 높은 빈도로 발생하는 클레임의 유형으로 자재 및 인력조달의 지연, 공사진행의 방해, 과다한 설계변경, 작업지시 또는 작업진행상 필요한 정보의 지연, 공사현장 매입 또는 각종 허가취득의 지연으로 인한 공사착공의 지연 등이 이러한 클레임의 사유가 된다.

② 작업범위 관련 클레임(scope-of-work claim) : 시공자가 계약 당시 수행키로 한 범위 이외의 작업을 수행토록 요구받거나 계약조건에 있는 업무일지라도 그것이 명확히 정의되어 있지 않아 입찰시 내역서에 포함시킬 수 없었던 업무를 수행했을 때 제기될 수 있다.

③ 작업기간 단축에 대한 클레임(acceleration claim) : 발주자가 계약시 계획했던 공사기간을 일방적으로 단축시킬 것을 시공자에게 요구할 경우 공기단축을 위해 투입해야 하는 추가인력, 장비, 자재 등에 대한 클레임이다.

④ 현장조건 변경에 따른 클레임(changing-site-condition claim) : 주로 예상 못했던 지하구조물의 출현이나 지반형태로 인해 시공자가 작업수행을 위해 입찰시 책정된 예정가격을 초과부담해야 할 경우 발생한다.

이밖에도 일방적인 계약파기(termination), 공사비 지불지연(payment delay) 등과 관련된 클레임이 있을 수 있으며 이상과 같은 각 클레임 유형에 대한 보상내역은 표 1-10과 같다.

표 1-10 클레임의 비용항목과 클레임의 유형

클레임의 비용 항목	클레임의 유형			
	지연 클레임	작업범위 클레임	공기단축 클레임	현장조건 변경 클레임
추가 직접 노무시간		*		*
생산성손실에 기인한 추가 직접노무시간	*	0	*	0
증가 노무율	*	0	*	0
추가 재료량		*	0	0
추가 재료단가	*	*	0	0

클레임의 비용 항목	클레임의 유형			
	지연 클레임	작업범위 클레임	공기단축 클레임	현장조건 변경 클레임
추가 하도급작업		*		0
추가 하도급비용	*	0	0	*
장비임대비용	0	*	0	*
자가장비사용비용	*	*	0	*
증가된 자가장비비율에 의한 비용	0		0	0
작업부대경비(가변)	0	*	0	*
작업부대경비(불변)	*			0
회사부대경비(가변)	0	0	0	0
회사부대경비(불변)	*	0		0
이자 또는 자금조달 비용	*	0	0	0
수익	0	*	0	*
기회수익의 감소	0	0	0	0

주) * 정상적으로 클레임에 포함되어야 함.
0 : 경우에 따라 포함되어짐.
공란 : 포함 안됨.

(4) 클레임 예방 및 최소화 방안

① 합리적인 계약서류 작성
② 계약서류의 철저한 파악
③ 각종 수신, 발신 서류의 편철화
④ 철저한 공사계획 수립 및 수정
⑤ 시공과정상의 회의록, 일지, 대화 등의 문서화
⑥ 보고 응답의 계약서류조항의 요건 준수
⑦ 설계도서의 기술적 해석 및 해명 시공도
⑧ 각종 법령의 인허가 관계검토
⑨ 당사자들의 시공계약자(P.Mr) 및 대리인(감리자) 등의 권한, 책임, 한계 파악

(5) 계약 당사자별 클레임제기

1) 계약자 제기 가능한 클레임

① **공사변경**(changes in the work)
㉠ 수량의 변경
- 변경지시서에 의한 변경
- 시공상 변경에 의한 변경
- 견적 수량의 변경(국가계약법 참고)

· 계약금의 40/100 이상 감소 경우(국가계약법 참고)

㉡ 불리한 현장조건(adverse : differing : cardinal or change condition)

· 설계도서의 조건과 현장 제반 조건이 구체적으로 다른 경우

· 계약 유경험자가 합리적으로 예측할 수 없는 일반조건이 아닌 경우, 유사 종류의 공사에서 기대할 수 없는 예외적인 물질인 경우 입증에 의해서 좌우

② 공사의 지연

㉠ 변명가능지연(excusable delay)

㉡ 변명불가능지연(non-excusable delay)

③ 계약의 해제(termination)

㉠ 발주자가 기간내 기성 · 지급 불능(보상용인)

㉡ 발주자 파산 (보상용인)

㉢ 법원에 의거 일정기간 공사 중지 경우(보상용인)

㉣ 발주자 편의상 공사 정지기간이 공기의 50/100 초과 경우(보상용인)

2) 발주자 제기 가능한 클레임

① 변경조항(change clause) 발의

공사금 증액, 감액의 변경조항 발의

② 편의적인 계약해제

③ 계약위반(breach of contract)

계약자 계약서류의 조항위배 선언, 공사 수행 거절

㉠ 계약자 공사 수행 불능판단

㉡ 계약자 공사 완공 불능판단

④ 불법행위(torst)와 태만(negligence)에 의한 발주자의 피해

⑤ 잠재적 결함(latent defect)

발주자에 의한 일반적 검증으로 알 수 없는 결함

특히, 대형 구조물의 경우 영구적 책임문제

(6) 공사변경

공사변경이란 계약내용의 증감, 작업의 수정, 시공방법의 변경, 발주자가 제공하는 자료나 설비의 변경, 계약공기 요건의 변경 등을 말하는 것이다.

완벽한 계약도서를 준비하기가 어렵고 특별한 언급이 없거나 불분명한 내용이 포함되어 설계자와 도급자가 각기 다른 해석을 하는 경우, 현장요건이 도면이나 시방서의 표기내용

과 틀리거나 예측불허의 특이한 기상요건으로 부득이 하게 공기를 연장해야 하는 경우, 발주자측에 자금조달에 어려움이 생겨 공사규모 축소가 불가피한 경우, 부동산 시장에 커다란 변동이 생긴 경우 등 건설업이 가지는 본질적인 특성이나 환경적인 조건에 따라 변경이 필요한 경우가 생기게 된다.

계약체결 후 발주자의 요구나 환경적인 요소가 변할 수도 있는데, 변경은 이러한 조건을 부합시킬 수 있어야 한다. 경우에 따라서는 도급자의 제의에 의해 변경이 이루어지기도 한다.

변경이 어떻게 다루어지느냐? 하는 것은 계약의 변경조항에 의해 좌우되며, 발주자는 변경조항에 의거하여 공사변경을 명할 수 있고, 변경명령으로 공사비와 공기에 대한 적절한 조정이 이루어지도록 해야 한다. 도급자는 변경이 필요하다고 믿어지는 작업조건이 발견되면 이를 즉시 발주자측에 서면으로 통보해야 한다. 이때 공사비나 공기에 증감이 필요하다고 인정되면 이를 표시해야 한다. 이러한 통보는 당해 공사가 시작되기 전에 이루어져야 한다. 변경이 이루어질 때는 필요한 추가 도면, 시방서 등을 포함한 적당한 설명이 발주자측에 의해 준비되어 도급자에게 통보된다.

변경에는 크게 지시변경(directed change)과 추정변경(constructive change)으로 나눌 수 있다.

지시변경이란 발주자측이 발주자의 요구사항을 더 확대 전개시키거나, 공사개선을 한다든지, 필요 없는 부분을 없애거나, 시방되어 있는 물건이나 장비가 없다든지, 적용할 법규나 기술개선상 변동이 생길 때, 공사계약 범위내에서 변경명령서를 발급하여 공사의 변경을 도급자에게 요구하는 것을 말한다. 이는 양자의 서명날인으로 이루어지며 발주자측에서 제시한 공사비와 공기가 도급자에게 타당하지 않더라도 일단 공사를 진행하고 차후에 계약의 분쟁조항(despute provision)을 이용하여 클레임을 걸어 보상을 요구해야 한다. 지시변경의 예를 열거하면 다음과 같다.

① 계약에 포함된 작업량의 증감
② 발주자나 타수급인이 생략된 작업을 시행하는 경우가 아니면 이같은 작업의 생략
③ 작업성격 또는 품질, 종류의 변경
④ 공사부분의 표고, 측선, 위치 및 치수의 변경
⑤ 공사준공에 필요한 모든 종류의 추가작업의 실시
⑥ 공사부분의 시공순서, 시기의 변경
⑦ 시방서(설계 및 도면)의 변경
⑧ 공사이행 방법, 공법 변경
⑨ 관급품(시설, 장비, 용역, 자재 포함)의 변경
⑩ 공사이행의 독촉

추정변경이란 발주자측으로부터 받은 정식의 서면변경 이외의 모든 행위, 즉 메모식 또는 구두지시(지침, 지시, 해석, 결정 등)를 아래와 같은 여러 원인에 의해 도급자가 발주

자에게 제기하는 클레임을 말한다. 이 경우는 지시의 일시, 환경, 지시의 출처를 밝혀서 이를 통보하여 그러한 지시를 변경지시로 간주하게 된다.

① 도면 및 시방서의 하자 및 결함

발주자는 도급자에게 1차적이 의무로서 정확한 도면과 시방서를 제공해야 한다. 이러한 의무를 게을리하여 도급자가 입게 되는 손실은 발주자가 계약과 관련된 그의 묵시적인 의무(implied duty)를 게을리 하여 발생한 것이므로 도급자는 이에 대해 이의를 제기할 수 있다.

② 발주자의 정보제공 의무· 승인의 지연 또는 태만

도급자의 작업수행에 최대한의 협조를 해야 할 발주자측에서 기본적인 협조의무를 등한시하거나 공사이행에 대한 승인이 늦는 경우, 공사가 완료된 부분의 검사, 확인의 태만 등이 여기에 해당된다.

③ 권한을 공식적으로 부여받지 못한 감독관 등의 행위

감독관으로부터 권한을 공식적으로 부여받지 못한 자가 작업을 지시하거나 간섭하여 도급자의 작업 이행에 혼선을 초래하고 비용증가를 야기시킨 경우이다.

④ 자료 등의 제공

발주자측에서 자료를 적기에 제공하지 않음으로써 도급자가 손실을 입게 되는 경우이다.

⑤ 타 도급자에 의한 작업방해 또는 현장상태의 미비로 인한 작업착수, 지연

전자는 인근 도급자에 의해 작업에 방해를 받은 경우이며, 후자는 착공명령서가 발급되어 도급자는 작업에 착수할 모든 준비가 되어 있으나 발주자가 현장정리를 제대로 해놓지 못했거나 작업장으로의 진입로를 준비하지 못하여 작업착수가 지연되는 경우이다.

⑥ 특정 작업방법의 강요

시방서에는 일반적인 여러 가지 작업방법이 명시되어 있으나 발주자측에서 어느 특정방법을 강요하여 부대경비를 발생시키는 경우이다. 여기에서 작업방법이라 함은 작업기법, 장비의 사용, 시공의 선후관계 등을 말한다. 또한 '동등'이 삽입된 시방서의 내용에 대하여 도급자가 대안을 제시한 경우 타 제품 승인요청이 거절된 경우 등이다.

⑦ 기성금 지불의 태만

발주자가 여러 가지 이유를 내세워 도급자의 기성금 지불을 부당하게 지연시켜 도급자에게 자금압박을 가하고 자금 운영상 어려움을 야기시키는 경우이다. 발주자는 도급자의 중대한 과실이 발견되지 않는 한 기성금 지불을 부당하게 지연시키거나 보류하겠다는 위협을 해서는 안 된다.

⑧ **작업가속**(acceleration) **제시와 지나친 감독**

작업가속이라 함은 원래 예상했던 것보다 더 일찍 작업을 끝내기 위해 혹은 지연된 공정을 만회하기 위해 발주자측에서 도급자에게 작업독촉을 하는 행위를 말한다. 물론 도급자가 자기의 잘못으로 인하여 지연된 공정을 회복하기 위해 취하는 작업가속은 추정변경의 대상이 되지 않는다. 작업가속이 추정변경이 되기 위해서는 첫째, 지연의 원인이 도급자에게 있지 아니하다는 이유가 분명할 것, 둘째, 발주자가 이러한 지연이 존재하고 있다는 것을 인지하고 있을 것, 셋째, 작업가속지시가 존재할 것 등의 요건이 있어야 하며, 이로 인하여 추가비용이 발생하여야 한다.

이상에서 살펴본 여러 가지의 공사변경이 모두 클레임이 되는 것은 아니며, 클레임 또한 모두 법정으로까지 비화되는 것은 아니다.

1-9-6 계약분쟁의 해결

(1) 분쟁해결의 단계

1) 1단계 : 협상(negotiation)

분쟁당사자들이 조정자, 중재인, 판사, 변호사 혹은 그들 상급자들의 개입이 없이 직접 분쟁해결을 추구한다. 변호사와 회사 상급자는 협상회담장 밖에서 각각 자기 협상자에게 자문할 수 있다.

2) 2단계 : 조정(mediation)

단 한 사람의 조정자의 도움으로 분쟁해결을 당사자들이 직접 해결 추구한다. 조정자는 분쟁해결소위원회(D.R.P) 회원 중에서 D.R.P가 선정하든가 혹은 D.R.P가 외부에서 분쟁해결 적임자로 추천된 자이다. 조정은 공사담당 감리단의 전문가의 자문을 제외하고 분쟁해결 공통 근거를 모색하기 위해 당사자들이 직접 개최한다. 변호사는 자문을 할 수 있으나, 모든 당사자들의 동의나 법률상 지도를 바라는 조정자의 특별한 요구 없이는 회담장 출입이 금지된다. 이것은 당사자들에게 직접 대화를 통해 소기의 원만한 해결을 하도록 폭넓은 유연성을 주기 위함이다.

3) 3단계 : 조정-중재(mediation-arbitration)

'미니 재판소위원회(제2단계의 조정자와 그의 상사들로 구성)'는 당사자들이 그들 입장의 합리성을 설정하기 위해 노력하는 여러 당사자들의 입장을 듣는다. 각 조정자와 그의 상급자들은 모든 당사자들에게 자유롭게 질문하고 그들 각자의 입장을 가장 잘 평가하고 적합한 조치를 취하기 위한 입증을 한다. 변호사들은 소송절차를 주시할 수 있도록 허락되나, 모든 당사자들의 동의나 법률상 지도를 바라는 조정자의 특별한 요구 없이는 회담장 출입이 금지된다.

4) 4단계 : 중재(adjudication)

법적 판결이며 여기에는 중재와 송사(사적 평결) 두 가지가 있다.

① 중재(arbitration) : 1인 혹은 3인 중재 소위원회가 분쟁판결에 임한다. 조정자(제2단계, 3단계의)는 중재인으로 입회하는 게 아니고 중재인 선정을 위해 입회한다. 중재 규칙과 규정은 계약에 의한 것이어야 하며 혹은 특별계약 요구사항이 없을 시는 국가 중재원(미국은 A.A.A)의 규약에 따라야 한다.

② 소송(private judging) : 법관이나 혹은 배심원이 계약에서 선정된 사법권의 법체계의 모든 규칙에 따라 분쟁판결에 임한다. 그 법관의 지배권은 재판과 상고에 관하여 법의 기본규정 제약을 받는다.

계약분쟁이 일어나면 계약당사자 어느 누구에게도 이로울 것이 없으며 경제적, 정신적으로 어려움을 당하게 된다. 계약분쟁을 사전에 방지하기 위해서는 먼저 저가입찰자를 가능한 한 낙찰자로 정하지 않는 것이 좋다. 왜냐 하면 이러한 도급자는 공사에서 적자를 보거나 적은 이윤밖에 남길 수 없다고 생각하기 때문에 이를 계약분쟁을 통해서 보상받으려는 경향이 있기 때문이다.

또한, 적절한 계약방식을 선택해야 한다. 계약분쟁의 최소화만을 위해서 계약방식을 선택할 수는 없지만 실비정산식 계약방식이 계약분쟁의 최소화를 위해서 가장 좋은 방식이며 총액계약방식은 계약분쟁이 일어날 여지가 많은 방식이다.

아울러 갈등을 일으키려는 분위기보다 이해와 협조, 타협으로 상호신뢰하고 양보할 수 있는 공존공영의 분위기를 만들어야 한다. 그리고 부족함이 없는 대안을 준비하고 일일공사기록을 철저하게 작성·보관하는 것도 계약분쟁을 최소화할 수 있는 하나의 방편이다.

계약분쟁의 해결 방법에는 크게 3가지가 있다. 상호합의에 의한 해결, 중재에 의한 해결, 법정의 판결에 의한 해결이 그것이다.

상호합의에 의한 해결은 가장 간단하며 최소의 경비로 처리할 수 있다. 따라서 되도록 중재나 법정에 의한 해결의 방법은 피하는 것이 좋다.

중재를 통한 방법은 계약에 의한 합의, 또는 중재는 합의한 경우에만 가능하다. 중재자는 계약규정에 따라 선정되며 그 수는 계약의 중재조항에 명시되지 않은 경우에는 적절한 법령에 따라 정하게 된다. 중재자가 법적으로 특별한 자질을 갖추어야 할 필요는 없으나 해당 분야에 많은 지식을 가질수록 좋고, 공정, 정직하고 편향됨이 없어야 하며, 편견을 가졌거나 이권이 개입된 사람은 부적당하다.

중재자의 의무는 위임 또는 양보할 수 없고 판결은 제출된 자료에 의해 이루어져야 한다. 판결은 모든 중재자가 참석한 가운데 심사숙고와 토론의 단계를 거쳐 이루어져야 하며, 각 당사자의 공청의 시간, 장소에 대한 통지가 합리적이고 적절해야 하며 공청회에는 양 당사자 모두가 참관해야 한다.

분쟁이 이상에서 언급한 상호합의나 중재에 의해서도 해결이 되지 않을 경우에는 양 당사자 중 어느 한쪽에 의해 제기된 법정소송에 의해 해결하게 된다.

표 1-11 건설클레임 해결 대안비교

구 분	분쟁해결기간	해결비용	구속력	상 소
협 상 (Negotiation)	1. 협상자의 목적, 태도, 기타 요인들에 의존 2. 매우 신속히 해결 가능	1. 최소 2. 타협해결 비용자체	1. 채택 또는 거부 2. 협정으로 이끌수 있음.	1. 협정에 도달하면 포기함. 2. 협정이 없다면 중재 혹은 법률소송
조 정 (Mediation)	1. 협상과 동일 2. 조정자 일정에 따라 약간 한계 있음. 3. 대체적으로 신속함.	1. 만약 있다면 조정자 급료 정도	1. 채택 또는 거부 2. 협정으로 이끌 수 있음. 3. 협정으로 유도하는 도덕적 압력	1. 상동
조정-중재 (Mediation-Arbitration)	1. 활용절차에 따라 속도 결정 2. 형식 제거되면 결과 빠름.	1. 만약 있다면 조정자 급료 정도	1. 사전에 대부분의 주(state)에서 협정될 수 있고, 상대방은 그 결정에 따라야 할 것임.	1. 상동
중 재 (Arbitration)	1. 소송보다 빠름 2. 규칙들이 제한 가함. 3. 중재인일정과 가용성이 문제임. 4. 준비에 몇 개월 걸릴 수 있음.	1. 서류정리 요금 2. 둘째날 이후부터 중재인 급료 3. 가능하다면 대리인의 요금	1. 계약에 따른 구속이나 불구속이 될 수 있음.	1. 법정에서 시비곡직 미검토 2. 중재인은 판정을 설명 하도록 요구받지 않음.
소 송 (Litigation)	1. 5년 이상 걸릴 수 있음. 2. 준비자체에 몇 년 걸림.	1. 대리인의 요금과 시간비용을 합하여 엄청나게 비싼 비용	1. 구속력이 있음.	1. 상소 가능
클레임 철회	1. 없음	1. 클레임의 가치	1. 상호 조율에 의한 계약적 합의 2. 포기	1. 없음. 대부분의 경우 권리를 포기함.

법정소송에 의한 해결은 보통 판례를 기준으로 하여 판결되므로, 양 당사자는 소송제기 전에 유사분쟁의 판례를 검토해 볼 필요가 있을 것이다.

1-9-7 변경공사에 대한 공사비 및 공기 책정

공사변경에서 가장 곤란하고 분쟁 사례가 많은 것이 도급자에게 지불되는 공사비 책정 문제이다. 발주자에게는 변경이 도급자의 공사비에 최소의 효과를 미칠 것이라고 생각하려는 경향이 있고, 한편 도급자에게는 모든 변경을 큰 파급효과(impact)를 미치는 것으로 생각하려는 경향이 있기 때문이다. 발주자가 공사변경에 대해서는 동의했을지라도 도급자가 제의한 공사비에는 동의하지 않을 수도 있다. 문제는 공사는 곧바로 이루어져야 하는데 공사이행 전에 충분한 타협을 할 여유가 없다는 것이다.

보통 계약의 변경조항을 보면, 도급자는 발주자가 발급한 변경명령이나 기타 지시에 즉시 따를 의무가 있다. 도급자는 변경된 공사를 시작하기 전에 먼저 공사비에 동의할 수도 있다. 예정가결정(forward pricing for a change order)이라는 방법이 그것인데 보통 변경된 공사의 여러 가지 항목에 대해 도급자가 견적함으로써 이루어진다. 이 견적가가 합리적이고 적절하다고 생각되면 발주자가 이에 동의하고 변경공사 이행하는 동안 예측 못한 공사비가 들어가는 경우도 있어 불리한 점도 있다.

낮게 견적하거나 누락된 노무비와 재료비 등의 직접비 때문에 그런 경우가 생기며, 파급효과에 의한 경비소요도 발생하게 된다. 여기에는 증가된 현장감독업무와 변경과 연관되어 공사가 지연되고 방해받는 경우가 포함된다.

파급비용(impact cost)은 미리 견적하기가 어렵고 때로는 사실 발생 이후에도 알기 어려우며, 공사에서 공사의 충격비용은 매우 중요한 것일 수 있다.

이러한 이유로 많은 도급자들이 예정가결정 방법을 기피하기도 한다. 그래서 도급자는 변경공사를 진행하면서 상세한 공사비 및 공사일정 기록을 작성하고, 공사완성 후 실제 소요된 공사비에 근거하여 공사비 청구서를 제출하는 방법을 이용하기도 한다.

이러한 변경에 따른 분쟁에 대응하기 위해서는 도급자는 통보·통지된 규정을 지켜서 계약상 도급자의 의무를 태만하지 말아야 한다. 변경지시의 사전·사후관리를 효과적으로 활성화하기 위한 건설업의 인력양성이 필요하다. 변경사항에 대하여 제대로 보상받기 위해서는 다음 사항을 관리하지 않으면 안된다.

① 변경지시서의 출처 및 근원(특히 시방서의 철저한 검토)
② 변경을 발견하는 방법과 이의 교육
③ 숨어 있는 변경을 정확하게 추적하는 능력배양
④ 타당성 있는 금액·시간과 불리한 조항의 내용파악, 추가공사의 공사비산출 극대화
⑤ 공정상 전체의 충격영향을 분석하고 산출
⑥ 완벽하고 완강한 변경지시내용신청서 작성
⑦ 최종 공사비 지급 후라도 변경의 간접효과의 충격에 대한 보상을 받을 권리를 확보
⑧ 건전하고 창의적이며 시련을 극복한 경험을 토대로 증거가 있는 협상전략·전술 및 기술의 함양으로 계약관리상 유리한 입지확보
⑨ 절대적이고 최대의 권리 확보를 위한 관련된 각종 기록유지 방안
⑩ 손해보상청구를 효과적으로 준비하고 서류를 제출하는 방법 등

1-10 안전위생관리

1-10-1 안전위생관리의 정의와 범위

(1) 정 의

공사를 운영하고 관리하는 현장관리자는 품질관리(Q), 원가관리(C), 공정관리(D), 안전관리(S), 환경관리(E) 등 5가지 관리를 주로 행하고 있다. 공사현장에는 반드시 걸려 있는 '안전제일'이라는 슬로건(slogan)에서 보는 것과 같이 안전관리가 가장 중요하다.

현장관리자는 그 공사의 모든 근로자의 위험이나 건강장해를 방지하고, 위생을 위한 교육을 실시하여 노동재해의 조사 및 재발 방지책을 수립하지 않으면 안된다.

이 경우의 모든 근로자란 단순히 직접 공사에 참여하는 사람만을 뜻하는 것이 아니다. 그 현장에서 일하는 원청 건설회사의 사원, 각 협력업자의 사원과 작업원, 관리자, 설계자, 견적이나 계약을 위해 방문하는 관계회사의 사원 등 공사에 관계되는 모든 사람을 뜻한다.

건설현장의 안전관리란 재해발생요인을 사전에 발견, 예방조치를 취하여 작업원의 불행 및 재산손실을 막고, 공사의 시공을 효율적으로 수행하기 위한 관리기능을 말한다.

1-10-2 안전보건관리체제

(1) 책임체제의 확립

근로재해를 예방하는 종합 입법인 산업안전보건법(이하 산안법이라고 함)에서는 일정 규모의 사업장에서는 사업자가 관리책임자를 지명해서 안전보건업무를 추진하도록 규정하고 있다.

산안법에서는 관리자의 직무내용과 작업주무자의 배치에 관해서 규정하고 있으며, 일반적으로 절토, 흙막이지보공, 거푸집지보공, 발판조립 및 해체작업 그리고 철골조립 및 해체작업 등에 주무자를 두어야 한다.

(2) 안전보건관리 조건

산업법은 안전과 보건을 위한 위원회와 협의조직의 설치를 의무화하고 있다.

1) 안전보건위원회

사업자를 주체로 하는 조직이며 직접고용관계가 있는 상시 근로자를 100인 이상 사용하는 경우에는 안전위원회, 보건위원회의 설치를 의무화하고 있고, 이것은 개별로 설치하거나 안전보건위원회로 종합해서 설치할 수도 있다.

안전보건위원회의 토의사항은 다음과 같다.

① 근로자의 위험, 건강장해를 예방하기 위한 기본 대책

② 근로재해의 원인 또는 재발방지 대책
③ 안전보건에 관한 규정 작성
④ 신규로 채용하는 기계, 기구, 기타 설비 그리고 원재료에 관계되는 위험과 건강장해의 방지
⑤ 작업환경 측정, 건강진단
⑥ 근로기준감독관서 등으로부터 문서에 의한 명령, 지시, 권고 또는 지도를 받은 사항

건설사업의 경우 자사의 근로자가 100인 이상을 초과하는 것은 비교적 적으므로 건설업의 특수사정을 고려하면 법정 규모 100인을 미달하더라도 자주적으로 설치하는 것이 바람직하다.

2) 안전보건협의회

원도급시공자 또는 도급자가 같은 장소에서 근로자 50인 이상을 사용해서 작업을 수행할 때 근로재해의 발생을 방지하기 위해서는 특정한 원사업자(원도급시공자)는 다음 사항에 대한 의무를 진다.

① 협의조직의 설치와 운영
② 작업간의 연락과 운영
③ 작업장소의 순시
④ 관계도급자가 행하는 근로자의 안전 또는 보건을 위한 교육에 대한 지도 또는 지원
⑤ 기타 근로재해를 예방하기 위해서 필요한 사항

안전보건협의회의 토의사항은 다음과 같다.

① 작업간의 연락조정, 작업공정의 주지, 작업장소 순시, 크레인 등 운전에 대한 작업신호의 통일, 표지, 경보의 통일, 유해물, 위험물의 집적개소 통일
② 안전보건에 관한 구체적 관리계획, 교육, 각종 행사 등에 관한 심의
③ 재해 발생원인의 조사 및 재발방지 대책의 검토
④ 안전보건관리책임자의 요망사항 검토
⑤ 기타 안전보건에 관하여 필요한 사항

(3) 자격보유자의 배치

1) 작업별 관리자

관리자의 선임배치에는 발판작업을 예로 들면 작업책임자는 기능강습이수자로 해야 하고, 작업지휘자와 감시원은 적임자를 지명해야 한다.

2) 자격보유자

자격에는 발파사, 크레인 운전사, 잠수자와 같이 면허제도에 의한 것과, 기능강습이수자로 구분할 수 있다.

3) 작업지휘자

시공작업은 단순작업보다 복합작업이 많으므로 작업지휘자의 지시에 따라 진행되어야 하며, 기계류의 조립과 해체 그리고 발파작업과 같이 위험이 많은 작업은 작업지휘자를 선임해야 하는 작업으로 지정하고 있다.

4) 감시자와 유도자

감시자는 정전, 고압활선근접, 채석, 물체투하, 궤도근접, 준설작업 등의 위험작업을 대상으로 하며, 유도차는 차량계 건설기계의 진도 및 작업자와 접촉할 우려가 있는 경우에 필요하다. '차량계 건설기계'라 함은 원동기를 내장하고 있는 것으로서 불특정 장소에 스스로 이동이 가능한 건설기계를 말한다(산업안전기준에 관한 규칙 제 215조).

(4) 위험과 건강장애의 예방조치

1) 접근금지 및 표지설치

접근금지의 표지방법은 각 장소에서 접근금지와 관계자 외의 접근금지를 구별해야 한다. 표지의 종류는 각 장소에서 금지, 경고, 지시, 안내로 구분해서 유효하고 적절한 표지를 해야 한다. 안전·보건표지의 종류별 용도, 사용장소, 형태 및 색채는 법령으로 규정하고 있다.

2) 작업신호

작업신호는 항타, 항발기, 크레인, 궤도차량, 발파, 고기압작업에 대해서 표준작업신호법을 일정한 기준에 따라 정해야 한다.

3) 보호구

보호구에는 안전모, 안전대를 비롯해서 보호안경, 보호장갑, 보호귀마개, 보호마스크, 방독마스크 등이 있다. 보호구의 착용과 사용은 근로자의 생명과 건강보호입장에서 철저하게 지켜야 한다.

1-10-3 안전보건관리

(1) 안전보건계획

공사의 안전확보를 위해서는 시공계획의 입안단계에서 예상되는 불안전한 조건을 검토해서 시공시에 이것을 배제시킬 수 있는 대책을 강구해야 한다. 안전보건계획은 시공의 실태에 맞는 내용이어야 할 뿐 아니라 소음, 진동, 지반침하, 오탁수 등 지역사회에 대한 공해방지 대책이나 공공시설, 일반시민의 재산, 생명 등에 위험을 미치지 않도록 하는 대책까지 포함해서 입안하는 것이 필요하다.

안전보건계획의 주된 내용은 다음과 같다.

① 입지 및 환경조건 : 입지와 환경의 조건이 되는 근린, 교통 등의 실정파악
② 안전보건관리 중점목표 : 기본방침과 주요 목표의 설정
③ 공종 및 공종별로 예측되는 재해발생 요인 : 요인의 예견
④ 재해예방의 구체적 실시계획 : 재해발생요인을 중심으로 재해예방의 구체적 실시내용과 이에 따른 교육계획 수립
⑤ 안전보건관리기구
㉠ 안전보건위원회, 협의회의 조직과 업무내용의 명시
㉡ 안전보건 행사계획의 수립
㉢ 안전보건 관리업무의 추진역활분담 명시
㉣ 근로기준감독관서, 경찰서, 소방서, 병원 등 긴급시 연락처 일람표
㉤ 화재, 폭발, 태풍 등 재해발생에 대비한 긴급처치체제 확립
⑥ 기타 현장의 특수사정 등 명시

(2) 안전규칙의 설정과 운영

안전보건관리에서 중요한 것은 법령기준을 보완해서 작업을 바르고 안전하게 무리없이 실시할 수 있도록 자주적인 규칙을 설정하는 것이다. 자주적인 작업규칙은 이것을 준수해야 하는 사람의 입장에서 설정해야 하며, 모든 것을 "해서는 안된다"고 하지 말고 강제로 하는 것과 권장해서 협력하는 것을 구별할 필요가 있다.

예를 들면 다음의 규칙 등은 강제 적용하고 근로자의 신변에 관한 것은 권장하는 것으로 한다.

① 안전보건관리조직의 직위에 따라 권한과 책임, 취업제한, 안전점검, 보호구사용, 화재예방, 안전보건교육 등에 관해서 작성한 안전보건관리규정
② 각종 기계류의 운전수칙
③ 보안요원 복무규정
④ 작업신호
⑤ 작업표준
⑥ 안전장치

(3) 작업표준

설비의 결함을 제거하는 것은 비교적 용이하지만, 설비가 완전하더라도 작업순서가 잘못되면 재해가 발생할 수 있으므로, 이것은 모두 작업원의 부주의로 처리되기 쉽다.

작업표준은 어떤 작업을 동작과 시간의 관계로 분석해서 여기에 안전요소를 가미한 것이며, 이것을 작성하는데 유의할 사항은 다음과 같다.

① 작업분석과 이것을 기초로 한 작업표준의 작성은 작업원과 함께 검토한다.
② 동작의 단계는 가능한대로 적어야 한다.
③ 동작의 순서는 바르게 정해야 한다.

④ 동작과 동작단계는 리듬이 있어야 한다.

⑤ 동작속도는 적정하게 해서, 긴장이 치우치지 않게 한다.

⑥ 손발은 유효범위내에서 움직일 수 있어야 한다.

⑦ 다른 규칙과의 관계를 배려한다.

(4) 안전보건교육

교육의 필요성과 내용은 광범위하므로 법정교육에 한정해서 논의한다. 교육에는 무지한 사람에 대한 지식교육, 무능한 사람에 대한 기능교육, 이행하지 않는 사람에 대한 태도와 교정교육이 있으며, 어느 것이나 반복 실시가 필요하다.

교육은 법정교육을 비롯해서 여러 가지 종류가 있지만, 실시방법에서 보면 집합교육과 헌법교육으로 구분할 수 있으며, 교육의 대상자와 내용 및 사정에 따라 효과적인 방법을 선택하게 된다.

① 정기교육 : 월 1회

② 수시안전교육 : 특수공종

③ 특별안전교육 : 특수공종

④ 신규안전교육

1-10-4 재해발생시의 조치와 조사

(1) 재해발생시의 조치

재해가 발생했을 때에는 긴급조치를 신속하게 강구하고 관계 관공서를 비롯해서 관계자에게 주지시켜야 한다. 재해발생시의 조치사항은 다음과 같다.

① 재해와 직결된 설비, 기계 등의 운전중지

② 피해자의 우선적인 구출

③ 근접자의 협조를 구하고, 필요하면 구급차 등을 수배

④ 피해자의 구급조치와 함께 그의 성명, 소속, 주소의 확인

⑤ 직접관계자에게 연락

⑥ 2차 재해의 예방을 위한 처치

⑦ 재해발생현장의 보존

(2) 재해의 조사

재해가 발생하는 사실을 바르게 파악하기 위해서 사람, 물건, 관리방법에 관해서 검사하고, 그 원인과 대책이 이후의 안전보건관리에 바로 반영되도록 관계자에게 주지시켜야 한다.

재해조사에서 유의할 사항은 다음과 같다.

① 개인의 책임추궁에 빠지지 말 것

② 과거에 발생한 같은 재해의 기록 참조
③ 조사는 재해발생 직후에 행할 것
④ 재해의 원인이 설비, 기계, 시공법, 공기, 공종 등에 관련되는 경우, 시공계획서의 검토
⑤ 대책의 결정에는 관계근로자와 충분히 협의할 것

1-10-5 건설재해의 발생 요인

건설근로자의 재해율은 공사규모의 증대, 기계화 시공, 공기의 단축 등으로 점증하는 경향이다. 이 원인은 직접적인 원인, 간접적인 원인 그리고 인적·물적원인으로 구분되어지며 다음과 같다.

(1) 직접 원인

① 불완전한 가설물, 특히 비계발판
② 불완전한 동력 및 시공기계설비
③ 불완전한 채광 및 조명설비
④ 작업장의 정리를 하지 않은 점과 작업에 대한 미숙

(2) 간접 원인

① 공사의 급격한 진행에 의한 작업의 강행
② 과격노동에 의한 피로
③ 노동력이 부족한 자의 취로 등

그러므로 위험성이 있는 요소를 제거하는 데 현장원이 총동원하여 협력함으로써 재해를 사전에 예방해야 한다.

(3) 인적 요인

1) 인적인 요인

① 무지 : 위험표시(고압전선, 기계설비, 폭발물 등)
② 미숙련 : 무면허, 무자격(중기운전자, 용접공 등)-숙련공 양성 의무화, 미숙자의 교육, 재교육
③ 부주의 : 긴장유지(흡연, 잡담, 장난 금지)
④ 권태 : 휴식의 제도화

2) 생리적인 요인

① 신체의 결함 : 질병자 취업 금지(심리적, 활동성 부족)
② 질병 : 정신질환자, 해외건설의 현지 질환자

③ 피로 : 음주, 잡기, 연장근무자, 철야근무자

3) 기타의 원인

① 연령의 적정화 : 고령자, 연소자 작업장 적응능력 부족 감안

② 복장의 불비 : 안전모, 안전화, 능률적인 작업복

③ 기타

(4) 물적 요인

1) 설비 요인

① 구조의 불안전 : 사용기간, 사용장소, 폭, 적재하중, 지반 등의 불안전

② 재료의 불안전 : 재료의 치수, 품질, 강도, 내구성, 이상

③ 안전설비의 불안전 : 안전의 의지부족에서 오는 과실

④ 협소한 작업장 : 입지조건의 협소

2) 작업 요인

① 작업자세의 불안전 : 작업자의 재교육, 반복교육, 작업지시 필요

② 현장 정리 정돈의 불안전 : 준비의 부실로 인한 모순, 혼란, 재료 낭비

③ 기계기구의 불안전 : 취급책임자 제도, 설치 후 양생기간 준수, 안전장치, 시운전 및 점검

1-10-6 공사착공 이전에 검토해야 할 사항과 수속 등

공사착공 이전의 안전위생면에서 검토를 요하는 사항은 다음과 같이 두 가지로 나눌 수 있다.

① 계획한 공법이나 설비가 그 작업에 종사하는 근로자에게 위험 또는 건강장애를 일으킬 위험이 없다.

② 그 건물을 시공하는 공법이 안전위생면에서 볼 때 각종 법률, 법령에 위반되지 않은가? 단지, 법률·법령은 어디까지나 최저기준을 정한 것으로, 기준 이내라면 된다는 것은 결코 아니다.

공사를 착공하기 이전에 안전위생이 관련된 관할관청에 제출해야 할 서류 또는 처리해야 할 수많은 다음과 같은 것은 반드시 해야 하는 것이다.

① 적용사업보고 : 그 공사에 종사하는 근로자의 추정인수로서, 모든 공사에 관하여 필요하다.

② 현장안전위생관리자의 선임 및 사업개시 보고 : 단 상시 사용할 노동자가 100인 이상의 경우는 총괄안전위생책임자의 선임과 사업개시보고서를 필요로 한다.

③ 시간외 노동, 휴일노동에 관한 협정 : 건축공사의 경우는 잔업과 휴일 출근이 거의

모든 경우 불가피하므로 모든 공사에 필요로 한다. 통상 원도급회사의 현장소장과 하도급공사책임자간에 합의된 사항 등이 있다.

상시 50인 이상의 관리자와 작업원이 종사하는 현장에서는 노동안전위생법 및 동 규칙에 의해 그림 1 - 48에 표시한 안전위생조직의 설치・운영이 원도급회사에 의무시되고 있다.

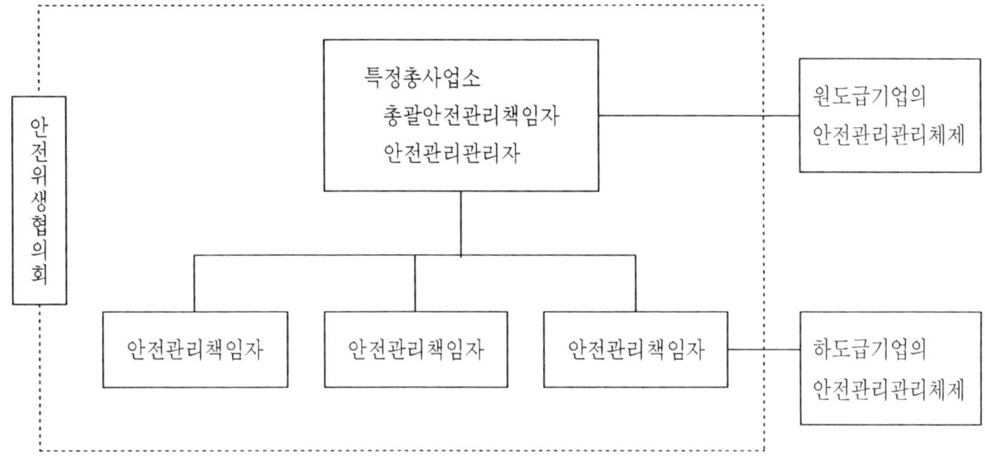

그림 1 - 48 안전위생조직의 예

표 1 - 12 안전시공 사이클활동의 예

활동		내용
매일	안전조회	체조, 위험작업 지시, 복장 점검
	작업개시전미팅	작업지시 철저, 위험예지 활동
	시작전점검	공구, 기계 및 자격, 작업비계 확인
	안전위생패트롤	사람과 물건의 불안전상태 지도
	안전공정미팅	잔업, 후일 작업의 연락조정과 안전지시
	작업장청소	작업환경 유지와 후일 작업준비
	종료시확인	방화, 도난, 제3자 화재의 방지
매주	안전공정미팅	주간공정, 위험작업, 안전담당의 확인
	전체청소	사무소, 현장 내외부의 정리정돈
	중기·차량점검	자격기간, 제출상황의 확인, 자주 점검
	가설설비점검	흙막이, 가설, 자재보관, 배수의 확인
매월	안전위생협의회	월간공정, 안전관리의 목표 설정
	안전대회	안전위생의식의 고양, 표창
	전기·기기점검	절연저항, 누전회로의 점검
	와이어점검	와이어로프 점검과 표시
	직장회	상호의사 소통과 연대감 향상
적당한때마다	신규참가자교육	현장개요와 작업규칙 교육, 체조 확인
	건강진단	체질, 건강상태의 진단(통상 연2회)
	전국안전주간	안전관리 총점검
	전국노동위생주간	건강, 위생관리의 총점검
	안전강습	주요공사, 위생작업공정의 초점
	방화·피난훈련	방화, 소화조직의 역할과 행동내용의 점검

1-10-7 총괄관리

건축공사는 일반적으로 원도급업자, 하도급업자 따위의 도급계약 관계에 있는 각 회사가 동일한 장소에서 서로 관련해서 하나의 일을 하는 경우가 많고 각각 다른 회사에 고용되어 있는 작업원이 동일 장소에서 같이 작업한다는 특수성 때문에 공사현장 전체를 총괄적으로 관리하고, 근로자가 안전한 환경에서 작업할 수 있도록 할 필요가 있다. 산업안전보건법에서는 지도적 입장에 있는 원도급업자에 대하여 아래와 같은 3가지의 의무를 부과하고 있다. 이것이 총괄관리책임이다.

① 하도급업자와 그 근로자가 법령에 위반하지 않는, 또는 위반을 시정하기 위해 필요한 지도지시를 행할 의무

② 복수 사업자의 근로자가 같이 작업을 행함으로 인해 생기는 위험을 방지하기 위해 협의조직의 운영, 작업간의 연결, 조정 등의 조치를 청구할 의무

③ 자기가 소유하고 또 관리하는 설비 등을 하도급업자의 근로자에게 사용하게 하는 장소, 그 설비 등에 대해서 노동재해방지상 필요한 조치를 청구할 의무

총괄관리책임의 의무를 이행하는 자는 법률상에서는 각각의 표현이 있지만 일반적으로 해당사항의 책임과 권한을 가지고 지도적 입장에 있는 원도급업자의 현장소장이다. 총괄관리책임자는 다음조치를 현장에서 꼭 강구하지 않으면 안 된다.

① 협의회의 설치 및 운영 : 건축공사현장에서는 원도급, 하도급, 재하도급의 각 업자와 별도 발주업자의 근로자가 한 장소에서 같이 작업하는 특수성 때문에 자칫하면 이해의 충돌에 의한 트러블, 사전협의 부족에서 오는 지체, 연락의 단절에 의한 사고 등이 일어나기 쉽다. 이런 것들을 미연에 방지하기 위해서 현장에서 지도적 입장에 있는 원도급업자가 각 작업의 담당자 및 하도급업자의 사원, 조장과 분할 발주된 작업의 사원, 조장(안전위생책임자)까지 포함한 협의 조직을 설치하고, 필요한 시기에 작업반장이 관계자를 소집해서 개최한다.

② 사업간의 연락 및 조정 : 작업상호간의 조정은 안전과 공사이행의 양면에서 매일 빼놓을 수 없는 중요한 수속이다. 현장에서의 연락 및 조정은 통상 매일 정기적으로 행해진다. 내용은 다음날 해야 하는 작업내용의 설명과 그 작업에 수반되는 사람수의 확인, 하역의 순서, 중요한 반입기자재의 내용 및 수반된 작업에 위험방지대책 등이며, 원도급업자의 현장사무소에서 현장소장 내지는 공사주임의 주관으로 행해진다. 또 특별히 위험을 수반하는 작업의 경우에는 원도급업자의 관련부서의 관계자, 관계 하도급업자의 담당자 등을 현장사무소에 소집해서 계획한 공법을 여러 각도에서 검토하는 회의를 할 때가 많다.

③ 공사현장의 순찰 : 현장소장은 매일 정기적으로 작업현장을 순찰해야 한다. 건축공사의 현장에서 공사의 진척에 따라 매일 새로운 위험 가능성이 생긴다고 해도 과언이 아니다. 따라서 현장의 안전을 확보하기 위하여 언제나 현장상황을 파악하고 위험

가능성을 없애야 한다.

전날의 회의에서 결정한 지시사항, 조례, 위험예측 등 결정한 안전대책이나 안전을 위한 장비착용 등이 지켜지고 있는지의 확인과 불이행에 대한 시정을 위해서도 정기적으로 매일 순찰을 해야 한다. 이 순찰은 현장소장의 의무이다.

④ 안전위생교육의 지도 : 각각의 근로자에 대하여 안전위생교육은 그 근로자를 직접 고용하고 있는 사업자(하도급업자)의 책임이다. 그 내용은 아래와 같다.

㉠ 고용시의 교육, 작업내용 변경시의 교육, 위험 유해업무에 종사하는 자의 특별교육

㉡ 직장 등 상시현장에서 부하를 직접 지휘 감독하는 자의 교육

따라서 원도급업자는 하도급업자가 행하는 안전위생교육에 대해 시설이나 장소의 제공, 교육자료의 대출, 강사의 파견 정도의 지원을 하면 되지만, 실제로는 일부 종류의 하도급을 제외하고는 그 소속의 작업원에 대해 안전위생교육이 적절하게 행해진다는 것은 거의 기대할 수 없다. 따라서 총괄관리책임을 가지는 원도급업자로서는 자사의 안전위생대책 방침을 미리 작업원에게까지 철저하게 수행시키기 위해 원래는 하도급업자가 행해야 할 상기의 교육을 해야 하는 경우가 많다.

⑤ 작업의 공정에 관한 계획 및 작업 장소에서의 설비 등의 배치에 관한 계획 : 사업공정 계획은 계약공기를 달성하기 위해 작업원의 동원계획, 기계, 자재의 납입계획을 행하는 일이지만 동시에 안전계획을 수립하기 위한 근원을 이루는 것이기도 하다. 또 기계, 설비의 배치계획, 가설계획으로 불리며 공정을 계획대로 또는 안전하게 실시하기 위한 것으로서 각 작업별로 안전대책은 물론 같이 작업함으로써 생기는 위험도 예측하고 계획하지 않으면 안된다. 또 각 관련 부문을 체크하고 검토를 하는 것이 당연하므로 각각의 분야에서의 전문가인 하도급업자의 담당자나 상사의 의견을 충분히 감안하고, 공정에 관한 회의 장소에서는 이를 충분히 주지시켜야 한다.

⑥ 운전의 신호, 경보의 통일 : 같이 작업하는 근로자의 현장간 이동이 많기 때문에 건축공사에서는 특별히 안전관리가 필요하다. 다음의 두 가지는 근로재해의 방지대책으로서 특히 중요하다.

㉠ 크레인 운전에 대한 신호의 통일 : 자재의 하역 등에 사용하는 크레인 운전의 신호를 통일하여 잘못 작동하는 기계 재해를 방지해야 한다. 건축공사의 현장에서는 근로자의 현장간의 이동이 심하므로 각각의 현장의 독자적인 신호를 정해서 하는 것이 편리하고 효과적이다.

㉡ 표식의 통일 : 상하작업·위험작업, 출입금지 등의 범위, 단차·개구부 등의 위험표시, 중기 등의 적재하중 제한수치 등에 관해서는 누구라도 알 수 있는 주의표시를 하고 재해방지를 알릴 필요가 있다. 이 경우에도 넓게 이용되고 일반 작업원에게도 익숙한 표시를 이용하는 것이 편리한 동시에 이해하기 쉽다.

1-10-8 일상 관리

일상관리는 총괄관리로 정해진 사항에 관해 매일의 작업과 직결된 안전관리가 행해지고 있지만 거기에는 자동적으로 흐름이 생긴다. 이것은 매일의 안전시공 사이클이라 한다. 이 안전시공 사이클은 매일 반복되는 것으로 현장의 안전을 보호하고 유지하는 것이다(표 1-12).

① 안전조회 및 체조 : 매일 아침 일정한 시간에 현장소장을 선두에 세운다. 원도급업자의 직원, 하도급업자, 별도공사의 각 업자의 대표, 작업원 등 그 현장에 근무하는 전원이 참가해서 안전조회 및 체조를 행한다. 작업을 개시하는 마음의 준비를 하고 현장 규칙의 확보, 안전의식의 고양 등 현장의 일체감을 꾀하는 것뿐만 아니라 직접 작업을 하는 근로자에 있어서는 그 작업의 내용과 그것에 수반되는 위험을 재확인하는 것이 합당하다. 또 원도급업자의 직원에 있어서는 예정한 인원의 작업원이 있지만 부적격한 작업원이라든가 피해를 줄 수 있는 작업원이 섞여 있지 않은지 체크하는 장소임과 동시에 그 날의 작업내용과 그것에 수반되는 위험, 그리고 방지대책 등을 지시·지도·주지시키는 중요한 장소가 된다.

② 위험예지미팅 : 안전조회가 끝나면 각 직종별로 반장을 중심으로 해서 회의를 개최하고 당일 작업의 세밀한 내용과 작업순서를 작업원 전원에게 철저하게 전달한다. 작업의 내용을 알린 후에는 그날의 작업과 그것에 수반되는 위험을 각자에게 확인시키고 그 방지를 위해 회의한다. 이것을 위험예지훈련이라 한다. 작업개시 직전에 작업인이 공구상자의 앞에 작업의 안전을 확인하므로 툴박스 미팅(tool-box meeting)이라 불리워진다.

③ 사용개시시의 점검 : 준비부족 결함 등에 있어서 재해를 미연에 방지하기 위해 매일 아침 정기적으로 작업개시 전에 가설물, 각종 기계 등을 체크한다. 특히 리스기계에 있어서는 사전에 파견된 운전수가 배속되어 있지만 운전수의 자격은 적합한지 기계는 미리 정해 놓았던 그 기종인지 체크하는 것이 필요하다. 또 하도급업자의 특수기계 기구에 있어서도 특별한 기계를 반입한 경우는 체크를 하고 실(seal)을 첨부한다. 실(seal)이 없는 것은 즉시 현장에서 철거한다. 매일 매일의 체크는 각각 담당자를 정하고 체크하게 하고 보고하게 하지만 체크 시트(sheet)를 만들어 놓으면 미처 발견하지 못하고 지나가는 경우가 없기 때문에 편리하다. 특히 중기에 있어서의 사고는 중대한 재해와 직결되므로 주의를 요한다.

④ 현장의 순찰과 작업중의 지도·감독 : 공사협의체회의, 조회, 위험예지훈련시 툴박스 미팅(tool-box meeting) 등에 있어서의 지시·지도사항 등이 확실하게 실행되고 있는지, 지시·지도·방침 결정시기가 아닌 때 변화가 일어나고 있지는 않은지 등을 체크하기 위해 소장은 현장을 순찰하고 실제대로 행해지고 있는 것을 확인하고 지시·지도·결정사항에 대해서는 위반된 사항을 시정한다. 상황의 변화에 대해서 대응을

행하지 않으면 안된다. 특히 유의하고 체크해야 할 사항은 다음과 같다.

㉠ 사고가 예상되는 불안전행동, 불안전설비, 불안전상태

㉡ 지시·지도·결정사항에 대한 위반

㉢ 각종 법령, 자사기준에 대한 위반

㉣ 작업환경불량

㉤ 부적격기기

㉥ 부적격자

순찰이나 체크는 현장소장이나 직장만이 행하는 것이 아니고 공사주임 등 다른 직원이 대리로 행할 수도 있다. 다른 사람의 안전의식 고취를 위해서 하도급업자가 교대로 행하는 것도 많기 때문에 체크 시트(sheet)를 이용하고 체크를 동일한 그림으로 표시하는 것이 좋다. 또는 순찰의 결과, 개선해야 할 사항을 발견한 장소는 바로 주의를 주는 것뿐만 아니라 안전위생일지에 기입하고 관련자에게 안전위생지시서를 발행한다.

⑤ 안전, 공정협의로서 안전, 공정협의 미팅은 매일 일정한 시간에 다음과 같은 내용을 주의깊게 시행한다.

㉠ 당일의 작업상황 확인과 그 내용에 대해 반성하고 대책을 세운다.

㉡ 다음날의 작업내용의 지시와 그 작업에 필요한 각 부문의 작업원의 인원수, 기계, 자재수급 지시와 확인

㉢ 다음날의 각종 작업에 대해 위험방지와 안전대책, 방지대책의 지시와 확인

회의진행은 현장소장이 시작하고 원도급업자의 직원, 계약관계에 있는 하도급업자의 대리인, 직장 등 현재의 현장의 작업에 종사하고 있는 전(全)업자의 관계자 전원을 소집하고 회의를 개최해야 한다.

⑥ 현장의 청결상태 : 현장내의 정리 정돈은 안전의 출발점이다. 정리와 청소가 완벽한 현장에서는 위험 발생시 즉시 발견되고 대책이 강구되고, 안전상태를 유지할 수 있다. 복잡한 현장에서는 위험 발견이 곤란하고 결과적으로 사고발생 가능성이 크다. 각자의 쓰레기는 각자가 처리한다. 그날의 쓰레기는 그날에 처리한다. 쓰레기가 되는 것은 가져오지 않는 것이 중요하다.

또한 날짜를 정해서 일제히 청소를 하고, 전체적으로 정리정돈할 필요가 있다. 한달에 한 번 정도 공사장의 전체를 청소하는 것이 좋다.

⑦ 작업종료시의 체크 : 현장작업이 끝난 후에는 몇 명의 숙직자가 남거나 혹은 사람이 없으면 기동성이 없어진다. 이를 위해 다음과 같은 점들을 체크해야 한다.

㉠ 담배, 모닥불, 용접 등의 남은 불, 불똥 체크

㉡ 공사이행을 위해서 일시적으로 외부에 설치한 가설물의 복구 체크

㉢ 강풍 등에 있어서의 피해, 낙하의 방지대책 체크

㉣ 가설비계 위에 있는 물건의 비래, 낙하 가능 물질 체크

㉤ 침입, 도난방지의 문단속 체크

등이지만 이외에도 여름철에는 태풍대책, 돌풍대책, 호우대책 등이 행해지지 않으면 안된다.

1-10-9 현장안전관리기법

(1) 일일안전당번제

1) 목 적

근로자 스스로 안전활동에 참여토록 하여, 안전관리에 대한 책임감을 부여함으로써 안전의식을 고취시키고, 명랑하고 건전한 작업장 분위기를 조성하여 재해를 방지하는 데 있다.

2) 방 법

① 근로자로 하여금 매일 순번제로 안전당번을 지정 오전, 오후 1일 2회 이상 작업장을 순회 점검하여 안전당번일지 양식을 작성한다.

② 안전관리자는 일일안전당번에게 당일 임무 및 실천사항을 교육·지시하고 순찰시간표를 작성·교부한다.

③ 안전당번은 안전모, 안전화, 안전완장을 착용시킨다.

④ 안전보건관리 책임자는 월단위 안전당번 간담회를 개최, 안전에 관한 애로사항 청취 및 문제점을 토의한다.

(2) 안전의 날 선정

매월 1일을 안전의 날로 선정하고, 현장소장은 전직원 및 근로자 조회를 실시, 안전의 중요성, 작업시 주의사항 등을 주지시키고 안전수칙을 제창함으로써 안전의식을 고취시킨다.

(3) 3·5운동 실시

① 작업 전 5분 안전교육

② 작업 전 5분 안전점검

③ 작업 후 5분 정리정돈

현장담당기사 또는 안전담당자 및 십장과 반장 등이 작업조별로 상기 내용의 교육 및 점검을 실시토록 교육 및 계몽운동을 전개

(4) 바이오리듬 활용

① 목적 : 근로자의 생활리듬을 조사하여 위험일을 사전에 파악, 이에 대비함으로써 사고를 미연에 방지하고 노사간의 화합을 도모하는데 있음.

② 대상자 : 위험장소에서 작업하는 근로자, 1개월 이상 장기 근로자

③ 실시방법

㉠ 전근로자에게 취지 설명

㉡ 전직원이 참여토록 독려

㉢ 위험일에 해당하는 자에게 주의를 환기시키고, 위험한 작업을 가능한 하지 않도록 한다.

㉣ 장기간 시공업체 근로자에게 실시하고, 향후 단계적으로 실시

㉤ 소장 및 전직원은 홍보에 주력하고, 문제점을 파악 시정

(5) 위험예지활동

① 목적 : 위험한 작업을 하기 전에 작업자 자신이 위험요인을 발견하고 그 대책을 서로 강구한 후 작업을 함으로써 사고를 예방하는 데 있음.

② 대상 : 위험한 작업(예 : 철골, 비계, 외벽, 중장비, 기타 고소작업 등)

③ 시기 : 작업시작 전

④ 소요시간 : 5분~10분

⑤ 실시방법

㉠ 작업자를 모은다.

㉡ 리더(감독자)는 작업내용을 설명한다.

㉢ 작업자에게 위험요인과 대책을 묻는다.

㉣ 각자 서로의 의견을 말한다.

㉤ 토의가 끝나면 리더(감독자)는 작업방법과 대책을 결정

㉥ 작업이 끝난 후 그날 작업시의 위험예측의 예습이 실제로 어떠하였는가를 짧은 시간(2~3분)에 복습, 반성하고 그날의 체험을 보고하고 서로 이야기한다.

⑥ 리더의 마음가짐

㉠ 대폭적인 훈련계획을 세운다.

㉡ 위험요인의 발견에 노력한다.

㉢ 중요위험을 파악한다. 중요위험은 이것이다.

㉣ 위험한 것을 빠뜨리지 말자.

㉤ 불안전 행동만으로 한정하지 말 것.

㉥ 명랑한 분위기에서 말을 하자.

⑦ 리더는 결과를 간단히 기재, 안전관리자에게 제출한다.

⑧ 안전관리자의 역할

㉠ 감독자(십장, 반장)에게 위험예지훈련 방침을 설명한다.

㉡ 매일 위험한 작업을 선정한다.

㉢ 결과를 필히 보고받고 관계서류를 보관한다.

⑨ 본 내용을 참고하여 현장실정에 맞도록 조정하여 시행

(6) 위험요소 신고함 설치

1) 취 지

작업장에서 발생할 수 있는 위험요소를 직원 및 근로자가 발견하여 시정 조치함으로써 위험요소를 사전에 제거하는 데 있음.

2) 방 법

① 전 근로자에게 취지를 주지시킨다.
② 신고함을 작업장, 식당 또는 현장숙소에 설치한다.
③ 안전관리자는 매일 이를 회수하여 시행가능 여부를 결정, 현장소장에게 보고한다.
④ 현장소장은 이에 대한 적절한 조치를 취하고 결과를 전직원 및 근로자가 숙지할 수 있도록 게시한다.
⑤ 신고우수 내용은 포상한다.
⑥ 안전제안 내용도 함께 다룬다.

(7) 개구부 담당자 지정

1) 취 지

추락위험이 많은 개구부를 관리감독자(직원, 십장 등) 각자에게 지정, 책임의식을 갖고 사전 예방토록 한다.

2) 방 법

① 추락위험이 있는 개구부를 파악한다.
② 공종별 또는 건물별로 개구부 담당자를 지정한다.
③ 지정된 담당자는 안전관리자와는 별도로 일 3회 이상 순찰 실시, 개구부, 방호조치, 유지관리, 주변작업자에게 대한 주의교육 등을 책임진다.
④ 안전관리자는 시행여부를 매일 체크하고 소장에게 보고한다.

(8) 위험요소 비디오촬영, 현장교육

1) 취 지

현장별 위험요소 및 불량 작업장과 양호한 작업장을 비디오로 촬영, 각 현장에 상영함으로써 현장간 서로 비교분석을 하도록 하여 안전경쟁의식을 높인다.

2) 방 법

① 촬영대상을 현장별, 공정별로 계획을 수립한다.

② 양호, 불량 작업장을 촬영한다.

③ 안전교육시 이를 상영함으로써 현장간의 비교 분석하여 경각심을 부여토록 한다.

제 2 장 가설공사

2-1 개 요

가설공사(假設工事, temporary work)는 공사용의 시설, 설비, 기계 및 자재 등 제반 수단의 총칭으로서 공사의 완성을 위하여 임시로 설치하여 사용하고 공사가 완료되면 해체 및 철거하는 것으로 본공사에 보조적인 역할을 한다. 설계도서에는 이에 관한 구체적 내용은 밝히지 않는 것이 보통이므로 시공자의 자유재량 권한에 속하며 건설안전, 공기단축, 건설비용에 큰 차이를 나타내는 부문이다.

가설공사는 대개 도급금액의 10% 정도를 점유하는데 필요한 최소의 가설계획을 창의적으로 운용하는 능력이 시공자의 양부를 가늠하는 척도가 된다.

(1) 가설공사의 최소화

본공사의 일부를 가설로 이용하는 예로는 철골조 계단이나 난간을 설치하여 공사중에 이용하거나 바닥판의 PC화로 작업용 바닥판을 확보하는 방법이 있다. 외벽에서도 대형형틀이나 PC벽판을 사용하면 외부비계를 생략할 수 있고, 커튼월의 유리를 미리 끼우면 양생망을 절약할 수 있다. 하향공법(역구축공법, top-down)에서 1층 바닥을 지하공사에 이용하는 것, 철골조의 옥상층을 미리 시공하여 비를 막는 것, 지하층을 미리 마감하여 가설건물로 쓰는 것, 난방공사를 미리 완성하여 겨울철 마감공사를 돕는 것과 급배수공사를 미리 시공하여 가설용도로 사용하는 것도 비용을 검토하여 채택할 필요가 있다.

(2) 철저한 검토에 의한 안전확보

계획단계에서 불충분한 검토로 가설공사를 다시 해야 하는 경우와 시공단계에서 불량한 공사로 사고가 발생하는 경우가 많으므로, 비계나 가설울타리에 의한 제3자의 상해, 바람에 의한 비산물의 발생, 작업차의 출입에 의한 문제들의 대책을 마련해야 한다. 안전하게 이용하고 반복하여 사용할 수 있도록 가설공사를 계획하고, 설치된 가설물은 점검과 유지보수에 소홀하지 않도록 각별히 주의한다.

(3) 가설재의 효율적인 운용

가설재의 이용률을 높이려면 전용회수가 높은 튼튼한 재료를 적절히 사용할 필요가 있다. 예를 들어, 비계의 경우 규격화와 경량화로 재료비 절약을 도모하고 현장내 소운반을 최소화하도록 계획하여야 한다. 운반용 기계류(크레인, 가설 리프트 등)는 공기의 단축과 공사비의 절약을 위하여 운용시간이 적당히 길도록 계획을 세워서 적소에 배치해야 한다.

① 재료강도에 대한 고려 : 금속재료의 경우 압축재로 사용하면 좌굴이 생기므로 인장재로 사용하는 방식으로 계획하는 것이 사용재료를 대폭적으로 절약하게 해준다. 가설재를 단기적으로 설치하여 사용하는 경우에 단기허용응력도를 기준으로 강도계산을 하는 경우에는 시공정밀도, 전용에 따른 손상 및 현장의 특수한 사정 등을 충분히 고려하여 경제성과 안전성의 균형을 취해야 한다.

(4) 현장작업의 축소

공장에서 제작하는 철골에 철골조립용 가설물을 부착시키면 현장에서 설치하는 것보다 안전하고 능률적이다. 이와 같이 가설공사의 간편화 및 공장생산화는 새로운 방법이 많이 고안되고 있으므로 가능하면 최신 공법을 도입하여 능률과 안전을 향상하려는 노력이 요구된다. 그러나 가설재의 시공정밀도에 대한 주의와 전용에 의한 손상에 대한 보강은 절대로 소홀히 할 수 없다.

2-2 시공준비

2-2-1 조 사

(1) 대지상황의 확인

① 대지경계선의 조사 : 공사착공 전에 관계당사자들이 확인하고 표시나 사진을 남긴다.

② 대지의 형상 및 높이 조사 : 설계도와 대비하여 실측하고 벤치마크를 설치한다.

③ 대지 안의 매설물 및 장애물 조사 : 지하매설물은 급배수관, 가스관 및 전기·통신선이 있고 장애물로는 철거할 구조물, 인체에 유해한 물질, 문화재 등이 있다.

④ 지반조사 : 지질조사가 충실하도록 확인하고 지층의 경사, 지하수량과 물이 흐르는 방향, 가까운 우물에 관한 자료를 조사한다.

(2) 대지주변 상황조사

① 주변도로의 조사 : 도로폭과 포장상태를 조사하고 차량과 기자재의 통과 가능한계와 교통상황 및 도로규제, 작업시간규제를 검토하며 대지 주위의 고저측량을 실시하고 기록사진을 남기며 각종 매설물도 확인한다.

② 인접물의 조사 : 인접한 건축물, 공작물의 현황을 조사 기록해 두고 공사중의 소음, 진동, 교통사고, 전파방해 등의 피해를 파악한다.

③ 기타 : 가설건물이나 자재 등을 위한 장소가 없으면 부근에 임차할 곳이 있는지 조사한다. 쓰레기는 자재를 사용하는 자가 책임지는 원칙 아래 산업폐기물의 처리에 대한 법적 규제를 검토하고 처리방법 및 처리업자를 결정한다.

2-2-2 근린대책

건축공사가 주변의 환경에 많은 영향을 주므로 근린의 주민에게 건설계획에 대한 개요와 파급효과를 설명하는 것이 필요하다. 근린분쟁의 해결을 위하여 성의를 보이고 신뢰를 얻으려면 근린주민의 처지를 이해하고 분명한 원칙을 가지고 일관성 있게 약속을 지키는 자세가 중요하다.

(1) 근린대책을 위한 사전조사

① 근린조사 : 지역의 대표자 및 유력자, 토지 및 건축물 소유자, 주민 개개인의 특성, 건축물 각각의 구조 및 규모 등. 입주 업종의 업무상의 특징, 조직적 클레임의 가능성이 높은 집합주택, 기타 고려할 사항 등.

② 환경예측 : 일조권 관계, 통풍관계, 전파장해, 소음과 진동, 교통량.

(2) 계획설명시의 근린대책

① 기본방침의 결정 : 설명하는 대상자의 범위, 개별설명의 필요성, 배포자료 내용.

② 근린설명의 요령 : 지역주민의 편의를 우선, 사회자 선정에 신중, 합의 후 문서화.

(3) 공사중의 근린대책

① 착공 전의 조사 : 인접건물을 조사하여 손해배상에 대비하고 필요시 보강 선행

② 시공중의 배려 : 근린의 불만상담에 대처할 책임자를 정하여 성의 있게 처리.

③ 준공 후의 청산 : 인근주민의 피해를 준공 전에 보상완료하고 준공식에 초대.

2-2-3 서류제출

건축공사에 관하여 서류제출이 요구되는 것으로는 건축허가에 필요한 신청서류, 착공에 대한 신고서류, 준공에 필요한 검사필증 등이 있다. 이와 관련된 법규로는 건축법, 건축사법, 건설업법, 건설기술관리법, 도시계획법, 소방법, 하천법, 도로법, 도로교통법, 노동법 등이 있다.

(1) 건축허가원

도면, 시방서, 구조계산서, 대지증명(경계명시), 환지증명, 도시계획확인원(건축선 지

정), 토지등기부등본, 납세증명, 정화조 신청서, 기타

(2) 착공계

착공신고서, 건축공사 감리자 및 시공자 선정 신고서, 건설업자 법인 등기부등본, 법인 인감증명, 건설업 면허 사본, 사업자등록증 사본, 현장대리인계, 기술자면허수첩 사본, 납세완납증명서, 공사도급계약서 사본, 기타

(3) 준공계

준공신고서 및 검사필증, 전화국 검사필증, 소방서 검사필증, 단열재 영수증, 정화조 준공검사필증, 조경공사필증, 기타

2-2-4 가설공사계획

공사를 착수하기 전에 가설물, 비계, 공사용 장비 및 기타 용지(用地) 사용에 대한 시공계획서를 작성하여 담당원의 승인을 받는다. 공사완성물의 일부를 가설물로 사용할 경우에는 보강, 복구 등을 포함한 계획서를 작성하여 담당원의 승인을 받아야 한다.

2-3 규준틀, 가설 울타리, 양생

2-3-1 줄띄우기 및 규준틀

건물을 설계도에 맞도록 정확하게 위치를 잡고 올바로 시공하려면 줄쳐보기, 규준틀, 수평보기 등의 작업이 올바르게 이루어져야 한다. 대지의 측량도, 건물의 설계도, 공사시공의 계획도 등을 정확하게 이해하는 것이 전제조건이다.

(1) 줄띄우기(줄쳐보기)

배치도에 나타난 건물의 위치를 현지에서 표시하여 건물의 외곽선을 확인하는 것이다. 이를 이용하여 건물과 경계선, 도로, 인접건물 등과의 관계를 실감할 수 있고 설계·감리자가 입회하는 것이 보통이다.

(2) 벤치마크(bench mark)

건물의 높이 및 위치의 기준이 되는 표식이므로 건물의 위치결정에 편리하고 잘 보이는 곳에 이동의 위험이 없도록 설치한다. 높이의 기준점은 건물 부근에 2개소 이상 설치하고 트랜싯(transit, 轉鏡儀)을 설치하기 좋은 위치로 다음 평면도(그림 2-1)에 예시된 요령으로 하면 편리하다.

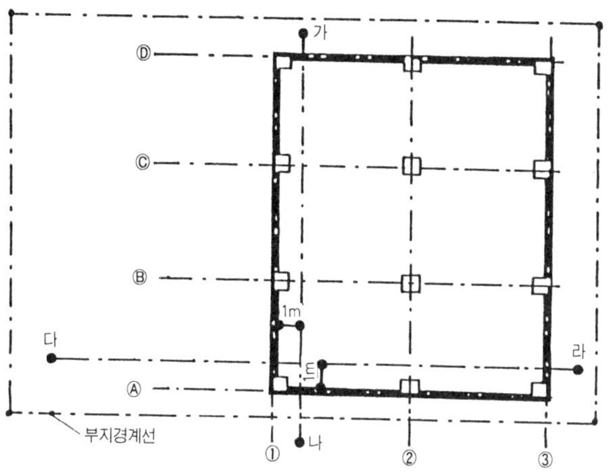

그림 2-1 기준점의 설치

① 수직 및 수평의 기둥 중심 라인들을 기준으로 1m 가량 벗어나도록 평행기선을 잡는다.
② 기선의 양단에 있는 점들이 벤치마크로서 직교하는 기선을 형성하고 있다.
③ 양단의 점들 중에서 (가)와 (라)점은 트랜싯 설치가 어려워도 무방하다.
④ 대지 밖의 (나)점은 특별한 보호시설이 필요하고 측량의 편의도 고려한다.
⑤ 오차를 방지하기 위한 기준 벤치마크(G.B.M.)를 정하고 수시로 체크한다.
⑥ 벤치마크와 관련된 사항을 도면화하거나 사진으로 남겨 분쟁시에 대비한다.

(3) 규준틀

규준틀은 건물의 위치를 정하는 기준의 것으로 설계·감리자를 입회시키고, 정확하고 견고하게 설치하고, 이동이 없도록 유지관리에 주의한다. 규준틀의 배치는 건물 모서리를 주로 하여 중간에는 최소로 두고 흙파기와 측량을 고려하여 시공이 원활하도록 설치한다. 규준틀 말뚝은 통나무 끝마구리 지름 7.5cm 또는 6cm 각목으로 길이 1.5m 이상의 것을 쓰고 밑둥박기는 75cm 이상으로 하고 말뚝머리는 엇빗으로 자른다. 수평띠장은 두께 1.5cm, 나비 12cm 이상의 각재로 윗면은 먹줄치고 대패질한 것을 규준틀 말뚝에 수평으로 덧대고 못질한다. 경미한 공사에서는 말뚝길이 90cm 이상, 밑둥박기는 30cm 이상, 수평띠장은 두께 1.2cm, 나비 9cm 이상의 것을 사용한다.

(4) 수평보기

현장에서 도면의 해독을 가장 정확하게 할 수 있는 목수가 수평보기를 실시하여 각 공사를 위한 여러 가지 먹줄을 치거나 이를 위한 공통의 기준먹줄을 친다. 기준먹줄에는 기준평면먹줄과 마감기준 먹줄이 있는데, 평면에 1m마다 표시하는 것이 일반적이고, 보통 바닥높이 1m 위에 수평선을 친다.

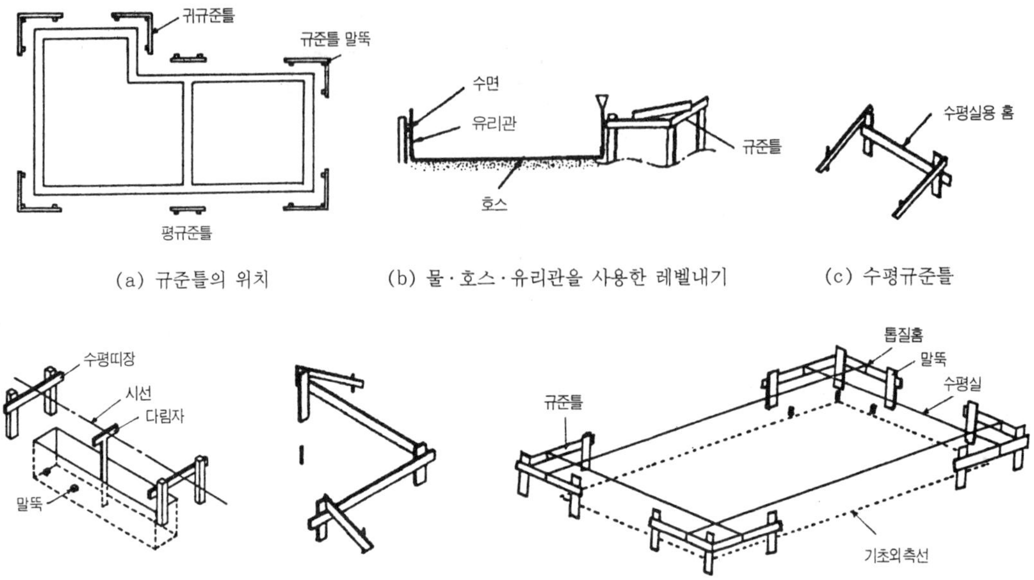

(a) 규준틀의 위치　(b) 물·호스·유리관을 사용한 레벨내기　(c) 수평규준틀

(d) 다림자　(e) 귀규준틀　(f) 규준틀

그림 2-2　규준틀

(5) 측량기계

공사착공 전에 기준강제자를 정하고 담당원의 승인을 받아 길이의 측량에 오차가 없도록 조정한다.

측량기기는 오차가 없어야 하고, 정기적으로 점검하여 즉시 수정하여야 한다. 트랜싯과 세오돌라이트(theodolite, 經緯儀)는 하나의 지점에서 다른 두 지점간의 수평각과 고도각을 측정하는 목적을 갖는데 트랜싯은 버니어(vernier, 遊標)로 읽고 세오돌라이트는 마이크로식 숫자를 직접 읽는다. 레벨(level)은 고저(수준)측량을 목적으로 하며 망원경의 시준선을 수평으로 유지하는 기계로서 Y레벨과 덤피 레벨 등이 있다. 트랜싯과 레벨에 붙어 있는 망원경의 십자교차선(視準線, cross hair)의 상하에 두 줄의 시거선(視距線, stadia line)을 대어 두는 것이 일반적이고 전방측점에 세운 함자(函尺, staff)를 읽어 거리를 재는 스타디어 측량이 가능하다.

2-3-2　가설울타리

공사현장 및 작업장 주위에 공사중 가설로 울타리를 쳐서 공사구획을 명시하고 공사관계자 이외의 출입을 차단하여 자재의 도난을 방지하고 먼지 등의 확산을 줄인다. 통행하는 사람에게 잘 보이므로 미관에 유의할 필요가 있고 다음의 사항들을 주의해야 한다.

(1) 울타리 계획의 주의사항

높이 1.8m 이상으로 설치하는데 지반면이 공사현장의 주위보다 낮을 경우는 주위의 지반면을 기준으로 한다. 발주자와 설계자의 허락을 받아서 기업의 이미지를 높이는 외관을 고려하여 계획하고 미관을 항상 유지하도록 주의하고 게시가 필요한 간판은 위치와 크기를 지정한다. 외부와의 차단을 함으로써 공사와 무관한 제3자의 위험을 예방하고 강풍에 대비한 견고한 구조로 만들어서 골조공사가 완성하기까지는 수리하지 않고도 견딜 수 있게 시공한다.

(2) 일반적인 계산 과정

① 2m 높이 울타리의 경우 풍압력＝속도압×풍력계수＝$60\sqrt{2} \times 1.2 = 100\text{kg/m}^2$

② 사용부재의 선정과 지지기둥의 응력계산(자중＋풍압)

③ 단면산정 및 응력검토(띠장, 기둥, 버팀대)

④ 기초의 내력검토

⑤ 종합검토

(3) 출입문

최대 통과차량과 전면도로의 폭 및 도로규제 등을 고려하여 위치와 크기를 결정하고 개폐에 편리하도록 계획한다. 차량의 출입에 회전경고등이나 부저가 작동하면 부근통행자의 안전에 좋고 사람의 출입구도 출입문 근처에 두는 것이 편리하다.

2-3-3 양 생

양생은 공사중의 건물, 재료 등을 유해한 여러 가지 조건으로부터 보호하여 강도와 기능의 저하를 방지하고 손상과 오염을 피하는 것이다. 일반적인 주의사항은 다음과 같다.

① 양생은 필요한 최소한도로 하고 공사개시 전에 양생시기를 결정해 둔다.

② 양생이 불량하여 공사 도중에 다시 양생을 하는 사례가 없도록 조심한다.

③ 양생상태를 항상 점검하여 파손되면 보수하고 필요하면 보강을 서두른다.

④ 운반통로가 되는 장소는 마감공사를 공정한도내에서 최후로 미루어 둔다.

⑤ 운반통로는 중량, 충격, 마모 등에 대한 충분한 보호가 이루어지도록 한다.

2-4 비계 및 발판

2-4-1 비 계

높은 곳에서 작업하기 위한 발판으로 필요한 면적을 지지하는 가설구축물을 비계(飛階,

scaffolding)라 부른다. 비계는 구체공사용과 마감공사용으로 쓰이며 설치장소에 따라 외부용 비계와 내부용 비계로 나누고 사용재료에 따라 통나무, 강관비계 등으로 분류된다.

(1) 외부용 비계

외벽공사용 비계로 사용하므로 공사기간 전체에 걸쳐서 필요하고 구조적 안정과 외벽마감에 대한 고려가 요구된다.

① 쌍줄비계는 기본적인 형태로 볼 수 있는데 안팎 두 줄 기둥을 거리 180~240cm로 세우고 띠장과 장선을 걸고 발판을 깐다. 건물과의 사이가 30cm 이상이면 보호망이 필요하지만 가까이 할 경우 거푸집의 조립과 해체에 지장을 주게 된다.

② 겹비계는 한줄로 비계기둥을 세우고 띠장을 비계기둥의 안팎에 겹으로 매어 발판 없이 발디딤이 되게 한다.

③ 외줄비계는 벽돌조 건축의 벽쌓기 등에서 건물의 외벽면으로부터 90~150cm 거리에 한줄로 비계기둥을 세우고 장선의 한 끝은 쌓아올라가는 벽체에 걸치며 다른 끝은 비계기둥을 연결하는 띠장에 걸쳐매고 발판을 까는 것이다.

(2) 내부용 비계

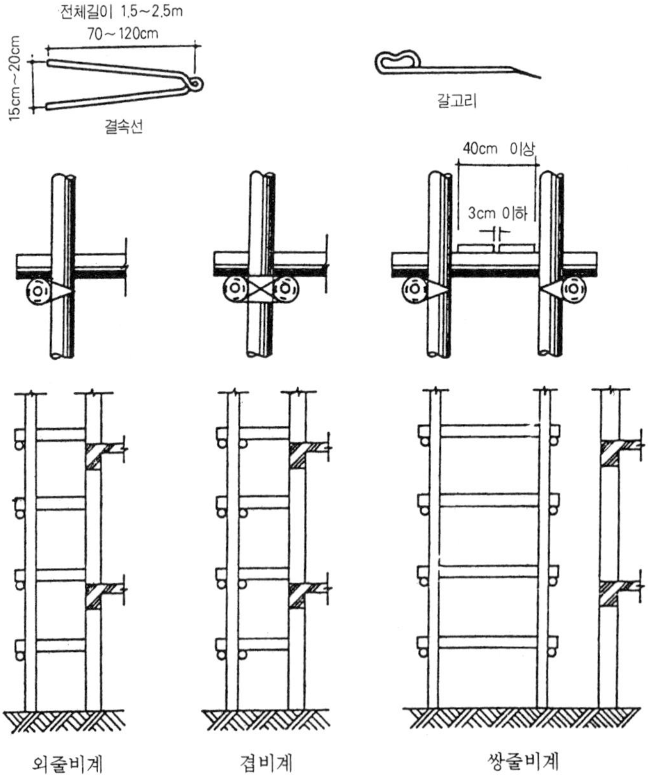

그림 2-3 외부 통나무비계

엘리베이터 샤프트에 가설하는 비계를 제외하고는 주로 수평면의 작업에 쓰이므로 내부 마감용은 수평이동하는 방법으로 전용의 효율을 높인다.

① 수평비계는 비계기둥을 바닥에 그리드 형태로 배치하고 입체적으로 조립해 올라가서 위에 발판을 깐다.

② 달비계는 철골공사용의 발판과 현장용접 및 도장 등에 쓰이고 건물 구체가 완성된 이후의 외부작업에 쓰인다. 철골공사용은 철골보에 철근을 용접하거나 체인을 매어 만들고, 외부작업용은 구체에서 형강재를 내밀어 와이어 로프로 달아내리고 상하 이동 모터를 설치하면 간편하다.(그림 2-6 참조).

③ 발돋음・말(trestle, horse)은 말목을 만들어 발판을 걸치거나 벽걸이말을 쓴다.

④ 이동식 비계는 틀로 짠 비계기둥의 아래에 바퀴를 붙이거나 기계식으로 만든다.

2-4-2 비계의 조립・해체・관리

비계공사 담당자는 입지조건, 건물의 종류와 형상, 작업시간, 비용 등을 고려하여 다음 항목들을 만족하도록 비계공사 담당자는 다른 공사의 책임자들과 협의 후 시공한다.

① 작업위치와 적당한 거리를 두고 작업에 편리한 높이와 넓이로 안전할 것.

② 작업자의 추락방지 및 재료 등의 낙하방지에 대한 안전상의 결점이 없을 것.

③ 작업용의 재료와 공구를 싣고 작업중의 하중을 견딜 수 있는 면적과 강도.

④ 조립과 해체가 안전하고 용이하며 소요재료가 적고 반복사용에 경제적일 것.

⑤ 여러 작업에 이용할 수 있고 작업에 지장을 덜 주며 재료의 획득이 쉬울 것.

⑥ 조립, 해체는 근로자 모두가 알도록 주지시키고 위험을 최소화할 것.

⑦ 비계공의 안전을 위한 최선의 조건을 갖출 것.

(1) 통나무 비계

비계용 통나무는 비계기둥과 띠장용은 눈높이(약 1.5m)에서 지름 10cm 이상, 끝마구리(末口)지름 3.5cm 이상으로 5~9m 길이의 것을 쓰고 장선용은 1.8~4.5m 길이의 것을 쓴다. 지름 4.5cm 미만의 부분은 유효길이로 보지 않으며, 비계기둥의 지름 5cm 미만의 부분, 장선 및 멍에와 띠장 등은 지름 6cm미만의 부분은 보강하지 않고 단독으로 쓸 수 없다. 비계기둥의 간격은 1.5~1.8m로 하고, 땅속에 30cm 이상 묻고, 지반이 연약할 때는 밑에 넓은 밑창판을 대고, 견고하게 묻는다. 비계기둥의 이음은 1m 이상 겹친 이음으로 하고, 이음위치는 엇갈리게 하고, 결속은 한 이음에 2~4개소로 한다. 띠장은 최하부(제1의 띠장)는 2m 정도, 그 위는 1.5m 내외로 비계기둥에 철선으로 맨다.

결속선은 보통 #8~#10(4.2~3.4mm)의 철선을 달구어 누그린 것을 쓰고, #16~#18의 아연도금 철선(철선길이 1개소 5m 이상)도 사용하는데 갈고리를 이용하여 비계목을 긴결시킨다.

비계장선의 간격은 1.5m를 표준으로 하고, 중량물의 경우는 1m 정도로 하여 띠장에 결속한다. 비계목의 벽과 연결간격은 수직방향 5.5m 이하, 수평방향 7.5m 이하로 건축구조체에 긴결하거나 이에 대신하는 버팀기둥으로 지지한다. 가새는 14m 내외, 각도 45℃로 대고 기둥 및 띠장에 걸어매되, 이 때 가새와 연결되지 않은 기둥이 없도록 한다.

(2) 강관(鋼管) 비계(pipe scaffold)

부재 및 부속철물은 KS F 8002(강관비계) 및 8003(강관 틀비계)에 준하고 강관의 재질은 인장강도 38kg/mm^2 이상, 살 두께는 외경의 1/24 이상으로 한다. 비계기둥의 맨 아래는 밑받침(base)을 두어 내려가거나 미끄러지지 않도록 조치하고 이동식 비계는 브레이크, 톱니 등으로 밑등을 고정한다. 그 부위에는 발생하는 응력에 충분히 견딜 수 있도록 적절한 연결철물로 확실하게 접속시키고 적절하게 보강하며 공중 전기선을 조심한다. 강관비계의 종류로는 재래의 통나무비계와 같은 요령으로 구성된 단관비계와 미리 공장에서 제작된 틀에 가새나 띠장을 붙여 조립하는 틀비계가 있다. 틀비계는 강도상으로 유리하고 또 롤링타워나 지보공으로도 전용하여 헤비 듀티(heavy duty) 제품을 사용할 수 있으나 틀 크기에 제한을 받아 취급하기가 불편하고 강관의 이용면에서 불리하다.

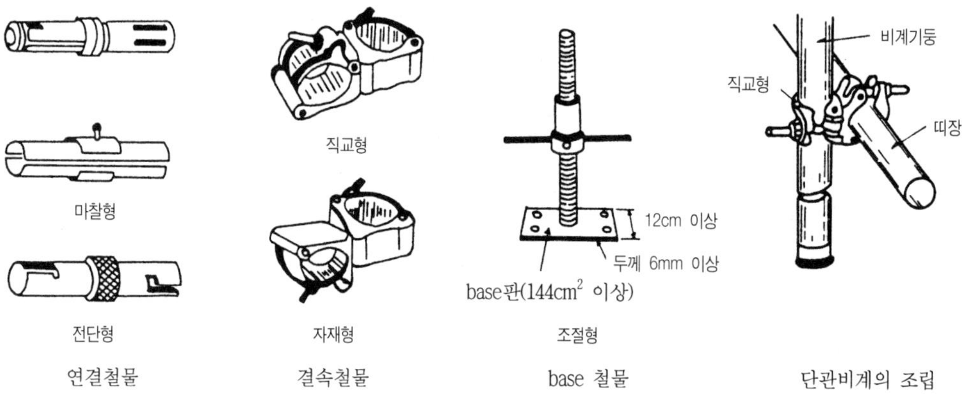

그림 2-4 강관비계

① 단관비계는 비계기둥을 횡으로 도리방향 1.5~1.8m, 보방향 0.9~1.5m 벌려서 세우고 최고 높이가 31m를 넘으면 두 개를 합쳐 세운다. 띠장의 간격은 1.5m 이내로 하고 지상 제1 띠장은 2m 이하의 높이에 설치한다. 비계장선은 1.5m 이내의 간격으로 배치하되 비계기둥 및 띠장에 결속한다. 벽체와의 연결간격은 수직, 수평방향으로 각각 5m 내외로 건축구조체에 긴결한다. 비계기둥간의 적재중량은 400kg을 한도로 하고 기둥간격이 1.8m보다 작을 때에는 그 역비율로 하중을 증가시킬 수 있다. 작업중인 바닥의 층수가 3층 이상일 때에는 비계기둥 1개당의 하중한도를 700kg으로 한다.

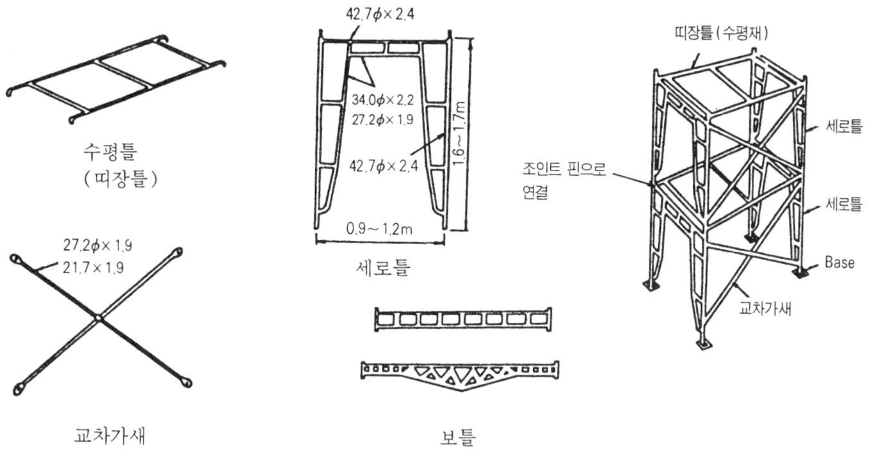

그림 2-5 틀비계의 조립

② 틀비계는 높이가 45m를 넘지 않는 것을 원칙으로 하며 높이 20m를 넘거나 중량물을 얹을 경우에는 틀비계의 높이를 2m 이하로 하고 세로틀의 간격을 1.8m 이하로 하며 교차가새와 가로장선으로 충분히 보강한다. 도리방향으로는 각각의 세로틀 사이에 가새를 설치하고 최상층 및 5층 이내마다 띠장틀 등의 수평재를 설치한다. 도리방향으로 길이 4m 이하이고 높이 10m를 초과할 때는 10m 이내마다 도리방향으로 유효한 부축틀을 설치한다. 구조체와의 연결간격은 수직방향 6m, 수평방향 8m로 한다. 틀의 기둥관(脚管) 1개당의 수직하중의 한도는 틀을 견고한 기초 위에 설치한 경우 2,500kg으로 한다.

(3) 가설 통로, 비계다리

가설통로는 구배가 30° 이하의 견고한 구조로 하고 15° 이상의 경사에서는 바닥에 미끄럼 방지를 둔다. 비계다리는 너비 90cm 이상, 보통 17℃(물매 3/10 정도)를 표준으로 하고 미끄럼막이는 단면 1.5×3.0cm 정도의 것을 30cm 내외의 간격으로 고정한다. 추락의 위험이 있는 경우 75cm 이상 높이의 난간을 두고 비계다리 높이 7m마다 되돌음(참 站)을 둔다. 발판을 내밀지 않게 깔고 겹쳐서 깔지 않으며 장선, 기타에 고정한다.

(4) 작업발판

발판널은 너비 20cm 이상, 두께 3.5cm 이상, 길이 3~6m 정도의 널재 및 이와 동등 이상의 것으로 하되 작업용 발판의 재료는 작업시 하중과 허용응력을 고려한다. 발판의 폭은 40cm 이상으로 하고 발판널의 사이는 3cm 이하로 띄우고 지지점에서 10cm 이상 걸쳐 내밀고 발판널 길이의 1/18 이내로 한다. 발판널 길이방향의 겹치는 곳은 지지점 위에 두고 겹친 부분의 길이는 30cm 이상으로 튼튼하게 고정한다.

(5) 이동식 비계

비계에 적재하중을 표시하고 그 이상으로 적재하지 않아야 하며 편심하중, 수평하중 및 충격하중을 가하지 않는다. 비계의 구조적 안전, 이동중의 안정성, 작업중의 안정성, 작업자가 오르내릴 때의 안정성 등을 검토한다.

(6) 달비계

발판은 바닥 전면에 틈없이 깔며 바닥쪽에는 너비 150cm의 널판을 대고 바닥에서 높이 75cm 이상의 높이로 추락을 방지하는 핸드레일을 설치한다. 위에서 잔재 등의 낙하물이 떨어질 위험이 있을 때는 머리 위를 보호할 수 있도록 달비계에 유효한 천장을 만든다. 윈치에는 감을통(drum)과 일체로 된 톱니바퀴를 설치하고 톱니누름장치를 하여 역회전을 자동적으로 방지한다. 와이어로프의 인장하중은 10배의 안전율을 고려하고 철사가 10% 이상 끊어지거나 직경의 감소가 7% 이상된 늘어진 것이나 녹이 많은 것을 사용하면 안된다. 본달비계의 와이어로프는 아연도금을 한 지름 12mm 이상, 간이달비계의 경우는 9mm 이상의 것을 쓴다. 체인의 경우 지지점에서는 하중과 체인 파괴강도의 안전율을 5배 정도로 여유있게 한다.

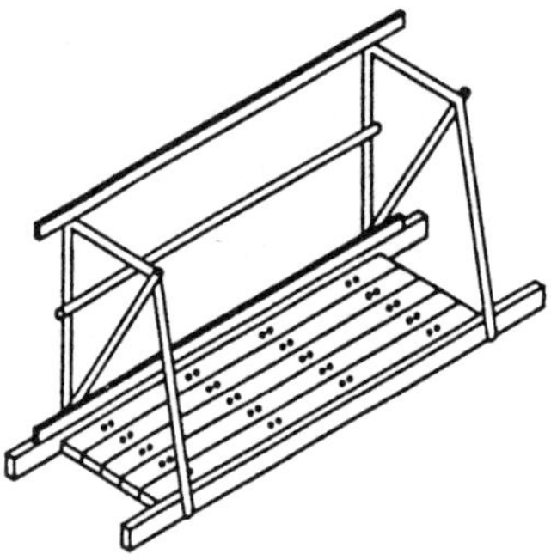

달비계

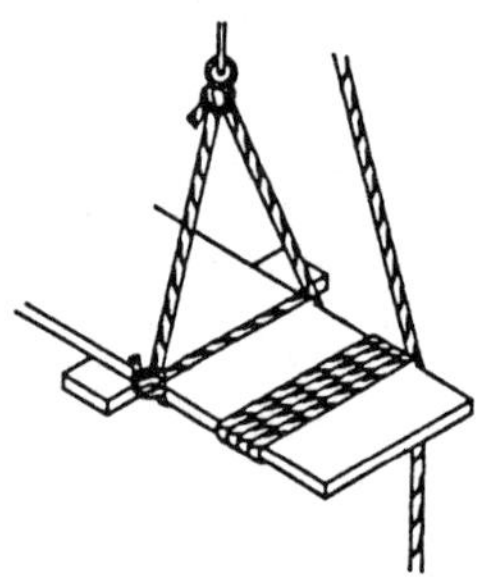

간이달비계 마닐라로프

그림 2-6 달비계

(7) 외부비계용 까치발(bracket)

안정성을 확인하여 2층 바닥부터 설치하되 까치발 설치 부위의 콘크리트 및 볼트구멍의 파손방지를 위하여 충분한 강도일 때 집중하중을 분산하는 조치를 하며 설치한다. 15층 이하에서는 2개소(2층, 9층), 25층 이하에서는 3개소(2층, 10층, 18층)를 기준으로 구조상 안전하게 설치하고 수시로 앵커볼트, 지지마찰판의 조임상태 등의 안전점검을 실시한다. 설치간격은 수평방향 1.5m~1.8m 이내로 하고, 지지보수대는 구조체와 비계를 견고하고 안전하게 연결하고 설치간격은 수직, 수평 5m 이내로 한다. 측벽에 설치하는 까치발은 작업대 설치가 가능한 제품을 사용하고 고정용 구멍은 철거 후 하자가 없도록 코킹

컴파운드로 메운다.

2-5 가설건축물

2-5-1 현장사무소

(1) 감독·감리사무실

시방서나 내역서에 면적과 시방이 명시되어 있더라도 감리자의 의도를 도면으로 확인하고 시작하는 것이 좋다. 위치는 연락 등의 관계로 현장사무소와 가까운 곳이 편리하고 강제유닛방식을 쓰면 간편하다.

(2) 현장사무소

공사규모, 내용, 입지조건 등에 따라서 휴게실, 식당 등의 부대시설이 필요하고 방화와 위생에 주의한다. 위치는 작업장과 작업원을 관리하기에 적당한 장소에 설치하며 규모는 아래의 표 2-1을 기준으로 하는데 시가지 소규모 공사에서는 이동식 유닛 하우스를 사용한다.

(3) 경비실

현장관리상 출입구 가까운 위치가 타당하며 규모는 경제성을 고려하여 90×90cm 이상의 것으로 설치한다.

표 2-1 공사금액 및 규모에 따른 가설물의 한도단위

(단위 : m^2)

공사 규모에 의한 한도							시설물 규모에 의한 한도					
구분 / 공사금액	사무소	창고	작업소	합숙소	시험실	비고	구분 / 건물규모	감독사무소	현장사무소	창고	작업소	비고
5천만원 이하	60	20	80	50	20		200m^2 이하	6	12	10	–	
5,000~1억원	70	30	120	70	20		1000m^2 이하	12	24	20	50	
1~5억원	100	80	150	80	40		3000m^2 이하	25	50	30	70	
5~10억원	120	120	180	120	40		6000m^2 이하	30	60	40	90	
10억원 이상	현장에 따라 별도 계상						6000m^2 이상	50	100	60	120	

2-5-2 노무자 숙사

현장의 위치나 형편에 따라서 숙사를 설치할 필요가 있을 경우 복지차원의 각별한 배려가 요구된다. 전기, 급배수, 전화 등의 설치와 정화조 시설도 필수적이며 철거시의 원상복구를 고려해야 한다.

때로는 임대아파트나 간이 여관 등을 빌리는 것이 편리할 수 있다.

2-5-3 창고 및 일간

(1) 시멘트 창고

벽이나 천장은 기밀하여 통풍이 안되게 하며 창은 환기가 아니라 채광용으로만 쓴다. 바닥은 습기가 없게 하며 마루높이는 지면에서 30cm 이상 높이고 빗물이 들어오는 일이 없도록 주의한다. 반입구와 반출구를 따로 두어서 반입한 순서대로 먼저 사용하기 좋도록 통로를 배치한다.

(2) 위험물 저장소

도료, 유류 등의 인화성 재료의 저장은 화재의 위험이 적은 장소에 방화구조로 만든다. 소화기를 비치하고 위험물 표시를 한다.

(3) 변전소

전기선의 인입이 편리하고 긴급시 출입이 용이한 장소에 설치하고 담당자만 출입하도록 표시한다.

바닥은 콘크리트로 만들고 출입구는 자물쇠를 채워두고 기기의 주위에는 계원만을 위한 안전한 통로를 만든다.

(4) 일 간

철근가공, 거푸집 제작, 창호공사 등의 일간은 작업기간, 정밀도, 인원수에 따라서 위치와 구조를 검토하여 종합적으로 계획한다. 임시작업장이나 헛간은 대개는 벽이 없고 지붕만 씌우는데 운반에 관하여 주의한다.

2-5-4 구대(構臺), 쓰레기용 슈트

구대는 협소한 공사장인 경우 보행도로 위에 설치해서 상부는 사무소, 창고 등으로 사용하고 하부는 통행로로 사용할 수 있도록 한 가설건축물이다.

가설 쓰레기용 슈트는 철판제 덕트, 폴리에틸렌관 또는 두꺼운 합판이나 나무판자 붙임으로 하고 가새 등으로 견고하게 설치한다.

2-6 건축공사용 기계와 공구

2-6-1 건축공사용 기계

(1) 해체공사용 기계

소음, 진동, 먼지 등의 공해방지가 문제이다. 기계력에 의한 해체공법은 스틸볼(steel ball), 콘크리트브레이커(concrete breaker/cutter), 유압브레이커, 착암기, 와이어소잉(wire sawing) 등의 동적해체기계와 회전착암기, 유압식 압축파쇄기 등의 정적해체기계를 사용한다. 화약 및 가스의 폭발력을 이용하는 다이나마이트, 고압가스파쇄기 등이 있고 제트 추진력을 이용하는 워터제트, 플라스마제트도 있다.

(2) 양중기계

크레인에는 고정식(타워크레인, 지브크레인, 門型크레인 등)과 이동식(크롤라크레인, 트럭크레인 등) 및 데릭 등이 있다. 공사용 엘리베이터는 공사용 자재의 양중과 공사관계자의 승강에 쓰고 건설리프트(수직이동)는 자재양중 전용이며 포크리프트(수평이동 가능)는 자재의 운반과 적치에 사용한다.

(3) 작업발판

높은 곳에서 단기간의 작업을 위한 발판을 받치는 기계로서 리프트형, X리프트형, 가위형, 붐형 등이 있다. 공사용 곤돌라는 외벽의 마감공사에 사용하고 보통 옥상에 설치한 앵커에 와이어로프로 매달아 설치한다.

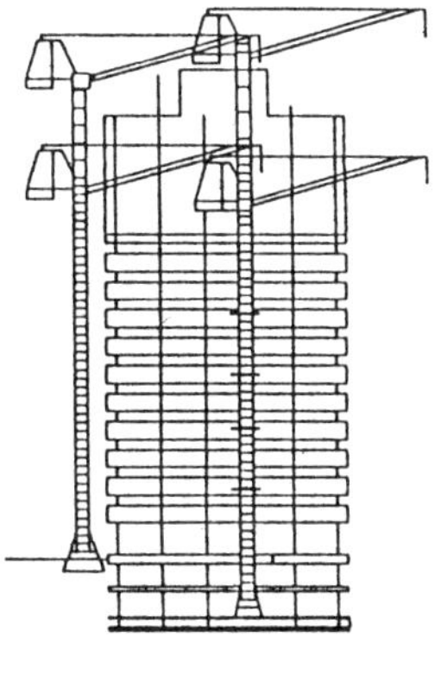

stationary형

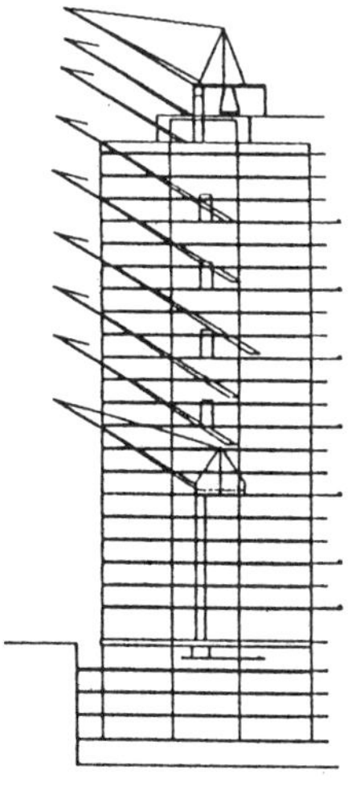

bearing wall형

그림 2-7 타워크레인 클라이밍 방식

(4) 수평운반기계

덤프트럭, 화물트럭 등이 있고, 반출입을 위한 가설도로를 확장하거나 신설해야 할 때가 많다.

(5) 수직운반기계

잭류는 무거운 재료를 인력으로 약간의 높이로 올리는데 쓰고, 활차는 도르레바퀴를 말하는데 진폴(gin pole : 끝마구리 지름 9cm 내외의 통나무 또는 이에 상응하는 파이프를 세우고 상부에 블록을 달아 재료인양용으로 만든 것이다), 데릭(derrick) 등에 설치하여 작은 힘으로 중량물을 올리는데 쓴다. 블록은 체인을 당기거나 레버를 움직여서 감아 올리거나 밀어당길 수 있는 장치이고, 체인블록은 양정 3.5m, 무게 20t 정도를 감아올릴 수 있고, 레버블록은 1.5m, 6t 정도를 감아 올릴 수 있다.

2-6-2 기계공구

(1) 전동 윈치

로프의 장력, 속도, 길이 및 전동기 출력으로 성능이 결정된다. 와이어로프는 감는 드럼 직경의 1/20 이하의 것을 사용하고, 윈치에서 가장 가까운 블록까지는 드럼 폭의 20배 이상의 거리를 확보한다.

(2) 펌 프

수중펌프는 배수에 약간의 흙이 섞여도 가능하여 배수용으로 많이 사용한다. 터빈펌프는 공사에 필요한 순수한 물을 공급하는데 사용한다.

(3) 콤프레셔

콘크리트 브레이커, 숏크리트, 뿜칠 등에 공기를 공급하는 장비이다. 용량이 크면 엔진식을 쓰고, 뿜칠 등의 소용량에는 전동식을 쓴다.

(4) 발전기

현장에 가설전기가 설치되기 이전의 일시적 전원으로 토공사 및 기초공사 기간에 사용한다. 누전차단기와 고저항 접지회로를 반드시 설치한다.

(5) 용접기

가설공사의 간단한 용접이 교류용접기로 이루어지는 반면, 철골공사의 자동, 반자동 용접은 직류용접기가 사용되고 있다.

(6) 기 타

청소용 기계, 온풍기, 송풍기, 제습기, 고압세척기 등의 장비도 쓰이며, 공구로는 잭 및 체인 블록이 많이 쓰인다.

2-7 전기 및 급배수설비

2-7-1 가설전기

공사용 가설전기는 타워크레인, 리프트 등에 필요한 200V 동력용 설비와 전동기계공구, 작업용 조명 등에 필요한 100V 설비로서 전기재해방지에 주의해야 한다. 일반적으로 고압선에서 공사장내의 변압기로 인입하여 위에 기술한 전압으로 낮추며 소규모의 경우는 직접 저압선과 연결한다. 전력을 사용장소까지 공급하는 간선은 출입구나 통로에 장애가 없도록 지중에 매설하거나 가공배선(架空配線)을 하고 마감공사에서는 설비용 샤프트를 이용한다. 사용장소에는 분전반을 두고 전기기기에 전력을 개별적으로 공급하는 스위치나 브레카와 단자를 설치하여 접속시키는데 스위치에서 전기기기까지를 분기회로라고 부른다.

(1) 수전설비

50kw 미만을 전주에서 브레카를 통하여 직접 저압으로 수전하는 방법이 있고, 50kw 이상의 경우 현장에 전력회사로부터 고압으로 수전하여 자가용 변압기를 이용하여 변전하는 방법이 있다.

(2) 변압기용량

공사진행에 맞추어 전기기기와 조명설비에 대하여 시기별로 부하를 산출하는데 기기의 사용률과 역률을 고려한다. 동력설비용량의 60% 정도가 동력변압기의 용량이고, 조명설비용량의 80% 정도가 조명용 변압기의 용량이라고 보면 적당하다. 전력회사와의 계약전력은 변압기 용량보다 줄여 잡는다.

(3) 배선계획

조명기기로는 백열전등과 형광등으로 작업조명을 하고 조도가 부족한 경우는 투광기와 손전등으로 보강한다. 지하층과 화장실 등 자연채광이 어려운 곳에 많이 배치하고 통로와 계단은 안전확보가 중요하다. 고압선에는 위험표시를 잘 하고, 사고가 발생하면 응급처치 후 긴급복구반에 연락한다.

2-7-2 가설공사용 급배수 위생설비

작업원의 음료수, 세척 등의 생활용수와 공사용의 물을 공급하는 급수설비는 필수적이고 배수설비는 잡배수, 지하수 및 우수 등을 배수하는 설비이다.

(1) 급수설비

공정표에 따른 작업원의 수에 표준생활수량을 곱하여 생활용수를 구하고, 이에 공사용 수량을 더하여 급수량을 결정한다. 평균급수량의 2배를 최대급수량으로 보고 1분당 급수량을 산정하여 관경을 선정하고 인입위치를 정한다. 수도직결방식이 간단하고 물탱크를 고가수조로 하여 중력식으로 급수하거나 급수펌프와 압력수조를 이용하는 방법이 있다. 음료수는 19mm 한 가닥만을 연결하고, 최대유속은 37 l/m까지로 하며, 비음료수에는 마시지 않도록 경고표시를 한다.

(2) 배수설비

지상의 배수는 자연배수를 하지만 지하층의 지하수 피트나 오수조 등은 배수 펌프를 사용해야 된다. 배수용 배관은 배수 호스를 사용할 수도 있지만 장기간의 경우 염화비닐관이 유리하다. 흙파기 공사에서 나오는 흙탕물과 콘크리트공사에서 발생하는 시멘트가 섞인 물은 침전조를 거쳐서 배수한다. 도시의 하수도관이 공사현장의 배수로 인하여 손상되지 않도록 주의한다.

(3) 위생설비

소변 및 대변과 세면, 샤워 등을 위한 설비는 환경위생적으로 아주 중요하다. 작업원의 작업환경을 유지하는데 환기가 필요한 경우는 강제적으로 신선한 공기를 보내어 오염된 공기를 배기하도록 송풍기를 사용한다.

2-8 가설물의 철거

일반적으로 가설물은 외벽공사를 위하여 외부비계를 철거하는 시점에서 철거가 시작되는 것으로 볼 수 있고, 공사의 완공을 위하여 순차적으로 철거하게 된다. 가설건물의 경우 건물의 외부에 설치한 위치가 조경공사 등에 지장을 줄 시점이 되면 철거해야 공사진행에 차질이 없다. 가설사무실 등은 계속 필요하므로 본공사의 기본적 마감(미장 등)이 먼저 끝난 장소로서 남은 마감공사가 적은 위치로 옮겨서 임시로 이용한다.

타워 크레인 등의 조립과 해체는 전체적인 공기와 공정에 중요한 영향을 미치므로 현장회의 등을 통하여 실수가 없도록 신중을 도모해야 한다. 작업상의 안전에 관한 주의사항, 관계자 이외의 접근금지에 대한 범위와 경비, 기타의 안전대책을 도상연습할 필요가 있다. 각 작업의 작업지휘자와 전체적인 작업의 총지휘자가 임무와 책임의 한계를 분명히 하는 것도 재해방지에 효과적이다.

본공사의 완공이 가까운 준공 전 1~3개월에는 가설급배수 위생설비를 철거해야 마감공사에 지장이 없고, 본공사에서 완료한 급배수 위생설비의 일부 사용을 계획할 필요가 있다. 이때 주의할 점으로는 건축주나 현장감리의 허가를 받고 실내의 오염이나 기기의 손상이 없도록 양생에 각별히 조심하는 것이다. 준공 전 3~6개월 전에는 본공사의 수전이 이루어지므로 공사용 전기설비는 철거하고, 조명용이나 공사용으로 본공사의 전원을 이용한다.

2-9 안전과 위생

건축시공을 책임진 사람은 공사규모와 종류에 따라 근로자의 위험방지와 건강유지에 관한 계획을 세워야 한다. 안전관리기사가 필요한 경우 적절하게 배치하고 실제적으로 운영하여 효과가 있도록 조치한다. 건설기계 등 위험한 작업과 작업이 행해지는 장소에는 특히 주의할 필요가 있다.

안전시설, 안전표시, 안전수칙, 화재방지, 환경보호, 경계신호, 조명, 가설울타리, 인도용 교량 등을 점검하고 안전교육은 실효를 거두도록 정기적으로 실시한다.

재해방지는 건축법, 산업안전보건법, 근로안전관리규정, 산재보험법, 소방법 및 전기관계법 등에 따라 적절한 대책을 세운다. 재해발생시는 피해자를 구출하고, 구급조치 후 응급대책으로 2차 재해를 방지한다. 재해발생현장을 보존하여 재해발생상황을 파악하고 재해원인을 조사하여 재해방지대책을 마련한다. 사후처리로 보고와 신고를 신속하게 하고, 보도자료에 대한 통제를 강화하며, 피해자와 가족에 대한 배려에서 적절한 보상이 이루어져야 한다.

위생관리는 현장의 책임자가 각별한 주의를 해야 하는 중요한 부분이다. 특히 근로자 숙소의 청결과 환경의 질은 재해발생과 상당한 상관성을 가지고 있다. 정기적인 점검과 개선대책을 지속하여 복지차원의 노력을 기울여야 하며, 정기소독도 필수적이다. 식수에 대한 적정한 공급에 주의하고 화장실의 배치와 위생상태에 대해서도 확실한 대책이 있어야 한다.

2-9-1 방화 및 도난방지

화재위험지역에서는 화기의 사용을 금지하고 소화용수 및 소방호스를 비치한다. 화재방지와 구급에 대한 교육을 실시하고 위험방지를 위한 경고표지를 설치하고 위험한 부분의 울타리는 현장에 드나드는 작은 동물의 통과를 방지한다. 도난의 우려가 있는 창고 등은 자물쇠를 설치하고 경비를 강화하는 조치를 취한다.

2-9-2 환경보호

대기, 수질, 토양 등의 오염 가능성을 최소화하고 환경보호규정을 교육한다. 소음, 진동,

분진 등이 심한 기계기구는 사용을 피하되 부득이 하면 시간을 정하여 사용한다. 공사중 현장을 출입하는 장비의 세척을 위한 세륜시설을 도로와 인접한 출입문에 설치한다.

2-9-3 안전시설

터파기, 장비작업 등으로 출입통제가 필요한 장소나 추락의 위험이 있는 곳은 공사완료시까지 수평방향 45cm, 90cm 높이의 위치에, 수직방향 180cm 이내의 간격으로 안전난간을 설치한다. 수평개구부에는 12mm 합판과 45×45mm 각재 또는 이와 동등 이상의 자재를 이용하여 보호덮개를 설치한다. 추락의 위험이 있는 작업을 할 경우 안전대걸이(높이 1.3m 이상, 수직방향 7m 이내의 간격) 및 안전대걸이용 로프(인장강도 1.5t 이상)를 설치한다. 엘리베이터홀 내부와 같이 작업중 추락의 위험이 있는 곳에는 인장강도 180kg/m^2 이상의 추락방지망을 설치한다. 낙하물방지망은 높이 10m 이내 또는 3개 층마다 설치하고, 내민길이는 비계의 외측에서 2m 이상, 방지망의 겹친 길이는 15cm 이상으로 한다. 버팀대는 가로방향 1m 이내, 세로방향 1.8m 이내의 간격으로 배치하고 수평면과 20°~30° 각도로 설치한다. 낙하물에 의한 위험 요소가 많은 주출입구 및 리프트 출입구 상부 등에는 두께 1.5cm 이상의 판재 등으로 방호선반을 만든다.

2-10 정리, 청소

정리와 청소가 잘 되어 있어야 작업능률이 향상되고 안전상에도 좋다. 폐기물의 처리는 사회적 문제로 대두되어 있으므로 잔재의 발생량을 최소화하고 분리수거를 철저하게 실시한다. 재료의 정리에서 재해가 발생하지 않도록 중량에 대한 검토를 하고 도로의 청소는 통행인에 대한 배려를 기본으로 한다. 준공 전의 청소는 일반적으로 높은 곳에서 낮은 곳으로 실시하고 실내에서는 천장, 벽, 바닥의 순서로 진행한다.

청소는 건축재료에 따라 처리하는 요령이 다르고 여러 가지 주의할 점이 있으므로 사전에 정확한 계획을 세워 실시한다. 브러시나 헝겊에 묻혀서 사용하는 각종 세제와 크리너 및 약제 등이 있으므로 적당한 것을 선택한다. 외벽의 청소는 가장 어려운 부분으로서 비계의 해체와 상관성이 있으나 추후에 곤돌라를 별도로 설치하여 해결할 수 있다.

공사에서 발생하는 폐기물은 공사현장에서 수집, 운반, 처리를 직접하는 경우와 처리업자에게 위탁처리하는 경우가 있다. 위탁하는 처리업자는 처리 가능한 종류 및 사업허가범위, 허가기한 및 조건 등을 검토하여 결정하고 위법적 업무처리가 없도록 주의한다. 석면은 대표적인 공해유발 폐기물로서 철거할 때 고화제, 습윤제, 물 등으로 비산을 막는다. 운반과정과 최종처리과정을 적정하게 관리하여 중량을 기준으로 처리량을 기록으로 남길 필요가 있다.

제 3 장 토공사 및 흙막이공사

3-1 개 요

건축공사에서 시공계획의 수립이나 공사준비가 완료되면 가장 먼저 착수하는 것이 토공사이다. 이 토공사에는 대지조성을 위한 터닦기로서, 절토(깎아내기), 굴토(터파기), 매토(되메우기), 성토(흙돋우기), 다짐(흙다지기), 정지(흙고르기), 잔토처리 등을 말하며, 대지조성에 관련되는 흙막이벽, 석축, 배수로 등을 토공사에 포함시키는 경우도 있다.

토공사는 지중작업으로 공사착공 전에 지반조사를 하였다고 해도 지하수의 유출이나 암반의 돌출 등 예측하지 못하였던 장애물로 인해 공사가 난관에 부딪히는 경우가 허다하고, 또한 강우나 천후 등의 영향으로 인하여 공사가 지연되기 쉬운 공정 중의 하나라고 볼 수 있다.

이 때문에 토공사는 조속히 시공하도록 노력하여야 하고, 동시에 인접한 건물에 균열발생이나 침하 등의 피해를 주지 않아야 하며, 소음, 진동 등 각종 공해에 충분한 대책을 강구할 필요가 있다.

본 장에서는 토공사 및 흙막이공사에 관련한 일반사항, 종류 및 공법을 기술하고자 한다.

3-2 흙의 기본성질

3-2-1 흙의 종류

건축물을 지탱하는 흙은 암반, 돌, 모래, 실트(silt), 진흙, 롬(loam) 등으로 구성되어 있는데, 각기 다른 성질과 강도를 가지고 단독 또는 혼합하여 층을 이루어 지반을 형성하고 있다.

- 지반
  - 암반
  - 돌
  - 모래 – 천연아마석이 풍화 또는 침식작용에 의해 생긴 것. 채취장소에 따라 강모래, 바다모래를 들 수 있다.
  - 실트(silt) – 알의 크기가 모래보다 작고 육안으로 헤아릴 수 없으나, 대체로 모래와 같고, 알은 구형에 가깝고 끈기가 없다.
  - 진흙(clay) – 실트보다 작은 알로서 교질성(colloid)이 있고 물이 잘 투과되지 않는다.
  - 롬(loam) – 개흙(peat)를 말하며, 실트와 진흙이 혼합된 것이다.
  - 부식토 – 풀, 나뭇잎 등의 부패물을 포함한 흙

흙을 그 성질로 대별하면 대체로 다음과 같다.

- 흙의 성질
  - 진흙질 모래
  - 모래질 흙

그리고 그 입도의 크기는 표 3-1과 같다.

표 3-1 입도의 크기

입 자	돌분	모래분	실트분	진흙분
입 도	2.0mm 이상	2.0～0.05mm	0.05～0.005mm	0.005mm 이하

3-2-2 흙의 성질

지반이 모래질이 많으냐, 또는 진흙질이 많으냐에 따라서 지반의 지지력 또는 토압이 다르다.

- 지반의 성질
  - 모래질 지반(砂質地盤) – 모래성분이 많고 점착력이 비교적 적거나 아주 무시할 정도의 지반
  - 진흙질 지반(粘土質地盤) – 진흙분이 아주 많고 내부마찰각이 적거나 아주 무시할 정도의 지반

흙을 혼합비율로 분류하여 나타내면 그림 3-1과 같이 11가지로 분류된다. 그림에서 예를 들면 모래질, 진흙, 롬은 모래 50～80%, 실트 0～30%, 진흙 20～30%로 구성된 흙을 말하고, 롬은 모래 30～50%, 실트 30～50%, 진흙 0～20%로 구성된 흙을 말한다.

흙은 일반적으로 구성의 실질 부분인 흙입자와 그 간극에 포함되어 있는 물과 공기 즉, 고체, 액체, 기체의 세 가지 상태로 되어 있으며, 이를 그림으로 나타내면 그림 3-2와 같다.

그림에서 체적은 왼쪽에, 중량은 오른쪽에 표시한다. 흙은 단위체적 중량은 표 3-2와 같다.

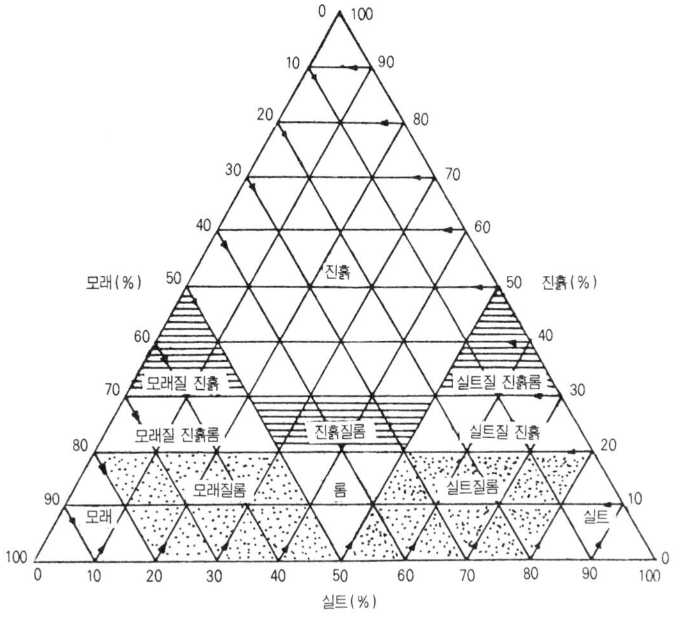

그림 3-1 흙의 분류

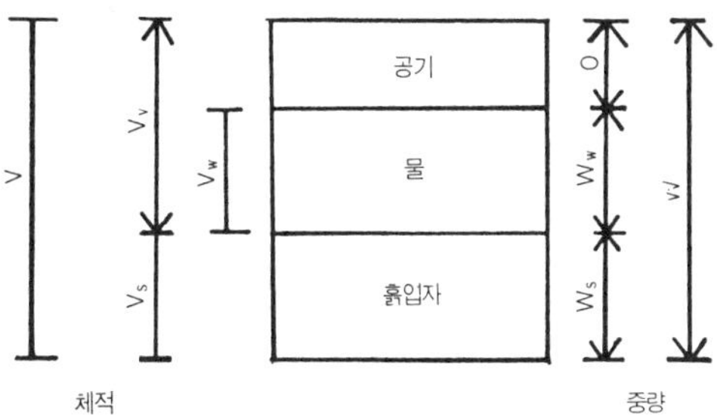

그림 3-2 흙의 구성

표 3-2 흙의 단위체적 중량의 일례

지 층	중 적 층			롬 층
	모 래	실 트	진 흙	
단위체적중량(t/m^3)	1.70~1.95	1.51~1.73	1.40~1.60	1.25~1.44
함 수 비 (%)	–	44~92	63~110	99~144
간 극 비	0.7~1.4	1.2~2.3	1.8~3.0	2.8~4.2

흙의 구성요소를 정량적으로 취급하기 위해 그림 3-2와 같이 표시하여 가정한다면 다음과 같은 정수로 나타낼 수 있다.

$$\text{간극비} = \frac{V_v(\text{간극용적})}{V_s(\text{토립자용적})} \times 100(\%)$$

$$\text{함수비} = \frac{W_w(\text{물중량})}{W_s(\text{토립자중량})} \times 100(\%)$$

$$\text{포화도} = \frac{V_w(\text{물의 용적})}{V_v(\text{물·공기용적})} \times 100(\%)$$

$$\text{예민비} = \frac{\text{자연시료의 강도}}{\text{이긴시료의 강도}}$$

＊ (예민비는 흙을 이김에 따라 약해지는 정도를 표시한 것임)

3-2-3 토질시험

(1) 함수비 시험

흙의 함수량을 결정하기 위한 시험으로 함수비는 다음 식으로 구할 수 있다.

$$\text{함수비}(W) = \frac{\text{젖은 흙의 물의 중량}}{\text{로내에서 건조한 흙의 중량}} \times 100(\%)$$

(2) 흙의 비중시험

피크노메타 비중병에 증류수를 채운 중량 및 흙입자와 물을 채울 때의 중량의 관계, 흙입자의 건조중량을 측정하여 비중을 구한다.

$$\text{비중} = \frac{\text{그 온도에서 토립자의 공기중의 중량}}{\text{그 온도에서 토립자와 같은 체적의 증류수의 공기중의 중량}}$$

(3) 흙의 액성 한계시험

흙 속에 수분이 있어 끈기가 있는 상태의 정도를 알아내기 위해 실시하는 실험이다.

(4) 흙의 소성 한계실험

흙 속에 수분이 거의 없고 바삭바삭한 상태의 정도를 알아보기 위해 실시하는 실험이다.

(5) 1축압축시험

그림 3-3에서 표시하는 바와 같이 원주형 시료에 측압을 가하지 않고 상하 방향으로 압축응력을 가하여 최대압축강도를 측정한다.

(6) 3축압축시험

그림 3-4에서 표시하는 바와 같이 원주형 시료에 엷은 고무막을 씌운 상태에서 측면으

로부터 압력을 가해가면서 상하방향의 압축응력을 서서히 증대시키면서 파괴시켜 측정하는 방법이다.

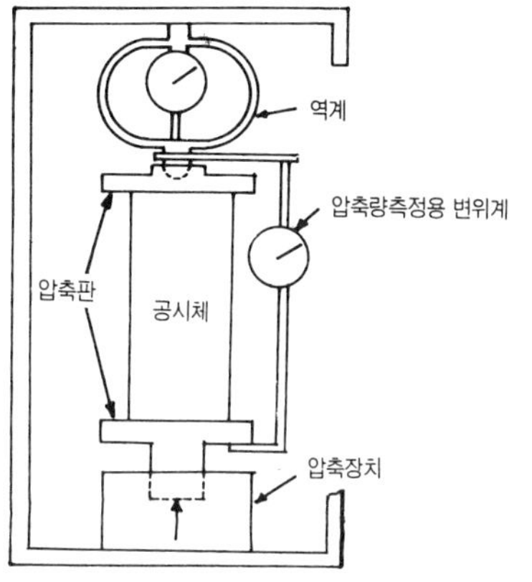

그림 3-3 일축압축시험기

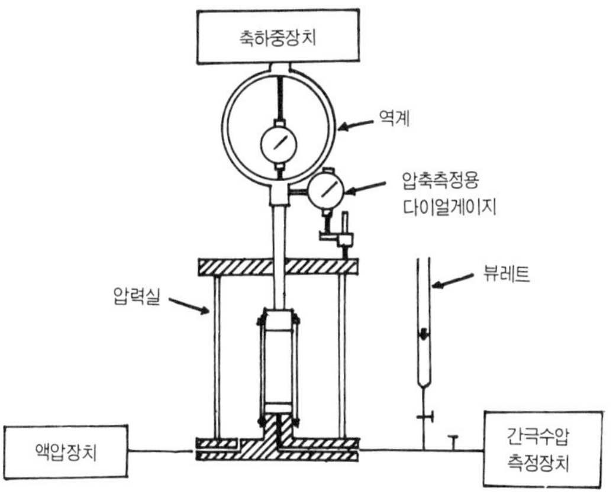

그림 3-4 3축압축시험기

(7) 전단시험

그림 3-5에서 표시하는 바와 같이 상하 2단으로 분리되어 있는 상자에 시료를 넣고 상하방향으로 압축응력 σ를 변화시켜 가면서, 동시에 상자를 수평방향으로 이동시켜 전단파괴가 발생토록 한다. 수차례의 실험을 실시하여 그 결과를 그림 3-4와 같이 C와 ϕ를 구했다.

흙의 전단력 $T = \sigma \tan\phi + C$

여기서, C : 점착력

ϕ : 내부마찰각(전단저항각)

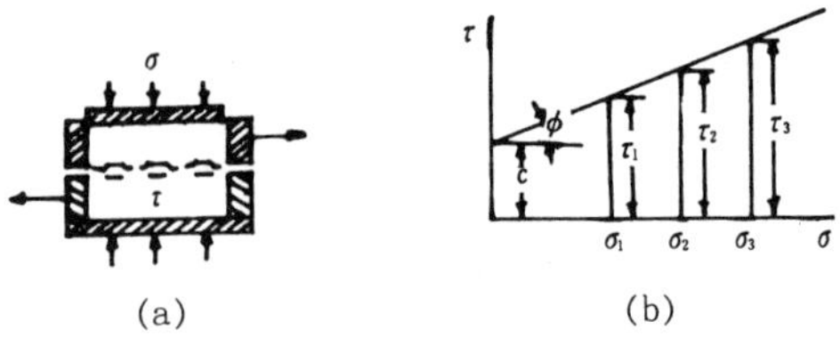

그림 3-5 전단시험기와 C, ϕ를 구하는 법

(8) 압밀시험

흙의 압밀시험은 그림 3-6와 같은 장치를 이용하여 실시하며, 실험결과로서 변형량의 일례를 그림 3-7에 표시하고 있다.

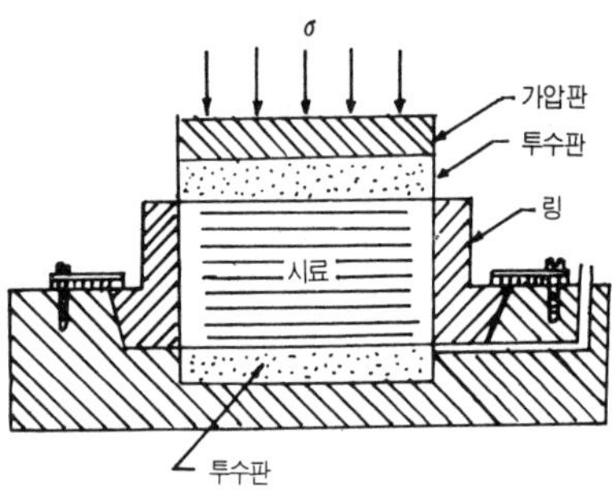

그림 3-6 압밀시험장치

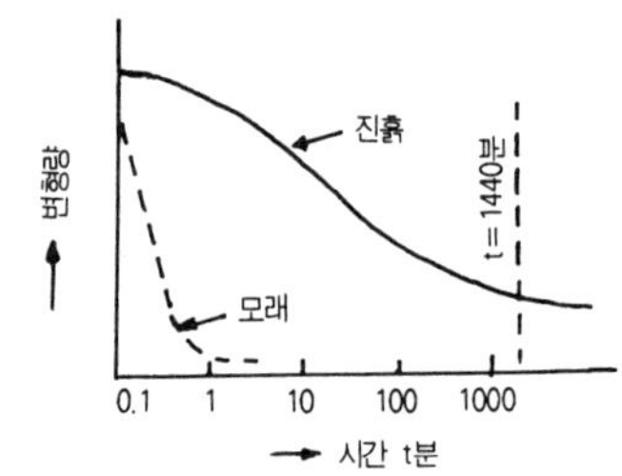

그림 3-7 변형량

3-3 지반조사

일반적으로 지반조사에서 조사할 항목은 건축물 위치, 구조물의 성질, 종류에 따라 다르지만, 기본적으로는 각 지층의 깊이, 두께, 구성, 토질층의 강도 등 설계, 시공에 필요한 공학적 성질, 지하수의 위치 등이다.

조사계획은 조사목적에 따라 적합한 방법 등을 선정하고 최소의 기간과 비용으로 소요목적을 달성하도록 할 필요가 있다.

3-3-1 지반조사의 절차

(1) 사전조사

예비지식으로 지반의 개황을 조사한다. 대지를 매수하기 전이나 결정한 후라도 문헌조사, 현지답사, 기존 건축물의 조사 등으로 건물의 중요도를 감안하며 그 개황을 추정한다.

(2) 예비조사

대지내의 조사로 건물의 배치계획, 지반 지지층과 기초구조의 형식을 대강 결정할 수 있는 자료를 설계자에게 제공한다. 예비조사는 본조사의 방법, 규모, 실시 방침 등을 세우는 데 기본이 되기도 하며, 그 방법으로는 보링과 표준관입시험 등을 들 수 있다. 지반조건이 명확하고 사전조사만으로도 충분할 때에는 예비조사를 생략할 수 있다.

(3) 본조사

지지층과 기초구조의 형식이 결정되면 필요한 조사사항을 정하고, 조사방법을 결정선택한다. 그 방법에는 보링, 표준관입시험, 토질시험 등이 있다.

- 조사사항
  - 물리적 성질 – 단위체적중량, 함수비, 비중 액성한계, 소성한계 등
  - 역학적 성질 – 점착력, 내부마찰각, 압축지수, 압밀계수
  - 종합특성 – 재하시험, 말뚝시험

(4) 추가조사

추가조사는 추정한 지지층이나 기초구조 형식이 부적당할 때에 재조사를 실시하며, 본조사의 결과를 보완하고자 할 때에도 보충조사를 실시한다.

3-3-2 지하탐사

지하탐사법에는 시험파기, 짚어보기, 물리적 탐사방법이 있다.

(1) 시험파기(터파보기)

굳은 층이 극히 얕거나 중량이 비교적 적은 건물에 사용되는 경우로서, 부지내에 수직으로 구덩이를 2m 내외의 깊이로 파서 지층의 생김새, 깊이, 토질, 용수량 유무 등을 조사하는 방법이다.

(2) 짚어보기

끝을 뾰족하게 만든 지름 9mm 정도의 철봉을 인력으로 지중에 꽂아 내려, 그 때의 손짐작으로 굳은 지층의 위치, 지내력 등을 추정하는 방법이다(그림 3-8 참조).

이 방법은 상부지층이 무르고 굳은 층이 비교적 얕게 있을 때 적용되며, 지반의 예비조사에 지나지 않으므로, 중요한 공사에서는 사용할 수 없다.

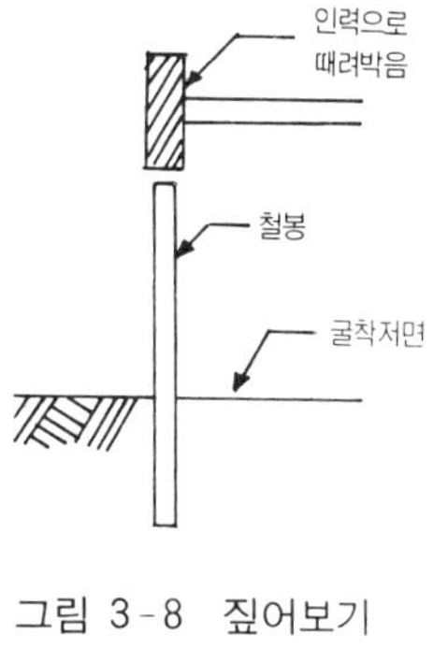

그림 3-8 짚어보기

(3) 물리적 탐사법

물리적 탐사법은 흙의 압축강도, 전단강도 등의 역학적 성질을 판별하기는 곤란하며, 지층변화의 심도를 아는데는 편리하다. 물리적 탐사법에는 전기저항탐사법, 탄성파식 지하탐사법이 있으며, 이외에 지표를 통과하는 직접파의 속도와 지중을 통과하는 굴절파의 속도의 차이로부터 지층의 분포를 알 수가 있는 방법(그림 3-9)이 있다.

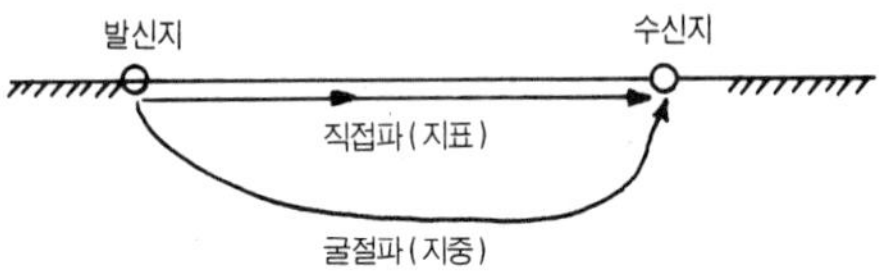

그림 3-9 물리적 탐사법

3-3-3 보 링

굳은 층이 깊이 있는 지반을 조사하기 위해 땅속으로 구멍을 굴착하는 방법으로 비교적 깊은 곳까지 정확하게 조사할 수 있다. 이 방법에는 수세식 보링, 충격식 보링, 회전식 보링이 있다.

(1) 수세식 보링(Wash Boring)

지반에 내외관을 쳐넣어 박으면서 내관을 통하여 물을 뿜어내어 토사를 무르게 하여 외관을 통하여 씻어올린 흙탕물을 지상에서 분리시켜 지반구성을 살펴보는 방법이다(그림 3-10 참조).

이 방법은 연질층에서 사용할 수 있으며, 지반깊이 30m까지 탐사가 가능하다.

(2) 충격식 보링(Percussion Boring)

그림 3-11에서 보여주는 장치를 이용하여 굳은 층이 깊고 경질지층에 사용할 수 있다. 이 방법은 지중에 철관을 박고서 착공날을 설치한 축대를 관 속에 넣어 회전력과 충격력으로 토석을 뚫는다.

착공날을 토사시료 채취용구를 바꾸어 쓰면 시료를 채취할 수 있다.

케이싱 철관은 지름 10cm, 두께 6mm, 길이 1.5m 정도의 것을 보링대와 같이 이어서 쓸 수 있다. 이 방법은 간편하면서 저렴하여 건축이나 토목공사에서 널리 사용되고 있다.

(3) 회전식 보링(Rotary Boring)

중공의 강철제 코어튜브를 회전하여 지반을 뚫고 지층을 원통상으로 채취한다(그림 3-12 참조). 철관이 들어갈 때에는 진흙층은 압축되고 암석층은 부스러지므로 지층이 원상태의 그대로는 아니지만, 연속적으로 시료채취를 할 수 있어 전술한 3종류의 보링 중 가장 정확한 방법이라고 할 수 있다.

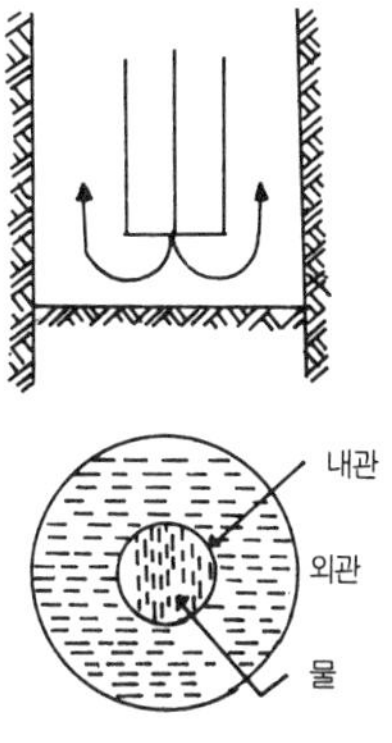

그림 3-10 수세식 보링

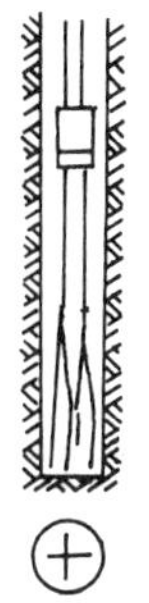

그림 3-11 충격식 보링

그림 3-12 회전식 보링

3-3-4 사운딩(Sounding)

사운딩은 로드에 붙인 저항체를 지중에 넣고 관입, 회전, 빼올리기 등의 저항으로부터 토층의 성상을 탐사하는 법으로, 다음과 같은 방법이 있다.

① 표준관입시험
② 스웨덴식 사운딩시험
③ 화란식 관입시험
④ 베인시험

(1) 표준관입시험

표준관입시험은 토질 구성층을 정량적으로 구할 수 있는 시험방법이며 로드 밑에 중량 6.8kg, 길이 80cm의 스플리트스푼샘플러(split spoon sampler)를 붙여 지층 1.5~2m 정도나 지층이 바뀔 때마다 중량 63.5kg의 해머를 높이 75cm에서 떨어뜨려 30cm 쳐박을 때까지의 타격횟수로서 토질의 지지력을 파악한다(그림 3-13 참조).

또한 스플리트스푼샘플러로부터 시료를 꺼내어 토질명, 색깔 등을 조사하여 그림 3-14에 나타내는 주상도(柱狀圖)를 작성한다.

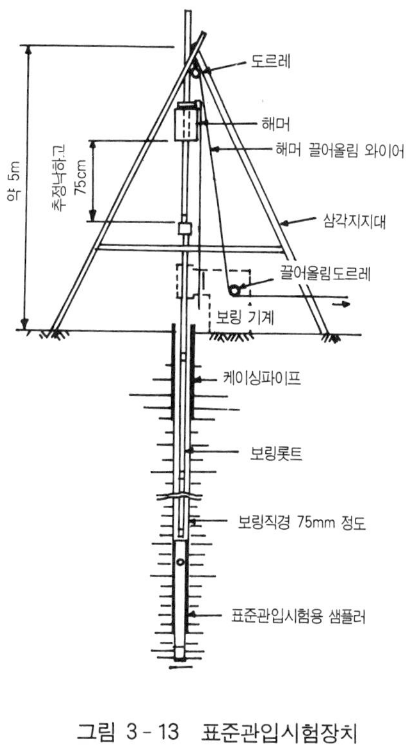

그림 3-13 표준관입시험장치

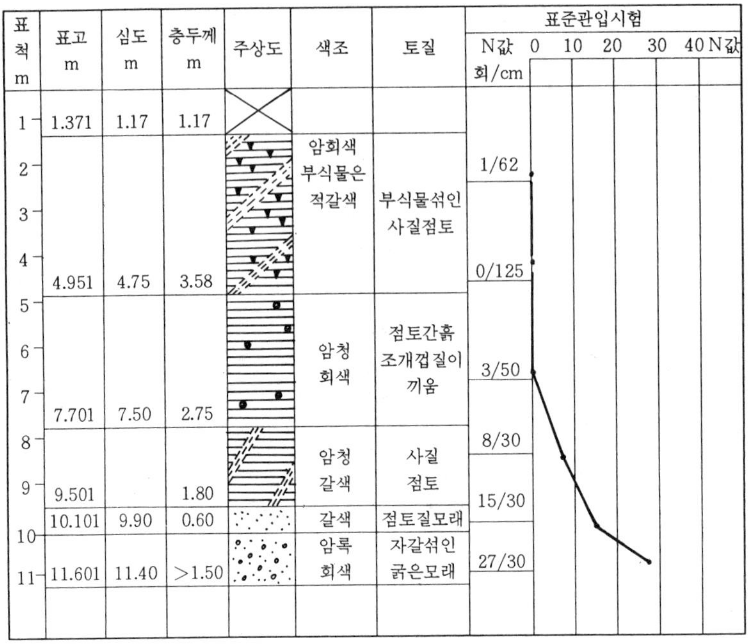

그림 3-14 주상도

표 3-3 N값과 상대밀도와의 관계(모래지반의 경우)

N 값	모래의 상대밀도	연약지반 N값
0~4	아주 느슨함	0~2
4~10	느슨한	2~4
10~30	보 통	4~8
30~50	치밀함	8~15
50 이상	아주 치밀함	15~30

(2) 스웨덴식 사운딩시험

그림 3-15에서 표시한 바와 같이 스웨덴식 시험기를 사용하여 하중을 5, 15, 20, 50, 75, 100kg으로 점차적으로 증가시켜 그 관입량을 계측하고, 100kg에서 멈춘 이후는 핸들로 회전시켜 반회전마다 관입량을 계측하고, 25cm 피치마다의 반회전수를 기록한다(그림 3-15).

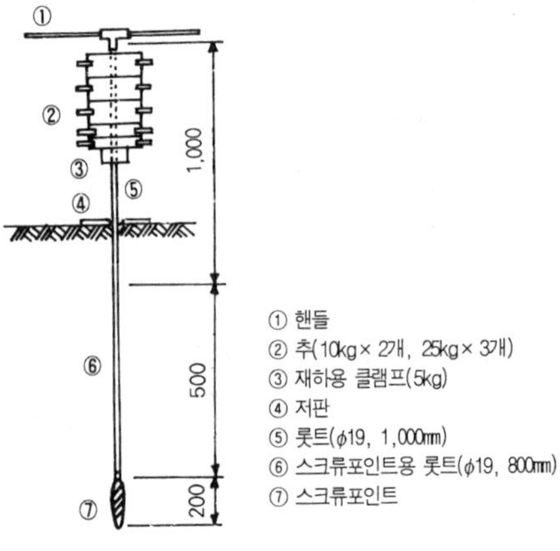

그림 3-15 스웨덴식 사운딩시험기

(3) 화란식 관입시험

그림 3-16에 표시한 화란식 관입시험기를 사용하여 25cm 간격마다 저면적 $10cm^2$인 맨틀콘을 5cm 관입될 때의 관입저항치를 측정한다.

정적관입저항은 다음 식으로 구한다.

$$정적관입저항(q_c) = \frac{맨틀콘의\ 관입력(Q_c)}{콘의\ 저면적(A)} (kg/cm^2)$$

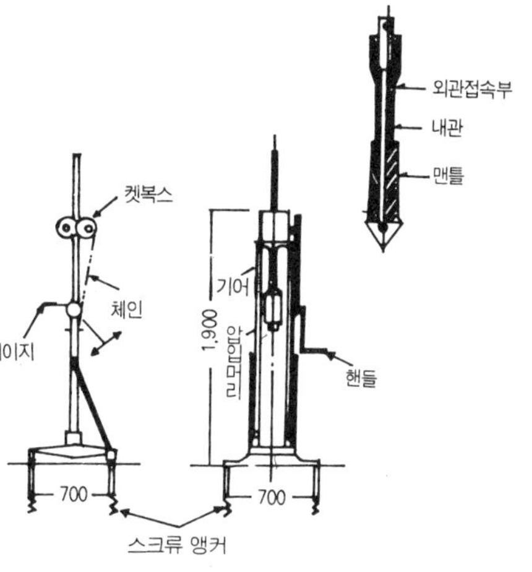

그림 3-16 화란식 관입시험장치

(4) 베인시험

+자형의 저항날개를 로드선단에 붙여 지중에 눌러 박아 가면서 회전시켜 삽입하며, 그때의 최대저항치에서 지반의 전단강도를 구한다. 주로 연약한 점토질 지반에 사용하는 공법이다(그림 3-17 참조).

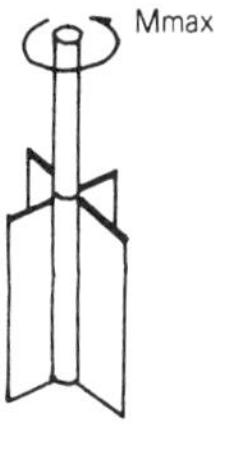

그림 3-17 베인전단시험기의 칼날부

3-3-5 수 위(水位)

지반조사보고서 또는 토질주상도에는 수위가 기록되어 있으나, 이 공내수위(孔內水位)와 실제의 지하수위는 반드시 일치한다고 말할 수 없다. 일반적으로 점토질 지반에서는 공내수위가 실제의 지하수위보다 높게 표시되는 경우가 많으며, 모래질 지반의 공내수위는 비교적 지하수위와 거의 같은 위치를 나타내고 있다. 그래서 대규모 공사현장이나 특히 지하수의 유무가 문제되는 지반조건에서는 별도로 지하수 조사를 실시할 필요가 있다.

3-4 재하시험

3-4-1 지내력 시험

지내력시험을 재하시험(loading test)이라고도 하며, 지반면에 직접 재하하여 허용지내력을 구하는 것이다.

각 지반의 지내력은 흙의 밀도, 내부마찰각, 응집력, 지하상수면의 위치, 기초의 크기 등에 의해 정해져, 일괄적으로 규정할 수 없기 때문에 확실한 지내력을 알려면 시험을 실시해야 한다. 그러나 보통 규모의 공사현장에서는 구조 기준 등에 관한 규칙에서 정한 다음 표 3-4의 값을 사용하면 아주 편리하다.

표 3-4 지반의 허용응력도

(단위 : t/m^2)

지 반		장기응력에 대한 허용응력도	단기응력에 대한 허용응력도
경 암 반	화성암, 석연암, 편마암, 안산암 등의 화성암	400	장기응력에 대한 허용응력도의 각각의 값의 1.5배로 한다.
연 암 반	판암, 편암 등의 수성암의 암반	200	
	혈암, 토단반 등의 암반	100	
자 갈		30	
자갈과 모래와의 혼합물		20	
모래 섞인 점토 또는 롬흙		15	
모래 또는 점토		10	

지내력시험은 다음과 같은 방법으로 실시하도록 규정하고 있다.

① 시험은 원칙적으로 예정 기초면에서 실시하며, 재하판은 두께 25mm의 철판재로서 면적 $0.2m^2$의 것을 표준으로 하여 45cm의 각이 쓰인다.

② 매회의 재하는 1톤 이하 또는 예정파괴 하중의 1/5 이하로 하여 각 재하에 의한 침하량은 다이얼게이지로 측정한다.

③ 침하의 증가는 2시간에 0.1mm 이하로 될 때 침하가 정지된 것으로 간주한다.

④ 장기하중에 대한 허용지내력은 단기하중에 대한 허용지내력의 1/2로 한다.

⑤ 재하시험 장치에는 다음과 같은 것이 있다.

㉠ 직접재하 시험방법 : 그림 3-18에서 나타내는 직접재하시험 장치는 하중이 적은 경우에 쓰이며, 하중의 편심이 생기거나 재하시에 충격을 가하지 않도록 한다.

㉡ 반력을 이용한 재하 시험방법 : 반력보는 견고한 물체에 긴결시킨 후 오일잭(oil jack)으로 하중을 가한다. 장기에 걸친 측정에서는 하중이 일정하도록 주의해야 한다(그림 3-19 참조).

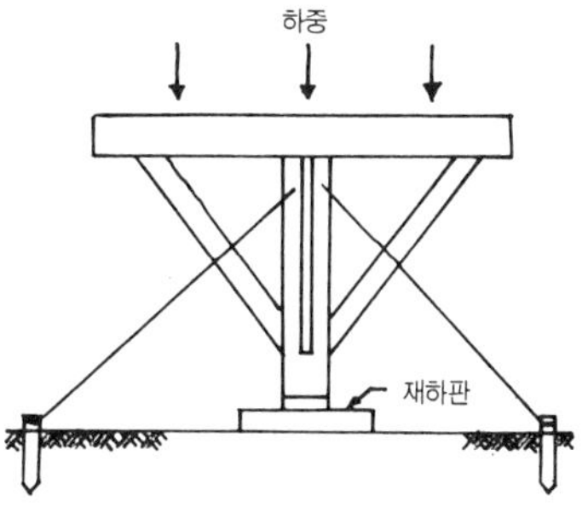

그림 3-18 직접재하시험방법

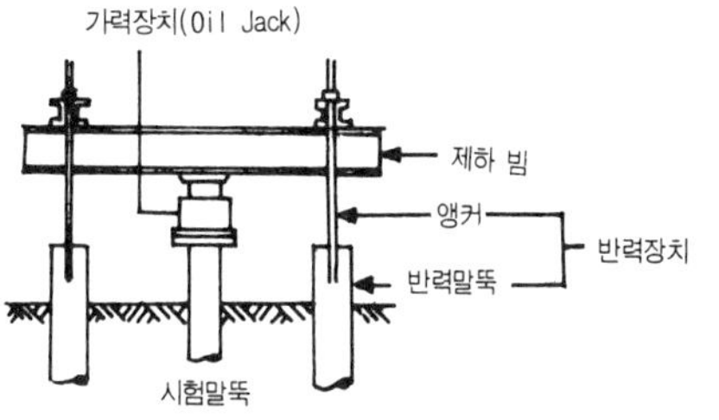

그림 3-19 반력을 이용한 재하방법

3-4-2 말뚝시험

말뚝시험은 일명 시항타라고도 한다.

전술한 지내력시험이 직접 지내력시험인데 비하여 말뚝시험은 간접지내력시험이라고 할 수 있다. 지질조사결과, 건물용도, 규모, 구조 등에 따라 말뚝시험이 적당하다고 생각될 때에 이 시험을 실시한다.

(1) 말뚝박기시험방법

말뚝박기시험에는 낙하법과 타격법이 있다. 낙하법일 때에는 떨공이에 의한 자연낙하법으로 하고, 타격법일 경우에는 디젤해머나 단동공기추를 사용한다.

해머의 중량은 말뚝 중량의 1/2 이상으로서 통상 2~3배 정도로 한다.

시험말뚝을 시공할 때의 주의사항은 다음과 같다.

① 시험말뚝은 실제 사용말뚝과 똑같은 조건으로 시공한다.

② 말뚝은 연속적으로 박되 휴식시간은 두지 않는다.

③ 공이가 떨어지는 높이는 가벼운 공이는 2~3m, 무거운 공이는 1~2m로 한다.

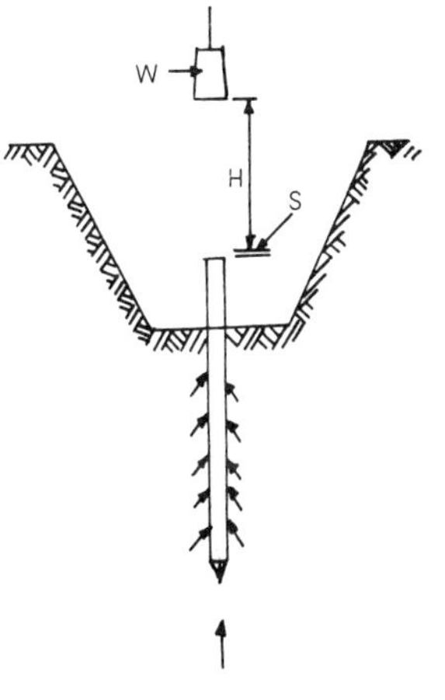

그림 3-20 시험말뚝

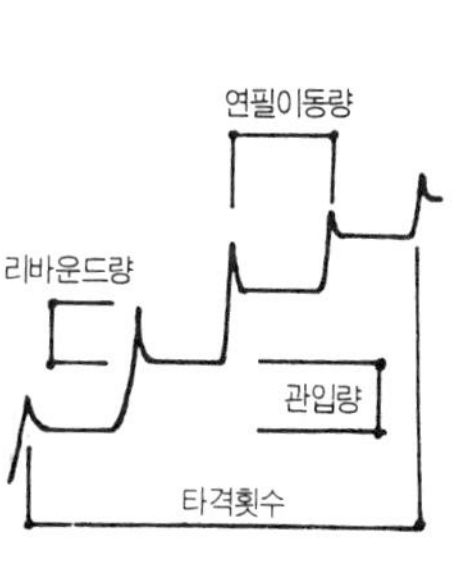

그림 3-21 관입량 기록 예

④ 소정의 침하량에 도달하면 그이상 무리하게 박지 않는다.

⑤ 시험말뚝은 정확한 위치에서 수직으로 박는다.(그림 3-20 참조)

⑥ 최종관입량은 5회 또는 10회 타격한 평균값을 적용한다.

⑦ 5회 타격 총관입량이 6mm 이하 일 때를 거부현상으로 판단한다.

최종관입량의 측정은 말뚝박기가 최종단계에 근접한 시기에 말뚝에 용지를 붙이고 지상의 공정대에 설치한 연필로 기록을 한다(그림 3-21 참조).

말뚝의 허용지지력의 산정은 말뚝의 종류, 지반상황, 말뚝박기 기계의 종류에 따라 표 3-5와 같이 계산이 다르다.

표 3-5 말뚝의 허용지지력의 산정식

	장기응력에 의한 지반의 허용지지력	단기응력에 대한 허용지지력
(1)	$R_a = \frac{1}{3} R_u$	장기응력에 대한 허용지지력의 2배로 한다.
(2)	$R_a = \frac{F}{5s + 0.1}$	
(3)	$R_a = q_p A_p + \frac{1}{3} R_F$	

상기 식 중에서 타격에 의한 다음 (2)의 판정식이 가장 많이 사용되고 있다.

$$R_a = \frac{F}{5s + 0.1}$$

여기서, R_a : 항타 공식에서 구해지는 허용지지력(t)

F : 해머의 타격 에너지(t · m)

디젤해머 : $F : 2W \cdot H$

W : 해머중량(t)

H : 해머 낙하 높이(m)

S : 말뚝의 최종 관입량(m)

【예제】 D-35(램 중량 3.5t)의 해머를 사용하여 ϕ400 PHC 파일(고강도 콘크리트 말뚝)을 시공할 때 해머의 낙하 높이는 150cm, 말뚝의 최종관입량을 5mm로 관리했을 때 파일의 동역학적 지지력을 5s식을 사용하여 구하고, 그 안전성을 검토하라. 단 파일의 설계내력은 75t/EA이다.

〔풀이〕 $R_a = \frac{F}{5s + 0.1} = \frac{2W \cdot H}{5s + 0.1} = \frac{2 \times 3.5 \times 1.5}{5 \times 0.005 + 0.1}$

$= \frac{10.5}{0.125} = 84\text{t} > 75\text{t}$

$\therefore$ 150cm = 1.5m　　5mm = 0.005m

디젤해머의 $F = 2W \cdot H$

(2) 시험말뚝의 하중시험(load test of pile)

전술한 바와 같이 말뚝의 지지력은 흙의 응집력 관계로 시일이 경과함에 따라 일반적으로 지지력이 증가한다.

그러므로 말뚝을 박은 뒤 적어도 10일쯤 경과한 후 직접 지지력 시험의 재하법에 따라 말뚝머리에 재하해서 침하의 상태를 측정하면 전술한 산정식으로 얻은 허용지지력을 확인할 수 있을 뿐 아니라 더 큰 허용지지력을 채용할 수 있다.

3-5 터파기

기초공사를 하기 위해 땅을 파는 일을 기초파기 또는 터파기라 한다. 기초파기에는 독립기둥 밑을 단독으로 파는 구덩이파기, 벽체, 지중보의 밑을 도랑 모양으로 파는 줄기초파기, 지하층 밑을 전부 파는 온통파기가 있다.

터파기공법에는 다음과 같은 것을 들 수가 있다.

3-5-1 표토걷어내기

지표면에서 1m 깊이까지는 나무뿌리, 쓰레기, 구건물의 기초 등이 매설되어 있어 기초파기에 장애가 되므로 이를 제거하는 작업을 표토걷어내기라 한다.

3-5-2 깎아내기(切土)

보통 한사람의 1일 굴토량(堀土量)은 2～6m³ 정도이며, 삽으로 떠서 무리한 힘을 들이지 않고 던질 수 있는 거리는 수평으로 2.5m, 수직으로 1.5～2m 정도이다. 따라서 2인 이상이 되면 다른 사람의 힘을 빌려 릴레이식으로 흙을 파낸다. 수직파기일 때는 2단 젖힘으로 시공한다(그림 3-22 참조).

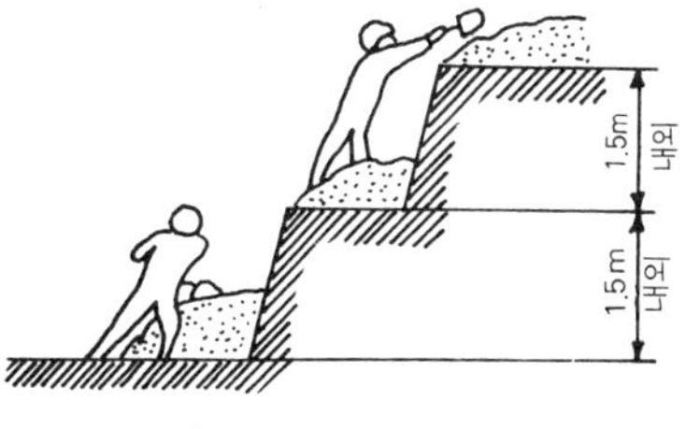

그림 3-22 2단 젖힘

(1) 흙의 휴식각

건조된 모래를 수평면에다 쌓으면 어느 한도까지 흘러내리다가 정지하는데, 이때 모래의 표면과 수평면은 일정한 각도를 이룬다. 이 각도를 그 모래의 휴식각이라 한다(그림 3-23 참조).

흙의 휴식각에는 마찰력 외에 응집력, 부착력이 작용하게 되며, 이러한 힘은 함수량에 따라 변화하게 된다.

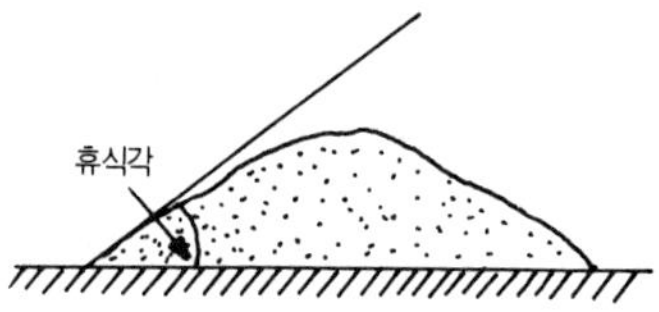

그림 3-23 흙의 휴식각

기초파기에 있어서 그 사면을 해결하는 파기의 경사는 흙막이를 하지 않을 경우, 휴식각의 2배 정도 또는 기초파기의 윗면은 밑면에서 소요되는 나비보다 양쪽으로 파는 깊이의 1/3~2/5 정도 더 넓게 파기 시작해야 하며, 견적시에는 이를 고려하여야 한다(표 3-6 참조).

표 3-6 흙의 휴식각 및 파내기 경사각도

토 질		휴 식 각	파 내 기 경 사 각	무게(t/m^3)	부피증가(%)	비 고
모 래	건 조	25~40°	40~70°	1.7~1.9	0	
	보 통	30~45	60	1.8~2.0	15	
	습 윤	20~30	40	2.0~2.2	0	
보 통 흙	건 조	20~45	40	1.6~1.8	12~20	
	보 통	30~45	50	1.8~2.0	15~20	
	습 윤	15~30	50	1.8~2.0	20~25	
자 갈	일 반	30~40	60	1.7~2.0	5~15	
	모래, 진흙	20~38	40	1.7~1.9	5~10	
	반 석 이					
진 흙	건 조	20~40	80	1.6	12~15	
	보 통	20~35	70	1.8	15~20	
	습 윤	15~20	40	2.0	20~25	
암 반	연 암	—	—	2.4	25~60	
	경 암	—	—	2.6	79~90	

주) 깊이가 1.0m 미만일 때 20cm 더 넓게 함.
깊이가 2.0m 미만일 때 30cm 더 넓게 함.
깊이가 4.0m 미만일 때 40cm 더 넓게 함.
깊이가 4.0m 이상일 때 50cm 더 넓게 함.

3-5-3 경사면오픈컷(Sloped Open Cut)공법

오픈컷공법은 굴착작업이 단순하고, 굴착단면이 안정구배가 유지되도록 하여 파내는 공법이다. 오픈컷공법은 굴착면적에 비해 대지면적이 클 경우에 유리하고, 지하수위를 굴착저면보다 높지 않도록 수위를 처리해야 한다. 지반이 점토질일 경우에는 경사면이 붕괴될 우려가 있으므로, 그 표면을 보호할 필요가 있다. 이 공법은 지보공이 없어 경제적이고, 버팀대가 없어 공기단축이 가능한 장점이 있는 반면, 굴착깊이가 제한되는 단점이 있다(그림 3-24 참조).

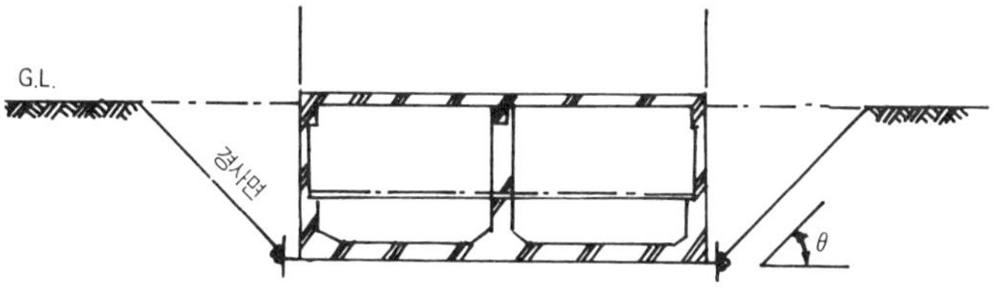

그림 3-24 경사면오픈컷공법

3-5-4 자립흙막이공법

토압을 흙막이벽의 횡저항으로 지지하며 굴착하는 공법으로, 지보공이 없기 때문에 대지면적 가득히 건물을 세울 수 있는 장점이 있는 반면, 얕은 굴착에만 적용되는 단점이 있다(그림 3-25 참조).

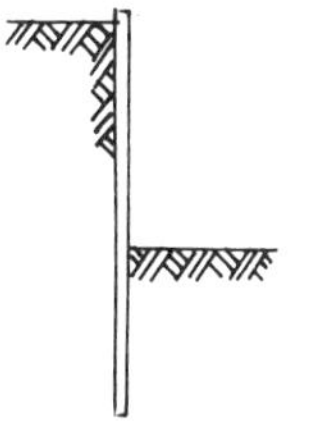

그림 3-25 자립흙막이공법

3-5-5 어스앵커오픈컷공법

흙막이벽의 이면 지반에 어스앵커를 설치하고, 이 인발력으로 토압에 저항한다(그림 3-26). 굴삭공사의 제약이 작고, 넓은 대지나 경사진 대지에서는 유리한 공법이다. 어스앵커가 대지의 외측에 나오므로 시가지공사에서는 이용하기 어려운 단점이 있다. 연약층이 두꺼운 경우에는 어스앵커의 길이를 길게 할 필요가 있다.

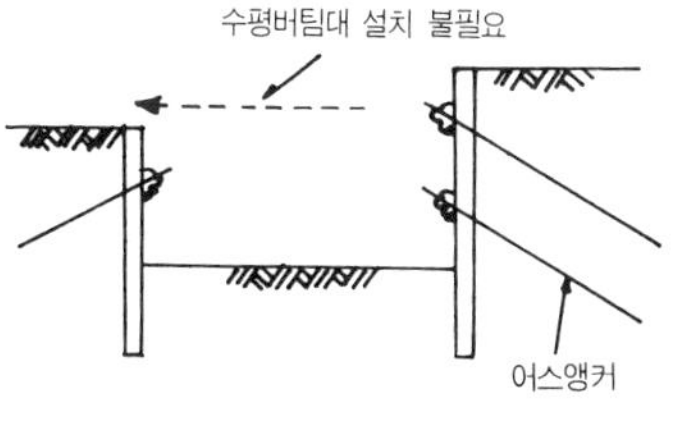

그림 3-26 어스앵커오픈컷공법

3-5-6 아일랜드컷(Island Cut)공법

대지 주위의 흙파기면에 따라 널말뚝을 박은 다음 널말뚝 주변부의 흙을 남겨 가면서 중앙부의 흙을 파고, 그 부분에 기초 또는 지하구조체를 축조한 후, 이를 지점으로 흙막이 버팀대로 경사지게 가설하여 널말뚝 주변부의 흙을 파낸다. 그리고 나서 건물 주위 부분의 구조물을 완성시키는 공법이다(그림 3-27 참조). 이 공법은 지보공이 적게 들고, 내부토 공사에 중장비를 사용할 수 있는 장점이 있으나, 시공깊이는 안전상 10m 내외로 한정되는 단점을 갖고 있다.

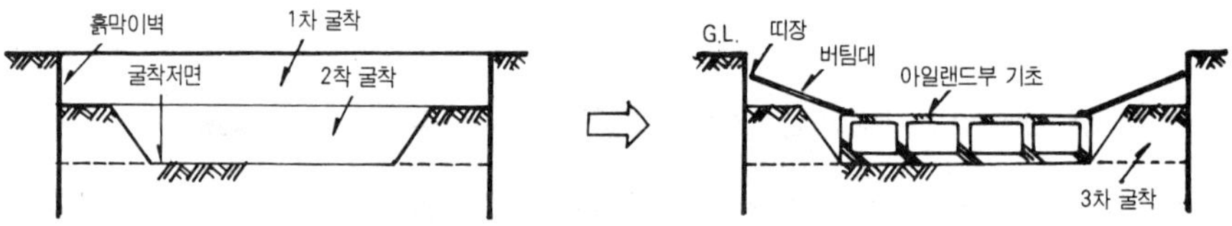

그림 3-27 아일랜드컷공법

3-5-7 트렌치컷(Trench Cut)공법

트렌치컷공법은 측벽이나 주열선 부분을 먼저 파내고 그 부분에 기초와 지하구조체를 축조한 다음 중앙부의 나머지 부분을 파내어 지하구조물을 완성해 나가는 공법이다(그림 3-28 참조).

이 공법은 아일랜드컷공법과는 반대의 순으로 흙을 파낸다. 이 공법은 공사기간이 길어지고, 널말뚝을 이중으로 박아야 하는 단점이 있다.

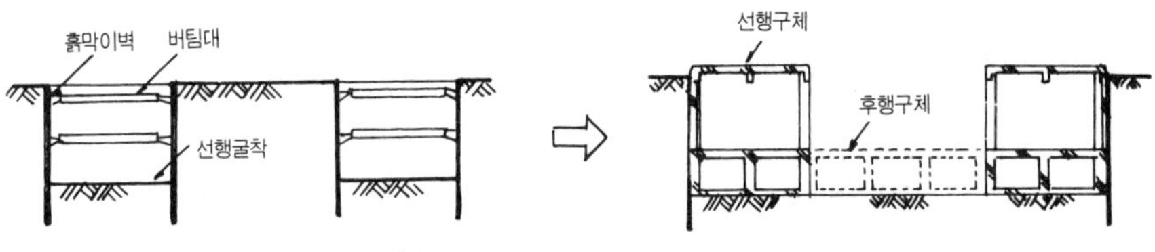

(a) 이중흙막이벽으로 외주부 굴착 (b) 외주부의 구체완료 후 내부를 굴착

그림 3-28 트렌치컷공법

3-5-8 역타공법

역타공법은 그림 3-29에서 보여주는 바와 같이 지보공 대신에 구조체의 바닥을 사용하는 공법이며, 바닥을 지지하기 위하여 현장타설 말뚝에 미리 철골을 설치하거나 가설지지 말뚝(가지주)에서 보를 지지하는 경우도 있다.

구조체를 이용하기 때문에 강성이 높은 지보공으로 되고, 대규모 공사에서 흙막이벽의 변형을 방지하는데 유효하다. 또한, 1층 바닥의 구조체를 완료하면 지하층이 되어 있지 않은 상태에서 지상의 구조체 공사가 진행되어 공기를 단축할 수 있다. 단 지상과 지하의 작업이 동시에 진행되고, 지하공사가 바닥층 밑에서 작업하게 되기 때문에 면밀한 계획이 필요로 하게 된다. 지보공 등을 절감할 수 있으나, 공사비는 높게 되는 것이 일반적이다.

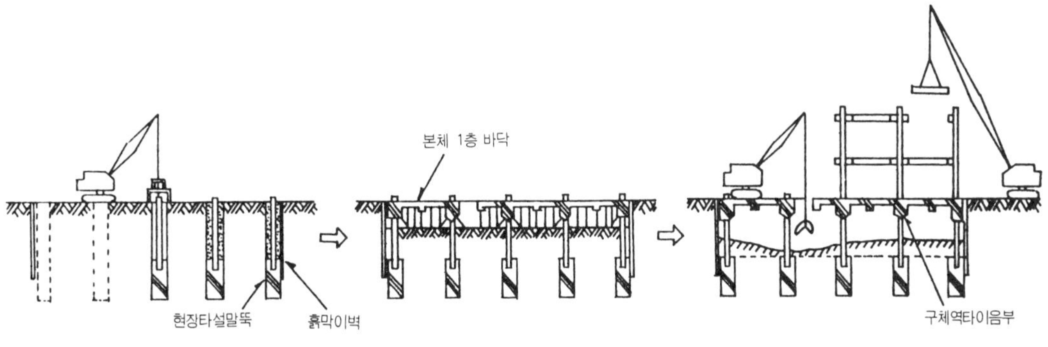

그림 3-29 역타공법

3-5-9 잠함기초지정(Caisson Foundation)

이 공법은 지반을 파내려가면서 지상에서 미리 축조한 철근콘크리트 구조체를 자중 등에 의해 침하시켜가는 것으로써 기초파기 및 흙막이 공법의 이용이 곤란한 경우에 사용된다.

이 공법은 지층의 성질, 용수의 다소, 건물의 규모에 따라 개방잠함과 용기잠함으로 분류할 수 있다.

(1) 개방잠함(Opon Caisson)공법

건물의 지하층을 미리 지상에서 축조하여 이를 잠함으로 하고, 지중에 내려 앉히는 기초지정을 말한다(그림 3-30 참조). 지하 구조체 외주벽에는 뾰족한 칼날을 대어 침하가 더

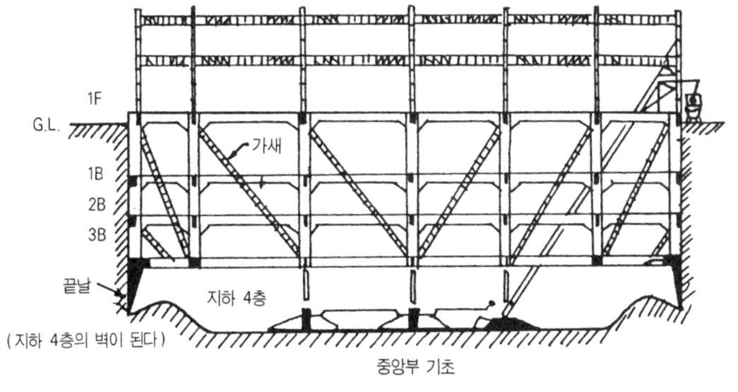

그림 3-30 개방잠함공법

욱 촉진될 수 있도록 한다. 지하구조체의 내부중앙 부분을 갓 둘레보다 먼저 파내려가면서 균일하게 침하시켜 고정시킨다.

(2) 용기잠함공법

용수가 심한 경우의 수중공사 등에 이용되는 것으로서 압축공기에 의해서 작업실을 고기압으로 하여 용수를 배제하면서 굴착하여 기초 구조체를 침하시켜 나가는 공법이다(그림 3-31 참조). 작업실의 기압은 3～4kg/cm²로서 주위수압보다 높게 관리한다.

향후에는 인력에 의한 굴착보다 굴착로봇을 도입하여 공사를 진행시켜, 잠함병의 방지나 굴착작업의 안전성을 높여야 할 것이다.

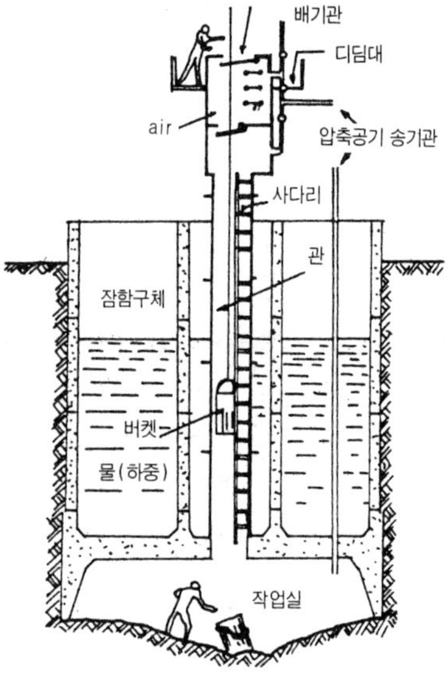

그림 3-31 용기잠함

3-6 흙막이벽

흙막이는 여러 종류가 있고, 각각의 특징을 갖고 있다. 부지, 건물의 형상, 지반, 주변 환경의 조건을 고려하여 가장 안전하고 경제적인 흙막이벽을 선정할 필요가 있다. 아울러 지하수의 처리 방법, 굴착순서 등도 검토해야 한다.

3-6-1 줄기초흙막이

줄기초는 너비 1m 내외, 깊이 1.5m 내외로 하여 파는 동안 옆벽이 무너질 것을 고려하여 널판이나 띠장을 버팀대로 버티는 방법을 쓴다(그림 3-32 참조).

흙막이 널판의 두께는 3cm 내외, 띠장 및 버팀대는 8cm 내외의 각재로 하고, 버팀대는 1.75m 내외로 하고 있다.

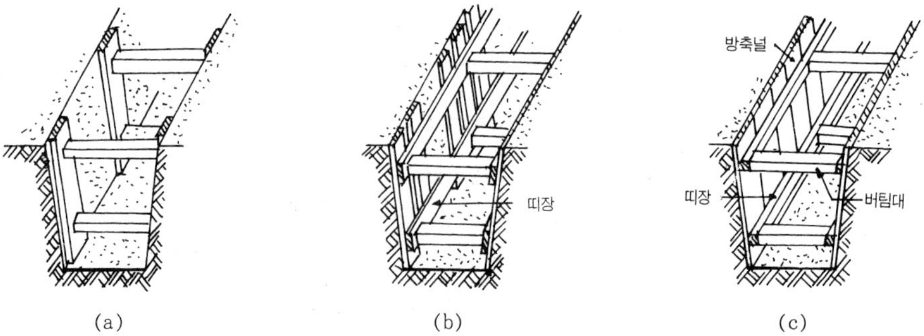

그림 3-32 줄기초흙막이

3-6-2 버팀대식 흙막이

버팀대식 흙막이는 버팀대를 설치하는 방법에 따라 빗버팀대식과 수평버팀대식이 있다.

(1) 빗버팀대식 흙막이

도면과 시방서에 따라 줄파기를 하고 규준 띠장을 설치한다.

규준 띠장 사이에 널말뚝을 박은 후 띠장을 댈 부분까지 온통 파기를 하고, 띠장을 대고 흙의 휴식각을 고려하여 적당한 경사를 두면서 중앙부는 계속 파낸다. 중앙부에서 버팀말뚝을 버팀대에 직각되게 견고히 고정시킨 다음, 널말뚝이 있는 갓 둘레에 흙을 파내고 기초 밑창 고르기를 한 다음에 갓둘레기초를 축조하도록 한다(그림 3-33 참조).

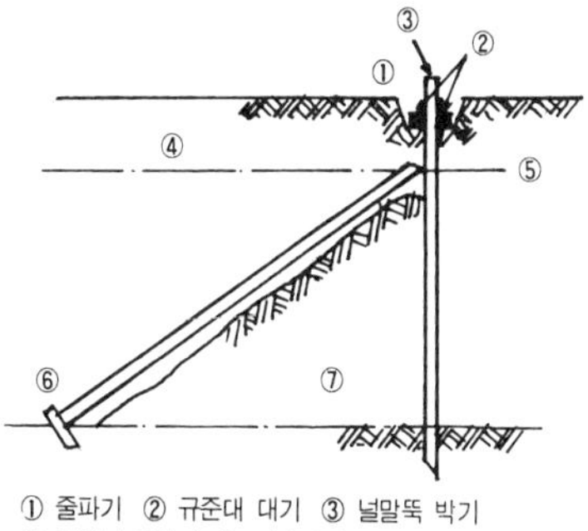

① 줄파기 ② 규준대 대기 ③ 널말뚝 박기
④ 중앙부 흙파기 ⑤ 띠장대기
⑥ 버팀말뚝 및 버팀대 대기 ⑦ 갓둘레 흙파기

그림 3-33 빗버팀대식 흙막이

(2) 수평버팀대식 흙막이

도면과 시방서에 따라 줄파기를 하고 규준 띠장을 설치한다. 규준 띠장 사이에 널말뚝을 소정의 깊이까지 박고 띠장의 위치까지 흙을 파낸다. 흙의 휴식각을 고려하여 중앙부의 흙을 파내고 중간지주 말뚝을 박는다. 띠장, 버팀대를 견고히 댄 다음 휴식각에 따라 남겨둔 흙을 소정의 위치까지 파낸다(그림 3-34 참조).

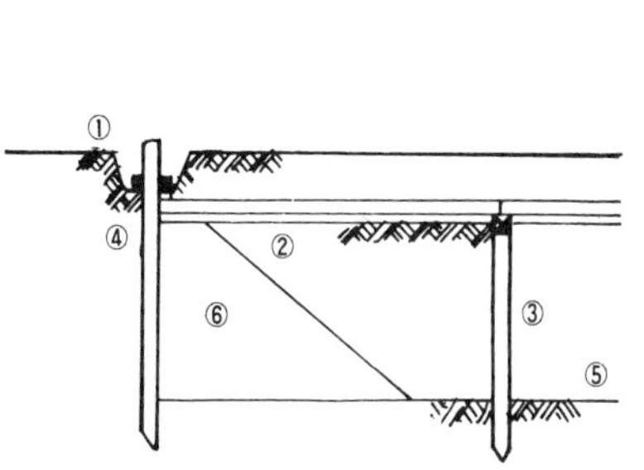

① 줄파기, 규준대 대기, 널말뚝 대기 ② 흙파기
③ 받침기둥 박기 ④ 띠장 및 버팀대 대기
⑤ 중앙부 흙파기 ⑥ 갓둘레 흙파기

그림 3-34 수평버팀대식 흙막이

3-6-3 어미말뚝식 흙막이

통나무, 각재, I형강, H형강 등의 어미 말뚝을 1.5m 전후의 간격으로 지중에 설치하고, 지반을 굴착해가면서 어미 말뚝 사이에 두께 6cm 내외의 널을 삽입하여 흙막이벽으로 한다(그림 3-35 참조).

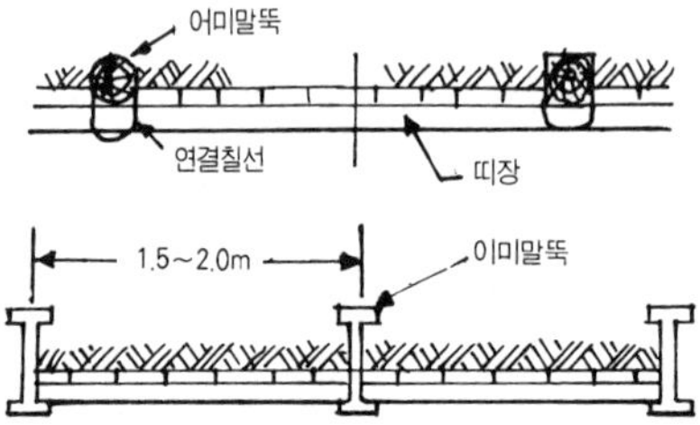

그림 3-35 어미말뚝식 흙막이

이 공법은 경제적이지만 지수성이 없고, 흙막이 널을 설치할 때 주위 지반이 느슨하여 침하의 우려가 있다.

어미말뚝의 설치방법은 디젤해머나 어스오거를 사용하며, 진동 및 소음등이 문제가 될 경우에는 후자를 사용한다.

3-6-4 강제널말뚝(Sheet Pile)

강제널말뚝의 조인트부를 맞물리게 하면서 지중에 박아넣은 흙막이벽이다. 설치방법은 바이브로해머 등에 의한 타격공법이 일반적이다. 유압에 의한 압입공법이나 어스오거를 겸한 압입공법도 쓰고 있다. 부지경계에서의 치수나 지반의 적정도를 충분히 조사할 필요가 있다.

공사비는 어미말뚝식 흙막이에 비해 일반적으로 고가이나, 20회 이상의 반복사용이 가능하며, 지수성이 높은 장점을 보유하고 있다. 시공완료 후의 철거시에는 주변의 지반침하에 주의를 기울일 필요가 있고, 모래층에서는 타격시의 진동에 의해 지반침하를 가져올 수 있으므로 주의를 요한다.

그림 3-36에서 나타내는 바와 같이 강제널말뚝에는 몇 종류가 있지만 건축공사에서는 주로 U형의 강제널말뚝이 사용되고 있다.

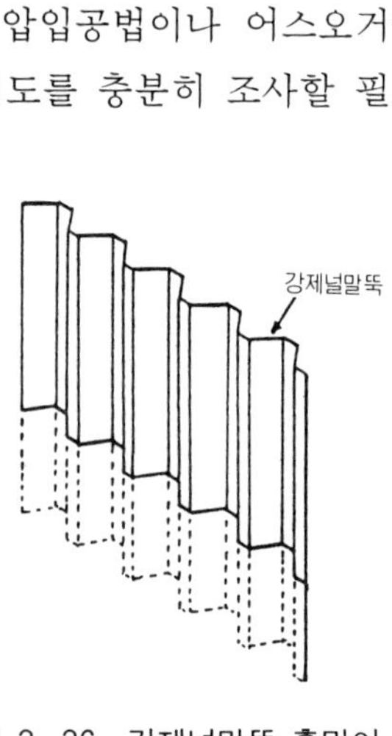

그림 3-36 강제널말뚝 흙막이 벽

3-6-5 소일시멘트주열벽

3연식의 어스오거로 천공하고 선단으로부터 배출되는 소일시멘트(시멘트와 흙을 사용한 배합) 속에 H형강을 넣어 주열벽을 만든다(그림 3-37 참조). H형강은 일반적으로 경량형강을 사용하고, 시공능률이 양호하여 많이 사용하고 있다. 주열벽은 지수성 있고, 시공능률이 양호하며 소음 진동이 작은 장점을 갖고 있다. 전용기계 및 부대설비가 대형이기 때문에 소규모 현장에서는 시공이 불가능한 단점이 있다.

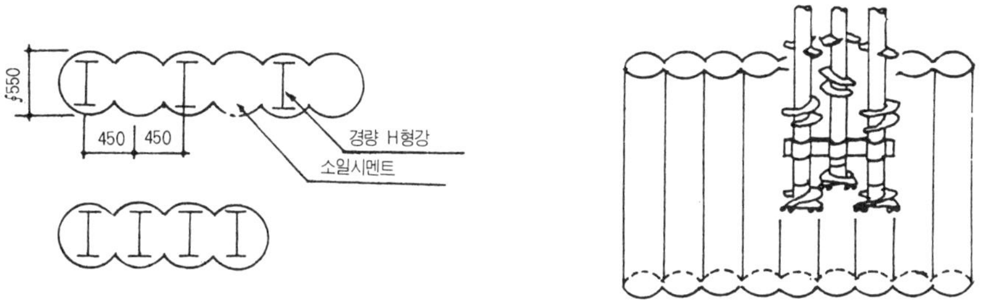

그림 3-37 주열벽

3-6-6 기성널말뚝주열벽

기성콘크리트 말뚝이나 강관파일을 어스오거 등을 이용하여 설치한 흙막이벽이다. 다양한 공법이 있지만 대체로 다음 2종류가 많이 사용되고 있다.

(1) ONS 주열벽

이 공법은 ⊂⊂형 단면의 철근콘크리트제 ONS 말뚝을 연속해서 늘어놓고 주열상(柱列狀)의 흙막이벽을 만든 것이다(그림 3-38 참조).

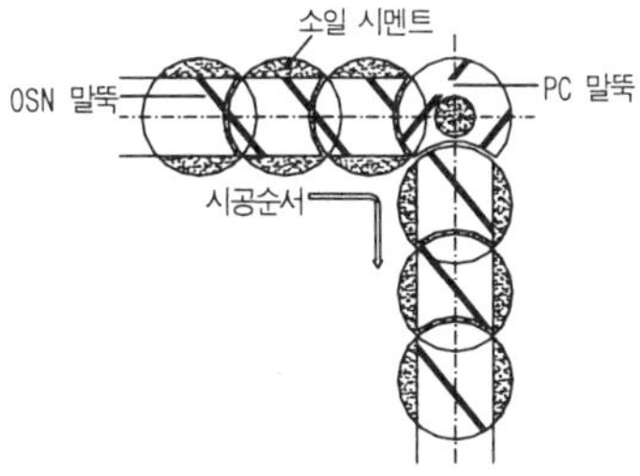

그림 3-38 ONS주열벽

(2) TIW 공법

버켓 굴착 후의 벤토나이트 이수(泥水) 속에 모르타르를 혼입하고, 미리 준비된 1엘리먼트를 굴착된 도랑에 삽입해서 주열벽을 만든 것이다(그림 3-39 참조).

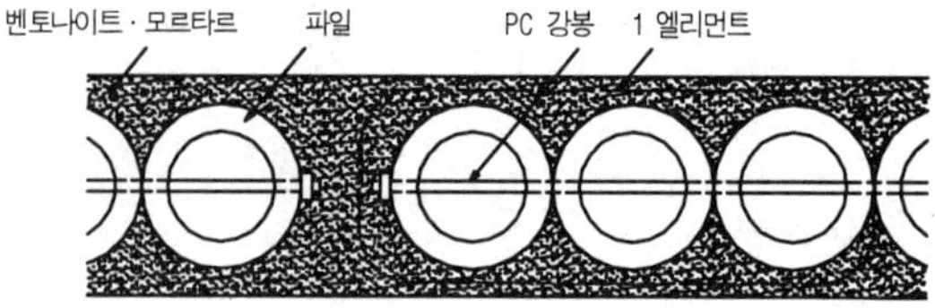

그림 3-39 TIW 주열벽

진술한 두 공법에 대한 특징은 다음과 같다.

① 시공시에 소음 및 진동이 적다.

② 지수성이 있다.

③ 공장제품으로 품질이 균일하다.

④ 재료발주 후 반입시까지의 시간이 꽤 소요된다.

3-6-7 지중연속벽

벤토나이트 이수 등으로 굴착벽면의 붕괴를 방지하면서 지중에 벽 형태로 굴착한 후 철근망을 삽입하고 콘크리트를 타설하여 만든 철근콘크리트벽을 지중연속벽이라 한다(그림 3-40 참조). 다른 종류의 흙막이벽에 비하여 공사비는 높지만, 장기간의 토압, 수압에 대한 저항이 크다. 또한 건물의 내진벽으로 이용할 수도 있다.

연속지중벽에 대한 특징은 대체로 다음과 같다.

① 강도, 강성이 우수하기 때문에 연약지반에 대한 흙막이벽의 변형 및 이면의 침하를 최소한으로 억제할 수 있다.

② 지수성이 우수하여 지하수가 많은 지반에서도 사용할 수 있다.

③ 시공시의 소음, 진동이 작다.

④ 다른 흙막이벽에 비해 공사비가 많다.

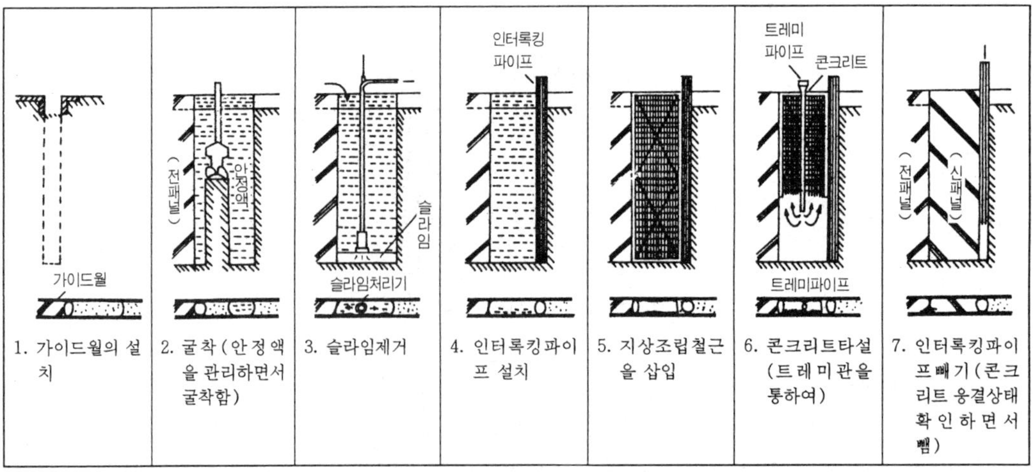

그림 3-40 지중연속벽 공법

3-6-8 어스앵커(Earth Anchor)흙막이

흙막이벽은 보통 버팀대로 지지되어 있으나, 버팀대 대신에 어스앵커를 사용하여 흙막이벽이 전도되지 않도록 잡아주게 된다.

이러한 어스앵커를 사용한 흙막이를 어스앵커흙막이라 한다. 어스앵커는 소정의 각도로서 소정의 깊이까지 원통형으로 굴착한 후 PC강선을 넣고 모르타르를 정착장까지 그라우팅한다. 그라우팅모르타르가 경화 후에 PC강선을 재키로 당겨 인장응력을 준 다음 끝을 정착시킨다(그림 3-41 참조).

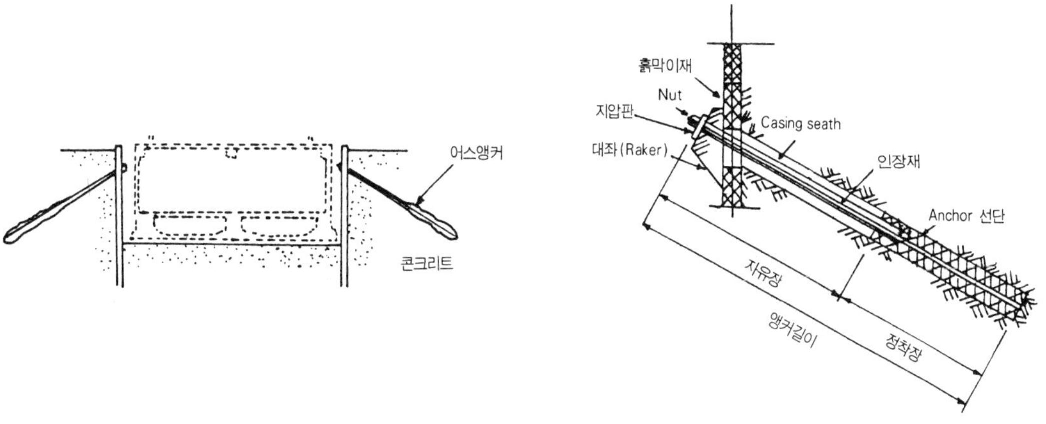

그림 3-41 어스앵커흙막이

3-6-9 흙막이벽의 선정 기법

흙막이벽에는 다양한 종류가 있고, 지반조건, 주변의 영향 및 지하수대책 등을 종합적으로 판단하여 가장 안전하고 경제적인 공법을 선정할 필요가 있다. 표 3-7에 흙막이벽 선정할 때의 기법을 표시하고 있다.

표 3-7 흙막이벽의 선정 방법

사용조건 / 흙막이벽의 종류	지반조건			규 격		강성·지수성		공해			공기·공비	
	연약층	역암층	지하수층	깊음	넓음	벽의 휨강성	지수성	소음·진동	주변지반의 침하	배·오수처리	공기	공비
어미말뚝식공법	×	◎	×	×	○	×	×	×	◎	◎	◎	◎
흙막이공법	◎	×	○	○	○	○	○	○	◎	◎	◎	◎
현장타설RC주열벽공법	◎	○	○	◎	◎	◎	○	○	×	×	×	×
기성콘크리트주열벽공법	○	○	○	○	○	○	×	○	○	○	○	○
소일시멘트주열벽공법	○	○	○	○	○	○	◎	○	○	○	◎	◎
지중연속벽공법	◎	○	○	◎	◎	◎	◎	○	×	×	×	×

◎ : 유리 ○ : 보통 × : 불리

3-6-10 널말뚝의 산정

(1) 널말뚝에 작용하는 토압

흙막이 설계를 할 경우 널말뚝 배면의 토압분포는 그림 3-42와 같이 기초 깊이에 비례하여 증가하는 것을 표준으로 하고 있다. 측압계수는 표 3-8과 같이 토질, 지하수위에 따라 변화한다. 버팀대 띠장의 설계는 토질에 따라 그림 3-43과 같은 토압분포를 이용할 수 있다. 정밀한 데이터를 구할 경우에는 토압계를 사용하여 토압을 측정하기도 한다.

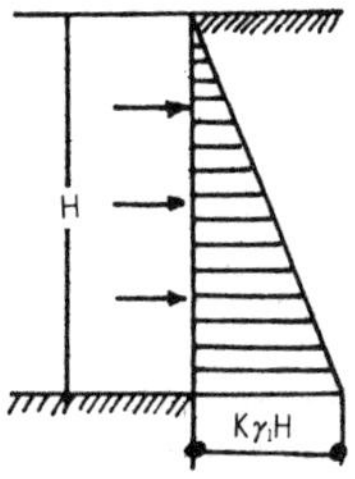

r_1 : 흙의 습윤 단위체적 중량(t/m³)
H : 기초파기 깊이(m)

그림 3-42 표준적인 토압분포

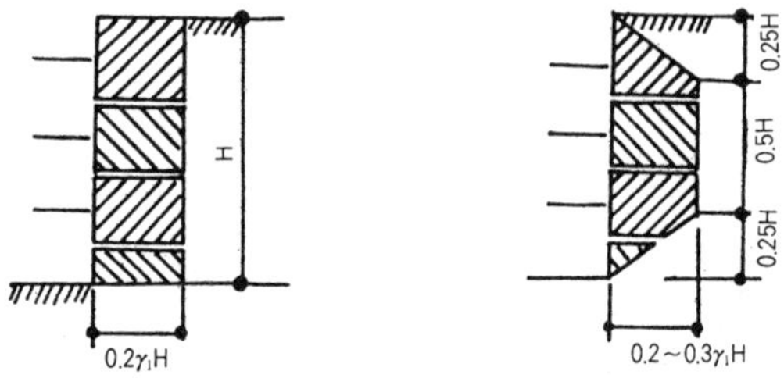

(a) 모래 (b) 경질점토

그림 3-43 토압분포

표 3-8 측압계수

	지 반	측압계수 : K
모래지반	지하수위가 얕을 경우	0.3~0.7
	지하수위가 깊을 경우	0.2~0.4
점토지반	연한 점토	0.5~0.8
	단단한 점토	0.2~0.5

(2) 굴착지반의 안전

굴착, 흙막이공법의 선정과 동시에 굴착지반의 안전성에 대해 검토해야 한다. 이를 종류별로 언급하면 연약한 점토지반에서는 히빙현상, 지하수위가 높은 모래질 지반에서는 보일링 현상이며, 이러한 현상들에 대한 발생 위험성을 검토할 필요가 있다.

1) 히빙파괴(Heaving Failure)

연질의 점토지반에서는 굴착에 의한 흙막이 바깥에 있는 흙의 중량과 지표 위의 적재하중의 중량에 못견뎌 저면 흙이 붕괴되고 흙막이 바깥에 있는 흙이 안으로 밀려 불룩하게 되는 히빙파괴가 발생하게 된다(그림 3-44 참조).

히빙파괴의 가능성이 높은 경우의 대책으로는 강성이 큰 흙막이벽을 경질층까지 밑넣기를 충분히 하며, 지반개량으로 흙의 전단강도를 높이는 방법 등이 있다.

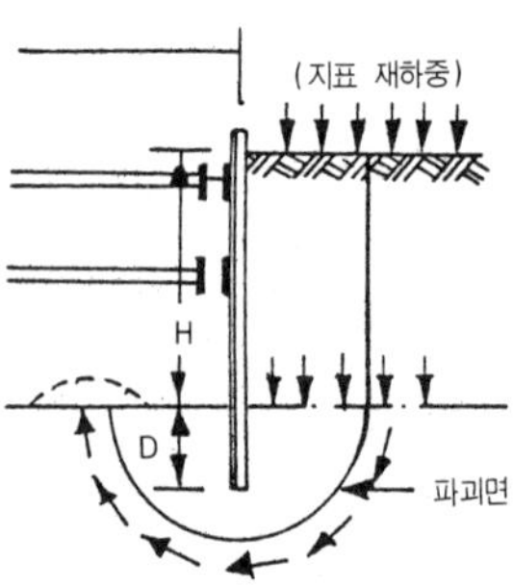

그림 3-44 히빙파괴

2) 보일링파괴(Boilling Failure)

지하수위가 얕은 모래질지반에서 지수성 있는 흙막이벽을 사용하여 굴착할 경우 그림 3-45와 같이 지반수위와 흙막이벽 저면과의 수위차에 의해 물은 흙막이벽의 저면을 파고들어 기초파기면에 용출하게 된다. 특히 물의 압력이 크면 모래와 물이 함께 부풀어 오른다.

이러한 보일링파괴에 대한 대책으로는 널말뚝의 밑넣기를 충분히 하고, 웰포인트, 디프웰에 의해서 지하수위를 낮추어 물의 압력을 감소시키는 방법이 있다.

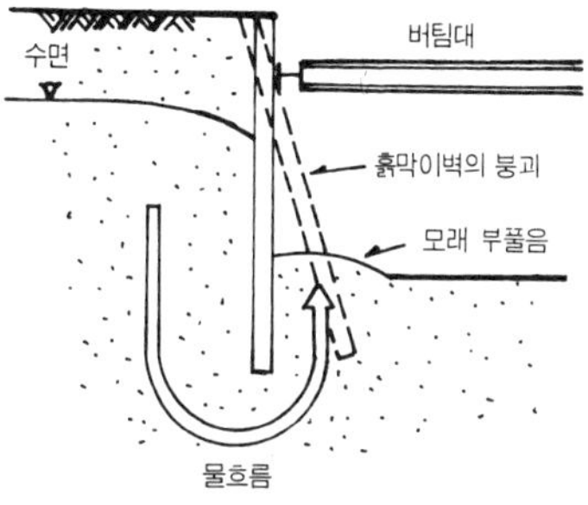

그림 3-45 보일링현상

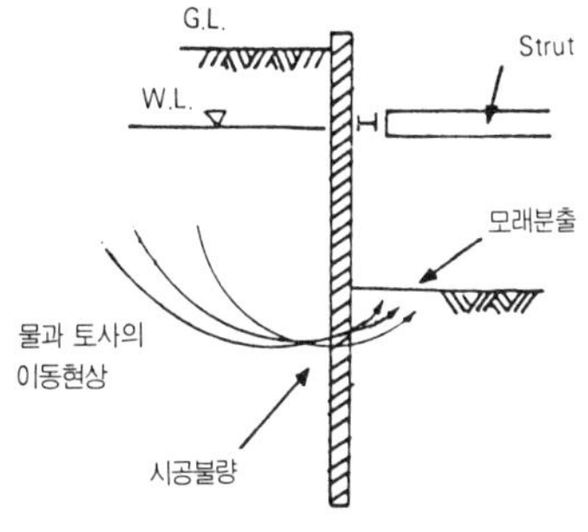

그림 3-46 파이핑현상

3) 파이핑(Piping)현상

그림 3-46에 나타내는 바와 같이 시공한 흙막이에 대한 수밀성이 불량하여 널말뚝의 틈새로 물과 토사가 흘러들어, 기초저면의 모래지반을 들어 올리는 것을 파이핑현상이라고 한다. 이러한 파이핑현상에 대한 방지대책으로는 흙막이벽의 강성을 높이고 수밀성을 양호하게 하는 것 등이 있다.

3-7 지하수처리

지하수를 처리하는 공법에는 다음과 같이 분류할 수 있다.

- 지하수처리공법
  - 배수공법
    - 중력식 배수 : 집수정공법, 지멘스웰공법
    - 강제식 배수 : 웰포인트공법, 전기침투공법
  - 차수공법
    - 강제널말뚝
    - 지중연속벽

3-7-1 배수공법

(1) 중력식 배수

물의 중력차에 의해 낮은 곳에 모인 물을 배수 처리하는 법을 말한다.

1) 집수정공법

공사에 지장이 없는 위치에 깊이 2~4m 정도로 굴착하여 집수통을 설치하고, 집수통에 모인 지하수를 수중펌프로 사용하여 외부로 배출시킨다(그림 3-47 참조).

본공법은 설치가 간단하고, 저렴하며, 함유량이 많은 지반에 채용하고 있다.

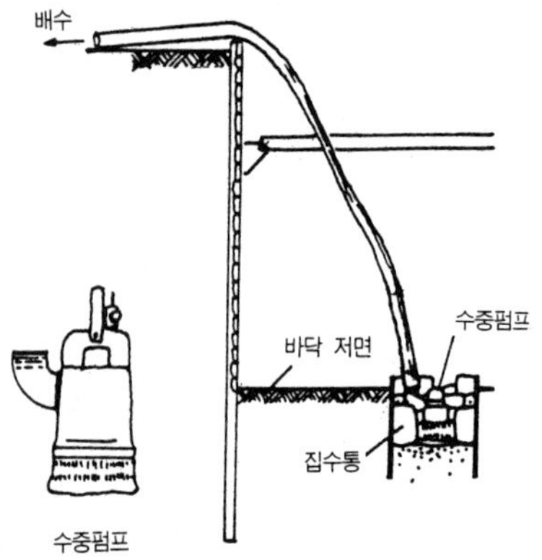

그림 3-47 집수정공법

2) 지멘스웰(Siemens Well)공법

중력배수의 한 공법이며, 지름 20cm인 스트레이너를 갖은 우물을 4~6m 간격으로 배치하고, 양수관을 설치해서 한 개의 집수관(headpipe)에 연결해서 지하수를 외부로 배출시킨다.

이 공법은 웰포인트공법의 발달로 사용빈도가 줄어들고 있는 추세이다.

(2) 강제식 배수

지중에 있는 지하수를 펌프 등을 통해 강제로 처리하는 배수공법을 말한다.

1) 웰포인트공법

터파기를 할 경우 모래층 또는 모래섞인 자갈층에 도달하면 지하수가 많이 나오는 것이 보통이다. 지하수는 토질을 약화시키고 흙막이에 대한 토압을 증대시켜 시공이 어려워진다. 이럴 경우 웰포인트라는 집수기구로 상수면을 예정기초지면 이하로 내려서 기초공사를 지상에서처럼 건조된 곳에서 할 수 있게 하는 공법이다.

그림 3-48에서 표시한 바와 같이 6m 이하의 얕은 지하수일 때 지중에 양수관(웰포인트)를 0.6~1m 간격으로 박고 진공펌프 등을 사용하여 강제적으로 지하수를 뽑아올려 배수하는 방법이다. 또한 굴착깊이가 깊어지면 여러 대의 펌프를 이용하여 릴레이식(또는 다단식) 방법을 쓰게 된다.

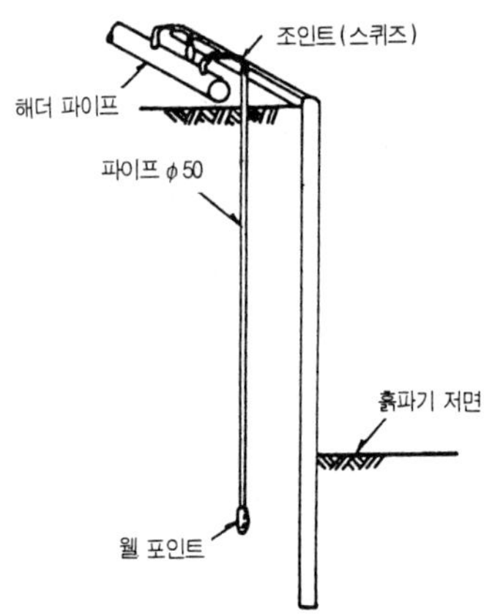

그림 3-48 웰포인트공법

2) 전기침투공법

전기삼투현상을 이용한 배수공법으로서 지반에 한쌍의 전극을 매설하고 직류전류를 흐르게 하면 지반의 공극수가 음극으로 향하게 이동시켜 배수하는 방법이다.

3-7-2 차수공법

차수공법은 터파기 주변에 차수성이 높은 흙막이벽을 양수의 대상인 투수층을 관통하고, 투수층 밑의 점성토층 등의 불침투층까지 관입시켜 지하수를 차단하는 것이다. 차수공법으로는 전술한 3-6-4의 강제널말뚝, 3-6-7의 지중연속벽 등이 있다.

3-8 지반개량

지반개량은 지반의 지지력을 증대시키고 침하를 방지하는 데 필요한 흙의 성질을 개선할 목적으로 실시한다. 지반개량에는 강제압밀, 다짐, 고결, 치환 등의 공법을 사용하고 있다.

3-8-1 강제압밀공법

강제압밀공법은 강제적으로 압밀시켜 지반의 강도 증가를 유도함과 동시에 구조물의 부동침하를 방지하는 데 그 목적이 있다.

(1) 성토공법

구조물의 예상하중을 고려한 일정 하중을 개량할 지반 위에 성토하여 지반을 압밀시키는 공법이다. 일반적으로 (2) 수위저하법의 웰포인트공법(그림 3-48 참조)이나, (3) 샌드드레인공법과 병행하여 실시하는 경우가 많다.

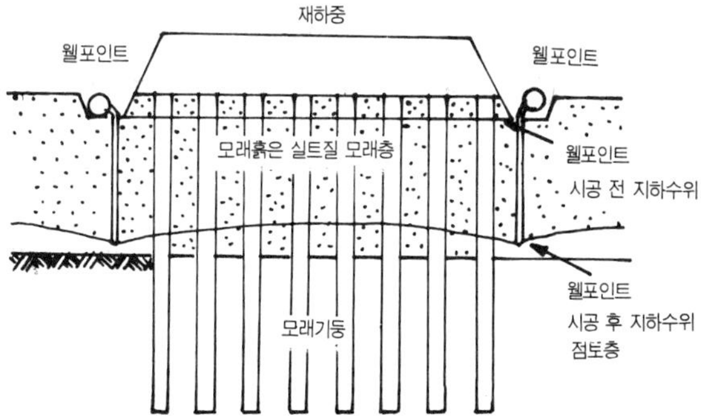

그림 3-49 성토와 웰포인트를 병용한 공법

(2) 수위저하법

이 공법은 토공사에 있어 배수공법으로 사용하고 있으나, 지반개량의 경우에는 지하수위를 낮춤에 따라 모래층을 압밀시킬 수 있다. 지하 수위저하공법에는 전술한 3-7-1의 웰포인트공법이 있다.

(3) 샌드드레인공법

연약한 점토질 지반에 샌드파일을 박고, 이후 개량 지반 위에 하중을 적재하여 지반 속의 물을 샌드파일을 통해 지표면으로 배수시킨다(그림 3-50 참조). 점토질은 투수계수가 작아 장기간 배수하여야 한다.

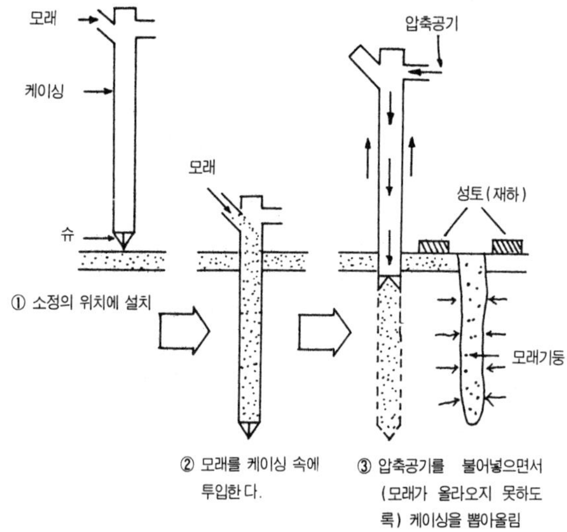

그림 3-50 샌드드레인공법

이 공법으로 점토질 지반을 깊이 20~30m까지 개량할 수 있다.

위와 원리가 유사한 것으로 페이퍼드레인공법을 들 수가 있다. 그림 3-51과 같은 특수장치를 사용하여 드레인재로서 모래 대신에 특수 종이를 1m 간격으로 설치하여 지반 속의 물을 지표면으로 증발시킨다.

만약 드레인재가 끊어지면 배수가 불가능해지므로 시공시에는 주위를 하여야 한다.

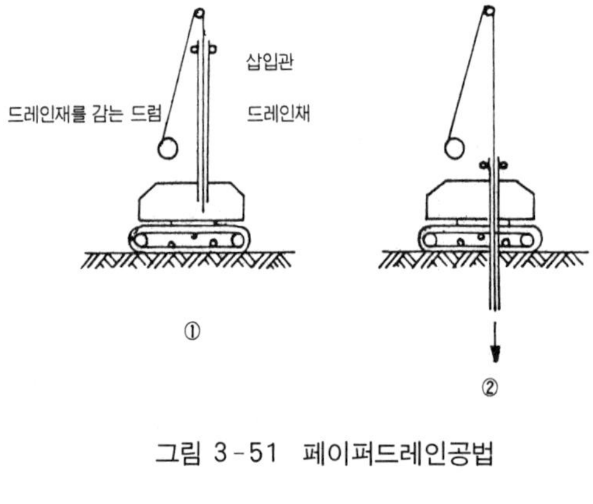

그림 3-51 페이퍼드레인공법

(4) 석회말뚝공법

석회말뚝공법은 케미코파일공법이라고도 하며, 샌드파일에 들어가는 모래를 생석회로 대체하여 시공한 것이다. 이 공법은 생석회(CaO)가 지반중에서 물과 반응하여 소석회($Ca(OH)_2$)로 변화할 때의 흡수, 팽창작용을 이용한 것이다(그림 3-52 참조).

이 공법은 효과가 확실하게 조속한 시일 내에 이루어지기 때문에 공기단축을 가져올 수 있다.

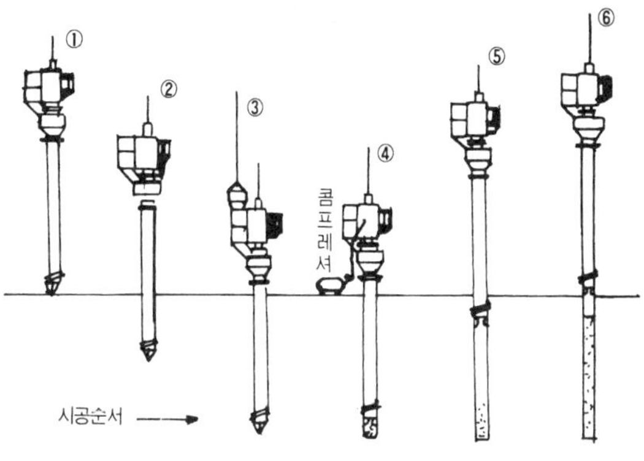

그림 3-52 석회말뚝공법

3-8-2 다짐공법

모래입자는 견고하기 때문에 다짐만 양호하게 실시하면 공극비가 작아져 밀실한 지반이 된다.

모래층을 정적인 압력으로 다짐하기보다 압력을 충격적 또는 진동적으로 가하는 방법이 다짐 효과가 보다 크다. 이러한 원리를 응용한 안정공법(安定工法)은 다음과 같다.

(1) 바이브로플로테이션(Vibro Floatation)공법

바이브로플로테이션공법은 모래질 지반에 대해 물다짐, 진동다짐의 효과를 지중에서 이용한 공법이다. 먼저 플로트 선단으로부터 물을 분사하면서 플로트를 진동시켜 지반을 굴착하고, 소정의 굴착깊이에 도달하면 모래, 자갈을 보충하여 다짐하면서 플로트를 뽑아올린다. 1.5m 간격으로 구멍을 굴착하여 모래, 자갈을 충전하여 다지며, 지반의 굴착 깊이는 8m 정도로 한다.

(2) 바이브로컴포저(Vibro Composer)공법

공법과 원리는 바이브로플로테이션공법과 거의 유사하며, 굴착구멍의 간격은 2m 내외로 한다. 바이브로컴포저공법은 바이브로플로테이션공법과 비교하여 성능이 우수한 것으로, 굴착 구멍의 깊이는 2배 이상까지 모래를 넣어 다짐할 수 있다. (그림 3-53참조)

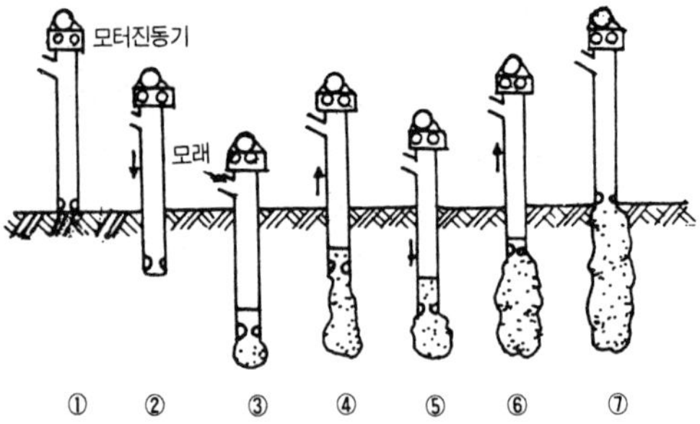

그림 3-53 바이브로컴포저공법

3-8-3 고결공법

고결공법은 화학적 또는 열적인 처리에 의해 흙입자간의 결합력 등을 증대시켜 지반의 안정을 얻는 공법으로서 넓게는 약액주입공법도 포함된다. 이 공법은 지반 표층부의 개량을 대상으로 하는 경우와 심층부까지를 대상으로 하는 경우로 분류된다.

(1) 표층개량공법

고화재(시멘트계 경화재)를 지표면에 살포하여, 지표면의 흙과 혼합한 후 지표면을 고르고 가압해서 양생한다.

(2) 심층개량공법

심층개량공법의 시공순서는 그림 3-54와 같이 한다.

① 처리기를 소정의 위치에 설치하여 고화재를 배출하면서 처리기를 소정의 깊이까지 관입시킨다.

② 교반의 칼날을 회전시키면서 처리기를 빼어낸다.

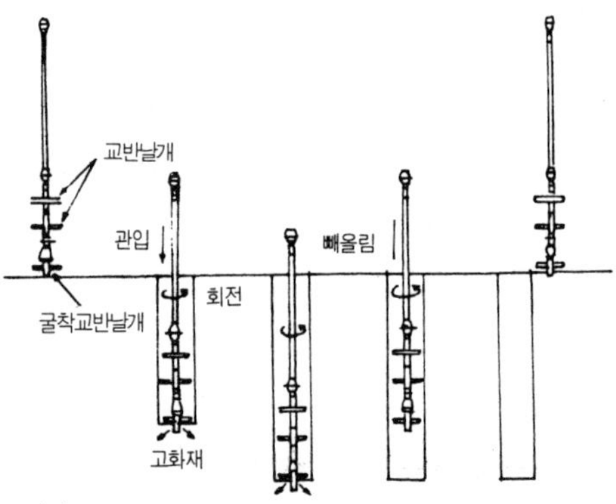

그림 3-54 심층혼합처리공법

(3) 주입공법

주입공법은 약액을 지반 속에 주입해서 고결시켜 지반의 침투성을 감소시키고, 지반의 강도를 증가시키는 공법이다. 약액주입공법의 목적은 기초지반의 지지력 개선, 터널굴착에 의한 붕괴방지 및 용수방지, 굴착지반 부근의 기존건축물의 보호 및 침하방지, 지하굴착의 히빙방지, 보일링방지에 있다. 주입 공법의 일례를 그림 3-55에 나타내고 있다. 땅속에 박은 특수주입관을 통해 시멘트페이스트를 압입한다.

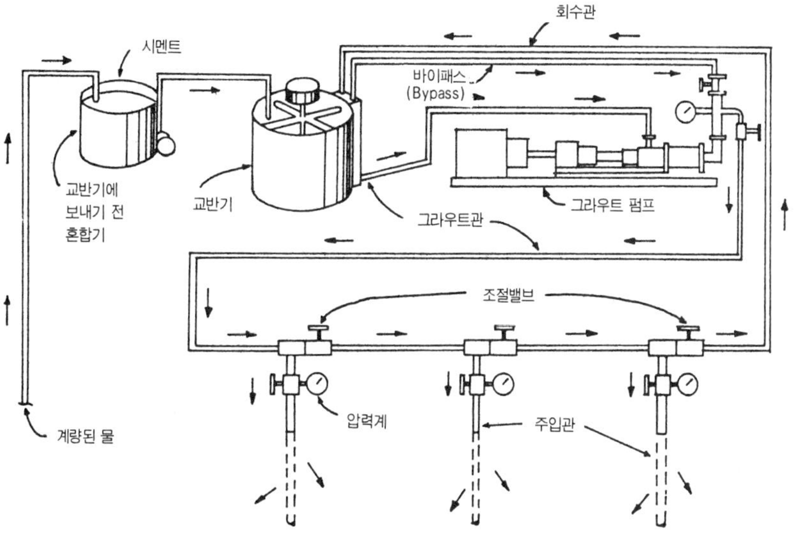

그림 3-55 주입공법

3-8-4 치환공법

구조물의 침하에 따른 안정성은 지반의 연약층이 문제가 되므로 연약층의 일부 또는 전부를 양질의 점토, 콩자갈 콘크리트, 소일시멘트 등으로 바꾸는 공법을 치환공법이라 한다.

건축공사에서 온통기초의 경우 그림 3-56과 같이 바닥과 지지층 사이에 연약층이 있는 경우 지지층까지 콩자갈 콘크리트로 치환하는 경우가 있다.

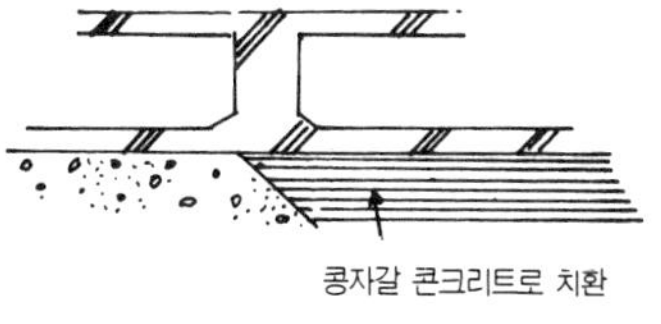

그림 3-56 콩자갈 콘크리트로 치환하는 방법

3-9 계측관리

흙막이벽은 불균일하고 불확실한 지반 및 지하수를 대상으로 한 것이며, 설계에서는 많은 가설을 설정하고 있다. 그래서 계산값과 실제의 값에는 차이가 생기는 것이 보통이다. 일단 사고가 발생하면 공사장뿐만 아니라 주위 구조물에 미치는 영향이 지대하므로 계측에 의한 안전관리가 아주 중요함을 알 수 있다.

계측방법에는 계기를 사용하는 방법, 레벨, 스케일 등에 의한 일반적인 방법, 육안에 의한 방법 등이 있다. 이런 것을 정리해서 표 3-9에 표시하고 있다. 공사규모, 토질, 주변상황 등을 고려하여 어느 정도의 계측을 필요로 하는가를 검토하여 계측관리 계획을 수립해야 한다.

표 3-9 측정항목과 측정빈도

관리항목	관리내용	측정방법	측정간격
지반상황	토질, 지반의 구성	• 굴착중에 육안 • 필요에 따라 토질 시험보고서 체크	적당한 때
지하수상황	수위(자유수, 피압수)	• 관측 측정에 의함	1회/1일
	수압	• 간극수압계	
	보일링, 파이핑	• 육안 • 필요에 따라 부분적으로 선행굴착함	적당한 때
주변상황	도로·매설관·주변지반·주변건물의 침하	• 레벨	1회/주
	주변건물의 경사	• 트랜싯, 육안	
	주변지반의 수평이동	• 트랜싯 • 지표면 크랙육안	
흙막이벽	측압·수동토압	• 토압계, 수분계	1회/일
	두부변형·침하	• 트랜싯, 레벨	2회/공정
	중간부 변형	• 경사계	
	응력	• 변형계, 크랙 육안	1회/일
지보공	버팀대 축력	• 유압식 축력계	3회/일
	버팀대 온도	• 온도계	
	버팀대·띠장의 변형, 지지말뚝의 침하, 또 올라옴	• 트랜싯, 레벨, 피아노선	2회/공정

3-10 철 거

철거 범위는 도면에 표시된 바에 따르고, 공사조건에 따라 폐품을 재사용할 경우에는 철거시에 손상을 받지 않도록 주의하여야 한다. 그리고 철거를 시작하기 이전에 철거방법과 작업내용에 대한 계획서를 면밀히 검토해서 안전성이 유지되도록 해야 한다.

3-10-1 작업조건

철거를 위한 작업조건에는 다음과 같은 항목을 들 수가 있다.

① 철거구조물은 철거를 시작하기 전에 비워져 있어야 한다.

② 안전을 위해 구조물의 일부를 경미하게 변경하거나 보강할 수도 있다.

③ 모든 발파작업은 도면 및 시방서 등의 규정에 따라 적합하게 이루어져야 한다.

④ 철거작업중인 지역에서 통행인에 대한 안전성이 보장될 수 있어야 한다.

⑤ 철거작업중에는 스프링클러와 가설천막 등으로 주위를 둘러싸서 먼지날림 등을 방지하여야 한다.

3-10-2 해체 및 철거

안전성 및 환경보호를 위해 해체 및 철거는 다음과 같이 실시되어야 한다.

① 콘크리트나 벽돌은 작은 조각으로 철거되도록 한다.

② 바닥층 슬래브는 존치대상이 아닌 경우 잘게 파쇄하여야 한다.

③ 철거물은 신속히 제거해서 건축물의 벽, 바닥, 구조체에 과도한 하중이 가해지지 않도록 한다.

④ 되메우기와 다짐을 한 후에는 인접대지와 평탄하도록 고르고 배수로를 두어야 한다.

⑤ 철거작업이 완료되면 인접지역은 철거작업을 하기 이전의 상태로 정리한다.

⑥ 철거작업으로 발생한 쓰레기 등의 발생물은 폐기물관리법에 따른 처리업자가 신속히 장외로 반출해야 힌다.

제 4 장 기초공사

4-1 개 요

기초의 기능은 상부구조물을 안전하게 지지하고, 침하 등이 생기지 않도록 하는 것이다. 따라서 기초에 요구되는 조건으로는 기능면에서 신뢰할 수 있고, 확실하게 실현할 수 있는 시공성을 지적할 수가 있다. 또한 장래에 예상되는 인접지역에 있어서 기초공사에 의한 영향을 고려할 필요가 있다.

시공성에 대해서는 부지 및 주변의 상황, 지반조건 등을 고려한 기술적인 애로사항, 품질보증, 시공에 따른 주변 인접지역에 나쁜 영향을 미치는지에 대해 충분히 검토해야 한다. 이와 같은 사항은 설계시에도 검토되고 있지만, 시공시에도 재검토를 할 필요가 있다. 필요에 따라서는 설계자와 협의하여 설계변경을 해서라도 품질을 보증할 수 있도록 하여야 한다.

4-2 일반사항

4-2-1 기초의 정의

건축학회의 '건축기초 구조설계기준'에 의하면 기초는 "기초슬래브와 말뚝을 총칭한 것"으로 되어 있다. 여기서 기초슬래브는 상부구조에서의 힘을 직접 또는 말뚝을 통하여

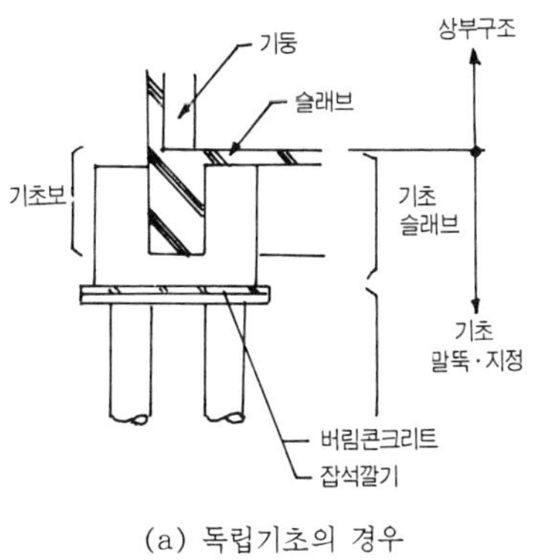

(a) 독립기초의 경우

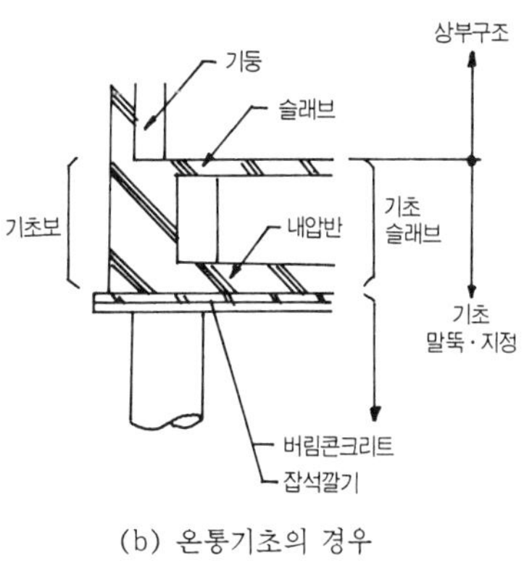

(b) 온통기초의 경우

그림 4-1 기초 각부의 명칭

지반에 전달하기 위해 설치된 구조부분을 뜻한다. 또한 기초슬래브 하부에 설치한 버림콘크리트, 자갈다짐, 잡석다짐 등을 지정이라 한다. (그림 4-1 참조)

4-2-2 기초의 종류

기초는 기초슬래브의 형식과 지정의 형식에 따라 분류 할 수 있다.

(1) 기초슬래브의 형식에 의한 분류

기초는 기초슬래브의 형식에 다음과 같이 분류할 수 있다(그림 4-2 참조).

- 기초
  - 슬래브기초
    - 독립기초
    - 복합기초
    - 줄기초
  - 온통기초
    - 슬래브형
    - 슬래브보형
    - 공동슬래브형

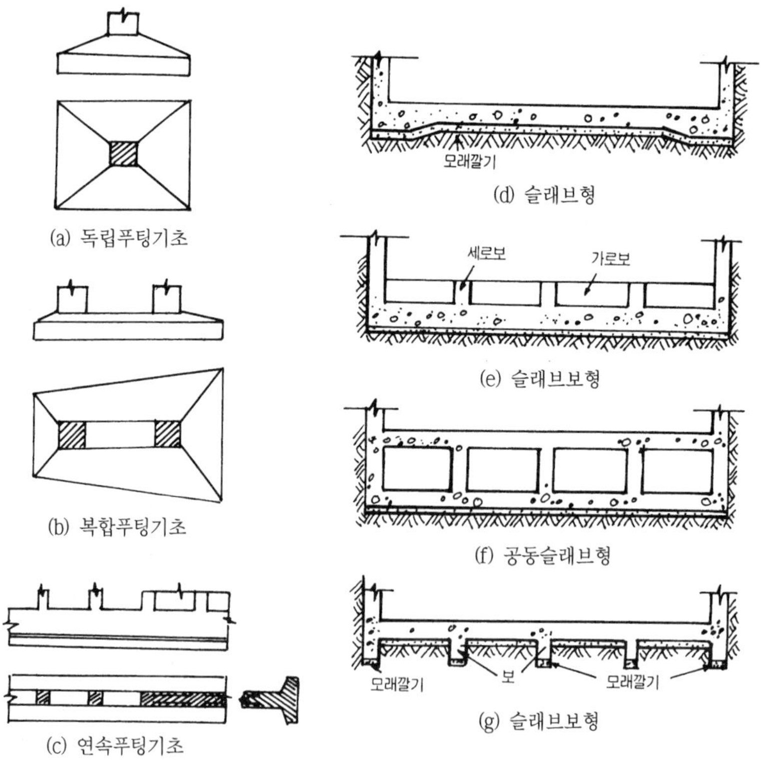

그림 4-2 기초의 종류

슬래브기초는 상부구조를 지지하는 상태에 따라 3종류의 기초로 분류된다.

단일기둥을 지지하고 있는 기초를 독립기초(a) 2~3개 기둥으로부터의 응력을 1개의 푸팅으로 지지하고 있는 기초를 복합기초(b), 벽 또는 일련의 기둥으로부터의 응력을 지지하고 있는 기초를 줄기초(c)라고 한다.

온통기초는 푸팅슬래브가 평면적으로 연속한 것으로 다음 3종류로 분류할 수 있다. 보가 없는 슬래브형(d)이 있고, 보를 슬래브 위나 밑에 둘 수 있는 슬래브보형(e), 공동을 설치한 공동슬래브형(f)이 있으며, 강성은 공동슬래브형이 제일 높고, 슬래브형이 가장 낮다.

(2) 지지형식에 의한 분류

기초는 지지형식에 따라 다음과 같이 분류할 수 있다(그림 4-3 참조).

- 기초
  - 직접기초
  - 간접기초

기초슬래브에서 하중을 직접 또는 잡석을 통하여 지반에 전달하는 형식의 기초를 직접기초(a)라 한다. 또한 기초 슬래브가 말뚝에 의해 지지되고 있는 것을 말뚝기초(b)라 한다.

(a) 직접기초 (b) 간접기초

그림 4-3 지지형식에 의한 분류

4-2-3 기초공사의 시공계획

(1) 사전조사

공사를 착공함에 있어 설계도서에 의하여 공사내용을 파악하고, 지반성상을 검토하는 것이 아주 필요하다. 이것은 지하수의 상황이나 지지하는 지반까지의 사이에 특수한 지반의 존재에 따라 시공능률이 저하되거나 시공 불가능한 상황이 발생할 수 있기 때문이다. 필요에 따라 지반조사를 추가하는 것도 중요하다.

예를 들면 중간의 경질지반의 존재는 타격공법에 있어 말뚝의 파손, 프리보링공법에서는 굴착공(孔)이 휘는 등의 우려가 있다. 또한 케이싱공법에서는 케이싱의 진동에 의해 모래층이 압밀되는 현상으로 케이싱을 뽑아 올릴 수 없는 경우 등도 있다.

그리고, 심초공법에서는 용수의 상황에 따라 공법을 변경해야 하는 경우도 있다. 따라서 지반상황을 파악한 후에 검토하는 것이 아주 필요하다.

(2) 부지내 및 부지 주변의 상황

기존의 구조물 및 매설물은 시공 전에 철거하고 지정공사에 장해가 되지 않도록 한다. 부지내에 고저차가 있는 경우에는 이를 정지하는 등, 대형시공기계가 주행 또는 작업할 수 있도록 할 필요가 있다. 계획되어 있는 공법이 주변의 도로상황, 근린상황 등에 적합한지를 검토한다. 도로에 높이 및 중량제한이 있거나, 좁은 도로가 있거나 하면 시공기계의 반입이 불가능한 경우도 있다.

또한 장척(長尺)의 기성말뚝을 분할하여 반입해야 하는 경우도 발생할 수 있다. 따라서 부지 주변의 상황도 충분히 검토해야 한다.

(3) 가설설비

기초공사에 필요한 가설설비에는 전력, 급배수설비, 작업도로 등을 들 수가 있다. 일부분의 공법을 제외한 대부분의 말뚝공사는 대량의 물을 사용하는 경우가 많고, 동시에 용수 및 사용한 물의 처리방법에 대해서도 검토할 필요가 있다. 또한 말뚝의 시공기계는 일반적으로 대형이고, 주행, 작업에 충분한 강도를 갖는 작업도로를 계획할 필요가 있다.

(4) 공정 및 시공관리

지반의 상황 및 시공기계의 능률에 따라 공정은 결정된다. 동등한 조건에서의 시공실적을 참고로 하여 전문협력업자와 상담한 후 공정계획을 입안한다. 또한 기초공사는 공사착공 후 바로 시공되는 경우가 많고, 가설설비, 자재, 기계의 수배에 대해서는 신속한 대응이 필요하게 된다.

말뚝은 시공한 후에 품질확인을 하는 것이 곤란하며, 시공시의 관리방법에 대해서는 공사착수 전에 충분히 검토를 하고 항타기록 등의 시공기록에 따라 관리를 실시할 필요가 있다. 또한 시공기록은 말뚝 전체에 대해 실시하고 그 성능을 보증토록 한다.

4-3 지 정

지정은 기초를 안전하게 지지하기 위하여 기초를 보강하거나 지반의 내력을 보강하는 것을 말한다. 얕은 지정에는 모래지정, 밑창콘크리트지정, 자갈 및 잡석지정, 긴 주춧돌지정 등이 있으며 깊은 지정에는 기성콘크리트 말뚝지정, 현장타설콘크리트 말뚝지정이 있다.

4-3-1 얕은 지정

(1) 모래지정

지반이 연약하고 건물자중이 가벼운 경우에 쓰는 것으로, 기초 밑바닥에 모래를 다져 넣어 지반을 보강한 지정을 말한다(그림 4-4(a) 참조). 모래를 다져 넣을 때는 물다짐으로 하며, 두께 30cm를 넣을 때마다 충분히 물을 부어가면서 다진다.

(2) 자갈 및 잡석지정

자갈지정은 5cm 정도의 자갈이나 막자갈을 두께 5~10cm 정도를 깔고 그 위를 해머를 사용하여 충분히 다짐을 한다. 그리고 잡석지정은 기초 밑바닥에 지름 10~30cm 정도의 깬돌 및 둥근돌을 옆세워 깔고, 자갈로 틈막이를 한 후에 충분히 다짐을 한다(그림 4-4(b) 참조).

(3) 밑창콘크리트지정

잡석다짐을 한 윗면에 두께 5cm 정도의 무근콘크리트를 타설하여 양생하고, 먹매김하여 철근배근하고 기초를 만든다. 이를 밑창콘크리트지정이라 한다(그림 4-4(c) 참조).

(4) 긴주춧돌지정

굳은 지층이 비교적 깊이 있을 때 기초구덩이 밑부분에 잡석다짐한 위에 긴 주춧돌을 세운다. 긴 화강석을 다듬어 쓰거나 콘크리트로 깊게 할 경우도 있다(그림 4-4(d) 참조).

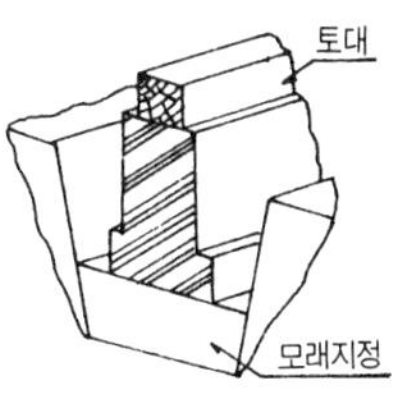

(a) 모래지정

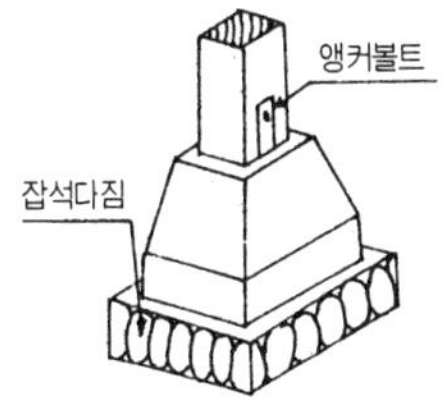

(b) 자갈 및 잡석지정

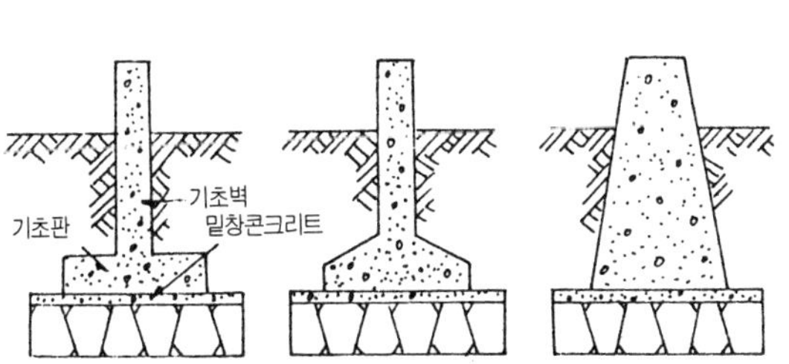

(c) 밑창콘크리트지정

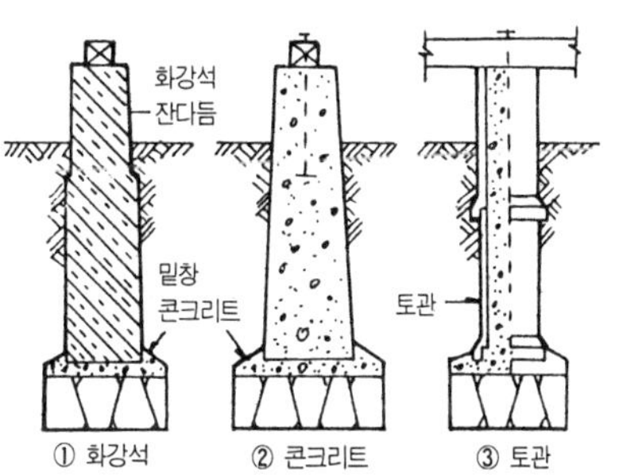

(d) 긴주춧돌지정

그림 4-4 지정의 종류

4-3-2 깊은 지정

(1) 나무말뚝지정

지금은 거의 사용치 않고 있으나, 소나무, 육송, 미송 등 통나무의 껍질을 벗기고 선단부분에는 쇠가락지를 씌워 지중에 박되, 상수면 이하로 한다. 말뚝의 간격은 말뚝머리 지름의 2.5배 이상 또는 60cm 이상이어야 한다.

(2) 철근콘크리트말뚝지정

공장에서 특수형틀을 사용해서 원심력을 이용하여 제조한 중공콘크리트말뚝이 있으며 이외에 원심력 프리스트레스콘크리트말뚝 등이 있다. 말뚝의 중심간격은 말뚝머리지름의 2.5배 이상 또는 75cm 이상이어야 한다.

(3) 현장타설콘크리트말뚝지정

후술하는 바와 같이 현장에서 지반을 굴착하여 철근을 넣고 콘크리트를 부어 양생한 제자리 철근콘크리트말뚝을 말하고 있다. 말뚝의 중심간격은 지름의 2.5배 이상 또는 90cm 이상으로 한다.

(4) 강말뚝지정

강말뚝은 단면형상에 따라 강관 말뚝과 H형강말뚝으로 대별할 수 있으며, 둥근 원통형의 강관말뚝과 가설구조물 등에 많이 사용되고 있는 H형강말뚝 등이 있다. 말뚝의 중심간격은 말뚝머리 지름의 2.5배 이상 또는 90cm 이상으로 한다.

4-4 기성말뚝공사

4-4-1 말뚝의 종류

현재 사용되고 있는 기성말뚝은 제조방법 및 재료에 따라 다음과 같이 분류된다.

- 기성말뚝
  - 기성콘크리트말뚝
    - 원심력콘크리트말뚝
      - 철근콘크리트말뚝
      - 프리스트레스트콘크리트말뚝
      - 고강도프리스트레스트콘크리트말뚝
      - 강관콘크리트말뚝
    - 진동다짐콘크리트말뚝
  - 강말뚝
    - 강관말뚝
    - H형강말뚝

(1) 원심력콘크리트말뚝

1) 원심력철근콘크리트말뚝(RC말뚝)

공장에서 특수형틀을 사용해서 원심력을 이용하여 제조된 중공(中空)철근콘크리트말뚝을 말하며, 원심기를 사용함에 따라 여분의 물을 탈수하여 물·시멘트비를 작게 할 수 있기 때문에 아주 치밀한 높은 강도의 콘크리트말뚝을 만들 수 있다.

말뚝직경은 20～60cm 정도이고 말뚝길이는 3～15m까지 할 수 있다.

① 말뚝의 구입이 쉽고, 재질이 균등하여 신뢰성이 높다.

② 이음이 간단하다.

③ 중량이 크고 운반취급시에 균열이 발생할 우려가 있다.

④ 표준관입시험 N값이 30 정도의 중경질 점토층에 박을 경우에는 어스오거를 사용할 필요가 있다.

2) 원심력프리스트레스트콘크리트말뚝(PC말뚝)

철근콘크리트말뚝의 휨모멘트, 인장력에 대한 강도를 더욱 높이기 위해 콘크리트에 프리스트레스를 준 것이 PC(Presstressed Concrete)말뚝이며, 원심력을 이용하여 제조하고 있다. PC말뚝은 PC강선을 미리 인장시켜 놓고 그 주위에 콘크리트를 부어넣어 경화시킨 후, PC강선의 인장장치를 풀어 콘크리트에 프리스트레스를 도입하는 프리텐션방식이 주로 쓰이고 있다. 말뚝직경은 30～80cm 정도이고, 말뚝길이는 7～15m까지로 할 수 있다.

① 균열발생이 어렵고 강재부식이 없으며, 내구성이 양호하다.

② 휨이 작용하였을 때 변형이 작다.

3) 원심력고강도프리스트레스트콘크리트말뚝(PHC말뚝)

고성능 감수제 등을 첨가하거나 고온 고압증기양생(오토클레이브 양생) 혹은 그 양자를 이용하여 만든 고강도콘크리트에 프리스트레스를 도입하여 제조한 말뚝으로 설계기준강도 800kg/cm^2 이상의 것을 말한다. 말뚝의 직경은 30～80cm이고, 길이는 7～15m까지로 할 수 있다.

① 허용축방향 하중이 크다.

② 재령 1～2일 정도에서 사용할 수 있다.

③ 타격에 강하다.

4) 강관콘크리트말뚝

강관과 콘크리트를 합성한 말뚝으로, 고온 고압증기양생중에 팽창 반응하는 특수 혼화제를 사용하여 강관과 내측의 콘크리트를 일체화한 것이다.

인장에 강한 강관과 압축에 강한 콘크리트를 합성한 것으로 말뚝의 수평내력을 증가시킨 것이다.

외경은 30～60cm 정도이고, 강관의 두께는 0.45～1.9cm의 것이 사용되고 있다.

5) 진동다짐콘크리트말뚝

지금까지는 원심력 다짐에 의한 RC말뚝이 대부분이었으나, 이 말뚝은 제조할 때 진동에 의한 다짐을 하여 제조한 말뚝이다.

6) 강말뚝

강말뚝은 단면 형상에 따라 강관말뚝과 H형강말뚝으로 대별할 수 있다. 강관말뚝은 강판을 둥글게 접어 용접해서 만들고, H형강은 가설구조물에 많이 쓰이고 있으며, 기초 말뚝으로는 거의 사용되고 있지 않다.

① 강제이기 때문에 균질한 재료를 대량 생산할 수 있고, 재질에 대한 신뢰성이 높다.
② 휨 강성이 크고 자중이 RC말뚝에 비해 가벼워 운반 취급이 용이하다.
③ 표준관입시험 N값 50 정도의 경질지반에도 사용할 수 있다.
④ 지중에서 부식하기 쉬우며, 재료비가 높은 편이다.

4-4-2 말뚝의 이음, 머리 및 선단

(1) 말뚝의 이음

아주 우수한 말뚝이라도 이음부위가 약점이 되어서는 그 성능을 발휘할 수가 없다. 말뚝의 이음에는 다음과 같은 여러 방법이 있다.

1) 충진식 이음

그림 4-5와 같이 철근을 따내어 용접하고 연결부 역할을 하는 스틸슬리브(steel sleeve)를 제작하여 중간부위 부분을 접어서 파일에 넣은 다음 콘크리트를 충진시켜 잇는 방법이다.

2) 볼트식 이음

특수 커플러(coupler)를 사용해서 볼트로 채우는 방식으로 이음 부위의 강도가 크고 신뢰할 수 있으나, 고가이며 볼트의 내식성이 문제가 된다(그림 4-5(b) 참조).

3) 용접식 이음

말뚝 상호간의 철근을 용접하고 다시 외부에 보강철판을 덧대어 용접해서 잇는다. 이음에 대한 강성은 우수하나 용접 부위에 대한 부식이 우려된다(그림 4-5(c) 참조).

4) 강관말뚝의 이음

강관말뚝의 이음에는 수동용접과 반자동용접이 사용되고 있으며, 시공의 특수성, 현장조건을 고려해서 반자동용접이 많이 사용되고 있는 추세에 있다. 강관말뚝의 이음은 강판을 둥글게 말아 말뚝에 덧대어 용접하는 방법을 사용하고 있다(그림 4-5(d) 참조).

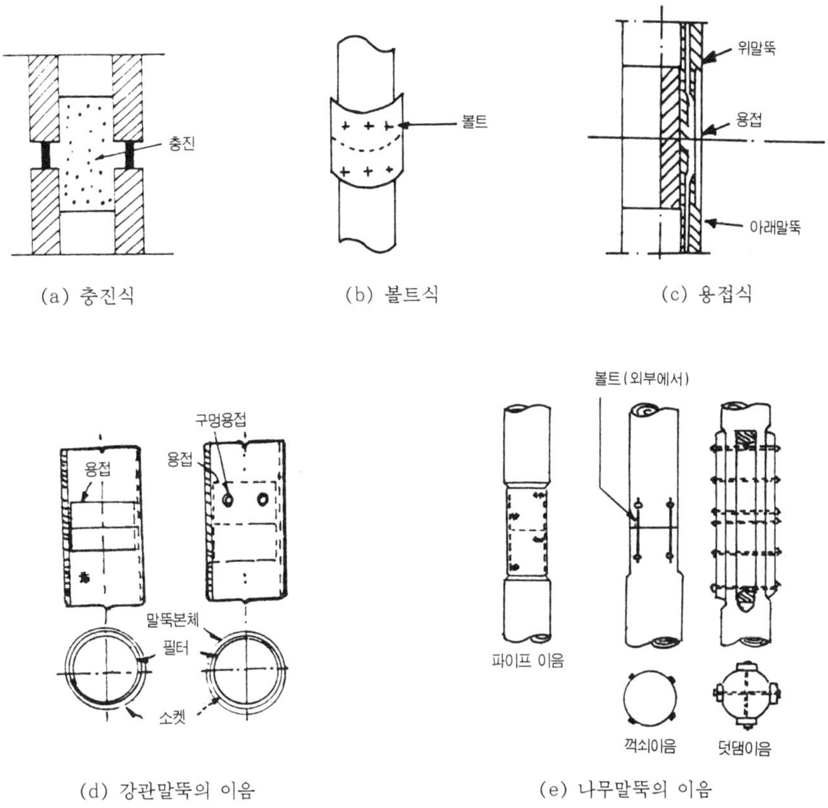

그림 4-5 말뚝의 이음

5) 기타 이음

나무말뚝의 이음에는 그림 4-5(e)와 같은 방법을 들 수가 있다.

(2) 말뚝의 선단(先端)

콘크리트말뚝의 선단은 그림 4-6과 같은 형상들이 있고, 선단의 형상은 시공법에 따라 선정할 필요가 있다. 일반적으로 타격법에 의한 경우에는 폐단(閉端)말뚝을 사용하지만, 지지지반이 경사진 경우 말뚝이 미끄러질 염려가 있어서 선단에 특별한 슈를 쓰는 경우도 있다.

압입공법에 의한 경우에는 폐단말뚝(a), 중굴공법(내부굴착공법)에 의한 경우에는 개단(開端)말뚝(b)이 사용되고, 특수한 말뚝으로는 선단지름이 큰 말뚝(c)이 있다.

강말뚝의 선단은 개방형과 폐쇄형이 있지만 폐쇄형은 길이 20m에서도 수중토압에 의해 파괴될 수 있는 우려가 있어서 특수한 경우는 일반적으로 보강할 필요가 있다(그림 4-7).

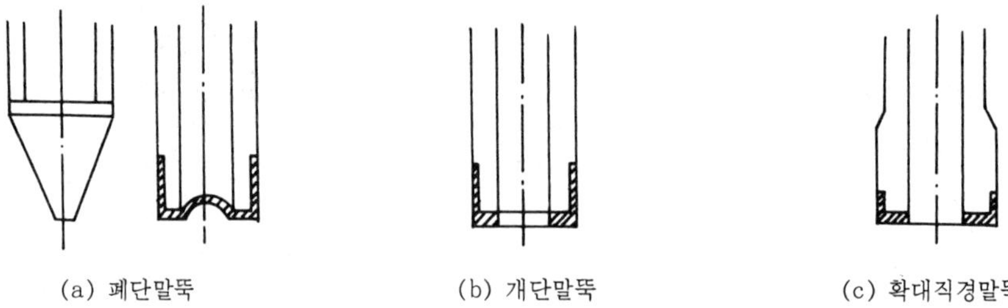

그림 4-6 말뚝의 선단

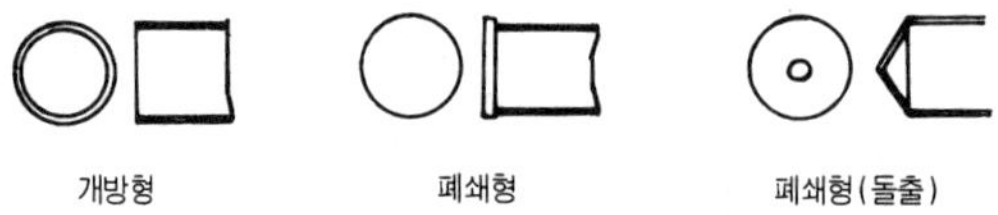

그림 4-7 말뚝선단의 형상과 모형

(3) 말뚝머리

말뚝머리와 기초의 접합예를 그림 4-8에 나타낸다. 설계조건에 따라 말뚝머리의 배근 및 매설길이가 변한다. 기성콘크리트말뚝의 머리는 파일커터 등을 사용해서 본체에 균열 등이 생기지 않도록 절단해야 한다. 말뚝을 절단할 때 본체에 균열이 생기면 응력이 손실되거나 철근이 부식되어 설계내력을 상실하게 되므로 주의해야 한다.

길이가 짧은 말뚝을 기초와 접합시켜 보강한 예를 그림 4-9에 표시한다.

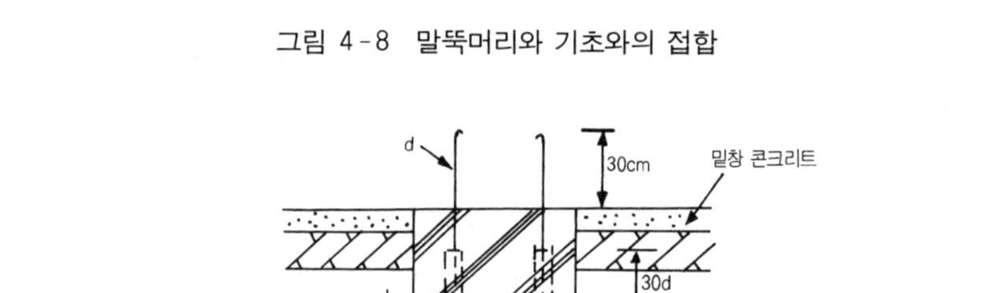

그림 4-8 말뚝머리와 기초와의 접합

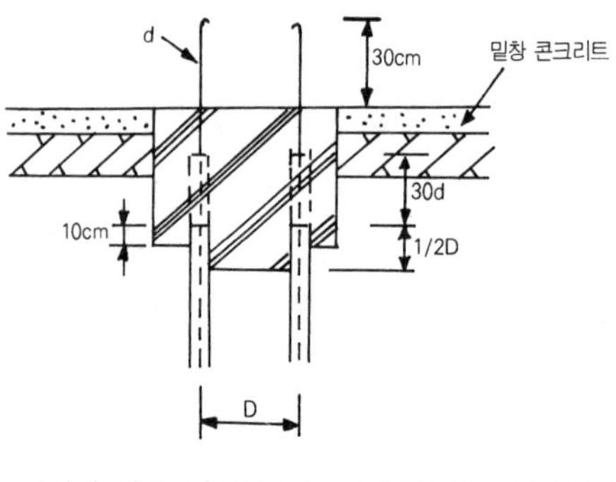

그림 4-9 길이가 짧은 말뚝을 기초와 접합하여 보강한 예

4-4-3 준비계획

(1) 각종조사

1) 지상, 지하매설물의 조사

부지 내에는 기존 건축물의 기초, 상하수도, 가스관 등의 지하매설물, 전기, 전화 등의 장애물들이 있기 때문에 이들에 대한 크기, 위치, 깊이, 수량을 조사한다.

2) 근린조사

말뚝박기 공법은 주변 건물에 영향을 줄 수 있기 때문에 주변 건물의 상황, 정밀기기 및 전자계산기 관계의 설치유무 등을 검토한다.

3) 주변도로, 교통규제 등의 조사

말뚝 및 시공장비의 반출입, 잔토의 반출 등이 발생하기 때문에 주변도로폭이나 교통규제를 사전에 파악해 둘 필요가 있다.

(2) 설계도서의 확인 및 검토

도면 및 시방서에 의해 말뚝의 종류, 직경, 길이, 본수, 배치 등을 확인하고, 동시에 토질주상도나 지반조사서에 의해 지지지반의 깊이, 분포상황, 층의 두께, 입자의 입경 등을 파악하며, 지정한 공법에 의한 시공 가능성 여부를 검토한다.

만약 곤란한 사정이 생긴 경우에는 설계 및 공법 변경에 대해 설계자와 협의한다.

1) 말뚝의 운반 및 저장

말뚝의 운반, 반입, 저장 등을 고려하여 계획을 세워야 하며, 가능한 항타기의 근처에 저장보관하는 것이 취급에 편리하다.

2) 말뚝의 시공순서 검토

부지의 어느 방향에서부터 말뚝박기를 시작해서 어떤 순서로 박아야 하는지를 검토해야 한다. 도면 위에서 항타기 크기의 종이모형을 제작하여 이동시켜 항타순서를 결정할 수도 있다. 말뚝은 중앙부에서 외측부를 향해 박아 나가는 것이 일반적이며 인근에 구조물이 있을 경우 구조물의 벽측에서부터 항타를 실시해야 한다.

3) 일정계획의 검토

일정계획은 시공방법, 시공순서, 사용기계, 가동 가능일수 등의 작업조건을 토대로 하여 정해야 하며, 전체공사를 구성하는 각 공정의 소요시간으로 시공가능 일정을 파악해야 한다.

4-4-4 타격에 의한 말뚝설치

기성 콘크리트말뚝은 타격공법으로 박는 것이 일반적이나 타격시의 소음, 진동에 의한 건설공해 때문에 시가지에 있어서는 프리보링공법(매입말뚝공법)이 주류를 이루고 있다.

디젤파일해머, 유압파일해머, 드롭해머 등의 해머를 사용하여 콘크리트 말뚝을 다음과 같이 지중에 박는다(그림 4-10 참조).

① 말뚝을 세워 수직도를 확인한다.

② 해머를 낙하시켜 말뚝을 박는다.

③ 지지지반에 도달되었다고 볼 때, 해머의 낙하높이와 침하를 측정하여 지지력을 확인한다.

말뚝박기 공법은 지반을 느슨하게 하지 않고 때려박을 수 있으며, 지지층까지의 관입상황을 쉽게 확인할 수 있다. 그러나 전술한 소음, 진동 등에 의한 건설공해가 문제시 될 수 있다.

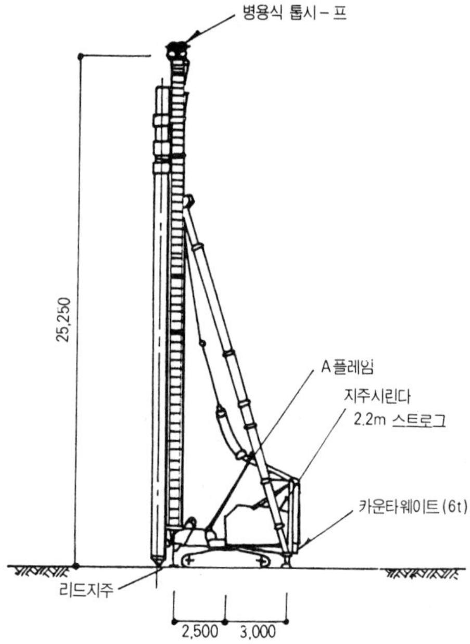

그림 4-10 디젤파일해머의 시공기계

4-4-5 프리보링공법에 의한 말뚝설치

어스오거를 사용하여 지반을 미리 천공하고, 천공한 부위에 말뚝을 압입하는 공법이다. 이 공법은 저소음, 저진동으로서 그림 4-11과 같은 순서로 말뚝을 설치한다.

① 어스오거의 중심을 말뚝 박을 중심위치에 맞추고, 어스오거로 지반을 굴착한다.

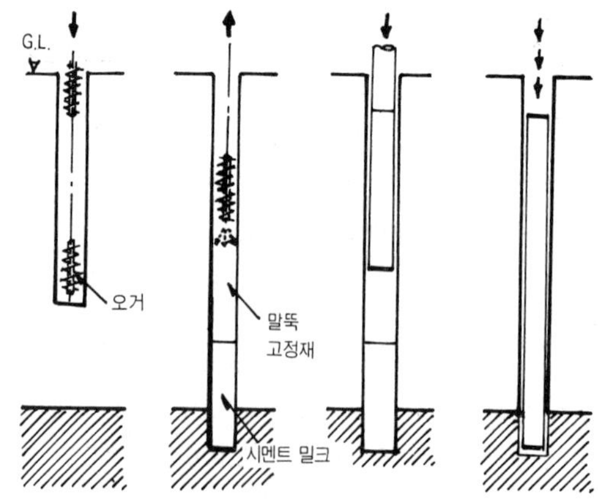

그림 4-11 프리보링공법

② 소정의 깊이까지 도달한 후에 지지층을 확인하고, 소일시멘트 등을 주입해 가면서 어스오거를 뽑아 올린다.
③ 굴착한 부위에 콘크리트말뚝을 압입하여 박아 넣는다.
④ 말뚝이음을 할 경우 압입을 중지하고, 말뚝을 접합한 후에 다시 압입하여 지지층에 정착시킨다.

4-4-6 프리보링병용타격공법

어스오거를 사용하여 일정한 깊이까지 굴착한 후에 말뚝을 압입하고 타격하여 지지층까지 도달시키는 공법이다(그림 4-12). 경지질층이 중간에 존재할 때, 소음 진동을 경감시킬 경우 등에 사용된다.

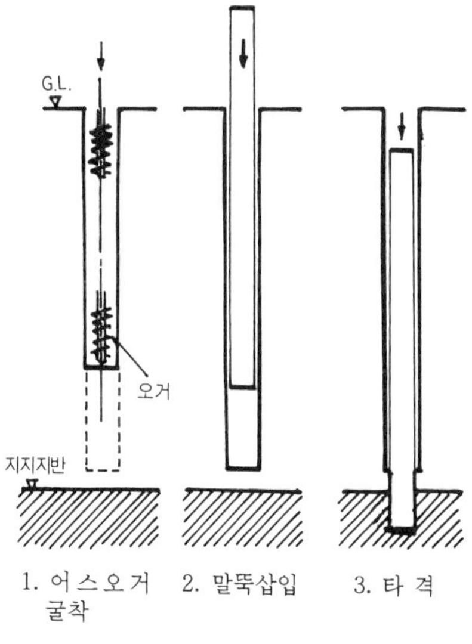

그림 4-12 프리보링병용타격공법

4-4-7 수사법(waterjet)

수사법은 기성콘크리트말뚝의 선단이나 말뚝에 병행하여 제트파이프를 박아 넣어 고압수를 분출시켜 지반을 고르게 해가면서 말뚝을 타격 또는 압입시키는 공법을 말한다(그림 4-13 참조). 다량의 물을 사용하기 때문에 대용량의 급수설비가 필요하고, 물을 배수하는 설비가 완벽하지 아니하면 토질이 물러져 말뚝이 자립할 수 없게 되거나 소요내력을 얻을 수 없게 된다. 이 공법을 사용하면 진동 또는 소음이 줄어들게 된다.

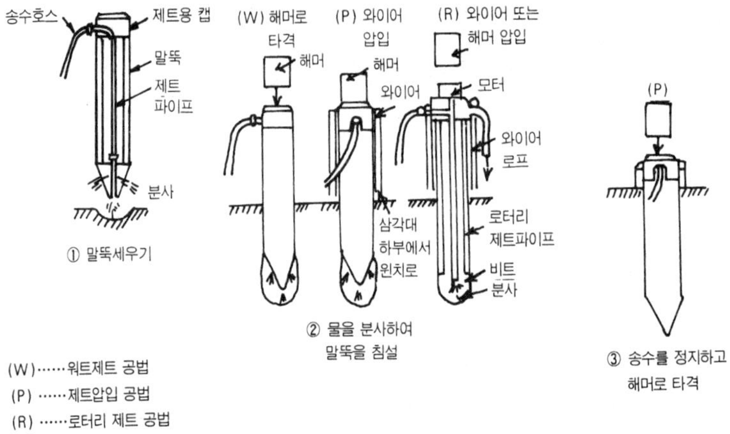

그림 4-13 수사법

4-4-8 중굴공법에 의한 말뚝설치

말뚝의 중공부(中空部)에 오거를 삽입하여 말뚝 선단부를 굴착해 가면서 매설하는 공법이다. 이 공법은 그림 4-14와 같은 순서로 말뚝을 설치한다.

① 말뚝의 중공부에 오거를 삽입하여 지반 0.5m 정도까지 관입시켜 말뚝의 수직도를 트랜시트로 확인하다.

② 오거로 굴착하면서 하중에 의해 말뚝을 매설한다.

③ 오거를 빼올리면서 오거의 선단으로부터 소일시멘트를 주입하다.

④ 소일시멘트의 주입이 종료된 후에 압입장치로 말뚝을 지중에 밀어 넣는다.

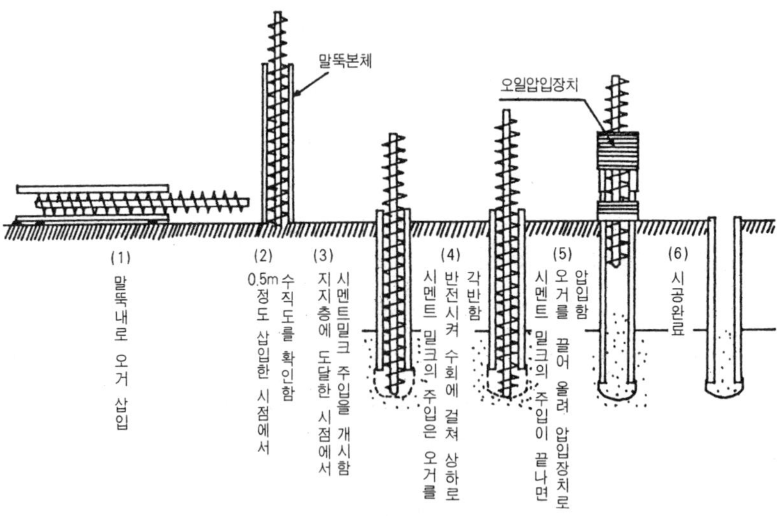

그림 4-14 중굴공법에 의한 말뚝설치

4-4-9 회전압입공법

말뚝선단에 추를 붙여 오거로 대신하여 말뚝 전체를 회전시켜 가면서 압입하는 공법이다(그림 4-15 참조). 또한 압입을 용이하게 하기 위해 선단에 노즐을 붙여 고압수를 분출시키는 경우도 있다. 회전압입공법은 저소음 저진동 공법이라고 할 수 있다.

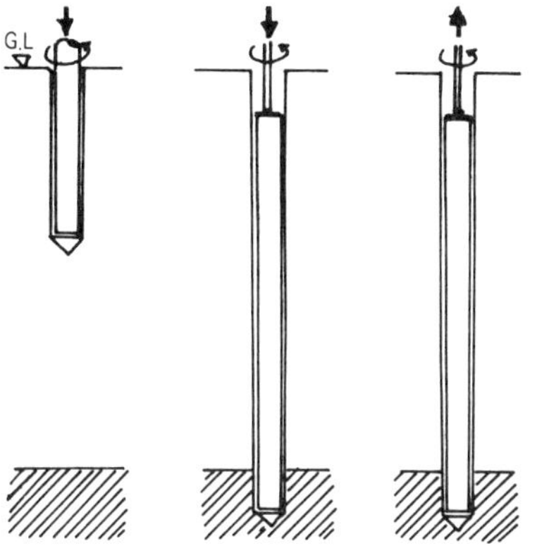

그림 4-15 회전압입공법

4-5 현장타설 콘크리트 말뚝공사

4-5-1 준비계획

(1) 각종 조사

지상, 지하매설물 조사, 근린조사 및 주변도로, 교통규제 등의 조사는 기성말뚝공사와 같은 방법으로 실시한다.

(2) 설계도서의 확인 및 검토

기성말뚝공사에서 언급한 내용과 유사한 방법으로 설계도서 및 시방서에 대한 확인 검토를 실시한다.

(3) 시공업자의 선정

현장타설콘크리트말뚝의 경우 일반적으로 업자가 지정되어 있는 경우가 많지만 시공업자의 선정시에는 다음과 같은 사항에 유의를 하여야 한다.

① 과거실적 중 현장조건과 동등 이상의 실적 보유여부 검토

② 시공관리 능력이나 시공기술이 충분한지의 여부 검토

③ 시공기계의 보유 능력 검토

(4) 시공계획

1) 배치, 동선의 검토

대형기계를 사용하게 되는 현장은 철근가공, 안정액 플랜트, 배토, 폐액의 저장을 위한 부대설비 등을 설치하게 되기 때문에 말뚝의 시공순서에 따라 각각의 배치를 어떻게 할 것인지 또는 레미콘 차량, 잔토처리 트럭의 동선을 검토하여 안전상에 문제가 없도록 하여야 한다.

2) 말뚝 시공순서의 검토

말뚝의 시공순서는 되메움한 대지 위에 기계가 주행하게 되는 등의 안전성의 이유에서 공사현장의 구석에서 출입구를 향해 말뚝을 설치토록 한다.

3) 관련공사와의 검토

말뚝설치 공사가 진행하게 되면, 후속공사인 터파기, 잡석깔기, 버림콘크리트의 타설을 개시하게 된다. 이러한 타작업과의 관계를 조사하는 것은 아주 중요하다. 상호간에 지장없도록 타공사의 진행방향이나 재료의 취급 등도 고려하여 전체공정상 불리하지 않도록 한다.

4-5-2 어스드릴공법(Earth Drill)

이 공법은 굴착에 있어 안정액으로 벤토나이트 이수를 사용하고, 표준케이싱 이외의 케이싱은 사용치 않는다. 굴착 및 배토는 회전시 버켓에 의하고, 굴착이 완료된 후에는 철근망을 삽입해서 트레미관을 사용하여 콘크리트를 타설한다(그림 4-16 참조). 지반이 양호한 곳에서는 안정액을 사용하지 않는 경우도 있다.

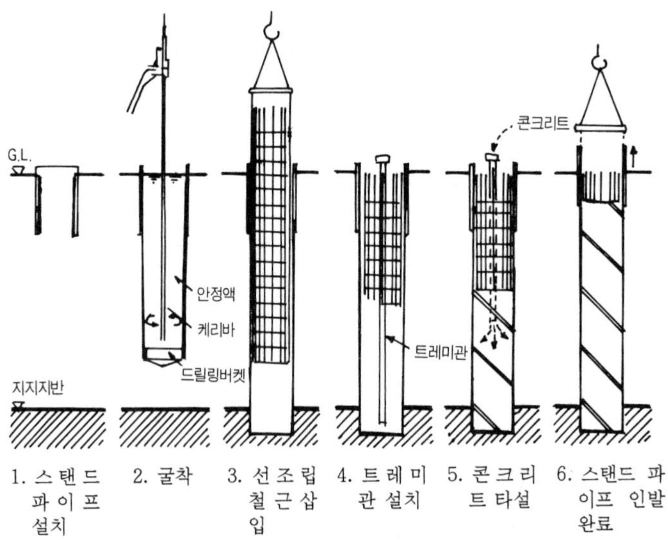

그림 4-16 어스드릴공법

이 공법은 다음과 같은 특징을 갖고 있다.
① 점토, 실트, 모래층에 적용한다.
② 시공심도는 33~38m까지 굴착이 가능하다.
③ 시공직경은 통상 0.6~1.5m이고 대형 어스드릴을 사용하면 2m까지 가능하다.

4-5-3 리버스서큘레이션(Reverse Circulation Drill)공법

이 공법은 원칙적으로 물을 이용하고, 수압에 의해 공벽면을 안정시키고 스탠드파이프 이외에는 케이싱을 사용하지 않는다. 비트를 회전시켜 굴착이나 배토를 하며, 배출한 이수는 저장조에서 토사를 침전시켜 순환시킨다. 굴착완료 후에는 철근망을 삽입하고 트레미관을 통하여 콘크리트를 타설한다(그림 4-17 참조).

이 공법은 다음과 같은 특징을 갖고 있다.
① 점토, 실트층 등에 적용한다.
② 시공심도는 통상 30~70m까지로 한다.
③ 시공직경은 0.9~3m 정도까지로 하고 있다.
④ 시공능률은 굴착토량 환산하면 $50m^3$/일로 보고 있다.

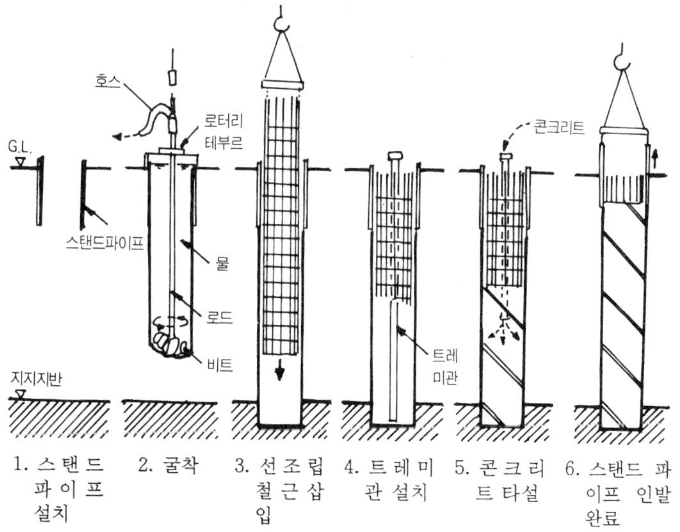

그림 4-17 리버스서큘레이션공법

4-5-4 베노트공법(올케이싱공법)

이 공법은 굴착할 때 특수한 케이싱 튜브를 지중에 요동압입하면서 해머글래브를 케이싱 내에 낙하시켜 내부의 토사를 굴착, 배출한다. 굴착완료 후에 철근망을 삽입하고 케이싱을 뽑아올리면서 콘크리트를 타설하여 말뚝을 만든다(그림 4-18 참조).

이 공법의 특징은 다음과 같다.

① 점토, 실트, 모래층에 적용할 수 있다.

② 시공심도는 통상 25~35m까지로 하며, 최대시공 심도는 MT 시리즈를 사용하면 50~60m까지 가능하다.

③ 시공직경은 1~2m 정도로 한다.

④ 말뚝직경이 1m의 경우에는 30m/일까지 가능하다.

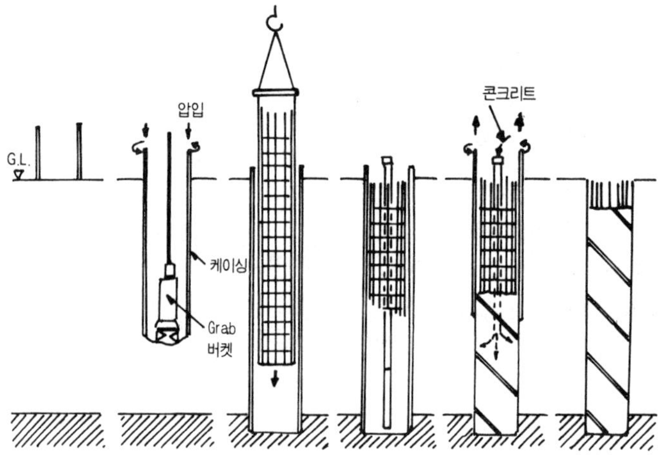

그림 4-18 베노트공법(올케이싱공법)

4-5-5 심초공법

이 공법은 인력으로 굴착하여 버켓으로 배토한다. 굴착은 벽의 보호를 위해 우물통을 침하시켜가는 공법이다. 지지층에 접하는 부분은 저면을 확대하여 기둥하중을 받을 수 있게 한다. 지하수가 있을 때에는 배수펌프를 사용하여 양수한다.

이 공법의 시공순서는 그림 4-19와 같으며 다음과 같은 특징이 있다.

① 점토, 실트, 모래, 풍화암에 적용할 수 있다.

② 시공심도는 통상 10~25m까지로 하며, 최대 시공심도는 36m까지 가능하다.

③ 시공직경은 1.2~4.6m 정도로 한다.

④ 굴착량은 약 3~6m/일 정도이다.

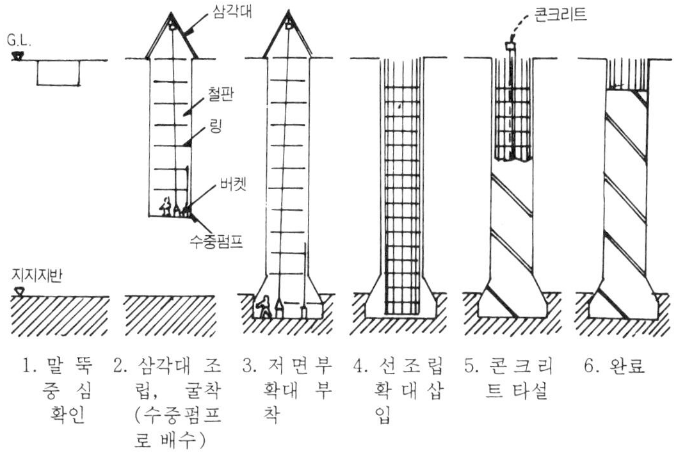

그림 4-19 심초공법

4-5-6 BH(Boring Hole)공법

보링 기계를 사용하고, 드릴로드를 회전시켜 굴착을 한다. 공벽의 보호를 위해 안정액을 사용하고, 배토는 안정액과 함께 배출시킨다. 시공기계가 작아서 협소한 부지나 대형건설기계의 반입이 불가능한 경우에 많이 이용되고 있다. 굴착 능력이 낮고 슬라임이 침전되는 결점이 있다. BH공법의 시공순서를 그림 4-20에 나타낸다.

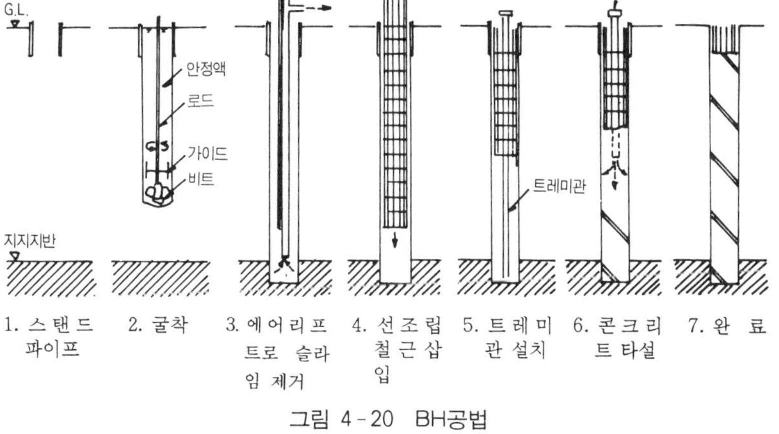

그림 4-20 BH공법

4-5-7 지중연속벽공법

안정액을 이용하여 말뚝벽을 보호해 가면서 크럼쉘, 로터리커터 등을 사용하여 굴착한다. 연속된 벽 형태의 구조체를 지중에 구축하여 단독 말뚝으로 사용하기도 하며, 흙막이

벽이나 지중의 벽을 겸용한 기초 구조로도 이용되고 있다.

4-5-8 프리펙트파일

(1) PIP(Packed In Place Pile)

지중에 스크류오거를 삽입하여 소정의 깊이까지 굴착한 후 흙과 오거를 뽑아 올리면서 오거 중심부에 있는 선단을 통하여 모르타르나 콩자갈콘크리트를 주입하여 말뚝을 만드는 공법이다(그림 4-21(b) 참조).

(2) MIP(Mixed Inplace Pile)

그림 4-21(c)에서 보여주는 바와 같이 로터리드릴(rotary drill) 선단에 윙커트(wing cutter)를 장치하여 흙을 뒤섞으며 지중을 굴착한 다음, 파이프 선단으로 모르타르를 분출시켜 흙과 모르타르를 혼합시켜 소일콘크리트말뚝을 만든다.

(3) CIP(Cast In Place Pile)

어스오거로 굴착한 후에 철근을 넣고 모르타르 주입관을 삽입한 다음 자갈을 충전한 후에 모르타르를 주입하여 지지말뚝으로 만든다(그림 4-21(a) 참조).

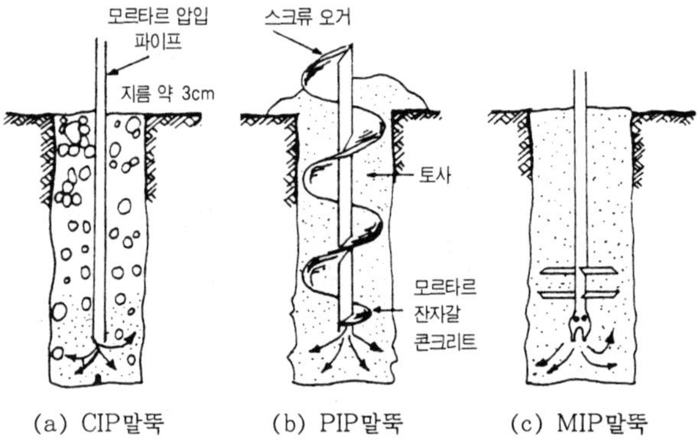

(a) CIP말뚝 (b) PIP말뚝 (c) MIP말뚝

그림 4-21 프리펙트말뚝

4-5-9 기타 파일

(1) 심플렉스파일(Simplex Pile)

굳은 지반에 쇠신을 붙인 외관을 박고 관내에 콘크리트를 투입하여 무거운 추로서 다짐하면서 외관을 뽑아 올린다(그림 4-22 참조).

(2) 콤프레솔파일(Compressol Pile)

중량이 1~2.5톤 정도의 원뿔추를 자유낙하시켜 구멍을 뚫고 그 속에 콘크리트를 넣어 끝이 둥근추로서 다진 후 밑이 평평한 추로 다져서 말뚝을 형성시킨다(그림 4-23 참조).
이 공법은 지중에 구근을 형성시킬 수 있는 장점도 갖고 있다.

(3) 페데스탈파일(Pedestal Pile)

이 공법은 내외관을 소정의 깊이까지 박은 후 내관을 빼내고, 외관내에 콘크리트를 투입하여 내관으로 다지면서 점차 외관도 뽑아올려 지중에 콘크리트말뚝을 형성시킨다(그림 4-24 참조). 이 공법은 지중에 구근을 형성시킬 수 있는 장점도 갖고 있다.

(4) 레이몬드파일(Raymond Pile)

내외관을 소정의 깊이까지 박은 후에 내관을 빼낸 후, 외관에 콘크리트를 부어 넣어 지중에 콘크리트말뚝을 형성시킨다(그림 4-25 참조).

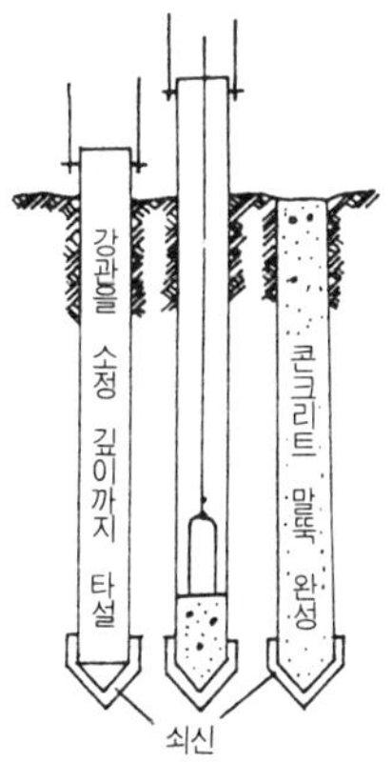

그림 4-22 심플렉스파일

그림 4-23 콤프레솔파일

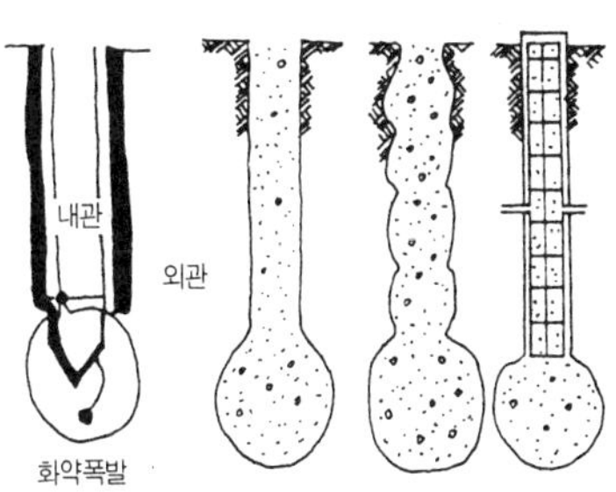

그림 4-24 페데스탈파일

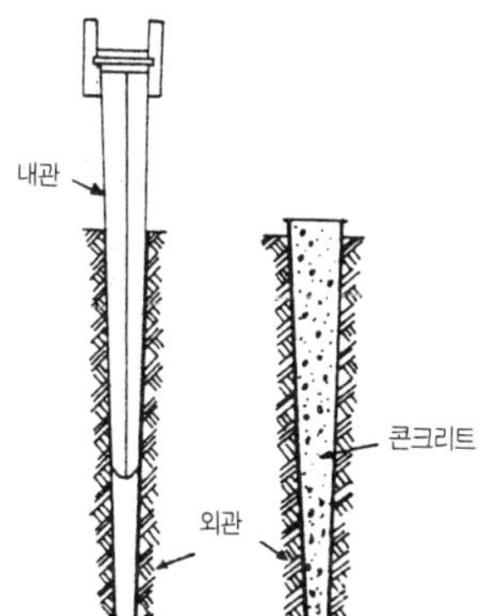

그림 4-25 레이몬드파일

4-6 언더피닝(Under Pinning)

4-6-1 개 요

기존 건물에 근접하여 구조물을 구축할 때 기존건물의 파일머리(파일이 없을 경우는 기초저면)보다 깊은 건물을 건설할 때, 지하수면의 이동이 일어나거나, 파일두부의 파손, 지층내력 약화 등으로 기존 건물 기초의 침하나 이동을 일으켜 구조물의 균열이 생기거나, 극단의 경우는 붕괴 또는 파괴될 경우를 생각하게 된다. 이때 지하에 실시하는 보강공사가 언더피닝이다.

4-6-2 공법의 종류

(1) 2중널말뚝공법

인접 건물과의 사이에 거리가 있을 때 흙막이 널말뚝의 외측에 2중으로 널말뚝을 박아 흙과 물의 이동을 막는 공법이다(그림 4-26 참조).

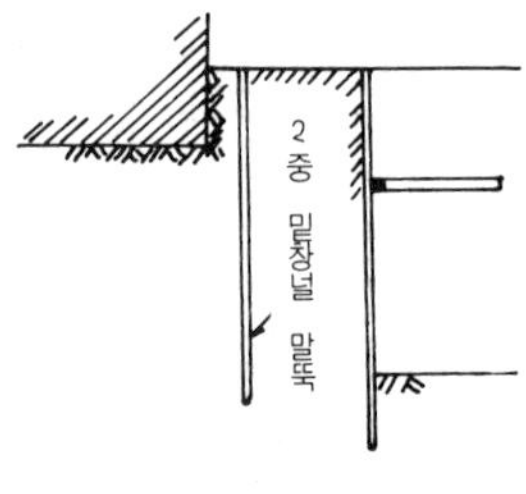

그림 4-26 2중널말뚝공법

(2) 현장타설콘크리트말뚝 설치

인접 건물의 기둥, 벽(또는 목조)의 토대 밑에 우물 모양의 구멍을 파고 현장타설콘크리트말뚝을 설치한다(그림 4-27(a) 참조).

기둥, 기초 등의 직하에 말뚝설치가 곤란한 경우에는 기초 그 부분만을 이어대는 경우도 있다(그림 4-27(b) 참조).

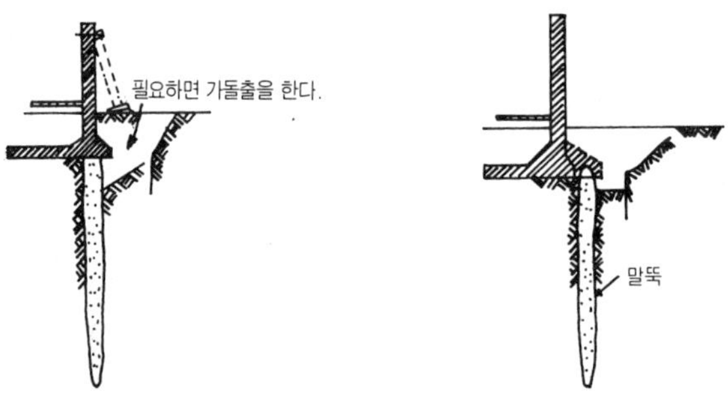

(a) (b)

그림 4-27 현장타설콘크리트말뚝 설치

(3) 강제말뚝공법

전술한 (2)의 현장타설콘크리트말뚝공법 대신에 강제말뚝을 지지층까지 박고 기초 또는 기둥을 이 말뚝 위에서 잭에 의해 지지시킨다(그림 4-28(a) 참조).

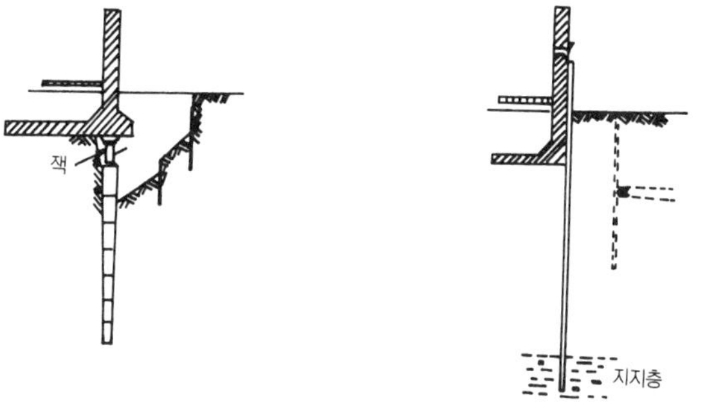

(a) (b)

그림 4-28 강제말뚝공법

인접 건물의 벽, 기둥에 따라 강제말뚝을 박고 벽에 설치한 연결재를 이용하여 지지시킨다(그림 4-28(b) 참조).

(4) 모르타르 및 약액주입법

토질이 사질인 경우 널말뚝 외부에 모르타르 또는 약액을 주입해서 지반을 고결(固結)시킨다(그림 4-29(a) 참조). 경우에 따라서는 터파기 도중에 널말뚝을 통해서 인근 건물의 기초에 모르타르 또는 약액을 주입한다(그림 4-29(b) 참조).

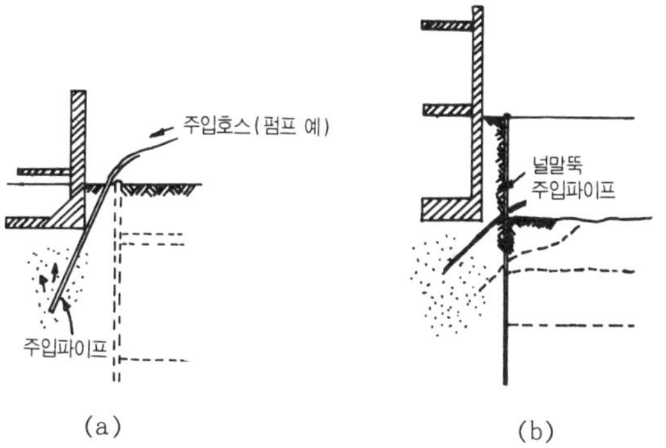

(a) (b)

그림 4-29 모르타르 및 약액 주입

제 5 장 철근콘크리트공사

5-1 개 요

철근콘크리트공사는 다른 공종의 공사보다 특히 중요하다. 건축공사의 주체를 이루고 있는 공사로서 중요한 건축물의 대부분은 철근콘크리트조나 철골철근콘크리트조로 설계되고 있는 실정이다. 설계도서에 명기된 소정의 품질을 만들어 내기 위해서는 시공자나 시공관리자가 충분한 품질관리 능력을 지니고 관련된 많은 요인들을 면밀히 검토하여야 한다. 본 장에서는 철근콘크리트공사에 관련된 기술적 사항들을 살펴보고 철근콘크리트공사의 최근의 기술동향 등을 함께 기술하기로 한다.

5-2 철근콘크리트의 기본 특성

5-2-1 개 설

철근콘크리트는 역학적으로 철근과 콘크리트가 일체로 결합되어 콘크리트는 주로 압축력에, 철근은 주로 인장력에 유효하게 작용하여, 작용하는 하중의 양상에 따라 양 재료의 독립적인 특성을 최대한 발휘케 하는 합리적인 복합재료이다.

철근과 콘크리트는 서로 전혀 다른 재료에도 불구하고 서로의 단점을 보완해주는 상호 보완적인 관계도 가지고 있다. 즉, 콘크리트가 경화하여 외부로부터의 공급되는 철근에 대한 위협 요소들(화염, 염해, 부식 등)로부터 보호해주는 역할을 하는 것이다.

철근과 콘크리트는 열팽창 수축률이 거의 같아 온도의 변화에 대해서도 유리하게 작용한다. 콘크리트의 부착력은 철근의 맞물림 효과를 통해 극대화된다.

5-2-2 내구성

내구성이란 동결융해, 한서, 건조습윤 등이 반복하여 작용하는 기상작용을 비롯하여 황산염, 산류 등의 화학물질 등에 의한 침식작용, 차량이나 유수, 유사 등에 의한 마모작용, 중성화, 철근 등의 부식, 반응성 골재 등의 영향, 기타 콘크리트의 사용상 발생하는 여러 가지 작용에 저항하여 장시간의 세월에 걸쳐 사용에 견딜 수 있는 성질이라 정의할 수 있다.

일반적으로 철근콘크리트는 철근을 콘크리가 피복하고 있는 형태로 사용되기 때문에 다른 건설재료에 비하여 내구성이 우수한 재료이고, 장기간에 걸쳐서 내구성이 우수하다는 사실도 입증되어 왔다. 그러나 최근에 유럽, 일본, 미국 등의 선진국 등에서 철근콘크리트 구조물이 충분한 내구성을 가지지 못한 경우가 보고되고 있으며, 우리 나라의 경우 신도시 건설 중 철근콘크리트 구조물의 급격한 내구성 저하가 큰 사회문제로까지 발전되었다. 이러한 원인은 재료적인 문제, 시공상의 문제, 품질관리상의 문제 등의 기술적인 원인에서부터 최근 심각해진 환경오염 등에 의한 산성비에 의한 원인에 이르기까지 아주 다양하다.

시공기술자는 철근콘크리트의 내구성에 영향을 미치는 요인에 대한 충분한 지식을 지니고 있어야 하며, 철근콘크리트의 내구성 향상에 노력을 기울일 필요가 있다.

(1) 중성화 및 철근부식

1) 개 요

정상적인 콘크리트가 경화할 경우 규산칼슘 수화물(Calsium Silicate Hydrate;CSH)과 수산화칼슘($Ca(OH)_2$)을 생성하게 된다.

수화반응으로 생성된 수산화칼슘에 의해 콘크리트가 강알칼리성(pH12.5)을 나타내게 되는데, 일반적으로 pH가 11 이상의 환경에서는 철이나 강재의 표면에 치밀한 부동태 피막(두께 $20\sim60\times10^{-10}$m)이 생겨 철근이 부식으로부터 자연스럽게 보호되는 것이다.

그러나, 시간의 경과에 따라 공기중의 탄산가스의 작용을 받아 콘크리트 중의 수산화칼슘이 서서히 탄산칼슘으로 되어 콘크리트가 알칼리성을 상실해가게 되는데 이 과정을 중성화라 한다. 중성화가 계속적으로 진전되어 철근을 둘러싸고 있는 콘크리트 주변까지 이르게 되면 물과 공기 등의 침투가 용이하여 철근이 녹슬게 되고 내력과 내구성을 상실하게 되는 것이다(그림 5-1 참조).

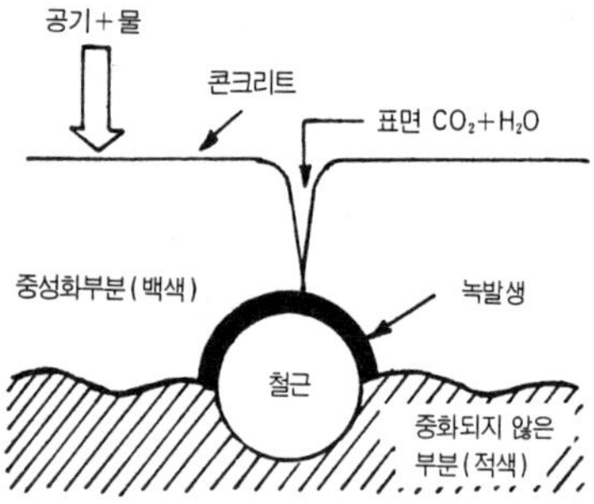

그림 5-1 중성화의 모식도

2) 대 책

① 타일, 돌붙임 등의 마감은 시공이 양호하게 되어 있으면 중성화를 지연시키는 데 있어서 유효하다. 피복두께를 크게 하거나, 기밀성이 좋은 뿜칠재를 시공하는 것도 효과가 있다.

② 제치장 콘크리트보다는 모르타르 마감이나 페인트 마감을 한쪽이 중성화 속도를 지연시키는데 유효하다. 또한 콘크리트가 불균일하거나 밀도가 낮은 경우에는 국부적으로 중성화가 진행하므로 중성화를 감소시키기 위해서는 콘크리트 자체를 균일한 배합을 만들거나 밀도가 큰 콘크리트를 만들어 타설하는 것이 기본이다.

(2) 염해에 의한 철근부식

1) 염해에 의한 철근부식

염해란 콘크리트 중에 염화물이 존재하거나 공기 중의 해염입자 등이 철근이나 PS강재 등을 부식시킴으로써 콘크리트 구조물에 손상을 끼치는 현상을 말한다. 일반적으로 밀실한 콘크리트 중에는 알칼리성이 높아 강재표면에 치밀한 부동태 피막이 존재하여 강재는 부식하기 어려운 환경에 있으나, 콘크리트 내부에 염화물이온이 일정량 존재하게 되면 부동태 피막이 파괴되어 강재는 부식하기 쉬운 환경이 된다. 부동태 피막이 파괴되면 콘크리트중에 존재하는 각종 결함이나 밀실성의 차, 염분과 알칼리 농도의 차 등의 불균일성, 또는 강재표면의 화학적 불균일성 때문에 강재표면의 전위는 매크로적으로 불균일하게 되어 아노드부(anode, 양극)와 캐소드부(cathode, 음극)가 생겨 전류가 흘러 부식이 발생한다.

강재에 부식이 일어나게 되면 그 결과로 발생한 녹(수산화제2철, $Fe(OH)_3$ 등)의 체적은 원래의 강재체적보다 크기 때문에 그 팽창압에 의해 강재를 따라 균열이 발생한다. 균열이 발생하면 산소와 물의 공급이 용이하게 되어 부식이 가속되며 피복콘크리트의 박리와 탈락, 강재 단면적의 감소에 의해 부재내력의 저하에 이르는 경우가 있다.

표 5-1 콘크리트 중의 강재의 방식방법 일람

No.	분 류	항 목	내 용	비 고
1	환경으로부터 부식성물질의 제거	–	온·습도 제어 탈염, 탈수	해양환경이나 제설제 사용에 대해서는 적용 곤란
2	피복콘크리트안으로의 침투, 침입의 억제	밀실성의 증가	적절한 물시멘트비의 확보 최소 시멘트량의 확보	방식상의 원칙
		피복두께의 증가	최소 피복 두께의 확보	–
		균열폭	허용 균열폭	방식상의 원칙
		콘크리트 표면 라이닝	합성수지 재료에 의한 라이닝, 도료	
		수지함침 콘크리트	MMA, 침투성 애폭시, 실링 등 의한 함침	MMA에 대해서는 미국 등지에서 실적이 있음
		레진콘크리트(REC) 폴리머시멘트콘크리트(PCC) 내부실링콘크리트	불포화폴리에스테르, 에폭시 등의 REC, SBR 등의 PCC, 왁스 비이스 등의 사용	철근 혹은 프리스트레스트 콘크리트로서의 실적은 이외로 적음.
3	강재표면으로 도달을 억제	수지도장 강재	에폭시 수지도장 강재	정전기 분체도장 200±50㎛
		도금강재	아연도금 강재 기타	–
4	방식성 강재	내염성 철근	–	해양환경이나 제설제 사용에 대해서는 약함.
5	전기제어	전기방식	외부전원방식 유전양극방식	일반적으로 음극방식 사용, 보수용
6	(방청제)	방청제	–	해양환경이나 제설제 사용에 대해서는 곤란

2) 대 책

염해에 의한 콘크리트 및 강재의 피해는 수분, 산소, 염소이온이 동시에 존재하면 발생하므로 대책은 위의 3가지 요소를 억제하거나 콘크리트중으로의 침투를 막으면 된다. 따라서, ① 밀실한 콘크리트를 만든다, ② 피복 두께를 충분히 확보한다, ③ 콘크리트중의 염소이온을 적게 한다, ④ 수지도장 철근이나 콘크리트표면에 라이닝을 한다 등의 방법이 유효하다. 이밖에 철근 방식 방법을 표 5-1에 나타낸다.

한편, 건축공사 표준시방서, 콘크리트 표준시방서 등에서는 표 5-2에 나타낸 바와 같이 해사 중의 염분허용치를 정하고 있다. 또한 KS F 4009(레디믹스트콘크리트)에서는 염소이온의 총량을 0.60kg/m³ 또는 0.30kg/m³으로 규제(총량 규제)하고 있다.

표 5-2 잔골재의 염분허용치 및 콘크리트중의 염소이온량의 허용치

규 격	해사중의 염분허용치	콘크리트중의 염소이온량
KASS 5 (건축공사 표준시방서)	NaCl로서 골재 1급 : 0.02% 이하 골재 2, 3급 : 0.1% 이하, 단, 0.04% 이상시 방청조처 고려 책임기술자가 정함.	–
콘크리트 표준시방서	보통의 RC, 포스트텐션방식의 PC : NaCl로서 0.1% 이하 내구성이 요구되는 RC, 프리텐션의 PC : NaCl로서 0.04% 이하	–
KS F 4009 (레드믹스트콘크리트)	0.04% 이하, 0.04%를 초과한 것에 대해서는 구입자의 승인을 얻어야 함. 다만, 그 한도는 0.1% 이하를 원칙으로 함.	콘크리트에 포함된 염화물량은 콘크리트 출하지점에서 염소이온으로 0.3kg/m³ 이하이여야 함. 다만, 구입자의 승인을 얻은 경우에는 0.6kg/m³ 이하로 할 수 있음.

5-2-3 균 열

(1) 콘크리트의 균열

콘크리트는 구조용 재료로서 일반적으로 압축강도는 크지만, 인장강도가 작기 때문에 시공시 및 시공 후의 체적변화에 의한 구속이나 외력의 작용 등에 의한 균열이 발생하기 쉽다.

표 5-3은 시공 전과정에 걸쳐 발생할 수 있는 경우의 균열을 나타낸 것이다. 표에서 알 수 있는 바와 같이 설계에 의한 것, 하중에 관계하는 것, 외적 요인에 의한 것, 콘크리트의 재료적 성질에 관계하는 것, 시공에 관계하는 것으로 구분할 수 있다. 특히 현장에서는 시공에 관계하는 균열에 대해서 시공 전에 세밀한 대책을 수립하여 시공에 임하여야 한다.

표 5-3 균열의 원인

균열의 원인		균열의 특징
1. 설계에 의한 것	세부설계의 미비	국부에 비교적 큰 균열이 집중적으로 발생
2. 하중에 관계하는 것	1) 하중	국부에 비교적 큰 균열이 집중적으로 발생
	2) 지진	기둥·보·벽 등에 45도 방향으로 균열이 발생
	3) 과하중	보나 바닥의 인장축에 수직으로 균열이 발생
	4) 단면·철근량의 부족	상기 2, 3과 같다.
	5) 부동침하	45도 방향으로 큰 균열이 부분적으로 발생
3. 외적 요인에 관계하는 것	1) 환경·온도의 변화	2~3월부터 발생하고 긴 바닥·벽·보 등에 거의 등간격으로 수직으로 발생, 발생한 균열은 온도·습도에 따라 변동
	2) 콘크리트 부재 양면의 온도·습도차	저온측 또는 저습도측 표면에 휘는 방향과 직각으로 발생
	3) 동결융해	거북이등과 같은 형상으로 발생
	4) 화재, 표면 가열	표면 전체에 가는 거북이등 현상으로 발생
	5) 내부 철근의 부식	철근에 따라 큰 균열이 발생, 피복콘크리트가 박리한다든지 녹이 유출됨
	6) 외부로부터 침입하는 염화물	상기 5)와 같은 균열이 발생
4. 콘크리트의 재료적 성질에 관계하는 것	1) 시멘트의 이상 응결	폭이 크고 짧은 균열이 비교적 초기에 불규칙적으로 발생
	2) 시멘트의 이상 팽창	방사형의 망상의 균열
	3) 콘크리트의 침하·블리딩	타설 후 1~2시간에 철근의 상부나 벽, 바닥의 경계 등에 발생
	4) 골재에 포함되어 있는 염화물	4.5)의 균열이 발생
	5) 시멘트의 수화열	단면이 큰 콘크리트에서는 1~2주일 지나서 직선상의 균열이 거의 등간격으로 발생
	6) 콘크리트의 건조수축	2~3개월부터 발생하고 계속 성장하여 개구부나 기둥, 보 주위에 경사 균열발생, 세장한 바닥, 벽, 보 등에 거의 등간격으로 수직으로 발생
	7) 알칼리 골재반응	거북이 등과 같은 망상균열이 발생, 습기가 많은 곳에서 현저. pop out 현상도 발생한다.
	8) 콘크리트의 중성화	내부철근의 발청에 따른다. 3), 5)와 같은 모양의 균열이 발생
5. 시공에 관계하는 것	1) 혼화재료의 불균일한 분산	국부적으로 불규칙적으로 발생
	2) 장시간의 비빔	전면적으로 망상균열이나 짧은 길이의 불규칙적인 균열
	3) 펌프압송시 시멘트량, 수량의 증량	4.3)이나 4.6)의 균열이 발생하기 쉽다.
	4) 급속한 타입속도	5.8)이나 4.3)의 균열이 발생
	5) 불균일한 타설, 곰보현상	각종 균열의 기점으로 되기 쉬움
	6) 배근위치의 이동, 철근의 피복두께의 부족	바닥슬래브에서는 주변에 따라 서클상으로 발생, 배근, 배관의 표면에 따라 발생
	7) 콜드조인트	콘크리트의 이음부에 콜드조인트가 균열로 된다.
	8) 거푸집의 배부름	거푸집이 움직인 방향으로 평행으로, 부분적으로 발생
	9) 누수	시멘트페이스트가 유출되어 골재가 노출된 부분이 각종 균열의 기점이 되고, 큰 균열이 불규칙적으로 발생
	10) 동바리의 침하	바닥, 보의 단부 위측 및 중앙하단 등에 발생
	11) 초기의 급격한 건조	타설 직후의 급격한 건조에 따라서 표면 각 부분에 균열이 불규칙적으로 발생
	12) 경화 전의 진동이나 재하	2의 하중에 의한 균열과 동일
	13) 거푸집의 조기 제거	5.12)와 같다. 그 후에 급격한 건조를 하면 4.6)의 균열이 조기에 발생하는 경우가 많다.
	14) 초기동해	가는 균열, 탈형하면 콘크리트면이 하얗게 된다.

5-2-4 현장에서 발생하는 문제

(1) 지주(받침기둥)의 바꾸어 세우기 및 존치기간

받침기둥의 바꾸어 세우기는 원칙적으로 하지 않는다. 부득이 바꾸어 세우기를 할 필요가 있는 경우에는 그 범위와 방법을 정하여야 하며, 받침기둥의 존치기간은 슬래브 밑, 보 밑 모두 설계기준강도의 100% 이상 콘크리트의 압축강도가 얻어진 것이 확인될 때까지로 하여야 한다.

(2) 이어치기

현장의 재료 수급 또는 현장의 여건상 콘크리트의 이어치기가 발생할 경우가 종종 발생하게 된다. 콘크리트 구조물의 이음자리는 강도상 약할 뿐만 아니라 방수층의 누수와 마무리재 균열 등의 원인이 되므로 가능한 한 이음부분이 없도록 시공하는 것이 좋다. 이어치기를 할 때에는 구조물의 강도에 영향이 작고 이음길이도 짧게 되는 위치에 또 시공순서에 무리가 없는 곳을 선정하여 실시하여야 한다. 이어치기를 할 경우 이음위치는 다음과 같다.

① 보, 바닥판의 이음은 스팬(span)의 중앙 부근에서 수직으로 한다. 단, 캔틸레버로 내민보나 바닥판은 이어치기를 하지 않는다.
② 기둥은 바닥판, 연결보, 또는 기초상단에서 수평으로 한다.
③ 바닥판의 중앙에 작은 보가 있을 때에는 중앙보에서 작은 보 너비의 2배 정도 떨어진 곳에 둔다.
④ 벽은 개구부 등 끊기 좋고 또한 이음자리 막기와 떼어내기에 편리한 곳에 수직 또는 수평으로 한다.
⑤ 아치의 이음은 아치축에 직각으로 한다.

이어치기 할 때의 주의사항은 다음과 같다.

① 거푸집의 들뜨기, 변형 등은 다시 수정한다.
② 레이턴스가 생기지 않도록 콘크리트 붓기를 한다.
③ 전날 부어넣은 콘크리트의 불량부분은 까내고 레이턴스, 미끈한 면은 와이어브러시(wire brush) 등으로 긁어내어 거친 면으로 하고 물씻기를 한다.
④ 특별히 강도를 요하는 개소에서는 부배합의 모르타르나 시멘트풀을 이음자리에 발라 콘크리트 접착이 잘 되게 한다.
⑤ 큰 접착력에 저항시킬 필요가 있는 이음에는 촉 또는 홈을 두거나 철근의 양 끝에 갈고리를 내어 양쪽에 반씩 묻는다.

(3) 신축줄눈(Expansion Joint)

모든 재료는 온도 및 습도의 변화에 따라 어느 정도의 수축팽창이 일어나므로 설계할 때 이에 대한 고려도 충분히 해야 된다. 특히 콘크리트는 온도나 습도의 변화에 따라 신축되는 부재 길이의 변화가 구속되어 내부에 큰 응력이 발생한다. 따라서 콘크리트 구조물에는 부재의 신축이 자유롭게 되도록 신축줄눈을 설치할 필요가 있다. 신축줄눈의 위치 및 구조는 설계시에 각종 구조물의 안전도, 외관 및 시공의 편이를 고려하여 정한 것이므로 현장에서 임의로 변경해서는 안되며 일반적으로 구조물의 수평단면이 급변하는 곳 또는 보강된 곳에 둔다. 벽은 마주치는 곳에 두고 얇은 벽일 때는 6～9m, 두꺼운 벽일 때 15～18m 간격으로 신축줄눈을 두며, 무근콘크리트 벽은 8m, 철근콘크리트벽은 13m 내외로 하고, 무근콘크리트 바닥판의 경우는 3～4.5m 간격으로 하는 것이 일반적이다. 신축이음에는 틈없는 줄눈(closed joint), 맞댄줄눈(butt joint), 트인줄눈(open joint) 등이 있고, 줄눈 사춤재료인 코킹재는 기상작용에 화학적으로 안정하고 또 기온의 변화 범위내에서 끈기 있고 플라스틱(plastic)하며 흐르지 않고 콘크리트에 부착이 잘 되는 것이어야 한다.

(4) 시공줄눈(Construction Joint)

콘크리트는 타설 후 약 2시간이면 응결을 시작하여 본격적인 수화반응을 시작하게 된다. 따라서 콘크리트 타설시 시간차가 많이 생기게 되면 신구 콘크리트가 일체가 되지 못하고 경계면에 불연속면이 생성하게 되어 균열이 발생하는 등 구조물에 불리한 영향을 끼치게 된다. 이것을 콜드조인트(cold joint)라 부른다. 이 콜드조인트에 의한 시공불량을 방지하기 위해 사전에 이음부 등을 선정하여 시공시에 미리 계획하여 타설구간 및 이어치는 높이 등을 결정하게 된다. 이것을 시공줄눈이라 한다.

(5) 조절줄눈(Control Joint)

콘크리트에는 균열이 반드시 생긴다는 기본 생각을 토대로 해서, 균열이 생길만한 구조물의 부재에 미리 줄눈을 설치하여 결함부위를 만들어 둔다. 줄눈을 설치한 결함부위로 균열이 집중적으로 생기게 하여, 다른 부분에는 균열이 생기지 않도록 한 줄눈을 조절줄눈이라 한다. 구조물의 부재에 조절줄눈을 설치할 위치를 예측하는 것이 중요하다.

5-3 거푸집공사

5-3-1 개 설

거푸집이란 콘크리트가 굳지 않은 상태, 즉 콘크리트가 유동성을 가지고 있는 시기부터 콘크리트가 경화하여 강도를 발현하여 자립할 시기까지 굳지 않은 콘크리트를 지지하는 가설구조물을 말하는 것으로써, 콘크리트를 일정한 형상과 치수로 유지시켜 주며 경화에 필요한 수분의 누출을 방지하고 외기의 영향을 차단하여 콘크리트가 적절하게 양생이 되도록 하는 등의 역할을 하는 가설 구조물이다.

콘크리트가 발명되어 건축물에 사용되면서부터 그 이전까지의 설계와 시공의 한계를 뛰어넘는 대규모적이고 자유로운 건축이 가능하게 되었는데, 이에 따라 거푸집공사는 거의 대부분의 건설공사에 있어서 필수 불가결한 요소가 되었다.

거푸집은 가설구조물이지만, 거푸집 자체의 하중과 굳지 않은 콘크리트의 무게, 작업시의 재료, 장비, 인력 등에 의한 적재하중에 견딜 수 있도록 튼튼해야 하며, 원하는 모양과 크기의 콘크리트 구조물이 만들어질 수 있어야 한다.

(1) 거푸집공사의 중요성

1) 품질 측면

슬래브, 보, 기둥 등 구조체의 규격, 형상, 강도 및 수직, 수평도는 거푸집의 시공정밀도에 크게 의존하므로, 콘크리트를 구조체로 사용하는 건설 대상물에서 거푸집의 품질은 건물 전체의 품질에 직결된다.

따라서, 거푸집을 설계하고 시공할 때에 정확하게 하고 원하는 크기, 모양, 위치가 유지되도록 하여야 하며 타설된 콘크리트의 마감면이 매끄럽게 되도록 하여야 하는데, 거푸집이 콘크리트 구조체의 품질에 미치는 영향과 역할을 요약하면 다음과 같다.

① 콘크리트가 응결하기까지의 형상, 치수의 확보

② 콘크리트 수화반응(水和反應)의 건전한 진행을 보조

③ 콘크리트 구조체의 구조정밀도 확보

④ 철근의 피복두께 확보

⑤ 콘크리트의 표면마무리

이러한 역할에서도 알 수 있듯이, 거푸집공사는 가설공사이지만 건축물의 품질이나 성능에 지대한 영향을 미치는 공사이므로 시공계획 및 현장시공에 있어서 면밀한 검토와 관리가 필요하다.

2) 안전 측면

콘크리트 공사중 발생하는 안전사고는 그 대부분이 콘크리트 타설중에 일어나며, 이는 거푸집 시공 불량으로 인한 것이다. 이러한 거푸집 붕괴사고는 대형사고로 연결되어 인적, 물적 피해는 물론 공기지연을 초래하게 된다.

더욱이 거푸집공사는 가설비계, 가설발판 등을 주로 사용하게 되어 안전사고의 발생 가능성이 매우 높고 거푸집 자체가 중량물(重量物)이므로 안전에 취약할 수밖에 없다.

따라서 거푸집은 콘크리트의 자중, 측압 등 고정하중뿐만 아니라 작업중 작업자의 이동, 각종 소요자재 등의 적재 등에도 안전하도록 구조적으로 검토되고 철저하게 확인이 되어야 한다.

3) 공기 측면

거푸집공사기간은 전체 공사기간의 25% 정도의 비중을 차지하는데 단일 공종으로서는 상당히 긴 공기를 필요로 하는 공사이다. 따라서 철근콘크리트조 건물의 공사 현장에서 거푸집공사는 주공정(critical path)이 되고 있으며, 공기단축을 도모하는데 핵심적인 위치를 차지하고 있다.

그런데 거푸집공사는 그 성격상 반복적인 공사이므로 공기단축의 가능성이 높고 그 효과도 크므로 공기단축의 측면에서도 거푸집공사는 매우 중요하다.

4) 공사비 측면

철근콘크리트조 건축공사에서 거푸집 공사비는 일반적으로 구조체 공사비의 30~40%, 전체 공사비의 10% 정도를 차지하는데, 가설구조물로서는 상당히 높은 공사비이므로 공사비 절감의 여지가 매우 높다. 따라서 거푸집공사의 생산성 향상은 전체 공사비의 절감을 위해서는 거푸집 공사의 계획 및 원가절감을 위한 합리적 공법의 선정이 매우 중요하다.

5) 환경적 측면 : 건설폐기물, 먼지비산, 소음진동

(2) 거푸집공법의 발전방향

1) 거푸집공사에 영향을 미치는 환경변화

거푸집 기술의 개발과 발전은 건설업에 영향을 미치는 환경의 변화에 따라 그 방향이 결정되고 변화한다. 앞에서 살펴본 바와 같이 거푸집공사는 그 전체공사에서 차지하는 양적, 질적 비중이 매우 높은 공종이므로 특히 이와 같은 사회환경 변화에 민감하게 반응하게 되는데, 거푸집 기술개발과 발전방향에 영향을 미치는 환경변화를 사회적, 기술적 차원에서 살펴보면 다음과 같다.

① 사회환경의 변화

3D (difficult, dirty, dangerous)업종 기피풍조의 확산과 기능인력의 고령화

① 기능인력 감소와 기능도 저하
② 노무비의 상승
③ 공사규모의 대형화, 고층화
④ 안전사고로 인한 인적, 물적 피해 증대
⑤ 금융비용절감과 경기변동에 대처하기 위한 초단기 시공 필요성의 대두
⑥ 자원절약 및 자원 재활용운동 확산
⑦ 지구 온실효과 억제를 위한 열대목재 벌목의 규제와 이에 따른 열대목재 및 가공품 금액의 인상

② 기술환경의 변화

① 고강도 콘크리트의 실용화

② 조강, 유동화 콘크리트의 발전

③ 철골 건물에 비교한 콘크리트 건물의 우수성 재인식

④ 양중장비의 대형화와 사용의 보편화

2) 거푸집공법의 발전방향

① 재래식 거푸집 공법의 성격

거푸집공사는 건설공사의 타 공종과 비교할 때 공사비 중에서 인건비가 차지하는 비중이 높아, 노임단가가 낮았던 과거에는 재료나 공사용 기계장비에 투자하는 것 보다도 인력을 많이 동원하는 것이 공사원가를 절감하는 방안이었다.

① 소형 패널 위주로 거푸집 제작

② 인력가공, 제작, 조립, 설치

③ 제작, 설치의 복잡

④ 거푸집 이동을 위해 사용 후에는 소형 패널로 해체

⑤ 인력운반

⑥ 비효율적 단면의 부재를 사용함으로써 무거운 거푸집 사용

⑦ 낮은 전용 횟수

② 거푸집공사의 발전방향

거푸집공사는 사회 · 기술 환경의 변화에 따라 합리적인 공법으로의 전환이 요구되며, 주요 발전방향은 다음과 같다.

① 거푸집의 대형화

② 공장제작, 조립

③ 설치의 단순화를 위한 유닛(unit)화

④ 기계를 사용한 운반, 설치

⑤ 부재의 경량화, 부재 단면의 효율화

⑥ 높은 전용 횟수

5-3-2 거푸집의 재료와 공법

(1) 주요 부재의 분류

거푸집의 주요 부재는 거푸집판, 장선, 보강재, 동바리, 긴결재 및 기타 부속재로 나눌 수 있다. 거푸집판은 콘크리트와 직접 접촉하여 구조물의 형태를 조성하고, 장선은 거푸집판의 변형을 방지하며 콘크리트의 측압 또는 하중을 거푸집판으로부터 전달받아 보강재, 긴결재

로 연결하는 역할을 하는데 거푸집판과 장선은 보통 일체로 되어 있고 이들을 합하여 거푸집 패널이라 할 수 있다.

보강재는 거푸집 패널을 지지하고 콘크리트의 측압과 작업하중을 패널로부터 전달받아 변형이 되지 않도록 유지시켜 주는 역할을 하며, 동바리는 바닥 거푸집의 하중을 지지하는 역할을 한다.

긴결재는 폼타이(form-tie), 칼럼밴드(column band) 등을 말하는 것으로서 거푸집을 고정하여 작업중의 콘크리트 측압 등을 최종적으로 부담한다. 기타 부재로서 분류는 되지 않지만 거푸집공사에 쓰이는 박리제는 거푸집 탈형시 콘크리트와 거푸집판의 분리를 원활하게 해주는 역할을 하는 일종의 윤활유라고 할 수 있는 약품이다. 거푸집의 주요 부재를 벽체용 거푸집과 바닥용 거푸집에서 살펴보면 그림 5-2, 그림 5-3과 같다.

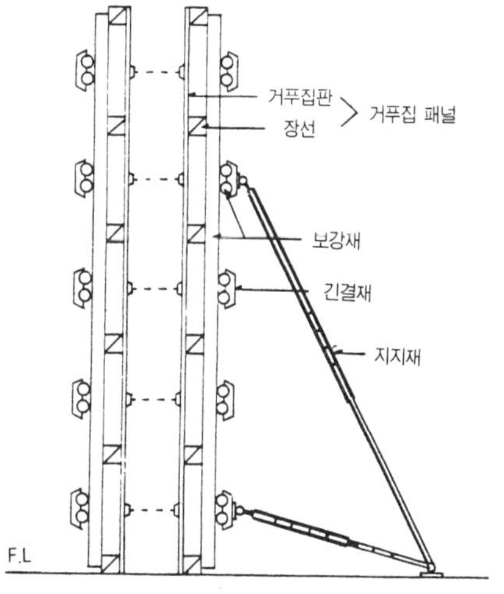

그림 5-2 거푸집의 주요 부재(벽체 거푸집)

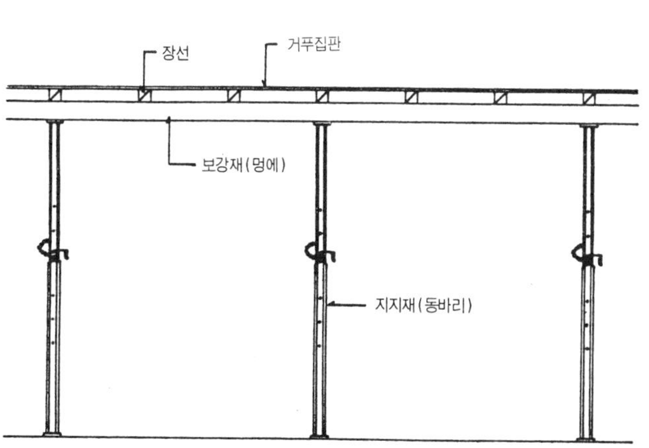

그림 5-3 거푸집의 주요 부재(바닥 거푸집)

표 5-3 균열의 원인

균열의 원인		균열의 특징
1. 설계에 의한 것	세부설계의 미비	국부에 비교적 큰 균열이 집중적으로 발생
2. 하중에 관계하는 것	1) 하중	국부에 비교적 큰 균열이 집중적으로 발생
	2) 지 진	기둥·보·벽 등에 45도 방향으로 균열이 발생
	3) 과하중	보나 바닥의 인장측에 수직으로 균열이 발생
	4) 단면·철근량의 부족	상기 2, 3과 같다.
	5) 부동침하	45도 방향으로 큰 균열이 부분적으로 발생
3. 외적요인에 관계하는 것	1) 환경·온도의 변화	2~3월부터 발생하고 긴 바닥·벽·보 등에 거의 등간격으로 수직으로 발생, 발생한 균열은 온도·습도에 따라 변동
	2) 콘크리트 부재 양면의 온도·습도차	저온측 또는 저습도측 표면에 휘는 방향과 직각으로 발생
	3) 동결융해	거북이등과 같은 형상으로 발생
	4) 화재, 표면 가열	표면전체에 가는 거북이등 현상으로 발생
	5) 내부 철근의 부식	철근에 따라 큰 균열이 발생, 피복 콘크리트가 박리한다든지 녹이 유출됨
	6) 외부로부터 침입하는 염화물	상기 5)와 같은 균열이 발생
4. 콘크리트의 재료적 성질에 관계하는 것	1) 시멘트의 이상응결	폭이 크고 짧은 균열이 비교적 초기에 불규칙적으로 발생
	2) 시멘트의 이상 팽창	방사형의 망상의 균열
	3) 콘크리트의 침하·블리딩	타설후 1~2시간에 철근의 상부나 벽, 바닥의 경계 등에 발생
	4) 골재에 포함되어 있는 염화물	4. 5)의 균열이 발생
	5) 시멘트의 수화열	단면이 큰 콘크리트에서는 1~2주일 지나서 직선상의 균열이 거의 등간격으로 발생
	6) 콘크리트의 건조수축	2~3개월부터 발생하고 계속 성장하여 개구부나 기둥, 보 주위에 경사균열발생, 세장한 바닥, 벽, 보 등에 거의 등간격으로 수직으로 발생
	7) 알칼리골재 반응	거북이등과 같은 망상균열이 발생, 습기가 많은 곳에서 현저. Pop out현상도 발생한다.
	8) 콘크리트의 중성화	내부철근의 방청에 따른다. 3), 5)와 같은 모양의 균열이 발생
5. 시공에 관계 하는 것	1) 혼화재료의 불균일한 분산	국부적으로 불규칙적으로 발생
	2) 장시간의 비빔	전면적으로 망상균열이나 짧은 길이의 불규칙적인 균열
	3) 펌프압송시 시멘트량, 수량의 증량	4.3)이나 4.6)의 균열이 발생하기 쉽다.
	4) 급속한 타입속도	5.8)이나 4.3)의 균열이 발생
	5) 불균일한 타설, 곰보현상	각종 균열의 기점으로 되기 쉬움
	6) 배근위치의 이동, 철근의 피복두께의 부족	바닥 슬래브에서는 주변에 따라 서클상으로 발생, 배근, 배관의 표면에 따라 발생
	7) 콜드조인트	콘크리트의 이음부에 콜드조인트가 균열로 된다.
	8) 거푸집의 배부름	형틀이 움직인 방향으로 평행으로, 부분적으로 발생
	9) 누 수	시멘트 페이스트가 유출되어 골재가 노출된 부분이 각종 균열의 기점이 되고, 큰 균열이 불규칙적으로 발생
	10) 동바리의 침하	바닥, 보의 단부 위측 및 중앙하단 등에 발생
	11) 초기의 급격한 건조	타입직후의 급격한 건조에 따라서 표면 각 부분에 균열이 불규칙적으로 발생
	12) 경화전의 진동이나 재하	2의 하중에 의한 균열과 동일
	13) 거푸집의 조기 제거	5. 12)와 같다. 그 후에 급격한 건조를 하면 4. 6)의 균열이 조기에 발생하는 경우가 많다.
	14) 초기동해	가는 균열, 탈형하면 콘크리트면이 하얗게 된다.

(2) 주요 부재의 종류와 특징

1) 거푸집판(sheathing)

거푸집판은 콘크리트와 직접 접촉하여 콘크리트 구조물의 형태, 표면을 조성하고 콘크리트의 측압 등 작업하중을 최초로 전달받아 거푸집의 각 부재로 분산시키는 역할을 하는 재료로서 매우 중요한 부재이다.

거푸집판의 종류로는 목재널, 합판, 철판, 철망(metal lath), 섬유(textile) 등 여러 가지가 있으며, 콘크리트의 표면을 특수한 형상으로 하기 위하여 거푸집판에 부착하여 사용하는 문양(文様)판 등이 있다.

① 목재널

삼나무, 미송, 육송의 소폭판재를 사용할 수 있는데 근래에 들어서는 거의 사용되지 않고 있다.

② 합판

3매 이상의 박판(薄板, veneer)을 3, 5, 7매 등의 홀수로 섬유방향이 직교하도록 접착제로 붙여서 만든 것이다.

③ 합성수지판

합판의 대체재로서 사용되는 합성수지판은 사용후 재활용도가 높고 내구성, 강도 등이 합판에 비하여 우수하므로 앞으로 사용량이 증대될 전망이다.

합성수지판을 이용한 거푸집 중 투명한 합성수지판으로 거푸집을 제작한 투명거푸집은 콘크리트 타설시 충진 상황을 쉽게 볼 수 있도록 하기 위해 사용한다.

④ 금속데크(metal deck)

철골 구조물의 바닥 콘크리트를 타설하기 위한 거푸집판으로서 철판(아연도)을 굴곡진 형태로 절곡하여 철골보 위에 걸쳐놓고 철근을 배근하여 콘크리트를 타설한다.

⑤ 하프 피씨(half PC)

거푸집 공사는 많은 인력과 많은 시간을 필요로 하는 공사이며 기능공의 작업숙련도, 성실도 등에 따라 품질이 좌우되므로 이러한 단점을 보완하고 개선하기 위하여 콘크리트 구조물의 일부분을 미리 프리캐스트콘크리트(precast concrete)로 제작하여 거푸집 대용으로 사용하고, 여기에 현장타설 콘크리트를 합성하여 구조물을 조성하는 방식으로 바닥, 벽체, 기둥, 보 등이 다양하다.

바닥에 설치하는 하프 PC는 현장타설 콘크리트와 일체가 되어 구조적으로 작용하는 방식이 거의 대부분이나 벽체, 기둥, 보에 쓰이는 하프 PC는 구조단면으로 사용되는 것과 구조단면으로 사용되지 않는 것의 두 가지 형태가 있다. 그림 5-4 (a), (b)는 바닥과 기둥, 보에 사용되는 하프 PC의 시공 예이다.

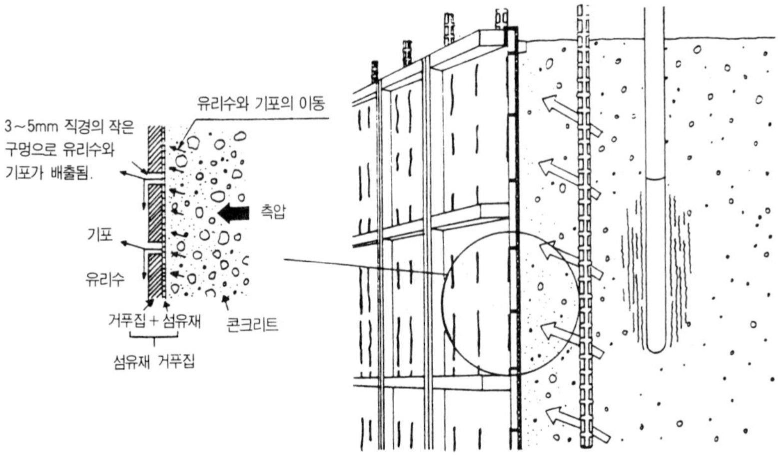

그림 5-5 섬유재 거푸집 단면도

⑦ 특수 문양재

콘크리트 노출면에 특수한 형태의 문양을 조성하여 거푸집에 부착해서 사용하는 재로로써 고무판, 합성수지, 스티로폴, 철판 등이 사용된다.

2) 장 선

장선은 거푸집판을 지지하고 콘크리트의 측압력(側壓力)을 거푸집에서 전달받아 보강재, 동바리, 긴결재에 전달시키는 부재로서 보통은 거푸집판과 일체로 제작되어 사용되나 최근의 시스템화 거푸집(system form)에서는 그렇지 않은 경우도 있다. 주로 사용되는 재료로는 목재, 강재, 알루미늄재 등이 있다.

① 목재장선

목재장선에 사용되는 각재의 규격은 1.5×2.0인치(정미치수 38×52mm) 각재가 주로 사용된다. 각재의 종류는 미송 또는 육송이 주로 사용된는데, 근래에는 육송은 거의 공급이 되지 않아 주로 미송이 많이 사용된다. 미송 및 육송의 비중과 구조성능은 표 5-4과 같다.

표 5-4 미송과 육송의 구조성능, 비중

구 분	비중/기건(氣乾)상태	압축강도 (kg/cm^2)	인장강도 (kg/cm^2)	휨강도 (kg/cm^2)	전단강도 (kg/cm^2)
미 송	0.54	480	1,050	870	74
육 송	0.54	440	519	703	76

목재장선은 거푸집판과 일체가 되어 거푸집 패널로 제작되는데, 목재 거푸집 패널은 인력으로 설치, 해체되기 때문에 인력으로 조작이 가능한 중량으로 제작한다.

합판과 목재장선을 이용한 거푸집 패널은 합판의 크기와 중량을 고려하여 보통 910×1,820mm(3×6자), 610×2,440mm(2×8자)의 크기로 제작한다.

② **철재장선**

철재장선으로는 단관파이프, 각관(角管) 등이 이용된다.

③ **기타 장선재**

목재와 철재장선 이외에도 거푸집을 경량화하기 위하여 알루미늄제 장선을 사용하여 거푸집 패널을 제작 사용하기도 한다.

3) 보강재

보강재는 벽 또는 기둥거푸집에서는 거푸집 패널을 지지하고 콘크리트 측압을 전달받아 변형이 되지 않도록 유지시켜 주는 수직부재와 수평부재이며, 바닥거푸집에서는 거푸집 패널 중량, 콘크리트 중량, 작업을 위한 적재하중, 충격하중 등을 전달받아 동바리에 전달하는 매우 중요한 구성부로서, 그 재질은 목재, 철재 등으로 제작형태는 매우 다양하다.

① **각 목**

보강재로 쓰이는 각목은 3×3치(정미규격 81×81mm) 또는 2×4치(52×105mm) 규격의 미송이 많이 쓰이는데, 길이는 30cm 모듈(module)의 자(尺)단위로 제작되며 보통은 3자~12자가 많이 쓰인다.

② **목재보, 빔**(girder, beam)

목재를 가공하여 단면을 효율적으로 구성함으로써 가벼우면서도 큰 힘을 받을 수 있게 한 보강재이다. 목재는 트러스형(truss type)과 I빔형(I-beam type)의 목재 거더를 주로 사용한다.

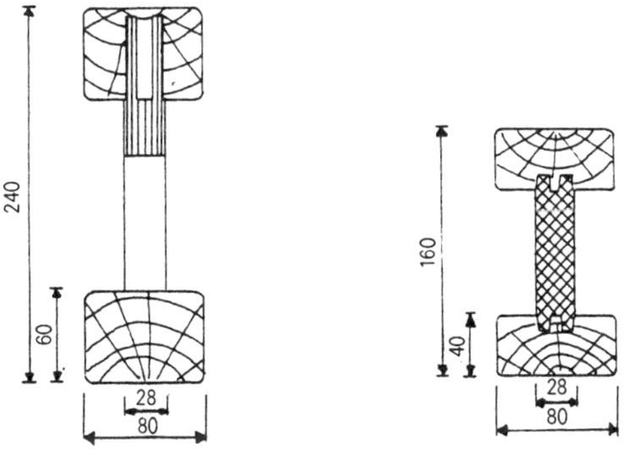

(a) 목재 거더의 단면 예

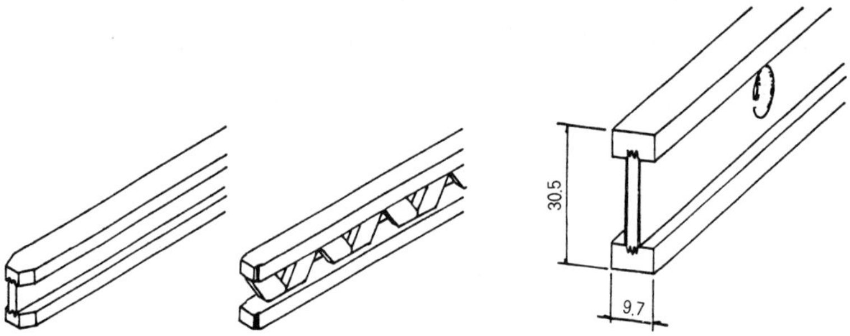

(b) 트러스형　　　　　　　　　　(c) I빔형

그림 5-6　목재 거더

③ **비계용 파이프**(구조용 강관)

비계용 파이프는 바닥 거푸집에서는 장선재로 이용되고, 벽체용 거푸집에서는 수직 또는 수평보강재로 주로 이용되며, 철재 패널폼(유로폼)에서는 수직보강재, 수평보강재로 이용된다. 비계용 파이프의 규격 및 단면 성능은 다음과 같다.

① 규 격 : Φ48.6×2.4t

② 길 이 : 1.5m, 2.0m, 3.0m, 4.0m, 6.0 등

③ 단면적 : 3.483cm^2

④ 단위중량 : 2.73kg/m

⑤ 단면계수 : 3.83cm^3

⑥ 단면 2차 모멘트 : 9.32cm^4

⑦ 단면 2차 회전반경 : 1.64cm

④ **강(鋼)보강재**

강재를 이용한 보강재는 강도와 내구성이 높아 대형거푸집에 주로 사용되는데 주로 C-형강(channel)을 가공하여 제작한다.

강보강재는 갱폼(gang form), 클라이밍폼(climbing form), 테이블폼(table form) 등 거의 대부분의 시스템화 거푸집에 이용된다.

4) 지　주(shoring)

① **철재 동바리**(steel support)

바닥 거푸집에서 거푸집의 자중과 콘크리트 중량, 작업하중을 지지하여 바닥구조물이 안전하고 정확하게 시공되도록 하는 부재이다(그림 5-7, 표 5-5, 표 5-6 참조).

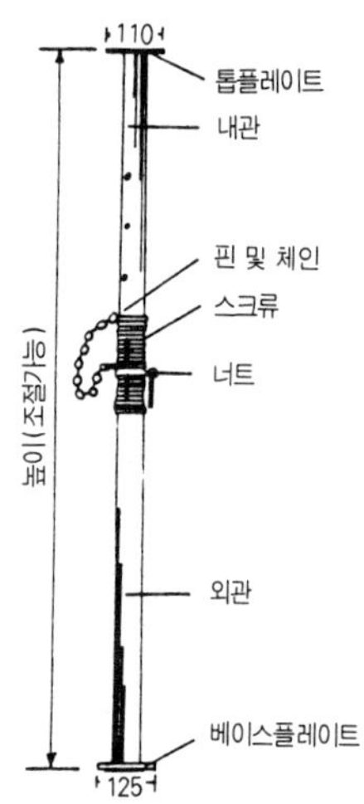

그림 5-7　철재 서포트

표 5-5 철재 서포트의 종류

종 류	내 관 (mm)	외 관 (mm)	사 용 높 이		허 용 하 중		중 량 (kg)
			접었을 때	폈을 때	최 대 (kg)	최 소 (kg)	
①	1,500	1,800	1,800	3,300	2,200	1,700	12.3
②	1,500	2,000	2,000	3,500	2,000	1,500	12.7
③	1,500	2,400	2,400	3,900	1,900	1,300	13.6
④	1,800	2,400	2,400	4,200	1,800	1,200	14.8

표 5-6 철재 서포트의 최대간격

종 류	슬래브 두께(cm)	8	10	12	14	16	18	20
	설계하중 (kg/cm²) / 사용방법	392	440	488	536	584	632	680
①	접었을 때	2.3	2.2	2.1	2.0	1.9	1.8	1.7
	폈을 때	2.0	1.9	1.8	1.7	1.7	1.6	1.5
②	접었을 때	2.2	2.1	2.0	1.9	1.8	1.7	1.7
	폈을 때	1.9	1.8	1.7	1.6	1.6	1.5	1.4
③	접었을 때	2.2	2.0	1.9	1.8	1.8	1.7	1.6
	폈을 때	1.8	1.7	1.6	1.5	1.4	1.4	1.3
④	접었을 때	2.1	2.0	1.9	1.8	1.7	1.6	1.6
	폈을 때	1.7	1.6	1.5	1.4	1.4	1.3	1.3

② **시스템화 지주**(system shoring)

지주를 부품화, 조립화, 경량화, 고강도화하여 시공이 간편하고 중(重)하중에도 안전하도록 제작한 것이 시스템화 지주인데 종류로는 고강도지주, 컵록서포트, 타워형서포트 등이 있다.

5) 폼타이 및 칼럼밴드

① **폼타이**(form-tie)

벽체 거푸집 또는 보 거푸집에서 거푸집판을 일정한 간격으로 유지시켜 주는 동시에 콘크리트의 측압을 최종적으로 지지하는 역할을 하는 부재이다. 폼타이는 거푸집에 사용한 후 제거가 불가능한 매입형과 제거가 가능한 관통형이 있다.

① 원추형(corn type)

콘크리트에 매입되는 세파볼트(sepa-bolt)와 PVC콘(corn)을 조립하여 폼타이 본체를 구성하며, 콘크리트 양생 후에 세파볼트는 콘크리트에 매입되고 PVC콘은 제거가 가능하다. 이 종류는 합판거푸집, 철재거푸집 등에 광범위하게 사용되며 지수성능이 좋으므로 지하구조물 등에 사용되는데 지수성능을 향상시키기 위하여 세파볼트에 지수판을 부착한 것도 있다.

② 세퍼레이터(separator)

비교적 간단한 구조물에 합판거푸집을 적용할 때 사용되며, 측압력은 부담하지 않고 단지 거푸집판의 간격만 유지시켜 주는 역할을 하는 재료로서, 철판을 절곡하여 제작한다.

콘크리트 측압은 철선(#6~#8)으로 부담한다.

③ 플랫타이(flat tie)

철재 패널폼에 사용하는 폼타이로서 타이를 웨지핀(wedge pin)을 패널폼에 고정한다.

④ 튜브형(tube type)

PVC튜브와 타이볼트 등을 조립하여 폼타이를 구성하는 방식으로서 콘크리트 양생 후에 튜브는 콘크리트에 매입되고 볼트는 회수하여 재사용 가능하며 일반 볼트 외에 고강도 나사형 철근(dybindag bar)을 사용하기도 한다.

⑤ 테이퍼드바형(tapered bar type)

콘크리트에 매입되는 부재를 세파볼트나 튜브를 사용하지 않고 볼트 자체를 단면이 점점 작아지도록 테이퍼(taper)로 가공하여 콘크리트 타설 후 볼트의 제거가 가능하게 제작된 폼타이로서 높은 측압을 받는 구조물에 주로 사용된다.

② 칼럼밴드(column band)

기둥거푸집의 고정 및 측압버팀용으로 쓰이는 것으로서 주로 합판거푸집에 사용된다.

(3) 시스템화 거푸집

시스템화 거푸집이란 “거푸집 공사를 합리화 하기 위하여 공사의 성격에 따라 특정 목적에 맞게 제작, 사용하는 거푸집”을 말한다. 시스템화 거푸집은 최근의 환경변화에 의하여 매우 다양하게 개발되고 있고, 그 중 사용이 일반화되고 있는 종류는 다음과 같다.

1) 철재 패널폼

① 개　요

가장 초보적인 단계의 시스템화 거푸집으로서 ‘유로폼’이라고도 한다. 패널폼은 원래 모듈식 거푸집(moudlar form)으로 건물의 평면 형상이 규격화되어 표준타입의 거푸집을 변형시키지 않고 조립함으로써, 현장 제작에 소요되는 인력을 줄여 생산성을 향상시키고 자재의 전용 횟수는 증대시키는 것을 목적으로 개발된 것이다.

이 시스템은 아파트를 비롯한 철근콘크리트 구조물공사 전반에 폭넓게 사용되는데, 활용도가 높은 반면에 재래식 공법의 범주를 크게 벗어나지는 못한다. 패널폼은 크게 나누어 벽체용, 기둥용, 바닥용으로 구분할 수 잇는데 종래에는 벽체용, 기둥용, 바닥용 등을 모두 사용하였으나 기본 패널의 모듈이 600×1,200mm으로 작게 제작되어 있어 바닥에는 거의 사용하지 않고 벽체와 기둥에 많이 사용하고 있다.

거푸집 패널의 두께는 70mm와 63.5mm 두 가지가 있고, 70mm 패널은 근래에 거의 사용하지 않고 있다.

거푸집의 구성개념은 철재장선과 라미네이트 코팅합판으로 제작된 거푸집 패널을, 벽에서는 비계용 파이프로, 바닥에서는 드롭헤드(drop head)와 빔(beam)을 보강재로 사용하여 지지하는데, 드롭헤드를 이용한 바닥거푸집 시스템은 거푸집 조기탈형 방식으로서 슬래브 콘크리트를 친 후 양생한 다음 지주(supporting prop)는 그대로 두고 드롭헤드의 쐐기를 빼면 슬래브 거푸집을 받치고 있는 패널폼만 아래로 떨어지면서 슬래브 거푸집이 해체되는 방식인데 매트리폼시스템(metriform system)이라고도 한다. 이 방식은 거푸집 해체후에도 지주가 슬래브를 받치고 있기 때문에 지주의 바꾸어 세우기(reshoring) 작업이 필요없고 거푸집도 절약할 수 있다.

그림 5-8은 패널폼을 아파트에 적용하였을 때의 개요도로서 벽체와 바닥에 모두 사용할 때의 거푸집 구성개요를 나타낸다.

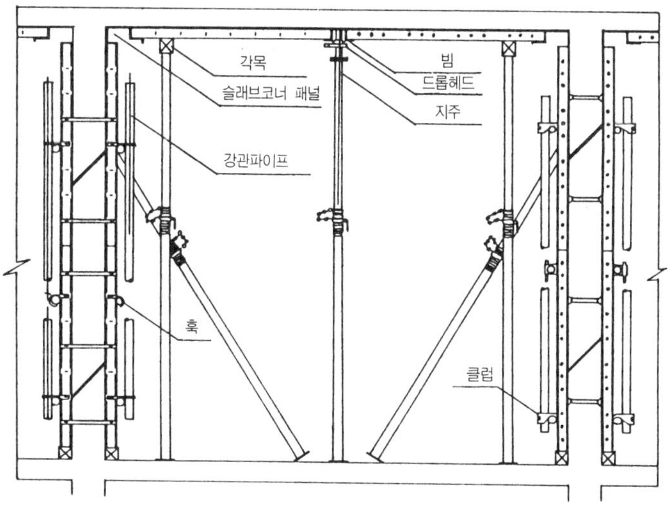

그림 5-8 패널폼의 개요도

② 특 성

① 제작방법

공장제삭하여 일정 횟수 사용 후 합판교체 및 프레임 교정 등 보수작업은 현장에서도 가능하다.

② 경제적 전용횟수

패널폼은 최초 구매 후 약 60회 정도 사용 가능하나 15회 정도 사용한 후에는 합판교체, 프레임 교정 및 도장을 하여야 한다.

패널폼을 신품 구매하여 10회 이상만 합판 교체 없이 사용하면 일반 합판거푸집 3회용보다 거푸집 손료가 낮아지는데 국내의 경우, 아파트의 층수는 대부분 15층 내외이고 공사 도중 합판교체를 거의 하지 않는 것으로 보면, 아파트공사에는 매우 경제적인 거푸집공법이라 할 수 있다.

③ 장·단점

㉠ 장 점

- 일반 합판 거푸집에 비하여 시공시의 정밀도가 높다.
- 타 거푸집 시스템과의 조합이 쉽다.
- 장비가 불필요하다.
- 초기 투자비가 적고 거푸집 손료가 싸므로 경제적이다.
- 아파트, 사무실 등 거의 모든 구조물에 적용 가능하다.

㉡ 단 점

- 부재의 크기가 작고 해체, 조립을 반복하므로 인력소모가 많다.
- 부재조립, 해체, 운반을 인력에 의존하므로 시공속도가 늦고 인력수급 상황에 민감하다.
- 곡면 시공이 어렵다.
- 거푸집 이음부위가 많아 시멘트페이스트의 누출이 많고, 이음부위 면처리비용이 많이 든다.
- 높은 측압에는 약하다.
- 시공품질이 작업자의 기능도와 작업성실도에 크게 좌우된다.

④ 적용 대상

패널폼은 거의 모든 구조물에 적용 가능한 거푸집 시스템으로서 그 적용범위는 매우 넓다. 그러나 패널폼은 인력소모가 많고 안전성이 떨어져 최근에는 점차 그 사용이 줄고 보다 나은 시스템화 거푸집을 사용하는 경향이 있다. 가장 많이 적용되는 구조물로서는 아파트를 들 수 있는데 아파트의 구조가 비교적 모듈화되어 있고 반복되는 모듈의 수가 많아 경제적인 전용이 가능하기 때문이다.

2) 갱 폼(gang form)

① 개 요

사용할 때마다 작은 부재의 조립, 분해를 반복하지 않고 대형화, 단순화하여 한 번에 설치하고 해체하는 거푸집 시스템을 말한다. 원래 갱폼이라고 하는 것은 넓은 의미에서는 대형화한 모든 거푸집을 의미하지만 시스템화 거푸집을 분류할 때는 벽체용 거푸집만을 뜻한다.

② 거푸집의 구성

갱폼은 크게 나누면 세 부분으로 나눌 수 있는데 거푸집판과 보강재가 일체로 된 기본 패널, 작업자의 작업을 위한 작업 발판대 및 수직도 조정과 횡력을 지지하는 빗버팀대(brace)로 구성되어 있다(그림 5-9 참조).

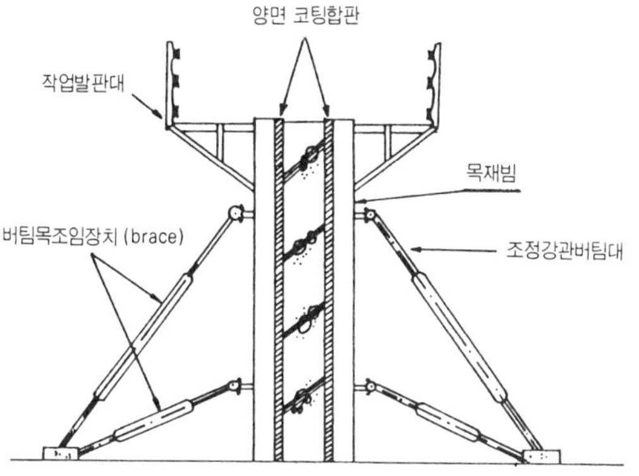

(a) 갱폼의 구성

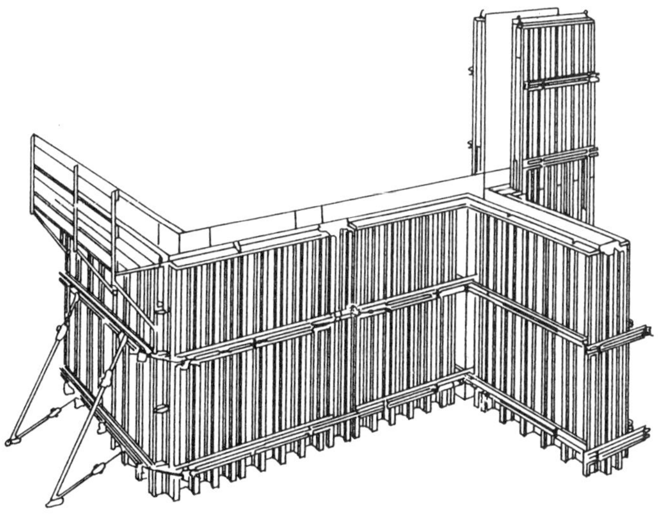

(b) 갱폼의 입면

그림 5-9

③ 특 성

① 제작방법

현장제작, 공장제작 모두 가능하나 근거리 운반시에는 공장제작, 원거리 운반시에는 현장제작한다.

② 전용횟수

경제적인 전용횟수는 30~40회 정도이므로 15층 이상의 아파트에서 층당 0.5벌로 전용하면 경제적으로 사용할 수 있다.

③ 중 량

$1m^2$당 50~100kg 내외

④ 사용장비

타워크레인 또는 모빌크레인(저층)

⑤ 장·단점

㉠ 장 점

- 조립, 해체가 생략되고 설치와 탈형만하므로 인력절감
- 콘크리트 이음부위(joint) 감소로 마감 단순화 및 비용절감
- 기능공의 기능도에 크게 좌우되지 않는다.
- 1개 현장 사용후 합판 교체하여 재사용 가능

㉡ 단 점

- 장비필요
- 초기 투자비 과다
- 거푸집 조립시간 필요
- 기능공의 교육 및 숙달기간 필요

④ 적 용

갱폼은 고층아파트, 콘도미니엄, 병원, 사무소 등 대부분의 건축구조물에 적용 가능하나 그 중에서도 벽식 구조의 건물이 적용효과가 매우 크며, 수직적 또는 수평적으로 동일 모듈이 15개 정도 이상이면 적용 가능하다.

3) 플라잉폼(flying form)

① 개 요

바닥에 콘크리트를 타설하기 위한 거푸집으로서 거푸집판, 장선, 멍에, 서포트 등을 일체로 제작하여 부재화한 거푸집인데 테이블처럼 생겼다 하여 일명 '테이블폼(table form)'이라고도 한다.

그림 5-10 플라잉폼

② 구 성

플라잉폼은 현재 사용하고 있는 일반 합판거푸집과 강관지주 등으로도 충분히 조립사용

이 가능한데 제품들이 부품화, 규격화되어 있고 구입 및 사용이 용이하게 되어 있다. 구성 부분은 크게 거푸집판과 보강재가 일체로 된 거푸집판, 지주(shoring) 및 해체와 이동을 위한 보조장비로 나눌 수 있다.

③ 특 성

① 제작방법

이 시스템도 갱폼과 마찬가지로 현장제작을 원칙으로 하되, 운반거리가 근거리인 경우에는 공장에서 제작해서 현장으로 운반하기도 한다.

② 전용횟수

경제적인 전용횟수는 30~40회 이상이며 보통 갱폼과 조합되어 사용되므로 갱폼과 같은 전용횟수를 기대할 수 있다.

③ 중 량

1m²당 50kg 내외

④ 사용장비

타워크레인 또는 모빌크레인

⑤ 장·단점

㉠ 장 점

- 조립분해가 생략되므로 설치시간이 단축된다.
- 거푸집의 처짐량이 적다.
- 기능공의 기능도에 크게 좌우되지 않는다.
- 합판을 제외한 주요부재의 재사용이 가능하다.

㉡ 단 점

- 장비가 필요하다.
- 초기 투자비가 크다.

④ 적 용

이 시스템은 수직적인 반복 모듈을 가진 구조물뿐만 아니라 수평적인 반복 모듈을 가진 구조물에도 적용효과가 높기 때문에 아파트, 호텔, 병원 등의 건축물뿐만 아니라 초고층 철근콘크리트 건물 또는 지하주차장과 같은 지하구조물에도 적용한다. 지하층의 면적이 아주 넓을 경우에는 소량의 거푸집만으로도 반복적이고 순환적(cycle 공정)인 작업이 가능하기 때문에 적용효과가 크다 하겠다.

4) 클라이밍폼(climbing form)

① 개 요

벽체용 거푸집으로서 거푸집과 벽체 마감공사를 위한 비계틀을 일체로 조립하여 한꺼번에 인양시켜 거푸집을 설치하는 공법인데, 간단하게 표현하면 앞에서 소개한 갱폼에 거푸집 설치를 위한 비계틀과 기 타설된 콘크리트의 마감작업용 비계를 일체로 제작한 거푸집이라 할 수 있다.(그림 5-11 참조)

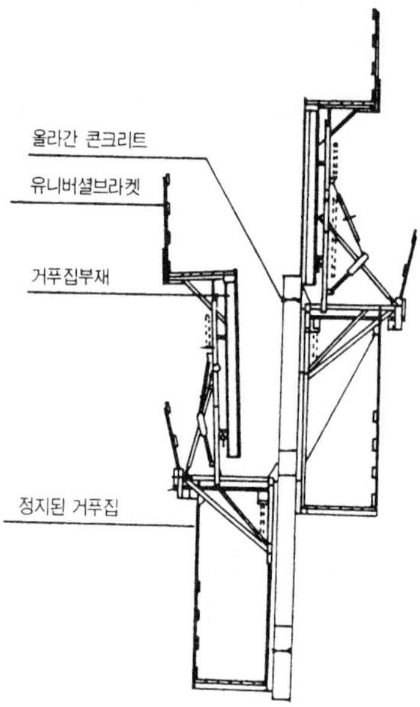

그림 5-11 클라잉 폼 시스템의 구성

② 특 성

① 제작방법

클라이밍 시스템을 분해상태로 현장에 운반하여 공정 진척에 따라 조립한다.

② 전용횟수

거푸집을 제외한 클라이밍 시스템의 전용횟수는 80~100회 정도가 경제적이나 1개 현장 사용 후 분해하여 콘크리트 제거, 기름칠, 방청도장 등을 실시하여야 오래 사용할 수 있다. 1개 현장의 경제적 전용횟수는 거푸집 (gang form)의 전용횟수를 감안하여 결정하면 된다.

③ 중 량

거푸집을 제외한 클라이밍 시스템(브래킷 2조)의 무게는 3.0m× 3.5m(W× H) 거푸집 기준으로 약 700kg이다.

④ 장 · 단점

㉠ 장 점

· 거푸집 작업 및 마감작업을 위한 비계틀이 일체로 제작되어 있으므로 비계 설치가 필요 없다.
· 고소 작업시 안전성이 높다.
· 거푸집 해체시 콘크리트에 미치는 충격이 적다.
· 장비를 이용하여 설치, 해체하므로 인력이 절감되고 시공속도가 빠르다.
· 콘크리트면의 품질이 양호하다.

㉡ 단 점

·초기 투자비가 크다.

⑤ 적 용

클라이밍 폼은 수직적으로 반복되거나 높이가 높은 건축물 또는 구조물에 적용된다.

5) 슬립 폼(slip form)

① 개 요

수직적 또는 수평적으로 연속된 구조물을 거푸집 설치, 해체와 같은 일반적인 시공방법으로 콘크리트를 타설하여 시공하게 되면 구조물의 형상이 일정하지 않고 배부름, 치수미

달 등의 시공결함이 발생하게 되며, 시공이음이 없는 밀실한 구조물일 경우 기존의 시공방법은 구조물에 치명적인 결함을 발생시킬 수 있다.

슬립폼공법은 슬라이딩폼(sliding form)공법이라고 불려지기도 하는데, 수평적 또는 수직적으로 반복된 구조물을 시공이음이 없이 균일한 형상으로 시공하기 위하여 거푸집을 연속적으로 이동시키면서 콘크리트를 타설하여 구조물을 시공하는 거푸집공법이다.

이 공법은 사일로(silo), 곡물창고, 전단벽(diaphram wall)건물, 유틸리티코어(utility core), 굴뚝, 교각 등과 같이 수직적으로 연속된 구조물과, 원자력 발전소의 원자로 격납용기(contaimment vessel)와 같이 시공이음이 없이 시공되어야 하는 구조물에 사용되며, 하천 라이닝(lining), 수로, 지중샤프트(shaft), 고속도로 포장 등 수평적으로 연속된 구조물에도 사용된다.

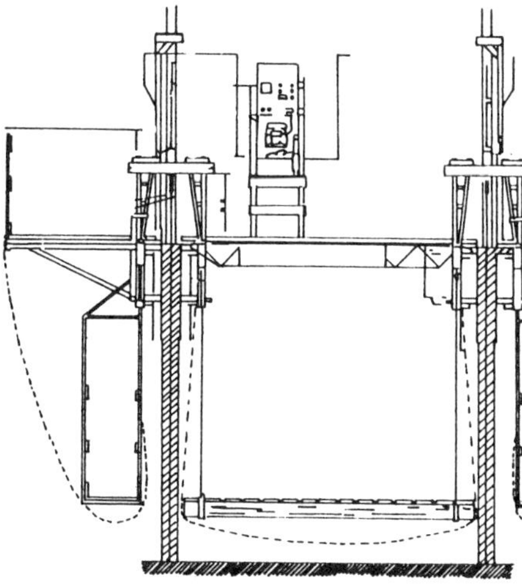

그림 5-12 슬립폼의 구성개요도

② 주요 부재의 특성

① 잭(jack)

거푸집 및 작업데크를 이동시키는 동력원으로는 보통 유압잭(oil jack)이 사용되며 잭의 용량은 1개당 3~25톤 정도이다.

② 요 크(yoke)

요크는 강재 또는 목재가 사용되는데 거푸집의 자중, 거푸집 작업을 위한 작업대, 마감작업자를 위한 비계틀, 작업으로 인한 충격하중 등을 모두 부담하여야 하므로 충분히 안전하게 제작되어야 한다.

③ 요크빔(yoke beam)

요크와 요크를 연결하여 주며 잭의 힘이 요크에 전달될 수 있도록 한다. 보통 C-형강(C-channel)이 사용된다.

④ 잭로드(jack rod)

오일잭이 이동하는 레일과 같은 역할을 하는 것으로서 잭의 용량에 따라 직경이 달라지며 이 로드를 잭 내부에 있는 톱니가 물고 상승한다. 참고로 잭의 용량이 3톤인 경우에는 D22 파이프가 사용되며 6톤인 경우에는 D32 원형철근이 사용된다.

⑤ 거푸집판(sheathing)

거푸집판의 크기는 1.0~1.8m, 폭 60~120cm 정도가 사용되는데 거푸집판의 재질로는 널판, 합판, 철판 등이 있으나 대부분 합판이 사용된다.

합판의 두께는 12~25mm 정도가 사용가능하나 22mm, 25mm 이외의 합판은 별도의 장선으로 보강하여야 한다.

⑥ 유압펌프(oil pump)

유압펌프 1대는 수개 이상의 잭에 인양동력을 전달한다.

⑦ 보강재(wale)

보강재로는 각목 또는 형강이 사용되는데, 일반적으로 각목이 사용된다.

⑧ 기 타

슬립폼의 주요부재는 이외에도 리커버리튜브(recovery tube), 잭밸브(jack valve), 수평조절기(level controller), 임펄스타이머(impulse timer), 제어반, 작업대, 마감작업용 비계틀 등이 있다.

③ 특 성

① 구조물의 성능향상

㉠ 시공이음이 없으므로 수밀성, 차폐성이 높은 구조물의 시공이 가능하다.

㉡ 형상 및 치수가 정확하여 시공오차가 적다.

㉢ 작업대와 비계틀이 동시에 상승하므로 안전성이 높다.

② 공사기간 단축

㉠ 1일 3~10m 정도 시공가능하므로 시공속도가 매우 빠르다.

㉡ 마감작업이 아래에서 동시에 진행되므로 공정이 단순화된다.

③ 원가절감

㉠ 자재의 소모량이 적다.

㉡ 시공기간이 단축되어 간접비 절감

6) 터널폼(tunnel form)

① 개 요

터널폼이란 벽식 철근콘크리트 구조를 시공할 경우 벽과 바닥의 콘크리트 타설을 한 번에 가능하게 하기 위하여, 벽체용 거푸집과 슬래브 거푸집을 일체로 제작하여 한 번에 설치하고 해체할 수 있도록 한 거푸집이다.

거푸집 제작을 위한 주요부재의 재질은 보통 철을 사용하고, 거푸집 시공방식은 소량의 거푸집으로 존치기간을 최소로 단축하여(강제양생의 경우는 12시간도 가능) 거푸집을 이동시킨다.

벽식 구조물에 사용되는 터널폼 외에 토목공사에서는 원형터널 또는 배수암거 등에 적용하기도 하는데, 골조는 철재를 이용하고 거푸집판은 합판을 사용하여 제작하며 박스칼버트터널폼(box culvert tunnel form)이라고 한다.

② 구 성

① 터널폼의 종류

벽식 구조물용 터널폼은 거의 대부분이 철재을 이용하여 제작하므로 재료에 의한 종류의 구분은 없고 형상에 의한 구분을 할 수 있다.

터널폼은 1개 실내의 거푸집이 일체로 제작되는지 또는 2개 이상의 조각으로 제작되는지에 따라 트윈쉘(twinshell)과 모노쉘(mono shell)로 구분할 수 있는데, 그 형태와 특징은 다음과 같다(그림 5-13 (a), (b) 참조).

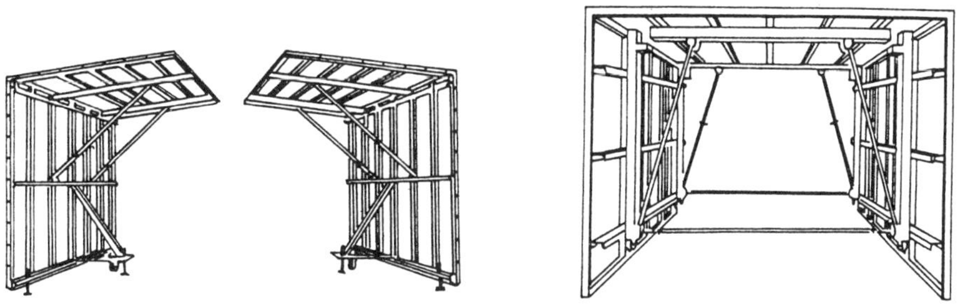

(a) 트윈쉘형　　(b) 모노쉘형

그림 5-13

㉠ 트윈쉘(twin shell)

- 경간 조정가능
- 설치, 해체 용이
- 운반 간편

㉡ 모노쉘(mono shell)

- 모듈화 시공 용이
- 설치가 용이
- 수평, 수직 조정 작업이 어려움

③ 특 성

① 제 작

터널폼은 패널 단위로 공장에서 제작하며 운반상의 편의를 위하여 운반거리가 단거리ㄹ 때는 반조립 상태로, 장거리일 때는 완전해체 상태로 운반하고 사용현장에서 조립한다.

② 전용횟수 및 보관방법

터널폼의 경제적인 전용횟수는 100회 정도이나 1개 현장 사용 후에는 콘크리트 제거 및 기름칠을 실시하고 필요하다면 녹막이 도장을 해야 한다. 녹막이를 위하여 폐윤활유를 사용하기도 하는데 폐유는 콘크리트 표면강도를 저하시키므로 가급적 피하는 것이 좋다.

③ 중　량

터널폼의 중량은 벽체의 측압, 바닥 콘크리트의 두께 등에 따라 달라지겠지만 일반적인 벽식 철근 콘크리트조의 경우에는 $1m^2$당 50～80kg 정도이다.

7) **트래블링폼**(traveling form)

① 개　요

트래블러라고 불리는 비계틀 또는 가동골조(可動骨造, movable frame)에 지지된 이동 거푸집 공법으로서, 한 구간의 콘크리트를 타설한 후 거푸집을 낮추고 다음에 콘크리트를 타설하는 구간까지 구조물을 따라 거푸집을 이동시키면서 콘크리트를 계속적으로 타설하며, 수평적으로 연속된 구조물에 적용한다.

② 분　류

트래블링폼을 시공분야 및 이동양식에 따라 분류하면 다음과 같다.

① 시공분야별 분류

㉠ 토목분야의 트래블링폼 : 트래블링폼은 토목분야에서 그 장점을 발휘하고 있는데 터널전반, 배수암거, 호안, 방파제, 사방제, 세그먼트돔, 옹벽, 교량, 지하철 등에 적용한다.

㉡ 건축분야의 트래블링폼 : 건축분야에서는 비교적 채용빈도가 낮은 편이지만 쉘, 아치, 돔과 같은 지붕구조에 적용하며 바닥판 구조로는 절판구조 등에 적용한다.

② 이동 및 설치방식

㉠ 이동방식 : 레일방식, 캐스터방식, 무궤도방식, 활동(滑動)방식

㉡ 이동능력 : 수동식, 윈치방식, 호이스트방식

㉢ 거푸집의 설치, 해체 : 기계잭방식, 유압잭방식, 쐐기방식

③ 특　성

① 제작방법

트래블링폼은 기성품화된 것은 없고 구조물의 형상에 따라 가동골조 및 이동방식을 설계하여 제작하는데 공장에서 제작하여 현장에서 조립한다.

② 목적 및 장단점

㉠ 최대한의 거푸집 전용가능

㉡ 공기단축 가능

㉢ 시공정밀도의 향상

㉣ 관리의 용이성 및 안전성 제고

㉤ 공사비의 절감

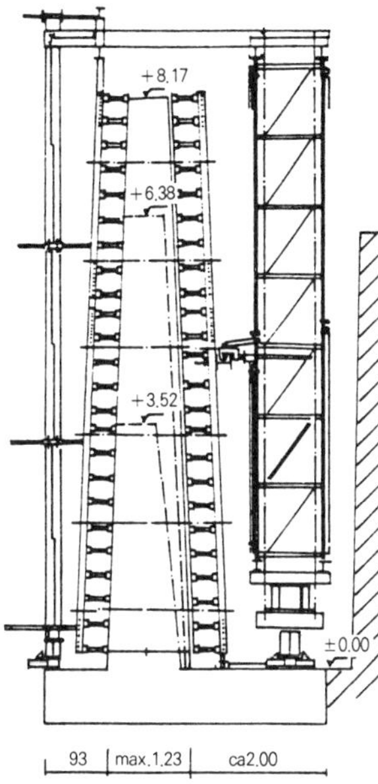

(a) 옹벽에 적용한 트레블링폼

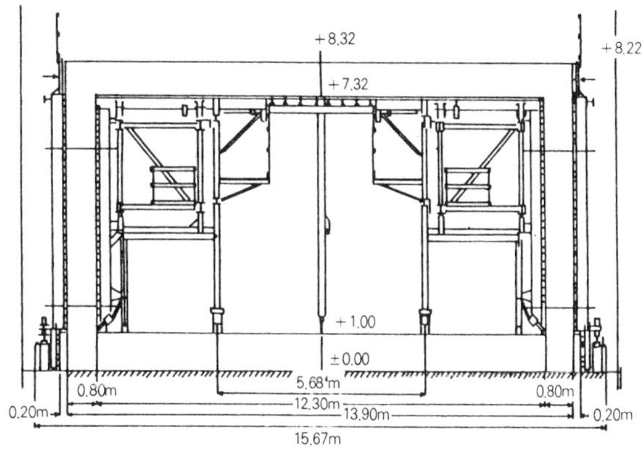

(b) 지하철에 적용한 트레블링폼

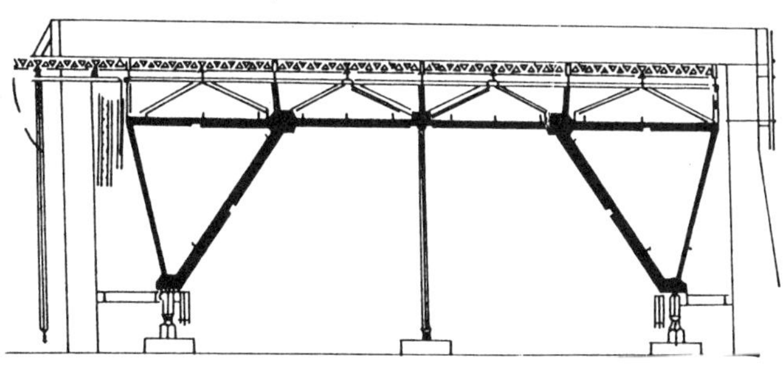

(c) 터널에 적용한 트레블링폼

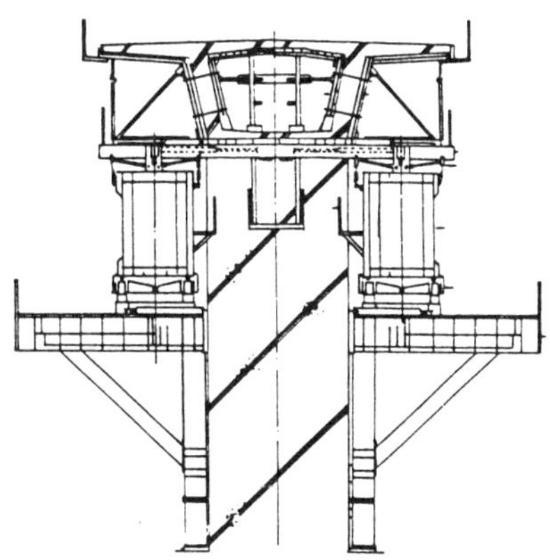

(d) 교량의 트레블링폼 시공 단계

그림 5-14

8) 무(無)폼타이 거푸집(tie-less formwork)

벽체 콘크리트 구조물을 시공할 때는 거푸집에 폼타이(form-tie)를 설치하여 콘크리트의 측압을 부담하게 되는데, 벽체 거푸집을 설치할 때 거푸집을 양면에 설치하기 곤란한 경우가 발생하게 된다. 폼타이가 없이 콘크리트의 측압을 지지하기 위한 브레이스프레임

(brace frame)을 사용하는 공법이다. 이것은 브레이스프레임을 사용하므로 '브레이스프레임공법'이라고도 한다.

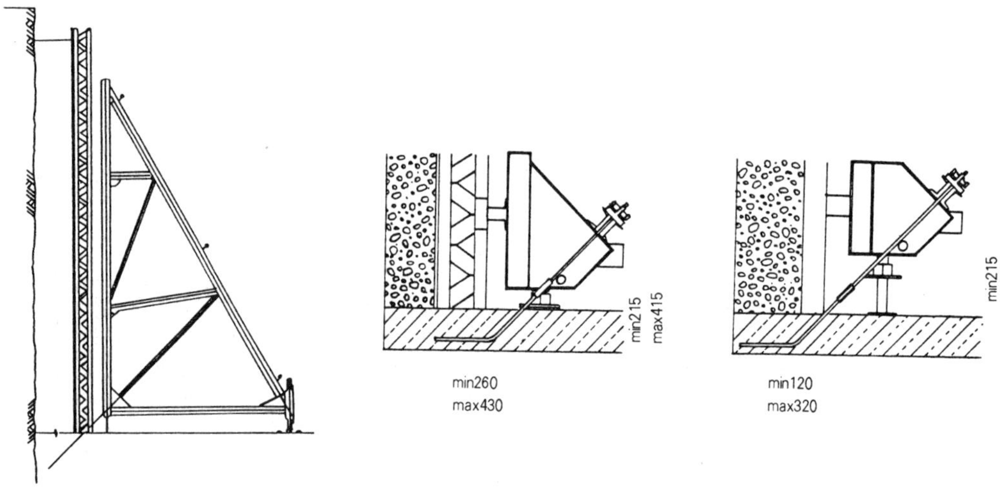

(a) 브레이스프레임공법 개요도 (b) (c)

그림 5-15 무폼타이 거푸집 예

① 개 요

이 거푸집공법은 대형화한 갱폼에 측압을 부담하기 위한 브레이스프레임을 부착하고, 이 프레임을 기 타설한 콘크리트 슬래브에 매입한 앵커에 고정하여 측압을 부담하게 하는 거푸집공법이다(그림 5-15 (a), (b)).

9) 무(無) 보강재 거푸집

① 개 요

거푸집의 기본구성은 거푸집판, 장선재, 보강재, 지지재 및 기타 부속재(form-tie 등)로 이루어져 있는데 이 중에서 장선재와 보강재의 기능을 통합하여 보강재를 사용하지 않고 장선재만으로도 거푸집 조립이 가능하도록 한 것이 무보강재 거푸집이다.

이 시스템은 장선재의 단면과 강성을 크게 하여 보강재를 대신하도록 함으로써 거푸집의 조립과 해체를 단순화할 수 있도록 제작된 거푸집 시스템으로서 갱폼제작에 특히 유리하다.

10) 무(無)지보공 거푸집

① 개 요

바닥 콘크리트 타설을 위해 거푸집을 시공할 때 콘크리트의 자중과 작업하중은 서포트가 부담하여 지지하는데, 무지보공 거푸집은 서포트가 없이 바닥 거푸집을 시공하기 위한 시스템으로서 트러스 형태의 빔(beam)을 보 거푸집 또는 벽체 거푸집에 걸쳐 놓고 바닥판 거푸집을 시공한다.

11) 고무풍선 거푸집

① 개 요

고무풍선을 거푸집으로 이용하는 방법으로써 주로 내부가 원형인 구조물에 적용한다. 설치, 해체시에는 공기압을 제거한 상태로 사용하기 때문에 조작이 용이하고 신속하여 지하층 이중슬래브, 지하배수로, 돔(dome) 등에 사용한다.

5-3-3 거푸집의 구조설계

(1) 일반사항

바닥거푸집에는 콘크리트 중량, 콘크리트 타설시의 작업하중 및 충격하중이 작용하고 벽, 기둥거푸집 등에는 측압 등이 작용한다. 거푸집 설계에는 작용하중과 반복 사용에 대한 소모에도 안전한 경제적 단면을 결정할 필요가 있으며, 특히 층고가 높은 건물, 장스팬의 건물 또는 시공시 중량물을 받는 건물의 거푸집은 강도를 계산하여 설계하여야 한다. 거푸집을 설계할 때 주요 검토사항은 부재에 작용하는 휨모멘트와 처짐이다.

(2) 거푸집설계의 과정

일반적인 거푸집 설계과정 및 검토내용을 아래 표 5-7에 나타내었다. 대상 부위별로 부재의 산정 및 처짐과 강도 검토가 세부 검토사항이 되고 최종적으로는 계산결과를 반영하여 설계도면을 작성하여야 한다.

표 5-7 부위별 거푸집 설계 흐름 및 세부검토사항

부위별	세 부 검 토 사 항					
슬래브·보	① 하중산정 ·고정하중 ·충격하중 ·작업하중	② 거푸집패널 ·처짐검토 ·강도검토	③ 장선의 검토 ·처짐검토 ·강도검토	④ 멍에의 검토 ·처짐검토 ·강도검토	⑤ 지주의 검토 ·허용좌굴응력식 ·오메가(w)법	⑥ 설계도면 수정 및 재작성
벽·기둥	① 조건가정 ·측압 ·허용처짐량	② 거푸집 패널의 검토 ·처짐검토 ·강도검토	③ 멍에의 검토 (연속보로 간주) ·처짐검토 ·강도검토	④ 폼타이 검토	⑤ 띠장 검토 (연속보로 간주) ·처짐검토 ·강도검토	⑥ 설계도면 수정 및 재작성

슬래브·보의 설계과정은 하중의 흐름을 고려하여 ① 하중산정, ② 거푸집 패널의 검토, ③ 장선의 검토, ④ 멍에의 검토, ⑤ 지주의 검토, ⑥ 설계도면의 수정 및 재작성 순으로 진행한다. 그리고 벽·기둥의 경우에는 ① 조건가정, ② 거푸집 패널의 검토, ③ 멍에의 검토, ④ 폼타이 검토, ⑤ 띠장 검토, ⑥ 설계도면의 수정 및 재작성의 순으로 검토해 가면 된다.

(3) 하중의 산정

1) 연직방향 하중

주로 바닥판 슬래브, 보 및 계단 거푸집을 설계할 때 고려하는 하중이다.

① 고정하중 : 콘크리트 자중(철근 포함) 2,400kg/m³

② 충격하중 : 고정하중의 50%(타설높이와 타설장비 등을 고려하여 조정) 2,400kg/m³

③ 작업하중 : 작업원, 작업자 등 150kg/m²

총하중 W : 고정하중＋충격하중＋작업하중

거푸집재의 자체 무게는 무시한다. 또 철골철근콘크리트보의 경우 철골이 많은 구속을 주게 되므로 작업하중을 제외할 수 있다.

2) 횡방향 하중

주로 지주의 횡보강 설계시 고려해야 할 수평방향 하중은 풍압, 콘크리트 타설방향에 따른 편심하중 등으로 그 값을 정확히 예상하기는 어려우나 편의상 고정하중의 2% 이상 혹은 지주 상단의 단위길이당 150kg 이상중에서 큰 쪽의 하중이 지주에 수평방향으로 작용하는 것으로 가정해도 좋다.

3) 콘크리트 측압

주로 벽, 기둥 및 보의 옆판 거푸집을 설계할 때 고려하는 콘크리트 측압은 다음(그림 5-16) ①과 같이 콘크리트를 타설함에 따라 측압이 상승하기 시작하여(그림 5-16) ②와 같이 최대측압에 도달하였다가(그림 5-16) ③과 같이 타설부위가 상승함에 따라 하부의 콘크리트는 경화되기 시작하여 최대 측압점은 점차 상부로 이동한다. 최근에는 초유동콘크리트, 고강도콘크리트 등의 유동성과 단위시멘트량이 큰 콘크리트가 현장에서 사용되는 사례가 많아지고 있는데 이러한 콘크리트는 거푸집에 발생하는 측압이 기존의 값보다 커지는 것에 유의할 필요가 있다. 따라서 슬럼프가 큰 콘크리트를 사용할 경우 거푸집의 설계 및 시공에 유의하여야 한다. 일반적인 콘크리트의 측압은 다음과 같은 인자의 영향을 받게 된다.

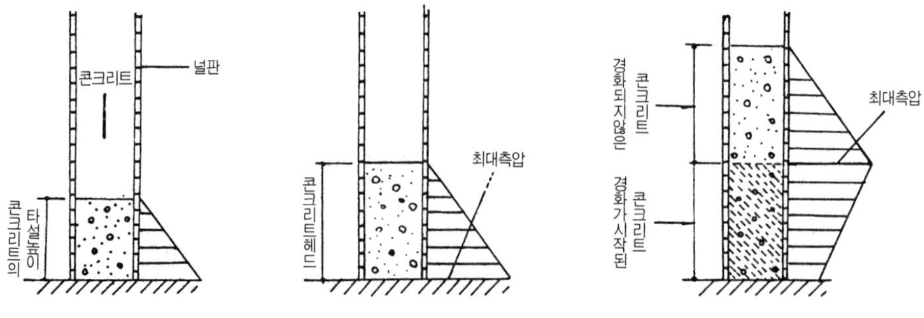

(a) 콘크리트 타설 개시　(b) 콘크리트 헤드의 도달　(c) 콘크리트 헤드를 초과

그림 5-16 측압상승의 과정

① 콘크리트 타설속도, 타설방법(펌프카 혹은 버켓), 타설순서

② 콘크리트 경화속도(기온, 습도, 콘크리트 온도, 콘크리트 슬럼프)

③ 철근량

이와 같은 많은 조건을 고려하면 측압산정은 대단히 복잡하므로 건설공사 표준시방서의 약산식을 이용하여 산장하고, 기타 필요한 도표를 참조하여 가감하면 된다.

표 5-8 거푸집의 측압력

(단위 : kg/m^2)

	거푸집 널	장 선	작 은 보	큰 보	받침 기둥
비 율	1	1	1/2	1/3	1/4
강도계산용하중	1,150	1,150	575	383	288
처짐계산용하중	575	575	288	192	144

표 5-9 거푸집 설계용 콘크리트의 측압

(단위 : kg/m^2)

<table>
<tr><td colspan="2">타설속도(m/h)
H(m)</td><td colspan="2">10 이하의 경우</td><td colspan="2">10을 초과 20 이하의 경우</td><td>20을 초과하는 경우</td></tr>
<tr><td colspan="2">부 위</td><td>1.5 이하</td><td>1.5를 초과 4.0 이하</td><td>2.0 이하</td><td>2.0을 초과 4.0 이하</td><td>4.0 이하</td></tr>
<tr><td colspan="2">기 둥</td><td rowspan="3">$W_o H$</td><td>$1.5W_o + 0.6W_o \times (H-1.5)$</td><td rowspan="3">$W_o H$</td><td>$1.5W_o + 0.8W_o \times (H-2.0)$</td><td rowspan="3">$W_o H$</td></tr>
<tr><td rowspan="2">벽</td><td>길이≤3m</td><td>$1.5W_o + 0.2W_o \times (H-1.5)$</td><td>$1.5W_o + 0.4W_o \times (H-2.0)$</td></tr>
<tr><td>길이>3m</td><td>$1.5W_o$</td><td>$2.0W_o$</td></tr>
</table>

주) 1. H는 아직 굳지 않은 콘크리트의 헤드(m)

(측압을 구하는 위치에서 그 상부의 콘크리트 타입높이)

2. W_o는 생콘크리트의 단위 체적중량(t/m^3)

(4) 거푸집용 재료의 허용응력도

거푸집재로서는 합판, 목재널판, 강재 등이 있으며, 현재 두께 12~15mm 합판이 널리 쓰인다. 합판이나 목재 널판은 섬유방향에 따라 강도나 영률이 다음 도표와 같이 크게 바뀌므로 강도계산은 물론 실제 시공시에도 충분히 주의해야 한다. 또, 목재는 함수율이 1% 늘면 강도와 영율이 3% 정도 저하되므로 콘크리트 타설 후나 강우 등으로 흡수량이 클 때에는 이상변형에 주의하여야 한다.

① 합 판

표 5-10 합판의 허용 휨응력도

<table>
<tr><th rowspan="2">구 분</th><th>허용휨응력도</th><th colspan="5">탄성계수(kg/cm²)</th></tr>
<tr><th>(kg/cm²)</th><th>12mm</th><th>15mm</th><th>18mm</th><th>21mm</th><th>24mm</th></tr>
<tr><td>섬 유 방 향</td><td>240</td><td>70,000</td><td>65,000</td><td>60,000</td><td>55,000</td><td>50,000</td></tr>
<tr><td>섬유직각방향</td><td>120</td><td>20,000</td><td>25,000</td><td>30,000</td><td>35,000</td><td>40,000</td></tr>
</table>

표 5-11 일반구조용 목재의 허용응력도

<table>
<tr><th rowspan="2"></th><th colspan="3" rowspan="2">수 종</th><th colspan="3">장기 응력에 대한 값</th><th rowspan="2">단기응력에 대한 값</th><th colspan="2">영계수(10³kg/cm²)</th></tr>
<tr><th>압축</th><th>인장·휨</th><th>전단</th><th>E (길이방향)</th><th>E (직각방향)</th></tr>
<tr><td rowspan="7">섬유방향의 허용응력도(kg/cm²)</td><td rowspan="4">침엽수</td><td rowspan="2">Ⅰ류</td><td>육송·삼송·아카시아</td><td>50</td><td>60</td><td>4</td><td rowspan="7">장기응력에 대한 값의 1.5배</td><td rowspan="2">70</td><td rowspan="4">2.5</td></tr>
<tr><td>전나무·가문비나무(당송)·일 본삼송·미삼송·미솔송</td><td>60</td><td>70</td><td>5</td></tr>
<tr><td rowspan="2">Ⅱ류</td><td>잣나무·벗나무</td><td>70</td><td>80</td><td>6</td><td rowspan="2">90</td></tr>
<tr><td>낙엽송·적송·흑송·솔송·일본송·미송</td><td>80</td><td>90</td><td>7</td></tr>
<tr><td rowspan="3">광엽수</td><td>Ⅰ류</td><td>밤나무·물참나무·〈라왕〉</td><td>70</td><td>〈90〉95</td><td>〈6〉10</td><td>70</td><td>3</td></tr>
<tr><td>Ⅱ류</td><td>느티나무·〈아피톤〉</td><td>〈70〉
80</td><td>〈100〉
110</td><td>〈10〉
14</td><td>80</td><td>4</td></tr>
<tr><td>Ⅲ류</td><td>떡갈나무</td><td>90</td><td>125</td><td>14</td><td>100</td><td>4</td></tr>
</table>

<table>
<tr><th></th><th></th><th>θ</th><th>0∼10°</th><th>20°</th><th>30°</th><th>40°</th><th>50°</th><th>60°</th><th>70∼90°</th><th>비고</th></tr>
<tr><td rowspan="6">섬유에 경사된 방향의 허용응력도 계수</td><td rowspan="2">재중간부에 있어서의 압입</td><td>침엽수</td><td>1.00</td><td>0.87</td><td>0.73</td><td>0.60</td><td>0.47</td><td>0.33</td><td>0.20</td><td rowspan="2"></td></tr>
<tr><td>광엽수</td><td>1.00</td><td>0.89</td><td>0.78</td><td>0.67</td><td>0.56</td><td>0.44</td><td>0.33</td></tr>
<tr><td rowspan="2">재단부에 있어서의 압입</td><td>침엽수</td><td>1.00</td><td>0.86</td><td>0.72</td><td>0.58</td><td>0.45</td><td>0.31</td><td>0.16</td><td rowspan="2"></td></tr>
<tr><td>광엽수</td><td>1.00</td><td>0.88</td><td>0.75</td><td>0.63</td><td>0.50</td><td>0.38</td><td>0.25</td></tr>
<tr><td rowspan="2">전면압축</td><td>침엽수</td><td>1.00</td><td>0.85</td><td>0.71</td><td>0.56</td><td>0.42</td><td>0.27</td><td>0.125</td><td rowspan="2"></td></tr>
<tr><td>광엽수</td><td>1.00</td><td>0.87</td><td>0.73</td><td>0.60</td><td>0.47</td><td>0.33</td><td>0.20</td></tr>
</table>

주) 1. 저품질의 삼목(기건비중 0.3 이하 또는 평균연륜폭(6mm 이상)에 대하여는 표의 값의 70%를 취한다.

2. 갈참나무, 느티나무에 대하여는 평균연륜폭 1mm 이상의 것으로 함.

③ 강 재

표 5-12 폼타이 허용응력

둥근세퍼 종류	호 칭	유효단면적 (mm^2)	인장파단강도 (kg/본)	인장허용강도 (kg/본)	파단개소
W 5/16	2푼 5리	34.0	2,000	1,400	둥근세퍼나사부
W 3/8	3푼	50.3	3,000	2,100	▲
W 1/2	4푼	89.4	4,000	2,800	▲
스트롱세퍼 (*W*3/8)	스트롱세퍼	50.3	4,500	3,500	스트롱세퍼 나 사 부

주) 1. ▲표는 본체두부, 콘축, 세퍼나사부 등
2. 유효단면적은 유효경과 수나사의 골지름을 평균한 직경으로 계산되는 수나사의 면적

표 5-13 강재의 허용응력도

(단위 : t/cm^2)

재 료		응력종별 장기 인장	압축	휨	전단	측압	접촉	단 기
구조용강재	보통강재	1.4	1.4	1.4	0.8	2.6	4.0	장기응력에 대한 값의 1.5배
	SS41 SWS41	1.6	1.6	1.6	0.9	3.0	4.6	
	SS50	2.0	2.0	2.0	1.2	3.8	5.8	
	SWS50	2.2	2.2	2.2	1.3	4.1	6.3	
리벳	SBV34 SBV41	1.6	—	—	1.2	—	—	
볼트								
SS41	흑볼트	0.8	—	—	—	—	—	
SWS41	중볼트	1.0	—	—	1.2	—	—	
주철		—	1.0	—	—	—	2.8	
일반구조용 탄소강관	SPS41 t<4mm	1.4	1.4	1.4	0.8	2.4		
	SPS41 t≥41mm	1.6	1.6	1.6	0.9	3.0		
	SPS50 t<41mm	2.0	2.0	2.0	1.2	3.8		
	SPS50 t≥41mm	2.2	2.2	2.2	1.3	4.1		
철근콘크리트용 봉강	SBC24 SBD24	1.6	1.6					
	SBC30 SBD30	2.0	2.0					
	SBD35	2.2	2.2					

주) 1. 주철 및 단강을 포함
2. 리벳의 허용력은 리벳구멍의 지름에 대하여 산출한다.
3. 볼트 허용력은 축단면에 대하여 산출한다.
4. 볼트는 강재종별에 따라, 일반구조용 강재에 명시한 인장허용응력도의 비율에 준하여 허용응력도를 증감한다.

(5) 허용처짐량

변형보다는 안전상의 강도검토가 위주인 일반가설물과는 달리 영구 구조물의 직접 주형이 되는 거푸집은 변형량(허용 처짐량)에 의해 거푸집 부재의 단면이 결정되는 경우가 많다. 거푸집의 허용 처짐량은 절대 처짐으로 최대 3mm를 기본으로 하고 다음 표 5-14 콘크리트의 마감의 평탄성 표준치에 표시한 바와 같이 해당 경우에 따라 케이스별로 추가처짐을 고려할 수 있다.

표 5-14 콘크리트 마감의 평탄성 표준치

콘크리트의 내·외장 마감	평탄정도(mm)	비고	
		기둥·벽의 경우	바닥의 경우
① 제물치장 콘크리트 마감일 때 ② 마감두께가 매우 얇을 때 ③ 양호한 표면상태가 필요할 때	3m에 대하여 7 이하	제물치장 콘크리트 바탕 도장·천바탕 바름	수지바르기 바닥·내마모 바닥·쇠 흙손 마감 바닥
마감두께가 6mm 미만의 경우 어느 정도의 양호한 평탄성이 필요한 때	3m에 대하여 10 이하	바탕 뿜칠·타일 압착	타일바탕 바름·융탄 깔기 바탕·방수 바탕
마감두께가 6mm 이상의 경우 바탕의 영향을 심하게 받지 않을 때	1m에 대하여 10 이하	벽 바르기·띠장 바탕	바닥바르기·2중 바닥

주) 보통 3mm로 제한함.

5-3-4 거푸집 및 동바리의 존치기간

(1) 거푸집의 존치

거푸집은 회전사용 또는 다음 공사 추진을 위해서는 빨리 철거해야 하나, 거푸집은 생콘크리트의 주형인 동시에 충분한 강도 발현시까지 보양하는 역할을 하고 그 기간이 콘크리트 강도와 중대한 관계가 있으므로, 상당기간 동안 거푸집을 존치해야 한다. 존치기간은 시멘트 종류, 천우, 기온, 하중, 보양 상태에 따라 다르므로 그 경과기간 동안 엄밀히 조사 기록한다.

거푸집은 콘크리트의 양생미비와 변형의 우려가 없어야 하며, 충분한 강도가 날 때까지 존치해야 한다. 거푸집 및 거푸집 지주의 해체시기는 아래의 건설부제정 건축공사 표준시방서에 의한 존치기간 경과 후나, 혹은 콘크리트 압축강도 시험에 의한 시험결과가 기준치 이상인 후이어야 한다.

표 5-15 거푸집 존치기간

시멘트의 종류 / 평균기온	조강포틀랜드 시멘트	보통포틀랜드시멘트 고로슬래그시멘트 특급 포틀랜드포졸란시멘트 A종 플라이애시시멘트 A종	고로슬래그시멘트 1급 포틀랜드포졸란시멘트 A종 플라이애시시멘트 B종
20℃ 이상	2	4	5
20℃ 미만 10℃ 이상	3	6	8

주) 1. 받침기둥의 존치기간은 슬래브 밑, 보 밑 모두 설계기준강도의 100% 이상 콘크리트 압축강도가 얻어진 것이 확인될 때까지로 한다.
2. 받침기둥을 더 빨리 해체할 경우에는 대상으로 하는 부재가 해체 직후, 그 부재에 가해지는 하중을 안전하게 지지할 수 있는 강도를 적절한 계산방법에 따라 구하고, 그 압축강도가 상회하는지 확인해야만 한다. 다만, 해체 가능한 압축강도는 이 계산결과에 관계 없이 최저 120kgf/㎠ 이상이어야 한다.

(2) 지주바꾸어 세우기

지주는 먼저 큰 보의 일부에서부터 거푸집을 제거하여 바꾸어 세운 다음 다른 부분으로 옮기고 순차적으로 작은보, 바닥 슬래브순으로 시행한다.

지주를 바꾸어 세울 동안 그 상부의 작업을 제한하여 하중을 적게 하고 집중하중을 받는 지주는 그대로 두어야 한다.

바꾸어 세운 지주는 쐐기, 기타 자재로 튼튼히 받쳐 그 전의 지주와 같은 지지력이 작용하도록 한다.

지주는 콘크리트 타설 후 4주가 경과하면 제거할 수 있다.

5-3-5 거푸집의 시공

거푸집공사는 철근콘크리트 공사비에서 차지하는 비중이 30% 이상 달하고 마감작업의 바탕인 구조체의 품질에 지대한 영향을 미치므로 그 시공도의 우열은 공사의 손익을 좌우할 수 있다. 따라서 거푸집 시공상 기본적으로 유의해야 할 조건은 다음과 같다.

① 강　도 : 각종 외력에 대해 충분히 안전하고 변형되지 않게 할 것
② 정밀도 : 형상, 치수가 정확하며 충분히 수밀성이 있을 것
③ 경제성 : 소요자재가 절약되고 반복 사용되어 가설공사로서 염가일 것
④ 공사의 간편성 : 가공 조립이 간단하고 해체가 쉬울 것

(1) 거푸집공사의 시공계획

1) 시공계획서 작성

아래 항목에 의거 시공계획서를 작성한다.

시공계획서

① 거푸집공사 개요 : 층별·부위별 수량, 층고, 시공상 특징
② 공사일정 : 구체공사 일정표(관련공사와의 연결)
③ 시공정밀도, 강도 : 단면치수, 수평정밀도, 연직하중, 수평하중 대한 안전율
④ 공사현장 내외 입지조건 : 주변도로, 반입로, 인근상황, 제약조건
⑤ 공법, 사용재료 : 공법선정 근거 명시, 거푸집 및 지주 등의 재료지정
⑥ 운반방법 : 야적장, 상하수평운반 기계설비, 주요통로, 하역장, 개구부 등
⑦ 전용계획 : 거푸집 존치기간, 재료전용 주기
⑧ 1개층분 기본 작업공정 : 먹놓기, 거푸집조립, 검사, 콘크리트 타설, 정리까지의 기본 공정(연관공정과 연결하여 네트워크로 표시)

(2) 거푸집공사의 시공준비

1) 콘크리트 구체도 작성

콘크리트 구체도는 기존 설계도서에 근거하여 마감, 설비, 가설 등을 고려한 콘크리트 타설계획, 형태, 타설완료면, 각종 정착물 등의 사항을 공사관계자에게 정확하게 지시하기 위해 작성한 시공도(施工圖)로서 거푸집공사의 기본이 된다. 콘크리트 구체도에는 아래 사항을 명기한다.

① 중앙선을 기준으로 한 각부의 크기
② 마감두께를 제외한 콘크리트 단면의 크기
③ 창호, 기타 개구부 치수
④ 주요부분 단면상세(section detail)
⑤ 각종 삽입물, 정착물, 관입구멍 등의 위치 및 크기
⑥ 마감 관련사항(쇠흙손 등)
⑦ 설비 관련사항
⑧ 가설 관련사항
⑨ 기타 특기사항

2) 거푸집 조립도 작성

콘크리트 구체도가 작성되면 이에 따라 거푸집 조립도를 만든다. 거푸집 조립도는 현장에서 거푸집 시공을 지시하는 도면이므로 규격 단면상세도와 대조하여 전용계획이 이루어지도록 작성한다. 거푸집 조립도에는 다음 사항을 명기한다.

① 거푸집 각 부재의 재료 종류, 단면치수, 설치간격
② 조임철물의 종류, 치수, 설치위치
③ 지주의 형식, 재료 종류, 치수, 위치, 밑부분 보강
④ 거푸집의 구성과 각부재 설치순서, 기둥, 보 등은 부호를 붙여서 정리한다.

3) 거푸집 계획표 작성

거푸집 일람표에는 형상, 치수, 수량 등을 기입하고 이를 기본으로 하여 전용계획(轉用計劃)을 고려한 거푸집 계획표를 작성한다.

4) 거푸집 가공도 작성

기둥, 보 등 거푸집 가공이 필요한 부분은 콘크리트 구체도를 기본으로 하여 가공도를 작성한다. 주의사항은 다음과 같다.

① 기둥은 거푸집 가공도 작성 전에 정면(正面)을 정하고 기호를 통일한다.
② 각 치수는 구체적으로 명시한다.
③ 상하 표시를 해둔다.
④ 각각 고유번호를 명기하며 제작 장수를 기입한다.
⑤ 거푸집 가공 작업시 수정할 부분을 즉시 발견할 수 있게 하며 재료절단을 가능한 한 적게 한다.
⑥ 대형보와 같은 대형부재는 거푸집의 운반, 설치, 해체, 전용문제를 고려하여 상·하, 좌·우로 분할, 시공할 수 있게 한다.

5) 거푸집 실척도 작성

다음과 같이 거푸집 마무리 작업시 명확히 할 필요가 있는 부분을 위해 작성한다.

① 계단, 계단난간 부분
② 기둥, 보, 벽 및 천장의 연결부 마무리 상태
③ 개구부 내측치수와 각종 장식물의 마무리 상태
④ 기둥 단면치수와 철골, 철근의 마무리 상태
⑤ 슬래브의 경사정도와 벽 및 지붕부분
⑥ 기타 특수한 부분

6) 거푸집 시공요령서 작성, 검토

앞서 말한 시공계획서상의 제조건에 따라 당해 현장의 거푸집공사의 시공요령 즉 구체적인 시공순서, 방법을 아래 항목으로 작성한다. 그 중에서 기본적, 공통적인 내용은 표준작업 기준을 활용하여 작성할 수 있다.

전문공사업자에게 작성시킬 경우 그 내용의 적합성에 대해 검토한다.

시공요령서 작성 항목

① 공사체계

㉠ 조직도
㉡ 재료/인원/장비계획

② 시공요령
㉠ 먹매김
㉡ 바닥 먹매김
㉢ 사전준비
㉣ 양중
㉤ 대형 패널 지지
㉥ 줄눈재 설치
㉦ 외벽상부 개구부 확인
㉧ 대형보 조립
㉨ 세퍼레이터(separator) 설치
㉩ 기둥 거푸집 조립
㉪ 벽체 거푸집 조립
㉫ 슬래브 거푸집 깔기
㉬ 기타

③ 거푸집 검사
④ 해체
⑤ 안전사항

7) 거푸집공사 품질관리표 작성

거푸집의 시공 및 거푸집에서 형성되는 철근콘크리트 구조체의 품질확보를 위하여 전체적인 진도관리를 실시할 필요가 있다. 이를 위하여 각 작업의 중요도, 관리기준 및 협력업체와의 관리역할 분담을 명확하게 한 품질관리표를 작성한다.

이 품질관리표에 의거하여 각 작업 단계마다의 완성상태를 관리기준에 따라 양, 부의 판정을 내려 원래 계획하고 지시한대로 작업이 진행되고 목표로 한 품질 결과를 얻을 수 있도록 한다.

8) 거푸집 강도계산서 검토

전기한 거푸집 조립도에서 재해방지 및 콘크리트 치수정밀도의 확보를 위하여 아래 두 가지 측면에서 지보재(支保材)의 배치나 세퍼레이터(separator)의 간격 등에 대해 강도계산 검토를 한다.

① 휨, 좌굴
② 처짐

(3) 거푸집의 제작, 가공

1) 가공장의 선정

거푸집 가공장을 현장내에 설치할 경우와 현장 외부에 설치할 경우가 있는데 현장내에 설치할 경우 제한된 장소에 설치해야 하므로 넓은 장소를 확보할 수 없다. 가공장 선정시 주의점은 다음과 같다.

① 작업자가 작업할 수 있는 충분한 공간이 있을 것
② 실척도를 그릴 수 있는 장소를 마련한 것
③ 재료의 반출입에 지장이 없을 것
④ 우천시 재료보관에 지장이 없을 것
⑤ 기타 동력의 인입, 조명, 방한, 방화, 통풍 등을 고려

2) 가공작업방법

① 기둥거푸집 가공

① 합판을 사용할 경우 통상 세워서 사용하며 가능한 한 절단하지 않고 정척(定尺)대로 사용한다. 그러나 폭은 기둥단면 관계로 현장 절단하는 경우가 많이 있는데 상층부의 전용을 고려하여 절단하는 것이 바람직하다.

② 기둥거푸집의 길이는 슬래브 두께와 슬래브용 거푸집판의 두께를 제외한 치수에 슬래브의 표면 상태를 고려하여 1～2cm 짧게 제작 건립하고 현장의 상황에 따라 받침목으로 높이를 조절하여 조립한다.

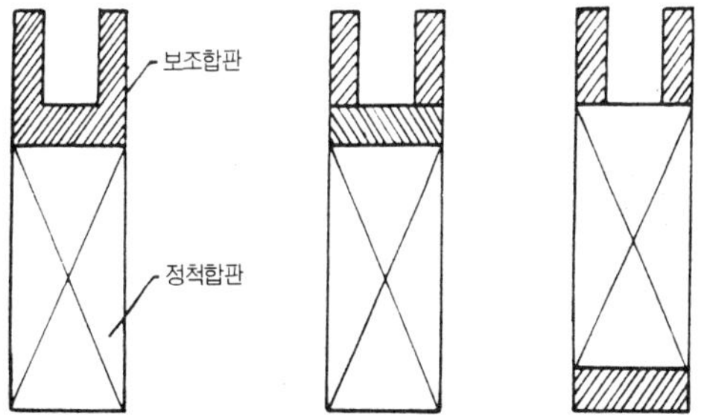

그림 5-17 기둥거푸집 가공

② 보거푸집 가공

① 합판패널은 가능한 한 정척물을 절단하지 않고 사용한다. 패널의 나누기는 스팬(span)의 양단에서 할당하여 중앙에서 보조패널을 사용한다.

② 큰 보(girder)의 길이는 기둥과 기둥의 콘크리트 내측치수로 하여 양단을 기둥패널 위에 놓는다. 작은 보(beam)의 길이는 큰 보와 큰 보의 콘크리트 내측치수로 하여 큰 보의 패널 위에 설치한다.

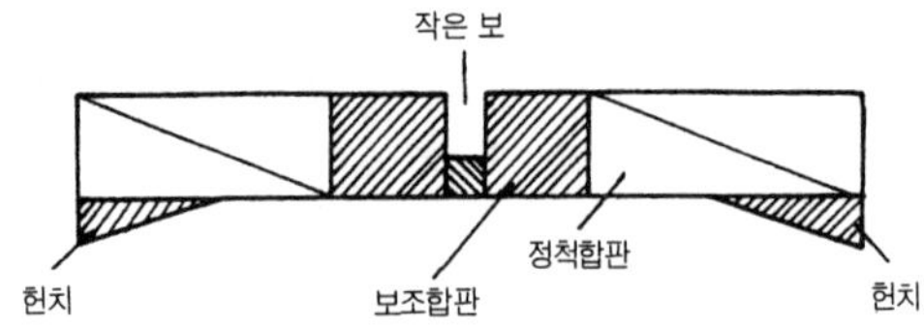

그림 5-18 보거푸집의 가공

③ **대형 패널의 가공**

제시된 도면에 의하여 제작함을 원칙으로 하나, 차후의 사용을 고려하여 가능한 한 가볍게 제작한다.

① 사방 직각 상태의 확인은 ㄱ자를 만들어 확인한다.

② 높이는 층고보다 크게 한다.

③ 강도에 지장이 없는 경우 개구부를 개방하면 통풍에 좋고 재료의 반출에 편리하다.

④ 거푸집의 손상을 적게 하고 해체작업의 편리를 도모하기 위해 필요한 곳에 박리제를 도포한다.

④ **계단거푸집 시공**

계단높이와 폭은 실측도를 기준으로 하여 운반을 고려한 크기로 측판(側板)을 가공한다. 디딤면에 덮판을 설치할 경우, 가공 마무리 상태를 확인하여 들듬이 없도록 한다.

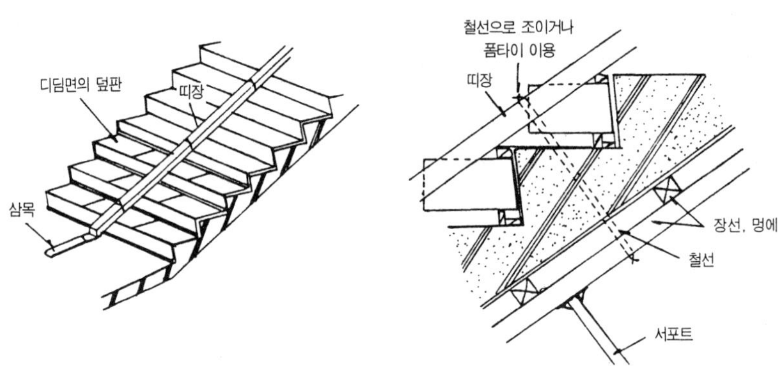

그림 5-19 계단거푸집의 시공

3) 먹매김작업

① **먹매김의 중요성 및 작업계획·지침**

먹매김작업은 이 작업에 의해서 구조체의 위치, 치수가 결정되고 마무리공사의 기준이 되는 극히 중요한 작업이므로 신중하고 정확하게 시행되어야 한다. 먹매김작업이 부정확하면 나중에 구조물의 일부를 해체해야 하는 등 작업에 차질이 발생하고 품질 및 원가에 악영향을 주므로 사전에 작업지침을 염두에 두고 기준도를 작성한 후에 작업에 착수한다.

① 먹매김 기준도의 작성

㉠ 대지 및 건물 각층에 대해서 먹매김 기준도 작성

㉡ 평면 표시사항 : 대지경계선, 기준점(bench mark), 건물기준선(주심, 벽심), 건물외부선

㉢ 입면, 단면 표시사항 : 전면 도로높이, GL(ground level), 기준점, 각층 층고, 레벨기준점

② 먹매김 작업조 편성

㉠ 먹매김 작업 책임자 선임

㉡ 트랜싯, 레벨 사용 가능한 자로 2인 1조로 편성

㉢ 먹매김 작업만 전담하도록 운영

② 먹매김 순서 및 방법

먹매김의 기준도에 따라서 구조물의 배치가 확정되면 아래 순서에 의하여 먹매김 작업을 한다.

① 기준점의 설정

각 기준점, 건물중심, 벤치마크(bench mark)을 정하되 기존 구조물에 표시하든지 전주, 도로면에 핀(pin)을 막아서 표시하는 등 현장상황에 맞추어 적정한 방법으로 공사완료시까지 변동하지 않는 장소에 설정한다.

지면에 설치할 경우는 나무말뚝을 견고하게 박고, 콘크리트로 그 둘레를 고정한 후 나무말뚝 윗부분에 핀을 꽂아 표시한다.

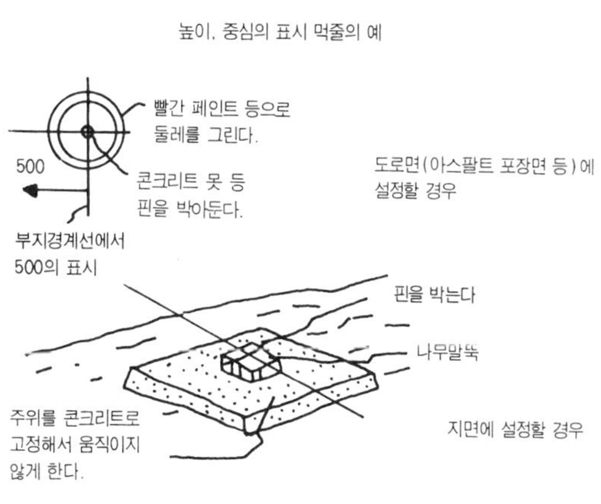

그림 5-20 기준점의 설정

② 규준틀

기준점 설정이 끝나면 말뚝머리 자르기 작업에 들어간다. 가설배수설비로 인해 먹매김 작업에 지장이 없게 한다.

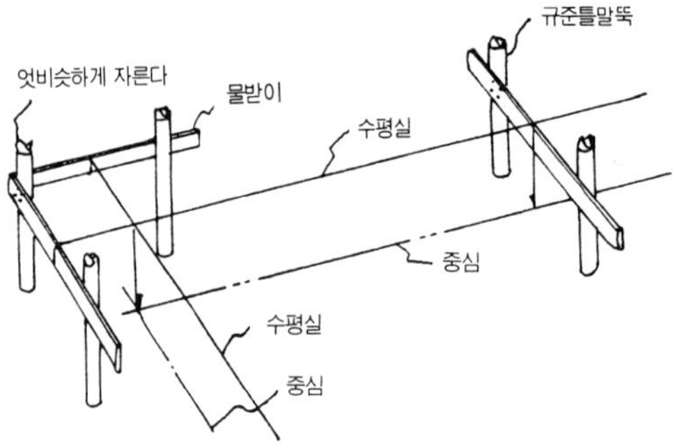

그림 5-21 규준틀

③ 수평기준(평먹줄) 먹매김 작업방법

기초의 버림 콘크리트 상단의 레벨을 정하기 위해서는 앞에서 설정한 기준점을 이용한다.

④ 기준선(주심, 벽심 등)내는 방법

건물의 각각의 주심 등은 각 기준점에 트랜싯을 설치하여 버림 콘크리트 위에 각 점을 이용하여 정한다.

⑤ 기준먹줄, 주형(柱型)먹줄 등을 내는 방법

일반층의 기준 먹줄은 주근(柱筋)이나 벽근(壁筋)이 있어서 먹줄을 칠 수 없기 때문에, 표시먹줄은 중심에서 1m 거리에 내고 이것을 기준으로 하여 각 부분(기둥, 벽, 출입구 등)의 먹줄을 시공도(施工圖)에 따라서 정확히 친다.

밑층의 기준 먹줄을 위층으로 옮기기 위하여 표시먹줄과 일치하는 위치에 10~15cm 각 정도의 구멍을 내둘 필요가 있다.

⑥ 각 부분(기초, 기둥, 지중보 등)의 먹매김 방법

아래 그림과 같이 기준이 되는 중심에서 도면의 치수에 따라 정확히 각부에 치수를 내고 먹매김하여 표시한다. 각 먹줄의 단부는 나중에 거푸집을 조립할 때 볼 수 있도록 여분의 길이로 10~20cm 정도 늘여 기둥의 코너나 벽 등에 표시해 둔다. 또 중심(中心)이나 주심(柱心) 등 기준선이 되는 것은 필히 표시먹줄을 하여 나중에 거푸집공사나 철근공사를 할 때 여기에 맞추어 작업하도록 한다.

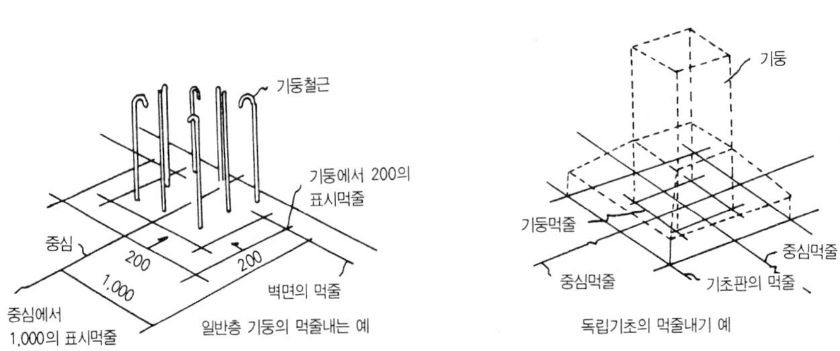

그림 5-22 먹매김

(4) 거푸집 및 거푸집 지주의 조립

1) 거푸집의 조립

거푸집의 조립은 시공정밀도와 강도를 충분히 유지하고 비용과 필요 이상의 노력을 들이지 않도록 하며 콘크리트 타설 후 해체가 용이하도록 조립한다. 따라서 작업책임자는 사전에 사용재료, 조립방법 등을 검토하고 관련작업 책임자와 충분히 협의한 후 작업에 임한다.

① 거푸집 조립순서

거푸집의 조립순서는 건축물의 구조에 따라 약간씩 상이할 수는 있지만 일반적으로 거푸집을 밑에서 위로 순차적으로 조립하므로 보통 다음 순서와 같다.

① 기초 옆(기초보) 거푸집
② 기초판, 기초보 철근배근
③ 기둥 철근을 기초에 정착
④ 기초판 콘크리트 타설
⑤ 벽의 철근 배근
⑥ 벽의 한면 거푸집
⑦ 보 밑창판, 옆판 및 바닥판 거푸집

② 기초, 지중보 거푸집의 조립

① 기초 옆은 패널 또는 두꺼운 널을 사용하여 버림 콘크리트 윗면의 먹매김에 따라 짜대고, 이동이 없도록 기초측면과 흙표면의 방축널 사이에 버팀대(brace)를 두어 고정한다.
② 기초 윗면의 경사가 6/10(30°) 이상이 되면 경사면에 거푸집널을 설치하고, 부상을 방지하기 위해 띠장재를 덧대어 철선으로 기초 철근에 고정시킨다.
③ 지중보 거푸집 조립 후 철근의 수정은 곤란하므로 배근상태를 검사한 후에 거푸집을 조립하도록 한다.

③ 기둥 거푸집 조립

① 기둥 거푸집을 세울 때 충격 등으로 인해 위치가 이동되지 않고 위치와 치수가 정확하도록 밑잡이를 실시하여 바닥 슬래브에 고정한다.
② 거푸집을 4면에 세워대고 띠장은 모서리에서 상하로 교차시켜 내밀어 여기에 기둥멍에를 세워댄 후 볼트 조임 또는 긴장철선을 두 줄로 감고 조인다.
③ 기둥거푸집의 수직 정밀도는 거푸집 전체에 영향을 미치므로 보거푸집이나 벽거푸집을 설치하기 전에 수직상태를 정확히 유지해 두도록 한다.

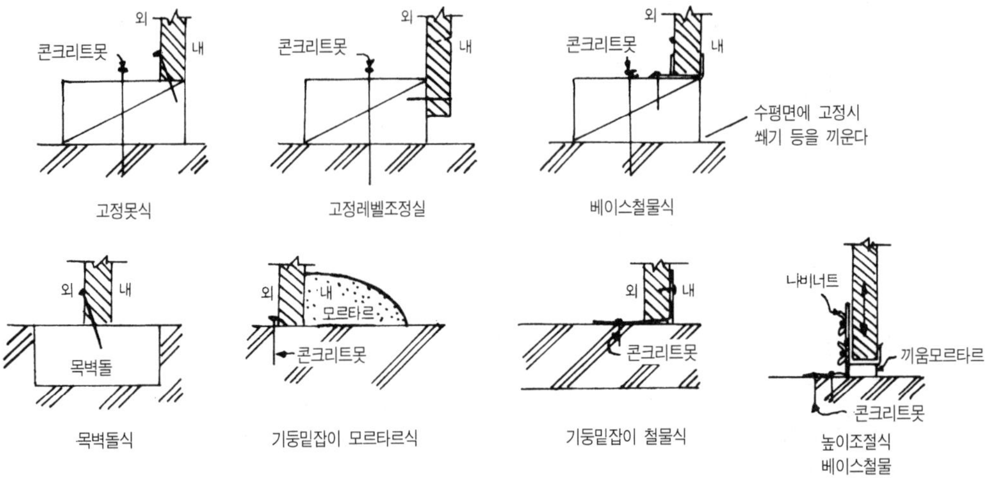

그림 5-23 (a) 기둥밑잡이

④ 기둥의 비틀림을 방지하기 위해 기둥 속에 세퍼레이터를 설치한다.

⑤ 기둥 클램프를 사용하는 경우에는 클램프가 뒤틀리거나 밀리지 않도록 다른 보조물로 확실히 고정해 둔다.

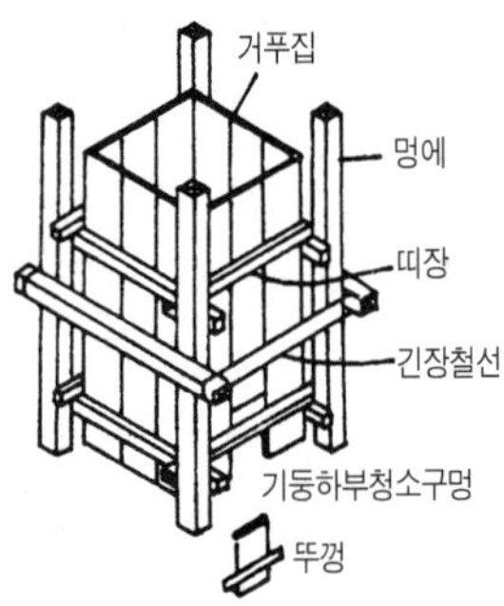

그림 5-23 (b) 기둥밑잡이

④ 보거푸집의 조립

㉠ 보거푸집은 일반적으로 밑판과 옆판을 따로 짜서 조립하거나 함께 짜서 건다.

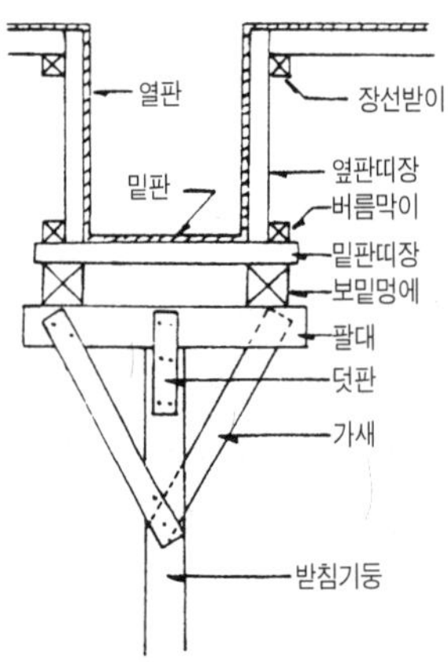

그림 5-24 (a) 보거푸집

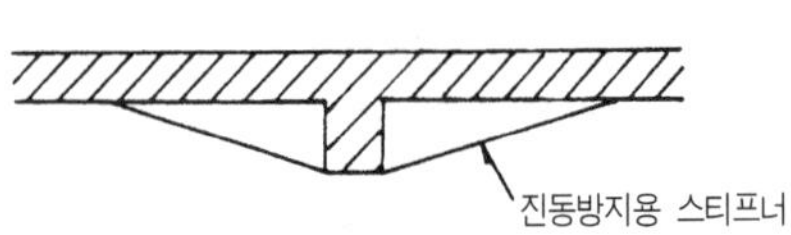

그림 5-24 (b) 보의 진동방지

㉡ 밑판을 먼저 받침기둥, 깔대, 보 밑 멍에로 받쳐 짠 다음 옆판을 댄다. 옆판은 밑판보다 먼저 떼어낼 수 있게 하며 밑판과 옆판의 연결부에서 시멘트페이스트(cement paste)가 누출되지 않도록 견고하게 밀착시킨다.

㉢ 장스팬(long span)의 보 거푸집은 진동방지용 스티프너(stiffener)를 설치하여 보강한다.

㉣ 캔틸레버보 어귀는 철선 등으로 연결한 후 슬래브 또는 철골보에 인장 고정한다.

㉤ 보의 철근을 조립한 후 세퍼레이터를 설치하도록 한다.

⑤ 슬래브거푸집의 조립

① 먼저 받침기둥 위에 멍에를 걸고, 벽 옆, 보 옆에는 장선받이를 대고 여기에 장선을 패널 크기에 맞추어 대고 패널을 깐다. 합판을 사용하는 경우 가능한 한 정척을 사용할 수 있도록 조립하고 마무리 부분은 보조판으로 마무리한다.

② 기둥, 보와 슬래브가 직각이 되는지 여부를 검사하고 슬래브 바닥에 요철분이 없도록 한다.

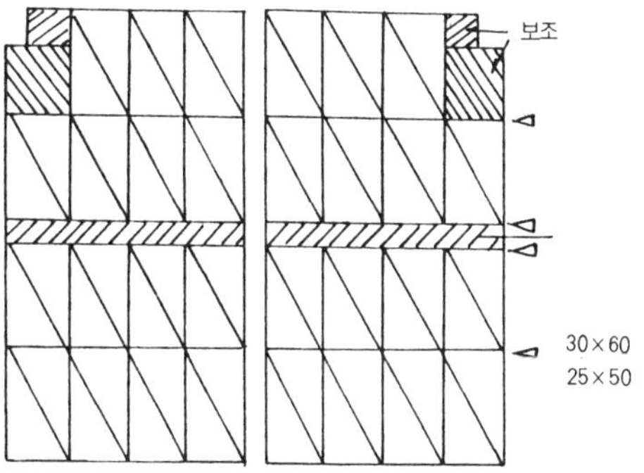

그림 5-25 슬래브거푸집의 패널 조립

⑥ 벽거푸집의 조립

① 벽의 거푸집은 먼저 벽 한쪽에 패널을 짜대고 철근배근을 병행하며 보, 바닥판의 거푸집을 그 위에 접속시키고 배근 및 설비작업이 완료되면 검사를 받고 맞은편 거푸집을 짜 댄다.

② 멍에 설치 간격은 일반적으로 하부에서 75cm 정도, 위에서 90~110cm 정도, 철선 조임 간격은 하부 75cm, 중앙 90cm, 상부 100~110cm 배치한다.

③ 벽 하부에는 청소구멍을 내고, 개구부는 벽의 한쪽 거푸집을 짠 다음 소요치수로 가설문틀 또는 두꺼운 널 등으로 개구부 둘레를 막고 가새를 대어 변형을 방지한다. 창문 밑은 콘트리트가 위로 밀려 올라올 우려가 있을 경우 정지판을 대어야 한다.

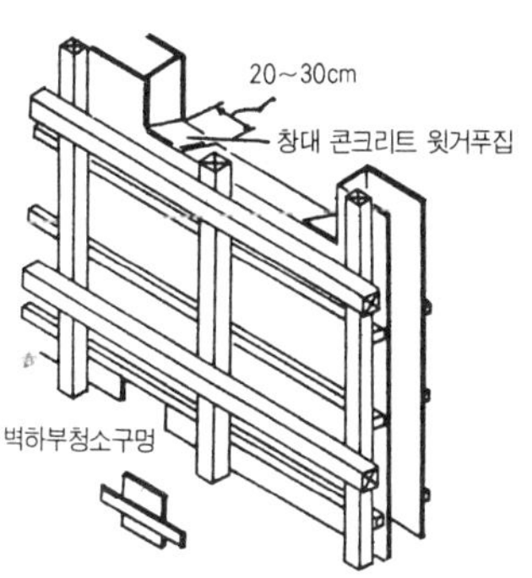

그림 5-26 벽거푸집 조립 예

④ 세퍼레이터, 폼타이의 간격은 층고, 재료의 종류, 콘크리트의 타설방법에 따라 다르므로 충분히 검토하여 설치한다.

⑦ 계단, 차양거푸집 조립

숙련공으로 작업 배치한다. 미리 공작도 또는 원척도를 작성하고 그에 따라 가공조립한다.

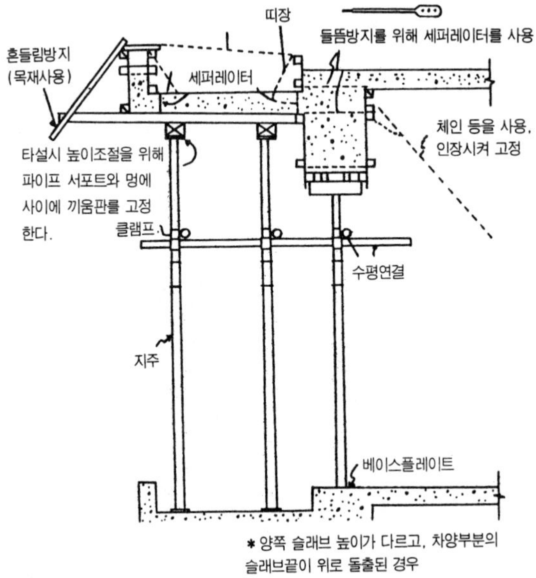

그림 5-27 차양부분의 거푸집 조립 예

⑧ 지주의 조립방법

① 파이프서포트(pipe support)

㉠ 건립 전에 미리 높이를 맞추어 길이를 조정해 둔다.

㉡ 파이프서포트의 연결은 2본까지로 제한한다.

㉢ 스팬이 긴 경우는 스팬의 양단부 및 중앙부에 서포트를 먼저 세워 대략의 높이를 정한다.

㉣ 파이프서포트의 두부(頭部) 및 각부(脚部)는 견고하게 고정한다.

㉤ 파이프서포트의 높이가 3.5m를 초과하는 경우는 수평연결 보강을 실시한다.

② 단관(單管) 및 잭받침(jack base)

단관은 틀지주(beatty)에 비하여 재료의 강도가 낮으므로 강도계산을 검토한 후에 주의하여 조립한다.

㉠ 단관의 건립 위치에 합판, 각재 등을 배치한다.

㉡ 각부(脚部)의 받침판(base plate)은 정확한 위치에 고정시킨다.

㉢ 지주용 단관의 연결은 2본까지로 제한한다.

㉣ 수평연결은 높이 2m 이내마다 직각 2방향으로 클램프를 사용하여 확실하게 연결하여 설치한다.

㉤ 두부(頭部)의 잭받침은 멍에에 못 등으로 확실히 고정한다.

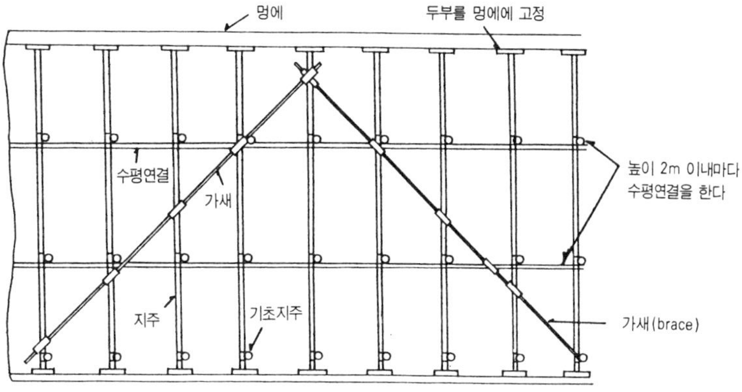

그림 5-28 단관 파이프 지주

③ 틀지주(beatty)

㉠ 조립상태가 중요하므로 숙련자가 작업을 행하도록 한다.

㉡ 바닥과 접하는 부분은 책받침을 합판 및 각목 등에 견고하게 고정한다.

㉢ 첫단을 조립한 후 레벨로 설치물의 수평상태를 검사하고 잭받침으로 수평을 조절한 다음 계속 1단씩 짜 올린다.

㉣ 5단 이내마다 최상단에 직각 2방향으로 수평연결을 한다.

(5) 거푸집 청소

특히 바닥거푸집 조립중 벽이나 기둥거푸집 속에 나무토막, 대패밥 등이 낙하되지 않게 적절히 막아댄다. 조립이 끝난 후 전체적으로 살수 청소하고 청소구멍 등으로 찌꺼기를 완전히 제거한다.

(6) 거푸집 조립작업의 관리

1) 조립작업 중 성과관리

전술한 방법에 의해 작성된 거푸집 시공계획도서 및 시공요령서에 의거하여 조립작업 중 아래 항목에 의한 작업관리를 실시한다.

① 먹매김의 정확성

② 거푸집 가공재의 치수, 모양

③ 거푸집 조립 정밀도

④ 조임철물 위치, 수량, 방법

⑤ 지주나누기, 방법

⑥ 거푸집 이동방지 처리

⑦ 거푸집 틈사이 막기

⑧ 정착물의 위치

⑨ 타 공사와의 관계

2) 공기 지연원인 발견 착안점 및 대책

전기 수립한 기본 시공순서에 의한 공정이 예정 공기보다 늦어질 때 아래의 착안점에 의거하여 대책을 수립한다.

① 공기 지연원인 발견 착안점

① 시공순서에 낭비, 무리 혹은 실수는 없는가?
② 연관 작업과의 전후 연결은 좋은가?
③ 해당층만의 지연인가?
④ 작업원의 기능도는 어떤가?
⑤ 작업원이 부족하지 않은가?

② 대　책

① 조기 예측에 의한 조기대비
② 작업의 능률화
③ 재료 공급의 능률화
④ 특히 타 공사와 공동으로 양중기를 사용할 경우 거푸집 양중 관련 최적 양중 계획을 수립, 시행

(7) 거푸집 검사

1) 거푸집 검사

아무리 합리적인 거푸집 계획을 하여도 검사가 불충분한 경우에는 콘크리트 정밀도를 높일 수 없다. 사전검사를 실시함으로써 치수의 착오방지, 사고방지, 정밀도의 향상을 꾀할 수 있다.

거푸집 조립 중간단계에서 치수 정밀도의 확보 등이 중요한 이유는 이 시점에서 분명히 확인해 두지 않으면 최종단계에서는 수정하기가 어렵기 때문이다. 따라서 조립 완료 후의 거푸집 검사는 그때까지의 올바른 사전준비와 조립작업의 최종결과를 확인하는데 의미가 있다. 검사의 요점을 살펴보면 다음과 같다.

① 수직검사

① 기둥, 벽의 경우 검사대상에서 조금 떨어져 수직추를 내리고 거푸집의 상단과 하단에서 거리를 측정하여 허용오차 범위내에 들어 있는지 조사한다.
② 허용오차 범위 이상일 때에는 체인이나 지주 등으로 수정하고 고정한다.

② 수평 및 높이의 검사

① 슬래브 및 보의 수평과 높이를 검사한다.

② 거푸집 위 기둥과 기둥 사이에 30-40cm 높이에 수평실을 띄우고 수평 및 슬래브 두께를 조사하거나 레벨로 검사한다.
③ 숨구멍, 매설물의 확인
④ 서포트(support) 등 지주검사
   ① 수직여부 및 수량, 간격
   ② 수평이음
⑤ 연결철물 검사
   ① 폼타이 등의 조임상태
   ② 수량 및 간격
⑥ 기타 청소상태

이상을 체크리스트로 준비하여 검사하고 기록으로 남겨둔다.

(8) 콘크리트 타설

1) 콘크리트 타설 사전준비

콘크리트 타설 전에 미리 거푸집 보수 책임사와 목수를 정하여 거푸집의 상태를 면밀히 검사케 하고 콘크리트 시공중에 일어날 수 있는 거푸집의 이상 유무를 감시케 한다. 콘크리트 시공중에 이상, 이동, 변형 등이 생기면 곧 시정할 수 있게끔 준비시킨다.

2) 콘크리트 타설과 거푸집 사고

콘크리트 타설시의 거푸집 사고는 일반적으로 아래와 같은 요인이 단독 또는 복합적으로 작용하여 거푸집에 무리한 힘이 가해지기 때문이다.

① 콘크리트의 측압과대(슬럼프가 큰 콘크리트 집중타설, 바이브레이터의 지나친 진동, 저온시의 고속타설)
② 지주나 보강재, 조임철물의 강도부족, 혹은 배치의 부적절

이로 인한 거푸집 사고의 유형은 아래와 같다.

① 조임철물 파단에 의한 거푸집 뚫림(puncture) 사고
② 거푸집 하단부에 과다한 압력으로 인한 부력이 작용하여 거푸집이 위로 떠오르는 사고 (콘크리트 누출, 슬래브 붕괴)
③ 지주 간격이나 밑둥잡이, 흔들림막이 등의 단부 구속 미비로 인한 도괴사고
④ 띠장목의 절손에 의한 뚫림사고
⑤ 창이나 계단 등의 개구부 처리 부실에 의한 콘크리트 누설사고

이상과 같은 거푸집 사고로 인한 콘크리트 누출, 철근손실, 거푸집 보수 및 뒷정리에 따른 손실과 같은 비경제적인 사항 외에 인적피해마저 발생하면 돌이킬 수 없는 일이 될 것이므로 사전점검에 의한 사고예방이 우선이라 하겠다.

3) 거푸집 사고방지대책 및 응급조치

① 거푸집 사고방지대책

우선 주요 대책으로는, 첫째, 콘크리트 측압의 실태를 파악해야 하고, 둘째, 조임철물의 강도관점에서 거푸집 시공계획을 검토, 확인하는 것이다.

이를 구체적으로 열거하면 다음과 같다.

① 콘크리트 측압의 파악(개략산정 방식, 현장경험 방식)
② 콘크리트 측압에 맞는 거푸집 두께 선정, 띠장, 멍에 간격 검토
③ 조임철물 배치간격 검토
④ 조임철물의 조임 정도를 균일하게 한다(파단을 일으키는 집중응력 배제).
⑤ 합판패널은 표면 나무결에 직각으로 교차시켜 띠장이나 멍에를 댄다.
⑥ 부재간 강성 차이가 많은 것끼리 조합하지 말 것(약한쪽으로 응력이 작용됨)
⑦ 콘크리트 타설계획을 수립하여 돌려가며 타설한다(급속집중타설 배제).
⑧ 진동기(vibrator)의 장시간, 집중적 투입을 피할 것
⑨ 저온일 때 콘크리트 타설을 피할 것(측압증대)

② 거푸집 사고의 응급조치

① 거푸집이 압출되었을 때

㉠ 가로멍에 아래 주변의 패널이 압출되면 콘크리트 타설을 중단하고 다음 그림과 같이 띠장 끝에 쐐기형의 테이퍼를 만들고 가로멍에와 패널 사이를 두들겨 박아 고정한다.

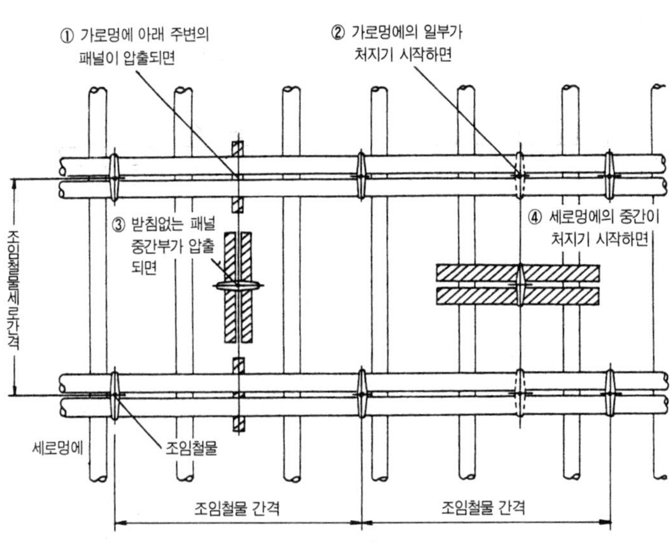

그림 5-29 거푸집 사고의 응급조치

㉡ 가로멍에의 일부가 처지기 시작하면 콘크리트 타설을 중단하고 가로멍에 사이에 볼트 송곳을 꽂아 양나사 볼트로 조인다.

㉢ 받침없는 패널 중간부가 압출되면 볼트송곳으로 패널에 관통구멍를 뚫어 양나사볼트를 끼우고 짧은 띠장목이나 원형파이프 등으로 조임한다.

㉣ 세로멍에의 중간이 처지기 시작하면 콘크리트 타설을 중단하고 볼트송곳으로 관통구멍를 뚫고 짧은 가로멍에를 대고 ω형 와셔로 조임한다.

② 시멘트페이스트의 누출을 발견하였을 때

넝마 등으로 신속히 메운 다음 급결 모르타르나 석고 등과 같은 급경성 재료로 누출부위를 막거나, 각목이나 엷은 철판, 판자를 붙여 막는다.

(9) 거푸집의 해체

1) 거푸집의 해체

거푸집 해체에 있어서 그 해체 시기를 엄수하고 해체할 범위 등을 인부 등에게 주지시켜 지정한 것 이외에는 해체하지 않도록 구체적으로 지시하고 특히 지주 바꾸어 세우기는 철저히 감독한다.

① 해체작업

① 해체작업 개시 전에 해체책임자로 하여금 해체지역에 작업 안전상 출입금지 구역으로 표시한다.

② 진동, 충격에 의한 콘크리트의 손상이 없도록 순서 있게 해체한다.

㉠ 순서 : 기둥, 벽의 폼타이 및 기타 보강재→기둥패널→슬래브, 작은 보 지주 및 보강재→슬래브, 작은 보 패널→큰 보 지주 및 보강재→큰 보 패널

③ 재료의 전용을 고려하여 패널 파손 등의 거푸집 손실를 극소화할 수 있게끔 소범위로 순서에 맞추어 조용히 해체한다.

④ 높은 곳의 거푸집을 해체할 때에는 특히 안전에 유의한다.

② 거푸집 해체후 정리정돈

① 해체한 거푸집은 콘크리트가 묻은 것은 떼이내고 수선하여 재사용할 수 있도록 정리 정돈한다.

② 재료의 정리는 전용가능 여부를 판단할 수 있도록 종류·규격별로 구분한다.

③ 한 곳에 지나치게 많은 재료를 적치하지 않는다.

④ 정리작업중 재료에 손상이 없도록 조심하여 취급하고 오래되어 낡은 고재(古材)는 재사용하지 말고 즉시 반출시킨다.

5-4 철근공사

5-4-1 개 요

철근에는 원형강(round steel bar), 이형철근(deformed steel bar)이 주로 쓰이고, 철선(鐵線), 피아노선(中硬鐵線, piano wire, music wire), 용접철망(鎔接鐵網, welding wire fabric) 등도 쓰인다.

철근 표면과 콘크리트의 접착은 이형철근의 돌기(lug)나 리브(lib)의 쐐기작용(keying action)으로 철근이 콘크리트 속에서 뽑히지 않도록 2개의 재료가 일체로 되게 하는 효과를 부착(bond, adhesion)이라 한다. 이형철근의 공칭지름(公稱徑, nominal diameter)은 이형철근의 단위길이의 무게와 같은 원형철근의 지름으로 하고 있다.

철근의 품질, 형상 및 치수는 KSD 3504의 규격품을 쓰고 근래에는 원형철근보다 이형철근을 많이 사용하고 있다.

강도시험의 결과 동일품질의 철근이라도 가는 것이 굵은 것보다 비교적 강도가 높은 듯하다. 이것은 가는 것일수록, 압연(壓延)할 때 냉각이 빠르고 저온가공을 받기 때문에 단련(鍛鍊)이 재심(材心)까지 미치기 쉬운 까닭이다.

5-4-2 강재의 종류

(1) 원형철근

원형철근의 지름은 ϕ로 표시하며 SR 24, SR 30 등이 있다.

표 5-16 원형철근의 단면적과 중량

mm	푼	in.	n개의 단면적(cm^2)										주장	중량
			1	2	3	4	5	6	7	8	9	10	(cm)	(kg/m)
4			0.126	0.251	0.377	0.502	0.628	0.754	0.878	1.006	1.13	1.26	1.26	0.099
6	2		0.282	0.564	0.846	1.128	1.410	1.690	1.975	2.25	2.54	2.82	1.88	0.222
8			0.502	1.004	1.506	2.008	2.51	3.01	3.51	4.01	4.52	5.02	2.51	0.394
9	3		0.64	1.27	1.91	2.54	3.18	3.82	4.45	5.09	5.73	6.36	2.83	0.499
12	4		1.13	2.26	3.39	4.52	5.56	6.79	7.91	9.05	10.18	11.31	3.77	0.888
13	4		1.33	2.65	3.98	5.31	6.64	7.96	9.92	10.62	11.95	13.27	4.08	1.042
16	5	5/8	2.01	4.02	6.03	8.04	10.05	12.06	14.07	16.08	18.09	20.11	5.03	1.578
19	6	3/4	2.84	5.67	8.51	11.34	14.18	17.02	19.85	22.68	25.52	28.36	5.97	2.226
22	7	7/8	3.80	7.60	11.40	15.20	19.00	22.80	26.60	30.40	34.20	38.01	6.91	2.984
25	8	1	4.19	9.82	14.73	19.64	24.55	29.46	34.37	39.28	44.19	49.09	7.85	3.853
28			6.16	12.32	18.48	24.64	30.80	36.46	43.12	49.28	55.44	61.58	8.80	4.834
32			8.04	16.08	24.12	32.16	40.20	48.28	56.28	64.32	72.36	80.42	10.05	6.313

(2) 이형철근(Deformed Steel Bar)

이형철근의 공칭지름은 D로 표시하며, 1종(SBD 24), 2종(SBD 30), 3종(SBD 35), 4종(SD 40), 5종(SD 50)으로 나뉜다. 부착강도를 높이기 위하여 표면에 마디와 리브를 붙인 원형강으로 원형철근보다 부착력이 40% 이상 증가하는 등 여러 가지 장점이 많아 철근콘크리트에서 가장 많이 쓰인다. 철근 정착물의 길이는 6, 7, 8, 9m, 10m 등으로 제조되고 있으며 이음을 적게 하기 위해서는 10m 이상의 철근도 주문할 수 있으나, 운반관계로 9m 정도까지로 하고 있다.

표 5-17 이형철근의 지름·단면적·중량

철근지름			단면적 (cm^2)										주장 (cm)	중량 (kg/m)
호칭	공칭지름(mm)	속칭(푼)	1D	2D	3D	4D	5D	6D	7D	8D	9D	10D		
D 6	6.35	2	0.32	0.63	0.95	1.27	1.27	1.90	2.22	2.53	2.85	3.17	2	0.249
D 10	9.53	3	0.71	1.43	2.14	2.85	3.57	4.28	4.99	5.71	6.42	7.13	3	0.560
D 13	12.7	4	1.27	2.53	3.80	5.07	6.07	7.60	8.87	10.14	11.40	12.67	4	0.995
D 16	15.9	5	1.99	3.97	5.96	7.94	9.93	11.92	13.90	15.89	17.87	19.86	5	1.56
D 19	19.1	6	2.87	5.73	8.60	11.46	14.33	17.19	20.06	22.92	25.79	28.65	6	2.25
D 22	22.2	7	3.87	7.74	11.61	15.48	19.36	23.23	27.10	30.97	34.84	38.71	7	3.04
D 25	25.4	8	5.07	10.13	15.20	20.27	25.34	30.40	35.47	40.54	45.60	50.67	8	3.98
D 29	28.6	9	6.42	12.85	19.27	25.70	32.12	38.54	44.97	51.39	57.82	64.24	9	5.04
D 32	31.8	10	7.94	15.88	23.83	31.77	39.71	47.65	55.59	63.54	71.54	79.42	10	6.23

표 5-18 원형철근의 길이 및 무게 허용차

<table>
<tr><td rowspan="5">길이허용치</td><td rowspan="3">7m 이하</td><td rowspan="3">+40mm
−0mm</td><td rowspan="5">무게허용치</td><td></td><td>1본</td><td>1묶음</td></tr>
<tr><td>D10∼13</td><td>±7%</td><td>±5%</td></tr>
<tr><td>D16∼25</td><td>±5%</td><td>±4%</td></tr>
<tr><td rowspan="2">7m 초과</td><td rowspan="2">1m당
5mm 초과</td><td>D29∼41</td><td>±4%</td><td>±3.5%</td></tr>
<tr><td>D10∼41</td><td>±6%</td><td>±3.5%</td></tr>
</table>

(3) 고장력이형철근(High tensil Deformed Bar)

고장력철근(高張力 鐵筋)은 보통 하이바(high tensile bar)라고도 하며, 특수강을 재료로 한 고강도철근이기 때문에 보통 철근보다 인장력이 큰 것이 특징이고, 이것을 쓸 때에는 콘크리트의 강도도 큰 것으로 하는 등의 주의가 필요하다.

표 5-19 고력 철근의 지름·단면적·중량

호칭		단위중량	공칭중량	단면적	공칭주장	마디의 치수(mm)			리브의
KS	ASTM (in.)	(kg/m)	(mm)	(cm^2)	(cm)	최소간격	최소높이	최대높이	최대너비 (mm)
D 10	3/8	0.559	9.53	0.713	3.0	6.6	0.4	0.8	3.6
D 13	1/2	0.994	12.7	1.27	4.0	8.8	0.6	1.2	4.8
D 16	5/8	1.55	15.9	1.98	5.0	11.1	0.8	1.6	6.0
D 19	3/4	2.24	19.1	2.85	6.0	13.3	0.1	2.0	7.2
D 22	7/8	3.05	22.2	3.88	7.0	15.5	1.2	2.4	8.5
D 25	1	3.98	25.4	5.07	8.0	17.7	1.3	2.6	9.7
D 29	$1^{1/8}$	5.03	28.6	6.41	9.0	20.0	1.5	3.0	10.9

(4) 피아노선 및 경강선(KS D 309, KS D 3510)

피아노선은 인장력이 아주 큰 중경강선(中硬鋼線, midle hard steel)이고 프리스트레스트콘크리트(prestressed concrete)에 쓰인다.

(5) 용접철망(Welding Wire Fabric)

① 용접철망은 철선을 간격 15cm 정도로 직교하여 배치하고 각 교차점에서 용접하여 1.5m×3m 정도의 크기로 하거나 1.2~2.4m 너비의 두루마리(fabric mat)로 제작한 것이 있다.

② 철망에 쓰이는 철선은 지름 3.57mm(#10) 또는 4.36mm(#8)로 하고, 철근으로 할 때는 지름 6mm 정도의 원형철근 또는 이형철근으로 한다. 이것은 넓은 바닥판 또는 도로포장에 많이 사용된다.

표 5-20 철선의 지름·단면적 및 주장

SWG # No.		4	5	6	8	10	12	14	16	18	20	22
지 름	in.	0.33	0.212	0.193	0.16	0.128	0.104	0.080	0.064	0.048	0.036	0.028
	mm	5.9	5.4	4.9	4.1	8.3	2.3	2.0	1.6	1.2	0.9	0.7
단면적	mm^2	27.3	22.9	18.9	13.2	8.5	5.5	3.2	2.0	1.1	0.6	0.4
주 장	mm	18.5	17.0	15.4	12.9	10.4	8.4	6.3	5.0	3.8	2.8	2.2
중 량	g/m	213	192	164	108	71	47	27	12	9.5	4.8	3.1

5-4-3 철근공사의 구성과 요점

(1) 계획·구조 도면의 검토

철근공사의 시공계획을 수립하는데 설계도서의 확인 검토는 가장 중요한 작업의 하나이며 세부에 걸쳐 충분한 검토를 할 필요가 있다. 특히 철근공사의 경우는 디테일에 대응된 조립방법을 검토하는 것이 품질·공기에 결정적인 영향을 끼친다는 것을 인식할 필요가 있다.

5-4-4 철근의 가공 및 운반

철근의 가공은 대개 현장가공으로 하는 경우가 많으나 최근에는 부재의 PC에 따른 공장생산이 증가함에 따라 공장에서 가공하는 경우도 많아졌다.

(1) 철근의 취급 및 저장

철근은 지름별·길이별로 구분하여 정돈하여 놓고, 불합격품은 다른 것과 혼돈되지 않도록 가려 놓는다. 철근은 직접 지면에 닿지 않고 흙물이 튀지 않게 저장하며, 장기간 저장할 때는 우로에 맞지 않게 시트 등으로 덮어 놓는다.

(2) 재료의 시험

반입된 철근은 규정에 따라 시험편을 채취하여 인장강도시험과 휨시험을 해야 한다. 시험을 실시할 때는 공인된 검사기관에 시험을 의뢰하여 정해진 절차대로 시험을 행하여 품질의 적정성 여부를 판단하여야 한다.

(3) 공작도(工作圖, Shop Drawing)

1) 공작도의 작성

설계도에서 가공도, 조립도를 작성하고 철근구조도에 의거하여 철근의 절단, 구부리기 등을 현장에서 공작하기 위하여 철근의 모양, 각 부의 치수, 구부림의 위치, 지름, 길이 및 본수 등을 명확히 기입하여 시공에 편리하도록 한 것이다.

2) 기초상세도(Foundation Detail)

기초와 기둥, 기둥과 지중보, 벽과 바닥판 등의 주근과의 연결과 정착관계를 정비하고, 철골이 있을 때에는 앵커볼트의 위치 및 정착 방법 등을 기입하며, 지하실 부분은 옹벽, 바닥판 방수층, 피트, 인접기초와의 관계를 명확하게 기입하여 둔다.

3) 기둥과 벽의 상세도(Column and Wall Detail)

기둥과 벽의 층높이에 맞추어 적당한 이음위치를 정하고 층수가 정하여짐에 따라 기둥의 단면이 줄어지는 곳의 철근의 구부림과 대근의 지름, 굵기, 형상, 길이, 배치간격, 기호 등을 명확히 기입하여 둔다.

4) 보 상세도(Beam Detail)

주근과 대근의 지름, 형상, 배치간격, 수량, 길이, 기호 등을 명확히 기입하고, 굽힘철근(bent up bar)은 철근의 구부림 높이, 수평부분, 경사부분의 길이, 양끝마구리 길이 등을 기입하여야 하며 또 작은 보가 큰 보에 또는 큰 보가 작은 보에 또는 보가 기둥에 정착되는 길이나 형상도 기입한다.

5) 바닥판상세도(Slab Detail)

바닥판상세도는 기호, 판의 두께, 주근의 방향, 지름, 길이, 구부림 위치, 배근 간격, 철근의 개수 등을 명시하고 배치치수는 판의 중앙에서 시작하는 것이 편리하다. 바닥판 평면에는 기둥 중심선을 기준으로 하여 작은 보, 큰 보의 중심선 및 끝선, 콘크리트 벽의 위치, 계단의 시작부분 및 돌림부분, 개구부, 배관, 간막이 벽의 위치와 천정을 달아맬 고정 철물의 배치도 등도 중요하다.

(4) 철근의 가공

1) 절 단

철근의 절단은 인력으로 하는 경우와 동력기계로 하는 경우가 있는데 보통 인력으로 한다. 인력절단은 철제 모탕에 철근을 올려 놓고 절단할 곳에 절단 정을 댄 뒤 쇠메로 쳐서 절단하거나, 절단기로 절단한다.

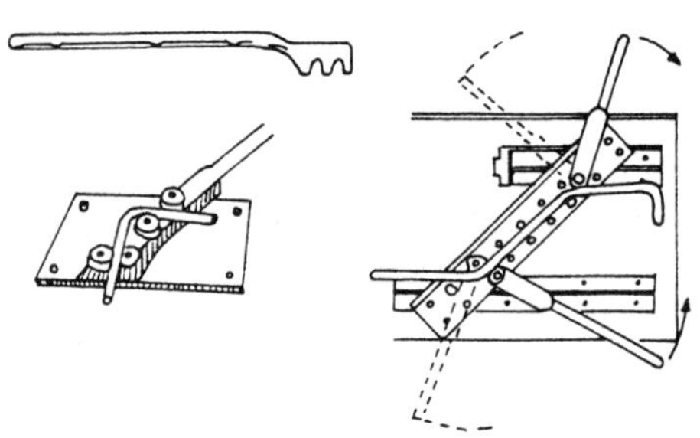

그림 5-30 철근가공기

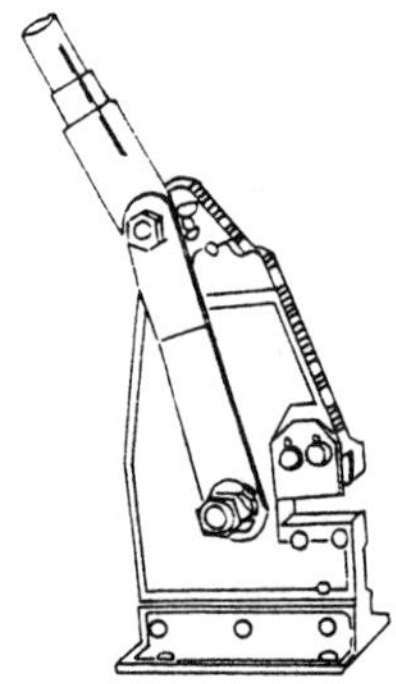

그림 5-31 철근절단기

2) 구부리기

철근의 구부리기는 구부림기(折曲器, bar bender)를 사용하여 지름 25mm 이하는 상온에서, 28mm 이상은 적당히 가열하여 구부린다. 가열할 경우, 그 가열온도 및 가열방법은 책임기술자의 승인을 받아야 한다. 유해한 굽은 철근이나 손상된 철근은 사용하지 않는다. 구부림기는 구부림대 위에 고정시킨 구부림판과 집게 또는 파이프로 구성된다. 철근 말단부에는 원칙적으로 갈고리(hook)를 내야 하는데, 도면 또는 특기시방서에 지정되어 있지 않을 경우에는 그림 5-32에 의해 가공한다.

표 5-21 구부림 가공치수의 허용오차

항 목			허용오차(mm)
가공치수[1]	스터럽, 띠철근, 나선철근		±5
	주 근	D25 이하	±15
		D29 이상 D41 이하	±20
가공 후의 전길이			±20

(주) [1]가공치수 및 가공 후의 전길이를 재는 법의 예를 그림에 제시한다.

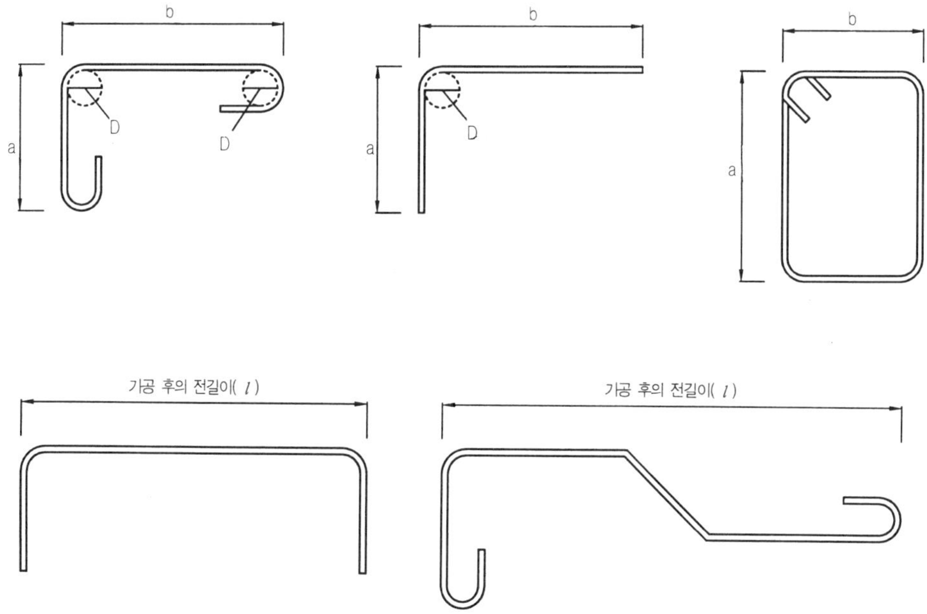

그림 5-32

다음의 ①~④에 표시한 철근의 단부에는 갈고리(hook)를 반든다. (그림 5-32)

① 원형철근

② 스터럽 및 띠철근

③ 기둥 및 보(지중보는 제외)의 돌출부분의 철근

④ 굴뚝의 철근

표 5-22 철근 단부의 구부림 형상 및 치수

<table>
<tr><th>철근의 구부림 각도</th><th>그 림</th><th>철근의 종류</th><th>철근의 구부림 안치수(D)</th><th>철근의 여장</th><th>비 고</th></tr>
<tr><td rowspan="2">180°</td><td rowspan="2">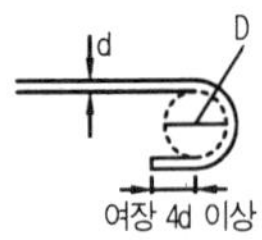</td><td>SD 24
SD 24</td><td>3d 이상</td><td rowspan="2">4d 이상</td><td rowspan="2"></td></tr>
<tr><td>SD 30
SD 30
SD 35</td><td>4d 이상</td></tr>
<tr><td rowspan="2">135°</td><td rowspan="2">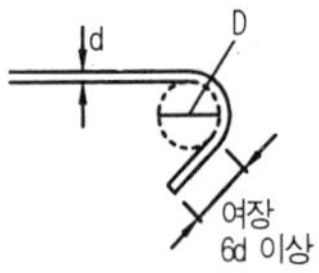</td><td>SD 24
SD 24</td><td>3d 이상</td><td rowspan="2">6d 이상</td><td rowspan="2"></td></tr>
<tr><td>SD 30
SD 30
SD 35</td><td>4d 이상</td></tr>
<tr><td rowspan="2">90°</td><td rowspan="2">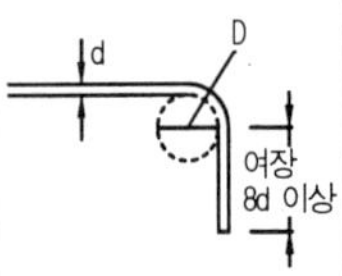</td><td>SD 24
SD 24</td><td>3d 이상</td><td rowspan="2">8d 이상</td><td rowspan="2">슬래브 철근·벽 철근의 말단부 또는 슬래브와 동시에 부어 넣는 T형 보 및 반 T형보에 사용하는 U형 스터럽의 타이(tie)에만 사용한다. 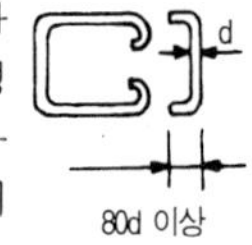</td></tr>
<tr><td>SD 30
SD 30
SD 35</td><td>4d 이상</td></tr>
</table>

그림 5-23 철근 중간부의 구부림 형상 및 치수

<table>
<tr><th>철근의 구부림 각도</th><th>그 림</th><th>철근의 사용개수에 따른 호칭</th><th>철근지름</th><th>철근의 종류</th><th>철근의 구부림 안치수(D)</th></tr>
<tr><td rowspan="7">90° 이하</td><td rowspan="4">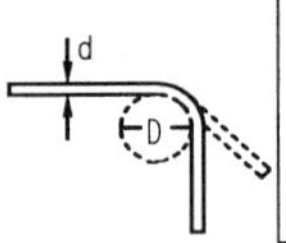</td><td rowspan="2">(i)
스터럽·띠철근·나선철근</td><td rowspan="2">각 종</td><td>SD 24
SD 24</td><td>3d 이상</td></tr>
<tr><td>SD 30
SD 30
SD 35</td><td>4d 이상</td></tr>
<tr><td rowspan="2">(ii)
슬래브철근·철근</td><td>16mm 이하</td><td rowspan="5">SD 24
SD 24
SD 30
SD 30
SD 35</td><td>5d 이상</td></tr>
<tr><td>16mm 이상</td><td>(iii)에 의함</td></tr>
<tr><td rowspan="3">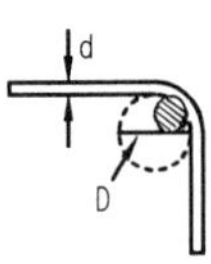</td><td rowspan="3">(iii)
(i), (ii) 이외의 철근</td><td>원형철근은 28mm 이하
이형철근은 D25 이하</td><td>6d 이상</td></tr>
<tr><td>원형철근 32mm 이하
D 29 이상</td><td rowspan="2">8d 이상</td></tr>
<tr><td>D 41 이상</td></tr>
</table>

(5) 철근의 이음 및 정착

1) 이음 및 정착

강력한 인장력을 받는 보의 주근을 기둥콘크리트 속에 깊이 연장하여 뽑혀 나오지 않게 하는 것을 정착(定着, anchor)이라 한다. 정착되는 길이를 정착길이라 하고, 그 끝은 갈고리(hook)로 구부려 콘크리트에서 빠져나오지 않게 한다.

갈고리는 상당한 정착능력이 있으니까 직선부가 부착력에 무력하게 되더라도 최후의 뽑힘저항을 하는 것이다. 다만 기둥 또는 굴뚝 이외에 있어서 이형철근을 사용할 때에는 그 끝부분은 구부리지 않을 수 있다

2) 이음 및 정착길이

철근의 이음길이와 정착길이는 철근의 종류, 콘크리트의 품질과 강도 등에 따라 다르나 일반적으로 다음과 같이 규정하고 있다.(구조물의 구조기능 등에 관한 규칙 제40조 참조)

① 이음의 위치는 되도록 응력이 큰 곳을 피하고 동일개소에 철근수의 반 이상을 이어서는 안 된다.

② 이음의 겹침길이는 갈고리 중심 간의 거리로 한다.(이음길이에는 갈고리부분은 포함되지 않는다)

③ 주근의 이음은 구조부재에 있어서 인장력이 가장 작은 부분에 두어야 한다.

④ 이음 및 정차의 길이는 용접하는 경우를 제외하고는 압축력 또는 작은 인장력을 받는 곳은 주근지름의 25배 이상, 큰 인장력을 받는 곳은 40배 이상으로 한다.

⑤ 지름이 서로 다른 주근을 잇는 경우에는 가는 주근 지름으로 한다.

⑥ 경미한 압축근의 이음길이는 20배로 할 수 있다.

⑦ 경량골재를 사용하는 철근 콘크리트조에서는 25배를 30배로, 40배를 50배로 할 수 있다.

표 5-24 철근의 정착 및 이음길이 (d : 철근의 공칭지름)

철근의 종류	콘크리트 설계기준강도의 범위(kg/cm^2)	갈고리	정차길이 L			이음철근의 길이 L
			일반	하단철근		
				작은보	바닥 및 지붕 슬래브	
SR 24	210 이상 270 이하	유	35 d	25 d	10d 또는 15cm 이상	35 d
	210 미만	유	45 d			45 d
SR 24	210 미만 270 이하	무	30 d	25 d	10d 또는 15cm 이상	35 d
		유	20 d	15 d		25 d
	210 미만	무	35 d	25 d		40 d
		유	25 d	15 d		30 d
SD 30 SD 35	210 이상 270 이하	무	35 d	25 d	10d 또는 15cm 이상	40 d
		유	25 d	15 d		30 d
	210 미만	무	40 d	25 d		40 d
		유	30 d	15 d		35 d

주) 1. 끝단의 갈고리는 정착 및 겹침이음 길이에 포함되지 않는다.
2. 지름이 다른 두 철근의 겹침이음 길이는 작은 철근의 지름에 의한다.
3. 보 및 슬래브 철근의 정착은 그림 중의 정착길이 L에 관계없이 기둥 및 보의 중심을 지나서 구부리도록 한다.

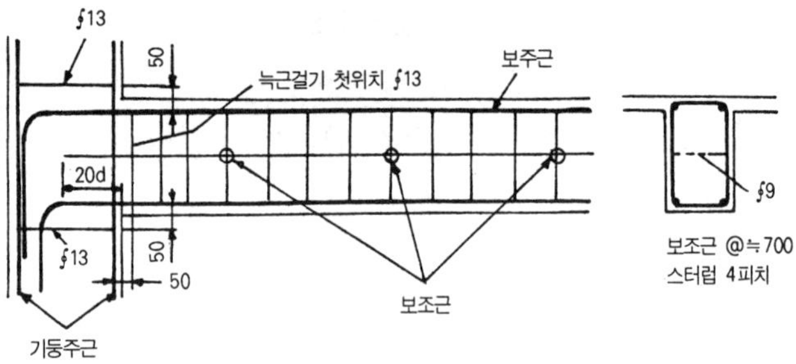

그림 5-33 보철근의 정착

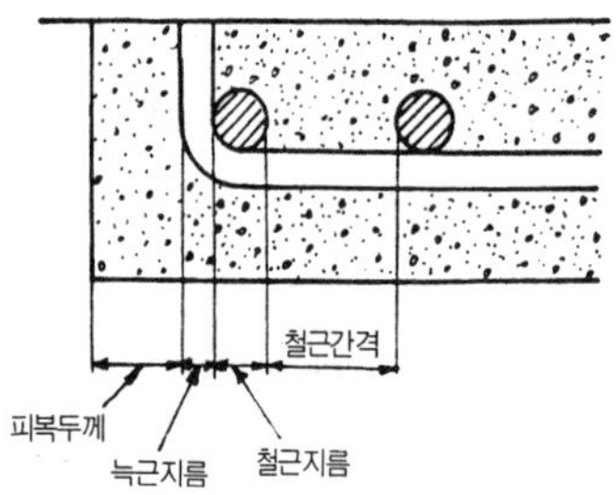

그림 5-34 철근의 간격 및 피복 두께

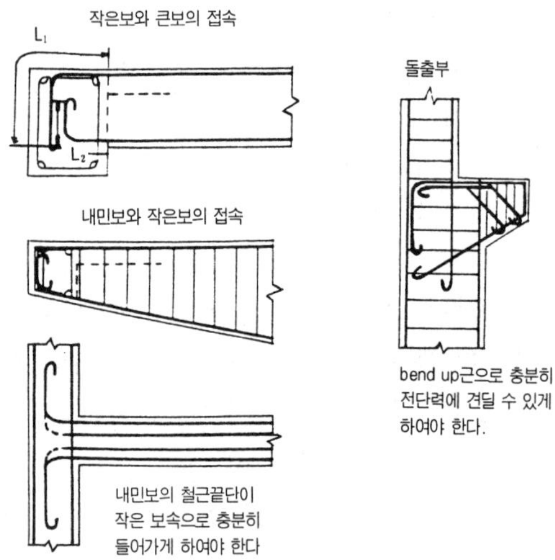

그림 5-35 배근 기준도

3) 정착위치

철근의 정착위치는 다음과 같이 한다.

① 기둥의 주근은 기초에 정착한다.

② 보의 주근은 기둥에 정착한다.

③ 작은 보의 주근은 큰 보에 정착한다.

④ 직교하는 단부 보 밑에 기둥이 없을 때에는 상호간에 정착한다.

⑤ 지중보의 주근은 기초 또는 기둥에 정착한다.

⑥ 벽철근은 기둥, 보, 기초 또는 바닥판에 정착한다.

⑦ 바닥철근은 보 또는 벽체에 정착한다.

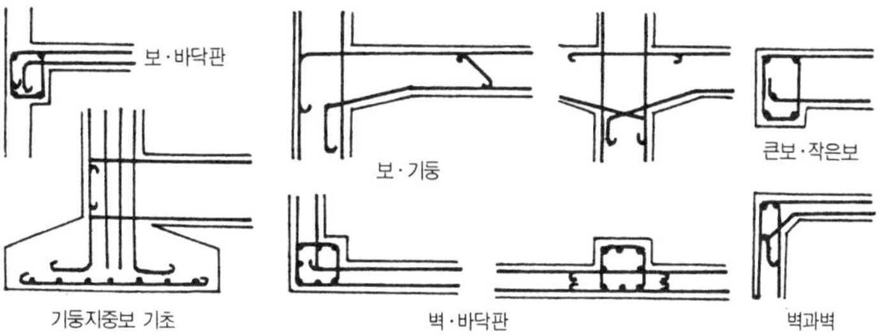

그림 5-36 철근의 정착위치 및 형상

4) 철근의 이음방법

철근의 이음은 부착력에 의한 겹친이음(lapped splice)외에 용접이음(welding slpice) 또는 연결재를 사용한 기계적이음(mechanically coupled)이 있다.

개스압접이나 전기압법에 의하여 철근을 이으면 용접부가 두드러져 단면이 크게 되어 충분히 신뢰할 수 있으며, 철근량도 절약되고, 콘크리트 부어넣기도 용이하여 유리하다.

이음의 응력도는 규정된 용접·부착응력도의 3/4을 초과하지 않고 한 철근의 전응력을 다른 철근에 전달할 수 있게 한다.

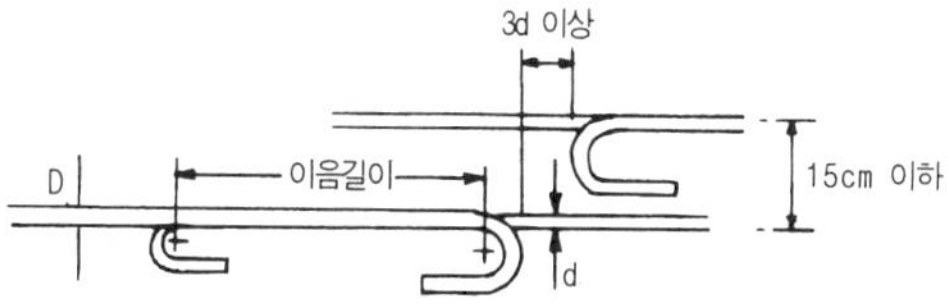

그림 5-37 철근의 이음 길이 산정

① **겹친이음**(lapped splice)

철근을 나란하게 엎대여 이어나가는 것을 겹친이음이라 하고 그 끝은 갈고리를 내고 겹친 부분은 결속선으로 묶는다.

겹친길이, 즉 이음길이는 콘크리트의 강도, 철근의 굵기와 강도에 따라 다르게 하지만 그 부착강도는 이음길이에 비례하는 것은 아니다.

그림 5-37과 같이 한쪽편 철근의 응력은 콘크리트의 부착력에 의하여 콘크리트에 전달되고 다시 다른 편의 철근에 전달되는 것이다. 갈고리는 서로 대칭적으로 대립하는 것이 좋고 콘크리트 속에 착실히 정착되어야 한다. 결속선은 오직 콘크리트 시공시 배근의 거리 간격유지·변형을 방지하는데 필요한 것이다.

② **용접이음**(welded splice)

철근의 용접이음은 겹친용접이음·맞댄용접이음 또는 덧댄용접이음으로 한다.

③ **겹친용접이음**

겹친용접이음은 철근을 서로 겹쳐대고 용접한 것이고, D16 이하의 철근에 사용하도록 한다. 철근을 그냥 옆대는 것보다 편심이 안되게 응력중심을 일치시키는 것이 좋다.

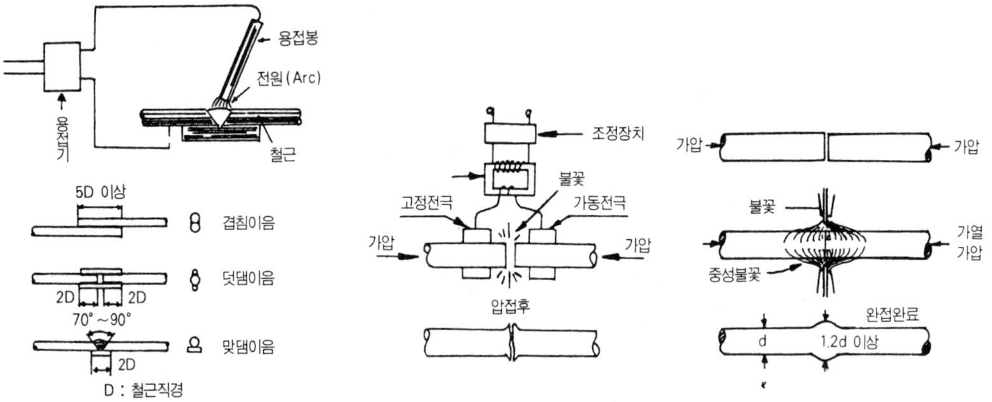

(a) 아크용접 (b) 전기압접 (c) 가스압접

그림 5-38 철근의 용접이음

④ **맞댄용접이음**(welded butt splice)

철근의 끝을 서로 맞대어 용접하는 것이고, 철근간격이 아주 좁거나 기존부의 철근에 접합할 때 많이 쓰인다. 철근의 끝을 전기절단 또는 톱절단으로 앞벌림(grove) 가공을 해야 한다.

⑤ **덧댄용접이음**

철근을 맞대고 철근토막 ㄱ형강 또는 강판을 덧대고 용접하는 것이다. 철근의 끝은 가공하지 아니하여도 좋다.

⑥ **테르밋용접**(thermit welding)

용접이음과 비슷한 것이고, 지름 ϕ41～54mm 정도의 굵은 철근의 이음에 주로 이용되고 철근의 맞댄간격은 9～12mm로 한다.

철근의 이음부분을 그 지름에 맞는 도가니에 끼우고 그 속에 서밋컴파운드(thermit compound)를 다져 넣고 전기점화하면 고열(약 3,000℃)을 내며 용해하여 철근을 용접시키는 것이다.

⑦ **물림철물에 의한 이음**

철근의 이음부분에 물림통(sleeve)을 끼우고 양마구리의 틈서리는 석면 등으로 막은 후 물림쇠의 내부에 녹인 금속재를 충진(metallic grout)하여 잇는 방법이다. 물림쇠의 내부는 울룩불룩하게 되어 있고 쇠물을 부어넣는 구멍이 있다.

5-4-5 철근의 조립

(1) 철근 조립준비

일반적인 건축물의 철근 조립순서는 기초철근→기둥철근→벽철근→보철근→슬래브철근→계단철근 순이다. 철근은 조립 전에 녹, 먼지 등 부착력을 감소시키는 것은 모두 제거한다. 조립순서는 철근콘크리트인 경우 기초 및 지하실 바닥 철근을 조립하고 콘크리트를 타설하여 콘크리트가 굳은 다음, 지하층 벽체 또는 그와 동시에 일층 바닥까지 완료하고, 다음 층의 순서로 전공정을 완료한다. 또 철골철근콘크리트조일 경우는 철골세우기 및 리베팅이 완료된 부분부터 철근을 조립한다.

(2) 철근조립작업

1) 철근 조립순서

① 기초부 조립공정

기초부분의 시공순서는 다음과 같다.

① 밑창 콘크리트 위에 심먹줄 및 거푸집 위치 먹출치기
② 기둥 주근의 지지 고정재 대기
③ 기초판 철근의 배근, 결속 및 괴기
④ 기둥 주근 및 기초부 띠근 감기
⑤ 지중보의 주근 및 늑근의 배근
⑥ 지하실 바닥 및 벽, 기타 기초 접속부 배근
⑦ 기초판 상부의 보조근 배근
⑧ 기초 옆 거푸집 짜기
⑨ 기초판 콘크리트 부어넣기

② R.C조 건축물 시공순서

R.C조 일반적인 건축물 1개층 시공순서는 다음과 같다.

① 기초 옆(기초 보) 거푸집
② 기초판, 기초보 철근 배근
③ 기둥철근 기초에 정착
④ 기초판(지하실바닥판, 기초보) 콘크리트 부어넣기
⑤ 기둥철근 배근
⑥ 기둥거푸집, 벽의 한편 거푸집
⑦ 벽의 철근 배근
⑧ 벽의 딴편 거푸집
⑨ 보 밑창판, 옆판 및 바닥판 거푸집

⑩ 보 및 바닥판 철근 배근

⑪ 콘크리트 부어넣기

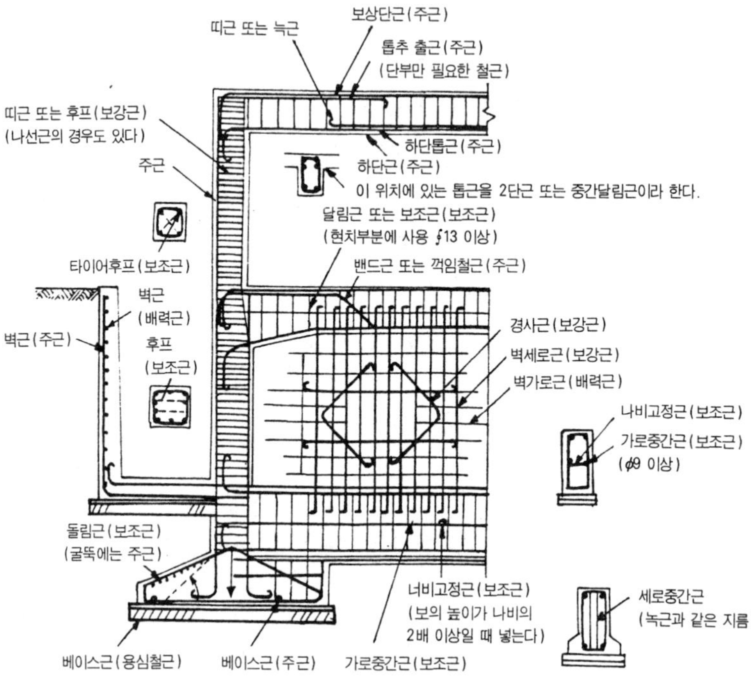

그림 5-39 라멘 배근도

2) 기초철근의 조립

기초철근 조립순서는 거푸집 위치 먹줄치기→철근 간격표시→직교철근 배근→대각선 철근 배근→스페이서 설치→기둥주근 설치→띠근(hoop) 감기 순이다. 도면에 의하여 가로근 및 세로근을 놓고 직교하는 부분은 결속 철근으로 결속하는데, 이때 기초바닥판의 폭이 좁은 방향으로 배근하는 철근이 밑으로 가게 한다. 직교하는 철근 위에 대각선 방향으로 각기 2～3개의 철근을 배근하고 결속한다. 1.5m 각 이하의 간단한 기초판의 철근은 지상에서 전부 조립하여 기초 거푸집 속에 넣기도 한다. 바닥철근 밑에는 피복두께를 유지하기 위하여 6cm 각 정도의 모르타르제 굄을 넣어 철근을 괴어 주도록 한다. 기초에 정착시키는 기둥의 철근은 굄을 정확히하여 기초판 철근 위에 방사형으로 벌려 결속하고 띠근을 둘러 감는다. 기초에 접하는 지중보 또는 지하실 바닥판의 거푸집 짜기, 철근 배근, 콘크리트 부어넣기 등은 기초부와 동시에 할 때도 있고, 또 기초부가 완료된 다음에 하는 경우도 있다.

3) 기둥 및 벽 철근의 조립

기둥의 철근은 되도록 길게 하여 이음 위치가 그 위층 중 어느 한 층의 2/3 이내에 오도록 하고, 동시에 한 기둥의 철근이 동일 층에서 주근 수의 1/2 이상이 이어지지 않도록 배근한다. 또 동일 기둥내에서 주근 이음의 상호 수직거리는 철근지름의 3배 이상 또는 2.5 cm 이상 떨어지도록 한다. 철근의 위는 건들거리지 않게 고정시키고, 간격을 정확히 하여 띠근을 둘러감은 뒤 거푸집을 조립한다. 띠 철근의 직경은 9mm 이상이며 간격은 기둥 최소 폭 이하, 주근 직경 15배 이하로 한다. 기둥 주근은 최소 4개 이상을 사용하는데, 이 철근의 단면적은 그 기둥 콘크리트 단면적 0.8% 이상이 되어야 한다. 또 기둥의 최소 너비는 층고의 1/15 이상으로 한다. 상하층 기둥의 단면이 다른 경우에는 기둥 철근을 완만한 경사로 구부려 줄이도록 한다. 벽은 먼저 한편 거푸집을 짜서 철근 조립을 완료한 뒤 나머지 다른 편의 거푸집을 짜 댄다. 벽 세로근의 하부는 기초판·지중보·바닥판에 정착시키고, 상부근은 보에 깊이 정착하여 간격을 수직으로 일정하게 유지하도록 한다. 또 이음은 휨 및 인장력을 적게 받는 곳에 두고 그 자리는 엇갈리게 한다. 가로근은 세로근의 안쪽에 배치하고 기둥을 통과시켜 옆벽에 정착시키거나, 기둥에 깊이 정착시킨다.

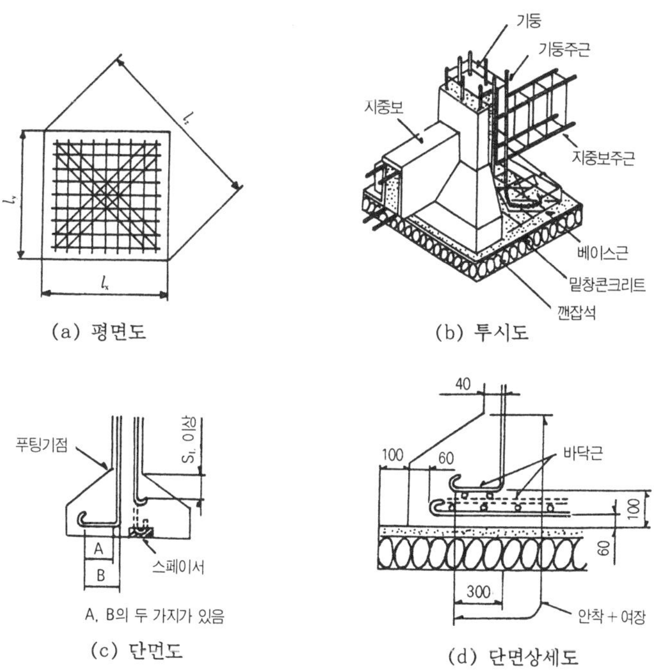

그림 5-40 주근 배근도

기둥 또는 벽의 철근을 다음 콘크리트를 부어 넣을 자리의 위까지 내밀어 둘 경우에는 그 이동 및 변형을 막기 위하여 철근 상부를 고정할 필요가 있다. 콘크리트를 부어 넣은 다음 철근 위치가 이동되었을 경우에는 철근을 심한 각도로 구부려서 교정하는 것을 피하고, 그 부분의 콘크리트를 깨뜨려 내고 구부림 지름을 6d(d는 구부릴 철근의 지름) 이상으로 하여 수정하도록 한다.

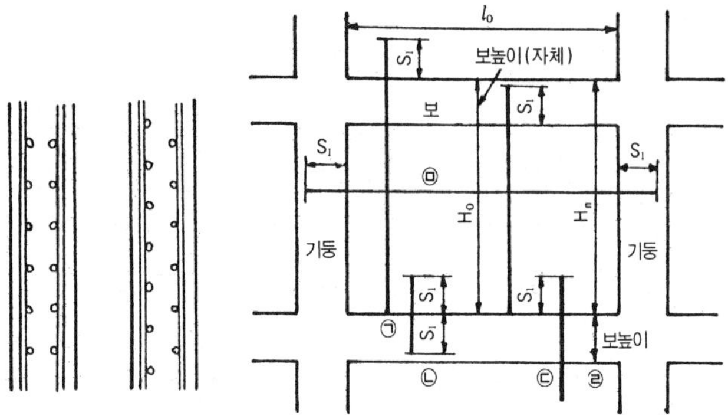

그림 5-41 벽의 철근

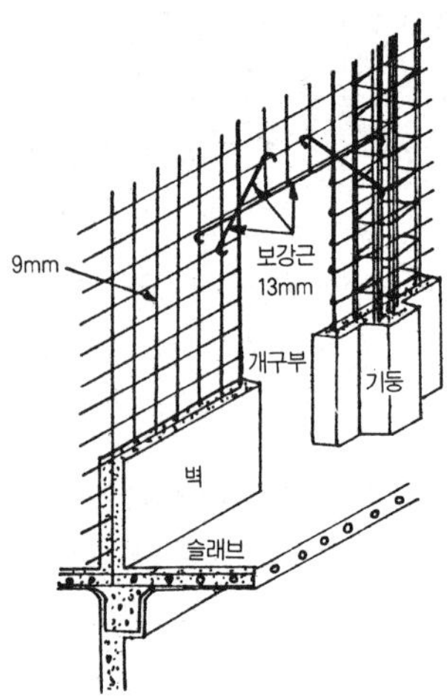

그림 5-42 벽근 정착과 벽근 투시도

4) 보철근의 조립

보의 철근은 이어 사용하지 않는 것을 원칙으로 하지만, 부득이 이을 경우는 압축력을 받는 곳에 두고, 근접하는 철근은 기둥에서와 마찬가지로 서로 3d 이상의 거리를 두고 잇는다. 이음 위치는 중앙 하부근과 단부 상부근은 인장력을 가장 많이 받으므로 이곳은 피한다.

또 구부림철근(절곡근, bent bar)은 단부에서는 상부근이 되고, 중앙부에서는 하부근이 되어 항상 인장력을 받으므로 이곳을 이어서 사용하도록 한다. 끝이 기둥에 접합되는 보의 철근은 기둥 속에 구부려 깊이 정착시키고, 중앙 기둥에 접합되는 보의 상부주근은 기둥을 건너지르고, 하부주근은 기둥에 깊이 정착시킨다. 늑근의 끝 겹침은 원칙적으로 반곡점을 경계로 하여 보의 양단의 것은 밑에 두고 중앙의 것은 위에 두며, 배근간격은 보춤(depth)의 3/4 이하, 또한 45cm 이하로 한다.

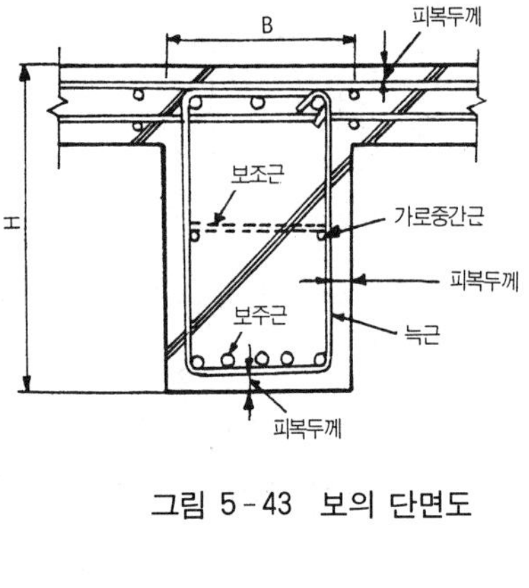

그림 5-43 보의 단면도

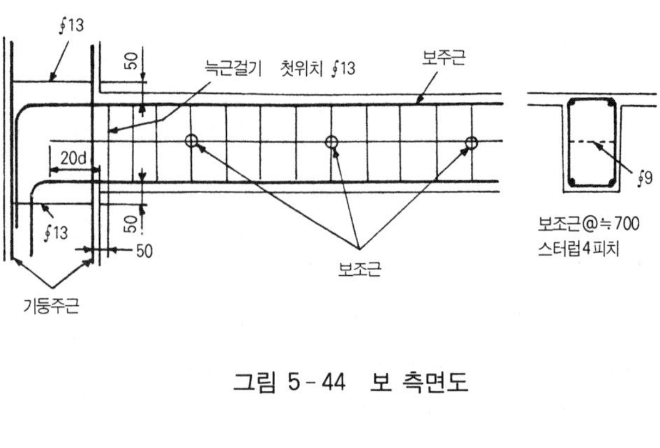

그림 5-44 보 측면도

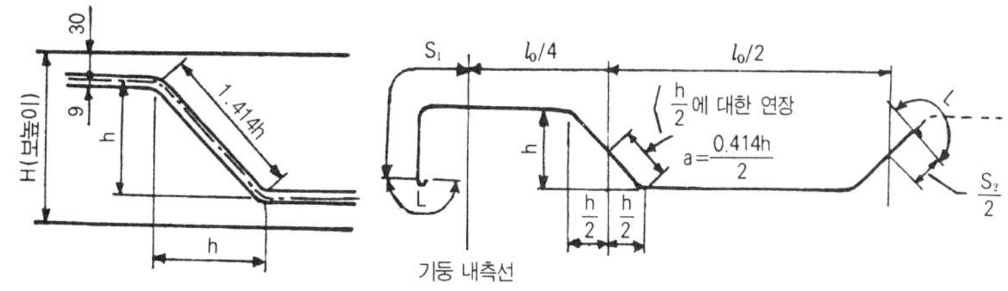

계산식 총연장 $L = S_1 + \frac{l_o}{4} + \frac{l_o}{2} + (3 \times a) + \frac{S_2}{2} \times L_1$

그림 5-45 벤트 근

5) 바닥판철근의 조립

바닥판의 4변이 고정일 때의 바닥판철근은 반곡점(바닥판의 짧은 변 span의 1/4의 위치)에서 4방 구부림으로 하고, 자유단(cantilever slab)에서는 상부에, 단순지지단에서는 하부에 인장근을 배치한다. 4변 고정일 때 바닥판의 상부근은 보의 상부근 위로, 하부근은 보의 상부근 밑으로 건너 지른다. 단부 바닥판에서는 그 상하근을 보 안에 구부려 내려 정착시킨다. 한 바닥판의 짧은 칸사이(span) 방향의 철근을 주근(主筋, main bar), 긴 칸사이 방향의 것을 부근(副筋, sub bar) 또는 배력근이라 하는데, 주근은 부근의 바깥쪽으로 오도록 배근한다. 바닥판 철근의 간격은 응력계산에 의하며, 그 최대간격은 주근의 20cm 이하, 부근은 30cm 이하로 한다. 바닥판을 보에 매다는 형식의 철근 배근은 보의 하부근 위로 건너지르거나 보에 깊이 정착하고, 필요한 경우에는 보강근을 별도로 배근한다.

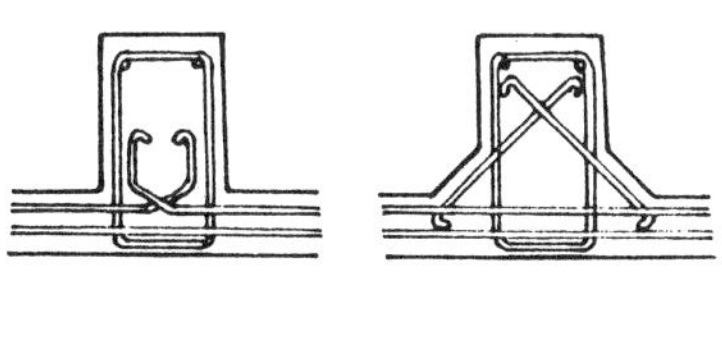

그림 5-46 보에 달아매는 바닥판 철근의 배근

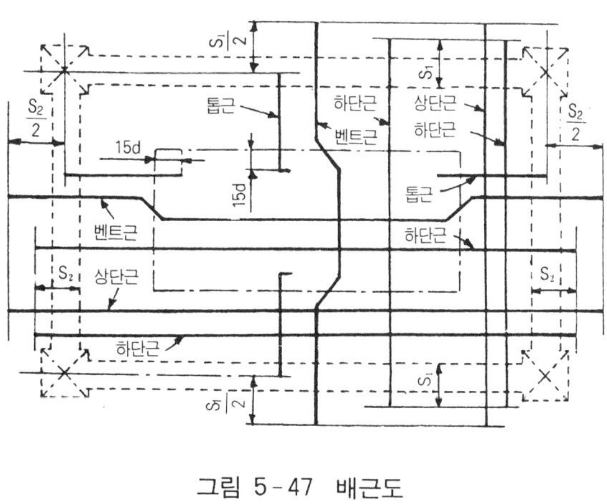

그림 5-47 배근도

6) 계단철근의 조립

계단바닥판은 계단참 양단에 지지보가 있을 때와 계단 옆 보에 지지시키는 두 가지 형식이 있다. 전자의 주근 방향은 받이보 사이를 칸사이로 하여 보통 수평 바닥판이 경사진 것으로 간주하고 배근한다. 주근은 양단부에서는 상부에, 중앙부에서는 하부에 두며, 부근은 적당한 간격으로 주근에 직교하는 방향으로 배근한다.

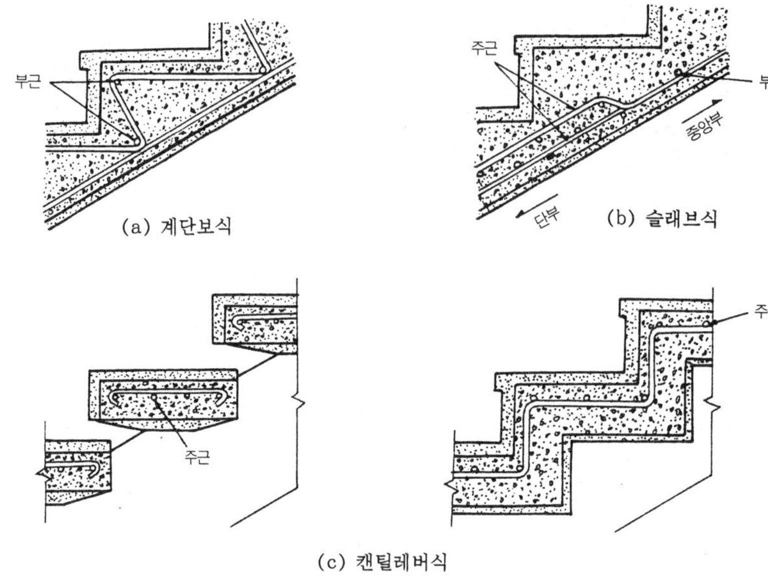

그림 5-48 계단철근의 배근방법

7) 철근조립 재료

철근과 철근의 교차부는 #18~20 철선으로 결속하며, 철근과 거푸집, 철근과 철근, 또는 거푸집과 거푸집 간의 간격을 정확히 유지하고 콘크리트를 부어 넣을 때 이동 변형되지 않도록 긴결·격리 또는 위치 고정용 재료를 사용한다.

① 결속선

결속선은 #18~20 철선을 달구어 누그린 것을 사용하는데, 콘크리트에 묻히므로 아연도금한 철선을 사용할 필요는 없다. 철근 결속은 이음 개소마다 두 군데 이상 두 겹으로 감아 결속하며, 특히 중요한 부분은 3개소를 맬 때도 있다. 교차되는 부분은 전부 결속시키는 것을 원칙으로 하나, 경미한 것은 하나 또는 둘 걸름으로 결속한다. 결속 방향을 일정한 쪽으로만 하면 이동하기 쉬우므로 엇갈리도록 한다.

② 간격재

철근과 거푸집 또는 철근과 철근의 간격을 유지하기 위하여 철제·철근제 또는 모르타르제의 굄 또는 끼움쪽(packing block) 등을 사용하는데, 경미한 공사에서는 납작한 자갈·벽돌 토막 등을 사용하기도 한다.

8) 스파이럴철근(Sprial Bent, 나선근)

기둥과 보의 주근을 이음 없이 나선상으로 감아 후프 또는 스터럽으로 한 철근을 나선근 또는 스파이럴철근으로 부르고 있다. 나선근은 용접에 의한 폐쇄형 띠근과 같이 일반적으로 135° 굽힌 후프근보다도 기둥의 전단보강근으로서 유효하다. 그와 함께 주근내의 코어부에서 콘크리트의 파괴탈락과 주근의 노출에 의한 인성의 저하를 억제하는 효과가 있다.

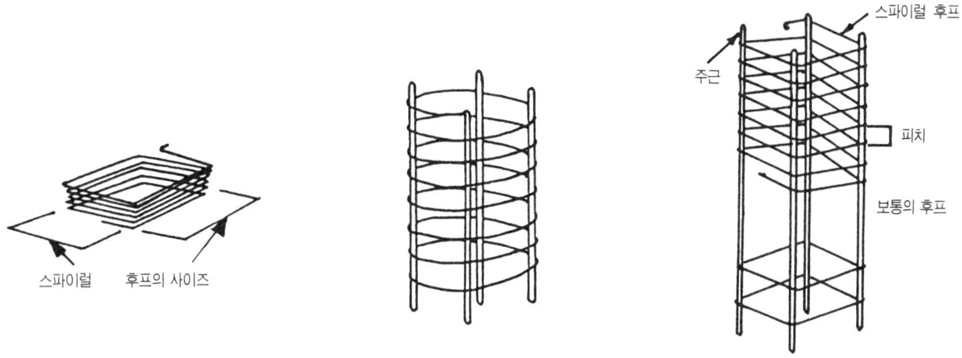

(a) 각형 스파이럴철근 (b) 원형 스파이럴철근 (c) 다각 스파이럴

그림 5-49 스파이럴철근

5-5 콘크리트공사(Concrete Work)

5-5-1 개 요

본 장에서는 콘크리트를 현장에 타설하기 위한 제반 사항을 서술하기로 한다. 콘크리트를 현장에 소정의 품질을 유지하여 타설하는 것은 콘크리트의 재료에서부터 현장타설공법에 이르기까지 품질에 영향을 미치는 제요인들을 파악하지 못하고서는 이루어지기 어려운 일이다.

사용재료인 시멘트, 골재, 혼화제(재), 배합수 등의 개개 재료의 특성과 이들이 어울려져서 이루어내는 콘크리트의 제특성, 배합설계 등에 대해서 서술하기로 한다.

5-5-2 콘크리트용 재료

(1) 시멘트

1) 시멘트의 종류

시멘트는 그 종류가 다양한데 콘크리트로 사용되는 것으로서 우리 나라나 세계 각국에서 많이 생산되는 것을 들면 다음과 같다.

① 포틀랜드시멘트

㉠ 보통포틀랜드시멘트

㉡ 조강포틀랜드시멘트

㉢ 중용열포틀랜드시멘트

㉣ 백색포틀랜드시멘트

② 고로시멘트

③ 실리카시멘트

④ 알루미나시멘트

현재 KS에 규정되어 있는 시멘트는, 포틀랜드시멘트로서 보통, 중용열, 조강, 저열 및 내황산염 등 5종류가 있고, 혼합시멘트로서는 고로슬래그, 플라이애쉬 및 포졸란시멘트 등이 있다. 이들 시멘트는 각각의 특징이 있고, 품질에도 많은 차이가 있다. 따라서 공사에 사용할 시멘트를 선정할 경우에는 구조물의 종류, 단면치수, 위치, 기상조건, 공사의 시기와 공사기간 및 시공방법 등에 따라 소요품질의 콘크리트를 경제적이고 안정하게 얻을 수 있는 시멘트를 선정할 필요가 있다. 일반적으로 보통포틀랜드시멘트를 사용할 경우가 많다.

중용열포틀랜드시멘트는 수화작용에 따르는 발열이 적기 때문에 매스콘크리트에 적당하고, 조강포틀랜드시멘트는 조기강도가 크기 때문에 급속 공사나 한중콘크리트공사에 주로 쓰인다. 조강포틀랜드시멘트를 사용한 콘크리트의 7일 강도는 보통포틀랜드시멘트를 사용한 콘크리트의 28일 강도와 거의 비슷하다. 또한 경화시멘트 중에서 칼슘알루미네이트 수화물은 콘크리트의 외부로부터의 황산염과 반응하여 그 결과로서 칼슘설퍼알루미네이트의 생성물이 수화된 시멘트풀의 골조내에 형성되어 체적증가로 인하여 콘크리트는 서서히 붕괴된다. 이 반응을 황산염에 의한 침식이라 하는데, 이의 대책으로서 C_3A(알루민산3석회 : $CaO \cdot Al_2O_3$)의 양이 적은 시멘트가 있는데, 이와 같은 시멘트가 내황산염포틀랜드시멘트이다.

시멘트에 함유되어 있는 Na나 K 등의 알칼리금속은 조건에 따라서는 골재 중의 특수한 조성물과 반응하여 팽창성의 물질이 생성된다. 이것을 알칼리골재반응이라 하는데, 이 반응이 진행되면 콘크리트가 이상하게 팽창하여 표면에 거북이등과 같은 균열을 위시하여 콘크리트의 팽창에 기인된 각종 균열이 발생되고, 콘크리트의 열화가 진행된다.

이와 같은 알칼리골재반응을 억제하기 위한 방법으로서, 이것을 알칼리량(전알칼리 = $Na_2O + 0.658K_2O$)이 0.6% 이하되는 시멘트를 사용하거나 혼합재의 혼합비율이 큰 플라이애쉬시멘트나 고로슬래그시멘트를 사용하고 있다. 표 5-25와 표 5-26에는 각각 시멘트의 화학성분과 물리성분이 도표로 요약되어 있다.

(2) 배합수

물은 기름, 산, 유기불순물, 혼탁물 등 콘크리트나 강재의 품질에 나쁜 영향을 미치는 물질의 유해량을 함유해서는 안되며, 특히 철근콘크리트에는 해수를 배합수로 사용해서는 안된다.

배합수는 콘크리트의 응결경화, 강도의 발현, 체적변화, 워커빌리티 등의 품질에 나쁜 영향을 미치거나 강재를 녹슬게 하는 물질의 함유량을 함유해서는 안된다. 배합수의 품질에 대하여 의심나는 경우에는 수질시험을 하여 유해물의 함유량을 조사하고, 기존의 시험

결과와 비교해서 그의 사용여부를 판단하지 않으면 안된다.

배합수는 특별한 맛, 냄새, 빛깔, 탁도 등이 없는 음료수 정도로 깨끗한 물이어야 한다. 공장폐수 등으로 오염된 하천수, 저류수 등에는 황산염, 유화물, 인산염, 붕산염, 탄산염, 아연, 동, 주석, 망간 등의 화합물이나 알칼리 등의 무기물 및 당류, 펄프폐액, 부식물질 등의 유기불순물이 함유되어 있는 수가 있는데, 미량이라도 이와 같은 물질을 함유하는 물을 배합수로 사용하면 콘크리트의 응결변화, 강도의 발현, 체적변화, 워커빌리티 등에 나쁜 영향을 미칠 수가 있다.

표 5-2 화학성분

구 성 성 분	1 종	2 종	3 종
실리카(SiO_2) (%)		21.0 이상	
산화알루미늄(Al_2O_3) (%)		6.0 이하	
산화제2철(Fe_2O_3) (%)		6.0 이하	
산화마그네슘(MgO) (%)	5.0 이하	5.0 이하	5.0 이하
무수황산(SO_3)			
$3CaO\ Al_2O_3$가 8% 이하일 때(%)	2.5 이하	2.5 이하	3.0 이하
$3CaO\ Al_2O_3$가 8%를 초과할 때(%)	3.0 이하		4.0 이하
강연감량 (%)	3.0 이하	3.0 이하	3.0 이하
불용해성분 (%)	0.75 이하	0.75 이하	0.75 이하
알루민산 3회석($CaO\ Al_2O_3$)		8 이하	15 이하
규산 3석회와 알루민산 3석회의 합계		58 이하	

표 5-26 물리성분

시 험 명	시험방법		1 종	2 종	3 종
분말도	비표면적(blain치, cm^2/g)		2800 이상	2800 이상	3300 이상
안정도	오토클레이브(autoclave, %)		0.80 이하	0.80 이하	0.80 이하
응결시간 (길모아 시험) (비커 시험)	초결(분) 종결(시간) (분)		60 이후 10 이내 60 이후	60 이후 10 이내 60 이후	60 이후 10 이내 60 이후
수화열	7일((cal/g)		-	70일 이하	-
	28일(cal/g)		-	80일 이하	-
강도	압축강도(kg/cm^2)	1일	-	-	120
		3일	85	70	210
		7일	150	125	-
		28일	245	245	-
	인장강도(kg/cm^2)	1일	-	-	
		3일	10	9	20
		7일	20	17	26
		28일	28	23	

따라서 이와 같은 오염의 염려가 있는 물을 사용하고자 할 경우에는 수질시험 등에 의해 확인해서 사용하는 것이 좋다. 배합수에 염화물이나 초산염, 황산염 등을 함유한 물을 쓰면 강재의 부식을 촉진시킬 우려가 있다. 특히 프리스트레스트콘크리트용의 긴장재는 항상 높은 응력을 받고 있기 때문에 응력부식을 일으키기 쉽다.

레디믹스트콘크리트 공장이나 프리캐스트콘크리트 공장에서 믹서 또는 트럭애지테이터 등을 씻은 물의 윗부분은 콘크리트의 강도, 워커빌리티 등에 나쁜 영향을 주지 않는 것이 확실하면 배합수로 사용해도 좋다. 또 사용 후 남은 콘크리트나 모르타르에서 골재를 회수한 시멘트 등의 미분말이 혼탁되어 있는 슬러지물은 콘크리트에 나쁜 영향이 없다는 것을 확인한 후 혼탁농도, 혼탁물질의 단위시멘트량에 대한 비율 등을 충분히 관리할 수 있는 것이라면 이 물을 배합수로 사용해도 좋다. 다만, 회수물 중에는 염화물이나 알칼리가 함유되어 있으므로 사용에 있어서는 이들을 고려할 필요가 있다.

양생수에 대해서는 배합수만큼 엄격한 판정기준을 적용하지 않지만 기름, 산, 염류 등 콘크리트의 표면을 해칠 물질의 유해량을 함유해서 안된다.

해수는 강재를 부식시킬 염려가 있으므로 철근콘크리트, 프리스트레스트콘크리트 및 철골철근콘크리트에서는 배합수로서 해수를 사용해서는 안된다. 해안 근처의 우물에는 해수가 섞여 있는 수가 많으므로 주의해야 한다.

물속에 함유되어 있는 염소이온의 양이 3,000ppm 정도를 넘으면 철근이 녹슬 염려가 많다고 한다. pH값이 낮은 산성의 물도 철근 등을 부식시키는 일이 있으므로 기존의 경험 또는 적절한 시험의 결과를 바탕으로 사용해도 좋지만, 장기강도의 증가를 적게 하고, 내구성을 저하시키며, 백화(efflioresence)가 생기기 쉬운 점 등의 실험결과도 있으므로 주의할 필요가 있다.

(3) 골 재

콘크리트나 모르타르를 만들 때에 물, 시멘트와 함께 혼합하는 모래, 자갈 및 부순돌 기타 유사한 재료를 골재(aggregate)라 한다.

골재는 입자의 크기에 따라 잔골재와 굵은골재로 나누어지는데 시방서의 정의를 보면 다음과 같다.

① 잔골재 : 10mm체를 전부 통과하고 No. 200체에 거의 다 남는 골재를 말한다.

② 굵은골재 : No. 4체에 거의 다 남는 골재 또는 No. 4체로 쳐서 남긴 골재를 말한다.

콘크리트의 중량을 가볍게 할 목적으로 특이한 경량골재를 사용할 때도 역으로 콘크리트의 중량을 무겁게 하기 위하여 자철광과 같은 무거운 골재를 쓸 때도 있는데 잔골재는 깨끗하며 강하고, 내구적이고 상당한 입도를 가지며 또한 먼지, 흙 및 유기물 등의 유해물을 함유해서는 안된다. 굵은골재는 깨끗하며 강하고, 내구적이고 상당한 입도를 가지며 또한 얇은 석편, 가느다란 석편 및 유기물질의 유실물을 함유해서는 안된다. 특히 내화성을 요하는 경우에는 내화적인 굵은골재를 사용해야 한다.

이와 같이 콘크리트는 물이 15～20%, 시멘트가 절대용적으로 7～14%, 골재가 절대용적으로 66～78%라는 것을 볼 때 콘크리트의 품질은 골재가 좌우한다 해도 과언은 아니다.

콘크리트나 모르타르의 강도는 주로 시멘트풀의 경화 후의 강도에 의하여 지배된다. 왜냐 하면 시멘트풀의 경화 후 강도가 일반적으로 암석의 강도보다 약하기 때문이다. 골재의 강도가 어느 한도 이상이면 콘크리트나 모르타르의 강도에 전혀 영향을 주지 않는다는 뜻이다. 그러나 천연 모래나 자갈에는 푸석돌이 섞여 있는 수가 있는데 이것이 많이 있으면 콘크리트의 강도는 크게 저하된다.

골재의 이상적인 성질은 사용목적에 따라 다르지만 일반적으로 다음의 성질이 갖추어져야 한다.

① 견고할 것
② 밀도가 크고 강할 것
③ 내구성이 커서 풍화가 잘 안될 것
④ 내화성이 클 것

1) 잔골재

잔골재는 깨끗하고 강하고, 내구적이며 알맞은 입도를 가지며 먼지, 흙, 유기불순물, 염화물 등의 유해량을 함유해서는 안된다.

근년에는 양질의 강모래를 구득하기가 점차 어려워지고 또 강모래의 고갈화로 인하여 해사를 사용하는 빈도가 증가하는 추세에 있다. 이와 같이 해사를 쓰는 경우에는 여기에 함유되어 있는 염화물에 의한 철근의 부식이 특히 문제되기 때문에 해사를 사용함에 있어서는 주의해야 한다.

① 입 도

잔골재는 대소의 알이 알맞게 혼합되어 있는 것으로서, 그 입도는 다음 표의 범위를 표준으로 한다. 체가름 시험은 KS F2502에 따른다.

잔골재의 조립률이 콘크리트 배합을 정할 때 가정한 잔골재의 조립률에 비하여 0.20 이상의 변화를 나타내었을 때는 배합을 변경해야 한다.

품질이 좋은 콘크리트를 만들기 위해서는 일반적으로 표 5-27의 입도의 범위내에 있고 또한 조립률이 2.3～3.1의 잔골재를 쓰는 것이 바람직하다. 조립률이 이 범위를 벗어난 잔골재를 쓰는 경우에는 2종 이상의 잔골재를 혼합하여 입도를 조정해서 쓰는 것이 좋다.

② 유해물 함유량의 한도

잔골재의 유래물 함유량의 한도는 표 5-28의 값으로 한다.

표 5-28에서 지시하지 않은 종류의 유해물에 관해서는 책임기술자의 지시를 받아야 한다.

표 5-27 잔골재 입도의 표준

체의 호칭	체를 통과한 것의 중량 백분율(%)
10mm	100
5mm	95～100
2.5mm	80～100
1.2mm	50～85
0.6mm	25～60
0.3mm	10～30
0.15mm	2～10

표 5-28 잔골재의 유해물 함유량의 한도(중량백분율)

종 류	최 대 치
점토덩어리	1.0
No. 200체 통과량	3.0
콘크리트의 표면이 마모작용을 받는 경우	5.0
기타의 경우	0.5
석탄, 갈탄 등으로 비중 2.0의 액체에 뜨는 것	1.0
콘크리트의 외관이 중요한 경우	
기타의 경우	

주) 1. 시료는 KS F 2511에 의한 골재 씻기시험(No. 200체 통화량)을 한 후에 체에 남는 것을 사용한다.
2. 부순 모래 및 고로슬래그 잔골재의 경우, No. 200체를 통과하는 재료가 점토나 조개껍질이 아닌 돌가루인 경우에는 그 최대치를 각각 5%와 7%로 하여도 좋다.
3. 고로슬래그 잔골재에는 적용하지 않는다.

③ 내구성

골재의 내구성은 그와 똑같은 골재를 사용한 과거의 경험으로부터 판단하는 것이 적당하다. 그러나 과거의 경험이 없는 경우에는 골재의 안전성 시험 또는 그 골재를 사용한 콘크리트의 동결융해시험 등의 촉진 내구성시험을 하여 그 결과로부터 판단하도록 한다.

골재의 안전성 시험결과와 동결융해 시험결과 사이에는 상관관계가 반드시 있는 것은 아니지만 이때에는 후자의 시험결과로부터 판단하면 좋다.

골재의 내구성을 조사하기 위한 동결융해 시험결과에는 골재의 흡수량, 모르타르와 굵은골재의 팽창계수의 차이 등의 영향이 포함되는 동시에 물-시멘트비, 공기량, 기포의 조직, 콘크리트의 건습 등의 영향도 들어가므로 적절한 판단이 필요하다.

2) 굵은골재

굵은골재의 석질은 강하고 단단하며 풍우, 한서의 기상작용에 대하여 내구적인 것이라야 한다. 일반적으로 굵은골재는 콘크리트 중의 모르타르와 동등 또는 그 이상의 강도를 가진 것이라야 한다. 따라서 굵은골재는 깨끗하고 강하고 알맞은 입도를 가지며, 얇은 석편, 가느다란 석편, 유기불순물, 염화물 등의 유해량을 함유해서는 안된다.

특히 내화성을 요구하는 경우에는 내화적인 굵은골재를 사용해야 한다. 콘크리트의 내화성은 사용재료의 암석류에 의한 영향이 크고 화강암이나 석영질사암 등은 내화성에 약하다. 그러므로 내화적이면서 강도, 내구성 등을 필요로 하는 콘크리트에서는 고로슬래그 굵은골재나 내구적인 안산암, 현무암, 경질응회암 등을 사용하는 것이 좋다.

① 입 도

굵은골재의 입도는 다음 표 5-29를 표준으로 한다. 굵은골재의 입도가 콘크리트의 워커빌리티에 미치는 영향은 잔골재의 입도보다 큰 영향은 없으나, 잔골재와 마찬가지로 대소의 알이 적당히 혼합되어 있는 것이 좋다. 알의 크기가 고르면 간극률이 커지기 때문에 같은 정도의 콘크리트를 만드는데 다량의 모르타르가 필요하게 된다. 따라서 콘크리트의 단가가 높아진다.

공장제품에서는 최대치수가 10mm 정도인 굵은골재를 사용하는 것이 적당한 경우도 있으므로 8번 골재에 대해서도 표준을 나타냈다.

골재의 입도를 나타내는데 조립률(fineness moudulus)이란 계수를 쓰고 있는데, 0.15mm, 0.3mm, 0.6mm, 1.2mm, 2.5mm, 5mm, 10mm, 19mm, 40mm 및 80mm체 등 10개의 체를 1조로 하고 이들 각 체에 잔류하는 누가중량백분율의 합을 100으로 나눈 수치이다. 계산예는 표 5-30에서 표시하였다. 동일한 조립률을 가진 골재의 입도는 무수히 많다. 조립률치로서 골재의 입도를 명확히 알 수 없는 것이다.

표 5-29 굵은골재의 입도의 표준

골재번호	체	각 체를 통과하는 것의 중량 백분율(%)											
	골재의 공칭치수(mm)	100	90	80	65	50	40	25	19	13	10	No.5	No.2.5
1	90~40	100	90~100	–	25~60	–	0~15	–	0~5	–	–	–	–
2	65~40	–	–	100	90~100	35~70	0~15	–	0~5	–	–	–	–
357	50~No. 4	–	–	–	100	95~100	–	35~70	–	10~30		0~5	–
467	40~No. 4	–	–	–	–	100	95~100	–	35~70	–	10~30	0~5	–
57	25~No. 4	–	–	–	–	–	100	95~100	–	25~60	–	0~10	0~5
67	19~No. 4	–	–	–	–	–	–	100	90~100	–	20~55	0~10	0~5
7	13~No. 4	–	–	–	–	–	–	–	100	90~100	40~70	0~15	0~5
3	50~25	–	–	–	100	90~100	35~70	0~15	–	0~5	–	–	–
4	40~19	–	–	–	–	100	90~100	20~55	0~15	–	0~5	–	–

표 5-30 조립률 계산 예

각 체에 남는량(%)	모	래	자	갈
체 No.	각체에 남는 잔류량 (%)	누적중량백분률 (%)	각체에 남는 잔류량 (%)	누적중량백분률 (%)
80mm	0	0	0	0
40mm	0	0	4	4
19mm	0	0	33	37
10mm	0	0	39	76
5mm	5	5	20	96
2.5mm	18	23	4	100
1.2mm	22	45	–	100
0.6mm	30	75	–	100
0.3mm	11	86	–	100
0.15mm	9	95	–	100
합 계	–	329	–	7.13
조립률	–	3.29	–	7.13

② 유해물 함유량의 한도

굵은골재의 함유량의 한도는 표 5-31의 값으로 한다. 지시하지 않은 종류의 유해물에 관해서는 책임기술자의 지시를 받아야 한다.

표 5-31 굵은골재의 유해물 함유량의 한도(중량백분률)

종 류	최 대 치
점토 덩어리	0.25
연한 석편	5.0[1]
No. 200체 통과량	1.0[2]
석탄, 갈탄 등으로 비중이 2.0의 액체에 뜨는 것	–
콘크리트의 외관이 중요한 경우	0.5[3]
기타의 경우	1.0[3]

주) 1. 교통이 심한 슬래브 또는 경도가 특히 요구되는 경우에 적용한다.
2. 부순돌의 경우, No. 200체 통과량(씻기시험에서 없어지는 것)이 돌가루인 경우에는 최대치를 1.55로 해도 좋다. 다만, 고로슬래그 굵은골재의 경우에는 최대치를 5.0%로 해도 좋다.
3. 고로슬래그 굵은골재에는 적용하지 않는다.

(4) 혼화재료

콘크리트의 성질을 개선하고 또한 시멘트 사용량을 감소시키기 위하여 물, 시멘트, 잔골재 및 굵은골재 이외에 콘크리트에 넣는 재료를 총칭하여 혼화재료라 한다.

이를 사용목적에 따라 분류하면,

① 응결경화촉진제

② 내구성증진제

③ 내화성증진제

④ 증량재
⑤ 워커빌리티 증진재
⑥ 방동재
⑦ 방수재
⑧ 색채조정재
⑨ 경량 콘크리트용 발포제
⑩ AE제
⑪ 수축방지제
⑫ 내산재 등이 있다.

혼화재료로서 쓰이는 혼화제 및 혼화재는 품질이 확인된 것이 아니면 사용해서는 안 된다. 혼화재료는 사용량의 다소에 따라 혼화제와 혼화재로 분류되며 각각은 용도별로 다시 표 5-32와 같이 세분된다.

1) 혼화제

혼화제로 사용할 AE제, 감수제 및 AE 감수제는 KS F 2560에 적합한 것이라야 한다. 이외의 혼화제 대해서는 그 품질을 확인하고, 그 사용방법을 충분히 검토해야 한다. AE제, 감수제 또는 AE감수제를 적절하게 사용함으로써 콘크리트의 워커빌리티가 개선되는 등 많은 이익을 얻을 수 있다.

표 5-32 혼화재료별 종류 및 기능

혼화재료	기 능	종 류
혼화제	◦워커빌리티와 내동해성 개선 ◦유동성을 크게 개선 ◦큰 감수효과로 강도를 크게 높이는 것 ◦응결경화시간을 조절 ◦방수효과를 나타내는 것 ◦기포의 작용에 의해 충전성을 개선하거나 중량을 조절하는 것 ◦염화물에 의한 철근의 부식을 억제하는 것 ◦유동성을 개선하고, 적당한 팽창성을 주어 충전성과 강도를 개선하는 것 ◦응집작용에 의해 재료분리를 억제시키는 것 ◦기타	AE제, AE감수제 유동화제 고강도용 감수제(고성능 감수제) 촉진제, 지연제, 급결재 방수제 발포제 철근의 방청제 프리팩트콘크리트용 혼화제 수중콘크리트용 혼화제 펌프 펌프압송조제
혼화재	◦포졸란 작용이 있는 것 ◦주로 잠재수경성이 있는 것 ◦경화과정에서 팽창을 일으키는 것 ◦오토클레이브 양생에 의하여 고강도를 나타내게 하는 것 ◦착색시키는 것 ◦기타	플라이애쉬, 규조토, 화산회, 규산백토 고로 슬래그 미분말 팽창재 규산질 미분말 착색제 고강도용 혼화재, 폴리머, 중량재

그러나 AE제, 감수제 또는 AE감수제의 효과는 사용하는 시멘트의 품질, 골재의 품질, 콘크리트의 배합, 시공방법 등에 따라 다르다. 또 공기량이 같더라도 기포의 지름이나 분포가 다르면 그 효과도 달라진다.

현재 시판되고 있는 AE제, 감수제 및 AE감수제의 종류는 대단히 많으며, 그 성능이나 균일성은 서로가 상당히 다르기 때문에 공사에 사용할 AE제, 감수제 및 AE감수제의 품질은 적어도 KS F 2560「콘크리트용 화학혼화제」의 규정에 맞는 것을 사용해야 한다.

표 5-33 콘크리트용 화학혼화제의 품질

종류		AE제	감수제			AE감수제		
품질항목			표준형	지연형	촉진형	표준형	지연형	촉진형
감수율(%)		6 이상	4 이상	4 이상	4 이상	10 이상	10 이상	8 이상
블리딩의 비(%)		75 이하	100 이하	100 이하	70 이하	70 이하	70 이하	70 이하
응결시간의 차 (Min)	초결	−60～+60	−60～+90	−60～+120	+30 이하 0 이하	−60～+90	+60～+120	+30 이하
	종결	−60～+60	−60～+90	+120 이하	0 이하	−60～+90	+120 이하	0 이하
압축강도의 비 (%)	재령 3일	95 이상	95 이상	115 이상	105 이상	115 이상	105 이상	125 이상
	재령 7일	95 이상	95 이상	110 이상	110 이상	110 이상	110 이상	115 이상
	재령 28일	90 이상	90 이상	110 이상	110 이상	110 이상	110 이상	110 이상
길이변화비(%)		120 이하	120 이하	120 이하	120 이하	120 이하	120 이하	120 이하
상대동탄성계수비(%)		80 이상	−	−	−	80 이상	80 이상	80 이상

2) 혼화재

혼화재로 사용할 플라이애쉬는 KS F 4049에 적합한 것이라야 한다. 이외의 혼화재에 대해서는 그 품질을 확인하고, 그 사용방법을 충분히 검토해야 한다.

좋은 품질의 플라이애쉬를 적절하게 사용하면 콘크리트의 워커빌리티를 개선하여 단위수량을 감소시킬 수 있고, 수화열로 인한 온도상승이 작게 되며, 수축이 적어지고, 수밀성이나 화학적 침식에 대한 내구성을 개선시키고, 장기재령에서의 강도가 커지는 등의 우수한 효과를 얻게 된다. 그러나 플라이애쉬의 품질은 미분탄의 품질, 보일러의 연소방법, 포장방법에 따라 크게 달라지므로 KS F 4049「플라이애쉬」에 적합한 것이 아니면 안된다.

그런데 근년에 와서 플라이애쉬의 생산은 증대하는 경향이 있으나, 양질의 플라이애쉬를 대량으로 계속 입수하기는 곤란하므로, 사용할 경우에는 그의 공급량도 확인해 둘 필요가 있다.

이외의 혼화재료로서는 고로슬래그 미분말, 팽창재, 규산질 미분말, 착색제, 고강도용 혼화재 등이 있다. 이들 혼화재에 대해서는 아직 품질의 규격이 없고 또 사용방법도 다양하므로 이를 사용함에 있어서는 미리 충분히 조사, 시험을 하여 품질을 확인하고 사용방법도 검토해야 할 것이다.

즉, 사용하고자 하는 혼화재의 품질, 성능, 실적, 균등성이나 가격 등에 대하여 조사함과 동시에 그 혼화재가 콘크리트의 워커빌리티, 강도, 내구성, 수밀성, 체적변화, 강재를 보호하는 성능, 경제성 등에 미치는 영향을 검토하지 않으면 안된다.

5-5-3 콘크리트의 성질

(1) 굳지 않은 콘크리트

굳지 않은 콘크리트(fresh concrete)란 굳은 콘크리트(hardened concrete)에 대응하여 사용되는 용어로 비빔 직후로부터 거푸집내에 부어넣어 소정의 강도를 발휘할 때까지의 콘크리트의 총칭이다. 한편 굳지 않은 콘크리트를 반죽상태의 콘크리트와 응결 및 경화과정의 콘크리트(green concrete)로 나누는 경향도 있으나 여기서는 종래의 분류로 통합해서 서술하기로 한다.

굳지 않은 콘크리트가 구비해야 할 조건으로서는

① 운반, 부어넣기, 다짐 및 표면 마감의 각 시공단계에 있어서 작업을 용이하게 행할 수 있을 것

② 시공시 및 그 전후에 있어서 재료분리가 적을 것

③ 거푸집에 부어넣은 후 균열 등이 발생하지 않을 것 등을 들 수 있다.

따라서 이를 위해서는 재료와 배합의 적절한 선정, 정확한 재료의 계량과 충분한 비빔 등이 필요하고, 적절한 양생으로 소요의 품질을 갖는 균질한 콘크리트를 경제적으로 얻을 수 있어야 한다. 즉, 굳지 않은 콘크리트가 갖추어야 할 제일 요건은 대상으로 하는 구조물의 시공에 있어 작업에 적합한 워커빌리티를 갖는 것이다. 그러므로 굳지 않은 콘크리트의 품질을 판정함에는 그 콘크리트의 워커빌리티를 정당하게 평가하는 것이 필요하다.

굳지 않은 콘크리트의 성질을 나타내는 각종 용어는 콘크리트 표준시방서(CSS) 및 건축공사 표준시방서(KASS)에 다음과 같이 정의되어져 있다.

① 워커빌리티(workability) : 반죽질기 여하에 따르는 작업의 난이의 정도 및 재료의 분리에 저항하는 정도를 나타내는 굳지 않은 콘크리트의 성질을 말한다. 굳지 않은 모르타르 또는 콘크리트의 반죽질기 여하에 따르는 작업의 난이의 정도

② 반죽질기(consistency) : 주로 수량의 다소에 따르는 반죽의 되고 진 정도를 나타내는 굳지 않은 콘크리트의 성질을 말한다. 주로 수량에 따라 좌우되는 굳지 않은 시멘트 페이스트, 모르타르 또는 콘크리트의 유동성의 정도(KASS)

③ 플라스티시티(plasticity) : 거푸집에 쉽게 다져 넣을 수 있고, 거푸집을 제거하면 천천히 형상이 변하기는 하지만 허물어지거나 재료가 분리하거나 하는 일이 없는 굳지 않은 콘크리트의 성질을 말한다.

④ 피니셔빌리티(finishability) : 굵은골재의 최대치수, 잔골재율, 잔골재의 입도, 반죽질기 등에 따르는 마무리하기 쉬운 정도를 나타내는 굳지 않은 콘크리트의 성질을 말한다.

(2) 워커빌리티 및 반죽질기

1) 워커빌리티

균일하고 밀실한 콘크리트를 치기 위해서는 그 콘크리트가 운반으로부터 부어넣기 후까지의 시공 공정에 있어서 재료의 분리를 발생하지 않고 시공법에 따른 적당한 연도를 갖지 않으면 안된다. 이 작업성에 관련한 콘크리트의 성질을 워커빌리티라 한다.

따라서 아직 굳지 않은 콘크리트의 품질을 판정하는 데는 그 콘크리트의 워커빌리티를 평가하는 것이 제일의 필수조건이다. 그러나 워커빌리티는 정량적으로 수치로 표시하는 것이 곤란하므로 좋다, 나쁘다와 같이 정성적으로 밖에 표시할 수가 없고 그 판정에는 충분한 경험을 요하게 된다.

또한 판단의 기준은 대상으로 하는 구조물의 종류, 단면형상, 치수, 배근상태, 시공방법에 따라 다르고 큰 단면부재에서 배근이 적은 개소에 부어넣는 경우와 단면이 작고 밀실하게 배근되어 있는 장소에 부어넣는 경우에는 동일한 콘크리트라 하더라도 워커빌리티의 양호·불량이 다르다.

일반적으로 워커빌리티의 양부는 콘크리트의 연도(軟度, consistency)에 좌우되는 경우가 많다. 보통 묽을수록 워커빌리티가 좋다고 하는 경우가 많으나 너무 연도가 좋아도 재료의 분리라는 측면에서 워커빌리티가 나쁘게 되어 워커빌리티의 평가에는 경험에 기초를 둔 판정이 중요하다.

2) 반죽질기

반죽질기는 전술한 바와 같이 일반적으로 단위수량의 다소에 의한 콘크리트의 연도를 표시하는 것으로 콘크리트의 전단저항 및 유동속도에 관계한다. 콘크리트의 반죽질기는 그 콘크리트의 워커빌리티를 나타내는 하나의 지표이나 어디까지나 일면만을 나타내는 데 불과하다는 것에 유의할 필요가 있다. 반죽질기는 보통 슬럼프시험에 의한 슬럼프값으로 표시되며 부재의 종류에 따라 표 5-34과 같이 정해져 있다. 또한 콘크리트의 반죽질기는 대상부재의 종류, 형상, 치수, 배근 시공방법에 따라서 선정하지만 일반적으로 작업이 가능한 범위에서 될 수 있는 한 작게 선정하는 것이 원칙이다.

표 5-34 슬럼프의 표준 범위

종 류	슬 럼 프(cm)	
	진동다짐이 아닌 경우	진동다짐인 경우
기둥·슬래브·보	15～18	5～10
기둥·벽	18～21	10～15

3) 워커빌리티에 영향을 주는 인자

① 단위수량

단위수량이 많을수록 콘크리트의 반죽질기는 크게 된다. 단위수량이 약 1.2%(묽은비빔의 경우는 1.5%) 증가하면 슬럼프가 1cm 증가한다. 그러나 단위수량을 증가시키면 재료분리가 생기기 쉽고, 워커빌리티가 좋아진다고는 말할 수 없다.

② 단위시멘트량

단위시멘트량이 많아질수록 그 콘크리트의 플라스티시티(plasticity)는 증가하므로 일반적으로 부배합의 경우는 빈배합의 경우보다 워커빌리티가 좋다고 할 수 있다.

③ 시멘트의 성질

시멘트의 종류, 분말도, 풍화의 정도 등이 영향을 준다. 일반적으로 분말도가 높은 시멘트의 경우에는 시멘트페이스트의 점성이 높아지므로 반죽질기는 적게 된다. 동일한 연도의 콘크리트를 만드는 데 필요한 단위수량의 값이 초조강>조강>보통의 순으로 되는 것은 분말도에 의한 것이다. 반대로 분말도가 브레인치로 2,860cm^2/g 이하의 얕은 것에서는 시멘트페이스트의 점성이 너무 적게 되어 반죽질기는 크게 되어도 재료분리가 쉽게 되어 워커빌리티가 나빠진다.

풍화한 시멘트도 좋지 않으며 이상응결을 나타낸 시멘트는 워커빌리티를 현저하게 악화시킨다.

④ 골재의 입도 및 입형

골재 중의 세립분, 특히 0.3mm 이하의 세립분은 곧 콘크리트에 점성을 주고 플라스티시티를 좋게 한다. 그러나 세립분이 많게 되면 반죽질기가 적게 되므로 골재는 큰 것으로부터 작은 것에 걸쳐 적당한 비율로 혼합되어 있을 필요가 있다. 그리고 굵은골재의 최대치수는 콘크리트 부어넣기 장소의 단면치수, 배근상태에 의해 적당한 크기가 결정되어진다. 둥글둥글한 강자갈의 경우는 워커빌리티가 가장 좋고, 편형하고 세장한 입형의 골재는 분리하기 쉽고, 모진 것이나 굴곡이 큰 골재는 유동성이 나빠져 워커빌리티가 불량하게 된다. 깬자갈이나 깬모래를 사용하면 상기의 이유로 워커빌리티가 나빠지므로 잔골재율을 크게 하고, 단위수량을 크게 하여 워커빌리티를 개량할 필요가 있다.

⑤ 공기량

AE제나 감수제에 의해서 콘크리트 중에 연행된 미세한 공기포는 볼베어링(ball bearing) 작용에 의해 콘크리트의 워커빌리티를 개선한다. 그 정도는 공기량 1%의 증가에 대하여 슬럼프가 2cm 정도 크게 되며 슬럼프를 일정하게 하면 단위수량을 약 3% 저감할 수 있다. 공기량의 워커빌리티 개선효과는 빈배합의 경우에 현저하다.

⑥ 혼화재료

전술한 AE제나 감수제는 워커빌리티의 개선을 목적으로 한 것이므로 적량의 혼입은 당연히 좋은 결과를 가져온다. 그 중에서도 감수제는 공기량에 의한 효과 이외에도 반죽질기를 증대시키는 효과가 커 양질의 것은 배합에 의해 감수율에 약간 차이가 있으나, 8~15% 정도의 단위수량을 감소시킬 수 있다. 양질의 포졸란을 사용하면 워커빌리티가 개선된다.

특히 플라이애쉬는 구상의 미립분이기 때문에 볼베어링 작용에 의해 콘크리트의 워커빌리티를 개선한다.

⑦ **비빔시간**

비빔이 불충분하고 불균질한 상태의 콘크리트는 워커빌리티가 나쁘다. 한편 과도하게 비빔시간이 길면 시멘트의 수화를 촉진하여 워커빌리티가 나빠진다.

⑧ **온 도**

콘크리트의 온도가 높을수록 반죽질기가 저하된다. 그림 5-50는 콘크리트 비빔온도와 슬럼프와의 관계를 나타낸 것이다.

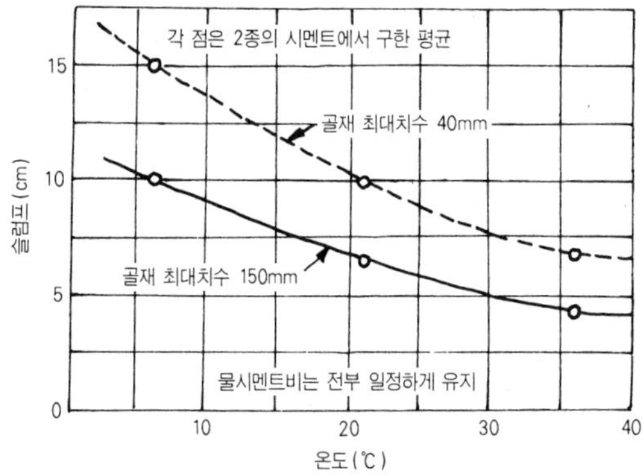

그림 5-50 콘크리트의 비빔온도와 슬럼프

4) 워커빌리티의 측정방법

워커빌리티를 측정하는 실용적인 방법은 아직까지 발견되지 않고 있기 때문에 워커빌리티의 적부에 대한 판단은 반죽질기의 정도와 숙련기술자의 관찰에 따르는 것이 일반적이다.

현재 반죽질기의 측정법으로서 행해지고 있는 시험에는 다음과 같은 것이 있다.

① 슬럼프시험

② 관입시험

③ 드롭테이블시험

④ 디몰딩시험

⑤ VB시험

이와 같이, 반죽질기를 시험하는 방법은 다수 고안되고 있지만, 최근 가장 널리 이용되고 있는 것은 슬럼프시험이다. 이 슬럼프시험은 장치나 시험방법이 극히 간편한데도 불구하고 슬럼프시험을 정확히 행하면 슬럼프에 의한 반죽질기의 변화와 태핑(tapping)에 의해 상당히 적정하게 워커빌리티를 판단할 수 있다. 이 태핑이란 슬럼프 측정 후 다짐봉으로 콘크리트의 측면을 살며시 두드려 그 때의 무너진 모양이나 변형을 관찰하는 것이다.

무너지지 않고 떡과 같이 변형하는 것은 플라스틱한 콘크리트이고, 사르르 무너지는 것은 플라스티시티가 나쁘다고 할 수 있다. 묽은 비빔콘크리트의 경우는 슬럼프콘을 들어올린 후의 콘크리트의 수평방향의 넓이나 콘크리트의 무너진 모양의 관찰도 워커빌리티의 판단 자료가 된다(그림 5-51 참조).

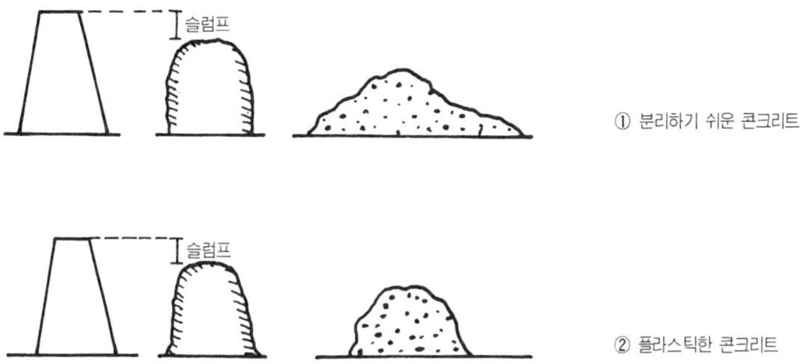

그림 5-51 슬럼프 시험 결과의 예

(3) 공기량

AE제 또는 AE감수제를 이용하여 계획적으로 콘크리트 중에 균등히 분포시킨 미소한 독립 공기포를 연행공기(entrained air), AE제 등을 사용하지 않는 경우에도 콘크리트 중에 연행되는 공기포를 갇힌 공기(entrapped air)라 한다. 연행공기는 콘크리트의 비빔시 AE제 등의 계면활성작용에 의해 콘크리트 중에 발생하는(화학작용에 의해 발포하는 것이 아님) 안정된 미세기포로 그 지름은 100μ 이하의 것이 많다. 한편 갇힌 공기는 주로 잔골재와 함께 콘크리트 중에 들어온 공기가 잔골재의 공극에 감금되어버린 비교적 큰 기포로서 AE제 등을 사용하지 않은 콘크리트에서도 그 공기량은 0.5∼1.5%가 된다.

콘크리트에 적당한 양의 연행공기를 분포시키면 콘크리트의 워커빌리티가 현저하게 개선된다.

또한 콘크리트의 내구성을 증대시키는 데에도 큰 역할을 하고 있다. 지금까지의 연구에 의하면 동일 워커빌리티의 콘크리트의 경우, 공기량 1%의 증가에 대해 잔골재율을 0.5∼1.0% 작게 할 수 있고 동일 슬럼프의 콘크리트를 만드는 데에 필요한 단위수량을 약 3% 작게 할 수 있으며 그 결과 블리딩도 감소하게 된다. 이것은 물시멘트비 및 단위수량이 일정한 콘크리트에서 공기량을 증가시키면 콘크리트 중에 점하는 유체의 비율이 크게 되고 반죽질기가 증가하기 때문이다.

공기량을 증가시킬 경우 콘크리트의 워커빌리티가 개선되는 것을 고려하면, 공기량 1%의 증가에 대해 잔골재율을 0.5∼1%만큼 적게 할 수 있기 때문에 이 경우의 단위수량은 다시 작게 되어 2∼3% 정도 감소한다. 이와 같은 단위 수량의 감소와 공기포에 의한 보수력의 증가로 인해 AE콘크리트는 블리딩이 적어진다.

공기량은 일반적으로 골재최대치수에 따라 3∼5%로 하는 것을 표준으로 하고, 굵은골재 최대치수가 작은 콘크리트일수록 공기량이 많이 필요하다. 이것은 연행된 공기량이 모르타르 중에 존재하고 모르타르 중의 기포가 균질하게 분포되어 있어야 하며, 그 기포간극계수가 어느 값 이하일 것, 굵은골재 최대치수가 작은 콘크리트는 단위 모르타르량이 많을 것 등의 결과에 기인한 것이다.

일정량의 AE제를 사용한 경우에 연행되는 공기량은 일반적으로

① 물시멘트비가 클수록
② 슬럼프가 클수록
③ 시멘트의 분말도가 거칠수록
④ 단위잔골재량이 많을수록
⑤ 콘크리트의 온도가 낮을수록 (그림 5-52 참조) 많게 된다.

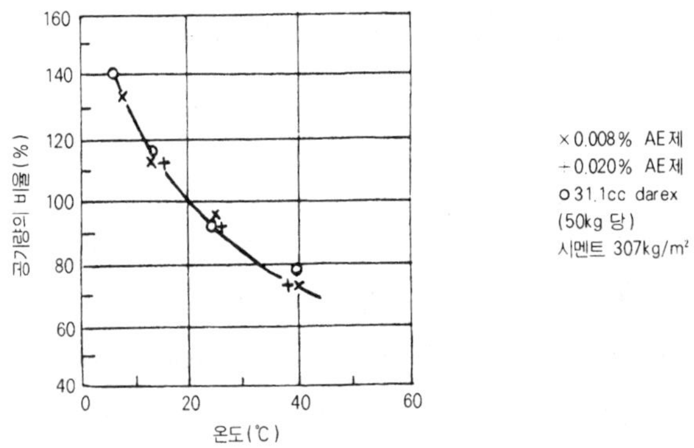

그림 5-52 온도와 공기량의 관계

(4) 재료의 분리

1) 일 반

균질하게 비벼진 콘크리트는 어느 부분의 콘크리트를 채취해도 그 구성요인인 시멘트, 물, 잔·굵은골재의 구성비율은 동일해야 하나, 이 균질성이 소실되는 현상을 분리라 한다. 즉, 굵은 골재가 국부적으로 집중하거나 수분이 콘크리트의 상부면으로 모이는 현상을 분리라 한다. 이 재료의 분리는 각 구성요소의 비중이 다른 것에 기인하는 현상으로 콘크리트는 본질적으로 믹서에서 배출될 때부터 운반, 부어넣기, 다짐의 공정을 거쳐 응고할 때까지 분리하려는 성질을 가지고 있는 것이다.

재료의 분리는 콘크리트의 성질에 미치는 영향도 여러 가지가 있으나 일반적으로 분리는 시공상 장애가 되거나 경화한 콘크리트의 강도, 구조물의 미관, 내구성을 저하시킨다. 분리 방지를 위해서는 배합설계, 운반, 타설, 다짐, 거푸집, 배근 등의 여러 측면에서의 배려가 필요하다.

2) 굵은골재의 분리

굵은골재의 분리는 모르타르 부분에서 굵은골재가 분리되어 불균일하게 존재하는 상태를 말한다. 굵은골재의 분리는 굵은골재와 모르타르의 비중차, 굵은골재와 모르타르의 유동특성차, 굵은골재 치수와 모르타르 중의 잔골재 치수의 차 등이 원인이 되고, 이들 원인이 단독 또는 조합에 의해서 발생한다.

굵은골재의 분리에 영향을 주는 인자는 다음과 같다.

① 단위수량 및 물시멘트비

단위수량이 크고 슬럼프가 큰 콘크리트에서는 분리하기 쉽다. 특히, 물시멘트비가 크고 모르타르 부분의 점성이 적은 경우에는 분리가 현저하고 또한 운반시 진동다짐에 의해서도 촉진된다. 반대로 단위수량이 적은 과도의 된비빔 콘크리트에서도 모르타르의 점착성이 부족하여 분리의 경향이 크게 된다. 보통의 시공법에서는 슬럼프 5~8cm의 콘크리트가 비교적 분리가 적다.

② 골재의 종류, 입형, 입도

굵은골재의 분리는 비중차에 기인하므로 비중차가 크면 분리를 촉진한다. 중량골재에선 굵은골재의 침하가 현저하고 보통 골재에서도 침하의 경향이 있다. 반대로 경량골재는 부상하여 분리하는 경향이 있고 특히, 묽은 비빔콘크리트의 경우에 그 경향이 현저하여 굵은골재가 콘크리트 상부에 부상되는 경우가 있다. 이 부상은 입경이 클수록 현저하고 10mm 이하의 것은 그다지 부상하지 않는다. 굵은골재의 형상으로는 둥근 것이 좋고 편형하고 세장한 골재가 분리하기 쉽다.

잔골재의 세립분이 증가하면 콘크리트의 점성이 증가한다. 잔골재의 경우 0.3mm 이하의 세립분이 부족한 경우에 양질의 포졸란을 적당량 혼화하면 분리가 감소한다. 잔골재율을 증가시키는 것도 분리를 적게 하는데 유효하다.

③ 혼화재료

AE제나 양질의 포졸란은 콘크리트의 응집성을 증가시켜 분리를 적게 하는데 유효하다. 또한 동시에 유동성을 증대시켜 단위수량을 감소할 수 있으므로 이러한 의미에서도 분리저항성을 증대시킨다.

④ 시 공

사용한 콘크리트가 동일하더라도 굵은골재의 분리는 시공에 의해 현저하게 변화한다. 예를 들어 운반기구로서 펌프, 슈트 등을 이용할 경우에는 일단 용기에 받아서 타설하든가, 분리가 생기면 균일하게 될 때까지 비빔을 다시 하여 부어넣는 등의 배려를 하여 굵은골재의 분리가 될 수 있는 한 생기지 않도록 주의하여야 한다. 특히, 극단적인 경우로서 굵은골재의 치수가 배근간격이나 철근의 피복두께에 비하여 너무 크면 콘크리트 부어넣기 시에 철근에 의해서 스크린되어 모르타르 부분만이 여과되어 조골재만이 남는 경우도 있으므로 주의하지 않으면 안된다.

3) 시멘트페이스트 및 물의 분리

시멘트페이스트의 분리는 거푸집 패널의 이음, 틈새, 구멍 등을 통해 거푸집의 외부로 누출될 때에 문제가 된다. 페이스트의 누출이 생긴 콘크리트의 표면은 골재만이 남아 소위 곰보현상이라 불리우는 불량개소로 된다. 이러한 곰보현상은 표면만의 현상이고 강도에의 영향은 작지만, 타설 후 콘크리트 면에서는 미관상 문제로 된다.

물은 시멘트페이스트와 같이 거푸집 밖으로 누출되기도 하고 블리딩수로서 분리해서 콘크리트의 표면으로 떠올라 증발하여 간다. 콘크리트가 굳지 않은 상태에서 물이 빠지는 현상은 물시멘트비를 작게 한다고 하는 견지에서는 오히려 좋은 것이고, 탈수를 촉진시키는 공법으로서 진공공법, 슬리트를 설치한 절판을 사용하는 공법 및 프리캐스트패널의 제조 등에서는 프레스를 걸어 가압탈수하는 공법 등도 채용되고 있다.

4) 재료분리의 방지

분리방지상 원칙적인 주의사항을 열거하면 다음과 같다.

① 분리하기 어려운 배합으로 한다. 혼화제를 사용하여 단위수량이 적은 된비빔의 콘크리트로 하고 또한 시멘트량이 너무 적지 않도록 한다.

② 골재는 세조립(細粗粒)이 알맞게 혼합되어 입도분포가 양호한 것을 사용하고, 특히 잔 골재는 미립분이 너무 적지 않은 것을 사용한다. 굵은골재의 최대치수는 피복두께나 철근의 배근간격을 고려해 너무 크지 않도록 선택한다.

③ 거푸집은 시멘트페이스트의 누출을 방지하고 충분한 다짐작업에 견디도록 수밀성이 높고 견고한 것을 사용한다.

④ 분리를 일으킨 콘크리트를 그대로 타설하지 않는다. 분리가 확인된 것은 균일하게 다시 비벼서 타설한다.

⑤ 타설에 이르러서는 콘크리트를 부어넣을 최종위치에 정치하도록 타설하는 것이 이상적이다. 높은 곳에서의 자유낙하, 거푸집내에서 장거리 흘러내림, 특히 콘크리트에 횡방향 속도가 붙은 채로 거푸집 속으로 부어넣어서는 안된다. 펌프나 슈트를 사용해서 타설할 때에는 먼저 용기에 받아 정지시킨 후 타설해야 한다.

⑥ 운반, 타설방법에 주의를 기울여도 거푸집내를 낙하, 유동할 때에 얼마간의 분리는 피하기 곤란하다. 굵은골재의 분리는 그 정도가 경미하면 바이브레터로 충분히 다짐함으로써 균질한 콘크리트로 할 수가 있다. 그러나 과도한 진동은 더욱 분리를 일으키게 하는 경우가 있으므로 주의하지 않으면 안된다.

(5) 진동효과

진동기를 사용하면 콘크리트 중의 크고 불균일한 공기포가 주로 추출되고 공극이 감소되어, 단위용적중량, 강도, 내구성, 수밀성 등이 크게 된다.

굳지 않은 콘크리트에 진동기를 사용하면 고체입자의 맞물림이 떨어져 전단력에 대한 저항이 소실되고 콘크리트는 액상화해서 유동성이 크게 된다. 이 결과 적절하게 진동다짐을 행한 콘크리트는 충진상태가 밀실하게 되어 경화 후의 각종 성질이 향상되는 것이다.

진동에 의한 다짐효과는 진동시간과 더불어 크게 되고, 유효범위도 증대한다. 그러나 진동시간이 과대하게 되면 콘크리트는 재료분리를 일으키고, AE콘크리트는 공기량이 감소한다. 이것은 특히 단위수량이 많은 콘크리트의 경우에 현저하다. 따라서 한 개소에서 오래 진동기를 쓰면 효과가 없다. 일반적으로 봉형 진동기의 유효반경을 30～75cm 이하로 하고 한 개소에서의 진동시간은 15～20초 정도로 하는 것이 좋다.

그림 5-53은 봉형진동기에 있어서의 진동시간과 유효반경과의 관계를 실험한 결과로서 진동시간이 길게 될수록 유효반경은 증대하지만 그 증대속도는 진동시간과 더불어 감소하는 것을 나타내고 있다.

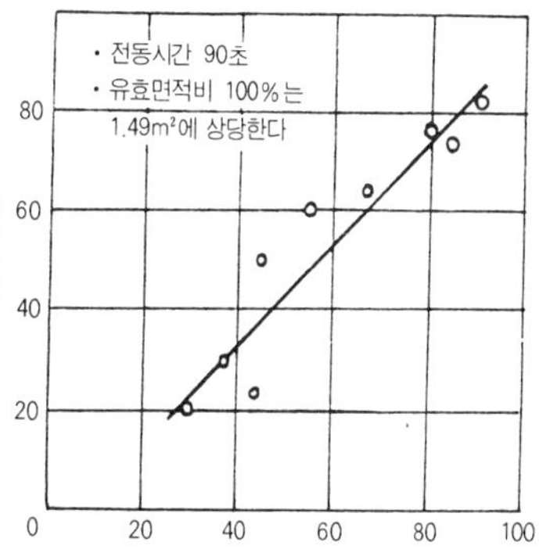

그림 5-53 봉형진동기의 진동시간과 유효반경과의 관계

진동기를 과도하게 사용한 경우에는 콘크리트가 재료분리를 일으키고, 또한 AE콘크리트에서는 공기량이 상당히 감소한다. 이것은 콘크리트의 반죽질기가 클 경우, 진동기의 진동수가 과도하게 높을(13,000rpm 이상) 경우에 더욱 심하다.

진동기의 성능은 주로 진동의 가속도에 따라서 정해지고, 진동수가 높은 것이 유리하기 때문에 봉형진동기에서는 7,000～8,000rpm 이상의 것, 거푸집진동기에서는 3,000rpm 이상의 것이 사용되고 있다.

(6) 경화콘크리트의 성질

철근콘크리트 구조물의 구조해석에 이용하는 강도로서는 압축강도, 인장강도, 휨강도, 전단강도, 철근과의 부착강도 등이 있다. 이 중 압축강도는 그 측정방법이 간단하며, 인장, 휨, 전단, 부착 등의 각종 강도 및 탄성계수 등의 변형특성과 밀접한 관계가 있다. 이 때문에 압축강도는 콘크리트의 역학적 특성을 대표하는 것으로서 특히 중요시 된다. 콘크리트의 강도에 영향을 주는 요인은 많으나, 이것을 대별하면 다음과 같다.

① 사용재료－시멘트, 골재, 물

② 배합 - 물시멘트비, 단위 시멘트량
③ 시공 및 양생방법 - 비빔, 운반, 다짐 등의 방법, 온도, 습도 등
④ 시험방법 - 공시체의 형상 및 치수, 재하속도 등

1) 콘크리트의 압축강도에 영향을 주는 요인

① 사용재료

① 시멘트

콘크리트 강도는 사용할 시멘트의 품질에 따라 다르다. 일반적으로 물시멘트비가 동일하면 콘크리트 강도는 시멘트 강도에 의해 증감된다.

② 골 재

콘크리트의 강도는 골재의 탄성계수 및 함유율이 증가함에 따라 또 골재의 입자 크기가 감소함에 따라서 증대한다. 보통 콘크리트의 강도는 고강도 콘크리트에 비해 골재의 강도에 거의 조금밖에 영향을 받지 않는다. 골재의 표면특징은 페이스트-골재간의 부착강도에 영향을 미치며, 따라서 콘크리트의 강도에도 영향을 미친다. 표면이 매끈한 골재(강자갈)를 사용하면 강도, 특히 휨강도가 저하한다. 골재의 화학성분도 페이스트-골재간의 부착을 통하여 콘크리트 강도에 영향을 미치게 된다.

2) 시공 및 양생방법

콘크리트는 배합, 배칭, 비비기, 분리, 다지기 등의 시공방법이 적절하지 않으면 강도의 발현이 저하된다. 비빔시간이 콘크리트 강도에 미치는 영향은 일반적으로 비빔시간이 커질수록 압축강도는 증가하나 어느 범위의 시간을 초과하게 되면 오히려 균질성이 저하되게 된다. 또한 양생의 방법에 의해서도 시멘트의 수화반응은 아주 크게 좌우되어 때로는 소기의 강도발현이 불가능하게 된다.

3) 시험방법

① 공시체의 형상 및 치수의 강도

표 5-35, 그림 5-54 및 그림 5-55는 각종 형상의 치수를 가진 공시체에 대하여 압축강도의 관계를 조사한 것으로 다음과 같은 사실을 알 수 있다.

표 5-35 각종 공시체의 강도차

(6 ×12″ 원주의 28일 정도를 1로 한 경우의 값, Gonnerman에 의함)

재령	원주공시체(in)			입방체(in)		주 체(in)	
	6×6	6×12	8×12	6×6×6	8×8×8	6×6×12	8×8×16
7일	0.67	0.51	0.48	0.72	0.66	0.48	0.48
28일	1.12	1.00	0.95	0.16	1.15	0.93	0.92
3월	1.47	1.49	1.27	1.55	1.42	1.27	1.27
1년	1.95	1.70	1.78	1.90	1.74	1.68	1.60

① 원주형 또는 각주형 공시체 의 경우, 지름 또는 변장 D와 높이 H의 비, 즉 H/D의 값이 작을수록 압축강도는 커진다.

② H/D가 동일하다면 원주형공시체가 각주형 공시체보다 큰 강도를 나타낸다.

③ 형상이 닮은꼴이면 치수가 작은 공시체가 큰 강도를 나타낸다.

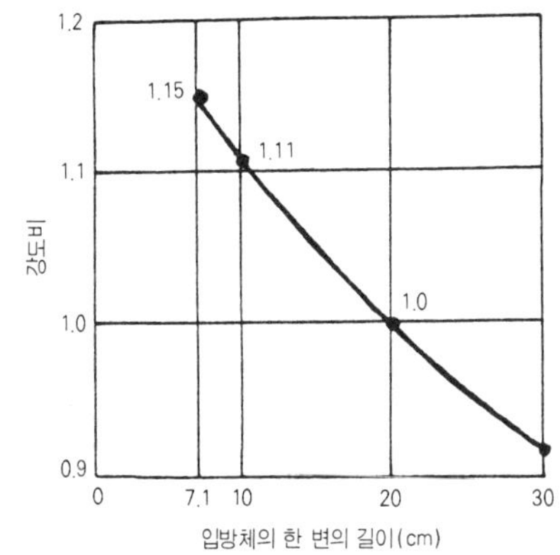

그림 5-54 입방체 공시체강도에 미치는 치수의 영향

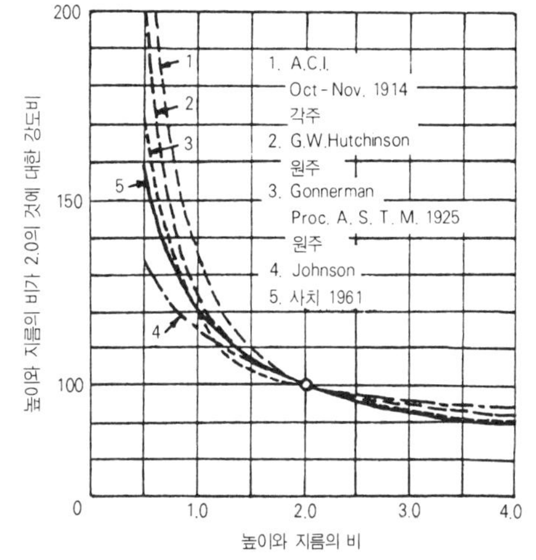

그림 5-55 원주형공시체의 높이와 지름의 비와 압축강도비와의 관계

그리고 콘크리트 구조물부터 코어를 절취하여 강도시험을 행할 때 코어의 치수 H/D를 표준공시체의 값 H/D=2로 같게 할 수 없는 경우가 많다. 이 때문에 표준시공체의 강도로 환산하기 위하여 측정치에 곱할 보정계수를 표 5-36와 같이 사용하고 있다.

표 5-36 압축강도 보정계수

높이와 지름과의 비 H/D	보정계수	비 고
2.00	1.00	H/D가 이 표에 표시된 값의 중간에 있는 경우에는 보정계수는 보간법으로 구한다.
1.75	0.98	
1.50	0.96	
1.25	0.93	
1.00	0.89	

② **캡핑(capping)과 강도**

공시체의 캡핑면의 상태나 두께도 압축강도에 영향을 준다. 면에 골곡이 있으면 강도는 저하한다. 이 때문에 보통 콘크리트 강도시험용 공시체의 제작방법에서는 캡핑은 될 수 있는 한 얇게 하고 마감면의 평활도를 0.05mm 이내로 하도록 규정하고 있다. 특히 캡핑면의 중앙부가 불룩하게 솟아 있을 때의 강도의 저하는 현저하여 그 저하율이 30%에 이르는 경우가 있다.

③ 재하속도의 강도

그림 5-56과 같이 재하속도가 크면 압축강도가 크게 된다. 특히 폭발적인 충격하중을 받을 때의 강도는 보통의 재하방법에 의해 구한 강도보다는 상당히 크게 되는 것으로 알려지고 있다. 보통 재하속도는 매초 2~3kg/cm²로 하고 있다.

④ 공시체의 함수관계와 속도

시험 직전에 공시체를 건조시키면 일시적 강도가 증대한다. 이 경향은 후술의 탄성계수에 현저하게 나타난다. 그러므로 공시체는 소정의 함수조건을 잘 지킨 상태에서 강도시험을 할 필요가 있다.

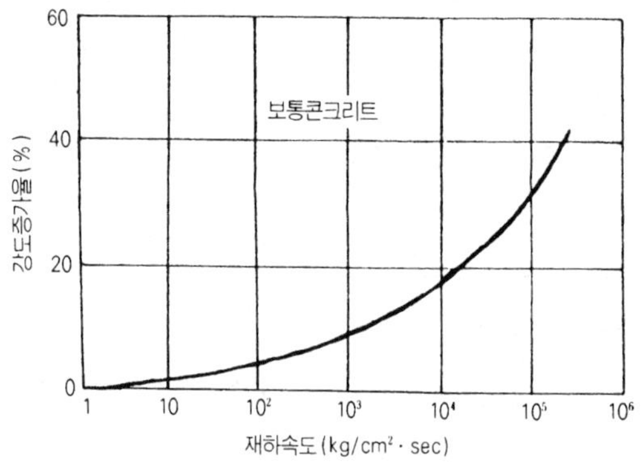

그림 5-56 재하속도와 강도증가율과의 관계

표 5-37 압축강도와 각종 강도와의 비교

콘크리트의 종류	F : 인장강도	F : 휨강도	F : 직접전단강도
보통콘크리트	1/9~1/13	1/5~1/7	1/4~1/7
경량골재콘크리트	1/9~1/15	1/6~1/10	1/6~1/10

주) F : 압축강도, F : 인장강도, F : 휨강도, F : 직접전단강도

(7) 각종 강도

인장, 휨, 전단 등의 강도는 압축강도에 비하여 상당히 적고 그 비율은 대략 표 5-37에 있다. 그리고 이 값은 고강도로 갈수록 적어지는 경향이 있다.

1) 인장강도

콘크리트의 인장강도 시험방법에는 직접인장시험방법과 할열시험(splitting test)방법이 있다. 직접인장시험방법은 봉상(棒狀)의 콘크리트 공시체에 인장용 기구를 붙여서 직접인장하중을 가하여 파단시킨다.

한편 할열시험방법은 원주형 공시체를 그림 5-57과 같이 압축재하 하여 할열파단 시의 최대하중 P를 측정하여 다음 식에 의해 인장강도를 산정하는 방법이다.

$F=(2P) / (\pi \cdot d \cdot \ell)$

여기서 F : 할열인장강도(kg/cm^2)
d : 원주공시체의 지름(cm)
l : 원주공시체의 길이(cm)

이것은 원주형 공시체를 그림 5-57과 같이 재하한 경우 A~B면에 식에서 보여주는 바와 같은 인장응력이 작용하여 콘크리트와 같이 인장강도가 약한 압축파괴 전에 이러한 인장응력에 파단성질을 이용한 것이다. 이 할열시험방법은 직접인장시험방법과 같은 특별한 기구가 필요 없고, 간단히 행할 수 있어 콘크리트의 인장시험방법으로 널리 이용되고 있다.

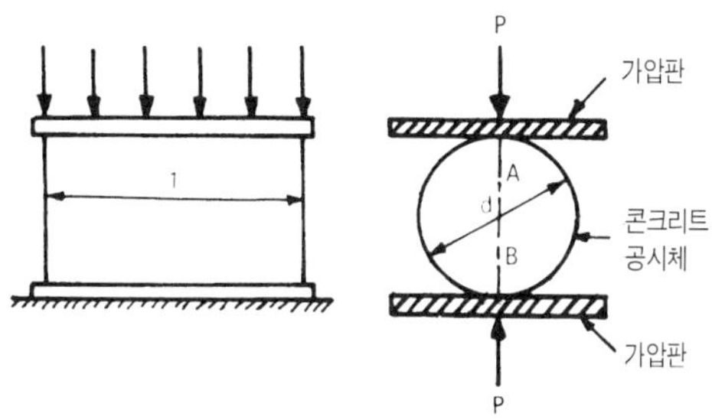

그림 5-57 할열인장강도시험

2) 휨강도

휨강도는 식 (7-22)에 의해 산출한다.

$$F_b = M/Z$$

여기서, F_b : 휨강도,
Z : 단면계수
폭 b, 높이 h의 단면의 경우는 $Z = bh^2/6$이다.

휨시험의 방법에는 그림 5-58에 표시한 바와 같이 중심재하의 방법과 3등분점 재하의 방법이 있으나 그림 5-59와 같이 중심재하법에 의한 것이 휨강도가 크게 된다.

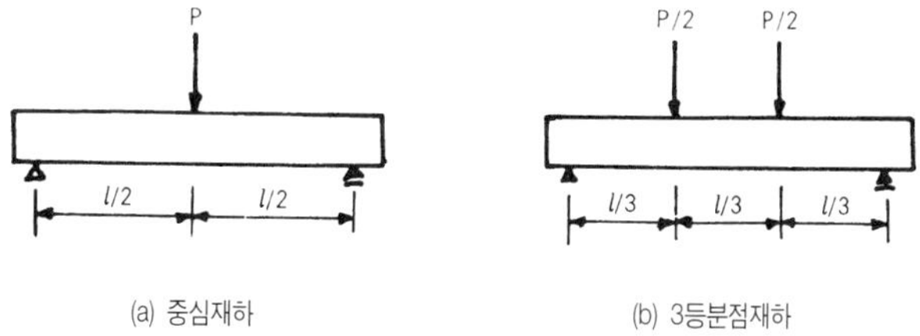

그림 5-58 휨시험 방법

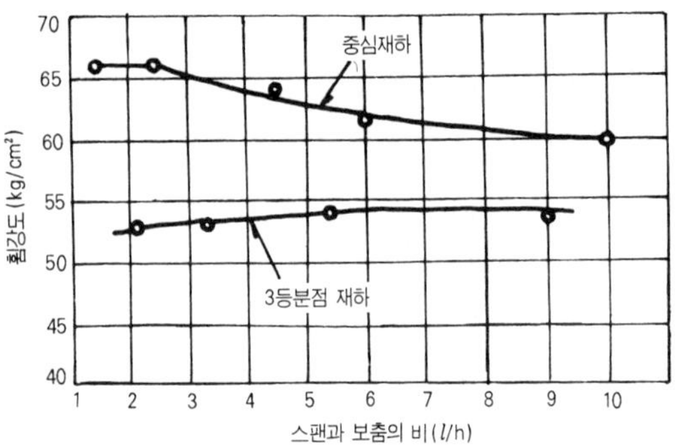

그림 5-59 중심재하법과 3등분점 재하법에 의한 휨강도의 차이

(8) 탄성성질

1) 응력-변형도선

콘크리트에 외력이 작용하면 그 힘의 정도에 따라 콘크리트는 변형한다. 지금 단면적이 A이고 높이가 l인 콘크리트의 공시체에 균등하게 축압력 P를 가할 때, 공시체가 축방향으로 Δl만큼 줄어든다 하자. 이때 공시체에 생긴 응력도 $\sigma = P/A$와 변형도 $\varepsilon = \Delta l/l$과의 관계를 도시하면 대략 그림 5-60와 같게 된다. 이와 같은 곡선을 응력변형선도 또는 응력변형곡선이라 한다.

콘크리트의 응력변형선도형은 콘크리트 강도, 품질 등에 따라 다르다. 일반적으로 고강도 콘크리트가 곡선상부의 기울기가 급하고 또한 압축강도가 같으면 보통 콘크리트가 경량 콘크리보다는 곡선상부의 기울기가 급하다.

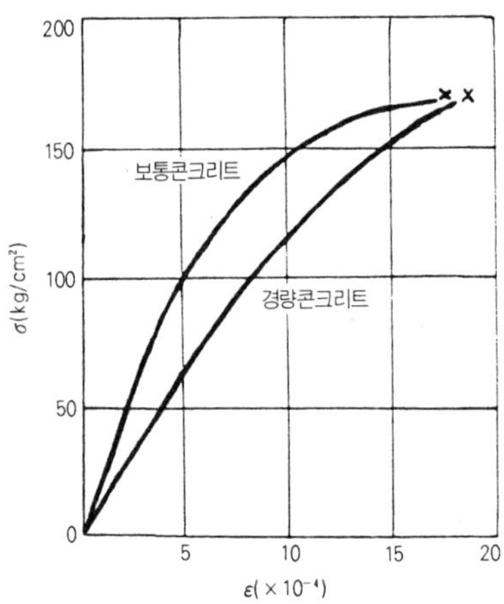

그림 5-60 응력변형선도

(9) 중 량

콘크리트의 중량은 사용골재의 종류나 콘크리트의 건습의 상황 등에 따라서 다르다.

표 5-38은 각종 콘크리트의 기건시의 중량을 표시한 것이다. 표 5-38에 의하면 보통 콘크리트의 중량은 2.3t/m³ 정도이고 AE제를 혼화한 경우에는 공기량에 따라 가볍게 되어 약 2.2t/m³ 로 된다.

보통 콘크리트보다도 무거운 것을 중량 콘크리트라 부르고, 가벼운 것을 경량 콘크리트라고 부른다. 경량 콘크리트의 중량은 약 2.0t/m³ 이하이다.

표 5-38 각종 콘크리트의 중량

콘크리트의 종류	잔골재	굵은골재	기준중량의 범위
중량콘크리트	페라스	철편	5～6
	페라스	철편	5～6
	자철광	철편	4.5～5.5
	자철광	자철광	3.5～4.0
	펄라이트	펄라이트	3.5～3.8
	갈철광	갈철광	2.5～3.5
보통콘크리트	강모래	자갈, 쇄석	2.2～2.4
경량콘크리트	강모래	팽창암	1.7～2.0
	팽창암	팽창암	1.4～1.7
	연질화산재	연질화산재	1.2～1.6
기포콘크리트	–	–	0.5～1.2

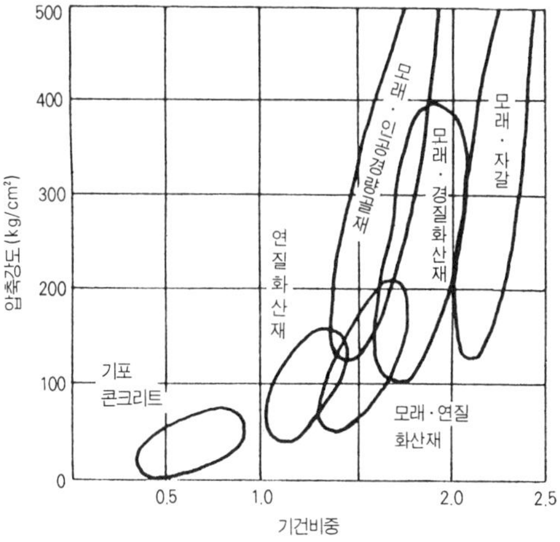

그림 5-61 각종 골재 콘크리트의 기건비중과 압축강도와의 관계

(10) 체적변화

콘크리트는 수분의 변화, 온도의 변화 및 하중에 의해 체적변화를 일으킨다. 그러나 보통 체적변화라 하면 수분 및 온도의 변화에 의한 것을 가리킨다.

1) 건조수축

모르타르나 콘크리트는 흡수하면 팽창하고 건조하면 수축한다. 이러한 상태를 도시한 것이 그림 5-62이다. 경화한 콘크리트의 건조수축은 초기에 급격히 진행하며 시간이 경과함에 따라 서서히 완만하게 되나, 조건에 따라 상당히 장기간에 걸쳐 계속한다. 수축량은 재령 1년에서 12년째의 수축량의 80% 정도를 나타내며 재령 1년까지의 수축량이 균열발생을 크게 지배하고 있다. 그 값은 기건상태까지 건조시켰을 경우, $4\sim6\times10^{-4}$ 정도이다. 건조수축량은 다음과 같은 요인의 영향을 받는다.

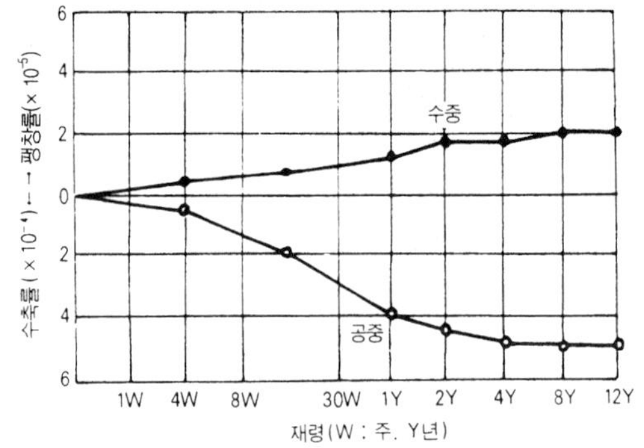

그림 5-62 장기재령에 있어서 콘크리트의 길이 변화

① 시멘트 종류에 의한 영향

화학성분이나 분말도에 따라 건조수축량이 변화한다. 화학성분에 관해서는 C_3A 가 수축을 증가시키고, C_3S, C_2S, C_4AF 등은 비교적 영향이 적고, 석고는 수축의 감소에 기여한다. 화학성분이 동일하면 미분쇄한 것이 수축이 크게 된다. 그러나 그 영향은 화학성분의 영향보다 훨씬 적다.

② 골재의 영향

골재의 암종별로 보면 사암이나 점판암 등을 이용한 콘크리트는 수축량이 크고, 석영, 석회암, 화강암 등을 이용한 것은 적다. 깬자갈 콘크리트는 강자갈콘크리트에 비하여 단위수량은 많으나 수축은 적다는 연구보고가 있다. 인공경량 콘크리트의 건조수축은 강자갈콘크리트와 비슷하거나 약간 적은 경향을 보이고 있다. 골재중에 포함된 미립부분이나 점토, 실트는 일반적으로 건조수축을 증대시킨다. 깬자갈, 깬모래에 포함되어 있는 암석미분도 수축을 증가시키는 영향이 있으나, 석회석분의 경우는 수축이 적게 된다는 보고가 있다. 바다모래에 포함된 염분은 그 양이 많으면 건조수축을 증대시킨다.

③ 혼화재료의 영향

AE제 및 감수제는 일반적으로 단위수량을 감소시키는 점에서 건조수축을 감소시키는 효과가 있다. 그러나 개개의 상품에 관한 효과가 다르기 때문에 사전에 충분한 검토를 할 필요가 있다.

④ 배합의 영향

단위수량이 증가하면 그림 5-63과 같이 콘크리트의 수축량이 증가한다. 또한 단위시멘트량을 증가시켰을 때에도 그림 5-64와 같이 수축량이 증가한다. 그러나 단위수량이 동일할 때에는 단위시멘트량이 증가해도 수축량은 크게 변화하지 않는다. 즉, 단위시멘트량보다도 단위수량의 영향이 큰 것을 알 수 있다. 콘크리트의 건조수축을 적게 하기 위해서는 배합시 가능한 한 단위수량이 적게 들도록 하는 것이 아주 중요한다. 골재의 입경이나 입도 또는 슬럼프 등의 영향도 이들이 단위수량의 증감에 어떻게 결부되느냐에 따라 결정된다.

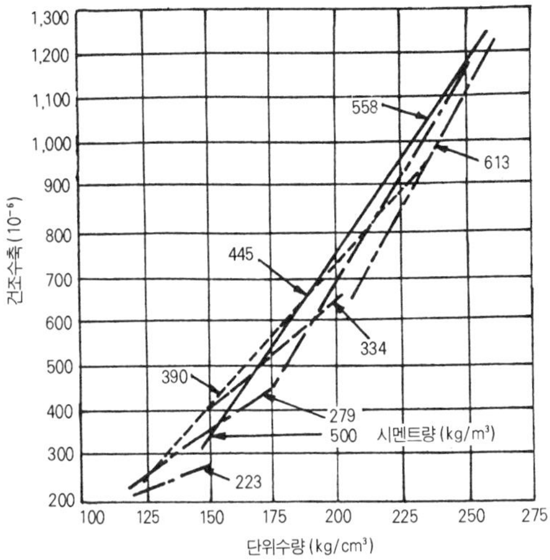

그림 5-63 단위수량과 콘크리트의 수축률

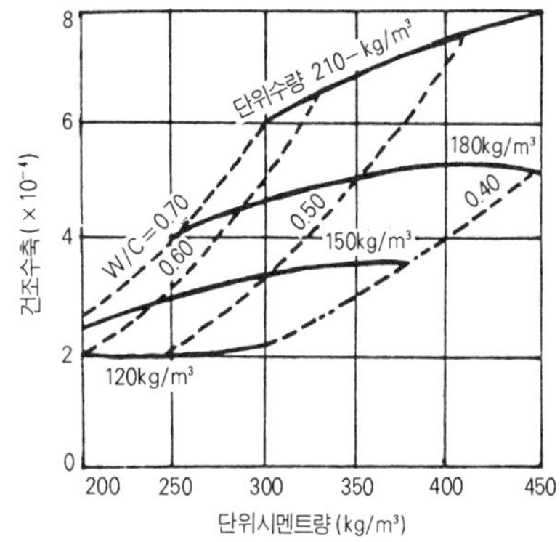

그림 5-64 단위시멘트량, 물시멘트비, 수축률 단위수량과 수축량

단위수량이 많아지는 요인(예를 들면, 큰 슬럼프, 높은 콘크리트온도, 굵은골재의 최대치수가 작은 경우 등)이 커질수록 수축량이 증가한다.

⑤ 양생의 영향

콘크리트의 습윤양생기간의 장단점은 건조수축에 그다지 큰 영향을 주지 않는 것으로 알려지고 있다.

2) 온도변화에 의한 체적변화

콘크리트의 온도에 의한 체적변화는 강도나 건조수축의 경우와는 달리 물시멘트비나 시멘트페이스트량 등의 영향은 비교적 적고, 사용골재의 암질(岩質)에 지배되는 경우가 많다.

콘크리트의 열팽창계수는 상온의 범위에서 1℃당 $7 \sim 13 \times 10^{-6}$으로 골재의 암질에 의해 석영질이 최대이고, 사암, 화강암, 현무암, 석회암의 순으로 작게 된다. 철근과 콘크리트의 상온에 있어서 열팽창계수가 대체로 동일한 것은 철근콘크리트 구조가 성립할 수 있는 중요한 조건 중의 하나이다. 일반적으로 설계에 있어서 콘크리트의 열팽창계수는 1℃당 10×10^{-6}의 값이 이용되고 있다.

(11) 수밀성

콘크리트는 물에 의해서 직접 침식을 당하는 경우는 그다지 없으나 물에 접하면 흡수하고, 압력수가 작용하면 투수하게 된다. 흡수 및 투수의 원인이 되는 것은 콘크리트에 발생한 균열이나 공극, 수극 등이다.

콘크리트의 투수성을 비교하기 위해서 다음 식으로 표시되는 투수계수가 이용되고 있다.

$$Q = K_c A \Delta H / L$$

여기서, Q : 유량(cm^3/sec)

K_c : 투수계수(cm/sec)

A : 흐름단면적(cm^2)

H : 유입·유출의 수두차(cm)

L : 공시체 흐름방향의 길이

콘크리트의 투수계수 K_c에 관해서 다음과 같은 것이 알려지고 있다.

① 보통 콘크리트의 K_c를 지배하는 최대의 요소는 물시멘트비이다. 수밀성을 요하는 콘크리트의 경우 얇은 단면부재에서는 물시멘트비를 45%, 매시브한 부재에서는 53%로 하고, 건축용 부재에서는 50%를 각각 최대한으로 규정하고 있다.

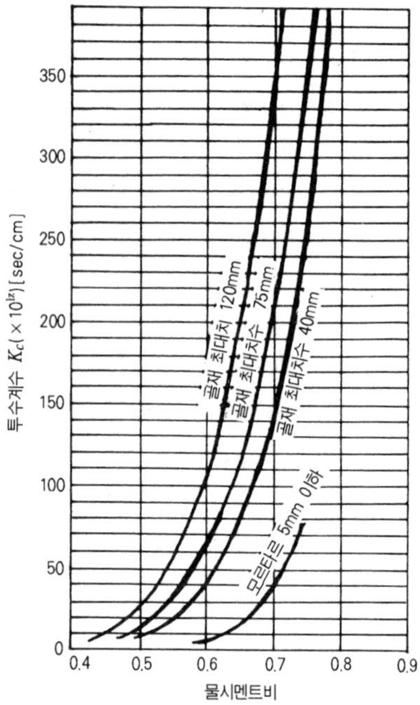

그림 5-65 물시멘트비와 콘크리트와의 수밀성과의 관계

② 물시멘트비가 동일할 경우에는 배합이 빈배합에서 부배합으로 됨에 따라 K_c가 감소하나, 너무 부배합으로 되면 수량이 많게 되어 역으로 K_c가 증대한다.

③ 굵은골재의 최대치수가 크면, 그 하면의 수막이 크게 되어 K_c가 증대한다.

④ 다짐이 불충분할수록 K_c는 증대한다.

⑤ 습윤양생이 충분할수록, 재령이 많을수록 K_c는 적게 되나, 조기재령에 있어서 건조는 현저하게 K_c를 증대시킨다.

⑥ AE 콘크리트의 공기량은 그 양이 약 4% 정도에서 일반적으로 수밀성을 향상시킨다. 또한 양질의 포조란재료의 사용은 수밀성을 향상시키는 효과가 있다. 실용적 배합에서 완전히 시공된 콘크리트 자체의 투수량은 극히 적어 일반적으로 사용상 큰 문제가 되지 않을 정도이다. 그러나 콘크리트 중에 존재하는 허니콤브(honey-comb), 균열, 불완전한 이음부 등의 결함부는 큰 수로를 형성하여, 상기 요소의 투수성에 비하여 큰 영향을 준다. 따라서 구조물 전체의 방수성을 높이기 위해서 무엇보다 중요한 점은 이러한 결함부를 만들지 않도록 용의주도한 시공을 하는 것이 중요하다.

(12) 내화성

콘크리트는 건축구조재료중 가장 내화성이 우수한 재료의 하나이다. 그러나 장시간 고온에 노출되면 상당한 피해를 입는다. 고온 및 가열에 따른 강도, 탄성의 저하는 현저하다. 즉 콘크리트는 고온에 닿으면 시멘트페이스트 경화체와 골재의 열팽창의 차에 의해 조직이 물러지고, 약 260℃ 이상으로 되면 시멘트페이스트 경화체 중의 결합수(結合水)가

소실되는 등으로 하여 콘크리트 강도가 점점 저하한다. 보통의 콘크리트에서는 300~350℃ 이상으로 되면 강도저하가 현저하고, 500℃에서 상온강도의 약 40% 이하로 저하한다. 탄성계수의 저하는 그 이상으로 500℃에서 상온치의 10~20%로 된다. 이와 같은 이유로 일반의 콘크리트에서 500℃ 이상으로 가열된 것을 구조재로 재사용하는 것은 아주 위험하다. 콘크리트의 내화성은 배합, 물시멘트비 등에 의한 영향은 비교적 작고, 사용골재의 암질에 크게 지배된다. 내화성에 관해서는 상용골재로서 화산암질(경석 등), 안산암질의 것은 우수하고, 화강암, 기타 석영질은 내화성이 떨어진다.

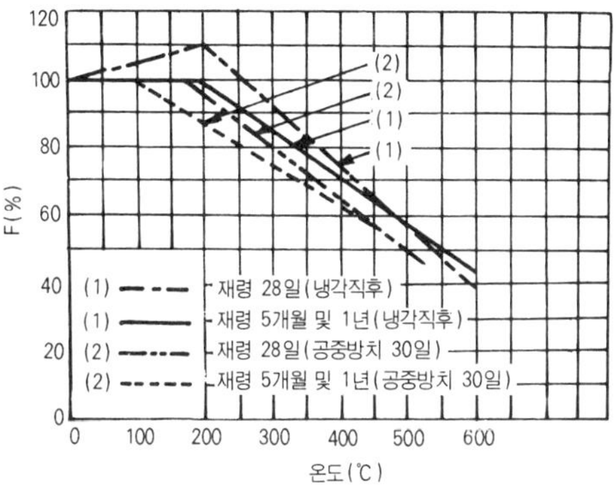

(a) 잔존압축강도

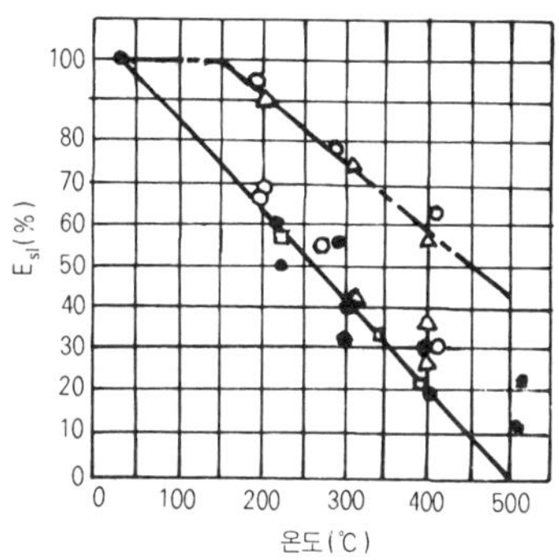

(b) 잔존탄성계수

그림 5-66 가열온도와 잔존강도(殘存強度) 및 탄성

기타의 화재에 의한 피해로서 콘크리트가 급격히 가열되면 폭열을 일으켜 비산하는 현상이 있다. 이것은 그 질이 치밀하면 할수록, 함수율이 높을수록, 가열이 급할수록 일어나기 쉽다.

철근콘크리트 구조물을 내화성을 높이기 위해서는

① 내화성이 작은 철근을 보호하기 위하여 피복 두께를 충분히 취할 것

② 피복 콘크리트가 박리되는 것을 방지하기 위해 익스펜디드메탈 등을 사용할 것

③ 골재의 내화성이 높은 것을 선택할 것

④ 콘크리트 표면을 회반죽 등의 단열재로 보호할 것 등을 들 수 있다

5-5-4 콘크리트의 배합설계

(1) 개 요

콘크리트의 배합이라 함은 콘크리트의 조성재료인 시멘트, 모래, 자갈 및 물 등의 비율을 표시하는 것으로 1) 소요의 강도, 2) 내구성, 3) 균일성, 4)수밀성, 5)작업에 알맞은 시공연도(施工軟度, workabilitiy), 6) 기타 특별히 지정하는 조건 등을 만족시키는 범위 내에서 각 재료의 단위수량이 될 수 있는대로 적게 되도록, 즉 경제적인 콘크리트를 만들

수 있도록 하여야 한다.

실제 시공시에 있어서 콘크리트를 요구되는 조건에 가깝게 하고자 한다면 상당히 엄밀한 시공관리를 하여야 하는데, 그렇게 하더라도 실제에는 여러 가지 원인과 이유 때문에 콘크리트의 강도에 편차(偏差)가 생기는 것이 판명되었다.

콘크리트의 표준 배합설계 순서는 ① 소요강도의 결정 → ② 배합강도의 결정 → ③ 시멘트강도의 결정→④ 물시멘트비의 설정→⑤ 슬럼프값의 결정→⑥ 굵은골재 최대치수의 결정→⑦ 잔골재율의 결정→⑧ 단위수량의 결정→⑨ 시방배합의 산출 및 조정→⑩ 현장배합의 조정순이다.

(2) 배합의 기준조건

건축학회 시방서에 제안된 콘크리트 배합에 요구되는 기본적인 조건은 다음과 같다.

① 골재에 대한 재질 및 규격(AE제 포함)

② 소요의 강도 확보, 시방서에 요구된 시공연도 및 균일성, 내구성을 만족시킬 수 있을 것

③ 시공연도는 KS에 의한 슬럼프(slump)값으로 구한다.

④ 콘크리트 및 시멘트의 강도는 KS에 규정된 재령 28일의 압축강도에 의할 것

(3) 배합의 표시방법

콘크리트의 배합을 표시하는 방법에는 다음과 같은 방법이 있는데, 물시멘트비(w/c, %), 슬럼프(cm), 모래율(%) 및 유효수량(kg/m^3)을 기입하도록 한다.

① 절대 용적배합(絶對容積配合)

콘크리트 1m^{3}를 비벼내는 데 소요되는 각 재료를 절대 용적으로 표시하는 방법이다.

② 중량배합(重量配合)

콘크리트 1m^{3}를 비벼내는 데 소요되는 각 재료를 중량(kg)으로 표시하는 것으로서 가장 정확한 방법이다. 단, 골재는 절건중량(絶乾重量)을 기준으로 한다.

③ 표준계량 용적배합(標準計量 容積配合)

콘크리트 1m^{3}를 비벼내는 데 소요되는 각 재료를 표준계량 용적으로 표시한 방법이다. 단, 시멘트는 1,500kg을 1m^{3}로 계산한다.

④ 현장계량 용적배합(現場計量 容積配合)

콘크리트를 비비는 데 소요되는 각 재료 중 시멘트는 포대수(包袋數)로, 골재는 보통 현장계량 방법에 의한 용적(m^3)으로 표시하는 방법이다. 즉 시멘트 : 모래 : 자갈＝1 : 2 : 4 혹은 1 : 3 : 6 등으로 표시한다. 단, 시멘트 1포대는 40kg이고 그 용적은 약 0.026m^3(약 1입방식＝1ft^3＝1절이며, 37.5포대의 중량이 1,500kg, 용적은 1m^{3}이다.

(4) 콘크리트 배합에 관한 학설

콘크리트의 강도는 골재의 밀도와 관계가 있음을 발견하고 세계 각국에서 이에 관한 연구를 하여 골재의 혼합비를 실제적으로 결정하는 여러 가지 배합법이 제안되었다. 콘크리트 배합에 관한 학설의 대표적인 것을 들면, 1) 시멘트공극론(空隙論, cement void theory), 2) 물시멘트비설(water cement ratio theory), 3) 조골재틈(粗骨材空隙) 채우기법, 4) 최대밀도이론(最大密度理論), 5) 표면적이론(表面積理論, surface area theory), 6) 최소 틈채우기법 등이 있다.

위의 학설 중 물시멘트비설이 가장 유력하여 현재 각국에서는 이 학설에 의한 콘크리트 배합을 하고 있다. 이 학설은 1918년 미국의 아브람(Abram)이 발표한 것으로, 주요 개념은 "콘크리트의 강도는 시멘트풀(cement paste)의 농도(濃度)에 의하여 결정된다"는 것이다. 즉 시멘트의 품질 및 시험 방법이 동일하고 콘크리트가 연련(軟練, plastic)하면, 그 강도는 물과 시멘트의 중량비(重量比)에 의하여서만 결정된다는 것이다.

(5) 배합설계순서

1) 배합강도의 결정

소요강도란 시공시 콘크리트에 요구되는 강도로서, 구조 계산에 사용하는 허용응력도에 일정한 안전율(安全率, safety factor)을 곱한 수치 fc'를 말한다.

$$fc' = 3 \times 장기\ 허용응력도$$
$$= 1.5 \times 단기\ 허용응력도$$

일반적으로는 $135kg/cm^2$, $150kg/cm^2$, $180kg/cm^2$, $210kg/cm^2$ 등으로 한다. 그러나 실제 현장에서는 각 재료의 불균성(不均性) 및 계량오차, 시험오차 등으로 각 배치(batch : mixer로 매회 비벼낸 것)의 콘크리트 강도에 편차(偏差, deviation)가 있으므로 배합강도 F를 사용한다.

① 구조체 콘크리트의 강도관리의 재령이 28일인 경우

$$F_{28} \geq F_C + T + 1.73\sigma(\text{kgf/cm}^2)$$
$$F_{28} \geq 0.8(F_C + T) + 3\sigma(\text{kgf/cm}^2)$$
$$F_{28} \geq F_C + T + \sigma(\text{kgf/cm}^2)\ (우리나라에서\ 사용)$$

여기서, F_{28} : 배합강도(28일 압축강도) (kgf/cm^2)

F_C : 소요강도 (kgf/cm^2)

σ : 콘크리트 강도의 표준편차 (kgf/cm^2)

T : 온도보정값 (kgf/cm^2)

② 구조체 콘크리트의 강도관리 재령이 28일을 넘고, 91일 이내의 경우

$$F_{28} \geq 0.7F_c + T_{28} + 1.73\sigma \ (\text{kgf/cm}^2)$$
$$F_{28} \geq F_c + T_n + 1.73\sigma \ (\text{kgf/cm}^2)$$
$$F_{28} \geq 0.8(F_c + T) + 3\sigma \ (\text{kgf/cm}^2)\text{(우리나라에서 사용)}$$

σ는 시공관리의 정도를 가리키는 시공급별(시공등급)에 따라 표 5-39과 같이 그 표준치를 정하고 있다. 그러나 σ의 값을 이미 알고 있을 경우에는 이 표에 의하지 않아도 되며, 부득이 손비빔으로 할 때는 편차를 50kg/cm^{2}로 한다. 시공등급은 설계시방서 또는 시공설비에 따라 결정되지만 일반적으로 C종으로 간주한다.

T는 기온에 따라 콘크리트 강도의 보정값을 말하는데, 콘크리트를 부어넣은 후 28일 또는 소요재령의 예상평균기온에 따라 사용할 시멘트의 종류별에 따라 보정값을 표 5-40~42에 따라 정하면 된다. 이 온도보정값은 양생온도가 낮을수록 강도가 저하되는 콘크리트의 특성을 반영하여 미리 보상해 주고자 하는데 그 목적이 있다.

표 5-39 시공등급에 의한 표준편차(kg/cm^2)

시공급별	시공관리의 정도	표준편차(σ)
A	배처플랜트, 레디믹스트콘크리트 등에 의하고, 또한 시공관리가 우수하고 제 시험을 시행할 때, 보통 현장배합일 때라도 위에 준하여 관리가 우수할 때	25
B	간이 배처플랜트, 일반 중량 계량방식으로서 시공관리가 우수하고 제 시험을 시행할 때	35
C	용적계량으로 어느 정도의 제 시험을 시행할 때	45

표 5-40 콘크리트의 기온에 따른 보정값 T(현장수중양생의 경우)의 표준값

시멘트의 종류	콘크리트를 부어넣은 날로부터 28일간의 예상 평균기온의 범위(℃)				
조강포틀랜드시멘트	18 이상	15 이상 18 미만	7 이상 15 미만	4 이상 7 미만	2 이상 4 미만
보통포틀랜드시멘트 플라이애쉬시멘트 A종 고로슬래그시멘트 특급	18 이상	15 이상 18 미만	9 이상 15 미만	5 이상 9 미만	3 이상 5 미만
플라이애쉬시멘트 B종	18 이상	15 이상 18 미만	10 이상 15 미만	7 이상 10 미만	5 이상 7 미만

표 5-41 콘크리트 강도의 기온에 의한 보정치 T_{28}(현장수중양생의 경우)의 표준치

고로슬래그시멘트 1급[1)]	18 이상	16 이상 18 미만	14 이상 16 미만	12 이상 14 미만	10 이상 12 미만
콘크리트 강도의 기온에 따른 보정값 T(kg/cm^2)	0	15	30	45	60

주) 1. 고로슬래그의 분량이 45% 이하인 경우는 플라이애쉬시멘트 B종과 같은 보정치로 해도 좋다.

표 5-41 콘크리트 강도의 기온에 의한 보정치 T_{28}(현장봉함양생의 경우)의 표준치

시멘트의 종류	콘크리트타설에서 28일 동안의 예상평균 기온의 범위(℃)								
보통포틀랜드시멘트 플라이애쉬시멘트 A종 고로슬래그시멘트 특급	18 이상	15 이상 18 미만	9 이상 15 미만	5 이상 9 미만	3 이상 5 미만	-	-	-	
플라이애쉬시멘트 B종	18 이상	15 이상 18 미만	10 이상 15 미만	7 이상 10 미만	5 이상 7 미만	3 이상 5 미만	-	-	-
고로시멘트 B종	18 이상	16 이상 18 미만	14 이상 16 미만	12 이상 14 미만	10 이상 12 미만	8 이상 10 미만	6 이상 8 미만	4 이상 6 미만	2 이상 4 미만
콘크리트 강도의 기온에 의한 보정치 T(kg/cm^2)	0	15	30	45	60	75	90	105	120

주) 고로슬래그의 분량이 45% 이하의 경우는 플라이애쉬시멘트 B종과 같은 보정치로 해도 좋다.

표 5-24 콘크리트 강도의 기온에 의한 보정치 T_n(현장봉함양생의 경우)의 표준치

시멘트의 종류	재령 n(일)	콘크리트타설에서 28일까지 동안의 예상평균 기온의 범위(℃)				
보통포틀랜드시멘트 플라이애쉬시멘트 A종 고로슬래그시멘트 특급	91	3 이상	-	-	-	-
	56	12 이상	5 이상 12 미만	3 이상 5 미만	-	-
	42	15 이상	12 이상 15 미만	5 이상 12 미만	3 이상 5 미만	-

플라이애쉬시멘트 B종	91	3 이상	-	-	-	-
	56	12 미만	6 이상 12 미만	3 이상 6 미만	-	-
	42	15 이상	12 이상 15 미만	6 이상 12 미만	3 이상 6 미만	-
고로시멘트 B종	91	6 이상	3 이상 6 미만	-	-	-
	56	12 이상	9 이상 12 미만	6 이상 9 미만	3 이상 6 미만	-
	42	17 이상	14 이상 17 미만	11 이상 14 미만	9 이상 11 미만	6 이상 9 미만
콘크리트 강도의 기온에 의한 보정치 T (kg/cm^2)		0	15	30	45	60

주) 고로슬래그 분량이 45% 이하의 경우는 플라이애쉬시멘트 B종과 같은 보정치로 해도 좋다

2) 물시멘트비의 결정

물시멘트비(water cement ratio, w/c)란 혼합된 콘크리트 재료 중 물과 시멘트의 중량비를 말하는데, 콘크리트의 강도·내구성 등을 지배하는 요인이 된다. 물시멘트비의 선택은 콘크리트가 요구하는 사항을 충족시키는 물시멘트비 중에서 가장 작은 값을 택한다.

종래 물시멘트비는 골재의 기건상태를 표준으로 하여 정하였으나, 점차 표면건조 또는 내부포수상태를 기준으로 하여 정하고 있다. 이는 골재의 상태를 후자의 경우로 간주하는 것이 현실에 더 적합하기 때문이다.

보통 현장에 반입된 골재는 대개 습윤(濕潤)상태로서 그 정도가 일정하지 않다. 따라서 일정한 물시멘트비를 갖는 콘크리트를 얻기 위해서는 골재의 표면수율(表面水率)을 산정하여 배합에 사용하는 추가수량(追加水量)을 결정해야 한다. 보통 콘크리트 $1m^3$에 대한 물의 양(수량) 1~4l의 변화는 물시멘트비 1%의 변화에 해당된다.

① 물시멘트비의 산정방법

물시멘트비를 산정하는 데는 보통 다음의 세 가지 방법이 있다.

① 3종 이상의 물시멘트비의 콘크리트 공시체(供試體)를 제작하여 강도시험을 하고, 물시멘트비와 4주 압축강도(K28)와의 관계선(關係線)을 도표에서 구하는 방법이 있다. 시멘트 품질만이 아니라 골재, 기타 사용재료의 특성도 포함된 결과를 얻을 수 있으며, 주로 콘크리트량이 많은 대규모의 공사에서 채택하는 방법이다.

② 실험식에 의하여 비비려고 하는 콘크리트를 목표로 한 강도에 적용하는 물시멘트비로 선정하는 방법이다. 그 산정식은 표 5-43과 같다. 이때 보통시멘트 이외의 시멘트를 사용할 때는 시험을 하거나 표의 극한치와 적당한 자료를 고려하여 정한다. 이 방법은 ①의 방법보다는 확실성이 다소 저하되지만 속도를 요하는 현대 공사에는 실용상 유리하며, 대부분 이 방법에 의하고 있다.

③ 전혀 시험을 하지 않고 통계적 자료에 의하여 소요강도를 적응하는 물시멘트비로 선정하는 방법이다. 충분히 안전율을 고려해야 하며, 소규모의 공사에 채용된다.

② 물시멘트비의 범위

보통 건축공사에 사용하는 물시멘트비는 40~70% 정도이나 AE제·쇄석 등을 사용할 때는 다소 조정하도록 한다. 콘크리트의 물시멘트비는 지나치게 크거나 작아도 해롭다. 즉 물시멘트비가 크면 콘크리트의 시공연도는 증가되나 강도 및 내구성이 저하되며, 작으면 시공연도가 낮아지고 균열 발생의 원인이 되며, 또 표면이 평활하게 되지 않는다. 특히, 마모가 예상되는 곳의 콘크리트는 피복두께를 1cm 증가시키거나 물시멘트비를 56% 이하로 한다.

수밀콘크리트의 물시멘트비는 50% 이하로 하고, 극한기의 물시멘트비는 60% 이하 또는 표면활성제를 사용하도록 한다. 정밀도를 지정하지 않은 그다지 중요하지 않은 콘크리트의 물시멘트비는 70% 이하로 한다.

일반적으로 소규모 공사에서 시험없이 혼화제를 사용하지 않는 경우의 물시멘트비를 구하려면 ① $x=\dfrac{61}{f_{28}/\mathrm{k}+0.34}$ 과 ② $x=\dfrac{215}{f_{28}+210}$ 중 작은 값을 취한다.

x: 물시멘트비(%), f_{28} : 28일 기준강도($\mathrm{kgf/cm^2}$), k: 시멘트강도($\mathrm{kgf/cm^2}$)

표 5-43 물시멘트의 보정치 a의 참고값

시멘트의 종류	콘크리트의 종류		a의 값	
보통포틀랜드시멘트 조강포틀랜드시멘트 고로시멘트 A종 실리카시멘트 A종 플라이애쉬시멘트 A종	모래·강자갈 시멘트		1	
	경량	1종	0.9	
	AE	2, 3종	0.85	
	콘크리트	4종	0.75	
보통포틀랜드시멘트	표면활성제를 이용한 모래·자갈콘크리트	AE제	0.92	표면활성제 지침안
		감수제	1.04	
		AE감수제	0.95	

3) 단위수량의 결정

단위수량은 소요의 성능이 얻어지는 범위에서, 가능한 작은 값이 되도록 시험배합에 의해 결정한다. 표 5-44에 보통포틀랜드시멘트를 이용한 모래·자갈 콘크리트의 특성에 따라 단위수량의 표준치를 나타낸다. 보통포틀랜드시멘트 외의 시멘트를 사용하는 경우나 화학혼화제를 이용하는 경우에는 신뢰할 수 있는 시험에 기초하여 5-44의 값을 보정한다. 일반적으로 AE감수제에서 12% 정도의 단위수량의 저감이 가능하다. 또한 모래·쇄석 콘크리트에서는 모래·자갈 콘크리트에서 비해서 단위수량을 크게 할 필요가 있다. 이 단위수량은 아래 식에 의해서 구한다.

$$\text{단위수량의 증가율}(\%) = \frac{(1-\varDelta_g)V_g}{1{,}000-V_g} \times 100$$

여기서, $\varDelta_g$: 자갈에 대한 쇄석의 실적률의 비(%)

V_g : 동일 물시멘트비, 동일 슬럼프의 모래·자갈 콘크리트에 있어서 자갈의 절대용적(l/m^3)

표 5-44 보통콘크리트의 단위수량의 표준값

(보통포틀랜드시멘트를 이용하는 모래·자갈 콘크리트의 경우)

물시멘트비(%)	자갈최대치수(mm) / 모래의 조립률 / 슬럼프(cm)	25 3.3 (5mm)	25 2.8 (1.2mm)	25 2.2 (1.2mm)	20 3.3 (5mm)	20 2.8 (2.5mm)	20 2.2 (1.2mm)
40	8	170	171	176	172	173	180
	12	181	182	186	183	187	190
	15	192	193	195	194	197	202
	18	201	205	208	205	209	212
45	8	165	163	173	168	171	176
	12	176	179	183	179	183	186
	15	185	188	191	187	192	195
	18	196	199	201	201	203	205
50	8	162	167	171	165	170	174
	12	172	176	180	175	178	182
	15	180	183	186	184	187	190
	18	191	194	197	195	197	195
55	8	161	166	170	164	169	173
	12	171	174	178	173	177	180
	15	177	184	184	181	184	188
	18	188	194	194	192	195	198
60～65	8	161	165	169	163	168	172
	12	169	173	176	172	175	179
	15	176	179	182	180	183	185
	18	186	189	192	190	193	196

4) 단위시멘트량의 결정

단위시멘트량 C_g 및 그 절대용적 C_v 는 2)항에서 얻어진 물시멘트비와 3)항에서 얻어진 단위수량으로부터 다음 식에 따라 구한다. 단, 물시멘트비 및 단위수량은 실제로 사용하는 재료에 의해 결정되어야 한다.

$$C_g = \frac{W_g}{x} \times 100, \quad C_v = \frac{C_g}{\text{시멘트의 비중}}$$

여기서, C_g : 단위시멘트량(kg/m³)

C_v : 시멘트 절대용적(l/m³)

W_g : 단위수량(kg/m³)

x : 물시멘트비(%)

5) 단위 굵은골재량의 결정

단위 굵은골재량 G_g 및 그 절대용적 G_v는 단위 굵은골재 부피용적(콘크리트 1m³ 중의 굵은골재의 표준허용용적)에서 다음 식에 의해 산출한다.

$$G_g(\text{kg/m}^3) = \text{단위 굵은골재 부피용적}(\text{m}^3/\text{m}^3) \times \text{단위 굵은골재의 단위용적질량}(\text{kg/m}^3)$$

$$G_v(l/\text{m}^3) = \frac{G_g}{\text{굵은골재의 비중}}$$

단위 굵은골재 부피용적의 표준값은 표 5-45에서 구해진다. 굵은골재의 최대치수가 25mm를 넘는 경우, 화학혼화제를 이용하는 경우에는 시험에 의하지만 신뢰할 수 있는 자료에 기초해서 정한다. 보정의 일례를 표 5-46에 나타낸다.

표 5-45 보통포틀랜드시멘트를 이용하는 모래－자갈 콘크리트의 단위 굵은골재 부피용적의 표준값(m³/m³)

물시멘트비(%) \ 자갈최대치수(mm) / 모래의 조립률 / 슬럼프(cm)		25			20		
	모래의 조립률	3.3	2.8	2.2	3.3	2.8	2.2
	슬럼프(cm)	(5mm)	(2.5mm)	(1.2mm)	(5mm)	(2.5mm)	(1.2mm)
40～60	8～15 이하	0.64	0.69	0.74	0.62	0.67	0.72
	18	0.59	0.64	0.69	0.58	0.63	0.68
65	8～15 이하	0.63	0.68	0.73	0.61	0.65	0.71
	18	0.58	0.63	0.68	0.57	0.62	0.67

표 5-46 단위 굵은골재 부피용적의 표준치에 대한 각종 보정치

굵은골재의 최대치수가 25mm를 넘는 경우의 보정량(굵은골재의 최대치수 25mm인 것에 있어서의 표준치에 대해)		화학혼화제를 이용하는 경우의 보정치		
굵은골재의 최대치수(mm)	40	AE제	감수제	AE감수제
단위 굵은골재부피 용기외 보정량	10% 증가	보정없음	$0.020m^3$ 증가	$0.030m^3$ 증가

6) 단위잔골재량의 결정

단위잔골재량 S_g 및 그 절대용적 S_v는 다음 식에 의해 구해진다.

$$S_v(l/\text{m}^3)=1,000-(W_v+C_v+G_v+A_v)$$
$$S_g(l/\text{m}^3)=S_v\times \text{잔골재의 비중}$$

여기서, W_v : 물의 절대용적(단위수량)(l/m^3)

C_v : 시멘트의 절대용적(l/m^3)

G_v : 굵은골재의 절대용적(l/m^3)

A_v : 공기의 절대용적(l/m^3)

(A_v : 공기량(%)×1,000/1,000)

또한, 공기량은 AE제 또는 AE감수제를 이용하지 않는 경우에는 1%, 이용한 경우에는 보통콘크리트에서 4%, 경량콘크리트에서는 5%를 표준으로 한다.

7) 기 타

① 잔골재율 s/a를 다음 식에 의해 구한다.

$$s/a(\%)=\frac{S_v}{S_v+G_v}\times 100$$

② 혼화재료의 사용량

표면활성제의 사용량은 소요의 워커빌리티, 슬럼프, 공기량이 얻어지도록 신뢰할 수 있는 자료 혹은 시험에 의한다. 그 이외의 혼화재에 대해서는 콘크리트의 부피(volume)의 경우에도 영향이 있기 때문에 신뢰할 수 있는 자료에 의하든가 아니면 시험에 의해서 성능을 확인해서 정한다. 또한 표면활성제를 희석해서 이용하는 경우는 수용액의 용적을 단위수량에 포함시켜 산정하여야 한다.

이상으로 기본적인 배합설계가 완료되었으면 이것을 기초로 시험비빔을 행하여 계획배합을 완료한다. 얻어진 계산결과는 계획 배합표로서 표 5-47과 같이 종합한다.

표 5-47 계획배합의 표시방법

배합강도 (kg/cm²)	슬럼프 (cm)	공기량 (%)	물시멘트비 (%)	굵은 골재의 최대치수 (mm)	잔골재율 (%)	단위수량 (kg/m³)	절대 용적 (l/m³)				중 량 (kg/m³)				화학혼화제 사용량 (cc/m³) 또는 (g/m³)
							시멘트	잔골재	굵은골재	혼화재	시멘트	잔골재	굵은골재	혼화재	

8) 콘크리트의 시험배합과 배합의 조정

① 골재의 함수상태에 의한 보정

이상에서 서술한 방법에 의해 정해진 각 재료의 단위량이 정해졌지만, 이것은 골재의 함수상태가 절건 또는 표건상태로 계산되었기 때문에 시험배합을 하는 경우에는 실제로 사용하는 골재의 함수상태에 의한 보정을 필요로 한다. 이와 같이 계획배합의 콘크리트가 얻어지도록 공사현장에 있어서 재료의 상태 및 계량방법에 따라서 정하는 배합을 현장배합이라 말한다. 골재의 함수상태에 의한 보정은 아래와 같이 행한다.

굵은골재 $P_g' = G_v \times \rho_G \times \left[1+\frac{\delta_G}{100} \right]$

잔 골 재 $S_g' = S_v \times \rho_S \times \left[1+\frac{\delta_S}{100} \right]$

수 량 $W_g' = W_g \times G_v \times \rho_G \times \left[\frac{q_G-\delta_G}{100} \right] + S_v \times \rho_S \times \left[\frac{q_S-\delta_S}{100} \right]$

여기서, G_g' : 보정 후의 굵은골재량(kg/m³)

S_g' : 보정 후의 잔골재량(kg/m³)

W_g' : 보정 후의 수량 (kg/m³)

W_g : 단위수량(kg/m³)

G_v : 굵은골재의 절대용적(l/m³)

S_v : 잔골재의 절대용적(l/m³)

ρ_G : 굵은골재의 절건비중

ρ_S : 잔골재의 절건비중(%)

q_G : 굵은골재의 흡수율(%)

q_S : 잔골재의 흡수율(%)

δ_G : 굵은골재의 함수율(%)

δ_S : 잔골재의 함수율(%)

사용골재의 함수상태는 콘크리트 혼합시까지 변하지 않도록 주의해서 저장해 둘 필요가 있다. 또한, 골재는 가능한 한 표면건조포수상태나 그것에 가까운 상태로 사용하는 것이 바람직하다.

② 콘크리트의 비빔혼합(시험배합)

실험실에서 콘크리트의 혼합방법은 통상 KS규격의 실험실에 있어서 콘크리트의 제작방법에 준해서 행한다.

① 재료의 계량

각 재료는 통상 실험실 등에서는 중량으로 계량한다. 단, 물 및 혼화제 용액 등은 용적계량으로 해도 무방하다. 계량은 1회 계량분의 0.5%의 정밀도로 정확히 행한다. 재료를 몇 개의 용기에 나누어서 몇 배치(batch)로 비비는 경우는 재료가 불균일하게 되지 않도록 주의하고 또한 함수상태가 계량에서 혼합까지 변화하지 않도록 해야 한다.

② 재료의 투입

재료의 투입에 앞서 동일한 배합 콘크리트의 소량을 믹서로 먼저 비비고 난 후, 믹서내면에 모르타르페이스트를 부착시켜 둘 필요가 있다. 특히 페이스트분이 적은 콘크리트에 대해서는 이 조작을 행하지 않으면 정확한 결과가 얻어지지 않는다. 재료의 투입순서는 콘크리트의 종류와 조합 등에 따라 다르기 때문에 일률적으로는 말할 수 없지만 빠르고 균일하게 하는 순서로 한다. 특히 시멘트, 물의 순으로 투입하면 시멘트페이스트의 덩어리가 믹서내면이나 날개밑 등에 마지막까지 남아있기 때문에 주의를 요한다.

③ 비빔시간

전 재료투입완료시에서 배출개시직전까지의 시간은 1~5분 정도까지로서 콘크리트의 강도증진에 상당한 영향을 미친다. 실험실에서는 일반적으로 3분 정도 비비고 있다. 10분 정도 비벼도 강도는 증가하지 않으며, 지나치게 비비면 슬럼프와 공기량의 변동을 일으킨다. 또한 몇 배치로 나누어 비비는 경우에는 각 배치의 비빔시간을 같이 할 필요가 있다.

③ 배합의 조정

시험배합의 결과 소요의 콘크리트가 얻어지지 않은 경우는 배합의 조정이 필요하다. 조정은 소요성능의 전항목을 고려해서 하지 않으면 안되지만, 일반적으로는 아래와 같은 조정방법을 이용하고 있다.

① 슬럼프의 조정

통상 소요 슬럼프와 실제 슬럼프와의 차 1cm에 대하여 단위수량을 다음의 비율로 증감시킨다.

슬럼프 18cm 이하일 때 : 약 1.2%

슬럼프 18cm 이상일 때 : 약 1.5%

이 조작에 의해 콘크리트의 강도가 변화하기 때문에 물시멘트비가 변화하지 않도록 하기 위하여 시멘트량을 증감시켜 거기에 따라서 골재량을 증감한다.

② 골재분리와 유동성의 조정

㉠ 콘크리트가 골재분리를 할 때

- 잔골재율을 높이거나 가는 입도의 모래를 이용한다.
- 표면활성제를 사용하여 단위수량을 감한다.

㉡ 유동성이 부족하여 점도가 과도할 때

- 잔골재를 감하던가 거친 입도의 모래를 사용한다.
- 표면활성제를 이용하여 유동성을 높인다.

또한 이 조정은 물시멘트비가 변하지 않도록 조정한다. 단, 표면활성제를 이용했을 때는 사용한 표면활성제의 성능에 대한 신뢰할 수 있는 자료에 표시된 비율로 조정한다.

③ 공기량의 조정

AE 콘크리트의 공기량은 일본건축학회에서는 4%가 표준이다. 표준이상인 경우는 표면활성제량을 줄여 조정하지 않으면 안된다. 공기량 1%의 증가는 강도 4~6%의 저하와 슬럼프 약 2cm의 증가를 가져온다. AE제의 양과 공기량은 거의 직선관계인데 예를 들어 6% 공기량의 경우에는 보통 콘크리트의 공기량이 1% 이므로 (4-1)/(6-1)=3/5배의 사용량으로 수정하면 좋다.

④ 강도에 대한 조정

비빌 때에는 콘크리트 강도가 실제 얼마가 되는지를 모르기 때문에 물시멘트비를 계산값보다 안전측에 작게 정하든지 또는 2, 3종의 물시멘트비에 의한 배합을 선정하여 각각 시험견본(test piece)을 취해 그 강도시험결과에서 적정한 물시멘트비를 결정하여 그것에 따른 배합을 결정하면 좋다.

(6) 배합설계예

아래의 조건에서 배합설계를 실시한다.

① 콘크리트의 종류 : 모래·자갈 콘크리트의 소요량 $1m^3$

② 구조체 콘크리트의 강도관리의 재령 : 28일(기본시방의 콘크리트)

③ 설계기준강도 : $fc' = 210kg/cm^2$

④ 소요슬럼프 : 18cm

⑤ 타설 후 재령 28일까지의 예상평균기온 : 14℃

⑥ 강도의 표준편차 : $\sigma = 35kg/cm^2$

⑦ 보통 포틀랜드시멘트(강도 $400kg/cm^2$, 비중 3.16)

⑧ 골재조건

종류＼특성	최대치수 (mm)	흡수율 (%)	함수율 (%)	절건비중	조립률	단위용적중량(절건) (kg/m^3)
잔골재	2.5	2.18	1.17	2.52	2.8	–
굵은골재	20	1.41	0.84	2.60	–	1,650

⑨ AE감수제 사용(연행공기의 4%)량 : 단위시멘트량의 0.25%(분말)

㉠ 배합강도 F를 구한다.

$$F_{28} \geq F_C + T + 1.73\sigma = 210 + 30 + 62 = 301\ \mathrm{kg/cm^2}$$

또한, $F_{28} \geq 0.8(F_C + T) + 3\sigma = 0.8(210 + 30) + 105 = 297\,\mathrm{kg/cm^2}$

따라서 둘다 만족시키는 값이 $F_C = 301\,\mathrm{kg/cm^2}$으로 결정한다.

㉡ 물시멘트비 x를 구한다.

$$x = \alpha\frac{61}{F_c/K + 0.34} = 0.95 \times \frac{7}{301/400 + 0.43}$$

$= 57.0(\%)$(α는 표 5-43에 의해 $\alpha = 0.95$)

㉢ 단위수량 W_g를 구한다.

(표 5-44에서 직선보간에 의해 구한다. 또한 AE감수제를 사용시는 12% 정도의 단위수량의 저감이 가능하다).

$$W_g = 194 \times 0.88 = 170\mathrm{kg/m^3}$$

㉣ 단위 시멘트량 C_g 및 그 절대용적 C_v를 구한다.

$$C_g = \frac{W_g}{x} \times 100 = \frac{170}{57} \times 100 = 299\mathrm{kg/m^3}$$

$$C_v = \frac{C_k}{\text{시멘트의 비중}} = \frac{299}{3.16} = 95l/\mathrm{m^3}$$

㉤ 단위 굵은골재량 C_g 및 그 절대용적 C_v를 구한다.

표 5-45에 의해 단위 굵은골재 부피용적은 $0.630\mathrm{m^3/m^3}$

표 5-46에 의해 AE감수제 사용에 의한 보정량 $0.030\mathrm{m^3/m^3}$

$$G_g = (0.630 + 0.030) \times 1{,}650 = 1{,}089\mathrm{kg/m^3}$$

$$G_v = \frac{1{,}089}{2.60} = 419l/\mathrm{m^3}$$

㉥ 단위 잔골재량 S_g 및 그 절대용적 S_v

$$S_v = 1{,}000 - (W_v + C_v + G_v + \text{공기량})$$
$$= 1{,}000 - (170 + 95 + 419 + 40) = 276l/\mathrm{m^3}$$
$$S_g = \text{절건비중} \times S_v = 2.52 \times 276 = 696\mathrm{kg/m^3}$$

㉦ 잔골재율 s/a

$$s/a = \frac{S_v}{S_v + G_v} \times 100 = 39.7\%$$

◎ 표면활성제의 사용량

$$\frac{0.25}{100} \times C_g = \frac{0.25}{100} \times 299 = 0.75\text{kg/m}^3$$

㉧ 계획배합표

표 5-48에 의한다.

표 5-48 모래·자갈·AE감수제 콘크리트의 조합표

배합강도 (kg/cm²)	슬럼프 (cm)	공기량 (%)	물시멘트비 (%)	굵은 골재의 최대치수 (mm)	잔골재율 (%)	단위수량 (kg/m³)	절대 용적 (l/m³)				중 량 (kg/m³)				화학혼화제 사용량 (cc/m³) 또는 (g/m³)
							시멘트	잔골재	굵은골재	혼화재	시멘트	잔골재	굵은골재	혼화재	
301	18	4	57	20	39.7	170	95	276	419	—	299	696	1089	0.75	750

㉨ 현장배합(골재함수상태에 따른 보정)

· 보정 후의 굵은 골재량

$$G_g' = 1{,}089 \times \left[1 + \frac{0.84}{100}\right] = 1{,}098\text{kg/m}^3$$

· 보정 후의 잔골재량

$$S_g' = 696 \times \left[1 + \frac{1.17}{100}\right] = 704\text{kg/m}^3$$

· 보정 후의 수량

$$W_g' = 170 + 1{,}089 \times \left[\frac{1.41 - 0.84}{100}\right] + 696 \times \left[\frac{2.18 - 1.17}{100}\right] = 183\text{kg/m}^3$$

㉩ 현장배합표

표 5-49 현장배합

물(kg)	시멘트(kg)	잔골재(kg)	굵은골재(kg)	혼화재(g)
183	299	704	1,089	750

(7) 콘크리트 비벼내기량의 산출법

표준계량 용적배합비가 1 : m : n, 물시멘트비 x인 콘크리트를 비벼내는 데 필요한 각 재료의 양을 실적의 합계(콘크리트내에 공간이 없는 것으로 간주)로 가정하면 비벼내기량

V는 다음과 같다.

$$V = \frac{Wc}{Gc} + \frac{mWs}{Gs} + \frac{nWg}{Gg} + Wc \cdot x$$

여기서, $Wc \cdot Ws \cdot Wg$는 각기 시멘트·모래·자갈의 단위용적 중량(kg/l), $Gc \cdot Gs \cdot Gg$는 각기 시멘트·모래·자갈의 비중이다.

시멘트의 소요량(용적) : $C = \frac{1}{V}\text{m}^3$

모래의 소요량(용적) : $S = \frac{m}{V}\text{m}^3$

자갈의 소요량(용적) : $G = \frac{n}{V}\text{m}^3$

그러나 위의 경우는 복잡하므로 이를 근사적인 실용식으로 고쳐 나타내면 다음과 같다. 즉 현장배합이 1 : m : n일 때 콘크리트 1m^{3}를 비벼내는 데 필요한 각 재료의 양은

$V = 1.1m + 0.57n$

시멘트 소요량 : $C = 1500 \times \frac{1}{V}\text{kg}$ 또는

$C = 37.5 \times \frac{1}{V}\text{kg}$ 또는

모래의 소요량 : $S = \frac{m}{V}\text{m}^3$

자갈의 소요량 : $G = \frac{n}{V}\text{m}^3$

물론 위식에서 V의 값은 물의 양, 모래, 자갈의 입도 등에 의하여 변화하나, 이 식은 이러한 모든 오차를 포함시킨 간단한 실용식이다.

【예제 5-1】 1 : 3 : 6 콘크리트 10m^{3}을 비벼내는 데 필요한 각 재료의 양을 산출하라.

〔풀이〕 $V = 1.1 \times 3 + 0.57 \times 6 = 6.72$

콘크리트 1m^{3}에 소요되는 각 재료의 양은

시멘트 : $C = \frac{37.5}{6.72} = 5.58$포대

모　래 : $S = \frac{3}{6.72} = 0.45\text{m}^3$

자　갈 : $G = \frac{6}{6.72} = 0.89\text{m}^3$

따라서 10m^3에 필요한 양은

시멘트 : $C = 5.6 \times 10 = 56$포대
모　래 : $S = 0.45 \times 10 = 4.5\text{m}^3$
자　갈 : $G = 0.89 \times 10 = 8.9\text{m}^3$

주) 시멘트 1포대(40kg들이)의 부피는 약 1자(尺)^3, 즉 1절(切)이다. 따라서 1 : 3 : 6 콘크리트를 비벼내는 데, 한 번에 시멘트 한 포대씩 넣으면 비벼내는 콘크리트의 양은 6.72절이 된다.

【예제 5-2】 1 : 2 : 4 콘크리트 20m^3을 비벼내는 데 필요한 각 재료의 양을 산출하라.

〔풀이〕 $V = 1.1 \times 2 + 0.57 \times 4 = 4.48$

콘크리트 1m^3에 소요되는 각 재료의 양은

시멘트 : $C = \frac{37.5}{4.48} = 8.37$포대

모　래 : $S = \frac{2}{4.48} = 0.45\text{m}^3$

자　갈 : $G = \frac{4}{4.48} = 0.89\text{m}^3$

따라서 20m^3에 필요한 양은

시멘트 : $C = 8.37 \times 20 = 167.4$포대
모　래 : $S = 0.45 \times 20 = 9.05\text{m}^3$
자　갈 : $G = 0.89 \times 20 = 17.8\text{m}^3$

(8) 콘크리트 재료의 계량

콘크리트를 만드는데 사용되는 재료는 아무리 좋은 것이라도 그 계량(batching)이 부정확하고 비빔(mixing)이 불충분하면 균일한 양질의 콘크리트를 기대할 수 없다. 따라서 이 작업을 정확하고 능률적으로 하기 위하여서는 우수한 장비가 필요하다. 현장에서 계량하여 실시하는 방법을 표준배합에 대하여 현장배합(現場配合, job mix)이라 한다.

현장배합은 또한 배치배합이라고도 하며, 이는 시멘트 1포대당 또는 믹서 1회 비벼내기에 필요한 각 재료의 양을 중량 또는 현장계량 용적으로 표시한다.

재료의 계량은 그동안 용적계량으로 해왔고 현재도 그리 중요한 공사가 아니면 대부분 이에 의하고 있으나, 이 방법은 재료를 담는 방법 및 골재의 함수율에 따라 그 오차가 심하므로, 지금은 점차 중량계량을 택하는 경향이며 또 중요한 공사는 대부분 이에 의하고

있다. 물의 양은 물시멘트비로서 계산된 수량(水量)으로 골재 중에 포함된 표면 수량 및 각종 혼화제의 희석(稀釋)에 사용한 물의 양을 뺀 값을 택하여야 한다.

1) 물의 계량방법

물의 계량은 중량으로 하거나 용적으로 하거나 다른 재료에 비하여 오차가 없다. 그러나 물의 계량오차는 콘크리트 품질에 큰 영향을 주므로 특히 정확하게 하여야 한다. 물의 계량법에는 중량계량 외에 오버플로식(over flow system), 사이폰식(siphon system), 플로트식(float system), 양수계식(量水計式) 등이 있다.

2) 시멘트의 계량방법

중량 또는 포대단위로 한다. 시멘트를 포대에서 풀어 용기에다 계량할 경우에는 시멘트의 부피가 약 25% 정도 증가되므로 이를 염두에 두고 환산하여야 한다.

3) 골재의 계량방법

골재는 중량으로 계량하는 것이 원칙이나 중요한 공사가 아닐 때에는 용적계량으로 하고 있다.

잔골재를 중량계량으로 할 때에는 배처(batcher)가 사용된다. 소규모의 공사에서는 손차계량대(wheel barrow scale)를 사용하면 좋으나 잔골재는 표면수량의 변화에 대한 보정(補正)을 꼭 하도록 한다. 소규모 공사로서 용적계량에 의할 때 시멘트는 포대 단위로, 골재는 질통·손차·리어카 단위로 하지만, 시멘트 1포대의 용량을 기준으로 하는 것이 편리할 것이다.

4) 혼화제의 계량방법

혼화제를 계량하는 분배기(dispenser)로서는 용적계량 또는 중량계량으로 하는 것과 용액의 유동속도(流動速度)와 유출시간(流出時間)으로 계량하는 것이 있다. 각기 자동식과 수동식이 있는데, 계량오차는 1% 이내가 되도록 하고, 액상의 혼화제는 계량오차를 적게 하기 위하여 적당히 물을 타서 사용하도록 한다.

5) 현장배합(Job Mix)의 설계

【예제 5-3】 예제 5-1에서 구한 표준배합에 대한 기초·바닥판 및 보의 현장배합을 구하라(단, 조건은 예제 5-1과 같으며, 현장골재의 조건은 다음과 같다).

- 표면수율〔표면건조내부 포수상태의 중량에 대하여〕
  모래 : 5% 자갈 : 0.5%
- 흡수율〔절건 중량에 대하여〕
  모래 : 2% 자갈 : 2%

시멘트는 1배치(batch)에 2포대 비빔으로 한다.

〔풀이〕 ① 중량배합일 때

중량배합을 시멘트 2포대(80kg)일 때의 중량으로 환산하면 다음 표 5-50과 같다.

표 5-50 재료의 중량

시공장소	W/C(%)	슬럼프 (cm)	시멘트 (kg)	모 래 (kg)	자 갈 (kg)
기초, 바닥판, 보	65	19	80	190	287

골재의 중량은 절건상태의 중량이므로 흡수율(2%)을 고려한 골재의 중량을 구하면

모 래 : $S = 190 \times 1.02 = 194\text{kg}$

자 갈 : $G = 287 \times 1.02 = 293\text{kg}$

다시 표면수량에 의한 수정을 하여 1배치(batch)의 각 재료의 중량을 구하면 다음과 같다.

시멘트 : $C = 80\text{kg}$(2포대)

모 래 : $S = 194 \times 1.05 ≒ 203.7\text{kg}$

자 갈 : $G = 293 \times 1.005 ≒ 294.7\text{kg}$

가수량 : $w = 80 \times 0.65 - (194 \times 0.05) - (293 \times 0.005) ≒ 41\text{kg}$

$50 - 9.7 - 1.465 ≒ 41\text{kg}$

이를 표로 나타내면 표 5-51과 같다.

표 5-51 중량배합(현장배합)

시공장소	W/C(%)	슬럼프 (cm)	시멘트 (포대)	모 래 (kg)	자 갈 (kg)	가수량 (kg)
기초, 바닥판, 보	65	19	2(80kg)	203.7	294.5	41

6) 현장배합의 결정법

현장배합은 계획방법에 따라 골재의 함수 상태를 고려하여 1배치(batch)분의 콘크리트를 비비는 데 필요한 재료의 중량을 산출하여 정한다.

7) 계 량

① 각 재료는 (6)에서 정한 현장배합에 따라 1배치마다 중량으로 계량한다. 다만, 물 및 표면활성용제 용액은 용적을 계량하여도 좋다. 표면활성용제 용액은 비빔물의 일부로 볼 수 있다.

② 계량오차는 1회 계량분에 대하여 시멘트물 및 표면활성용제는 1% 이내, 골재는 2%인, 혼화재료는 3% 이내로 한다,

③ 계량장치는 정기적으로 검사하고 언제나 정비하여 둔다.

5-5-5 콘크리트 시공

콘크리트공사 시공계획에 따라 각종 시공설비, 재료, 시공계획 등이 완료되면 다음과 같은 준비와 점검을 해야 한다.

① 거푸집, 철근 배근, 배관, 매설물 등의 공사가 완전히 되어 있어야 하며 콘크리트 타설 전에 이들을 점검해야 한다.

② 각종 시공설비의 점검과 시운전 등을 하여 충분히 정비하여 놓는다. 정비불량으로 인한 콘크리트 타설시의 능률저하, 작업의 일시적 중단 등은 콘크리트 질의 저하, 공기, 공비면에 미치는 영향이 크므로 정비·점검은 반드시 실시해야 한다.

③ 거푸집 내부를 청소하고 충분히 물축여 시멘트풀이 거푸집 밖으로 유출되는 것을 방지한다. 단, 물이 동결할 염려가 있는 겨울철에는 물축임을 하지 않아야 한다.

④ 청소구멍 기타 임시 개구부는 튼튼하게 막는다.

(1) 콘크리트의 운반 및 타설

1) 콘크리트펌프 카

소규모 공사에는 손수레, 버킷, 슈트 등이, 고층 공사에는 타워호퍼(tower hopper)가 이용되고 있고, 콘크리트펌프 카에 의한 콘크리트 타설이 보편화되어 있다.

2) 콘크리트의 비비기 시작으로부터 타설이 끝나는 시간의 한도

콘크리트 비비기 시작으로부터 부어넣기가 끝나는 시간의 한도는 원칙적으로 아래 ①~②항에 따른다. 단, 콘크리트의 온도를 저하시키거나 그의 응결을 지연시키는 등의 특별한 방법을 강구할 때에는 담당원의 지시 또는 승인을 받아 이 시간의 한도를 바꿀 수 있다.

① 시공에 관한 시방의 등급이 1종인 경우, 외기온도가 25℃ 미만일 때는 90분, 25℃ 이상일 때는 60분으로 한다.

② 시공에 관한 시방의 등급이 2종인 경우, 외기온도가 25℃ 미만일 때는 120분, 25℃ 이상일 때는 90분으로 한다.

3) 운반으로부터 타설까지의 품질변화의 한도

콘크리트의 운반으로부터 부어넣기 직전까지 표 5-52의 값과 차가 생길 때는 표의 값에 맞추도록 필요한 조치를 강구한다.

표 5-55 슬럼프차

<table>
<tr><td rowspan="5">품질 / 시공에 관한 시방의 등급</td><td colspan="6">슬럼프의 차</td><td rowspan="5">공기량의 차(%)</td><td rowspan="5">경량콘크리트의 단위용적 중량의 차(%)</td></tr>
<tr><td colspan="2" rowspan="2">콘크리트</td><td colspan="4">경량 콘크리트</td></tr>
<tr><td colspan="2">1종 및 2종</td><td colspan="2">3종 및 4종</td></tr>
<tr><td colspan="2">소요슬럼프</td><td colspan="4">소요슬럼프</td></tr>
<tr><td>18cm이하의 경우</td><td>18cm를 넘는 경우</td><td>18cm 이하의 경우</td><td>18cm를 넘는 경우</td><td>18cm 이하의 경우</td><td>18cm를 넘는 경우</td></tr>
<tr><td>1종</td><td>1.5</td><td>-</td><td>2.0</td><td>-</td><td>-</td><td>-</td><td>1.0</td><td>3.5</td></tr>
<tr><td>2종</td><td>2.0</td><td>1.5</td><td>2.5</td><td>2.0</td><td>2.0</td><td>2.0</td><td>1.0*</td><td>-</td></tr>
</table>

주) 공기량이 콘크리트의 내구성으로부터 정해지는 경우에만 적용한다.

(2) 콘크리트 부어넣기

① 각 층 바닥의 콘크리트를 부어 넣은 후, 그 위층 바닥의 콘크리트 부어넣기까지의 시간의 결정은 담당원의 승인을 받는다.

② 기둥의 상부는 보 밑에서 일단 그치고 담당원의 지시에 따라 일정한 시간을 두어 콘크리트의 침하에 의한 결함이 생기지 않도록 한다.

③ 기둥에 연결되는 벽에서는 기둥을 통과하여 콘크리트를 옆으로 흘러 보내서는 안 된다.

④ 부어넣을 때는 진동기 또는 적합한 기구로 충분히 다지고 철근 기타 매설물의 주위나 거푸집의 구석까지 차도록 한다. 벽· 기둥 등 기타 다지기 곤란한 곳에는 거푸집의 바깥을 가볍게 두드리거나 진동기로 콘크리트의 가라앉기를 돕는다.

⑤ 부어넣을 때 철근·파이프·나무 벽돌 및 기타 매설물이 이동하지 않도록 주의한다.

⑥ 시공에 관한 시방의 등급이 1종인 경우 부어넣기 계속 중에 이어붓기 시간의 간격의 한도는 외기온도가 25℃미만일 때는 2.5시간, 25℃ 이상일 때는 2시간으로 한다. 단, 특별한 방법을 강구할 때에는 담당원의 지시 또는 승인을 받아 이 시간의 한도를 바꿀 수 있다.

⑦ 1구획에서의 콘크리트 부어넣기는 그 표면이 대략 수평이 되도록 부어 나간다. 슬래브에 부어넣는 콘크리트의 자유낙하 높이는 1m 이하로 한다.

⑧ 일반적으로 보는 그 밑바닥에서 윗면까지 한 번에 부어넣는다.

⑨ 층고가 특히 높은 기둥 및 벽 등에 부어넣을 때는 플랙시블 파이프 슈트 또는 고무호스 슈트를 사용하거나 거푸집의 중간에 구멍을 뚫어서 여기에 부어넣는다.

⑩ 콘크리트를 미리 계획된 작업구획을 끝낼 때까지 계속하여 부어넣는다.

⑪ 콘크리트는 받는 통 등을 사용하여 가급적 부어넣을 자리의 가까운 장소에서 부어넣는다.

⑫ 콘크리트는 비빔장소에서 먼 곳에서부터 부어넣기를 시작한다.

⑬ 부어넣기 속도는 콘크리트의 워커빌리티 및 부어넣기 장소의 조건 등에 따라서 좋은 다지기가 될 수 있는 범위내로 한다.

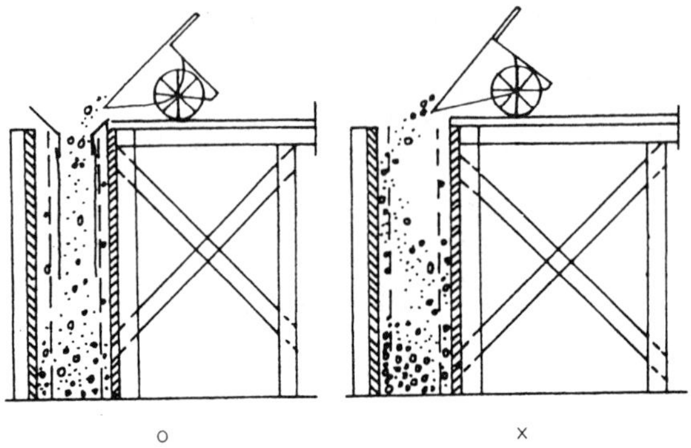

그림 5-67 기둥에 콘크리트 부어넣기

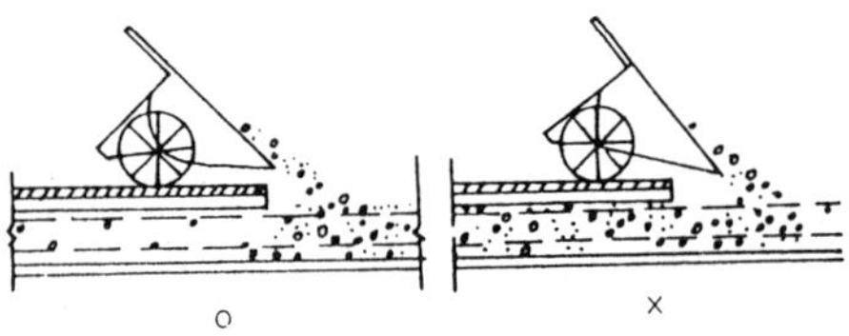

(a) 손차로 부어넣기

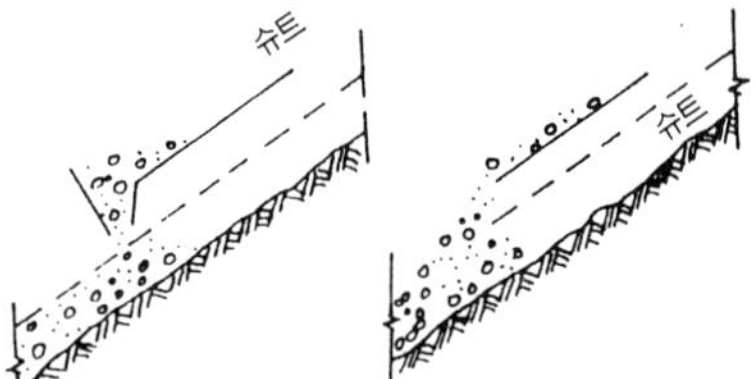

(b) 슈트로 부어넣기

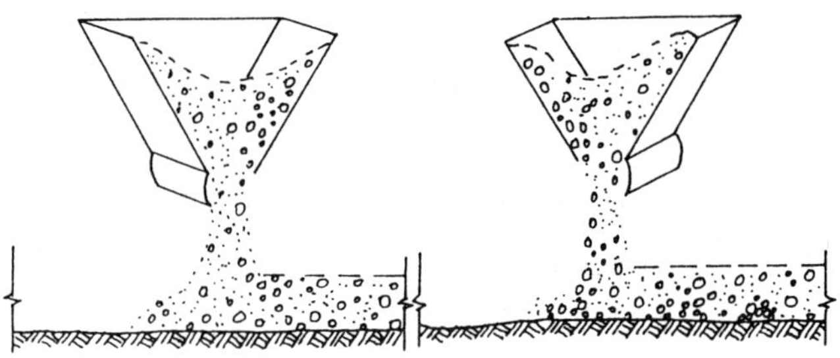

(c) 버켓 또는 슈트로 부어넣기

그림 5-68 슬래브 콘크리트 부어넣기

(3) 콘크리트 이어붓기

콘크리트 구조물은 구조물 전체가 이음부분이 없도록 일체(一體)가 되게 시공하는 것이 이상적이나 현실적으로는 거의 불가능하다. 즉 거푸집의 반복사용, 철근 조립 및 콘크리트 부어넣기 순서 등으로 인해 대개는 각 층마다 시공기일을 달리한다. 한 층분의 콘크리트 부어넣기도 1일에 완료하여 한 층에서는 이음부분을 두지 않는 것이 좋으나, 부어넣기의 양과 현장여건에 따라서 이어붓기 계획을 수립하여 시공하여야 한다. 이음자리는 강도상 불리할 뿐만 아니라 누수, 마무리재 등의 균열원인 등이 되므로 이어부을 위치는 구조물의 강도에 영향이 적고 이음길이도 짧게 되는 위치에, 또 시공상 무리가 없는 곳에 두어야 한다. 이어붓기의 위치는 다음과 같이 두도록 한다.

① 기둥의 이음은 기초판, 연결보의 위 또는 바닥판의 위에 수평으로 한다.
② 바닥판의 중앙에 작은 보가 있을 때에는 중앙부에서 작은 보 너비의 2배 정도 떨어진 곳에 둔다.
③ 벽은 개구부 등 끊기 좋고 또한 이음자리 막기와 떼어내기가 편리한 곳에 수직 또는 수평으로 한다.
④ 보, 바닥판의 이음은 그 스팬 중앙부에 수직으로 한다. 단, 캔틸레버 보 및 캔틸레버 슬래브는 이어붓지 않는다.
⑤ 아치의 이음은 아치 축에 직각으로 설치한다.
⑥ 이어붓기면은 가급적 짧게 하고, 수평 또는 수직으로 정확히 끊는다.

이어붓기를 할 때에는 먼저 거푸집의 들뜨기, 변형 등을 다시 죄고, 이어붓는 면의 불량부분 등을 정리한다. 필요할 경우 시멘트풀을 접착하거나 모르타르를 발라 접착을 잘 되게 한다.

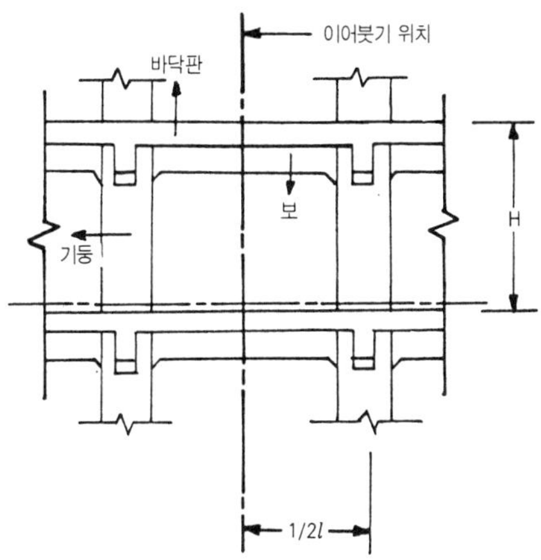

그림 5-69 부어넣기 이음위치

(4) 콘크리트 다지기

부어넣은 콘크리트는 치밀하고 균질한 콘크리트가 되도록 충분히 다져야 한다. 특히, 된비빔 콘크리트에서의 강도·수밀성 및 내구성은 다지기 방법 및 정도에 따라 영향이 크다. 그러나, 너무 과도하게 다지면 물·시멘트 및 미세한 모래가 블리딩현상에 의하여 레이턴스가 발생하게 되므로 주의하여야 한다. 다지는 방법에는 1) 손다짐, 2) 진동다짐, 3) 거푸집 두드림, 4) 가압법, 5) 원심력법 등이 있는데, 현장 콘크리트 시공에서는 1) 및 2)의 방법이 주로 사용된다.

1) 손다짐

슬래브는 삽으로 가만히 눌러 다지고 철근 밑은 막대기로 쑤셔서 다지며 기초, 기둥, 벽, 계단 등의 낙하 부어넣기에서는 대나무, 철근 등으로 다진다. 특히 콘크리트가 들어가기 힘든 곳, 철근이 복잡하게 배근된 곳(기둥 상부, 보의 교차부, 철근 이음부 등)은 서서히 부어넣으면서 충분히 다지도록 한다. 다짐공은 부어넣기량 10m³에 대하여 1~2명 정도로 한다.

2) 진동다짐

진동기는 콘크리트에 대단히 빠른 충격을 주어 콘크리트를 밀실하게 안정시키는 것으로서 내부진동기와 거푸집 진동기, 표면진동기 등이 있다. 건축공사에서는 주로 꽂이식 진동기가 사용되고 이것을 사용할 수 없는 부분은 거푸집 진동기를 사용한다. 최근에는 넓은 면적을 빠른 시간에 진동 및 다짐, 그리고 잉여수를 배출해 주는 진공식 매트다짐공법 등이 개발되어 활용되고 있다.

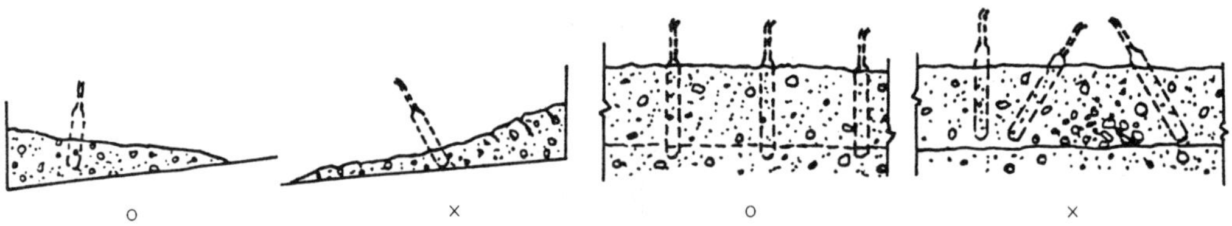

(a) 경사면 부어넣기　　(b) 평면 부어넣기

그림 5-70 바이브레이터 사용 예

(5) 콘크리트 양생

① 적당한 온도(5℃ 이상)를 유지하여 경화하는 것을 돕고, 급격한 건조를 막을 수 있도록 보호한다.

② 콘크리트를 부어넣은 후에는 수화작용을 돕기 위하여 5일간 거적 또는 포장 등으로 덮어 물뿌리기 또는 기타의 방법으로 수분을 보호하고, 직사광선이나 급격한 건조 및 한기에 대하여 적절한 양생을 하여 콘크리트의 온도가 2℃ 이상 유지되도록 한다.

③ 콘크리트를 부어넣은 후 1일간은 원칙적으로 그 위를 보행하거나 공기구, 기타 중량물을 올려 놓아서는 안되며, 불가피한 경우에는 담당원의 지시에 따른다.

④ 콘크리트를 부어넣은 후 초기 동해를 받을 염려가 있을 경우에는 한중콘크리트에 준하여 초기 양생을 하며, 수화작용이 충분히 되도록 습윤상태를 유지시킨다. 하절기에는 7일 이상 물을 뿌려 습윤상태를 유지시키도록 한다.

⑤ 콘크리트를 부어넣은 후 시멘트의 수화열에 의하여 부재 단면의 중심부 온도가 외기기온보다 25℃ 이상 높아질 경우에는 거푸집을 장기간 존치하여 중심부의 온도와 표면부의 온도 차이를 될 수 있는 대로 작게 하여야 한다. 콘크리트의 강

도는 양생의 영향을 받으므로 여름은 3~5일간, 겨울은 5~7일간 꼭 보양을 해야 한다. 콘크리트의 양생방법에는 습윤보양, 수중보양, 증기보양, 전기보양, 피막보양 등이 있다.

5-5-6 각종 콘크리트

(1) 한중콘크리트

한중콘크리트는 타설한 후의 양생기간 중에 있어 콘크리트가 동결될 우려가 있는 경우에 시공되는 콘크리트를 말한다. 한중 콘크리트의 적용지역과 기간은 콘크리트 타설 후 28일간 외기온도의 적산온도 M이 370 D.D(평균기온 3.2℃) 이하가 되는 지역과 기간으로 하고 있다.

1) 한중콘크리트의 문제점

① 콘크리트가 응결중이거나 경화 초기단계에 있어서 동결 또는 동결융해 작용을 받으면 강도저하, 균열, 내구성저하 등 품질이 현저히 저하하게 된다. 이러한 피해를 초기동해라 한다.

② 수화반응이 지연되어 콘크리트의 응결 및 강도 발현이 늦어진다. 블리딩이 증대하여 바닥마감면의 마무리에 요하는 시간도 늦어진다.

③ 보온양생중 또는 거푸집널의 해체 시에 있어 콘크리트 표면과 외기 또는 부재 단면 내에서 온도 차이가 크면 부재 표면에 균열 발생이 쉽다.

2) 대 책

① 사용 콘크리트

보통 포틀랜드시멘트를 사용하고, AE제를 첨가하여 AE콘크리트로 한다. 타설시의 콘크리트 온도는 10℃ 이상으로 한다.

② 재료의 저장

골재가 동결되지 않도록 주의하고 시멘트는 가능한 차지 않게 저장한다. 물, 골재를 가열할 경우에는 온도는 40℃ 이하로 한다.

③ 배 합

물시멘트비는 60% 이하로 하고, 단위수량을 가능한 작게 한다. 예상평균양생에 의한 강도 보정과 적산온도에 의한 강도보정을 할 수 있다.

④ 양 생

콘크리트의 압축강도가 5kg/cm^{2}가 될 때까지의 기간중에는 콘크리트를 단열보온양생, 가열보온양생 등을 실시하여 콘크리트 온도를 10℃ 이상 유지토록 한다.

(2) 서중콘크리트

서중콘크리트는 일평균 기온이 25℃를 넘는 시기에 시공되는 콘크리트를 말한다.

1) 서중콘크리트의 문제점

서중콘크리트에서 나타나는 문제점을 정리하면 표 5-53과 같다.

표 5-53 서중콘크리트에서 나타나는 문제점

고온시의 콘크리트 성질	품질, 시공면에 미치는 영향
슬럼프 저하 동일 슬럼프를 얻기 위해 단위수량의 증가	· 건조수축 균열의 증가 · 내구성, 수밀성 등의 저하
슬럼프로스의 증대 슬럼프로스의 증대를 고려한 단위수량의 증대	· 충전성 불량 · 건조수축 균열의 증가 · 내구성, 수밀성 등의 저하
초기에 급격한 수화반응 응결시간의 단축 블리딩의 감소 초기발열의 증대	· 콜드조인트의 발생 · 장기강도의 저하 · 내구성, 수밀성 등의 저하 · 표면마감의 불량 · 온도균열의 발생
초기의 급격한 수분증발	· 장기강도의 저하 · 내구성, 수밀성 저하 · 플라스틱 균열 발생 · 표면마감의 불량

2) 대 책

① 재 료

감수제 및 AE감수제(지연형)을 사용한다. 재료는 가능한 저온인 것을 사용하며, 재료를 운반하거나 저장할 시에는 고온이 되지 않도록 한다.

② 제 조

부림시의 콘크리트 온도는 35℃ 이하가 되도록 한다. 콘크리트 온도를 1℃ 낮추기 위해서는 시멘트의 온도 8℃, 물의 온도 4℃, 골재의 온도 2℃ 중에서 한 재료의 온도를 낮추어야 한다.

③ 운반, 타설

슬럼프의 저하가 현저함에 따라 운반이나 타설시간을 단축할 수 있도록 배차계획, 타설방법, 타설구간의 설정을 면밀히 검토해야 한다.

④ 양 생

콘크리트 타설 전에는 거푸집, 이음면 등에 살수해서 충분히 적시고, 타설 후에는 바로 습윤양생을 실시한다.

(3) 경량콘크리트

경량콘크리트는 비중 2.0t/m^3 이하의 콘크리트로서, 경량골재를 사용한 것과 콘크리트 중에 다량의 기포를 넣어 만든 것이 있다. 여기서는 전자를 대상으로 하여 표 5-54에서 경량콘크리트의 종류를 나타내고 있다.

1) 경량콘크리트의 특징

① 단위용적 중량

1.4～2.0t/m^{3}의 범위에 있다.

② 역학적 성립

압축강도, 영계수는 단위용적 중량이 작아짐에 따라 저하한다.

2) 경량콘크리트의 시공

① 경량콘크리트는 레디믹스트콘크리트의 KS표시 허가를 받은 공장에서 제조한 것을 사용해야 한다.

② 펌프 압송을 할 경우에는 경량 골재를 충분히 흡수시켜 압송에 지장이 없도록 해야 한다.

③ 콘크리트 표면에 떠오르는 경량 굵은골재는 태핑, 흙손 등으로 표면을 평탄하게 한다.

표 5-54 경량콘크리트의 설계기준강도 및 기건단위용적중량의 범위

사용한 골재에 의한 콘크리트의 종류	사용골재		설계기준강도 (kg/cm^2)	기건단위 용적중량 (t/m^3)
	굵은골재	잔골재		
경량콘크리트 1종	인공경량골재	모래, 부순모래, 고로슬래그 잔골재	180 210 240	1.7～2.0
경량콘크리트 2종	인공경량골재	인공경량골재나 혹은 인공경량골재의 일부를 모래, 부순모래, 고로슬래그 잔골재로 대치한 것	150 180 210	1.4～1.7

(4) 유동화콘크리트

유동화콘크리트는 비빈 콘크리트에 유동화제를 첨가해서 각반하여 유동성을 증대시킨 콘크리트를 말한다. 유동화콘크리트는 시공성의 향상, 건조수축, 블리딩을 감소시켜 품질을 개선할 목적으로 사용한다. 유동화제는 다량 첨가하여 사용하게 되면 경화불량, 응결지연작용, 공기량의 과잉 연행 등의 악영향이 미치게 되므로 주의하여야 한다.

유동화제는 나프탈렌설폰산염계, 멜라민설폰산염계, 리그닌설폰산염계 등이 있다.

1) 유동화 콘크리트의 특징

① 배 합

보통 콘크리트에 비하여 단위수량을 8~12% 정도 감소시킬 수 있고, 이에 따라 단위시멘트량도 감소하게 된다. 유동화제를 첨가하기 전의 콘크리트(베이스콘크리트)에서는 잔골재율을 크게 할 필요가 있다.

② 제 조

유동화 콘크리트에서 유동화의 방법으로는

① 레디믹스트콘크리트 공장에서 유동화제를 첨가하여 교반, 유동화하는 방안
② 레디믹스트콘크리트 공장에서 유동화제를 첨가하여 현장에서 교반하여 유동화하는 방안
③ 현장에서 에지데이터차에 첨가시켜 교반하여 유동화하는 방안이 있으며, ③의 방안이 일반적으로 쓰이고 있다.

③ 슬럼프의 경시(經時) 변화

슬럼프의 경시변화는 보통콘크리트보다 커서 여름에는 30분, 겨울에는 1시간 정도에서 베이스콘크리트의 슬럼프로 되돌아오는 경우도 있으나, 이러한 현상은 혼화재의 제조기술의 발달로 인하여 충분히 극복될 수 있다고 보여진다.

④ 골드조인트

슬럼프의 경시변화가 크고 블리딩이 감소함에 따라 골드조인트가 생기기 쉬우므로 시공계획시에 충분한 고려가 있어야 한다.

(5) 고내구성 콘크리트

고내구성 콘크리트는 보통의 철근콘크리트보다 높은 내구성을 기대하는 국회의사당, 미술관, 위험물저장고, 공공도서관, 초고층 건축물, 연구시설물 등의 구조물에 쓰이는 콘크리트이다.

1) 고내구성 콘크리트의 특징

① 골재의 품질

고내구성 콘크리트는 보통콘크리트에서 요구되는 품질 외에도 표 5-55에서 나타내는 품질을 보유함을 목표로 하고 있다. 이러한 품질의 목표를 나타내기 위해 단위수량은 175kg/m^3 이하, 슬럼프의 최대치를 12cm 이하(유동화콘크리트에서서도 베이스콘크리트의 슬럼프를 12cm 이하, 유동화 후의 슬럼프를 18cm 이하)로 규정하고 있다.

콘크리트에 함유하는 염화물량은 보통콘크리트가 0.3kg/cm^3 이하임에 비하여 0.2kg/cm^3 이하로 규정하고 있다.

② 제 조

시공계획에 있어 콘크리트의 제조, 제조관리계획서를 만들어 담당인의 승인을 받아야 한다.

종류, 품질이 동일한 콘크리트에서는 원칙적으로 동일한 레디믹스트 콘크리트 공장에서 발주한다.

③ 시 공

일반콘크리트보다 엄격한 규정으로 되어 있으며, 특히 피복두께는 일반 콘크리트보다 1cm 크게 해야 한다.

2) 고내구성 콘크리트의 시공

① 재료 및 배합

골재의 품질은 표 5-56에 규정되어 있고 세골재의 염분함유량은 0.02% 이하로 되어 있다.

고내구성 콘크리트에 적합한 골재는 보통 레미콘공장에 준비되어 있지 않은 경우가 많으므로 주의해야 한다. 알칼리골재 반응에 대해서는 무해한 골재를 사용하는 것이 원칙이다.

콘크리트 혼화제는 염화물량이 첨가되지 않은 것을 사용하고 회수수(回收水)는 이용하지 않는 것이 바람직하다.

콘크리트는 슬럼프 12cm 이하로서 유동화제를 첨가하여 사용한다.

시험비빔의 시험항목은 대체로 다음과 같이 한다.

① 배합관계 : 단위수량 175kg/m^3 이하, 물시멘트비 60% 이하

② 굳지 않은 콘크리트의 성질 : 소요슬럼프 ±1cm

소용공기량 ±0.5%

소요콘크리트 온도 ±3℃ 범위

② 제조 및 타설

콘크리트는 소요품질을 확보할 수 있는 공장에서 제조하여야 하고, 공장에서 현장까지 운반에 걸리는 시간은(외기온 25℃ 미만의 경우 90분, 25℃ 이상의 경우 60분 이내)로 하고, 콘크리트는 공사완료시까지 동일공장에서 제조한 것을 공급하도록 해야 한다. 콘크리트 타설은 워커빌리티를 고려해서 1회 타설량, 단위시간당 타설량 등의 계획을 세워 밀실한 콘크리트가 되도록 해야 한다.

표 5-55 고내구성콘크리트의 골재품질

항목 / 종류	전건비중	흡수율 (%)	실적률 (%)	씻기실험에 의한 손실량(%)	유기불순물	염분(NaCl) (%)	안정성 (%)
잔 골 재	2.5 이상	2.0 이하	59 이상	1.0 이하	–	–	12 이하
굵은골재	2.5 이상	3.0 이하	–	2.0 이하	표준색이하	0.02 이하	10 이하

(6) 고강도콘크리트

보통콘크리트로서 설계기준강도 400kgf/cm^2 이상, 경량콘크리트로서 설계기준강도 270 kgf/cm^2 이상을 고강도콘크리트라 한다. 고강도콘크리트는 품질을 확보하기 위해 보통콘크리트에 비해 재료, 배합, 시공, 품질관리를 표 5-56과 같이 규정하고 있다.

표 5-56 보통콘크리트와 고강도콘크리트의 차이

항목 / 종류		보통콘크리트	고강도콘크리트
설계기준강도		150~240kgf/cm^2	400kgf/cm^2 이상
사용재료	시 멘 트	보통포틀랜드시멘트, 고로시멘트, 실리카시멘트 등	보통포틀랜드시멘트, 고로시멘트 A종, 실리카시멘트 등
	골 재	보통골재	경질골재
	비 빔 수	수돗물, 회수수 등	수돗물, 회수수는 쓸 수 없음
슬 럼 프		18cm 이하, 유동화콘크리트 21cm 이하	15cm 이하, 유동화콘크리트 18cm 이하
단 위 수 량		185kg/m^3 이하	175kg/m^3 이하
물 시 멘 트 비		65% 이하	55% 이하
단위시멘트량		270kg/m^3 이상	290kg/m^3 이상
1층의 타설높이		–	60cm 내외
자유낙하높이		콘크리트가 분리하지 않는 범위	1m 이내
염 화 물 량		염소이온량 0.3kg/m^3 이하	염소이온량 0.2kg/m^3 이하

고강도콘크리트를 얻는 방법으로는 고성능감수제, 실리카흄 등의 재료를 사용하는 것이 일반적인 추세이다.

1) 사용재료

고강도콘크리트는 사용하는 재료에 따라 강도특성에 현저한 차이를 나타내기 때문에 고품질의 재료를 사용하는 것이 아주 중요하다. 특히 골재는 비중이 크고, 흡수가 작고, 입도, 입형이 좋고, 미립분이 작은 골재를 사용하는 것이 원칙이다.

또한 고강도콘크리트는 소요 워커빌리티를 확보하기 위해 고성능감수제, 유동화제를 사용하는 경우가 대부분이다.

2) 배 합

고강도콘크리트는 배합을 결정하기 위해 반드시 시험비빔을 실시할 필요가 있다.

고강도콘크리트의 구조체 강도판정은 보통콘크리트가 설계기준강도의 1.0배 이상인데 비하여 1.1배 이상으로 되어 있다. 이를 만족하기 위한 배합강도는 설계기준강도에 대한 할증을 2σ로 하지 않고 2.5σ로 함이 바람직하다.

콘크리트의 슬럼프로스는 사용할 화학혼화제에 따라 크게 달라질 수 있으므로 시험비빔으로 확인하고, 실험실 실험뿐 아니라 실물 또는 현장실험으로도 확인함이 바람직하다.

(7) 매스콘크리트

1) 매스콘트리트

콘크리트는 경화과정에서 발열하는데 콘크리트의 부재단면이 큰 경우에는 수화열이 내부에 축적되어 콘크리트의 온도가 상승하게 된다.

콘크리트의 열팽창률(α)은 약 1×10^{-5}/℃ 로서, 10m 길이의 콘크리트 부재의 온도가 10℃ 상승하는데, 부재의 길이는 1mm 정도 팽창하게 된다.

$$\Delta\ell = \alpha \times \Delta T = 1\times10^{-5} \times 10 \times 10{,}000 = 1\text{mm}$$

이와 같은 것은 만약 온도가 10℃ 하강하게 되면 약 1mm 정도 수축하게 된다.

이러한 온도의 상승시 및 하강시에 콘크리트의 팽창이나 수축이 구속되면 콘크리트에 균열이 발생하기 쉽다. 균열발생의 가능성은 부재의 크기 이외에도 사용재료, 배합, 시공법 등에 의해서 달라질 수 있으므로, 부재크기가 70～80cm 이상의 콘크리트를 매스콘크리트라 규정하고 있다.

2) 매스콘크리트에 대한 대책

매스콘크리트에 대한 대책은 발생하는 인장응력을 작게 해서 균열을 방지하는 것이다. 균열방지를 위한 기본대책은

① 콘크리트의 온도상승을 작게 한다.

② 급격한 온도변화를 피한다.

를 들 수 있다. 이를 위해 다음과 같이 재료선정, 배합계획, 시공계획 등을 면밀히 검토해

야 한다.

① 재료, 배합 (발열량 저감)

㉠ 저발열시멘트 사용

㉡ 시멘트량 저감

② 시공

㉠ 온도변화를 작게－보온(시트, 단열재), 가열양생

㉡ 시공시 온도상승의 저감－재료의 프리쿨링, 타설높이를 작게

③ 설계

㉠ 가능한 부재에는 줄눈설치 등

(8) 수밀콘크리트

수밀콘크리트는 수조(水曹), 수영장, 지하실 등과 같이 압력이 작용하는 구조물에 사용된다.

콘크리트가 수밀성을 확보하게 하기 위해서는

① 콘크리트 자체의 수밀성을 높인다.

② 물이 통과할 수 있는 세퍼레이트 철근, 매설물 하부의 블리딩에 의한 공극 및 이음부, 누수의 원인이 되는 타설에 의한 결함부(균열, 공동부 등)가 발생하지 않도록 한다.

1) 대 책

단위수량, 물시멘트비가 작은 콘크리트로 한다. 다만, 타설결함이 발생하기 쉬우므로 유동화 등을 사용할 수 있다.

물시멘트비의 최대치는 55%, 슬럼프값의 상한은 18cm, 타설이 용이한 경우는 12cm로 할 수도 있다. 콘크리트는 연속하여 타설하고, 다짐을 충분히 하며 타설에 의한 결함부를 만들지 않도록 한다. 양생은 보통콘크리트보다 약간 길게 연장하여 실시한다.

(9) 해수작용을 받는 콘크리트

해수작용을 받는 콘크리트는 해수, 물거품, 해염입자 등의 작용을 받아 내부로 염분이 침투하기 쉬운 해중(海中) 또는 해안지역에 있는 콘크리트 구조물에 사용된다.

구조물 내부에 염분이 침투하면 철근이 녹슬어 구조물의 내구성이 저하하므로 설계, 시공시 충분한 대책이 필요하다.

1) 대 책

해수작용을 받는 정도에 따라 다음 표 5-57과 같이 구분하여 피복두께 및 물시멘트비의 최대치가 정해진다. 시멘트는 고로시멘트, 중용열포틀랜드시멘트, 내유산염시멘트가 주로 쓰이고 있다.

시공시에는 결함부위를 만들지 않고, 특히 해수작용의 구분 A, B에서는 이어치기 부분을 만들지 않도록 한다.

표 5-57 피복두께 및 물시멘트비의 최대치

해수작용 구분	적 용 개 소	피 복 두 께(mm)		물시멘트비의 최대치(%)
		방청처리한 철근을 사용한 경우	보통철근을 사용한 경우	
A	조수간만의 영향 및 항시 해수의 물거품을 받는 경우	보통값±20	90	45
B	항시 바닷물 속에 잠겨 있는 부분	보통값±10	80	50
C	가끔 해수의 물거품을 받는 부분	보통값	70	55

(10) 동결융해작용을 받는 콘크리트

한중콘크리트에서 언급한 바와 같이 한중콘크리트는 굳지 않은 콘크리트에서 초기동해를 고려하고 있는데 비하여 동결융해 작용을 받는 콘크리트는 경화된 콘크리트가 장기에 걸쳐 동결융해 작용을 받음에 따라 생기는 동해 방지를 목적으로 하고 있다.

따라서 콘크리트 타설시기는 문제가 되지 않고 건물이 세워진 지역이나 동결융해작용을 받기 쉬운 부위의 방수시방이 문제가 되고 있다.

1) 대 책

동해를 입기 쉬운 부위는 채양, 방수층 누름, 파라펫, 옥상이나 옥외에서 만들어진 구조물을 나타낸다. 그러므로 설계시에는 콘크리트가 젖지 않도록 하는 것이 동해를 방지하는데 기본사항이 된다. 콘크리트는 흡수율이 작은 골재를 사용하고, 물시멘트비는 55% 이하로 하고, 공기량은 4～5% 정도로 하여 콘크리트를 제작한다.

5-5-7 특수한 콘크리트공법

(1) 프리펙트콘크리트공법

거푸집내에 자갈을 먼저 채우고, 공극부에 유동성이 좋은 모르타르를 주입해서 일체의 콘크리트가 되도록 한 공법이다. 이 공법은 주로 탱크(tank)의 기초, 지수벽 등의 콘크리트, 차폐콘크리트, 수중콘크리트, 콘크리트 구조물의 보수 등에 사용한다.

① 자갈을 먼저 채우기 때문에 $1m^3$의 콘크리트를 제조하는데 $1m^3$의 자갈이 필요하다.
② 자갈 사이의 공극이 너무 좁으면 모르타르의 주입이 곤란하므로 자갈의 최소치수는 15mm로 한다.
③ 자갈의 최대치수는 부재단면 최소치수의 1/4 이하로 한다.
④ 주입모르타르는 소요강도 이외에 적절한 유동성 및 침투성이 있어야 하고, 재료분리가 작아야 한다.

⑤ 거푸집의 측압은 보통콘크리트보다 크다. 모르타르가 거푸집의 틈새로 흘러나오지 않도록 주의한다.

(2) 뿜칠콘크리트 공법

뿜칠콘크리트는 압축공기로서 모르타르 또는 콘크리트를 타설장소까지 보내 강압으로 뿜칠하여 시공하는 공법으로 숏크리트(shotcret)라고도 한다. 이 공법은 재료를 드라이믹싱하여 압송해서 노즐선단으로부터의 물과 함께 뿜칠하여 붙이는 건식공법과 미리 물로 비빈 것을 압송해서 뿜칠하여 붙이는 습식공법이 있다.

뿜칠콘크리트는 뿜칠면과의 부착이 좋고 어떤 장소에서든 뿜칠할 수 있다. 거푸집을 설치하지 않고, 어떤 형태이든 뿜칠이 가능하여 곡면(曲面)이나 경사면의 구조물, 터널 내부, 기존 콘크리트의 보수공사 등에 이용되고 있다. 뿜칠콘크리트는 품질면에서 균등하지 못하고, 두께를 두껍게 할 수 없으며, 작업능률면에서 좋지 못한 점 등을 고려하지 않으면 안 된다.

(3) 진공콘크리트 공법

진공매트, 진공펌프 등을 사용하여 대기압으로 타설한 콘크리트면으로부터 잉여수를 제거하는 공법이다.

진공콘크리트 공법을 사용하여 시공한 콘크리트는 초기강도가 증가할 뿐만 아니라 장기강도, 내구성, 내마모성, 수밀성 경화수축 등의 성질이 개선되며 콘크리트 성상이 개선된 부위는 콘크리트 표면으로 약 20cm 정도의 범위로 보고 있다.

따라서 구조체 표면의 성상을 개선할 목적으로 포장콘크리트, 경사도로, 프리캐스트콘크리트 제조(조기탈형의 목적)에 사용하고 있다.

진공콘크리트의 특징은 대체로 다음과 같다.

① 제거 잉여수량은 슬래브 두께, 골재입도 및 시멘트량에 영향을 받아 골재입도가 작은 만큼, 시멘트량이 많은 만큼 제거수량의 백분율은 작아진다.

② 시공개시 후 20~30분 사이에 수량의 15~20% 정도 탈수를 하는 것이 일반적이다.

③ 잉여수를 제거함에 따라 슬래브 표면은 두께의 2%정도 침하가 되므로 설계 시에 이를 고려하여야 한다.

(4) 압입공법

콘크리트 압입공법은 종래의 자중을 이용하여 상부에서 부어넣는 타설방법과는 다르게, 콘크리트 펌프 등의 압송기계에 연결된 배관을 구조체 하부의 거푸집에 설치된 압입부에 직접 연결해서 유동성이 있고, 콘크리트가 거푸집에서 견딜 수 있는 높이 4m 정도까지 타설한 후에 적당한 시간이 지난 후에 종래 상부에서 부어넣는 방법으로 콘크리트를 타설하는 공법이다. 압입공법은 P.C제품이나 내진보강벽 등 폐쇄공간의 콘크리트 타설시에 사용되고 있다. 이 공법의 특징은 대체로 다음과 같다.

① 충진성이 뛰어나고 밀실한 재질을 얻을 수 있다.

② 콘크리트가 분리되거나 공기가 유입됨이 없어, 기포 등의 결함을 아주 작게 할 수 있다.

④ 압입압(壓入壓)에 의해 거푸집에 걸리는 측압이 크다.

제 6 장 신재료·기타공법

6-1 ALC 공법

6-1-1 개 요

ALC는 콘크리트 속에 무수한 기포를 발생시켜 기건비중을 0.5~0.6 정도로 한 다공질 경량 콘크리트를 말하며, 19세기 말경에 독일에서 제법에 대한 특허를 최초로 획득하였다. 이후로 기포의 도입방법이나 양생방법에 대한 연구가 꾸준히 진행되어 제품의 성능이 월등히 향상되었다. 현재 ALC는 건축재료로서 중요한 역할을 담당하고 있다.

6-1-2 ALC의 분류

(1) 기포 도입방법에 의한 분류

1) 발포법

시멘트슬러지 중에서 화학반응을 일으켜 가스를 발생시키는 방법으로서 발포제로는 알루미늄 분말이 사용되고 있다.

2) 기포법

시멘트슬러지 중에 기포제를 혼합하여 급속히 비빔해 기포를 발생시키는 믹스포밍(mix-forming)법과 기포를 미리 만들어서 시멘트슬러지 속에 넣는 프리포밍(pre-forming)법이 있다.

(2) 양생방법에 의한 분류

오토클레이브 양생에 의한 것과 현장 습윤양생에 의한 방법이 있으며, 오토클레이브 양생에 의한 방법은 단시간에 소정의 강도를 가진 제품을 생산할 수 있는 특징을 갖고 있다 (표 6-1 참조).

표 6-1 기포콘크리트의 분류

<table>
<tr><th>총 칭</th><th colspan="2">제조법에 의한 분류</th><th>양생법에 의한 분류</th><th>비중·강도에 의한 분류</th></tr>
<tr><td rowspan="3">기포콘크리트
기공콘크리트
세포콘크리트
다공질콘크리트</td><td>가스발생에 의함(발포법)</td><td>발포콘크리트
가스콘크리트</td><td rowspan="3">1. 오토클레이브 양생에 의함.
고온고압 증기양생 경량기포콘크리트(ALC)
2. 현장 습윤양생에 의함.
캐스터블 기포콘크리트(CLC)</td><td rowspan="3">〔실례〕
· ALC
비중 0.45～0.55
압축강도 30kg/cm²이상
· 더모콘크리트
제1종
비중 0.75～0.9
압축강도 35kg/cm²이상
제2종
비중 1.05～1.2
압축강도 60kg/cm²이상</td></tr>
<tr><td rowspan="2">기포제에 의함(기포법)</td><td>믹서에서 발포시킴(믹스포밍법)</td></tr>
<tr><td>별도로 만든 기포를 혼입함(프리포밍법)</td></tr>
</table>

6-1-3 ALC의 특성 및 제조

(1) 물리적 성질

ALC는 Autoclaved Lightweight Concrete의 약어이고, 오토클레이브 양생한 경량기포콘크리트를 말한다. ALC는 현재 8개사(社)에서 생산하고 있고, 생산한 제품에 대한 물리적 성질은 대체로 표 6-2와 같다. 이들 중에서 주요 성능을 살펴보면 다음과 같다.

① 경량성 : 기건 비중은 보통콘크리트의 약 1/4 정도이다.

② 단열성 : 열전도율은 보통콘크리트의 약 1/10 정도로서 단열성이 우수하다.

③ 불연, 내화성 : ALC는 불연재인 동시에 내화재료이다.
(지붕 : 30분 내화, 바닥 : 1～2시간 내화, 외벽 등 : 2시간 내화)

④ 흡음, 차음성 : ALC의 흡음률은 10～20% 정도로서 비닐막을 부착하면 더욱 향상시킬 수 있다. 또한 차음성은 중량에 지배되며, 다른 재료와 복합하면 더욱 향상시킬 수 있다.

⑤ 내구성 : ALC의 건조수축률은 아주 작으므로 균열 발생이 적다. 기공(氣孔) 구조이기 때문에 흡수율이 높은 편이며, 동해에 대해 방수·방습처리가 필요하다.

⑥ 시공성 : 경량으로 인력에 의한 취급이 가능하고, 필요에 따라 현장에서 절단 및 가공이 용이하다.

표 6-2 ALC의 물리적 성질

물 성		수 치	측정조건	비 고
중량	절건비중	0.5	절건상태	「ALC 구조설계기준」에 의한 보강철근, 줄눈모르타르, 부착철물 포함
	기건비중	0.5~0.6	기건상태	
	구조계산용 중량	650kg/m^3		
강도	압축강도	40kg/cm^2	기건상태	
	휨강도	10kg/cm^2	기건상태	
	전단강도	5kg/cm^2	기건상태	
	인장강도	5kg/cm^2	기건상태	
	영계수	1.7~2.2×10^4kg/cm^2	기건상태	
열	열전도율	0.13kcal/m·h·℃	기건상태	
	열팽창계수	7×10^{-6}	기건상태	
음	흡음률	19%	1,000Hz	
	투과손실	40dB	1,000Hz, 10cm	
물	부분흡수율	20~30vol%	10cm 입방체 하부 1cm를 수중침지 10일간	
	평형함수율	2.5vol%	20℃, RH 65%를 대기 중에 방치	
	건조수축률	0.025~0.05%	포수상태에서 기건상태까지	

(2) 제조방법

1) 주원료

ALC의 주원료로는 생석회, 시멘트 등의 석회질 원료와 규사, 규석, 플라이애쉬 등의 규산질 원료 그리고 발포제로 알루미늄 분말 등이 사용된다.

2) 보강철근

ALC는 다공질이기 때문에 중성화 속도가 비교적 빠르다. 이 때문에 보강철근은 방청처리를 해야 한다. 방청재료는 시멘트페이스트, 역청질 재료 또는 합성수지 재료 등이 사용되고 있다.

3) 제조공정

제조공정의 일례를 그림 6-1에 나타낸다. 공정순서로 보면 생석회, 시멘트 및 규사를 일정한 혼합비로 비빔한 후에 물과 알루미늄 분말을 첨가하여 슬러지로 만든다. 이러한 슬러지를 선조립하여 배근해 둔 거푸집에 주입한다. 주입한 후 수십분이 지나면 발포가 완료되어 슬러지는 카스테라와 같은 케이크로 된다. 케이크의 경화가 진행하여 반가소성이 되었을 때에 피아노선으로 절단하여 오토클레이브에 넣는다. 케이크는 오토클레이브에서 온도 180℃, 압력 10kg/cm²의 포화증기 속에서 10~20시간 방치하여 수화반응이 완결되도록 한다.

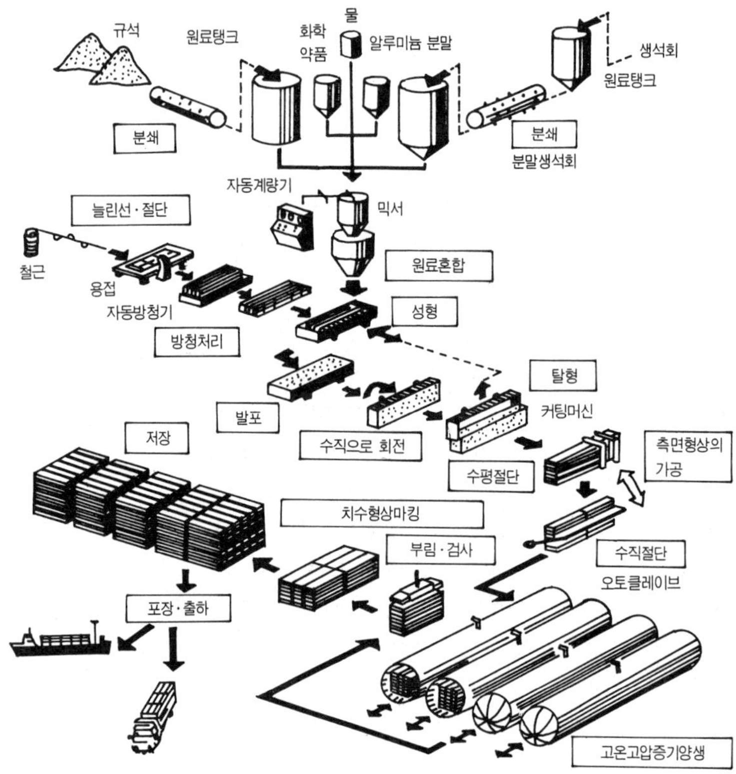

그림 6-1 ALC 제조 공정

(3) 제품의 종류

ALC 제품에는 블록과 패널이 있으며, 각 제품마다 규격품과 주문품이 있다(표 6-3, 표 6-4 참조).

표 6-3 ALC 블록

규격(mm)			주문품(mm)		
높이	두 께	길이	높이	두 께	길이
200 400	75, 100 125, 150, 200	600	200 400 600	75~300 (25mm 간격)	490~625

표 6-4 ALC 패널

사용 부위	내화 시간	단위하중 (kgf/m²)	폭 (mm)	길이 / 두께	1800	2000	2250	2400	2500	2700	3000	3200	3500	3600
칸막이용	2시간	65	600	100			○	○	○	○	○	○	○	○
외벽용	2시간	120	600	100				○	○	○	○	○	○	○
				125						○	○	○	○	○
		200		100				○	○	○	○			
				125						○	○	○	○	○
지붕용	30분	100	600	75	○	○								
				100	○	○	○	○	○	○	○			
				125					○	○	○		○	
바닥용	1시간	240	600	100	○	○	○	○						
				125		○	○	○	○	○				
				150			○	○	○	○	○			
		360		100	○	○								
				125		○	○	○						
				150			○	○	○	○				
	2시간	240		125	○	○	○							
				150			○	○	○	○	○			
		360		125	○	○								
				150			○	○	○					

(4) 습윤양생에 의한 기포콘크리트

1) 특 성

습윤양생에 의한 기포콘크리트는 ALC와 구별하여 CLC(castable lightweight concrete)라고 칭한다. 습윤양생에 의한 기포콘크리트는 절건비중이 0.5~0.9인 것과 1.0~1.2 정도의 것이 있으며, 이들에 대한 대표적인 성질을 표 6-5에 나타낸다.

습윤양생에 의한 기포콘크리트는 타설 장소에 구애받지 않는 장점이 있지만 건조수축량은 ALC의 10배 이상에 달한다. 열전도율은 동일한 비중의 ALC와 비교하여 큰 차이는 없으나 중성화 속도가 빨라 보강철근의 방청에는 신중한 배려가 필요하다.

2) 제조방법

기포의 도입방법에는 발포법이 주로 사용되고 있다. 주원료는 시멘트, 모래, 물, 플라이애쉬가 사용되며 강도의 증진이나 건조수축의 절감을 위하여 경량골재가 사용되기도 한다.

표 6-5 습윤양생에 의한 기포콘크리트의 성질

품 명 / 항 목	더모콘크리트
원 료	시멘트 플라이애쉬
경 량 화 법	알 루 미 늄 발 포
양 생 법	상 온
비중(기건)	0.75～0.90
압축강도(kg/cm²)	40～50
인장강도(kg/cm²)	4.3～5.0
휨강도	17～19
영계수(vol%)	$2.0 \sim 2.5 \times 10^4$
흡수율	10～14
열전도율(kcal/m · h · ℃)	0.16～0.18

3) 용 도

습윤양생에 의한 기포콘크리트는 프리캐스트패널 내력벽구조, 프리캐스트블록 조적조, 현장타설 내력벽구조 등에 사용된다. 어느 경우이든 수분에 접하는 기초 등에 사용하지 않는 것이 바람직하다.

6-1-4 설계 및 시공

(1) 설계상의 요점

ALC의 구조설계는 구조계산기준에 따르며 중요한 사항을 열거하면 대체로 다음과 같다.

① 상시 흙이나 물에 접하는 부위에서는 사용하지 않는다.

② 옥외 또는 흡수·흡습 등의 우려가 있는 장소에서 사용할 경우에는 방수·방습처리를 해야 한다.

③ 아주 큰 집중하중 또는 충격하중을 받는 장소에서는 사용하지 않는다.

④ 설계하중시에 있어서 처짐의 한도는 표 6-6에 의한다.

⑤ 패널의 두께는 표 6-7에 의한다.

⑥ 주근 및 가로근의 피복 두께는 1.2cm 이상으로 한다.

(2) ALC의 시공

ALC의 시공법은 건축공사 표준시방서에 시공표준이 잘 기술되어 있다. 일반적으로 ALC 블록의 시공은 시멘트 벽돌쌓기와 유사하게 블록을 막힌 줄눈으로 하고 전용 모르타르를 사용하여 조적한다.

표 6-6 설계하중시의 처짐 한도

부 위		바닥	지붕	벽
설계하중	장기	l/400	l/250	–
	단기	–	l/250	l/200

표 6-7 패널 두께

바닥용	l/25 이상이거나 10cm 이상
지붕용	l/35 이상이거나 7.5cm 이상
칸막이벽용	
내력벽용	12cm 이상(l은 270cm 이상)

주) l : 주요 지점간 거리

1) 시공 전 확인 및 준비사항

① 시공도를 작성하여 담당원의 승인을 받는다.

② 지표면 이하에서는 사용하지 않는 것을 원칙으로 하며, 부득이하게 흙에 접하거나 부분적으로 지표면 이하로 매설될 경우에는 반드시 표면처리제로 방수마감하여야 한다.

③ 화학적으로 유해한 영향을 받을 수 있는 장소에 사용할 경우에는 필요한 방호처리를 한다.

④ 블록이나 패널에 묻은 오물을 제거하고, 심하게 파손되어 있거나 균열이 발생한 패널은 반출시킨다.

⑤ 쌓기 직전의 블록이나 설치 직전의 패널은 기건상태를 유지하도록 한다.

⑥ 시공자는 전용공구를 사용하여 공사의 효율성을 높인다.

⑦ 작업 부위는 작업 전에 청소를 하고 바닥이 균일하지 않은 곳은 시멘트모르타르로 수평을 맞춘다.

⑧ 블록 및 패널 나누기를 하여 먹매김하고, 개구부 및 설비용 배관 등이 위치한 곳에는 작업 전에 필요한 준비를 한다.

2) 블록쌓기

① 쌓기 일반

① 방습층 위에 바탕모르타르를 두께 10~20mm 정도 깔아 수평을 잡으며, 필요한 경우 속채움블록(infill block)을 사용한다(그림 6-2, 6-3 참조).

② 첫단쌓기에는 ALC 전용 모르타르를 사용하지 않고 시멘트 : 생석회 : 모래를 1 : 1 : 6 비율로 배합한 모르타르를 사용한다.

③ 줄눈의 두께는 1~3mm로 하며, 요철 블록의 경우에는 특기에 따른다.

④ 수직줄눈은 통줄눈이 되지 않도록 하며, 블록 상하단의 겹침길이는 블록길이의 1/3~1/2을 표준으로 하여 최소 100mm 이상으로 한다.

⑤ 블록은 각 부분을 균등한 높이로 쌓아가며, 하루 쌓기 높이는 1.8m를 표준으로 하고 최대 2.4m 이내로 한다.

⑥ 연속되는 벽면에서 일부를 나중쌓기로 할 경우 그 부분은 층단 떼어쌓기로 한다.

⑦ 블록의 외벽이 측벽 또는 모서리벽과 접하는 부위에는 충전재로 충전하고 외부측

에 코킹처리한다.

⑧ 모서리 및 교차부 쌓기는 끼어쌓기를 원칙으로 하며, 통줄눈이 생기지 않도록 한다(그림 6-4 참조).

⑨ 시공면의 수직·수평을 철저히 맞추어 평활한 면이 되도록 하며, 평활하지 못할 경우 담당원의 지시에 따라 재시공한다.

② 공간쌓기

특기 또는 도면에서 규정한 사항이 없으면 외부 벽체를 주벽체로 한다. 내부공간의 폭은 50~90mm로 하고, 연결재를 사용하여 수평거리 90cm, 수직거리 60cm를 초과하지 않도록 내·외부 벽체를 긴결시킨다.

③ 신축줄눈

① 벽체의 길이가 10m 이상일 때는 신축줄눈을 설치한다.

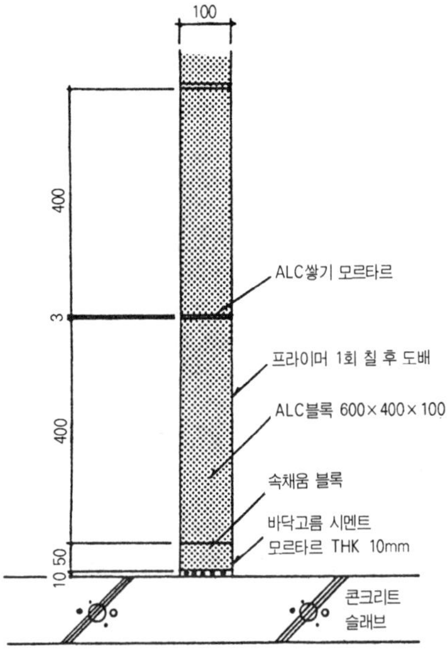

그림 6-2 내벽의 하단부

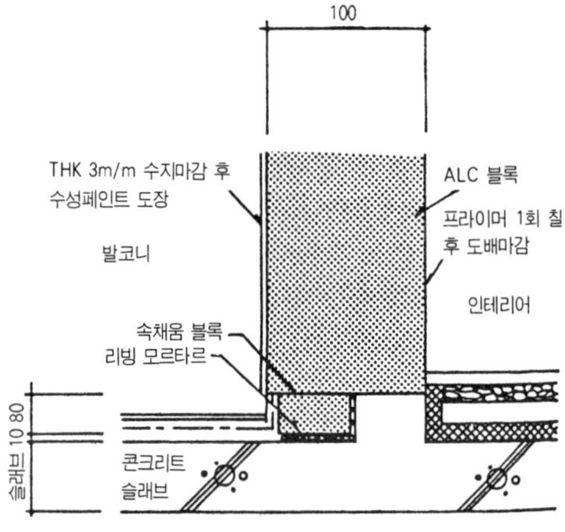

그림 6-3 외벽의 하단부

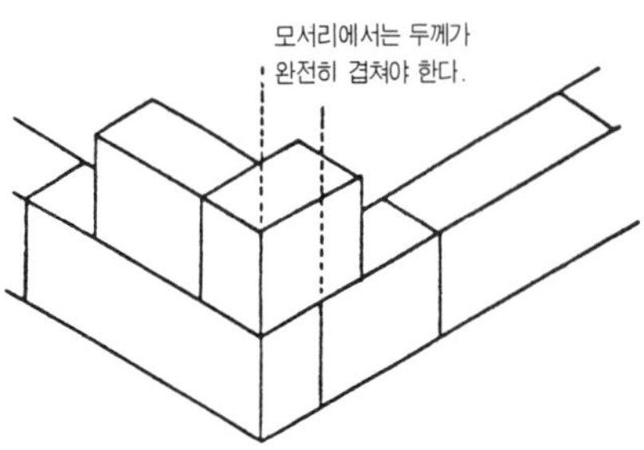

그림 6-4 모서리쌓기

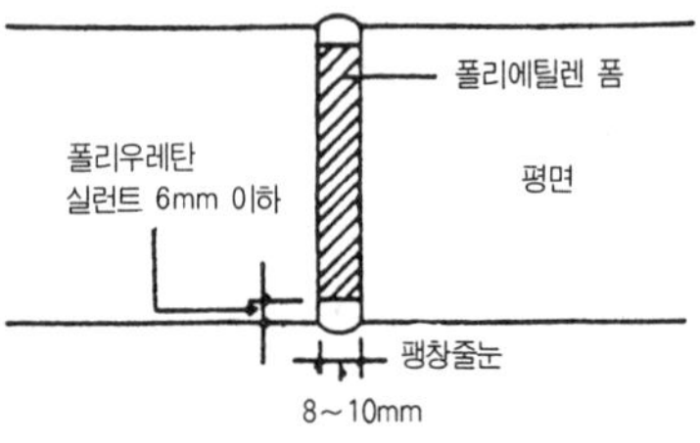

그림 6-5 신축줄눈

② 신축줄눈은 8~10mm 폭으로 벽체의 밑바닥부터 꼭대기까지를 벽체 두께 전체에 걸쳐 설치하고 충전재로 충전한다.
③ 줄눈 충전재로 폴리에틸렌폼을 사용할 때는 벽면에서 6mm 안쪽까지만 충전하고, 나머지 부분에는 폴리우레탄 실런트를 채워 넣는다(그림 6-5 참조).
④ 신축줄눈을 통한 열손실이나 방음성능의 저하를 막기 위해서는 10mm 두께의 폴리에틸렌폼 또는 방화용 줄눈재로 충전하고 광물섬유 등으로 뒷채움한다(그림 6-5 참조).
⑤ 신축줄눈은 벽체 끝에서 5cm 이상 떨어진 위치에 설치한다.
⑥ 열팽창 수축에 관계없이 신축줄눈의 두께를 유지시키기 위해서는 철재 줄눈긴결재를 블록 매 3단마다 설치한다.

6-1-5 패널설치

(1) 패널의 설치공법

패널의 설치공법은 다음과 같은 방법이 있다.

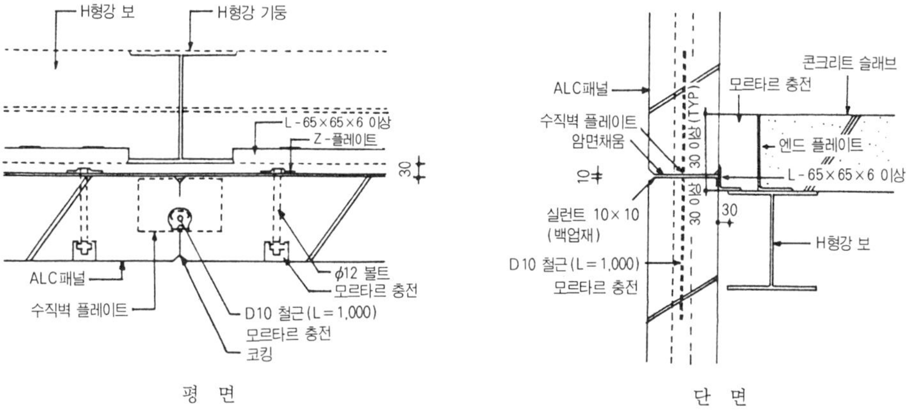

그림 6-6 수직철근공법

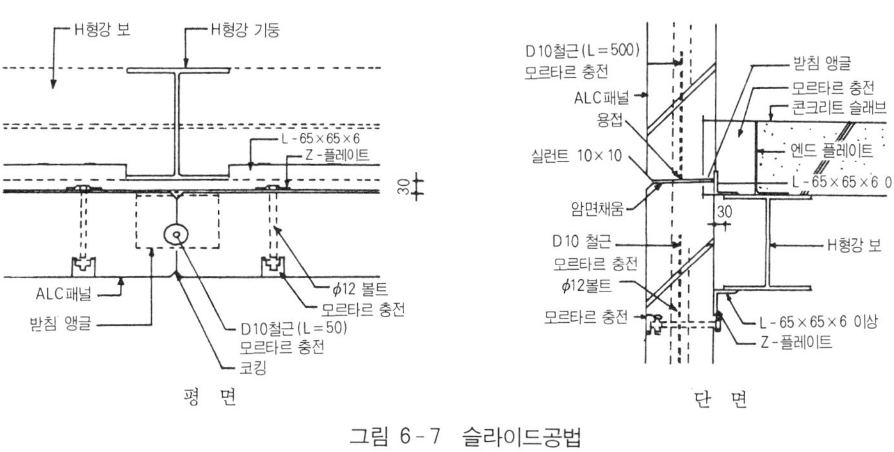

그림 6-7 슬라이드공법

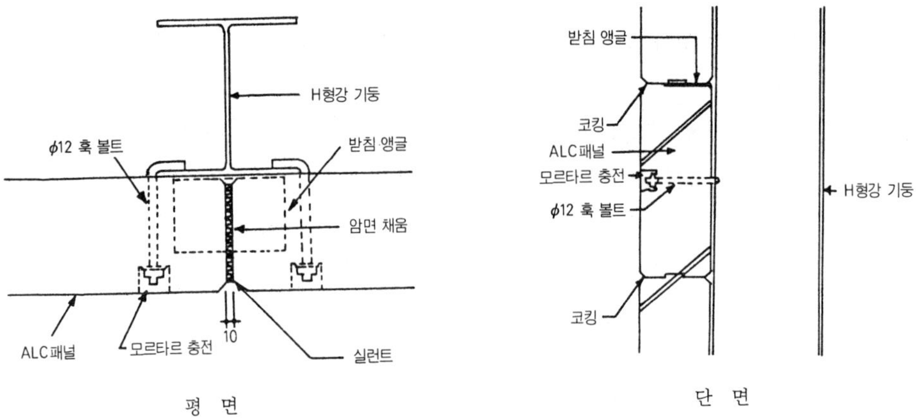

그림 6-8 볼트조임공법

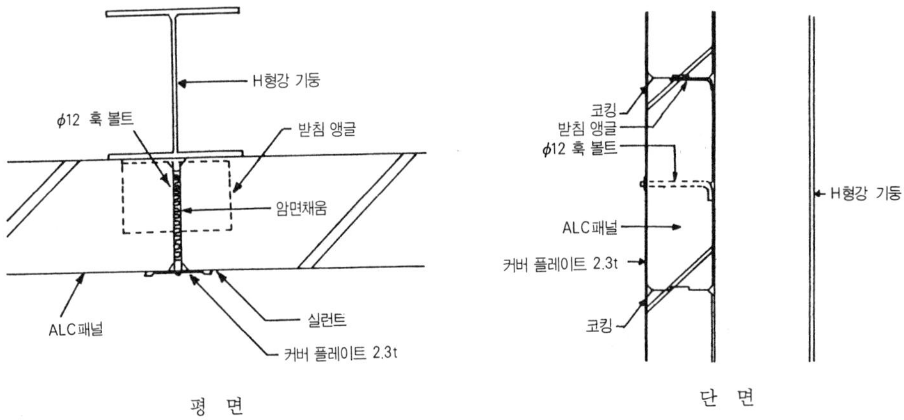

그림 6-9 커버 플레이트공법

(2) 패널의 절단, 홈파기 및 구멍뚫기

① 패널의 절단, 홈파기, 구멍뚫기 등의 가공을 하지 않는 것을 원칙으로 하나, 부득이한 경우 다음과 같은 범위내에서 가공하여 구조적 안전성을 유지하도록 한다. 단, 내력벽 패널의 경우에는 어떠한 경우에도 절단하지 않도록 한다.

㉠ 패널의 길이 방향으로 난 홈에 모르타르를 충전하여 일체화시킨 칸막이벽의 접합부를 절단하거나 구멍뚫기할 경우에는 그림 6-10의 한도를 넘지 않도록 하며, 이 범위를 초과하는 절단이나 구멍뚫기가 요구될 때에는 별도의 보강을 해야 한다.

㉡ 외벽 또는 칸막이벽 패널에서 방수층 단부 누름시공을 위한 홈은 패널 한 장에 일개소를 초과하여 둘 수 없으며 폭 30mm 이내, 깊이 10mm 이내로 하고, 보강철근이 노출되지 않도록 한다(그림 6-11 참조).

㉢ 패널을 직각방향으로 관통하는 설비배관용 구멍은 패널 한 장에 일개소를 초

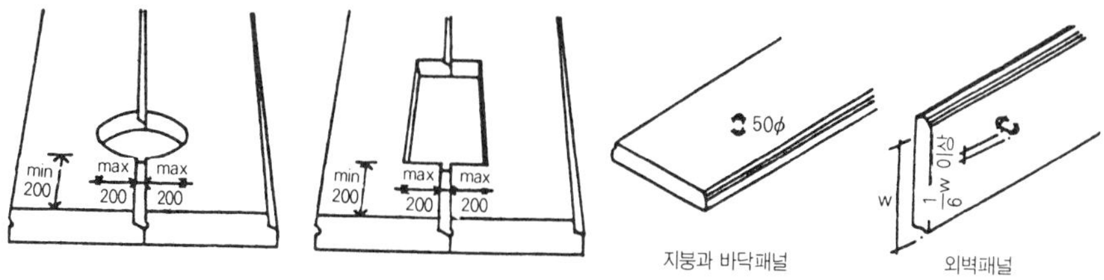

그림 6 - 10 칸막이 패널의 개구한도

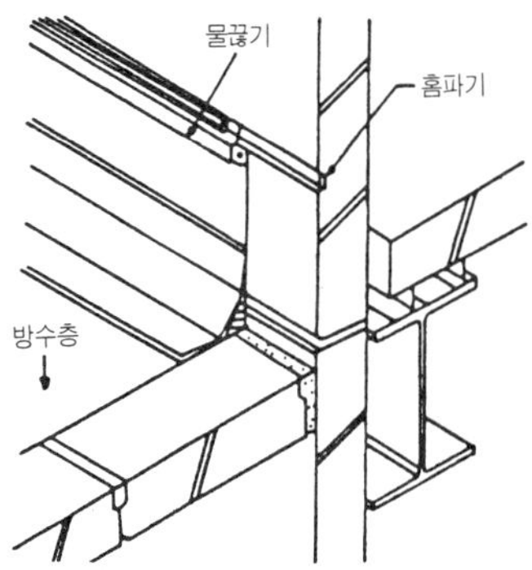

그림 6 - 11 방수층 단부 누름시공의 홈파기

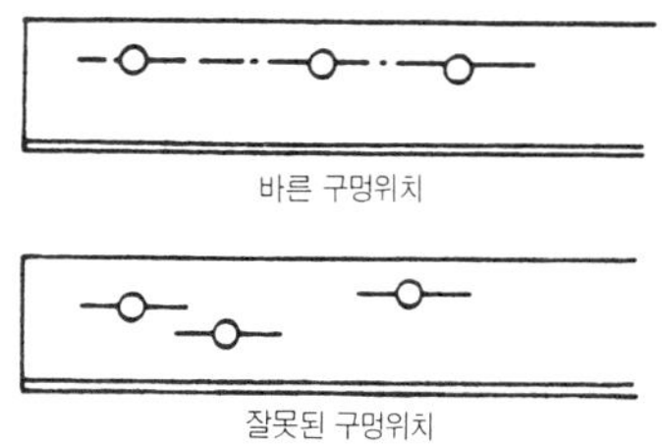

그림 6 - 12 패널의 구멍뚫기

과할 수 없으며, 직경은 지붕패널과 바닥패널의 경우 50mm, 외벽패널의 경우 패널폭의 1/6 이하로 하고, 패널의 보강철근을 손상시키지 않도록 한다(그림 6 - 12 참조).

② 외력에 의한 건물의 변형 및 시공상의 오차를 감안하여, 패널에 뚫는 구멍의 크기는 다소 여유가 있도록 한다.

③ 기둥이나 보 주변에서 패널을 절단할 경우에는 바탕용 강재로 지지하여 절단에 의한 강도 저하가 생기더라도 이를 지탱할 수 있도록 한다.

(3) 창호 및 인방

1) 창 호

① 알루미늄 창의 설치는 다음 방법 중 현장여건을 감안하여 선택 · 적용한다.

㉠ 블록쌓기와 알루미늄 창문 설치를 병행할 경우, 알루미늄 창은 창 밑틀의 블록 둘째단에 고정용 철물로 고정하며, 인방보 높이까지 블록 전부에 홈을 파고 선틀을 묻어 설치한다. 설치 후 홈은 폴리우레탄 실런트 등으로 충전한다.

㉡ 설치하려는 알루미늄 선틀에 맞춰 블록에 홈을 파고 창틀을 설치한 후 수평 · 수직을 맞추고 고정용 핀 또는 나사못 등으로 고정시킨다.

㉢ 풍압을 고려하지 않아도 될 경우에는 창틀 주변에 4mm 정도의 틈을 두어 창

틀을 끼워 넣고 폴리우레탄폼 등으로 충전한 후 75mm 길이의 나사못을 400mm 간격으로 박아 창틀을 고정시킨다.

② 내부 문 설치방법은 다음과 같다.

㉠ 철재 문틀은 먼저세우기를 원칙으로 한다. 문틀의 고정을 위하여 블록 매 단마다 문틀 고정쇠를 매설하고, 문틀과 블록 사이의 틈은 블록을 매 단 쌓을 때마다 시멘트 모르타르로 충전한다(그림 6-13 참조).

㉡ 목재 문틀은 나중세우기를 원칙으로 한다. 선틀과 바닥슬래브는 고정쇠로 고정하며, 선틀과 벽체는 바닥에서 최소 75mm 이상되는 높이에서 긴결시키고 이후 600mm 정도의 간격으로 나사못 또는 플러그로 고정시킨다. 문틀 주위의 틈새는 폴리우레탄 폼으로 충전한다(그림 6-14 참조).

③ 외부 문 설치방법은 다음과 같다.

200mm 두께의 외벽에 설치하는 철재 문틀은 벽체를 문틀 속으로 들여 놓게 설치하며, 설치방법은 내부 문과 동일하다. 10mm의 플러그 또는 앵커를 500mm~600mm 간격으로 설치하여 고정한다. 틈새는 폴리우레탄폼으로 충전하고 틈새의 폭이 좁아 폴리우레탄폼으로 충전하기 어려울 때는 접착재를 채워 넣어 고정시킨다.

④ 알루미늄 미닫이문의 설치는 선틀에 핀을 단 후, 이 핀을 블록에 홈을 파서 묻고 폴리우레탄 또는 실리콘 실런트로 충전한다. 문 밑틀은 실리콘 실런트로 바닥슬래브에 직접 고정시키거나 턱을 두어 고정시킨다.

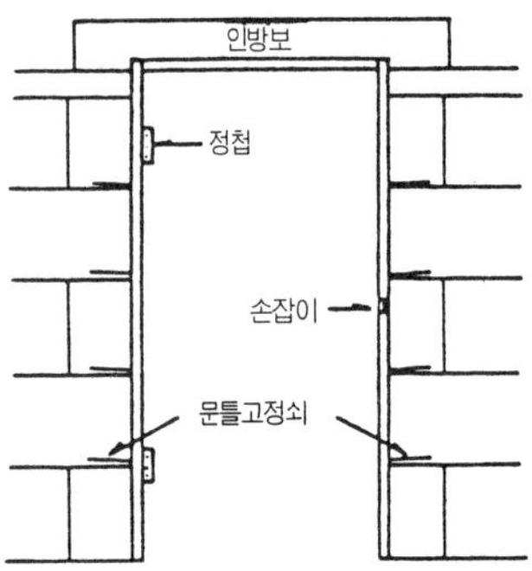

그림 6-13 철재 문틀 고정

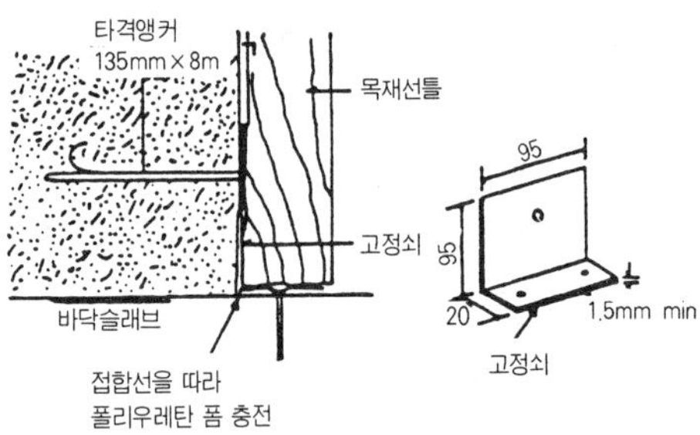

그림 6-14 목재 문틀 고정

2) 인 방

① ALC 인방보의 두께는 원칙적으로 벽체 두께와 같이 한다.

② 인방보는 토막이 아닌 600mm 온장 블록으로 지지하는 것을 원칙으로 하며, 그렇지 않은 경우에는 인방보 끝에서 최소 100mm 이상 더 긴 블록에 지지받도록 한다(그림 6-15 참조).

③ 인방보의 좌우 걸침 길이는 개구부 폭의 1/10 이상을 원칙으로 표 6-8과 같이

하며, 현장 여건상 걸침 길이의 확보가 어려운 경우 다음과 같이 처리한다.

㉠ 두 개의 개구부가 인접하여 각각의 인방보를 설치하기 어려운 경우, 개구부간의 거리가 150mm 이상이면 한 개의 인방으로 두 개의 개구부를 동시에 걸치게 하며, 이때 인방보의 길이는 두 개의 개구부와 그 사이 간격을 합산하여 산정한다(그림 6-16 참조).

㉡ 인방보의 한 쪽 끝이 벽체의 끝이어서 걸침 길이가 확보되지 않을 경우, 걸침 길이가 150mm 이상 확보되면 토막블록이 들어가는 자리에 고강도블록을 넣고 두께 10mm의 철판을 깔아 인방보를 지지하도록 한다.

표 6-8 인방보의 최소 걸침 길이

인방보의 길이(mm)	900	900～2,000	2,000～3,000	3,000 이상
최소 걸침 길이(mm)	150	200	300	400

④ 현장 여건상 인방보의 양중이 불가능하여 설치가 어려울 때는 다음과 같은 방법으로 대처한다.

㉠ 100mm 두께의 인방 2개를 접착 모르타르와 못으로 결합시켜 사용하는 방법

㉡ 500mm 두께의 블록으로 현장에서 인방보를 제작하는 방법

㉢ 현장에서 T형강과 100mm 또는 200mm 두께의 블록을 이용하여 제작하는 방법

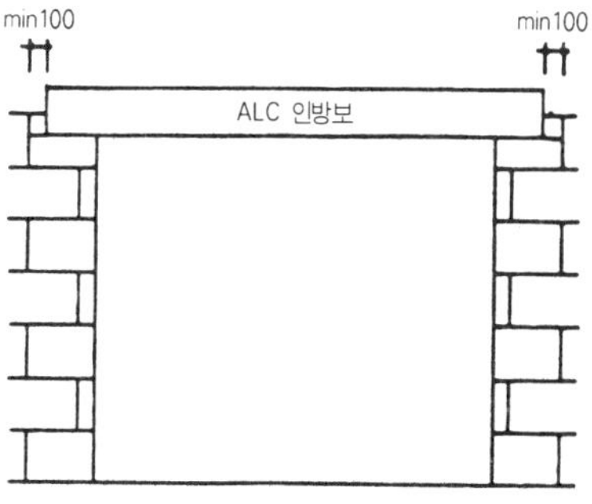

그림 6-15 인방보의 설치

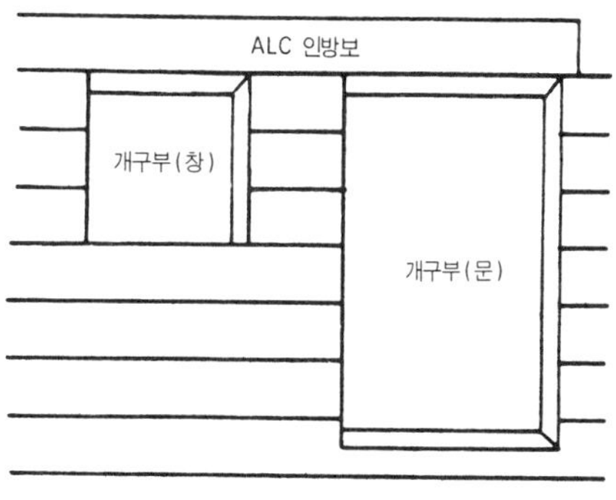

그림 6-16 두 개의 개구부에 걸쳐진 인방보

(4) 방수 및 방습

① 블록을 쌓기 전, 벽을 쌓을 경계선을 따라 바닥슬래브 또는 기초콘크리트 위에 아스팔트펠트 등과 같은 방수성능이 우수하고 모르타르와 접착력이 좋은 재료를 사용하여 벽두께와 같은 폭으로 방습층을 설치한다.

② ALC에 적합한 방수공법은 아스팔트방수공법, 시트방수공법, 금속판방수공법, 싱

글방수공법 등이 있으며, 도막방수공법은 사용시 주의를 요한다.

③ 지표면 이하에서 사용된 재료와 블록이 맞닿는 부분에는 방습층을 설치한다.

④ 창틀 밑에는 방수성이 좋은 창밑틀 전용블록, 방수타일, 대리석 등을 사용하며, 일반블록을 현장에서 가공하여 사용할 경우에는 최소 15° 이상의 각도로 비스듬히 깍아내고 방수 마감처리하여 사용한다(그림 6-17 참조).

⑤ 창밑 틀은 벽 바깥으로 20mm 이상 돌출되게 마무리한다.

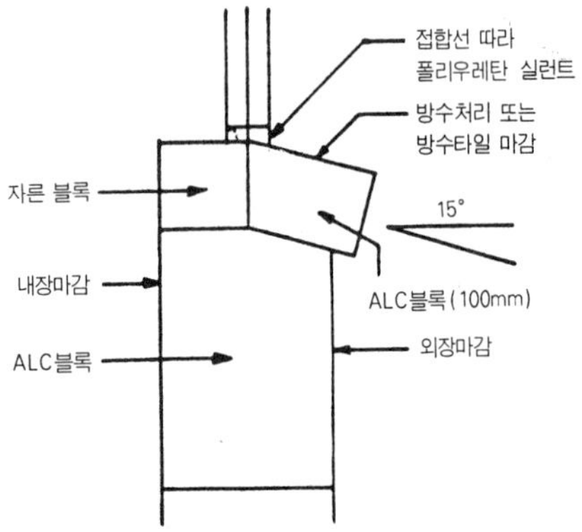

그림 6-17 블록가공 창밑 틀

⑥ 지붕 방수에 대하여는 건설부제정 건축공사 표준시방서의 방수공사 부분을 따르며 다음 사항에 주의하여 시공하도록 한다.

㉠ 지붕의 배수를 위한 구배는 구조체에서 확보하도록 한다. 고름모르타르에 의해 구배를 취하게 되면, 모르타르의 박리 또는 건조수축에 의한 방수층의 파단, 패널의 균열 등이 발생되어 누수의 염려가 생기며, 마감 하중이 커지는 등의 문제가 발생하므로 피하는 것이 좋다. 구배는 방수 마감재의 종류에 따라 다르나 1/50 정도 이상으로 하는 것이 바람직하다.

㉡ 철골의 변형, 패널의 크리프 변형, 줄눈 모르타르의 수축 등에 의해 패널 단변줄눈의 모르타르에 균열이 생길 수 있으므로 아스팔트방수, 시트방수의 경우 지지보 상부에는 폭 100mm 정도의 누름띠를 설치한다. 또한 큰 보의 장변방향 줄눈은 작은 보의 처짐에 의한 변형으로 균열이 생기기 쉬우므로 누름띠를 설치한다.

㉢ 배수 드레인은 패널에 고정시키지 않고 구조체에 고정시키고, 드레인 주위는 모르타르를 충진하여 움직이지 않도록 하며, 방수처리한 후 충분하게 누름띠 보강한다.

㉣ 슬라이딩공법에 의해 설치된 외벽의 파라펫 부분 등은 이중벽이 되도록 하여 방수층이 바탕의 거동에 의한 영향을 받지 않도록 한다.

㉤ 처마나 차양부분의 방수층의 단부 마무리는 플랫바(flat bar) 등으로 눌러 볼트 등의 철물로 고정시킨다.

㉥ 지붕슬래브의 방수층 올림 부분에는 삼각형의 성형 코너재를 넣어 방수층이 접하지 않도록 한다.

㉦ 비보행용 옥상의 경우에는 경량성의 활용과 방수층의 변형 추종성능의 관점에서

모르타르 및 콘크리트 등의 보호층 및 마감층이 없는 노출방수를 원칙으로 한다.

(5) 절단 및 구멍뚫기

① 전기톱 또는 수동톱을 사용하여 정확하게 절단하며, 접착면이나 노출면은 평활하게 한다.

② 블록의 곡선절단은 접착모르타르를 바르지 않고 임시로 조적한 벽체에 아치를 그린 후 톱으로 절단하는 방법과 접착모르타르로 조적한 후 아치를 그리고 절단하는 방법이 있으며, 현장 여건을 감안하여 적절한 방법을 선택·적용한다.

③ 구멍은 목재용 세날 오거비트(auger bit) 등을 이용하여 정확하게 뚫는다.

(6) 보 수

① 보수작업은 시공 후 24시간 이상 경과한 후 시행한다.

② 파손된 부위는 거친 솔로 문지른 후 물로 축인다.

③ 보수 부위의 블록 표면이 너무 건조하면 소량의 물을 뿌려 습윤케 한다.

④ 깊게 파손된 부위는 블록전용 못을 박아 보강한 후 보수모르타르를 바른다.

⑤ 보수시 파손된 양보다 조금 많은 양의 보수모르타르를 바른 후 흙손으로 마무리한다.

(7) 마 감

① 마감은 벽체의 보수를 완료하고 담당원의 확인을 받은 후 실시한다.

② 벽면이 고르지 않을 때에는 블록조각, 나무손, 면갈기 대패, 거친 샌드페이퍼 등으로 평활하게 한 후 마감한다.

③ 내부벽지마감

㉠ 도배공사는 벽면을 충분히 건조시킨 후 실시한다.

㉡ 샌드페이퍼로 벽면을 평활하게 한 후, 롤러 및 스프레이 장비를 이용하여 프라이머를 두께 0.5mm 이상 고르게 바른다.

㉢ 프라이머로 마감한 후 도배마감은 가급적 빨리 실시한다.

④ 수지모르타르마감

㉠ 블록 표면을 물로 충분히 적시고 수지 모르타르를 바른다.

㉡ 수지 모르타르는 바름두께 3mm를 표준으로 평활하게 바르며, 배합된 모르타르는 30분 이내에 사용하는 것을 원칙으로 한다.

㉢ 문틀 주변의 수지미장은 문틀 안쪽으로 마감한다.

② 보가 벽체에 걸쳐 노출되는 끝부분은 접합부에서 4면으로 150mm 정도 유리섬유로 미장마감하여 신축에 따른 균열을 방지한다.

③ 블록벽이 상호 만나는 부분에서는 접합철물을 사용하여 보강하는 것을 원칙으로 한다.

④ 콘크리트 구조체와 블록벽이 만나는 부분 등 이질 재료의 접합부에는 보강철물을 설치한다.

⑤ 통행이 빈번한 벽체의 모서리 부위는 원형 또는 45° 각도로 가공하거나 코너비드 등의 보강재로 보강한다.

(7) 마 감

① 마감은 벽체의 보수를 완료하고 담당원의 확인을 받은 후 실시한다.

② 벽면이 고르지 않을 때에는 블록조각, 나무손, 면갈기 대패, 거친 샌드페이퍼 등으로 평활하게 한 후 마감한다.

③ 내부벽지마감

㉠ 도배공사는 벽면을 충분히 건조시킨 후 실시한다.

㉡ 샌드페이퍼로 벽면을 평활하게 한 후, 롤러 및 스프레이 장비를 이용하여 프라이머를 두께 0.5mm 이상 고르게 바른다.

㉢ 프라이머로 마감한 후 도배마감은 가급적 빨리 실시한다.

④ 수지모르타르마감

㉠ 블록 표면을 물로 충분히 적시고 수지 모르타르를 바른다.

㉡ 수지 모르타르는 바름두께 3mm를 표준으로 평활하게 바르며, 배합된 모르타르는 30분 이내에 사용하는 것을 원칙으로 한다.

㉢ 문틀 주변의 수지미장은 문틀 안쪽으로 마감한다.

제 7 장 프리캐스트철근콘크리트공사

7-1 개 요

프리캐스트철근콘크리트조 건축물에서는 재래의 철근콘크리트조 건축물에 비해 요구되는 건물의 성능 및 품질을 확보하기 위해 설계단계에서 부재의 생산 및 시공계획 등을 염두에 두어야 한다.

본 공법에서의 최대 포인트는 그 접합부의 양부가 구조물 전체의 품질을 지배하는 것이다. 따라서 시공자는 접합부에 관한 구조상의 충분한 인식을 갖고, 시공관리를 하는 것이 중요하다.

중고층주택의 건설에 사용되는 공업화공법은 PC공법, HPC공법 등이 있다.

7-2 부재제작

7-2-1 일반사항

부재의 제조공장에는 고정공장, 이동공장, 현장공장의 3형태가 있다. 일부 대규모 건축공사 현장에서는 현장내에 가설공장을 설치하여 비교적 단순한 형태의 부재를 제조하는 경우도 있다.

그러나 대부분의 부재 제조는 고정공장에 의해 행해지고 있다. 어느 공장형식이라도 부재의 제조방식은 기본적으로 같다.

공장에 있어서의 부재제조공정은 일반적으로 그림 7-1과 같다.

7-2-2 콘크리트 배합 및 탈형강도

콘크리트 배합강도는 콘크리트공사의 배합에 의한다. 특히 공업화공법은 빠른 시기에 탈형 및 양중이 이루어지므로 콘크리트 탈형강도를 정할 필요가 있다.

판상 부재에 대해서는 부재의 제조방법에 따라 탈형시 압축강도는 평균 80～120kg/cm^2 정도가 필요하다. 기둥, 보의 비교적 춤이 높은 부재에서는 탈형시의 부재에 생기는 변형 등을 고려해서 별도로 정할 필요가 있지만, 주변 거푸집 탈형시에 접합철물에 주는 충격,

탈형도구 등의 접촉에 의한 결손 등을 고려하여 판상의 부재보다 그다지 밑돌지 않는 탈형시 강도를 설정할 필요가 있다.

프리캐스트판은 콘크리트 타설시에 사용하는 진동기의 종류 및 제조 후의 양생조건 등, 그 제조조건에 따라 강도차가 있으며 그 실험예를 그림 7-2 및 7-3에 표시한다.

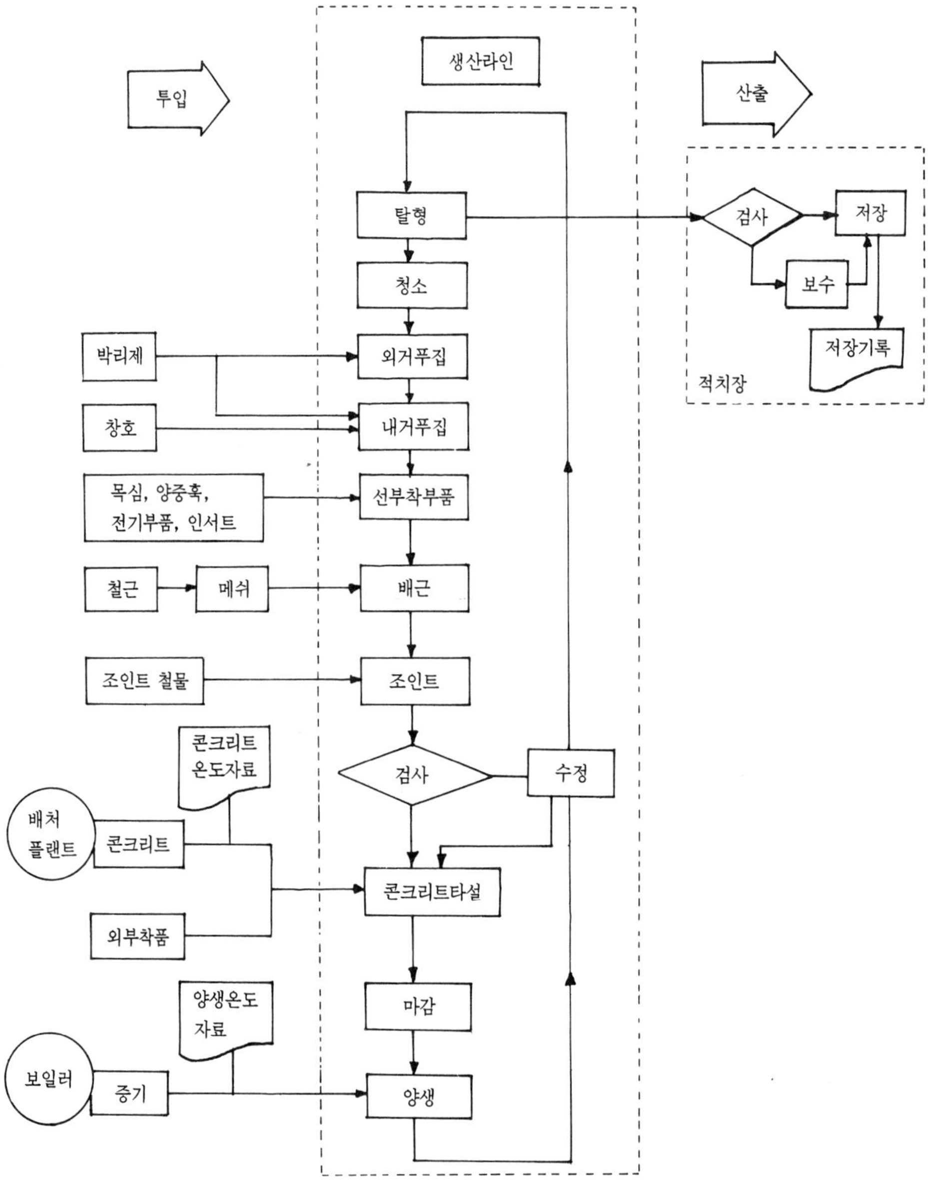

그림 7-1 부재제조공정

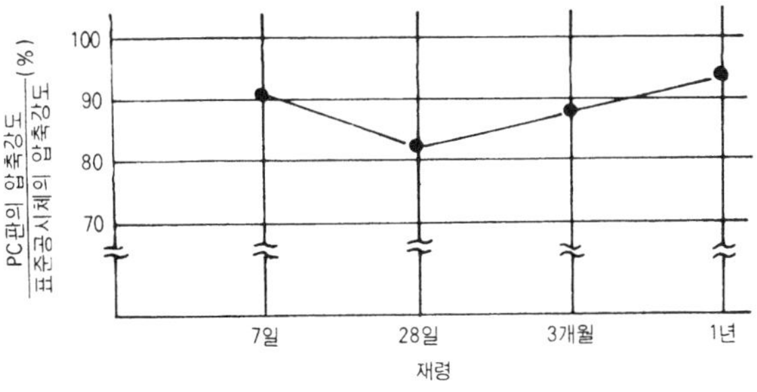

그림 7-2 표준공시체와 코어채취시험체(100×150)의 압축강도 비교(증기양생 후 옥외방치)

7-2-3 양 생

공업화 공법의 양생은 일반적으로 상압증기에 의한 가열에 의해 콘크리트 경화촉진을 행하는 방법에 의한다. 현재, 사용되고 있는 양생방법은 그림 7-3 및 7-4와 같이 기본적으로는 2종류이며, 조 내에 직접 증기를 뿜는 직접식과 강제 배드를 증기에 의해 가열하는 간접식이 있다.

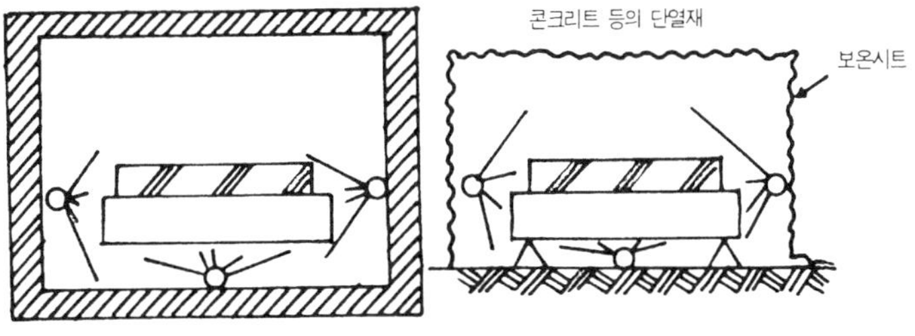

그림 7-3 직접식

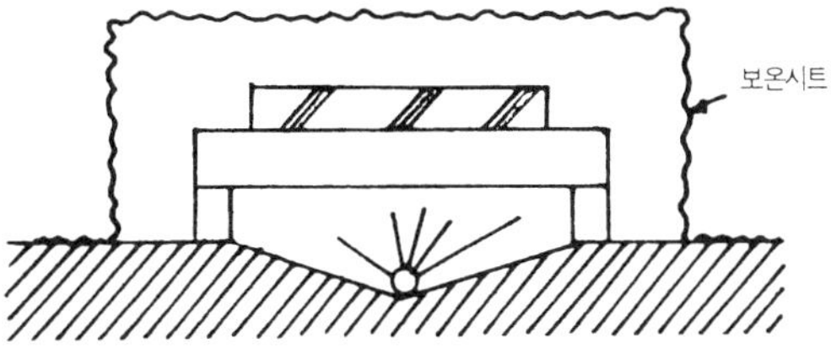

그림 7-4 간접식(저가열식)

양방식의 실험실 내에서의 실재 모델의 온도분포 측정결과를 그림 7-5, 그림 7-6 및 표 7-1에 표시한다.

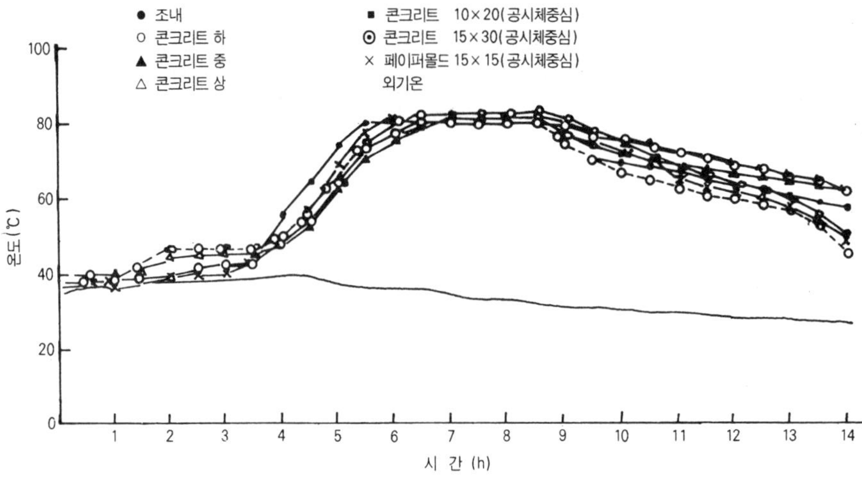

그림 7-5 직접식 양생조의 양생중의 콘크리트 내부온도 경시변화

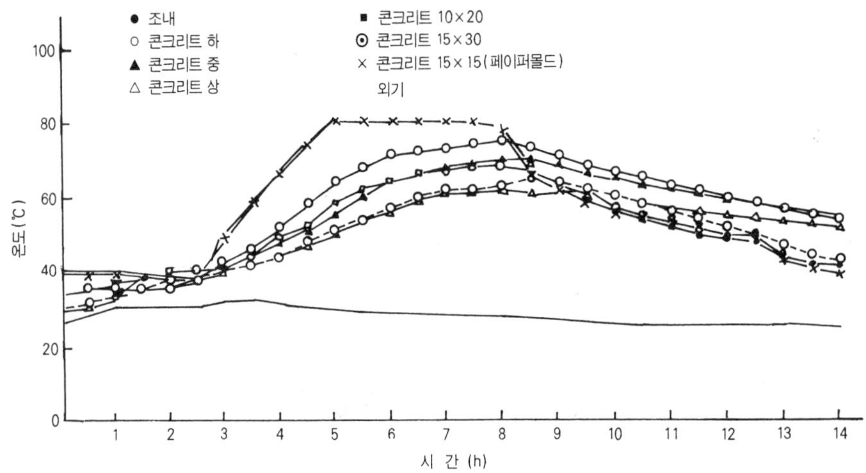

그림 7-6 간접식 양생조의 양생중의 콘크리트 내부온도 경시변화

표 7-1 각 공시체 내부의 적산온도시

(단, 타설로부터 14시간까지로 하고, 온도기준점을 0℃로 산정했다)

측점 / 양생형식	프리캐스트콘크리트판			원주 공시체		
	콘크리트밑 (PC판 하단)	콘크리트중 (PC판 중심)	콘크리트상 (PC판 상단)	ϕ15×30 (중심)	ϕ10×20 (중심)	ϕ15×25 (중심)
간 접 식	809 (99.5)	769 (96)	706.5 (86.7)	709 (89)	723 (86.5)	765 (96)
직 접 식	813 (100)	801 (100)	814 (100)	797.5 (100)	836 (100)	797 (100)

주) ( )내의 수치는 직접식을 100으로 한 값이다.

양방식의 콘크리트 속의 온도분포는 확실한 차가 인정되어 진다.

공장에서의 양생조는 작업성 등에서 양방식 모두 실험실과 같은 구조가 되지 않는 경우도 있다. 따라서 공장에서의 콘크리트 속의 온도분포는 실험에서 얻어진 성상을 표시하지 않는 예도 있으므로 콘크리트 배합을 결정할 시에는 공장고유의 온도분포 성상을 충분히 고려할 필요가 있다.

7-2-4 탈 형

판상의 프리캐스트 부재의 탈형방법은 그림 7-7과 같은 방법이 있다.

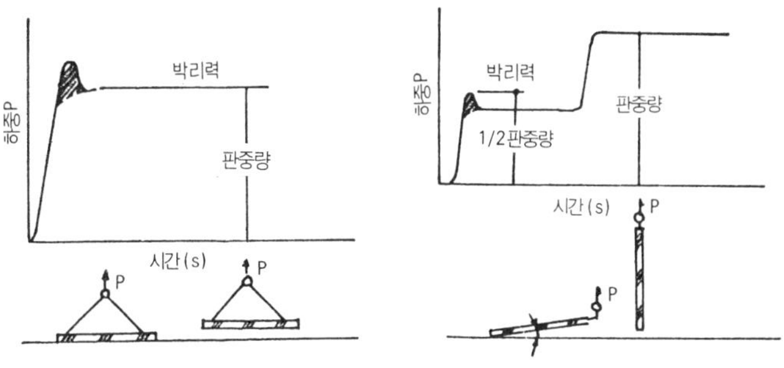

그림 7-7 판상 프리캐스트 부재의 탈형방법

탈형시 프리캐스트판에 상당한 힘이 작용하여 탈형시 콘크리트 강도가 작을 때는 이 응력이 균열 등의 원인이 되는 경우가 있다. 이와 같은 탈형시의 부재손상을 방지하기 위해 탈형시 응력에 견딜 수 있는 충분한 탈형강도가 필요하고 필요한 프리캐스트 부재의 탈형강도는 일반적으로 80～120kg/cm^2 정도이다.

탈형시에 생기는 콘크리트의 응력은 콘크리트와 강제의 파레트 사이의 부착에 의해 생기는 박탈력의 대소에 의해 다르다.

박탈력의 차이의 요인으로는

① 달아매는 방식

② 판의 형상, 치수

③ 매입재의 종류 및 개수

④ 박리제의 종류와 도포량

⑤ 양생온도

⑥ 콘크리트 종류 등이 있다.

7-2-5 정밀도

프리캐스트 부재에 허용되는 제품치수 허용차는 공법 및 접합의 종류 등에 따라 다르다.

설계자는 부재 세우기 및 접합정도 등, 종합적인 판단을 토대로 밸런스를 취한 허용차를 정해, 부재를 설계할 필요가 있다.

7-2-6 검 사

검사를 행할 때는 그 검사의 목적 및 부재특징을 잘 이해할 필요가 있다. 공장에서 부재가 제조되는 일반적인 공정을 앞에서 언급한 그림 7-1과 같다. 이 공정에 따르면 검사는 재료, 반제품 또는 제품을 받아들이는 경우에 행해지는 수입검사와 제조공정에서 다음 공정으로 옮기는 도중에 행해지는 공정검사의 2종류가 있다.

검사에는 시험표, 스케일, 측정기기류를 사용하지만 표면의 마감정도를 검사하는 경우는 인간의 감각에 의하지 않으면 안되는 경우가 많다.

측정한 결과를 판정기준과 비교할 경우, 그 판정기준은 스케일, 측정기기를 사용하는 경우는 객관적인 수치로 표시하기 쉽다. 그러나 마감의 정도를 검사할 경우는 수치로 표시할 수가 없으므로 견본의 활용을 생각할 필요가 있다. 또 콘크리트 제품이기 때문에 결손, 균열은 조립공정중에 완전히 근절한다는 것은 곤란하다.

따라서 구조, 방수, 외관상 지장이 있는 것과 아닌 것을 구별해서 판단기준을 정해둘 필요가 있으며, 또한 불합격품이 된 제품은 합격품과 혼동하지 않도록 구별해 두어야 한다.

7-2-7 보 수

탈형 후, 부재에 발생한 결손·균열이 있는 경우, 결손·균열의 보수 판정기준에 근거하여 보수를 행하지 않으면 안된다. 판단기준은 일반적으로 아래 표 7-2에서 나타난 바에 따른다.

표 7-2 결손 균열의 판단기준

<table>
<tr><th>등 급</th><th>종 류</th><th>폭(mm)</th><th>깊 이</th><th>길이(mm)</th><th>주 기</th></tr>
<tr><td rowspan="3">1급
(구조상 유해)</td><td>결 손</td><td>0.3 이상</td><td>1/3t 이상</td><td>300 이상</td><td>발코니, 지붕판, 돌출부는 길이 300mm 및 폭 0.2mm 이상</td></tr>
<tr><td>결 손</td><td>0.3 이상</td><td>—</td><td>—</td><td>—</td></tr>
<tr><td>휨</td><td>0.3 이상</td><td>—</td><td>—</td><td>철근위치에서</td></tr>
<tr><td rowspan="3">2급</td><td>결 손</td><td>0.3 이상</td><td>1/3t 이상</td><td>관 통</td><td>—</td></tr>
<tr><td>방 수 상 유 해</td><td colspan="3">· 외벽판 옆면의 균열
· 외벽판 개구부 주변의 균열
· 발코니, 지붕판 등 누수우려 부분의 균열</td><td>균열폭, 깊이, 길이에 관계 없음</td></tr>
<tr><td>구 조 상 유 해</td><td colspan="3">· 훅(hook) 주변의 균열
· 웨트조인트(wet joint) 철근 돌출부의 균열
· 조인트(joint) 주변의 균열</td><td>균열폭, 깊이, 길이에 관계 없음</td></tr>
<tr><td>3급</td><td colspan="4">1, 2급에 포함되지 않는 균열</td><td>—</td></tr>
</table>

보수재료에 대해서는 수많은 유기계의 보수재료가 있으며, 고품질의 보수가 가능하게 되고 있다. 따라서 보수시공은 재료의 특성을 충분히 고려한 뒤에 행해야 한다.

결손이 생기는 원인은 일반적으로 콘크리트의 강도 및 판형상 등 외에 부재의 이동 등이 요인으로 지목되고 있다.

또한 부재결손은 부재의 이동횟수에 따라 증가하는 경향이 있으며, 부재운반시의 운반방법 개선에 의해 부재결손을 상당히 감소시킬 수 있으므로 부재운반 계획시 이에 대한 고려가 반드시 필요하다.

균열에 대해서는 시간의 경과와 함께 성장하는 경향이 있으며, 검사한 시점만이 아니라 다음 공정에 새로운 보수를 요하는 균열이 발견되는 경우도 있으므로 주의할 필요가 있다. 또 균열의 보수한계에 대해서 프리캐스트 부재의 부위, 내구성, 구조, 방수성 등을 고려해서 설계시에 적절한 기준을 미리 정해 두는 것이 바람직하다.

7-2-8 저 장

프리캐스트 부재는 예상되는 가력에 대해서 충분히 안전한 방법으로 저장한다. 또한 저장기간이 장기에 걸치는 경우, 접합철물의 녹, 균열, 손상 및 크리프가 생기지 않도록 충분히 유의할 필요가 있다.

7-2-9 운 반

부재의 운반에 대해서는 주행중의 진동, 충격에 의해 부재에 균열이나 손상이 생기지 않도록 충분한 양생을 행할 필요가 있다.

7-3 현장시공

7-3-1 일반사항

공업화공법에 있어서의 건설은 공장에서의 프리캐스트 부재의 제조와 현장에의 운반 및 현장에서의 조립, 접합과 마감의 공정으로 나누어진다.

프리캐스트 부재의 제조에서는 각종의 공업적인 생산관리와 품질관리 수법에 의해 부재품질의 향상이 도모되어진다. 한편, 현장시공은 공업화공법 특유의 현장에서의 제약을 많이 가지고 있다.

그러나 공업화공법은 구조시스템, 조립, 접합 등 시스템 전체로서 보면 재래공법의 일품수주생산에 비해 반복 작업공정의 요인을 많이 가지고 있다. 따라서 현장시공에서도 공장에서의 프리캐스트 부재 제조와 마찬가지의 품질향상이 가능하므로 건축물 전체로서의 품질향상에 결부시킬 수가 있다.

7-3-2 조 립

세우기 계획에 있어서는 그 계획이 운반효율, 세우기능률, 정밀도의 향상, 작업의 안전성 등을 좌우하므로 다음 각 항목에 대해서 충분한 조사검토가 필요하다.

① 건축물 규모, 구조, 조인트 형식, 평면, 입면의 형상 및 치수
② 공사장의 입지조건, 주변의 환경, 도로상황, 주변부지 및 전주 등의 지장물
③ 전체공기, 타공사와의 관련, 부재제조공정, 기상조건 등
④ 부재중량, 부재수 및 작업반경을 고려해서 그 공사에 적합한 조립장비의 선정, 조립순서
⑤ 부재의 반입, 스톡야드 등의 공사장내 공간확보
⑥ 교통상황, 반입경로, 구내가설도로
⑦ 기타

조립기계에 대해서는 저층 건축물에서는 건축물 및 부지조건에 따라 트럭크레인, 래프터크레인, 크롤러 주행의 타워크레인이 사용된다. 또한 중고층 건축물에서는 대부분 30~50톤급의 고정식 타워크레인이 주로 사용되고 있으며, 크롤러 주행형의 타워크레인, 레일주행형의 타워크레인, 고정식 타워크레인 등도 필요에 따라 사용되는 경우도 있다.

그림 7-8 및 그림 7-9에 중고층 건축물의 표준적인 조립 및 가설계획 예를 표시한다.

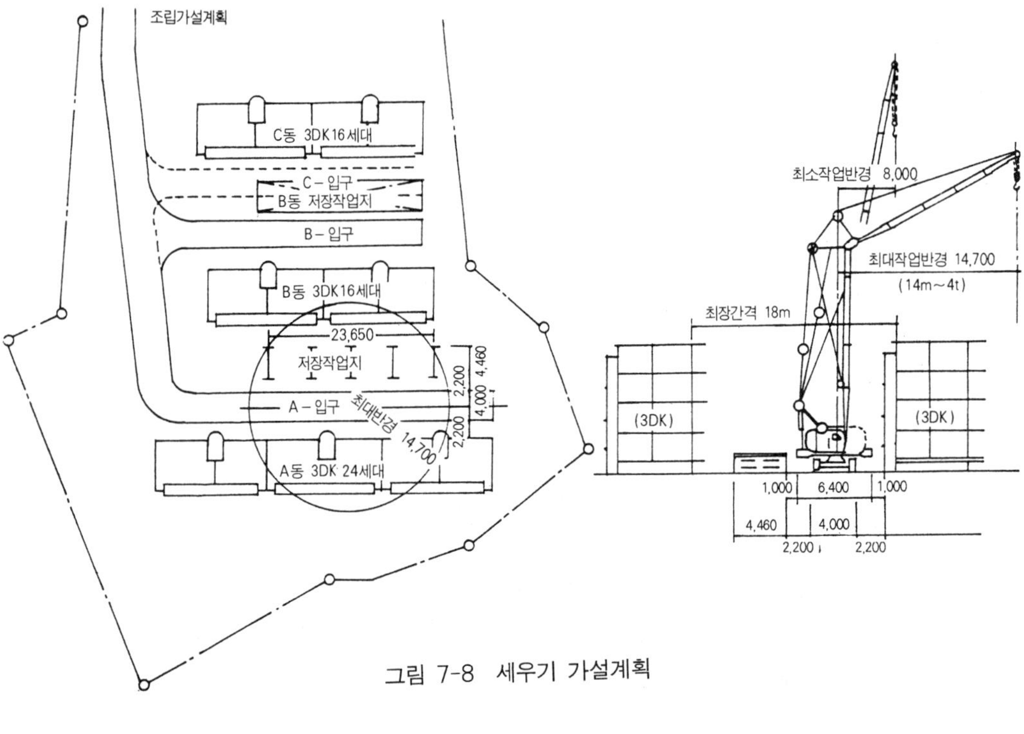

그림 7-8 세우기 가설계획

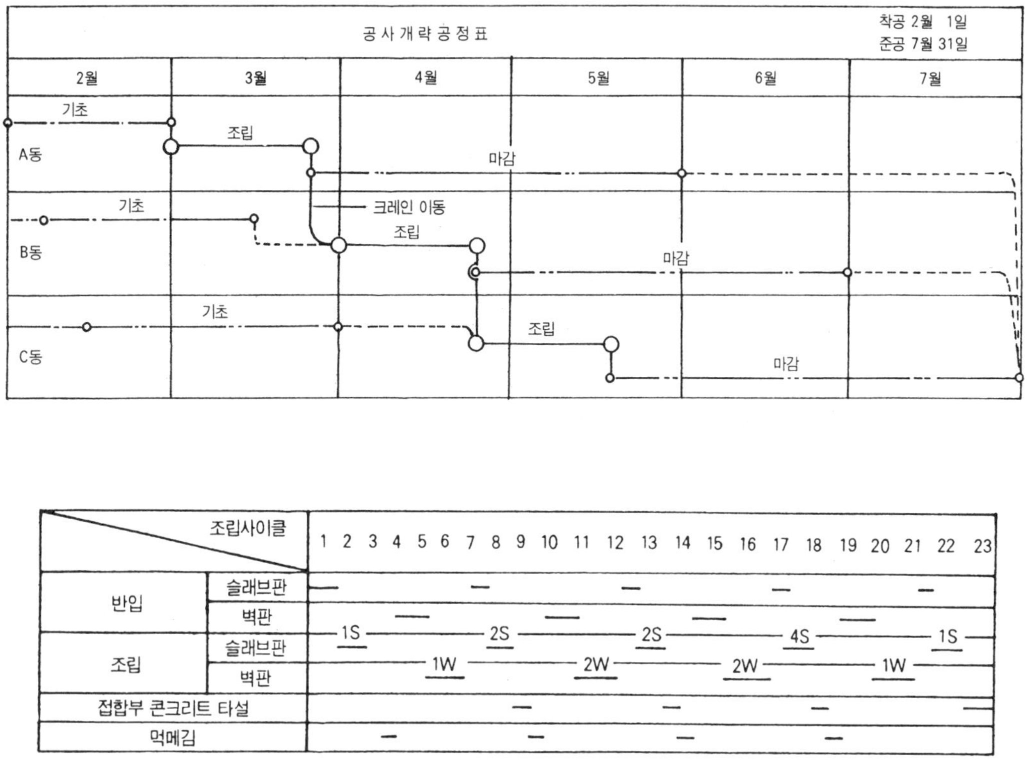

그림 7 - 9 세우기 공정계획

크레인 주행로의 계획에서는 특히 크롤러 주행의 타워크레인 자중은 거의 최대 양중하중에 상당하는 정도의 중량이기 때문에 지반이 약하면 부동침하가 발생하여 기울어진다면 대형사고로 이어지므로 다음의 항목에 대해서 충분한 조사·검토가 필요하다.

① 크레인 기종과 접지압
② 지반의 상태
③ 크레인 주행기간
④ 조립 후의 주행로 이용, 구배, 부재반입로와의 관계 등

시공순서를 그림 7 - 10에 표시한다. 조립작업은 종래 공법으로 시공된 기초보 먹매김으로부터 개시되어 최상 옥상접합부 콘크리트 타설로 종료한다.

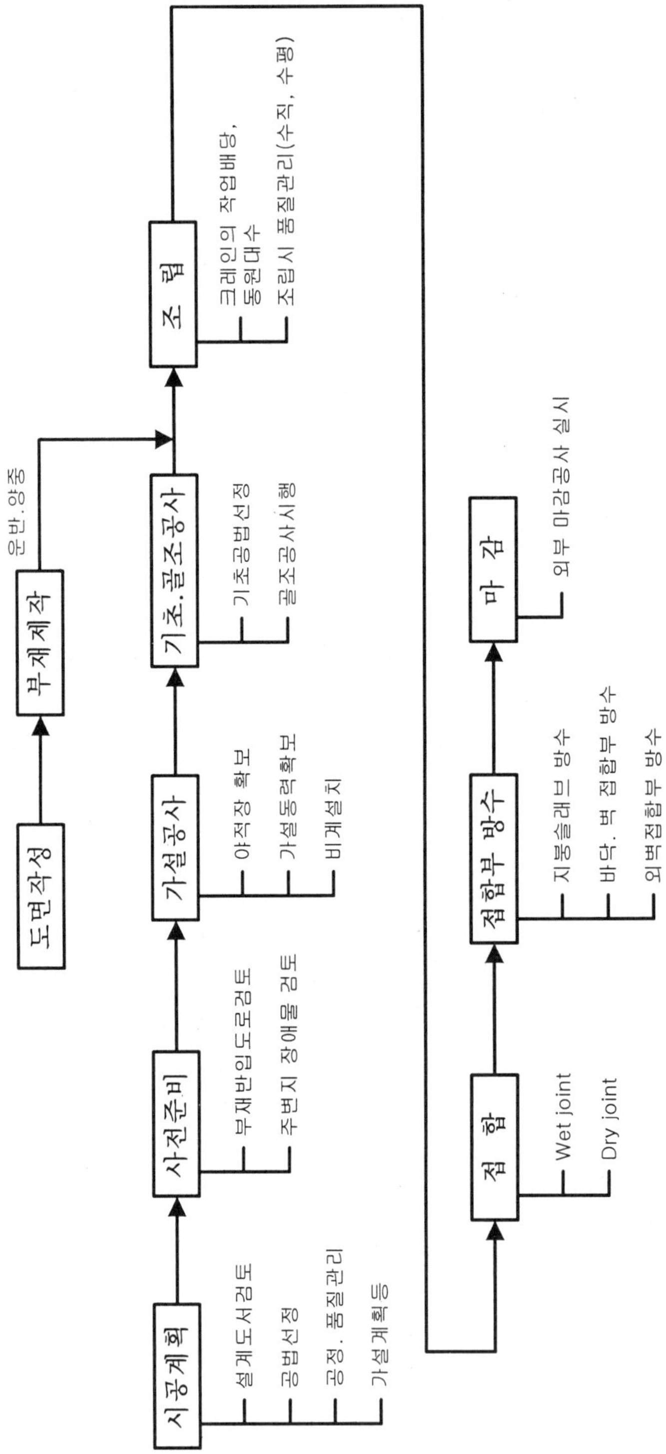

그림 7 - 10 PC공사의 시공순서

7-3-3 정밀도

공업화공법에서는 치수정밀도가 문제가 되며, 치수정밀도의 값에 따라 품질 및 다음 공정에 커다란 영향을 준다.

정밀도는 일반적으로 최대값으로 규정한 것으로 표현된다.

허용차를 정하는 방법을 공업화공법에 한정해서 기술하면

① 강도상 필요한 것

② 방수상 허용할 수 있는 범위의 것

③ 다른 부착부품과의 관계에서 허용해서 얻을 범위의 것

④ 미관상 허용할 수 있는 범위의 것

⑤ 기타, 시공성 혹은 경제성으로부터 얻을 수 있는 것

등이 있다.

특히 ①, ②는 공업화공법의 품질성능을 크게 지배하는 항목이다. 따라서 설계시에 미리 접합부의 특성에 맞춰 세울 때의 조립정밀도를 정해서 세우기공정, 부재의 제조공정, 그리고 전체공정에도 영향이 미치지 않도록 유의할 필요가 있다.

현장시공에서의 조립오차에 대해서는 표 7-3과 같은 허용조립오차가 제시되고 있다. 프리캐스트 건축물에 대한 조립오차 조사의 일례로서 벽식 프리캐스트공법과 가구식 프리캐스트공법에 의한 조립오차 조사결과가 표 7-4에 제시되어 있다.

표 7-3 조립오차

각 부 재 마 다	부품 또는 부위
벽위치 먹줄의 오차	세팅 베이스 플레이트
두께방향 3mm	두께방향 ±5mm
장변방향 5mm	길이방향 ±10mm
벽의 전도 10mm	높이방향 ±6mm
벽과 벽 사이 5mm	방수줄눈폭
발코니바닥판과 줄눈의 오차 5mm	가로줄눈 20±6mm
지붕판 상면의 수평 정도 5mm	세로줄눈 16±6mm
발코니, 계단, 바닥면의 수평 정도 5mm	새시, 도어 설치 위치
발코니, 지붕판의 줄눈 오차 5mm	수직 ±5mm
	수평 ±5mm

7-3-4 접 합

프리패브 건축물의 가장 중요한 부위는 접합부이며, 그 성능은 설계와 시공 등의 상승효과에 의해 좌우되므로 단독으로 평가하는 것은 곤란하다.

세우기 완료 후의 접합부 시공에는 용접 등에 의한 강재 접합작업과 콘크리트 등의 타설이 있다. 용접작업은 철골조 등에 비해,

① 철근상호의 용접이 많다.
② 콘크리트 부재에 접하고 있는 용접이 많다.
③ 소규모의 용접이 수많이 존재하고 있다.
④ 용접작업을 하기 어려운 부분이 많다.

라는 결점이 있다.

따라서 상기의 결점을 충분히 상쇄할 수 있는 설계가 중요하다.

접합부의 콘크리트 타설시에는 접합부의 치수 및 그 세우기 정도를 고려하여 모르타르를 사용하지 않으면 안되는 경우도 있으므로 일반적으로 접합부의 콘크리트 타설공간이 작고, 콘크리트 타설량도 적으므로 세심한 타설이 이루어지지 않으면 구조상의 강도저하 및 방수, 차음 등의 사용품질 저하가 발생할 가능성이 크다.

또한 접합부의 단위길이도 작고, 1개소당 콘크리트 타설량이 작은 데에 비해 접합부 총길이 및 총개소 수가 많으므로 타설시간을 충분히 고려해서 비비기 개시시간부터 타설 종료 시간의 한도 이내에 머물도록 계획할 필요가 있다. 특히 밑창콘크리트의 시공에서는 소량씩 모르타르를 비빌 수 있도록 배려할 필요가 있다.

7-3-5 방 수

접합부 방수줄눈의 종류는 다음과 같다.

① 충전줄눈
② 오픈 조인트
③ 실링된 빈줄눈

등으로 나눌 수 있다.

그림 7-11에 이러한 접합부의 형상을 표시한다.

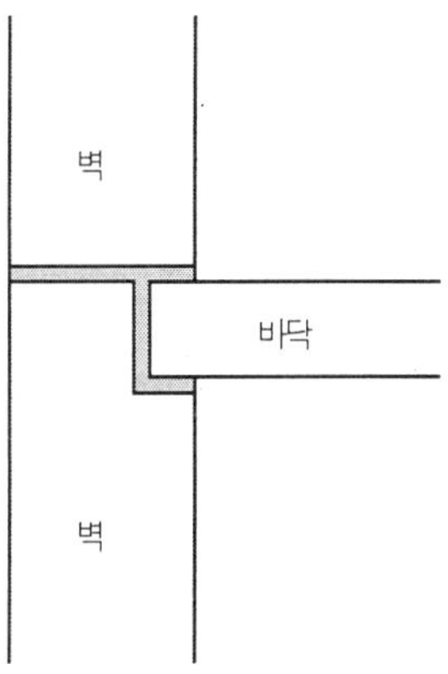

(a) 충전줄눈

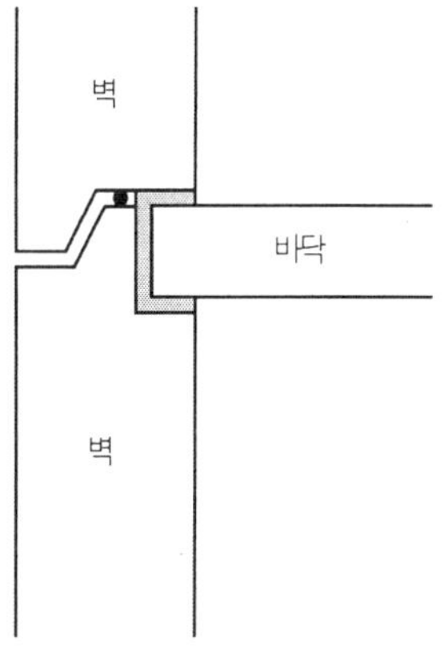

(b) 오픈 조인트

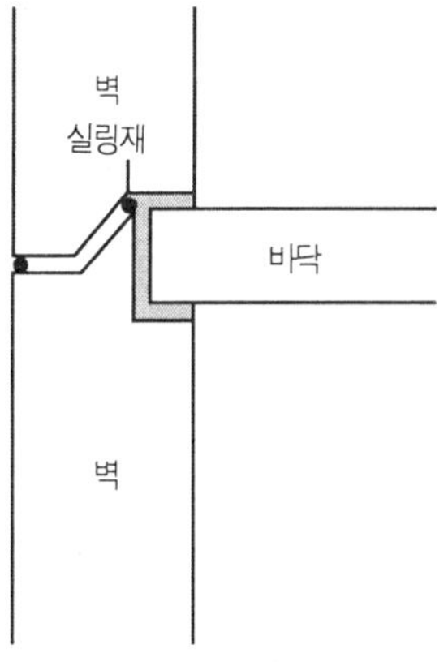

(c) 실링된 빈줄눈

그림 7 - 11 접합부 상세

프리캐스트판을 사용한 외벽에는 비내력벽과 내력벽의 2종류가 있다.

비내력벽의 접합부는 플렉시블한 패스너 부착이나 수밀성 · 기밀성 및 내화성이 요구되어, 전두께를 빗물처리의 마감으로 이용할 수 있으므로 극히 변화에 풍부한 종류의 줄눈이 존재하고 있다.

한편 내력벽의 벽두께는 대부분 구조성능에 의해 결정된다(단, 최근 저층주택에서의 칸막이벽은 요구되는 차음성능을 만족하기 위해서 150mm로 하는 경우도 있다).

그리고 내력벽은 접합부에 의한 결손단면이 많고, 전단면을 빗물처리로 사용하는 것은 불가능하다.

5층 벽식구조에서는 빗물처리에 사용하는 부분은 50~70mm 정도이다. 특히 고층 벽식구조 등에서는 수평접합부의 압축응력이 크게 되므로 설계시에 구조, 방수성능을 동시에 만족하도록 사전에 충분한 검토가 필요하다.

그림 7-11에 현재 사용되고 있는 접합부의 상세를 표시한다.

부재에 매입된 강판 등을 용접에 의해 접합할 경우, 다량의 용접열이 발생해서 철물 주변의 콘크리트 표면에 균열이 발생하여 누수의 원인이 되는 경우도 있으므로 용접을 사용한 드라이 조인트 설계에는 구조면만이 아니라 방수 등의 면도 충분히 고려할 필요가 있다.

7-4 품질관리

7-4-1 일반사항

최근, 건설업계에서는 품질관리를 경영활동의 일환으로 보고, 소위 TQC(Total Quality Control) 활동으로서 도입되고 있다.

여기서 말하는 품질관리는 품질, 원가, 양(수주, 납기), 안전 등을 종합적으로 관리하는 것이다.

건설업에서의 생산시스템은 일반 제조업에 비해 품질관리수법의 도입에는 여러 가지 곤란한 요소가 있는 것도 사실이다. 그러나 공업화공법은 적극적으로 부재의 공장생산화, 구체 등의 시스템화를 지향하고 있으며, 재래공법에 비해 보다 일반제조업적인 품질관리기법의 도입이 용이하다.

최근, 주택에서의 하자보증 및 장기보증, 주택성능보증제도 등이 제기되어, 여기에 건설업계가 대응하는 데에는 보다 일반제조업적인 품질관리의 생각이 필요하다.

즉 품질관리는 품질검사적인 협의의 의미와 동시에 품질을 일정수준으로 유지하고, 또 향상된 활동을 합리적으로 행하는 활동을 포함한다.

7-4-2 공 장

공장에서 제조된 부재의 요구품질을 달성하는 데에는 각 공정에서의 품질을 명확히 하고, 그것을 만들어내는 각 공정의 목표를 정해, 작업순서를 정하고, 제 작업의 적절한 관리를 행할 필요가 있다.

그를 위해서는 생산설계도의 입수에서부터 출하에 이르기까지 각 공정에서의 업무를 각 부문으로 할당한 공장의 품질보증체계를 제작해 두면 좋다.

그림 7-14에 공장에서의 품질보증체계와 그것에 필요한 표준류의 일례이다.

단순히 검사항목만을 강화하는 것만으로는 품질관리의 효과는 얻을 수 없으며, 오히려 그 배경에 있는 조직 및 체계가 중요하게 된다. 그 때문에 각 공정에서 발생한 클레임(苦情)의 처리 흐름을 명확히 해서 그 원인을 규명・분석하고, 그 처리방법, 그리고 생산에의 피드백 체계를 확립하는 것 및 전사적인 종업원 교육이 중요하다.

부재의 품질에 직접 또는 중요한 영향을 주는 공정검사의 판정기준에서는 시험설비, 시험방법 및 공정관리수준, 보고체계 등을 표준화해 두지 않으면 안된다.

7-4-3 현 장

현장에서의 생산체계는 각각의 건축물의 종류, 용도, 규모나 각각의 입지조건, 환경 등에 대처해서 만들어진 것으로서 프리캐스트 부재의 공장생산체계보다 일시적으로 대응하는 면이 많다.

현장에는 자연조건을 극복해서 계획을 달성하는 데에 필요한 시공관리항목은 크게 4항목으로 나눌 수 있다.

① 품질관리
② 원가관리
③ 공기관리
④ 안전관리

공사의 개시에 있어서 작업소장은 상기의 항목에 대해서 방침이나 목표 등을 제시하고, 그것에 근거하여 직층별(계장, 주임, 담당 등)로 구체적인 실시계획을 입안하고 공사를 진행시킬 필요가 있다.

예를 들면 안전관리에 대해서 소장은 공사에 참가하는 업자의 회사 수준의 안전교육지도, 담당자 수준에서는 개개의 공사에 있어서 구체적인 관리항목, 관리치를 제시하고, 안전관리를 행할 필요가 있다.

특히 각 관리항목 이상의 정의 및 평가를 명확히 하고 예방관리적인 생각으로 요구품질의 달성에 신경 쓸 필요가 있다.

7-5 국내 조립식공법의 현황분석

국내의 조립식공법은 크게 외국에서 도입된 기술과 외국의 조립식공법 기술을 토대로 이를 변형하여 자체 개발한 기술로 나눌 수 있다.

외국에서 도입된 기술은 여러 종류의 공법들이 국내에 들어와 있으나, 크게 프랑스에서 개발된 기술인 카뮤(Camus)공법과 스위스에서 개발된 콘스(Koncz)공법, 덴마크에서 개발된 L&N공법과 이를 발전시킨 LVI공법 및 DSGB공법, H사 PC가 일본 대성건설에서 도입한 H사 프리패브(Prefab)공법 등으로 나눌 수 있다.

국내 기술로 개발된 공법으로는 H사 HID-PC 공법, K사의 PC, H사의 고층PC공법 등으로 나눌 수 있다.

표 7-4 조립식주택 생산업체 현황(1994. 10월 현재)

회 사 명	생 산 시 스 템	연간생산량	공장위치
강 남 건 영	강남 PC공법	1,000(25평)	여주
금 호 건 설	덴마크 DSBG	5,000(20평)	장성, 음성
극 동 건 설	스위스 Koncz공법		음성
남 양 Con'c	불란서 Camus공법	1,000(15평)	김해
동 서 산 업	동서 PC공법	6,000(32평)	이천, 벽제, 울산
대 우	DWS공법	2,000(15평)	원주 수영만
동 아 건 설	스위스 Koncz공법	3,600(30평)	창동
삼 한 까 뮤	불란서 Camus공법	2,000(15평)	이천, 천안
삼 성	스위스 Koncz공법	2,000(20평)	음성
세 양 주 건	덴마크 LVI	3,000(15평)	음성
성 원 건 설			여주
우 성 건 설	덴마크 DSBG	1,500(15평)	온양
유 원 건 설	스위스 Koncz공법	1,500(15평)	진천
한 성	한성 PC공법	3,000(15평)	성남
한 양	덴마크 LVI	7,000(32평)	이천, 의정부
현대산업개발	현대 PC(HID-PC공법)	2,000(30평)	여주
한 신 공 영	한신공법	2,500(15평)	오산
청 구	독일 Phapon공법	2,000(32평)	음성

7-5-1 프리패브(Prefab)공법(Tilt-Up공법)

일본의 (주)대성건설에서 기술도입된 공법으로 바닥판, 지붕판, 벽판의 대형 프리캐스트 패널을 공장 생산하고, 운반 트럭 또는 트레일러로 현장에 운반한 후, 크레인으로 현장에서 조립·접합하는 공법이다. 당초에는 적용층수가 5층인 4변지지 구조형식이었으나, 현재는 고층아파트에도 적용 가능하도록 기술을 개발하였다.

접합시스템은 표 7-5, 그림 7-12와 같다.

표 7-5 접합구조 시스템의 개요

층수 / 접합부위	중 층(5층)	고 층(15층)
수직접합부	충전 콘크리트 타설 후 방수처리하는 습식접합	훅형 연결철물(tie-bar)에 의한 그라우트 습식접합
수평접합부	조인트 철물 용접하는 건식접합	고력 볼트에 의한 기계적 건식접합

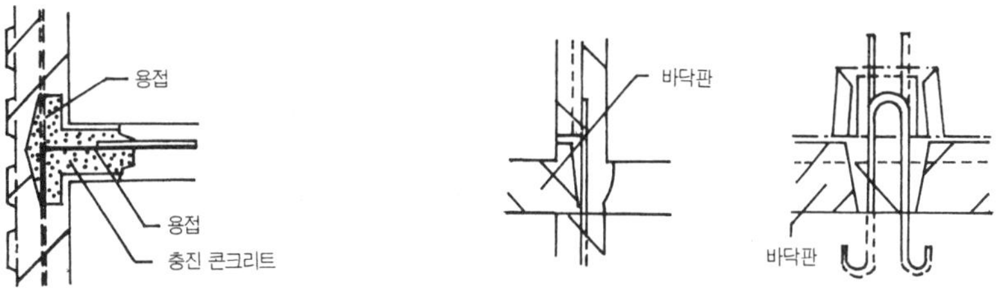

수직습식접합 수평건식접합

그림 7-12 접합구조 시스템의 개요

7-5-2 카뮤공법

프랑스 카뮤(Camus)사에서 기술 도입된 공법으로, 바닥판, 지붕판, 벽판 등을 공장생산하여, 운반용 특장차로 현장에 운반하고, 타워크레인(12톤)으로 조립·접합하는 공법이다. 주로 중·고층(5~15층) 아파트에 응용하며, 1방향 슬래브(2변지지) 시스템으로 아래와 같은 특성을 가지고 있다.

(1) 구조연결부 정의

구조연결부는 철근 콘크리트로 구성되고 PC판을 서로 조립하여 응력을 전달하며 다음에 기술하는 각종 형태의 구조연결부가 있다.

1) 수평구조연결부

현장에서 바닥 슬래브간, 슬래브와 외벽간에 콘크리트를 타설하여 수평구조연결부를 구성한다. 이 구조연결부를 따라 타이(tie)라고 부르는 철근이 배열되어 있다. 이것들은 슬래브와 벽판에서부터 돌출된 걸고리와 교차형 연결철근을 잘 고정시켜 준다. 수평구조연결부는 각 층마다 직각의 격자구조를 형성하여 강구조를 이루며 각종 내벽 사이의 수평응력(풍력과 지진에 의한)을 균등하게 전달한다. 더욱이 구조체 내벽이 이러한 응력전달에 복잡한 내민보(cantilever)와 같은 역할을 하게 될 때에 수평연결부 철근(steel tie)은 전단력에 견딜만한 길이의 내민보강도를 갖는다.

벽판이 사고로 파손되었을 경우에는 이 타이가 보나 내민보의 철근과 같은 역할을 하므로써 벽판의 하자로 인하여 파괴되는 일이 없도록 하게 된다.

2) 수직구조연결부

외벽판의 측단면에 이루어지는 수직홈에 콘크리트를 타설하여 내벽, 외벽, 박공측면 사이에 형성되는 연결부를 말한다. 이 수직홈에 한 개나 그 이상의 수직철근을 배근하여 수직벽판(facade wall, 내벽) 측면에 돌출된 철근을 속에서 서로 긴결시켜 고정하도록 하고 있다. 수평구조 연결부와의 차이점은 바로 이 돌출철근이 고리형태라는 것이다. 이 철근의 규격은 응력에 따라 결정되며 철근고리는 풍압응력 요소 중 특히 탄젠셜응력(tanggential stress)을 전달한다. 수직철근은 내부에서 서로 고정시키는 긴결철물의 역할 이외에 그 부분의 하중과 응력에 대한 필요 인장강도를 얻도록 한다.

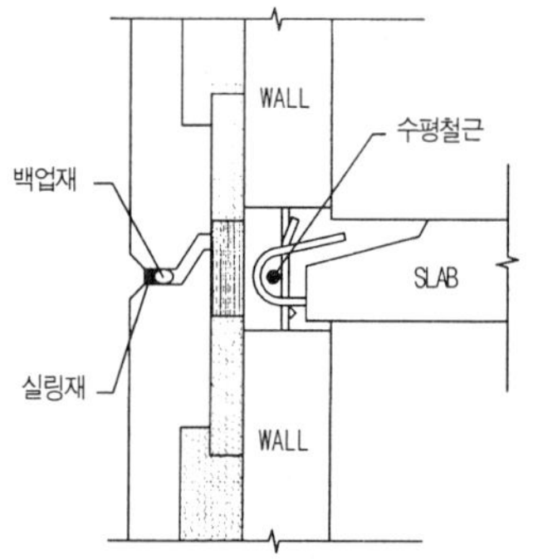

그림 7-13 수평접합부 상세

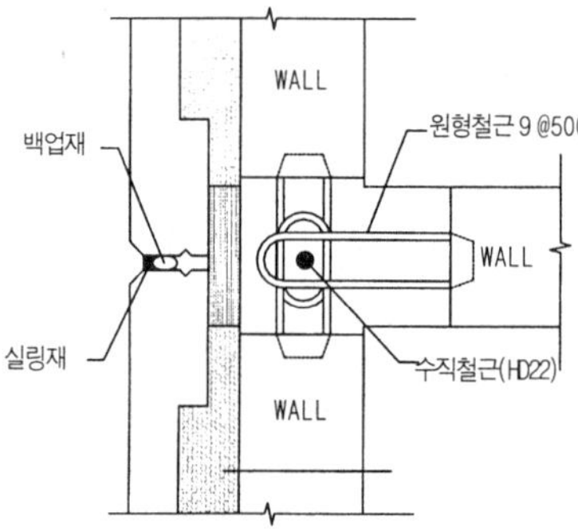

그림 7-14 수직조인트 상세

7-5-3 LVI 공법

덴마크 LVI사로부터 기술도입된 공법이며, 공장에서 생산된 일방향 중공 슬래브와 대형 프리캐스트 패널을 타워크레인 또는 이동식 크레인으로 현장에서 조립하고, 부재단부에 요철처리한 키드조인트(keyed joint)와 벽체 및 슬래브조인트(joint)에 콘크리트를 채움으로 접합하는 대형패널 시스템이다. 이 공법은 수직하중에 대하여 종벽(cross wall)은 일방향으로 단순지지된 슬래브하중을 받고, 횡벽은 그 벽의 자중만을 고려하는 2변지지의 일방향 슬래브 시스템으로, 6층 이상의 고층아파트에 적용하여 내진구조 해석설계가 이루어진다.

수평·수직방향의 강력한 격막작용을 하도록 설계된 슬래브의 돌출 닙(nib;일명 CAMS)과 슬래브 옆면의 리세스(recess)된 요철로 처리하며, 건물 횡방향의 안정도와 수직조인트에 작용하는 전단력을 견디게 하는 키드조인트로서, 국부 파괴에 의한 층간 변형 방지를 고려한 구조 시스템이다.

(1) 접합시스템

1) 바닥과 벽의 접합

벽체조립시 정확한 수직을 유지한 상태에서 슬래브를 간단히 깔고 슬래브 단부에 돌출된 닙(일명 CAMS:돼지발톱)만으로 구조적인 안정을 도모하고, 구조체를 경량화시켜 줌으로써 종래의 4변지지를 2변지지로 구조해결하였다. 또한 벽과 슬래브에서 노출된 조인트를 강력하게 연결시킴으로써 종래의 PC조인트보다 강성을 높게 하여 준다. 중공부분(hollow core)은 조인트 채움콘크리트가 들어가는 것을 막기 위하여 원형 디스크로 구멍을 막은 후 조인트 콘크리트를 밀실하게 채운다.

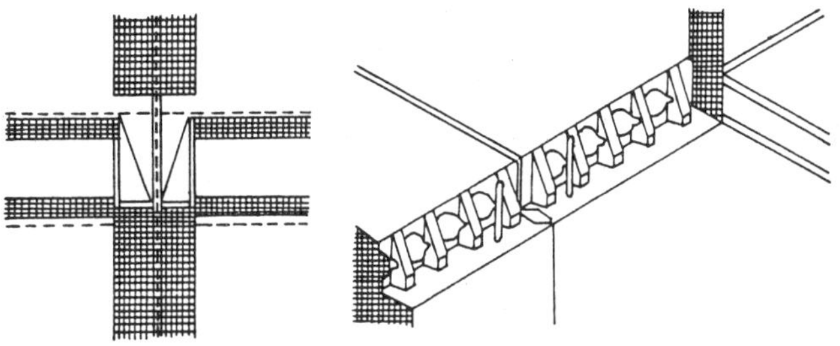

그림 7-15 바닥과 벽의 접합부

2) 바닥과 바닥의 접합

비내력벽 조인트로서 구조적인 조인트 형태가 불필요하며 단순히 차음, 단열효과의 기능을 도와준다(중공부분에서 소음 및 열전달의 소진효과가 있다).

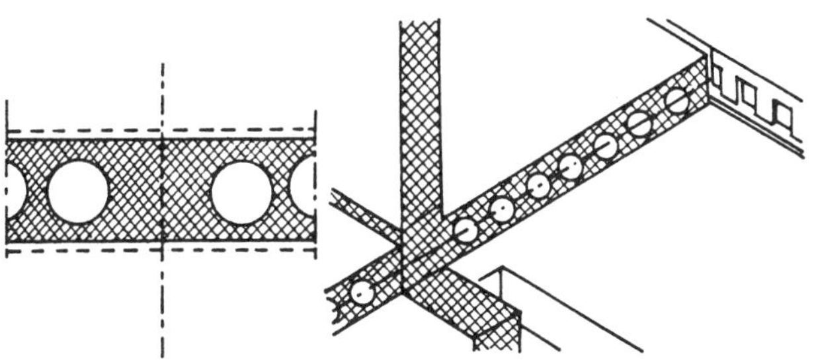

그림 7-16 바닥과 바닥의 접합부

7-5-4 K사 콘스(Koncz)공법

이 공법은 스위스의 프리패브테크(Prefabtech)사에서 도입된 공법으로 고층건물의 건설을 목적으로 개발된 대형패널공법(large panel system)이다. 건물의 양 방향으로 패널을 배치하여 구조적 안정성을 얻게 한 2방향 구조시스템을 사용함으로써 구조요소들이 모든 방향으로 연결되어 있어 수직력과 횡력에 저항하는 성능이 우수하다. 또한, 슬래브는 2

방향 슬래브로 해석하여 각 방향의 벽에 하중을 분담시키고 있다. 이러한 형식을 통해 구조안정성, 구조연속성 및 연속도괴(progress collapse)에 대한 저항성능을 갖게 하였다.

특히 이 공법은 외벽 샌드위치패널에 있어서 스테인레스로 만들어진 ϕ8mm의 KM 앵커(anchor)를 사용하여 외기의 온도변화에 대해 내·외부층이 각각 독립적으로 수축, 팽창이 가능하도록 패널의 중력중심에서 접합한다. 또한, ϕ2mm 스테인리스네일(stainless nail)을 사용하여 풍력에 대해 내·외부층이 따로따로 변형(회전, 처짐 등)되지 않도록 외부층에서 내부층으로 접합시킨다.

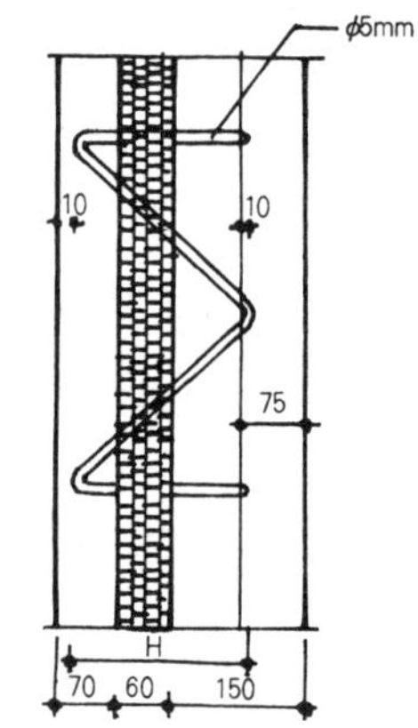

그림 7-17 KM앵커의 상세도

수직접합부는 동일층의 인접 벽패널이 서로 만나는 곳에 형성되며, 벽패널의 단부에 만들어진 전단키와 벽패널에 매입된 루프철근 및 루프철근을 관통하는 수직 보강철근을 통해 벽패널을 일체화시켜서 인접 벽패널의 중력 차이로 인한 변위를 조절하고, 벽체간의 부동침하를 방지하는 역할을 해준다.

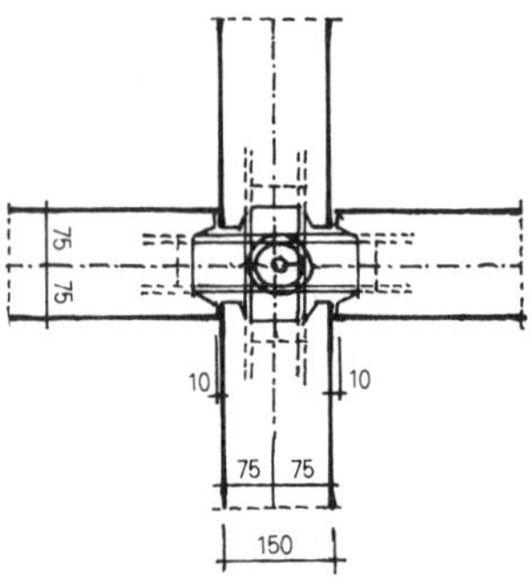

그림 7-18 수직접합부의 형상

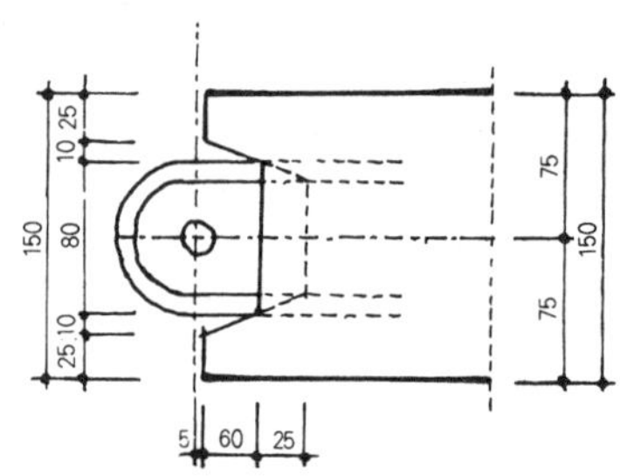

그림 7-19 수집접합부의 전단키 상세

수평접합부의 형상은 슬래브의 연속성 확보와 비정상 하중시 슬래브의 현수작용(suspension action)이 가능하도록 슬래브 패널 단부에 루프(loop)를 설치하여 루프와 헬렉스(helex)로 연결한 다음 수직결속근을 슬래브 전단키내에 위치시켜 국부 부착응력의 효과를 높일 수 있도록 하였다.

7-5-5 H사 HID-PC 공법

이 공법은 H사가 중동에서 조립공법을 수행한 경험과 기술을 바탕으로 자체적으로 개발한 PC공법으로 1988～92년간 약 5개년도에 걸쳐 개발하였다. 이 공법의 접합시스템은 다음과 같다.

(1) 수평접합부

상하 벽패널은 한 패널에 최소 2개 이상의 수직보강철근(vertical tie)을 특별히 고안된 조인트박스를 이용하여 조립한다.

상하 벽패널을 조인트박스를 통하여 연결하기 때문에 접합부 시공이 용이하고 용접과 같은 현장작업자의 숙련도나 성실도와 관계없이 일정한 품질확보에 유리하다. 또한, 콘크리트 타설 후 수축현상이 발생하면 레벨링너트의 높이를 재조정(set-down)하여 접합부의 밀실성을 확보할 수 있다.

수평접합부의 조립과정은 접합부 그라우트 또는 드라이팩모르타르를 사용하여 여러 단계의 조립순서를 거쳐야 하는 타공법과 비교하여 매우 단순화된 공법으로 조립시간의 단축 및 접합부의 밀실한 충진을 통한 접합부의 압축강도 및 전단강도 확보에 유리하다.

슬래브와 슬래브의 연속성 확보와 국부파괴시 슬래브의 현수작용이 가능하도록 슬래브와 슬래브가 매 60cm 간격으로 수평보강철근으로 연결되며 슬래브 가장자리(edge)에 있는 전단키는 바람이나 지진과 같은 수평하중이 작용할 경우 슬래브 상호간의 수평전단저항을 통하여 슬래브의 격막작용(rigid diapragm action)이 가능하다.

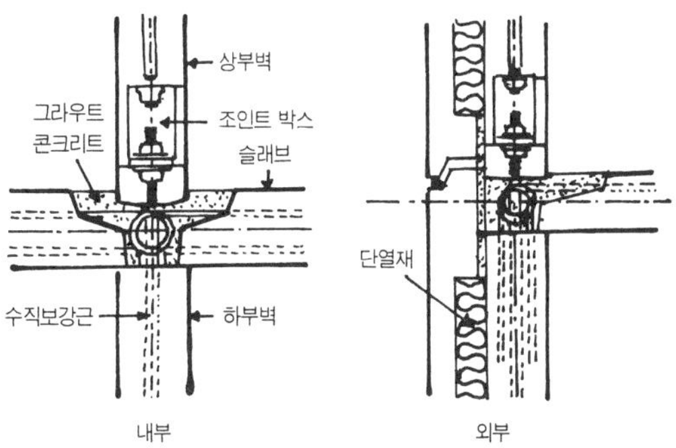

그림 7-20 수평접합부의 상세

(2) 수직접합부

수직접합부는 개방된 형태로서 접합부 콘크리트(모르타르)의 밀실한 타설을 확인할 수 있으며, 이를 구성하는 전단키는 1개층에 10개로서 그 크기는 전단키의 파괴기구 및 실험결과에 따라 10cm×14cm×2.5cm로 제시되었다.

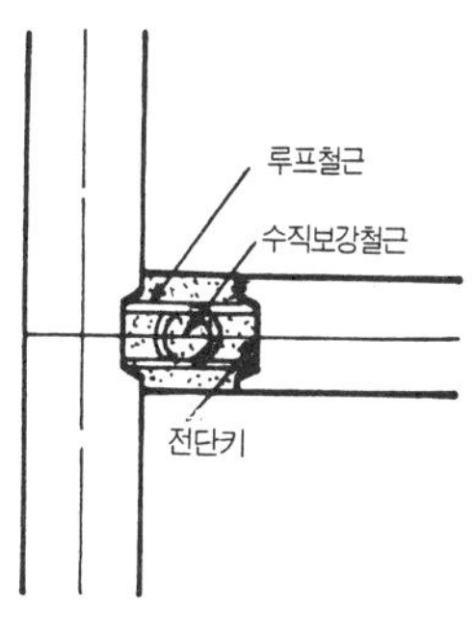

그림 7-21 수직접합부의 상세

(1) 수평접합부

상하 벽패널은 한 패널에 최소 2개 이상의 수직보강철근(vertical tie)을 특별히 고안된 조인트박스를 이용하여 조립한다.

상하 벽패널을 조인트박스를 통하여 연결하기 때문에 접합부 시공이 용이하고 용접과 같은 현장작업자의 숙련도나 성실도와 관계없이 일정한 품질확보에 유리하다. 또한, 콘크리트 타설 후 수축현상이 발생하면 레벨링너트의 높이를 재조정(set-down)하여 접합부의 밀실성을 확보할 수 있다.

수평접합부의 조립과정은 접합부 그라우트 또는 드라이팩모르타르를 사용하여 여러 단계의 조립순서를 거쳐야 하는 타공법과 비교하여 매우 단순화된 공법으로 조립시간의 단축 및 접합부의 밀실한 충진을 통한 접합부의 압축강도 및 전단강도 확보에 유리하다.

슬래브와 슬래브의 연속성 확보와 국부파괴시 슬래브의 현수작용이 가능하도록 슬래브와 슬래브가 매 60cm 간격으로 수평보강철근으로 연결되며 슬래브 가장자리(edge)에 있는 전단키는 바람이나 지진과 같은 수평하중이 작용할 경우 슬래브 상호간의 수평전단저항을 통하여 슬래브의 격막작용(rigid diapragm action)이 가능하다.

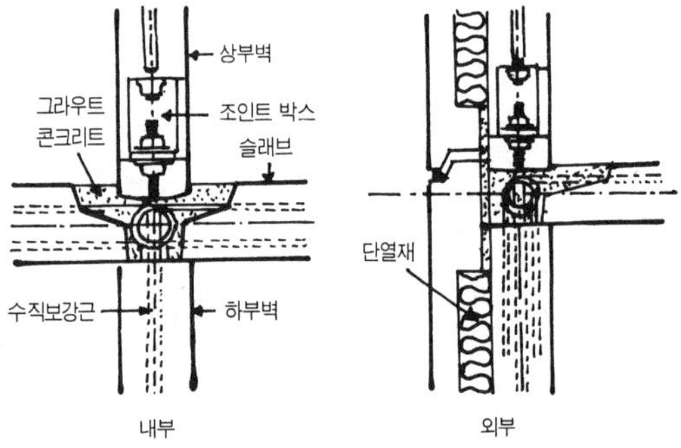

그림 7-23 수평접합부의 상세

(2) 수직접합부

수직접합부는 개방된 형태로서 접합부 콘크리트(모르타르)의 밀실한 타설을 확인할 수 있으며, 이를 구성하는 전단키는 1개층에 10개로서 그 크기는 전단키의 파괴기구 및 실험결과에 따라 10cm×14cm×2.5cm로 제시되었다.

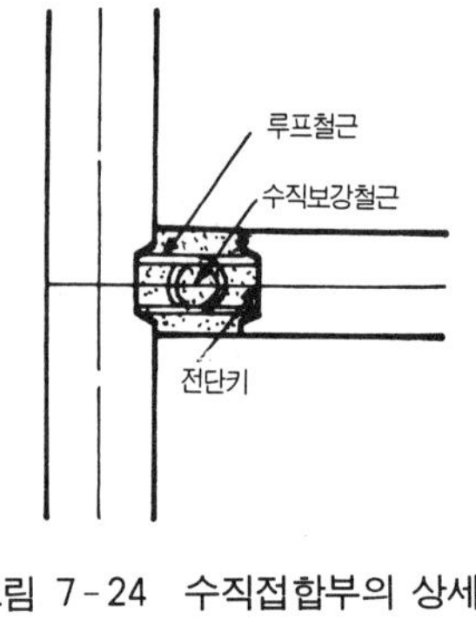

그림 7-24 수직접합부의 상세

제 8 장 철골공사

8-1 공사계획

8-1-1 개 요

철골공사는 크게 나누어 철골조와 철골철근콘크리트조의 2종류 공사로 분류된다. 철골조는 일반적으로 S조라 불리우고 공장, 창고, 초고층빌딩 등에 사용되며, 최근 증가 추세에 있다. 철골철근콘크리트조는 일반적으로 SRC조라 불리우고 10층 전후의 오피스빌딩, 주상복합아파트 등에 많이 사용되는 구조형태이다. 그리고 철골공사의 실제의 작업은 일반적으로 '공장가공'과 '현장가공'의 2가지로 나누어 진행된다.

작업은 보통 그림 8-1의 흐름도와 같이 행해진다.

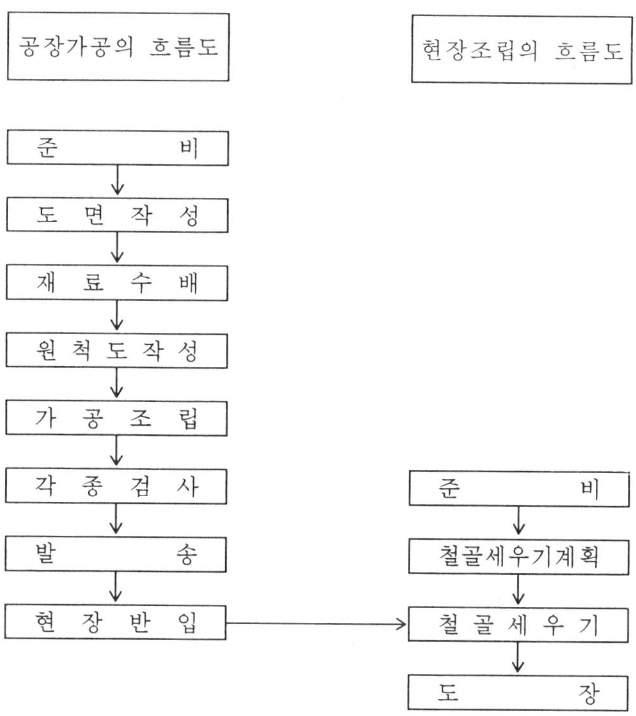

그림 8-1 철골공사의 흐름도

8-1-2 현장 상황과 공사계획

철골공사에 대해서는 현장시공의 입장에서 다음과 같은 각각의 점에 대하여 설계도서 등을 검토하지 않으면 안된다.

(1) 설계도서 검토

① 공장에서 공사현장까지의 도로사정, 운반수단, 현장 주위의 상황을 살펴보고 철골의 부재가 설계도서에 표시된 길이, 무게로 운반이 가능한지를 검토한다.

② 설계도서에 표시된 길이, 무게로 운반하는 도중이나 혹은 철골세우기시에 변형이 발생되지 않는가. 즉 운반 또는 철골세우기에 대한 보강이 필요한가를 검토한다.

③ 설계도서에 표시된대로의 이음, 맞춤으로 제작하면 공정적으로 합리적인가 그리고 접합부를 늘리는 쪽이 혹은 줄이는 쪽이 효율적인가를 검토한다.

④ 철골공사를 시공하기 위해 필요한 가설물의 하중에 대한 철골이 지탱할 수 있는지의 여부를 검토한다.

⑤ 철골철근콘크리트의 경우는 철골의 외측에 철근을 조립하여 삽입하고 철근이 소정의 피복두께를 유지하며 철근의 정착, 조인트, 압접 등을 고려하여 설계도서(특히 의장도)의 기둥 치수내에 맞출 수 있는지를 검토한다.

⑥ 철골은 한 번에 세워지는가 혹은 콘크리트에 의해 구체로 굳혀 가면서 분할하여 세워지지 않으면 안되는가를 검토한다.

이상에 대해 설계도서를 검토하고 구조설계담당자와 충분히 협의하여 만약 문제가 있는 경우는 발주자, 설계자, 관리자를 통해 조속히 대책을 세우지 않으면 안된다.

(2) 공정표 작성

계약공기를 토대로 작성된 기본공정표로부터 철골공사의 부분을 축출해서 검토한다.

전체공정을 지키기 위해서는 철골공사는 언제부터 시작하여 언제까지 끝내지 않으면 안되는가를 검토하는 것이 중요하다. 그렇게 하기 위해서는 공작도 승인, 원치수의 확인, 제품검토 등을 마일스톤(공정확보를 위한 예정일)으로 설정해서 각 공정을 관리한다.

8-1-3 공사내용과 가공업자의 결정

공사의 규모, 철골의 그레이드, 품질, 공기, 발주자의 요구 등에 일치하는 철골가공업자(패브리케이터)를 선택한다. 선택시에는 다음 각 사항을 체크해야 한다.

① 건물의 규모, 철골의 그레이드, 공정 등에 대하여 지정 대상인 철골가공 공장이 갖는 능력이 각종의 요구에 대해 충분히 대응할 수 있는가.

② 철골가공 공장의 제작 능력과 현재 철골가공 공장의 수주상황과의 밸런스는 잡혀져

있는가.

③ 철골을 가공하는 공장과 현장의 소재지 관계는 어떤가.

참고로 일본 철골가공업자는 소속하고 있는 단체에 따라 각각 밑에 있는 표와 같이 랭크가 붙여져 있다.

(사단법인) 일본 철골건설업협회(鐵建協)	
S 류	A류를 넘는 건물을 포함한 모든 건물, 강재
A 류	15층 이하의 건물, 41킬로급, 50킬로급 강재로 50mm이하
B 류	9층 이하의 건물, 41킬로급 32mm 이하, 50킬로급 25mm 이하
C 류	3층 이하의 건물, 50킬로급 16mm 이하

(사단법인) 일본 전국철구(鐵構)공업연합회(全構連)	
H 그레이드	대규모로 고도의 기술과 상응의 시설을 필요로 하는 강구조물을 적절히 제작할 수 있다고 인정되는 것
M 그레이드	H에 준하는 것으로 중정도의 규모이며 또한 상당한 기술과 시설을 필요로 하는 강구조물을 적정(適正)하게 제작할 수 있다고 인정되는 것
R 그레이드	중정도 이하의 규모이며 또한 통상의 기술과 시설을 필요로 하는 강구조물을 적정(適正)하게 제작할 수 있다고 인정되는 것
J 그레이드	R에 준하는 공장으로 소규모 강구조물을 적정하게 제작할 수 있다고 인정되는 것

8-2 공장가공

8-2-1 강재의 종류와 확인

철골에 사용되는 강재는 사용하는 장소, 건물의 규모, 건물의 사용목적 등에 따라 종류가 다르다. KS에 규정되고 있는 각종 강재 중에서 선택해서 사용하는 것이 보통이다.

강재에는 규격품(기성품)과 빌트 H와 같이 설계도서의 사양에 따라 특별히 공장에서 조립되어 제작되는 것의 2종류가 있다. 또 규격품에서도 시장이 적고, 반주문생산적인 사양의 것도 있어 특별히 제철메이커에 제작주문하지 않으면 안되는 경우도 많다. 이것을 "롤(roll)에 넣는다"라고 한다.

특수한 강재를 사용하고 있는 설계의 경우나 공정적으로 문제가 있는 공사의 경우에는 관계부서, 강재납입회사 등의 담당자 및 주문자, 설계자, 감리자 등과 함께 충분한 사전검토를 하지 않으면 안된다.

8-2-2 밀시트(강재규격증명서)와 제조회사의 확인

설계도서 및 각종 협의에 의해 사용하는 강재의 종류, 수량이 결정되면 즉시 메이커 혹은 취급대리점에 발주하여 철골가공업자에 납입된다.

제1루트는 철골가공업자가 원도급업자로부터 강재 및 가공 모두 수주해서 자신이 직접 강재를 수배·구입하고 가공해서 소정의 검사를 거쳐 현장에 반입하는 루트이다. 이 케이스가 일반적이다.

제2루트는 건물의 발주자 혹은 취급대리점으로부터 직접 철골가공업자에 납입되어, 그 강재가 건물의 발주자나 설계자, 감리자, 원도급업자의 눈으로 확인되는 것은 적다. 납입된 강재의 재질과 제조회사를 확인하기 위해 밀시트(강재규격증명서)의 체크와 보존을 하지 않으면 안된다. 이것은 철골공사의 품질확보를 위해 없어서는 안될 관리업무이다.

8-2-3 공장가공의 순서

공장에서의 철골가공은 일반적으로 다음 순서에 의해 이루어진다.

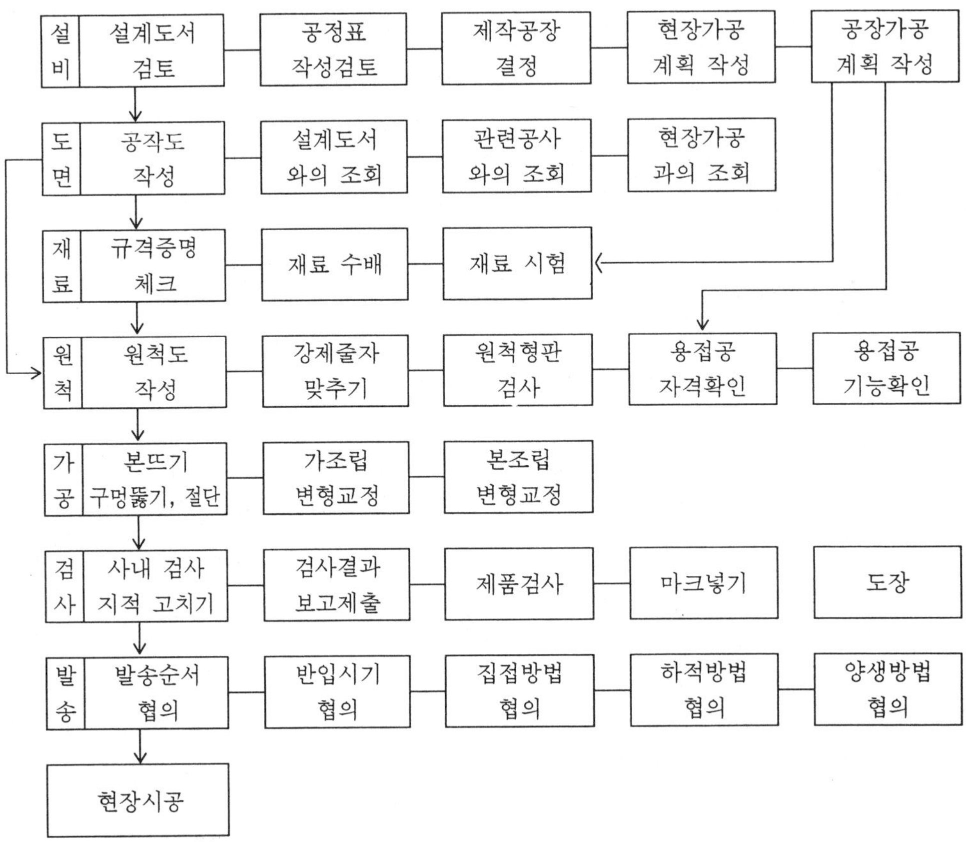

그림 8-2 공장가공의 순서

각각의 작업은 설계도서의 의장도, 구조도, 구조계산서를 참조하면서 다방면에 걸친 여러 가지 검토를 통해 진행되지 않으면 안된다. 설계도서는 반드시 현장에서의 시공, 공장에서의 가공, 경제적 환경, 운반 등을 고려했다고는 할 수 없기 때문이다.

(1) 공작도의 작업

부재의 가공에 앞서, 우선 공작도를 작성한다. 공작도 작성시점에 있어서는 다음의 각각의 점을 검토하지 않으면 안된다.

1) 현장시공과 안전대책

① 승강용에 기둥을 부착하는 트랩의 형상, 사양
② 횡층강, 종층강의 가설기둥 및 훅의 장소, 개소, 형상
③ 비계, 낙하물방지망, 하이스테이지, 세우기용의 피스

2) 관련공사의 조회

① 설비공사, 공조공사 등의 슬리브구멍의 사양 및 위치와 철골보강대책
② 거푸집 세퍼레이터용의 구멍의 지름과 위치(철골철근콘크리트조)
③ 기둥의 후프철근, 보철근의 관통구멍의 지름과 위치
④ 철골 부속부품, 데크플레이트의 부착피스, 시어커넥터

(2) 원척도검사

원척도검사는 철골제작공장의 원척도에 보, 기둥 등의 주요부재의 크기, 길이 등을 원척(1/1)으로 그리고, 각부의 자세한 매듭, 볼트의 간격, 그 수량 등 일반의 설계도서로서는 체크할 수 없는 점을 검토함과 동시에 실제로 그 철골의 제작을 행할 때의 형뜨기, 구멍뚫기 등에 사용하는 형판 등을 작성하기 위해 행해진다. 원척검사에 앞서 공장의 제작치수와 현장치수와의 차이를 없애기 위해서 공장측, 현장측의 양자의 강제자를 맞추어 오차를 체크하는 것이 통례이며, 이것을 줄자맞춤이라 한다.

표 8-1 강제줄자에 있어서의 길이의 허용차

<table>
<tr><th colspan="5">강제줄자에 있어서의 길이의 허용차</th></tr>
<tr><th>길 이</th><th>등 급</th><th>허 용 차</th><th>길 이</th><th>허 용 차</th></tr>
<tr><td rowspan="2">1m 이하</td><td>1급</td><td>±0.3mm</td><td rowspan="2">1m를 넘을 때</td><td rowspan="2">1급 ±0.3mm,
2급 ±0.6mm에 1m를 넘을 때마다 1급 0.1mm, 2급 0.2mm를 더한 값</td></tr>
<tr><td>2급</td><td>±0.6mm</td></tr>
<tr><td colspan="5">상기 수치는 온도 20℃일 때를 기준으로 한다</td></tr>
</table>

(3) 자격확인

공장가공에서의 강재의 접합에는 주로 용접접합이 사용된다. 용접접합은 엄격한 시공관리가 필요하다. 용접공에는 자격이 필요하다. 그리고 용접작업지도를 행하는 용접시공관리기술자에도 자격이 필요하다.

이러한 자격은 원척검사, 제품검사시에 공장에서 반드시 확인한다. 또 현장에서 행해지는 용접공사가 있는 경우에는 현장에 파견되는 자의 용접공의 증명서가 있어야 한다.

(4) 가공작업

1) 본뜨기

원척도가 설계감리자에 의해 승인되면 원척도로부터 채집한 형판, 줄자 등을 사용해서 강재에 절단, 구멍뚫기 등을 위한 마크를 한다. 이것이 본뜨기이다.

2) 가 공

본뜨기에 따라 강재에 절단, 구부림, 구멍뚫기 등의 작업을 가해 기둥, 보 등의 부재로 가공해 간다.

3) 조 립

가공된 부재를 용접접합, 고력볼트접합 등의 방법으로 조립하고, 기둥·보 등의 형으로 마감해 간다.

4) 비틀림고침

강재는 절단, 접합할 때는 가열해서 가공되지만, 그 때의 열에 의해 구부림, 신축, 늘어남 등의 비틀림이 생기는 경우가 많고, 이것을 조정할 필요가 있다. 이것을 비틀림고침이라 하지만, 이 작업시에 강재의 재질이 손상되지 않도록 주의해서 작업하지 않으면 안된다.

(5) 제품검사

제품검사는 다음 순서로 진행된다.

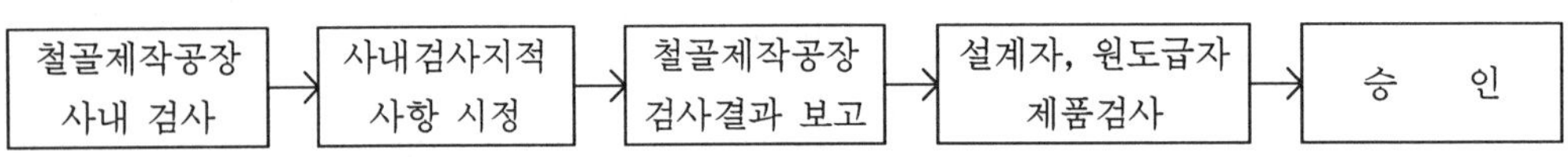

그림 8-3 제품검사의 순서

제품검사는 다음 방법은 2가지로 대별된다.

첫째는 치수 검사이며 그 정도는 표 8-2의 기준을 참고로 행해진다.

표 8-2 철골제품정도검사

	명 칭	그 림	허 용 차
1	길 이 (L)	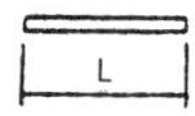	+3mm
2	휨 (C/L)	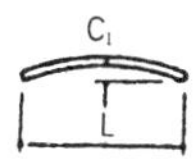	L/1000
3	높 이 (H)		H<400mm + 2mm; 400mm<H<1,000mm +H/200 H>1,000mm+5mm
4	폭 (B)		+3mm
5	플랜지 경사 (C)	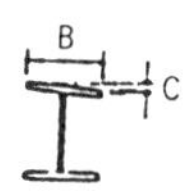	B<200mm B/100 B>200mm 2mm
6	플랜지 구부림 (C)	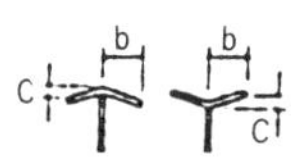	b<100mm b/100 b>100mm 1mm
7	심 벗어나기 (C)	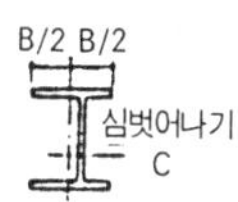	2mm
8	접합부의 각도 (C_1/L) (C_2/L)	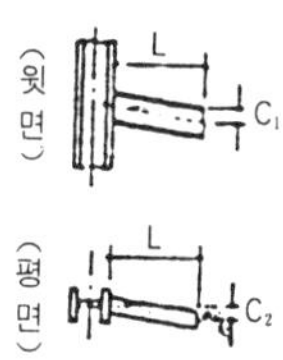	L/300 또는 C_1 및 C_2는 3mm 이하
9	웨브의 구부림 (C_1/H) (C_2/H)	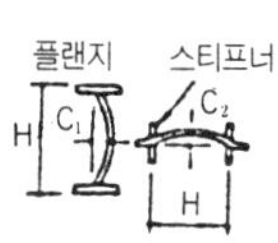	H/150
10	가드절단면의 거칠음		200S
11	가드절단면의 놋치깊이		1mm

둘째는 접합개소, 특히 용접개소의 검사이다. 검사의 방법으로서는 그 부분을 파괴해서 검사하는 것이 불가능하므로 육안검사와 비파괴검사를 행한다.

육안검사는 용접개소의 상태가 그림 8-4와 같이 정규의 상태로 용접되어 있는가를 눈으로 확인 또는 검침해머 등으로 용접개소의 들뜸 등을 검사한다.

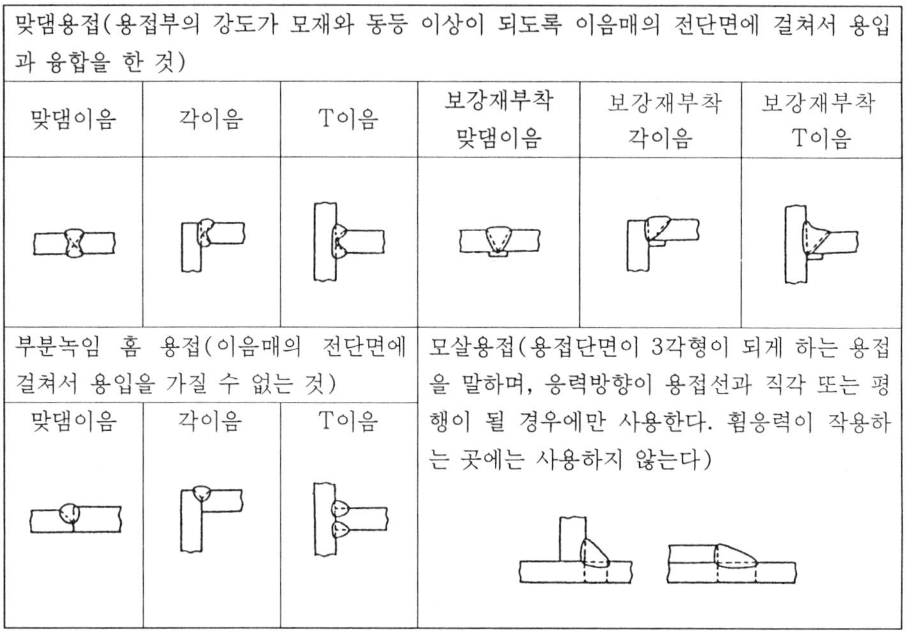

그림 8-4 용접개소의 상태

비파괴검사에는 초음파탐상시험, 침투탐상시험, X선탐상시험의 3종류가 있지만, 건축의 경우에는 초음파탐상시험이 많이 사용된다.

(6) 마크넣음, 도장, 발송

검사가 완료되고 제품이 적정하다고 인정되면 마크넣음을 행한다. 마크는 설계도서 혹은 가공도의 기호에 따라 A-1, A-2 정도의 기호로 기입하지만, 마감과의 관계 등을 고려해서 행할 필요가 있다.

방청도장을 실시해서 공장에서의 작업이 끝나면 발송순서의 협의, 발송시간 협의, 짐부림 방법협의를 거쳐 현장시공으로 이어진다.

8-3 세우기공사

8-3-1 세우기공사의 순서와 현장상황

현장에서의 세우기는 일반적으로 다음 순서에 따라 행해진다.

세우기 계획에 있어서는 다음 사항을 철골제작 공장측과 협의하지 않으면 안된다.

(1) 부재반입의 순서확인

현장의 상황에 따라 세우는 순서는 여러 가지가 있으며 반드시 구석부터 세워간다고는 할 수 없다.

(2) 반입의 부재수(피스수) 확인

철골구조의 난이도나 현장의 환경 등에 따라 1일 세워지는 피스수는 일정하지 않다.

(3) 반입시간의 확인

시가지에서는 근린문제, 교통규제 등에 의해 작업시간이 제한되는 케이스가 많고 또한 트럭이나 크레인 대기장소가 없는 경우도 많으므로 반입시간의 협의에는 충분한 신중함이 필요하다.

8-3-2 준비공사

(1) 현장시공도의 작성

설계도서, 철골가공도를 참고로 하여 현장시공을 위한 철골시공도를 작성한다. 그 도면에 넣는 주요한 내용은 다음과 같다.

① 주심, 벽심과 철골의 주심과의 관계
② 철골과 앵커볼트와의 관계(SRC조의 경우)
③ 기초와 앵커볼트와의 관계
④ 각 부분 부재의 개체중량

(2) 심먹매김

현장시공도에 근거하여 철골의 주심을 콘크리트 위에 먹매김한다. 이 경우, 구체의 심과 철골의 주심은 반드시 일치하지 않으므로 주의가 필요하다. 또한 이 먹매김에는 철골공장에서 원척검사시에 행한 테이프맞춤을 한 강제줄자를 사용하지 않으면 안된다.

(3) 앵커볼트 설치

밑창콘크리트 위에 표시한 먹에 맞추어 철골 앵커볼트를 설치한다. 앵커볼트의 위치의 정도가 나쁘면 철골구조체 그 자체의 정도 및 공정에 악영향을 미치며 또한 그 조정에서도 막대한 시간과 노력이 들게 된다. 따라서 앵커볼트는 정확하게 설치하여 콘크리트 타설이 끝날 때까지 움직이지 않도록 고정한다.

우선 앵커볼트 설치에 앞서 철골제작 공장으로부터 설치 플레이트(철골의 기둥 최하부의 부분의 철판과 동일 치수로 만들어진 얇은 철판. 주심의 선도 앵커볼트를 위해 구멍의 크기도 철골과 동일하다)를 가져와 설치 플레이트의 심과 먹매김한 심먹과 설치 플레이트에 맞춰 앵커볼트를 설치한다. 이 작업시에는 볼트를 따로따로 세트하는 것보다는 필요한 본수의 볼트를 모아서 설치하는 것이 정확하고 또한 간단하다. 철골업자에게 세트를 시켜서 납입하는 경우가 많지만, 이 경우에 구체와 철근의 관계를 고려해 두지 않으면 세트한 볼트가 맞지 않는 경우가 있으므로 주의해야 한다.

일반적으로 철골의 주각과 기초, 기초보 등의 철근콘크리트 부분과의 접합은 고정(또는 반고정) 혹은 핀으로 설계되지만, 그러한 것들의 주각은 노출형식, 기초싸기형식 및 매입형식의 3가지로 대별된다(그림 8-5 참조).

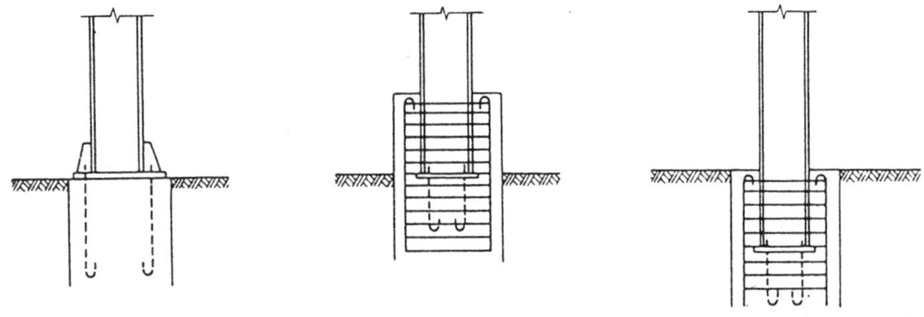

(a) 노출형식　　(b) 감는형식　　(c) 매입형식

그림 8-5 주각의 형식

실제공사는 주각은 노출형식의 하이베이스가 채용되며 기초콘크리트의 타설 후의 앵커볼트에 장력을 거는 것에 의해 고정단으로 하는 방식이 취해지고 있다. 앵커볼트는 콘크리트와의 사이에 부착력이 발생하지 않는 언본드형식이 채용되고 있다(그림 8-6 참조).

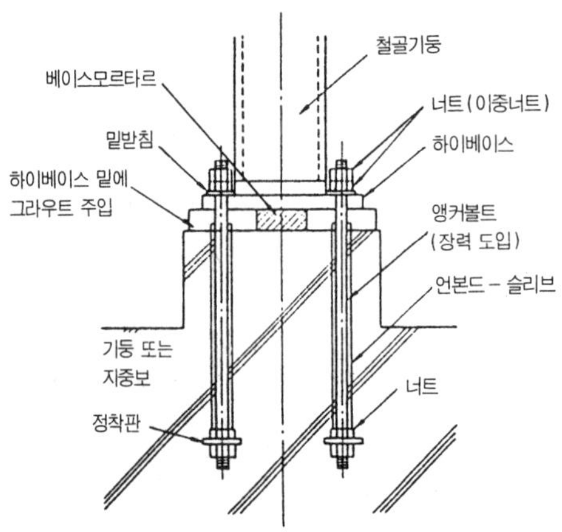

그림 8-6 언본드 노출형식의 주각 예

볼트 설치작업으로는 기둥의 먹을 확인하고 밑창콘크리트에 산형강(L－75×75정도)을 사용하여 볼트를 고정하기 위한 프레임을 조립한다. 프레임의 각부는 밑창콘크리트에 후타설앵커 등으로 고정한다. 프레임의 옆 앵글에 볼트의 구멍을 뚫은 거푸집을 먹에 맞추어 용접으로 부착하고 그곳에 앵커볼트를 넣고 너트로 조인다. 볼트의 두부에도 거푸집을 설치하여 너트를 조아 고정한다. 볼트가 커서 프레임과 하부의 거푸집만으로 볼트의 두부가 확실하게 고정할 수 없는 경우는 그림과 같은 프레임을 상부 거푸집판까지 입상시켜 여기에 철근을 설치하고 보강한다. 앵커볼트의 설치 정도는 그림과 같은 수치를 목표로 정도 있게 설치한다. 앵커볼트의 상부 나사부는 철골의 세우기까지 녹이 나오기도 하고 나사가 손상하지 않도록 그리스 등을 도포해서 그 위에 테이프 등으로 양생한다.

(4) 앵커볼트 체크

앵커볼트가 세트된 부분(기초, 지중보 등)의 콘크리트의 타설이 끝나고 먹매김이 완료하면 앵커볼트의 위치 체크를 해서 볼트가 정상적인 위치에 있는가를 확인한다. 정확한 위치에 없는 경우에는 수정을 가하지만, 이 경우에는 열을 가해서 수정하는 것은 절대로 피하지 않으면 안된다.

(5) 베이스플레이트

앵커볼트의 체크와 수정이 완료하면 철골의 높이 확보를 위해 베이스플레이트를 시공한다. 베이스플레이트는 무수축모르타르를 사용해서 시공하지만, 모르타르의 시공에 앞서 모르타르의 박리방지와 강도유지를 위해 콘크리트의 표면 청소와 레이턴스 제거를 철저히 하지 않으면 안된다. 또한 베이스모르타르는 이전은 '만두'라 불리워, 중앙부만 시공했지만, 현재는 구조적인 면에서 베이스플레이트보다 크게 시공되는 예가 많다.

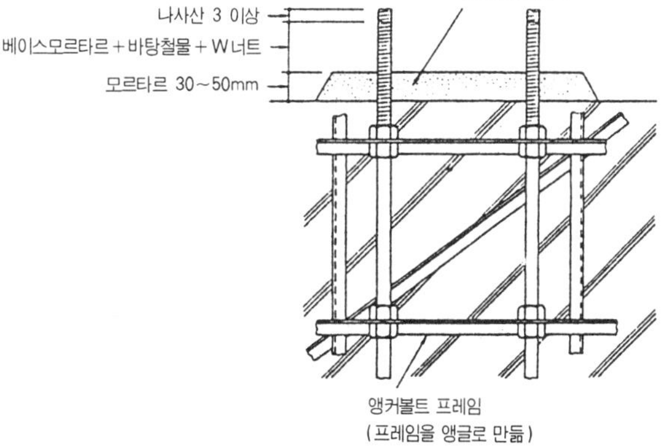

그림 8-7 베이스모르타르

8-3-3 세우기 계획

(1) 세우기 계획의 조건

철골은 세우기가 완료되어 처음으로 계획된 강도가 발휘된다. 따라서 조립중의 단계에서는 극히 불안정하고 위험한 상태라는 것을 생각해서 공사를 진행해야 한다. 그를 위해서는 충분한 안전대책 위에 공사계획서를 작성해서 관계자 전원의 납득과 이해 위에 공사를 진행하지 않으면 안된다.

철골의 세우기공사에 대해서는 다음과 같은 조건을 충분히 고려해서 계획을 세운다. 공정이나 공사의 수행만을 생각한 계획은 생각지도 않는 트러블을 초래할 걸로 생각하지 않으면 안된다.

1) 환 경

① 주변의 상황(도로상황, 교통량)

② 현장의 상황(현장의 넓이, 조립순서, 사용기계의 종류, 짐부림장소와 방법)

2) 작 업

① 1일 작업량(작업가능시간, 가능한 피스수)

② 조립순서(납입순서와 각부재의 중량)

③ 기구의 선정(세우기에 사용하는 기계·기구의 선정)

④ 안전대책(전도방지법, 순서, 공구, 기구 및 대책)

⑤ 보강의 필요, 불필요(보강 없이 시공할 수 있는가의 검토)

3) 기 타

① 일정의 확인(반입, 기계, 직인 등의 수배)

② 각사, 각직의 역할분담의 명확화(책임분담, 책임범위의 명확화)

③ 공사중지 조건의 설정(위험방지, 공정우선의 되고침 조건의 확립)

(2) 철골세우기 검토회의

전항의 조건을 충분히 고려한 철골세우기 계획서를 작성해서 그 계획서를 토대로 관련부서, 관계협력업자의 담당자를 현장사무소에 소집해서 작업소장이 주최하여 철골세우기 검토회를 개최한다.

검토회의 주요한 내용은 '각 관계회사의 역할 재확인', '계획의 주지철저', '안전대책의 재확인', '계획면의 누락 체크'이다. 또한 검토회에 출석을 요하는 관계자는 다음 부서의 담당자이다.

① 원도급업자 : 현장공사 담당자, 기술·안전·감리·설계의 각 담당자

② 철골가공업자(패브리케이터) : 현장공사 담당자, 용접공의 책임자

③ 비계직 : 실제로 작업에 종사하는 비계직의 책임자

④ 중기업자 : 기계의 성능, 능력, 결점을 충분히 숙지하고 있는 자
⑤ 공구업자 : 공구, 기구, 재료 등의 성능, 한계를 숙지하고 있는 자

8-3-4 세우기 기계의 선정

철골세우기에서는 타워크레인, 트럭크레인 등의 양중기를 사용하지만, 그 선택에 있어서는 각각의 기계가 갖는 능력, 장단점을 충분히 이해하고 또한 현장이 놓여져 있는 상황, 철골공사의 내용, 공정, 안전대책 등을 검토하지 않으면 안된다. 사용기계의 선정 잘못은 공정의 지연, 공비의 증대를 초래하여 각 방면에 다대한 손해를 끼칠 뿐만 아니라 그 공사 및 종사하는 작업원의 안전상에도 중대한 영향을 줄 가능성이 높기 때문이다.

(1) 타워크레인

각 소의 초고층빌딩의 공사현장에서 보여지는 것으로 포스트 위에 크레인을 부착한 기계이다.

1) 장 점

현장에 설치해서 사용하기 때문에 한 번 설치하면 크레인의 붐이 도달하는 범위에서 그 기계 능력의 허용범위내의 중량이라면 철골공사에 한하지 않고, 각종 재료의 양중, 반입자재의 양중, 마감공사(커튼월, 외벽의 PC판 등의 부착)에도 전용이 가능하다. 또 초고층빌딩의 경우에는 철골상에 '밀어올림'이 가능하다. 그렇기 때문에 시공할 높이의 제한이 없다. 또 포스트가 밑으로 늘어져 있는 것이 아니기 때문에 슬래브에 구멍을 뚫을 필요가 없고 누수의 염려도 없기 때문에 상부의 공사를 시공하면서 하부의 공사를 병행해서 시공할 수 있는 이점이 있다.

2) 단 점

반입, 반출, 세우기, 해체에 상당한 품과 자금이 필요하다. 기계가 특수하며 또한 사용빈도가 적기 때문에 손료도 구입가격도 고가이다. 손료란 기계의 차임의 것으로 리스의 기계는 물론, 자신의 회사의 기계라도 현장은 그 기계의 차임을 회사에 납입하지 않으면 안된다. 따라서 크레인붐이 도달하는 범위에 상당량의 톤수의 철골세우기가 있는 경우가 아니면 비경제적이다.

(2) 트럭크레인

대형 트럭에 크레인을 장비한 것으로 대형화물을 내리며, 전주세우기, 가로수심기 등에 사용된다.

1) 장 점

시가지의 공사의 경우에는 주변의 환경이 다종다양하기 때문에 기계의 종류가 많고, 능

력의 선택의 범위가 넓은 트럭크레인 쪽이 편리하다. 또 근린문제 등으로 작업시간에 제한이 있는 경우에는 필요로 하는 시간만 빌리므로 금전적으로도 유리하다. 또 자주할 수 있기 때문에 자금 회전이 유효하며, 공사의 추이에 맞춰 사용할 수 있다.

2) 단 점

붐의 길이에 한도가 있기 때문에 어느 정도 이상의 공사에는 사용할 수 없다. 아웃트리거를 완전히 세트하지 않으면 위험하지만, 그를 위해서는 어느 정도의 면적이 필요하므로 좁은 현장에서의 사용에는 문제가 있다.

기계 선정에 있어서는 현장의 환경, 시공하는 철골의 내용, 철골의 개체의 중량 등을 충분히 조사해서 각종 기계의 성능을 조사해서 작업에 맞는 기계를 선정해야 한다. 기계선정의 오류는 능률상의 문제에 머무르지 않고, 안전상 중대한 문제를 일으킬 가능성이 있으므로 충분한 조사검토를 하지 않으면 안 된다.

8-3-5 세우기 방법의 검토

철골 세우기는 크레인을 사용해서 철골을 양중하고 세우기 계획서에 정해진 순서에 따라 조립해 간다.

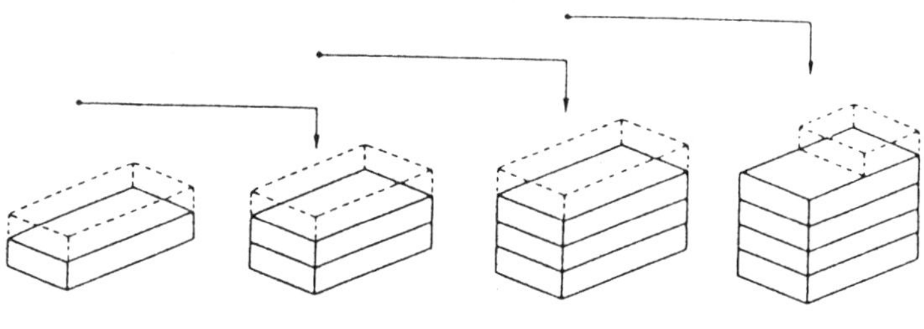

각 플로어마다 철골대를 조립하여 쌓아 올라가는 방법

(a) 쌓아올리기 방식

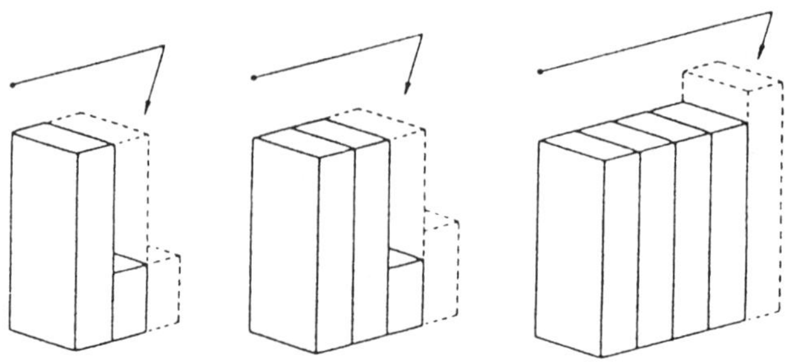

건물을 몇 개의 블록으로 분할해서 최상층까지 단숨에 쌓아올리며 이어 다음 블록으로 후퇴해서 세우기하는 방법

(b) 빠져나가기 방식

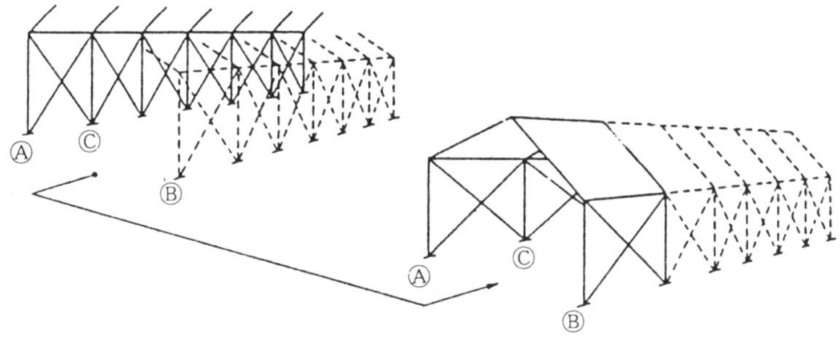

(c) 축세우기방식

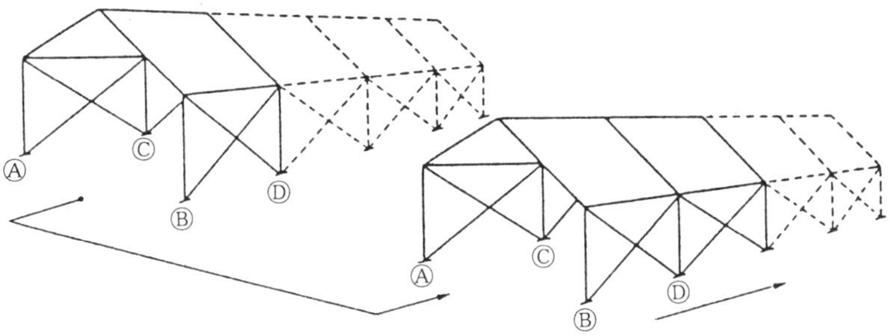

(d) 윤열세우기방식

그림 8-8 철골의 세우기방법

일반적인 철골세우기방법에는 쌓아올리기방식, 빠져나가기방식, 축세우기방식, 윤열세우기방식의 4종류 방식이 있다(그림 8-8 참조). 건물의 형상, 기둥과 보의 접합방식, 입지조건, 세우기 기계의 종류 등에 의해 적절한 세우기방법을 선택한다.

4종류 방식 중, 쌓아올리기방식과 빠져나가기방식이 일반적으로 가장 잘 채용된다. 공장, 창고 등의 단층 건물의 경우에는 축세우기방식, 윤열세우기방식이 많이 사용된다. 표는 각각의 세우기방식의 특징을 비교한 표이다.

표 8-3 철골세우기방식의 비교

쌓아올리기방식과 빠져나가기방식의 비교

	쌓아올리기방식	빠져나가기방식
공 정	후속공정의 랩작업이 가능한 방식. 공정진보가 일정하다.	구분할에 근거한 공사의 진척이 결정된다. 공정페이스가 정해지지 않는다.
안전대책	한 번에 플로어 전체의 네트양생이 가능하다.	철골의 자립검토를 요한다.
세우기 정도	1절마다 건물 전평면의 세우기 조정이 가능하다.	건립수정이 어렵다.
조립중기	타워크레인 등 대형중기가 된다.	이동식 크레인에 의한다.

축세우기 방식과 윤열세우기 방식의 비교

	축세우기 방식	윤열세우기 방식
공정	조금 길게 된다.	축세우기 방식에 비해 단축가능하다. 랩작업이 가능하다.
안전대책	내풍압의 대책이 용이하다. 자재의 정리가 용이하다.	내풍대책이 용이하다. 랩작업의 경우, 위험은 있다.
구내운반	구내통로를 확보할 수 있다.	구내통로가 제약된다. (높이가 제한된다)
현장조립 스페이스	건물의 스페이스로 현장조립이 가능하다.	건물 이외에 현장조립 스페이스가 필요하다.

통상, 집적장소 또는 트럭상에 어느 목적의 철골에 와이어를 걸고, 비계공의 신호에 의해 양중되어 크레인의 붐을 선회시켜서 소정의 위치에 가져가며, 신호에 따라 하강시켜 소정의 장소에 도달한다. 우선 기초에 세트된 앵커볼트를 기둥의 저판(베이스플레이트)에 뚫린 구멍을 통해서 너트를 조여서 기둥을 기초에 고정한다. 통상, 앵커볼트의 조임만으로는 기둥을 고정한다(자립시킨다)는 것은 불가능한 경우가 많으므로 예비 기둥의 상부에 복수의 와이어를 세트해 두고, 기초, 기둥의 전도를 방지한다. 이 와이어를 호와이어, 공와이어라 부른다. 철골의 세우기 계획의 주기에 이 와이어 본수, 긴결장소 등을 검토해두지 않으면 생각지도 않는 되풀림이나 사고의 원인이 되므로 주의가 필요하다. 이와 같은 순서로

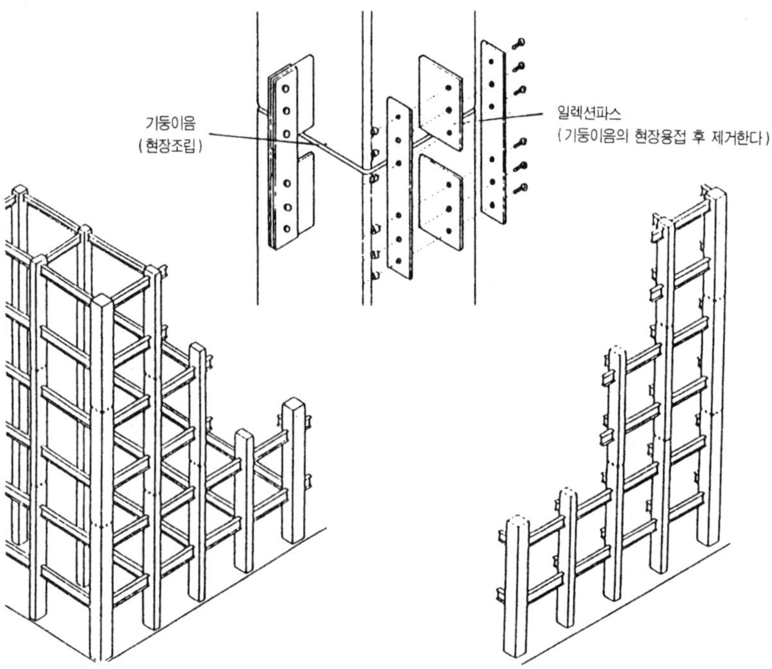

그림 8-9 블록세우기

그림 8-10 병풍세우기

4~6개의 기둥을 세우면서 보를 걸쳐서 1블록씩 고정해 간다. 이 방법은 블록세우기라 부르며 가장 일반적이고 또한 안전한 공법이다(그림 8-9 참조).

건물의 폭이 좁고, 부지가 좁으며 주변도로가 좁고 전선이 방해가 되는 등 현장이 놓여진 환경에 따라서는 그림 8-10과 같은 공법을 취하지 않을 수 없는 경우도 있다. 이것을 '병풍세우기'라 부르지만, 블록세우기에 비해 위험도가 높으므로 주의가 필요하다.

8-3-6 세우기의 정도

표 8-4 철골세우기표준

명 칭	그 림	허 용 차
(1) 건물의 기울기(e/H)	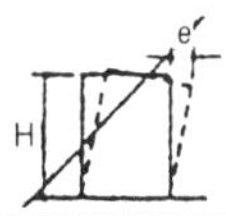	H/150 또는 e는 25mm 이하
(2) 건물의 만곡(e/L)	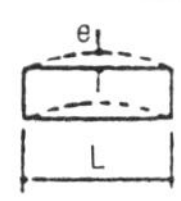	L/2,000 또는 e는 30mm 이하
(3) 기둥설치면의 높이 앵커볼트 위치	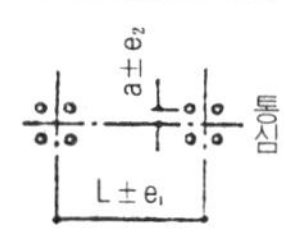	기능설치면의 기준높이
(4) 기둥의 출입(e)	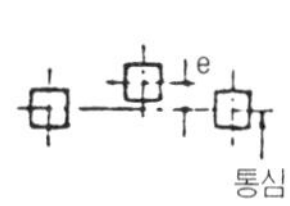	인접기둥 설치면의 기준높이로부터의 오차는 3mm 이하 인접기둥간 중심거리 오차 e_1는 ±3 mm 이하
(5) 층고(H)	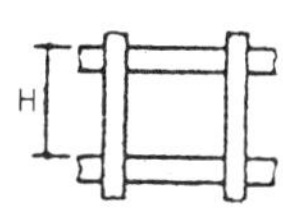	중심으로부터의 오차 5mm 이하
(6) 기둥의 기울기(e/H)	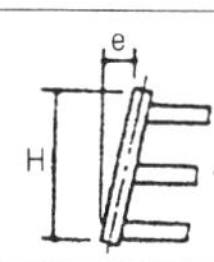	H/500
(7) 보의 수평도(e/L)	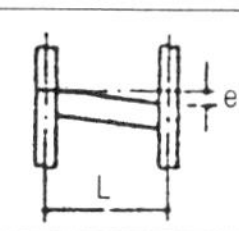	1/1,000 또는 e는 5mm 이하
(8) 보의 휘어짐(e/L)	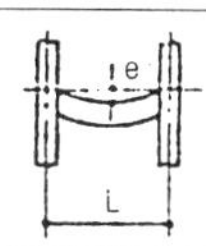	1/1,000

철골의 세우기 정도는 철골의 강도, 구체의 매듭, 본접합 등에 중대한 영향을 주므로 신중하게 확인을 행할 필요가 있다. 추나 트랜싯 등을 이용하는 방법이 있지만, 최근에는 레이저광선의 이용도 행해지고 있다. 세우기의 정도를 수정하는 것을 '비틀림수정'이라 한다.

8-4 접합방법

철골의 접합방법은 현재는 다음 2종류가 주로 행해지고 있다.

(1) 볼트접합

볼트접합에는 고력볼트와 보통볼트접합이 있지만, TC볼트를 사용한 고력볼트접합이 대부분으로 보통볼트접합은 극히 소규모의 건물에 한정된다.

볼트죄기는 임팩트렌치(impact wrench), 토크미터 달린 토크렌치(torque wrech)를 사용한다.

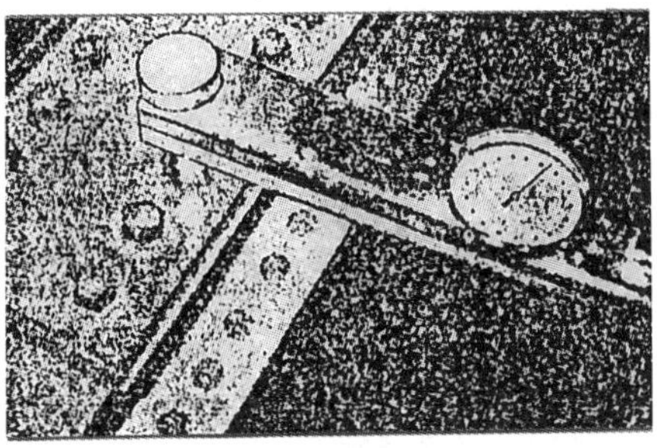

그림 8-11 토크렌치

(2) 용접접합

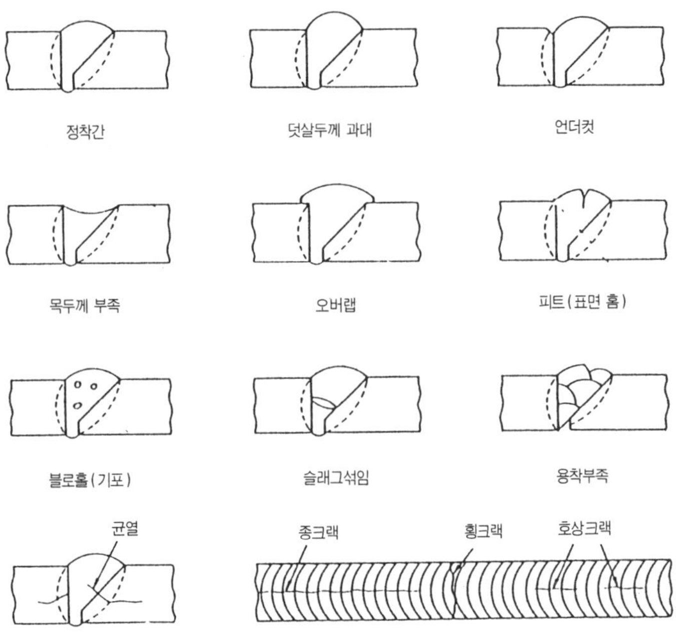

그림 8-12 용접부 결함

용접접합은 기둥의 이음 등에 다용되어 왔다. 정확하게 시공되면 가장 확실한 접합부가 된다. 그러나 기능이 불충분한 경우 등 원칙대로의 시공되지 않은 강도가 크게 저하해서 생각지도 않는 사고의 원인이 된다. 엄격한 시공감리와 용접에 종사하는 용접공의 자격, 기량의 체크가 필요하며 초음파탐상시험의 실시가 요구되어 진다. 용접부 결함에는 그림 8-12가 있다.

(3) 비파괴검사

용접종료 후, 용접부의 안전성을 확인하기 위해 비파괴검사를 실시한다. 비파괴검사는 표면결함에 대한 비파괴검사와 내부결함에 대한 비파괴검사로 대별된다. 표면결함에 대한 비파괴검사로는 육안이나 여러 가지 게이지를 사용하여 실시하는 외관검사 외에 침투(浸透)탐상검사, 자분(磁粉)탐상검사가 있다. 건축철골세우기 공사현장의 용접을 대상으로 하는 경우는 입반적으로 외관검사가 사용된다. 또한 침투탐상검사는 강관구조의 용접부 검사에 사용되지만 자분탐상검사는 현재 거의 사용되지 않고 있다.

맞댄용접부의 내부결함에 대한 비파괴검사로는 초음파탐상검사와 방사선검사가 있는데 방사선검사는 인체에 유해하며, 또한 그 취급이 번잡하고 공사현장 용접의 이음형상은 복잡하며 방사선원을 배치하기 어렵다. 또한 필름의 밀착성이 좋지 않으므로 결함의 검출이 곤란하게 되는 경우가 많고, 용접이음의 정적강도에 커다란 영향을 미치므로 융합불량 등의 평면상 결함은 초음파탐상검사와 비교해서 검출하기 어려운 점 등의 이유에서 공사현장 용접에 대한 비파괴검사로는 거의 사용하지 않는다.

1) 외관검사

외관검사는 용접을 한 용접공 또는 용접관리 기술자가 자주검사로 전수전장을 행하는 것이 원칙이다. 단, 치수의 측정에 대해서는 육안으로 과소 혹은 과대로 판단된 장소만을 게이지를 사용해서 확인하면 된다. 또한 측정결과의 기록방법으로는 측정한 위치에 초크나 사인펜으로 기록해두면 된다.

2) 침투탐상검사

침투탐상검사는 액체의 모세관현상을 이용해서 침투압을 결함내에 침투시켜 결함을 검출하는 방법이다. 따라서 이 검사방법은 자분탐상이 불가능한 비자성재료라도 적용할 수 있다는 이점을 가지고 있는 반면에, 반드시 표면에 개구한 결함만이 검출할 수 없다는 결점을 갖고 있다.

침투탐상검사는 침투압의 색조, 세정의 형식 및 현상법의 상이에 따라 6종류로 대별되지만, 일반적으로 가장 많이 사용되고 있는 것은 용제제거성 염색침투탐상검사이다.

3) 초음파탐상검사

초음파탐상검사란 인간의 귀로 들을 수 없는 20kHz 이상의 주파수를 갖는 음파(이것을 초음파라 한다)를 사용해서 결함을 검출하는 방법이다. 통상의 시험에는 1~5MHz의 주파수가 가장 많이 사용된다.

초음파탐상법은 탐상의 원리, 탐상도형의 표시방법, 사용하는 파의 진동방법 등에 따라 여러 가지 방식과 방법이 있다. 그 중에서 가장 널리 사용되고 있는 탐상방법은 펄스반사법이라 불리우는 것이다. 이것은 초음파의 펄스를 초음파탐상기(사진 8-1)에 접속한 탐촉자(사진 8-2)라는 음파를 송수신하는 것을 사용하여 음파를 용접부 내부로 발신해서 내부에 결함이 있으면 발신된 초음파의 일부가 결함에서 반사되어 본래 온 방향으로 되돌아가 다시 탐촉자(探觸子)로 그 음파를 수신해서 결함의 유무를 아는 것이다.

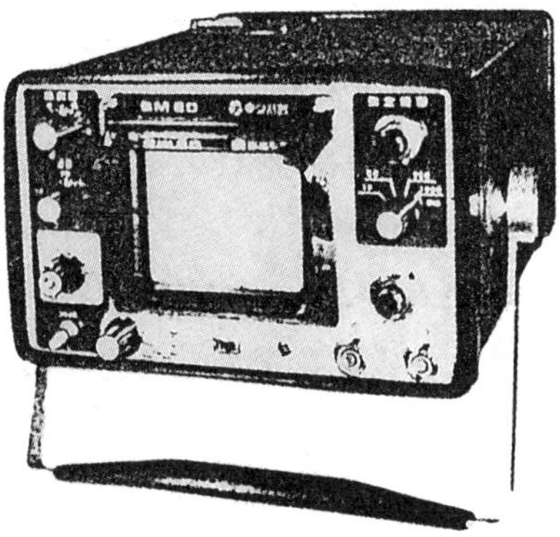

사진 8-1 초음파 탐상기

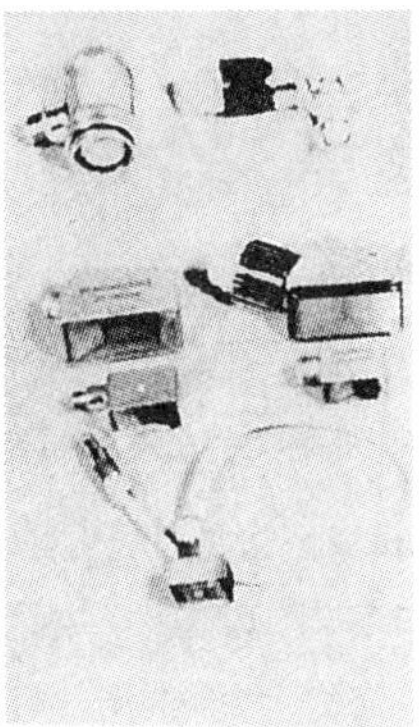

사진 8-2 탐속자

표 8-5 초음파 탐상법의 종류와 용도

탐상법	사용하는 파의 종류	용 도
수 직 탐 상	종 파	판, 단조, 주조, 두께측정, 용접
사 각 (斜 角) 탐 상	횡 파	용접, 관, 단조
판 파 (板 波) 탐 상	판 파	박판
표면파(表面波)탐상	표면파	표면 결함

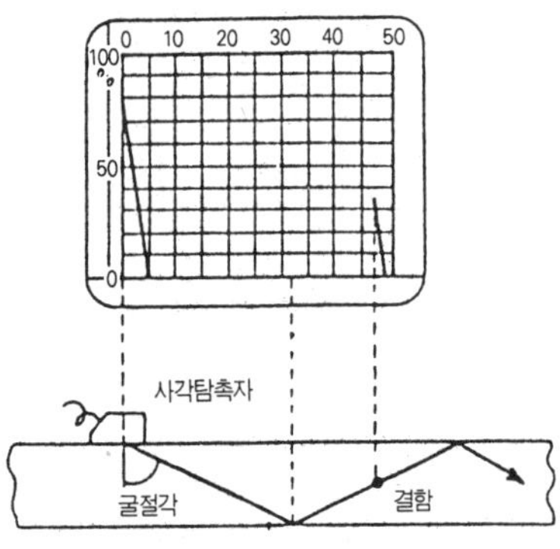

그림 8-13 사각탐상의 원리

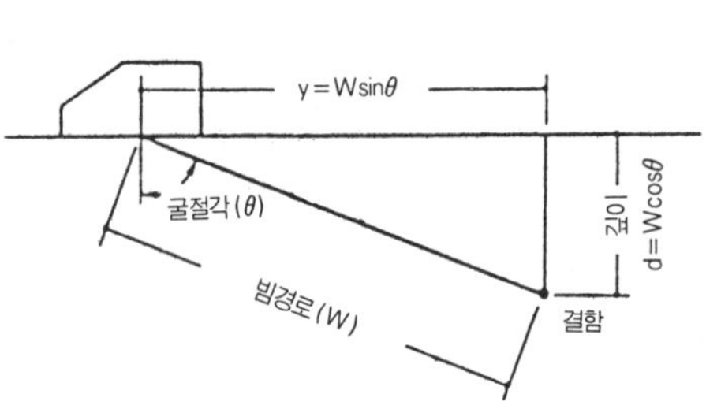

그림 8-14 사각탐상에 있어서의 결함위치의 추정방법

여러 가지 탐상법과 그 주요용도를 표 8-5에 공사현장용접부의 탐상에 잘 사용되고 있는 사각탐상의 원리를 그림 8-13에 표시한다. 사각(斜角)탐상은 사진 8-2에 표시하는 표준시험편으로부터 미리 측정한 좌굴각과 탐상기의 브라운관에서 읽은 결함까지의 음파의 전파거리(빔경로)로부터 기하학적으로 결함의 위치를 산출하는 것이다(그림 8-14 참조).

최근에는 자동초음파탐상 장치가 개발되어 나왔는데 종래의 수동탐상법의 검사에 경험과 숙련이 필요하며 기록이 남지 않는 등의 결함을 보완한 것이다. 그림 8-15와 사진 8-3은 자동초음파 탐상장치의 원리와 풍경을 나타낸 것이다.

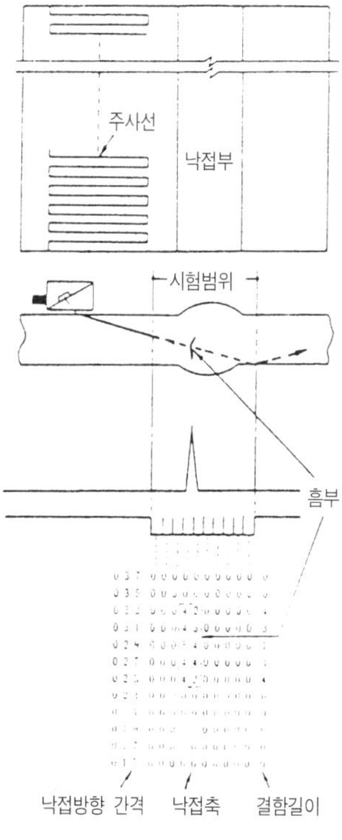

그림 8-15 자동초음파탐상장치의 원리

사진 8-3 기둥과 기둥접합부의 자동초음파탐상 모습

8-5 방청·내화피복

8-5-1 방청도장

방청도장은 일반적으로 철골구조의 경우에만 행해져, 콘크리트로 채워지는 부분은 특히 지정된 장소를 제외하고는 도장되지 않는다.

공장에서 녹방지 도장은 발송에 앞서 녹, 기름, 먼지 등을 완전히 제거한 뒤에 시방에 따라 전면으로 시공한다. 단, 현장용접부분, 볼트접합부는 도장하지 않는다. 공사완료 후도 철골이 노출하는 부분(체육관의 천정보 등)의 경우는 마감도장의 색 등을 충분히 협의해서 바탕의 녹방지도장이 마감의 도장에 영향을 주지 않도록 주의해야 한다.

8-5-2 내화피복

철골은 화재에 의해 온도가 상승하면 강도나 강성이 저하해서(일반 강재는 온도가 450℃ 이상이 되면 강도가 급격하게 저하해서 800℃가 되면 화재에 견딜 수 없게 된다), 자립할 수 없게 된다. 이 때문에 철골구조물에서는 피난에 필요한 일정시간에 철골의 온도가 상승하지 않도록 철골재에 내화피복을 하는 것이 「건축기준법」에 정해져 있다. 일반적으로 내화성능으로서 1시간 내화, 2시간 내화가 있으며 층수 및 구조부위에 따라 내화시간이 정해져 있다(표 8-6 참조).

표 8-6 내화구조의 기준

<table>
<tr><th colspan="4">건축물의 층
건축물부분</th><th>최상층 및 최상층으로부터 센 층수가 1 이상 5 이내의 층</th><th>최상층으로부터 층수가 6 이상 14 이내의 층</th><th>최상층으로부터 센 층수가 15 이상의 층</th></tr>
<tr><td rowspan="4">벽</td><td rowspan="4">외벽</td><td colspan="2">칸막이벽</td><td>1시간</td><td>2시간</td><td>2시간</td></tr>
<tr><td colspan="2">내력벽</td><td>1시간</td><td>2시간</td><td>2시간</td></tr>
<tr><td rowspan="2">비내력벽</td><td>연소의 위험이 있는 부분</td><td>1시간</td><td>1시간</td><td>1시간</td></tr>
<tr><td>연소의 위험이 있는 부분 이외의 부분</td><td>30분</td><td>30분</td><td>30분</td></tr>
<tr><td colspan="4">기 둥</td><td>1시간</td><td>2시간</td><td>3시간</td></tr>
<tr><td colspan="4">바 닥</td><td>1시간</td><td>2시간</td><td>2시간</td></tr>
<tr><td colspan="4">보</td><td>1시간</td><td>2시간</td><td>3시간</td></tr>
<tr><td colspan="4">지 붕</td><td>30분</td><td>30분</td><td>30분</td></tr>
</table>

현재 철골구조물의 내화피복공법으로서 값이 싸고 시공성이 뛰어난 록크 울 뿜기공법과 코스트는 약간 비싸지만 부착작업이 쉽고 마감이 불필요한 성형판접착공법이 널리 채용되고 있다.

(1) 록크울뿜기공법

록크울뿜기공법에는 습식공법과 건식공법이 있다. 습식공법은 록크울에 시멘트와 접착재를 가해 물로 비벼 뿜는 공법이다. 실제공사에서 많이 사용되고 있는 건식공법은 그림과 같은 뿜칠건을 사용하여 혼합수를 노즐의 선단으로부터 분사해서 분무 모양으로 록크울과 함께 해서 뿜어 붙이는 공법이다(그림 8-16, 8-17 참조).

그림 8-16 록크울 뿜기

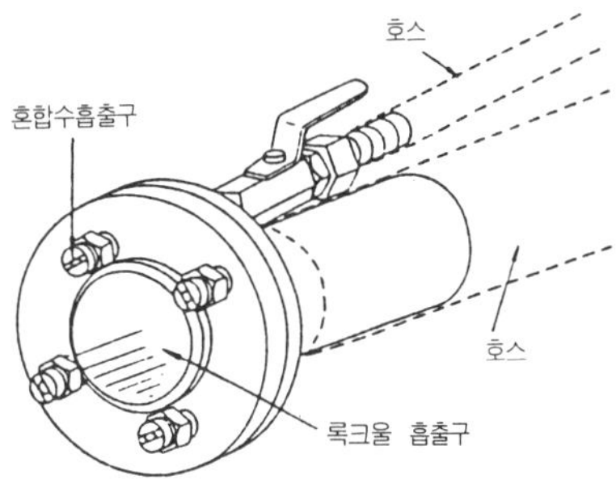

그림 8-17 록크울 뿜기통

이공법의 순서로는

① 철골의 표면에 부착하고 있는 콘크리트나 기타의 불순물을 깨끗하게 제거하고 그림과 같이 록크울의 뿜칠을 한다.

② 록크울의 뿜칠은 두께에 얼룩이 생기기 쉬우므로 그림과 같은 핀(또는 게이지)을 사용하여 두께를 확인하면서 시공한다.

록크울을 필요장소에 뿜는 공법으로 그 열차단 효과는 뿜는 두께에 의해 법적으로 규정되어 있다.

(2) 성형판접착공법

ALC판, 규산칼슘판, 펄라이트판 등을 철골에 부착해서 내화성능을 발휘시키는 공법으로 두께에 따라 효과는 법적으로 정해져 있다.

성형판접착공법에는 그림과 같은 직접붙이기공법과 뜬붙이기공법이 있다.

직접붙이기의 경우는 처음에 철골면의 불순물을 깨끗하게 제거하고 나서 물유리계의 접착제를 도포하고 규산칼슘판을 직접 철골면에 붙인다.

뜬붙이기의 경우는 바닥면에 기둥의 마감용 먹을 내고 그 먹에 맞추어 바탕재를 부착하고 그 위에 성형판을 붙인다.

(3) 프리패브공법(ALC판 붙이기공법)

ALC판 붙이기공법은 철골기둥에 경량철골 바탕을 용접해서 그림 8-18과 같이 부착한 철골바탕에 ALC판을 붙이는 공법이다.

그 외에 모르타르 등을 라스 위에 도장하는 방법도 있다. 또한 참고적으로 합성내화피복공법이 있는데, 이는 록크울뿜칠공법의 경우, 우수 등에 의해 떨어져 나갈 위험이 있기 때문에 외장면은 우수에 견디는 ALC판이나 PC커튼월 등을 하고 실내측은 록크울뿜칠을 하여 철골의 내화피복을 하는 경우가 종종 있다. 이와 같이 이종의 재료를 합성해서 행하는 내화피복을 합성내화피복공법이라 한다.

철골조의 경우, 외장이 내화구조가 되고 있는 경우가 있으므로 ALC판 등의 외장의 부착이 완료하고 새시공사가 개략 끝난 시기에 시공하는 경우가 많다. 내화피복은 습기를 흡수하기 쉽고, 특히 록크울은 비에 맞으면 문제가 생기므로 주의하지 않으면 안된다. 또 배관의 달대볼트, 천정바탕 달대볼트 등, 철골에 직접 부착한 것은 뿜기공사에 앞서 시공해 두고, 시공한 록크울을 떨어져 나가지 않도록 사전 공사 체크를 충분히 한다.

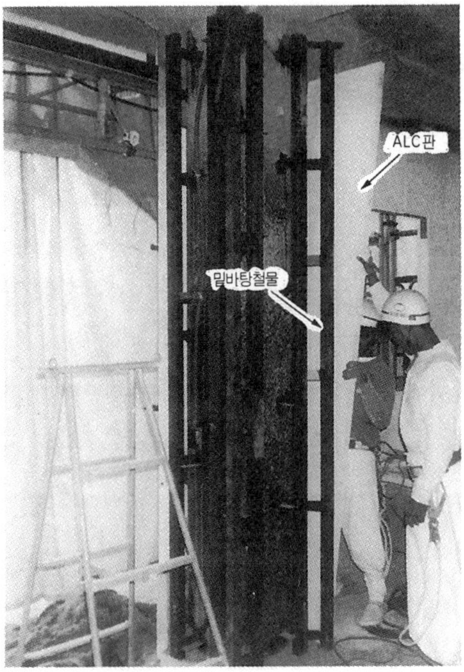

그림 8-18 ALC판붙이기공법

제 9 장 벽돌공사

9-1 개 요

벽돌공사(brick masonry work)는 벽돌을 개체로 하고 결합재로서 모르타르를 사용하여 한 장씩 붙여나가는 조적공사의 일종이다. 벽돌벽은 상부의 하중을 받는 내력벽(耐力壁, bearing wall)으로 사용될 수도 있고, 벽체 자체의 하중만을 받고 자립하면 되는 장막벽(帳幕壁, curtain wall)으로 사용될 수도 있다. 장막벽은 역학적으로 비내력벽으로서 철근콘크리트조의 내부에 쌓거나 경미한 간막이벽으로 이용된다. 또, 바깥벽에 방습 또는 방열을 목적으로 벽체 중간에 공간층을 두어 쌓는 중공벽(中空壁, cavity wall)과 이에 대해 속이 꽉 차게 쌓는 속찬벽(solid wall)이 있다.

9-2 재료 및 치수, 형상

9-2-1 보통벽돌

보통벽돌은 불순물이 많은 저급점토에 제점제(除粘劑)로서 모래를 넣고 색조 조절을 위해 석회를 가하여 소성한 것으로 KS L 4201(보통벽돌)의 규정에 합격한 것을 사용한다. 벽돌색이 적색 또는 적갈색을 띠는 것은 원료점토에 포함되어 있는 산화철에서 기인한다. 소성은 등요(登窯), 호프만요(hoffmann kiln)가 사용되며 치수는 표준형이 190×90×57mm이며 흡수율과 압축강도의 기준은 다음 표 9-1과 같다.

표 9-1 보통벽돌의 품질

등 급	흡 수 율		압 축 강 도	구워진 정도	타 격 음
	3시간 보일링(boiling) 후	24시간 흡수 후			
1등급	20% 이하	15% 이하	150kg/cm² 이하	양 호	금속성 청음
2등급	23% 이하	18% 이하	100kg/cm² 이상	보 통	탁음

9-2-2 시멘트벽돌

시멘트벽돌은 시멘트와 골재(모래, 왕모래, 잔자갈)를 배합하여 성형·제작한 것으로 KS F 4004(시멘트벽돌)의 규정에 합격한 것을 사용한다. 성형 후에는 500도시(度時) 이상, 습도가 100%에 가까운 상태에서 둔 다음 3,000도시 이상 다습상태에서 보양해야 한다. 그 후 7일 이상 보존하고 출하·사용한다. 도시(度時)란 온도와 시간을 곱한 수치로서 500도시는 25시간 20℃로 유지한 수치이다. 시멘트벽돌의 치수는 보통벽돌과 같으며 압축강도는 40kg/cm² 이상이어야 한다.

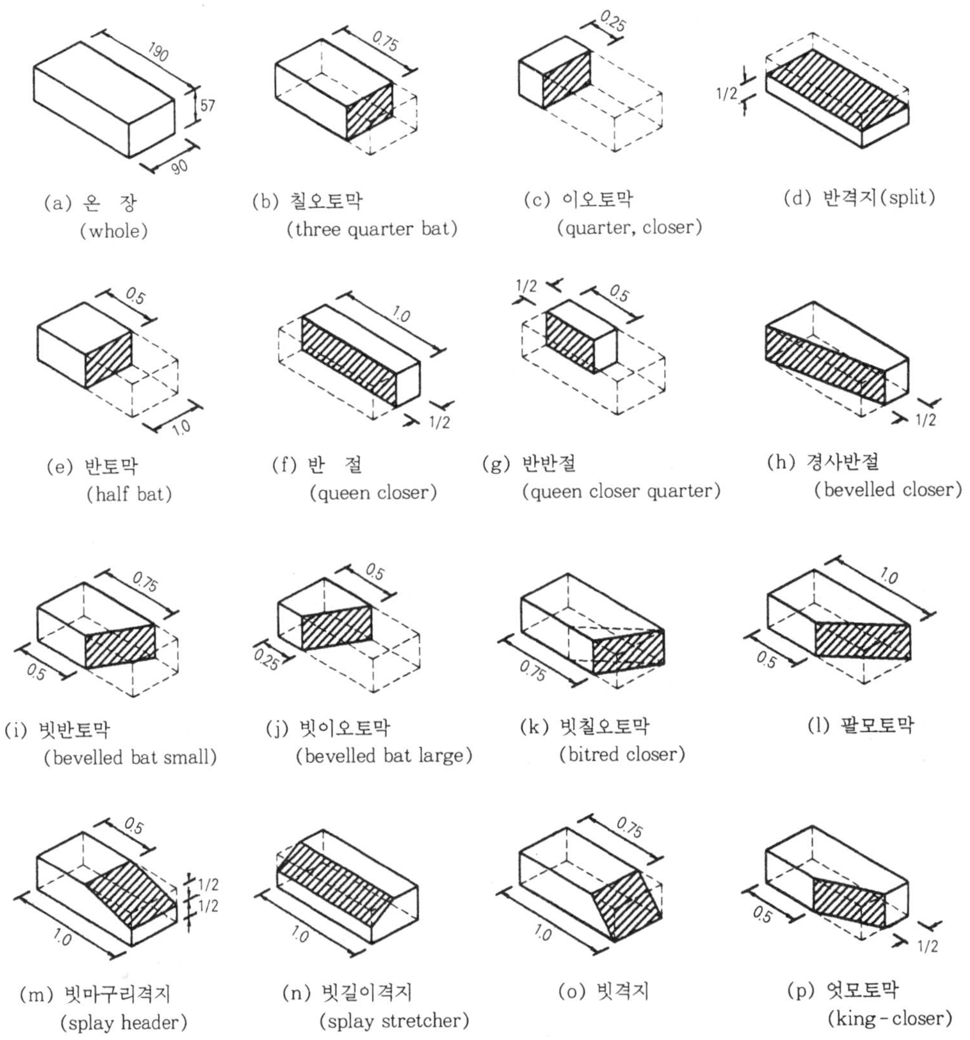

그림 9-1 벽돌 마름질

9-2-3 내화벽돌

내화점토를 원료로 하여 소성한 벽돌로서 내화도는 1,500~2,000℃의 범위이다. 기본치수는 230×114×65mm이며 그 밖에 가로형, 세로형, 쐐기형 등이 있다. 반드시 내화벽돌의 종류에 따라 내화모르타르도 그와 동질의 것을 사용해야 한다. 일반적으로는 샤모트(schamotte), 규석 분말에 점성이 강한 내화점토를 혼입한 모르타르를 사용하는데, 이는 내화도가 벽돌과 동등하며 저온보다는 고온에서 경화가 잘 이루어진다. 내화도의 표시에는 세제르콘(seger cone)을 사용한다. 세제르콘은 특수한 점토원료를 조합하여 만든 삼각추로서 600~2,000℃ 사이를 총 59종으로 나누어 번호(SK)로 표시한 것이다.

표 9-2 내화점토질 벽돌의 품질

종 별	1 종	2 종	3 종	4 종
내화도(SK 번호)	34 이상	32 이상	30 이상	26 이상
부 피 비 중	1.9 이상	1.9 이상	1.9 이상	1.8 이상
압축강도(kg/cm²)	200 이상	200 이상	180 이상	150 이상

표 9-3 표준형 내화벽돌의 치수

(단위 : mm)

기 호	명 칭	치수: 길이(L)	치수: 나비(w) W_1	치수: 나비(w) W_2	치수: 두께(t) t_1	치수: 두께(t) t_2
	보통형	230	114		65	
K_1	가로형	230	114		65	59
K_2	가로형	230	114		65	50
K_3	가로형	230	114		65	32
J_1	세로형	230	114		65	55
J_2	세로형	230	114		65	45
J_3	세로형	230	114		65	35
S_1	쐐기형	230	114	105	65	
S_2	쐐기형	230	114	85	65	
S_3	쐐기형	230	114	65	65	
허용공차		±1.5% 이내	±1.5% 이내		±2.0% 이내	

9-2-4 경량벽돌

경량벽돌이란 저급점토, 목탄가루, 톱밥 등으로 혼합·성형한 후 소성한 것으로 보통벽돌보다 가벼운 벽돌을 말한다. 구멍벽돌과 다공(多孔)벽돌이 있으며 단열과 방음성이 우수한 특징이 있다.

구멍벽돌(hollow brick)은 살두께가 매우 얇고 벽돌 속이 비어 있는 구조로 되어 있다.

구멍수에 따라 1공형, 2공형, 3공형, 4공형 등이 있으며 중공(中空)벽돌 또는 속빈벽돌이라고도 한다. 다공벽돌(porous brick)은 점토에 톱밥, 겨, 탄가루 등을 30~50% 정도 혼합하여 소성한 것으로 내부에 있는 무수한 미세 구멍으로 인해 비중은 1.2~1.5 정도로 가볍다. 절단, 못치기 등의 가공이 우수하며 방음·흡음성이 좋으나 강도가 약해 구조용으로는 사용이 불가능하다.

9-2-5 모르타르

(1) 골 재

모래는 5mm체에 100% 통과하는 것으로 적당한 입도분포를 갖는 것을 사용하며 그 성질은 표 9-4의 규정을 만족하여야 한다.

표 9-4 모르타르에 사용되는 세골재의 성질

품질항목	절건비중	흡수율(%)	점토량(%)	유기불순물	세척시험 손실량(%)	염분(%)
규정치	2.4 이상	4.0 이상	2.0 이하	합 격	3.0 이하	0.04 이하

(2) 모르타르의 배합

모르타르 종류에 따른 표준배합비는 다음 표 9-5를 기준으로 한다. 모르타르의 워커빌리티는 벽돌의 흡수성을 고려하여 양호한 접착성 및 충전성이 확보되도록 정하며 필요한 경우 보수성 향상제와 같은 혼화제를 사용하도록 한다.

표 9-5 모르타르의 배합

<table>
<tr><th colspan="2">모르타르의 종류</th><th>용적배합비
(세골재/결합재)</th></tr>
<tr><td rowspan="2">줄눈모르타르</td><td>벽용</td><td>2.5~3.0</td></tr>
<tr><td>바닥용</td><td>3.0~3.5</td></tr>
<tr><td rowspan="2">붙임모르타르</td><td>벽용</td><td>1.5~2.5</td></tr>
<tr><td>바닥용</td><td>0.5~1.5</td></tr>
<tr><td rowspan="2">깔 모 르 타 르</td><td>바탕 모르타르</td><td>2.5~3.0</td></tr>
<tr><td>바닥용 모르타르</td><td>3.0~6.0</td></tr>
<tr><td colspan="2">안채움모르타르</td><td>2.5~3.0</td></tr>
<tr><td colspan="2">치장줄눈용 모르타르</td><td>0.5~1.5</td></tr>
</table>

9-2-6 재료의 운반 및 저장, 보양

벽돌의 운반 및 취급에 있어서는 깨어지거나 모서리가 파손되지 않도록 하고, 특히 치장으로 사용하는 벽돌은 던지거나 쏟아내리는 일이 없도록 주의하여야 한다. 벽돌 및 이에 준하는 제품을 저장할 때에는 형상·품질 및 용도별로 구분하여 일정한 무더기로 쌓아 둔다. 모래는 평평한 장소에 저장하고 주위의 흙, 대패밥 등의 불순물이 혼입되지 않도록 한다.

9-3 벽돌쌓기

9-3-1 벽돌쌓기법

벽돌쌓기법은 입면에 나타나는 벽돌 배열의 형태에 따라 다음과 같이 구분된다.

(1) 마구리, 길이쌓기

벽면에 마구리만 나오게 쌓는 것을 마구리쌓기, 길이만 나오게 쌓는 것을 길이쌓기라 한다. 벽면에 마구리를 세워 쌓는 것을 옆세워쌓기, 길이를 세워 쌓는 것을 세워쌓기라 한다. 벽두께는 벽돌길이의 배수로 표시한다. 따라서, 길이방향의 2배이면 2B, 반이면 0.5B로 표시한다.

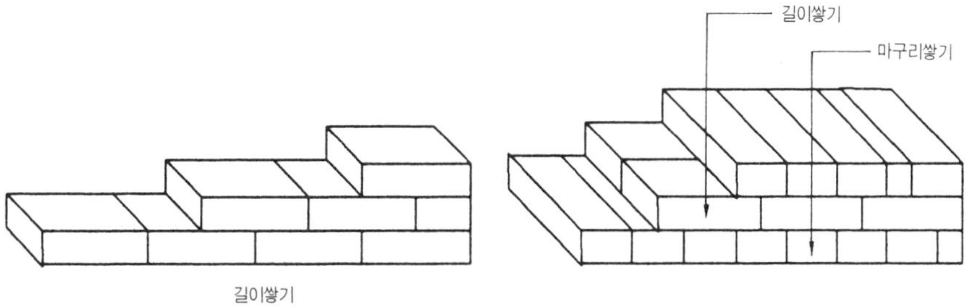

그림 9-2 벽돌쌓기 기본

(2) 영식 쌓기

벽돌은 벽돌나누기가 서로 다른 아래위 켜를 번갈아 쌓아 올린다. 영식 쌓기는 한 켜는 길이로 쌓고 다음 켜는 마구리 쌓기로 하는 것으로 통줄눈이 생기는 곳이 없다. 가장 튼튼한 방식이며, 모서리 벽 끝에는 이오토막을 쓴다.

(3) 화란식 쌓기

영식 쌓기와 원리는 같으나 길이 쌓기 부분에 칠오토막을 사용한다. 영식 쌓기보다 약간 덜 튼튼하고 모서리 끝에는 세로줄눈이 잘 맞지 않게 될 때도 있으나, 쌓기가 편리할 뿐 아니라 모서리 벽 끝에 작은 이오토막을 사용하면 쌓을 때 불안하기 때문에 우리 나라에서는 보통 화란식 쌓기를 사용한다.

(4) 프랑스식 쌓기

매 켜에 길이쌓기와 마구리쌓기가 번갈아 나오는 방식으로 통줄눈이 많으나 아름다운 외관이 장점이다. 따라서 강도를 필요로 하지 않는 치장쌓기 벽체 또는 벽돌담 등에 쓰인다. 프랑스식 쌓기는 반토막 벽돌을 많이 사용하는 이점도 있다.

(5) 미식 쌓기

벽돌벽의 뒷면은 영식 쌓기로 하고 앞면은 치장벽돌을 사용해서 벽체의 앞면 5켜까지는 길이쌓기로 하고 그 위 한 켜는 마구리쌓기로 하여 본 벽돌벽에 물려 쌓는 방식이다.

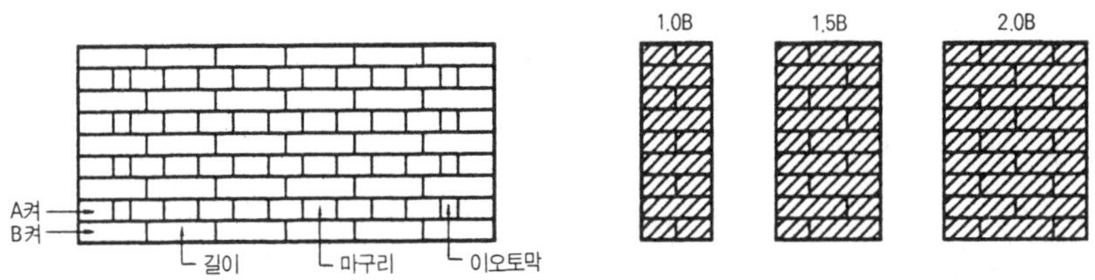

(a) 영식 쌓기

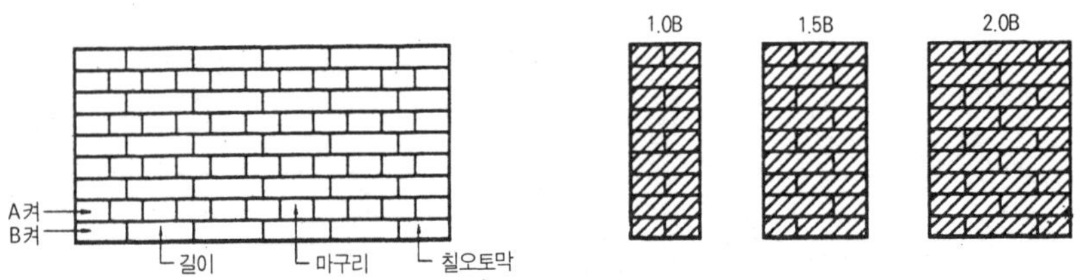

(b) 화란식 쌓기

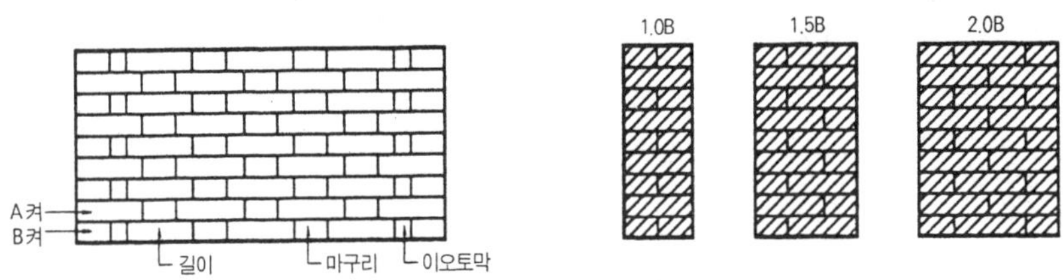

(c) 프랑스식 쌓기

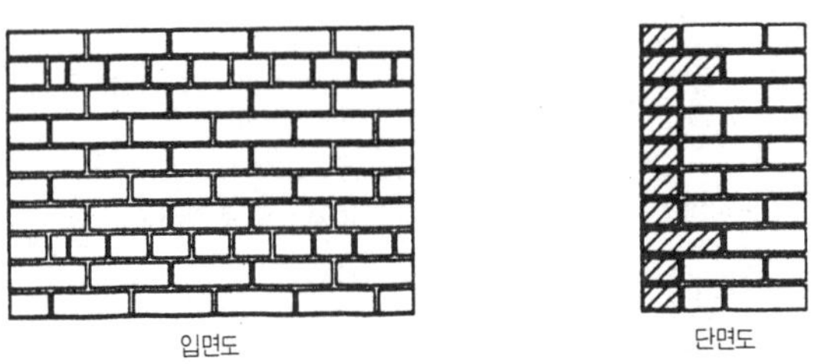

(d) 미식 쌓기

그림 9-3 벽돌쌓기 종류

9-3-2 벽돌쌓기 준비

(1) 시공도

공사착수 전에 설계도에 기초하여 벽돌나누기 및 나무벽돌, 묻음볼트, 배관(配管) 등의 설치에 대한 상세를 나타낸 시공도를 작성하도록 한다. 창문틀, 기타 개구부 갓둘레의 접합부 또는 벽돌조와 다른 구조부와의 연결부에 대해서도 시공도를 작성하여 승인을 받아야 한다. 기타 보강철물의 시공위치, 시공부위 상세 및 신축줄눈에 대해서도 시공도를 작성한다.

(2) 규준틀

벽돌공사에서는 수평 규준틀 외에 세로 규준틀을 사용한다. 세로 규준틀은 건물의 모서리나 구석에 설치함을 원칙으로 하고 벽이 길 때에는 중앙부, 기타 중요요소에도 설치한다. 세로 규준틀은 잘 건조된 직선재를 대패질하여 사용하고 여기에 벽돌줄눈을 정확히 먹매기고 켜수(段數), 기타 관계사항을 기입한다. 세로 규준틀을 비계발판 및 거푸집, 기타 가설물에 연결 고정시켜서는 안된다.

세로 규준틀 대신에 벽돌나누기 및 줄눈을 표시한 기준대(定規)를 사용할 수도 있는데 이때에는 담당원의 승인을 받아 사용하도록 하며 수준기, 다림추 등을 병용하여 정확하게 수직이 유지되도록 해야 한다.

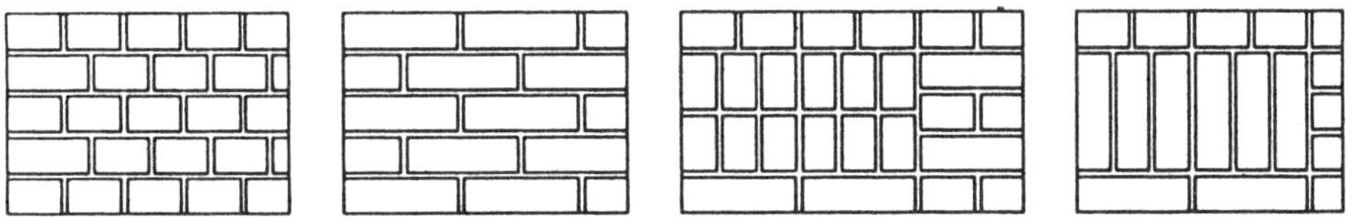

(a) 마구리 쌓기 (b) 길이 쌓기 (c) 옆세워 쌓기 (d) 길이세워 쌓기

그림 9-4 각종 벽돌쌓기

9-3-3 벽돌쌓기 일반사항

벽돌쌓기는 모서리, 구석 및 중간요소에 먼저 기준쌓기를 하고 나머지 부분을 쌓아 나간다.

모르타르는 벽돌 밑면 전부에 밀착되도록 바르고 수평실에 벽돌 윗면이 정확히 오도록 쌓는다. 가로·세로줄눈의 너비는 10mm가 표준이며 세로줄눈에 통줄눈이 생기지 않도록 한다. 벽돌쌓기법은 도면 또는 특기시방에서 정하는 바가 없을 때에는 영식 쌓기 또는 화란식 쌓기로 한다.

하루의 쌓기 높이는 1.2m(17켜 정도)를 표준으로 하고 최대 1.5m(21켜 정도) 이내로 한다. 연속되는 벽면의 일부를 트이게 하여 나중 쌓기로 할 때에는 그 부분을 층단 떼어쌓기로 하며, 직각으로 오는 벽체의 한편을 나중 쌓을 때에도 층단 떼어쌓기로 하는 것을 원칙으로 하되 부득이할 때에는 이음보강철물을 사용한다.

한랭기 및 극한기에는 벽돌공사를 가급적 하지 않도록 한다. 그러나 부득이하여 공사를 강행할 때에는 모르타르의 온도가 4~40℃ 사이가 되도록 모래나 물을 데워 사용하고 벽돌벽의 표면을 시트나 거죽 등으로 덮어 보양해 줘야 한다.

9-4 나무벽돌, 볼트 기타 철물 묻어쌓기

9-4-1 나무벽돌

나무벽돌은 벽체에 각재나 보드 등을 못질하여 붙여댈 목적으로 벽체 속에 묻어 두는 것이다. 미리 도면에 따라 묻을 위치를 정하고 수직·수평으로 줄바르게 배치하여 일정한 간격으로 묻어 벽돌을 쌓는다. 나무벽돌은 박은 못이 잘 빠지지 않게 길이 방향이 면으로 나오게 하고 그 옆은 모르타르로 빈틈없이 채워 쌓는다.

9-4-2 볼트, 기타 철물

볼트, 철선, 홈걸이 및 기타 벽돌벽에 고정하는 철물은 벽돌쌓기와 동시에 견고하게 묻어 쌓고 철물의 노출부분에는 녹막이 칠을 해둔다. 연결고정철물은 원칙적으로 줄눈 위치에 수직·수평으로 줄바르게 배치하고 그 주위에는 모르타르를 빈틈없이 채워 넣는다.

9-4-3 배 관

벽돌벽에 배관을 할 때에는 미리 도면에 따라 위치를 정확히 잡은 후 벽돌을 배관 모양에 잘 맞게 마름질하여 쌓는다. 배관을 설치한 후 주위에는 모르타르를 충분히 채워 넣도록 한다. 만약 부득이하여 벽돌을 쌓은 후 나중에 배관 홈을 파고 묻을 때에는 홈 깊이를 벽돌벽 두께의 1/3 이하, 홈의 수평길이는 벽 길이의 1/3 이하, 수직높이는 3m 이하로 한다.

9-5 기초쌓기 및 내쌓기

9-5-1 기초쌓기

기초 콘크리트판의 윗면을 잘 청소하고 물축이기를 해 두며 기초 윗면의 우묵한 곳은 벽돌쌓기 전 날에 모르타르 또는 콘크리트로 고름질하여 둔다. 기초쌓기는 1/4B씩 한 켜 또는 두 켜 내어 쌓으며, 기초 맨 밑의 너비는 벽 두께의 최소 2배가 되게 하고 두 켜 쌓기로 한다.

9-5-2 내쌓기

벽돌 벽면 중간에서 벽을 내밀어 쌓아 상부의 멍에, 장선 등을 받게 하는 것을 내쌓기라 한다. 내쌓기를 할 때에는 두 켜씩 1/4B 또는 한 켜씩 1/8B 내쌓기로 하고 맨 위는 두 켜 내쌓기로 한다. 내쌓기는 모두 마구리쌓기로 하는 것이 강도·시공상 유리하다.

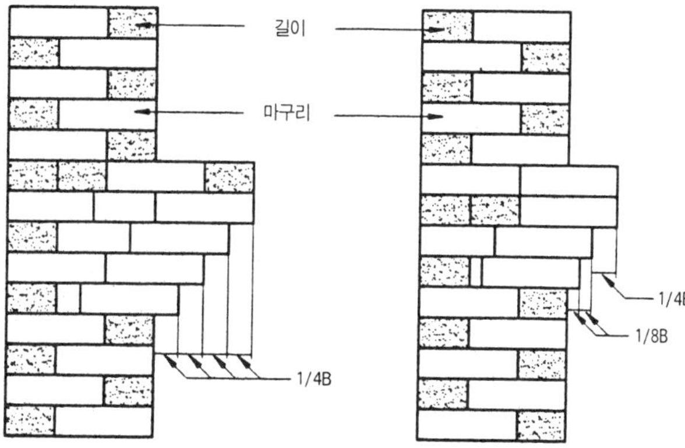

그림 9-5 벽돌벽 내쌓기

9-6 벽돌기둥, 부축벽쌓기

벽돌로 독립기둥, 붙임기둥 또는 부축벽을 쌓을 때에는 이들의 단면이 될 수 있는대로 벽돌 너비의 배수가 되도록 각 변의 길이를 정하도록 한다. 통줄눈이 생기지 않도록 쌓고, 특히 이것들은 벽에서 노출되어 외관을 좌우하는 것이므로 그 모서리가 정확히 수직선이 되도록 주의한다.

9-7 교차부쌓기 및 모서리쌓기

9-7-1 교차부쌓기

벽돌벽은 건물 전체를 균일한 높이로 쌓아 올라가는 것이 가장 이상적이지만 비계발판, 기구 및 인원배치 등에 무리가 있으므로 한 벽면을 먼저 쌓고, 여기에 교차되는 벽은 나중에 쌓는다. 이때에는 교차벽의 벽돌 물림자리를 벽돌 한 켜 걸름으로 1/4B씩 들여 쌓는다. 이와 같이 쌓는 것을 켜걸름들여쌓기라 한다.

9-7-2 모서리쌓기

벽돌벽의 끝 모서리 부분에는 내부에도 통줄눈이 생기지 않도록 하고 토막벽돌이 덜 사용되도록 벽돌나누기를 한다. 벽돌벽의 끝 또는 모서리 선이 정확히 일직선이 되도록 하고 사춤모르타르도 충분히 채워 넣는다. 예각 또는 둔각의 교차부 치장쌓기에는 마름질한 벽돌을 금강사(金剛砂) 숫돌로 갈아 평활하게 하여 쌓는다.

9-8 창문틀 세우기

벽돌벽을 쌓으면서 창문틀을 설치하는 것을 '먼저 세우기'라고 하고 벽을 다 쌓은 후에 창문틀을 설치하는 것을 '나중 세우기'라 한다. 창문틀은 원칙적으로 먼저 세우기로 설치하며, 부득이하여 나중 세우기로 할 때에는 가설틀 또는 나무벽돌, 연결철물의 상세를 나타낸 공작도를 작성하여 담당원의 승인을 받아 시공하도록 한다. 창문틀은 외벽의 경우 벽돌벽 내면(內面)에 일치시켜 대고 간막이벽인 경우는 그 한 면에 일치시키거나 중간에 설치한다. 따라서 어떠한 경우라도 창문선만이 벽면에서 내밀게 한다. 창문틀을 벽면에 조금 끼우고 대부분을 내밀게 하면 창문을 여닫을 때 창문틀이 빠져 나올 우려가 있기 때문이다.

9-8-1 먼저 세우기

먼저 세우기로 할 때에는 창문틀이 설치될 밑면까지 벽돌을 쌓고 24시간 경과한 다음에 창문틀을 세운다. 창문틀은 고임목, 쐐기 등을 사용하여 수평을 잘 맞추고 버팀대, 연결대 등을 사용하여 수직이 정확히 유지되도록 설치한다. 이때 버팀대 및 연결대는 벽돌 작업하는 반대방향에 두는 것이 일하기에 편리하므로 문틀 바깥쪽에 못박아 대고 나중에 잘라내도록 한다. 먼저 가로틀의 밖으로 나와 있는 뿔을 옆 벽면의 벽돌에 물리게 한 후 선틀의 상하 및 중간 60cm의 간격으로 꺾쇠 또는 큰 못 2개씩을 줄눈 위치에 박아 고정시킨다.

9-8-2 나중 세우기

창문틀을 나중 세우기로 할 때에는 창문틀 주위에 상하 및 중간 60cm의 간격으로 나무벽돌 또는 고정철물을 묻어 두거나 가설틀을 짜서 먼저 세워 대고 벽돌쌓기가 완료되면 그 때에 창문틀을 끼워 댄다.

9-9 창대 및 창문틀 옆쌓기

9-9-1 창대쌓기

창대벽돌은 윗면을 15° 정도 기울여 옆세워 쌓고 그 앞끝의 밑은 벽돌 벽면에서 3~5cm 내밀어 쌓는다. 창대벽돌의 위 끝은 창대 밑에 1.5cm 정도 들어가 물리게 하고 창대벽돌의 좌우 끝은 옆벽에 두 장 정도 물리게 한다. 창문틀 주위의 벽돌 줄눈에는 사춤모르타르를 충분히 하여 방수가 잘 되게 한다.

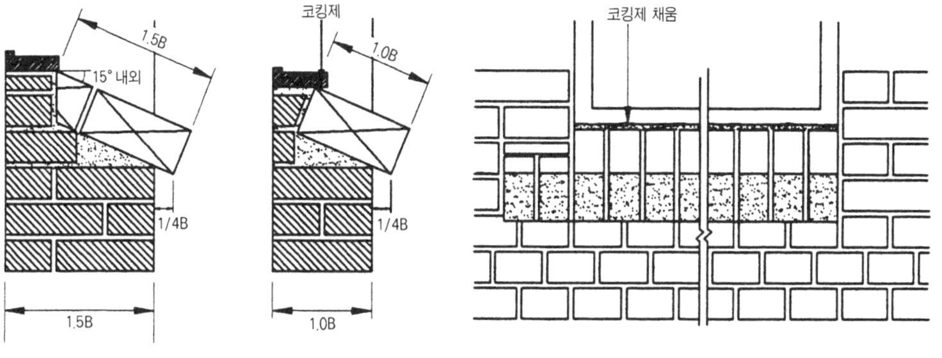

그림 9-6 창대쌓기

9-9-2 창문틀 옆쌓기

창문틀을 수직·수평 위치가 정확하게 되도록 설치한 후 옆벽을 쌓는다. 옆벽쌓기는 벽면의 좌우에서 같은 높이로 쌓아 올라가고 꺾쇠, 못 등을 박을 때에는 진동, 이동 및 변형 등이 생기지 않게 한다. 한번 박을 때마다 다림추로 수직을 검사하도록 한다.

창문틀의 선틀재가 길어 옆 휨의 우려가 있을 때에는 안으로 휘어지는 것을 방지하기 위하여 중간 버팀대를 댄다. 창문틀 옆벽의 벽돌나누기를 하여 이오토막 등의 토막벽돌이 사용되지 않도록 하고 창문틀이나 나무벽돌 또는 고정철물의 주위에는 모르타르를 빈틈없이 사춤쳐 넣는다. 이때 창문틀 밑 또는 옆의 고임목, 쐐기 등은 반드시 빼내야 한다.

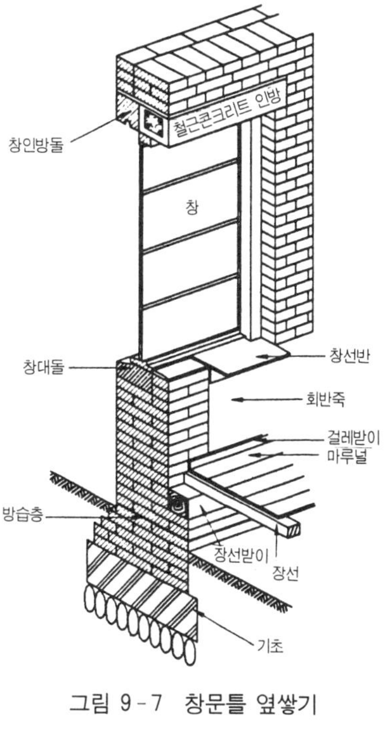

그림 9-7 창문틀 옆쌓기

9-10 아치쌓기

아치의 종류로는 특별히 아치벽돌을 주문 제작하여 쌓는 본아치(gauged arch), 보통 벽돌을 쐐기모양으로 다듬어서 쌓는 막만든아치(axed arch)가 있다. 아치 너비가 클 때에는 아치를 겹으로 둘러쌓는 데 이를 층두리아치(rowlock arch)라 한다.

아치를 쌓을 때에는 가설 형틀의 형상, 치수를 정확히 짜서 설치하고 떼어내기에 편리하게 만든다. 가설 형틀은 아치를 쌓은 후 모르타르가 완전히 굳을 때까지 존치시켜야 한다. 아치쌓기는 그 축선을 따라 미리 벽돌나누기를 하고 아치의 어깨에서부터 좌우 대칭형으로 균등하게 쌓는다. 창문 너비가 1.2m 이내일 때 또는 뒤에 철골보, 철근콘크리트보 등으로 보강할 때에는 평아치를 사용한다. 아치의 칸사이가 2.0m 이상이 되거나 그 위에 큰 집중하중이 올 때에는 특히 견고한 아치로 하거나 철근콘크리트보로 보강해 줘야 한다.

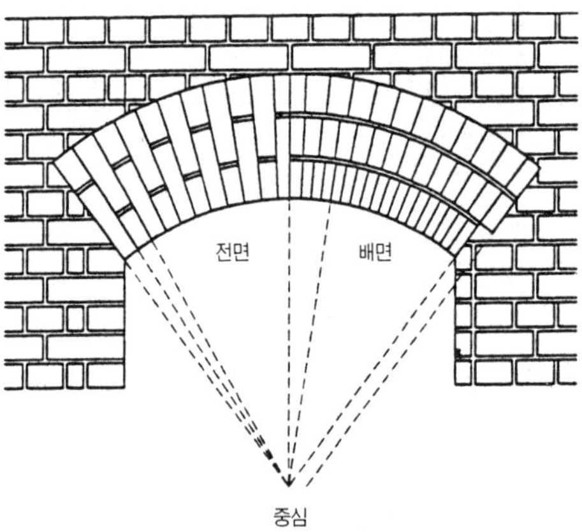

그림 9-8 아치쌓기

9-11 공간쌓기

바깥 벽돌벽의 방습, 방열 등을 위하여 벽돌벽의 중간에 공간을 두어 쌓는 것을 공간쌓기라 한다. 외벽체인 경우 일반적으로 바깥 벽을 주벽체로 하여 쌓으며 안쪽 벽은 반장쌓기로 한다. 공간은 5~7cm 정도로 하고 바깥 쪽에는 필요에 따라 지름 1cm 정도의 물빠짐 구멍을 낸다. 안팎벽은 벽돌, 철선, 철망 등을 사용하여 상호 60cm 간격으로 연결시킨다.

9-12 인방보 설치

인방보는 제자리 콘크리트 부어넣기 또는 기성재 콘크리트 부재를 사용하여 설치한다.

인방보의 좌우는 벽에 20cm 이상 물리게 하고 상부의 하중을 잘 전달할 수 있는 충분한 길이로 한다. 좌우의 벽체가 공간쌓기일 때에는 콘크리트가 그 공간에 떨어지지 않도록 벽돌 또는 철판 등으로 막고 인방보를 설치한다.

9-13 테두리보 설치

철근콘크리트조의 테두리보를 설치할 때 모서리 철근은 서로 직각으로 구부려 겹치거나 길이 40d(철근지름의 40배) 이상 철근을 구부려 내려 유효하게 정착시킨다. 테두리보에 목조보, 철골보 등이 접합될 때에는 콘크리트를 부어넣기 전에 앵커볼트, 달쇠, 기타 설치 고정물을 정확한 위치에 묻어 두어야 한다.

철골조의 테두리보를 설치하는 경우 그 일반적인 사항은 철골공사에 준하여 시공하면 된다. 다만 강재와 조적조와의 접촉부분은 강재의 모양에 잘 맞도록 쌓을 것과 강재와의 접촉면에는 빈틈없이 모르타르를 넣어야 하는 점에 주의하도록 한다.

9-14 방수, 방습

벽면 및 치장줄눈에 방수처리를 할 때에 그 재료, 배합 및 공법은 도면 또는 특기시방에 따른다. 벽돌 벽면에 만든 비계 장선용 끼움구멍은 방수모르타르로 구멍에 충분히 밀어 넣고 구멍깊이에 알맞는 벽돌을 끼운다. 벽돌을 끼운 다음 그 주위에 사춤모르타르를 빈틈없이 다져 넣어 방수에 유효하도록 한다.

지반에 접촉되는 벽체는 마루 밑 적당한 위치에 수평으로 방습층을 둔다. 대개는 지반과 마루 밑 또는 콘크리트 바닥 밑 사이에 둔다. 방습층은 방수모르타르를 두께 1~3cm 정도로 바르거나 수밀한 판재를 모르타르 또는 아스팔트로 붙여 댄다.

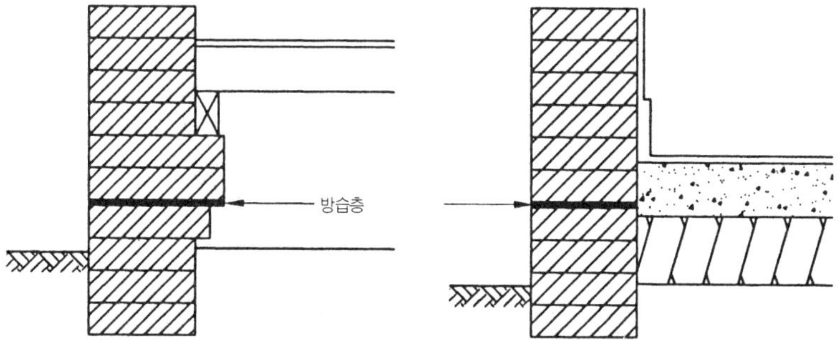

그림 9-9 방습층 쌓기

9 - 15 치장줄눈, 신축줄눈

9 - 15 - 1 치장줄눈

치장줄눈은 줄눈모르타르가 굳기 전에 줄눈파기를 한 후 수밀하고 줄 바르게 마무리한다. 치장줄눈의 깊이는 6mm를 표준으로 한다. 줄눈 모양은 평줄눈, 둥근줄눈, 빗줄눈 등이 있으나 보통 평줄눈이 사용되고 둥근줄눈은 외관이 부드러워 좋으나 벽돌 접착부의 시공이 어렵다.

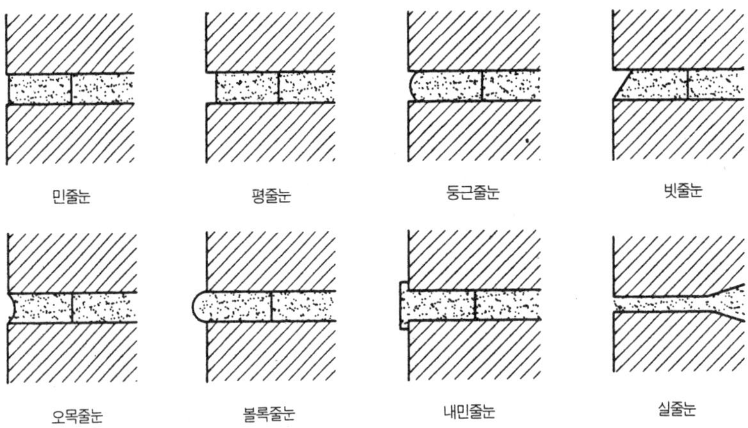

그림 9 - 10 치장줄눈의 종류

9 - 15 - 2 신축줄눈

도면에서 정한 간격으로 신축줄눈을 설치하여 벽체의 수축·팽창을 흡수하도록 한다. 신축줄눈에는 일반적으로 건축용 실링재를 충전시켜 마무리한다. 신축줄눈은 온도변화에 따른 팽창, 진동 등의 움직임(movement)에 대해 충분히 추종할 수 있도록 설계되어야 하며, 줄눈 형상은 무브먼트에 대한 추종성 외에 접착성·내구성 및 시공성의 고려가 필요하다.

9 - 16 보 양

쌓기가 완료된 벽돌벽은 어떠한 경우에도 움직이게 해서는 안된다. 쌓은 후 12시간 동안은 등분포하중을 받지 않아야 하고 3일 동안은 집중하중을 받지 않도록 한다. 평균기온이 4℃ 이하 영하 4℃까지는 최소한 24시간 동안 내후막을 설치한다. 또한 직접 우로에 노출되는 치장쌓기 부분은 두꺼운 방수시트로 벽 위를 덮어 물이 벽면에 닿지 않도록 한다.

9-17 내화벽돌쌓기

내화벽돌 쌓는 방법은 일반벽돌의 사항에 준하여 쌓되 특히 통줄눈이 생기지 않도록 주의한다. 우선 내화벽돌에 묻은 흙, 먼지 등을 청소하고 물 축이기는 하지 않고 그대로 사용하여야 한다. 내화모르타르는 덩어리진 것을 풀어 물반죽을 하여 사용하고 줄눈 너비는 가로, 세로 6mm를 표준으로 한다. 굴뚝, 연도 등의 안쌓기는 구조벽체에서 0.5B 정도 떼어 공간을 두고 쌓으며 상호 간격 60cm 정도마다 엇갈려 쌓아 구조벽체에 연결시킨다.

표 9-6 내화모르타르의 종별 및 품질

종 별	품질			
	등 급	내화도 세제르콘 번호	분말도(μ) 표준체 구성	화학성분(%)
점토질내화모르타르	1종	34 이상	전통	
	2종	32 이상	1,410	
	3종	30 이상		
	4종	26 이상		
고알루미나질내화모르타르	1종	37 이상	전통	
	2종	36 이상	1,000	
	3종	35 이상		
규석질내화모르타르	1종	32 이상	전통	
	2종	31 이상	1,000	
크롬질 내화벽돌	1종	33 이상		Cr_2O_3으로 20% 이상
마그네시아질내화모르타르	1종	35 이상	전통	MgO로 80% 이상
	2종	35 이상	1,000	MgO로 70% 이상
마그네시아 크롬질 내화모르타르	1종	–	전통	MgO로 50% 이상
	2종	–	1,000	MgO로 50% 미만

제 10 장 블록공사

10-1 개 요

블록구조는 조적식 구조체로서 방화적이고 공사비가 저렴한 특징이 있으며 필요에 따라 철근콘크리트로 보강하여 사용할 수도 있다. 블록구조를 대별하면 용도와 형태에 따라 다음과 같이 분류된다.

① 단순조적블록조 : 보강철근 및 콘크리트를 사용하지 않고 개개의 블록을 모르타르로 붙여 쌓아 내력벽 또는 장막벽으로 사용하는 것으로 가장 전통적인 블록조의 형태이다.

② 철근콘크리트블록조 : 블록의 빈 속에 철근과 콘크리트로 보강하여 철근콘크리트조 라멘체와 같이 횡력에도 저항할 수 있도록 구성한 것으로 단순조적조와 라멘체의 중간에 해당되는 구조이다.

③ 거푸집블록조 : 거푸집 대신에 껍데기 블록을 쌓고 그 안에 철근을 배근하고 콘크리트를 부어 철근콘크리트 구조로 한 것이다.

10-2 재료 및 모르타르의 성질

10-2-1 시멘트 블록

시멘트에 모래, 왕모래, 잔자갈 등을 섞어 진동·가압하여 성형한 것이다. 블록 제작용 원료의 혼합에는 믹서를 사용하거나 이와 동등 이상의 결과를 얻을 수 있도록 혼합하여야 한다. 성형에는 동력에 의한 진동과 압축을 병용하는 방법으로 한다. 성형 후에는 500도시(度時) 이상, 습도는 100%에 가까운 상태로 둔 다음 통산 4,000도시(度時) 이상 다습 상태에서 보양한다. 그 후 7일 이상 경과한 후 사용한다.

블록은 형상, 중량, 강도에 따라 다음 표 10-1과 10-2와 같은 종류가 있다. 블록은 BI, BM, BS 등의 여러 가지가 있었으나 지금은 기계의 보급면에서 BI형만이 사용되고 있다. 비중으로 보았을 때 비중 1.8 이상은 중량블록, 그 이하는 경량블록이라 한다. 블록의 빈속 부분을 포함한 전(全)단면적에 대한 압축강도가 80kg/cm^2 이상이면 1급, 압축강도 60kg/cm^2 이상은 2급, 압축강도 40kg/cm^2 이상을 3급으로 구분한다.

표 10-1 속빈시멘트 블록의 치수(mm)

형 상	치 수			허용치	
	길 이	높 이	두 께	길이·두께	높 이
기본 블록	390	190	210 190 150 100	±2	±3
이형블록	길이 높이 및 두께의 최소 크기를 90mm 이상으로 한다. 또, 가로근 삽입 블록 모서리 블록과 같이 기본 블록과 동일한 크기인 것의 치수 및 허용치는 기본 블록에 따른다.				

표 10-2 속빈 부분 및 최소살 두께

블록의 종류	속빈 부분			최소살 두께	
	세로근을 삽입하는 속빈 부분		가로근을 삽입하는 속빈 부분	조적후 외부에 나타나는 부분 (mm)	기타의 부분 (mm)
	단면적(cm^2)	최소너비(cm)	최소지름(cm)		
두께 150mm 이상의 블록	60 이상	7 이상	6 이상	25 이상	20 이상
두께 100mm 이상의 블록	30 이상	5 이상	5 이상	20 이상	20 이상

주) 1. 2개의 블록을 쌓아서 생기는 속빈 부분(줄눈도 포함)에 대해서도 적용한다.
2. 속빈 부분의 모서리에 둥글기가 없는 것으로 보고 계산한다.

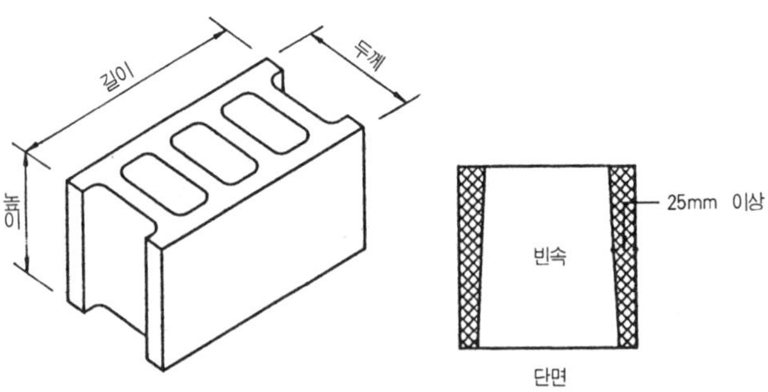

그림 10-1 기본블록 단면치수

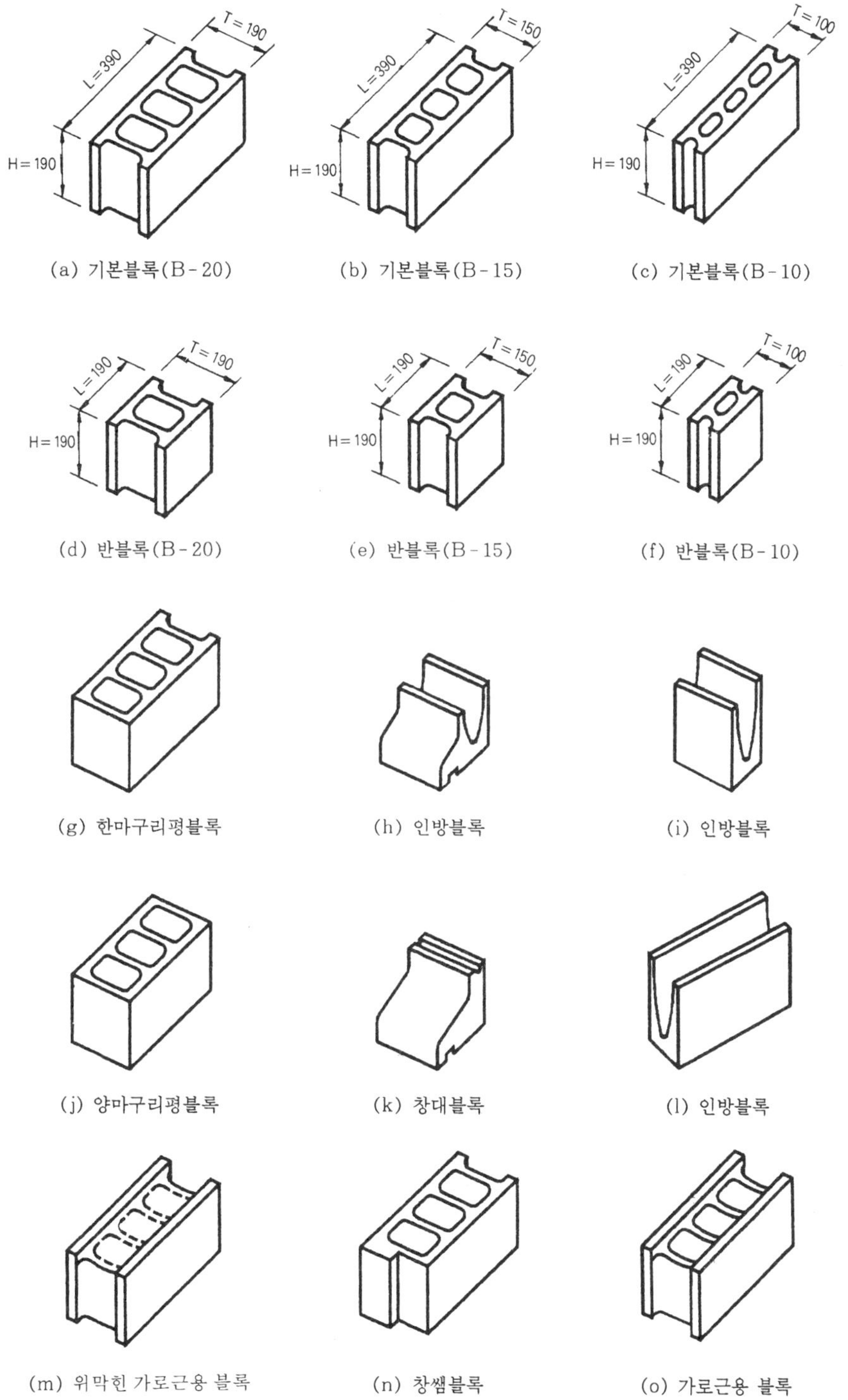

그림 10-2 각종 블록의 종류

10-2-2 모르타르 및 콘크리트 배합

블록쌓기용 모르타르 및 콘크리트의 배합비는 그 용도에 따라 표 10-3과 같이 용적 배합비를 맞추어 사용한다. 줄눈용 모르타르에는 석회를 조금 넣어 시멘트 : 석회 : 모래의 비가 1 : 1 : 3이 되도록 한다. 블록의 빈 속에 채워 넣는 사춤용 콘크리트에 사용하는 자갈의 최대지름은 속빈 블록 최소폭의 1/4 이하 또는 20mm 이하로 한다.

표 10-3 조적용, 사춤용 모르타르 및 콘크리트의 배합비(용적 배합비)

구 분	용 도	배 합 비			
		시멘트	석 회	모 래	자 갈
모르타르	줄눈용	1	1	3	–
	사춤용	1	–	3	–
	치장 줄눈용	1	–	1	–
콘크리트	사춤용	1	–	2	4
	구조용	1	–	2.5	3.5
	밑창 콘크리트	1	–	3	6

10-3 재료의 운반, 취급 및 저장

블록을 운반하거나 취급할 때에는 깨지거나 블록 모서리가 파손되지 않도록 주의한다. 블록은 형상 및 용도별로 구분하여 일정한 무더기로 쌓아 둔다. 블록은 평탄한 곳에 적재하도록 하며 적재한도 높이는 1.6m로 한다. 바닥판 위에 임시로 쌓을 때는 1개소에 집중되지 않도록 한다. 또한 지면에서 떨어진 판자나 다른 지지기구 위에 쌓아서 바닥의 습기가 직접 닿지 않도록 하고 방수덮개를 씌워 우로에 노출되지 않도록 한다.

시멘트는 우수(雨水) 및 습기의 영향을 받지 않도록 저장하며 적재높이는 13포대를 한계로 한다. 골재는 종류별로 구분하여 저장하고 먼지, 흙, 기타 불순물이 혼입되지 않도록 한다. 혼화재료는 종류별로 구분하여 저장하고 품질의 특성에 유의하여 품질변화가 생기지 않도록 한다. 철근은 규격별·종류별로 구분하여 저장하되 지면과 우수에 직접 접촉하지 않도록 각별히 주의하고 흙, 기름 등에도 오염되지 않도록 한다.

10-4 단순조적 블록공사

시멘트블록을 사용하여 보강철근 및 콘크리트를 사용하지 않고 블록을 단순히 모르타르로 접합하여 쌓은 내력벽 또는 장막벽을 구성하는 공사를 말한다.

10-4-1 시공도

시공자는 설계도서에 따라 벽 길이, 창문의 위치 등을 검토하여 축척 1/50의 블록나누기도를 작성한다. 블록벽에 묻어 쌓는 철근, 철망, 볼트, 배관 등의 위치를 블록공사를 하기 전에 확정지어야 한다. 창문틀은 먼저 세우기와 나중 세우기에 따라 설치 부분의 치수가 달라지므로 세우기 방법 및 그 시기에 대해서도 검토해야 한다.

10-4-2 규준틀

세로 규준틀은 블록쌓기의 기준이 되는 것으로 뒤틀리거나 휘지 않은 직선재를 대패질하여 여기에 블록 켜수 및 줄눈을 정확히 먹매기고 제위치에 견고하게 설치한다. 블록조 벽체의 한층 높이는 대개 12～16켜 정도로서 블록쌓기 2～3일 공정이니까 단단하게 세워서 2～3일 유지될 정도면 된다.

경미한 공사에서는 블록나누기 및 줄눈을 표시한 기준대를 사용할 수도 있다. 철근콘크리트조의 내부에 칸막이벽으로 쌓는 경우에는 기둥 또는 먼저 쌓은 벽에 먹줄을 치고 블록나누기를 할 수도 있다. 기둥, 벽 등이 없는 곳에는 철선을 수직으로 치고 세로 규준틀을 대용할 수 있다.

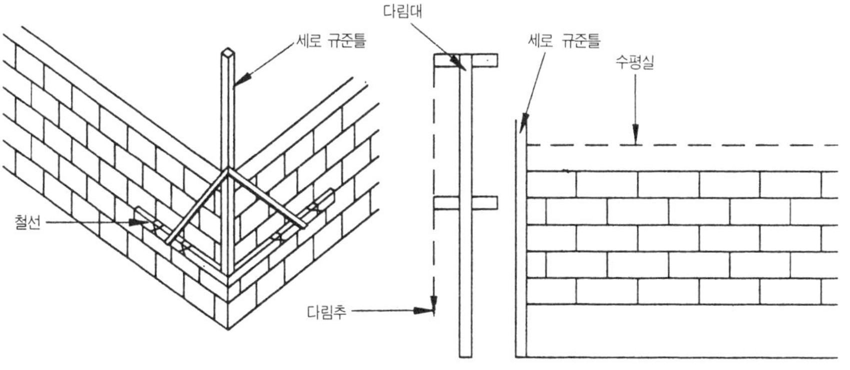

그림 10-3 세로 규준틀, 다림보기, 기본쌓기

10-4-3 블록쌓기 일반사항

블록쌓기는 세로 규준틀을 설치하고 이를 기준으로 직교하는 모서리 또는 중간요소에 기준 블록을 먼저 쌓는다. 그 다음에 이 부분을 기준으로 하여 수평실을 치고 중간 부위를 쌓은 다음 윗켜 쌓기를 한다. 블록은 제조 형틀과 빈속 형틀에서 빼내는 관계상 블록 살두께에 테이퍼(taper)가 있어 그 살두께가 두꺼운 편이 위로 가게 하여 쌓는다.

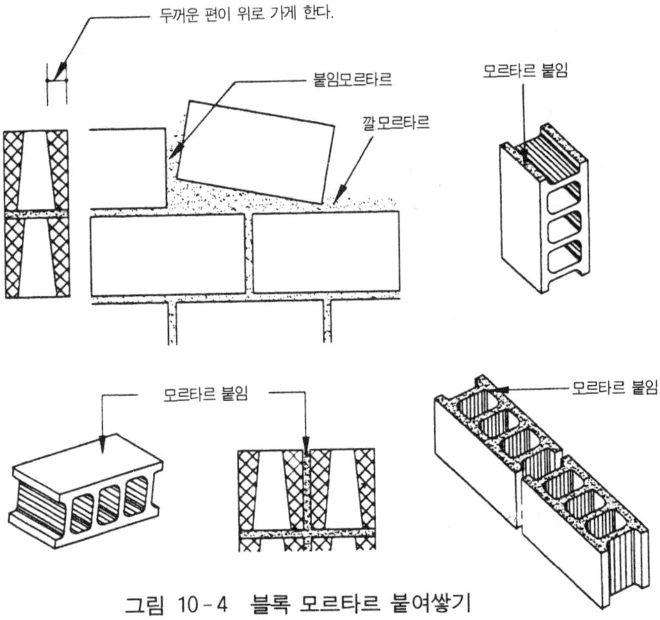

그림 10-4 블록 모르타르 붙여쌓기

가로줄눈 모르타르는 수평실에 맞추어 블록 윗면의 전부에 깐다. 세로줄눈 모르타르는 미리 밑에서 발라 두고 살며시 들어올려 먼저 쌓은 블록의 옆면에 대어 수평실에 맞추어 놓는다. 수평실보다 높은 곳은 흙손자루로 가만히 두드리며 약간 좌우로 미끌리는 듯이 하여 제위치에 정치시킨다. 중간블록을 끼워 놓을 때는 양면에 모르타르를 바르거나 먼저 쌓은 블록면에 먼저 모르타르를 바르고 끼워 댄다.

하루의 쌓기 높이는 1.5m(블록 7켜 정도) 이내를 표준으로 한다. 줄눈은 막힌 줄눈으로 하고 줄눈 두께는 10mm가 되게 한다. 단, 직교하는 벽은 통줄눈으로 처리하고 줄눈에 철근 또는 철망을 넣어 보강하도록 한다. 치장줄눈은 줄눈모르타르가 완전히 굳기 전에 흙손을 사용하여 줄눈파기를 한 후 수밀하고 줄 바르게 마무리한다.

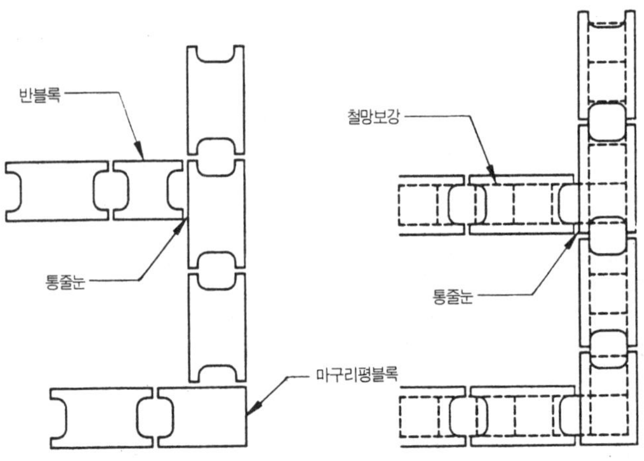

그림 10-5 교차블록쌓기

10-4-4 모르타르 및 콘크리트 사춤

블록의 이음새 및 빈 속에 모르타르나 콘크리트를 부어넣는 것을 사춤이라 한다. 이때에는 가느다란 둥근 막대를 사용하여 구멍이나 틈서리 등이 생기지 않게 다지면서 채워 넣는다. 모서리 및 개구부의 끝에서 거푸집을 대고 콘크리트를 부어넣을 때에는 거푸집을 대기 전에 밑창에 모인 흙, 먼지 및 모르타르 등을 제거하고 청소해 둔다. 보강근은 사춤하기 전에 배근해 놓고 이동·변형 등이 없게 해야 하며 피복두께는 2cm 이상으로 한다.

10-4-5 창문틀 세우기

(1) 창문틀 먼저 세우기

창문틀 세우기는 벽돌공사에 준하여 하되 도면 또는 특기시방에서 정한 바가 없을 때에는 원칙적으로 먼저 세우기로 한다. 창문틀 세우기는 창문틀이 설치될 밑면까지 블록을 쌓고 24시간 경과 후에 세운다. 창문틀은 버팀대, 연결대 등을 사용하여 위치를 정확히 유지하면서 견고하게 설치한다. 가로틀의 밖으로 나온 뿔을 옆 벽면의 블록에 잘 물리게 하고 선틀의 상하 및 중간 60cm의 간격으로 꺾쇠 또는 큰 못 2개씩을 줄눈 위치에 박아 고정시킨다.

(2) 창문틀 나중 세우기

가설틀을 사용하지 않고 블록을 먼저 쌓을 때에는 나중에 창문틀을 끼울 수 있도록 여유를 두고 블록을 쌓는다. 이때 창문틀을 연결·고정시킬 철물 또는 나무벽돌은 빠짐없이 묻어 둔다. 나무벽돌의 길이는 창문틀의 너비와 같게 하고 단면은 5×5cm 또는 5×10cm 각재 정도로 한다. 가설틀을 쓰는 경우에는 가설틀을 미리 짜서 블록쌓을 때 먼저 세워 대고 블록쌓기가 완료되면 그때에 창문틀을 끼워 댄다.

10-4-6 나무벽돌, 앵커볼트 연결철물 묻기

나무벽돌, 앵커볼트, 연결철물 및 홈거리 등은 사춤용 줄눈 위치에 묻는 것을 원칙으로 한다. 나무벽돌, 앵커볼트 등을 묻은 블록의 빈 속은 모두 모르타르 또는 콘크리트를 채워 넣는다. 이때 그 밑의 빈 속을 막고자 할 때에는 철판 뚜껑을 사용하거나 모르타르 밑채우기를 미리하여 둔 것을 사용한다.

10-4-7 배 관

배관은 배관용 블록을 사용할 때 이외에는 원칙적으로 노출 배관으로 하고 부득이 묻을 때에는 블록의 빈 속을 통하여 배관한다. 전기배관 등 블록의 빈 속을 통하여 배관할 때에는 보강철근의 피복두께에 지장이 없도록 그 빈 속의 한쪽 편으로 치우쳐 배관한다. 단, 상하수도 및 가스배관은 블록의 빈 속에 매입하지 않는다.

10-4-8 인방보

창문, 기타 문꼴의 위에 설치하는 인방보는 인방블록(lintel block;속칭 U블록)을 틀 위에 쌓고 철근을 배근한 후 콘크리트를 부어 넣는 방식과 기성재 콘크리트 인방보를 사용하는 방식이 있다.

(1) 제자리 부어넣기 철근콘크리트 인방보

인방블록을 창문틀 위에 쌓고 철근을 배근한 후 콘크리트를 부어 넣는 것으로 인방블록에는 가로형과 세로형이 있으며 문꼴 좌우 벽에 20～40cm 정도 물리도록 쌓는다. 인방보의 주근은 문꼴의 양측 벽에 40d 이상 정착시킨다. 인방블록 위에 테두리보가 있을 때에는 인방보의 늑근을 테두리보에 정착시킬 수 있다.

인방블록의 안면(內面)에 적당히 물축이기를 하고 철근 위치를 정확히 유지시킨 상태에서 콘크리트를 빈틈없이 다져 넣는다. 이때 철근의 피복두께는 최소 3cm 이상이 되도록 한다. 가설틀 거푸집 등은 인방블록의 콘크리트가 충분히 굳은 다음 제거한다.

(2) 기성재 콘크리트 인방보

기성재 콘크리트 인방보를 사용할 때에는 인방보에 구멍 또는 홈을 만들어 개구부의 옆벽에 세운 보강철근을 꽂을 수 있게 한다. 인방보에 철근을 꽂은 다음에는 그 부분에 콘크리트 또는 모르타르를 다져 넣는다. 인방보의 양끝은 벽체 블록에 20cm 이상 걸치도록 하여 위에서 오는 하중을 충분히 전달할 수 있도록 한다.

10-4-9 테두리보

테두리보는 2층 바닥, 처마벽 상부에 철근콘크리트보를 둘러 벽체를 보강하고 바닥판, 지붕틀 등을 받게 하는 것이다. 이것도 인방보와 마찬가지로 제자리 부어넣기 콘크리트 테두리보를 쓸 때와 기성재 콘크리트 제품을 쓸 때가 있다. 주근은 직교하는 철근과 연결하거나 수직으로 구부려 40d 이상 정착시킨다.

10-4-10 방수 및 방습처리

블록 벽체가 지반면에 접촉하는 부분에는 바닥의 습기가 올라오지 못하도록 수평으로 방습층을 둔다. 일반적으로 그 위치는 마루 밑이나 콘크리트 바닥판 밑에 접근되는 가로줄눈의 위치에 두며 액체방수모르타르를 10mm 두께로 블록 윗면 전체에 바른다. 물빼기 구멍은 콘크리트의 윗면에 두거나 물끊기 방습층 등의 바로 위에 둔다. 그 구멍의 지름은 10mm 이내, 간격은 120cm(3켜 정도)마다 1개소로 한다. 물빼기 구멍에는 직경 6mm, 길이 10cm되는 폴리에틸렌 플라스틱 튜브를 집어 넣는다.

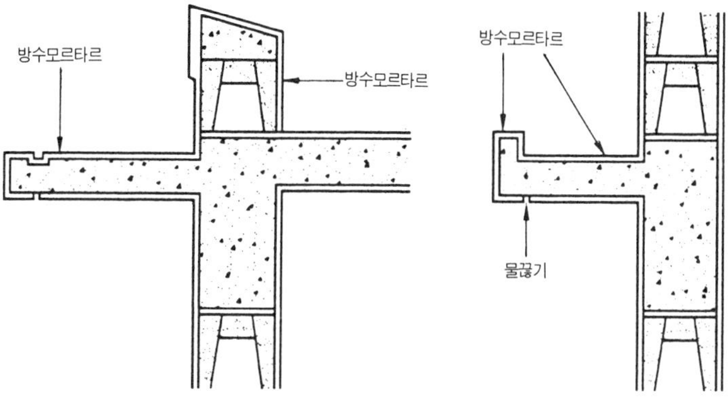

그림 10-6 블록벽면 방수처리

10-4-11 한랭기 및 극한기의 시공

블록을 쌓을 때 기온이 2℃ 이하로 강하하거나 그러한 우려가 있을 때에는 쌓아올림 켜수(段數), 기타 필요한 사항에 대하여 담당원의 지시를 받아야 한다. 기온이 4℃ 이하일 때는 모르타르나 그라우트의 온도가 4℃ 이상, 40℃ 이하가 되도록 골재나 물을 데워서 사용하고 비빔판 위의 모르타르 온도는 동결온도보다 높게 해야 한다.

10-4-12 보 양

블록을 쌓은 후에는 어떠한 경우에도 움직이게 해서는 안된다. 또한 줄눈모르타르 및 사춤콘크리트가 충분히 경화될 때까지는 충격이나 기타 하중이 가해지지 않도록 주의한다. 평균기온이 4℃ 이하, 영하 4℃까지는 최소한 24시간 동안 내후막을 설치한다. 또한 직접 우로에 노출되는 치장쌓기 부분은 두꺼운 방수시트로 벽 위를 덮어 보호하고 블록의 속빈 부분에는 빗물 또는 빙설이 들어가지 않도록 널이나 포장 등으로 보양한다. 블록벽체의 표면은 조적용 및 사춤용 모르타르 등으로 얼룩지지 않도록 하고 모르타르가 묻으면 즉시 이를 제거한다.

10-5 철근콘크리트 보강 블록공사

단순조적 블록조와 같은 방법으로 블록공사를 하되 블록의 빈 속을 철근과 콘크리트로 보강하여 내력벽 또는 이에 준하는 장막벽을 구성하는 것을 말한다. 철근은 보통 이형철근을 사용하고 KS D 3504(철근콘크리트용 봉강)의 규격에 합격한 것으로 한다. 결속선은 지름 0.8mm(BWG #21) 이상의 철선을 달구어 사용하며, 기타의 재료적 사항은 단순조적 블록조와 동일하다.

10-5-1 벽 세로근의 설치

세로근은 밑창 콘크리트의 윗면에 철근을 배근하기 위한 먹매김을 하고 기초판 철근 위 정확한 위치에 고정시켜 배근한다. 조립이 끝나면 배근검사를 하고 기초 콘크리트를 부어 넣을 때 이동되지 않도록 한다. 세로근은 기초, 테두리보에서 위층 테두리보까지 잇지 않고 배근함을 원칙으로 하며 정착길이는 철근지름(d)의 40배 이상, 피복두께는 2cm 이상으로 한다.

10-5-2 벽 가로근

가로근의 간격은 60cm(3켜) 또는 80cm(4켜)로 하며, 단부는 180°의 갈고리로 구부려 배근한다. 가로근의 피복두께는 2cm 이상으로 하고 세로근과의 교차부는 모두 결속선으로 결속한다. 정착길이는 40d 이상으로 하며 중간에 가로근을 이을 때에는 그 이음길이를 25d 이상으로 한다. 개구부 상하부의 가로근을 양측 벽에 묻을 때에도 정착길이는 40d 이상으로 한다. 한편, 가로근과 동등 이상의 유효 단면적을 가진 블록보강용 와이어메시를 가로근 대신 사용할 수 있다.

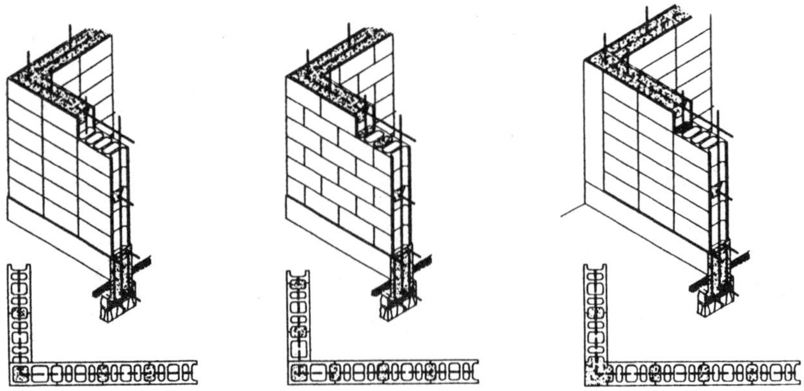

(a) 통줄눈쌓기의 모서리 (b) 막힌줄눈쌓기의 모서리 (c) 콘크리트 사춤 모서리

그림 10-7 보강블록쌓기 배근법

10-5-3 블록쌓기

보강블록조는 원칙적으로 통줄눈쌓기로 한다. 막힌 줄눈으로 하면 철근에 블록을 위에서 내려 끼워야 하고 모르타르, 콘크리트의 사춤도 용이하지 않다. 보강블록조와 라멘구조가 접촉되는 부분은 블록을 먼저 쌓고 콘크리트 구조체를 나중에 시공한다. 창문틀 세우기, 나무벽돌, 볼트 기타 철물묻기, 배관 등 기타 사항은 단순조적 블록조와 동일하다.

10-6 거푸집 블록공사

거푸집 시멘트블록을 쌓고 그 속(中空部)에 철근과 콘크리트를 채워 넣어 철근콘크리트 부재를 구성하거나 이에 준하는 장막벽을 시공하는 것을 말한다. 거푸집 블록은 최소한 두께가 25mm 이상은 되어야 하며 뒤틀림, 갈라짐 기타 흠집이 없는 것을 사용한다.

10-6-1 벽 세로근 및 가로근

벽 세로근과 가로근 설치는 철근콘크리트 보강 블록공사의 경우와 동일하다. 즉, 정착길이는 철근지름(d)의 40배 이상, 피복두께는 2cm 이상, 가로근의 간격은 60cm(3켜) 또는 80cm(4켜)로 하며 단부는 180°의 갈구리로 구부려 배근한다. 개구부 주위의 콘크리트 단면은 9×12cm 이상으로 한다. 내력벽의 중공부에 배근하는 대근 지름이 가로근의 지름과 같을 때에는 가로근을 대근으로 대용할 수 있다.

10-6-2 블록쌓기

세로 규준틀을 기준으로 모서리 끝 또는 중간 요소에 먼저 기준이 되는 블록을 쌓는다. 그런 다음 수평실을 치고 이 블록을 기준으로 하여 모서리부 또는 단부에서부터 차례로 안쪽으로 쌓아 나간다. 거푸집 블록 속에 모르타르 또는 콘크리트를 채워 넣을 때 이동, 변형 등이 생길 우려가 있는 곳은 가는 철선(#20)으로 결속시켜 변형을 방지한다.

줄눈모르타르가 경화되기 전에 흙손으로 줄눈 누르기를 하고 필요할 때에는 줄눈파기를 한다. 치장줄눈은 줄눈흙손을 사용하여 빈틈이 생기지 않게 눌러 바르고 줄눈 가장자리가 블록면에 미끈하게 밀착되게끔 마무리한다. 콘크리트를 부어넣기에 앞서 거푸집 블록의 속빈 부분을 청소하고 적당히 물축이기를 해둔다. 벽체콘크리트의 1회 부어넣기 높이는 60cm 이내로 한다. 창문틀 세우기, 나무벽돌, 볼트 기타 철물묻기, 배관 등 기타 사항은 단순조적 블록조에 준하여 시공한다.

제 11 장 돌공사

11-1 개 요

돌은 고가(高價)인 데다가 중량물로서 가공이 용이하지 않으며 가공과정, 공사에 상당한 시일이 소요되지만 외관이 장중하고 내구적이어서 건물의 내벽, 외벽, 창문 주위, 바닥 등에 구조 장식용으로 널리 사용되고 있다. 특히 우리 나라에는 양질의 석재가 풍부하기 때문에 오래 전부터 건물에 이용되어 왔으며 자동가공기계의 사용과 건식붙임공법의 보급, 다양한 석재가공법의 개발 등으로 인하여 고급화, 공기단축 및 공비절감을 도모하고 있다. 돌공사에는 석재를 쌓아 자립(自立)하는 벽체 및 구조물을 구축하는 돌쌓기공사와 천연석, 테라조, 모조석 등의 공장 가공품을 다른 구조체에 설치·고정하는 돌붙임공사 및 돌깔기공사가 있다.

11-2 재 료

11-2-1 석재의 종류

(1) 석재의 종별

석재를 석질에 따라 대별하면 다음과 같다.

① 화성암재 : 화강암, 안산암, 석영조면암

② 수성암계 : 점판암, 사암, 응회암, 석회암

③ 변성암계 : 사문석, 반석, 대리석

화강암은 열에 약한 결점 외에는 모든 물리적 성질이 우수하다. 안산암은 화강암보다 못하나 열에 대한 저항은 더 강하다. 응회암, 사암은 흡수율은 더욱 떨어지지만 열에 대해서는 상당히 강하다. 대리석은 화강암보다 강도가 떨어지며 풍화가 빠르다.

(2) 시장품으로서의 종별

시장품 석재는 용도 및 형상에 따라 다음과 같이 나눈다.

① 잡석, 둥근돌(호박돌) : 잡석은 20cm 정도의 막생긴 돌 또는 둥그스름한 돌로서 기초 잡석다짐, 바닥 콘크리트 지정 등에 쓰인다.

② 간사, 견치돌 : 간사는 한 면이 대략 20～30cm 정도의 네모지게 생긴 돌로서 간단한 돌쌓기에 쓰인다. 견치돌은 네모뿔형으로 가공한 것으로 흙막이, 방축 등의 석축에 쓰인다.

③ 장대석 : 단면 30～60cm, 각 길이 60～150cm 정도의 돌을 말한다.

④ 판돌, 구들장 : 판돌은 두께 15～20cm, 너비 30～60cm, 길이 60～90cm 정도의 돌로서 바닥깔기 또는 붙임돌에 쓰인다. 구들장은 두께 6cm 내외, 크기는 40×60cm 정도의 얇은 돌로서 구들 놓는 데 쓰인다.

11-2-2 석재 사용시 주의사항

동일 건축물에는 동일한 석재로 시공하는 것이 좋으며 석재는 휨·인장강도가 부족하므로 항상 압축을 받는 장소에만 사용한다. 석재가공시 석재에 심한 예각부나 구멍을 만들지 않도록 하며, 내화도가 부족하므로 가급적 고온부에 쓰지 않는 것이 좋다. 시멘트모르타르가 연석(軟石)에 대하여 화학작용을 하지 않도록 처리해야 한다.

11-2-3 철 물

촉이나 꺾쇠 등 돌쌓기공사에 사용하는 철물은 석재의 크기 중량 및 시공개소에 따라 충분한 강도와 내구성이 있는 것을 선정하여야 하며 적어도 석재 1개에 대하여 2개 이상을 사용하도록 한다. 철물의 종류 재질 등은 도면 또는 특기시방에 따르되 특기가 없을 때에는 다음 표 11-1을 표준으로 한다.

표 11-1 돌쌓기 공사용 철물(최소치수, 단위:mm)

봉 강(棒鋼)	
촉	꺾 쇠
ϕ9 또는 D10	ϕ9 또는 D10
길이 100	작용길이 150

돌붙임공사의 경우는 스테인리스제 또는 황동제를 사용하며 다음 표 11-2를 표준으로 한다. 단, 황동제는 외부 및 물에 접하는 곳에는 사용하지 않는다. 욕실 화장실 등의 격판(隔板) 위에 사용하는 꺾쇠는 스테인리스제로 하고 직경 6mm, 작용길이는 60mm로 한다.

표 11-2 돌붙임 습식공법용 철물(최소치수, 단위:mm)

철 물 / 두 께	스테인리스제			황 동 제		
	연결철물	촉	꺾쇠	연결철물	촉	꺾쇠
40 미만	직경 3.2	직경 3.2 길이 40	직경 3.2	직경 3.5	직경 3.5 길이 40	직경 3.5
40 이상	직경 40	직경 4.0 길이 50	직경 4.0	직경 4.2	직경 4.2 길이 50	직경 4.2

11-2-4 모르타르

모르타르는 조적용, 깔기용, 사춤용 등 용도에 따라 다음 표 11-3을 기준으로 한다. 줄눈너비는 실외는 6~12mm, 실내는 6mm 이하로 하며 혼화재 및 실링재는 석재를 오염시키지 않는 것을 사용한다.

표 11-3 모르타르의 배합(용적비) 및 줄눈너비

<table>
<tr><th>재 료 / 용 도</th><th>시멘트</th><th>모 래</th><th>줄 눈 너 비</th></tr>
<tr><td>조적용</td><td>1</td><td>3</td><td rowspan="5">① 실외의 벽, 바닥은 6~12mm
② 실내의 벽, 바닥은 0~6mm
③ 모조석의 경우는 실내·외 모두 6~10mm
④ 거친 돌일 때는 9~25mm</td></tr>
<tr><td>깔모르타르용</td><td>1</td><td>3</td></tr>
<tr><td>사춤모르타르용</td><td>1</td><td>3</td></tr>
<tr><td>치장모르타르용</td><td>1</td><td>0.5</td></tr>
<tr><td>붙임용 페이스트</td><td>1</td><td>0</td></tr>
</table>

11-2-5 석재가공

돌공사는 시공하기 전에 설계도에 따라 돌나누기도, 원척도(源尺圖)를 작성하고 이를 기준으로 줄눈나누기 및 개개 석재의 형상, 치수를 정해야 한다. 그런 다음 개개의 석재에 부호를 기입하고 연결철물, 촉 등의 위치를 정한다. 석재는 각각의 치수에 다듬기 및 마무리 치수를 더한 치수로 환산하여 주문한다.

석재가공은 손다듬기와 기계다듬기로 구별되는데 사용공구와 다듬기 솜씨에 따라 마무리질에 상당한 차이가 나므로 견본품을 제출받아 미리 마무리 정도를 확인하는 것이 좋다. 석재 마무리의 종류 및 가공공정은 경질석재, 연질석재에 따라 다음 표 11-4와 표 11-5를 기준으로 하며 갈기 마무리의 정도는 표 11-6을 기준으로 한다. 석재가공의 일반적인 기법을 정리하면 다음과 같다.

① 혹떼기 : 야석의 쓸모없는 부분을 메다듬는 것이다. 여기에는 큰혹떼기, 중간혹떼기, 작은혹떼기 등으로 구분된다.

② 정다듬 : 혹떼기면을 정을 사용하여 평평한 조면으로 가공하는 것이다. 조면의 정도에 따라 초벌다듬, 중간다듬, 정벌다듬으로 나뉘어진다.

③ 도드락다듬 : 정다듬면의 조면을 도드락망치로 다듬어 어느 정도 매끈하게 한 것이다.

④ 잔다듬 : 도드락면에 다시 양날로 세밀한 평행선이 나타나게 다듬는 것이다. 한번 다듬, 두번 다듬, 세번 다듬이 있다.

⑤ 깎아내기 : 연석의 돌면을 양날로 거의 평평하게 깎아내는 다듬이다.

⑥ 갈기 및 광내기 : 돌면을 기계갈기하여 면을 완전히 평활하게 다듬고 왁스로 광을 내는 것이다.

⑦ 버너다듬 : 제트다듬, 프레일다듬이라고도 하는데 석재의 표면에 화염을 방사하여 가열한 다음, 이를 급랭시켜 돌의 표층부분을 박리시켜 조면으로 다듬는 것이다.

표 11-4 경질석재 마무리 종류 및 가공공정

가공공정 / 마무리 종류		혹떼기		정다듬			도드락다듬			날망치다듬		
		큰혹	작은혹	거친정	중정	고운정	25눈	64눈	100눈	5~6 mm	3~4 mm	1.5~2 mm
혹두기	큰혹	①										
	작은혹		①									
정다듬	1회		①	②								
	2회		①	②	→	③						
	3회		①	②	③	④						
도드락 다듬	1회		①	②	③	④	⑤					
	2회		①	②	③	④	⑤	→	⑥			
	3회		①	②	③	④	⑤	⑥	⑦			
잔다듬	1회		①	②	③	④	⑤	⑥	⑦	⑧		
	2회		①	②	③	④	⑤	⑥	⑦	⑧	→	⑨
	3회		①	②	③	④	⑤	⑥	⑦	⑧	⑧	⑩

주) 1. ○ 내의 숫자는 가공순위를 표시한다.
2. 날망치다듬에서의 숫자는 날망치의 날 간격이다.
3. 갈기 공정은 잔다듬 3회 한 다음에 하는 것을 원칙으로 한다.

버너 가공시에는 제트버너를 사용하는데, 버너와 돌 면과의 간격이 30~40mm 되도록 하고 버너는 원형을 그리면서 열가공한다. 버너의 회전직경은 약 150mm, 버너의 겹침폭은 50mm로 한다. 버너 가공 후에는 열을 가한 면에 즉시 물뿌리기를 한다.

표 11-5 연질석재 마무리의 종류 및 가공공정

마무리 종류 \ 가공공정		혹떼기		깎기			도드락다듬		날망치다듬		톱켜기	갈기	비 고
		쇠메	쇠망치 날메	정날정	거친날 망치	고운날 망치	64눈	100눈	3mm 사이	1.5mm 사이			
혹두기	큰 혹	①											쇠메, 큰망치로 따낸다.
	작은혹	①											쇠망치, 날메 등으로 따낸다.
깍 기	정날 정따기		①	②	②								날정 등으로 쳐 깍아낸다.
	1회 2회			① ①	② ②	 ③							날망치로 쳐 깍아낸다.
도드락 다듬	1회		①	→	②	→	③						
	2회		①	→	②	→	③	④					
잔다듬	1회		①	→	②	→	③	④	→				
	2회		①	→	②	→	③	④	⑤	⑥			
톱자국	켜낸돌 제치장										①		켜낸면 물씻기를 충분히 할 것.
갈 기	따낸돌		①	②	③	④	⑤	⑥	⑦	⑧	→	⑨	
	켜낸돌										①	②	

주) 1. ○ 안의 숫자는 가공순위를 표시한다.
2. 도드락다듬 날망치다듬은 경우에 따라 1회를 증감할 수 있다.

표 11-6 경질석재 갈기 마무리 종류

마무리 종류	마무리의 정도
거친갈기	#24~#80(#100~#300)의 카보런덤숫돌 또는 같은 정도의 마무리가 되는 다이아몬드숫돌로 갈아낸다.
물갈기	#400~#800의 카보런덤숫돌 또는 같은 정도의 마무리가 되는 다이아몬드 숫돌로 갈아낸다.
본갈기	#800~#1,500의 카보런덤숫돌 또는 같은 정도의 마무리가 되는 다이아몬드숫돌로 갈아내고, 다시 광내기 가루를 사용하여 버프(buff)로 마무리한다.

주) ( ) 안의 수치는 대리석, 테라조블록의 경우에 적용한다.

11-3 돌쌓기

11-3-1 돌쌓기공법의 종류

돌쌓기는 석재의 종류, 크기, 면, 쌓기방식 등에 따라 분류된다. 돌쌓기는 막돌쌓기와 마름돌쌓기로 대별되고 쌓는 방식에 따라 바른층쌓기, 층지어쌓기, 막쌓기로 나뉘어진다.

(1) 막돌쌓기

자연석, 둥근돌 및 막돌을 사용하여 맞댐면은 거의 다듬지 않고 쌓는 방법으로 다듬는다고 하여도 부분적으로 쇠메, 평날망치로 어림 다듬기를 하여 쌓는 정도이다. 하부돌은 상부돌보다 비교적 큰 것을 쓰고 모서리에는 면에 사용된 돌보다 큰 것을 쓰는 것이 쌓기도 용이하고 외관도 안정감이 있다.

(2) 마름돌쌓기

돌면이나 맞댐면을 일정한 모양으로 가공하여 줄눈 바르게 쌓는 것을 말한다. 이를 다듬돌쌓기 또는 네모돌쌓기라고도 한다. 돌면은 마름돌 제면으로 하거나 다듬을 때도 있으나 맞댐면은 정다듬 또는 잔다듬으로 하여 줄눈너비가 일정하게 된다.

(3) 허튼층쌓기

허튼쌓기 또는 막쌓기라고도 하며 줄눈이 규칙적으로 되지 않게 쌓는 것이다. 그러나 허튼쌓기의 일종으로서 네모돌을 써서 줄눈을 수직·수평으로 하고 간혹 경사줄눈이 있게 한 것을 완자쌓기라 한다.

(4) 바른층쌓기, 층지어쌓기

이는 돌 한켜 한켜가 수평 직선으로 되게 쌓는 것이다. 층지어쌓기는 허튼층쌓기로 하되, 돌 서너 켜마다 수평줄눈을 일직선으로 통하게 한 것인데, 이것은 막돌쌓기에도 많이 쓰인다.

11-3-2 쌓기 일반사항

(1) 쌓기 준비

돌쌓기를 하기 전에 도면에 따라 돌나누기도를 작성하여야 한다. 비계발판은 중량물을 취급하는 관계로 특히 견고하게 설치하고, 비계는 쌍줄비계를 사용한다. 모서리 및 중간요소에는 세로 규준틀을 정확히 설치하고 여기에 수평실을 쳐서 돌쌓기의 기준이 되게 한다. 규준틀에는 돌나누기도에 따라 가로줄눈·창문틀의 수평위치, 연결고정철물의 위치 등을 기입하고 수평규준틀을 사용하여 고저를 맞춘다.

(2) 쌓기 방법

바탕면은 깨끗이 청소하고 맞댐면에는 물축이기를 하여 둔다. 규준틀에 따라 수평실을 치고 모서리 구석 등 기준이 되는 위치에서부터 돌쌓기를 시작한다. 맨 밑의 돌은 먹매김에 맞추어 소정의 연결철물을 대고 돌 밑에는 나무쐐기로 굄을 가설한 후 전면에 모르타르를 깔아 설치한다.

인접한 돌과 경사 고저가 없고 턱지지 않게 설치하며, 나무쐐기는 모르타르가 굳은 다음 반드시 빼내고 그 자리는 모르타르로 다시 메운다. 윗켜의 밑면 촉구멍에 모르타르를 채워 미리 설치한 촉을 밑켜의 촉구멍에 끼우고 모르타르를 빈틈없이 채운다.

사춤모르타르는 맞댐면에 물축이기를 하고 줄눈에 깨끗한 헝겊을 끼워댄 후 채워 넣는다. 사춤모르타르는 매 단마다 채워 넣는다. 철물은 모르타르로 완전히 덮히도록 하고 피복두께는 2cm 이상으로 한다. 하루의 쌓기 높이는 1m 이내를 표준으로 하고 밑켜의 줄눈 모르타르가 경화한 후에 윗켜를 쌓는다.

11-3-3 보 양

돌쌓기 부분이 비나 눈에 노출되지 않도록 덮개를 씌워 보양한다. 동절기에 모르타르의 동해 또는 경화 불량의 우려가 있는 경우에는 작업을 중지하거나 최소한 24시간 동안 내후막을 설치한다. 마감면에 오염의 우려가 있는 경우에는 폴리에틸렌시트로 씌워 보양한다. 파손의 우려가 있는 경우에는 널포장지 등으로 보양한다.

11-4 화강석 및 대리석붙이기

화강석이나 대리석을 일정한 크기로 가공하여 외벽 또는 내벽에 붙이는 것을 말하며 여기에는 습식공법 및 건식공법이 있다. 습식공법은 주로 모르타르를 사용해서 석재와 구조체를 모르타르 주입으로 결합시켜 일체화(一體化)시키는 것이고, 건식공법은 설치용 철물을 사용해서 석재를 설치하는 것으로 구조체와 일체화시키지는 않는다.

11-4-1 외벽습식공법

이 방법은 석재의 상하 좌우 맞댐 사이에 촉, 꺾쇠 등으로 안벽과 연결 고정시키고 모르타르로 붙여 나가는 방법이다. 석재의 붙임방법으로서는 가장 오래된 공법으로서 석재와 구조체를 모르타르로 일체화시키는 것이 특징이다. 정성스럽게 시공하지 않으면 돌 뒷면의 모르타르 주입이 불완전해지기 쉽고 이 부분에 빗물이 침투하면 백화, 줄눈갈라짐, 돌

균열 등이 생기기 쉽다.

맨 밑의 석재는 마감 먹에 맞추어 수평·수직이 되게 하고 쐐기를 석재의 밑면과 구조체와의 사이에 끼우고 밑면에는 된비빔 모르타르를 채운다. 구조체와의 긴결은 미리 구조체의 콘크리트를 타설할 때 묻어 둔 세로근 또는 앵커철물에 가로줄눈의 위치에 맞추어 가로근을 용접해 두고 하단 석재의 꽂임촉 구멍에 촉을 걸어 구조체와 연결시킨다. 이때 바탕면과 석재 뒷면과의 거리는 40mm가 되게 한다.

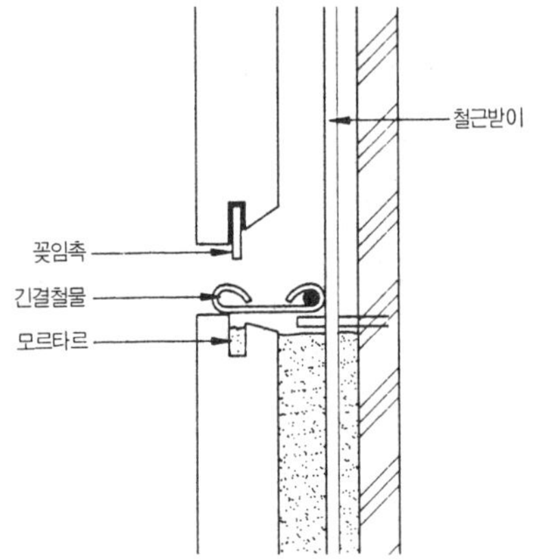

그림 11-1 하단 석재에 촉 및 긴결철물의 설치

석재의 뒷면에는 사춤모르타르를 채우되 모르타르가 흘러나오지 않도록 줄눈에 발포플라스틱재 등으로 틀어막고 모르타르의 압력으로 석재가 밀려나가지 않도록 여러 번 나누어 채운다. 사춤모르타르의 경화 정도를 보아 줄눈에 끼운 발포플라스틱재를 제거하고 줄눈파기를 한다. 치장줄눈은 석재면의 물씻기를 한 후에 하고 치장줄눈용 모르타르를 사용해서 평활하게 마무리한다.

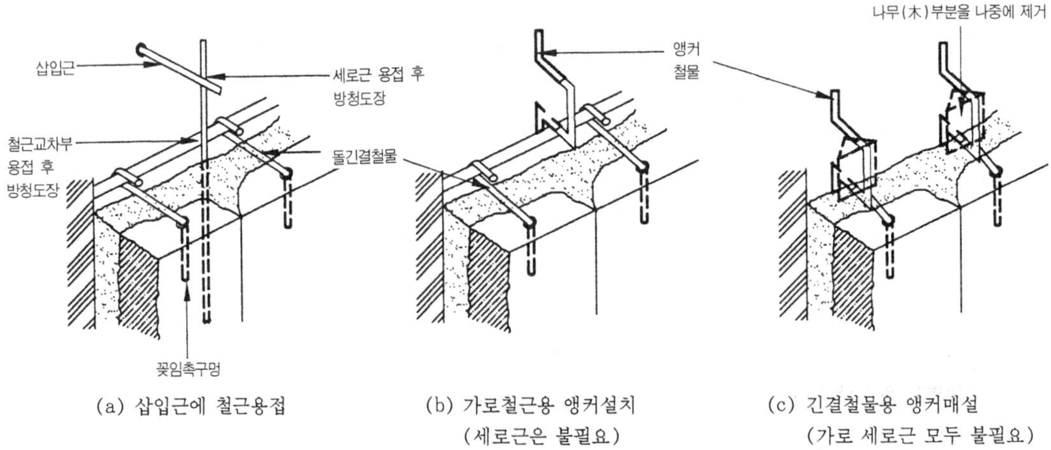

(a) 삽입근에 철근용접

(b) 가로철근용 앵커설치 (세로근은 불필요)

(c) 긴결철물용 앵커매설 (가로 세로근 모두 불필요)

그림 11-2 외벽습식공법시 철근받이 및 긴결철물의 설치

11-4-2 외벽건식공법

(1) 앵커긴결공법

이 공법은 석재의 붙임에 모르타르를 사용하지 않고 앵커, 볼트, 연결철물(fastener)을 사용하여 석재와 구조체를 연결시키는 방법이다. 먼저 시공도에 따라 수평실을 쳐서 연결철물(fastener)의 장착을 위한 앵커용 구멍을 뚫는다. 연결철물은 석재의 상하 및 양단에 설치하는데 하부의 것은 지지용으로, 상부의 것은 고정용으로 사용한다. 설치시 조정과 층간 변위를 고려하여 1차 연결철물(주로 앵글형)과 2차 연결철물(주로 평판형)을 연결하는 구멍은 모두 다소 헐겁게 뚫는다. 판석재와 철재가 직접 접촉하는 부분에는 적절한 완충재(kerf sealant, setting tape 등)를 사용하고 줄눈에는 실링재를 사용하여 마무리한다.

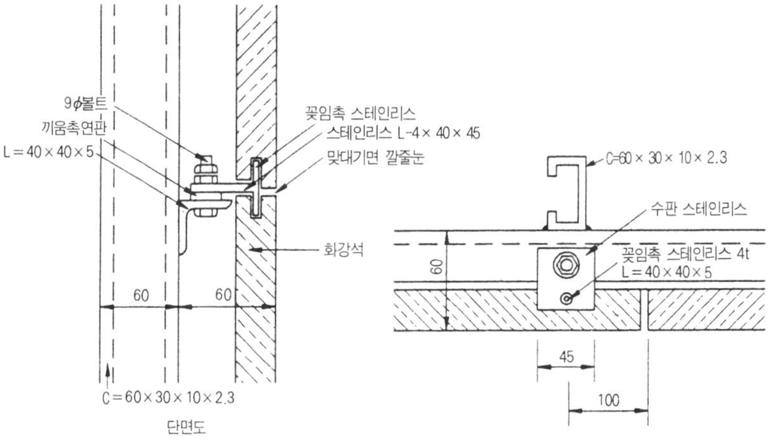

그림 11-3 앵커긴결공법

(2) 강제 트러스 지지공법

(a) 앵커긴결공법

(b) 강제 트러스 지지공법

사진 11-1 외벽건식공법

이 공법은 미리 조립된 강제트러스에 여러 장의 석판재를 지상에서 짜맞춘 후 이를 조립식으로 설치해 나가는 공법을 말한다. 시공도에 따라 트러스를 지상에서 제작한 후 여기에 앵커볼트, 연결철물(fastener)을 사용하여 석재를 설치한다. 트러스는 타워크레인으로 양중하여 올리고 미리 구조체에 설치한 앵커에 연결시켜 트러스를 접합시킨다.

11-4-3 내벽붙이기

내벽의 돌붙임공사에는 습식공법, 건식공법, 부분사춤공법이 있다. 이 중 습식 및 건식공법은 앞 절의 외벽붙이기 방법에 준하여 시공하면 된다.

내벽부분사춤공법은 석재의 붙임에 2~4개의 연결철물을 사용하여 구조체와 연결시키고 석재의 뒷면에는 가로방향으로 너비 100mm 정도로만 모르타르를 채워 넣거나 철물 주위에만 모르타르를 채워 넣어 고정시키는 공법을 말한다. 내벽부분사춤공법의 시공시 바탕면과 석재 뒷면과의 거리는 30mm를 표준으로 한다. 맨 밑의 석재는 마감먹에 맞추어 수평·수직이 되게 하고 쐐기를 석재의 밑면과 구조체와의 사이에 끼운다. 밑면에 된비빔 모르타르를 채운 후 석재 상부에 연결철물이나 꺾쇠를 걸어 구조체와 연결한다. 연결철물을 가로줄눈에 넣어 바탕과 연결시키고 석재의 뒷면에 너비 약 100mm로 모르타르를 채워 넣거나 철물 주위에만 모르타르를 채워 넣어 고정시킨다. 세로 맞댐면에는 촉 연결철물 꺾쇠를 사용하여 붙여 대고 모서리 구석은 꺾쇠로 고정시킨다.

11-5 테라조붙이기

테라조는 대리석 또는 화강석을 부수어 만든 종석(種石)을 혼입·가공하여 미려한 무늬와 광택이 나도록 마무리한 것이다. 테라조의 제작은 시멘트와 왕모래를 1:3의 용적비로 배합한 된비빔 모르타르를 소정 크기의 형틀에 부어 넣어 밑바탕을 만든다. 여기에 백시멘트(안료포함)와 종석(12mm 이하)을 1:2.5~2.7의 용적비로 배합하여 두께 10~15mm로 눌러 바르고 종석알이 밀착되도록 충분히 다진 후 롤러 또는 흙손으로 표면을 평평하게 고른다. 그런 다음 습윤양생을 시키고 형틀을 떼어낸 후 다시 5일간 이상 수중양생을 시킨다. 수중양생이 완료된 후에는 일광의 직사를 피하면서 충분히 건조시킨 다음에 마무리 가공을 하여 테라조를 완성시킨다.

테라조는 기본적으로 내벽과 바닥에만 사용하는데 붙이기 방법은 화강석 및 대리석붙이기와 동일하다. 다만, 사춤모르타르를 채울 때 높이 2m까지 여러 번 나누어 다져 넣어야 되며 비를 맞는 부분은 전면(全面)에 걸쳐 뒷사춤을 해야 하는 점에 주의해야 한다.

11-6 모조석붙이기

모조석이란 외관을 자연석과 근사하게 만든 시멘트 제품의 일종으로 테라조와 거의 유사하나 테라조에 사용되는 종석보다 다소 질이 떨어지는 백색 석회석 등을 종석으로 사용한다. 또, 바탕재료로서 시멘트, 가는 모래, 작은 자갈을 1:2:3의 용적비로 배합한 된비빔 콘크리트를 사용하는 점도 테라조와 다른 점이다. 이러한 모조석은 외벽과 내벽 및 바닥에 모두 시공이 가능하다. 외벽에는 습식 및 건식공법으로 붙일 수 있고 내벽에는 습식공법, 건식공법, 부분사춤공법을 모두 사용할 수 있는데 붙이기 방법은 화강석 및 대리석붙이기에 준하여 시공한다.

11-7 석축쌓기

석축은 경사진 대지에 쌓는 옹벽(ratain wall)으로서 비탈면에 견치돌, 각석 등을 쌓아올려 토사의 붕괴를 방지하는 축조물이다. 쌓기공법에는 건쌓기, 메쌓기, 찰쌓기의 세 가지 방법이 있다.

11-7-1 건쌓기

건쌓기는 돌과 돌 사이에 모르타르, 콘크리트 등을 채우지 않고 뒤고임돌만 다져 넣는 방법이다. 따라서 돌의 맞댐면을 다듬어 잘 맞닿게 하고 뒤고임돌을 충분히 다져 넣어야 한다. 이때 면줄눈은 하지 않고 물빼기 구멍도 특별한 경우 외에는 설치할 필요가 없다.

11-7-2 메쌓기

메쌓기는 돌의 맞댐면을 다듬어 잘 맞닿게 하고 배(胴)고임돌을 고여 고정시키고 그 빈틈을 잔돌로 채우고, 넓고 큰 돌을 골라 끝(尾)고임돌로 하고 다시 그 빈틈을 잔돌로 채우는 방법이다. 이때 쌓는 돌의 접촉면 마찰을 크게 하여 외력에 충분히 견디도록 앞면 줄눈이 서로 어긋나게 쌓는다.

11-7-3 찰쌓기

찰쌓기는 돌과 돌 사이에 모르타르를 다져 넣고 뒤고임에 콘크리트를 채워 넣는 방법이다. 이것은 표면 돌쌓기를 하는 동시에 안에 잡석쌓기를 하고 그 중간에 콘크리트를 채워 넣는 것이다. 일반적으로 $3m^2$마다 1개씩 물구멍을 내고 3m마다 신축줄눈을 설치한다.

제 12 장 타일공사

12-1 개 요

'타일'이라는 말은 '덮는다'라는 의미이며 '기와' 또는 '덮개판'이라는 명사로도 사용되어 왔다. 오래 전부터 넓은 바닥이나 벽에 붙이는 판상(板狀)의 점토제품이 사용되어 왔으며 의장적 효과가 뛰어나 건축물의 외관을 아름답게 하는 점이 기본적인 특성이다. 타일은 가격은 싸지만 다양한 색상과 고급스러운 질감을 줄 수 있으므로 뛰어난 의장재료로 볼 수 있다. 또한 타일은 내화성, 내구성 및 내오염성이 뛰어나며 위생적이어서 건축물의 내·외장 마감재료로 널리 사용되고 있다.

12-2 재 료

12-2-1 타일 제조방법

(1) 원 료

타일의 제조 원료는 가소성 원료, 비가소성 원료, 매용재의 세 가지로 구분된다. 가소성 원료는 타일을 일정한 모양으로 성형할 때 가소성이 유지되도록 하는 타일의 주된 원료로서 주로 점토, 고령토를 사용한다. 비가소성 원료는 점토의 가소성의 정도를 적당히 조절하기 위한 것으로 제점제(除粘劑)의 역할을 하며 납석, 석회석, 규석 등이 사용된다. 매용재는 낮은 온도에서 유리질을 만들어 점토를 자기화(磁器化)시키는 역할을 한다.

(2) 제조 공정

1) 원료 배합

석질의 원료를 죠크러셔(jaw crusher), 롤크러셔(roll crusher) 등의 분쇄기로 적당한 크기로 1차 분쇄한다. 조분쇄한 원료를 점토류와 배합하여 볼밀(ball mill)에 넣어 미분쇄한다.

배합은 타일의 제조방법에 따라 다르다. 건식성형법에서는 미분쇄한 것(slip)을 노즐(nozzle)로 분사시키면서 열풍으로 건조시켜 구형(球形)의 미세한 입자로 만드는 스프레이드라이어(spray dryer)를 사용한다. 습식성형법으로 할 때는 수분함량 18% 전후인 케이크(슬립을 걸러 프레스로 탈수시킨 것)를 진공토련기에 넣어 공기를 제거시키고 반죽한다.

2) 성　형(成形)

성형법에는 원료의 수분 함량에 따라 다음의 두 가지가 있으며 제조되는 타일 종류도 다르다.

① 건식 및 반건식성형

3～10%의 수분을 함유한 분말을 프레스의 금형에 넣어 고압(200～300kg/cm²)을 가해 성형한다. 이 방법으로 성형시킨 타일로는 내장타일, 모자이크타일 등이 있다.

② 습식성형

반죽한 원료를 오거머신(auger machine)에서 뽑아내어 성형시킨다. 오거머신 속에 있는 나선의 스크류가 회전하면서 원료를 출구쪽으로 밀어낸다. 이 방법으로 성형시킨 타일로는 외장타일, 바닥타일 등이 있다.

③ 건　조

습식성형법으로 만든 타일은 약 18% 정도의 수분을 함유하고 있어 이 상태에서 시유하여 소성시키면 급격한 수축으로 인해 균열이 발생한다. 또, 건식성형법으로 만든 타일도 약 5～10%의 수분을 함유하고 있어 이 상태에서 급격히 소성시키면 여러 결함이 생기므로 건조과정을 거치게 된다. 건조기는 주로 터널식을 사용하는데 최근에는 넓은 면적이 필요 없는 수직 건조가 많이 쓰이고 있다.

④ 시유 및 소성

시유타일은 건조 전 또는 건조 후에 유약을 바르는데 이 공정을 시유라 한다. 유약(釉藥)은 타일 표면에 유착되어 있는 얇은 유리질로서 미관을 향상시키고 오염을 방지하며 기계적 강도를 증진시키는 역할을 한다. 자기질이나 석기질로 된 외장타일, 바닥타일, 모자이크타일 등은 유약을 발라 소성하지만(1차 소성), 내장타일과 같은 도기질은 한번 소성한 후 유약을 발라 다시 소성한다(2차 소성).

12-2-2　타일의 분류

타일은 그 용도나 크기 혹은 재료의 질(소지질), 유약의 유무 등 여러 기준에 따라 다양하게 분류하고 있다. 용도에 따라 내장타일, 외장타일, 바닥타일 등으로 구분되며, 소지질(素地質)에 의한 분류는 다음 표 12-1과 같이 도기질, 석기질, 자기질로 구분된다.

표 12-1 소지질에 의한 타일의 분류

구 분	내 용		적용 타일
	소지 성질	흡수율(%)	
도기질	비용화성 (非熔化性)	10.0 이상	내장타일
석기질	대부분 용화성	1.0～3.0	내장타일, 외장타일, 바닥타일, 클링커타일
	반용화성	3.0～10.0	
자기질	불침투성	0	내장타일, 외장타일, 바닥타일, 모자이크타일
	용화성	1.0 미만	

유약의 유무에 따라 시유(施釉)타일, 무유(無釉)타일로 구분한다. 유닛타일(구성타일)이란 타일의 표면 또는 뒷면에 첨지를 붙이거나 또는 다른 방법으로 여러 개의 타일을 1조로 가지런히 연결한 것으로 말한다. 과거에는 유닛화된 것을 모두 모자이크타일이라 불러 왔지만 현재는 하나의 도편(陶片)이 5cm각(角) 이하인 것을 모자이크타일로 구분한다.

12-2-3 모르타르의 배합

모르타르의 배합비는 타일붙임공법에 따라 다음 표 12-2를 표준배합으로 한다. 모르타르는 물을 부어 반죽한 후 1시간 이내에 사용하도록 한다. 기성조합 모르타르를 사용할 때에는 제조회사의 시방에 준하여 워커빌리티를 정확히 맞추도록 한다.

표 12-2 모르타르 표준배합(용적비)

구 분			시멘트	백시멘트	모래	혼화제
붙임용	벽	떠붙이기	1	–	3～4	–
		압착붙이기	1	–	1～2	지정량
		개량압착붙이기	1	–	2～2.5	지정량
		판형붙이기	1	–	1～2	지정량
	바닥	판형붙이기	1	–	2	–
		크링커타일	1	–	3～4	–
줄눈용	줄눈폭 5mm 이상		1		0.5～2	지정량
	줄눈폭 5mm	내장	1		0.5～1	지정량
		외장	1		0.5～1.5	지정량

혼화제는 보수성(保水性), 가소성, 작업성, 부착성을 향상시키는 것을 사용하도록 한다. 혼입량은 시멘트량에 대해 소량 혼입하는 것이 대부분이며 과다한 양이 혼입되거나 지나

치게 소량 혼입되면 모르타르의 성질이 크게 달라지므로 제조업자의 시방에 따라 정확한 양만을 혼입하도록 한다.

12-3 타일시공 전 준비사항

12-3-1 타일나누기도의 작성

타일을 벽면에 붙이다 보면 벽면의 폭이 타일 한장 치수(줄눈 포함 치수)의 정확한 배수가 되지 않을 경우가 많고 이럴 때에는 타일을 잘라 넣어야 된다. 이러한 경우에 절단타일을 최소한으로 사용하면서 타일붙임 벽면이 깔끔하게 마무리될 수 있도록 하기 위해서는 사전에 타일배치도를 작성해 보아야 한다. 타일나누기도는 이와 같이 타일을 미리 시공부위에 배치하여 보는 것으로 줄눈의 형식, 줄눈폭, 절단타일의 치수 및 배치 등을 포함하는 시공도의 하나이다.

먼저 타일치수와 줄눈치수를 합하여 타일 한장의 기준치수를 정하고 타일붙임면의 세로방향, 가로방향의 순으로 시준치수의 정수배로 나누어지도록 배치해 본다. 약간의 부족이 있을 때에는 줄눈너비를 조정하여 맞춘다. 그래도 부족한 경우에는 절단타일을 끼워 넣도록 한다. 줄눈너비는 다음 표 12-3을 기준으로 하되 창문선, 문선 등 개구부 둘레와 설비기구류와의 마무리 줄눈너비는 10mm 정도로 한다.

표 12-3 줄눈너비의 표준

(단위 : mm)

타일구분	대형벽돌형(외부)	대형(내부일반)	소 형	모자이크
줄눈너비	9	6	3	2

12-3-2 바탕만들기

타일을 붙이는 바탕은 조적조 위에 모르타르를 바르고 타일을 붙이는 모르타르 바탕이 가장 많고 그 외에 콘크리트면, 경량기포콘크리트면, 석고보드 등을 바탕으로 하는 경우가 있다.

일반적으로 사용하는 모르타르 바탕은 모르타르를 2회에 걸쳐 나누어서 바른다. 총 바름두께가 10mm 이상인 경우에는 1회 바름두께를 10mm 이하로 하여 나누어 바르되 나무흙손으로 눌러 바른다. 바탕모르타르를 바른 후 1주일 이상 양생시킨 후에 타일붙임을 하는 것을 원칙으로 하며 바탕면의 평활도는 3m당 ±3mm로 한다(떠붙이기 경우는 ±5mm).

12-3-3 바탕처리

타일을 붙이기 전에 바탕에 있는 들뜸·균열 등을 검사하여 불량한 부분은 보수해 놓는다. 기타의 불순물 등을 제거하고 청소한 후 적당히 물축이기를 하여 놓는다. 여름철에 외장타일을 붙일 때에는 시공 하루 전날 바탕면에 충분히 물을 적셔두도록 한다. 흡수성이 높은 도자기질 타일은 적당히 물을 축여 사용한다.

12-4 벽붙임공법

내벽 및 외벽에 사용되는 붙임공법은 떠붙이기, 압착붙이기와 같은 손붙임공법과 거푸집 먼저붙임 공법, PC판 먼저붙임공법과 같은 먼저붙임공법으로 나뉘어진다. 손붙임공법은 결합재로서 모르타르나 접착제를 사용하지만 먼저붙임공법은 콘크리트의 타설로 타일을 붙이는 방법이다. 손붙임공법 종류에 따른 적용 가능한 타일 크기와 붙임재료의 바름두께는 다음 표 12-4를 표준으로 한다.

표 12-4 손붙임공법별 타일크기 및 바름두께

공 법		타일 크기(mm)	붙임모르타르의 바름두께(mm)
외장	떠붙이기	108×60 이상	12~24
	압착붙이기	108×60 이상	5~7
		108×60 이하	3~5
	개량압착붙이기	108×60 이상	바탕쪽 3~6 타일쪽 3~4
	판형붙이기	50×50 이하	3~5
내장	떠붙이기	108×60 이상	12~24
	낱장붙이기	108×60 이상	3~5
		108×60 이하	3
	판형붙이기	100×100 이하	3

12-4-1 떠붙이기

적산붙임 공법, 경단붙임공법, 쌓기공법으로도 부르고 있다. 타일 뒷면에 붙임모르타르를 얹어 바탕모르타르에 누르듯이 하여 1매씩 붙이는 공법이다. 가장 오래된 타일 붙이기 방법이며 외벽에 백화가 발생하는 일이 많으므로 현재는 주로 내벽에 이용되고 있다.

떠붙이기로 시공할 때는 바탕면의 요철을 흡수하기 위해서 타일에 모르타르를 경단 모양으로 두껍게 얹어 붙이는 것이 중요하다. 타일 뒷면에 붙임모르타르를 바르고 빈틈이 생기지 않게 바탕에 눌러 붙인다. 붙임모르타르의 두께는 12～24mm를 표준으로 한다.

12-4-2 압착붙이기

압착붙이기는 평평히 만든 바탕 위에 붙임모르타르를 바르고 그 위에 타일을 비벼 넣거나 두드려 눌러 붙이는 공법이다. 압착붙이기는 타일과 붙임재료 사이에 공극이 생기기 어려우므로 백화가 생기기 어렵고 시공능률(7～10m²/인·일)이 양호한 것이 장점이다. 그러나 오픈타임(open time;붙임모르타르를 바탕에 바른 후 해당 타일을 붙일 때까지의 붙임모르타르 방치시간을 말함)의 영향이 크고 접착강도의 편차가 큰 단점이 있어 시공 불량에 의한 탈락 사고가 많이 발생되고 있다.

붙임모르타르의 두께는 원칙적으로 타일두께의 1/2 이상을 바탕면에 바르고 자막대로 눌러 표면을 고른다. 타일은 한 장씩 붙이고 반드시 나무망치 등으로 충분히 두들겨 타일이 붙임모르타르 안에 박혀 줄눈 부위에 모르타르가 1/3 이상 올라오도록 한다. 1회의 타일붙임 면적은 모르타르의 경화속도 및 작업성을 고려하여 1.2m²으로 바르고 붙임시간은 15분 이내로 한다.

사진 12-1 타일 압착붙이기

12-4-3 개량 압착붙이기

개량 압착붙이기는 압착붙이기의 단점인 오픈타임 문제를 해결하기 위해서 개발된 공법으로 압착붙이기와는 달리 타일에도 붙임모르타르를 바르는 것이 큰 차이점이다. 이 공법은 편차가 작은 양호한 접착력을 얻을 수 있으며 백화도 거의 발생하지 않지만 타일에도 모르타르를 바르므로 일의 양이 많아지는 문제점이 있다.

붙임방법은 우선 붙임모르타르를 바탕면에 3～6mm 정도로 바르고 자막대로 눌러 평탄하게 고른다. 타일 뒷면에도 붙임모르타르를 3~4mm 정도로 평탄하게 바르고, 즉시 타일을 붙인 후 나무망치 등으로 충분히 두들겨 줄눈 부위에 모르타르가 1/2 이상 올라오도록 한다. 1회 타일붙임 면적은 $1.0m^2$ 이하로 하고 오픈타임은 30분 이내로 한다.

12-4-4 접착붙이기

유기질 접착제를 사용하여 압착붙이기와 거의 동일한 방법으로 타일을 붙이는 공법으로 내벽에만 사용한다. 압착붙이기보다도 적용 가능한 바탕의 종류가 많으며 보드에는 이 공법으로 타일을 붙인다. 접착붙이기는 시공이 비교적 용이하고 작업성이 좋으나 아직은 외벽에는 부적합한 공법이다.

여름에는 1주 이상, 기타 계절에는 2주 이상 바탕면을 충분히 건조시킨다. 바탕이 고르지 않을 때에는 접착제에 적절한 충전재를 혼합하여 바탕을 고른다. 접착제의 1회 바름면적은 $2m^2$ 이하로 바르되 접착제용 흙손으로 눌러 바른다. 접착제의 표면 점착성 또는 경화 정도를 확인한 다음 타일을 붙이며 붙인 후에는 적절한 환기를 시켜준다.

12-4-5 동시줄눈붙이기

동시줄눈붙이기는 압착붙이기와 거의 같으나 진동수 120Hz, 진폭 0.3mm의 진동공구(vibrator)로 타일면에 충격을 주는 것이 특징이다. 이 공법은 외장타일 붙이기에만 적용되며 밀착(密着)공법이라고도 한다.

붙임방법은 압착붙이기와 동일한 방법으로 바탕면에 붙임모르타르를 바른다. 붙임모르타르의 두께는 5~8mm를 표준으로 하고 1회 바름면적은 $1.2m^2$ 이하, 오픈타임은 15분 이내로 한다. 타일은 한 장씩 붙이고 반드시 타일면에 수직으로 충격공구를 사용하여 좌우 중앙의 3점에 충격을 가해 붙임모르타르 안에 타일이 박히도록 한다. 타일의 줄눈 부위에 붙임모르타르가 2/3 이상 올라오면 정상이다.

타일의 줄눈 부위에 올라온 붙임모르타르의 경화정도를 보아 줄눈흙손으로 충분히 눌러 빈틈이 생기지 않게 줄눈을 만든다. 줄눈 부위에 붙임모르타르가 충분히 올라오지 않았을 때에는 붙임모르타르를 채워 줄눈흙손으로 줄눈을 만든다. 줄눈의 수정은 타일붙임 후 15분 이내에 하도록 하고 붙임 후 30분 이상 경과했을 때에는 그 부분의 모르타르를 제거한 후 다시 줄눈을 바른다.

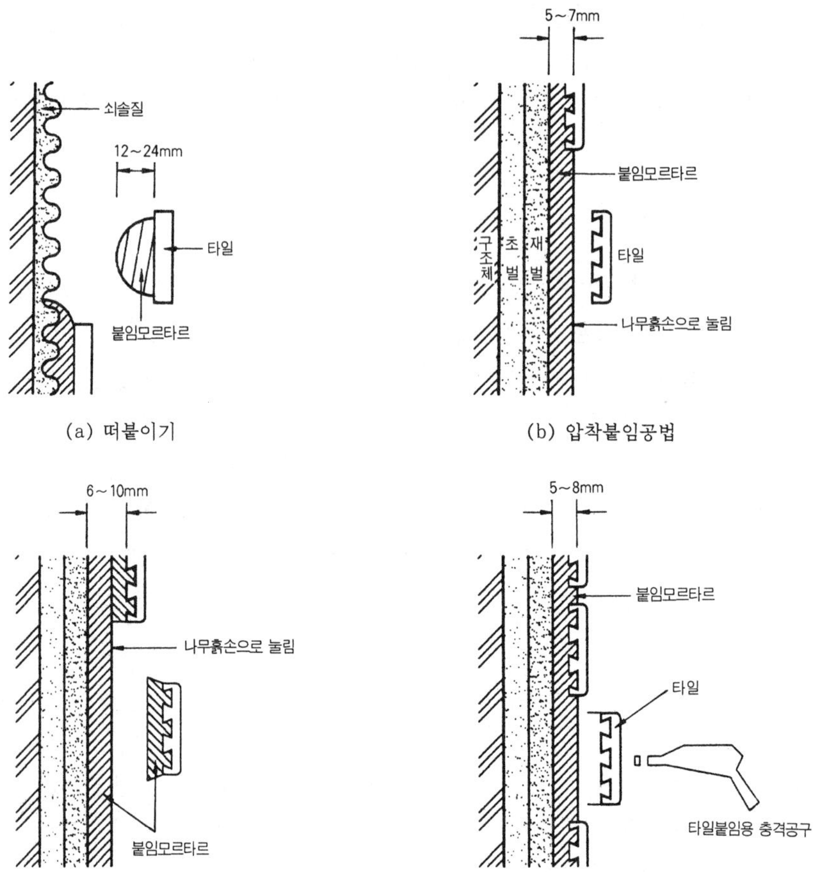

(a) 떠붙이기 (b) 압착붙임공법

(c) 개량압축붙임공법 (d) 동시줄눈붙이기

그림 12-1 손붙임 공법의 종류

12-4-6 먼저(先)붙임공법

(1) 개요 및 특징

콘크리트 구조체 또는 PC 커튼월을 제작할 때 타일을 미리 붙여 마감하는 방법으로 거푸집먼저붙임공법과 PC판먼저붙임공법이 있다. 이 공법은 콘크리트로 타일을 접착시키므로 접착력이 확실하고 백화발생이 없으며 공기단축이 가능한 점이 특징이다. 그러나, 붙이는 타일의 종류가 많으면 작업이 복잡해지므로 공사원가가 상승하게 된다. 손붙임공법에 비하여 나누어 붙이기의 검토와 유닛타일의 제조 등에 시간이 소요되므로 최초의 콘크리트 타설에 앞서 90일 이전에 사용 타일, 공법의 결정, 발주 등의 사전준비가 필요하다.

(2) 거푸집먼저붙임공법

현장에서 콘크리트를 타설할 때 외부 거푸집의 내측면에 타일을 배열 고정시킨 후 내부 거푸집을 조립하고 콘크리트를 부어 넣어 타일과 콘크리트를 일체화시키는 공법이다. 이 공법은 타일시트(sheet)법, 줄눈칸막이법, 졸대법 등으로 나뉘어진다.

1) 타일시트(sheet)법

타일시트법은 유닛타일(타일 여러 개를 종이 또는 수지 필름으로 연결하여 정해진 줄눈 폭과 줄눈 깊이가 얻어지도록 가공한 타일)을 현장 거푸집에 설치하고 콘크리트를 타설하는 방법이다. 유닛타일은 거푸집에 스테이플(staple) 또는 특수 못 등으로 고정시킨다. 콘크리트를 타설한 후 거푸집을 제거하고 유닛을 구성하고 있는 부자재를 해체하면 몸체에 타일이 박힌 상태로 된다.

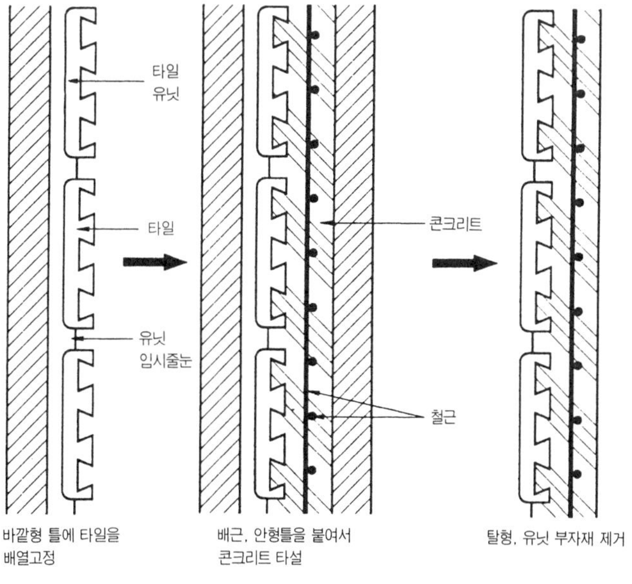

그림 12-2 타일 시트법(거푸집 먼저붙임 공법)

2) 줄눈칸막이법

거푸집 내부에 줄눈칸막이를 설치한 후 여기에 타일을 끼워 콘크리트를 타설하는 것으로 타일시트법과 같은 요령으로 시공한다. 줄눈칸막이는 타일을 끼울 임시 줄눈 부분과 대판으로 구성되어 있고 종류로는 고무줄눈칸막이, 스티로폴줄눈칸막이, 탄성수지줄눈칸막이 등을 사용한다. 이 방법은 타일시트법보다 작업 능률이 약간 떨어지지만 타일배열에 특수한 기술이 없어도 줄눈의 상태, 마무리 등이 모두 양호하게 된다.

3) 졸대법

타일이 대형 또는 특수한 형상이어서 시트로 만들거나 줄눈칸막이법을 적용할 수 없을 때 이용하는 공법이다. 타일나누기도에 맞추어 졸대(잔목)를 박고 여기에 타일을 배열하여 머리 없는 못으로 임시 박아 둔 후 콘크리트를 타설한다. 타일과 타일의 간격이나 중복된 부분에는 시멘트의 유출을 방지하기 위하여 테이프를 붙이거나 모르타르로 뒷면 채우기를 한다.

대형 타일이나 특수한 형상의 타일에 적합한 공법이므로 표준 형상의 타일에 적용하면 오히려 노력과 원가가 상승하게 된다.

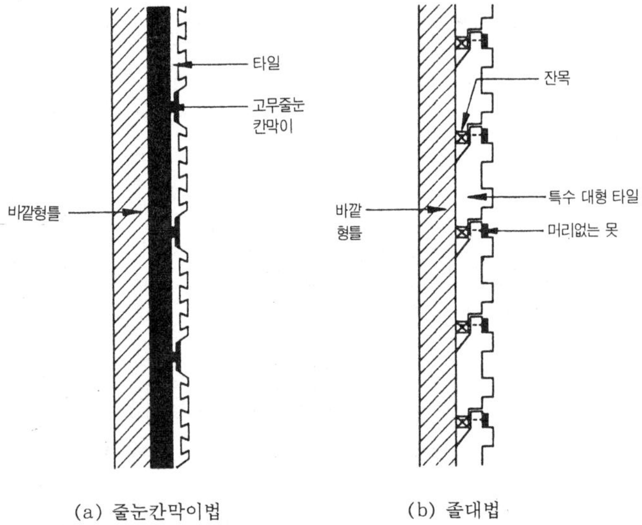

그림 12-3 줄눈칸막이법, 졸대법(거푸집면저붙임공법)

(3) PC판먼저붙임공법

PC판먼저붙임공법은 건축의 프리패브(조립화)에 대응해서 개발된 방법으로 60년대 초부터 실시되었다. 이 공법은 PC 제조공장에서 바닥 거푸집면에 타일 또는 유닛타일을 배열·고정시키고 콘크리트를 타설하여 콘크리트와 타일을 일체화시킨 패널을 만드는 방법이다. 이 방법은 접착력이 확실하고 백화가 방지되며 매끈한 시공면 등 신뢰성이 높은 공법이다. 타일시트법과 타일단체법이 있다.

1) 타일시트법

45×45mm~90×90mm 정도의 모자이크 타일에 적용되는 공법으로서 기본적으로 거푸집타일시트법과 동일하다. 타일 유닛을 바닥 거푸집면에 양면 테이프, 풀 등으로 고정시키고 콘크리트를 타설한다. 줄눈 형성과 타일 표면으로 시멘트가 유출되는 것을 방지하기 위해서 임시적으로 줄눈 가공을 한 시트를 사용하는 경우에는 임시 줄눈재료(발포스티로폴 등)를 채우는 경우도 있다.

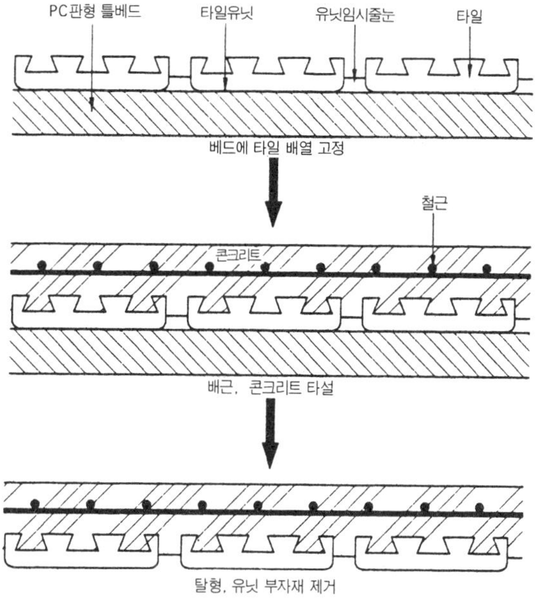

그림 12-4 타일시트법(PC판먼저붙임공법)

2) 타일단체법(單體法)

108×60mm 이상의 타일에 적용되는 공법으로서 거푸집면에 발포수지, 고무, 나무 등으로 만든 버팀목 또는 줄눈 칸막이를 설치하고 여기에 맞추어서 타일을 한 장씩 붙이고 콘크리트를 타설한다. 타일을 1매씩 배열·고정시키기 때문에 타일시트법에 비하면 시공성은 조금 떨어지지만 마무리는 우수하다.

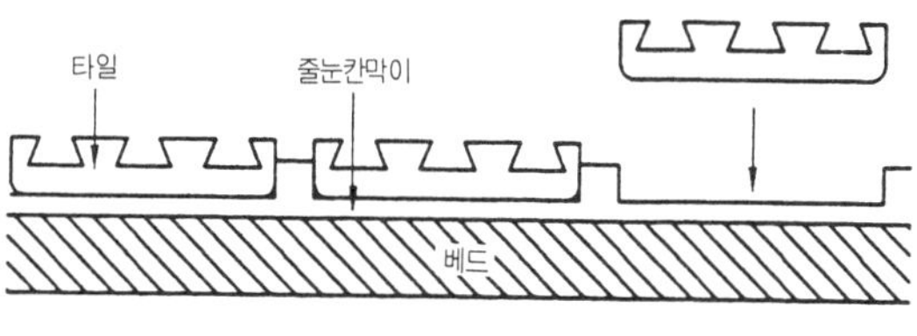

(a) 줄눈칸막이법

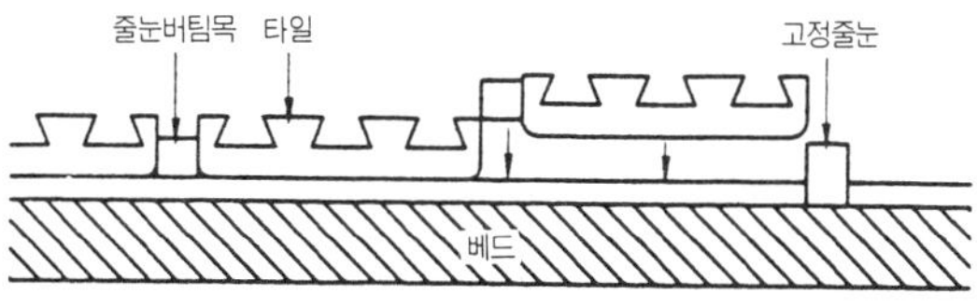

(b) 놓음줄눈법

그림 12-5 타일단체법(PC판먼저붙임공법)

12-4-7 타일건식공법

붙임모르타르나 콘크리트를 사용하지 않고 강재프레임에 건식 바탕을 만들어 접착제로 타일을 붙이거나 지상에서 만든 타일패널을 구조체에 설치하는 방법이다. 현재 타일의 건식공법으로서는 아래의 5종류가 있다. 하기의 방법 중 ①은 접착제붙임공법과 유사한 것으로 볼 수 있고 ②, ③, ④는 타일패널공법이며 ⑤는 최근에 개발된 방법이다.

① 강재스탠드에 시멘트판을 붙여서 만든 건식 바탕에 타일을 접착제로 붙이는 방법

② 시멘트판 등에 공장에서 타일을 미리 붙인 타일패널을 구조체 바탕에 못으로 고정시키는 방법 : 주택의 외벽, 변소, 욕실에 사용된다.

③ ALC패널 등의 절단판에 공장에서 타일을 미리 붙인 타일패널을 현장에서 설치하는 방법 : 지하철역 플랫폼, 건물의 외벽에 사용된다.

④ ②의 타일패널에 강재프레임을 붙인 타일패널을 현장에서 연결·조립하는 방법 : 오피스빌딩, 화장실에 사용된다.

⑤ 특수 형상의 타일을 구조용 합판에 못으로 고정시키는 방법 : 주택의 외벽에 사용된다.

12-5 바닥붙임공법

바탕처리를 한 후 예상되는 마감면보다 2mm 정도 높게 여유를 두고 된비빔한 모르타르를 약 10mm 두께로 깐다. 타일을 붙일 때에는 타일에 시멘트풀을 3mm 정도 발라 붙이고 가볍게 두들겨 평평하게 한다. 붙임모르타르의 1회 깔기면적은 6～8m^{2}으로 한다.

12-6 치장줄눈 및 신축줄눈

12-6-1 치장줄눈

타일을 붙인 후 3시간이 경과한 후 줄눈파기를 하고 충분히 청소해 둔다. 24시간 경과 뒤 붙임모르타르의 경화 정도를 보아 치장줄눈을 시공하되 작업 직전에 줄눈 바탕에 물을 뿌려 습윤하게 한다. 치장줄눈의 너비가 5mm 이상일 때에는 고무흙손으로 충분히 눌러 빈틈이 생기지 않게 하며 2회로 나누어 줄눈을 채운다.

12-6-2 신축줄눈

신축줄눈은 이질(異質) 바탕과의 접합 부분이나 콘크리트를 수평으로 이어붓기한 부분

등과 같이 수축균열이 생기기 쉬운 부분에 설치한다. 타일붙임면이 넓은 부분에는 약 3m의 간격으로 신축줄눈을 설치하되 콘크리트면에서 타일붙임면까지 완전히 절연되도록 한다.

12-7 보양 및 검사

12-7-1 보 양

외부에 붙인 타일이 직사일광 또는 풍우 등으로 손상을 받을 염려가 있다고 판단되면 거죽이나 시트 등으로 씌워서 보양하도록 한다. 줄눈을 넣은 후 또는 경화 불량의 염려가 있거나 24시간 이내에 비가 올 염려가 있을 때에는 폴리에틸렌필름 등으로 차단시켜 보양한다. 타일을 붙인 후 3일 간은 진동이나 보행을 금한다.

12-7-2 접착력 검사

타일의 접착력 시험은 타일시공 후 4주 이상일 때 실시하고 시험결과의 판정은 접착강도가 4kg/cm^2 이상이어야 한다. 시험할 타일을 줄눈 부분에서 콘크리트면까지 절단하여 주위의 타일과 분리시킨다. 시험할 타일은 부속장치(attachment)의 크기로 하되 그 이상은 180mm×60mm 크기로 콘크리트면까지 절단한다. 다만, 40mm 미만의 타일은 4매를 1개조로 하여 부속장치를 붙여 시험한다.

제 13 장 방수공사

13-1 개 요

구조물의 외주에 방수공사를 하는 직접적인 목적은 외부로부터 빗물이나 지하수의 침입을 방지하고, 방습하여 외부의 시설을 보호하고, 건축물의 이용가치를 저하시키지 않도록 하기 위해서이다. 오늘날 모든 시설, 구조물에 사용되는 주재료는 강재, 콘크리트, 철근콘크리트, 이 세 가지 밖에 되지 않는다. 강재는 외기에 접했을 때 녹이 슬어 부식하고, 콘크리트도 습기가 많은 공기중에서 탄산가스의 침투에 의해 풍화되고 있다. 건물의 구조체에 지하수가 작용하는 경우에 콘크리트 재료 자체가 방수성능을 갖는 것은 기대하기 곤란하여 누수가 생기게 되며, 콘크리트의 부식은 마침내 철근의 부식을 가져오게 된다. 한편, 지하수 중에 함유되어 있는 유기·무기질 불순물, 염분, 하수 중의 가스 등으로 인하여 콘크리트는 손상되고, 공장에서 발생하는 산, 알칼리 등에 침해되는 경우도 있다. 따라서, 방수공사의 목적은 직접적인 누수의 방지·방습을 피하는 외에 건축물 자체를 보호하는 데에 그 중요성이 있는 것이다. 콘크리트나 철근콘크리트는 외기에 의해 혹은 지하에 그대로 방치되어서는 결코 영구적으로 사용될 수 없으므로 방수공사를 통하여 구조체 재료 본래의 내구성을 충분히 발휘시킬 필요가 있는 것이다.

13-2 방수층이 받는 제조건

13-2-1 기상작용으로부터 받는 제조건

방수공사에 대표적인 옥상은 태양의 직사광선을 장시간 받으며 자외선, 오존, 열을 가장 많이 받는다. 그밖에 바람, 강우, 눈 등의 영향을 가장 직접적으로 받는 부위이다. 노출형 방수층은 일사에 의해 고온이 되며, 산화, 자외선 및 오존에 의해 열화(劣化)된다. 실제 여름철의 낮에는 노출형 방수층의 표면온도는 외기온 +30～+40°, 겨울밤의 표면온도는 외기온 −5～−10°에 이른다. 이로 인해서, 보온 마감층도 방수층과 더불어 장기내구성이 요구된다. 옥상면의 온도변화에 의해 방수바탕의 균열과 접합부분에 움직임(무브먼트)이 생기면 방수층에 반복적인 응력이 생겨 파단의 원인이 된다. 옥상면에는 바람에 의해 생기는 부압력이 커지고, 방수층 바탕에 충분히 접착되지 않으면 방수층이 팽창해 올라, 파괴

등 손상의 원인이 된다. 현장타설 콘크리트와 모르타르류에 의한 보호, 마감층(누름층이라 함)에서는 흡수된 빗물의 건조가 늦어져, 방수층은 습윤상태가 오래 지속된다. 또 옥상에 내린 빗물은 체류되지 않고 빠르게 배수되는 것이 중요하므로, 적절한 기울기와 드레인 배치가 중요하다. 적설에 의해 생긴 물은 방수층 입상의 끝부분을 감싸고 누르게 되어 평소 때는 생각하지 않았던 부위로부터 누수가 발생되기 쉽기 때문에 마무리시공의 주의가 필요하다.

13-2-2 방수바탕으로부터 받는 제조건

현장타설 콘크리트 바탕은 방수층의 바탕으로서는 비교적 안정되어 있지만 균열이 발생하는 것과 바탕의 건조에 시간이 걸리는 것이 단점이 될 수 있다. 균열은 콘크리트의 이어치기 타설 부위(평면과 입상부)와 슬래브 우각부, 기둥 등에 많이 생기지만, 정확한 원인을 파악하여 대처하기가 어렵다. 이러한 균열에 대하여 방수층은 완전한 대비가 어렵기 때문에 균열의 발생을 최대한 억제하고 분산시키는 것이 필요하다.

특히, 현장타설 콘크리트에 의한 보온, 마감(누름층)을 시공하는 경우는 방수층이 압밀상태가 되고, 보다 가혹한 상태가 되기 때문에 공법과 시방의 선정이 매우 중요하다. 데크플레이트를 형틀로서 사용하는 콘크리트와 단열재를 밑면에 설치하는 콘크리트의 경우는 콘크리트의 건조가 늦어져 나중에 방수층이 크게 팽창되기 쉽다. 노출 방수층의 경우에는 탈기장치 등 팽창을 방지하는 조치를 하는 것이 만일의 팽창에 대비해서 방수성능을 손상하지 않는 공법으로서 매우 중요하다.

13-2-3 보호 마감층으로부터 받는 제조건

신축줄준의 설치와 콘크리트 타설시의 충격에 의해 방수층은 손상되기 쉽다. 콘크리트의 중량에 의해 방수층은 압밀되어 바탕의 균열에 저항하는 성능이 쉽게 저하된다. 콘크리트층의 흡수와 온도팽창에 의해 파라펫이 압출되는 경우도 많이 발생하고 있다. 적절한 간격으로 신축줄눈을 설치하지 않으면 콘크리트층의 팽창에 의해 방수층의 입상 우각부가 손상되기 쉽다. 또한, 방수층의 입상부분이 과도하게 압밀되어 손상을 받을 염려도 있다.

13-3 부위별 방수공법 및 특성

13-3-1 지하실방수

지하실방수에는 안방수법과 바깥방수법이 있다. 지하실이 깊으면 수압이 커지므로 방수층은 방수 목적뿐 아니라, 그 압력에 충분한 내력이 있어야 한다. 바깥방수법으로 하면 구조체가 방수층 안에 있으므로 수압은 간단히 처리되지만 시공이 매우 어려운 단점이 있다. 수압이 크고 깊은 지하실에는 바깥방수법이 유리하다.

방수층은 아스팔트방수법과 시멘트방수법이 보통 쓰이고, 지하실 안팎을 방수할 때에는 양자를 병용하기도 한다. 안방수법은 건물의 바탕구조체가 완성되면 아무때나 자유로이 시기를 택하여 시공할 수 있으나 바깥방수는 기초파기공사가 완료되면 바탕구조체를 구성하기 전에 시공해야 되므로 공사기일의 제약을 받게 된다. 또한 빨리 서둘러 되묻기를 실시해야 하는 과정과 공사비의 증대도 무시할 수 없는 사항이다.

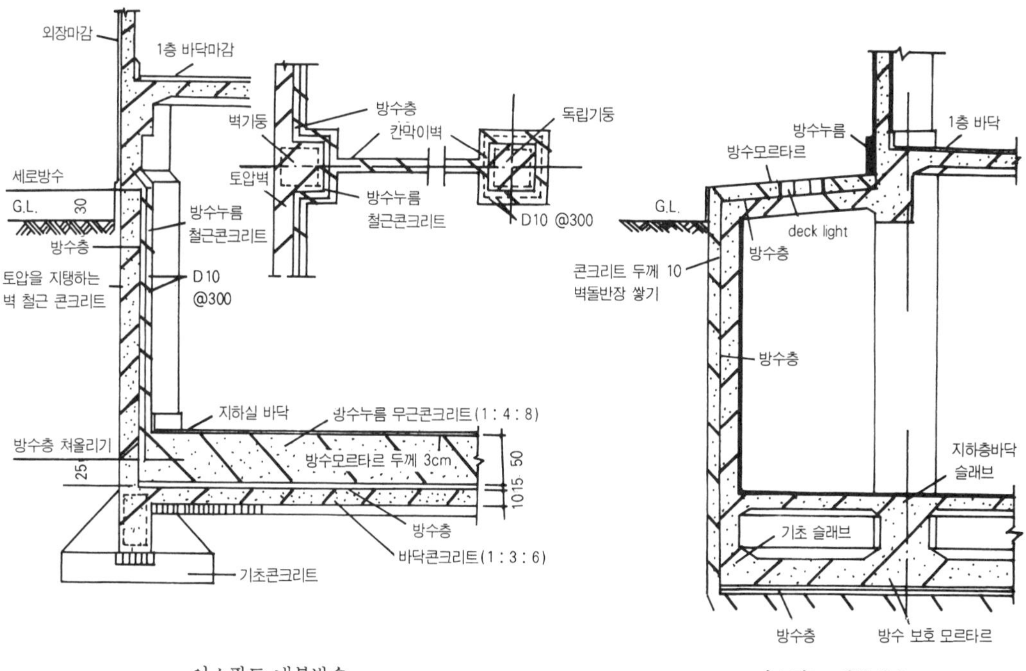

그림 13-1 지하실 내부방수와 외부방수

13-3-2 옥상방수

평지붕, 채양 등의 옥상방수는 아스팔트방수 또는 시멘트방수로 한다. 이들 방수가 불가할 때에는 함석, 알루미늄 등의 수밀판을 입히는 일도 있으나 이것은 특수 소규모 부분에 쓰일 뿐이다. 콘크리트조 평지붕, 수평 채양은 모두 경사를 만들어, 빨리 흘러내리도록 하고 낙수구(落水口, roof drain)를 매설한다. 낙수구는 먼지 등으로 메이지 않게 하고, 눈이 녹고 얼고 하는 과정에서도 흘러내릴 수 있는 구조와 장소를 택하는 것이 좋다. 따라서 양지바른 곳에 두어 먼저 잘 녹아내리고 맨 나중에 얼게 되는 위치가 좋다.

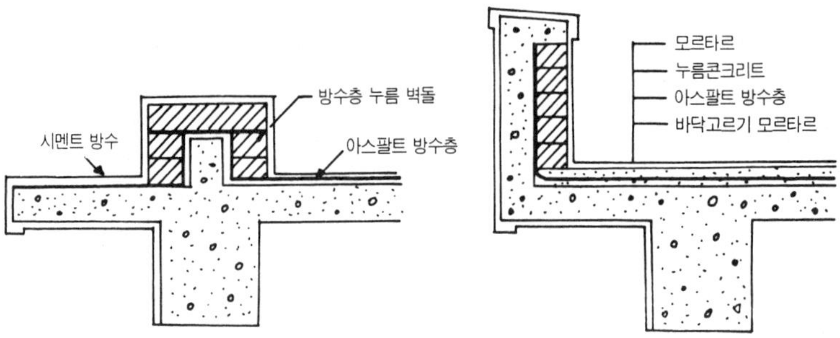

그림 13-2 옥상방수

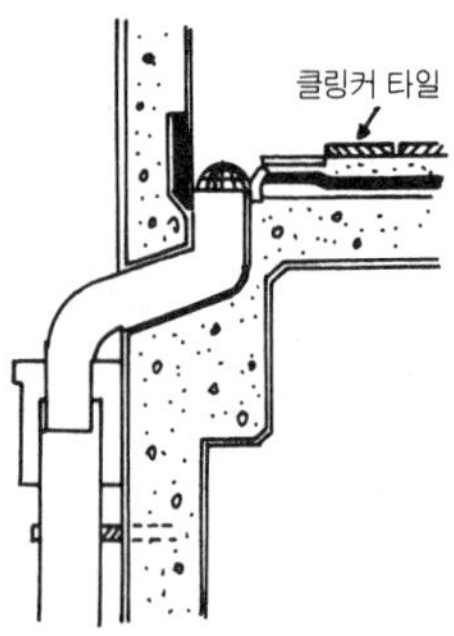

안낙수구

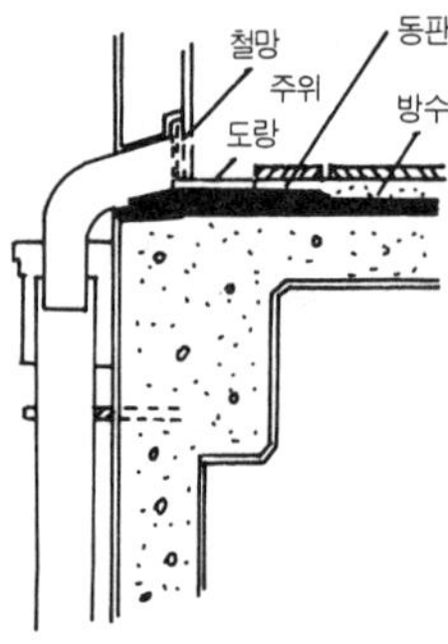

벽(파라펫)낙수구

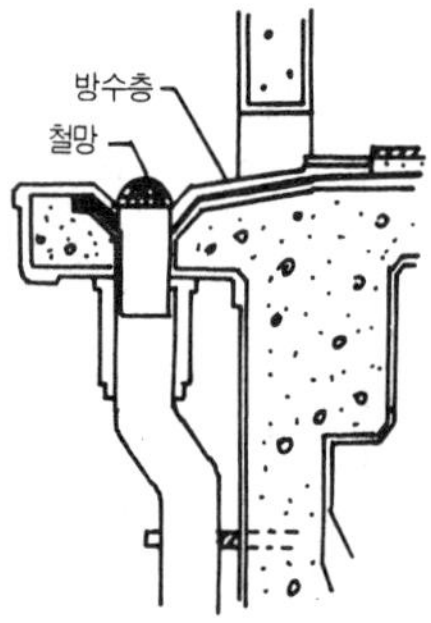

밖낙수구

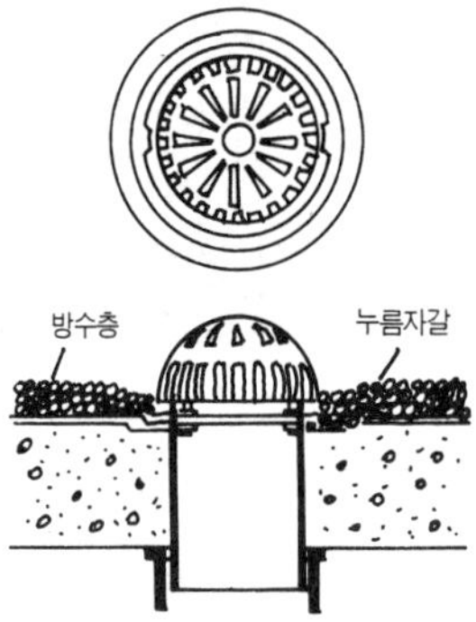

루프드레인

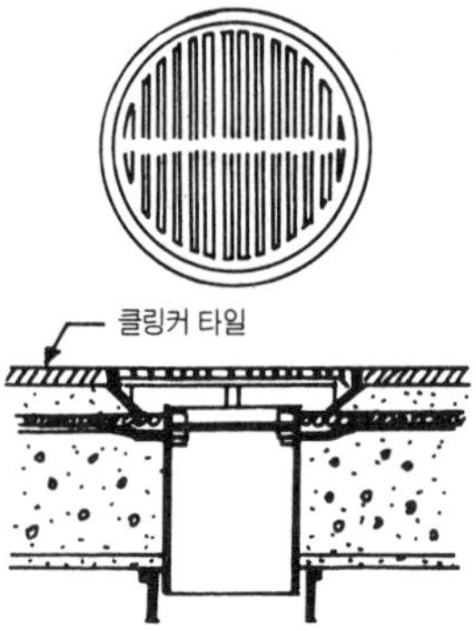

루프드레인

그림 13-3 루프드레인

지붕 방수층은 외기온도의 변화, 실내온도와 외기온도와의 차이, 직사일광 등에 의한 방수층에 신축(新築), 박리(剝離), 기타의 영향에 대해 안전하도록 되어야 한다. 방수층에 보호누름을 잘 설치하여 노후(老朽), 신축, 마모, 파손 등에 대비한다.

아스팔트방수층은 그 끝마무리를 잘하고 가장자리 치켜올림 등의 개소는 부착이 잘 되고 신축에 강력하여 손상되지 않게 한다. 벽돌조의 파라펫 등은 아스팔트방수층의 신축으로 밀려나거나 떨어져 내리는 일이 있으므로 경미한 것을 제외하고는 파라펫은 철근콘크리트로 바닥콘크리트와 일체식 구조로 하는 것이 좋다.

옥상 평지붕의 낙수구 및 그 연결부분은 빗물이 새기 쉬우므로 동판(銅板), 납판(鉛板) 등으로 방수층내에 깊이 물리고 낙수구철물(落水口鐵物)과의 접촉도 수밀하게 한다. 루프 드레인(roof drain)은 주철제, 황동제 등이 있다. 낙수구는 건물 외부에 직통하는 것이 좋고, 난간벽(欄干壁, parapet wall) 안에 둘 때에는 빗물흐름 도랑을 설치한다.

표 13-1 선홈통이 받을 수 있는 지붕면적(최대수평면적)

선홈통지름(mm)	50	75	100	125	150	200
지붕면적(m^2)	46	139	288	502	780	1,616
(평)	14	41	86	150	233	489

13-3-3 외벽방수

(1) 안방수법(內防水法)

바탕실이 완성되면 시기를 보아 결합부를 보수 청소하고, 바탕수가 나올 때에는 계속 배수하여 건조시킨다. 아스팔트방수층으로 할 때에는 완전건조 후 시공하고 계속 건조상태로 유지하여 밀착이 잘되게 한다.

안방수는 바탕실 내부에 접속되는 부분, 중간기둥, 계단실, 창문틀 내면, 각종 피트 주위는 모두 연속되어 일관성 있게 감싸주고 어느 한 부분이라도 단절되어서는 안된다. 따라서 바탕실 내부에 설치하는 칸막이벽, 창문틀 등은 방수층시공이 완료된 다음에 하는 것이 유리하다.

또 바탕실벽, 바닥을 관통하거나 매설되는 파이프, 각종 박스, 고정철물 등과의 접속부 처리는 사전에 계획하여 그 주위에서 누수(漏水)되는 결함이 생기지 않게 면밀한 시공을

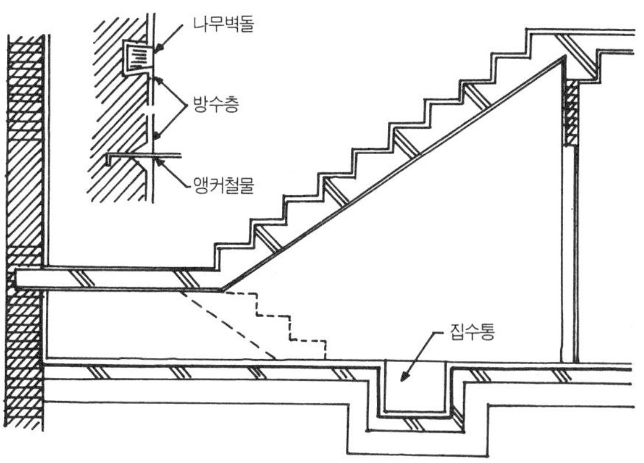

그림 13-4 지하실 안방수

해야 한다. 지하실내의 배수도랑, 배수구, 수채통 등도 미리 준비하여 두고 방수공사 시공 후에 벗겨내는 일은 없어야 한다. 수채통은 그 위치를 미리 선정하여 지하용수(地下湧水) 배수처리에 쓰이는 것을 이용하도록 하면 편리하다.

아스팔트층은 벽, 바닥 모두 방수층 보호누름을 한다. 벽의 보호누름은 벽돌, 철망콘크리트 등으로 하고, 바닥은 모르타르 또는 철망콘크리트로 한다.

(2) 바깥방수법

바깥방수법은 기초파기 및 말뚝지정 등이 완성되면 곧 방수층의 바탕을 축조한다. 바탕 용수가 있을 때에는 계속 배수하고 잡석, 자갈 다짐을 한 위에 와이어메시 또는 철근콘크리트 밑창판을 평탄히 만들고 건조한 다음 아스팔트, 시멘트 액체, 기타 방수층을 시공한다.

아스팔트방수층일 때에는 바닥방수층 치켜올림을 고려하여 밑창콘크리트는 60cm 이상 넓게 하고 방수층도 접어올릴 수 있게 하여 둔다.

지하실벽방수는 구조체가 완성된 다음에 할 때와 완성 전에 할 때가 있다. 건물대지가 넓거나 기초되묻기, 기타 건물 주위 상황이 시급하지 않을 때에는 완성된 다음에 하는 것이 유리하지만, 시가지 등의 좁은 대지에서는 빨리 되묻어야 하며, 시급을 요하는 공사에서는 부득이 방수층을 먼저 설치하고 구조체를 완성하는 순서로 한다.

구조체가 완성된 다음에 방수층을 시공할 때에는 밑에서부터 흙막이의 버팀대 등 지장이 없는 것은 제거하고 필요한 것은 따로 보강하여 이동하며 방수층을 설치한다. 필요한 때에는 벽돌 또는 콘크리트방수층 보호누름을 한 다음 되묻이와 동시에 상부시공의 순으로 하여 완성한다.

구조체가 완성되기 전에 방수층을 시공하고자 할 때에는 널 등으로 가설틀을 짜서 와이어메시 또는 철망(wire lath) 등을 치고 모르타르바름을 한 다음 여기에 방수층을 설치하고 그 내부에 본 구조체를 축조한다. 되묻기를 할 때에 지장이 없는 가설틀 부재는 제거하지만 대부분 그냥 묻어버리는 수가 많다. 또, 가설틀 대신에 벽돌벽 1장 두께 정도로 쌓고 이것을 뒤에서 띠장, 멍에 등으로 버티어 보강하고 여기에 방수층을 설치하고 그 안쪽에 본 구조체를 축조한다. 이때의 가설틀 또는 벽돌벽은 모두 본 구조체의 외부 거푸집으로 되는 것이므로 특히 정확·견고히 설치해야 한다.

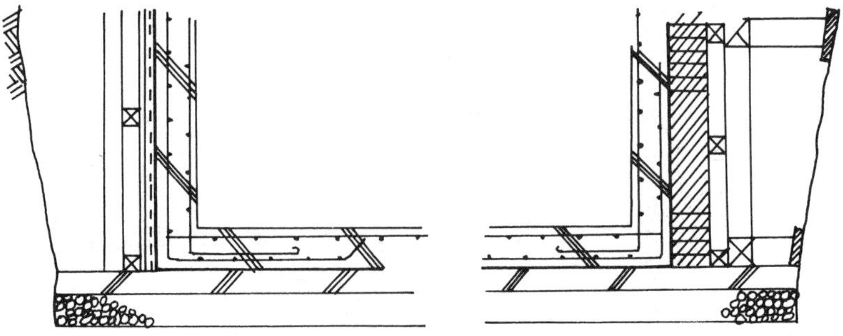

그림 13-5 지하실 바깥방수

바탕실 바깥방수층에 있어서 수평부의 치켜올림, 수직부의 이어붙임새 등은 특히 튼튼하게 보강하고 서로 수밀하게 밀착되어야 한다.

13-3-4 실내방수

실내의 지하부분에 있는 곳 또는 항상 물을 쓰는 수채통, 변소, 목욕실, 부엌 등의 바닥·벽은 방수층을 설치하여 수밀하게 되어야 한다. 실내방수는 수압도 없고 기후의 영향도 받지 않으므로 보통 방수모르타르 바름 또는 수밀재붙임 등으로 시공하여도 무방하다. 특히 다량의 물이 항상 흐르거나 또는 국부적으로 습기차는 곳은 완전한 방수처리를 할 필요가 있다.

수밀재붙임은 그 이음새도 방수성 높게 시공해야 한다. 반지하실 등의 바닥에 인조석·테라조 현장갈기 등으로 하면 방수에 충분하다고 인정되는 것이라도 강우기의 지하 수위의 상승, 배수불량 등으로 줄눈 틈서리 등에서 누수되고 수압이 생기면 전 바닥이 젖어든다. 실내방수에 있어서 배수관 등의 관통개소, 고정철물, 기타의 매설물 주위는 세심한 방수처리가 필요하다.

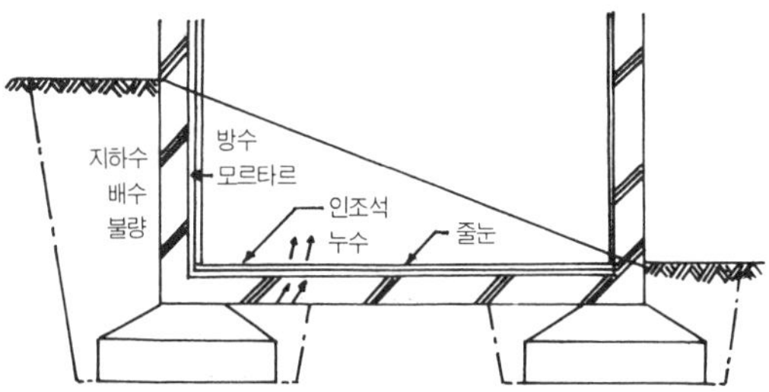

그림 13-6 실내방수(반지하실 방수)

13-4 멤브레인방수공사

13-4-1 개 요

콘크리트 구조물의 피할 수 없는 균열 및 시공상의 결함부분에 대하여 구조물의 외부 또는 내부에 여러 층의 피막을 부착하여 균열이나 결함을 통해서 침투하는 물이나 습기를 차단시키는 방법을 멤브레인(피막식)방수공법이라 한다. 멤브레인은 완전히 흡수되지 않는 불투수성의 피막을 형성시키는 것으로 균열에 견딜 만큼의 신뢰성을 갖춘 재료이어야 한다. 멤브레인방수층의 재료조건으로는 몇 mm까지 균열에 견디는가는 사용재료의 성능에 따라 다르지만 아스팔트루핑이나 아스팔트펠트를 사용할 때, 지붕방수에 있어서 층수에 관계없이 균열크기 0.5～0.8mm에서 파단하고, 빙점하에서는 0.2mm에서 파단을 가져온다고 예상하여 시공하는 것이 일반적이다. 앞에서 서술한 바와 같이 멤브레인식방수공법이라는 것은 구조물의 외부 혹은 그 내부에서 피막방수층을 형성해서 콘크리트 구조물로서는 숙명적으로 피할 수 없는 균열 및 그밖의 시공상의 결함에 대처하여 방수의 목적을 달성하는 것으로 재료와 시공적인 측면에서 가장 이상적인 방수공법이라 할 수 있다. 최근에는 플라스틱 재료도 사용되고 있으나 종래의 멤브레인식 방수재료의 주요재료는 역시 아스팔트 및 아스팔트로 만들어진 가공재료가 가장 일반적이다. 즉, 종이유지의 아스팔트루핑 및 아스팔트펠트 혹은 목면이나 마의 유기질 섬유포류, 그밖에 무기질섬유포를 아스팔트에 의해 침윤 가공한 것을 여러 겹 겹쳐서 방수바탕의 피막층을 형성시키는 것이다. 멤브레인방수공사는 공법 및 사용재료의 특성상, 아스팔트방수, 시트방수, 도막방수, 개량질아스팔트방수 등으로 구분할 수 있다.

13-4-2 아스팔트방수공사

(1) 일반사항

아스팔트는 천연아스팔트(natural asphalt)와 석유아스팔트(petroleum asphalt)가 있으며, 석유아스팔트는 스트레이트아스팔트(straight asphalt)와 블로운아스팔트(blown asphalt)의 2종류로 구분된다. 아스팔트 방수층은 3겹, 4겹 피막하는 방법에 따라 8층방수, 또는 10층방수로 불리우며(그림 13-7 참조), 이러한 구분 및 종별에 따른 층별 시공재료는 표 13-2 및 표 13-3에 나타난 수치를 표준으로 한다. 지붕방수는 아스팔트루프코팅(asphalt roof coating)을 사용할 수 있으며, 바탕실, 저수탱크 및 옥내방수는 표 13-3에 준하여 시공한다.

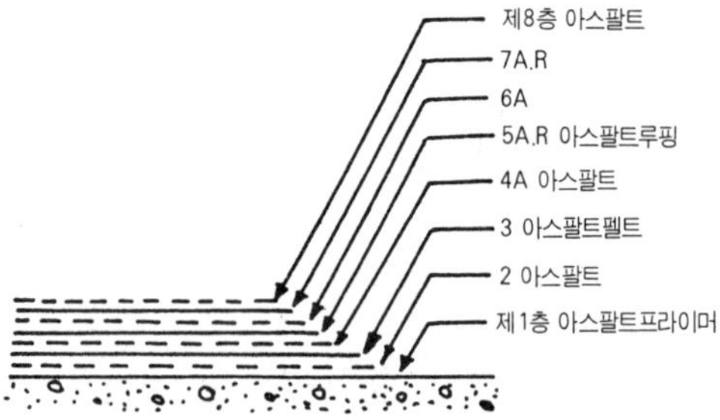

그림 13-7 아스팔트방수층(8층 방수)

표 13-2 아스팔트방수(지붕)

층수 \ 종별		A-1		A-2		A-3		A-4		A-5		A-6	
		품명	수량 /m²	품명	수량 /m²	품명	수량 /m²	품명	수량 /m²	품명	수량 /m²	품명	수량 /m²
1겹 조립	1층	A.P	0.4	A.P	0.4	A.P	0.4	A.P	0.4	A.P	0.4	A.P	0.4
	2층	A.C	1.5kg	A.C	1.5kg	A.C	1.5kg	B_2A	1.5kg	B_2A	1.5kg	B_2A	1.5kg
	3층	F	1.2cm²	F	1.2m²	F	1.2m²	A	1.2m²	F	1.2m²	F	1.2m²
	4층	A.C	1.5kg	A.C	1.5kg	B_1A	1.5kg	B_2A	1.5kg	A.C	1.5kg	B_2A	1.5kg
2겹 조립	5층	R	1.2m²	R	1.2m²	R	1.2m²	R	1.2m²	R	1.2m²		1.2m²
	6층	A.C	2.0kg	A.C	2.0kg	B_1A	2.0kg	B_2A	2.0kg	A.C	2.1kg		2.1kg
3겹 조립	7층	R	1.2m²	R	1.2m²	R	1.2m²	R	1.2m²		–		–
	8층	A.C	2.0kg	A.C	2.1kg	B_1A	2.1kg	B_2A	2.1kg				
4겹 조립	9층	R	1.2m²		–		–		–		–		–
	10층	A.C	2.1kg										

주) 1. 이 표의 약호는 다음과 같다.
A.P : 아스팔트프라이머, R : 아스팔트루핑, A.C : 아스팔트컴파운드, B_1A : 블로운아스팔트(1급), F : 아스팔트펠트, B_2A : 블로운아스팔트(2급)
2. 이 표 중의 수량은 사용량의 최소한도를 나타낸 것이다.
3. 이 표 중의 재료 및 수량을 변경할 때에는 시공개소와 특기시방에 따른다.

표 13-3 아스팔트방수(지하실, 저수탱크 및 옥내방수)

표 준		중요한 지하실, 수압이 큰 곳(지하금고, 고압수조 등)		보통 정도의 지하실 또는 수압이 적은 곳(보통 지하실, 보통 저수탱크실)				수압이 없는 지하실 및 옥내 바닥(욕실, 변소 등)			
층수 \ 종별		B-1		B-2		B-3		B-4		B-5	
		품명	수량 /m²	품명	수량 /m²	품명	수량 /m²	품명	수량 /m²	품명	수량 /m²
1겹 조립	1층	A.P	0.4	A.P	0.4	A.P	0.4	A.P	0.4	A.P	0.4
	2층	A.C	1.5kg	A.C	1.5kg	B_2A	1.5kg	A.C	1.5kg	B_2A	1.5kg
	3층	F	1.2cm²	F	1.2m²	F	1.2m²	F	1.2m²	F	1.2m²
	4층	A.C	1.5kg	A.C	1.5kg	B_2A	1.5kg	A.C	1.5kg	B_2A	1.5kg
2겹 조립	5층	R	1.2m²	R	1.2m²	R	1.2m²	R	1.2m²	R	1.2m²
	6층	A.C	2.0kg	A.C	2.0kg	B_2A	2.0kg	A.C	2.1kg	B_2A	2.1kg
3겹 조립	7층	R	1.2m²	R	1.2m²	R	1.2m²	–		–	
	8층	A.C	2.0kg	A.C	2.1kg	B_2A	2.1kg				
4겹 조립	9층 10층	R A.C	1.2m² 1.5kg 2.1kg	–	–	–	–	–	–	–	–

주) 1. 이 표 중의 약호는 표 13-2와 같다.
2. 이 표 중의 사용량은 최소한도를 나타낸 것이다.
3. 벽체의 경우는 아스팔트 컴파운드의 할증을 30% 가산한다.
4. 이 표 중의 재료 및 수량을 변경할 때에는, 시공개소와 함께 특기시방에 따른다.

(2) 재　료

재료는 다음의 규정에 합격한 것을 사용하며, 아래의 KS 규정제품이 아닌 경우, 현장에서 감독의 승인을 받아 이와 동등품을 사용할 수 있다.

1) 아스팔트프라이머

아스팔트프라이머는 표 13-4의 배합비에 의하여 제조한다. 다만, 조성(組成)의 변화가 생긴 것은 사용하지 않는다.

표 13-4　아스팔트프라이머의 품질

원　　료	배 합 비	규　　격
블로운아스팔트	40～50%	침입도(針入度)10～20의 것으로 KS M 2204(블로운아스팔트)에 합격한 것
솔벤트나프타 (solvent naphtha)	30～35%	정제품
휘발유	25～30%	보메(Baume)비중계로서 40～50의 것으로서 KS M 2611(공업용 휘발유)에 합격한 것

2) 아스팔트

방수공사용 아스팔트는 원유를 증류하여 제조한 것이어야 하고 연화점을 조정하기 위해 기름이나 컴파운드 등을 혼합하지 않은 것으로서 블로운아스팔트 1급 및 2급에 대하여는 KS M 2204(블로운아스팔트)의 규정 및 표 13-5 규정에, 아스팔트컴파운드에 대하여는

표 13-5　아스팔트의 품질

성질 ＼ 종류	아스팔트 컴파운드	1급 블로운 아스팔트		2급 블로운 아스팔트	
침입도(針入度) (25℃, 100g, 5sec)	15～ 25	10～20	20～30	10～20	20～30
연화점(軟化點) (구환식 25℃)	100℃ 이상	85℃ 이상	75℃ 이상	65℃ 이상	60℃ 이상
이황화탄소(CS_2)가용분	98% 이상	98% 이상	98% 이상	98% 이상	98% 이상
감온비(感溫比)	3 이하	4 이하	5 이하	6 이하	7 이하
신도(伸度) (다우스미스식 25℃)	2 이상	1 이상	2 이상	1 이상	2 이상
비　중	1.01～1.04	1.01～1.04	1.01～1.04	1.01～1.03	1.01～1.03
가열감량(加熱減量) (163℃, 50g, 5hr)	0.5% 이하	0.5% 이하	0.5% 이하	0.5% 이하	0.5%이하
인화점(引火點)	210℃ 이상	210℃ 이상	210℃ 이상	210℃ 이상	210℃ 이상
고정탄소(固定炭素)	22% 이하	22% 이하	22% 이하	22% 이하	22% 이하

주) 감온비(感溫比)란, 0℃, 200g, 1min의 침입도에 대한 46℃, 50g, 5sec의 침입도의 비(比)를 말한다.

표 13-6 기온과 아스팔트의 종류

종 류	침입도 25℃ 100g 5sec	연화점 100℃ 이상 (25℃)	일일의 최적 기온에 대한 월평균의 최저 기온				일일의 최고 기온에 대한 월평균의 최고 온도			
			−3℃	2℃	7℃		20℃	25℃	30℃	
아스팔트 컴파운드	15~25	100℃ 이상	●	●	●	●	●	●	●	
블로운 아스팔트 (1급)	10~20	85℃ 이상			●	●	●	●	●	
	20~30	75℃ 이상		●	●	●	●	●		
블로운 아스팔트 (2급)	10~20	65℃ 이상				●	●	●		
	20~30	60℃ 이상			●	●	●			

표 13-6의 규정에 합격한 것으로 한다. 아스팔트는 KS F 2350(역청 포장 혼합물의 시료 채취방법)에 따라 시료를 채취하여 지정하는 기간에 표 13-5의 품질시험을 한다. 다만, 표 13-5의 성질 중 침입도, 연화점, 이황화탄소 가용분(可溶分) 이외에 대한 시험은 담당원의 지시에 따르고, 그 일부 또는 전부에 대한 시험은 담당원의 승인을 받아 생략할 수 있다.

3) 아스팔트펠트, 아스팔트루핑 및 특수 아스팔트루핑

아스팔트펠트는 KS F 4901(아스팔트펠트), 아스팔트루핑은 KS F 4902(아스팔트루핑)의 규정에 합격한 것으로 하고, 그 종류와 사용 개소는 특기시방에 따른다. 특수 아스팔트루핑은 질기고 내구성이 있는 식물질 또는 광물질의 재료를 망사형 또는 종이형으로 만들어 여기에 아스팔트를 가공한 것으로 하고, 그 품명, 품질 및 제조업자의 지정은 특기시방에 따른다.

4) 표면마감용 골재

부순돌은 깨끗하고 강하고 적절하게 부스러진 조각으로 입도분포를 이룬 것으로서 KS F 2532(표면처리용 부순 슬래그 및 자갈)에 적합한 것이어야 하며 사용시에는 건조상태로 있어야 한다.

표 13-7 아스팔트루프 코팅의 품질

원 료	배합비 (중량백분율)	규 모
블로운아스팔트(1급)	40~50%	침입도 20~30으로서 KS M 2204(블로운아스팔트)의 규정에 합격한 것.
솔벤트나프타	12~14%	40% 공업용 가솔린, 보메 40~50
휘발유	18~21%	정제품, 보메 50 이상
석 분(石粉)	10~15%	표준체 0.074mm 통과품
석 면(石綿)	9~12%	5~6급품
수 지(樹脂)	2%	

슬래그는 공랭 고로광재인 것이어야 하며, 균일한 품질과 입도분포로 이루어진 것으로서 KS F 2532에 적합한 것이어야 하며, 사용할 때에는 건조상태에 있어야 한다. 자갈은 깨끗하고 강한 것으로서 KS F 2532에 적합한 것이어야 하며, 특히 부순자갈은 먼지가 함유되어 있지 않아야 하고, 2면 이상으로 부스러진 면을 갖는 양이 전체 자갈의 중량비의 60% 이상인 것이어야 하며, 사용시에는 건조상태에 있어야 한다.

바탕층을 정돈하기 위한 조인트테이프는 15cm의 폭인 것으로 하고, 유리섬유로 만든 매트나 유리섬유보강 아스팔트크라프트지 또는 이와 동등 이상인 것으로서 담당원이 승인하는 것을 사용하여야 한다. 루핑이나 펠트 또는 비흘림과 줄눈의 설치시에 못을 사용할 경우 사용되는 못은 머리와 몸통이 일체식으로 제조된 것을 사용하거나 아연 도금된 철제 머리를 가지고 있는 못을 사용하여야 한다.

(3) 방수층 시공

특별히 다르게 지시된 부위를 제외하고는 지붕잇기공사, 비흘림공사, 지붕밑의 단열공사, 금속홈통 및 선홈통, 낙수구(루프드레인) 등의 설치를 하나의 단일공사로 수행하여 책임이 분산되지 않도록 한다. 또한, 공사착수 2주일 전에 지붕 및 지붕하부공사에 선행하여 감리자, 감독자, 현장대리인 및 시공기술자가 지붕공사에 관련되는 여러 사항을 검토하여 공사요구조건 및 계약서류와 일치하지 않은 사항에 대하여는 협의 결정한다.

방수공사의 시공에는 기후, 기온 등의 영향이 있으므로, 습하고 흐린 날씨나 서열(署熱), 한랭(寒冷) 시기를 피해 시공한다. 비가 올 우려가 있거나 하루의 작업공정이 끝나면 즉시 노출되어 있는 단열층은 방수재 등으로 필히 완전하게 덮어 놓아야 하며 일단 젖어버린 단열층이나 밤중에 덮지 않고 대기중에 방치한 부분은 이를 제거하고 루핑공사가 시작되기 전에 보수하여야 한다. 단열바탕층의 경사도가 3m당 2.5cm를 초과하는 경우에는 아스팔트루핑공사에 적합한 나무못을 사용하여 단열바탕층을 고정시키되 나무못의 길이는 단열층의 두께와 같이 되도록 하여 못이 단열층내에 매입되어 있도록 한다. 다만, 단열층이나 단열재의 두께가 13mm 이하인 경우나 못에 대해서 단열재나 단열층이 관통될 경우에는 나무못을 사용해서 보강하여서는 안된다.

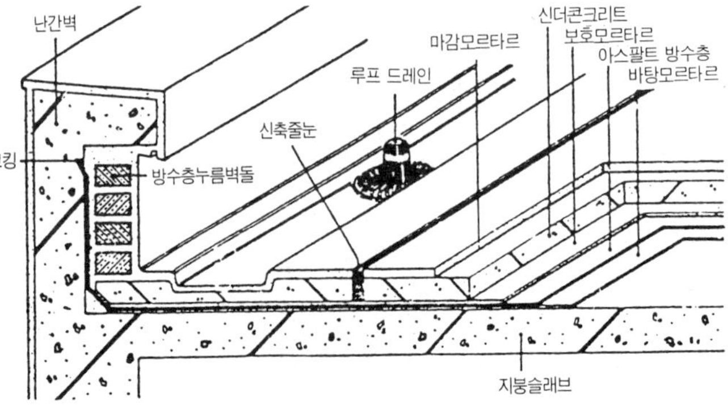

그림 13-8 아스팔트방수시공 예

1) 모르타르방수

방수층의 바탕은 청소 정리하고, 철사, 지푸라기 또는 돌알 등이 내민 것은 제거하며 부실한 부분, 결손부분 등을 완전히 보수한 다음, 배합비 1 : 3 시멘트 모르타르를 두께 15mm 이상이 되도록 요철 없게 평탄히 쇠흙손으로 바른다. 모르타르 바탕층에 대한 함습비의 검사는 매일 공사를 착수하는 시점에서 210℃로 용융된 아스팔트를 임의의 지점에 부어놓고 함습비에 대한 검사를 하여야 하되, 층이 달라질 경우에도 매층마다 그 층에 대한 공사의 착수시점에서 검사를 하여야 한다. 검사결과 아스팔트에 기포가 발생하거나 또는 냉각 후에 아스팔트가 쉽게 벗겨지지 않도록 한다.

2) 아스팔트프라이머의 바름질

바탕이 충분히 건조된 후 청소하고, 아스팔트프라이머를 솔칠 또는 뿜칠로 바탕면에 균등하게 침투시켜 도포한다. 또한, 프리캐스트판에 프라이머를 도포할 때에는 프리캐스트판의 조인트 사이로 아스팔트프라이머가 침투되지 않도록 하고 조인트에서부터 10cm 이내의 부위는 도포되지 않도록 한다.

3) 아스팔트의 바름법

표 13-2 및 표 13-3에 나타난 각 층마다의 아스팔트 사용량은 그 양에 따라 담당원이 지시하는 바름법으로 시공된다. 특히, 아스팔트가 바탕층의 조인트, 찢어진 틈, 또는 방습층이나 기타 다른 시공부위에 침투되지 않도록 하여야 하며, 또한 머프칠을 바탕층이나 조인트 또는 굳은 아스팔트에 칠할 경우에는 각각의 조인트의 면에서부터 5cm 이상 떨어져서 칠해지도록 하여야 하며, 폴리에틸렌 단열재 위에 직접 시공되어서는 안되므로 아스팔트의 시공온도를 담당원이 지시하는 바에 따라 적절히 낮추어서 시공하여야 한다.

4) 아스팔트의 용해

아스팔트를 녹이는 솥은 될 수 있는대로 시공장소와 가까운 곳에 설치하고, 콘크리트슬래브 또는 완성된 방수층 위에 위치할 때에는 자갈이나 벽돌 등을 25cm 이상의 두께로 깔고 기성부분에 전달되는 열을 완전 차단하도록 해야 한다.

또한, 아스팔트의 용해시에 3시간의 가열로서 아스팔트 제조 당시의 최종 증류온도를 초과하는 것은 장외반출하여 폐기 처분하여야 하며 어떠한 경우에라도 사용하는 아스팔트의 인화점보다 14℃ 이상 상승하도록 가열하여서는 안된다.

5) 아스팔트루핑 붙여대기

아스팔트루핑은 사용하기 전 안팎에 묻은 먼지, 흙 및 석분 등을 비로 충분히 쓸어 청소한다.

루핑을 붙일 때, 기포나 주름은 담당원의 지시에 따라 각 층마다 곧 보수한다. 루핑의 이음새는 엇갈리게 하고, 가로, 세로 각각 90mm 이상 겹쳐 포개 붙인다. 귀나 모서리 등에는 담당원 등에는 담당원의 지시에 따라 나비 300mm 이상의 망상(網狀)루핑 등으로 덧붙임 한다.

6) 철물과의 접합부분

골홈통, 루프드레인, 벤틸레이터(ventilator) 및 묻음볼트 등 철물과의 접합부는 담당원의 지시에 따라 망상루핑을 써서 면밀히 시공한다.

7) 신·구 건물의 접합부

신·구 건물의 접합부는 부동침하에 의하여 방수층이 끊어지기 쉬우므로, 담당원의 지시에 따라 V자형 등의 신축(伸縮)줄눈 또는 신축방수층을 둔다.

8) 아스팔트루프 코팅의 바름법

아스팔트루프 코팅의 방수층을 시공할 때는 두께 3mm(약 $4.2kg/m^2$) 이상 바르고, 그 표면은 시멘트모르타르의 부착이 잘 되도록 거칠게 한다.

9) 치켜올림

방수층 치켜올림의 끝부분에는 물끊기 등을 적당히 만들고, 방수층 뒷면에 우수가 침투하지 않도록 필요에 따라 너비 75mm 내외의 망사형 루핑 등을 사용하여 덧붙인다.

13-4-3 시트방수공사

(1) 재 료

시트방수는 고분자루핑을 접착재로 바탕면에 붙여서 방수층을 형성하는 것이고, 아스팔트방수의 펠트와 구별하기 위하여 합성고분자시트 또는 시트방수라 부른다. 시트방수층은 도포하는 방수재료에 따라 표 13-8에 나타난 세 가지 방법으로 대별한다.

표 13-8 시트방수층의 종별

공정 \ 종별	S-1*	S-2	S-3
1	프라이머 바르기 ($0.2kg/m^2$)	프라이머 바르기 ($0.2kg/m^2$)	합성수지계 시트의 고정철물에 의한 부착
2	접착제 바르기 ($0.5kg/m^2$)	접착제 바르기 ($0.5kg/m^2$)	
3	합성고무계 시트깔기	합성수지계 시트깔기	
보호, 마감	도장 또는 보호층	없 음	없 음

주) * S는 시트방수의 약자, 숫자는 타입별 분류임.

시트방수재는 KS 합성고분자 루핑시트에 적합하고, 그 두께는 특기시방에 따른다. 시트

방수재의 종류는 다음과 같다. ① 클로로프렌고무시트, ② 부틸시트, ③ 염화비닐시트, ④ 폴리에틸렌시트, ⑤ 아스팔트폴리에틸렌합성시트, ⑥ 아스팔트폴리에틸렌섬유시트, ⑦ EPDM시트 등이 주로 사용된다.

표 13-9 시트의 두께

사용 구분	두께의 구분
발코니, 테라스 규모의 경우	0.8mm 이상
보통 지붕 방수의 경우	1.0mm 이상
중요도(重要度)가 높은 방수의 경우	1.5mm 이상
특히 중요도가 높은 방수의 경우	2.0mm 이상

그밖에, 접착제는 시트방수의 접착시공에 적합하고, 바탕 및 시트방수의 품질을 저하시키지 않는 재료를 사용해야 한다. 프라이머는 솔 또는 뿜칠로 도포하는데 지장이 없고, 건조가 20±3℃ 온도 범위에서 3시간 이내에 건조되는 것으로 한다. 접착용 테이프는 접착시공에 지장이 없도록 하며 시트방수재 접착부, 모서리의 수밀을 확보하고 충분한 접착력 및 내구성이 있는 것으로 한다. 실링재는 건(gun) 또는 주걱으로 시공하는데 지장이 없고 시트방수재 접착부 및 바름모서리의 수밀을 확보하고 충분한 접착성이 있는 것으로 한다. 마무리 도료는 솔 또는 뿜칠로 도포하는데 지장이 없고 양호한 탄성도막을 형성하는 품질이어야 한다. 신축줄눈재는 누름층의 줄눈시공에 적합하고 누름층 및 폴리에틸렌 등을 열화시키지 않는 것으로 한다.

(2) 방수층 시공

방수시공을 할 전 부위에 걸쳐 방수층에 흠이 없도록 물흘림과 시트방수를 연장한다. 접착부위와 방수막 사이를 실링재로 주입하여 봉합한다. 수직면은 방수막을 접착시키고 주요한 부위에 대하여는 평면에도 접착시킨다. 노출된 방수지와 물흘림 부분은 코팅을 한다. 보호대나 기타 작업으로 수평면의 방수층이 완전히 덮여지기 전에 5cm 깊이로 24시간 물채움으로 누수시험을 시행한다. 시험에 의하여 하부조직에 누수가 발견되면 보수공사를 하고, 누수가 없을 때까지 반복하여 시험한다.

시트방수재를 접착재로 접착시킬 때에 기포 또는 주름이 생기지 않도록 붙인다. 시트방수재를 붙인 후 롤러 등으로 압착한다. 시트방수재의 접합부 및 붙임 마감부는 실링재 또는 덧붙임용 테이프로 잘 누름하고 수밀하게 시공한다. 루프드레인, 홈통 등의 설치장소 및 치켜올림부의 구석과 모서리 등은 필요에 따라 덧붙이기를 한다.

방수누름층의 시공은 방수층을 손상하지 않도록 주의하고, 방수층 상부에 폴리에틸렌 필름 등을 주름이나 처짐이 없이 균일하게 깔고 그 위에 보호누름을 시공한다. 방수누름층의 신축줄눈 간격은 가로, 세로 4m 안팎으로 한다. 또한, 파라펫 및 옥탑 등 모서리와 치켜올림면에는 0.6~1m 높이의 위치에 설치한다. 신축줄눈의 너비는 20mm 이상, 깊이는 누름층의 바탕에 달하도록 하고, 줄눈바탕에는 미리 너비 100mm 안팎의 발포플라스틱 및 아스팔트루핑 등을 깔고 방수용 아스팔트(4종)를 채운다.

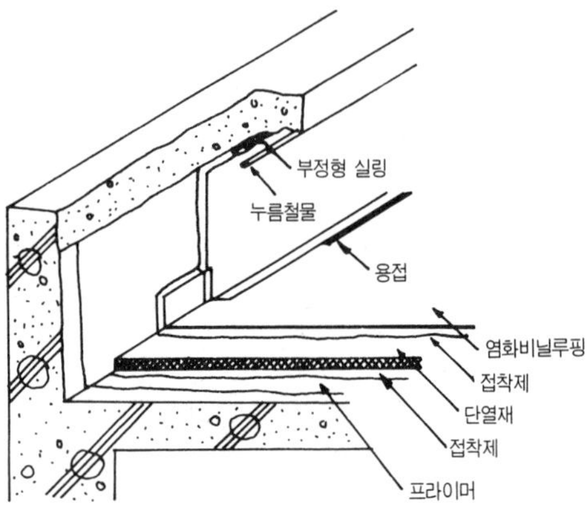

그림 13-9 염화비닐시트방수의 시공예

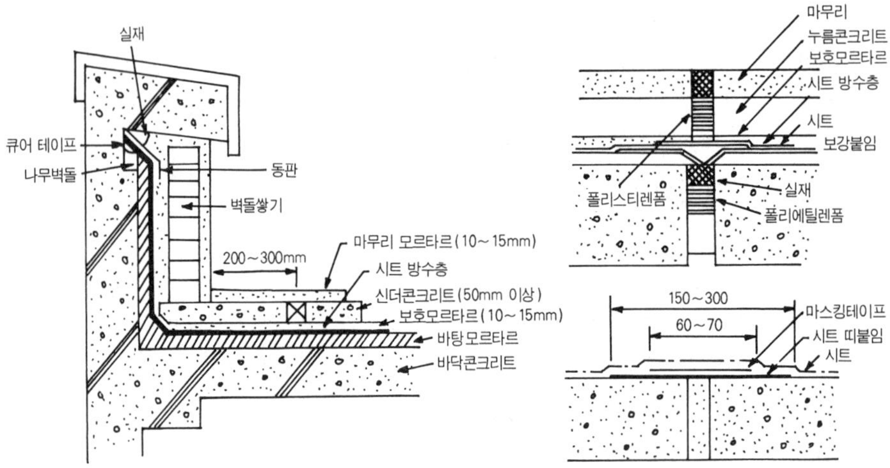

(a) 치켜올림부 (b) 판의 줄눈처리

그림 13-10 각 부위 시트방수공법

13-4-4 도막방수공사

(1) 재 료

도막방수의 종류는 도막 방수재의 재료적 특성에 따라, 우레탄수지계, 아크릴고무계, 클로로프렌고무계, 아크릴수지계, 고무아스팔트계, 무기·유기질혼합계로 구분된다. 도막방수공사는 반드시 바탕면 시공과 관통공사가 완전히 종결된 후에 진행하여야 한다. 실내에서 용제 도막방수제에서 나오는 유독가스가 쌓이는 것을 막기 위해 적당한 환기를 해야 하며, 또한 코팅이 완전 건조되고, 피막이 형성될 때까지는 환기를 계속해야 한다.

우레탄수지계는 폴리우레탄 성분을 주원료로 하는 주제와 가교제, 충전제 등을 주원료로 하는 경화제로서 이루어지는 2-성분형 우레탄고무계 방수재를 말하며, 그 품질에 따라 노출형 우레탄고무계 1류와, 비노출형 고무계 2류로 구분한다. 아크릴고무계는 아크릴레이트를 주원료로 하는 비가황아크릴고무에 충전제 등을 혼합한 아크릴고무에멀션 방수재를 말한다. 클로로프렌고무계는 클로로프렌을 주된 원료로 하여 충전제 등을 혼합한 클로로프렌고무용 액체방수재를 말한다. 아크릴수지계는 아크릴레이트, 메타크릴레이드를 주된 원료로 하는 아크릴수지에멀션계 방수재를 말한다. 고무아스팔트계는 아스팔트와 고무를 주된 원료로 하는 고무아스팔트에멀션계 방수재를 말한다. 무기·유기질혼합계는 무기질 특수 활성재의 분말재료와 고분자 에멀션을 주된 원료로 하는 복합방수재를 말한다.

(2) 방수층 시공

바탕면의 돌출부 및 공사진행에 방해가 되는 이물질을 깨끗이 청소한다. 도면에 표시되었거나 표현되지 않았더라도 필요한 경우 경사스트립 및 유사한 부속기구를 설치한다. 빈 공간은 메꾸고, 이음부분은 충전하고 본드브레이커를 사용하는데, 특히 구조이음 부분에 주의해야 한다. 바탕면은 초벌칠을 해야 한다. 도막방수를 하지 않는 인접 주변 표면으로 도막방수 재료가 흐르거나 분사되는 것을 방지하기 위해서는 주변 표면을 완전히 덮어 보호하여야 한다.

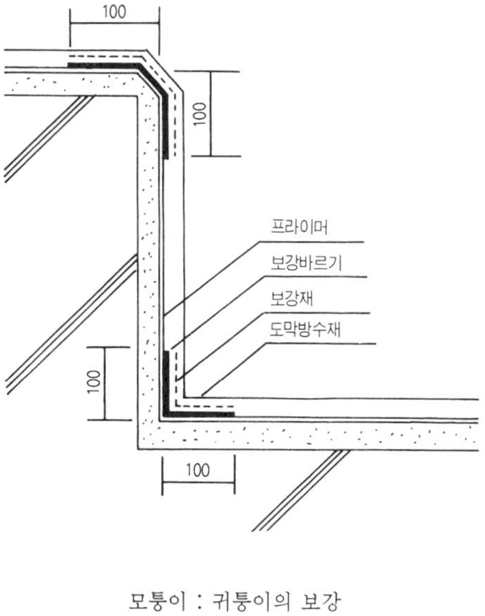

모퉁이 : 귀퉁이의 보강

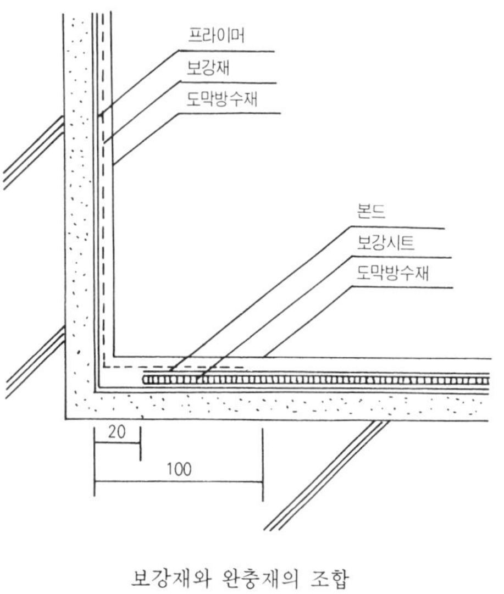

보강재와 완충재의 조합

그림 13-11 도막방수 시공방법

도막방수의 코팅은 붓으로 칠하거나 기계로 분사한다. 시공시 붓으로 칠하는 것을 특별히 정하는 경우를 제외하고는 기계분사로만 시공하는 것을 원칙으로 한다. 코팅 및 두께 프라이머 처리가 끝난 바탕면에 주제와 경화제 및 기타 재료는 배합시에 충분히 혼합하고 붓칠, 롤러, 스프레이 등으로 기포가 들어가지 않도록 균일하게 사용하여야 하며, 종류에 따라 1~2mm로 시공한다. 멤브레인의 건조는 방수공사에 사용된 재료가 변질되거나 오염되지 않는 상태에서 진행되어야 한다.

또, 통행을 금지하여 멤브레인의 물리적 손상을 피해야 한다. 비흘림공사는 방수면으로부터 최소 10cm 이상을 인접한 수직면 및 접속면으로 연장시켜야 한다.

13-4-5 개량질아스팔트시트방수

(1) 재 료

개량질아스팔트시트방수는 기존의 아스팔트공법의 장점을 확보하면서 방수공사의 근대화를 이루기 위하여 개선된 방수공법으로 국내에서는 그다지 많이 소개되지 않은 공법이다. 일본에서는 일명 토치공법(국내에서는 개질아스팔트공법 또는 개량질아스팔트공법으로 소개)이라고도 하며 최근에 3D 업종으로 꺼리는 건설업계의 방수기능공 부족에 대응하고, 무공해 도시형 방수공법으로 최근에 주목을 받고 있다. 장점으로는 시트방수와 마찬가지로 공정수가 적어 대규모 장비와 장치를 필요로 하지 않는다. 접합부의 수용성에 대한 신뢰성이 높고, 아스팔트의 냉각이 빨라 다음 공정을 빨리 진행시킬 수 있다. 또한, 아스팔트 냄새가 거의 나지 않는 장점을 가지고 있다. 대표적인 재료로는 폴리머개량질아스팔트루핑이며 이는 화학적 성질에 따라 ① APP(어택쳐폴리플로필렌), ② APAO(아모로파스폴리알피올레핀), ③ SBS(스틸렌부타지엔스틸렌)중합체 재료로 나뉜다. 폴리머개량질아스팔트는 아스팔트에 합성고무, 또는 플라스틱을 첨가해서 성질을 개량한 것이다. 기존의 아스팔트에 고분자폴리머를 첨가하여 내후성, 감온성(저온 및 고온특성), 바탕균열 추종성 등이 크게 개량된 재료이다.

(2) 방수층 시공

이 시공법은 폴리머개량질아스팔트루핑의 종류와 성능에 따라 제조업자는 독자의 방수공법과 시방을 만들어 특징을 살리고 있다. 개량질아스팔트계 재료의 피복층을 단면으로 시공한 아스팔트루핑을 토치(버너)에 의해, 그 피복층을 용융하고 루핑단면을 겹쳐 발라서 연속한 방수층을 형성하는 공법이다(그림 13-12 참조). 바탕의 접착의 정도에 의하여 전면밀착공법, 부분밀착공법과 부분절연공법으로 구분된다. 전면밀착공법은 루핑 이면의 피복층을 전면 바탕에 밀착한다. 부분밀착공법은 최하층의 루핑에 구멍 뚫린 루핑과 바탕을 부분적으로 밀착시킨다. 부분절연공법은 ALC판 등을 바탕에 부착하고, 무브먼트가 집중하는 접착부에 절연테이프를 붙여서 그 부분만 바탕에 밀착되지 않도록 한다. 이 공법의 장점으로는 시공상, 용융아스팔트를 사용하지 않으므로 화재나 화상 등의 염려가 다소 적고, 냄새의 문제도 다소 적다. 방수층이 두터운(4mm 정도) 관계로 바탕이나 현장타설 콘크리트나 모르타르의 보호마무리층에 의하여 결함이 생길 위험은 적다. 루핑의 융착으로 인하여 방수층이 완료되므로 경화양생은 불필요하다. 방수층의 외단열 방수공법과 보호·마무리의 방법은 기존의 아스팔트방수공법과 같다. 단점으로는 루핑이 두터운(4mm 정도) 관계로 기존 아스팔트공법보다 복잡한 부분과 좁은 부분의 시공이 어렵다. 루핑이 1장이기 때문에 기존 아스팔트공법보다 루핑 단부의 수밀성에 대한 신뢰가 떨어진다.

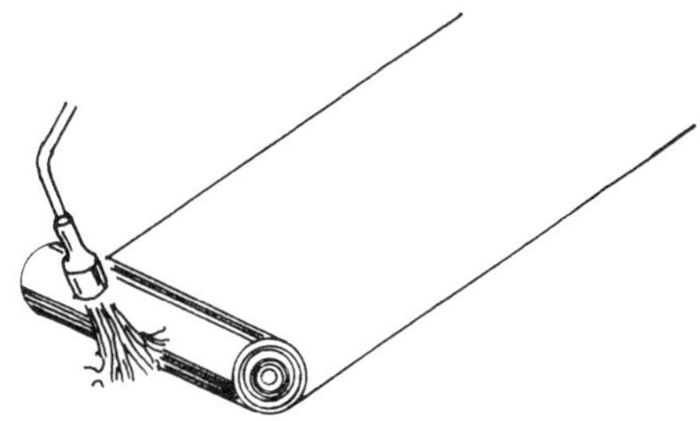

그림 13-12 개량질아스팔트시트공법의 시공

13-5 침투성 방수공사

13-5-1 재 료

솔벤트실리콘실러(solvent-based silicon sealer)는 투명처리가 필요한 콘크리트벽돌조, 석면조, 석고미장면 및 제치장 콘크리트 등에 사용한다. 일반 콘크리트나 제치장 콘크리트, 석고미장, 벽돌조 및 석재면에 젖은 광택이나, 약간의 흑화가 허용되는 경우에도 사용할 수 있다. 휘발성의 탄화수소 용액이 든 투명한 발수성의 아크릴수지 코팅 및 특수 바탕면공사에는 다른 종류의 수지나 첨가물을 사용하여야 한다. 수용성아크릴실러(water-based acrylic sealer)의 솔벤트아크릴이 너무 유해하거나, 대기오염 방지 기준 등에 의하여 사용이 금지되었을 때, 또는 젖은 광택의 외관이 허용되는 경우에 이 제품을 사용한다. 그밖에 규산질계 방수재가 사용되기도 한다. 물은 깨끗한 상수도를 표준으로 사용한다.

13-5-2 방수층 시공

유기질 침투성 방수재는 저압력의 분사기구를 사용하여 방수재를 필요한 표면에 조밀하게 분사 코팅한다. 발수제의 침투를 막기 위해 실런트 접착 표면은 미리 테이프로 막아야 한다. 초벌과 재벌 코팅 사이의 건조시에 비바람에 의한 습윤의 우려가 있는 경우에는 주의하여 시공하여야 한다.

일반적으로 고밀도의 표면에서는 적용치 않도록 하며, 아크릴형인 경우 표면의 흑화현상을 최소한으로 줄이려 할 때에도 역시 적용하지 않는다. 무기질 침투성 방수재는 콘크리트의 거푸집 제거 후에 콘크리트 바탕 전반에 대해서 반드시 점검을 확인한다. 이음매 부분은 물청소하고 시멘트모르타르를 충전하며, 방수재 도포 후, 시멘트모르타르를 충전하는 것을 표준으로 한다. 거푸집 긴결재 부위는 물청소하고 시멘트모르타르를 충전하든지 방수재 도포 후, 된비빔이나 폴리머시멘트모르타르로 충전한다.

바탕처리 후 충전재의 들뜸, 박리 등을 점검하고, 방수재의 도포에 지장이 없음을 확인한다. 방수재를 도포할 면의 더러움을 점검하고 청소한다. 방수재를 도포할 면에 손을 대어서 물기가 있을 때는 송풍기 등으로 표면을 건조시키고 걸레, 스폰지 등으로 수분을 닦아낸다. 방수재는 정한 양의 물을 더한 후, 전동교반기 또는 손으로 개어서 균일해질 때까지 교반한다. 방수재는 솔, 흙손, 뿜칠, 롤러 등으로 콘크리트면에 소정의 도포량을 균일하게 도포한다. 솔로 도포할 경우는 솔의 눈을 고르게 해서 도포한다. 직사일광이나 바람, 고온 등에 의해서 갑자기 건조될 우려가 있는 경우는 물을 뿌리고 시트 등을 깔아 양생한다. 폐쇄장소 등에서 결로의 우려가 있는 경우는 환기, 통풍, 제습 등의 조치를 강구한다. 저온에 의한 동결의 우려가 있는 경우는 온도, 시트깔기 등의 양생을 한다.

13-6 금속판 방수공사

13-6-1 재 료

납판재료는 일반적으로 은이 제거된 납덩이 상태로 성형된 납판을 사용한다. 판의 크기는 취급하기 전에 적당한 한도내에서 가능한 크게 만들어 접합부분의 이음개소를 줄이도록 한다. 무게는 별도의 지시사항이 없는 한 29.3kg/m^2 이상이어야 한다. 동판방수는 냉간압연(冷間壓延)된 동판으로 담금질 표시가 H100인 것을 사용한다. 판의 크기는 취급하기에 적당한 한도에서 되도록 크게 만들어 접합부분의 이음개소를 줄이도록 한다. 무게는 별도 지시사항이 없는 한 60kg/m^2 이상으로 한다. 납도금된 동판은 냉간압연된 동판으로 양면이 0.6～0.7kg/m^2의 납(鉛)으로 도금된 것을 사용한다.

스테인리스강판 방수는 극연성(極軟性) 담금질로 처리된 것으로 판의 크기는 접합부분의 이음개소를 줄일 수 있도록 취급하기에 적당한 한도내에서 가능한 한 크게 만들고, 두께는 0.4mm 이상인 것을 사용하여야 한다. 스테인리스강판 방수는 제조공장에서 달구어 식혀진 것으로 강판의 크기는 접합부분의 이음개소를 줄일 수 있도록 취급하기에 적당한 한도에서 되도록 크게 하고, 두께 1.6mm 이상인 것을 사용해야 한다.

13-6-2 방수층 시공

납판시공의 경우, 바탕면 위에서 납판의 접합부가 화기에 의한 용접으로 시공되어질 때에는 바탕면 위로 방수지를 한겹 겹쳐서 설치하여야 한다. 납판은 최소한 2.5cm 겹친이음으로 깔고 비흘림과 비받이벽(panwall)을 만들기 위해 꺾음과 굽힘의 성형을 하여야 한다. 이음부분은 접합 직전에 깎아내거나 쇠솔질을 하여야 한다. 완전 용접시공을 하려면 납판을 화기용접하여야 하는데, 이때는 납판의 두께가 감소되지 않도록 특히 주의하여야 한다. 또, 방수성능이 중요하지 않거나 얇은 금속판을 사용할 때는 접합부분은 분말수지와 압정용접판으로 덮은 납땜용접을 한다. 납땜브레인을 시공하는 동안이나 최종 피막공사를 시공할 때에는 바닥을 섬유판 단열재료로 일시적으로 보호해야 한다. 콘크리트나 모르타르, 시멘트그라우트나 기타 시멘트로 된 재료를 방수공사 위에 시공하는 경우에는 납 표면을 0.4mm 두께의 아스팔트코팅을 하고, 다른 공사를 하거나 일시적인 보호를 하기 전까지는 완전히 건조시켜야 한다.

동판시공의 경우, 동판이 다른 금속과 접촉 가능성이 있을 때에는 가능한 한 바탕판 한 층을 다른 금속표면과 분리시켜야 한다. 만일 바탕면이 납땜될 판 밑에 놓여지게 되면 동판이 시공되기 전에 바탕판 위에 한층 덮어야 한다. 금속을 부분적으로 분리하는 경우에는 동판에는 주석성분이 많이 포함된 땜납을 사용하고 다른 금속에는 아스팔트코팅을 하여야 한다. 납땜이 된 동판의 모서리 부분은 동판공사에 사용되는 땜납을 이용하여 3.8cm 너비의 주석으로 입혀야 한다. 만일 용접될 표면이 납도금이 되어 있는 경우에는 모서리에 주석을 입히지 말고 납땜을 하기 전에 납도금된 부분을 쇠브러시로 벗겨야 한다. 동판은 접합부분이나 비흘림부분 혹은 비받이벽 등에 나타난대로 이음, 굽힘 및 접기를 할 수 있도록 필요한 만큼의 겹침이 있도록 하여야 한다.

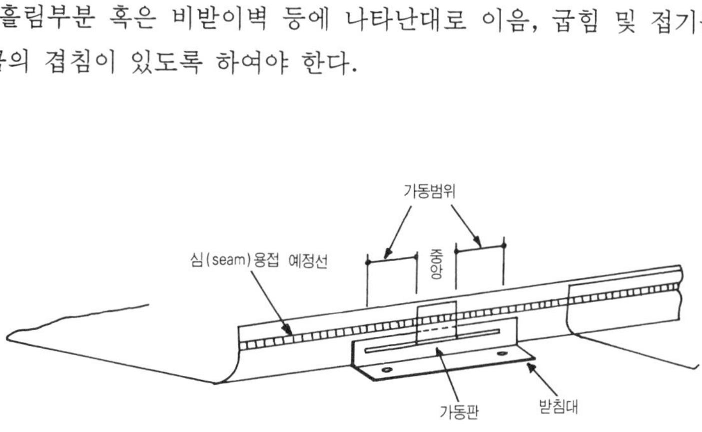

그림 13-13 슬라이드 꺾음쇠에 의한 스테인리스시트방수 시공

스테인리스강판 시공은 가능한 바탕판 한 층을 써서 스테인리스강과 다른 종류의 금속 또는 시멘트 재료를 분리시켜야 한다. 만일 이것이 가능하지 않으면 스테인리스강이나 기타 재료를 0.4cm 두께의 아스팔트로 코팅하여야 한다. 또한 바탕판이 납땜 혹은 용접될 판밑에 놓이게 되면 스테인리스강을 부식으로부터 보호하기 위한 방법을 강구해야 한다. 납땜이 될 스테인리스강판의 가장자리는 스테인리스강에 사용되는 땜납 및 산(酸)액을 사용하여 3.89cm 너비의 주석을 입혀야 한다. 주석 피복이나 납땜이 끝난 즉시 금속에 남아 있는 산액의 찌꺼기를 제거하여야 한다. 스테인리스강판은 설계에 나타난 접합부분이나 비흘림부분 혹은 비받이벽에 이음, 굽힘 및 꺾임을 만들 수 있게 필요한 만큼 겹침이음이 되도록 하여야 한다.

13-7 시멘트액체방수공사

13-7-1 재 료

시멘트액체방수공사는 콘크리트, 모르타르 및 기타 이와 유사한 재질의 모체 표면에 시멘트 방수제를 도포하거나 침투시키고 방수제를 혼합한 모르타르를 덧발라 모체를 수밀 방수적으로 하거나, 또는 시멘트, 모르타르, 콘크리트에 방수제를 혼합하여 모체의 표면에 덧발라 방수하는 방수공사를 의미한다. 방수제는 액상(液狀), 분말상(粉末狀) 및 반죽상(糊狀, 乳狀) 3종으로 크게 분류된다.

액상방수제는 순도(純度), 소정 사용량, 사용법 등이 명시되고 방수성능, 실험성적 등으로 보아 보장할 수 있는 것으로 한다. 분말방수제는 입도, 순도, 소정 사용량 및 사용법 등이 명시되고 방수성능이 보장되는 것으로 한다. 호상(糊狀)방수제, 반죽상(乳狀)방수제 또는 시멘트에 배합하는 각종 방수제의 품질, 규격, 종류 등은 필요시 특기시방에 표기한 것을 따른다.

13-7-2 방수층 시공

바탕면에 부착된 흙, 먼지, 모래, 자갈 및 레이턴스(laitance) 등은 정, 와이어브러시 또는 솔 등으로 제거하고, 지푸라기, 못 및 철선 등이 모재에 박힌 부분은 충분한 깊이까지 파낸다. 모르타르, 콘크리트의 불량 부분, 균열이 생긴 부분 및 기타 모재의 부실한 부분은 제거하고 보수하여 충분한 강도가 있는 견실한 모체로 만든 다음 방수층 시공을 한다. 모체에 건조균열이 진행중이라고 인정되는 곳, 또는 방수층에 결함이 생길 우려가 있는 부분에 대해서는 반드시 대책을 강구해야 한다. 바탕처리 후에는 물씻기 기타 방법으로 완전히 청소하여 건조한 다음 방수공사를 실시한다. 특히, 알칼리성에 영향이 있는 방수제를 사용할 때는 모체의 알칼리성을 중화(中和)시킨다. 바탕면에 물흘림 경사를 잡기 위해 모르타르 바름을 할 때에는 낙수구(落水口)의 위치와 물상부(水上部)의 높이를 정확히 정하고, 구석, 모서리 등에 물이 체류하지 않게 하며 흐르기 좋은 일정한 경사로 하여 바탕에 충분히 부착되게 바른다.

바탕모체에 방수용액을 도포할 때에는 바탕청소를 충분히 한 다음, 전면에 균일한 양과 속도로 칠하여 모체에 도포시킨다. 특히 굴곡부, 우묵한 곳, 구석, 모서리 등에는 면밀히 칠한다. 방수시멘트풀은 소정의 배합과 농도로 하여 방수용액칠의 경화시기를 보아 두께가 일정하고 평탄하게 칠한다. 방수모르타르는 소정의 배합비로 충분히 반죽하며 방수용액칠 또는 방수시멘트 풀칠한 다음 경화시기를 보아 두께가 일정하고 평탄하게 바른다. 시멘트 액체방수는 1, 2공정으로 나누어 그림 13-14와 같이 시공한다.

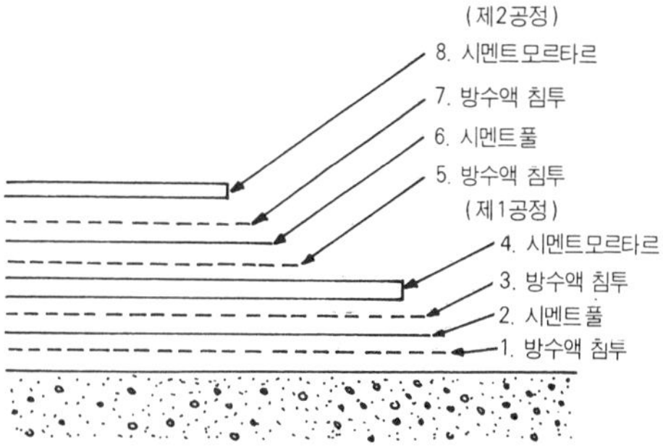

그림 13-14 시멘트 액체방수층 구성

13-8 실링방수공사

13-8-1 실링재가 받는 열화요인

실링재가 받는 열화요인은 우선 화학적인 열화요인과 기계적인 열화요인으로 대별된다. 화학적인 열화요인으로서는 자연조건하에 받는 열, 자외선, 오존, 바탕의 화학적 성분의 영향 등이 있다. 기계적인 열화요인으로서는 바탕의 움직임(조인트무브먼트)에 의해 반복되는 피로현상에 의한 파괴가 있으며 새가 쪼아서 방수층을 파괴하는 경우도 있다.

(1) 기상조건으로부터의 요인

누수사고로 이어질만한 강우는 짧은 시간에 집중적으로 내리는 비와 태풍 같은 바람이 상승적으로 함께 작용할 경우이다. 이러한 때에는 배수구의 배수능력의 문제와 풍압력에 의한 물의 밀어올리기 등으로 보통의 강우시에 문제가 없었던 부위에서 누수가 생긴다. 실링재는 유기질의 재료이므로 유기질 재료의 물성 저하는 열의 영향을 크게 받는다. 또한, 자외선 열화학성분에 의한 열화도 열과 복합적으로 작용하게 되어 고온일수록 열화속도는 더욱 커진다. 직사일광을 받는 외벽의 구성부재의 표면온도는 그 색깔(흡수율)에 의해서도 달라지나 하절기에 있어서는 외기보다 30～40℃ 고온이 되고 심지어 70～80℃에 달하기도 한다. 겨울에는 방사 냉각에 의하여 외기보다 5～7℃ 정도 더 떨어진다. 외벽구성 부재의 온도변화는 조인트의 움직임을 생기게 해, 반복피로 등의 기계적인 열화요인이 된다.

바람에는 공기밀도와 속도에 따라 반응하는 압력(동압, 속도압)이 실링재에 영향을 준다. 자외선은 유기재료의 열화를 촉진한다. 또 자외선의 열화작용은 온도가 높을수록 그 영향이 강하다. 유리면을 투과해서 실링재의 접착면에 작용하는 자외선은 실링재의 박리원인이 되며, 프라이머에는 내자외선성이 중요하다. 콘크리트 중의 알칼리 성분, 해안 부근의 비산염분, 산성비, 또, 조류의 분뇨 등 각종 화학성분에 의해 재료가 변질되어 열화가 촉진된다. 보통의 상태에서는 치명적인 결함까지는 되지 않으나, 특별한 시공조건에 있어서는 실질적인 시공시험 등을 밟는 등 충분한 검토가 필요하다.

(2) 바탕으로부터의 요인

실링재가 바탕에서 받는 열화요인은 조인트무브먼트에 따르는 요인과 반복되는 피로, 바탕의 재질에 기인하는 접착 저해 등이 요인이 된다. 조인트무브먼트에 의하여 실링재는 변형을 받아서 그 변형량에 의해서 박리파단을 일으킨다. 또 장기적인 반복피로는 실링재에 있어서 커다란 열화의 요인이 된다. 조인트무브먼트의 주된 원인은 다음 4가지가 있다.

① 부재의 온도변화에 수반한 팽창, 수축

② 지진시의 구조체의 층간 변형에 수반한 부재의 변위

③ 풍압력에 의한 부재의 변형

④ 부재의 함유수분의 변화에 따르는 팽창, 수축(콘크리트의 건조수축과 성형판의 팽창)

이러한 움직임은 건물의 구조·규모, 줄눈의 형상·상태, 부재의 재질·형상·절단, 시공상태 등 환경조건에 따라 달라진다. 사전검토 단계에서 그의 종류와 양, 방향 등을 충분히 검토해 둘 필요가 있다. 실링재는 바탕, 피착제에 접착한 상태에서 그 수밀, 기밀기능이 발휘된다. 바탕부착재에서 받는 열의 영향, 함유수분, 화학성분, 표면강도 등의 영향으로 접착내구성이 저하되고, 또 아스팔트, 불소수지 등과 같이 초기부터 접착하기 어려운 재질에 의한 문제도 요인이 된다. 접착기구는 상당히 미묘한 화학적 요인이 작용해서 피착체 표면의 성상에 변화의 영향을 주기도 한다.

13-8-2 실링방수에 요구되는 조건

외벽접합부의 줄눈에 실링재를 충진하여, 빗물·벌레 및 모래섞인 먼지 등이 침입하는 것을 방지함과 동시에, 접합부나 그 주위의 미를 장기적으로 유지하기 위해서는, 실링재는 접착성, 내구성, 비오염성 등 세 가지 요건을 만족시켜야 한다.

접합부의 수밀(水密)·기밀성(氣密性)을 확보하는 데는, 실링재는 피착면(被着面)에 잘 접착하여, 접착경계면에 틈이 생기지 않도록 해야 한다. 대부분의 실링재는 프라이머를 써서 접착성을 확보하고 있다. 실링재는 자외선·오존·수분·미생물·산 및 알칼리 등 환경인자의 침입 외에, 강풍·지진 및 기온·일조의 변화에 따른 부재의 변형이나 변위에 의한 외력의 작용(무브먼트)을 받지만, 그로 인해서 급격한 변질 혹은 커다란 손상은 생기지 않는다. 외벽의 접합부 주변이 실링재로 인하여 거무스름해져 건축물의 미관을 해치는 사례를 자주 볼 수 있다. 이와 같은 예는 방수기능을 만족시킨다고 해도 실링방수로서는 성공적인 시공이라고 말할 수 없다. 따라서 장기간 사용하여도 오염되지 않도록 재료선정, 유지보전을 잘하는 것이 중요하다.

13-8-3 실링방수재의 종류와 성질

건축물에 사용되는 실링재는 부정형(不定形)과 정형(定形)으로 크게 나눌 수 있으며, 각각 탄성과 비탄성 재료로 구분이 된다. 부정형 실링재는 1성분형(습기경화형, 건조경화형) 및 2성분형(반응경화형)이 있다. 이들 용어의 자세한 설명은 표 13-10에서, 실링재의 종류는 그림 13-15에 나타나 있다. 이외에도 최근에 변성폴리설파이드계 실링재, 난연성실리콘계 실링재, 항곰팡이성 실링재, 방염성(防汚性) 실링재, 도전성 실링재, 수장(水張)고무계 실링재 등도 시판되어 실제공사에 사용되고 있다.

표 13-10 실링재의 종류와 특성

명 칭	특 성
부정형 실링재	유성코킹재나 탄성실링재와 같이 카트리지에 봉입된 페이스트 형태의 것으로, 충진부의 단면치수가 고르지 않아도 시공가능하며 방수기능을 발휘할 수 있다.
정형 실링재	개스켓이나 끈모양 실링재와 같이 미리 공장에서 성형된 것으로, 충진부의 단면이 일정한 경우에 사용하며 피착체에 눌러서 밀착시킨다.
탄성실링재	폴리설파이드, 실리콘, 폴리우레탄 등의 액상고무에 광물질충진제나 가소재 등을 균일하게 혼입한 것으로, 경화는 고무형태의 탄성을 나타낸다. 무브먼트가 생기는 워킹조인트에는 이탄성 실링재가 사용된다.
1성분형 실링재 (습기경화형 건조경화형)	제품형태가 하나의 포장으로 되어 있어 그대로 시공할 수 있는 상태로 조정되어 있는 부정형 실링재를 말한다.
2성분형 실링재 (반응 경화형)	제품형태가 기(基)와 경화제의 2가지 포장으로 되어 있어, 시공 직전에 각각 정해진 양을 혼합하여 사용하는 부정형 실링재를 말한다.

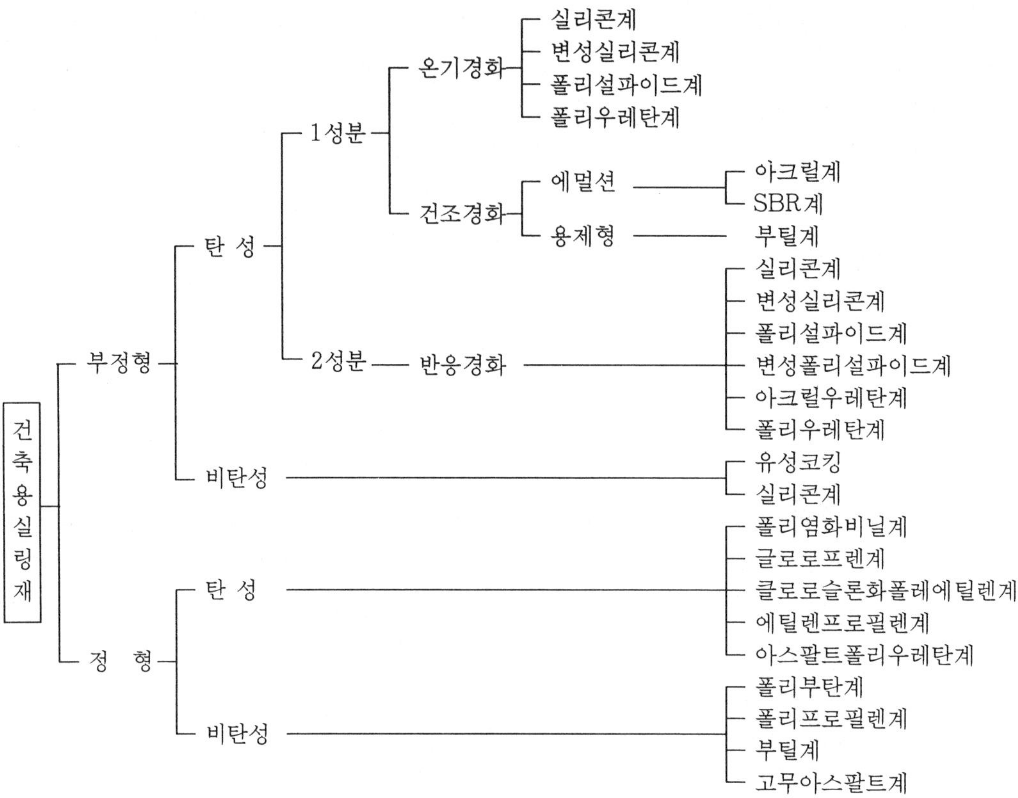

그림 13-15 실링재의 분류

각 실링재의 접착성, 내구성 및 비오염성 등 실제 적용에 따른 특성은 표 13-11과 같다.

표 13-11 실링재의 성질 특성

실링재의 종 류		접착성			내 구 성				비오염성			기 타	
		콘크리트	메탈	유리	내피로성 (무브먼트 大)		무브먼트 小	종합적 내구성	줄눈 주변	실링재 자신	마무리재의 부착	50% 인장응력	주된 용도
					경화중	경화후	내 성						
실리콘	1성분형	△~⊙	○	⊙	×~△	○~⊙	⊙	○	×	×	×	0.5~5.5	유리주의, 실내의 줄눈 등
	2성분형	△~⊙	○	⊙	⊙	⊙	⊙	⊙	×	×	×	0.5~2.0	금속 커튼월(CW)
폴리설파이드		△~⊙	○	△	⊙	○	○	○	×~○	○	○	1.0~4.0	PCCW, RC 등
변성실리콘		△~⊙	○	×	⊙	⊙	⊙	⊙	○	○~△	○	0.8~2.0	각종 CW, RC, ALC 등
폴리우레탄	1성분형	△~⊙	○	×	×	⊙	○	○	○	○	○	1.0~3.5	RC, 조립식 등
	2성분형	△~⊙	○	×	⊙	⊙	○	○~⊙	○	○~△	⊙	1.0~3.0	HPC, RC, ALC 등
아크릴, SBR		○	○	×	×	×	△	△	○	△~×	○	0.5~0.6	ALC 등
부 틸		○	△	−	×	×	×	×	△	△~×	−	0.5~1.1	시트방수의 수밀처리 등
유성코킹재		△	○	−	×	×	×	×	×~○	○	−	−	균열, 단창주위

주) 판정기준 ⊙ : 우수 ○ : 良 △ : 可 × : 불가 − : 사용하지 않음, 해당없음.

13-8-4 실링재의 시공

실링재 방수공사에서 생기기 쉬운 주된 문제점은 ① 실링재 자신이 파단(破斷)해버리는 응집파괴, ② 부재의 피착면으로부터 벗겨져 버리는 접착파괴, ③ 도장의 변질, 접착부 줄눈 주변의 오염 등이다. 이와 같은 현상이 일어나지 않도록 재료를 신중하게 선정함과 동시에, 설계·시공상 적절한 배려를 하는 것이 중요하다. 여러 가지 문제점 중에서도 특히 피로파괴를 동반하는 결함은 접합부에 생기는 무브먼트의 영향이 크다. 따라서 실링재의 손상방지의 관점에서 우선 워킹조인트와 논워킹조인트의 구분을 명확히 해야 한다(표 13-12 참조).

표 13-12 무브먼트의 종류와 조인트의 종류

구 분	무브먼트의 종류	주요 조인트의 종류
워킹조인트	온도변화에 의한 부재의 신축	금속줄눈 · 금속 커튼월 각종 줄눈 · 금속패널의 줄눈 · 금속재 문의 줄눈
	지진에 의한 층간변위	다공(多孔)부재간줄눈(시멘트계 부재간 줄눈) · PC커튼월 각종 줄눈 · ALC판 커튼월 각종 줄눈 · PC가로대 줄눈 · GRC, 시멘트 압출성형판줄눈
	바람에 의한 부재의 휨	· 유리주위 줄눈
	부재의 함유성분 변화에 다른 변형	· 시멘트계 보드류 줄눈(압출성형판류)
논워킹조인트	무브먼트가 미소하거나 또는 거의 생기지 않음.	콘크리트벽의 줄눈 · RC조 새시주위 줄눈 · PC커튼월을 친 새시주위의 줄눈 · 돌깔기, 타일깔기의 줄눈 · PC판을 사용한 벽식구조의 줄눈 · RC조의 타설줄눈 · RC조의 수축줄눈(균열유발줄눈) · RC조의 문 주위 줄눈 · ALC판 줄눈(삽입근 공법의 줄눈)

조인트에 충진된 실링재가 장기간에 걸쳐서 방수성능을 유지하며, 또한 오염 따위의 미관상 부적합함이 없게 하기 위해서는 우선 조인트의 조건을 명확히 하고, 그 조건에 적합한 실링재를 선정해야 한다. 예를 들면, 금속재 가로대나 커튼월과 같이, 무브먼트가 큰 워킹조인트에 쓰이는 실링재는 무브먼트에 대한 성능이 우수한 반응경화형 실링재를 사용

치 않으면 단기간에 피로해서 응집파괴하게 된다. 또, 석재나 세라믹타일과 같이 청소주기가 길고 한번 부착된 오염물질을 세척하기 힘들 경우에는, 조인트 주변을 더럽히지 않는 실링재를 선정해야 한다. 이밖에도 피착체의 종류와 그 표면강도, 실링재 표면에의 도장의 유무 등은 실링재를 선정하는데 있어서 고려해야 할 주요한 조건이다. 실링재의 시공에서는 무엇보다도 접합부의 형상 및 치수의 검토가 매우 중요하다.

무브먼트에는 온도(온도 무브먼트라 한다)나 습도 등의 변화에 기인한 부재의 변형에 따른 것과, 지진(층간변위 무브먼트라 한다)이나 강풍에 의해 생기는 것이 있다. 일반적으로는 금속제의 가로대 등의 조인트에서는 온도 무브먼트를 대상으로 하며, PC커튼월이나 금속커튼월 등의 조인트는 온도 무브먼트와 층간변위 무브먼트 양쪽을 대상으로 검토한다. 층간변위는 부재를 부착하는 방법에 따라서 가로조인트 혹은 세로조인트에 커다란 전단변형이 생긴다.

외벽을 구성하는 부재는 다양한데, 하나의 건축물에서도 여러 종류의 실링재나 프라이머를 사용해야만 하는 경우도 발생이 가능하다. 그 중에는 표면이 화학적으로 안정되어 있는 프라이머만의 힘으로는 양호한 접착성을 기대할 수 없는 경우, 프라이머에 의해 침해받기 쉬운 경우, 혹은 처음에는 접착해 있어도 시간이 경과함에 따라 접착력이 약해지는 경우가 있다.

사용실적이 많고 양호한 접착력을 얻을 수 있음을 확신할 수 있는 피착제의 경우는, 실링재 생산자가 지정하는 프라이머를 사용한다. 피착제로서 시공에 확신성이 없는 것, 혹은 접착불량이 생길 우려가 있는 것은 실제로 사용에 도움이 되는 재료를 피착체로 하여, 관련규정에서 지정하는 접착성시험 등을 사전에 수행하여 응집파괴의 과정을 확인하는 것이 중요하다.

경화한 실링재의 성능은, 시공시 및 경화과정에서 환경조건의 영향을 많이 받는다. 따라서 실제 시공관리에 있어서는, 적절한 시공환경조건을 확보하기 위한 대책을 계획단계부터 고려하는 것이 중요하다. 이상 설명한 실링방수의 시공계획, 재료 및 시공의 각 단계에 있어서 품질확보에 필요한 요점을 정리하면 표 13-13과 같다.

표 13-13 실링방수의 요점

주요 요구성능	시공계획	재 료	시 공
접 착 성	· 실리콘재의 접착성을 고려해서, 외장재의 재질이나 표면 마무리를 생각한다. · PC커튼월이나 RC조에서는 충분한 건조가 가능하도록 공정을 짠다. · 실적이 없을 경우에는 접합 시험을 한다.	· 초기 및 장기에 걸쳐서 안정된 접착성을 갖는다. · 프라이머의 적용조건을 명확히 한다.	· 검사에 의해서 접착성을 확인한다. · 프라이머의 칠이 덜 된 곳이 없도록 작업을 표준화한다.

주요 요구성능	시공계획	재 료	시 공
내 구 성	· 목표수명의 설정 및 무브먼트 등의 사용조건을 명확히 한다. · 목표수명을 달성하도록 재료선정을 함과 동시에 조인트의 형상 치수를 결정한다.	· 내후성(耐喉性)을 명확하게 해 둔다. · 경화과정과 경화 후에 걸친 내피로성을 명확히 해둔다. · 내수성, 내약성 등의 성질도 명확히 해둔다.	· 커다란 기포의 휩쓸림을 방지한다. · 적정한 충진형상을 확보한다. · 규정의 혼합비로 충분히 혼합한다.
비오염성	· 오염이 문제가 되는 벽에서는 실리콘계 실링재를 피한다. 부득이하게 사용할 경우에는 물흘림의 설치 오염방지제의 도포 및 클리닝 등을 고려한다. · 방수성과 비오염성의 균형을 꾀한다.	· 착진성 혼화재성분 방먼지성 등을 명확히 해둔다.	· 프라이머의 비산·부착을 방지한다. · 조인트 주위에 부착한 실리콘계 등의 실링재는 경화 후에 제거한다.

13-8-5 정형실링재의 종류 및 시공

(1) 지퍼개스켓

그림 13-16에 나타난 바와 같이 개스켓의 물리적 형상에 따라 H형, Y형, HC형, HF형 등이 있다. H형은 금속용, Y형은 프리캐스트콘크리트판 등 콘크리트용, HC형과 HF형은 연속된 창문형이다. 그림 13-17에 표시한 바와 같이 지퍼고무를 삽입해서 유리를 고정시키는 방식이다.

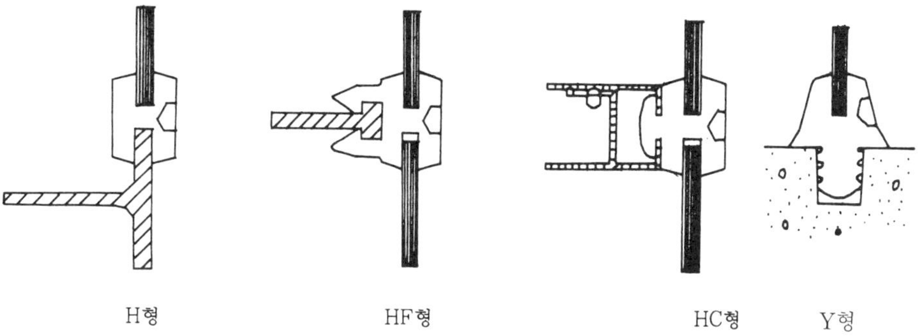

그림 13-16 지퍼개스켓의 시공형상

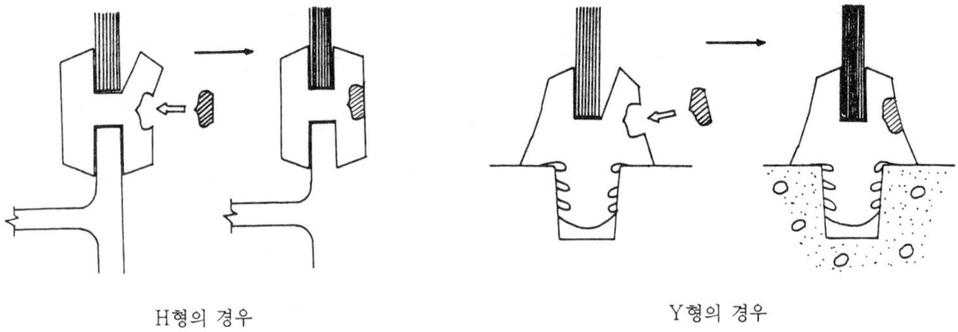

그림 13-17 지퍼개스켓의 시공방법

지퍼개스켓에 쓰이는 고무의 재료는 클로로프렌계의 것이 많으며 일부에 에틸렌폴리필렌고무 제품이 있다. 시공상 지퍼는 홈에 확실히 삽입하고 모서리 일부의 끝부분에 틈이 없이 시공하는 것이 매우 중요하다. 연속된 창문용의 HC형, HF형의 경우 건축물에서 돌출형 접착부위가 전면에 나타난다. 접착재는 클로로프렌고무계의 용접제형 접착재가 주로 사용된다. 돌출되어 부착된 부분의 단상부위도 유리면에 접촉하면 틈이 생기게 되어 빗물의 침입을 초래할 수 있으므로 주의를 해야 한다.

(2) 글레이징개스켓

건축용 개스켓이라고 하며 재질로는 염화비닐계, 클로로프렌고무계의 것이 일반적이다. 글레이징개스켓의 경우, 방수성능은 채널의 폭과 깊이, 새시와 유리 사이의 클리어런스에 의해 좌우되므로 이에 대한 규정을 따르는 것이 중요하다. 글레이징채널의 새시폭과 깊이는 유리의 두께(G)에 의해 구분된다.

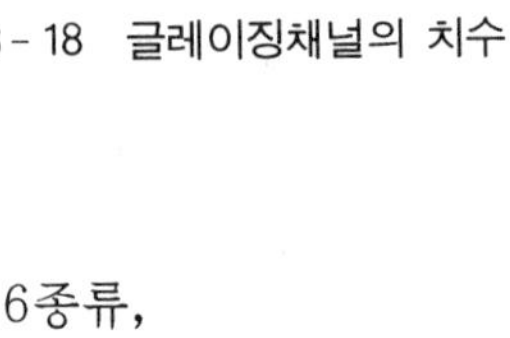

그림 13-18 글레이징채널의 치수

관련 규정에서 지정된 치수는,

W : 9, 11, 13, 15, 20, 25의 6종류,

G : 3.0, 4.0, 5.0, 6.0, 6.8, 8.0의 6종류이다.

다른 치수도 특별주문에 따라 제조 가능하다. 또 그림 13-18 중의 치수도,

새시의 턱	A : 1.2mm 이상
폭	B : 유리 두께 이상
유리에 거는대	D : 유리 두께 이상
폭밑 두께	E : 1.0mm 이상을 확보하는 것이 필요하다.

(3) 줄눈개스켓(성형 줄눈재)

줄눈개스켓은 줄눈 구성부재간에 후시공된 성형줄눈재로서 재질의 종류, 형상 등도 여러 가지가 있다. 앞에서 설명한 지퍼개스켓과 글레이징개스켓은 주로 유리를 주된 대상부재로 개발된 것에 대하여 줄눈개스켓는 PC판, 새시금속패널, 기타 각종 기성부재에 사용된다. 최근에는 클로로프렌고무에 난연재를 배합한다든가 자기소화성 실리콘고무를 사용하여 방화 및 내화성능을 부여한 것도 많다.

커튼월 등 비내력벽용으로서 30분 내지는 1시간 내화의 성능을 가진 것 외에 이중으로 사용한다거나 다른 실링재와 조합해서 기둥, 보의 합성내화 성능을 가지므로 2시간을 견딜 수 있는 것도 있다.

형상	사용 예
솔리드타입(중공부분 무, 후시공) 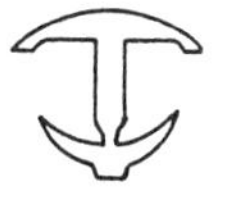	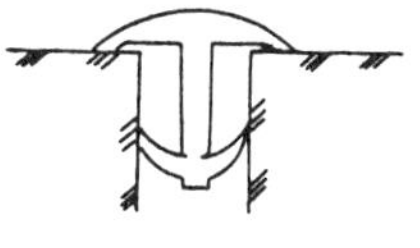
솔리드타입(중공부분 유) 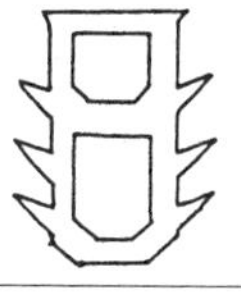	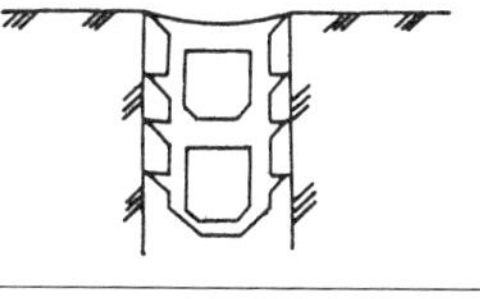
솔리드타입(중공부분 유) 	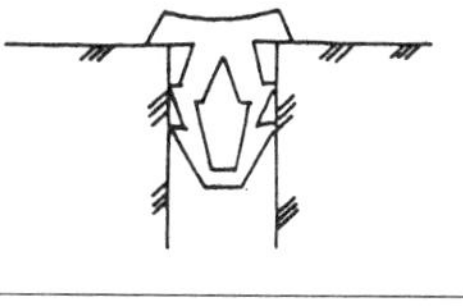
솔리드타입(중공부분 무, 후시공) 	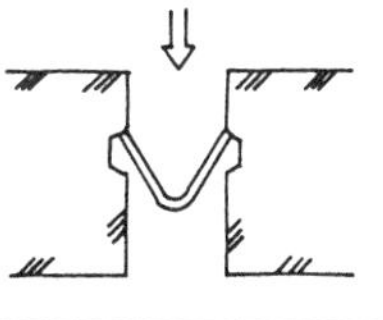

그림 13-19 줄눈개스켓의 형태에 따른 분류와 시공 예(후시공형)

합성 발포형은 주로 우레탄발포제 또는 부틸고무를 합성시킨 것이다. 부재에 먼저 붙임해서 두고, 또 다른 한쪽의 부재는 현장 부착시에 부재를 통하여 압축해서 사용하는 타입과, 미리 압축냉각해서 둔 개스켓을 한쪽의 부재에 먼저 부착하고 시간이 경과한 후 온도상승에 의해 발포체가 복원하는 것을 이용한 종류도 있다.

줄눈개스켓은 부재의 코너부에 틈새가 생기기 쉬우므로 코너부분의 재질, 형상에 이에 대한 대책을 고안한 타입도 많이 있다(그림 13-20 참조).

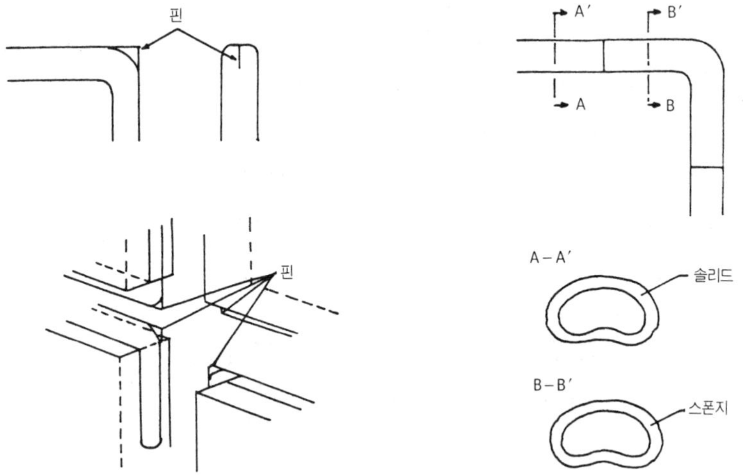

(a) 핀부착개스켓도 (b) 코너부 스폰지 타입

그림 13-20 줄눈개스켓의 코너 틈새 방지 예

(4) 오픈조인트공법

오픈조인트공법의 명확한 정의는 아직 되어 있지 않으나, 외부측의 줄눈을 실링하는 재래의 줄눈방수공법을 필드조인트(filled joint) 또는 클로즈드조인트(closed joint)라 부르는 것에 대한 상대적인 용어이다. 외부측의 줄눈에 방수재로서의 실링재가 밖으로 나타나지 않는 형태의 바탕방수공법이라고 할 수 있다. 필드조인트(filled joint)공법이 우수의 침입을 없애는 공법인데 대하여 오픈조인트공법은 그 형태, 마무리 등에 의해 빗물을 이동시키는 힘을 감소 또는 소멸시키는 것에 의해 방수기능을 확보하는 공법이다. 이 공법의 원리를 그림으로 나타내면 그림 13-21과 같이 된다.

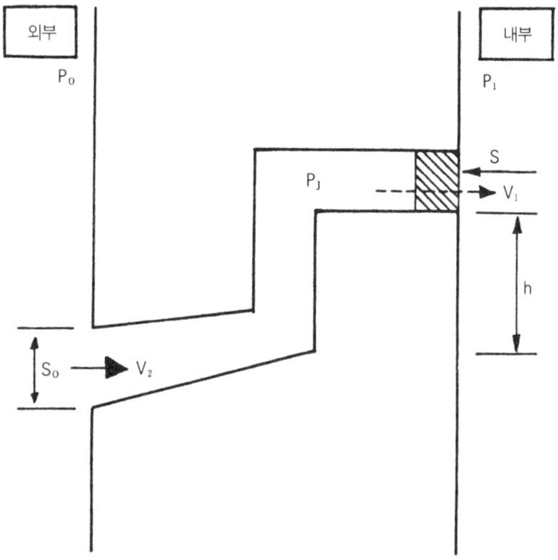

빗물을 이동시키는 힘에 대처한 줄눈(오픈조인트)

· 기울기와 높이(h)로서 중력과 표면 장력에 대처

· 극간(틈새)의 폭 S_0를 크게 하고, 모세관 현상을 없앤다.

· 실내측의 실링재 S로 기밀성을 확보하고 실내외의 압력차($\Delta P = P_0 - P_1$)에 의해서 생긴 기류을 없앤다.

· 극간(틈새)의 폭 S_0를 크게 하여 줄눈내부의 공간을 크게 만들어 줄눈내부의 압력을 외부의 압력과 같이 해서($P_0 = P_1$)압력차에 의하여 생기는 기류 v_2를 없앤다.

· 실내측의 실링재 S의 결함에 의하여 압력차가 발생해($P_0 > P_1$) 기류 v_1, v_2가 생기는데, 보통의 조그만한 틈새인 경우, $P_0 = P_J$는 보호되어 기류 v_2는 작다.

그림 13-21 빗물을 이동시키는 힘과 대책(오픈조인트)

13-9 방수재료의 평가 및 시험법

13-9-1 방수·방습구법의 평가요건

물의 이동방지를 목적으로 하는 막(멤브레인)을 방수층, 습기에 대한 그것을 방습층이라고 하는데, 바탕만 멤브레인(membrane)을 구성할 때에 고려해야 할 요건은 다음과 같다.

(1) 충분한 투수저항 혹은 투습저항

재료의 조직이 물을 통과시킬 때 그 성질을 투수성이라고 말하며, 습기에 대해서는 투습성이라고 한다. 반대로, 물 혹은 습기의 통과에 저항하는 능력을 각각 투수저항 혹은 투습저항(습기전도저항)이라고 한다. 멤브레인의 목적이 방수 혹은 방습일 경우 그것을 구성하는 재료의 투수저항 혹은 투습저항은 목적에 대하여 충분하지 않으면 안된다는 것은 당연하다.

(2) 멤브레인의 연속성

재료의 투수저항 혹은 투습저항이 충분하다고 하더라도 소정의 피복면적을 갖는 멤브레인을 구성할 경우, 필요성능을 만족하지 못하는 부분이 있어서는 안된다. 특히, 시트상의 재료를 사용할 경우에는 시트 겹친부분의 연속성, 접합성에 주의하지 않으면 안된다. 기둥, 보 및 벽이 복잡하게 조합된 목조 및 철골조 건물 등에서는 방습층을 필요로 하는 위치에 그것을 연속적으로 시공함에 있어서는 많은 어려움이 따르고 있다.

(3) 내기계적 손상성

방수바탕재의 작용에 대한 저항성, 예를 들어 바탕재의 균열이나 조인트의 반복적 확대·축소작용에 대한 저항성은 지금에 이르러 방수층의 기본적인 필요성능이 되었다. 기타 멤브레인에 기계적 손상을 주는 요인과 그것에 따른 손상 예로서는 강풍에 의한 노출방수층의 날림, 태양열에 의한 콘크리트 바탕재에서 발생하는 습윤공기의 팽창압력에 의한 방수층의 부풀음, 조류에 쪼여 발생한 구멍, 그외 인부들의 부주의에 의한 외상도 빼놓을 수 없는 요인이다. 또한, 목조주택 등에서 단열층에 동반하는 방습층의 경우는 시트 겹침부분에서 연속접합이 곤란할 뿐만 아니라, 방습층 위에 시공하는 보드류 설치시 못박기작업 등에 의해서 방습층이 손상을 입는 요인이 많다.

(4) 내화학적 열화성

방수층이나 방습층 재료의 대부분은 유기재료로서 콘크리트나 모르타르 등의 무기재료에 비교하여 장기적으로 보면 열화(劣化)하기 쉽다. 특히, 태양열과 자외선의 작용이 현저한 노출방수층에서는 화학적 열화가 문제가 된다.

유해 화학성분으로서는 유기물의 산화열화에 관여하는 공기중의 O_2, 특히 신장상태에 있는 가류고무에 균열을 발생시키는 오존(O_3)을 대표로 하는 산소가 있다. 또한, 건축에 많이 사용되는 시멘트의 알칼리를 포함한 물의 작용도 놓칠 수 없다. 콘크리트에 접하는 방습층에 대해서는 특히 알칼리의 작용을 고려해야만 한다.

13-9-2 시험방법

방수층의 성능평가시험은 현재 전세계적인 과제로, 각국의 여러 시험기관에서 연구가 계속되어 왔다. 우리 나라의 실정과 유사한 일본건축학회에서는 1986년 개정의 「건축공사표준사양서 JASS 8 방수공사」의 참고자료로서 「멤브레인 방수층의 성능평가시험방법(안)」을 공표했고, 1993년 개정에서는 공식적인 「멤브레인 방수층의 성능평가시험방법」을 공표했다. 우리 나라에서는 1994년 건설부제정 「건축공사표준시방서」가 재정되면서 방수공법에 관한 종류의 분류 및 시공법이 새롭게 정리되었다. 그러나 아직 방수재료 전반에 대한 성능 평가를 위한 시험연구는 부족한 상황이다.

(1) 방수성(투수저항성)시험

일반적으로 방수층에 사용되는 재료의 투수저항은 그 방수시스템이 기대하고 있는 성능을 충분히 만족시켜 주는 경우가 많다. 따라서, 통상적으로 시행되는 시험은 방수재료에 발생할 지도 모를 핀홀(pin hole)의 발견을 목적으로 하고 있기 때문에 투수시험이 아닌 수밀시험(사례 : 그림 13-22)이 주로 실시된다. 투수시험(사례 : 그림 13-23)은 시료에 수압을 가하여 시료를 통과한 투수가 정상상태로 된 후의 투수량을 측정하여 시료의 단위면적 및 높이, 단위압력, 단위시간에서의 투수량(투수계수) 혹은, 그 역수(투수저항)를 구함으로써 투수성을 평가한다. 모르타르 등에서는 투수가 정상상태로 되는 것을 기다리지 않고, 단순한 가압흡수량만으로 재료의 투수성을 비교하는 일이 많기 때문에 평가시 주의를 요한다.

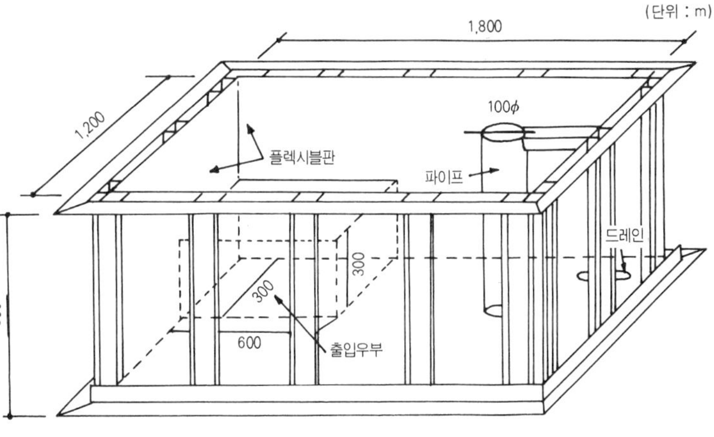

그림 13-22 수밀시험

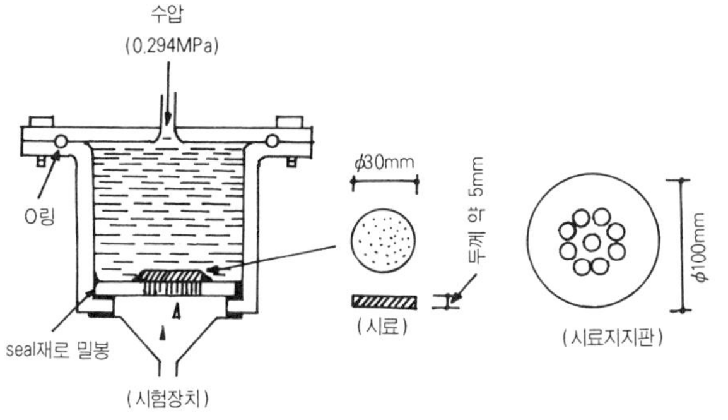

〈달시의 식〉

$$K=(Q \cdot p \cdot l)(P \cdot A \cdot t)$$

여기에서

k : 우수계수(cm/s)

Q : 시간 t 동안에 유출된 수량(cm^2)

p : 물의 밀도(kgf/cm^2)

l : 시료의 두께(cm)

P : 수압(kg/cm^2)

A : 시료의 단면적(cm^2)

t : 시간(s)

그림 13-23 투수시험

(2) 내피로성시험

방수바탕재에 생기는 거동(무브먼트)의 작용에 대한 방수층의 저항성은 거동조건(크기, 파형, 주기 등)과 온도조건 등에 따라 좌우된다. 그러므로 그들 조건을 합리적으로 설정하여 시험방법을 결정하지 않으면 안된다. 그러나 거동조건은 천차만별이고, 그것을 엄밀하게 분석하자면 실내촉진시험은 실행할 수 없게 되므로, 통상피로시험(사례 : 그림 13-24)은 사인커브(sine curve)나 거파(鋸波) 등의 단순한 파형상태에서 시험주기는 1초에서 10분 정도 짧은 것을 채용하는 경우가 많다.

이것을 공학적으로 판단하면 지진이나 태풍에 의하여 생기는 단주기 거동에 대한 저항성을 평가하는 일이 되지만, 장주기의 온도 거동에 대한 대용성능으로도 활용할 수 있다고 생각한다. 그러나 그 적합성 확인은 반드시 현장경험과 대비(對比)에 의한 것이지 않으면 안된다. 실제 온도변화를 이용한 시험방법으로는 강철과 플라스틱의 열팽창계수차를 이용한 동폭로시험(動暴露試驗)이 있다.

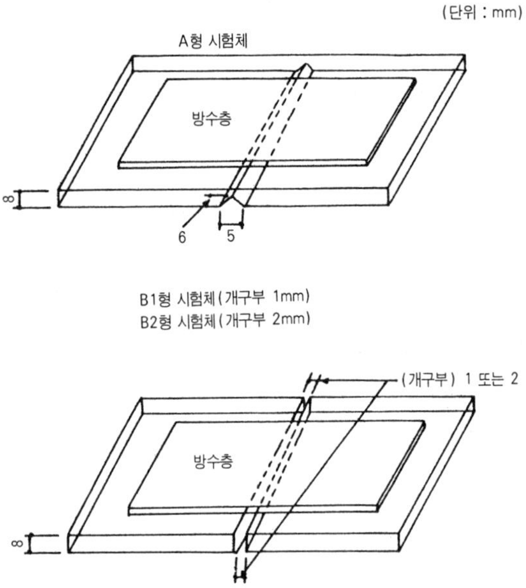

그림 13-24 피로시험

(3) 내외상성(충격시험, 패임)시험

외상의 종류에는 동적(動的) 즉, 충격에 의한 것과, 정적(靜的) 즉, 지속하중에 의한 것이 있다. 외상시험은 일반적으로 전자의 충격체 자유낙하시험(사례 : 그림 13-25) 혹은 용수철장치를 이용한 타격시험, 후자의 구(球) 혹은 원주형 하중체에 의한 지속재하로부터의 외상정도를 평가하는 시험(사례 : 그림 13-26)이다.

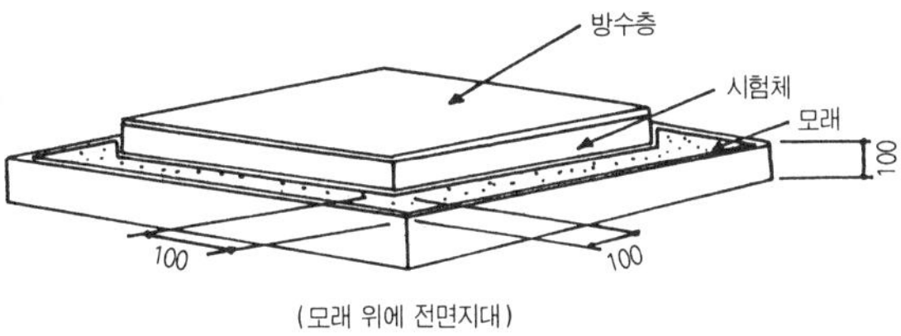

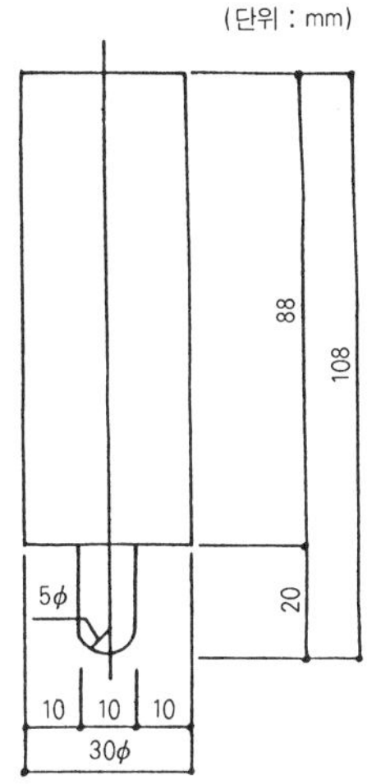

그림 13-25 충격체 자유낙하시험

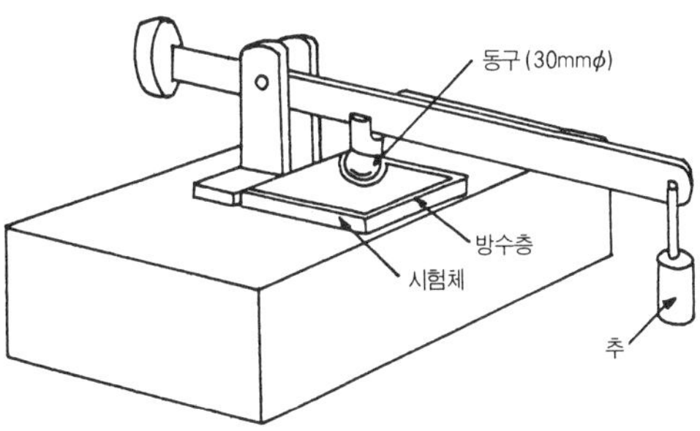

그림 13-26 외상패임시험

(4) 내풍시험(耐風試驗)

노출방수층의 경우 태풍에 의한 날림(飛散) 저항성능은 방수층의 바탕재 접착력에 크게 의존하지만, 단순한 접착력시험만으로는 판정하기 어렵다. 그것은 접착력의 점강성적(粘強盛的) 성질이 관계하기 때문으로 태풍시 온도에 의한 바람의 변화로 반복적으로 작용하는 지속부압(負壓)에 의하여 접착력이 약화되기 때문이다. 보통의 접착력시험에서는 문제가 되지 않는 작은 부분의 접착불량도 태풍에는 박리의 원인이 되므로 부압공기에 의한 내풍시험(사례 : 그림 13-27)이 필요하게 된다.

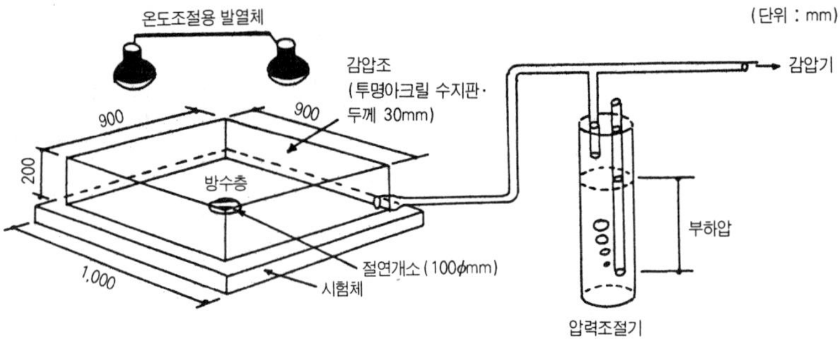

그림 13-27 내풍시험

(5) 부품(들뜸)시험

동절기 시공, 바탕재의 양생 불량에 따른 미건조시 방수층이 국부적으로, 혹은 전체적으로 부풀어오르는 방수층 고장(하자) 사례가 빈번하다. 노출방수층의 부품현상은 방수층의 바탕재에의 접착력에 의존하지만, 바탕재(콘크리트, ALC 등) 내부에 포함된 수분의 증발에 의한 수증기압력에 의한 영향이 크다. 지금으로서는 신뢰할만한 시험방법이 없지만, 현재 자주 시행되고 있는 방법은 표면가열시험(사례 : 그림 13-28)에 의한다.

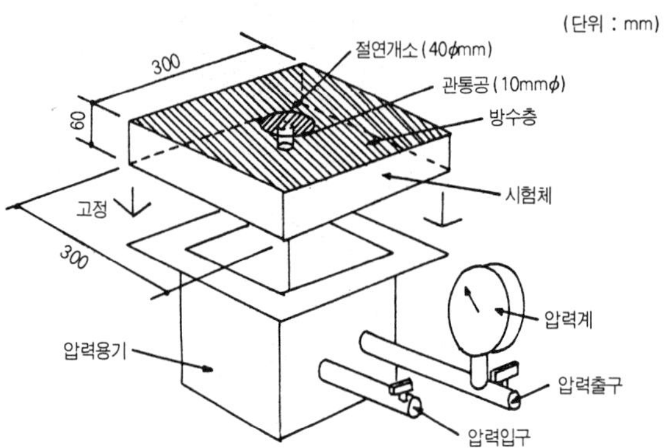

그림 13-28 들뜸시험방법

(6) 방수층 안전시험

코너부위, 벽체 등 수직바탕재에서 방수시공 후 방수층이 바탕재와 안정되게 접착되어 있는가, 방수층의 연결이음부(조인트부)가 시간이 지남에 따라 반복되는 환경조건의 변화에 따라 재질변화 및 수축·팽창에 의해 고장이 발생되지 않는가를 평가한다. 전자의 시험사례는 그림 13-29, 후자의 시험사례는 그림 13-30과 같다.

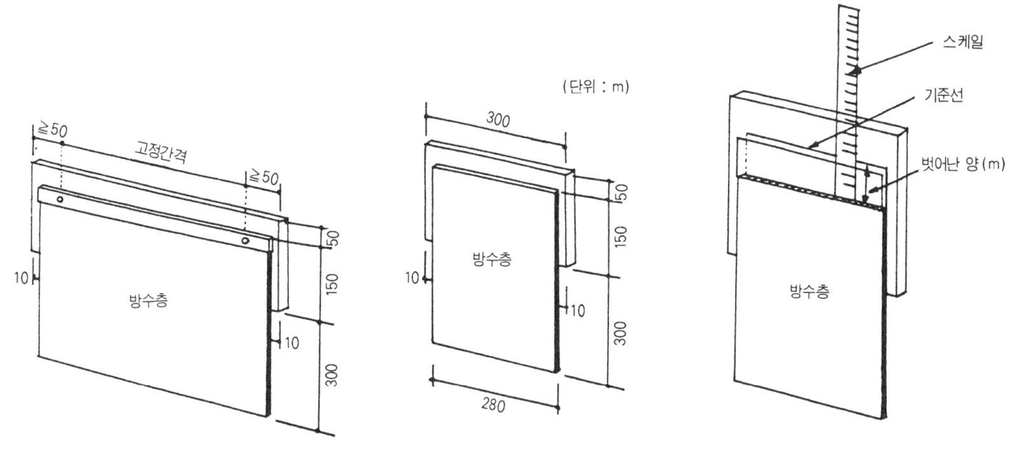

A형(누름철물 있음) B형(누름철물 없음) (벗어남 측정방법)

그림 13-29 방수층 접착력시험

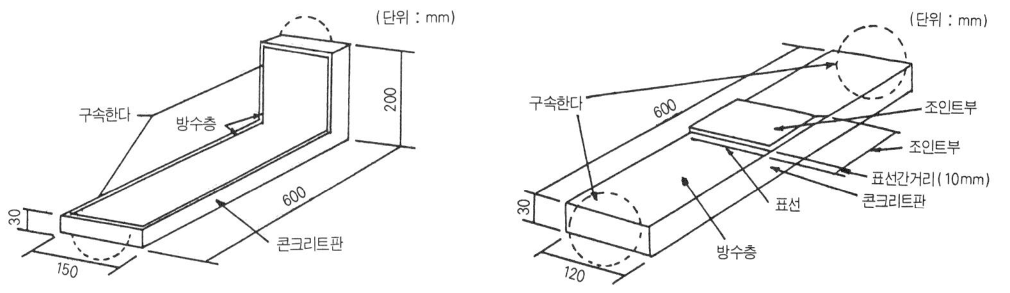

그림 13-30 코너부위 및 조인트부 접착력시험

(7) 내화학열화성(耐火學劣化性)

방수층에 자주 사용되고 있는 고무나 플라스틱의 내화학열화성의 판정에는 일반적으로 열렬화(熱劣化)시험 및 웨더미터(weather meter)시험이 채용되고 있다. 그러나 어느 시험방법에 있어서든 촉진열화의 배율은 재료에 따라 다르다. 동종의 재료로서 구분된 것 중에도 촉진배율이 다르기 때문에 같은 시험방법에 의한 결과라도 공평한 평가는 될 수 없는 것을 인식해야 한다.

열렬화시험은 자외선의 영향이 무시될만한 사용장소에서의 평가법으로는 유효한 시험방법이지만, 온도에 의한 열화촉진의 상태는 개개의 재료에 고유특성이 있고, JIS 등(예를 들어 '80℃, 1W'라는 시험조건)에 의한 결과는 반드시 평등하지 않으므로 주의할 필요가 있다. 또한, 전기절연재료의 연구로부터 '10℃ 수명반감설'이 알려져 있지만, 여기에 대해서도 온도범위나 재료에 따른 다른 결과가 나타나기 때문에 주의를 요한다.

(8) 방습층

방습층시험으로서 시행되는 것은 주로 투습저항 측정이다. 투습저항은 시료의 양측에 습도압차(濕度壓差)를 주어 단위습도압차, 단위면적, 단위시간에서의 투습량을 측정하여 습도전도계수(濕度傳導係數;$kg/m^2 \cdot s \cdot Pa$ 혹은 $kg/cm^2 \cdot h \cdot mmHg$) 혹은 그 역수의 습도전도저항(濕度傳道抵抗 $m^2 \cdot s \cdot Pa/kg$ 혹은 $m^2 \cdot h \cdot mmHg$)을 계산한다.

습도압차는 염류의 포화수용액이 그것과 접하는 공기를 고유의 상대습도로 보존하는 것을 이용한다(표 13-14 참조). 즉, 그림 13-31과 같은 장치로 시료량측의 공기를 일정 상대습도로 보존함으로써 저습측에의 습기유입량을 포화수용액의 중량증가로 측정한다. 습류(濕流)가 정상상태로 된 후의 측정결과로부터 전술의 재료특성을 계산한다. 간이측정 방법으로 그림 13-32의 투습(透濕) 컵(cup)장치를 이용한다.

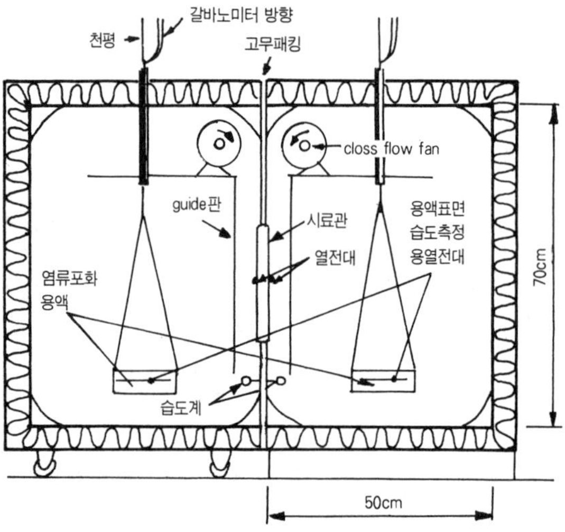

그림 13-31 정상투습 측정장치

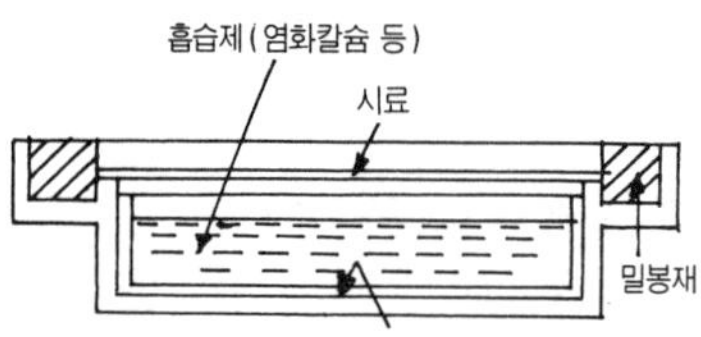

그림 13-32 투습컵의 예

표 13-14 염류(鹽類)포화용액의 표시상대습도(5)

품 질	온 도(℃)	상대습도(%)	측 정 자
$LiCl \cdot 2H_20$	0	10.8	土井
$LiCl \cdot 2H_20$	0	14.7	Wexler
$MgCl_2 \cdot 6H_20$	0	34	JIS
$Mg(NO_3)_2 \cdot 6H_20$	0	60.4	才野
NaCl	0	76	JIS
KCl	0	88	JIS
KNO_3	0	97	JIS
$LiCl \cdot 2H_20$	10	10.9	土井
$LiCl \cdot 2H_20$	10	13.3	Wexler
$MgCl_2 \cdot 6H_20$	10	33	JIS
$Mg(NO_3)_2 \cdot 6H_20$	10	57.2	Acheson
$Mg(NO_3)_2 \cdot 6H_20$	10	57.8	Wexler
NaCl	10	75	JIS
KCl	10	86	JIS
KNO_3	10	95	JIS
$LiBr \cdot 2H_20$	20	6.31	土井
$LiCl \cdot H_20$	20	10.8	才野
$LiCl \cdot H_20$	20	11.3	Hedlin
$LiCl \cdot H_20$	20	12.4	Wexler
$CaBr_2 \cdot 6H_20$	20	18.6	Hedlin
$MgCl_2 \cdot 6H_20$	20	33	JIS
$K_2CO_3 \cdot 2H_20$	20	42.6	才野
$K_2CO_3 \cdot 2H_20$	20	43.3	土井
$Ca(NO_3)_2 \cdot 4H_20$	20	52.1	齊蘇
$Ca(NO_3)_2 \cdot 4H_20$	20	53.7	Hedlin
$Mg(NO_3)_2 \cdot 6H_20$	20	54.3	齊蘇
$Mg(NO_3)_2 \cdot 6H_20$	20	54.9	Wexler
$NaNo_3$	20	66	ASTM
NaCl	20	75	JIS
KCl	20	85	JIS
KNO_3	20	94	JIS
$LiCl \cdot H_20$	30	11.2	土井
$LiCl \cdot H_20$	30	11.8	Wexler
$MgCl_2 \cdot H_20$	30	32	JIS
$Mg(NO_3)_2 \cdot 6H_2O$	30	51.3	Acheson
$Mg(NO_3)_2 \cdot 6H_2O$	30	52.0	Wexler
NaCl	30	75	JIS
KCl	30	83.6	土井
KNO_3	30	92	JIS
$LiCl \cdot H_20$	40	11.2	Acheson
$LiCl \cdot H_20$	40	11.6	Wexler
$MgCl_2 \cdot 6H_20$	40	31.6	Acheson
$MgCl_2 \cdot 6H_20$	40	32.1	Wexler
$Mg(NO_3)_2 \cdot 6H_20$	40	49.2	Wexler
$Mg(NO_3)_2 \cdot 6H_20$	40	49.8	Wexler
NaCl	40	74.7	Carr
NaCl	40	75.6	矢野
KCl	40	81.7	Carr
KCl	40	83	ASTM
KNO_3	40	87.9	Wexler

주) 1. 고분자학회 :「材料와 水分 핸드북」 p.240(1968). 齊蘇平藏 :「일본 건축학회논문보고집」 Vol. 61, p.66(1959. 2)에서

2. 상대습도와 값은 측정자에 따라 차가 있다. 동일물질에 2개 이상의 값을 기록하는 것은 이 편차의 상하한을 표시한 것이다. 측정자 난의 JIS는 JIS Z 8860, ASTM은 동규격치이다. JIS로 기록한 것은, 측정치 벗어남이 적어 안정된 염으로, 습도정점으로서 사용할 수 있다.

제 14 장 커튼월공사

14-1 커튼월공사의 기본

14-1-1 일반사항

커튼월(curtain wall)은 본래 하중을 받지 않는 벽체를 의미하는 것이지만, 오늘날에는 보다 좁은 의미로서 공장 생산된 부재를 현장에서 조립하여 구성하는 외벽을 가리키고 있다. 즉 다시 말하면 비구조재로서 외벽을 형성하는 구법(構法)을 뜻한다.

또한 커튼월공사는 공사의 상당부분이 공장제작으로 진행되기 때문에 건설현장의 공정을 대폭 단축할 수 있으며 또한 건축생산의 공업화에 이바지하는 공법으로 앞으로 계속 발전이 예상되는 공법이다.

그러나 커튼월공사는 소재를 현장에서 취급하는 타종류 공사에 비해 공사의 공정내용이나 시공관리의 측면에서 현저하게 다른 것이 특징이다. 그리고 경우에 따라서는 건물 완성 후에 벽체가 지녀야 할 성능을 설계시에 미리 정량적으로 설정해서 이것을 목표로 제작·시공이 행해지는 경우도 있다.

또한 커튼월의 구체에의 부착작업은 무비계작업을 원칙으로 하고, 다수의 대형 부재를 취급하는 것, 고소(高所)작업 및 반복작업이 많은 것 등이 그 특징이라 할 수 있다.

14-1-2 커튼월의 종류

(1) 재료에 의한 분류

커튼월은 유리를 제외하고 벽체부분의 주구조재료에 의해 분류하면 다음 3종류로 크게 구별할 수 있다(그림 14-1 참조).

1) 금속 커튼월(metal curtain wall)

알루미늄합금, 스테인레스강, 동 및 동합금 등의 형재·판·주물을 사용한 커튼월

2) 프리캐스트콘크리트 커튼월(precast concrete curtain wall)

타일, 석판 등의 외장 또는 각종 표면마감을 실시한 공장제작의 콘크리트패널을 사용한 커튼월

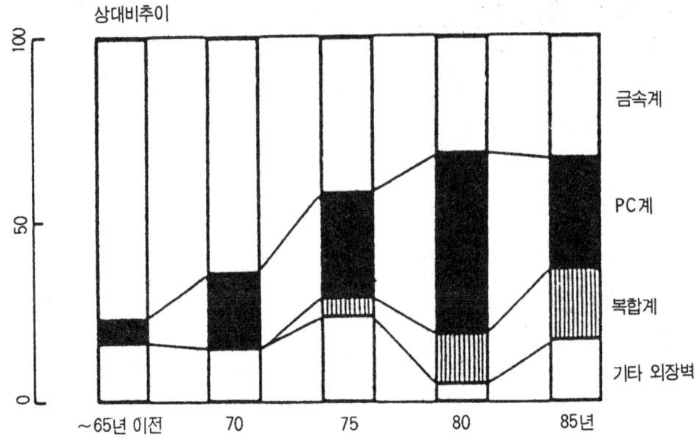

그림 14-1 고층건축물의 커튼월의 변천(일본)

3) 기 타

1), 2)의 양자를 병용한 커튼월(복합 커튼월) 혹은 섬유보강콘크리트, 플라스틱, 석재, 기타의 재료를 사용한 커튼월

(2) 구조형식에 의한 분류

커튼월의 구조를 분류하는 데에 있어서는 일반적으로 다음과 같이 구분한다(그림 14-2 참조).

1) 멀리언방식

멀리언(mullion)을 구체에 부착하여 이것을 매개로 벽체를 구성하는 무줄눈재, 횡패널 등의 부재를 부착해 가는 방식

2) 패널방식

층높이 정도의 대형 패널 부재를 구체에 부착하여 벽면을 구성하는 방식

3) 커버방식

기둥형, 보형 혹은 스팬드럴패널(spandrel panel), 새시 등을 구체에 대해서 개별로 부착해 가는 방식

(3) 조립방식에 의한 분류

벽체 구성부재를 어떠한 형태로 공장에서 현장으로 반입하는가에 따라 다음과 같이 구분한다.

1) 녹다운방식(knock down system)

방립, 무줄눈재, 스팬드럴패널 등을 부재가공 상태대로 반입해서 부착 위치에 조립하여 세우는 방식으로 스틱시스템(stick system)이라고도 한다.

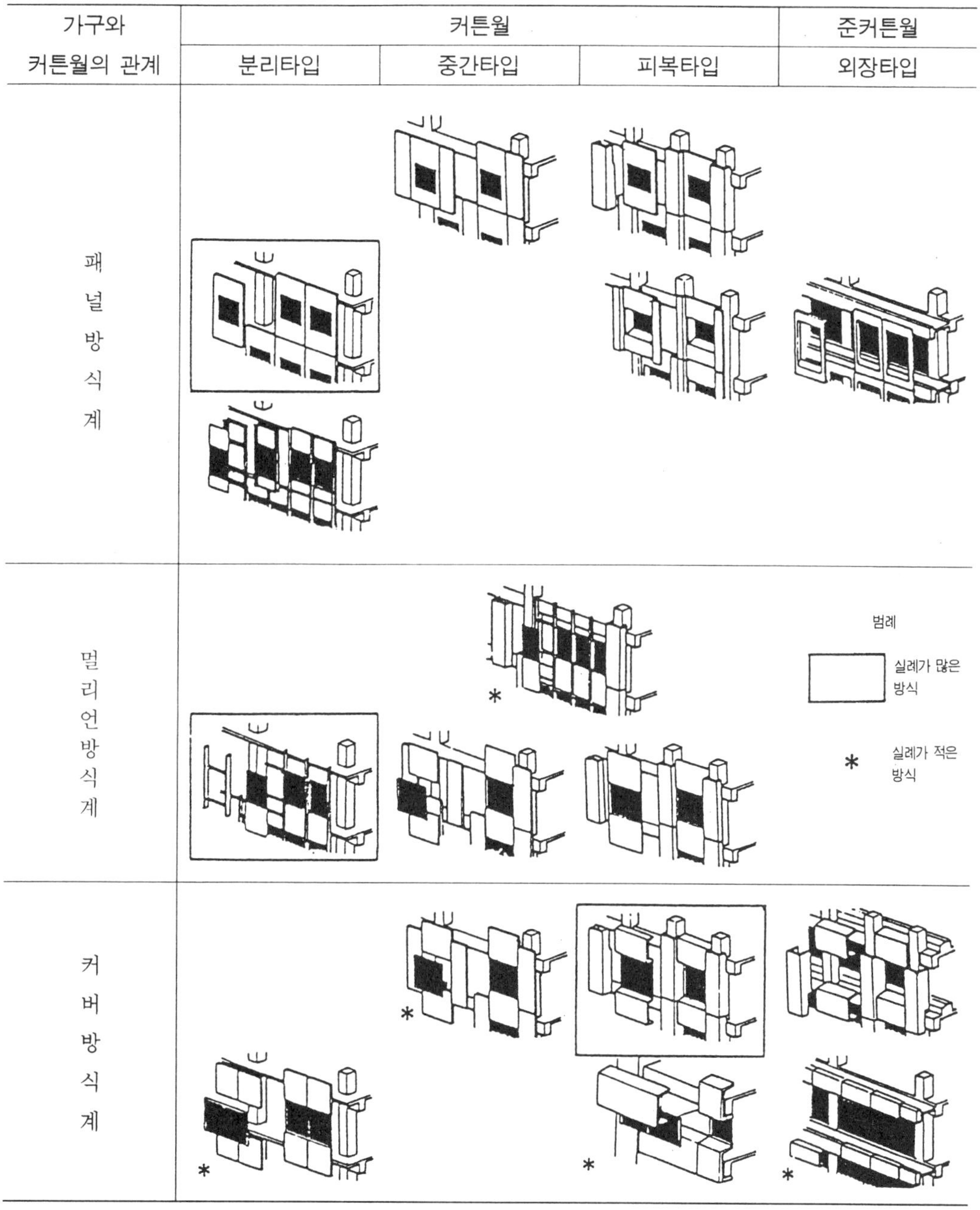

그림 14-2 커튼월의 분류

2) 유닛방식(unit system)

미리 공장에서 벽체 유닛으로 조립된 것을 현장으로 반입해서 부착만을 행하는 방식으로서, 패널 방법은 대개 이 방식에 해당된다.

14-1-3 재료 및 부재

(1) 커튼월 부재

커튼월 부재로는 커튼월 본체를 구성하는 멀리언·무줄눈 등의 봉상 단면 부재와 각종 패널을 들 수 있다. 사용하는 재료, 가공방법, 표면마감 등은 설계에 따라 다종(多種)다양하다.

(2) 패스너(fastener)

패스너란 커튼월 부재를 구체에 부착하기 위해 사용되는 철물류를 총칭해서 부른다(그림 14-3 참조). 패스너는 일반적으로 강제로, 구체앵커 철물, 연결용 철물(1차패스너, 2차패스너로 분류되는 경우가 많다), 부재부착철물·위치조정용 철물 등이 있다. 특히 층간변위가 큰 철골조에서는 횡방향의 힘(예를 들면 큰 지진, 태풍 등)이 작용할 때, 프리캐스트콘크리트 커튼월이 건물의 구조를 구속하지 못하기 때문에 건물의 변형에 대해서 추종할 수 있도록 가동식 패스너가 사용된다(그림 14-4 참조).

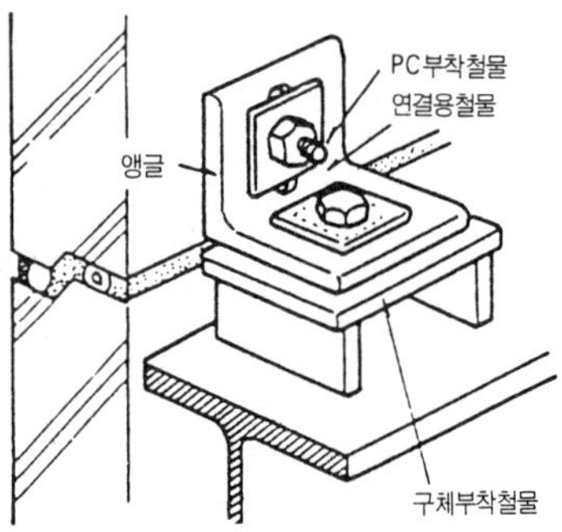

그림 14-3 패스너

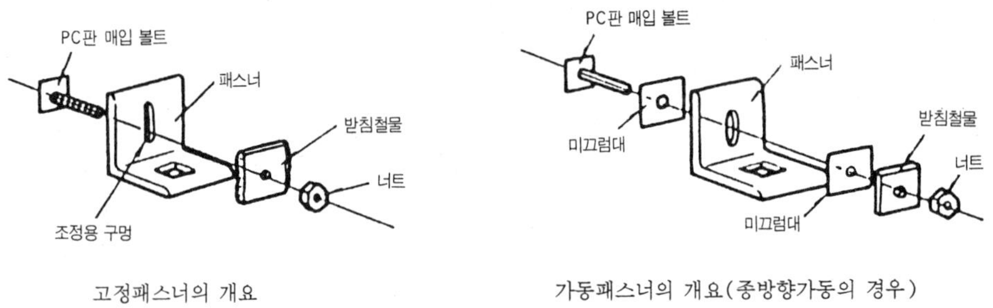

그림 14-4 고정패스너와 가동패스너

(3) 실링재 및 관련 자재

실링재는 접합부의 수밀성, 기밀성을 확보하기 위해 사용하는 것으로 부정형 실링재와 개스켓 혹은 줄상의 시일 등의 정형 실링재로 대별할 수 있다.

전자의 시공에는 줄눈내의 백업(back-up)재, 매스킹테이프(masking tape), 청소재, 프라이머 등의 부자재를 사용한다. 특히 프리캐스트콘크리트판의 조인트부에는 실링재를 발라 지수한다. 실링재는 그림과 같이 2면 접착으로 하며 깊이 D는 폭 W의 1/2~2/3으로 한다. 줄눈폭 W는 프리캐스트콘크리트판의 정도 및 거동을 고려해서 20mm 이상으로 하는 경우가 많다(그림 14-5 참조).

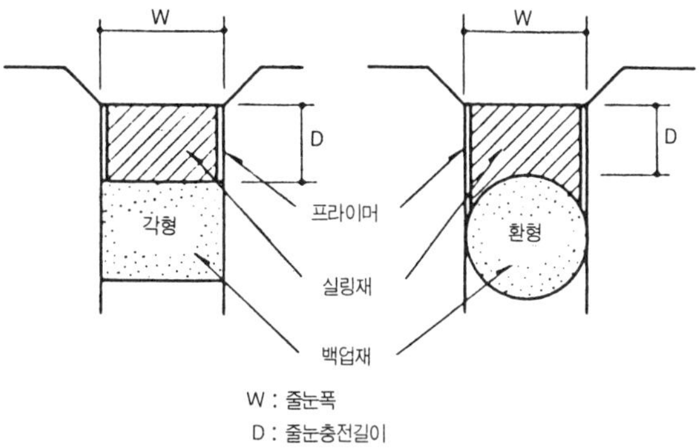

그림 14-5 조인트부의 실링

(4) 기 타

본체의 각부에 부착하는 부속부재로는 가로대, 보더, 문얼굴, 걸레받이, 중허리 커버, 프라이머 또는 커튼 박스 등이 있다. 유리는 벽면의 주요한 구성부재이지만 끼워 넣을 때에는 통상, 독립된 유리공사로 취급되어 커튼월공사의 범위 외로 취급된다. 그리고 기타의 자재로서는 단열재, 내화피복재, 화염방지층용 재료 등을 들 수 있다.

14-1-4 요구성능

건축물의 외벽에 요구되는 주요한 성능으로는 내(耐)풍압성, 층간 변위에 대한 추종성(追從性), 수밀성, 기밀성, 내(耐)화성, 단열성, 차음성 등을 들 수 있다. 그리고 커튼월의 기본 설계시에는 이러한 것들의 일부 혹은 전부에 대해서 건물의 환경, 규모, 구조, 용도에 따라 성능치가 설정될 수 있다. 따라서 커튼월의 상세설계, 제작, 시공은 이러한 요구성능을 충분히 만족해야 하므로 커튼월 제품의 성능은 소정의 계산 혹은 실물대시험(mock-up test)에 의해 확인하지 않으면 안된다.

특히 커튼월 개구부로부터 우수 침입이 많이 발생되는 양상과 대책을 표시하면 그림과 같다(그림 14-6 참조).

	우수유입 메커니즘		대 책	
중력	줄눈내에 밑으로 향하는 경로가 있으면 우수는 그 자중으로 침입한다.	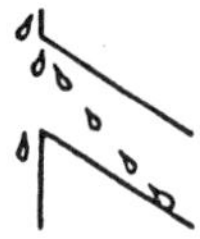	• 줄눈을 상향으로 경사시킨다. • 높이가 있는 물끊기를 설치한다.	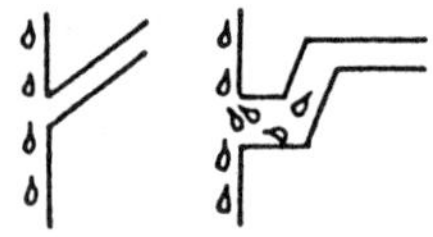
표면장력	표면을 통해 줄눈내부로 흘러들어간다.	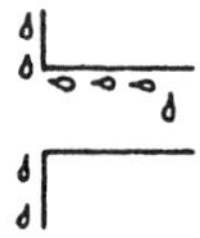	• 물끊기를 설치한다.	
모세관 현상	미세한 틈이 있으면 물은 내부로 흡수된다.	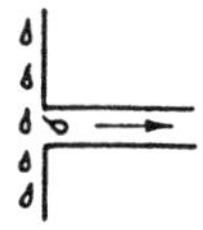	• 에어포켓이 되는 공간을 설치한다. • 간격을 크게 한다.	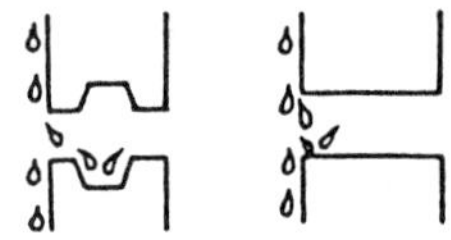
운동 에너지	풍속 등으로 수직이 갖고 있는 에너지에 의해 내부까지 침입한다.	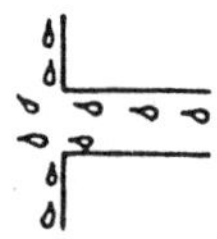	• 미로(迷路)를 설치하여 운동 에너지를 소모시킨다.	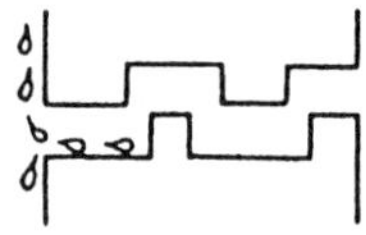
기압차	건물내외에 생기는 기압차에 의한 공기 이동으로 우수가 침입된다.		• 내외의 기압차를 없앤다.	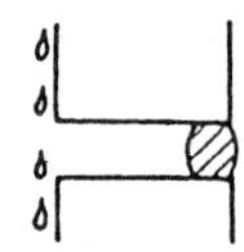

그림 14-6 커튼월 개구부로부터의 우수유입패턴과 대책

14-2 커튼월의 시공계획

(1) 전체공정

커튼월의 설계에서부터 완성까지의 전체의 흐름을 그림 14-7에 표시한다. 동그림에서 알 수 있듯이 본공사의 설계, 제작, 설치 등의 모든 작업은 각 부재의 제작, 타종류 공사와의 관계 등으로 인해 복잡 다양하며 또한 공정상 서로 관련지워져 있다. 그리고 일반적인 커튼월 시공현장 작업의 흐름은 그림 14-8과 같다.

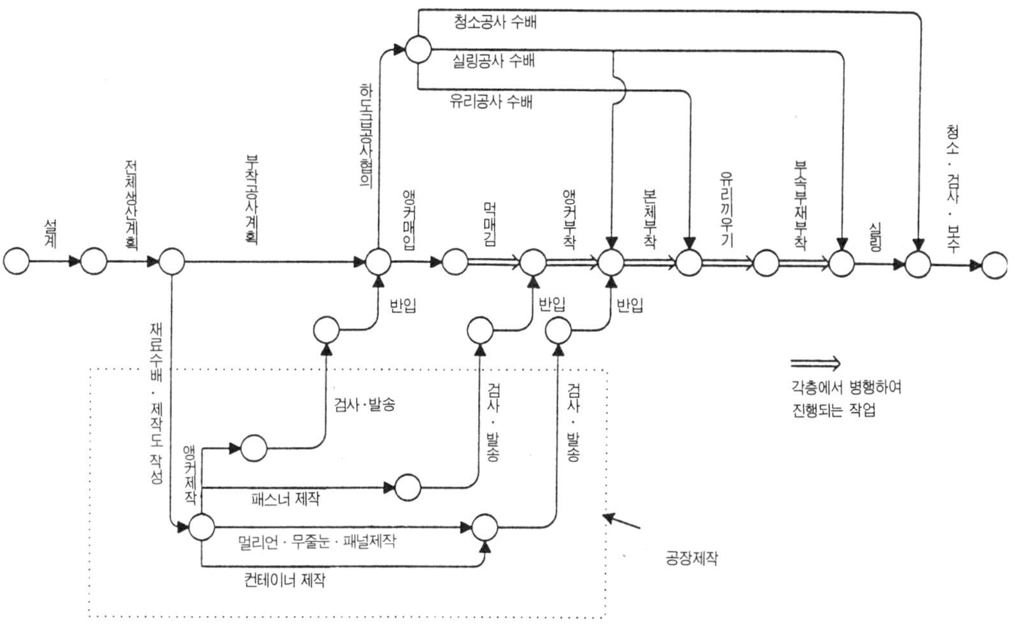

그림 14-7 커튼월공사의 공정(금속 커튼월의 경우)

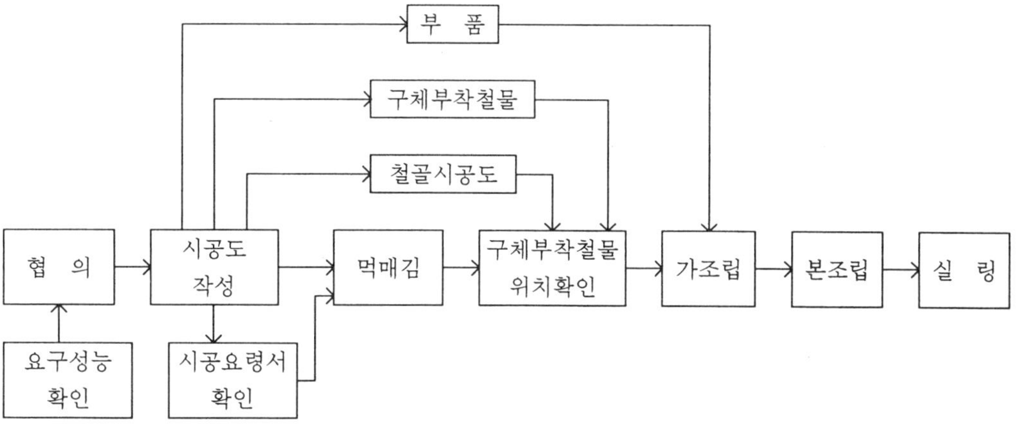

그림 14-8 커튼월공사의 작업 흐름(일반)

(2) 공장제작 계획

주문생산 커튼월의 경우, 설계시방이나 생산규모 및 제작기간은 건물에 따라 다르므로 부재제작 계획 입안시에는 미리 사전에 설계, 시공 및 제작의 각 담당자들이 주도면밀한 협의가 있어야 한다. 계획의 주요한 내용으로는 자재계획, 생산설비계획, 작업순서계획, 공정계획 및 검사에 관한 계획 등으로 특히 제조공정에 대해서는 부재의 부착순서 및 사용부위, 건축물의 종합적인 공정 및 공사계획을 고려하여 출하지연에 따른 지체 등을 일으키지 않도록 주의하지 않으면 안된다.

(3) 현장시공 계획

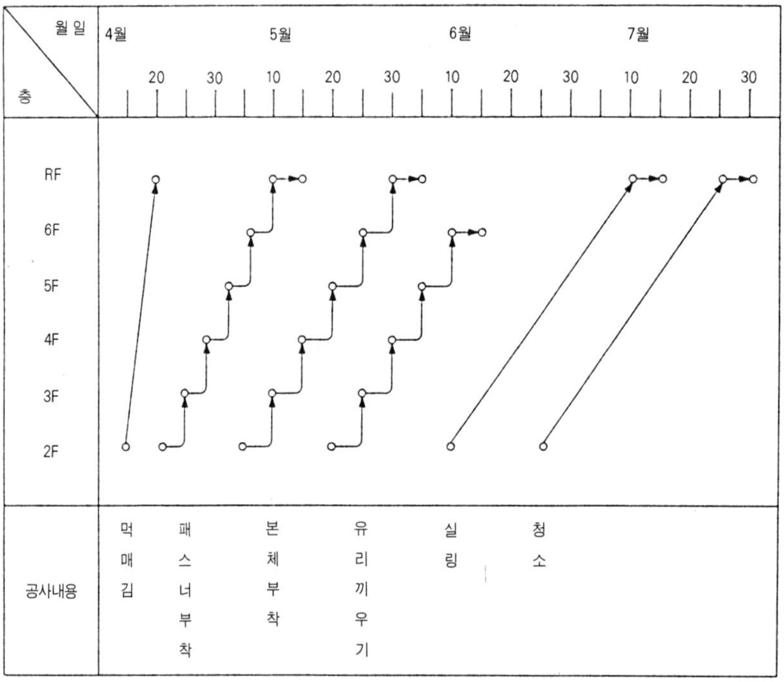

그림 14-9 커튼월 부착공사의 공정 일례

커튼월공사의 공정계획에 있어서는 공사의 규모·내용, 작업순서, 전체공기, 건물 입지조건, 구조, 가설설비 등의 제(諸)조건을 토대로 시공설비, 인원의 효과적인 운용을 위해서 각종 작업을 공기(工期)내에 적절하게 할당해야 한다. 그림 14-9에 커튼월 현장시공 공정표의 일례를 표시한다. 그림과 같이 선행(先行)작업이 순서대로 하층에서 상층으로 진행되어 가고 후속작업이 수개층 처져서 뒤따라가는 형태가 일반적 공정형태이다. 시공계획의 주요한 항목으로서는 다음과 같다.

① 부재의 반입, 양중·소운반 및 보관의 방법

② 부착용 설비, 부착방법 및 작업순서

③ 노무계획

④ 검사, 양생, 청소계획

⑤ 안전계획

14-3 커튼월 부재의 공장제작

14-3-1 금속 커튼월(metal curtain wall) 부재 제작

일반 형재(形材)·판을 사용하는 금속 커튼월 제작은 재료 수배(手配), 분해도 작성, 절단·구멍뚫기·절곡가공, 부분조립, 표면처리, 본조립, 실링, 단열·방음·내화 피복재의 시공, 양생·포장, 출하의 순서로 진행된다. 부재의 가공·조립작업에서는 규정된 각부의 치수 허용차 내에 있어야 하고 외관에 영향을 줄 수 있는 비틀림이나 손상 및 변색 등은 가급적 최소한이 되도록 주의해야 한다. 그리고 이종(異種) 재료의 조합에 있어서는 접촉 부식과 상호 부착성 문제를 충분히 고려하여 적절한 재료선택 및 절연처리 등의 대책을 강구해야 한다.

14-3-2 프리캐스트콘크리트 부재 제작

제작은 일반 프리캐스트철근콘크리트 부재에 준하지만, 제품형상이 얇고 복잡하며 치수의 허용차도 엄격히 요구되므로 거푸집 준비, 콘크리트 품질, 타설, 양생작업 등의 전반에 걸쳐서 고도의 품질관리가 필요하다.

이러한 설계품질을 확보하기 위해서는 제작공장에 적절한 능력의 부재 제조설비를 보유하는 것은 물론 품질관리를 위한 사내(社內)규격, 작업표준, 생산조직 및 제조설비 등을 정비해야 한다.

14-3-3 검사 및 시험

커튼월 제조자는 제조과정 및 최종제품에 대하여 설계자의 지시에 따라 각종 검사를 행하고 일정 품질수준 확보, 불량품 배제 등에 노력해야 한다. 또한 설계자의 요구에 따라 실물대모형실험(mock-up test)에 의한 성능시험도 행해진다.

일반적인 시험항목으로는 내풍압강도, 수밀성, 기밀성, 층간변위에 대한 추종성 등이 필요하지만 시험에는 적지 않는 비용과 시간이 필요하므로 설계자는 사전에 실험공사의 필요성과 목적, 시험항목 등에 대한 적절한 지시가 이루어져야 한다.

14-4 커튼월시공

14-4-1 운반, 양중 및 보관

공장 제작된 커튼월 부재는 설치공사의 진척상황에 따라 적시 현장에 반입시킨다.

수송수단이나 수송경로가 제품의 형상, 치수에 대한 제약이 될 수 있으므로 사전 검토가 필요하다. 운반에 있어서 제품 보호를 위해 포장·양생을 실시하고, 대규모 공사의 경우는 전용 컨테이너를 준비하여 포장의 간이화와 운반의 효율화를 도모하는 것이 좋다.

현장에 반입된 부재는 짐부림, 현장내 소(小)운반, 양중을 거쳐 설치 위치에 가까운 보관장소에 보관하고 이때 반입된 부재를 직접 양중해서 보관장소에 운반하는 경우와 일단 반입층의 스톡야드에 스톡한 후, 양중·소운반해서 최종 보관장소에 옮기는 경우가 있다.

최근에는 현장에서의 보관(假스톡)을 피하는 경향이 강하다.

양중에는 일반적으로 롱리프트, 크레인 등의 현장설치 양중기계를 사용하는 경우가 많고 이러한 것들은 타종류 공사와 공용(共用)하는 경우가 많으므로 일반적으로 관리자와의 협의를 위해 사전에 계획과 조정이 필요하다.

부재의 보관은 다른 작업의 방해가 되지 않고 손상을 입을 위험이 없는 장소를 택해서 부착순서를 고려하여 정리·배열한다. 보관방법은 손상이나 변형이 생기지 않도록 직접 저장하는 것을 피해야 하며, 침목 위에 세워 두거나 혹은 눕혀 두며, 특히 높은 곳에서는 강풍 등에 의해 비산(飛散)되지 않도록 고정한다.

부착은 각층의 실내측으로부터 행하는 외부비계가 없는 공법이 일반적으로 사용되고 있다. 부재의 양중방법은 전체 시공계획 중에서 검토해야 한다.

14-4-2 먹매김 및 패스너 부착

마감공사에 앞서, 구체에는 마감공사의 기준이 되는 먹매김이 행해진다. 커튼월의 부착에는 면내·면외 방향의 상하층 줄눈이 특히 중요하므로 수직방향의 연속 계측(計測)을 토대로 커튼월 부착 전용먹을 정확하게 설정한다.

일반적인 먹매김 순서는 우선 특정층에 설치된 마감 공사용 기준먹을 중심으로 해서 5, 6층마다 설정한 2개소의 기준층에 커튼월 부착용 기준먹을 표시한다. 그리고 기준먹을 토대로 중간의 각 층에 기준먹을 이설(移設)하고 각층에 설치한 기준먹을 토대로 커튼월을 실제로 부착할 때 기준이 되는 부착먹을 먹인다. 그리고 부재 부착시에는 위치결정 작업을 능률적으로 행하기 위해 기준층 사이에 건물 외부로 수직한 피아노선을 설치하고, 이것을 기준으로 수평방향에도 피아노선을 쳐서, 면내방향, 면외방향의 기준을 삼는다(그림 14-10 참조).

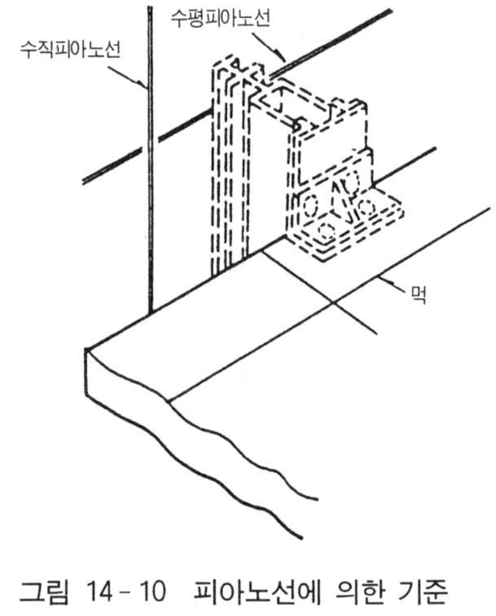

그림 14-10 피아노선에 의한 기준

패스너의 구체 앵커철물의 설치작업에는 구체 콘크리트 타설에 앞서 배근에 용접하여 매입 고정하는 선부착 작업과 구체공사 완료 후, 홀인앵커, 스터드볼트

용접, 못 등에 의해 행하는 후부착작업이 있다. 앵커에 대해서는 연결용 철물에 부착하는 것이 일반적으로 이 철물의 위치결정에 따라 높이방향을 제외한 본체의 부착위치가 결정되므로 앞에 서술한 부착먹을 기준으로 정확하게 설치해야 한다.

위치조정은 철물에 부착된 루즈홀의 범위내에서의 이동이나 라이너(위치조정용 강편)의 삽입에 의해 이루어지며, 위치가 결정되면 각부를 용접해서 고정시킨다.

14-4-3 본체의 설치

그림 14-11은 커튼월 설치에 있어서 설치층을 중심으로 한 각 층의 인원, 기계배치 및 실시하는 작업 종류의 일례를 표시한 그림이다.

설치층의 보관장소로부터 설치하는 위치로 운반된 부재는 상층에 설치된 양중기에 의해 양중되어 설치층 및 직상층의 작업원들의 협동작업으로 패스너 혹은 기설부재에 부착된다. 중량이 큰 프리캐스트콘크리트 유닛, 대형 패널 등은 지상 혹은 지상과 설치층의 중간층 외벽면에 준비한 보관장소로부터 양중되어 작업이 행해지는 경우가 많다.

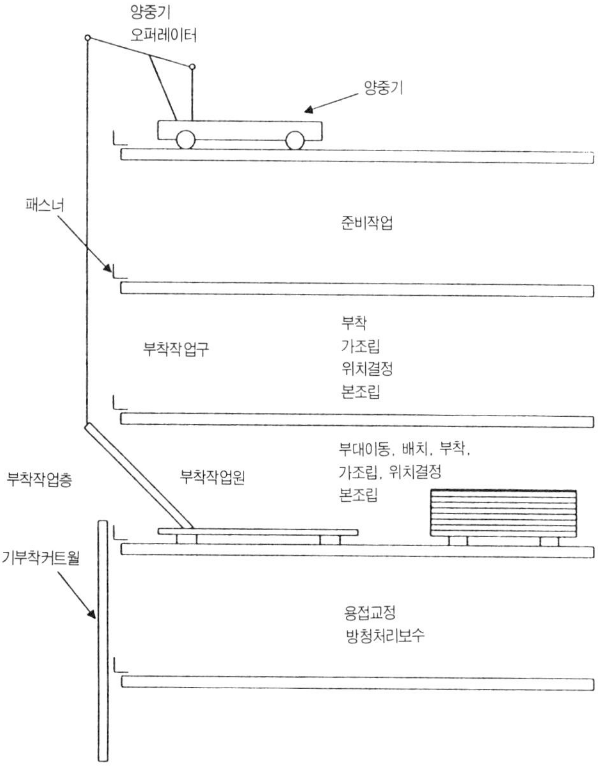

그림 14-11 커튼월 부착공사에 있어서의 작업원의 배치 및 각층의 작업내용

유닛 및 멀리언을 패스너에 부착할 때에는 일단 가조립하고 나서 부착먹에 따라 최종 위치를 정하고 볼트 본조임을 한다. 또한 필요에 따라 용접하여 고정시킨다. 멀리언 방식의 커튼월에서는 멀리언 부착 후 무줄눈재, 스팬드럴 패널을 방립에 부착시킨다. 본체 부착이 완료되면 유리를 끼워넣고 실내측 부속 부재의 부착을 행한다.

14-4-4 실 링

앞의 설치작업이 완료되면 각 부재 접합부의 실링을 행한다. 방립방식의 커튼월에서는 본체의 조립 도중에도 무줄눈재와 방립 부착부의 실링을 행한다.

실링공사의 좋고 나쁨은 커튼월의 수밀·기밀성에 직접 좌우되므로 특히 세심한 시공이 요구된다. 가스켓, 줄상의 시일 등의 정형 실링재는 미리 부재 단부에 설치하여 타 부재에 밀어넣는 압밀방법과 뒤에서 줄눈 내로 삽입시키는 방법이 있다.

부정형 실링재의 시공은 충전할 줄눈 부위의 청소, 건조, 백업재 장전, 마스킹테이프 붙임, 플라이머 도포, 실링재의 조정·혼합·충전, 마감 등을 행하고 그 다음으로 마스킹테이프의 제거, 청소의 순으로 작업이 진행된다.

충전작업은 줄눈에 맞는 노즐을 갖는 코킹건에 의해 공극이나 분열이 생기지 않도록 주의하면서 실시한다. 또한 실링작업의 비계는 통상 곤돌라가 사용된다.

14-4-5 청소 및 검사

실링공사 완료 후는 커튼월 외부 및 내부청소를 한다. 청소작업은 주로 대기중의 오염물질 제거 외에 모르타르, 금속입자 등 각종공사에 따른 부착물 제거이며, 현장의 상황에 따라서는 설치 중간단계 혹은 준공 직전에도 청소를 실시하는 경우도 있다. 청소에서는 부착물, 오염물질의 종류, 얼룩의 정도, 커튼월 표면마감의 재질 등을 고려해서 적절한 작업방법을 정한다. 청소시에는 표면 오염상태의 확인에 노력해야 하며 부식 · 상처 등의 손상이 발견될 시에는 즉시 적절한 방법에 의해 보수한다.

커튼월 시공의 검사는 공사 최종단계에서만 실시하는 것이 아니고, 앞서 설명한 각종 공사의 단계에서도 실시되어야 한다. 검사는 만약에 경미한 마감공사가 필요하다고 해도 관련 공사에 대한 최소한의 영향을 고려하여 시기와 방법을 정해야 한다.

검사의 내용으로서는 각 부재의 설치부위, 시공정도, 부착강도, 외관, 우수·결로수의 배출기능, 실링재의 시공상황, 미닫이·철물의 작동, 청소상황 등이 있다.

검사방법은 각종 계측과 견본과의 조회, 시료 채취, 육안검사, 타진(打診) 등이 있고 그 결과를 사전에 정해진 검사기준에 맞추어 판정한다. 문제점이 발생한 경우는 신속하게 대책을 강구하고 수정결과에 대해서도 반드시 확인한다.

14-5 커튼월공사의 주의점

14-5-1 공사계획상 주의점

커튼월공사의 공정은 구체공사, 부재의 공장제작, 현장설치 및 관련하는 각종 공사가 서로 밀접하게 관련되어 있다. 그래서 공사개시 시에는 설계자, 시공관리자, 공장제작 및 각공사의 담당자들에 의한 협의가 필요하며 서로의 연락을 긴밀하게 함과 동시에 문제점을 명확히 파악해서 무리가 없는 공사계획 입안 수립에 힘을 기울이는 것이 중요하다. 이 때 설계변경, 재해, 악천후 등 예측 불능의 사태가 생겨도 대응이 가능할 수 있도록 계획에는 어느 정도의 유연성을 가지게 한다.

설치공사는 장기간에 걸쳐 다수의 작업원의 연계작업에 의해 실시되므로 합리적인 공사 진행을 위해서는 공정 및 작업방법을 사전에 충분히 검토해서 인원 및 기계설비의 효과적인 운용을 도모하는 것이 중요하다.

14-5-2 공사관리상의 주의점

커튼월의 설치작업은 높은 곳에서 양중기를 사용하여 대형의 부재를 설치한다는 면에서 안전대책은 특히 중요한 문제이다. 시공단계, 작업환경, 작업방법의 각 방면에 걸친 안전계획의 입안과 관리체제의 확립에 힘을 기울이지 않으면 안 된다.

커튼월의 성능은 설계 및 제작도 중요하지만 정확한 설치공사에 의해 처음으로 발휘되는 것을 잊어서는 안 된다.

수밀성, 내화성을 직접 좌우하는 실링공사, 화염방지층에 대한 관리의 중요성은 비교적 쉽게 이해되지만 구법(構法)에 대한 무이해 때문에 성능상 중요한 포인트인 공사 오류를 놓치는 경우가 있다. 이와 같은 경우를 해결하기 위해서는 공사담당자 모두가 설계 및 제작의 의도를 충분히 이해하고 나서 시공에 임하는 것이 중요하다. 따라서 사전의 협의를 충분히 함과 동시에 성능에 대한 영향도가 큰 작업에 관해서는 특히 면밀한 검사와 관리를 실시할 필요가 있다.

제 15 장 지붕공사 및 홈통공사

15-1 개 요

지붕의 모양은 크게 나누어 경사지붕, 평지붕, 특수 형태 지붕의 세 가지로 볼 수 있다. 기와, 슬레이트, 금속판, 아스팔트싱글 등의 지붕공사용 재료는 방수성, 방화성, 강도, 내구성, 단열성, 차음성, 경량, 경제성, 시공성, 시장성, 미관 등을 필요로 한다. 방수성능이 기본적이고 대개의 경우 판재이므로 물이 새지 않으려면 조립할 때 충분히 겹치고 바탕재에 고정시키는데 주의해야 한다. 지붕공사의 요점은 재료의 가공형태, 중량 및 크기의 선택과 그 종류에 맞는 공법의 적용이다.

비는 보통 위로부터 내리지만 바람이 불면 옆이나 심지어 아래로부터 올 수도 있다. 바람이 물의 흐름에 역행할 경우 지붕 위에 수막이 생기는 일이 벌어져 곤란하고 물의 모세관현상도 주의할 요소이다. 바람은 지형에 따라 달라지는 성질이 있고 풍력과 풍향을 고려하여 지붕재료를 바탕에 잘 고정시켜야 하고, 특히 공사중의 재료의 비산은 사고의 우려도 있다. 금속판은 가장 온도의 변화가 심하므로 연결부의 신축성이 필요하고 여름에 재료의 온도가 올라가서 다루기가 어렵다. 연결부에 물이 차 있는 경우와 지붕판 아래의 단열재가 물기를 머금는 경우에는 동해를 고려해야 한다.

관련 공사로는 지붕틀 및 지붕널, 물홈통, 물끊기, 벽, 지붕 위의 설비(루프드레인, 모니터, 천창 등)가 있다. 관련된 공사의 위치와 크기를 확인하는 시기를 검토하고 공정의 진행에 따라서 적절한지를 검사한 후 다음 단계로 넘어간다. 이것이 잘못되면 누수의 원인이 되므로 주의할 필요가 있고 비계의 철거도 공정의 검토하에 이루어져야 한다. 공정계획은 기상조건과 밀접한 관련이 있으며 시공도와 제작도를 참고하여 수립한다.

15-2 바탕만들기

지붕잇기 바탕은 지붕널 위에 아스팔트펠트를 가로 및 세로 이음새에서 모두 9cm 이상 겹쳐 깔아서 만드는 것이 보통이다. 기와지붕에는 펠트 위에 기왓살(걸침대)을 기와 크기에 맞춰서 박아대고 금속지붕의 기와가락도 펠트 위에 박아댄다. 골함석이나 골슬레이트를 중도리에 직접 거는 경우는 지붕널이 필요없다. 기와지붕은 방열·방서의 효과와 기와의 안정을 위하여 알매흙을 까는 경우가 있는데 지붕 전체중량이 증가하므로 구조상 부담이 된다. 지붕잇기의 종류에 따라 차이가 나는 바탕만들기는 뒤에 그 각각의 부분에서 별도로 자세하게 설명할 것이다.

15-3 기와잇기

15-3-1 한식기와잇기

(1) 재 료

보통 흙을 구워서 검정색으로 만든 기와로서 암키와, 수키와, 내림새, 막새가 기본형이고 마루장, 보습장, 착고막이, 너새, 망와, 용머리 등도 쓰인다. 기와에 시유한 오지기와 및 청기와는 고급이고 원료, 성형, 소성온도에 따라서 흡수율이나 강도에 차이가 있다.

(2) 바탕만들기

전통적인 방식은 지붕널 대신에 산자를 가는 새끼로 엮고 그 위에 진흙을 이겨 바르거나 또는 짚이나 대팻밥을 편 위에 흙을 깔고 기와를 이어나간다. 지붕경사가 잘 맞지 않을 경우는 죽더기나 나뭇가지 등을 채우는 적심을 두어 물매를 잡는다. 물매는 3.5 : 10으로서 평기와보다 작다.

(3) 기와잇기

처마 끝의 평고대 위에 연암을 대고 기와나누기를 하여 암키와를 알매흙 위에 줄바르게 잇는데 상하의 겹침은 2, 3장이 되게 한다. 암키와 사이에 홍두깨 흙을 뭉쳐 놓아 수키와 안에 가득차게 해놓고 수키와를 덮는다. 지붕마루는 착고를 댄 위에 부고를 대고 그 위에 마룻장을 깔고 수마룻장을 덮어 완료하고 망와나 용머리로 장식한다.

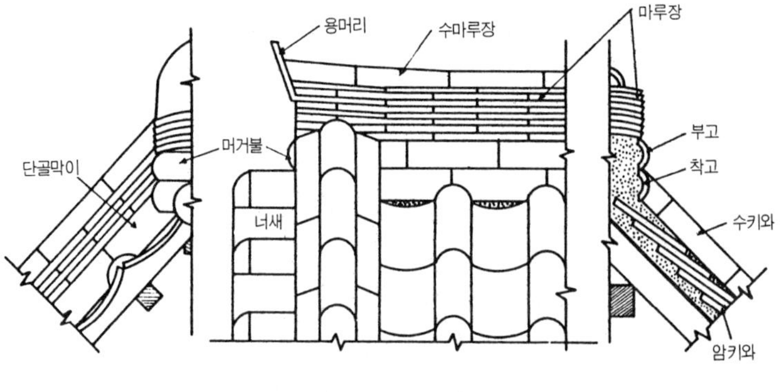

그림 15-1 한식기와 잇기

15-3-2 걸침기와잇기

(1) 재 료

흙을 구운 것과 시멘트 기와가 쓰이는데 일본식 판기와의 부속으로 내림새, 감새, 감내림새, 마루적새 등이 있다. 시멘트기와는 시멘트와 모래를 배합하여 성형하고 굳힌 것으로서 표면에 흑연이나 색안료와 시멘트를 섞어서 뿌리면 표면이 미끈해지고 흡수율이 적어진다. 내구·내수성이 우수하며 지붕널과 기와와의 간격이 단열효과를 높이는 장점이 있으나 밟고 올라갈 수 있도록 강도가 충분해야 한다.

(2) 바탕만들기

지붕널과 펠트를 깔고 그 위에 대는 기와걸침대(기왓살)는 물매방향에 직각으로 기와치수에 따라서 간격을 맞춰서 박는데 보통 1.8~2.5cm의 각재를 쓴다. 처마길이도 기와 크기의 정수배가 되도록 기와나누기를 하고 처마끝의 평고대는 3~4cm의 각재를 쓴다. 물매는 4 : 10을 기준으로 하며 3.5/10~5/10의 범위에 있다.

(3) 기와잇기

기와의 턱을 걸침대에 걸치면서 처마끝에서 지붕마루로 이어 올라가는데 보통 우측에서부터 좌측으로 한줄씩 옮겨 간다. 내림새와 그 위 한 장, 감새와 그 옆 한 장은 못 또는 # 20 철선으로 기왓살이나 지붕널에 연결한다. 지붕면은 5단마다 연결하는 것이 일반적이다.

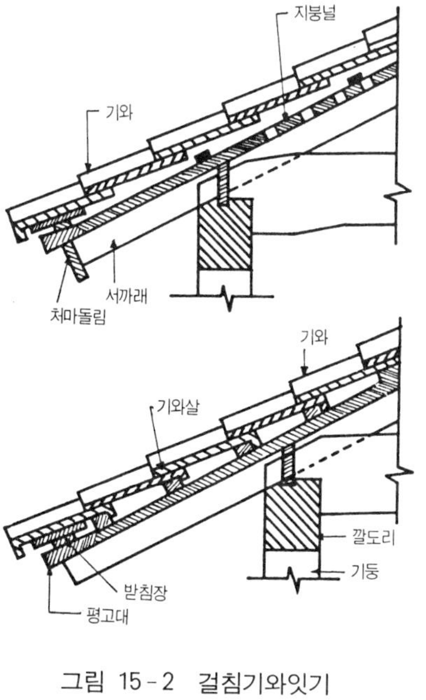

그림 15-2 걸침기와잇기

15-3-3 양기와잇기

(1) 재 료

치수와 형상은 여러 가지가 있고 흙으로 만들어 구운 기와가 많은데 프랑스, 독일, 이탈리아, 스페인 기와들이 있고 한국 S형 기와도 있다. 프랑스형 기와는 한 장에 두 줄의 골이 있는 골판기와로 골 위쪽에 작은 돌기가 튀어나와 있어 빗물이 바람에 역류하지 않게 막아준다.

(2) 바탕만들기와 기와잇기

걸침기와 잇기와 동일한 방법에 준하는 것으로 본다.

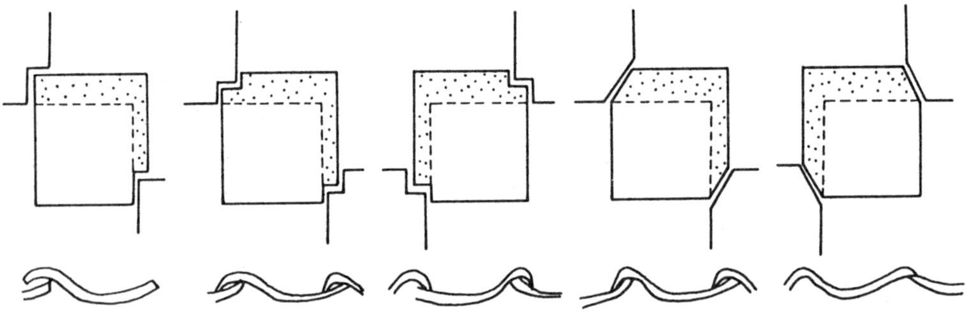

(a) 외귀따기 (b) 양귀따기 (좌상우하) (c) 양귀따기 (우상좌하) (d) 빗귀따기 (좌상우하) (e) 빗귀따기 (우상좌하)

그림 15-3 귀딴기와

15-4 아스팔트싱글잇기

(1) 재 료

아스팔트 방수재에 모래를 섞은 것을 루핑에 붙여서 소규모로 자른 재료이다. 간이 지붕재로 쓰이거나 아스팔트 방수층의 최종 마무리층에 덮어 씌우게 된다. 중량이 11kg/m^2 정도로서 기와의 1/5밖에 안되는 장점과 유연성이 풍부하여 복잡한 지붕형태에 적합하다.

(2) 바탕만들기

지붕널은 18mm 이상의 두께인 쪽매를 대거나 12mm 이상 두께의 내수합판을 쓰고 충분히 건조되어야 한다. 바닥콘크리트에서 구석의 직각 부분은 70mm 정도의 면접기를 하고 모서리는 20mm의 모서리접기를 한다. 특수한 형태에서도 곡률반경을 30mm 이상 취한다.

(3) 잇기공법

물매가 1/10～5/10의 지붕에서 아스팔트를 녹여서 방수성능을 확보하는 방법과 물매가 5/10 이상의 부분에서는 특수 아스팔트접착제를 사용하는 방법이 있다. 싱글 전용의 25mm 못을 사용하는 방법은 물매가 2/10 이상의 경우에 가능하고 눈, 비, 바람이 많으면 2.5/10 물매 이상에만 사용한다. 경질의 우레탄폼 단열재를 함께 사용하면 단열효과가 있다.

15-5 슬레이트잇기

15-5-1 천연슬레이트잇기

(1) 재 료

점토질 수성암의 일종으로서 흡수량이 적고 얇은 두께의 판으로 잘 쪼개지는 성질이 있고 보통 흑회색이다. 표준적인 크기는 6mm 두께에 180×360mm 정도의 판이고 돌결이 세로로 깨져서 비가 안 새면 이상적이고 돌금, 우그름 등이 적고 빛깔이 동일한 것이 좋다.

(2) 바탕만들기

지붕널은 두께 18mm 이상으로 하고 그 위의 아스팔트펠트는 이음매에서 세로 12cm, 가로 9cm 이상을 겹쳐서 깐다. 펠트를 박는 광두정은 둥근 와셔를 써서 펠트가 주름 잡히지 않게 깔고 이음자리에서 30～45cm 간격, 기타 60～90cm 간격으로 박는다.

(3) 잇 기

지붕널 위에 슬레이트 나누기를 하고 맨아래 오른쪽 끝에서 가로로 이어 나가고 윗장을 덮을 때는 노출부가 1/3～1/4 이하로 되게 겹친다. 슬레이트에는 윗쪽 양끝에 2개씩 미리 못구멍을 내고 아연도금못을 박는다. 지붕마루는 동판이나 석면슬레이트로 덮는다.

15-5-2 석면슬레이트잇기

(1) 재 료

시멘트와 석면 및 펄프를 원료로 가압성형한 판으로 작은 골판, 큰 골판, 작은 평판 등이 쓰인다.

강도상 큰 골이 작은 골보다 좋으며 한 지붕에서는 길이가 일정한 것을 사용하도록 중도리의 간격을 정한다. 경량으로 내화·내수·내구·내열성이 양호하므로 많이 사용하는데 시중에 생산, 유통되는 제품의 규격이 표 15-1에 나와 있다.

표 15-1 석면 슬레이트의 종류

(단위 : mm)

규격 / 종류	치 수 (길이×너비)	두께	두께의 허용차	골수	골의 깊이	pich	흡수율
작은 골판	1,820×720 2,120×720 2,420×720	6.5	± 1	11.5골	14 이상	약 63	30% 이하
큰 골판	1,820×960 2,120×960 2,420×960	6.5	± 1	5.5골	35 이상	약 130	30% 이하
작은평판	A400×B400	4~6	± 1	—	—	C=75	18% 이하

(2) 골슬레이트잇기

중도리에 직접 거는 경우에 중도리의 간격이 골슬레이트 길이에 맞아야 하고 잘라 쓰는 경우는 지붕 마루부분에 두는 것이 좋다. 골판을 고정하는 못은 목재 중도리의 경우 75mm 길이 이상의 못을 쓰고 강재 중도리의 경우는 지름 6mm 내외의 아연도금 갈구리 볼트(hook bolt, channel bolt, pipe bolt)로 고정한다. 골슬레이트는 귀따기를 해야 겹치는 곳이 두껍게 부풀지 않는데 1.5골을 따내는 것이므로 큰 골은 약 15cm, 작은 골은 약 9cm를 따내야 한다. 가로로 겹치는 골의 수는 큰 골판에서 0.5골, 작은 골판에서 1.5골 이상이어야 하며 옆겹침은 풍향에 대하여 바람밑부터 시작한다. 이음새의 세로겹침은 보통 15cm 정도로 하지만 지붕물매(3/10이 표준)와 관계가 있고 표 15-2와 같다.

표 15-2 지붕물매와 골슬레이트의 세로겹침

지붕물매	0.2	0.3	0.4	0.5 이상
세로겹침(cm)	20	15	12	10

(3) 작은평판슬레이트잇기

물매를 5/10을 표준으로 잡으며 못구멍이 파손될 우려가 많으므로 주의한다. 일자이음과 마름모이음이 주로 쓰이고 일자이음의 아래부분을 모양 좋게 만든 귀접이무늬, 귀갑무늬, 비늘무늬도 있다.

마름모이음은 대각선에 있는 모서리를 두 군데만 따내어 겹치는 두께를 줄이고 따낸 곳끼리 맞대고 그 위를 덮는 슬레이트를 고정철물로 고정한다. 지붕물매는 4/10 이상으로 하고 겹치기는 2.5장 이상으로 하는데 물매가 5/10 이상이면 1.5장 이상으로 한다.

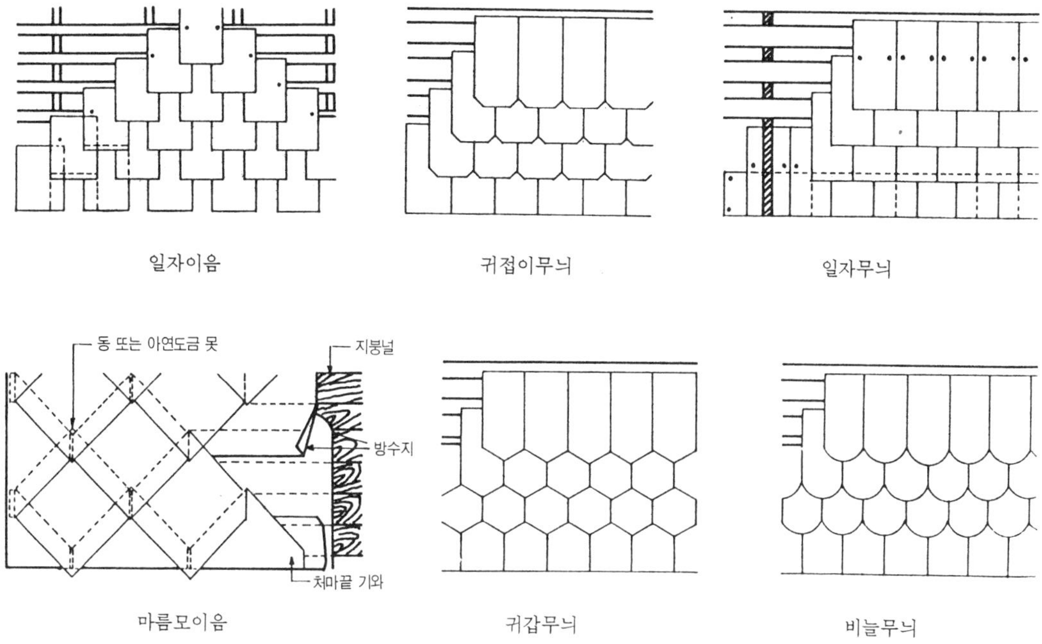

그림 15-4 슬레이트이음

15-6 금속판잇기

15-6-1 재 료

경량, 저렴, 보수 용이 등의 장점이 있으나 녹의 발생을 위한 처리가 필요하고 내구성이 일반적으로 부족한 것이 단점이다. 온도조건에 따라서 뒷면에 결로가 생기는 결점이 있고, 온도변화에 의한 신축이 크므로 바탕재와의 고정은 못을 박거나 납땜질 등은 피하는 것이 좋고, 접합부를 정밀하게 시공할 필요가 있다.

(1) 함 석

아연도강판으로서 오래되면 녹슬고 약해지는 결점이 있고, 특히 무연탄가스에는 극히 약하므로 주의를 요한다. 착색도장을 하여 미관과 내후성을 높이거나 합성고분자계나 아스팔트계의 재료로 덧씌운 피복강판도 있다.

(2) 동 판

내후성과 의장성이 좋은 소재로서 푸른 녹이 생겨 중후한 멋이 있으나 암모니아가스에 특히 약하며 기온에 따른 열신축성이 아주 큰 성질을 충분히 고려해야 한다. 압연동판의 크기는 보통 36×120cm이고 전기동판은 90×180cm가 온장이지만 여러 가지 규격의 것이 있고 주문생산으로 재료비가 절약되는 경우도 있다.

(3) 알루미늄판

경량이며 내식성이 있으나 해풍에 약하고 열반사율이 크지만 전기전도율이 높으므로 전위차에 의한 부식이 일어나기 쉽고 접합부위의 다른 금속 등의 영향이 크다. 한 장의 크기는 3×6척 외에 4×8척, 5×10척 등이 있고 두께는 0.5～1.0mm가 많이 사용된다.

15-6-2 절단 및 가공

절단은 가위를 쓰거나 절단기(shearing machine)를 사용하여 재료의 손실이 가장 적도록 조심한다. 접을 때는 꺾어서 금이 나지 않게 하고 한번 접기 또는 거멀접기(감접기)는 6～15mm 정도의 폭이 일반적이다. 거멀접기로 금속판을 접합하고 지붕바닥에는 거멀쪽(메뚜기)을 써서 고정시키는데 거멀쪽의 너비는 15～25mm, 길이는 75～120mm가 보통이고 평두정으로 박아 댄다.

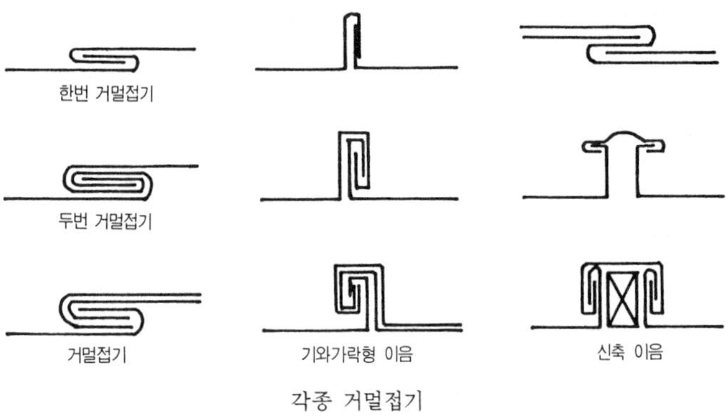

그림 15-5 거멀접기와 신축이음

15-6-3 평판잇기

(1) 일자(一字)이음

평잇기라고도 하는데 450×600(600×900)mm의 금속판을 마름질하여 절단 후 맞변은 서로 반대방향으로 거멀접는다. 여기에 거멀쪽의 한 끝을 감아넣고 판과 함께 접어서 고정시키는데 거멀쪽은 판 하나에 세 개 이상 끼워두고 각각 못을 두 개씩 박는 것이 좋다. 물매는 3/10을 최소한도로 하며 가로로 이어대고 아래서 위로 이어 올라가는데 세로이음은 엇갈리게 한다.

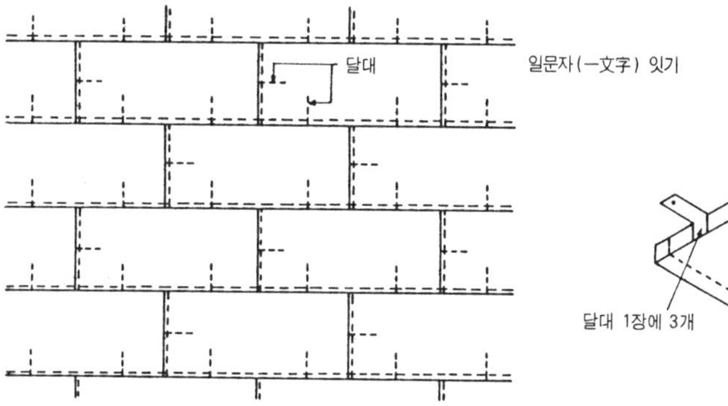

그림 15-6 금속판 일자이음

(2) 마름모이음

마름모잇기는 지붕면의 가장자리는 3각판으로 보이는 테두리판을 쓰고 중간은 모두 마름모로 잇는데 거멀쪽은 판 하나에 두 개 이상을 쓴다.

(3) 지붕마루와 회첨골

지붕마루는 지붕형태에 맞도록 절단가공한 용마루판과 지붕바닥판의 위끝을 거멀접기로 잇고 거멀쪽을 끼워서 고정한다. 회첨골 등의 지붕면은 지붕골판을 양옆의 지붕바닥판 아래끝과 두번 거멀접기로 잇고 거멀쪽을 끼워서 고정한다.

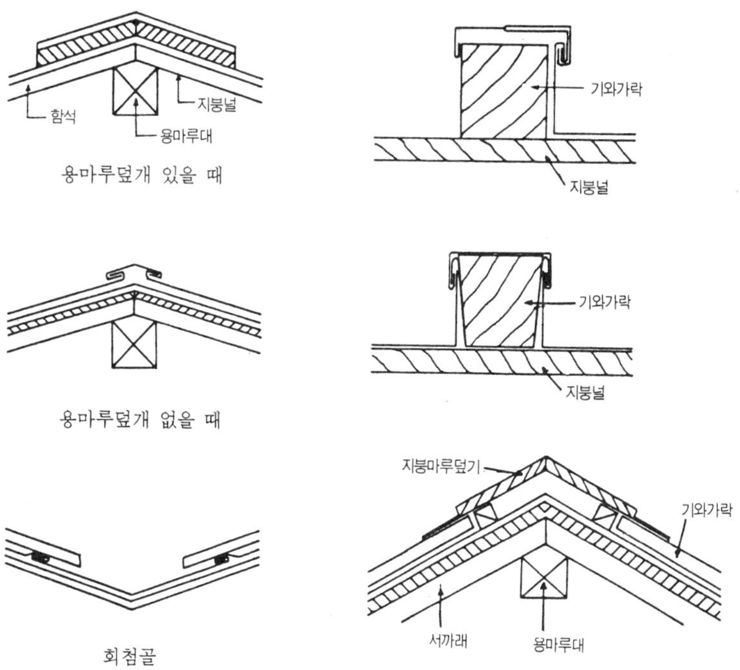

그림 15-7 용마루판, 지붕골판, 기와가락

(4) 비막이와 추녀

지붕면이 벽면과 접하는 부분은 바닥판을 치켜올려 벽에 있는 비막이(비누름) 밑에 넣고 뜨임거멀쪽으로 고정하여 비흘림(flashing)으로 덮는다. 추녀 부분은 추녀끝싸기를 이용하여 거멀쪽을 끼워서 고정한다.

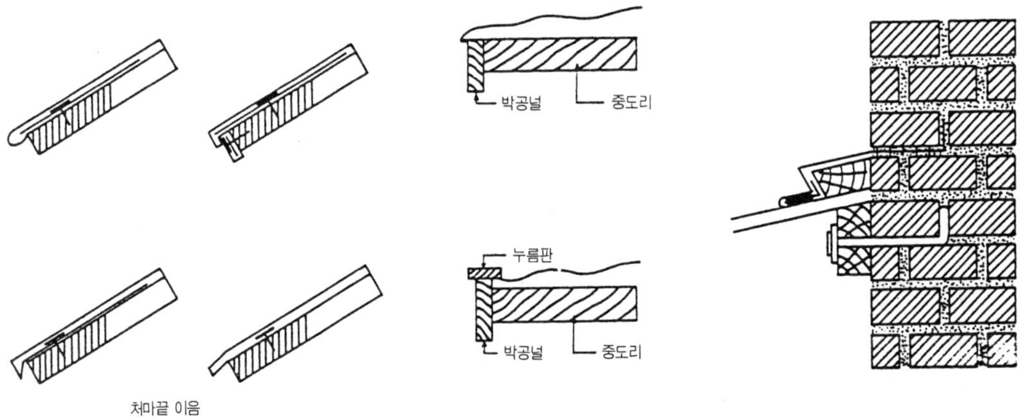

그림 15-8 비막이, 추녀의 아무림

15-6-4 기와가락잇기

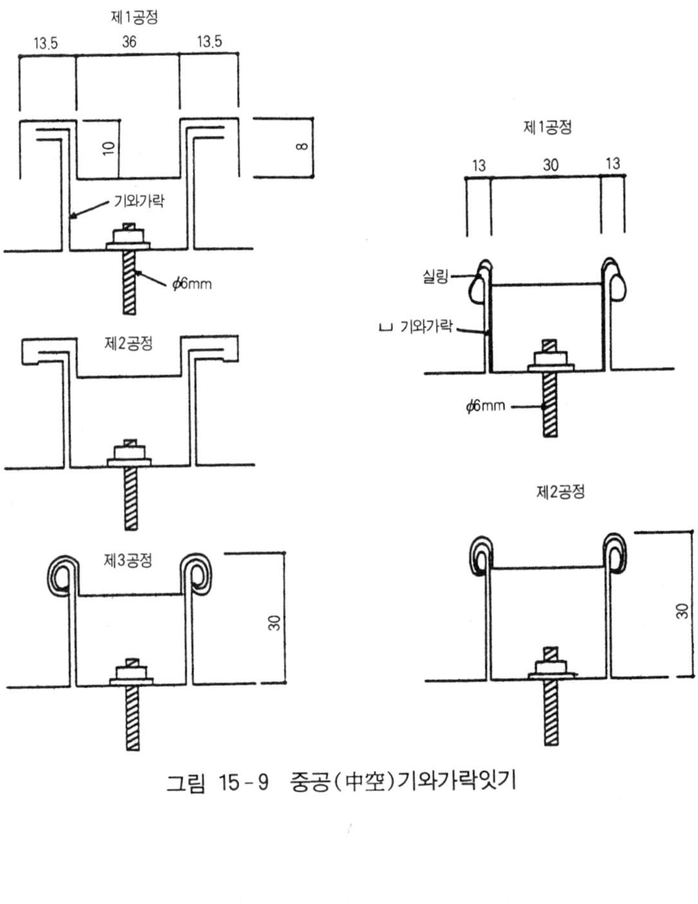

그림 15-9 중공(中空)기와가락잇기

기와가락은 3~6cm 각 정도의 크기로 곧은 건조재를 사용하는 것이 보통이고, 특수한 형태의 것이나 속이 빈 것도 많이 이용한다. 지붕틀 위에 서까래가 있으면 견고성을 위해 서까래에 고정하는 것이 이상적이므로 금속판의 넓이와 서까래의 간격은 상관성이 깊다. 기와가락잇기는 평판의 일자잇기와 기와가락싸기를 거멀쪽으로 고정시키는 방식으로서 물매의 표준은 2.5~3.5 : 10이다. 기와가락의 양 옆에서 올라오는 지붕바닥판의 거멀접기와 기와가락덮개의 거멀접기를 맞물려서 접어 죈다. 바닥판 이음과 덮개의 이음은 서로 엇갈리게 두고 옆줄의 다른 바닥판이나 덮개의 이음들과 줄바른 위치면 좋다.

15-6-5 골함석잇기

골함석의 두께는 보통 #28~30이고 너비가 762mm 또는 914mm이고 길이는 182cm, 212cm, 242cm의 세 가지가 있다. 바탕이 목조일 때는 아연도금못으로 고정하고 철골일 때는 갈구리볼트를 쓰는 것이 골슬레이트와 같다. 물매의 표준은 3/10이며 세로겹치기는 15cm 이상으로 골슬레이트와 비슷하고 가로겹치기는 큰 골판은 1.5골 이상, 작은 골판은 2.5골 이상으로 골슬레이트보다 골수가 많다. 이는 표 15-3과 같이 골함석이 골슬레이트보다 골의 수가 많고 골의 깊이가 작은 까닭이다.

표 15-3 골함석의 종류판

골짓기 전 너비(mm)	골판의 종류	골 수	골높이(mm)	너비(mm)
765	큰골판	8	20	670
	중골판	19	10	594
	작은 골판	29	6	566
915	큰골판	10	20	810
	중골판	23	10	774
	작은골판	35	6	784

15-7 절판잇기

두루마리 철판에 합성수지를 피복하고 기계적으로 골을 만들어 운반이 가능하면 12~14m 길이도 한 장으로 만들 수 있다. 중도리의 간격을 절판의 강도가 허용하는대로 멀리 배치하면 건물의 경량화, 공기의 단축, 노동력의 절감 등을 기대할 수 있다. 사용하는 재료가 0.4~1.6mm 두께로 다양하고 골의 높이도 15~180mm로 차이가 큰데, 보통의 경우 중도리 간격은 2m 정도까지 가능하고 최대 3~4m로 보지만 특수한 경우는 7m도 있다. 고정철물은 아연도금 또는 수지피복볼트를 쓰고 때로는 띠장(tight frame)을 쓰고 받

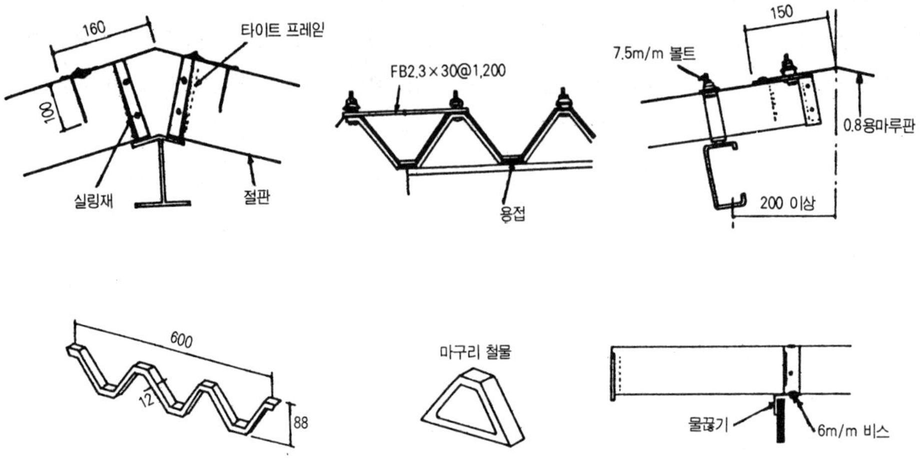

그림 15-10 절판잇기

침대 보강철물 등도 다양하다. 바람과 진동에 대비하여 중도리에 고정철물을 용접하여 시공하는 경우가 많다.

15-8 홈 통

15-8-1 홈통의 크기

홈통은 지붕면 모양 및 크기와 강우량에 따라 크기를 결정하는데 한 개의 선홈통이 부담하는 지붕면적에서 최대강우량을 완전배수하는 개념이다. 호우시를 가상하여 10분간 30mm(시간당 180mm)를 보고 안전계수를 1.5배로 처마홈통을 산출하고 골홈통은 안전계수를 3.0배로 늘려서 계산하는 방법이 좋다. 빗물흐름의 저항은 굴곡부, 집수구, 낙수구에서 커지고 소낙비의 넘쳐 흐름도 있으며 겨울의 눈 녹은 물도 고려하고 빙설이 녹아 불을 때도 건물 내부로 넘어들어 오지 못하게 해야 한다.

선홈통은 처마길이 10m 이내마다 설치하고 굴뚝 등으로 단절되는 구간에도 하나씩 배치하는데, 설치 위치는 노출이 좋고 구조체 속은 막힐 경우 곤란하다. 평지붕의 경우 방수층과 접착시키고 구조체와 고정을 잘해야 한다. 낙수구는 나뭇잎 등으로 메워지기 쉬우므로 루프드레인 장치가 필요하다. 처마홈통과 골홈통은 선홈통보다 부식이 빠르므로 더욱 강인한 재료가 적당하다.

표 15-4 지붕면적에 대한 홈통의 치수

종류 \ 단위 \ 지붕면적		$30m^2$ 내외	$60m^2$ 내외	$100m^2$ 내외	$200m^2$ 내외
처마홈통 지름	cm	9.0	12.0	15.0	18.0
선홈통 지름	cm	6.0	9.0	12.0	15.0

15-8-2 처마홈통

처마 끝에 설치한 홈통으로 난간벽의 안쪽에 감추어진 것을 안홈통이라 하고 건물 외부에 내보이는 것을 밖홈통이라 한다. 2중홈통은 겉홈통으로 외관을 갖추고 속홈통을 보호하는 방식이다. 가장 간단한 보통 처마홈통은 밖홈통으로 원형(반달형), 상자형, 쇠시리형 등으로 만들며 양 갓은 둥글게 감되 안 감기를 원칙으로 한다. 반달홈통은 지름 9～18cm 정도로 하고 이음은 2～4cm 겹쳐대어 조짐못질을 하고 납땜한다. 홈걸이는 간격 90cm 내외의 간격으로 서까래 처마돌림에 고정시키고 홈걸이에 처마홈통을 철사로 묶어 놓는다. 낙수구까지의 경사도는 1/50이 좋지만 밖홈통에서는 외관을 고려하여 1/200 이상으로 한다. 2중홈통의 경우 겉홈통은 수평으로 설치하고 보기가 좋은 상자모양 등으로 하며 속홈통은 낙수구까지 1/100 정도의 경사를 두는 것이 일반적이다.

홈통지름 100mm 미만의 경우

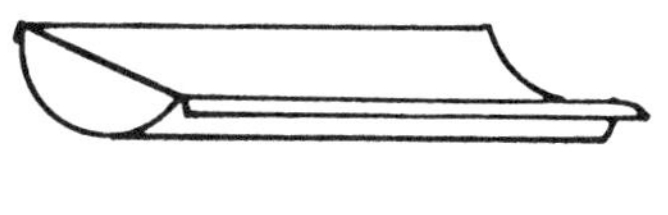

홈통지름 100mm 이상의 경우

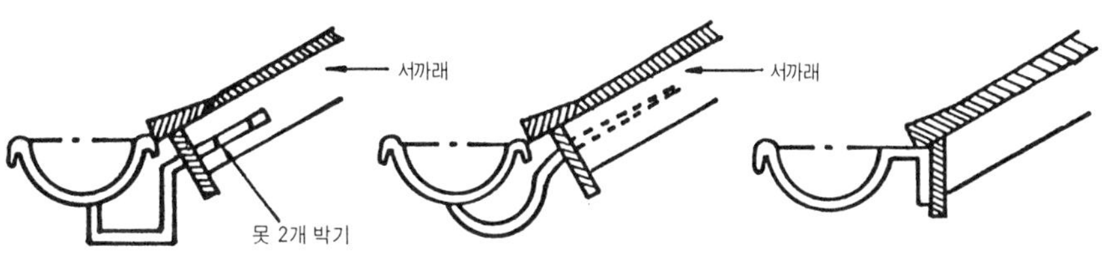

막구리 막

그림 15-11 처마홈통

15-8-3 골홈통

지붕골은 지붕면과 다른 지붕면이 만나는 부분이고 지붕과 벽이 만나는 곳에도 수평지붕골이 생긴다. 골홈통이 넘치면 건물내부로 물이 넘치는 사태가 발생하므로 골의 크기를 충분히 확보하고 낙수구로 물의 유입을 방해하는 것이 없도록 점검이 필요하다. 골홈통의 양 옆은 치켜올려 지붕밑에 깊이 물리고 골의 모양대로 물흐름이 좋게 접어놓고 거멀접기와 납땜질로 연결한다.

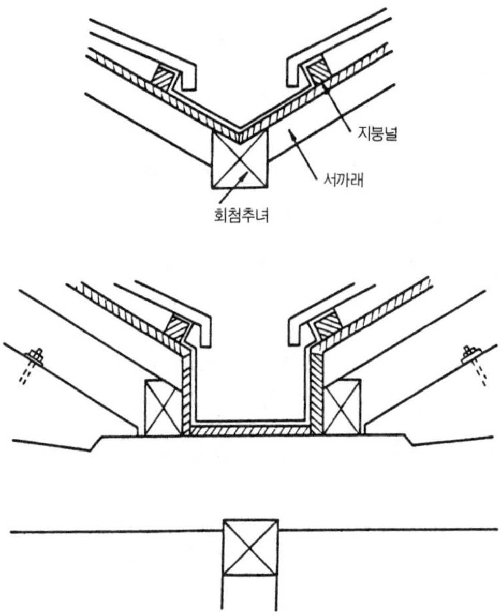

그림 15-12 지붕골홈통

15-8-4 선홈통

부담하는 지붕면적의 최대 강우량에 충분한 단면을 갖도록 하고 선홈통이나 골홈통의 크기에 비례하는 치수를 잡는다. 함석판의 두께 0.4mm(#27)를 사용하고 세로이음은 3cm 이상 꽂아넣어 겹치고 납땜을 하며 고급은 둥근누름턱을 둔다. 홈통걸이철물은 85~120cm 정도로 줄바르게 고정하고 지면에 가까운 하부에는 120~180cm 높이까지 보호관(철관, 석면슬레이트관)을 설치하는데 선홈통을 60mm 이상 꽂아 넣어야 한다. 밑은 배수관에 직결하거나 낙수받이돌에 연결하고 배수관에 토사의 유입을 막는 장치를 한다.

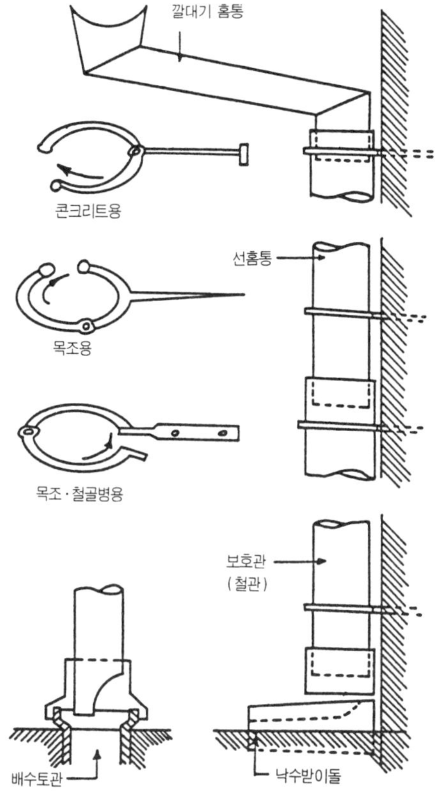

그림 15-13 선홈통

15-8-5 깔대기홈통, 기타

(1) 깔대기홈통 및 장식통

끝홈통이라고도 부르는데 처마홈통의 낙수구와 선홈통의 위끝을 연결하는 것이다. 낙수구의 빗물처리와 깔대기홈통과의 연결은 납땜으로 처리하고 충분히 집어 넣는다. 장식통은 연결부에 별도로 물의 흐름을 원활하게 하고 장식적 효과도 노리는 것인데 10mm 내

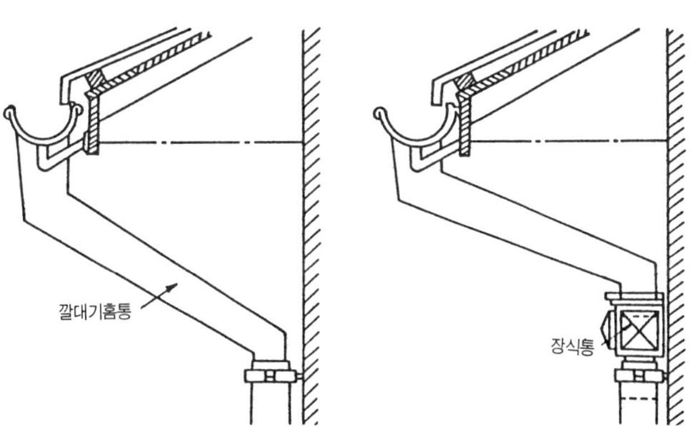

그림 15-14 깔대기홈통과 장식통

외의 거멀접기를 원칙으로 하며 파손에 주의해야 한다.

(2) 흘러내림홈통

윗층의 선홈통이 지붕위로 오는 경우 아래층의 선홈통까지 연결하는 것이다. 보통 위가 열린 각형으로 만들되 양끝 부분의 60~90cm 정도의 길이는 위를 덮어서 완전한 통 모양으로 해서 연결한다.

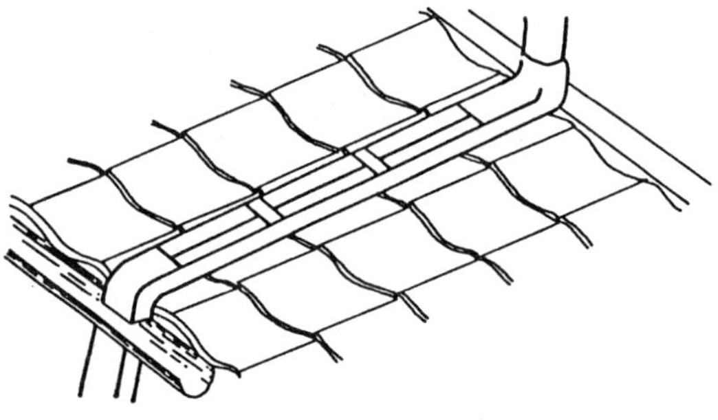

그림 15-15 흘러내림홈통

(3) 물끊기 및 비막이대

물끊기는 벽면에 내밀은 턱을 두고 그 밑에 물끊기 금속판을 밀어넣어 빗물이 그 부분부터는 아래로 흐르지 않고 밖으로 흘러내리도록 하는 것이다. 비막이대는 수직부분과 수평경사면이 만나는 굴뚝 같은 부분의 접속부위에서 미리 방수를 고려한 빗물막이를 하는 것이다.

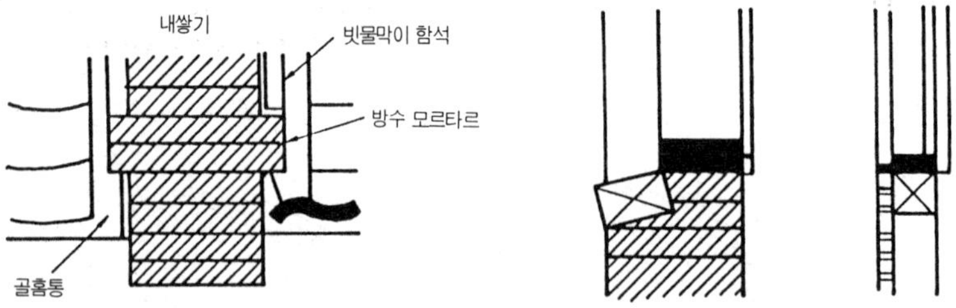

그림 15-16 물끊기 및 비막이대

(4) 플라스틱제 홈통

경질염화비닐을 압착성형한 기성제품을 사용하는데 이음은 소켓 등을 연결하여 맞춘 뒤 합성수지 교착재를 사용하여 붙인다. 시중품은 에스론파이프 등으로 판매되며 목수연장을 이용하여 가공 및 설치를 간단히 할 수 있다.

표 15-5 에스론 홈통의 치수

종 별	지 름(cm)	길 이(m)	지붕면적에 대한 홈통의 크기	
			33m²(10평)	66m²(20평)
처마홈통	9, 10, 12	1.8, 3.6	9cm	10cm
선홈통	4, 5, 6, 7, 8, 9	1.8, 2.7, 3.6	4cm	5cm
누인홈통	5, 6	1.8		

제 16 장 미장공사

16-1 개 요

미장공사(plaster work)란 흙, 회반죽, 모르타르, 인조석 등을 벽, 천장, 바닥 등에 바르는 공사를 말하는 것으로서 흙손으로 바르거나 뿜칠(spraying), 새시 주위의 모르타르 채우기 및 제물치장 콘크리트면의 마무리와 보수 등도 포함된다.

이러한 미장공사는 건물의 내외벽, 바닥, 천장은 물론이고 평면·입면적으로 마무리하는 공정으로 이들 대부분은 가시적 형태로 표현되기 때문에 시공정도의 우열을 판정하는 공사라 할 수 있다.

최근까지 미장공사는 대개 미분말상의 재료를 물이나 풀 등으로 반죽하여 흙손으로 발라 건조시켜 표면을 매끄럽고 튼튼하게 형성하는 것으로 대부분이 숙련된 기능인(미장공)에 의한 현장생산 방식으로 이루어져 왔다. 그에 따라 미장공사의 품질은 기능인의 숙련도와 경험 그리고 성실한 시공자세에 좌우되었다.

근래에는 높은 인건비 및 수요자의 품질향상 요구 등에 의해 이 분야에도 기계화 시공이 점차 확산되고 있으며 그 대표적인 예가 바닥마감을 셀프레벨링재에 의한 시공 등을 들 수 있다.

16-2 미장공사에 관한 일반사항

16-2-1 요구조건

미장공사의 품질 요구조건은 대략 다음과 같이 정리할 수 있다.

① 평편도
② 부착강도 및 물리적 특성
③ 균열방지
④ 미관
⑤ 시공의 용이성
⑥ 유지관리의 편리성

16-2-2 용어의 정의

미장공사에서 사용하는 용어는 아래와 같이 정의한다.

① 바탕 : 모르타르, 플라스터, 회반죽 등 미장재료를 바르기 위한 구조체 표면 또는 졸대, 외 등을 엮어 만든 면

② 바탕처리 : 요철 또는 변형이 심한 개소를 고르게 덧바르거나 깎아내어 마감두께가 균등하게 되도록 조정하는 것. 또는 바탕면이 지나치게 평활할 때 엉글게 하여 미장바름의 부착이 양호하도록 표면을 처리하는 것.

③ 바탕누름 : 바탕의 흡수조정 또는 진막음을 목적으로 실러를 뿌리거나, 바르기를 좋게 할 목적으로 프라이머를 칠하는 것.

④ 손질바름 : 콘크리트, 콘크리트 블록 바탕에서 초벌바름하기 전에 마감두께를 균등하게 할 목적으로 모르타르 등으로 미리 요철을 조정하는 것.

⑤ 벽쌤홈 : 심벽의 주위 또는 출입문틀, 문선, 창선 등과 벽의 접합부에 틈이 나지 않도록 하기 위하여 재벌바름, 마감바름을 물려 바를 수 있도록 만든 홈.

⑥ 라스먹임 : 메탈라스, 와이어라스 등의 바탕에 모르타르 등을 최초로 발라 붙이는 것.

⑦ 고름질 : 바름두께 또는 마감두께가 고르지 않거나 요철이 심할 때 초벌바름 위에 발라 면을 바르게 고른 것.

⑧ 물축이기 : 모르타르, 플라스터 등의 응결 경화에 필요한 물이 흡수되지 않도록 바탕면에 미리 물을 뿌리는 것.

⑨ 혼화재료 : 주재료 이외의 재료로서 반죽할 때 필요에 따라 미장재료의 성분으로 가하는 재료

⑩ 혼화제 : 화학약품으로 소량 사용하는 AE제, 방수제 등의 혼화재료

⑪ 혼화재 : 비교적 다량을 사용하는 플라이애쉬, 팽창재, 잔황토 등의 혼화재료

⑫ 체 : KS A 5101(표준체)에서 규정한 체

⑬ 바름두께 : 각 바름층마다 바르는 두께

⑭ 마감두께 : 바름층 전체의 두께를 말하며, 라스 및 졸대 바탕일 때는 바탕 먹임의 두께를 제외한다.

⑮ 덧먹임 : 바르기의 접합부 또는 균열의 틈새, 구멍 등에 반죽된 재료를 밀어 넣어 때우는 것.

⑯ 흡수의 정도 : 발라붙인 재료의 수분이 상실됨으로써 생기는 흡수성의 정도 또는 빨아들이기의 정도

⑰ 이어(뒤따라) 바르기 : 2개의 바름층 또는 동일 바름층을 2회의 공정으로 바를 때 물걷기를 보아 적절한 시간 간격을 두고 겹쳐 바르는 공정

⑱ 잣대 고르기 : 바른면을 평탄하게 하기 위하여 잣대로 밀어 고르거나, 미리 발라 놓은 규준대의 면(규준대 바르기)에 따라 여분으로 발라 붙인 부분을 잣대로 밀어 바

름면을 평탄하게 형성하는 작업

⑲ 눈먹임 : 인조석 갈아내기 또는 테라조 현장바르기의 갈아내기 공정에 있어서 작업면의 종석이 빠져나간 구멍부분 및 기포를 메우기 위해 그 배합에서 종석을 제외하고 반죽한 것을 작업면에 발라 먹이는 것.

⑳ 결합재 : 시멘트, 플라스터, 소석회, 벽토, 합성수지 등 다른 미장재료를 결합하여 경화시키는 재료

㉑ 경과시간 : 공정과 공정, 또는 최종 공정과 사용 개시시간 사이의 경과시간으로서 다음과 같이 구분한다.

㉠ 공정내 경과시간 : 동일 공정내에서 동일 재료를 반복하여 바르는 경우에 바름과 바름 사이에 필요한 시간

㉡ 공정간 경과시간 : 한 공정에서 다음 공정까지 필요한 시간

㉢ 최종양생 경과시간 : 최종 공정이 완료된 후 마감면이 사용 가능한 상태가 될 때까지 필요한 시간

㉒ 규준대 고르기 : 평탄한 바름면을 만들기 위하여 잣대로 밀어 고르거나, 미리 발라둔 규준대 면을 따라 붙여서 요철이 없는 바름면을 형성하는 것.

㉓ 배합 : 반죽하는 재료를 구성하는 미장재료의 혼합

㉔ 배합비 : 배합표에 따라 지시된 각 재료의 비율

㉕ 실러바름 : 바탕의 흡수조정, 바름 증진 등을 위하여 합성수지 에멀션 희석액 등을 바탕에 바르는 것.

㉖ 초벌, 재벌, 정벌바름 : 바름벽은 여러 층으로 나뉘어 바름이 이루어진다. 이 바름층을 바탕에 가까운 것부터 초벌바름, 재벌바름, 정벌바름이라 한다.

16-3 재료에 관한 일반사항

16-3-1 결합재(binder)

미장공사에서 사용하는 결합재로는 크게 시멘트계, 석고계, 석회계, 흙 및 아스팔트계가 있으며, 최근에는 합성수지 계통의 결합재를 혼용하여 사용하는 사례도 늘고 있다. 각종 결합재의 품질규정은 다음과 같다.

(1) 시멘트(cement)

시멘트는 KS에서 규정한 보통포틀랜드시멘트, 고로슬래그시멘트, 실리카시멘트 및 플라이애쉬시멘트 및 백색포틀랜드시멘트 등을 사용한다.

(2) 석고계 플라스터(gypsum plaster)

석고계 플라스터는 석고를 주원료로 하고 혼화재(돌로마이트플라스터, 점토 등), 접착재, 응결시간조절재 등을 혼합한 플라스터로 벽, 천장 등에 주로 이용된다. 주로 사용되는 것은 혼합석고플라스터이고 보드용 석고플라스터도 사용이 늘고 있다. 이에 대한 품질규준은 KS F 3507(석고플라스터)에 적합해야 하며, 제조 후 4개월 이상 경과한 것은 사용할 수 없다.

(3) 돌로마이트플라스터(dolomite plaster)

돌로마이트플라스터는 돌로마이트(마그네시아 석회)에 모래, 여물을 섞어 반죽한 바름벽 재료를 말하는 것으로 KS F 3508(돌로마이트플라스터)에 합격한 것을 사용해야 한다.

(4) 회반죽(泥灰, lime plaster)

보통 석회라 하면 소석회(消石灰)를 말하는 것으로, 천연산 탄산석회인 석회암, 굴·조개껍질 등을 하소(煆燒)하여 생석회(生石灰, 剛灰)를 만들고, 여기에 물을 가하면 발열하며 팽창 붕괴되어 수산화석회, 즉 소석회가 된다. 이렇게 만든 소석회를 분쇄기로 가늘게 분쇄한 것이 미장용 소석회이다. 이에 대한 품질규준은 KS L 9007(미장용 생석회 및 소석회)에 적합해야 한다. 그리고 조개석회는 시험 또는 신뢰할 수 있는 자료에 의해서 품질이 인정된 것으로서 초벌 및 재벌바름에만 사용할 수 있다.

(5) 외벽흙

초벽흙은 점성이 있는 사질점토로서 15mm 체를 통과한 것으로 한다. 재벽흙은 초벽토로서 10mm 체를 통과한 것으로 한다.

(6) 아스팔트(asphalt)

방수용 아스팔트는 KS F 4502(방수공사용 아스팔트)에 합격한 것으로 한다.

16-3-2 골 재

(1) 모 래

모래는 유해한 양의 먼지, 흙, 유기 불순물, 염화물 등을 포함하지 않아야 하며, 내화성 및 내구성이 있는 것으로 한다.

모래의 입도는 아래 표 16-1을 표준으로 한다. 단, 최대 크기는 바름두께에 지장이 없는 한 큰 것으로서, 바름두께의 반 이하로 한다.

표 16-1 모래의 표준입도

체의 공칭치수 (mm) / 입도의 종별	체를 통과한 것의 중량백분(%)					
	5	2.5	1.2	0.6	0.3	0.15
A종	100	80～100	50～90	25～65	10～35	2～10
B종	–	100	70～100	35～80	15～45	2～10
C종	–	–	100	45～90	20～60	5～15
D종	100	80～100	65～90	40～70	15～35	5～15

주) 1. 0.15mm 이하의 입자가 표의 값보다 작은 것은 그 입자 대신에 포졸란, 기타 무기질 분말을 적당량 혼합하여도 좋다.

2. 입도에 따른 모래의 용도는 다음에 따른다.

A종 : 바닥모르타르 바름용, 시멘트모르타르 바름용, 돌로마이트플라스터 바름의 정벌용, 재벌바름용, 회반죽 바름의 초벌바름용, 고름질용, 재벌바름용 등.

B종 : 시멘트모르타르 바름의 정벌바름용, 석고플라스터의 초벌바름용, 고름질 및 재벌바름용, 회반죽 바름의 초벌바름용, 고름질용, 재벌바름용 등.

C종 : 시멘트모르타르 바름의 정벌바름용, 시멘트모르타르 얇게 바름용, 회반죽의 고름질용 등.

D종 : 시멘트모르타르의 압송용, 뿜칠용.

(2) 무기질계 단열골재

무기질계 단열골재로는 펄라이트, 질석, 팽창혈암, 소성 플라이애쉬, 경량골재 등이 있다. 혈암을 분쇄한 것, 또는 이들을 혼합한 소성물 및 플라이애쉬를 혼입한 소성물은 표 16-1에 표시한 범위내의 입도로 조정된 것을 사용한다. 단, 치장용으로 하는 경우는 제외한다.

(3) 유기질계 단열골재

합성수지의 발포골재는 시험 또는 신뢰할 수 있는 자료에 의해서 품질이 인정된 것을 사용한다.

(4) 종 석

종석은 대리석 기타 부순돌, 부순모래로서 단단하고 미려한 것으로 하고, 입자크기의 표준은 다음 표 16-2에 따른다.

표 16-2 종석알의 크기

인조석 바름		테라조 바름	
5mm체 통과분	100%	15mm체 통과분	100%
2.5mm체 통과분	50%	5mm체 통과분	50%
1.2mm체 통과분	0	2.5mm체 통과분	0

주) 1. 인조석 바름에서는 2.5mm체 통과분이 전량의 1/2 정도, 테라조 바름에서는 5mm체 통과분이 전량의 1/2 정도를 표준으로 한다.
2. 바닥심기용 콩자갈은 직경이 30mm 이상의 것으로 한다.
3. 종석은 지나치게 납작하거나 얇지 않은 것으로 한다.

(5) 색모래

색모래는 천연모래와 암석을 부순모래 또는 인공적으로 착색, 제조한 것으로 한다.

(6) 아스팔트모르타르용 쇄석 및 석분

쇄석은 KS A 5101(표준체)에 규정된 150㎛체를 100% 통과하고, 또한 75㎛체를 60% 이상 통과한 것으로 한다.

(7) 정벌바름용 색흙

색흙은 1.5mm체를 통과한 것으로, 색조가 일정하고 변색할 우려가 없는 것으로 한다.

16-3-3 보강재료

(1) 여 물

① 백모 : 백모는 마닐라삼으로 섬유가 튼튼하고 불순물이 없으며, 마디를 잘 풀어서 건조한 것으로 한다.

② 종이 : 종이는 한지, 닥나무의 섬유 등을 사용한다.

③ 무명 : 무명은 섬유가 튼튼하고, 잘 세척되어 불순물이 없으며 건조가 잘된 마디가 없는 것으로 한다.

④ 짚

㉠ 초벽용 짚여물은 짚을 30~90mm로 자른 것을 사용한다.

㉡ 재벽용 짚여물은 짚을 자른 것 또는 새끼를 20mm 내외로 잘라서 부드럽게 푼 것을 쓰고, 짚여물을 다시 자른 것은 길이 10mm 이하로 한다.

㉢ 정벌바름용 짚여물은 짚을 잘 두들겨서 3mm 정도로 잘라 마디가 있는 것은 제거하고, 물로 세척하여 진을 뺀 다음에 사용하다.

(2) 수 염

수염은 잘 건조되고 질긴 청마, 종려털 또는 마닐라삼으로 하며, 벽용은 길이 70mm 내외, 천장용은 길이 55mm 내외로 하며, 모두 100가닥당 중량이 130g 정도로 하고, 길이가 35cm 내외인 경우는 100가닥당 중량이 65g 정도인 것으로 한다.

(3) 종려털 및 종려잎

종려털 및 종려잎은 섬유가 튼튼한 것으로 길이는 15cm 내외의 것으로 한다.

(4) 기타 섬유류

기타 무기질 및 유기질의 섬유류는 시험 또는 신뢰할 수 있는 자료에 의해서 품질이 확인된 것으로 한다.

16-3-4 기배합재료

(1) 기배합 시멘트모르타르(라스 바탕용)

시멘트에 골재, 혼화재료 등을 공장에서 배합한 라스 바탕용 기배합 시멘트모르타르는 KS F 4716(시멘트계 바탕 바름재)의 품질규준에 합격한 것으로 한다.

(2) 시멘트모르타르 엷게 바름재

1) 시멘트계 바탕바름재

시멘트, 내구성이 있는 세골재, 무기질 혼화재, 수용성 수지 등을 공장에서 배합한 분말체로 제조업자가 지정한 비율의 시멘트 혼화용 폴리머 분산제와 혼합한 기배합재료, 또는 폴리머 분산제 대신에 유화형 분말수지를 사용한 분말체만으로 구성된 기배합재료로서 공사현장에서 적당량의 물을 더하여 반죽상태로 사용한다.

2) 엷게 바름용 모르타르

엷게 바름용 모르타르는 시멘트, 합성수지 등의 결합재, 골재, 무기질계 분체 및 섬유재료를 주원료로 하여 주로 건축물의 내외벽을 뿜칠, 롤러칠, 흙손질 등으로 시공하는 것으로서, 원칙적으로 시멘트계를 제외하고는 한 겹이고, 또한 두께 3mm 정도 이하의 요철모양으로 마무리하는 엷은 마무리용 바름재료를 말한다.

시멘트계는 시멘트에 용적비 1~3배의 한수석, 경량모래, 펄라이트 등의 세골재와 적당량의 수용성 수지 등을 공장에서 배합한 것으로서, 제조업자가 지정한 비율로 시멘트 혼화용 폴리머 분산제를 혼합하고 적당량의 물을 더하여 반죽상태로 사용한다.

3) 유색시멘트

유색시멘트는 백색시멘트에 안료, 골재, 혼화재료 등을 공장에서 배합한 것으로서, 시험 또는 신뢰할 수 있는 자료에 의해서 품질이 인정된 것으로 한다.

4) 거친마무리재

거친마무리재는 시멘트에 골재, 혼화재료, 안료 등을 공장에서 배합한 것으로서, 시험 또는 신뢰할 수 있는 자료에 의해서 품질이 인정된 것으로 한다.

5) 기배합 석고플라스터

기배합 석고플라스터는 석고플라스터에 질석, 한수석, 기타 골재 등과 여물류를 공장에서 배합한 플라스터 및 합성수지계 혼화제 등을 말한다.

6) 기배합 돌로마이트플라스터

돌로마이트에 미리 섬유, 골재 등을 공장에서 배합한 돌로마이트플라스터를 말하는 것으로 시험 또는 신뢰할 수 있는 자료에 의해서 품질이 인정된 것으로 한다.

7) 기배합 회반죽

소석회에 미리 섬유, 풀, 골재 등을 공장에서 배합한 것이다.

8) 단열모르타르

단열모르타르는 KS L 5216(팽창질석을 사용한 단열시멘트)의 규정에 합격한 것으로 하며, 기타의 경우는 시험 또는 신뢰할 수 있는 자료에 의해서 품질이 인정된 것으로 한다.

9) 수지플라스터

합성수지에멀션, 탄산칼슘 기타 충전재, 골재 및 안료 등을 공장에서 배합한 것으로 적당량의 물을 더하여 반죽상태로 사용한다.

10) 셀프레벨링(self leveling)재

셀프레벨링재는 다음 두 종류 중에서 KS 규준 또는 특기시방에 적합한 것을 사용한다.

① 석고계 셀프레벨링재

석고에 모래, 경화지연제, 유동화제 등을 혼합하여 자체 평탄성이 있도록 만든 것.

② 시멘트계 셀프레벨링재

포틀랜드시멘트에 모래, 분산제, 유동화제 등을 혼합하여 자체 평탄성이 있는 것으로서, 필요한 경우에는 팽창성 혼화재료를 같이 사용한다.

16-4 바름벽 바탕

16-4-1 콘크리트 바탕

콘크리트 바탕은 거푸집을 제거하였을 때, 콘크리트면에 부착된 유해한 잔류물이 없어야 하며, 균열, 오물, 과도한 요철 등이 없어야 하고 다듬질할 필요가 있는 곳은 면을 다듬어야 한다.

설계변경 등의 요인으로 바름두께가 커져서 손질바름의 두께가 25mm를 초과할 때는 용접철망 등을 긴결시켜 콘크리트를 덧붙여 친다. 또한 미장바름에 지장을 주는 철근간격재 또는 나무부스러기 등은 제거하고 구멍 등은 모르타르 등으로 메꾸어야 하며, 콘크리트의 이어치기 또는 타설시간의 차이로 이어친 부분에서 누수의 원인이 될 우려가 있는 곳은 적절한 방법으로 미리 방수처리를 해야 한다. 콘크리트 바탕면이 너무 매끄러우면 부착이 나쁘므로 철솔, 정 등으로 표면을 거칠게 해야 한다.

16-4-2 프리캐스트콘크리트 및 ALC패널 바탕

(1) 프리캐스트콘크리트 바탕

조립시에 손상, 파손된 부분은 미장바름에 지장이 없도록 보수해야 하며, 바탕 표면의 레이턴스, 거푸집 박리제, 박리 시트 등 미장바름에 지장이 되는 부착물은 완전히 제거하여야 한다. 패널의 접합부는 특별한 경우를 제외하고 콘크리트 또는 모르타르로 채워져 있어야 한다.

(2) ALC패널 바탕

ALC패널 접합부의 경사, 턱솔 및 주입 모르타르의 흘림 등은 패널을 손상시키지 않도록 제거하고 미장바름에 지장을 주지 않도록 한다. ALC패널을 내화피복제로서 철골에 설치할 때에는 갈고리볼트 또는 기타 철물을 사용하거나, 설치 철물과 내화접착재를 병용하여 턱솔이 없도록 설치한다. 외벽 접착부의 줄눈, 새시 둘레 등은 미장바름을 시작하기 전에 지정된 실링재를 충전해 둔다.

16-4-3 콘크리트블록 및 벽돌 바탕

콘크리트블록 및 벽돌 쌓기의 줄눈형상은 적용된 미장바름의 종류 및 바름두께에 적합한 것으로 해야 하며, 콘크리트블록은 적용된 미장바름과 비교하여 강도, 강성이 우수한 것으로 줄눈 나누기 등에 의한 균열을 방지하기 위해 건습에 따른 신축이 작은 것으로 한다. 물뿌리기는 미장재료의 경화과정, 보수성, 흡수율 등을 고려하여 적절히 한다.

16-4-4 메탈라스 바탕

메탈라스(metal lath) 바탕에는 KS F 4552에서 지정한 평메탈라스와 KS F 4901, KS F 4902에서 지정한 방수지를 사용한다. 메탈라스의 힘살은 지름 2.6mm 이상의 강선으로 하고, 갈고리못은 지름 1.6mm(#16), 길이 25mm 내외의 철선으로 한다. 또한 강제철망의 단위면적당 중량은 외벽 및 피난과 안전상 중요한 부위 등으로 3m를 초과하는 층고의 내벽에서는 700g/m² 이상으로 한다.

방수지를 칠 때의 이음은 가로, 세로 90mm 이상 겹치고, 약 300mm 또는 적절한 간격으로 갈고리못치기로 고정하고, 우글거리거나 주름이 생기지 않도록 한다. 방수지에 손상된 곳이나 찢김이 생긴 곳이 있을 때는 물이 새지 않도록 잘 겹쳐댄다.

메탈라스는 가로, 세로 300mm 내외, 특히 천장은 150mm 내외로 갈고리못치기로 하고 접합부는 450mm 이상 겹치도록 한다. 힘살을 사용할 때는 끝단은 기둥 또는 샛기둥받이에 닿게 하고, 가로는 간격 450mm 내외로 겹쳐대어 교차하는 부분과 중간에 1개소씩에 갈고리못을 친다.

리브라스(lib lath)는 리브를 바탕쪽으로 하여 지름 1.2mm 이상의 철선으로 얽어매거나 갈고리못으로 고정하되 리브에 교차하는 받이재마다 끝은 리브를 따라 간격 300mm 내외로 연결 고정한다. 접합부는 세로 45mm 이상 겹치고, 가로는 리브와 리브를 겹친다. 4장이 겹치는 곳에는 2장을 모서리 자르기로 한다.

16-4-5 와이어라스 바탕

와이어라스(wire lath)는 KS F 4551에 합격한 것으로 하고, 별도의 지정이 없는 경우는 능형(귀갑형) 와이어라스로 한다. 와이어라스의 힘살은 지름 2.6mm 이상의 강선으로 하고, 갈고리못은 지름 1.6mm(#16), 길이 25mm 내외의 철선으로 한다.

와이어라스는 특별한 경우를 제외하고는 세로치기로 하고, 가로이음은 가로눈 꿰매기로 하고 세로이음은 철망 1코 겹치기로 하여 힘살을 넣는다. 라스를 치는 방법은 간격 300mm 내외로 갈고리못으로 친다. 나온 모서리는 돌려치고, 들어간 구석은 메탈라스를 너비 150mm 내외로 자른 것을 양단의 바탕재에 갈고리못치기를 한 위에 와이어라스를 치고 힘살을 구석에서 꿰매는 식으로 삽입한다. 힘살을 사용하는 경우, 세로는 기둥 및 샛기둥에 닿게 하고 가로는 간격 450mm 내외로 꿰매는 식으로 누벼 넣거나 덧대고, 교차하는 부분 및 그 중간에 1개씩 힘살에 둘러쌓인 라스 부분의 중앙에 갈고리못치기로 한다. 천장 및 추녀 천장에 와이어라스는 일반벽에 준하여 친다. 다만, 힘살은 한쪽은 반자틀마다 넣고 다른 쪽은 360mm 내외로 한다.

16-4-6 석고보드 바탕

석고보드(gypsum board)는 KS F 3504, 석고라스보드(gypsum lath board)는 KS F 3505에 합격한 것으로, 두께 9mm 이상의 것을 사용한다. 보드용 평머리못 및 기타 설치용 철물은 용융아연도금 또는 유니크롬도금이 된 것으로 한다.

목조 바탕의 띠장 간격은 450mm 내외로 하며, 기둥 및 샛기둥에 따넣고 못치기로 한다. 이음은 보드 받음재 위에서 하고, 주위는 100mm 내외로, 기타 받음재마다 간격 150mm 내외로 보드용 평두못을 쳐 고정시킨다. 목조 천정바탕에서 반자틀 간격은 300mm 내외로 한다. 보드의 설치는 반자틀 면내에서 잇고, 주위는 100mm, 기타 받음재마다 간격은 150mm 내외로 보드용 평머리못으로 고정시킨다.

경량철골 바탕의 간막이벽 등에서는 기둥, 샛기둥의 간격을 450mm 내외로 한다. 보드의 설치는 가로로 엇빗잇기로 하고, 주위는 기둥, 샛기둥마다 100mm 내외로 나사못박기로 하며, 보드 상하의 접속은 간격 150mm 내외로 이음철물로 고정시킨다. 또한 기둥, 샛기둥마다 150mm 내외로 보드용 평두나사못으로 고정한다. 경량철골 천장 바탕에 있어서는 반자틀받이의 간격은 900mm, 반자틀의 간격은 300mm 내외로 하며 보드의 이음부 받이를 한다.

16-4-7 목모시멘트판 및 목편시멘트판 바탕

목모시멘트판은 KS F 4720에 적합한 굵은 목모시멘트판으로 하고 두께 15mm 이상의 것으로 한다. 목편시멘트판은 목편과 시멘트를 원료로 하여 압축성형한 것으로 두께 30mm 이상의 것을 사용한다. 목모시멘트판 및 목편시멘트판의 설치용 밑판 및 갈고리 볼트는 아연도금으로 한다.

그리고 그것의 주위를 150mm 내외로 띄우고, 받음재의 기둥 기타의 받음재에 못치기를 하고 받침목을 대어 그 뒤에 다른 쪽의 것을 고정시키고, 철골 바탕에 설치할 때는 띠장 및 중도리마다 간격 300mm 내외로 갈고리 볼트로 조인다.

16-4-8 외바탕

외바탕(椳, lath) 바탕에 사용하는 재료는 대, 줄기가 곧고 가는 나뭇가지, 수수깡 등으로서 직경 40~60mm로 쪼개 만든 것으로 한다. 외대를 묶는 새끼는 종려나무, 삼, 짚 등으로 한다.

16-4-9 졸대 바탕

졸대 바탕은 벽, 천장 등에 졸대(wood lath ; 얇고 가는 오림목) 등을 박아 미장바름 바탕으로 하는 것이다. 졸대의 이음은 받이재 중심에서 6mm 내외로 떨어져 잇고, 졸대 6개 이내마다 이음자리를 엇갈림으로 한다. 졸대의 방향은 받이재에 대해 직각 또는 수평으로 줄바르게 대고 7mm 정도의 간격으로 뒤틀리지 않고 충분히 건조된 것을 사용해야 하며 못을 박을 때에는 반드시 2개씩 박아야 한다.

16-4-10 기타 바탕

재질이 견고하지 못한 스터코(stucco) 등의 바탕일 때, 모서리 부분은 철망(메탈라스, 와이어라스)을 덧대고 모서리쇠(코너비드)로 보강한다.

단열을 필요로 하는 바탕일 때는 반사용 알루미늄 박판을 붙인다. 바탕을 지지하는 재료가 금속지주일 때는 구조체의 이동 또는 변형에 영향을 받지 않도록 격리시켜 설치한다. 또 구조체와 바탕재의 지지틀 사이는 미끄럼 또는 탄성형의 줄눈을 설치하여 변형을 흡수하도록 하되 횡방향은 연결시키도록 한다.

16-5 시멘트모르타르바름

16-5-1 재 료

시멘트모르타르바름(cement mortar coating)은 시멘트, 모래를 주재료로 하여 만든 모르타르바름공사를 말한다.

시멘트모르타르바름에 사용되는 재료로는 시멘트류, 골재, 물, 혼화재료 및 색모래 등이다.

16-5-2 바탕처리

시멘트모르타르바름에 적용되는 바탕은 콘크리트 및 프리캐스트콘크리트, 콘크리트블록 및 벽돌, ALC패널, 메탈라스, 와이어라스, 목모시멘트판 및 목편시멘트판 등이다.

콘크리트, 콘크리트블록 등의 바탕으로 덧붙임 손질을 요하는 것은 모르타르로 요철을 조정하고 긁어 놓은 다음 2주 이상 가능한 한 오래 방치한다. 모르타르를 부착하기 어려울 때에는 혼화제를 넣은 시멘트풀을 미리 엷게 문지르고 나서 덧붙여 모르타르를 바른다.

콘크리트 바탕에 또는 콘크리트블록 및 벽돌 바탕에 직접 바를 때에는 바탕표면을 물로

축이고 산성식각용액(acid etch solution)으로 문지르고 세척할 수도 있다. 바름재의 부착력이 특히 필요할 때에는 이와 같은 작업을 반복한다.

바탕은 바름하기 직전에 잘 청소한다. 콘크리트, 콘크리트블록 등은 미리 물로 적시고 바탕의 물 흡수를 조정하고 나서 초벌바름한다.

16-5-3 배합 및 바름두께

모르타르의 배합은 용적비로 하되 표 16-3을 표준으로 한다. 다만, 펄라이트, 팽창암 등 경량골재를 사용할 때의 배합은 특기시방에 따른다.

표 16-3 모르타르의 배합(용적비)

바 탕	바르기	초벌바름	라스먹임	고름질	재벌바름	정벌바름
	부분	시멘트 : 모래	시멘트 : 모래	시멘트 : 모래	시멘트 : 모래	시멘트 : 모래 : 소석회
콘크리트, 콘크리트 블록 및 벽돌면	바닥	–	–	–	–	1 : 2 : 0
	안벽	1 : 3	1 : 3	1 : 3	1 : 3	1 : 3 : 0.3
	천장	1 : 3	1 : 3	1 : 3	1 : 3	1 : 3 : 0
	차양	1 : 3	1 : 3	1 : 3	1 : 3	1 : 3 : 0
	바깥벽	1 : 2	1 : 2	–	–	1 : 2 : 0.5
	기타	1 : 2	1 : 2	–	–	1 : 2 : 0.5
각종 라스바탕	안벽	1 : 3	1 : 3	1 : 3	1 : 3	1 : 3 : 0.3
	천장	1 : 3	1 : 3	1 : 3	1 : 3	1 : 3 : 0.5
	차양	1 : 3	1 : 3	1 : 3	1 : 3	1 : 3 : 0.5
	바깥벽	1 : 2	1 : 2	1 : 3	1 : 3	1 : 3 : 0
	기타	1 : 3	1 : 3	1 : 3	1 : 3	1 : 3 : 0

주) 1. 와이어라스의 라스먹임에는 다시 왕모래 1을 가해도 된다. 다만, 왕모래는 2.5~5mm 정도의 것으로 한다.
2. 모르타르정벌바름에 사용하는 소석회의 혼합은 담당원의 승인을 받아 가감할 수 있다. 소석회는 다른 유사재료로 바꿀 수 있다.
3. 시공상 필요할 경우는 라스먹임에 여물을 혼합할 수 있다.
4. 초벌바름과 라스먹임은 택일할 수 있다.

바름두께의 표준은 표 16-4에 따른다. 마무리두께는 특기시방에 따르며, 단, 천장, 채양은 15mm 이하, 기타는 15mm 이상으로 한다. 바름두께는 바탕의 표면부터 측정하는 것으로서 라스먹임의 바름두께를 포함하지 않는다. 또한 1회의 바름두께는 바닥의 경우를 제외하고 6mm를 표준으로 한다. 다만, 메탈라스 및 와이어라스의 라스먹임의 경우는 제외한다.

표 16-4 바름두께의 표준

(단위 : mm)

<table>
<tr><th rowspan="2">바 탕</th><th rowspan="2">바르기 부분</th><th colspan="6">바름두께</th></tr>
<tr><th>초벌바름</th><th>라스먹임</th><th>고름질</th><th>재벌바름</th><th>정벌바름</th><th>합 계</th></tr>
<tr><td rowspan="6">콘크리트, 콘크리트 블록 및 벽돌면</td><td>바닥</td><td>–</td><td>–</td><td>–</td><td>–</td><td>24</td><td>24</td></tr>
<tr><td>안벽</td><td>7</td><td>7</td><td>–</td><td>7</td><td>4</td><td>18</td></tr>
<tr><td>천장</td><td>6</td><td>6</td><td>–</td><td>6</td><td>3</td><td>15</td></tr>
<tr><td>차양</td><td>6</td><td>6</td><td>–</td><td>6</td><td>3</td><td>15</td></tr>
<tr><td>바깥벽</td><td>9</td><td>9</td><td>–</td><td>9</td><td>6</td><td>24</td></tr>
<tr><td>기타</td><td>9</td><td>9</td><td>–</td><td>9</td><td>6</td><td>24</td></tr>
<tr><td rowspan="5">각종 라스 바탕</td><td>안벽</td><td colspan="2" rowspan="5">라스 두께보다 2mm 내·외 두껍게 바른다.</td><td>7</td><td>7</td><td>4</td><td>18</td></tr>
<tr><td>천장</td><td>6</td><td>6</td><td>3</td><td>15</td></tr>
<tr><td>차양</td><td>6</td><td>6</td><td>3</td><td>15</td></tr>
<tr><td>바깥벽</td><td>0～9</td><td>0～9</td><td>6</td><td>24</td></tr>
<tr><td>기타</td><td>0～9</td><td>0～9</td><td>6</td><td>24</td></tr>
</table>

16-5-4 시 공

(1) 재료의 비빔 및 운반

시멘트와 모래를 혼합하고 물을 부어서 잘 섞는다. 혼화재료로서 분말모양의 것은 섞을 때에 그대로 혼입하고 합성수지계 혼화제, 방수제 등 액상의 것은 미리 물과 섞는다. 비빔은 기계로 하는 것을 원칙으로 한다.

(2) 초벌바름 및 라스먹임

흙손으로 충분히 누르고 눈에 띌만한 빈틈이 없도록 한다. 바른 후에는 쇠갈퀴 등으로 전면을 거칠게 긁어 놓는다. 합성형 거푸집을 사용한 콘크리트 바탕 등으로 너무나 평활한 것 또는 경량콘크리트블록 등으로 흡수가 지나친 것은 시멘트풀에 혼화재를 혼입하거나, 접착재를 사용하여 바르는 방법 등을 사용하여 접착력을 확보하기 위한 대책을 강구한다.

초벌바름 또는 라스먹임은 2주일 이상 가능한 한 장기간 방치하여 바름면 또는 라스의 이은 곳 등에 생기는 흠이나 균열을 충분히 발생시키고, 심한 틈새가 생기면 덧먹임을 한다.

(3) 고름질

바름두께가 너무 두껍거나 얼룩이 심할 때는 고름질을 한다. 초벌바름에 이어서 고름질을 한 다음에는 초벌바름과 같은 방치기간을 둔다.

(4) 재벌바름

재벌바름에 앞서 구석, 모퉁이, 개탕 주위 등은 규준대를 대고, 재벌바름은 규준대 바름과 병행하여 평탄한 면으로 바르고 다시 잣대 고르기를 한다.

(5) 정벌바름

재벌바름의 경화정도를 보아 정벌바름은 면 개탕 주위에 주의하고 얼룩, 처짐, 돌기, 들뜸 등이 생기지 않도록 바른다.

(6) 두번바름공법

바탕에 심한 요철이 없고 마무리 두께가 20mm 이하의 천장, 벽 등은 초벌바름 후 재벌바름을 하지 않고 정벌바름을 하는 경우가 있다. 이 경우는 초벌바름 위에 정벌 밑바름을 하여 수분이 빠지는 정도를 보아서 윗바름을 하고 잣대 고름질로 마무리한다.

(7) 한번바름공법

평탄한 바탕면으로 마무리 두께 10mm 정도의 천장, 벽, 기타(바닥을 제외한다)는 1회로 마무리하는 경우가 있다. 이 경우에는 바탕면에 시멘트풀을 바르고 거기에 정벌바름의 배합으로 밑바름하며 수분이 빠지는 정도를 보아 윗바름하고 잣대 고름질로 마무리한다.

(8) 마무리

1) 쇠흙손 마무리

쇠흙손으로 바르고, 나무흙손으로 눌러 고르고, 쇠흙손으로 마무리한다. 이 경우 평활한 마무리면을 얻기 위해서 무기질 혼화제 등을 혼합한 배합표 16-3의 정벌바름으로 하고 모래의 양을 줄이지 않도록 한다.

2) 나무흙손 마무리

쇠흙손으로 바르고, 나무흙손으로 고르고 마무리한다. 뿜기 바탕에 적합하다.

3) 솔질 마무리

쇠흙손으로 바르고, 나무흙손으로 고르고, 마른 솔로 마무리한다. 이 경우 가능한 한 솔에 물이 많이 묻지 않도록 한다.

4) 긁어 만든 거친면 마무리

① 거친면 마무리 재료는 화강석, 대리석, 녹자갈 등의 색이 있는 자갈, 개천모래, 시

멘트, 백시멘트, 착색시멘트, 소석회, 돌로마이트플라스터 등에서 고른다.

② 보통시멘트 또는 백시멘트, 착색시멘트의 양은 돌로마이트플라스터, 안료 등(골재를 제외한다)의 합계량 이상으로 한다.

③ 재벌바름까지는 보통 모르타르의 경우와 같게 하고, 그 위에 두께 약 6mm 이상으로 바른 다음, 그 정도에 따라 흙손, 쇠빗, 솔 등의 기구로 얼룩이 없도록 긁어내어 마무리한다.

5) 기타 거친면 마무리

전항의 재료 또는 기배합 재료를 섞어 바탕처리를 한 콘크리트면에 두께 6~8mm로 바르고, 흙손으로 긁거나 모양을 만들고, 다시 그 면을 흙손 등으로 눌러 거친면으로 마무리한다. 눌러 바른 다음 합성수지도료 등으로 마무리 칠을 할 때는 2일 이상을 둔다.

6) 색모르타르바름 마무리

백시멘트에 안료를 섞어 바름 마무리하는 것으로 재벌바름까지는 보통 모르타르의 경우와 같게 하고 그 위에 5mm 이상 바른다.

7) 콘크리트 벽면, 천장면 제물 마무리

콘크리트 천장 및 내외벽 등의 제물 마무리할 면을 숫돌로 고르게 갈아낸 다음, 제물 마무리재(합성수지 혼화제)를 롤러 또는 붓으로 칠한 후, 제물 마무리재 제조업자가 지정한 시간 경과 후 제조업자가 지정한 방법에 의하여 마무리한다.

(9) 바닥바르기

1) 바닥바름

콘크리트 바닥면에 모르타르를 바를 때에는 바탕 표면의 레이턴스, 오물, 부착물 등을 제거하고 잘 청소한 뒤에 발라야 하며 물이 고인 상태에서 바르면 안된다. 바닥바름은 시멘트풀을 충분히 문지르고 잘 고른 다음 수분이 아주 적은 된비빔 모르타르를 쇠흙손으로 발라 표면의 수분 정도를 보아 잣대 고름질을 하고, 물매에 주의하여 나무흙손으로 고르고 쇠흙손으로 마무리한다.

2) 바닥콘크리트 제물 마무리

① 된비빔 콘크리트를 사용할 때는 콘크리트를 다짐기 또는 진동기로 다지고 다시 잣대와 나무흙손으로 고른 다음, 물이 빠지는 정도를 보아 기계흙손 또는 쇠흙손으로 문질러 마무리한다.

② 콘크리트의 내마모성을 향상시키거나 착색을 목적으로 시멘트, 골재, 안료 등으로 된 표면 마무리 재료를 사용할 때에는, 콘크리트가 굳기 전에 균등히 살포하고, 콘크리트가 수분을 흡수하는 정도를 보아가며 쇠흙손으로 문질러서 마무리한다. 마무리 정도는 깔바탕, 붙임바탕, 바름바탕, 방수바탕 등 용도에 따라 다르므로 특기

시방에 따른다.

(10) 줄눈설치

모르타르의 수축에 따른 흠, 갈라짐을 고려하여 적당한 바름면적에 따라 줄눈을 설치하고 줄눈의 종류는 특기시방에 따르며, 일반적으로는 누름줄눈으로 한다. 줄눈대를 쓸 때에는 미리 줄눈 나누기에 따라 줄눈대를 설치하고, 벽, 바닥 등에서 목재 줄눈대를 쓸 경우는 마무리 한 후, 줄눈대를 뽑아내고 지정한 재료로 줄눈에 다져 넣는다.

(11) 비드설치

시멘트모르타르의 각진 면, 모서리면, 구석면 등을 보호하기 위하여 비드(bead)를 설치한다.

비드의 종류로는 모서리용의 코너비드, 단부용의 케이싱비드, 걸레받이용 베이스비드, 조인트비드, 줄눈비드 등이 있다.

16-6 인조석 및 테라조 바름

16-6-1 재 료

인조석 바름은 백시멘트, 종석, 돌가루, 안료 등을 혼합하여 마감바름하고, 씻어내기, 갈기, 잔다듬 등으로 마무리한 것을 말하며, 테라조 바름은 갈기의 일종으로 인조석 바름보다 종석이 큰 것을 사용하여 갈아낸 것을 말한다. 이 두 가지 모두를 테라조라고 하기도 한다.

여기에 사용되는 재료로는 시멘트, 모래, 물과 안료, 종석 그리고 줄눈대 등이 있다.

종석은 보통 대리석, 화강석 등의 부순돌, 부순모래로서 단단하고 미려한 것으로 크기는 다음 표 16-5와 같다.

표 16-5 종석의 크기

인조석용 종석		테라조용 종석	
5mm체 통과분	100%	15mm체 통과분	100%
2.5mm체 통과분	50%	5mm체 통과분	50%
1.2mm체 통과분	0%	2.5mm체 통과분	0

주) 1. 바닥심기용 콩자갈은 직경 3cm 이상의 것으로 한다.
2. 종석은 지나치게 납작하거나 얇지 않은 것으로 한다.

16-6-2 바 탕

적용하는 바탕은 시멘트모르타르, 콘크리트, 프리캐스트콘크리트, 콘크리트블록, 목모 시멘트판 및 목편 시멘트판 등이다. 콘크리트, 콘크리트블록 등의 바탕은 표 16-3의 초벌바름 모르타르로 수평으로 처리하고, 긁은 후 2주간 이상 가능한 한 오래 방치한다. 바탕은 미장하기 전에 잘 청소하고, 콘크리트, 콘크리트블록 바탕 등은 미리 물로 습윤하게 하고, 바탕의 물건기를 보고 초벌바름한다.

16-6-3 배합 및 바름두께

배합(용적비) 및 바름두께 표준은 표 16-3에 따른다. 인조석 바름에서 초벌, 재벌바름의 배합 및 바름두께는 시멘트모르타르 바름과 같고, 인조석 정벌바름과 테라조 바름의 배합 및 바름두께는 다음 표 16-6을 표준으로 한다.

표 16-6 인조석 바름의 배합(용적비) 및 바름두께

<table>
<tr><th colspan="2">종 별</th><th>바름층</th><th>시멘트</th><th>모 래</th><th>시멘트, 백시멘트 또는 착색 시멘트</th><th>종 석</th><th colspan="2">바름두께 (mm)</th></tr>
<tr><td colspan="2">인조석 바름</td><td>정벌바름</td><td>-</td><td>-</td><td>1</td><td>1.5</td><td colspan="2">7.5</td></tr>
<tr><td rowspan="4">바닥 테라조 바름</td><td rowspan="2">접착공법</td><td>초벌바름</td><td>1</td><td>3</td><td>-</td><td>-</td><td>20</td><td rowspan="2">35</td></tr>
<tr><td>정벌바름</td><td>-</td><td>-</td><td>1</td><td>3</td><td>15</td></tr>
<tr><td rowspan="2">절연공법</td><td>초벌바름</td><td>1</td><td>4</td><td>-</td><td>-</td><td>45</td><td rowspan="2">60</td></tr>
<tr><td>정벌바름</td><td>-</td><td>-</td><td>1</td><td>3</td><td>15</td></tr>
</table>

주) 1. 인조석 갈아내기 현장바름 마감의 갈아내기 공정에서 눈먹임에 사용하는 시멘트풀은 정벌바름의 배합에서 종석을 제외한 시멘트풀을 사용한다.
2. 벽의 인조석 바름 씻어내기 마무리 등에서는 시멘트 1종 0.3~0.4 (용적비)를 정벌바름용 소석회 등으로 대치한다.
3. 바닥면의 콩자갈 마무리에는 인조석 바름의 배합을 사용하지만 종석 대신 모래를 쓴다.
4. 인조석 바름에서 잔다듬 마무리의 바름두께는 9mm 내외로 한다.

16-6-4 시 공

(1) 테라조 바르기의 줄눈나누기

테라조 바르기의 줄눈 나누기는 $1.2m^2$ 이내로 하며, 최대 줄눈 간격은 2m 이하로 한다. 또 필요한 경우에는 줄눈을 표시한 시공도를 제출한다.

(2) 시멘트와 안료의 혼합

시멘트와 안료는 분말상태로 정확히 계량하여 잘 혼합하여 둔다. 그리고 지정색과 같이 되도록 테라조 재료와 잘 섞는다.

(3) 인조석 바름

① 인조석 바름이 벽일 때에는 재벌바름까지의 모르타르는 시멘트모르타르바름에 따른다. 정벌바름은 재벌바름의 경화정도를 살펴서 미리 시멘트풀 또는 배합비 1:1인 모르타르를 3mm 정도 바르고 실시한다.

② 바닥일 때에는 시멘트풀을 문질러 칠한 후 이어서 배합비 1:3 모르타르로 두께 약 15mm의 초벌바름하고 정벌바름을 한다.

③ 줄눈은 줄눈 나누기를 하여 줄눈대를 시멘트풀 또는 모르타르로 고정시킨다.

④ 인조석 바르기 마감은 다음에 따르고, 인조석 바름 씻어내기 및 갈아내기 마감의 정벌바름은 특히 종석 입자의 돌 배열이 균일하게 되도록 눌러 바른다.

㉠ 인조석 바름 씻어내기 마감

인조석 바름 씻어내기 마감일 때는 정벌바름 후 솔로 2회 이상 씻어내고, 돌의 배열을 조정하여 흙손으로 누른다. 그 후 물걷기의 정도를 보아 맑은 물로 씻어내고 마감한다.

㉡ 인조석 갈아내기 마감

인조석 갈아내기 마감일 때에는 정벌바름 후 시멘트 경화정도를 보아 초벌갈기, 재벌갈기를 하고 눈먹임 칠을 한 후 경화되면 마감갈기를 한다. 광내기 마감할 때는 220번 금강석 숫돌로 갈고 마감숫돌로 마감한 후 왁스 등으로 광을 낸다.

㉢ 인조석 바름, 잔다듬, 기타 이에 준하는 모조석 마감일 때에는 경화정도를 보아 도드락 망치로 두들겨 마감한다.

⑤ 치장줄눈 마감은 마감면이 긁히지 않도록 줄눈대를 살며시 빼낸다. 만일 긁혔을 때에는 보기 싫지 않도록 손질을 한다. 줄눈은 시멘트와 모래 또는 한수석분 1 : 1(용적비)의 모르타르를 잘 밀어 넣어 마감한다.

(4) 콩자갈 깔기 바닥 마감

콩자갈 입경의 2/3 정도 바름두께로 모르타르를 바른 후 즉시 콩자갈을 입경의 약 1/2 이상을 보기 좋게 배열하고 흙손으로 눌러 평탄하게 한다.

(5) 테라조 바름

1) 재료의 혼합

테라조 바름재료는 초벌바름이나 정벌바름이나 다같이 잘 혼합하여 된비빔으로 갠다. 바닥일 때는 쌓아 놓아도 흘러내리지 않는 정도로 한다.

2) 줄눈대의 설치

바닥테라조의 줄눈마감을 달리할 때의 경계 문양 등에는 황동(놋쇠)제의 앵커가 붙은 줄눈대를 사용하고, 줄눈대의 앵커에는 미리 전길이에 대하여 졸대 등을 끼워 줄눈 나누기에 따라 초벌바름 전에 앵커고정모르타르로 고정시킨다.

3) 초벌바름

① 접착공법

바탕을 미리 청소하고, 실러(sealer)바름 또는 물축이기를 한 후, 시멘트풀을 문질러 바르고 이어서 초벌바름모르타르를 바른다. 바닥일 때는 되도록 된비빔의 것을 쇠흙손으로 힘껏 눌러 바르고 긁어 놓는다.

② 절연공법

테라조바름의 마감두께가 일정하게 되도록 바탕고르기를 하고, 줄눈 나누기에 따라 줄눈대를 고정시킨다. 건조한 모래를 5mm 두께 정도로 평활하게 깔고, 그 위에 아스팔트펠트 또는 아스팔트루핑을 깔아 바르고 용접철망 또는 크림프(crimp) 철망을 깔고 테라조 정벌마감 두께만큼을 남기고 바탕모르타르를 눌러 바른 다음 그 표면을 긁어 놓는다.

4) 정벌바름

초벌바름의 물걷기를 보아 이어서 정벌바르기를 한다. 정벌바름은 갈아내기 마감 후 돌의 배열이 균등하게 되도록 갈아내기 두께를 고려하여 평활하게 마감한다. 바닥일 때는 된비빔의 것을 나무망치로 두들겨 다지거나 롤러 또는 진동기를 사용하여 다지고 쇠흙손으로 고른다. 벽면일 때는 정벌바름과 같은 색깔의 시멘트풀을 칠한 후 뒤따라 정벌바름을 한다. 이때에도 되도록 된비빔의 재료를 쇠흙손으로 힘껏 눌러 바른다.

5) 마　감

테라조를 바른 후 시공시기, 배합에 따라 손갈기일 때는 2일 이상, 기계갈기일 때는 5~7일 이상 경과한 후 경화정도를 보아 갈아내기를 한다. 벽면 이외는 기계갈기로 하고 돌의 배열이 균등하게 될 때까지 갈아 낮춘다. 눈먹임, 문지르기를 수회 반복하되 숫돌은 점차로 눈이 고운 것을 사용한다. 최종마감은 마감 숫돌로 광택이 날 때까지 갈아낸다. 수산으로 때를 벗겨내고 헝겊으로 문질러 손질한 후, 바탕이 오염되지 않게 육송 혹은 미송 톱밥을 3mm 정도 깔아 양생한 후 최후 공정으로 왁스 등을 발라 마감한다. 조절줄눈 충전재는 지정색 또는 검은색의 네오프렌으로 하고 팽창줄눈의 충전재는 탄성이 있는 채움재로 한다.

16-7 석고플라스터 바름

16-7-1 재 료

석고플라스터 바름은 석고플라스터와 모래를 주재료로 한 옥내 바름벽 재료이다. 석고플라스터는 경화가 빠르고 단단하며, 경화에 따른 수축이 거의 없으므로 균열발생의 위험이 적은 반면 경화된 후라도 물에 젖으면 연화하는 성질이 있으므로 외벽이나 수분, 습기가 많은 지하실, 욕실, 부엌 또는 항시 고온을 받는 덕트의 주변 등에는 사용하지 않는다.

석고플라스터 바름에 사용되는 재료로는 혼합석고플라스터, 보드용 석고플라스터, 경석고플라스터 및 기배합 석고플라스터와 같은 석고플라스터와 포졸란, 플라이애쉬 등을 혼화한 골재, 물, 혼화제 및 바탕조정제 그리고 여물, 종려잎, 무기(유기)질 섬유류 등과 같은 보강재료 등이 있다.

16-7-2 바 탕

사용하는 바탕은 시멘트모르타르, 콘크리트, 프리캐스트콘크리트, 콘크리트블록, ALC패널, 강제철망, 라스시트, 목모시멘트판, 목편시멘트판, 목재라스 등이다.

바탕처리는 콘크리트, 콘크리트블록 등의 바탕에서 덧붙임 손질을 요하는 것은 현장타설 콘크리트에 따르고, 플라스터에서 덧붙임 손질을 하는 경우는 최대 두께 9mm 이내로 한다.

ALC패널 바탕은 표면을 청소하고, 바탕의 흡수를 처리하기 위해 프라이머로서 합성수지에멀션 등을 도포하고 제조업자가 지정하는 시간내에 초벌바름을 실시한다.

평활한 콘크리트 등의 바탕면은 접착성의 향상을 목적으로 하여 합성수지에멀션 등을 도포하든가 또는 시멘트풀에 합성수지에멀션을 혼입한 것을 바름하여 거칠게 한다.

시멘트모르타르면은 양생기간을 충분히 두든가 충전재 바름을 하고, 알칼리에 의한 경화불량이 발생하지 않도록 한다.

16-7-3 석고플라스터 배합 및 바름두께

혼합석고플라스터 및 보드용 석고플라스터의 배합(용적비) 및 각 층의 바름두께는 다음 표 16-7에 따른다.

표 16-7 초벌바름의 배합 및 바름두께

바 탕	시공개소	플라스터(초벌바름용)	모 래	바름두께(mm)
콘크리트 콘크리트블록 PC패널	벽	1	1.5	6~9
메탈라스철망 목모시멘트판 목편시멘트판	천장	1	1	6
석고라스보드	벽	1	1.5	6
석고보드	천장	1	1	6
ALC패널	벽	1	1.5	6

주) 1. 용적비는 가볍게 채운 상태의 용적을 표준으로 한다. 플라스터의 단위중량은 혼합석고플라스터 0.75kg/*l*, 보드용 석고플라스터 0.9kg/*l* 정도로 한다.
2. 방청처리를 하지 않은 메탈라스 또는 철망바탕에는 라스먹임으로 모르타르 바름(1:5)을 한다.
3. 초벌바름용으로 시멘트모르타르를 쓸 때는 표 16-3에 따른다.
4. ALC패널 바탕은 바탕의 흡수를 조정하기 위하여 합성수지에멀션 바름 등 외에 수용성 고분자 따위를 혼화제로 쓴다.
5. 석고보드 및 석고라스보드의 초벌바름은 보드용 플라스터만을 사용한다.
6. 작업상 플라스터 25kg에 대하여 250g 정도의 백모 여물을 가하여도 좋다.

표 16-8 고름질, 재벌바름의 배합(용적비) 및 바름두께

바름층	시공개소	플라스터	모 래	바름두께(mm)
고름질, 재벌바름	벽	1	2	5~7
	천장	1	1.5	5~7

표 16-9 정벌바름의 배합(용적비) 및 바름두께

바름층	혼합석고플라스터 (정벌바름용)	보드용 석고 플라스터	한수석 가루(寒水石粉)(1mm 입경) 또는 깨끗한 잔모래	바름두께 (mm)
정벌바름	1	—	—	1.5
페인트칠, 벽지 바르기의 바탕 이외는 정벌바름	—	1	0.1~0.5	3~4

16-7-4 시 공

(1) 재료의 혼합반죽

1) 초벌바름 및 재벌바름용 혼합반죽

① 기계비빔

계량된 모래를 믹서에 넣고 소정량의 플라스터를 가하여 물 없이 잘 섞은 다음, 물을 가하여 고르게 섞일 때까지 충분히 반죽한다.

② 손비빔

계량된 모래, 플라스터를 물 없이 잘 섞은 다음, 물을 가하여 기계비빔과 같이 잘 반죽한다.

2) 정벌바름용 반죽

정벌바름용 석고플라스터에 물을 가하여 균일하게 될 때까지 충분히 비빈다. 페인트칠, 벽지바르기 바탕용 반죽은 초벌바름, 재벌바름과 같이 한다.

3) 반죽의 가용시간

혼합석고플라스터, 보드용 플라스터는 물을 가한 후 초벌바름, 재벌바름은 2시간 이상, 정벌바름은 1시간 30분 이상 경과한 것은 사용할 수 없다.

4) 반죽상의 주의

① 반죽용 물은 청정한 담수로서 직접 공급되거나 전용 용기에 저장한 것을 쓰고, 다른 용도에 쓰인 것은 사용하지 않도록 한다.

② 반죽된 재료는 모래에 수분이 있으므로 섞은 후 2시간 이내에 사용한다.

③ 믹서, 반죽통에 남은 모르타르, 돌로마이트플라스터 등이 부착된 것을 제거하지 않은 채 그대로 사용할 수 없다. 또한, 혼합시마다 청소를 한 다음 사용하도록 한다.

(2) 초벌바름 및 라스먹임

콘크리트, 콘크리트블록 바탕의 경우는 바탕의 건조 정도를 보아 필요에 따라서 물을 뿌리고, 초벌바름 및 라스먹임은 흙손으로 눌러 충분히 바탕에 스며들게 하면서 바르고 표면을 긁어 놓는다. 초벌바름이 시멘트모르타르바름인 경우에는 1주일 이상 양생하도록 한다.

개구부 주변, 보드의 이음새, 기타 균열이 생길 우려가 있는 곳에는 종려털, 종려잎 또는 방청처리한 메탈라스 등을 초벌바름 속에 넣고 바르거나 또는 초벌바름면에 뿌려 바른다. 초벌바름의 수분이 빠지는 정도를 보아 긁어 놓는다.

(3) 고름질 및 재벌바름

고름질은 초벌바름의 수분이 빠지는 정도를 보아 뒤따라서 발라도 좋다. 재벌바름은 초벌바름면에 접착을 충분히 하고, 표면은 정벌바름하기 위하여 평탄하게 해야 하며, 적당한 거친 면이 되도록 해야 한다. 바를 때는 얼룩이 없게 바르며, 나온 모서리, 들어간 구석, 개탕 주위는 규준대를 대고 정확하게 바른 다음, 굳기의 정도를 보아 나무 흙손으로 문질러 평탄하게 한다.

(4) 정벌바름

정벌바름은 재벌바름이 반쯤 건조된 후 밑바르기, 윗바르기 두 공정으로 하여 쇠흙손으로 눌러서 충분하게 바르고, 수분이 빠지는 정도를 보아 마무리하고 흙손자국이 없도록 평활하게 마무리한다.

(5) 엷게 바르기 공법

평탄한 바탕면에서 마무리 두께를 10mm 이하로 할 경우에는 초벌바름 후에 재벌바름을 생략하고 정벌바름을 할 때가 있다. 초벌바름은 정벌바름 예정 두께 1.5～3mm를 띄우고 바탕면에 흙손으로 충분히 눌러 바르며 나온 모서리, 들어간 구석, 개탕 주위 등은 규준대를 대고 정확히 바른다. 초벌바름의 수분이 빠지는 정도를 보아 쇠흙손으로 평활하게 마무리 한다.

골재나 수용성 고분자수지에멀션 등을 배합한 특수 석고플라스터를 써서 마무리 두께 10mm 이하로 마무리 할 경우에는, 그 제조업자의 시방에 의하여 사용한다. 특히, 흡수가 큰 ALC면의 콘크리트패널 또는 평활한 바탕 등은 바탕을 청소한 다음 바탕처리한다. 평탄한 바탕면에서 특히 흡수가 심한 바탕이나 평활한 면의 콘크리트 바탕 등에 마무리 두께를 5mm 정도로 할 경우에는 바탕의 성질에 적합한 골재 및 수용성 고분자수지에멀션 등을 배합한 특수한 석고플라스터를 사용한다. 바르기에 앞서 바탕의 청소를 하여 전면에 얇게 바탕 문지르기를 하고 뒤따라서 소정의 마무리는 시방에 따라 들어간 구석, 나온 모서리, 개탕 주위에 규준대를 정확히 설치하고 표면의 굳기 정도를 보아 마무리 흙손으로 평활하게 마무리 한다.

16-7-5 주의사항

(1) 통 풍

바름작업중에는 될 수 있는대로 통풍을 방지하고, 작업 후에도 석고가 굳어질 때까지는 심한 통풍을 피하도록 한다. 그 후는 적당한 통풍으로 바름면을 건조시킨다.

(2) 한중공사

실내온도가 2℃ 이하일 때는 공사를 중단하거나 난방하여 5℃ 이상으로 유지한다. 정벌바름 후 난방할 때는 바름면이 오염되지 않도록 주의한다. 또한 실내를 밀폐하지 않고 가열과 동시에 환기하여 바름면이 서서히 건조되도록 한다.

16-8 돌로마이트플라스터 바름

16-8-1 재 료

돌로마이트플라스터는 돌로마이트플라스터, 모래, 여물을 주재료로 하여 물을 섞어 반죽한 옥내 바름벽 재료로서 공기중의 탄산가스와 화합하여 경화하는 기경성이며, 마무리는 회반죽과 비슷하나 풀을 사용하지 않는다.

돌로마이트플라스터는 점도가 높아 시공이 쉬우며 값이 싼 반면 경화가 늦고 수축이 크므로 균열 발생이 쉬운 결점이 있다. 또 강도, 경도, 박리의 점에서는 석고플라스터보다 뒤떨어진다. 시멘트, 모래, 물, 안료는 시멘트모르타르 바름의 재료에 따르고, 여물은 섬유가 질기고 불순물이 없는 것으로 잘 씻어서 말려 충분히 건조된 것을 사용해야 한다.

수염은 주로 청마가 이용되며 개탕 주위용은 길이 35cm 내외로 100개당 중량이 65g 내외의 것으로 하고, 종려털 및 종려잎은 섬유가 튼튼하고 길이 15cm 내외의 것으로 한다.

16-8-2 배합 및 바름두께

배합(용적비) 및 각 바름두께의 표준은 표 16-10에 따른다.

표 16-10 초벌바름 배합(용적비) 및 바름두께

바 탕	시공개소	돌로마이트플라스터 (초벌바름용)	시멘트	모 래	백모짚 여물(플라스터 25kg에 대하여)(g)	바름두께 (mm)
콘크리트 콘크리트블록 프리캐스트 콘크리트부재 강재철망 목모시멘트판 목편시멘트판	벽 천장 채양	1	0.2	2	600	6
ALC패널	벽	1	0.2	1.5～2.0	600	5

표 16-11 얼룩교정 재벌바름의 배합(용적비) 및 바름두께

바름층	돌로마이트플라스터 (초벌바름용)	시멘트	모래	백모질 여물(플라스터 25kg에 대하여)(g)	바름두께(mm)	
					천장	벽
교정재벌바름	1	0.1	2	600	5	7.5

표 16-12 정벌바름의 배합(용적비) 및 바름 두께

바름층	돌로마이트플라스터 (정벌바름용)	삼여물 (플라스터 25kg에 대하여)(g)	바름두께(mm)
정벌바름	1	600	1.5

16-8-3 시 공

(1) 바탕처리

① 콘크리트, 콘크리트블록 등의 바탕으로서 덧먹임 손질이 필요한 곳은 콘크리트블록 및 벽돌 바탕에 따른다.

② ALC패널 바탕은 표면을 청소하고 바탕의 흡수를 조정하기 위한 합성수지에멀션을 바르며, 제조업자의 시방이 지정하는 시간 내에 초벌바름한다.

③ PC패널 등의 평활한 바탕면에 돌로마이트플라스터 초벌바름할 때에는 합성수지에멀션을 바른 후 시멘트풀을 칠하고 나서, 초벌바름에 들어간다.

(2) 수염붙이기

수염의 간격을 300mm 이하 마름모로 배열하고 벽은 초벌바름 직후에, 천장 및 채양은 초벌바름 전에 붙여 대고, 초벌바름과 고름질 또는 재벌바름면에 각각 반씩 부채형으로 벌려서 눌러 붙인다. 창문 주위 등은 벽쌤, 갓둘레에는 벽쌤용 수염을 간격 150mm 이하 한 줄로 배열하여 천장, 벽 등의 공법에 준하여 시공한다.

(3) 재료의 반죽

① 초벌바름 및 재벌바름용 반죽

㉠ 기계비빔 : 소량의 돌로마이트플라스터와 물을 믹서에 넣고, 소정량의 여물을 넣어 반죽한다. 그리고 남은 돌로마이트플라스터와 소정량의 시멘트 모래 및 물을 넣어 고르게 될 때까지 충분히 반죽한다.

㉡ 손비빔 : 여물을 잘 비벼서 소량의 물과 돌로마이트플라스터와 함께 잘 섞어서 고른 여물액을 만든다. 남은 돌로마이트플라스터와 소정량의 시멘트 및 모래

를 그대로 섞은 다음 물을 넣어 기계비빔과 같은 정도로 될 때까지 고르게 반죽한다.

② 정벌바름 반죽

소량의 정벌바름용 돌로마이트플라스터에 물을 넣고 소정량의 여물을 넣어 고르게 섞은 다음 다시 정벌바름용 돌로마이트플라스터와 물을 조금씩 넣으며 고르게 반죽한다. 정벌바름용 반죽은 물과 혼합하고 나서 12시간 정도 지난 다음 사용하는 것이 바람직하다.

③ 시멘트와 혼합하여 2시간 이상 경과한 것을 사용할 수 없다.

(4) 초벌바름 및 라스먹임

콘크리트, 콘크리트블록 바탕의 경우는 물뿌리기를 한다. 초벌바름 또는 라스먹임은 흙손으로 충분히 눌러 바탕 사이에 밀어 넣으면서 바르고 표면을 긁어놓는다.

(5) 고름질

고름질은 초벌바름 후 10일 이상 두어 초벌바름면이 건조한 다음, 면에 얼룩이 없도록 고르게 바른다. 졸대 바탕의 고름질은 초벌바름의 물걷기를 살펴 시공하고 고름질이 충분히 건조되어 졸대의 진물이 배어나오고 건조수축된 다음 재벌바름한다.

(6) 재벌바름

초벌바름에 갈램금이 없을 때에는 고름질한 후 5일 이상, 갈램금이 생겼을 때에는 고름질한 후 10일 이상 두어 고름질면의 건조를 기다려 갈램이 일어나지 아니함을 확인한 다음 재벌바름한다. 재벌바름할 때에는 모서리, 구석, 개구부, 갓둘레 기타 요소에 규준대를 정확히 대고 벽쌤 갓둘레는 줄바르고 면이 일정하게 바른다.

(7) 정벌바름

재벌바름이 어느 정도 건조된 다음에 정 바름한다. 지나치게 건조한 때에는 적당히 물을 뿌리고 정벌바름한다. 정벌바름은 흙손자국이 생기지 않도록 잘 마무리하고 표면이 상하지 않을 정도로 굳어진 다음 솔에 맑은 물을 적셔서 직선으로 운행하여 표면의 흙손광택을 지운다.

16-8-4 주의사항

(1) 통 풍

바름작업중에는 될 수 있는 대로 통풍을 피하는 것이 좋으나 초벌바름 후, 고름질 후, 특히 정벌바름 후에는 적당히 환기하여 바름면이 서서히 건조되도록 한다.

(2) 한중공사

실내온도가 5℃ 이하일 때는 공사를 중단하거나, 난방하여 5℃ 이상으로 유지한다. 정벌바름 후 난방할 때는 바름면이 오염되지 않도록 주의한다. 또한 실내를 밀폐하지 않고 가열과 동시에 환기하여 바름면이 서서히 건조되도록 한다.

16-9 회반죽 바름

16-9-1 재 료

회반죽은 소석회와 해초풀을 주성분으로 하고, 여기에 모래, 여물 등을 섞어 반죽하여 바른다. 해초풀은 봄이나 가을에 채취하여 1년 정도 건조시킨 것으로서 뿌리나 줄기를 제거한 것을 끓이면 점성이 있는 액상으로 되며, 이때에 불용해분이 중량으로 25% 이하의 것으로 한다. 종려잎은 길이 15cm 내외의 것으로 한다.

바탕은 콘크리트, 콘크리트블록, 프리캐스트콘크리트, ALC패널, 흙벽, 졸대 바탕 등에 적합하다.

16-9-2 배합 및 바름두께

배합(용적비) 및 각 바름두께의 표준은 표 16-13(1)~(3)에 따른다. 마무리 두께 및 A, B의 구별은 특기시방에 따른다. 일반적인 경우의 바름두께는 벽에서는 15mm, 천장과 차양에서는 12mm로 한다.

16-9-3 시 공

(1) 바탕처리

① 콘크리트, 벽돌, 콘크리트블록 등의 바탕은 충분히 청소하고 심하게 건조하거나 흡수성이 심한 경량 콘크리트면은 미리 물축이기를 하고 바른다.

② 바름면이 심하게 매끈하여 모르타르나 회반죽 등의 부착이 곤란할 때에는 주걱으로 긁거나 정으로 쪼아 거친 면으로 만들거나, 시멘트모르타르를 두께 약 6mm로 바탕 전면에 문질러 바르고 흙손자국 또는 솔자국을 내둔다.

③ 바탕에 생긴 홈이나 갈램금은 완전히 보수하고, 심하게 두드러진 곳은 평탄하게 고르고, 우묵한 곳은 시멘트모르타르로 내살려 바르기를 하고, 2주 이상 방치한 다음 바른다.

표 16-13(1) 콘크리트 및 콘크리트블록 바탕에서의 회반죽 바름

마무리 두께(mm)	시공 개소	바름층	소석회		모래	해초(소석회 20kg에 대하여)(g)	짚(소석회 20kg에 대하여)(g)		바름두께 (mm)
			초벌	재벌			백모여물	건조여물	
18	벽	초벌	1	–	0.1	1,000	900	–	2.5
		고름질	1	–	1	900	800	–	7.0
		덧먹임	–	1	0.2	800	700	–	2.5
		재벌	–	1	0.7	700	700	–	4.5
		정벌	–	1	–	500	–	400	1.5
15	벽	초벌	1	–	0.2	900	800	–	2.0
		고름질	1	–	1	900	800	–	5.0
		덧먹임	–	1	0.2	800	700	–	1.5
		재벌	–	1	0.7	700	700	–	5.0
		정벌	–	1	–	500	–	400	1.5
	천장 차양	초벌	1	–	0.1	1,000	900	–	2.0
		고름질	1	–	0.6	900	800	–	7.0
		재벌	–	1	0.5	700	700	–	4.5
		정벌	–	1	–	500	–	400	1.5
12	벽	초벌	1	–	0.3	900	800	–	3.0
		덧먹임	–	1	0.2	800	700	–	1.5
		재벌	–	1	1.0	700	700	–	6.0
		정벌	–	1	–	500	–	400	1.5
	천장 차양 A	초벌	1	–	0.1	1,000	900	–	2.0
		고름질	–	–	0.6	900	800	–	5.5
		재벌	–	1	0.5	700	700	–	3.0
		정벌	–	1	–	500	–	400	1.5
	천장 차양 B	초벌	1	–	0.1	900	900	–	3.0
		재벌	–	1	0.6	800	700	–	7.5
		정벌	–	1	–	500	–	400	1.5

표 16 - 13(2) 졸대바탕에서의 회반죽 바름

마무리 두께(mm)	시공 개소	바름층	소석회		모래	해초(소석회 20kg에 대하여)(g)	짚(소석회 20kg에 대하여)(g)		바름두께 (mm)
			초벌	재벌			백모여물	건조여물	
18	벽	초벌	1	—	0.1	1,000	900	—	2.5
		고름질	1	—	1	900	800	—	7.0
		덧먹임	—	1	0.2	800	700	—	2.5
		재벌	—	1	0.7	700	700	—	4.5
		정벌	—	1	—	500	—	400	1.5
15	벽	초벌	1	—	0.1	1,000	800	—	2.0
		고름질	1	—	1	900	800	—	5.0
		덧먹임	—	1	0.2	800	700	—	1.5
		재벌	—	1	0.7	700	700	—	5.0
		정벌	—	1	—	500	—	400	1.5
	천장 차양	초벌	1	—	0.1	1,000	900	—	2.0
		고름질	1	—	0.2	900	800	—	7.0
		재벌	—	1	1	700	700	—	4.5
		정벌	—	1	—	500	—	400	1.5
12	벽	초벌	1	—	0.1	900	800	—	3.0
		덧먹임	—	1	0.6	800	700	—	1.5
		재벌	—	1	0.5	700	700	—	6.0
		정벌	—	1	—	500	—	400	1.5
	천장 차양 A	초벌	1	—	0.1	1,000	900	—	2.0
		고름질	—	—	0.6	900	800	—	5.5
		재벌	—	1	—	700	700	—	3.0
		정벌	—	1	—	500	—	400	1.5
	천장 차양 B	초벌	1	—		1,000	900	—	3.0
		재벌	—	1		800	700	—	7.5
		정벌	—	1		500	—	400	1.5

표 16-13(3) 흙벽 바탕에서의 회반죽 바름

시공개소	바름층	소석회 (정벌용)	모래	은행초(소석회 20kg에 대하여)(g)	건조여물(소석회 20kg에 대하여)(g)	바름두께 (mm)
내 벽	밑바름	1	0.2	600	500	2
	윗바름	1	–	500	400	1
외 벽	밑바름	1	0.2	600	500	2
	윗바름	1	–	–	400	1

주) 1. 용적비는 가볍게 채운 상태의 용적을 표준으로 하고 있다. 초벌바름용 소석회의 단위 용적중량은 0.55 kg/l 정도로 한다.
2. 듬북(角叉), 은행초 대신에 분말 듬북이나 기타 해초풀을 쓸 때는 제조업자의 시방에 따른다.
3. 외벽바름용 소석회는 돌로마이트플라스터라도 좋다. 소석회의 경우 된비빔으로 섞어서 24시간 이상 둔 것을 사용할 때에는 적당히 물을 가한 다음 잘 반죽하여 사용한다.
4. 조개석회를 사용하는 경우에 소석회 : 조개석회는 6 : 4(용적비)를 표준으로 한다.
5. 여물로서 종이여물을 사용하는 경우에는 건조여물 중량의 75%로 한다.
6. 정벌바름에 착색하는 경우의 안료 혼합량은 소석회의 5%(중량비) 이하로 한다.

(2) 재료의 조정 및 반죽

듬북 또는 은행초를 사용할 때에는 건조된 다음에 소요량을 중량으로 달아 1회 비빔분을 한 솥에 끓인다. 이때에 작업성을 고려하여 물의 소요량을 계량해서 부어 넣는다. 끓이는 동안은 너무 휘젓지 않도록 한다. 해초풀을 끓인 다음 1일 이상 방치하게 될 때에는 표면에 소량의 석회를 뿌려서 부패를 방지하며, 사용할 때는 표층 부분을 제거한 후 사용한다. 단, 석회를 뿌리더라도 2일 이상 두어서는 안된다. 해초풀의 초벌바름 및 재벌바름용은 2.5mm체 거르기를 2회 한다. 물로 묽게 할 필요가 있을 때는 다시 끓이도록 하고 섞어서 같은 해초풀로 한다.

여물은 건조된 다음 소요량을 계량하여 한솥분을 취하고, 막대기로 두들겨서 부드럽게 하며 물을 갈아가며 잘 씻은 것을 위의 체거름한 해초풀에 뜨거울 때 넣어 대나무 막대기로 잘 젓는다. 석회와 모래를 물 없이 섞은 것에 여물을 풀어 넣은 해초풀을 부어 괭이로 잘 섞는다. 이때는 물을 넣지 않는다.

분말 듬북 또는 수용성 고분자를 풀 재료로서 사용할 때에는 각 바름층마다 소정량을 계량하고 소석회, 풀 및 모래를 섞으며 그 일부에 물을 넣어서 액체와 같이 만든다. 여기에 소정량의 여물을 가하여 고른 여물액으로 하며 위의 재료와 남은 풀을 가하면서 균일하게 반죽한다.

(3) 수염붙이기

졸대바탕에 수염붙이기를 한다. 수염 간격은 벽에서 300mm 이하, 천장, 차양에서는 250mm 이하로 하고 마름형으로 배열하여 벽의 경우는 초벌바름 직후, 천장, 차양의 경우는 초벌바름 전에 달아매어 초벌바름과 고름질 또는 재벌바름면에 각각 한 가닥씩 부채꼴로 벌려 바른다. 출입구, 창의 둘레 등 벽쌤 갓둘레는 벽쌤용 수염을 사용하고, 그 간격은 150mm 이하로 하여 한 줄로 배열한다.

(4) 초벌바름

초벌바름은 바탕면에 충분히 부착되도록 바르고 표면에 거친면을 만든다. 졸대바탕의 경우에는 흙손을 종횡으로 움직여 졸대 사이에 충분히 먹여 바른다.

(5) 고름질, 덧먹임 및 재벌바름

고름질, 재벌바름은 초벌 바름 후 10일 이상 두고, 초벌바름면이 건조한 후에 평탄하게 바른다. 재벌바름시 나온 모서리, 들어간 구석, 개구부 주변, 기타의 요소는 규준대를 대고 개탕 주위에 정확히 바른다. 또한 덧먹임 및 재벌바름시에는 개구부, 모서리 기타 틈새의 갈라지기 쉬운 곳에는 종려털 또는 종려잎 등을 묻어 바른다. 초벌바름에 균열이 생긴 경우에는 고름질을 한 다음 다시 10일 이상 두고 덧먹임을 하여 재벌바름한다. 마무리 두께가 12mm 이하의 경우는 고름질을 생략한다.

(6) 정벌바름

재벌바름이 반건조하여 물이 빠지는 정도를 보아서 정벌바름을 한다. 정벌바름은 반드시 밑바르기를 하고 나서 바르기를 하며 흙손자국이 생기지 않도록 마무리한다.

16-9-4 주의사항

(1) 통 풍

바름작업중에는 될 수 있는 대로 통풍을 피하는 것이 좋으나 초벌바름 후, 고름질 후, 특히 정벌바름 후 적당히 환기하여 바름면이 서서히 건조되도록 한다.

(2) 한중공사

실내온도가 2℃ 이하일 때는 공사를 중단하거나 난방하여 5℃ 이상으로 유지한다. 정벌바름 후 난방할 때는 바름면이 오염되지 않도록 주의한다. 또한 실내를 밀폐하지 않고 가열과 동시에 환기하여 바름면이 서서히 건조되도록 한다.

16-10 외바탕흙벽 바름

16-10-1 재 료

외벽(椳壁)바탕에 흙으로 초벽에서 재벽바름까지 시공하고, 색흙, 색모래 또는 소석회 등을 섞어서 정벌바름을 하는 것을 외바탕흙벽 바름이라 한다.

여기에 사용되는 각 재료의 종류 및 그 품질기준은 다음과 같다.

(1) 초벽흙

초벽흙은 모래가 섞인 점성이 있는 점토이며, 잔돌알, 불순물 등이 혼입되지 않은 것으로 15mm체를 통과하는 정도의 것을 사용한다.

(2) 재벽흙

재벽흙은 초벽흙으로 10mm체를 통과하는 정도의 것을 말한다.

(3) 여 물

여물은 진흙 반죽에 혼입하여 균열을 방지하는 목적으로 쓰이고, 초벽용 짚여물은 짚을 3~9cm로 자른 것을 사용하며, 재벽용은 짚을 자른 것 또는 새끼를 2cm 내외로 잘라서 부드럽게 푼 것을 쓰고, 짚여물을 다시 자른 것은 길이 1cm 이하로 한다. 정벌용은 짚을 잘 두들겨서 3mm로 잘라 마디가 있는 것을 제거하고 물에 헹구어 진을 뺀 다음 사용한다. 종이여물을 사용할 때에는 창호지 조각 등의 섬유를 사용하며, 종려털 및 종려잎은 섬유가 튼튼한 것으로 길이 15cm 내외의 것을 사용한다.

(4) 사벽흙(砂壁土)

정벌바름에 사용되는 사벽흙(색흙)은 1.7mm체를 통과한 것으로 색조가 일정하고 변색할 우려가 없는 곱고 부드럽고 미세한 진흙으로 모래질이 많은 것을 사용한다.

(5) 풀

사벽흙용 풀은 해초풀, 아교, 합성수지, 에멀션 등으로 하나 일반적으로 해초풀을 사용하며 해초풀은 회반죽에 준한다.

16-10-2 배 합

배합의 표준은 표 16-14 및 표 16-15에 따른다.

표 16-14 초벽바름의 배합

바름층	초벽흙(l)	짚여물(kg)
초벽바름	100	자른잎 0.6
맞벽바름	100	마른짚 0.4

표 16-15 고름질 및 재벽바름의 배합

구분	바름층	재벽흙(l)	색흙(l)	모래(l)	소석회(kg)	여물(kg)	풀(kg)
고름층	띠장덮기	100	—	40～150	—	짚여물 0.5～0.8	—
	개탕주위 바름	100	—	60～150	—	짚여물 0.4～0.7	—
	개탕 회반죽 바름	—	—	30	20	백모여물 0.7	해초풀 0.9
	고름질	100	—	60～150	—	짚여물 0.5～0.8	—
재벽바름	재벽바름	100	—	60～150	—	짚여물 0.5～0.8	—
	재벽바름	—	100	60～150	—	짚여물 0.8	—

주) 1. 재벽흙 및 모래는 현장에 쌓아둔 반건조 상태로, 색흙은 건조 분상인 것으로 한다.
2. 재벽흙은 점토질인 것(점토분 : 모래분=1 : 1)에서는 흙 100*l*에 대하여 모래 150*l*, 짚여물 0.7kg이 적당하나 모래가 많이 섞인 재벽흙(점토분 : 모래=1 : 2)에서는 흙 100*l*에 대하여 모래 60*l*, 짚여물 0.4kg이 적당하다.

표 16-16 정벌바름 배합

종별		색흙(l)	색모래(l)	모래(l)	소석회(kg)	짚여물(kg)	풀(kg)
흙벽	물반죽흙	100	—	80	—	분말여물 4.0	—
	풀먹임흙	100	—	100	—	분말여물 3.2	해초풀 1.5
	풀반죽흙	100	—	100	—	—	해초풀 2.5
모래벽		100	100 내·외	—	—	—	해초풀 9.0

주) 1. 색흙은 점토분과 모래분을 2 : 3의 비율로 섞은 것을 건조된 분말상태로 사용한다.
2. 사벽의 풀량은 모래의 입자지름에 따르고, 일반적으로 입도가 거친 것일수록 풀을 짙게 한다.

16-10-3 바름두께

바름두께는 기둥 개탕 24mm를 남겨 놓고 정벌바름 끝마침을 표준으로 한다. 따라서 기둥 굵기에 따라 바르는 두께가 변하나 고름질과 재벌바름에 따라 마감두께를 조절한다. 바름두께는 표 16-17을 표준으로 한다.

표 16-17 바름두께

(단위 : mm)

초벽바름	고름질	재벽바름	정벌바름	계
26～30	8～11	8～11	2.5	45～55

주) 초벌의 두께는 맞벽의 바름두께를 합친 것이다.

16-10-4 시 공

시공은 표 16-18과 같이 하고, 그 종별은 특기시방에 따른다.

표 16-18 흙벽 바르기의 공정

종 별	공 정
A	① 초벽바름, ② 뒷면고름질, ③ 맞벽바름, ④띠장덮기, ⑤ 개탕주위바름, ⑥ 고름질, ⑦ 재벽바름, ⑧ 정벌바름
B	상기 시방 가운데 맞벽바름, 개탕주위 바름의 공정을 제외한 것

(1) 개 요

1) 바름용 흙의 처리

바름용 흙에 물을 가하여 이기면서 짚을 섞는다. 점토가 많아서 점성이 강할 때에는 적당량의 모래를 넣고 잘 섞으면서 점토의 작은 덩어리를 깨뜨리며 물을 부어 반죽한 채 7일 이상 두었다가 사용한다.

2) 초벽바름

초벽바름은 외 엮은 면에서 먼저 잘 발라 붙이고, 외의 표면으로부터 두께 12mm내 반대편까지 밀려 나오도록 눌러 바르되 인방두께보다 6∼9mm 안으로 평탄하게 바른다.

3) 뒷면 고름질

초벽바름 흙은 외의 뒷면으로 충분히 밀려 나오도록 하되 그날 중에 흙손으로 되발라 외에 이겨 바르고 남은 흙은 훑어 버린다.

4) 맞벽바름

벽의 뒷면은 초벽바름이 건조된 후 양면바르기일 때는 초벽바름으로 외가 감추어질 정도로 바르고, 한면 바름일 때는 초벽바름을 다소 두껍게 발라 손질한다.

(2) 고름질

1) 먹치기

초벽바름 후 벽의 바름두께를 정하고 벽 주위의 부재에 먹을 친다.

2) 띠장덮기

띠장덮기는 흙벽이 건조한 후 띠장재 위에 띠장덮기 흙을 엷게 바르고, 밑의 흙벽에 6cm 정도 걸리도록 마포, 종려털, 종려잎 등을 띠장덮기 흙을 써서 덮고 띠장재와 흙벽을 연결시킨다.

마포를 쓸 때에는 세로 23cm, 가로 18cm 정도의 것을 2cm 전후의 간격을 두고 배열하여 덮는다.

3) 개탕주위 바름

개탕주위는 헝겊으로 발처럼 막을 치든가 개탕주위용 수염을 간격 6cm 내외로 치고 개탕주위용 흙 또는 회반죽을 바른다.

4) 고름질

고름질은 띠장덮기와 개탕주위 바름이 충분히 건조한 뒤 고름질 흙으로 틈서리, 갈라진 곳, 우묵한 곳을 수정한다.

(3) 재벽바름

고름질이 충분히 건조한 뒤에 정벌바름 재료로 개탕주위를 얼룩없이 발라 평탄하고 매끄럽게 흙손질한다.

(4) 정벌바름

1) 흙마무리

① 물반죽 흙

물반죽 흙의 마무리는 색흙을 1일간 물에 담가 두었다가 1.7mm의 체로 쳐서 곱게 썰은 짚여물 및 모래와 잘 혼합하여 바른 뒤 두꺼운 흙손으로 마감한다.

② 풀먹임 흙

풀먹임 흙은 마무리일 때는 색흙의 처리는 ①에 따라 건조한 모래, 짚여물 및 풀을 혼합한 것을 발라서 마무리한다.

③ 풀반죽 흙

풀반죽 흙의 마무리는 색흙에 모래와 풀을 섞은 것을 발라서 마무리한다.

2) 사벽 마무리

사벽 마무리는 특히 재벽바름을 잘 건조시킨 후 바르고, 바탕이 얼룩, 흙손 얼룩, 검부락지 같은 것이 없도록 하고, 흙손 누름을 충분히 하여 마무리한다.

(5) 개탕 마무리

기둥에 개탕이 있을 때에는 정벌 바름면에 마무리 흙손의 칼끝 두께(1mm 내외)만큼 틈을 남겨 끝내도록 한다.

16-11 합성수지플라스터 바름

16-11-1 일반사항

시멘트를 원료로 한 모르타르와 콘크리트는 건설산업용 재료로서 가장 널리 사용되고 있는 재료 중 하나이다. 1824년 영국의 죠셉 아스프딘이 포틀랜드시멘트(Portland Cement)를 발명한 이후로 시멘트모르타르와 시멘트콘크리트는 수많은 학자들의 연구가 거듭되어 온 결과로 재질이 개선되고 내구성이 향상되는 등 괄목할만한 발전이 이루어지고 있다. 그러나 이들 시멘트모르타르 및 시멘트콘크리트는 시멘트 수화물이라는 결합재로서 구성되는 취성재료로 경화의 지연, 낮은 인장강도, 큰 건조수축, 약한 내약품성 등 많은 결점을 내포하고 있다.

이와 같은 문제점을 해결하기 위해서 최근 구미나 일본 등 선진국에서는 콘크리트의 피복 두께를 늘리는 등의 법적 규제를 강화하고 있으며, 모르타르나 콘크리트의 내구성을 크게 하기 위한 연구가 활발하게 진행되고 있다. 최근 들어 이러한 연구의 노력은 모르타르나 콘크리트의 강도(압축, 인장, 휨)의 증대, 균열특성의 개선, 대기조건과 각종 열악한 환경조건에 대한 저항성 및 내구성의 증대, 불투수성 및 불투기성의 증대, 부재의 경량화와 고품질화 등을 위하여 새롭게 고안된 모르타르 및 콘크리트의 개질재료로서 폴리머(Polymer;중합체의 넓은 의미로 유기 고분자재료 전부를 의미함)를 모르타르나 콘크리트 결합재의 일부 또는 전부로서 사용하는 폴리머콘크리트 복합체(Polymer Concrete Composite)를 만들게 되었다. 이와 같은 폴리머콘크리트 복합체의 종류는 다음과 같다.

① 결합재로서 시멘트와 폴리머(혼화재용)를 사용하는 폴리머시멘트모르타르(Polymer Cement Mortar or Polymer Modified Mortar : PCM)와 폴리머시멘트콘크리트(Polymer Cement Concrete or Polymer Modified Concrete : PCC)

② 결합재로서 폴리머(Resin : 수지)만을 사용하는 폴리머모르타르(Polymer Mortar : PM)와 폴리머콘크리트(Polymer Concrete : PC)

③ 경화콘크리트에 모노머(Monomer : 단량체-플라스틱 합성과정에서 분자를 특정 조건하에서 결합시키는 기본분자 형태), 프리폴리머(Prepolymer) 등을 함침(impregnation)시켜, 중합(polymerization)하여 콘크리트 중에 폴리머를 결합재의 일부로서 일체화하는 폴리머함침모르타르(Polymer Impregnated Mortar : PIM)와 폴리머함침콘크리트(Polymer Impregnated Concrete : PIC)

이상과 같은 폴리머, 콘크리트 복합체는 1920년대 초기에 영국에서 최초의 특허가 나온 것을 시작으로 하여, PCM과 PCC 및 PM과 PC는 1950년대에, PIM과 PIC는 1960년대에 본격적인 연구 개발이 시작되었다. 그러나 이 복합체의 본격적인 이용은 1970년대 이후부터 시작되었다.

16-11-2 폴리머시멘트모르타르의 제작

폴리머시멘트모르타르(PCM)나 콘크리트(PCC)의 제작은 일반 모르타르나 콘크리트와 거의 마찬가지로 행해진다. 시멘트모르타르나 콘크리트는 주로 워커빌리티와 압축강도에 주목하여 배합설계를 행하지만 PCM 및 PCC는 그 외의 성질 즉, 압축강도, 휨강도, 접착강도, 인장강도, 방수성, 기밀성, 내약품성 등을 고려하여 배합설계를 실시한다.

(1) 사용재료

1) 시멘트

사용 시멘트는 보통포틀랜드시멘트가 가장 일반적으로 사용되며, 조강 및 초조강포틀랜드시멘트, 혼합시멘트, 알루미나시멘트, 초속경성포틀랜드시멘트 등이 사용된다. 최근에는 이 중에 초속경성포틀랜드시멘트가 긴급 보수를 요하는 장소에 혼화용 폴리머와 함께 자주 사용되고 있다.

2) 시멘트 혼화용 폴리머

사용 폴리머로는 고무라텍스와 수지에멀션과 같은 각종 폴리머디스퍼션이 사용되고 있으나, 주로 SBR라텍스, 아크릴계(PAE) 및 초산비닐(EVA)계 에멀션 등이 사용된다. 폴리머디스퍼션은 과도의 공기연행을 방지하기 위하여 제조시에 적량의 소포제가 첨가되어 있다.

3) 골 재

골재는 시멘트모르타르 및 콘크리트의 경우와 같은 조골재와 세골재, 예를 들면 천연사, 자갈 또는 쇄석, 경우에 따라서는 규사 등과 같은 쇄사가 사용된다. 골재는 유기불순물, 먼지, 점토분(1% 이하)이 포함되지 않고, 함수율 3～7% 이하의 골재를 사용한다.

(2) 배합설계

PCM 및 PCC에서는 물-시멘트(W/C), 골재-시멘트(A/C) 및 폴리머-시멘트(P/C)비에 따라 성질이 변화하기 때문에 사용 목적에 맞는 배합설계를 행할 필요가 있다. PCM 및 PCC의 성질은 물-시멘트비보다 오히려 폴리머-시멘트비에 의해 지배되며, 폴리머-시멘트비는 시멘트에 대한 폴리머디스퍼션 중의 전 고형분의 중량비로 한다.

물-시멘트비는 요구되는 워커빌리티 지표의 하나인 플로우치 또는 슬럼프치로부터 정하게 된다.

물-시멘트비의 계산은 혼합한 시멘트용 폴리머디스퍼션 중의 수분과 거기에 첨가된 물의 양을 합한다. 물-시멘트비는 30～60%의 범위로서 가능한 한 적게 정하는 것이 필요하며, 일반적으로 폴리머-시멘트비는 5～30%의 범위로 하며 폴리머-시멘트비가 증가하면 방수성, 내마모성, 내충격성, 탄력성, 내약품성 등은 향상되나 반면 표면경도는 적게 된다.

배합은 최종적으로는 예상되는 시공 조건에서 시험 배합을 행하여 정하지 않으면 안된다.

(3) 비 빔

비빔은 시멘트모르타르나 콘크리트의 경우와 마찬가지로 믹서를 사용한다. 시멘트와 세골재 및 조골재를 먼저 손반죽하고 모르타르믹서 또는 콘크리트믹서에서 충분히 반죽한다. 그 다음에 소요량의 시멘트용 폴리머디스퍼션 및 소포제를 섞어서 물에 가하여 잘 혼합한 후, 반죽한 것에 한번에 첨가하고 즉시 손반죽 또는 믹서로 약 3～5분간 잘 혼합한다. 반죽이 끝난 폴리머시멘트콘크리트(모르타르)는 반죽 후 45분～1시간 이내에 사용하는 것이 좋다.

(4) 미장 및 양생

PCM의 1회의 바름 두께는 5～10mm 정도로 하고 그 이상의 두께가 필요할 때는 2～3회 바름으로 한다. 폴리머시멘트모르타르는 여러 번 흙손으로 문지르는 것은 좋지 않으며 2～3회 정도 마무리하는 것이 좋다. 폴리머시멘트모르타르라 해도 충분히 흙손으로 누르는 것이 중요하지만 보통시멘트모르타르처럼 응결이 시작된 후 흙손으로 누르는 것은 좋지 않다. 미장 면적이 넓은 경우에는 3～4m 간격에 너비가 15mm 정도의 줄눈으로 끊는 것이 좋다. PCC는 보통시멘트콘크리트와 같이 시공할 수 있다.

PCM 및 PCC의 최적 양생법은 초기 습윤 및 수중양생을 하여 시멘트의 수화를 촉진한 후 건조 양생하여 폴리머필름의 강도를 발현시키는 것이 좋다. 따라서 현장에서는 시공 후 적어도 2～5일은 시공면이 온도변화나 바람에 의하여 급격히 건조하지 않도록 덮어두고, 그 후는 보통시멘트콘크리트와는 달리 가능한 한 건조상태로 방치하는 것이 좋다. 그리고 2～3일은 큰 하중이나 충격이 가하지 않도록 주의할 필요가 있다. PCC(PCM)의 경화속도는 기상조건, 시멘트용 폴리머디스퍼션의 종류, 폴리머－시멘트비, 물－시멘트비 등에 따라서 다소의 차이는 있으나 대개 보통시멘트콘크리트와 같이 경화되므로 시공 후 빠르면 2～3일, 늦어도 7～10일이 지나면 사용이 가능하다. PCC(PCM)는 도장 후, 경화상태 중에 물을 뿌리든가 비를 맞으면 시멘트용 폴리머디스퍼션이 희게 표면에 노출되어 경화 후는 표면에 약한 층을 형성하여 박리현상이 발생하는 등 전반적으로는 성능이 저하되므로 충분히 주의해야 한다. 따라서 옥외 도장의 경우는 비가 올 염려가 있으면 시공을 피하든지, 비를 맞지 않도록 적당한 조치를 할 필요가 있다. PCC(PCM)의 한랭지에서의 시공에 있어서는 경화촉진을 위해 염화칼슘의 첨가(시멘트 중량의 2%까지)나, 조강시멘트, 초속경시멘트, 알루미나시멘트의 사용이 가능하다. 일반적으로 시공시의 온도는 5℃～30℃가 적당하다.

16-11-3 폴리머콘크리트의 제작

폴리머콘크리트(Polymer Concrete : PC)는 물과 무기질 재료인 시멘트를 결합재로서 사용한 기존의 시멘트콘크리트(Cement Concrete)와는 달리 유기 고분자재료인 폴리머만을 사용하여 골재와 충전재인 중탄산칼슘이나 플라이애쉬 등을 결합·경화시킨 것으로, 사용되는 폴리머는 주로 레진을 이용하므로 레진콘크리트(Resin Concrete : RC)라고도 한다.

이러한 폴리머콘크리트는 시멘트콘크리트에 비해 기계적 강도, 화학적 저항성, 접착성, 수밀성 등이 우수하여 이용이 증가되고 있어 지하구조물, 해양구조물, 파일, 보도판, 맨홀, 각종 건축 장식재 및 조경물 등으로 적용이 되고 있다. 폴리머콘크리트는 기존의 시멘트콘크리트의 성질과 비교하여 볼 때 경화시간이 짧을 뿐만 아니라 고강도의 발현이 용이하여 고강도 제품 및 보수·보강재로서 적합성을 가지고 있다.

(1) 사용재료

1) 수 지

폴리머콘크리트에 사용되는 수지는 에폭시수지, 불포화폴리에스터수지, 아클리산에스테르, 불소수지 등 여러 종류가 있다. 이중 불포화폴리에스터수지는 경화 조절이 쉽고 값이 싼 이유 때문에 공장 생산용 폴리머콘크리트용으로 가장 많이 이용되고 있다. 한편, 경화수축이 적고 경화속도의 조절을 위한 경화제의 증감의 필요성이 없는 에폭시수지가 현장타설용으로 많이 이용되고 있다.

2) 골재 및 충전재

충전재는 폴리머콘크리트의 유동성 개선, 재료의 분리 방지, 표면경도의 향상 등의 이유로 탄산칼슘, 규석분말, 플라이애쉬 등이 이용된다. 골재는 쇄석, 강자갈, 강모래, 해사, 규석 등 깨끗하고 강도가 큰 것이면 사용이 가능하다. 골재 및 충전재의 함수율은 0.5% 이하로 하는 것이 강도 발현상 바람직하고 보통은 기계적으로 건조된 것이 사용된다. 그리고 안료 등의 첨가제도 사용된다.

(2) 배 합

폴리머콘크리트의 재료 및 배합은 폴리머콘크리트의 사용목적, 제조방법, 경제성 등으로부터 결정되나 일반적인 배합은 중량비로 수지 : 충전재 : 골재 = 1 : 0.5～1.5 : 7～8로 한다.

또 폴리머모르타르의 경우는 골재의 비율이 상기 중량 비율의 반 정도로 된다. 그리고 폴리머콘크리트에서는 수지의 비율이 커지면 분리가 생기고 비중이 큰 골재 부분이 하부로 침하하고 상부는 페이스트(paste)로 채워진다. 시멘트콘크리트에서도 같은 현상이 생기나 폴리머콘크리트에서는 블리딩 수의 증발이나 재흡수가 없기 때문에 분리층이 생긴대로 경화한다. 폴리머콘크리트의 다짐이 가능하고 더욱이 이러한 분리현상이 생기지 않는 범위에서 폴리머콘크리트의 제조를 위해서 폴리머콘크리트의 배합은 실용상으로 시멘트콘크리트만큼 폭넓게 제반조건을 고려해야 하는 것은 아니고, 수지량도 10%(체적비) 전후의 비교적 좁은 범위로 한정된다. 그리고 폴리머콘크리트의 압축강도는 일반적으로 1,000～1,500kgf/cm² 정도이다.

(3) 폴리머콘크리트의 특징

폴리머콘크리트의 성질은 사용 수지와 그 배합비, 골재의 성질에 따라 크게 좌우되나 시멘트콘크리트에 비교하여 다음과 같은 특성을 가지고 있다.

① 압축강도, 휨강도, 인장강도가 크다.
② 수밀성이 양호하고 방수성, 내동결융해성이 우수하다.
③ 내약품성(특히 내산성)이 우수하다.
④ 내마모성이 우수하다.
⑤ 진동감쇄성이 크다
⑥ 전기절연성이 크다.
⑦ 표면이 매끈매끈하여 광택이 있기 때문에 청소하기 쉽다.
⑧ 안료에 의한 착색이 용이하다.
⑨ 접착제로 용이하고 확실하게 구조적인 접착이 가능하다.
⑩ 경화시간을 광범위하게 조절할 수 있고, 경화 종료까지의 시간이 아주 짧다.
⑪ 기본적으로는 시멘트콘크리트와 동일한 제조방법으로 생산할 수 있다.

이 외에 고강도화에 따른 제품이 경량화로 운반성의 향상이나 제품화와 경량화에 의한 시공성의 향상 등도 폴리머콘크리트의 한 가지 특성이라고 말할 수 있다. 폴리머콘크리트는 내구성이 우수한 재료로 되어 있어, 이러한 내구성은 내용적으로는 많은 기능을 종합적으로 가지고 있다는 의미를 포함하고 있다.

(4) 폴리머콘크리트의 이용

폴리머콘크리트의 이용은 사용 목적에 따라 표 16-19와 같이 다양한 특성을 가지고 있다. 그리고 폴리머콘크리트의 제조 형태로부터 현장시공과 공장제품으로 나누어진다.

1) 현장시공

현장시공으로는 도로, 교량, 수로, 땜 등의 보수공사, 내식라이닝 등의 바닥공사 등에 널리 이용되어 왔다. 도로변 보수에서는 조기공사 완료의 목적을 포함해서 폴리머콘크리트의 조강성, 접착성, 내마모성이 이용되고 있고, 수로 보수에서는 이들 외에 수밀성의 특성이 이용되고 있다. 화학공장의 바닥 등의 내식라이닝으로는 현장에서 폴리머콘크리트를 타설하는 방법과 프리패브 폴리머콘크리트판을 현지에 접착하는 방법이 있다.

표 16-19 폴리머콘크리트의 성질

용도 \ 특성		조강성	고강도	접착성	수밀성	내산성	내마모	고감쇄	절연성	미관성	세척성
현장시공	도로보수	○	○	○			○				
	내마모라이닝		○	○			○				
	내식라이닝		○	○	○	○					
	터널라이닝	○	○	○	○						
공장제품	맨홀		○	○	○	(○)					
	수납창고	○	○	○	(○)						○
	파이프		○		○	○	(○)				
	약품조		○		○	○					
	보도판		○				○			○	
	트랩덮개		○						○		
	치장판		○	○	○	○				○	○
	공작기계받침		○	○				○			○

최근 한랭지의 저온하에서의 도로포장재로서 －20℃에서도 경화 가능한 아크릴산에스테르를 이용한 폴리머콘크리트를 시공한 예도 있다.

일본의 전력회사(일본 전신전화주식회사)에서는 폴리머콘크리트의 조강성, 고강도, 방수성, 접착성을 이용하여 작은 직경의 터널라이닝의 현장 자동시공을 실시하고 있다.

2) 공장제품

폴리머콘크리트는 짧은 시간에 경화시켜 제품화할 수 있어 공장 생산할 경우에는 거푸집의 재사용 회수가 많아 거푸집 및 양생용 설비가 적어도 되기 때문에 설비 생산성이 높다. 공장제품에는 고강도 외에 내식성, 수밀성, 내마모성, 미관 등 제반 기능성을 이용한 예가 많다.

① 맨홀류

폴리머콘크리트 공장제품의 대표적인 것으로 선진국에서는 전신·전화용으로는 물론 전력용으로도 이용되고 있다. 그리고 보수가 어려운 공장내의 맨홀이나 배수로, 가스, 수도, 하수도용 등의 맨홀, 공원 등의 조경용으로도 사용된다. 이러한 맨홀의 사용상 이점을 들면 다음과 같다.

① 고강도이기 때문에 부재 두께를 적게 할 수 있고, 경량화가 가능하기 때문에 운반, 설치 등의 취급 비용이 저감된다.

② 부재 두께를 얇게 할 수 있기 때문에 제품의 외부 치수가 적어지고, 설치시에 터파기 양이 적어진다.

③ 제품이 나누어져 있어도 접착제로 쉽게 단시간에 일체화할 수 있기 때문에 짧은 시간에 시공을 완료할 수 있어 공사로 인한 도로점유 시간을 줄임으로써 교통장해를 감소시킬 수 있다.
④ 수밀성이 좋아서 지하수의 침투가 없다.
⑤ 내식성이 좋아 내부에 흐르는 물이나 토양의 성질을 불문하고 사용할 수 있다.
⑥ 맨홀, 핸드홀 이외에도 도로에는 소화전이 설치되어 있고 이들의 보호박스 또는 가스나 수도 등에도 이용될 수 있다.

② 지하수납고

앞에서 논한 맨홀류가 토목용의 폴리머콘크리트제 매설구조물이라 할 수 있고, 건축 용도에서의 매설구조물로는 주택용 지하수납고로의 이용이 가능하다. 이것은 주택의 지하에 매설 전 대형창고로서 개발될 수 있는 것으로, 지하에 매설하기 때문에 토지의 유효 이용이 가능하고 경량이어서 토량공사가 줄어들고 더욱이 공기가 단축될 수 있다. 특히 폴리머콘크리트는 양호한 수밀성을 발휘하기 때문에 방수공사가 전혀 필요없고 청소도 용이하여 유지관리상 이점이 많다.

③ 파이프

FRP와 폴리머콘크리트를 합성한 제품은 동일 직경의 강관과 같은 강도를 가지고 있고, 더욱이 경량이며 내식성이 우수한 장점을 가지고 있기 때문에 최대지름 3,000mm까지 실용화되고 있고 상하수도관, 전선관 등으로서 연약지반 또는 해안에 사용될 수 있다.

④ 약품조

폴리머콘크리트의 우수한 내식성을 이용하여 산성액의 탱크, 화학약품의 펌프대, 배수구, 약품처리조 등에 이용될 수 있다. 그리고 배수구는 오염된 하수에 의한 시멘트콘크리트 대신에 하수에 노출된 부분을 폴리머콘크리트로 피복하여 사용할 수 있다. 내약품성 용도로서는 수지의 종류, 등급, 골재의 성질, 약품의 종류, 농도, 온도에 의해 폴리머 콘크리트의 특성이 다르기 때문에 이들을 충분히 파악하여 두는 것이 좋다.

⑤ 판 류

폴리머콘크리트판 제품으로는 앞에서 기술한 내약품성의 바닥재나 화장재(化粧材) 용도 외에도 고강도·착색성을 이용한 보도용 컬러판, 맹인유도 표식판, 그리고 고강도·전기절연성을 이용한 고압송전용 트랩뚜껑 등의 용도로 이용될 수 있고, FRP와 폴리머레진콘크리트와의 합성판 등으로도 이용될 수 있다.

⑥ 화장재(化粧材)

폴리머콘크리트 제품의 테라조는 잘 알려져 있으나 최근에는 세면대, 욕조 등에도 이용이 증대되고 있다. 유럽, 미국 등지에는 비구조재적인 욕실 등의 배수로뿐만 아니라 구조재적인 건물의 내외장재로서 폴리머콘크리트패널이 이용되고 있다.

⑦ 기계부재

폴리머콘크리트는 진동 감쇄 특성이 크기 때문에(주철의 10~20배) 공작기계 등의 정밀기계 받침 또는 부품 등의 용도로 개발되고 있다. 이러한 용도로서는 독일, 스위스, 일본 등에서 개발되어 사용되고 있고, 골재로 펄라이트를 사용한 폴리머콘크리트의 일종이 제진대(除振台)로서 사용되고 있다. 지금까지는 폴리머콘크리트가 건설분야를 중심으로 사용되어 왔으나, 금후로 산업계의 정밀화로의 경향이 두드러지고 있다.

(5) 폴리머콘크리트의 구조이용 설계

폴리머콘크리트의 용도와 사용은 다양하나, 그 대부분은 구조체로서 외력을 받고 있음은 물론 목적에 따른 제반 기능을 발휘하고 있다. 즉, 폴리머콘크리트의 구조 설계와 기능성 설계가 확립되는 것이 바람직하다.

그러나 실제 이용하는 차원에서, 구조설계에 있어서는 폴리머콘크리트의 재료 특성에 기초한 설계보다도 오히려 시멘트콘크리트에 대한 설계를 그대로 이용하고 있고, 구조물의 기능성 설계는 아직 확립되어 있지 않다. 폴리머콘크리트의 재료적 특성을 살린 구조설계에 대하여 고려해 볼 때, 이것은 주로 휨을 받는 면부재로서 지하에 매설되어 이용이 되고 있는 경우가 많다.

한편, 폴리머콘크리트는 알칼리성이 아니고 중성이기 때문에 시멘트콘크리트보다도 균열이 발생한 후 강재의 방식보호 성능은 전혀 기대할 수 없다. 따라서 폴리머콘크리트의 휨부재는 철근콘크리트와 같이 콘크리트의 압축강도와 보강재의 인장강도를 이용하는 것이 아니고 오히려 폴리머콘크리트의 높은 휨강도를 이용하여 균열발생 전의 단계에서 사용되는 구조설계가 되어야 한다. 그리고 균열발생 후의 내력저하가 문제가 되는 경우에는 그에 대한 보강을 하게 되나, 이 경우에도 균열내력을 유지시키기 위한 정도의 보강이면 충분하고, 철근콘크리트와 같이 균열발생 후의 내력까지 기대할 필요는 없다. 또, 폴리머콘크리트의 경화수축이 큰 경우에는 보강이 있음으로써 오히려 균열내력을 떨어뜨리게 되기 때문에 보강재의 양을 적게 하여 부재의 인성을 확보하는 것이 좋다. 그리고 폴리머콘크리트는 접착성이 양호하고 수지를 이용한 균열보수가 양호한 점도 장점이 된다. 폴리머콘크리트 구조물의 구조해석이 필요한 경우에는 탄성이론에 근거하고 있고 강도설계방법은 다음 4종류로 분류된다.

① 폴리머콘크리트의 휨강도를 이용한 휨부재

② 폴리머콘크리트의 압축강도를 이용한 휨부재

③ 폴리머콘크리트의 압축강도를 이용한 압축부재

④ 기타 부재

현재는 주로 상기의 ①항의 휨부재로의 이용이 대부분이다. 이 경우 재료를 선형 탄성체로 생각해서 콘크리트 구조물의 설계와 같이 허용응력도법에 의해 강도설계를 하는 것이 좋다. 그리고 극한강도는 균열발생 후 인성을 확보하기 위해서 인성설계가 필요하다.

16-12 셀프레벨링재 바름

16-12-1 재 료

셀프레벨링재 바름은 자체 유동성을 가지고 있기 때문에 평탄하게 되는 성질이 있는 석고계 및 시멘트계 등의 셀프레벨링(self leveling : SL)재에 의한 바닥바름공사를 말한다.

셀프레벨링재는 대부분 기배합 상태로 이용되며, 석고계 셀프레벨링재는 물이 닿지 않는 실내에서만 사용해야 한다. 모든 재료는 밀봉상태로 건조시켜 보관해야 하며, 직사광선이 닿지 않도록 해야 한다.

16-12-2 바 탕

바탕은 보통 콘크리트 바닥면에 이용되며, 이때 바닥 콘크리트는 레이턴스, 유지류 등을 완전히 제거하고 깨끗이 청소해야 한다. 그리고 크게 돌출되어 있는 부분은 미리 제거하여 바탕을 조정한다. 또한 제조업자가 지정한 합성수지에멀션을 이용해서 1회의 실러 바르기를 하고 건조시킨다.

16-12-3 시 공

(1) 재료의 혼합반죽

합성수지에멀션실러는 지정량의 물로 균일하게 묽게 반죽해서 사용한다. 셀프레벨링 바름재는 제조업자가 지정하는 수량으로 소요의 표준연도가 되도록 기계를 사용하여 균일하게 반죽하여 사용한다.

(2) 실러바름

실러바름은 제조업자의 지정된 도포량으로 바르되 수밀하지 못한 부분은 2회 이상에 걸쳐 도포하고 셀프레벨링재를 바르기 2시간 전에 완료한다.

(3) 셀프레벨링재 붓기

시공연도를 일정하게 한 셀프레벨링재를 시공면 수평에 맞게 붓는다. 이때 필요에 따라 고름도구 등을 이용하여 마무리 한다.

(4) 이어치기 부분의 처리

경화 후 이어치기 부분의 돌출부분 및 기포 흔적이 남아 있는 주변의 튀어나온 부위 등은 연마기로 갈아서 평탄하게 한다. 기포로 인하여 오목 들어간 부분 등은 된비빔 셀프레벨링재를 이용하여 보수한다.

(5) 주의사항

셀프레벨링재의 표면에 물결무늬가 생기지 않도록 창문 등을 밀폐하여 통풍과 기류를 차단한다. 셀프레벨링재 시공중이나 시공완료 후 기온이 5℃ 이하가 되지 않도록 한다.

표 16-20 셀프레벨링재의 바름공정

공 정	재료 또는 표면처리	배합(중량비)	바름두께 (mm)	바름횟수	경과시간(시간)		
					공정내	공정간	최종완성
1. 실러바름 1회	합성수지에멀션	100	(소요량) 0.2~0.6 kg/m²	1~2	1 이상	15 이상	–
	물	제조업자의 지정에 따름					
2. 실러바름 2회	합성수지에멀션	100		1	–	1~2	–
	물	제조업자의 지정에 따름					
3. SL재 바름	SL재	100	2~20	1	–	24 이상	–
	모래	0~100					
	물	제조업자의 지정에 따름					
4. 이어치기 부분처리	요철부는 연마기로 다듬고 기포는 된비빔 석고로 보수	–	–	–	–	–	3일 이상

16-13 바닥강화재 바름

16-13-1 재 료

바닥강화재 바름은 금강사, 철분, 광물성 골재, 시멘트 등을 주재료로 하여 콘크리트 등의 시멘트계 바닥 바탕의 내마모성, 내화학성 및 분진방지성 등의 증진을 목적으로 바닥에 바름마감하는 것을 말한다.

사용되는 재료로서 금강사, 규사, 철분, 광물성 골재, 규불화마그네슘 등의 재료들은 소요의 비중, 경도를 가진 것으로서 제조업자의 공장에서 엄격한 품질관리하에서 배합, 생산되는 제품이어야 한다. 프라이머는 바탕의 구멍을 메우고 마감재와 잘 접촉해서 바탕과 바닥강화재 사이가 영구적으로 단단히 결합될 수 있도록 바닥강화재 제조업자가 추천한 제품이어야 한다.

16-13-2 바 탕

새로운 콘크리트 또는 시멘트모르타르 바탕은 바닥강화재 제조업자의 시방에 따라 평탄하게 마무리한다. 콘크리트, 시멘트모르타르 바탕의 찌꺼기, 기름, 그리스, 페인트 등은 깨끗하게 청소한다. 분말상의 바닥강화재를 사용할 경우, 미경화 콘크리트 바탕은 물기가 완전히 표면에 올라올 때까지 시공을 금지하고, 물과 레이턴스를 깨끗하게 제거하여야 한다. 액상 바닥강화재를 사용할 경우에는 새로 타설한 콘크리트 바닥은 최소 21일 이상 양생하여 완전하게 건조시켜야 하며, 액상 바닥강화를 물로 희석하여 사용하는 경우는 초벌바름하기 전에 바탕표면을 물로 깨끗하게 씻어낸다.

16-13-3 배합 및 바름두께

분말형 바닥강화재는 제조업자의 시방에 따르고, 일반적으로 바름바닥면적 $1m^2$당 3～7.5kg의 분말상 바닥강화재를 사용하고, 최소한 3mm 이상의 두께가 되도록 바른다.

액상 바닥강화재 역시 제조업자의 시방에 따르고, 일반적으로는 바름바닥면적 $1m^2$당 0.3～1.0kg의 액상의 침투식 바닥강화재를 사용하며, 제조업자가 지정한 비율의 물로 희석하여 사용한다.

16-13-4 시 공

(1) 분말형 바닥강화재

콘크리트를 타설한 후 블리딩이 멈추고 초결이 시작될 때 바닥강화재를 손이나 뿜기 기계를 이용하여 균일하게 살포한다. 색 바닥강화재의 경우 수분이 흡수되어 색상이 진하게 되면 나무흙손으로 마감하고, 바닥강화재 살포면이 안정된 후 쇠흙손이나 기계흙손(피니셔)으로 마감한다. 기존의 콘크리트바닥 혹은 콘크리트를 타설한 후 완전히 경화된 상태에서 모르타르를 타설하고 바닥강화재를 시공할 경우, 모르타르의 배합비는 적어도 1 : 2 이상으로 하고, 두께는 최소한 30mm 이상이 되도록 바른다. 이 경우에 콘크리트 바탕과 모르타르의 접착력을 증진시키기 위하여 바탕을 깨끗이 청소하고 프라이머나 접착재를 바른 후 모르타르를 타설한다. 마무리 작업이 끝난 후 24시간이 지나면 타설표면을 물로 양생하여 주거나 수분이 증발하지 않도록 양생용 거적이나 비닐시트 등으로 덮어주고, 7일

이상 충분히 양생한다. 수축, 팽창에 의한 마무리 면의 균열을 방지하기 위하여 4～5m 간격으로 조절 줄눈을 설치하여야 한다.

(2) 침투식 액상 바닥강화재

제조업자의 시방에 따라 적당량의 물로 희석하여 사용하며, 2회 이상으로 나누어 도포하는 것이 바람직하다. 도포한 표면이 완전히 건조된 후 부드러운 솔이나 고무 롤러, 뿜기 기계 등을 사용하여 콘크리트 표면에 바닥강화재가 최대한 골고루 침투되도록 도포한다. 1차 도포분이 콘크리트면에 완전히 흡수되어 건조된 후(보통의 기후조건에서 1일 정도)에 2차 도포를 시행한다.

(3) 주의사항

바닥강화 시공시나 시공완료 후 기온이 5℃ 이하가 되면 작업을 중지한다. 타설된 면에 비나 눈의 피해가 없도록 보양 조치한다.

16-14 단열모르타르 바름

16-14-1 재 료

단열모르타르 바름은 건축물의 바닥, 벽, 천장 및 지붕 등의 열손실 방지를 목적으로 외벽, 지붕, 지하층, 바닥면의 안 또는 밖에 경량 단열골재를 주재료로 하여 만든 단열모르타르를 바탕 또는 마감재로 흙손바름, 뿜기 등에 의해 미장하는 공사를 말한다. 이와 같은 단열모르타르의 품질기준은 적절한 열전도율, 부착강도 및 내화성 또는 난연성 있는 재료이어야 하며, 외부마감용은 내수성 및 내후성이 있는 것이어야 한다. 단열모르타르를 구성하는 재료로는 크게 시멘트, 골재, 물, 보강재, 혼화재료 및 착색제 등이 있다. 단열모르타르용 골재는 펄라이트, 석회석, 화성암 등을 고온에서 발포시킨 무기질 또는 유기질의 경량 인공골재가 주종을 이루고 있다. 보강재로서 유리섬유, 부직포 등을 사용할 경우, 유리섬유는 내알칼리 처리가 된 제품이어야 하고, 부직포는 난연처리가 된 제품이어야 한다. 착색제는 순수한 광물질이나 합성분말 착색제로서 내알칼리성이며 퇴색하지 않는 것이어야 한다.

16-14-2 바 탕

단열모르타르의 바탕은 시멘트모르타르의 일반적인 바탕처리에 준한다.

16-14-3 배합 및 바름두께

모르타르의 구성재료 및 배합비는 소요 열관류율을 만족하는 비율로서 정한다. 바름두께는 별도의 시방이 없는 한 1회에 25mm 이하로 하고, 총바름두께는 소요 열관류율을 만족하는 두께로서 정한다.

16-14-4 시 공

(1) 바탕처리

굴곡과 요철상태를 정리하고 유해한 부착물을 제거한 후 충분히 건조시킨다. 바르는 표면은 견고하고 깨끗하여야 한다. 접합부, 홈 등은 접착성이 양호한 재료를 사용하여 평탄하게 하고 바름하지 않은 부위는 비닐테이프로 보호한다.

(2) 프라이머 도포 또는 접착모르타르 바름

단열모르타르의 부착력을 증진시키기 위한 프라이머는 롤러 또는 붓으로 균일하게 도포한다. 단, 단열모르타르 자체가 접착성이 충분한 경우는 신뢰할 수 있는 자료에 의해 생략할 수 있다.

(3) 재료의 비빔

재료는 충분하게 숙성되도록 손비빔하고, 그후 1시간 이상 또는 제조업자의 시방에 규정된 가사용 시간 이상이 경과한 재료는 사용할 수 없다.

(4) 보강재 설치

보강재를 설치할 경우는 바탕에 들뜸 생기지 않도록 밀착하여 부착하고 접착재에 완전히 함침되도록 한다. 이 경우 접착재는 내화용 접착재를 사용한다. 단열판을 설치할 경우는 바탕면의 먼지와 이물질을 제거하고 지정된 접착재를 충분하게 바르고 바탕과 밀착되게 부착한다. 이때 인접한 단열재와 틈이 벌어지지 않도록 대각선으로 밀면서 부착하고 틈이 발생한 경우는 단열재를 재단하여 메꾼다.

(5) 초벌바름

단열모르타르는 재료와 바름부위에 따라 흙손, 뿜칠 또는 펌프압송 등으로 시공할 수 있으며 제조업자의 시방에 적합한 공법을 사용한다. 초벌바름은 10mm 이하의 두께로 천천히 압력을 주어 기포가 생기지 않도록 바른다. 지붕에 바탕 단열층으로 바름할 경우는 신축줄눈을 설치한다.

(6) 정벌바름

단열모르타르 바름이 마감 바름면이 될 경우는 수평면 작업과 질감을 내는 작업은 한번에 연속으로 이루어져 질감이 차이가 나거나 얼룩이 생기지 않아야 한다.

(7) 보강모르타르 바름

단열모르타르의 표면정리 및 강도 보정이 요구되는 경우는 강화모르타르를 바를 수 있으며 재료 및 시공법은 특기시방에 따른다.

(8) 양 생

양생기간은 별도의 지정이 없는 경우는 7일 이상으로 자연 건조되도록 하며, 바름층별 양생기간은 지정된 경과시간을 준수한다. 바름이 완료된 후는 급격한 건조, 진동, 충격, 동결 등을 방지한다. 외장마감의 경우는 정벌바름재가 완전히 건조될 때까지 먼지, 매연 또는 기상에 의한 손상으로부터 보호한다.

(9) 주의사항

재료의 저장은 바닥과 벽에서 15cm 이상 띄워서 흙 또는 불순물에 오염되지 않도록 해야 하며 특히 수분에 젖지 않도록 해야 한다. 외벽에 바르는 경우 작업발판은 쌍줄비계 또는 틀비계로 작업면 전체에 걸쳐서 설치한다. 5℃ 이하일 경우는 작업을 중지하는 것을 원칙으로 한다. 단열모르타르를 외부마감용으로 사용하는 경우는 우천시 흡수, 흡습 등을 방지하기 위하여 방수성이 있는 마감재(도장재, 타일 등)를 사용해야 한다.

제 17 장 금속공사

17-1 개 요

금속공사는 철, 비철금속 및 이들의 2차적 제품을 주재료로 하여 제조된 기성철물이나 가공 제작하여 사용하는 철물로서, 주로 장식, 손상방지, 도난방지 등의 목적을 위하여 다른 부분에 고정하는 공사 및 도금처리에 관한 공사를 말하며, 일반적으로 철근공사, 철골공사, 지붕의 금속판 잇기공사, 홈통공사 등은 제외된다.

17-1-1 재 료

(1) 금속재료

금속공사에 사용되는 철, 비철금속 및 이들의 2차 제품은 소재, 제품 모두 KS 규정에 맞는 것을 사용해야 한다.

(2) 설치용 준비재료

나무벽돌은 소나무, 삼나무, 낙엽송재로 방부처리한 것을 사용한다. 인서트(insert), 앵커볼트(anchor bolt), 앵커스크류(anchor screw), 슬리브(sleeve) 및 드라이브핀(drive pin)류는 그 사용목적에 따른 형상, 치수로 하고, 미리 견본을 제출해서 재질, 지지력 등을 확인하여야 한다. 또한 수직하중을 받는 준비재에 대해서는 미리 수직하중의 3배 이상의 하중으로 지지력을 시험해서 안전여부에 따라 사용의 가부를 결정한다.

(3) 제품의 설치

금속공사에 사용되는 제품들은 수직, 수평에 맞고 또한 관련공사에 맞추어 도면에 따라 위치에 바르게 설치한다. 가능한 곳에는 감춤 앵커리지를 사용하며, 판을 보호하고 튼튼한 이음을 하기 위해 필요한 곳에 나사에 맞는 납이나 황동으로 된 와셔를 사용한다. 노출된 이음부위는 상호간 정확히 맞도록 설치하고 눈에 보이는 곳이나 개구부에는 실런트와 조인트 중간재를 사용한다. 콘크리트나 석재 또는 다른 금속이 두꺼운 역청페인트로 코팅된 표면에 닿는 경우에는 실런트와 조인트 중간재를 사용하며, 부식이나 전기분해작용 등으로부터 표면이 보호되도록 한다. 공장맞춤 또는 조인팅에 필요한 절단, 용접, 납땜, 연마의 과정에서 손상된 마감을 보수하고 교정한 자국이 남지 않도록 마감이나 페인트의 초벌피막을 보수하여야 한다. 현장에서 재마감을 할 수 없는 것은 전체를 재마감하거나 새로운 것으로 교체되도록 한다.

양질의 설치물을 만들기 위해 작업진행 과정에서 숨긴 개스켓, 비틀림, 실런트, 충진재, 단열재 등을 설치한다.

(4) 녹막이 처리 및 청소

강철제 금속제품의 녹막이 처리는 도금처리 및 특기시방에 정한 것을 제외하고는 모두 녹막이 칠을 해야 한다. 비철금속 제품으로 이에 접하는 타재료에 의해서 부식을 받을 염려가 있을 경우에는 도면 또는 특기시방에 따라서 방수처리를 한다. 제품설치 후에는 파손, 오염의 염려가 있는 것은 종이, 헝겊, 목재 등을 사용해서 보양해야 한다. 공사완료 후에는 보양재를 제거하고 청소하고 필요에 따라서는 왁스 등을 사용해서 닦는다.

17-2 공통설치공법

17-2-1 개 요

금속제품은 그 설치공법의 검토가 불충분하게 되면 작업에 많은 지장을 주게 되며, 마감이 나쁘게 되는 경우가 허다하다. 따라서 설치공법에 대한 검토를 사전에 준비해야 한다. 설치공법의 종류는 다음과 같이 분류해 볼 수 있다.

- 설치공법
  - 먼저설치공법
    - 구조체 시공시 설치
    - 구조체 시공시 일부설치
  - 나중설치공법
    - 구조체 공사완료 후 설치
    - 구조체 공사완료 후 일부설치
    - 마감공사완료 후 설치

17-2-2 먼저설치공법

콘크리트 타설에 앞서 정확한 위치에 고정하고, 콘크리트를 타설하는 방법이다. 사다리, 훅(hook)류, 루프드레인(roof drain) 등은 원칙적으로 먼저설치공법을 적용한다. 먼저설치하는 제품은 콘크리트 타설에 의해 이동되지 않도록 철근 및 철골에 용접해야 한다. 거푸집에 의해 지지되는 것은 보조재를 사용하여 위치가 이동되는 것을 방지해야 한다. 제품이 큰 경우는 그것의 중량, 형상에 적당한 지지장치를 마련하여 정확한 위치에 지지한다.

거푸집과 지지장치의 취급은 시공도를 작성하여 거푸집의 보강 등을 충분히 고려한다. 콘크리트의 타설은 제품이 이동되지 않도록, 그 부분은 특히 주의하여 시공하고, 타설이 완료될 때까지 위치를 점검한다.

제품의 설치에 있어서는 미리 위치를 정확하게 심먹매김하고, 금속물의 모양, 치수, 중량 등에 따라서 기타의 작업에 가설물, 지지대, 발판, 지주, 고임 등을 지장이 없도록 설치하고, 여기에 금속판을 놓고 받침목, 쐐기 등으로 수직, 수평을 정확하게 한다. 다리철물 또는 연결철물을 사용해서 철골, 철근 등에 용접하거나 볼트 또는 리벳조임으로 움직이지 않도록 견고하게 설치한다.

17-2-3 나중설치공법

(1) 심먹매김

나중설치에는 설치용 준비재료의 위치, 간격 등을 도면에 따라서 정확하게 심먹매김한다.

(2) 사춤모르타르

다리철물 주변의 사춤모르타르의 배합(용적비)은 시멘트 : 모래가 1 : 3이 되도록 된비빔으로 빈틈이 없도록 주의해서 채워 넣는다.

(3) 콘크리트바탕 등의 설치용 준비재

1) 나무벽돌

① 모양은 주먹장형 또는 막대형으로 하고, 금속물의 받침면에 적합한 크기로 바탕에 깊이 50mm 이상 묻어 넣는다.

② 콘크리트에 묻을 경우는 형틀에 고정 설치하고, 속빈 시멘트블록일 때는 금속물 설치에 지장이 없도록 소정의 부분에 콘크리트 또는 모르타르로 채워서 경화 후, 설치위치에 정확히 막대형 나무벽돌이 움직이지 않도록 고정하고 주위에 콘크리트 또는 모르타르를 채워 넣는다.

③ 가설용 나무벽돌은 주먹장형으로 하여 밖으로 빼낼 수 있게 설치한다.

2) 인서트

콘크리트 거푸집 내면의 정확한 위치에 못으로 고정시키고 인서트의 빈 속에는 헝겊조각 등을 채워 콘크리트풀이 흘러들지 않도록 한다.

3) 앵커볼트

① 콘크리트를 부어넣기 전에 매입할 때는, 형틀에 볼트의 지름에 따라 헐겁지 않게

구멍을 뚫어 볼트를 끼워 놓고, 표면에는 설치한 금속물의 두께에 따라 가설받침을 대고 너트를 조인다. 볼트 묻힘부의 끝부분을 90°로 구부리고 깊이는 설치 금속물의 크기, 무게에 따라서 정한다. 고정은 부근의 철근에 직접 또는 연결철물을 이용하여 용접하든가 0.88mm(#20)의 철선 2~3줄로 조여 매고, 콘크리트면과는 도면에서 지정한 각도를 유지하도록 한다.

② 콘크리트 부어넣기 완료 후 앵커볼트를 붙일 경우는, 미리 소정의 위치에 앵커볼트의 지름, 길이에 따라 상자형틀을 짜넣고 콘크리트 부어넣기를 완료하고 형틀을 제거한 후 볼트를 꽂아 넣고, 그 주위를 된비빔 모르타르로 빈틈없이 채워 고정한다. 또 상자형틀을 사용하지 않고 나중에 직접 콘크리트면에 구멍을 파고 묻을 경우는 될 수 있는 대로 주먹장형으로 한다.

4) 앵커스크류, 기타

석재, 콘크리트, 벽돌 등의 면에는 앵커스크류, 롤플러그(roll plug) 또는 팽창볼트(expansion bolt)를 사용해서 금속물을 설치할 때는 그 위치를 명확하게 표시하고 지름, 깊이를 정확하게 뚫어서 부착면과 직각을 유지하도록 틀어 넣는다.

5) 소형 다리철물

콘크리트, 시멘트블록, 벽돌, 석재 등의 면에 소형 다리철물을 묻을 때는 다리철물의 직경에 따라서 구멍을 판 후에 붙여 넣고 주위에는 틈이 없도록 모르타르로 채운다. 단, 앵커구멍이 작아서 모르타르를 채울 여지가 없는 경우는 납 또는 유황을 주입해서 고정한다.

6) 드라이브핀(drive pin)

바탕면에 금속제품 또는 준비재를 설치할 경우 또는 앵커볼트 대용으로서 소형 볼트 또는 나사슬리브를 피스톨(pistol) 발사 등의 조작으로 쳐박을 때는 총구의 중심을 박는 소정의 위치에 정확하게 일치시킨다.

(4) 제품의 설치

도면에 따라 설치하는 위치를 측정, 표시하고 가설 나무벽돌을 제거하여 구멍을 청소하고 앵커볼트류를 위치, 각도 등이 어긋나지 않게 하며 기타 부분을 정확하게 하여 금속물 설치에 지장이 없도록 조절한다. 제품설치는 위치 표시에 따라 끼움목, 쐐기, 고임 및 지주 등을 사용해서 움직이지 않도록 한 후 적합한 방법으로 정확하게 설치한다.

17-3 금속제 제품

17-3-1 미끄럼막이(Non-Slip)

계단의 디딤판 모서리 끝부분에 대어 오르내릴 때 미끄러지지 않게 하는 것으로 철제, 황동제, 포금제, 점토제, 고무제 등이 있으며 표면의 홈에 카보런덤(carborundum) 등을 넣어 내마모성, 탄성을 좋게 한 것도 있다. 미끄럼막이의 너비는 5~7cm 정도, 길이는 90cm, 150cm, 180cm가 있으며 특별히 정하지 않았을 때에는 황동제로 한다. 철근콘크리트조 계단일 때, 묻어둔 가설 나무벽돌은 콘크리트를 부어넣은 후 빼내고 구멍 청소를 한다. 다리 철물은 너비 15mm, 두께 2~3mm, 총길이 80mm, 허리높이 50mm 정도의 띠쇠로 줄바르고 높이 일매지게 설치한 후 사춤모르타르로 구멍매우기를 한 다음, 나무망치로 가볍게 두드려 고정한다. 다리철물의 설치간격은 미끄럼막이 철물의 양끝 및 중간간격 30cm 내외로 나누어 대고 다리철물 한 개에 작은 나사 두 개 조이기로 하며 다리 밑 끝은 쪼개 벌린다. 계단디딤판이 목조일 때에는, 디딤판 위에 계단 미끄럼막이를 덧대거나, 파넣고 나사못으로 양 끝에 두 개씩 박아 누르며, 중간 30~60cm마다 홈줄 안에 엇갈림으로 한 개씩 틀어 박는다. 제물 고정다리로 된 계단 미끄럼막이는 모르타르 배합비 1 : 2 (시멘트 : 모래)의 된비빔으로 바탕바름을 한 위에 내리눌러 줄바르고 높이 정확히 설치한다. 보임에 쓰이는 나사, 나사못 등은 미끄럼막이와 동질의 것으로 하고, 길이는 미끄럼막이와 다리 철물과의 조임에 충분한 것으로 한다.

17-3-2 계단난간(Hand Rail)

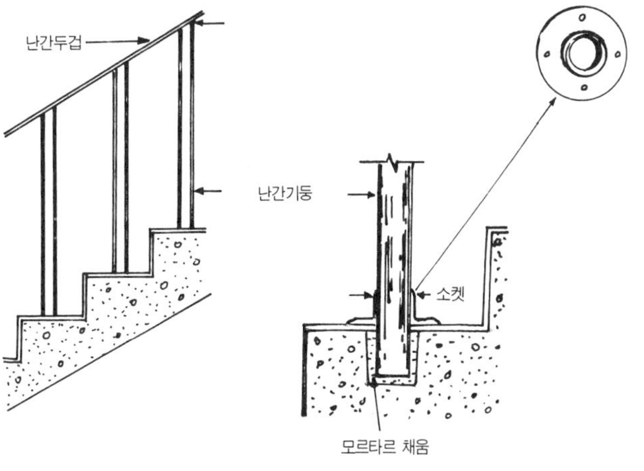

그림 17-1 계단난간

계단난간은 황동제 또는 철제 파이프, 각관 등을 용접 또는 소켓으로 접합하여 직선부 한 구간을 치수 정확히 조립하여 설치한다. 난간동자는 도면에 따라 간격을 나누어 맞추고, 두겁대 및 연결재 맞이마다 용접, 납땜 또는 소켓 접합으로 하며, 연결재는 주요 난간동자 맞이에 용접, 납땜 또는 뒷면에 보강철물을 대고 나사, 볼트를 사용하여 고정한다. 두겁대는 도면의 모양대로 만들되 곡절부는 통재로 제작함을 원칙으로 하며, 이음을 둘 때에는 용접, 납땜 또는 뒷면에 덧판이나 슬리브(sleeve) 등을 써서 나사, 볼트 등으로 조인다. 각 접합부 납땜 부분이 치장되는 곳은 그라인더(grinder), 줄, 연마지 또는 버프(buff) 문지르기 등으로 평활하게 마무리 한다.

17-3-3 모서리쇠(Corner Bead)

벽, 기둥 등의 모서리를 보호하기 위하여 미장바름할 때 붙이는 철물로서 황동제, 아연도금 철제, 스테인리스 철제로 하고, 길이는 1.8m로 한다. 공법은 모서리 쇠표면의 중심위치를 정확히 잡고 다림추를 사용하여 이것을 기준으로 하며, 그 상하 양끝을 줄바르게 잡고 고정다리가 틀어지거나 벌어지지 않게 똑바로 설치한다. 콘크리트, 속빈 시멘트블록 또는 벽돌 등에 고정할 때에는 고정 위치마다 배합비 1 : 2(시멘트 : 모래)의 된비빔 모르타르로 눌러 발라 설치하고, 라스(lath)면에 고정할 때에는 라스 초벌바름이 건조한 후 된비빔 모르타르로 눌러 붙이며, 목부면에 붙여댈 때에는 못이나 스테이플로 고정한다.

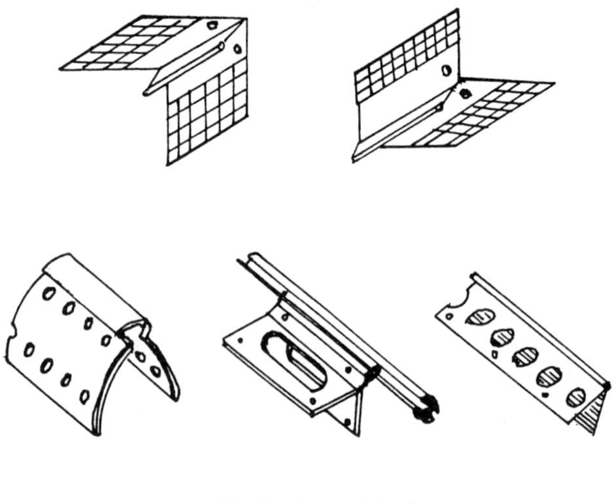

그림 17-2 모서리 쇠

17-3-4 와이어라스, 메탈라스, 와이어메시

와이어라스(wire lath)는 아연도금한 굵은 철선을 엮어 그물같이 만든 철망을 말하며 미장바탕용으로 쓰인다. 그물눈은 20, 25, 32, 38mm 등이 있으며, 크기는 1.82m×3.64m, 2m×4m의 2 종류가 있다.

메탈라스(matal lath)는 얇은 강판에 마름모꼴의 구멍을 연속적으로 뚫어 그물처럼 만든 것으로 천장, 벽, 처마둘레 등의 미장바탕에 쓰인다.

와이어메시(wire mesh)는 연강철선을 전기용접하여 정방형이나 장방형으로 만든 것으로 콘크리트 다짐바닥, 콘크리트 도로포장 등에 사용하며, 판의 치수는 1.2m×2.4m, 1.5m×3.0m이고 너비는 최대 4m까지이다.

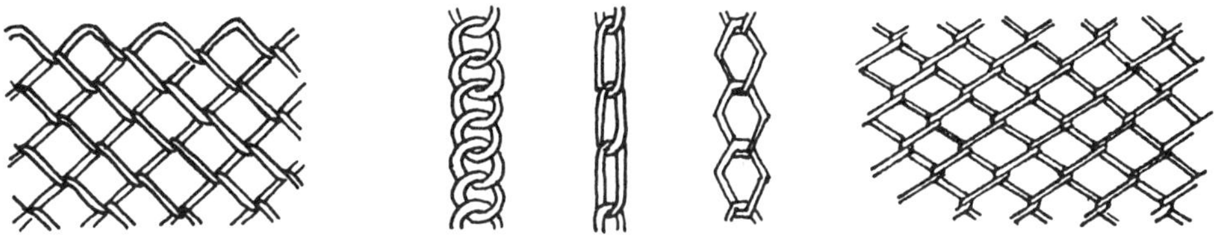

원형철망　　단면　　마름모형

그림 17-3 와이어라스

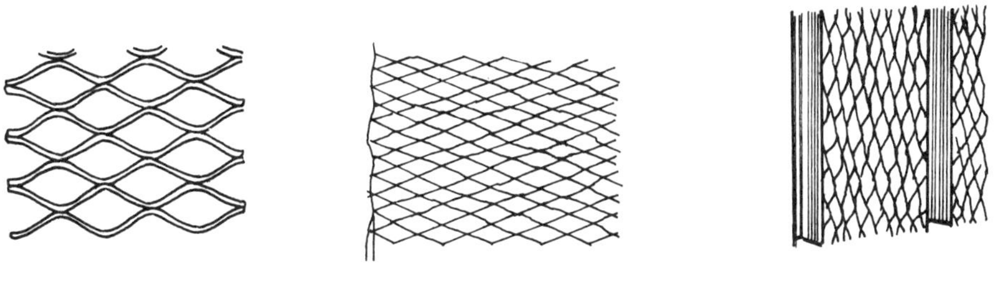

편평라스　　파형라스　　리브라스

그림 17-4 메탈라스

17-3-5 인서트(Insert)

주로 콘크리트조 바닥판 밑에 반자틀 기타 구조물을 달아매고자 할 때, 볼트 또는 달쇠(hanger)의 걸침이 되는 것으로, 설계도에 따라 거푸집 바닥에 배치간격을 확정하고 위치 정확히 설치하여 콘크리트 부어넣기 할 때 이동, 변형이 없게 한다.

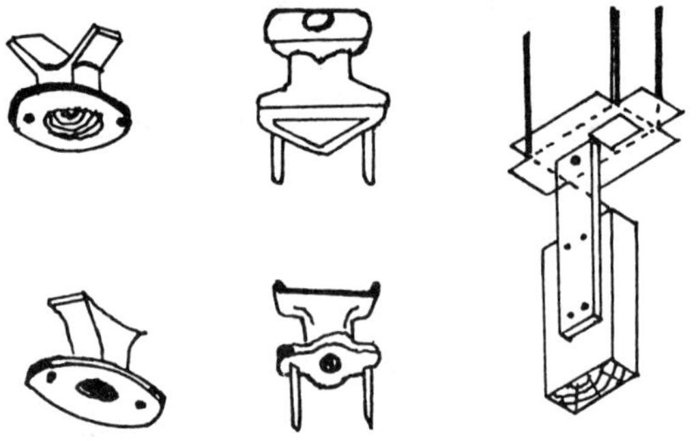

그림 17-5 인서트

17-3-6 팽창볼트(Expansion Bolt), 스크류앵커(Screw Anchor)

콘크리트, 벽돌 등의 면에 띠장, 문틀 등의 다른 부재를 고정하기 위해 묻어두는 철물이며, 나중에 볼트, 나사못을 틀어 박으면 두쪽으로 벌어지게 된 것으로서 납 등으로 만든 통속에 나사를 틀어 박으면 단단히 조여지는 것이다.

17-3-7 타정총(打釘銃, Drive-It) 및 드라이브핀(Drive Pin)

소량의 화약을 써서 콘크리트, 벽돌벽, 강재 등에 드라이브핀(특수 가공한 못)을 순간적으로 쳐박는 기계이다. 드라이브핀에는 콘크리트용과 강재용이 있으며 머리가 달린 것을 H형, 나사로 된 것을 T형이라 한다.

그림 17-6 팽창볼트, 스크류앵커

(a) 콘크리트용 (b) 강재용

그림 17-7 드라이브핀

17-4 장식용 철물

17-4-1 재 료

장식용 철물로는 철제, 황동제, 청동제, 알루미늄제 등이 많이 쓰이며 철제는 주철, 가단주철, 연강철, 중강철, 경강철 등이 쓰인다. 스테인리스 스틸은 두께 3mm 미만의 얇은 판을 쓸 때가 있다. 스테인리스는 접합이 적게 되는 방법으로 구조하며, 도장을 할 때에는 파커라이징(parkerizing), 인산처리(bonderizing) 등의 바탕처리에 이어 크롬, 니켈도금 또는 브론징(bronzing), 메탈리콘(metalicon) 등을 할 때에는 먼저 바탕크롬 도금을 해야 한다.

동제품과 동합금 제품은 철제 다음으로 많이 쓰이며, 청동제품은 버프(buff) 닦기 하여 투명 래커칠 또는 크롬, 니켈, 브론즈(bronze) 도금으로 하여 사용할 때도 있다. 알루미늄은 순도가 높은 것을 쓰고, 표면은 알마이트(almite) 또는 다른 처리로 색조를 달리할 수도 있다.

17-4-2 기성제 장식용 철물

(1) 줄눈대(Joiner)

줄눈대는 천장, 벽 등에 보드, 합판 등을 붙이고 그 이음새를 감추어 누르는 데 쓰이는 것으로 아연도금 철판제, 경금속제 또는 황동제의 얇은 판을 프레스한 것으로서 길이는 1.8 m이다. 그밖에 합성수지제품 등도 쓰인다.

(2) 펀칭메탈(Punching Metal), 그릴(Grille)

판두께 1.2mm 이하의 얇은 강판에 여러 가지 모양의 구멍을 뚫은 것으로 아연도금판, 알루미늄판, 동판, 듀랄루민(duralumine)판 등이 있고 환기공 라디에이터 커버 등에 이용된다. 그릴은 장식철물을 겸한 방범용 창문덮개로 황동, 청동, 화이트브론즈(white bronze) 등으로 주조하여 나사못 조이기 또는 용접으로 고정한다.

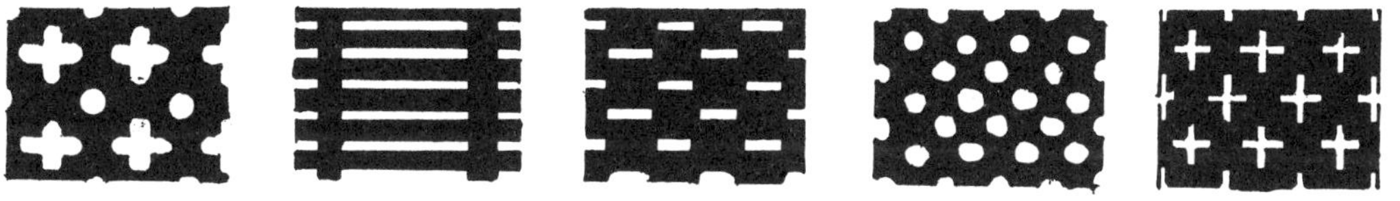

그림 17-8 펀칭메탈

(3) 금속벽판, 금속반지판

아연도금 철판 두께 0.3mm에 각종 무늬 모양을 돋힌 것으로서 벽판 또는 천장재로 쓰인다. 벽판은 표면 타일 형식으로 줄눈을 넣고, 각종 타일을 모방하여 벽돌형, 모자이크형 등으로 만든 것이 있다. 크기는 60×90cm이고, 실용 크기는 정척보다 2∼3cm 적어진다. 천장판도 여러 가지 무늬를 돋혀 프레스한 것이 있다.

(4) 맨 홀(Manhole)

맨홀의 철물은 외압에 충분한 강도를 가진 주철제로 하고 전면에 콜타르 달군질을 하며, 도난방지를 위하여 쇠사슬 고리를 달아둔다. 방수와 방취를 필요로 하는 곳에 대한 설치는 먼저 위치를 결정하고 정확히 고정해 두어야 한다.

(5) 더스트슈트(Dust Chute)

더스트슈트의 재질은 동체는 주철제로, 겉뚜껑문과 버켓부분은 3mm 두께의 열간압연 강판으로 하고 기타 재질, 규격, 형상, 치수, 마무리 등은 시방서에 정하는 바에 따라 시공해야 한다. 설치에 있어서는 도면에 따라 위치, 간격 등을 심먹매김하고 1 : 3(시멘트 : 모래) 사춤모르타르로 된비빔하여 빈틈없이 채워 넣어 유동이 되지 않게 고정해야 한다.

제 18 장 창호공사

18-1 개 요

창호란 벽면 등에 부착시킨 문꼴(開口部, opening)에 다는 창과 문을 말하며 창문(窓門, window & door)이라고도 말한다. 창호의 기능은 출입에 쓰는 출입구와 채광, 통풍을 주로 하는 창으로 대별되고 구획용(방화, 방연, 실용도)과 배연구, 점검구 등으로도 쓰인다. 창문의 명칭은 기능상의 분류로서 개폐방법에 따라서 여닫이, 미서기, 미닫이, 오르내리창, 붙박이창, 회전문(창), 접문, 자재문, 미들창, 젖힘창, 들창 등이 있다. 창호는 사용재료 및 외관에 따라서 목제창호, 강제창호, 스테인레스강제창호, 알루미늄합금제창호, 합성수지창호, 유리문, 아크릴문, 종이문, 양판문, 플러시문, 비늘문, 주름문, 셔터 등으로 구분하고 있다.

창호는 사용자가 빈번하게 직접적으로 사용하므로 그 기능에 따라서 건물의 성능에 대한 평가가 달라지고 큰 영향을 받는다. 정확한 재료, 구조방법 및 부속품의 선정과 정밀한 시공이 요구되며 전문시공업자의 적절한 이용이 성패의 관건이다. 설계도의 창호표를 바탕으로 전문업자에게 공작도를 제출시켜 검토, 승인하고 제작기간을 참작하여 조기에 발주한다.

18-2 창호의 기능검사

(1) 내풍압성

외벽에 있는 창호의 기본적 요구조건으로서 시험장치에 의해 안전성이 검증될 필요가 있다. 시험에서 파괴가 일어나지 않음은 물론이고, 중앙부의 최대변위가 틀 안목치수의 1/70 (수평막이 부재는 1/150) 이하라야 한다. 압력을 제거한 후에 잔류변형이 없어야 하고 기능에도 아무 장애를 주지 않아야 한다.

(2) 기밀성

창호 내외의 압력차에 의한 통기량을 단위면적에 대하여 단위시간 동안에 측정하여 기준상태로 환산한다. 기밀재를 사용하는 정도가 통기량을 좌우하고 기밀성은 기밀재를 적절하게 선택하고 양호한 형태로 이용하여 높일 수 있다.

(3) 수밀성

외부의 창호로서 강풍이 부는 지역과 고층 건물에는 특히 높은 수밀성이 요구되는데 바람이 2초 주기로 불 때의 압력차를 이용하여 시험한다. 10분 동안 압력차를 창호의 내외에 맥동시키며 밖에서 $4l/\text{min} \cdot m^2$의 물을 분사하여 안으로 누수가 없는지를 검사한다.

(4) 차음성

주파수가 커지면 음향투과손실도 커지는데 차음성을 표준상태로 환산하여 등급을 매긴다. 5mm 두께의 유리를 사용하고 기밀성이 높으면 일반 시가지의 방음으로 충분하며 더욱 두꺼운 유리를 쓰거나 특수구조의 방음문 및 2중 새시를 쓰면 차음성은 더욱 향상한다.

(5) 단열성 및 방화성

단열성은 열관류저항치($m^2h℃/kcal$)를 기준으로 측정하며 방화성은 화재시 일정시간 불을 막는 역할에 대하여 등급을 매긴다.

(6) 내구성

사용빈도가 많으므로 내구성에 대한 충분한 배려가 필요하다. 창호철물과 설치공사의 정확성도 큰 관련을 가진다.

18-3 공사준비 및 계획

18-3-1 설계도서의 검토확인

구체적인 시공계획에 들어가기 이전에 전체적으로 다음의 사항을 검토하여 의문이 생기면 공사감리와 협의 결정한다.

(1) 도면간의 차이점

평면도, 입면도, 단면도, 창호도, 실내전개도, 설비도면 등을 맞추어 차이가 있으면 맞는 것을 명확히 확인한다. 창호의 위치, 수량, 개폐방식, 재료, 틀, 철물, 유리 등을 주의하여 살펴본다.

(2) 제작방법의 요강

방화문의 위치, 종류 및 개폐방식, 배연, 환기, 채광창의 위치 등을 확인하고 대지경계선과 창호의 개폐관계를 검토한다.

(3) 창호시방서

시방서, 특기시방서, 질의응답서를 이용하여 지정업자, 재질, 방식 및 방청, 발색 및 착색, 각종 성능 구분 등을 확인한다.

(4) 사용방법 및 유지관리

사용자 동선과 개폐방향, 창호철물, 키 시스템, 외부 새시 청소방식, 유리교체 등에 대하여 면밀하게 검토한다.

(5) 시공성

창호의 고정방법, 양중 및 반입경로, 공정진행과의 관련성, 양생방식을 검토한다.

18-3-2 시공계획

(1) 공정의 검토

시공도의 작성, 공장제작, 현장설치에 소요되는 시간을 계산하여 공정을 결정한다. 내부의 작업환경, 문틀의 설치시기, 성능시험의 소요시간, 공장제작의 재확인이 필요하다.

(2) 제작방법의 요강

공사개요, 공사범위, 관리조직표, 공정표, 사용재료, 제작공장, 재료가공 및 조립, 제작검사, 성능검사, 방식 및 방청, 설치방법, 운반, 양생 및 청소, 안전관리.

표 18-1 목제창호의 공사과정

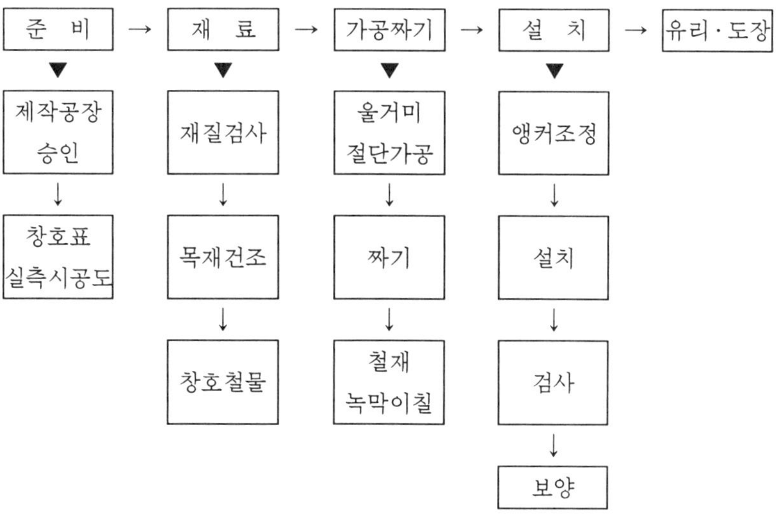

(3) 시공도의 작성

창호배치도를 통하여 개폐방식, 개폐방향과 기타 공사와의 관계를 검토하고, 창호표에 재료, 크기, 수량, 구조, 성능, 유리, 창호철물을 표시하고 상세도에서는 위치, 높이, 실링재, 재질, 형상, 마감 등의 상세한 내용을 나타낸다.

18-4 목제창호

18-4-1 일반사항

문의 종류에 따라 문틀의 구조가 달라지는데 대표적인 형태는 위(웃)틀, 문지방, 선틀, 중간틀, 중간 선틀, 중간선대 등으로 구성되며 문꼴선(문선)을 돌리고 문선굽을 설치하는 경우도 있다. 미서기문 등의 경우는 기둥에 문받이홈을 설치하고 미서기문이 맞닿는 곳에는 풍소란을 설치한다. 창틀은 위(웃)틀, 선틀, 밑틀, 창선반과 중간선틀, 중간틀(중간홈대)로 이루어지고 창의 종류에 따른 개폐방식의 대표적인 종류로 여닫이창, 들창, 미들창, 오르내리창, 미닫이창, 미서기창, 회전창, 붙박이창 등이 있다.

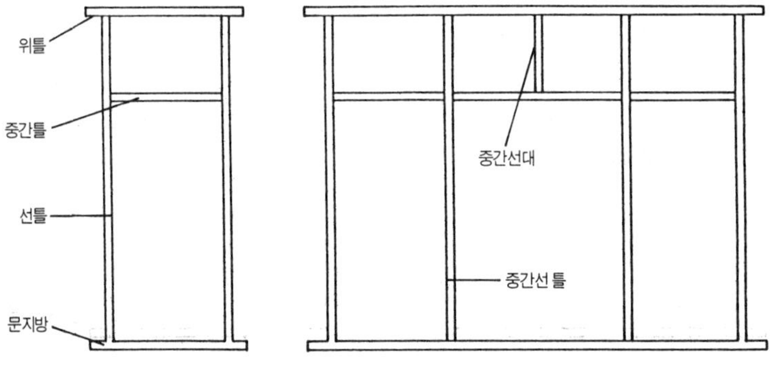

그림 18-1 문 틀

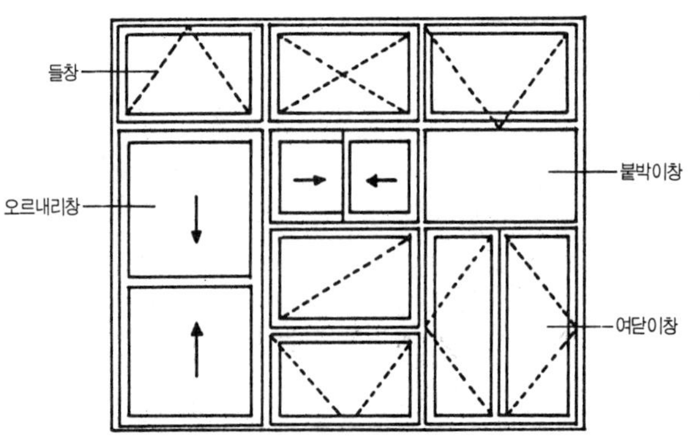

그림 18-2 각종 창호의 개폐기호

18-4-2 재 료

창호에 쓰이는 목재로는 잣나무, 소나무 등의 침엽수와 참나무, 느티나무 등의 활엽수 외에도 수입한 티크와 나왕이 있다. 모두가 곧은 결 무절재로서 함수율이 15~18%로 휘지 않도록 건조시켜야 한다. 재료주문은 도면의 마무리치수보다 3mm 정도 더 크게 정치수로 주문하고 길이도 접합을 고려하여 여유를 둔다. 합판은 창호의 위치와 습기 및 물을 고려하여 내수합판을 사용하고 플러시문에 쓰는 합판의 두께는 3~4mm 이상으로 한다.

표 18-2 합판의 두께

종 별	A종	B종	C종
양식 창호의 양판 징두리판	12.7mm(#4)	9.5mm(#3)	6.4mm(#2)
한식 창호의 양판 징두리판	6.4mm(#2)	4.8mm(#1.5)	3.2mm(#1)
플러시 창호의 표면판	6.4mm(#2)	4.8mm(#1.5)	3.2mm(#1)

18-4-3 제 작

(1) 마름질, 바심질

부재를 소요길이로 자르는 마름질은 장부길이 등을 고려하여 선대는 3cm 정도 길게 하고 막이대는 5~10mm 길게 한다. 바심질은 대패질한 후 장부내기, 장부구멍파기, 홈파기, 면접기 등을 하는 것이고 필요하면 연마지로 마무리한다.

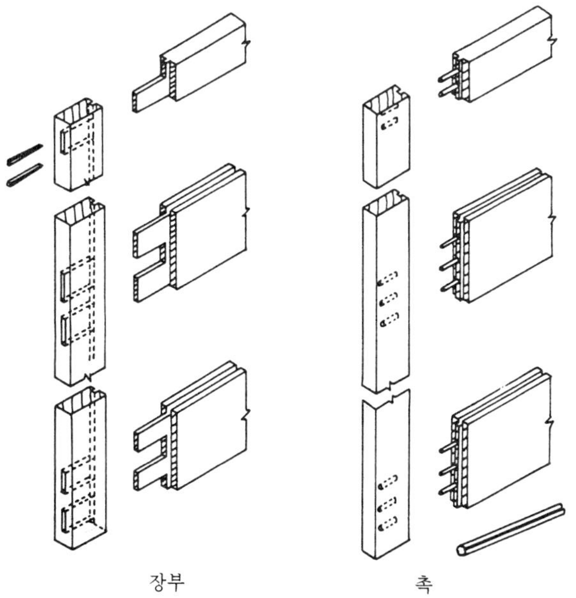

그림 18-3 문 울거미 맞춤

(2) 장부, 촉, 쐐기

선대와 막이대는 장부맞춤으로 하는데 한 장부의 두께는 울거미 옆두께의 1/3, 쌍장부는 각각 1/5 정도로 한다. 근래의 정밀목공기계는 촉과 강력접착제를 쓴 촉장부(지름 15mm, 길이 130mm 정도)로 재료를 절감하고 시공을 신속하게 만든다. 주요한 장부는 내다지장부로 하고 벌림쐐기치기로 하거나 장부구멍을 중간에서 밖으로 크게 하여 지옥장부를 쓴다.

(3) 풍소란

미닫이나 여닫이의 마주 닿는 선대인 마중대나 미서기의 서로 여며지는 여밈대는 반턱, 제혀로 물리거나 풍소란을 댄다. 풍소란은 갓테에 T자형으로 대거나 면에 직접 대는 경우가 있고 한면만 대기도 하며 안팎으로 댈 수도 있다.

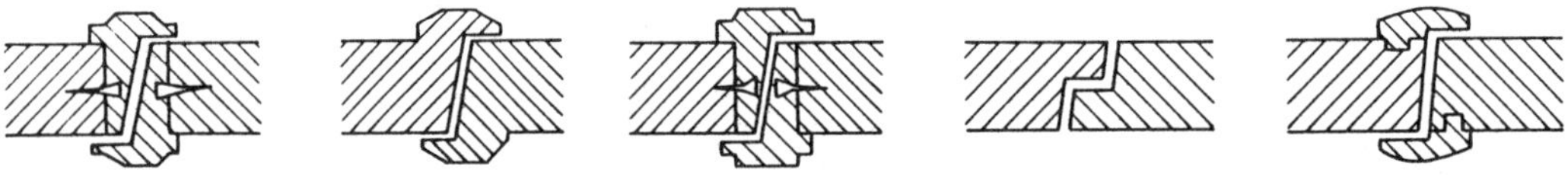

그림 18-4 풍소란

(4) 플러시문

플러시문의 울거미를 가는 부재를 쪽매로 하여 제작할 때에는 무늬나 결을 서로 맞대고 곧은 결이 면으로 오게 하여 접착제로 압착한다. 중간 띠장은 나비 2.5∼3.0cm 정도의 각재를 10∼20cm 내외의 간격으로 넣고 표면 합판을 대고 테두리에 6mm 두께의 갓테를 접착시킨다. 울거미 속에 벌집모양의 나무, 종이, 합성수지의 심재를 넣은 허니쿰형은 구조가 간단하고 경량이며 절연이 좋다. 도어클로저나 자물쇠를 다는 부분은 각재로 적절하게 보강한다.

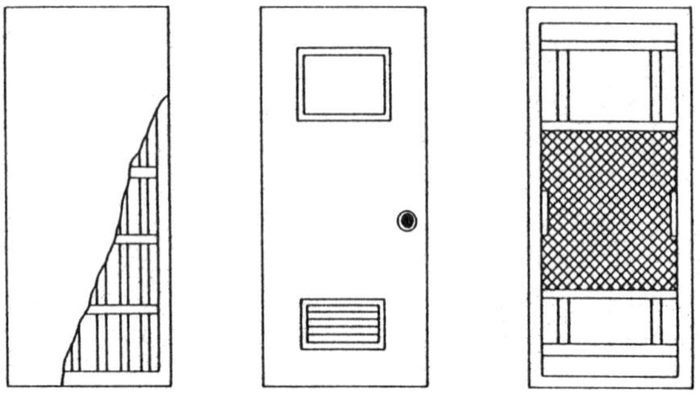

그림 18-5 플러시문

(5) 양판문

울거미의 폭은 9～12cm 너비의 선대보다 웃막이는 1～1.5배, 밑막이는 1.5～2.5배 크게 만들고 중간선대나 중막이 등은 좀 작게 한다. 양판은 넓은 한장 널 또는 합판을 문 한쪽에 끼우는 장수에 따라 통판, 두장 양판문 또는 십자로 구획한 넉장 양판문이 있다. 울거미에 4방으로 홈을 파서 끼우고 때로는 솔대(bead)나 쇠시리솔대로 고정하기도 한다. 유리양판문은 높이 1m 정도의 하부에만 양판을 대고 위는 유리를 끼운 것이며 징두리 양판문이라고도 한다.

그림 18-6 양판문

(6) 종이창문

창호지문은 세살(완자, 아자, 범살, 교살, 정자살)을 울거미 속에 짜넣고 창호지를 바른 것이며 중간에 창경(窓鏡)이라는 유리를 끼우기도 한다. 두꺼운 종이를 여러 겹 바른 것을 도듬문이라고 하는데 울거미에 종이바름턱을 사방에 파고 중간살은 15～36cm 간격으로 배치한다. 도듬문의 울거미에 전체적으로 종이를 바른 맹장지(盲障－)는 중간 위 부분에 세살로 짜고 창호지를 발라 소위 불발기를 두기도 한다.

(7) 비늘살문 기타

비늘살문에서 비늘살대의 경사는 45～60° 정도로 하여 빗물, 직사일광 및 시선을 막도록 하는데 선대에 통넣기로 하거나 틀을 짜서 넣기도 한다. 띠양판문은 얇은 합판 위의 한쪽에 가는 살을 25cm 정도의 간격으로 댄 것으로 잔살합판문이라고도 한다.

18-4-4 설치, 검사

공장가공과 조립이 완료된 창호는 치수의 정밀도와 마무리 상태를 검사해야 한다. 현장에 반입하여 설치 위치에 가까운 곳에 변형이 없도록 쌓고 햇빛, 파손, 변색, 오손이 없도록 양생한다. 창호를 설치하기 이전에 창호의 개폐에 영향을 주는 문틀의 양부를 면밀하게 검사하고 결함을 시정한다.

(1) 가조립

설치하기 전에 문틀과 창문을 미리 제위치에 세워 보고 개폐방향 등을 확인한다. 미닫이나 미서기문은 기둥과 문틀 및 창선반 등의 여유를 확인해야 한다.

(2) 설 치

문틀이 수직으로 바로 서지 않으면 사용이 불가능하므로 특히 주의해야 한다. 설치가 완료되면 창호철물을 다는데 도어클로저나 자물쇠의 작동이 원활한 지를 시험해야 한다. 미서기나 미닫이는 부드럽게 미끄러질 수 있도록 창호철물을 정확하게 설치한다. 창호철물은 가격차 이외에도 기능, 내구성 등에 주의하여야 한다.

(3) 조 정

설치가 완료되면 창호가 원활하게 개폐되는지 확인하며 5, 6회 조정하여 보고 창호철물도 이에 맞게 수정한다. 특히 창호 주위의 틈새가 없는지를 주의하여 살피고 여닫이문의 창호철물의 작동이 제대로 되는지 검사한다.

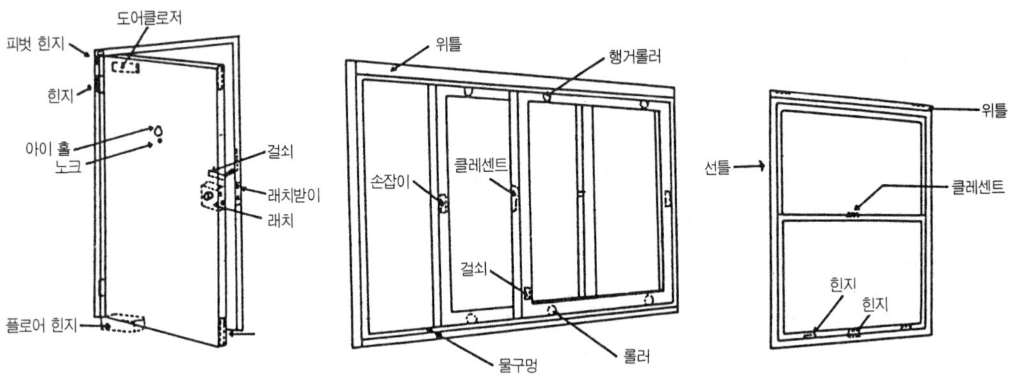

그림 18-7 창호철물

18-5 철제창호

18-5-1 일반사항

철제창호는 스틸도어, 철판문, 행거도어, 셔터, 주름문, 방화문 등으로 많이 쓰인다. 철제창호는 제작회사에서 창문과 창문틀을 일체로 붙여서 제작반입하는 경우도 있다. 중량이 무거우므로 고정하기가 힘들며 정착철물을 이용하여 견고하게 고정하고 변동이 없도록 양생을 철저히 한다. 재료의 특성에 따라서 기밀성이나 수밀성에 취약하므로 주의가 필요하다. 스테인리스강제창호는 일반 강제창호에 비하여 재료가공 및 마무리가 어렵지만 공법은 비슷하다.

방화문은 갑종과 을종이 있는데 갑종 방화문은 강제 뼈대에 두께 0.5mm 이상의 강판을 양면에 붙이거나 두께 1.5mm 이상의 강판을 한 면에 붙인 것이다. 화재시의 온도는 보통 600~900℃ 정도이고 새시 등의 부재는 250℃까지는 강도가 상승하다가 급격히 약화되어 500℃에서는 강도가 반감된다.

18-5-2 재 료

(1) 강 판

창문틀재는 주로 연강판 또는 아연도금강판 및 표면처리강판 등이 사용된다. 두께는 0.8~2.3mm 정도가 많이 쓰이는데 용도에 따른 두께는 표 18-3과 같다.

표 18-3 창호용 강판의 두께

구 분	명 칭		두 께(mm)
창	틀, 추갑(錘匣), 벽선, 중간홈대, 물끊기(판문, 틀선)		1.6
	창틀	창대 덧판, 비아무림판	2.3
		창선반	1.2
		창선틀	1.2
		레일(미서기, 미닫이)	2.3
	창짝	울거미, 살	1.6
출입문	문틀	틀, 물끊기판(위틀, 선틀)	1.6
		덧벽선	1.2
		문틀선	1.2
		문턱, 밀문용 레일	2.3
	문	울거미, 띠장	1.6
		양판, 플러시판	1.6
		힘살, 앵커플레이트	2.3

(2) 새시바(sash bar)

스틸새시의 울거미와 살대로 사용되고 압연강재를 솔리드섹션(solid section)으로 만든 것이다.

이외에 강판을 구부려 만들 수도 있으나 단면의 형상은 제조회사마다 다르고 스테인리스강제도 있다.

표 18-4 스테인리스강판의 표준두께

구 분		명 칭	보강 뒤 합판이 있는 경우		없는 경우
			치장판 두께 (mm)	보강판 두께 (mm)	치장판 두께 (mm)
새시	창틀류	창틀, 부축기둥, 중인방, 울돌림판	1.5	1.6	1.5
		선판, 문선			2.0
		받침판	1.5	1.6	1.5
	장지	울거미	1.2～1.5	1.6	1.5
		누름대	1.2～1.5	1.6	
도어	창틀류	창틀, 문선	1.5	1.6	1.5
		누름대	1.5	1.6	2.0
	문짝	울거미, 살	1.5	1.6	—
		경판, 플러시판	1.5～2.0	1.6～2.3	—

18-5-3 제 작

제작공장의 공정을 대강 살펴보면 강재반입, 변형바로잡기, 원척도에 의한 절단 및 구부리기, 보강재 부착, 방청처리, 조립, 용접, 마무리, 방청도장, 검사 및 양생 등으로 나누어진다. 제작공장의 기술수준이 격차가 크므로 주의를 요하는데 기계의 능력, 정밀도, 공원의 기술에 따라 좌우된다.

(1) 원척도

강판을 접을 때는 상당한 곡률반경이 필요하고 페인트의 두께도 고려하여 치수와 형상을 정확히 그린다. 빗물막이, 바람 등을 고려하여 마무리하고 유리 갈아끼우기와 청소에 편리한 상세를 채택한다.

(2) 바로잡기

롤러(roller)나 신장기(stretcher)를 사용하여 뒤틀림, 휨, 밀 스케일, 녹 등을 제거하고 변형을 바로 잡으려면 레벨러(leveler)를 이용한다.

(3) 가 공

원척도에 따라 금긋기를 하고 압축기, 전단기를 이용하여 절단 및 구부리기를 하는데 변형이 생기지 않도록 주의한다.

(4) 보강 및 방청처리

틀이나 창호에 보강재를 댈 경우 배치간격과 부재 크기를 정확하게 지켜서 부착한다. 아연도금면에는 인산피막이나 크롬산피막으로 표면처리를 한다.

(5) 조립 및 방청도장

형상, 치수, 각도, 면을 정확히 지키고 전기용접이나 나사조임으로 조립한다. 이음 및 맞춤이 잘 맞도록 교정하고 용접 틀림 등을 그라인더로 간 후 방청도장을 한다.

(6) 검사 및 양생

허용오차의 범위에 벗어난 제품은 없는지 검사하고 운반중의 변형이 없도록 양생하여 포장을 한 후 반출한다.

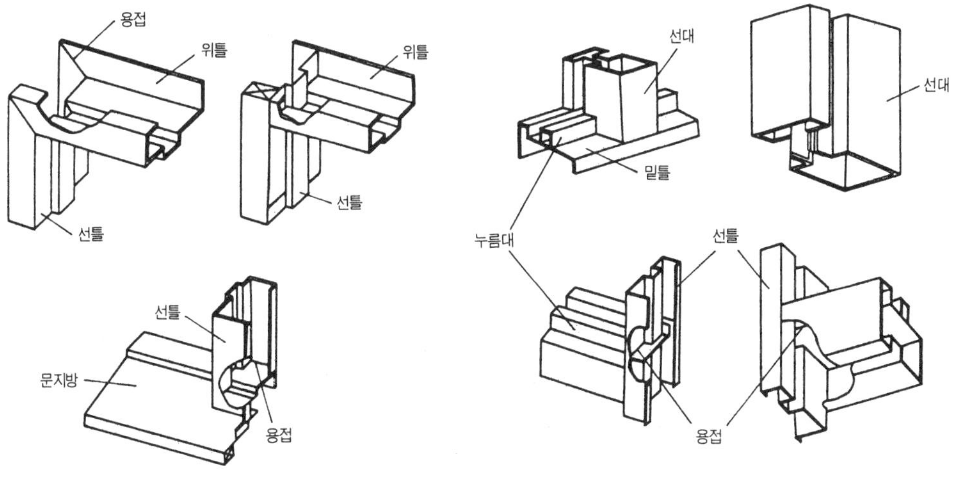

그림 18-8 스틸새시의 조립방법

18-5-4 설치, 검사

(1) 스틸도어

문틀의 경첩은 목재와 마찬가지의 것이지만 중량을 고려하여 아래는 바닥지도리(floor hinge)를 쓰고 위는 돌쩌귀(pivot)를 사용하는 경우가 많다.

(2) 창

창짝의 너비가 크면 뒤틀림과 처짐에 취약하므로 60cm 정도면 무난하다. 창의 개폐시에 유리가 파손되는 일이 없도록 유리 끼우기에 세심한 주의가 필요하다.

(3) 설치준비

설치위치를 정확히 표시하고 고정철물의 위치와 정착도를 확인한다. 비계가 필요하면 미리 준비하고 창호를 설치 위치 부근에 반입하고 기타 설치에 사용할 재료를 준비한다.

(4) 먼저달기

콘크리트공사를 하기 전에 거푸집에 함께 짜넣는 경우는 콘크리트 붓기와 거푸집해체에 의해서 이동 변형이 일어나기 쉬우므로 특별한 주의가 필요하다.

(5) 나중달기

고정시키기 전에 위치를 확인하고 개폐방향을 검토하고 수직과 수평을 확인하고 고정철물의 간격을 검토한 후 용접한다. 충진재에 방수제를 사용할 경우 금속의 부식을 촉진하는 염화칼슘 등의 사용은 엄금하고 모래에 염분이 섞인 모르타르도 부적당하다.

(6) 검 사

고정철물을 용접한 후 재점검을 하면서 방청, 지수처리, 오차허용치(1.5mm) 등을 검사하고 주변을 고정시킨 후 변형과 충진에 대하여 확인한다. 기자재의 반출입이나 통로사용을 위한 양생은 표면이 경질인 재료를 쓰고 청소는 도막을 손상하지 않도록 주의한다.

18-6 알루미늄 합금제 창호

18-6-1 일반사항

경금속인 알루미늄의 비중은 철(7.87)의 약 1/3인 2.7이고 강도는 철의 1/3 정도로 볼 수 있다. 건물의 자중을 감소시키고 방청성, 경쾌감, 미관이 우수하여 많이 사용되고 공작이 자유롭고 섬세한 요철부도 정확히 만들 수 있어 물림이 확실하고 빗물막이 및 기밀성이 좋다. 초산, 염산 등의 무기산과 알칼리에 약하고 특히 시멘트를 취급하는 부위는 얼룩을 지우기 어렵고 이질금속재와의 전기화학작용에 의한 부식에도 취약하다.

18-6-2 재 료

(1) 알루미늄새시

연한 재료이므로 경도가 낮은데 따른 손상을 받기가 쉽고 이런 손상은 보수가 불가능하므로 스틸새시보다 조심하여 다루어야 하고 내화성도 스틸새시보다 약하다. 강도가 약하므로 내풍적으로 할 경우 단면을 크게 만들거나 벽선, 멀리온 등으로 보강한다.

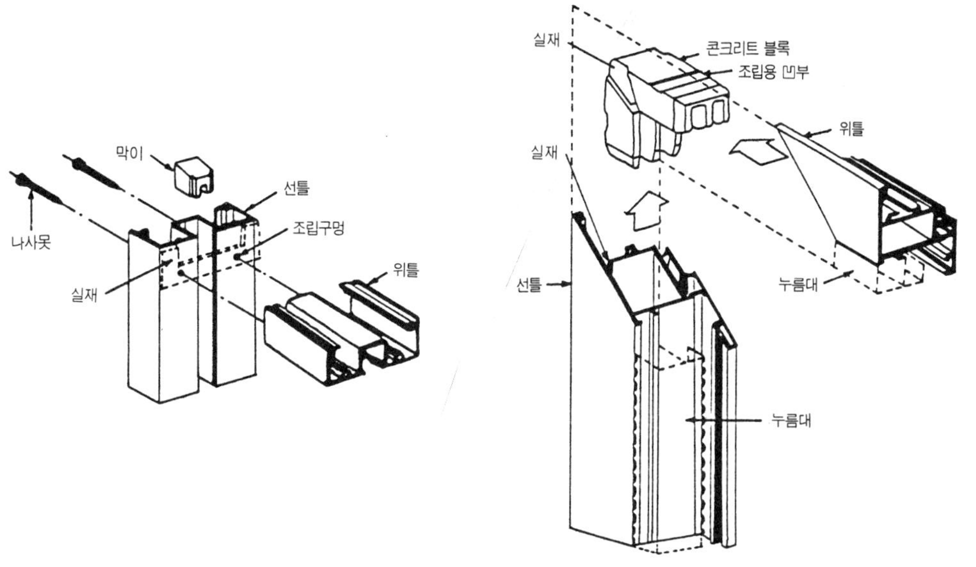

그림 18-9 알루미늄새시바의 조립

(2) 도장처리

내식성이 강하여 부식에 대한 저항력이 크지만 납이나 수은을 포함하는 도료는 알루미늄을 부식하므로 사용을 금지하고 특히 내산성이 요구되는 경우 역청도료의 바탕 위에 알루미늄페인트를 바른다. 습윤상태의 접합부는 납을 함유하지 않은 징크로메이트 등의 도료로 녹막이칠을 하고 조임못, 나사못 등은 알루미늄제를 사용하고 못이나 볼트가 알루미늄이 아닌 철재일 경우 아연 또는 카드뮴 도금을 한다. 새시바의 내구성을 위하여 표면에 양극산화피막(陽極酸化皮膜)을 만들고 합성수지도막을 할 수 있고, 정전기를 이용한 발색과 착색 및 염색과 전착도장으로 다양한 색깔로 착색할 수 있다. 피막과 도막의 두께로 내구성이 결정되므로 매우 중요한 요소이다. 황산피막 9㎛ 이상, 황산과 수산의 혼산피막 6㎛ 이상, 도막은 7～9㎛ 이상으로 하고 해안이나 도심에서는 환경조건을 고려하여 두께를 늘려서 각각 12, 9, 14㎛ 이상으로 한다.

18-6-3 제 작

창문틀 및 창문의 부재접합은 튼튼하고 정밀하게 맞추고 용접접합인 경우 플럭스를 완전히 제거하고 매끄럽게 마무리한다. 나사류로 접합하는 부분에는 턱이 지지 않도록 맞추고 부식이 일어나지 않도록 처리한다. 검사의 항목 및 방법은 특기시방서에 따르고 시공지침서에 기재하는데 치수허용차의 기준은 표 18-5에 의하는 것이 보통이다. 출하에 앞서 제작자는 필요한 경우에 변형, 손상, 더러움 등을 방지하기 위하여 보양을 하고 화물포장은 운반, 하역, 조립, 보관의 편리를 고려한다.

표 18-5 알루미늄 합금제 창호의 치수 허용차

창호의 치수 부위	치 수	허용차(단위:mm)
문틀 안쪽의 높이 및 폭	2.0m 미만	3
	2.0m 이상 3.5m 미만	4
	3.5m 이상	5
대칭벽 안쪽 치수의 차	2.0m 이상	2
	2.0m 이상 3.5m 미만	3
	3.5m 이상	4
틀세우기	1.2m 이상	2
	1.2m 이상 1.5m 미만	3
	1.5m 이상 2.0m 미만	4
	2.0m 이상	5

18-6-4 설치, 검사

틀세우기 및 창호달기는 철제창호와 비슷하지만 양생에 보다 많은 세심한 주의가 필요하다. 앵커의 용접시에는 용접불꽃에 의하여 알루미늄 또는 유리의 표면에 흠이나 얼룩 등이 생기지 않도록 주의한다. 모르타르로 충전하는 경우 NaCl량 환산으로 0.02% 이하까지 염분을 제거하여 금속의 부식을 방지한다. 검사는 수량, 재료, 표면처리, 방청처리, 크기, 구조(접합부, 보강재, 고정철물), 외관, 기능 등을 검사한다.

18-7 합성수지창호

18-7-1 일반사항

합성수지창호로서는 아코디언커튼이나 아코디언도어의 비닐과 무테아크릴문의 아크릴과 일반적인 플라스틱창호가 있다. 열전도율이 매우 낮아 단열성이 좋고, 밀폐성이 우수하여 방수성, 방음성이 있고 연탄가스나 해풍에도 강하다.

18-7-2 재 료

일반 창호용 재료는 KS F 3117(합성수지창, 문 및 틀)에 의하며 염화비닐 중합체를 주원료로 안정제와 충격강화제를 첨가하여 압출성형하는 제조방식을 사용한다. 무테문은 판의 두께 12～18mm, 너비 90cm, 높이 1.80～2.40m를 표준으로 하고 메타크릴수지, 폴리에스테르수지, 경질염화비닐수지 등을 사용한다. 아코디언도어의 가이드레일은 두께 2mm

정도의 철판을 홈모양으로 압착하여 만들고 행거레일에 달바퀴로 매단다. 아코디언도어는 十자형 뼈대 4mm 정도의 피아노 강선을 조립한 위에 천을 붙인다.

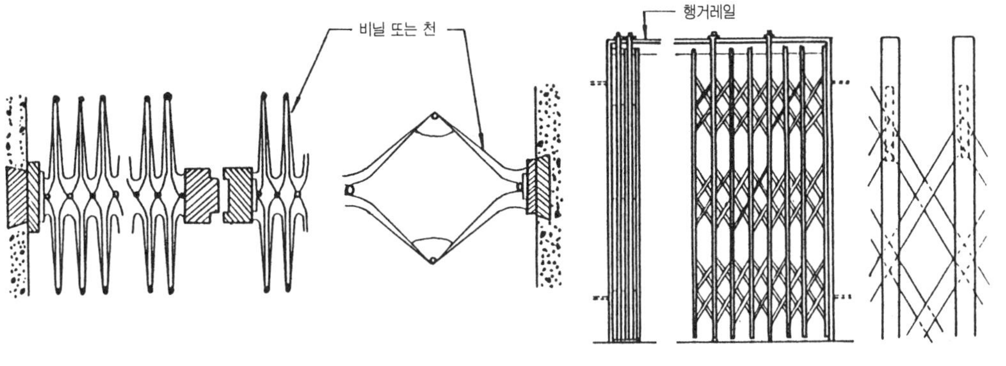

그림 18-10 아코디언도어 및 주름문

18-7-3 제작 및 설치

(1) 아코디언도어

칸막이 벽으로 쓰는 경우 펼친 두께는 40~60mm 정도이지만 옆으로 밀어 열 경우 접은 너비는 보통 22~30cm이고 모두 접어 넣으면 벽길이의 1/10 정도로 줄어든다.

(2) 플라스틱무테문

힌지나 자물쇠를 장치하기 위하여 상하에 스테인리스테를 두르고 달기는 하부 플로어 힌지, 상부 피벗힌지로 하며 문의 핸들은 구멍 뚫고 나사죄기로 한다.

(3) 플라스틱 일반창호

공장제작이 일반적이고 알루미늄창호와 비슷한 시공법을 쓰지만 플라스틱은 상처가 나기 쉬우므로 더욱 조심할 필요가 있다.

18-8 강제셔터

18-8-1 일반사항

셔터의 성능은 방범, 방화, 연기차단, 투수방지, 내풍압성, 내구성 등이 있고 용도에 따라서 여러 가지 형태가 있다. 방화성은 소방법에 규정된 방화성능을 기준으로 하며 연기차단은 압력차 $2kgf/m^2$에서 통기량이 $0.2l/m^2min$ 이하이면 방연셔터라고 본다. 강풍우를 맞아서 실내에 누수가 없고 가이드레일이 변함없는 것이 필요한 경우가 있고 내구성은 15년 이상이나 10,000회 이상 사용을 견디는 것으로 한다.

셔터는 슬랫(slat;1.6~0.6mm 두께의 강판을 구부려서 연결하여 감은 것)을 쓰는 일반셔터와 통풍, 도난방지, 채광, 환기 등을 위한 그릴셔터(천공형, 네트형, 파이프형)가 있고 이 둘을 섞은 콤비네이션셔터가 있다. 개폐구동 및 조작방식에 따라서 전동식과 수동식이 있고 퓨즈장치식은 화재시 퓨즈(용해온도 70~95℃)가 용융하여 닫히는 것이고 수압개방셔터는 비상시에 외부에서 소방호스의 수압으로 열 수 있다. 개폐방식으로는 위로 감는 것과 위로 슬라이드하는 것 및 옆으로 감는 것이 있고 개폐속도는 일반적인 상속셔터와 3배 정도 빠른 고속셔터가 있다.

사용부위에 따라서 외벽의 출입구나 창에 설치하는 경우가 있고 건물내부의 출입구, 창, 통로 등의 실내구획에 설치하는 경우가 있다. 사용목적에 따라서 방화셔터, 방연셔터, 내풍셔터, 차음셔터가 있고 방폭셔터는 위험물저장소의 폭발에 대비한 것이다. 주차장 입구의 셔터케이스는 바닥면으로부터 2.3m 이상 높이에 있도록 시공한다.

18-8-2 재 료

(1) 슬 랫

가장자리를 연결하는 방식에 따라서 둥글게 접어 끼우는 끼움(접어 끼우기)형, U자형 리벳으로 죄는 리벳(죔)형, 정첩(달기)형 등이 있다. 일반도장법으로 안까지 칠하지 못하므로 침지법에 의하여 녹막이 칠을 한다.

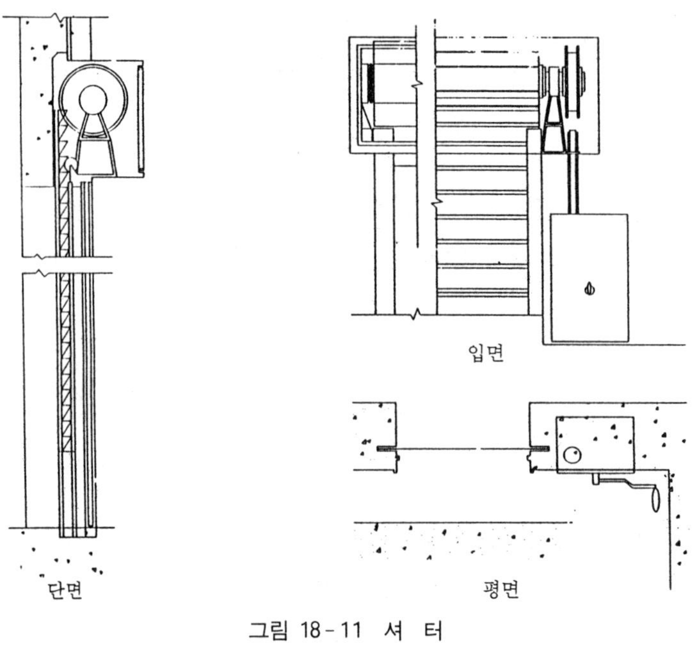

그림 18-11 셔 터

(2) 가이드레일

홈대에 쓰는 강판의 두께는 2.3mm 이상으로 하고 홈대의 폭은 셔터의 두께보다 6mm 정도 큰 것이 표준이다. 홈대의 깊이는 셔터의 폭에 따라서 45~75mm 사이 정도이고 홈대에 물린 셔터의 끝에서 여유 깊이는 5~20mm 정도이고 셔터는 홈 안에 35~60mm (홈 깊이의 0.8배) 이상 물려 있어야 한다.

(3) 셔터케이스

사용하는 철판의 두께는 슬랫과 마찬가지로 방화나 방연에 지장을 주지 않는 정도로 한다. 그 속에는 슬랫을 감을 회전축의 축대(shaft)와 모터전동장치 및 리미트스위치, 안전스위치, 원격조정 또는 연동조종 퓨즈장치 등이 있다.

(4) 로프홈통 및 핸들박스

축받침(받이) 위치와 핸들박스 사이를 연결하는 로프가 들어가 있는 홈통은 수직으로 하는 것이 좋다.

18-8-3 제 작

제작소는 특기시방서에 따라서 지정하고 제작에 앞서 공작법 및 설치상세도를 작성하여 담당원의 승인을 받는다. 일반적인 제작공정은 시공도의 작성과 승인, 재료 및 부품의 반입과 검사, 공작도 작성, 재료가공, 검사, 조립, 방청도장, 양생 및 발송의 순서로 진행한다.

18-8-4 설치, 검사

제품의 반입은 부피가 크고 중량물이므로 설치하기 직전에 들여오는 것이 좋고 작업발판이 필요한 경우 통로에 떨어지는 것이 없도록 설치한다. 힘을 많이 받는 회전축의 양단은 특별히 견고하게 고정철물을 매입하고 도면에 따라서 형상과 치수가 정확하여 조정이 쉽고 개폐가 잘 되며 튼튼하게 설치한다. 조립순서는 축받침, 회전축 샤프트, 전동장치, 제어장치, 수평 막음판, 슬랫, 가이드레일, 셔터케이스 순이다. 처음에는 가조립을 하여 볼트, 너트 및 나사로 조이고 정확한 지를 검사한 후 용접하여 고정시키고 빈 곳을 모르타르로 충진한다. 셔터슬랫의 맨 아래의 부재가 올렸을 때 수평막음판 하단과 5mm 이내의 오차로 맞도록 조정한다. 수동식의 경우 힘이 너무 많이 들지 않도록 하고 전동식의 경우 이상한 소리가 없으며 내릴 때 정지시키면 30mm 이하로 멈춰야 한다.

검사는 제작공장에서 수량, 치수, 외관, 개폐기능을 확인하고 설치완료 후에는 안목치수, 가이드레일의 정확도, 수평막음판의 수평과 간격, 슬랫 및 개폐조작의 상태 등을 점검한다. 개방상태에서 검사할 항목은 가이드레일과 수평막음판, 방연장치, 슬랫 하단부의 위치 등이고, 폐쇄상태에서 검사할 항목은 슬랫의 상태, 하단부와 바닥판의 접촉상황, 방연재의 접촉상황 등이다. 천장 속에서 검사할 항목은 축받침, 회전축 샤프트, 전동장치, 자동폐쇄장치, 제어장치 등이다.

18-9 특수창호

18-9-1 강화유리문

갈은(마)판유리의 두께가 10mm 또는 12mm 이고 강화유리는 현장에서 가공할 수 없으므로 문틀의 치수, 각도가 정확하고 바닥 높이도 수평으로 정확해야 한다. 창호철물은 미리 뚫은 구멍에 볼트로 조이거나 강력접착제를 쓰고 플로어힌지나 자동개폐장치를 사용하는 것이 일반적이다. 문틀은 양여닫이는 9mm, 외여닫이는 6mm 정도를 문짝보다 크게 하고 피벗힌지는 선틀에서 73mm를 띄운다.

18-9-2 방음문

문짝과 문틀 및 주위의 구조체와의 틈새로 소리가 새지 않도록 방지한 문이다. 음의 차단을 위하여 철판문 속에 유리섬유, 암면 등을 끼워 방음층을 만들고 틀과 문짝의 패킹은 2중으로 한다. 방송실, 음향측정실 등에서는 울거미와 패널부분의 사이에 H형 패킹을 사용하기도 한다.

피막과 도막의 두께로 내구성이 결정되므로 매우 중요한 요소이다. 황산피막 9μm 이상, 황산과 수산의 혼산피막 6μm 이상, 도막은 7～9μm 이상으로 하고 해안이나 도심에서는 환경조건을 고려하여 두께를 늘려서 각각 12, 9, 14μm 이상으로 한다.

18-9-3 내방사선방호문

방사선 차폐효과가 있는 재료를 사용한 문이며 방사선실에 필수적이다. 틀과 문을 맞출 때 방사선 방호재료를 겹치게 만들고 문에 창을 둘 경우 납유리를 사용한다.

18-9-4 자동문

문의 형식은 주로 여닫이와 미닫이지만 접문에도 응용할 수 있다. 자동기구는 구동장치, 제어장치 및 감지장치로 이루어지며 작동방식은 소형 모터를 쓰는 순전기식과 전동유압식 및 공기압식이 있다. 스위치는 밟으면 되는 매트식과 적외선을 이용하는 광전식이 주로 쓰이고 손잡이나 누름판에 손을 대는 터치식도 있다.

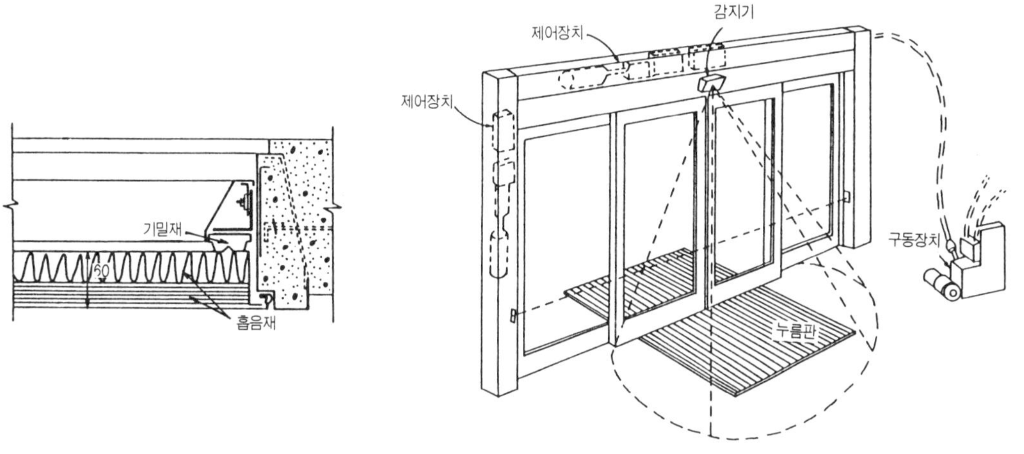

그림 18-12 방음문 및 자동문

18-9-5 접 문

여러 장의 문짝을 정첩을 이용하여 서로 연결하고 천장에 문짝을 매다는 행거롤러를 설치하고 레일에 올려놓거나 바닥에도 레일을 설치하여 한쪽으로 접어붙일 수 있는 문이다. 방의 칸막이를 가변성 있게 하는 장치로 아코디언도어보다는 고급이다.

18-9-6 회전문

원통형의 중심축에 직교하는 문짝 네 개를 붙여서 자유로이 회전하되 기밀성이 높도록 만든 문이다. 사람의 출입을 조절하고 외기의 유입과 실내공기의 유출을 막을 수 있으나 필요에 따라서 두 개를 합쳐 고정시켜서 통로를 넓히거나 또는 폐쇄할 수 있다.

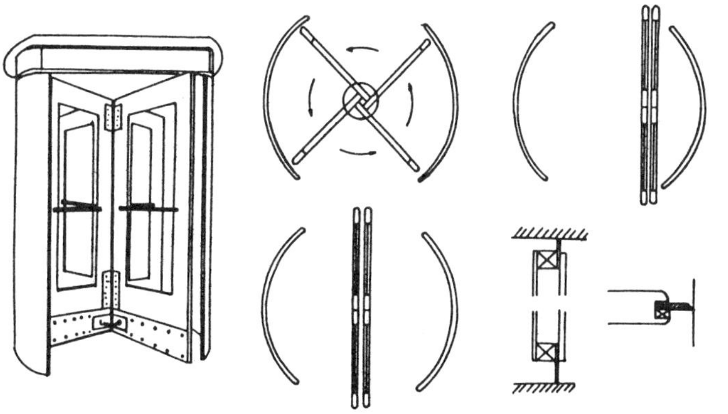

그림 18-13 회전문

제 19 장 유리공사

19-1 개 요

이집트의 유리 공작기술은 페니키아인을 통하여 그리스를 거쳐서 로마로 전하여지고, 창유리는 16, 17세기에 유럽에서 널리 사용되었다. 현대에 들어와서 제조기술의 발달로 대량생산방법의 개선과 품질향상 및 다양화가 이루어져서 시멘트, 철과 함께 건축의 기본 재료가 되었다. 건축에서는 창, 지붕, 천창, 칸막이, 스테인드글라스, 장식 선반, 유리블록, 포도블록으로 쓰인다.

유리의 주원료는 천연규사와 규석이고 보조원료는 반응촉진제, 산화제, 청징제(淸澄劑), 환원제, 착색제, 유탁제 등이 사용된다. 소다석회유리(크라운글라스)는 투광률이 92% 이상되므로 건축의 채광용으로 적합하고 소다석회알루미나유리는 강도가 크므로 유리기구나 유리용기에 적당하고 칼리석회유리(보헤미아글라스)는 프리즘, 화학기구, 모조보석, 렌즈 등에 쓰인다. 이외에도 광학기구나 이화학기구에 쓰는 칼리연유리, 알루미나붕사유리, 석영유리(고규산유리) 등이 있고 물유리(규산소다)는 점성의 액체로 접착제, 방수제, 방화제 등으로 이용된다.

19-2 유리의 종류

19-2-1 판유리

보통 판유리 또는 투명 판유리라고도 부르며 두께는 보통 2~6mm이며 두께 3mm 이하를 보통 판유리 또는 얇은 판유리라고 부르며 두께 5mm 이상을 두꺼운 판유리라고 부른다. 유리는 100평방 피트(9.29m^2) 한 상자 단위로 포장되며 60×90cm 이하를 소판, 90×120cm 이하를 중판, 그 이상을 대판이라 한다.

19-2-2 이형유리

갈은(마)판유리는 두꺼운 판유리를 공장에서 기계로 양면을 갈아 평탄하게 마무리한 것이고 플로트유리는 제조시 용융금속 위에서 완전 평활한 표면을 만드는 것으로서 모두 고급 건축, 쇼윈도 및 거울 등에 사용된다. 이와 반대로 흐린유리(뽀얀유리, 유백색유리)는 표면을 금강사나 모래로 갈아 만들며 형판유리(무늬유리)는 한 면에 각종 무늬를 돋힌 반투명유리이고 부식유리는 불화수소를 이용하여 유리를 부식시켜서 무늬를 넣은 것이다.

19-2-3 반사, 열선유리 및 자외선유리

유리에 반사층을 코팅(침지법, 스프레이법 등)하여 열선을 반사하는 유리와 일사투과율이 높은 열선흡수플로트유리, 열선흡수망입(網入)유리는 성질이 반대이다. 코팅한 반사막이 있는 유리는 가시광선을 적당히 투과시키면서 태양의 복사열을 반사시켜서 유리 자체의 온도상승을 막으므로 실내기온에 영향을 주지 않게 한다. 열선흡수는 철, 니켈, 코발트 등의 금속화합물을 첨가하여 청색, 회색, 청동색이 나며 복사열을 흡수하고 가시광선을 부드럽게 만들어 쾌적한 분위기가 된다. 일광욕실과 새너토리엄 및 병원에 사용하는 자외선투과유리는 자외선 투과성이 높은 판유리이다. 자외선차단유리도 진열장 등의 내용물에 대한 노화와 퇴색을 방지하는 특수 목적에 쓰인다.

19-2-4 복층유리(겹유리, pair glass), 안전유리

건조공기층을 사이에 두고 판유리를 2중으로 접합하여 테두리를 둘러서 밀봉하여 방음·보온효과를 높인 것이다. 안전유리는 접합유리(배합유리, 합판유리)라고도 부르며 두 장 이상의 판 사이에 합성수지의 중간막을 겹붙여댄 것으로 깨져도 파편이 비산하지 않고 두꺼운 것은 방탄효과가 있다.

19-2-5 강화 판유리(tempered glass)

성형 판유리를 연화온도에 가까운 500～600℃로 가열하고 냉각공기로 급랭시켜 유리 표면부에 압축변형을 주고 내부는 인장변형을 주어서 강화시킨다. 보통유리에 비해 굽힘강도는 3～5배, 내충격성은 3～8배나 되지만 큰 충격에는 일부만 깨지지 않고 전체가 깨지면서 파편이 둥글다. 자동차, 항공기의 창유리 또는 도난방지용 창유리, 진열장, 깨지면 위험한 창 등에 이용하고 고층 건물의 창에는 화재시 소방대원의 안전을 고려하여 사용한다. 가공이 불가능하므로 강화처리를 하기 전에 용도에 맞는 모양으로 만들고 나사구멍 등도 미리 가공한다.

19-2-6 유리블록(유리벽돌), 프리즘유리

유리블록은 상자모양의 두 짝을 0.7기압의 건조기층을 두고 봉합한 유리 성형품으로 두께 10~15cm, 면넓이 15×15~20×20cm 블록이 불투명하며 보온, 채광, 의장 효과가 있다. 압축강도는 전단면에 대하여 220~270kg/cm²이고 광선의 투과는 표면에 있는 무늬에 따라 확산되는 것과 집중되는 것이 있다. 프리즘유리는 한면이 톱날형의 홈으로 된 판유리로서 광선방향을 조절, 확산하여 실내를 밝게 만드는 유리이다. 지하실 채광용의 포도(鋪道)유리(pavement glass)는 두께 3~10cm, 크기는 10~15cm 각, 또는 원형이고 프리즘타일이라고도 부른다.

19-2-7 기타 유리 제품

스테인드글라스(stained glass, 착색유리)는 각종 착색 유리조각을 납으로 만든 리본으로 이어붙인 모자이크판을 장식용 창호나 천창 등에 끼워 넣은 형태로 성당 및 교회의 성화, 상품선전 등에 이용된다. 기포유리(foam glass)는 유리원료에 발포제를 혼합하여 후판형으로 성형한 것인데 단열판, 방음판으로 내벽, 천장 등에 사용한다. 유리 용융물을 가는 구멍으로 분출 냉각시켜 만든 유리섬유(glass fiber)는 인장력이 강하고 내수·내산성이 있어 단열판, 방음판, 보온대 및 합성수지제품의 보강제로 이용된다.

19-3 요구성능

19-3-1 유리의 강도

유리의 성분에 따라서 비중이 2.2~6.3이지만 보통의 유리는 2.53이고, 상온에서는 불량도체이지만 고온에서 녹으면 전기전도성이 커진다. 인장강도는 300~800kg/cm², 압축강도는 5,000~12,000kg/cm²이지만 응력을 가하면 표면의 인장응력으로 파괴되고 유리의 표면에는 미세한 결함부가 많으므로 이론 강도의 1/100 정도가 실제적인 강도이다. 풍압력에 대한 파괴시험은 제조회사에 따라 다르지만 평균파괴하중의 40% 정도를 허용하중으로 본다.

19-3-2 투과율 및 전도율

가시광선 투과율은 성분에 따라 다르지만 투명판유리는 89.5~91.5% 정도가 보통이고 열선흡수유리는 66~81%이다. 열선흡수유리는 태양광 전반에 대한 투과율이 낮고 특히 적외선은 보통 유리의 4/5~1/2 정도이다. 보통 유리의 열전도율은 철의 1/50 정도이지만 열팽창률은 거의 비슷하므로 특히 급격한 냉각 시에는 파괴의 위험이 있다.

19-3-3 유리 끼우기 홈

지진의 경우와 같이 건물 구체에 변형이 생기면 새시가 유리에 접촉하여 힘을 가해서 파손이 일어난다. 풍압력이 유리에 가해지면 국부적 응력이 생기고 새시의 반력을 분산시키는 완충재를 끼울 여유간격이 필요하다. 조건에 따라 유리의 불균일한 열분포가 일어나고 역시 완충재가 필요하며 방수를 위한 실링재도 여유간격이 필요하다. 6mm 정도의 간격이 있으면 좋지만 퍼티나 실링재의 경제성을 고려할 필요가 있다.

19-4 계획준비

19-4-1 준비검토, 확인

유리는 반입 전에 공장에서 제작하는 과정을 확인한다. 공정에 맞추어 유리를 반입하는데 중량이 무거우므로 보관장소의 하중에 대한 검토가 필요하다. 보관은 세워서 하지 않으면 들기가 어렵고 보관중의 쓰러짐이나 파손에 주의한다. 습기가 없는 건조한 장소가 좋다.

창호의 유리홈에 대한 청소는 홈 안에 나사 등이 있어 유리가 파손되거나 오물이 끼어 있어 실링재 등의 접착을 방해하는가를 확인한다. 홈에 튀어나온 것을 제거하지 않으면 지진 등의 경우 유리가 파손될 위험이 있으므로 적절하게 대책을 검토한다.

19-4-2 유리절단

보통 직선적으로 곱게 절단되어야 하며, 그래야 약간의 진동이나 창호의 일시적 충격에 대하여 안전하다. 판유리의 절단은 다이아몬드나 초경합금의 칼로 유리의 표면을 눌러서 금을 내고 전단면을 동시에 구부려서 클리어 커트가 되게 만든다. 절단면이 비스듬하면 유리의 아래 위의 크기가 다르고 홈의 여유간격이 적어져서 파손의 원인이 되므로 120번 이상의 그라인더로 갈아낸다. 망이 들어 있는 유리를 절단해도 망을 자르면서 절단면이 손상되므로 그라인더로 갈아낸다.

절단하기 전에 유리면에 말라붙은 종이, 기름, 먼지 등을 제거하고 깨끗이 닦아낸다. 보통의 경우 창호의 유리홈 안까지의 치수보다 위 및 한쪽 옆은 1.5~2mm 내외의 짧은 치수로 절단한다. 두꺼운 유리는 유리칼로 금을 긋고 뒷면에서 고무망치로 두드려 금이 깊어지게 만들어 절단한다. 접합유리는 양면을 유리칼로 자르고 양쪽을 당기는 듯하면서 중간의 플라스틱을 면도날로 자르고, 망입유리는 먼저 유리칼로 자르고 꺾기를 반복하여 절단한다.

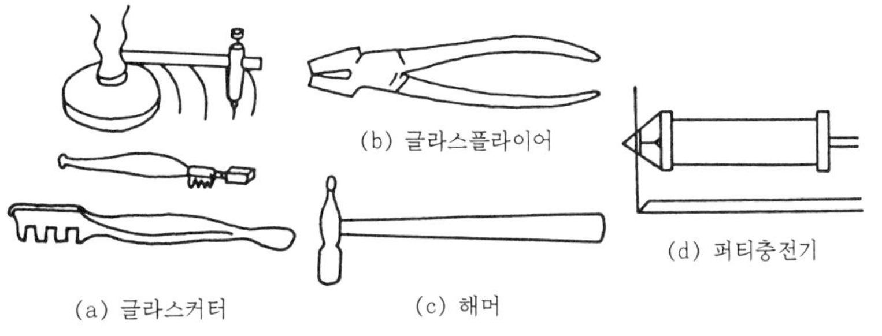

그림 19-1 유리공사공구

19-5 유리끼우기

19-5-1 퍼티고정 및 누름대대기

부정형 실링재 고정법의 하나인 퍼티 고정법의 유리끼우기에 사용하는 퍼티는 호분(탄산칼슘)에 아연화 또는 연백을 혼합한 광물질에 비히클(vehicle) 역할을 하는 아마유 또는 건성유로 반죽한 것이다. 금속, 나무 등의 홈에 유리를 끼우는 경우에 유리의 정착과 쿠션의 역할을 하도록 유리홈에 깔퍼티를 일정한 두께로 평평하게 깔고 창문 진동에 의한 유리파손에 대비한다. 유리를 끼우고 난 다음에 목제창호는 삼각못이나 U자형 못을 25~40cm마다 박아 고정시키고 유리의 한변에 2개 이상 배치하며, 철제창호는 철사클립이나 앵글클립을 스틸새시 구멍에 끼워 고정한다. 퍼티면은 너비 일매지고 일정한 경사면으로 반죽퍼티를 평활하게 손으로 눌러대고 바름주걱으로 마무리하는데 여분의 반죽퍼티, 깔퍼티는 깨끗하게 청소한다. 반죽퍼티, 깔퍼티는 일체가 되도록 충분히 접착하고 퍼티면은 유리홈이 감추어질 정도로 퍼티 도려내기를 하며, 특히 구석도 면밀하게 발라서 비바람의 침입으로 퍼티가 탈락하는 일이 없도록 한다. 일정한 경사면으로 거죽은 퍼티를 바르고 1주일 이상 경과한 후 승인을 받아 페인트 칠을 하여 공기를 차단하여 수명을 늘리는데 퍼티가 건조하여 갈라지고 떨어져 나가는 것을 막도록 하는 것이다.

나무로 된 누름대는 삼각형, 사각형, 둥근형이 있는데 퍼티못은 한변에 세 개 이상, 간격은 15cm로 박고 큰 유리는 밑에 깔퍼티, 펠트, 고무 등을 끼우고 누름대를 나사못으로 고정한다. 목제창호의 사방 누름대고정이나 세로 울거미 누름대고정은 울거미에 유리를 끼우고 누름대를 대어 고정하는 방법이고 띠고정은 주위를 작은 구멍넣기로 해서 일부를 누름대로 고정하는 것이다. 스틸새시는 깔퍼티를 하여 유리를 끼운 후 누름대를 비스로 고정하고 누름대와 유리 사이를 퍼티로 메운다. 알루미늄새시는 알루미늄의 탄성과 정밀성을 살린 가동성 누름대를 사용하는데 유리홈의 끼움부분이 깊을 때 개스켓(gasket)을 병용할 수 있다.

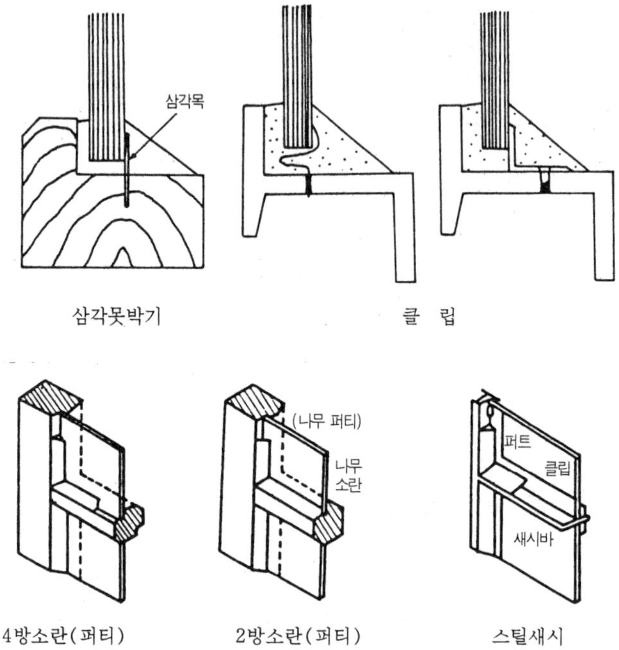

그림 19-2 퍼티 고정공법

19-5-2 탄성실링재에 의한 고정

반죽퍼티는 동한기에 희석제를 사용하는 경우 보일드유나 휘발성 광유를 쓰는데 휘발, 건조하여 퍼티가 부슬부슬 떨어진다. 건조가 일어나지 않는 어유 등을 사용하면 여름에 일광과 열에 녹아내린다. 부정형실링재고정법의 하나인 탄성실링재고정법은 합성수지에멀션퍼티나 폴리에스테르수지퍼티를 쓰기도 하지만 폴리설파이드계(치오콜)의 실링재를 많이 사용한다. 금속, 플라스틱, 나무 등의 U형 홈 또는 누름고정형 홈에 유리를 끼우는 경우에 탄성 실링재를 사용한다. 탄성코킹공법은 세팅블록과 라이너로 유리를 고정하고 양측을 실링재로 덮어버리는 공법이 일반적인데 글레이징비드와 실링공법을 병용하기도 한다. 비가황고무의 중심에 금속선을 넣은 테이프를 사용하는데 탄성실링재는 고무의 신축성으로 온도변화에 의한 신축을 조정하여 유리의 파손을 방지한다.

19-5-3 글레이징개스켓, 지퍼형개스켓 및 구조개스켓

개스켓은 고무나 합성수지로 알루미늄 새시의 유리홈 등에 끼워 고정하는 재료이고 그림 19-3과 같은 여러 가지가 있다. 글레이징개스켓은 네오프렌고무 제품으로서 단면이 작은 알루미늄 규격 새시에 주로 사용하며 염가이고 시공도 편리하지만 기밀성, 수밀성은 부족하다. 글레이징개스켓고정법에는 글레이징채널고정법과 글레이징비드고정법이 있다. 글레이징채널식은 유리의 주위에 금속 또는 플라스틱의 U형 홈에 유리를 끼우는 경우에 U자형 개스켓을 둘러 감는 방식이다. 글레이징비드식은 금속 또는 플라스틱의 누름 고정용 홈에 유리를 끼우는 경우에 유리의 양측에서 끈 모양의 J형 개스켓을 끼우는 것이다.

지퍼개스켓은 클로로프렌고무를 요구되는 형상으로 빼내어 만든 것으로 적당한 위치에 지퍼(룩스클립)를 채울 홈을 둔다. 유리홈에 개스켓 본체를 갈고 유리를 끼운 후에 지퍼를 채우면 시공이 용이하고 고무의 탄성과 지퍼에 의한 압착으로 유리가 고정된다.

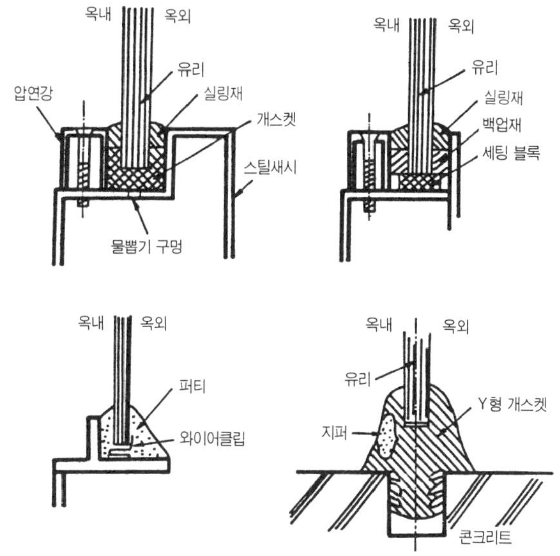

개스켓 사용 유리 끼우기

그림 19-3 개스켓공법

19-5-4 판유리 끼우기 요령

목제 창호에 판유리를 내리끼우기 할 때는 선대와 유리홈에 깔퍼티를 문질러 넣고 웃막이 위에 낸 홈에서 유리를 통채로 내리 끼우고 웃막이의 유리홈에 맞는 막이쪽을 대고 여분의 깔퍼티를 청소한다. 자중이 큰 온장의 판유리를 끼울 때는 주위의 유리홈에 맞는 고무제의 패킹을 깔고 누름대를 나사못으로 고정한다. 대형판유리고정법에는 현수글레이징시스템과 현수리브보강글레이징시스템 및 이들을 복합한 시공방법이 있다. 현수글레이징시스템공법은 금속 클램프를 이용하여 슬래브에 매다는 공법이다. 현수리브보강글레이징시스템공법은 금속 멀리언 대신에 리브유리를 측부보강 재료로 사용하는 시공법이다.

거울, 장식유리의 고정법으로는 모서리에 구멍을 뚫어 장식나사로 고정하는 나사고정법과 상하에 철물을 부착하여 하부의 받침철물로서 그 중량을 지지하는 철물고정법이 있고 양면 접착테이프 및 접착제를 이용하여 부착시키는 접착고정법과 접착, 지지철물 병용 고정법도 사용한다.

골형유리를 겹쳐 이을 때나 벽에 붙일 때에 판의 가공은 공장가공으로 하고 겹침의 치수는 지붕공사의 공법에 따른다. 골형 유리면과 받이재와의 접촉면, 비흐름 방향의 겹침면 및 다른 지붕잇기재와의 겹침부에는 타르펠트, 끈 모양의 퍼티를 깔고 누수방지 코킹재를 쓰며, 고정철물은 1장에 대하여 2개 이상으로 고정한다.

19-6 유리블록 및 프리즘유리 시공

프리즘유리를 콘크리트 바닥판에 직접 묻을 때는 접촉되는 면에 염화비닐계 합성수지칠을 하고 거푸집 위에 간격을 맞추어 철근을 배근하여 콘크리트를 붓는다. 바닥마감과 높이를 맞추도록 계획하고 콘크리트에 접촉되는 면의 부착을 위하여 칠을 하거나 거친 면으로 만든다. 철골로 틀을 짜고 끼워대는 경우는 철제틀을 콘크리트 뼈대에 고정하고 프리즘유리는 철골틀 위에 퍼티를 깔고 주위에 쐐기를 끼워서 고정하고 빈 틈을 방수모르타르로 다져 넣는다. 철골틀에는 염화비닐계 합성수지 칠을 하고 유리받이 부분에는 코킹 컴파운드로 밑깔음을 하고 염화비닐계 합성수지 칠을 하고 칠이 건조 후 백시멘트 1:소석회 1의 모르타르로 줄눈을 채운다.

벽을 쌓는 유리블록은 모르타르의 접촉면에 염화비닐계 합성수지 칠을 한 다음에 모래를 뿌려 부착시킨다. 3~5개 걸러서 블록줄눈에 9mm 철근을 격자 모양으로 종횡으로 짜서 넣거나 세로철근(지름 6mm)을 복근(간격 60mm)으로 하여 연결철근(지름 6mm)은 15mm 정도의 간격으로 용접하고 가로철근(지름 4mm)을 복근(간격 45mm)으로 하여 연결철근(지름 4mm)을 격자 모양으로 용접하여 틀재에 정착시켜 조립한다. 그 대신에 보강철물로서 두께 0.95mm(#20)의 얇은 철판에 펀칭한 것을 써서 5단마다 줄눈에 맞추어 대고 틀재나 구조체에 정착하여 유리블록을 쌓는 수도 있다. 줄눈은 10mm 정도로 하고 외벽의 경우에는 방수제가 있는 모르타르를 사용하고 빗물이 들어오지 못하게 빈틈없이 채운다. 줄눈 마무리는 굳기 전에 줄눈파기를 하여 준비해 두었다가 백색시멘트모르타르로 치장줄눈을 한다. 신축을 고려할 필요가 있을 경우는 블록의 갓둘레에 신축줄눈을 둔다.

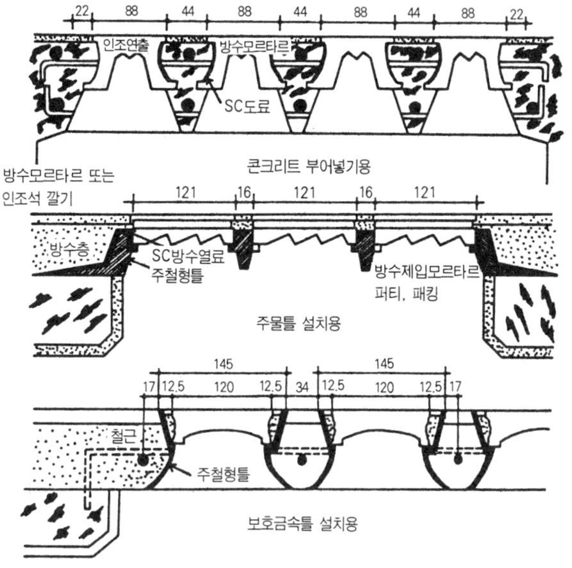

그림 19-4 유리블록 끼우기

19-7 망입유리 시공

유리절단으로 테두리 부분이 약해져서 강도가 보통유리의 1/2인 100kg/cm²이므로 온도변화에 의한 응력에도 파손되고 망이 노출되어 녹이 발생하는 것도 유리의 인장강도를 저하시킨다. 이런 파손을 막으려면 새시와 망입유리의 단열성을 높이고 절단면을 매끈하게 마무리하고 실링을 완벽시공하여 망에 습기를 막는다. 실링의 결함을 방비하기 위하여 새시 아래에 물이 빠지는 구멍을 내고 세팅 블록은 두께 8mm 이상을 쓴다. 절단부분의 녹의 발생을 방지하는데는 특수 방청도료를 쓰는 법, 두께 1mm 폭 6mm 정도의 부틸고무 테이프를 접착하는 법, 기타 실링재와 방수재를 이용하는 법 등이 있다.

19-8 복층유리 시공

단열성이 중요하고 결로를 방지하기 위하여 내부의 공기층이 건조해야 한다. 공기층을 밀폐하는 실링재의 프라이머는 유기질이므로 장기적으로 자외선을 받으면 노화하여 밀착성이 떨어지고 기밀성을 잃어버려 내부결로가 생긴다. 실링재에 자외선의 침투를 피하려면 대기를 면하는 유리의 두께가 굴절률을 고려하여 충분해야 한다. 새시 내부의 홈에 수증기압이 증가하여 습기가 유리의 공기층에 스며들어 결로를 발생시키는 경우도 있다. 이를 방지하려면 새시 내부가 건조상태를 유지하고 실링재가 완벽하게 시공되어야 한다.

물을 배출하는 구멍을 하부에 3개소 이상 뚫어야 하고 물의 표면장력을 고려하여 직경

6mm 이상으로 한다.

19-9 기타 유리공법

서스펜션(suspension)공법은 대형 판유리로 유리만의 벽면을 구성할 경우 유리의 상단에 철물을 장치하여 달아매는 것이다. 이는 유리를 아래에서 지지하면 자중에 의한 휨으로 광학적 기능이 저하되고 내부응력으로 파괴되는 현상을 해결한 공법이다.

프로필렛(pro-fillet)공법은 262mm의 폭이 되도록 유리의 양끝을 수직으로 조금만 굽혀 올린 단면을 가진 기다란 반투명 유리제품을 조립하는 공법이다. 프로필렛 서로간의 접속은 매스틱 퍼티를 사용하고 건물에는 별도의 창틀을 이용하여 부착한다.

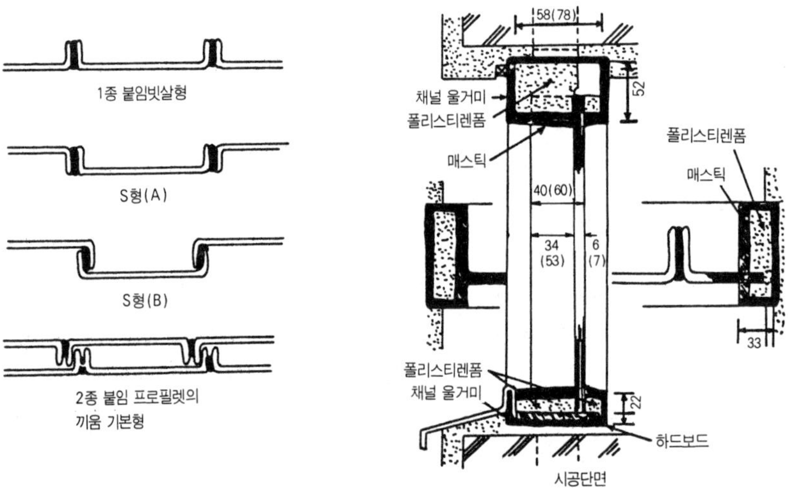

그림 19-5 프로필렛공법

19-10 유리의 양생과 청소

유리끼우기가 끝나면 파손방지를 위하여 종이를 붙이는데 간단하게 제거할 수 있어야 하며 작은 것을 붙여서 유리의 온도상승을 피해야 한다. 필요에 따라서 유리 전체의 오염을 방지하기 위하여 염화비닐, 폴리에틸렌 등의 필름을 부착하고 용접불티에서 보호하기 위하여 얇은 철판이나 합판으로 양생한다.

청소방법은 물로 닦아내는 방법, 중성세제로 닦는 방법, 닦는데 쓰는 가루로 만든 액체로 청소하는 방법 등이 있다. 보통은 물로 닦아내어도 되지만 기름얼룩 등으로 불가피하게 세제나 가루를 쓴 경우는 잔류한 것을 10분 후에 물로 닦아내고 건조시킨다. 열반사유리의 경우는 반사막이 상하지 않도록 부드러운 고무, 스폰지, 가제 등을 사용한다.

제 20 장 목공사

20-1 개 요

우리 나라는 전통건축에서 목조가 대부분을 차지하므로 목공사가 영조(營造)의 근간을 이루었고 건축용어의 대부분도 여기서 유래하였다. 나무구조는 기둥, 보, 도리로 육면체를 견고하게 짜고 지붕, 벽체, 마루바닥을 덧붙여 구축한 가구식(架構式, frame construction) 건축이다. 결구방식에 따라 이음과 맞춤에 의한 방식(jointing system)과 못 등의 철물에 의한 방식(nailing system)으로 나눈다. 일반적으로 구조방식에 따라서 한식나무구조, 나무구조, 목골구조, 경목골구조, 심벽목구조, 평벽목구조, 목재패널구조, 중량목구조, 귀틀집 등으로 분류하고 있다.

나무구조는 무게가 가볍고 공사기간이 짧고 친밀감이 드는 자연재료로 되어 있지만 내화성이나 내구성이 부족하다. 도시의 고층 건축이나 큰 칸사이 건축은 불가능하고 목재도 부족하지만 전원주택 등에 수입원목을 이용하는 사례가 늘고 있다. 목공사는 조적조, 철골조 등의 바닥, 지붕, 창호 및 수장, 내장 공사에 이용된다.

목수(편수)는 구조, 수장의 일을 하는 대목과 창호, 가구 등의 일을 하는 소목이 있다. 대목은 철근콘크리트 구조의 거푸집을 짜는 거푸집목수도 겸하며 소목은 수장공, 창호공, 가구공 등으로 세분한다. 목수직의 책임자를 도편수라 부르며 건축공사의 가장 우두머리이고 먹매김을 전담하는 부책임자를 먹매김목수라고 한다.

표 20-1 목재단위환산표

단위	m^3	dm^3	재	입방척	석	척체	b·f	c·f
m^3	1	1,000	299.475	35.937	3.5937	2.99475	423.7992	35.3166
dm^3	0.001	1	0.2995	0.0359	0.00359	0.00299	0.4238	0.0353
재	0.00334	3.33917	1	0.12	0.012	100	1.4151	1.1179
입방척	0.02782	27.8264	8.3333	1	0.1	0.08333	11.7929	0.9827
석	0.27826	278.264	83.333	10	1	0.8333	117.9288	9.8274
척체	0.33391	339.176	100	12	1.2	1	141.5145	11.7929
b·f	0.00236	2.3596	0.70664	0.0846	0.00848	0.00707	1	0.0833
c·f	0.02832	28.3153	0.848	1.0176	0.10176	0.00848	12	1

목재의 체적단위는 미터법으로 통일하여 m^3로 취급하는 것으로 국가에서 유도하고 있으나 제재소의 관행은 다르다. 전에는 1치각 12자 길이의 체적을 1재(才)라고 하여 사용했고 1자각 10자 길이를 1섬(石)이라는 큰 단위로 썼다. 피트 파운드법으로 미국에서는 보드 피트(board feet)를 쓰는데 1인치 두께 1평방피트 넓이가 체적단위이다.

20-2 재 료

20-2-1 목재종류, 용도, 규격

수종에 따라서 건축용재로 주로 쓰는 침엽수와 치장재, 가구재로 쓰는 활엽수가 있고 나이테가 없는 대나무나 야자수를 내장수(內長樹)라 부른다. 구조재는 건물의 뼈대가 되는 부재이고 침엽수인 소나무, 삼송(杉松), 낙엽송 등이 쓰이고 근래에는 미송 등의 외국산 소나무도 많이 쓴다. 일반적으로 구조용 목재의 함수율은 25% 이하이고 기건상태의 함수율은 10~15%이며 섬유포화점의 함수율은 30%이다. 수장재는 치장재라고도 하는데 활엽수인 느티나무, 박달나무, 단풍나무 등이 쓰이고 옹이 없는 곧은결 재목을 인공건조처리하여 함수율 18% 이하로 하고 세밀가공용재는 함수율 15%로 낮추어 쓴다. 창호재와 가구재는 나왕, 티크 등의 수입재가 쓰이고 수장재보다 더 마디가 없는 곧은결의 건조목을 쓴다.

원목은 용재로 쓰려고 동강을 낸 통나무와 도끼나 자귀로 대강 다듬은 건목재가 있고 죽각재는 1변에 15cm 미만으로 죽이 남은 조각재(粗角材)이다. 죽각재의 기준은 최소 횡단면에서 죽이 든 변을 4각형으로 가정한 길이와 실제의 길이의 차이가 20% 미만인 각재이다. 통나무는 끝마구리 지름을 재며 죽각재는 변의 치수를 재는데 단위는 cm로 하고 그 미만은 버리며 길이의 치수단위는 m로 하되 0.1m 미만은 버린다.

제재목은 두께가 7.5cm 미만으로 너비가 두께의 4배 이상 되는 널재와 각재(소각재와 7.5cm 이상인 대각재)로 나누어진다. 널재의 너비가 12cm 이상이면 넓은 판재이고 두께가 3cm 이상이면 두꺼운 판재인데 너비는 보통 9cm 이상으로 10, 12, 13.5, 15, 18, 21, 24cm 등이 있고 두께는 6, 9, 12, 15, 18mm 등이고 그 위로도 3mm 씩 두꺼운 것이 표준규격이다. 각재는 정방형인 정각재와 장방형인 평각재가 있고 정척길이는 1.8, 2.7, 3.6m 로서 그 이하의 단척물과 그 이상의 장척물이 있고 우리나라에서 각재의 기준은 중각재라 부르는 1변 30cm 미만인 길이 3.6m 정도의 각재이다. 건축구조재인 체목은 기둥, 도리 보에 쓰는 9cm각, 10cm각, 12cm각을 기준으로 하며 그 반쪽 또는 1/4 오림목 등은 기성제품이 있지만 요즈음은 모두 주문제재를 하고 있다. 수장목은 10×5~ 12×7.5cm 정도로서 중방, 홈대 등의 벽체와 문꼴을 이루며 서까래는 5~7.5cm 정도를 쓰고 펠대는 두께 1.8~2.4cm, 너비 9~12cm의 각재를 쓰고 1.8×10cm가 중펠대이다. 목공사의 단면표시는 구조재와 수장재는 제재치수로 하고 창호재와 가구재는 마무리치수로 하는데 제재목을 지정치수대로 한 것을 제재정치수라 한다. 제재용 톱날의 두께는 보통 2mm 정도로 톱밥으로 남게 되고 제재불량과 톱니 부조의 경우는 대패질 감소가 더욱 커진다. 한편 대패질 감소는 0.5～1.5mm이므로 양면 대패질을 한 경우의 마무리 치수는 제재치수보다 4.5～7.5mm가 작아진다.

20-2-2 목재의 성질, 비중, 영계수, 허용응력도 등

수목은 햇빛을 받아 생육이 왕성하여 나이테가 넓고 연한 재질로서 휘어나온 부분을 등이라 하고 반대편을 배라 부른다. 목재는 건조됨에 따라 수축하는데 곧은 결보다 엇결의 목재가 심하고 심재부(心材部)보다 변재부(邊在部)에서 수축률이 크다. 침엽수는 가볍고 가공이 용이하며 곧고 긴 재료를 얻을 수 있고 활엽수는 단단하고 가공이 어려우나 미관이 좋다. 구조용재는 강도가 크고 곧으면서 긴 재료로서 변형 및 수축이 적고 잘 썩지 않고 목질이 좋고 공작이 용이하면서 충해에 저항하는 성질이 필요하다. 치장재로는 결, 무늬 및 색깔이 아름다우며 변형이 적고 마모에도 강한 질긴 재료가 좋다.

목재의 화학적 성분은 구성원소가 거의 일정하여 탄소 49%, 산소 44%, 수소 6%, 기타 1%로 구성되어 있다. 목재건조중량의 50～60%가 셀룰로오스, 20～30%가 리그닌, 변형 셀룰로오스가 10～20%이고 그 외에 회분(灰分), 수지, 질소화합물, 탄닌, 색소 등으로 조성되어 있다. 셀룰로오스가 산과 알칼리에 비교적 안정적이므로 목재 전체도 산이나 알칼리에 부식하는 경우가 비교적 드물다. 강산이나 강알칼리에는 부식할 수 있으며 고온에서는 목재를 못 쓰게 만든다. 알코올, 4염화탄소, 클로로포름 등에 대하여는 안정적이지만 고온에서는 페놀에 용해된다. 목재는 200℃ 이하에서도 장기간 가열하면 서서히 가열분해가 진행되고 내부온도가 상승하여 불이 붙는다. 120℃에서 발열반응을 일으키는 것으로 보지만 증기관과 닿아 있던 목재가 100℃에서 발화하여 화재가 난 예가 있다.

목재의 비중은 보통 0.4～0.8 정도이고 침엽수는 0.6이 표준이다. 생목의 함수율은 30～100%이므로 전건재를 표준하여 비중을 표시하면 섬유물질은 수종을 불문하고 모두 1.54 정도이다. 함수율이 섬유포화점(30%) 이상이면 강도가 일정하고 함수율의 감소에 따라서 강도가 커지는데, 섬유방향에 따라 변형률도 차이가 있고 응력에 따른 변형률도 차이가 있다. 목재의 영계수는 표 20-2와 같으며 허용응력도는 표 20-3과 같다. 침엽수의 경우 허용쭈그림응력도(allowable crushing stress)는 그 섬유방향과 가력방향이 이루는 각도가 적으면 허용압축응력도의 수치로 하고 직각에 가까우면 1/4～1/5로 잡으며 중간은 보간법으로 계산한다. 압축재의 허용좌굴응력도는 유효세장비에 따라서 허용압축응력도를 이용하여 계산하는 공식이 있다.

표 20-2 목재의 영계수(섬유의 방향)

재 료	삼송·전나무·삼나무	낙엽송·회나무	소나무·미송
영계수 kg/cm^2	50,000～120,000	60,000～100,000	70,000～140,000
표준갑 kg/cm^2	70,000	80,000	90,000

표 20-3 목재에 대한 나뭇결방향의 허용응력도(kg/cm^2)

목재의 종류		압 축 f_c	인장 또는 휨 $f_t f_b$	전 단 f_s	단기응력에 대한 허용응력도
침엽수	육송, 삼송, 아카시아	50	60	4	장기응력에 대한 압축·인장·휨 또는 전단의 허용응력도 각각의 값의 1.5배로 한다.
	전나무, 가문비나무(당송), 일본삼송, 미삼송,미솔송	60	70	5	
	잣나무, 벗나무	70	80	6	
	낙엽송, 적송, 솔송, 일본송, 미송	80	90	7	
활엽수	밤나무, 물참나무	70	95	10	
	느티나무	80	110	12	
	떡갈나무	90	125	14	
	라왕	70	90	6	

20-3 가 공

목재는 실제 소요치수, 수량, 품질등급, 재료종별을 확인하고 시장기성재, 주문제재품, 납품기일, 대금지불 등을 명기한 주문계약서를 작성한다. 주문재료는 반입 전에 제재소에서 철저히 검사하여 검수도장을 찍어서 반입하거나, 현장에 반입한 후 검사하여 합격품만 두고 불합격품은 반출한다. 건조처리가 필요하면 대기건조법, 침수법 등은 오랜 시간이 걸리므로 인공건조법을 쓰는데 보통 증기실, 열기실에서 인공적으로 단시간에 수분을 제거하고 함수율을 측정한다.

목조의 뼈대는 목재의 마름질, 먹매김, 바심질, 세우기의 순서로 공사가 진행된다. 마름질은 목재를 겨냥치수로 잘라내는 일이고 재의 축방향에 심먹(心墨)을 치고 가공부(구멍, 이음, 맞춤자리 등)를 표시한다. 맞춤, 이음이 같은 종류가 많으면 본판(型板)을 원척 크기로 제작하여 이용하면 효율적이다. 바심질은 먼저 자르기와 이음, 맞춤, 장부 등의 깍아내기를 하고, 구멍파기, 볼트 구멍뚫기, 홈파기, 대패질 등을 하며 세우기 순서에 알맞게 정리, 저장한다. 세우기 완료 후 바로잡기 및 가새대기, 볼트 다시 조이기를 하며 지붕하중을 건 다음 수장재를 시공한다.

20-3-1 철물 및 교착제

(1) 못

보통 쓰이는 못은 철제 둥근못이고 못의 길이는 박아대는 재두께의 2.5배 이상이며 마구리 등에 박는 것은 3.0배 이상으로 한다. 철제 외에도 동제, 스테인리스제 등이 있으며 둥근못 외에도 둥근머리못, 평머리못, 광두정, 가시못, 갈구리못, 플랫못, 양끝못 등이 있다. 거푸집에 쓰는 못과 지붕못, 슬레이트못, 콘크리트못도 따로 있고 콘크리트에 화약장치로 박는 드라이비트못도 있다. 나무나사못은 나사 끝이 파고 들도록 뾰족하고 길이 6~150mm, 지름 2~8mm 정도가 보통이며 머리가 네모 너트형이면 코치스크류라 한다.

(2) 꺾 쇠

두 부재를 걸어매는 간단한 수단으로 옛날부터 써 왔고 보통꺾쇠 외에도 갈구리가 서로 직각방향인 엇꺾쇠(어금꺾쇠)와 한끝에 주걱판이 달린 주걱꺾쇠 등이 있다. 몸통이 정방형, 원형, 평판형인 것을 각각 각꺾쇠, 원형꺾쇠, 평꺽쇠라 부르며 콜타르 달굼칠을 하거나 녹막이 칠을 2회 이상한다. 갈구리가 아닌 주걱을 고정하는 주걱꺽쇠의 못치기는 가시못을 사용하여 빠지지 않게 한다.

(3) 볼 트

두 부재를 당겨죄는 방법으로 가장 일반적인데 볼트와 너트 및 와셔의 세트로 되어 있다. 볼트머리의 모양에 따라서 육각볼트와 사각머리볼트가 있고 와셔는 4각형과 원형이 있는데 경사부에는 3각와셔(beveled washer)도 사용한다. 보통볼트 외에도 양나사볼트, 주걱볼트, 앵커볼트 등이 있고 심한 변형이 예상되는 휨모멘트를 받는 구조부에는 사용하지 못한다.

(4) 띠쇠, ㄱ자쇠, 감잡이쇠, 안장쇠

띠형으로 된 철판에 못구멍을 뚫은 띠쇠와 모서리에서 세로, 가로 연결에 쓰는 ㄱ자띠쇠 및 ㄱ자쇠(ㄱ자감잡이쇠)는 간단한 보강철물이다. 감잡이쇠는 평보를 대공에 달아매는 경우 또는 평보와 ㅅ자보의 밑에 쓰이고, 안장쇠는 큰 보에 걸쳐 작은 보를 받게 한다. 보강철물의 두께는 2~6mm 정도이고 일반적으로 3mm 이상으로 하며 너비는 20~60mm 정도로 한다. 보강철물과 목재의 고정을 위하여 감잡이쇠의 구멍에는 쐐기를 사용하고 띠쇠 등에는 가시못을 박거나 볼트를 사용한다.

(5) 듀 벨

우리 나라에서 많이 쓰는 가락지듀벨은 원형의 링듀벨로서 톱니가 나와 있는 것도 쓰이며 지름 10cm 두께 4~6mm 정도의 파이프를 잘라 만든 형태이다. 듀벨은 일종의 산지로서 목재의 접합부에 힘이 작용하면 볼트가 파고 드는 현상을 막기 위한 보강철물이다. 듀벨은 전단력에, 볼트는 인장력에 작용시켜 접합재의 강한 이음을 보강하는 것이고 여기서 듀벨은 목제의 산지류와 같은 역할을 한다.

압입식 듀벨은 타입식 듀벨을 쳐박는 과정의 균열을 피하기 위한 것이고 듀벨의 배치방식도 균열을 고려한다.

(6) 교착제

합성수지계 접착제와 아교 등의 천연접착제가 쓰이고 그 허용내력은 실험에 의하여 정한다. 목재는 건조재를 쓰고 접착면이 밀착되도록 충분한 압착과 경화시간을 주어야 한다.

20-3-2 이음 및 맞춤

2개 이상의 부재를 길이방향으로 이어서 1개의 부재로 만드는 것이 이음이고 한 부재가 직각이나 경사지게 다른 부재와 맞추어지는 것이 맞춤이고 두 부재를 나란히 옆으로 대어 넓게 하는 것을 쪽매라고 한다. 이음과 맞춤은 그 모양이 단순한 것이 유리하며 가공이 간단하고 힘의 전달이 확실한 것으로 하되 필요하면 철물을 사용하여 보강한다.

이음에는 잇는 위치에 따라서 중심에서 잇는 심이음과 내밀어서 잇는 낸이음으로 나누어지고, 이음 위치의 하부에 가로받침재를 대고 그 위에서 잇는 베개이음도 있다. 간단한 이음으로 두 부재를 단순히 맞대어 잇는 맞댄이음과 두 부재를 단순히 겹치고 볼트, 큰

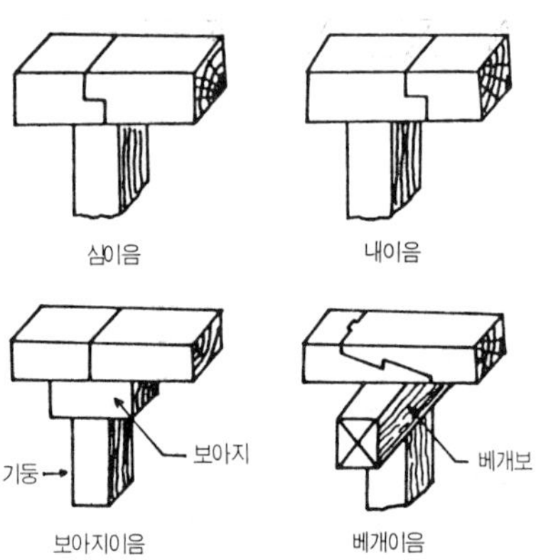

그림 20-1 이음 위치

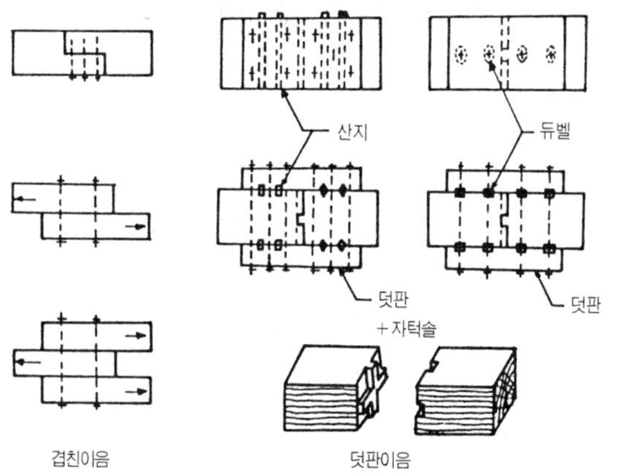

그림 20-2 겹친이음 및 맞댄이음

못, 산지, 듀벨 등으로 보강한 겹친이음이 있다. 맞댄이음은 그냥 잇기가 어려우므로 대개 철판이나 나무덧판을 대어 못을 치거나 볼트로 죄어 보강한다. 두 부재를 서로 물려지도록 파내어 맞추는 따내기이음은 주먹장이음, 메뚜기장이음, 엇걸이이음, 빗턱이음, 턱솔이음 등이 있다.

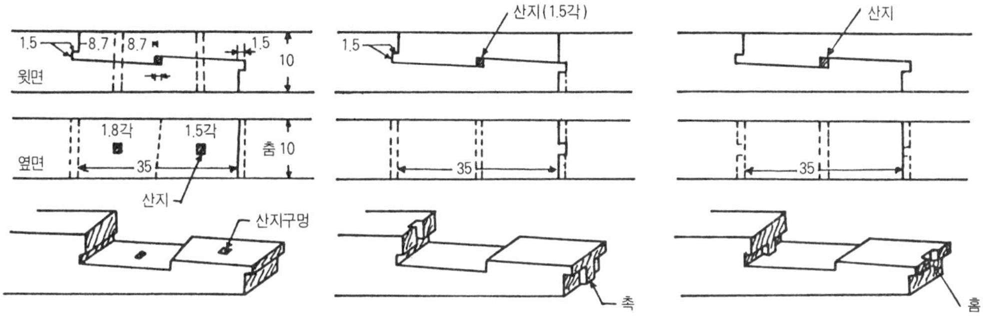

엇걸이산지이음 엇걸이촉이음 엇걸이홈이음

그림 20-3 엇걸이이음

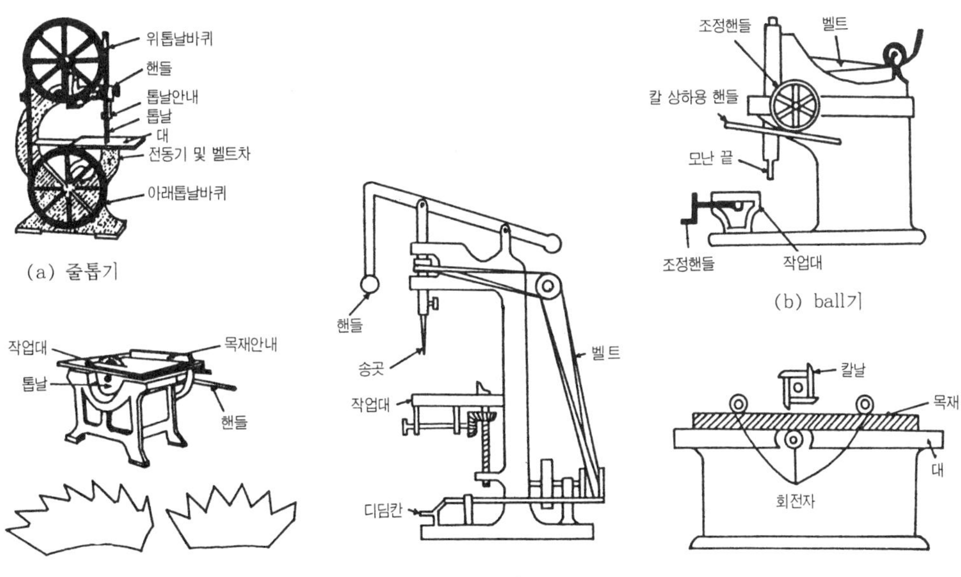

(a) 줄톱기 (b) ball기 (c) 원통 (d) ball기 (e) 자동대패기

그림 20-4 목공기계

맞춤은 평면적으로 ㄱ자, T자, 十자형으로 된 것과 입체적으로 된 것이 있는데 대목일에 사용하는 것과 소목일에 사용하는 것으로 구분할 수 있다. 지붕보와 도리 같이 지지재 위에 직교하는 방향으로 걸쳐대는 부재는 간단한 맞춤인 걸침턱맞춤으로 하고 못 등의 철물로 보강하면 상당히 견고하다. 맞춤은 두 부재를 장부와 장부구멍의 형태로 가공하여 맞

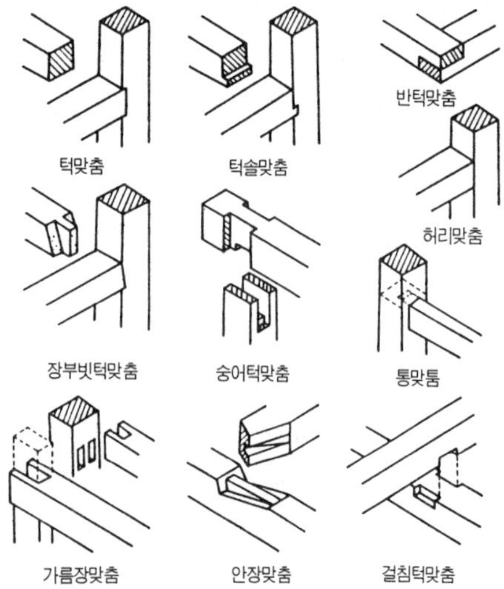

그림 20-5 맞춤의 종류

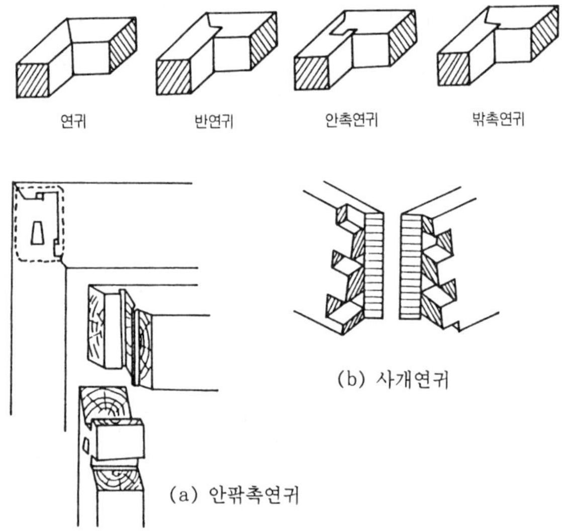

그림 20-6 연 귀

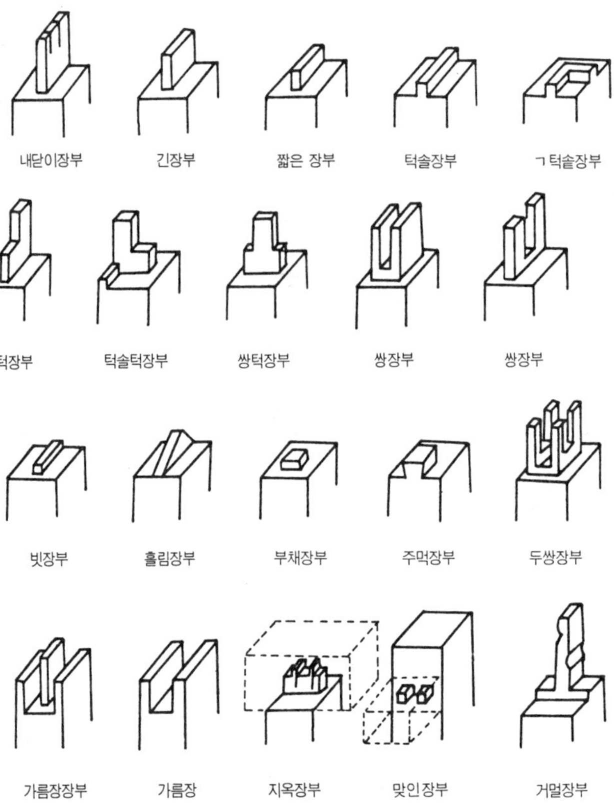

그림 20-7 각종 장부

추는 것이 가장 흔한데 장부에는 평장부, 턱장부, 턱솔장부, 지옥장부, 쌍장부 등이 있다. 연귀는 나무마구리를 감추면서 튼튼하게 맞추는 방법으로 반연귀, 딴혀연귀, 안촉연귀, 밖촉연귀 등이 있다. 쪽매에는 제혀쪽매, 딴혀쪽매, 틈막이쪽매, 맞댄쪽매, 반턱쪽매, 빗쪽매, 오늬쪽매 등이 있는데 솔기에 틈이 생기는 것을 방지하거나 대비할 필요가 있다.

20-3-3 목재 방부처리

목재의 부식은 주로 부식균의 침식으로 일어난다. 균은 우리 나라 여름철 온도인 25~35℃ 정도에서 발육이 왕성하며 습도가 80~85% 정도로 목재의 함수율이 20% 이상에서 발생한다. 목재는 방부처리에 좋게 충분히 건조시켜서 처리하고 방부처리한 목재는 건조한 후에 사용한다. 콘크리트, 벽돌, 돌, 흙 및 이와 유사한 포수성의 재료에 직접 접하는 목재는 방부처리가 필요한데 사람과 가축에 해가 없고 금속재 등을 녹슬지 않게 하는 것으로 한다.

(1) 방부제 칠

크레오소트, 콜타르 등의 목재방부제를 도포 또는 뿜칠할 경우 갈라짐, 틈, 홈 등은 특히 면밀히 재처리한다. 일반적으로 2회 도포나 2회 뿜칠을 하는데 목재 방부처리의 3종에 해당하며 목재가공이 끝난 후에 실시한다.

(2) 표면탄화

목재의 균에 영양이 되는 양분은 목질부와 수피의 접촉부가 풍부하므로 그곳이 제일 먼저 썩는다. 목재의 표면을 태우는 것이 방부효과가 있다.

(3) 침지, 가압주입

1종 방부처리인 가압법은 전주 등에 쓰이는 완전한 방식이지만 매우 고가이다. 목재 방부처리의 2종은 2시간 침지이다.

20-3-4 방충처리 및 방연처리

목재 방충처리 및 방연처리의 종별도 방부처리와 같이 1, 2, 3종으로 나누며 시공요령도 거의 비슷하다.

(1) 방충처리

흰개미의 피해가 예상되는 구조내력상 중요한 부분에 실시하는데 다음의 부위에 필요하다.

① 심벽조에서 토대 윗면으로부터 300mm 이내의 기둥, 샛기둥, 가새 및 창대 등의 모든 면
② 토대, 귀잡이, 멍에, 1층 장선받이 및 동바리의 모든 면
③ 토대 윗면에서 1m 이내의 부분에 있는 라스치기 바탕널의 모든 면
④ 평벽조에서 토대 윗면으로부터 1m 이내의 부분에 있는 기둥, 샛기둥, 가새 및 창대 등의 모든 면
⑤ 평보, ㅅ자보, 지붕보, 칸막이도리, 지붕 귀잡이보와 깔도리, 처마도리와의 맞춤면
⑥ 1층 창대의 모든 면
⑦ 2층 이상의 창대 및 층도리와 기둥과의 맞춤자리
⑧ 2층 이상의 층도리, 평방, 귀잡이보와 2층보와의 맞춤면 및 나무 마구리면

(2) 방염처리

목재는 공기중에서 가열하여 180℃가 되면 분해를 시작하여 일산화탄소, 수소, 탄산가스 등이 발생한다. 불꽃이 닿으면 220～260℃에서 인화가 일어나고 270℃ 전후에서 착화점에 이르지만, 350～450℃에서는 불꽃이 없어도 자연착화가 일어나는 발화점이 된다. 목재의 연소는 열전도도, 비중, 성분, 단면적, 표면형태, 함수율 등의 영향을 받으나 가연재료이므로 방화처리에 의한 방염성의 확보가 중요한 문제이다. 방화약제로는 보통 인산암모늄이 주로 쓰이는데 가압주입하여 건조시키는 방법을 사용한다. 표면 난연약제 도포나 불연방화도료 뿜칠시의 기온은 7℃ 이상이라야 한다.

20-4 지붕틀, 지붕널, 처마돌림

20-4-1 지붕틀

한식 지붕틀이나 절충식 지붕틀은 지붕보를 처마도리와 동시에 짜걸고 그 위에 동자기둥, 대공을 세우면서 중도리, 마루대를 걸어서 가새, 버팀대, 귀잡이보 등으로 견고하게 고정한다. 전체 바로잡기를 하여 수직, 수평, 각도, 줄바르기 등을 수정하고 가새 등을 완전히 다시 고정하고 철물을 이용하여 보강한다.

양식지붕틀은 밑에서 짜서 양중기로 달아올려 깔도리에 올려 놓고 처마도리, 용마루대를 걸어서 대공 밑잡이 등으로 연결하여 고정한다. 지붕틀걸기가 완료되면 수직 등의 전체 바로잡기를 하여 수정하고 중도리를 건다. 칸사이 10m 이상의 트러스를 깔도리 위에서 짜는 경우 평보, 왕대공, ㅅ자보를 걸쳐대고 빗대공, 달대공의 순으로 철물을 죄어 나간다.

20-4-2 지붕널, 처마 및 박공

중도리에 지붕널을 깔기 위하여 서까래를 놓아야 하는데 중도리나 서까래의 이음은 엇갈리게 하고 지붕널도 이음자리를 바꾼다. 지붕널이 덮힌 직후에는 지붕이 비, 바람에 취약할 때이므로 바람에 대비하여 안전하게 임시보강책을 세워두어야 한다. 처마 박공부분의 공사를 서둘러 지붕널과 동시에 일이 끝나도록 하고 지붕잇기를 속히 진행하도록 준비한다. 지붕잇기가 완료되면 지붕틀에 하중이 걸리고 건조수축도 있으므로 전체를 다시 점검하고 수정 및 보강을 실시한다.

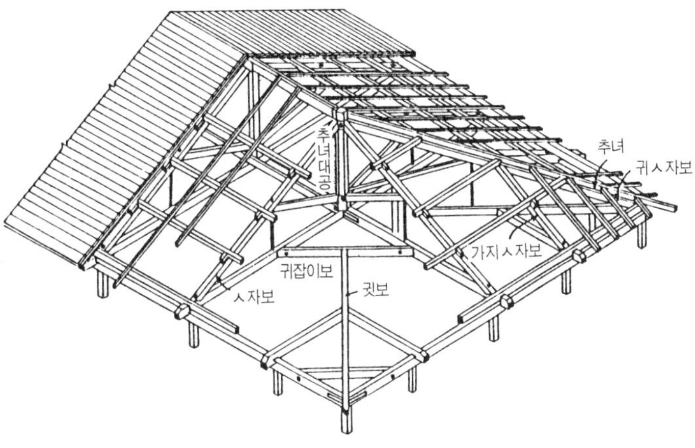

그림 20-8 왕대공 지붕틀

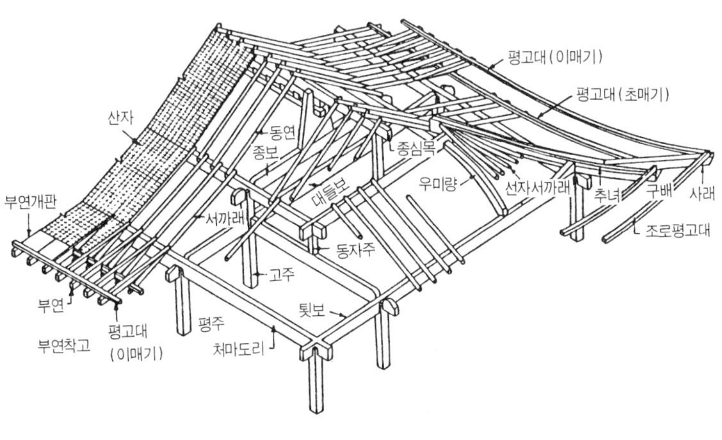

그림 20-9 한식지붕틀

20-5 마루, 창문틀

20-5-1 마 루

나무마루에는 바닥마루(1층마루)로서 동바리마루와 납작마루가 있고 층마루(2층마루)로서 홑마루, 보마루, 짠마루틀이 있다. 마루바닥은 하중에 견디도록 튼튼해야 하는데 특별히 무거운 것을 두는 창고나 공장에는 별도의 강도계산이 필요하며 용도에 따라서는 마모에 대한 대비가 필요하다. 마루틀 귀부분에는 귀잡이 부재를 설치하여 볼트, 못 등의 철물로 긴결한다. 일층마루에서는 방습과 방부를 위하여 환기공과 방습층이 필요하고 주택, 학교 등에서는 위생상 지반 위 45cm 이상으로 높아야 한다.

(1) 동바리마루

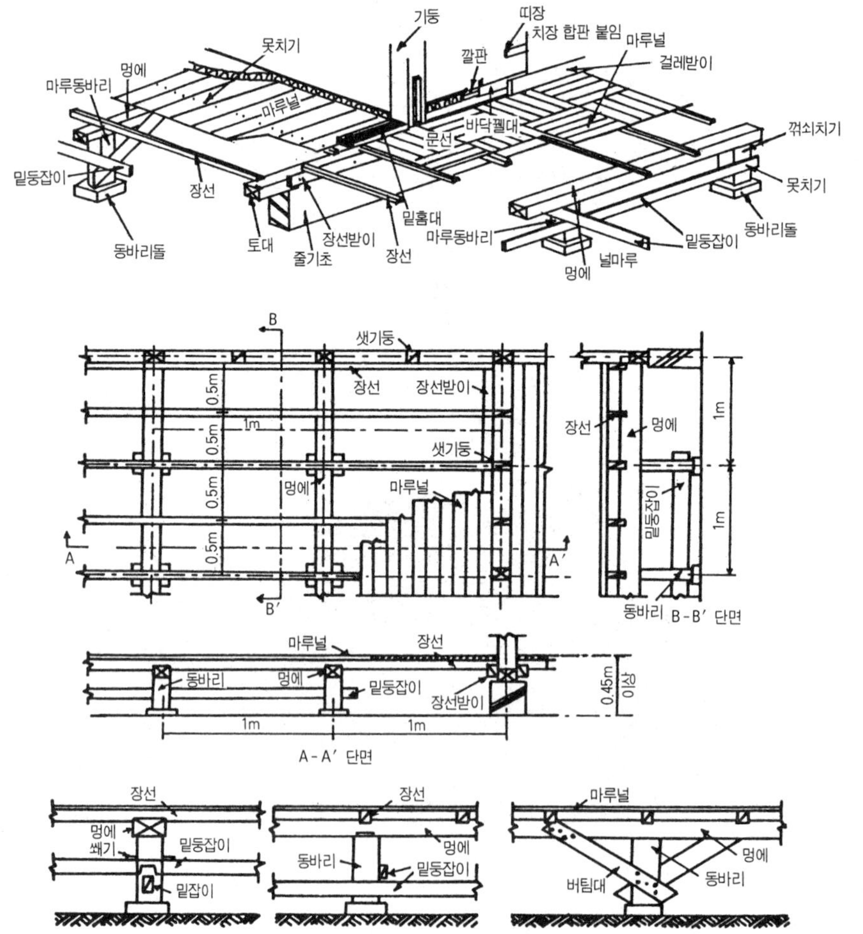

(a) (b)

그림 20-10 동바리마루

지름 25cm 내외의 평평한 돌로 동바리돌을 놓고 그 위에 동바리를 세우고, 동바리는 거리와 간격의 방향으로 2×10cm 정도의 밑잡이를 대고 그 위의 멍에와 짧은 장부맞춤, 큰못 또는 꺽쇠치기로 고정한다. 멍에는 10cm 내외의 각재를 쓰고 토대와 같은 높이로 대는 것이 보통이며 간격은 0.9～1.8m 정도이고 이에 맞추어 동바리를 받치는 것이다. 멍에는 방의 길이방향으로 걸쳐 놓는데 이음은 메뚜기장내이음, 또는 주먹장심이음으로 하고 토대에는 주먹장걸침, 장부맞춤 또는 옆대고 걸침턱으로 하여 큰 못을 친다. 장선은 하중의 대소와 멍에의 간격에 따라서 6cm각, 5×10cm, 6×12(15)cm 각재를 35～50cm 간격으로 대는데, 윗면의 수평을 맞추고 멍에의 걸침턱이나 또는 그냥 위에 걸쳐 대고 빗못치기로 하며 이음은 멍에 위에 둔다.

(2) 납작마루

멍에 또는 장선을 직접 동바리돌 위에 걸쳐 댄 것이며 통풍이 잘 안되고 지면에 근접하여 습기로 썩기 쉬우므로 임시적인 경우에만 쓴다.

(3) 홑마루(장선마루)

골마루 등 칸사이가 적을 때 보를 쓰지 않고 층도리와 칸막이도리에 직접 장선을 45～50cm 간격으로 걸치고 그 위에 마루널을 깐다. 장선의 두께는 4～6cm, 춤은 20～30cm 정도이고, 길이는 3m까지 가능한데 옆휨을 막기 위한 장선가새나 장선잡이로 보강한다.

(4) 보마루

칸사이가 2.5m 이상일 때는 일반적으로 보를 걸어 장선을 받치고 그 위에 마루널을 깐다. 보의 단면은 나비가 10～12cm 정도의 각재의 경우에 춤을 칸사이의 8/100 정도로 잡는다. 보와 통재기둥의 맞춤은 빗턱통 넣고 장부맞춤한 후 감잡이쇠로 보강하고 보의 너비가 기둥보다 크면 양옆을 기둥에 내밀어 볼트조임하고 층도리에 걸쳐 댄다. 장선은 45cm 정도의 간격으로 걸치는데 보의 상단부에 걸침턱 깊이 1.5cm, 높이 3cm 정도로 파 넣는다.

(5) 짠마루틀

칸사이가 6.4m 이상되는 경우 큰 보를 2.7～3.6m 간격으로 걸고 그 위에 작은 보를 놓는다. 큰 보의 하중이 크므로 기둥과의 접합에서 덧기둥을 대고 버팀대를 써서 보강하고 보가 층도리의 중간에 걸리면 덧도리를 댄다. 작은 보는 큰 보에 걸침턱으로 접합하고 중간에 걸칠 때는 걸침턱주먹장 내림맞춤을 쓰고 윗면과 일치시킬 때는 안장쇠를 쓰면 튼튼하다.

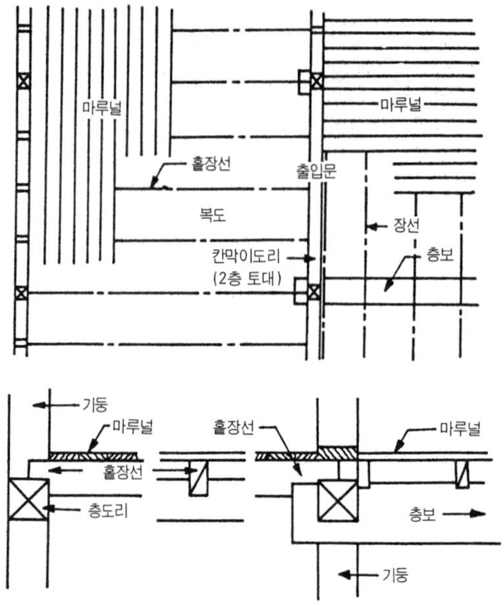

그림 20-11 2층 마루

20-5-2 창문틀

기둥이나 샛기둥 사이에 수평으로 건너댄 창문틀을 홈대라고 하는데 위치에 따라서 윗홈대, 중간홈대, 밑홈대가 있으며 기둥과는 장부로 맞춘다. 윗홈대는 상부 벽체의 하중을 받는 경우 춤을 크게 하고 칸사이가 2.5m 이상이면 층도리나 처마도리에 내림주먹장으로 매단다. 미서기 창문의 밑홈대에서 홈의 깊이는 3mm이고 윗홈대의 깊이는 15mm이고 홈의 너비는 둘다 1.5～2.4cm이며 중간두둑의 너비는 1.5cm 정도이다. 수직문틀(선틀)의 역할을 하도록 기둥이나 샛기둥 외에 세우는 부재를 문선이라 한다. 여닫이, 미서기문으로서 밑틀(문지방)이 없는 선틀의 하부고정은 사방 주먹장형이나 네모장부로 따내어 바닥에 묻는다.

벽돌, 블록, 콘크리트조 건물의 목재 창문틀은 창호공이 일괄제작하여 설치하는 수가 많다. 창문틀은 창호재와 동질의 것으로 하는 것이 보통이고 두께는 3.6～6cm 정도이고 나비는 벽두께에 맞춘 9～15cm 범위 안에 있지만 10cm면 충분하다. 창문틀은 목조에서는 구조체와의 사이에 쐐기를 대고 큰 못, 꺾쇠 등으로 상하 및 중간 30～60cm 간격으로 고정한다. 창문틀은 일반적으로 창문선이 없을 때나 창문틀이 창문선을 겸하게 되면 홈대와 문선에 벽쌤 홈파기를 하여 옆의 벽과 맞춘다.

20-6 반 자

20-6-1 달대받이, 달대

반자틀을 매다는 달대를 잡아주는 달대받이는 1m 간격으로 지붕틀, 평보 및 층보 위에 걸쳐대고 꺾쇠나 큰 못으로 고정한다. 달대는 1m 거리 간격으로 마름모, 엇갈림으로 배치하여 달대받이에 못박아대고 아래의 반자틀 및 반자틀받이와는 내림주먹장이나 한쪽 주먹장으로 달아맨다.

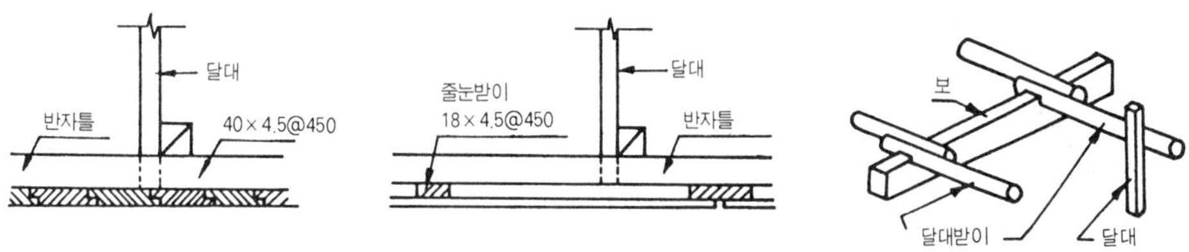

판재반자　　합판·보드류 판자　　보와 맞춤

그림 20-12 달대와 반자틀

20-6-2 반자틀받이, 반자틀

반자틀은 수평보다 1/200 정도 치켜올려서 시각적으로 쳐지게 보이지 않도록 설치한다. 반자틀은 3.5～4.5cm 각재를 45～60cm 간격으로 반자틀받이 밑에 평행으로 못박아 댄다. 반자틀받이는 필요한 곳, 또는 1.8m 이내의 간격으로 배치하여 옆휨방지, 고정 및 규준이 되게 한다.

20-6-3 반자돌림대

반자와 벽의 접촉점에 두는 반자돌림대는 기둥에 닿으면 빗턱대기로 맞추고 구석 및 모서리에서는 연귀맞춤을 하거나 한쪽은 기둥에 파넣고 다른 쪽은 턱솔넣기 빗못질로 고정한다. 밑면을 접고 윗면에는 반자판을 끼울 개탕(반턱)을 하는 경우가 있고, 미장반죽과 접하는 부분은 세홈(細溝)을 파서 마무리한다.

20-7 뼈대 및 바름벽 바탕, 판벽, 걸레받이

20-7-1 목조건물 뼈대

절충식 구조의 목조 2층집의 세우기의 순서는 토대, 1층 벽체 뼈대, 2층 마루틀, 2층 벽체 뼈대, 지붕틀의 순으로 한다. 기둥세우기, 보와 도리 짜맞추기를 하는 일을 입주상량(立柱上樑)이라 하고 상량식이 끝나면 전공사의 40%가 된 것으로 본다. 기초 위에 토대를 번호순으로 늘어 놓고 볼트구멍에 맞추어 구멍을 뚫어 줄바르고 수평지게 볼트조임한다. 토대 위에 기둥을 세우고 층도리에 걸어나가지만 통재기둥에서는 층도리가 빗턱장부맞춤으로 걸리니까 우선해서 세운다. 기둥을 기준으로 샛기둥, 벽선, 창대, 인방, 가새, 버팀대, 귀잡이를 공정순서대로 짜나간다.

한식 구조의 벽체바탕은 중방, 인방, 도리 등의 상하 가로재에 2.5~3cm 각재로 된 중깃을 상하 장부내리맞춤 또는 그냥 대고 빗못질하여 고정한다. 중깃은 기둥벽선에서 6cm를 띄우고 중간의 간격은 30~40cm 정도로 하고 길 경우 상하 중간에 가로힘살로 2cm×5cm 오림목을 못박아 댄다. 외는 대나무쪽, 졸대 등을 쓰는데, 눌외를 2~3cm 간격으로 중깃에 새끼로 방 안쪽에 엮어대고 설외는 3~10cm 간격으로 그 위에 엮는다. 절충식 구조에서는 중깃의 역할을 꿸대가 대신한다.

20-7-2 외부판벽

세로판벽은 비 아무림이 나빠서 간이건물에나 쓰이고 가로판벽은 겹쳐진 부분이 빗물막이가 되므로 널리 쓰인다. 세로판벽을 받는 띠장은 30~60cm 간격으로 대는데 기둥에 걸침턱따기로 기둥면과 일치시키는 경우와 기둥 표면에 못박아 대는 경우가 있다. 가로판벽은 비늘판벽이라고도 하며 기둥 및 샛기둥에 널을 직접 박는다. 비늘판은 비교적 얇은 1.2~1.5cm 두께의 것을 쓰는데 그냥 겹쳐댄 것과 그 위에 직각방향으로 누름대를 댄 것이 있다. 비늘판의 너비는 일정한 것을 써야 하는데 18~25cm 정도이고 널겹침은 2~3cm로 한다. 영국식 비늘판벽은 널면이 경사지고 반턱쪽매이며, 독일식 비늘판벽은 널면이 수직

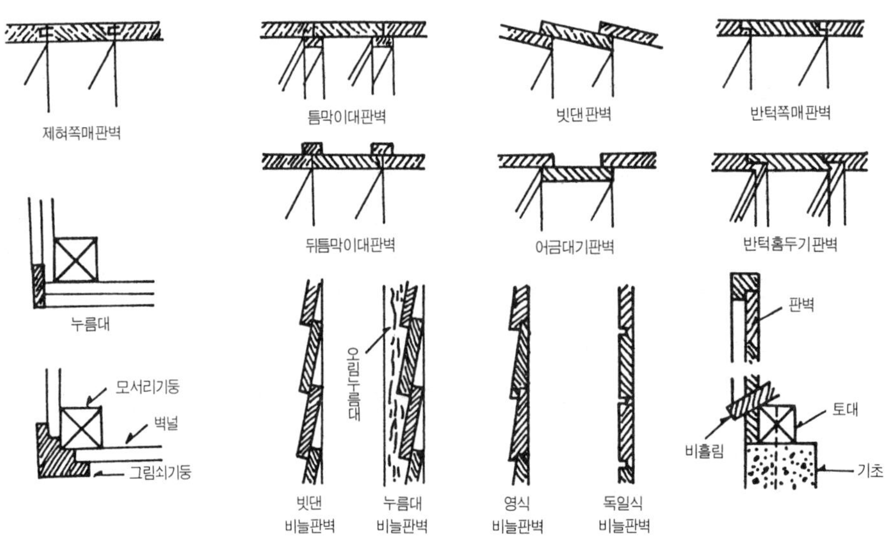

그림 20-13 외부 판벽

반턱쪽매로 되어 있다. 벽모서리는 연귀로 맞대거나 한 켜씩 번갈아 마구리가 나오게 하는데 따로 막이대를 대어야 좋다.

20-7-3 내부판벽

고급으로 꾸미지 않으면 실패하기 쉽고 건조수축, 우그러짐, 쪽매솔기 트기 등이 눈에 잘 들어난다. 세로 징두리판벽은 반턱쪽매나 제혀쪽매로 하고 근래에는 널면에 쇠시리를 넣어서 쓴다. 징두리 양판벽은 고급 실에서 일반적으로 참나무 양판(넓은 판)을 틀 속에 사방 홈파고 끼워대서 만든다. 틀은 울거미(선대, 웃막이, 밑막이)에 살 및 띠장을 써서 장부맞춤으로 짜는데 널이 두꺼울 때는 주먹장, 거멀띠장으로 하고 얇으면 아교나 접착제로 붙여도 된다. 합판벽은 시공이 간단하고 뒤틀림 없이 근대감각에 맞게 시공하기에 적당하다. 띠장과 샛기둥은 서로 반턱맞춤으로 하거나 띠장을 먼저 대고 샛기둥은 잘라서 빗못치기로 한다. 이를 고정할 나무벽돌 및 쐐기는 벽면에서 1.0~1.5cm 정도 나오도록 하면 시공에 편리하다.

20-7-4 걸레받이, 두겁대, 돌림띠

걸레받이는 수평바닥과 수직벽과의 접속부를 아무리고 청소를 할 때 오손을 방지하는 목적으로 설치하는 것이다. 바닥재에 따라서 동일한 재료로 하는 것이 보통이지만 널마루와 판벽의 경우 뿐만 아니라 도배를 위한 미장바름벽에도 나무걸레받이가 쓰인다. 두께는 2.0~3.0cm 정도이고 너비는 10~20cm가 많이 쓰이는데 위는 미장바름이나 판벽이 물리는 홈을 파둔다. 걸레받이는 끼움목을 써서 줄바르게 고정하고 이음은 턱솔넣고 맞댄이음으로 하고 구석 모서리는 반연귀 턱솔넣기로 한다.

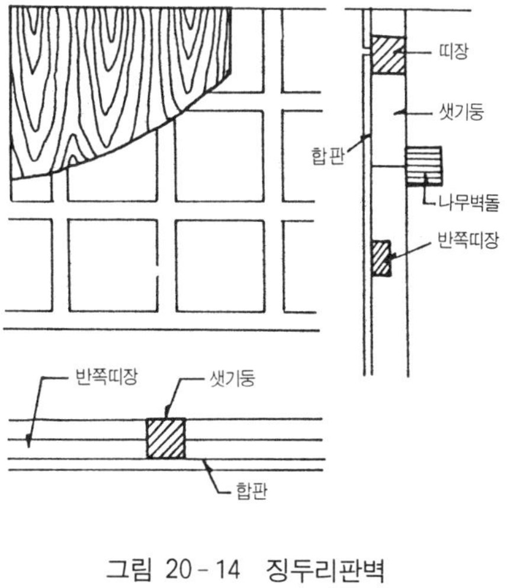

그림 20-14 징두리판벽

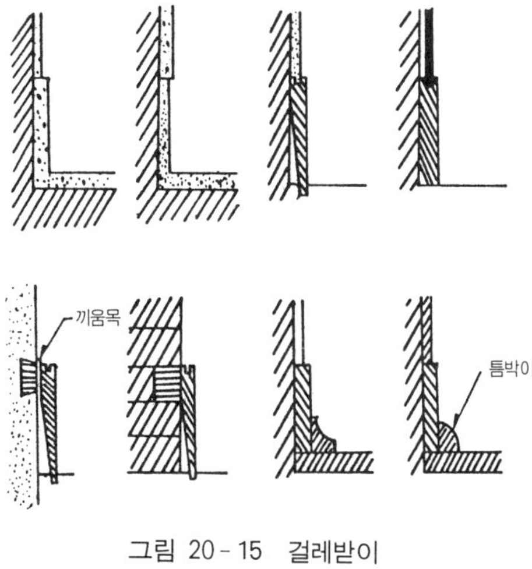

그림 20-15 걸레받이

징두리판벽의 위에는 두겁대를 두어 밑널이 홈을 파서 끼워지고 윗부분의 미장바름세홈(벽쌤홈)에 미장바름이 물리게 한다. 벽중간에 대는 돌림띠는 수평을 정확히 맞출 뿐만 아니라 돌출하는 치수도 일정하도록 시공해야 하므로 특히 주의가 필요하다.

제 21 장 칠공사

21-1 개 요

물질의 표면에 부착·고화(固化)하여 소기의 성능을 갖는 막(膜)이 되는 물질을 도료(塗料)라 한다. 소기의 성능이란 방습·방청·방식·절연 등과 같이 물질을 보호하는 것, 색이나 광택을 부여함으로써 외관 및 형상을 변화시키는 것, 기타 빛을 반사시키거나 흡수하는 것을 말한다. 도료의 구성요소는 역할에 따라 다음과 같이 크게 5가지로 구분된다.

① 도막형성 주(主)요소 : 도막을 형성하는 물질로서 주로 고분자화합물이다.

② 도막형성 부(副)요소 : 도막의 성상과 성능을 개선·보정시키기 위한 첨가제로서 가소제(可塑濟), 건조제, 경화제, 안정제 등이 있다.

③ 도막형성 조(助)요소 : 물질의 표면에 침투하여 칠의 부착이 잘 되게 하는 것으로 주로 신너(thinner)를 사용한다.

④ 안료(顔料) : 물이나 용제에 녹지 않는 색이 있는 분말로서 전색제와 섞어 도료를 착색하는 역할을 한다.

⑤ 전색제(展色濟) : 도료가 액체상태에 있을 때 안료를 분산·현탁시키고 있는 매질(媒質)로서 주로 건성유가 이 역할을 한다.

21-2 일반사항

21-2-1 칠의 분류

칠은 주요재료, 칠 공법, 용도에 따라 다음과 같이 분류된다.

(1) 주요재료에 의한 분류

① 페인트칠(유성페인트, 에나멜페인트, 알루미늄페인트) ② 면니스칠(기름바니쉬, 휘발성바니쉬, 락크, 래커) ③ 수성도료칠(카세인, 합성수지에멀션페인트, 광택합성수지에멀션페인트) ④ 방부·녹막이칠(콜타르, 크레오소오트, 징크로메이트, 크롬산아연, 프탈산수지) ⑤ 옻칠, 카슈칠

(2) 칠공법에 의한 분류

① 붓칠 ② 롤러칠 ③ 뿜칠 ④ 침지법(沈漬法) ⑤ 달굼칠(燒付法) ⑥ 정전 도장공법

(3) 용도에 의한 분류

① 외부 또는 내부용 칠 ② 목부용 칠 ③ 금속재 칠 ④ 콘크리트·모르타르·회반죽·블록·벽돌면용 칠 ⑤ 광택칠 또는 무광칠

21-2-2 칠공법

칠은 일반적으로 초벌, 재벌, 정벌의 3공정이 기본이다. 칠하는 장소의 환기가 충분하지 못하여 도장의 건조가 부적당할 때, 주위의 기온이 5℃ 미만이거나 상대습도가 80%를 초과할 때, 눈·비가 올 때에는 칠공사를 해서는 안된다.

(1) 붓 칠

붓칠은 붓(솔)에 칠을 충분히 묻혀서 손이 갈 수 있는 범위내에서 평활하게 칠하는 것을 말한다. 붓칠은 이음새, 틈서리 등을 먼저 눌러 바르고 중간을 대강 바른 다음 가로·세로로 세게 눌러 칠한다. 마무리 붓칠은 재료의 긴 방향으로 가볍게 이동하면서 바른다. 붓칠은 초기 건조가 빠른 래커에는 부적합하다. 페인트용 붓은 각종 털이 쓰이지만 돼지털(豚毛)로서 길이가 고르게 된 것이 가장 좋다. 붓칠은 위에서 밑으로, 왼편에서 바른편으로 칠한다.

(2) 롤러칠(roller painting)

롤러는 스폰지 또는 털이 깊은 롤러를 써서 일정한 누름으로 칠하고 균일하게 되도록 넓혀 칠하는 것이다. 이것은 평활하고 큰 면을 칠하는데 유리하다. 롤러칠은 붓칠보다 도장속도가 빠르지만 일정한 도막두께를 유지하기가 어려우므로 표면이 거칠거나 불규칙적인 부분에는 특히 주의가 필요하다.

(3) 문지름칠

이 방법은 헝겊에 솜을 싸서 칠을 듬뿍 품게 하여 세게 문질러 바르는 것이다. 칠이 반쯤 건조되었을 때 적당한 마찰을 주어 도막을 평활하게 하고 광택이 나도록 하는 것이다.

(4) 뿜 칠

뿜칠은 압축공기로 칠을 뿜어 도장하는 것으로 작업능률이 좋고 균등한 도면(途面)을 얻을 수 있으므로 초기 건조가 빠른 래커뿐만 아니라 그 외의 칠에도 널리 이용된다. 뿜칠 기구는 압축공기, 재료탱크, 스프레이건(spray gun)으로 구성되어 있다. 래커 바름시에는

노즐 구경은 1.0~1.5mm, 뿜칠 공기압은 2~4kg/cm²를 표준으로 한다.

스프레이건에 쓰이는 압축공기는 유분, 수분, 먼지 등이 섞이지 않게 하고 공기압이 사용 도중에 0.2kg/cm² 이상 증감되지 않도록 적절한 장치를 한다. 도료 자체를 고압(150kg/cm²)으로 가압하여 작은 유출관으로 칠을 배출시켜 안개처럼 뿜어내는 에어레스 스프레이(airless spray) 방법도 있다.

뿜칠시에 스프레이건과 뿜칠면 사이의 거리는 30cm를 표준으로 하고 압력에 따라 가감한다. 뿜칠할 때에는 미끈한 평면을 얻을 수 있도록 하고 항상 평행 이동하면서 운행의 한 줄마다 뿜칠너비의 1/3 정도를 겹쳐 뿜는다. 각 회의 뿜칠 방향은 전 회의 방향에 직각으로 한다.

사진 21-1 뿜칠작업

(5) 정전(靜電)도장공법

이슬 모양으로 미립화된 도료를 고전압의 정전장(靜電場)에 분산시켜 물체의 표면에 도료를 부착시키는 공법이다. 도료의 손실이 적고 위생적이며 피도물의 표리(表裏)를 동시에 도장할 수 있으므로 도장효율이 가장 좋다. 고전압을 주는 방식에 따라 그리드식, 회전디스크식, 회전캡식 등으로 구분된다.

21-3 바탕만들기

칠공사를 하기에 앞서 칠할 재료에 따라 다음과 같은 적절한 바탕처리 방법을 먼저 결정하여 바탕만들기를 해야 한다. 기본적으로는 바탕을 평활하게 다듬고 오염, 부착물 등을 제거하고 도료와 반응성이 있는 바탕은 사전에 중화처리를 하고 칠의 부착이 잘 되게끔 연마하는 것이다.

21-3-1 철부 바탕만들기

금속 표면에는 유지(油脂)나 녹, 흑피, 기계유 등 여러 종류의 오염물이 부착되어 있으며 이들 오염물은 도막의 접착력을 저하시키는 원인이 된다. 오염, 먼지 등은 와이어브러시(wire brush), 연마지(sand paper), 스크레이퍼(scraper) 등으로 닦아낸다. 기름·지방분 등은 휘발유, 벤졸, 트리크렌, 솔벤트, 나프타 등의 용제로 씻어낸다.

인산염 처리는 철의 표면에 인산염(燐酸鹽) 피막을 만들어 녹막이의 목적으로 쓰이는 방법이다. 이 외에 인산염의 열용액에 담궈 인산철 피막을 만드는 방법도 있는데 이를 파커라이징법(parkerizing method)이라 한다.

워시프라이머는 에칭프라이머라고도 하는데 이는 인산에 부치탈수지, 알코올을 넣어 만든 것으로 인산 피막과 부치탈수지 피막이 생겨 표면을 거칠게 하여 칠의 부착이 잘 되게 한다.

표 21-1 철부 바탕만들기 공정

종 별	공 정		내 용	면 처 리	방치시간
A 종(인산염 처리)	1	덜땜, 부착물의 제거		덜땜, 부착물을 스크레이퍼(scraper), 와이어브러시(wire brush)로 제거	
	2	유류 제거		휘발류 닦기, 비눗물 씻기 또는 약한 알칼리성액 가열처리, 더운물 씻기, 물씻기	
	3	녹떨기		격지녹·녹슬음은 산담그기, 더운물 씻기 또는 샌드블래스트(sand blast)로 제거	곧 화학처리한다
	4	화학처리	인산염, 크롬산 처리	인산염 용액에 담그기 처리 후 더운물 씻기, 건조(크롬산에 다시 담그어 처리)	
	5	피막의 마무리		스틸울(steel wool), 연마지, 천 등으로 가볍게 연마	
B종(금속바탕 처리용 프라이머칠)	1	오염, 부착물의 제거		오염, 부착물을 스크레이퍼(scraper), 와이어브러시(wire brush)로 제거	
	2	유류 제거		휘발유 닦기, 비눗물 씻기 또는 약한 알칼리성액 가열처리, 더운물 씻기, 물씻기	
	3	녹방지칠	금속바탕 처리용 프라이머	1회 붓칠(워시프라이머)	2시간 이내
C종 (보통)	1	오염, 부착물의 제거		오염, 부착물을 스크레이퍼, 와이어브러시로 제거	
	2	유류 제거		휘발유 닦기	
	3	녹제거	손연마	스크레이퍼, 와이어브러시, 연마지 등으로 녹떨기	
			기계연마	그라인딩휠, 회전식 와이어브러시 등 동력공구 사용	

21-3-2 아연도금면 바탕만들기

오래 노출된 아연도금 표면에는 백색의 아연염이 생성되어 있으므로 비눗물로 제거하거나 다시 깨끗한 물로 세척하여야 한다. 2~3%의 염산으로 세정하여도 좋고 인산염피막처리를 하면 밀착이 더욱 우수해진다. 황산아연 처리를 할 때에는 약 5%의 황산아연 수용액으로 칠하고 약 5시간 정도 풍화시킨다. 화학처리를 하지 않을 때는 옥외에서 1~3개월간 노출시켜 바탕을 풍화시킨 후 표면에 발생한 산화아연을 #60~80 연마지 또는 와이어브러시 등으로 완전히 제거한 후 도장한다.

표 21-2 아연도금면 바탕만들기 공정

종 별	공 정		내 용	면 처 리	방치시간
A 종	1	오염, 부착물의 제거		오염, 부착물을 와이어브러시 등으로 제거	
	2	녹방지칠	금속바탕용 프라이머	1회 붓칠	2시간 이내
B 종	1	오염, 부착물의 제거		오염, 부착물을 와이어브러시 등으로 제거	
	2	화학처리	황산아연 5% 수용액	1회 붓칠	5시간 정도
C 종	1	방치		옥외 풍우에 노출방치	1개월 이상
	2	오염, 부착물의 제거		오염, 부착물을 와이어브러시 등으로 제거	

21-3-3 경금속 바탕만들기

경금속은 철재에 비해 표면이 평활해서 칠의 부착이 나쁘고 표면이 풍화되기 쉬우므로 화학처리하는 것이 좋다. 먼지·기름 등은 용제침지, 닦아내기 등으로 제거한다. 부식된 부분은 와이어브러시로 제거하지만 상처가 나기 쉽다. 이때는 샌드블래스트로 표면 청소하거나 인산처리 또는 워시프라이머를 써서 거친 면으로 하여 칠의 부착이 잘되게 한다.

21-3-4 목부 바탕만들기

목재 도장은 바탕 조정에 따라 칠의 양부가 크게 좌우된다. 목재의 바탕은 목재의 종류, 벌채시기 등에 따라 상이하므로 사전에 그 재질에 맞는 적당한 방법을 결정하여야 한다.

목재가 충분히 건조되어 있지 않으면 칠한 후 균열, 박리 등이 생기므로 우선적으로 목재를 충분히 건조시켜 함수율을 13~18% 사이로 조정한다. 유류, 기타 오물 등을 휘발유, 신너 등으로 닦아낸다.

바탕면의 대패얼룩은 칠한 후 더욱 나타나므로 연마지로 충분히 닦아내고 나무의 갈램

틈, 틈서리, 우묵진 곳에는 목재와 같은 색의 퍼티를 써서 표면을 평탄하게 한다. 녹아 나온 송진은 칼, 주걱 등으로 긁어내고 송진이 많은 부분은 인두로 가열하여 송진을 녹여 내고 휘발유로 닦는다.

표 21-3 목부 바탕만들기 공정

공 정		내 용	면 처 리	방 치 시 간
1	오염, 부착물의 제거		오염, 부착물의 제거, 유류는 휘발유, 신너닦기	
2	송진의 처리		송진의 긁어내기, 인두지짐, 휘발유닦기	
3	연마지 닦기		대패자국, 엇거스름, 찍김 등을 #120~150 연마지로 닦기	
4	옹이땜	셀락, 니스	옹이 및 그 주위는 2회 붓칠하기	각 회 1시간 이상
5	구멍땜	구멍땜용 퍼티	갈램, 구멍, 틈서리, 우묵한 곳의 땜질하기	24시간 이상

21-3-5 플라스터, 모르타르, 콘크리트 면의 바탕

바탕의 균열, 구멍 등은 팽창성인 석고나 퍼티로 땜질한다. 콘크리트나 모르타르면은 시공 초기에 다량의 수분과 알칼리성을 함유하고 있어 도막의 변색이나 박리 등을 일으킬 수 있으므로 충분히 건조시켜 사용해야 한다. 온도 20℃ 기준으로 약 28일 이상 건조시키고 알칼리도는 pH 9.5 이하가 이상적이다.

유성페인트 또는 산성도료를 칠하면 콘크리트나 모르타르내의 알칼리 성분과 반응하여 변색·분화(粉化)하므로 3~6개월 방치하여 수분이 없어지고 표면 탄산화가 진행된 다음 칠하거나 중성도료 또는 내알칼리성 도료를 사용해야 한다. 벽이 반쯤 건조하였을 때 황산아연, 황산철 수용액 등의 중화제를 사용하여 벽체를 중화시키고 칠을 할 수도 있으나 중화 정도에 차이가 생겨 나중에 문제를 일으키기 쉽다.

표 21-4 플라스터, 모르타르, 콘크리트 면의 바탕만들기

공 정		내 용	면 처 리	방 치 시 간
1	바탕건조, 양생		방치하여 바탕을 충분히 양생시킴	28일 이상
2	오염, 부착물의 제거			
3	구멍메꿈	석고, 퍼티		24시간
4	연마지 갈기		#80~120 연마지 갈기 붓칠하기	

21-4 유성페인트칠

유성페인트는 안료(pigment), 건성유(dried oil), 건조제(drier, dryer), 희석제(thinner)를 조합한 것으로 현재는 공장제품인 합성수지 조합페인트를 주로 사용한다.

21-4-1 철부 유성페인트칠

칠감과 마무리 방법에 따라 다소 칠공정에 차이가 있으나 초벌(녹막이칠), 재벌, 정벌의 3공정으로 한다. 초벌칠은 녹막이칠로서 1회 또는 2회 칠한다. 2회로 할 때에는 녹막이칠의 빛깔을 약간 달리하여 칠의 빠트림이 없게 한다.

구멍메꿈은 합성수지퍼티를 사용해서 철재부의 요철부 또는 틈서리에 눌러 바른다. 퍼티가 건조하면 연마지로 표면을 평활하게 다듬고 재벌, 정벌의 순으로 마무리한다.

표 21-5 철부 유성페인트칠 공정

공정		내용	희석비율	방치시간	칠량 (kg/cm²)
1	바탕조정	연마지 #120으로 연마			
2	녹막이칠 (1~2회)	광명단 조합페인트 아연분말 프라이머 징크로메이트 방청	100 신너 0~10	48시간(수지에 따라 차이가 있음)	0.1
3	구멍메꿈	합성수지 퍼티	100		
4	연마	연마지 #180			
5	재벌칠(1회)	조합페인트	100 신너 0~10	12시간	0.12
6	정벌칠(1회)	조합페인트	100 신너 0~10	12시간	0.12

21-4-2 아연도금면 유성페인트칠

아연도금면은 표면이 평활하여 칠의 부착이 나쁘므로 밀착이 우수한 워시프라이머로 녹막이칠을 1회 한다. 그런 다음 다시 아연분말프라이머로 녹막이칠을 1회 더하고 연마한 후 유성페인트로 재벌, 정벌칠을 한다.

표 21-6 아연도금면 유성페인트칠 공정

공정		내용	희석비율	방치시간	칠량 (kg/cm²)
1	바탕조정	연마지 #120으로 연마			
2	녹막이칠(1회)	워시프라이머	100 신너 0~10	2시간	0.09
3	녹막이칠(2회)	아연분말프라이머	100 신너 01~10	48시간	0.10
4	연마	연마지 #180			
5	재벌칠(1회)	조합페인트	100 신너 0~10	12시간	0.12
6	정벌칠(1회)	조합페인트	100 신너 0~10	12시간	0.12

21-4-3 목부 유성페인트칠

페인트칠하는 목부는 모두 평활히 대패질하여 건조시킨 다음 칠해야 한다. 보통 3회 칠하지만 내부에는 특별 마무리를 더할 때도 있다. 목부의 초벌칠은 바탕의 흡수를 방지하고 재벌, 정벌의 부착이 잘되게 하는 것을 목적으로 한다. 목부 초벌칠이 건조되면 옹이, 갈램, 틈서리 등에 퍼티먹임을 하여 건조시킨 후 재벌, 정벌칠을 한다. 백색으로 마무리할 때는 타이터네이트화이트(titanate white)를 쓰면 깨끗하고 극소량의 코발트를 가하면 눌어짐을 방지할 수 있다.

표 21-7 목부 유성페인트칠 공정

공 정		내 용	희석비율	방치시간	칠량 (kg/cm²)
1	바탕조정	연마지 #120으로 연마			
2	초벌칠(1회)	조합페인트 목재 프라이머 백색 및 담색	100 신너 0~10	24시간	0.1
3	나무결 메꾸기	합성수지	100	24시간	
4	연마	연마지 #180			
5	재벌칠(1회)	조합페인트	100 신너 0~10	12시간	0.12
6	정벌칠(2회)	조합페인트	100 신너 0~10	12시간	0.12

21-5 바니쉬(varnish)칠

바니쉬는 휘발성 용제 또는 지방유에 각종 수지를 용해시킨 것으로 휘발성바니쉬와 기름바니쉬의 두 종류가 있다. 주로 목부에 사용되며 목재의 나무결이 아름답게 마무리되도록 하는 도료이다. 클리어래커, 합성수지, 투명도료도 건조 기능상으로 보았을 때 바니쉬의 일종으로 볼 수 있으나 습관상 따로 취급하고 있다.

눈먹임과 착색이 필요한 경우에는 바탕처리를 한 후 해당 작업을 한다. 눈먹임이란 목재의 나무결, 도관(導管)을 메꾸고 칠면을 평활하게 하며 흡수를 방지할 목적으로 바르는 것을 말한다. 눈먹임제(눈메꿈제;filler)에는 수성과 유성이 있으며 고착제로서 수성은 아교, 해초풀 등을 유성은 보일드유, 골드사이즈, 검정바니쉬를 쓴다. 재질 안료로는 토분, 호분(胡粉), 석분, 탄산석회, 규석분(珪石粉) 등이 쓰인다.

눈먹임제는 빳빳한 털솔(돼지털의 솔) 또는 나무주걱, 쇠주걱 등으로 잘 문질러 나무결의 잔 구멍에 압입시키고 여분의 눈먹임제는 닦아내도록 한다. 반쯤 건조하여 끈기가 남아 있을 때에 면방사 헝겊이나 삼베헝겊 등으로 나무결에 직각으로 문질러 놓고 다시 부드러운 헝겊 등으로 닦아낸다.

색올림(착색제;stain)이란 목재면에 필요한 색상을 입히는 것으로 수성, 유성, 알코올성 착색제가 있으며 그 외에 안료, 화학약품 등을 사용하기도 한다. 수성은 퇴색하기 쉽고 유성은 침투력이 좋고 퇴색은 적으나 얼룩이 생기기 쉽다. 화학약품 착색은 목재 표면에 약품을 칠하여 화학반응으로 착색하는 것으로 퇴색하지 않는다. 색올림제의 칠은 붓칠로 하고 대강 건조하면 붓과 부드러운 헝겊으로 여분의 색올림제를 닦아낸다.

바니쉬를 칠할 때는 바니쉬 붓을 써서 나무 결에 따라 평행 이동하면서 칠한다. 같은 자리를 되풀이하여 붓칠하거나 되돌리는 붓칠을 하여서는 안된다. 바니쉬칠은 특히 습기에 주의하여야 하는데 습도가 85% 이상이면 칠해서는 안된다. 바니쉬와 래커는 칠의 표면이 매끄럽지 않아 보행할 때 긁히거나 칠이 쉽게 더러워지므로 정벌칠 이후에 왁스 마무리를 하는 편이 좋다.

표 21-8 내부 바니쉬칠 공정

공 정		내 용	희석비율	방치시간	칠량 (kg/cm²)
1	바탕처리	연마지 #120~180으로 연마			
2	초벌칠(1회)	일액형 우레탄바니쉬	100	24시간	0.08
		페인트신너	5~20		
3	연마	연마지 #180	100		
4	재벌칠(1회)	일액형 우레탄바니쉬	100	24시간	0.12
		페인트신너	5~20		
5	연마	연마지 #240~320			
6	정벌칠(1회)	일액형 우레탄바니쉬	100	24시간	0.12
		페인트신너	5~20		

표 21-9 외부 바니쉬칠 공정

공 정		내 용	희석비율	방치시간	칠량 (kg/cm²)
1	바탕처리	연마지 #120~180으로 연마			
2	색올림(착색)	유성 또는 수성 색올림제		10시간 이상	0.03
3	초벌칠	스파바니쉬	100	24시간	0.04
		페인트신너	5~15		
4	연마	연마지 #180			
5	재벌칠	스파바니쉬	100	24시간	0.06
		페인트신너	5~20		
6	연마	연마지 #240~320			12
7	정벌칠	스파바니쉬	100		0.12
		페인트신너	5~20		

21-6 수성도료칠

수성도료는 실내외 플라스터, 모르타르, 콘크리트, 벽돌, 블록 면 등에 바르는 도료이다. 과거에는 수용성의 아교, 카세인 등을 교착제로 하여 안료를 고착시켜 사용하였으나 현재는 합성수지에멀션페인트, 광택합성수지에멀션페인트 등이 사용된다.

합성수지로서 초산비닐, 아크릴산에스텔, 스틸렌 등을 쓰며 수분이 증발하면서 수지입자의 얇은 막이 형성된다. 합성수지에멀션페인트는 취급이 간단하고 작업성이 우수하며 건조성, 내알칼리성을 갖으며 취기가 적은 장점이 있다.

합성수지에멀션페인트는 5℃ 이하의 온도에서는 균열이 심하게 생기고 도막형성이 잘되지 않으므로 칠공사를 중지하도록 한다. 저장이나 수송중 얼지 않도록 하며, 콘크리트·모르타르면의 양생을 충분히 하여 pH9 이하가 되도록 한다. 지정한 도료에 물을 가하여 희석해 쓰는데 부착성을 고려하여 과다한 희석은 피하도록 한다.

표 21-10 합성수지에멀션페인트칠 공정

공정		내용	희석비율	방치시간	칠량 (kg/cm²)
1	바탕처리	연마지 #100～160			
2	초벌칠(1회)	합성수지에멀션투명	100	3시간 이상	0.08
3	퍼티먹임	합성수지에멀션페인트	100	3시간 이상	
		물	0.5		
4	연마	연마지 #180～240			
5	재벌칠(1회)	합성수지에멀션페인트	100	3시간 이상	0.1
		물	5～20		
6	정벌칠(1회)	합성수지에멀션페인트	100	3시간 이상	0.1
		물	5～20		

21-7 래커(lacquer, lacker)칠

래커는 질산섬유소, 초산섬유소, 벤질섬유소 등의 섬유소 유도체를 용제에 용해시키고 수지, 가소제, 연화제 등을 넣은 것이다. 래커에 안료를 넣은 것을 래커에나멜(lacquer enamel)이라 하고 투명한 래커를 클리어래커(clear lacquer)라 한다. 래커는 내수·내유·내마모성이 우수하나 건조가 너무 신속하고 도막두께가 얇으며 부착력이 적은 것이 결점이다. 따라서 붓칠시공은 곤란하고 뿜칠로 한다.

칠의 공정은 바니쉬칠과 원칙적으로 동일하지만 도막두께가 얇기 때문에 재벌, 정벌칠을 2～3회에 나누어 칠한다. 특히 래커칠은 습기에 주의하여야 하며, 습도 85% 이상에서는 칠공사를 중지하도록 한다. 래커에나멜칠을 할 때 바탕퍼티는 뿜칠 또는 주걱칠로 하지만 목부일 때는 뿜칠로, 철부 및 동합금부에는 주걱칠을 원칙으로 한다. 다만, 바탕이 극히 평탄한 경우에는 철부 및 동합금부에도 뿜칠을 할 수 있다.

표 21-11 목부 투명래커칠 공정

공정		내용	희석비율	방치시간	칠량 (kg/cm²)
1	바탕조정	연마지 #120~160			
2	색깔올림	착색제		10시간 이상	0.03
3	초벌	우드실러	100	2시간 이상	0.10
		래커신너	60~70		
4	재벌(1회)	샌딩실러	100	2시간 이상	0.25
		래커신너	40~50		
5	재벌(1회)	샌딩실러	100	2시간 이상	0.25
		래커신너	40~50		
6	연마	연마지 #240~320			
7	정벌(1회)	투명래커	100	2시간 이상	0.15
		래커신너	90~100		
8	정벌(1회)	투명래커	100	1시간 이상	0.15
		래커신너	90~100		

표 21-12 목부 래커에나멜칠 공정

공정		내용	희석비율	방치시간	칠량 (kg/cm²)
1	바탕조정	연마지 #160~180			
2	초벌칠(1회)	래커투명	100	2시간	0.08
		래커신너	25~30		
3	바탕메꿈	래커퍼티	100		
		래커신너	0~5		
4	연마	연마지 #240			
5	재벌칠(1회)	래커서페이서	100	2시간 이상	0.12
		래커신너	10~25		
6	재벌칠(1회)	래커서페이서	100	2시간 이상	0.12
		래커신너	10~25		
7	연마	연마지 #240~320			
8	정벌칠(1회)	래커에나멜	100	2시간 이상	0.12
		래커신너	10~25		
9	정벌칠(1회)	래커에나멜	100	2시간 이상	0.12
		래커신너	10~25		
10	연마	연마지 #320~4000			
11	정벌칠(1회)	래커에나멜	100	2시간 이상	0.12
		래커신너	10~25		

표 21-13 철부, 동합금부 래커에나멜칠 공정

	공 정	내 용	희석비율	방치시간	칠량 (kg/cm²)
1	바탕조정	연마지 #180～240			
2	초벌칠(1회)	래커프라이머	100		0.16
		지정신너	20～35		
3	바탕퍼티	래커퍼티	100		
		래커신너	0～5		
4	연마	연마지 #180～240			
5	재벌칠(1회)	래커서페이서	100		
		래커신너	15～20		
6	재벌칠(1회)	래커서페이서	100		
		래커신너	15～20		
7	연마	연마지 #320～4000			
8	재벌칠(1회)	래커에나멜	100		0.12
		래커신너	20～35		
9	재벌칠(1회)	래커에나멜	100		0.12
		래커신너	20～35		

21-8 에나멜(enamel)칠

에나멜페인트는 안료와 각종 수지 에나멜을 섞어 혼합한 것으로 건조가 빠르고 내수성, 내유성, 내후성이 좋다. 합성수지에나멜페인트, 염화비닐에나멜페인트, 염화고무에나멜페인트, 에폭시에나멜페인트 등 종류가 상당히 많다. 보통 합성수지에나멜페인트가 널리 쓰이고 여기에 사용되는 합성수지로는 알키드수지, 프탈산수지 등이 이용된다.

에나멜 도장은 너무 두껍게 칠하면 내부 건조가 나쁘므로 1회 도장시 최적 도막두께는 20～30μ 정도가 이상적이다. 신너에 래커신너를 사용하면 광택이 죽고 백화가 피거나 초벌한 칠이 일어나기 쉽다.

표 21-14 목부 합성수지에나멜페인트(알키드수지)칠 공정

	공 정	내 용	희석비율		방치시간	칠량 (kg/cm²)
1	바탕조정	연마지 #20				
2	초벌칠	목부초벌용 에나멜제	100		24시간 이상	0.1
3	바탕메꿈	퍼티작업	100			4
		페인트신너	0～10			
4	연마	연마지 #180～240				
5	재벌칠		솔칠	뿜칠	12시간 이상	0.12
		자연건조형 알키드수지에나멜	100	100		
		페인트신너	0～15	20～25		
6	연마	연마지 #240～320				
7	정벌칠	자연건조형 알키드수지에나멜	100		12시간 이상	0.12
		페인트신너	0～10			

표 21-15 철부 합성수지에나멜페인트(알키드수지)칠 공정

공 정		내 용	희석비율	방치시간	칠량 (kg/cm²)
1	바탕조정	연마지 ♯120			
2	녹막이칠 (초벌칠 1회째)	녹막이 도료	100	48시간 이상	0.12
		페인트신너	0~10		
3	녹막이칠(초벌칠 2회째)	녹막이 도료	100	각회 24시간 이상	0.12
		페인트신너	0~10		
4	구멍메꿈	에나멜퍼티	100	각회 24시간 이상	4
		페인트신너	0~10		
5	연마	연만지 ♯160~180			
6	재벌칠(1회)		솔칠 / 뿜칠	24시간 이상	0.12
		자연건조형 알키드수지에나멜	100 / 100		
		페인트신너	5~10 / 10~20		
6	연마	연마지 ♯240~320			
7	정벌칠(1회)	자연건조형 알키드수지에나멜	100		0.12
		페인트신너	10~20		

21-9 알루미늄페인트칠

알루미늄페인트(은분 페인트)는 알루미늄의 미세한 분말을 안료로 사용한 것인데, 이는 기름의 표면장력으로 부유되어 물질의 표층에 얇은 알루미늄막을 형성시켜 광선 및 열선을 반사시키고 내부 오일의 풍화를 방지시키는 효과가 있다. 옥내와 옥외에서 사용이 가능하고 재벌칠과 정벌칠은 붓칠 및 뿜칠이 모두 가능하다.

표 21-16 철부 알루미늄페인트칠 공정

공 정		내 용		희석비율	방치시간	칠량 (kg/cm²)
1	바탕조정	연마지 ♯180~220				
2	초벌칠(1회)	녹막이칠		100		0.12
		지정신너		10~20		
3	재벌칠(1회)	붓칠	알루미늄페인트	100	16시간	0.08
			희석제	0~10		
		솔칠	알루미늄페인트	100		
			희석제	0~10		
4	정벌칠(1회)	재벌칠과 동일함.				0.08

21-10 기타 칠

(1) 옻칠(漆)

옻나무의 표피에서 생칠을 채취하여 이의 불순물을 제거한 후 적당히 수분을 제거한 도료이다. 옻칠은 내산·내구성이 크고 피막이 강하며 광택이 우수한 성질이 있다. 고온 다습한 장마철에 칠하는 것이 가장 좋다.

(2) 삽(澁)

익지 않은 감을 절구에 다져 물을 가한 후 천으로 짜서 채취한 액체를 말한다. 삽은 물과 알코올에 녹지 않는 성질이 있어 목재, 섬유, 종이에 바르면 방수효과 크게 된다.

(3) 카슈칠(cashew paint)

카슈는 옻과 유사한 것으로 카슈나무의 진을 원료로 한다. 빛깔도 10여종이 넘고 붓칠 또는 뿜칠도 할 수 있다.

(4) 목재 방부칠

목재는 습윤·건조가 반복되는 부분이 잘 썩으므로 목재의 지중부분 또는 벽돌, 콘크리트 등에 접하는 부분은 목재 방부칠을 해야 한다. 목재 방부제로는 콜타르, 크레오소트, 떫이칠 등이 쓰이고 1~2회 솔칠하거나 침지법(沈漬法)으로 한다. 지중에 묻히는 부분의 표면을 태워 탄화시키는 방법도 쓰인다.

(5) 방화칠

방화도료로는 규산소다, 붕산카세인도료 등이 쓰였으나 최근에는 합성수지 방화도료가 널리 쓰인다. 방화도료에는 발포성과 비발포성이 있으며 요소수지, 비닐수지, 염화파라핀 등이 쓰이며 칠공법은 유성페인트와 동일하다.

(6) 방균(防菌)칠

건축물의 콘크리트, 시멘트모르타르, 목재 등에 곰팡이균이 발생하지 못하도록 바르는 페인트로서 수성방균도료, 아크릴방균도료, 우레탄방균도료 등이 있다. 수성방균도료는 내곰팡이성, 내박테리아성을 가지며 부착력, 내화학성, 내수성이 우수한 아크릴에멀션수지를 주성분으로 사용한다.

생물학적 기능을 갖는 바이오 도료이므로 일반도료와 혼합하여 사용하면 방균기능이 상실될 수 있으므로 칠공사시 주의해야 한다. 또, 고온다습한 환경에서는 기포가 생기므로 습도 85% 이하, 온도 15~25℃가 최적이며 바탕에 곰팡이가 피어 살균작업이 필요할 때는 20% 차아염소산 소다수 또는 20% 에탄올 수용액으로 바탕면을 충분히 적신 후 물로 세척하고 건조시켜 칠한다.

표 21-17 콘크리트, 모르타르면 우레탄 방균 페인트칠 공정

공 정		내 용	희석비율	방치시간	칠량 (kg/cm²)
1	바탕조정				
2	초벌칠(1회)	방균 우레탄수지투명	100	8시간 이내	0.08
		지정신너	0～20		
3	재벌칠(1회)	방균 아크릴우레탄수지	100	12～24시간	0.12
		지정신너	0～20		
4	정벌칠(1회)	방균 아크릴우레탄수지에나멜	100	12～24시간	0.12
		지정신너	0～20		

제 22 장 수장공사

22-1 개 요

(1) 일반사항

건축은 내부공간에 의하여 그 목적하는 기능을 수행하는데 사회의 진보, 발전에 따라서 내부공간에 요구되는 기능은 복잡다양하다. 내부공간을 구성하는 건축의 부위로는 바닥, 벽, 천장이 기본적 요소인데 내부공간에 요구되는 기능에 적합한 성능이 필요하지만 그 중요도는 동일하지 않다. 내장(內裝)공사는 건축생산공정 중에서 이들 부위를 구성하여 내부공간을 창조하는 생산행위이며, 수장(修粧)공사는 목수가 뼈대세우기를 완료한 후 각 직공이 한데 어울려 건물을 완성해가는 일이지만 전통건축 용어라 광의로 내외장공사에 혼용한다.

(2) 내장제한 사항

대규모 건물이나 불특정다수가 이용하는 복잡한 기능을 수행하는 건물은 화재에 의한 피해를 방지할 대책이 필수적이다. 건축법에서는 화재발생시의 방화구획 및 피난안전을 확보하는 외에도 방화재료의 사용을 의무화하고 있다. 불연재료는 콘크리트, 벽돌, 기와, 석면슬레이트, 철강, 알루미늄, 유리, 모르타르 등의 불에 타지 않고 유해한 연기가 없는 재료이다.

22-2 바닥마감

바닥마감은 방의 목적, 용도 등에 따라서 여러 가지가 있고 표면재료나 바탕의 종류에 의하여 다양한 마감방식이 있으며 요구되는 성능은 내구성, 방화성능, 거주성능, 유지관리에 대한 성능이 공통적이다. 내구성은 사람의 활동, 가구의 이동 등을 고려하여 초기의 상태를 유지하는 문제이고 거주성능은 색조, 질감, 표면평활도 등의 감각적 요소를 무시할 수 없다. 유지관리는 보수의 편리성, 교체의 용이성, 표면의 청결성, 줄눈 부위의 처리 등을 고려해야 한다. 특히 방수나 방습, 방음 및 흡음, 방열 등이 요구되는 경우는 마감재와 공법의 선택에 주의가 필요하다.

표 22-1 바닥마무리의 종류

- 바닥마무리
  - 바름마무리
    - 모르타르 쇠흙손바름, 인조석·현장테라조갈기
    - 아스팔트모르타르바름
  - 붙임마무리
    - 석재, 테라조판, 타일
    - 목질재
      - 널(플로링)
      - 합판플로링
      - 쪽매널(wood block)
    - 플라스틱재 보드류
      - 시트류(리놀륨, 플라스틱재, 고무)
      - 타일류(고무타일, 플라스틱타일)
  - 깔 기
    - 융단깔기
    - 돗자리, 삿자리
    - 장판바름

22-2-1 바닥마감재

(1) 플라스틱 붙임바닥재

의장성, 시공성, 경제성 등이 비교적 양호하여 사무실이나 점포의 바닥에 널리 사용되고 있으며 그 형상에 따라서 타일 형태와 시트 형태로 구분한다.

① 바닥타일 - 일반적으로 사용하는 비닐바닥타일은 염화비닐의 배합률이 높으므로 내마모성, 내수성, 내약품성 및 내오염성이 높지만 온도에 의한 치수변화가 크고 열에 상하기 쉽다. 생산량이 가장 많은 제품은 반경질비닐석면바닥타일이고 미끄러운 것이 결점인데 두께는 2mm와 3mm로 만들고 300mm×300mm 규격품이다. 연질비닐석면바닥타일과 연질비닐바닥타일도 있고 고무바닥타일, 레진테라조타일, 콜크바닥타일 및 특수 바닥타일 등이 있다.

② 바닥시트 - 플라스틱 계통이므로 바닥타일과 같이 내마모성, 내약품성 등이 비교적 우수하고 또한 의장면에서 종류가 다양하다. 발포층 없는 비닐바닥시트는 모두 적층(직포, 펠트, 기타) 비닐바닥시트인데 직포적층이 대표적이며 열풍용접으로 이음이 가능하여 지수성(止水性)을 확보할 수 있다. 발포층 있는 비닐바닥시트는 발포한 비닐시트를 적층기재로 삼고 그 위에 강한 표면층을 두는 형태와 쿠션플로어 형태가 있다. 이외에도 고무바닥시트, 리놀륨바닥시트가 있다.

③ 특수시트 - 대전방지(帶電防止)바닥시트는 IC공장용이고 전도성(電導性)바닥시트, 방사선보호바닥시트도 있다. 내동하중성(耐動荷重性)바닥시트는 포크리프트나 운반차 등이 다니는 공장 등의 바닥에 설치한다.

(2) 붙임바닥재 선정시 주의사항

① 수분 – 실내의 물기에 의한 바닥재 표면의 영향과 바탕의 습기에 의한 바닥재 이면의 영향으로 나누어 대책을 마련한다. 표면은 줄눈의 밀실, 흡수율이 적은 재료, 흡수율에 따른 체적변화가 적은 재료를 쓰고 줄눈 밀착과 끝부분의 치켜올림에 주의한다. 이면에서 항상 바탕의 습기가 있다면 방습층을 설치해야 한다.

② 열 – 바닥난방 등으로 연속적으로 열을 받거나 넓은 면적에 직사일광을 받거나 주방 등에 사용하여 바닥에 고열이 전달되면 바닥재는 경화, 신축, 변색 등이 일어난다. 접착재도 고온에서 접착력과 점성의 변화가 큰 재료가 있고 시공중의 기온, 사용시까지의 시간, 사용시의 온도 등을 고려할 필요가 있다.

③ 불 – 담배불이 떨어져서 생기는 흔적을 시험하여 적당한 재료를 선정한다.

④ 직사광선 – 플라스틱은 자외선의 단파장으로 인한 화학변화를 일으켜 변색한다.

⑤ 마모 – 재질에 따라서 마모성이 다르므로 선정시 두께 등을 고려한다.

⑥ 기타 – 바닥에 자국이 생길 정도의 물건은 하중분산을 고려하고 내약품성 및 내유성과 미끄럼의 정도 등도 재료선정에서 중요한 성질이다.

(3) 플라스틱 바름바닥재

① 폴리우레탄 바름바닥재 – 공기중의 수분과 화학반응하는 경우 저온과 저습에서 경화가 늦으므로 5℃ 이하에서는 촉진제를 사용한다.

② 에폭시수지 바닥바름재 – 수지페이스트와 수지모르타르용 결합재에 경화제를 혼합하면 생기는 기포의 혼입을 막도록 소포제(消泡劑)를 첨가한다.

③ 불포화폴리에스테르 바닥바름재 – 표면경도(탄력성), 신축성 등이 폴리우레탄에 가까운 연질이고 페이스트, 모르타르, 골재 등을 섞어서 사용한다.

④ 초산비닐수지 바닥바름재 – 착색성이 우수하고 보행감이 좋지만 내약품성 및 내구성이 적어서 잘 쓰지 않는다.

⑤ 아크릴수지 바닥바름재 – 먼지를 방지하는 목적에 쓰지만 바름두께가 적은 편이다.

⑥ 프란수지 바닥바름재 – 내약품성 및 내열성이 우수하지만 고가이므로 전지의 제조나 도금 등의 강산(強酸)을 취급하는 공장에만 사용한다.

⑦ 클로로프렌고무 바닥바름재 – 탄력성과 미끄럼 방지에 유리하여 체육관에 많이 쓴다.

(4) 바름바닥재 선정시 유의사항

① 수분 – 방수성을 요구하는 장소는 폴리우레탄을 사용하되 과신하지 말아야 한다.

② 열 – 플라스틱은 내열온도가 적고 열팽창계수가 크므로 온도변화가 심하면 위험하다.

③ 대전(帶電) – 수술실, 화약공장 등은 정전 스파크에 인한 폭발을 방지하기 위하여 아세틸렌카본 등을 충진재로 섞으므로 검정색이 된다.

④ 오염, 청소 – 식품가공공장이나 주방 등은 물과 약품으로 청소하는 경우를 고려한다.

⑤ 기타－직사광선, 마모, 하중, 충격, 탄력 등을 고려하는 방법은 붙임바닥재에 준한다.

(5) 목질계 바닥재

KS F 3101(보통 합판), 3103(플로링보드), 3106(특수가공 화장합판), 3107(천연무늬 화장합판), 3111(무늬목 치장합판 플로링보드), 3113(구조용 합판), 3114(마루판용 합판), 3121(가압식 방부처리 플로링보드), 3122(가압식 방부처리 마루틀재) 등의 규격이 기준이 된다.

① 플로링보드(flooring board 바닥널)－폭이 비교적 좁아 9～15cm 정도의 긴 널로 두께는 1.5～2.1cm의 것이 많고, 수종은 삼나무, 미송, 참나무, 나왕 등이다.

② 플로링블록(flooring block 쪽매널 블록)－쪽매널을 4, 5개 붙여서 25～30cm 각으로 만들어 놓은 것으로 합판에 붙이는 경우도 있고, 수종은 괴목, 참나무, 벚나무 등이다.

③ 파키트리블록(parquetry block 쪽매 마루판)－목조 바닥에 검은색과 갈색 계통의 두께 0.6～1.2cm의 무늬가 좋은 경목토막을 세로, 가로, 또는 빗방향으로 붙여 깔아서 장식한다. 파키트리는 너비가 75mm를 표준으로 하며 파키트리블록은 너비×길이가 300mm×300mm 이하이고 모자이크파키트리플로링은 크기와 수종의 견본을 가지고 지정한다.

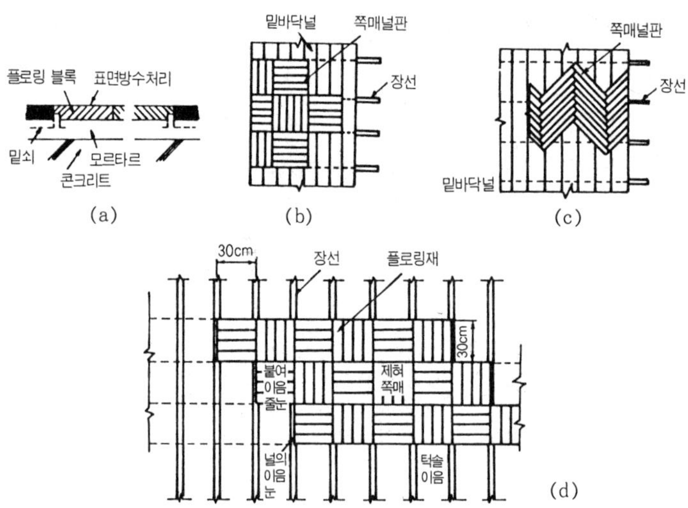

그림 22-1 쪽매 바닥판

22-2-2 계획 준비

(1) 설계도서 검토, 확인

시공자는 설계도서의 내용을 충분히 검토하여 설계도서에서 정하는 경우를 제외하고 공사의 완성에 필요한 수단, 방법을 결정한다. 설계자, 감리자와 상의하여 견본을 제출하고 확인을 받고 재질, 품종, 치수, 제품명 등을 명기한다. 비닐계 타일, 고무타일은 품질과 색조가 모두 다르므로 2종류를 제출하여 범위로 하면 좋고 벽지 등은 커다란 견본을 보고 결정한다. 바닥나누기의 중심선을 검토하고 방의 형태와 기둥의 위치에 따라 의장상의 고려를 하고 줄눈의 폭을 주의한다.

(2) 시공계획

시공업자의 선정은 기술능력과 공기내 완성 가능성을 과거의 시공실적으로 검토하고 품질 및 안전에 대한 자주관리체제의 수준도 참작한다. 일반적인 공사내용에 대한 시공계획서를 표준화하고 현장조건에 따른 특수사정을 보충하면 좋다.

예) 1. 총칙 1-1 적용범위, 1-2 적용도서, 1-3 변경협의
2. 일반사항 2-1 마감공사개요, 2-2 시공관리조직, 2-3 공정
3. 시방·품질 3-1 설계시방, 3-2 요구품질과 달성목표, 3-3 전공정(前工程)품질
4. 재료 4-1 재료종별
5. 운반-보관 5-1 반입 및 양중방법, 5-2 보관방법
6. 시공 6-1 시공법, 6-2 시공순서
7. 검사 7-1 사용재료의 규격 및 치수의 확인, 7-2 시공후의 검사, 7-3 검사기준
8. 안전 8-1 안전대책

(3) 시공준비

마감의 정밀도는 먹매김에 좌우되므로 정확하게 표시한다. 바탕공사가 완료되면 바닥과 벽에 기본 먹매김을 옮기고 시공도에 의하여 바닥나누기의 중심선과 설비기구 및 거울 등을 표시한다. 천장에는 먹줄을 치기 곤란하므로 바닥에 수직투영하여 표시한다. 먹매김의 치수 오차는 2방향에서 검토하면 좋고 기본 먹매김은 상하층의 일치와 상호간격 및 수직도를 검사한다. 바닥나누기의 중심선은 기본 먹매김으로부터의 치수가 시공도와 맞고 평행한 지를 검사하고 설비기구 등은 치수와 위치를 검사한다.

22-2-3 시 공

(1) 플라스틱계 붙임바닥

① 바탕처리－목조바탕은 그림 22-2와 같은 구조로 하되 합판의 표면이 평탄하게 하고 못이 튀어 올라와서 마감재를 상하지 않도록 한다. 모르타르 및 콘크리트바탕은 평탄한 표면을 만드는데 주의하고 균열과 박리가 생기지 않게 시공하고 보수는 고무계나 수지계로 한다. 철판바탕은 철판 두께, 띠장 간격, 보강방법 등이

표면의 요철을 적게 하도록 시공하고 표면에 부착한 이물을 완전히 제거한다. 셀프레벨링 바탕은 시멘트와 석고를 재료로 쓰는데 균열을 피하기 어려우므로 10mm 정도의 줄눈을 3～6m 간격으로 넣고 실링재로 마감한다.

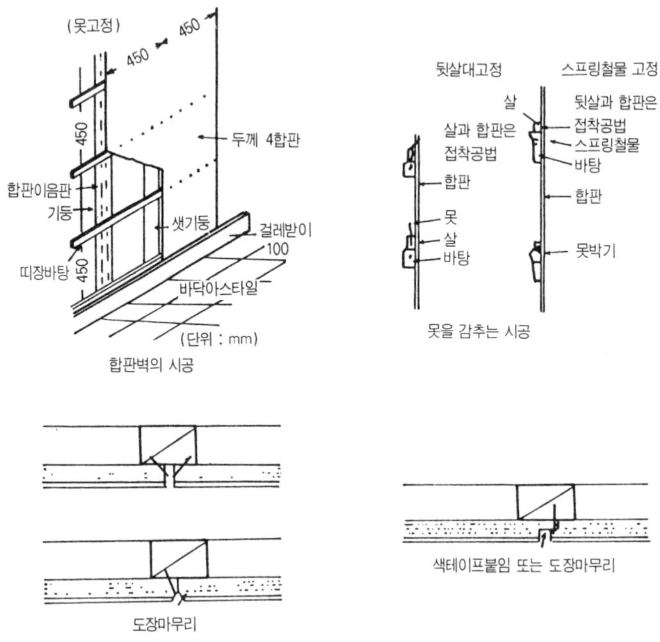

그림 22-2 목조바탕

② 공법－바닥타일류의 접착제 붙임은 프라이머를 바른 다음 건조한 후에 그 위에 접착제를 바르고 붙이는데 아스팔트타일에는 아스팔트시멘트를 쓰고 비닐타일에는 합성수지의 풀을 쓴다. 타일은 실내의 중심선을 따라서 먼저 십자형으로 붙이고 이를 기준으로 줄바르게 붙여 나간다. 문꼴 옆, 기둥모양, 바닥 밑 검사구 둘레, 기타 잘라 붙이는 부분에 틈이 없이 시공한다. 타일을 붙인 후 접착제를 제거하고 롤러 등으로 눌러 접착면에 공기가 남지 않게 한다. 바닥시트류의 대표인 리놀륨 깔기는 바탕이 충분히 건조한 뒤에 임시깔기(가깔기)를 충분한 기간 동안 해서 말린 상태가 펴지는 것을 본 후 정확한 치수로 절단하여 리놀륨풀을 써서 본깔기를 한다. 리놀륨은 폭방향으로 늘어나고 길이방향으로 줄어드는 것을 고려하여 붙이며 온통 붙임이 주머니붙임보다 내구력이 있다.

③ 표면마감 및 양생－표면에 묻은 접착제는 경화하기 전에 예리한 칼로 제거하고 접착제가 완전히 경화한 후에 물을 뿌리고 청소한다. 잘 건조된 후에 왁스를 바르고 건조되면 전동 폴리셔로 마무리한다. 통행자와 물건 등을 중점 관리하여 중

량물의 이동을 피하고 통행자는 슬리퍼를 착용하되 통행량이 많으면 시트 등을 깔아 보양한다.

(2) 바름바닥

① 바탕처리－콘크리트에 결함이 있으면 적당한 방법으로 보수하되 책임의 분담을 명확히 할 필요가 있다. 기타의 바탕처리는 플라스틱계 붙임바닥의 바탕처리에 준한다.

② 공법－폴리우레탄 바름바닥재는 1회 도포량으로 1.0～2.0kg/m^2 정도가 적당하고 더 두껍게 하려면 2회를 바른다. 에폭시수지 바닥바름은 수지페이스트를 흘리는 방법과 수지모르타르를 바르는 공법이 있다. 불포화폴리우레탄 바름바닥재의 1회 도포 두께는 5mm가 적당한데 경화시의 발열로 균열이 생기지 않도록 조심한다.

③ 주의사항－표면은 균일한 내구성을 가지게 하고 이음매를 제외하고는 마무리 작업 도중에 중단되지 않도록 하여야 한다. 필요한 도포 두께를 확보하려면 바르는 면적을 구획하고 순서를 정해야 한다. 저온, 고온, 다습 등을 피하여 5～25℃, 습도 75% 이하로 하고 직사일광을 피한다. 바르는 시간간격의 최대치는 표 22-2와 같고 이를 초과할 경우 제조업자와 협의하여 조치한다.

표 22-2 바름의 최대 시간간격

시공계절	최대 시간 간격		
	폴리우레탄 수지 결합재	에폭시수지 결합재	불포화 폴리에스테르수지 결합재
여름	2	3	3
봄·가을	3		
겨울	4		

④ 안전 및 양생－바닥재의 프라이머는 화재의 염려가 있는 위험물이므로 시공 및 저장에 주의하고 직사일광을 피한다. 옥내시공에서는 유독가스의 누적을 방지하기 위한 적절한 통풍을 해야 하며 독성이 있으므로 보호구를 하고 마스크를 착용할 필요가 있다. 공사중은 출입을 금하고 먼지의 부착을 방지해야 하며 재료의 종류에 따라서 적당한 세제로 닦아내고 전동 폴리셔로 마감한다.

(3) 목질계 바닥재

① 이중 널 깔기－밑창널은 거친 널(두께 1.5～2.5cm, 나비 15～25cm 정도의 송판)을 맞대거나 반턱쪽매 및 빗쪽매로 하는 것과 합판바탕으로 하는 것이 있다.

그 위에 방수지를 깔고 마루널(플로링보드)을 가공부분이 손상되지 않도록 줄바르게 밀착시켜서 길이 45mm 이상의 못으로 장선에 숨은 못박기를 한다. 물 취급에 주의하고 직사일광을 막기 위하여 하트롱지 등을 풀로 붙여 보양한다. 보양재를 제거한 후 왁스 칠 2회 및 닦기마무리를 한다.

② 쪽매널 깔기－바탕은 참나무판(두께 18mm) 등을 맞대거나 또는 제혀쪽매로 짜맞추거나 혹은 합판바탕으로 한다. 그 위에 두께 9mm 내외의 쪽매널(parquetry;단단한 나무 판재의 사방제혀쪽매)을 아교로 붙이고 이음자리에서 숨은 못치기를 한다. 작업을 시작하기 5일 전부터 쪽매널을 깔기 장소에 보관하되 깔기 작업 전후로 상당기간 18℃～21℃를 유지한다.

③ 쪽매널블록 깔기－쪽매널 블록(플로링블록)은 널너비 6～10cm 정도의 쪽널을 25～30cm로 쪽물어 대고 뒤에 블로운아스팔트 등의 방부제 칠을 하고 보강 또는 고정용 철판(두께 0.6mm 이상, 너비 25mm 이상)을 댄 것이다. 1:3 모르타르 위에 수평실에 맞추어 눌러 대거나 건조 후 접착제로 붙이는 방법이 있고 마루널 위에서는 교착제나 못으로 고정한다.

④ 쪽매마루판－파키트리블록, 파키트리, 모자이크파키트리플로링은 쪽매널 깔기에 준한다.

(4) 특수바닥

① 프리억세스플로어－바닥 밑을 이용하여 배선, 배관, 덕트 등의 점검과 변경에 대한 고도의 융통성을 확보하기 위한 2중 바닥으로서 보통 정방형의 플로어패널을 페디스털이라는 받침대로 지지한 것이다. 지지각의 형식으로 분류하면 지지각 분리방식에는 패널 공통조정형과 패널 개별조정형이 있고 지지각 일체방식에는 베이스 일체형과 베이스 분할형이 있고 이외에도 조정 지지각방식과 트렌치 구성방식이 있다. 콘크리트 바닥에 직접 시공하려면 바닥면의 높이차가 15mm 이하여야 하고 제작에 3주 정도 걸리므로 여유를 두고 도면을 확정하여 주문한다.

② 전도바닥(전도체)－정전기의 대전에 의한 스파크로 폭발이 일어날 우려가 있는 수술실 등에 전도모자이크, 전도러버타일 및 전도바름바닥을 설치한다. 전도성을 가진 광석분말(카본)을 시멘트모르타르나 합성고무에 섞어서 제작하는 전도모자이크나 전도러버타일은 특수제작품이다. 광물성 카본분말을 클로로프렌고무의 라텍스 및 종석 혼합하여 사용하는 바름바닥은 테라조와 같이 종석의 색을 나타내며 방수성도 가진다. 표준시공순서와 시공량은 프라이머 0.9kg/m², 테라조 바름 23.0kg/m², 그라우트재 2.0kg/m² 등이다.

방 식			패널설치		케이블배선		적용 범위	공사비용
			시공성	공기	케이블량	케이블 설치		
지지각 분리방식	패널 공통 조정형	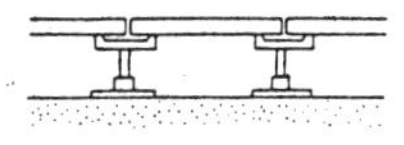	○	△	◎	○	○	△
	패널 개별 조정형	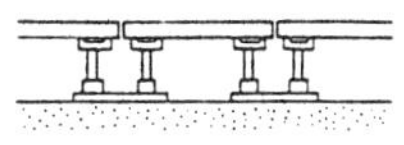	◎	◎	◎	◎	◎	△
지지각 일체방식	베이스 일체형	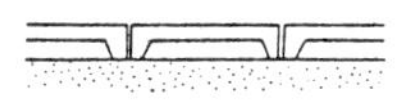	○	○	△	○	◎	◎
	베이스 분할형		○	○	△	○	◎	◎
조정지지각 방식		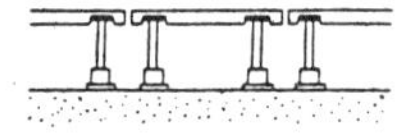	◎	◎	○	○	◎	○
트렌치 구성 방식		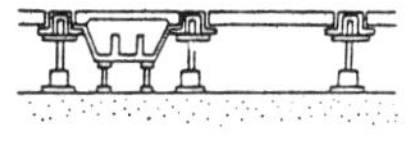	△	△	○	○	○	△

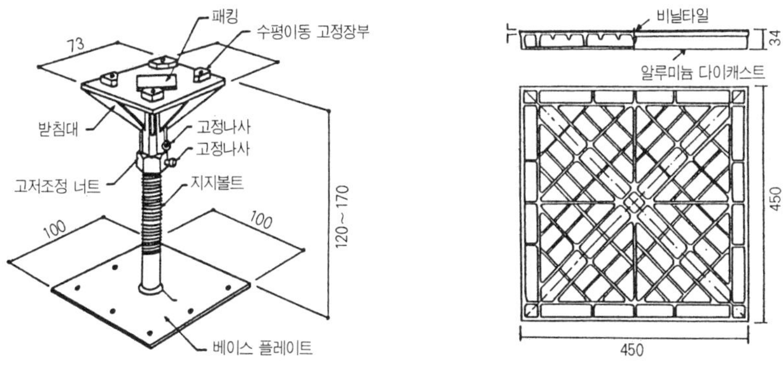

그림 22-3 프리억세스플로어

(5) 카펫

① 재료－제조법으로 분류하면 파일이 있는 카펫에는 수직, 기계직, 자수, 편물, 접착 등의 제조방식이 있고 파일이 없는 카펫에는 압축, 평직 등의 제조방식이 있으며 이외에도 타일카펫이 있다. 요구되는 중요한 성능으로는 장식성, 보행성, 흡음성, 보온성 등의 장점 외에도 방염성(防炎性), 방오(汚)성, 제전(制電)성, 내마모성, 내광(光)성, 내유·약품성과 눌리지 않는 성질이 있다. 방염처리는 KS

F 2271(건축물의 내장재료 및 공법의 난연성 시험방법)에 합격한 것으로 하고 염색하는 염료는 KS K 0700과 KS K 0645에 합격한 것을 쓴다.

② 바탕－충분히 건조시키고 모르타르가 뜬 경우 에폭시 수지를 주입하여 처리하고 요철 및 돌기부분은 그라인더로 갈아낸다. 청소를 깨끗이 하고 걸레받이, 구석 및 모서리, 여닫이문 주위의 높이 등을 세밀하게 확인한다. 바탕 밑깔기는 모르타르 바탕인 경우 아스팔트펠트를 깔되 겹침너비는 30mm 내외로 하고 마(麻)펠트 깔기로 할 때는 이음을 맞대기로 한다.

③ 공법－접착제로 직접 접착하는 방법에는 주위에 폭 15～20cm 정도를 전부 접착하고 연결부분은 그 2배 정도를 접착하는 방법과 1m 이내의 간격으로 부분적으로 접착하는 방법과 전면을 접착하는 방법이 있다. 못으로 고정하여 깔기는 갓둘레에 주위 50mm 간격 내외로 못질하여 늘어짐과 두드러짐 등이 없도록 한다. 50mm 폭의 양면접착 테이프를 쓰는 방법과 그림 22-4와 같이 말아 넣는 방법 및 글립퍼를 쓰는 방법도 있다. 동선방향과 직교하는 접합선을 두지 말아야 하며 건물의 신축이음부에서는 연속시키지 않도록 한다. 접착공정이 끝나면 기계로 청소하고 얼룩을 제거하며, 못으로 고정한 경우는 6개월 이내에 다시 잡아당겨 펴서 재조정한다.

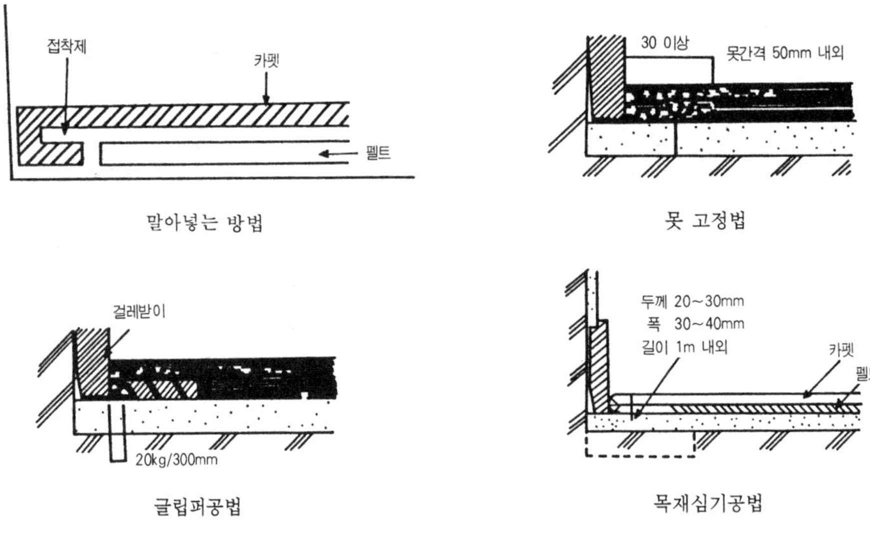

그림 22-4 카펫의 시공 상세도

22-2-4 걸레받이

(1) 연질염화비닐 걸레받이

초산비닐계 용제형 접착제를 사용하고 클로로프렌고무계 용제형 접착제는 가소제가 접착력을 없애므로 쓰지 않는다. 겨울에 온도가 떨어지면 변형되지 않을 정도로 가열하여 붙이고 나온 모서리를 먼저 붙이고 들어간 구석은 나중에 조정하여 붙인다.

(2) 계단 걸레받이

계단의 형상과 치수에 정확히 맞추어 걸레받이를 재단하고 먹줄에 따라서 접착한다. 접착제는 연질염화비닐 걸레받이에 준하고 압착은 핸드롤러를 이용한다.

22-3 벽, 천장마감

22-3-1 벽, 천장마감재

(1) 섬유판류

식물섬유를 원료로 제작한 판으로서 비중에 따라 경질섬유판(KS F 3203에 0.80g/cm^2 이상), 중질섬유판(KS F 3202에 0.4～0.8g/cm^2), 연질섬유판(KS F 3201에 0.40g/cm^2 미만)으로 구분한다. 파티클보드(KS F 3104)는 목재 칩을 접착재로 성형한 비교적 두꺼운 재료로서 팽창수축에 방향성이 없으나 습기를 주의한다. 이외에도 KS F 3105(파티클보드 치장판), 3206(흡음용 연질섬유판) 등의 규정을 준용한다.

(2) 석면슬레이트류

석면시멘트 외장 벽판(KS F 3197)은 비중이 1.3～1.7로서 방화성, 단열성, 차음성이 있고 흡수성, 가공성, 내구성도 좋은 편이다. 비슷한 성질의 제품으로 석면시멘트규산칼슘판(KS F 3198)은 비중이 0.6～1.2이고, 석면시멘트펄라이트(KS F 3207)는 비중이 0.4～1.0이다. 이외에도 KS F 3199(치장용 시멘트규산칼슘판), 3210(치장용 석면시멘트판) 등의 규정을 준용한다.

(3) 석고보드류

석고(gypsum)는 비교적 저렴하고 방화와 차음의 성능이 우수하고 치수가 안정적이고 방충성도 있으나 내충격성과 내수성은 약하다. 석고보드, 화장석고보드, 흡음석고보드, 석고라스보드, 불연석고보드, 무기섬유강화석고보드, 단열석고보드 등이 있다.

(4) 무기질 섬유판

석면, 암면, 광재면 등은 다공질이고 경량이므로 접합가공하여 흡음, 단열, 방화의 목적으로 천장에 많이 사용한다. 불연로크울화장흡음판이 시공이 편리하여 널리 쓰이지만 흡습성이 크므로 주의를 요한다.

(5) 내장용 플라스틱보드류

보드의 표면에 플라스틱판이나 플라스틱 화장판을 붙인 것과 멜라민수지 등의 열경화성수지를 오브레이(over-lay) 가공한 것이 있다. 이외에도 염화비닐 등의 열가소성수지를 오브레이(over-lay) 가공한 것과 멜라민수지도료, 폴리에스텔수지도료, 페놀수지도료 등을 0.1mm 두께로 바른 도장판과 인쇄한 프린트판이 있다.

(6) 금속판류

특수한 실내장식의 벽과 메탈실링이 있는데 KS D 3501(열간압연 연강판 및 강대), 3506(용융 아연도금 강판 및 강대), 3512(냉간압연 강판 및 강대), 3698(냉간압연 스테인리스강판 및 강대), 5515(아연판) 등의 규정을 준용한다.

(7) 시스템 천장

천장판과 설비기기를 일체화하여 공장생산한 복합기능 천장패널로서 공사가 단순하여 공기단축이 가능하다. 라인방식은 T형재로 라인을 형성하여 설비패널과 천장판을 설치하는데 라인방향에 따라서 라이너타입(linear type)과 크로스타입(cross type)이 있고, T형재를 노출시키는 방법보다는 안 보이게 하는 것이 미관상 많이 쓰인다. 패널방식은 공장에서 설비기기를 포함하여 천장패널을 제작하여 현장에 설치하는데 프리패브가 발달되지만 운반시의 양생과 중량으로 인한 작업곤란이 문제되어 사용례가 적다.

(8) 도배재

내벽과 천장에 풀을 사용하여 붙이는 종이류, 포제품으로서 시공이 간편하고 공기가 단축되며 양생이 간단하면서도 색채, 패턴, 질감의 선택폭이 넓다. 벽지나 비닐코팅지는 화재에 약하지만 사문석, 각섬석 등의 광물에서 만든 섬유로 제작한 벽지는 방화건축재료로 사용된다. 포제품으로는 견직물, 모직물, 지포, 갈포, 마직물, 재생섬유포, 반합성섬유포, 합성섬유포, 유리섬유포가 있고, 플라스틱 제품으로는 폴리염화비닐필름 및 그것을 압착한 제품과 발포비닐시트가 있다.

22-3-2 시 공

(1) 유기질 섬유판류

① 바탕처리－바탕처리는 마감의 질을 결정하는 중요한 요인이고 접착공법의 바탕은

접착효과를 높이도록 청소해야 한다. 목조바탕은 건조가 불량하면 휘거나 뒤틀릴 염려가 있고, 조명기구나 덕트 및 점검구 등의 보강도 중요하다. 경량철골로 벽이나 천장의 바탕을 만들 경우 제조회사에 따라서 다르지만 벽은 러너(runner)를 고정하여 그 중간에 스터드(stud)를 세우고, 천장은 910mm 간격으로 고정한 채널(channel)에 M-바(M-bar)를 클립(clip)으로 303mm 간격에 거는 것이 보통이다.

② 공법－절단은 기계로 정확히 처리하여 절단면을 평활하게 유지하고, 줄눈은 곧바르고 일정하게 만들고 못은 10mm 안쪽에 180～200(주변부는 120～150)mm 간격으로 박는다. 접착제는 접착시간과 양생에 주의하고, 350mm가 넘는 경질섬유판은 부착하기 1, 2일 전에 이면에 브러시로 물을 바른다. 벽, 천장은 중앙부터 붙이기 시작하여 사방으로 붙여 나가며 두드러짐이나 턱솔 등이 없도록 줄바르게 붙인다.

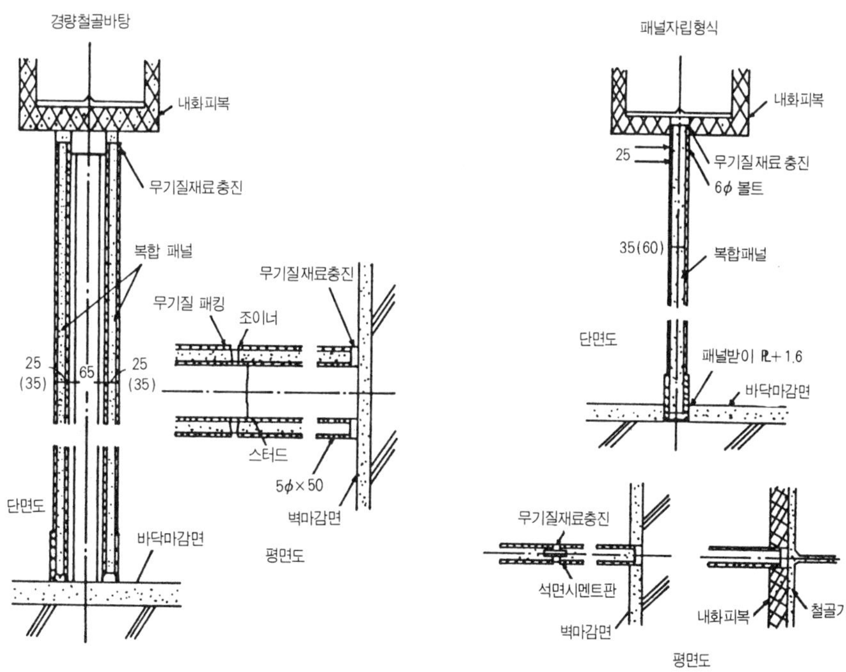

그림 22-5 내화 칸막이벽의 예

(2) 석면시멘트판류

섬유판류와 같이 바탕처리하고, 철물은 스텐인리스, 황동, 알루미늄제로 판두께의 2.5～3배의 길이면 무난하다. 절단공법은 금속이나 슬레이트용의 전동공구로 하고 구멍도 전동드릴로 뚫어서 처리하고 두께 4mm 이하의 플렉시블판, 두께 5mm 이하의 연질판 및 석면 펄라이트판은 못을 사용해도 좋다.

못이나 나사못의 위치는 판의 10mm 안쪽에 판의 네모퉁이를 기준하여 150～300mm 간격으로 잡고 다른 재료와 만나는 경우 300～600mm 간격으로 고정한다. 석면의 인체유해에 대한 문제는 작업중의 배기장치와 방진마스크의 사용으로 예방한다.

(3) 석고보드류

섬유판류와 같이 바탕처리하고, 철물은 도금철물, 황동, 스텐인리스제로 판두께의 3배 이상으로 한다. 절단공법은 나이프나 커터로 표면의 종이를 자르고 구부려 가면서 계속 잘라서 이면의 종이까지 자른다. 곡면가공의 경우 곡률반경이 크면 철물로 고정하지만 곡률반경이 작아서 곡률이 크면 한쪽면의 종이를 10～15mm 간격으로 잘라서 구부린다. 고정철물의 위치 및 간격은 주변부에서 판 가장자리로부터 10mm 내외 안쪽으로 하고, 받이재에 가장자리는 간격 90～100mm, 기타 받이재의 맞이는 120～150mm로 줄바르게 등간격으로 고정한다. 바탕재로 붙이는 경우 음향타일의 바탕일 때는 바탕벽면에 테이프를 붙여 놓고 기밀재를 발라 두고, 도자기 타일의 바탕일 때는 내수성 석고판 바탕의 단부를 조인트컴파운드로 채우고 연결 테이프로 긴결한다.

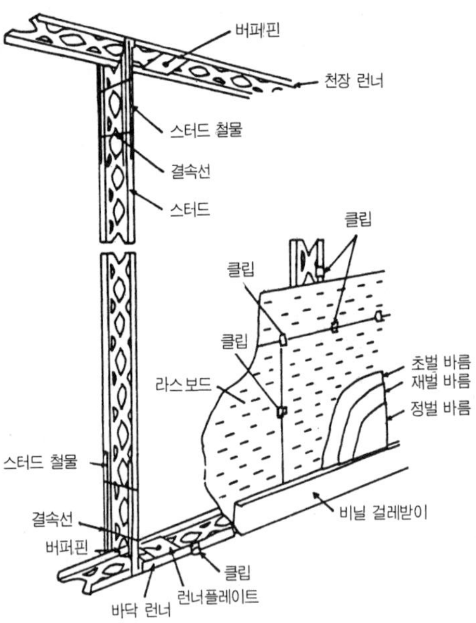

그림 22-6 경량철골바탕 클립 고정방식

(4) 무기질 섬유판류

불연로크울화장흡음판이 있는데 25～32mm 정도의 백색 숨은못이나 스테이플을 쓰고 겸용하는 접착제는 초산비닐수지용제형을 사용한다. 아래에 석고보드를 대고 마감재로 로크울화장흡음판을 접착제와 스테이플로 붙이는 공법을 많이 쓰는데 두 재료의 줄눈은

50mm 이상 어긋나야 한다. 경량철골에 직접 붙이는 경우에 건물이 경량화되고 공기단축에 유리하다. 벽판은 미끄러짐이나 처짐을 방지하기에 충분한 강도를 가져야 하며 통줄눈이 되게 붙이고, 천장 반자틀의 수평면에 대한 허용오차는 3.6m에 대하여 3mm 이내로 하며 모서리는 연귀맞춤을 한다.

(5) 금속판류

메탈실링(metal ceiling)류를 고정하는 못은 길이 18~24mm의 아연도금 평머리 철못 또는 유니크롬도금 평머리철못으로 한다. 천장에 메탈실링 또는 형판(型板)을 붙이는 경우에는 평판, 돌림띠, 띠움판의 순서로 시공한다. 금속판, 골판 및 형판의 고정은 반드시 두둑(산)에서 받이재 맞이에 긴결하고 고정철물은 한 장에 받이재 맞이 2본 이상으로 한다.

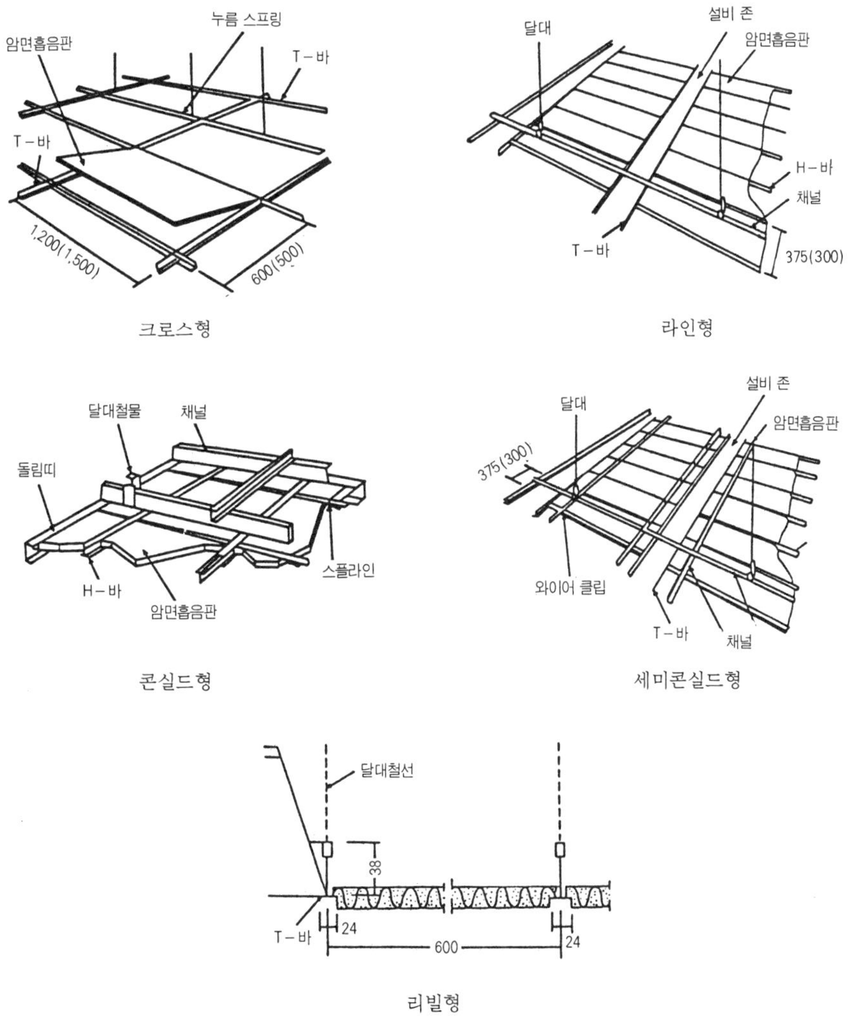

그림 22-7 시스템 천장

(6) 시스템천장공법

크로스형 시스템천장공법은 로크울흡음판의 대형을 T-바(T-bar)에 올려놓아 바를 노출시키는 공법이고, 라인형 시스템천장공법은 역시 T-바를 모듈에 맞게 그리드로 짜고 중앙에 두는 설비 존의 양측에 기다란 천장판을 넣는 공법이다. H-바를 사용하면 바를 숨길 수 있으며 설비 존 부분을 라인형으로 변형한 세미콘실드(semi-consealed)공법도 있다.

(7) 벽장재

접착제로 용제형의 합성수지계 재료를 사용하는 경우는 화기에 주의하고 실내작업시 환기를 충분히 한다. 모르타르플라스터 및 콘크리트의 바탕처리는 표면을 평활하게 만들고 모래알이 나오지 않게 하며 함수율 8% 이하로 건조시킨다. 합판이나 보드류의 바탕처리는 재료의 결합과 이음매 및 철물의 모양을 바로잡고 시공 후 벽지 표면에 표시가 안 나게 조치한다. 모르타르와 콘크리트에는 알칼리실러를 바르고 목재의 구멍 등은 퍼티로 메우고 온도차의 신축에 대비하여 비닐클로스의 사용을 검토한다. 초배와 재배의 공정종별은 붙임바탕과 정배의 공법에 따라서 표와 같이 3~6회를 시공한다.

표 22-3 종별에 따른 초벌, 재벌의 공정

	종별 공정		A종	B종	C종
1	초벌붙임	온통바름	참지	피지, 백지	백지, 마분지, 신문지
2	재벌붙임	온통바름	참지, 피지	백지, 마분지, 신문지	마분지, 신문지, 갱지
3	재벌붙임	비늘바름	참지, 백지	백지, 마분지, 신문지	—
4	재벌붙임	온통바름	참지, 백지	—	
5	재벌붙임	봉투바름	참지, 백지	—	
6	밑바름	온통바름	참지, 백지	백지, 갱지	백지, 갱지
	붙임회수		6	4	3

22-4 커튼, 차양, 붙임장

22-4-1 커 튼

커튼의 종별은 다음 표 22-4와 같다.

표 22-4 커튼의 종별

구분 \ 종별		A종	B종	C종	
단자(緞子)	거죽감	견(絹)단자 또는 모(毛)단자	인견 스프 교직 또는 화섬 단자	인견 스프 교직 또는 화섬 단자	커튼의 양식은 도면에 따른다.
	안감	견주자(絹朱子)			
레이스		견사(絹紗)	면직 또는 화섬 레이스		
태슬(tassel)		단자와 동재제(同材製)	단자와 동재제		
마무리 치수	너비(양쪽당김)	창너비의 1배 이상의 것을 2장 걸기	창너비의 1배 정도의 것을 2장 걸기	창너비의 0.7배의 것을 2장 걸기	
	길이	특기시방에 따른다.			

22-4-2 차 양

차양의 종별은 다음 표 22-5와 같다.

표 22-5 차양의 종별

구분 \ 종별	A종	B종	C종
베네시언블라인드	슬랫(slat)은 KS D 3751(탄소공구강재)의 STC 5 또는 6으로 하고 두께 0.1㎜ 내외, 폭 50mm 내외	슬랫은 플라스틱 0.5mm 내외, 폭 50mm 내외	
두루마리블라인드		천은 순면 블라인드 클로스 또는 화섬으로서 위와 동등 이상의 품질	천은 비닐 레더(vinyl leather), 두께 0.2～0.3mm
가로당김차일		천은 순면 카라크 상등품 또는 화섬으로서 위와 동등 이상의 품질	천은 비닐 필름 두께 0.1～0.15mm

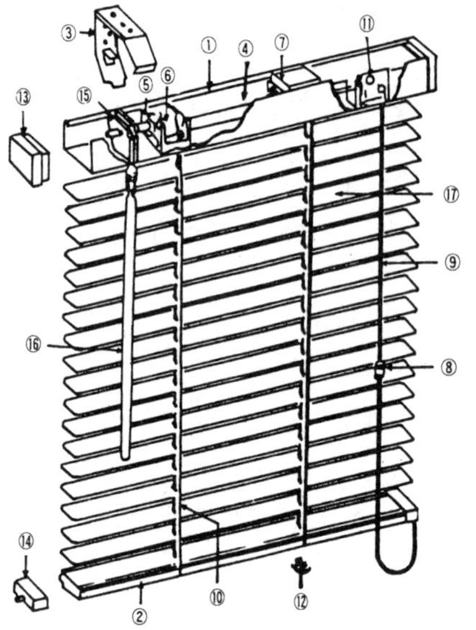

① 핸드박스(hand box)
② 바텀레일(bottom rail)
③ 브래킷(bracket)
④ 샤프트(shaft)
⑤ 코드서포트(cord support)
⑥ 드럼(drum)
⑦ 드럼캡(drum cap)
⑧ 코드이퀄라이저(cord equaliger)
⑨ 승강코드(昇降 cord)
⑩ 래더테이프(ladder tape)
⑪ 스톱바(stop bar)
⑫ 테이프홀더(tape holder)
⑬ 헤드박스캡(head box cap)
⑭ 바텀레일(bottom rail)
⑮ 개폐기
⑯ 개폐조작봉
⑰ 슬랫(slat)

그림 22-8 베네시언블라인드

22-4-3 붙임장

반침, 벽장 등을 고정하여 가구적으로 치장해서 꾸민 고정식 장을 말하며 근래에는 천장까지 미서기 또는 여닫이문을 단다. 안에는 상하 2단으로 침구 등을 넣어 두거나 옷장으로 꾸민다.

제 23 장 기타공사

23-1 개 요

잡공사는 배수시설, 담장, 정원, 대문, 피뢰침 등의 부대설비공사를 포함하는데 단열공법, 방진공법을 중심으로 살펴보았다. 아울러 시공기계에 대해서도 기술하였다.

23-2 단열공법

23-2-1 일반사항

건물외피와 주위 환경과의 열류를 차단하기 위한 방법으로서 기포형(저항형), 반사형, 용량형이 있다.

단열공법의 목적은 냉·난방부하를 절감시켜 에너지절약(energy saving)을 도모하고 쾌적한 실내환경을 조성하는 데에 있다.

23-2-2 공법의 종류 및 특성

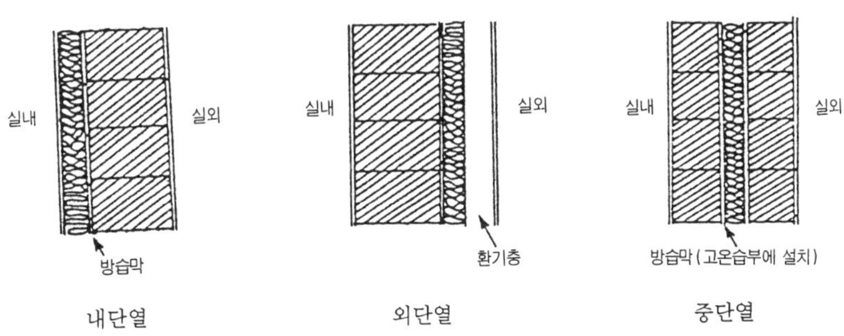

그림 23-1 설치 위치

공법의 종류 및 특 성

- 재료별
  - 성형판단열 : 탄화코르크, 발포수지를 사용하고 구체시공과 동시에 시공함.
  - 현장발포단열 : 우레아폼 등 현장에서 발포하므로 밀실하게 충진되고 복잡한 형태도 시공이 가능함.
  - 뿜칠단열 : 암면, 질석 등의 재료로서 철골 내화피복에 유리함.
- 설치 위치별
  - 내단열 : 실내측에 단열재를 설치함. 시공이 용이함, 공사비 저렴, 열용량이 적어 즉각 냉·난방이 가능한 실내에 좋음.
  - 외단열 : 구조체 외측에 단열재를 설치함. 단열성능이 우수하고 내부 결로를 예방하나 시공이 복잡함.
  - 중단열 : 구조체 중간에 단열재를 설치함. 화재 우려가 없으나 공사비가 증대됨.
- 시공 부위별
  - 외벽단열 : 기초 부위 상부면부터 보까지 밀실하게 단열시공한다.
  - 바닥단열 : 습기가 침투하지 못하도록 방습층을 단열재 바깥에 설치한다.
  - 지붕단열 : 반자틀내의 환기가 필요하고, 외벽과 천장부분의 접합부 단열에 주의한다.
  - 창단열 : 복층유리 또는 이중창을 사용하고, 채양 등도 활용한다.

23-2-3 단열재의 요구 성능

우수한 단열재의 요구성능은 표 23-1과 같다.

표 23-1 단열재의 요구 성능

	大	中	小
열전도율			○
비중			○
흡수율			○
통기성			○
부식성			○
내구연한	○		
인체 유해성			○
유독가스 발생			○
물리적 강도	○		
내화성	○		
비용			○

23-2-4 열교현상 방지책

바닥, 벽, 지붕 등의 건축물 부위에 연속되지 않은 부분이 있을 때 이 부위를 통해 열의 이동이 생기므로 열적 취약부위가 된다. 이것을 열교(熱橋, heat bridge), 또는 열의 손실이라는 측면에서 냉교(冷橋, cold bridge)현상이라고 한다. 열교 또는 냉교현상이 발생하면 구조체의 전체 단열효과가 감소된다.

따라서 열교현상을 방지하기 위해서는 그림 23-2와 같이 단열재를 설치하여야 한다.

열교발생부위	열교방지대책
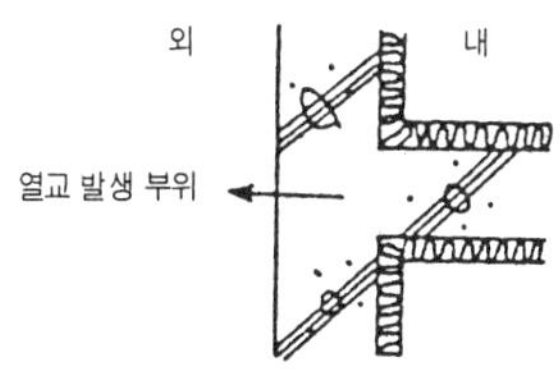	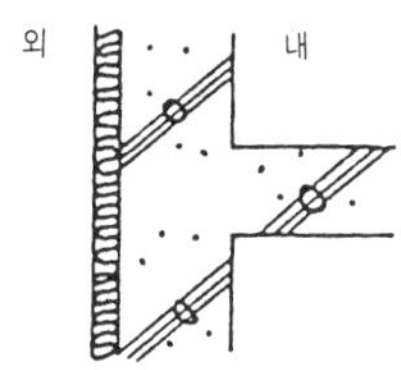
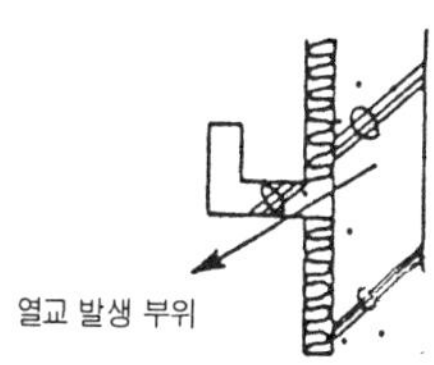	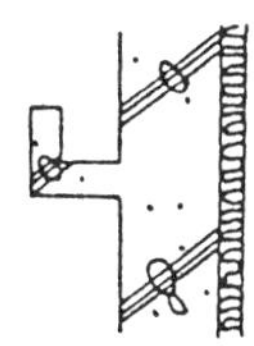

그림 23-2 열교발생부위 및 방지대책

23-3 방진공법

23-3-1 일반사항

건축물내의 진동은 배관설비 기계류의 바닥 충격음의 진동이 구조체를 통해 전달되는 것이 대부분이며, 교통수단에 의한 외부진동도 원인이 될 수 있다. 진동은 건물 구조체내에서 먼 거리까지도 전파되며, 실내장식 벽이나 유리창, 장식물 등을 진동시켜 2차 소음을 발생하게도 한다. 또한 진동은 구조체에 균열을 야기시키기도 하므로 구조적 안전성과도 관련이 있다.

23-3-2 방진재료

방진재료로는 방진고무, 코르크, 금속코일스프링, 각종 펠트 스폰지, 고무, 우레탄폼 등이 사용된다.

23-3-3 방진방법

(1) 배관의 방법

설비 배관내의 유체이동으로 발생되는 소음, 진동의 전달을 방지하기 위해서는 고무, 암면, 유리섬유, 각종 펠트 등을 넣어 절연시키는데 재료는 유연하고 신축성이 있어야 한다(그림 23-3 참조).

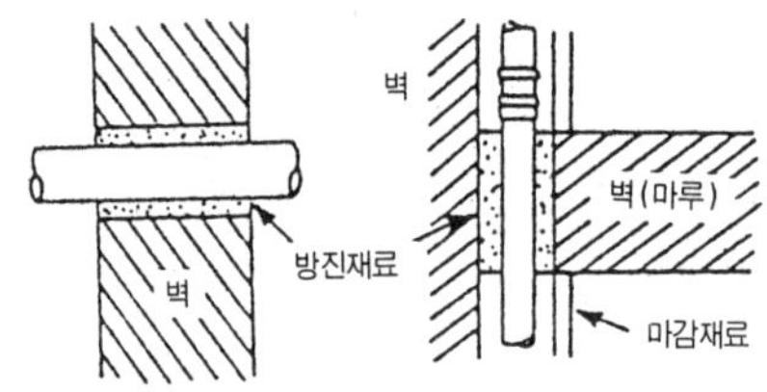

그림 23-3 배관류의 방진

(2) 바닥 충격음 방지

재료는 바닥면 위에 카펫, 고무패드, 고무타일 등 유연한 탄성재를 사용하고, 바닥에는 장선을 대고, 천정에 차음 성능이 우수한 재료를 사용한다(그림 23-4 참조).

바닥을 들뜬 바닥구조로 하면 가장 유리하다.

① 습식구조 : 슬래브 위에 유리섬유, 암면, 펠트 등을 방진재로 사용하고 상부에 콘크리트를 타설한다.

② 건식구조 : 슬래브 위에 방진지지 목구조를 설치하고 방진구조와 벽 및 기타 부재에 접하는 부분에는 방진재 또는 코킹재를 사용한다.

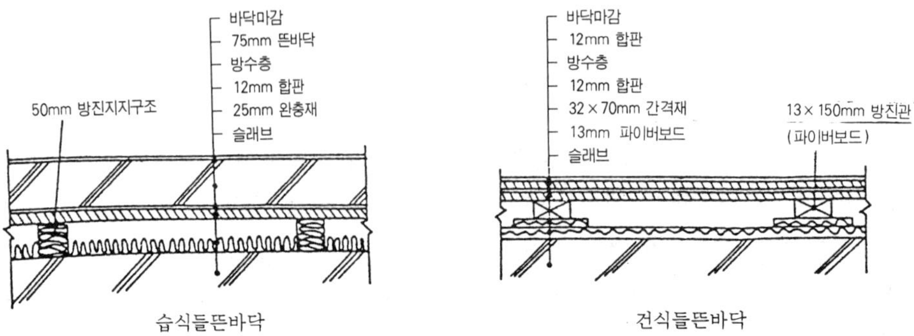

그림 23-4 바닥충격음 방지

(3) 기계류의 방진

금속스프링과 방진고무를 직렬로 연결하면 방진효과가 크다. 또한 방진고무를 이용한 방진방법도 사용된다(그림 23-5 참조).

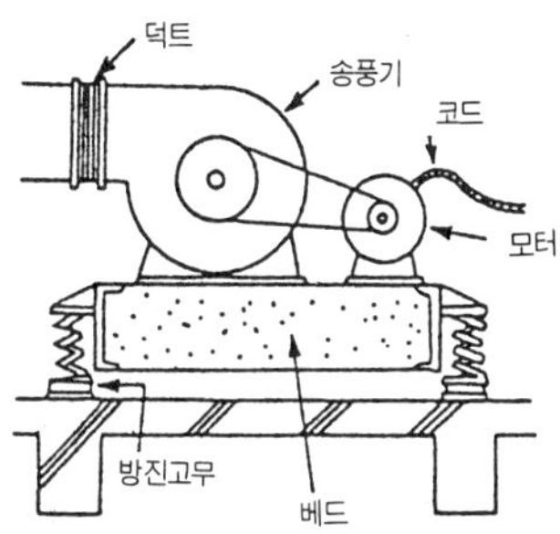

금속스프링과 방진고무를 직렬로 연결한 방진구조

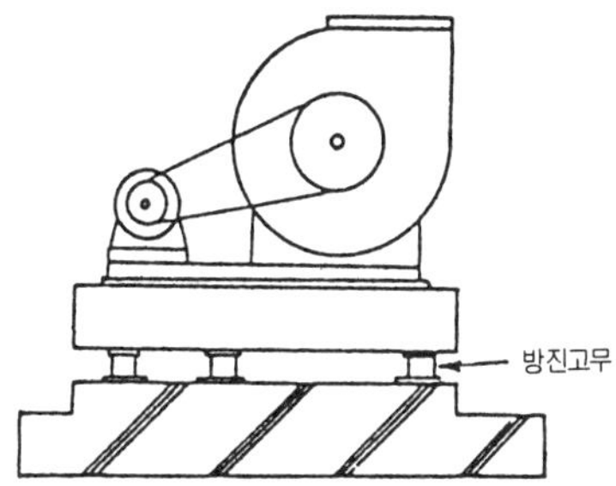

방진고무를 이용한 방진구조

그림 23-5 기계류의 방진 예

23-4 배수공사

배수관의 재료는 시멘트관이거나 오지토관이 많이 사용되는데 직경이 30mm 이상일 경우 철사 또는 철근 등으로 보강하도록 한다. 물 흐름을 원활히 하기 위해 1/50 이상의 구배를 둔다. 맨홀 또는 수채통에 모이는 상류관과 하류관의 높이 차는 상류관 반지름 이상으로 하고 배수관과 수채통의 바닥높이 차이는 관지름 이상으로 한다(그림 23-6 참조).

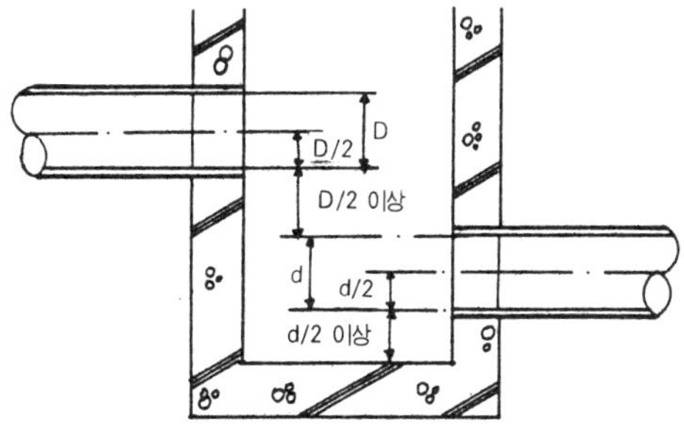

그림 23-6 배수공사

23-5 시공기계

23-5-1 일반사항

건설공사에 있어서 기계화의 궁극적인 필요성은 3D(Difficult, Dangerous, Dirty)기피 현상을 사회적인 현실로 인식하는 토대 위에서 생산성을 향상시키는데 있다. 또한 노동인력의 부족해소, 대규모 부재의 사용, 공기단축을 위해서도 기계화의 필요성이 증대한다.

따라서, 생산성을 극대화하기 위해서 성능이 우수하고, 공사현장 여건에 최적인 기계를 선정하는 것이 필요하다. 이러한 조건에 충실하지 않을 경우 공사비용이 상승하므로 기계의 운반, 설치 등 운용에 필요한 사전계획을 수립하여 공사관리의 효율화를 기하여야 할 것이다.

23-5-2 토공사용 기계

중·대규모의 토공사에는 토공사용 기계를 사용함으로써 인력에 의한 생산성보다 작업능률을 향상시킬 수 있다.

(1) 굴착기계의 종류

- 굴착기계
  - 쇼벨계
    - 파워쇼벨 : 기계 몸체보다 높은 곳을 파낸다.
    - 백호(드래그쇼벨) : G.L.보다 낮은 곳을 파낸다.
    - 드래그라인 : 먼 곳에서 바로 앞에 낮은 곳의 흙을 긁어 모은다.
  - 블레이드식
    - 불도저 : 주행하면서 배토판을 상하로 움직여 토사를 굴착한다.
    - 트랙터쇼벨 : 굴착용으로 사용한다.

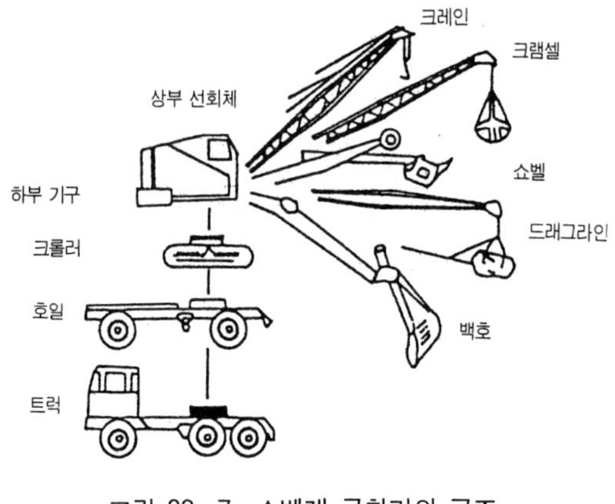

그림 23-7 쇼벨계 굴착기의 구조

(a) 파워쇼벨

(b) 백호(드래그쇼벨)

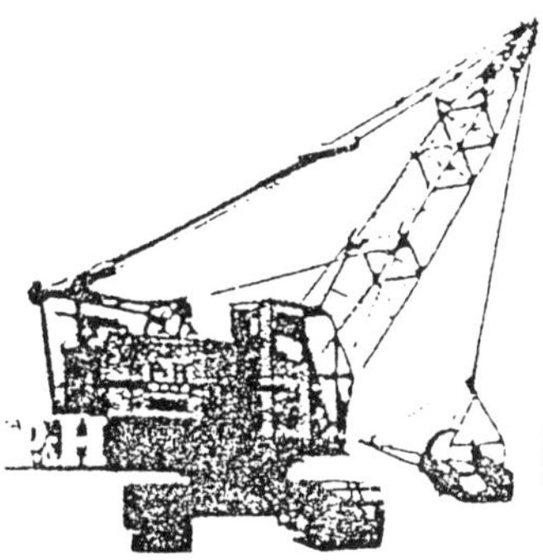

(c) 드래그라인

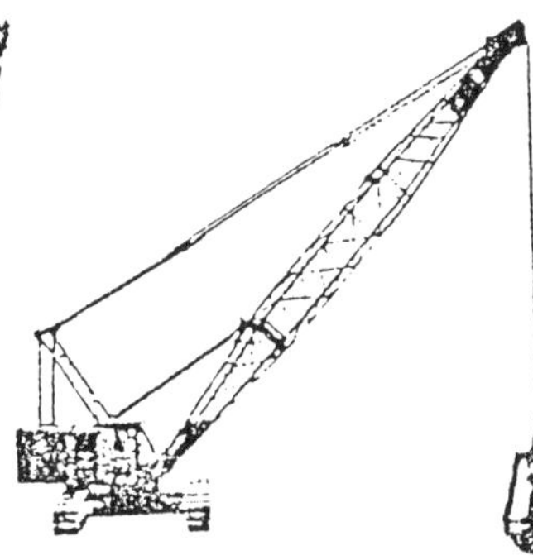

(d) 크램셀

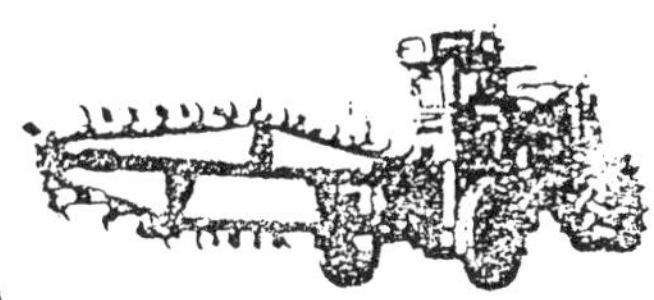

(e) 트랜쳐

그림 23-8 굴착용 기계

(2) 굴착기의 작업 능력 산정

1) 쇼벨(Shovel)계 굴착기

$$Q = 3{,}600 \times q \times k \times f \times E / C_m$$

여기서 Q : 시간당 작업량(m^3/h)
q : 디퍼 또는 버켓의 공칭 용량(m^3)
k : 디퍼 또는 버켓 계수
f : 토량환산계수
E : 작업효율
C_m : Cycle Time(sec)

2) 브레이트식 굴착기

① 불도저

$$Q = q \times f \times E \times 60 / C_m$$

여기서 Q : 시간당 토공량(m^3/h)
q : 버켓용량(m^3)
f : 토량환산계수
E : 작업효율
C_m : Cycle Time(min)

② 트랙터쇼벨

$$Q = 3{,}600 \times q \times k \times f \times E / C_m$$

3) 굴착공종별 굴착 기계의 선정

표 23-2 굴착공종에 있어서 굴착기계의 선정

작업구분		사용구분	적 요
착 토	(1) 연한 착토	불도저	단거리 착토운반
	(2) 경토의 착토	모터그레이더	자갈길의 보수, 광장의 정지
		불도저	연암, 전석섞인 착토
굴착적재	(1) 토사의 굴착	불도저	
		트랙터쇼벨	
		모터그레이더	운반거리 500m 미만
		파워쇼벨	G.L.보다 높은 곳 굴착
		백호	G.L.보다 낮은 곳 굴착
		크램셀	G.L.보다 낮은 곳 굴착
		드래그라인	하천 등 낮은 곳 굴착
	(2) 고결한 재료 암섞인 토사 암석	착암기 콤프레셔	화약류를 사용한다.

작업구분	사용구분	적 요
구조물의 기초굴착	불도저 트랙터쇼벨 파워쇼벨	큰 기초의 경우 G.L. 밑으로 들어 가서 굴착한다.
	백호 드래그라인 크램셀	지상에서 굴착할 수 있다.
	착암기 콤프레서	전석, 암반 등을 제거한다.
도랑파기	모터그레이더	도로옆 도랑, 광장의 배수구
	불도저 드래그라인 크램셀	배수구 등의 도랑파기에 사용한다.
	백호 트랜쳐	상하수도, 가스관등에 굴착, 정밀도가 높다.
메우기	불도저 모터그레이더	

23-5-3 콘크리트 공사용 기계

① 콘크리트 혼합기 : 콘크리트믹서와 배처플랜트가 있다.
② 콘크리트 펌프 : 콘크리트의 상하 이송을 위한 압송기
③ 콘크리트 타워 : 타워 속에 버켓을 설치하여 상하 이동시키는 운반용 철탑
④ 트럭믹서 : 에지테이터트럭이라고도 하며 용량은 6.5～8.9m^3가 일반적이다.
⑤ 바이브레이터 : 콘크리트 내·외부에 곰보가 생기지 않도록 진동을 주어 밀실하게 하는기계
⑥ 트레미관 : 콘크리트를 수중에서 타설할 경우 이 관을 통하여 콘크리트를 운반하는데 내경은 15～25cm가 많이 사용된다.
⑦ 슬럼프콘 : 콘크리트의 슬럼프를 측정할 수 있는 기구
⑧ 에어미터 : 콘크리트의 공기량 측정기
⑨ 슈미트해머 : 구조체 콘크리트의 비파괴 압축강도 시험시 사용된다.

트럭에지테이터

에어미터

슬럼프콘

그림 23-9 콘크리트 공사용 기계 기구류

23-5-4 하역, 양중 기계

① 진폴 : 통나무를 지주로 하여 도르래에 로프를 걸어 윈치를 양중한다.

② 가이데릭 : 가새로 마스트를 자립시키고 이것에 붐을 장치하여 도르래와 윈치를 양중한다.

③ 삼각(三脚)데릭 : 선회각도 약 240～220까지 가능함.

④ 타워크레인(그림 23-10 참조)

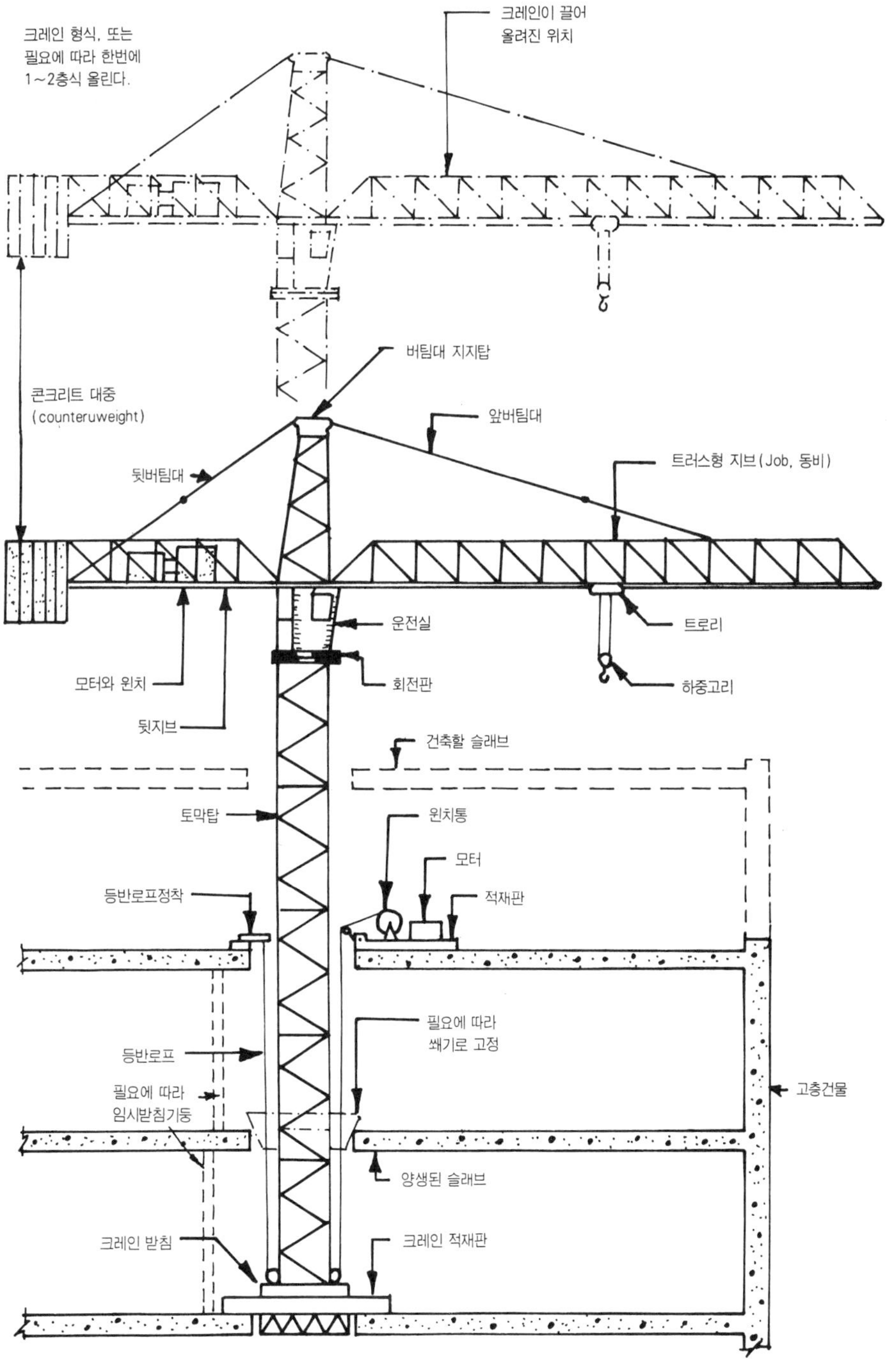

그림 23-10 타워크레인

23-5-5 기타 기계, 기기류

① 철근가공기 : 절단용과 절곡용이 있음.
② 모르타르믹서 : 미장용 모르타르을 비비는 기계
③ 임펙트렌치 : 고장력 볼트조임 공구
④ 드라이비트 : 콘크리트면에 못을 박는 공구
⑤ 그라우트믹서 : 그라우트용 모르타르를 비비는 기계
⑥ 그라우트펌프 : 그라우트용 모르타르 이송 펌프
⑦ 리머 : 드릴로 뚫은 구멍을 정밀하게 다듬으며 넓히는 것.

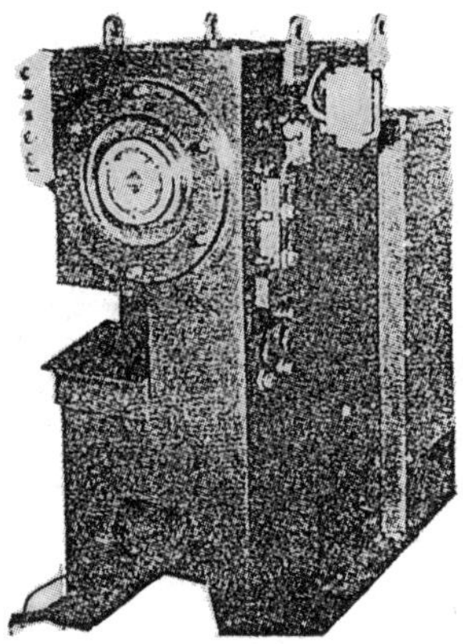
철근절단기

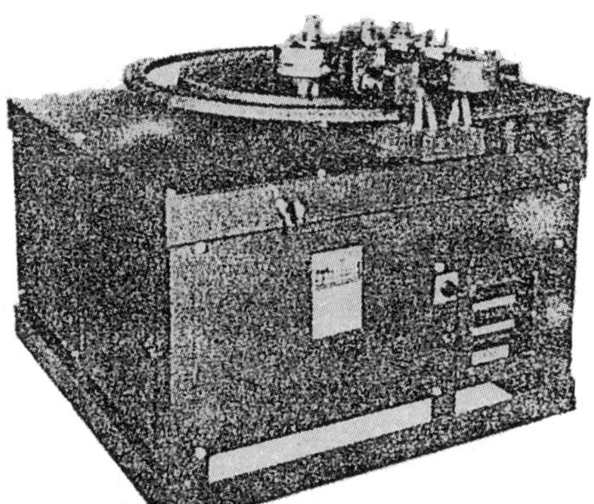
철근절곡기

그림 23-11 철근가공용 기계

23-5-6 기계화 시공

(1) 기계화 시공의 개념

인력에 의한 시공	노무자 단순 기능공에 의한 시공
↓ 기계화 시공	자연의 에너지나 힘을 이용한 도구로 대처하기 위한 건설장비 및 기계에 의한 시공이다.
↓ 반자동화 시공	수동의 건설기계에 자동제어장치를 부착하기는 하나 인력에 의한 제어 및 통제를 한다. 인력과 기계력이 연계된 상태이다.
↓ 자동화 시공	수동의 건설기계 또는 공법에 자동제어장치를 장착하여 작업여건을 개선하는 것.
↓ 로봇화 시공	자동화시공장비에 인지력을 부여하여 인간과 유사한 판단기능을 가지고 스스로 작업을 수행하는 것으로 무인화 시스템을 지닌다.

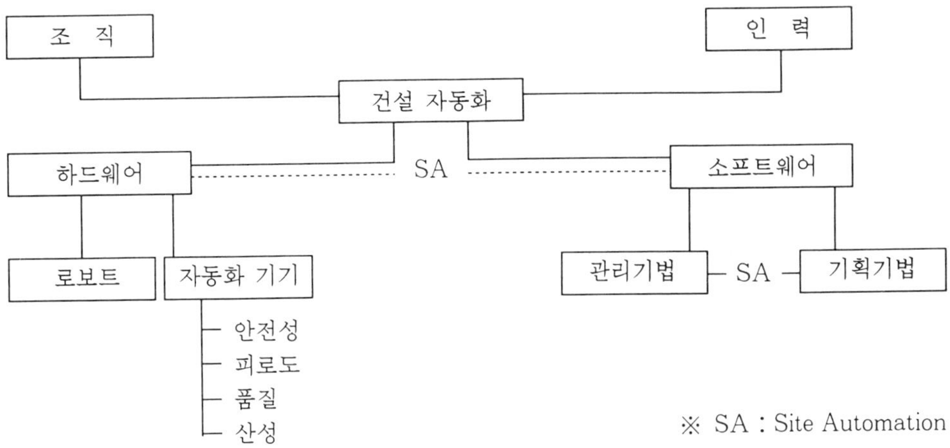

(1) 향후 건설기계 개발 형태

1) 초인형

인간능력으로는 불가능한 작업을 할 수 있는 기계

① 대형부재의 신속한 운반, 이동, 설치용으로 사용함.

② 고효율성이 요구됨.

③ 궁극적으로 무인화(자동화, robot화)

(2) 도시형

① 저소음, 저진동이 요구됨.

② 안전성 확보

③ 협소한 공간에서의 작업 용이성

(3) 환경 친화형

① 환경보전에 유리하여야 함.

② 연료 소모가 적어야 함.

③ 안전성 확보

④ 무소음, 무진동

23 - 6 해체공사

23 - 6 - 1 일반사항

(1) 현 황

최근 재건축·재개발 사업이 진행됨에 따라 해체공법이 다양해지고 있는데, 이러한 해체작업을 하기 위해서는 해체 대상 구조물의 종류 및 구조형태, 규모, 주변환경, 해체의 목적 등에 적합한 공법을 선정해야 한다. 또한, 건축물의 해체를 위해 필요한 공간의 협소성과 각종 공해로 인한 주민의 피해의식 고조 등으로 대형 건설업체 및 해체 전문업체 등에 의해 신공법 개발 및 도입이 추진되거나 새로운 해체장비가 적용되고 있다.

(2) 해체의 필요성

건축물은 대부분 구조안전성을 고려하여 견고하고 반영구적으로 건설된다. 그러나 사회적 변화와 경제적 수명이 구조적인 수명보다 훨씬 빠르게 진행되므로 건축물의 해체 및 재건축이 필요한 경우도 있고, 자연재해로 인하여 해체가 필요한 경우도 있다. 그러나 구조물은 안전성을 우선으로 하여 건설되었기 때문에 건축물을 해체하는 것은 용이한 일이 아니다.

건축물의 해체작업시 필요한 성능을 구분해 보면 표 23 - 3과 같이 건축물의 기능, 설비, 구조, 공공적 측면의 4가지로 나누어 볼 수 있다.

표 23 - 3 건축물의 해제작업시 필요 성능

필요 성능	내 용
기능적 측면	·기능면에서의 변화와 노후화 ·사회적 존재가치의 소멸 ·소유자의 경제적 판단 ·유행적 흐름에 의한 노후화
내구적 측면	·재료적 요인 : 부재의 노후화, 재료의 성능과 기능의 부조화, 재료의 성능과 색채의 부조화 ·경제적 요인 ·사회적 요인
설비적 측면	·설비시설의 새로운 방식 발달 ·사용년수 단축 ·에너지 효율의 고율화 등으로 신시스템의 요구
공공적인 측면	·재건축 ·도시재개발 등

23 - 6 - 2 공법의 종류

해체공법은 파괴범위, 발생재의 형태, 파괴원리 및 방법에 의해 분류할 수 있다. 파괴범위에 따른 해체공법의 분류는 다음과 같다.

㉠ 한정된 파괴 : 파괴가 국부적으로 한정된 경우, 즉 브레이커, 압쇄, 커터, 정적 파쇄제, 워터제트 공법 등

㉡ 비한정된 파괴 : 한정되지 않는 파괴, 즉 강구, 잭, 화약공법 등

해체공법은 매우 다양하지만 사용에 있어서는 건축물의 구조, 형태, 규모, 위치, 해체범위, 건축물의 용도, 작업 안전도, 환경공해 발생 정도, 해체기간 등에 따라 적절히 선택해서 적용해야 한다.

23 - 6 - 3 해체공법의 특성

구조물 해체공법에는 약 20여 종이 있으나 한 공법 단독으로 작업하는 경우는 드물고, 대부분의 경우 2~3종류의 공법을 조합한 형태로 작업이 실시된다.

(1) 기계충격식 해체

1) 강구에 의한 방법

① 원 리

크레인 선단에 매달린 강구(steel ball)를 수직 또는 수평으로 구조물에 충돌시켜 그 충격력으로 구조물을 파괴하고, 노출된 철근을 가스절단하면서 구조물을 해체하는 공법이다.

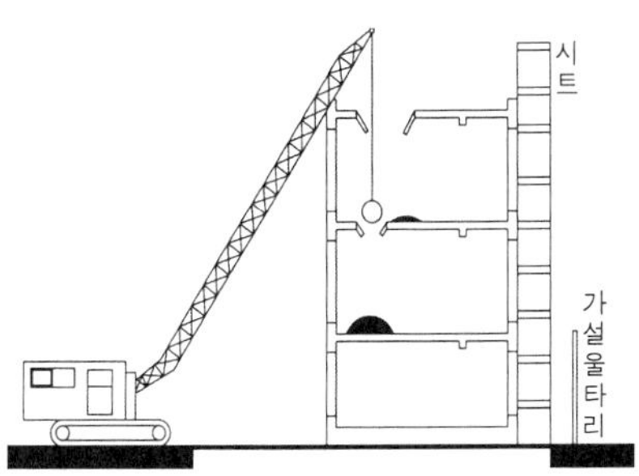

그림 23 - 12 강구에 의한 해체

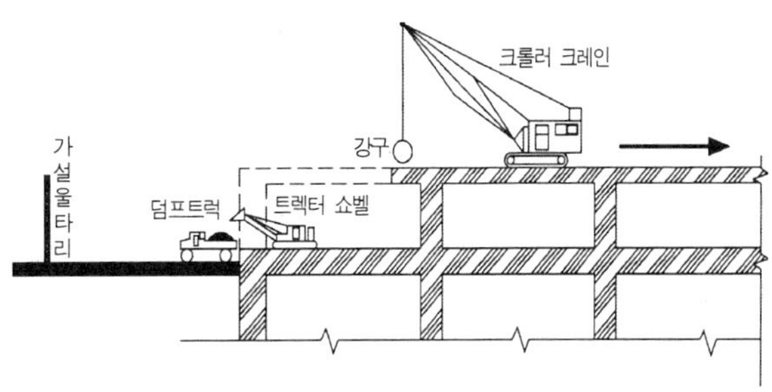

그림 23 - 13 건축물의 해체

② **작업방법**

소형 크레인을 건축물 상층에 올려 차례로 상층으로부터 해체하는 경우와 대형 크레인을 이용하여 상층에서부터 해체하는 경우가 있다. 고층 건축물의 경우에는 크레인을 건축물 안에 투입하여 각 층마다 부수는 방법도 있다(그림 23-13). 해체순서는 일반적으로 슬래브, 벽, 보, 기둥의 순서로 실시한다. 일반적으로 콘크리트가 외부로 비산되지 않도록 각 층마다 외벽을 최후까지 남기고 안쪽으로 전도시키는 방법을 이용한다.

표 23-4 강구 해체공법의 장·단점

장 점	단 점
· 작업능률이 좋다. · 해체비용이 비교적 적게 든다. · 부재를 잘게 해체할 수 있다.	· 소음, 진동이 크다. · 인접건축물이 있는 경우와 외벽 부분 해체에는 사용할 수 없다. · 파편의 비산이 많으며, 위험이 많다.

2) 브레이커에 의한 공법

① **원 리**

핸드 브레이커 및 대형 브레이커가 주로 사용되는데, 원리는 압축기(compressor)에서 보낸 압축공기로 브레이커를 작동시켜 반복 충격력에 의해 콘크리트를 파괴하는 것이다. 핸드 브레이커는 소음기를 부착한 것과 유압식, 전동식이 있다. 대형 브레이커는 브레이커 해머를 파워쇼벨(power shovel)에 탑재하여 사용하는 것으로 공기압식과 유압식이 있다.

② **작업방법**

핸드 브레이커는 압축기와 유압 발생장치의 설치장소에 주의하고, 호스가 교차되거나 꼬이지 않도록 한다. 대형 브레이커는 일반적으로 저층부분 혹은 지하부분의 해체에 많이 사용되며, 고층 건축물에서는 건축물 위에 기계를 투입하여 작업한다. 상층의 해체가 종료되었을 경우에는 파쇄물로 경사를 만들어 아래층으로 이동할 수 있도록 한다.

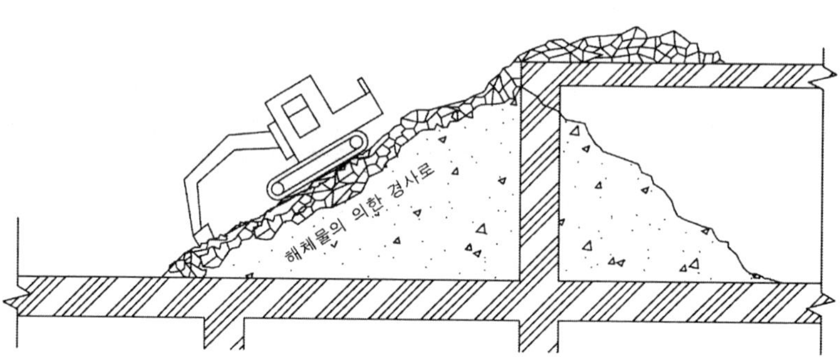

그림 23-14 대형 브레이커의 이동

표 23-5 브레이커 공법의 장·단점

장 점	단 점
· 진동, 파편의 비산이 적다. · 협소한 장소 및 국소파괴에 유효하다. · 기동성이 우수하다.	· 소음이 크다. · 인건비의 부담이 크다. · 파괴성능이 나쁘다.

(2) 연삭식 해체

1) 절단기(cutter)에 의한 공법

① 원 리

그라인더와 같은 원리이며, 그라인더의 날 대신 외주부에 공업용 다이아몬드나 텅스텐 카바이드를 함유한 칼날이 용접되어 있는 회전원판을 전동기, 가솔린 엔진 등으로 고속회전시켜 철근콘크리트를 직전상으로 절단시킨다.

② 작업방법

옥상에서부터 슬래브, 보, 외벽, 기둥의 순서로 작업을 실시하여 하부층으로 진행하며 해체부재는 크레인으로 반출한다. 절단위치는 절단 깊이가 가장 짧고 동시에 철근부분을 적게 절단하도록 절단계획을 세운다. 해체부재의 형상과 중량은 반출 운반차의 적재능력 및 크레인의 양중능력에 따라 결정한다.

표 23-6 절단기 공법의 장·단점

장 점	단 점
· 진동, 분진이 거의 없다. · 작업성이 좋고 해체부재의 운반이 용이하다. · 해체량을 비교적 정확하게 적산할 수 있다.	· 2차 파쇄가 필요한 경우가 있다. · 기둥과 보 등 접합부는 절단하기가 어렵다. · 전력 및 물의 공급이 필수적이다.

2) 다이아몬드 와이어 쏘에 의한 공법

① 원 리

절단하고자 하는 물체에 다이아몬드 와이어를 모터에 연결된 구동휠을 이용하여 고속회전시킴으로써 절단하는 방법이다. 구동장치, 다이아몬드 와이어, 구동휠 3부분으로 구성되어 있다.

② 작업방법

절단 대상물에 다이아몬드 와이어 쏘를 걸고 연결시킨 후 구동 도르레로 고속회전시키면서 기계본체(구동장치)를 주행·이동시키기도 하고, 그림 23-15처럼 유압실린더에 의해 구동 도르레를 이동시켜 와이어에 장력을 주고 구조물을 절단한다.

구조물의 부분 해체시나 벽면 또는 바닥면 해체시에는 먼저 구멍을 뚫어놓고, 다이아몬드 와이어를 2개의 구멍에 끼운 후 작업을 시작하지만, 전면 절단의 경우는 대상물에 와이어를 둥글게 걸친 후 절단한다. 공간의 제약이 있을 때는 가이드 폴리를 사용한다.

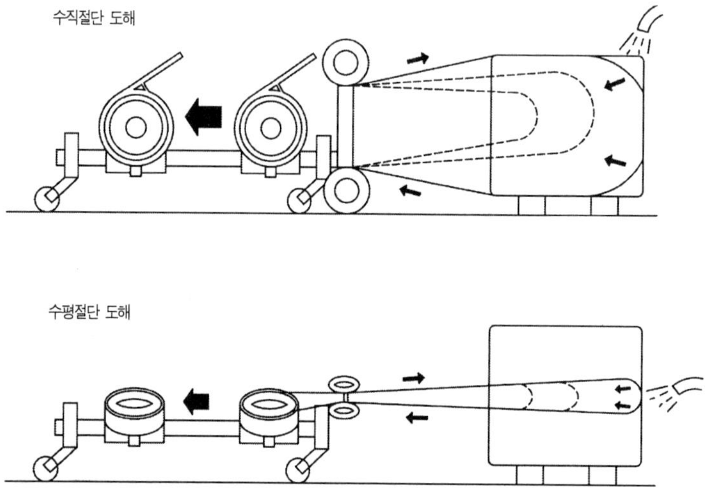

그림 23 - 15 다이아몬드 쏘를 이용한 해체공법

표 23 - 7 다이아몬드 와이어 쏘 공법의 장 · 단점

장 점	단 점
· 진동, 분진 및 소음이 적다. · 배근율 높은 철근콘크리트 구조물의 절단이 가능하다. · 구조물의 손상을 방지할 수 있다.	· 해체속도가 늦어 사용하기에 어려움이 있다. · 사용중 와이어가 끊어지거나 빠질 수 있다.

(3) 유압식 해체

1) 압쇄기에 의한 공법

① 원 리

굴삭기의 유압작용에 의하여 작동되는 압쇄기가 콘크리트 구조물을 눌러서 깨거나 부수어 해체하는 공법이다. 프레임을 크레인에 매달아 사용하는 현수식과 캐터필러가 붙은 주행기에 부착한 탑재식이 있다.

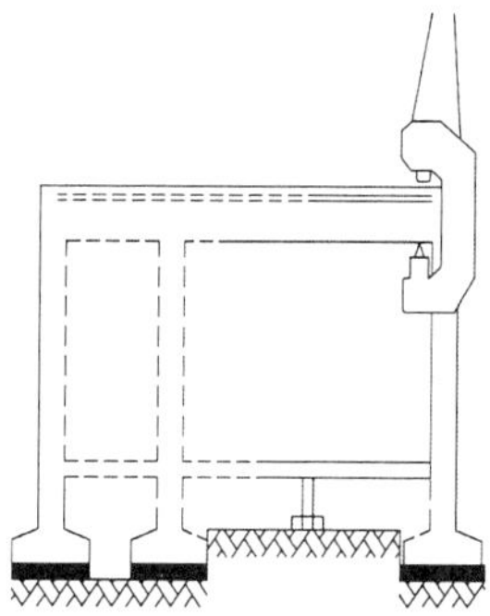

그림 23 - 16 바닥판의 해체작업

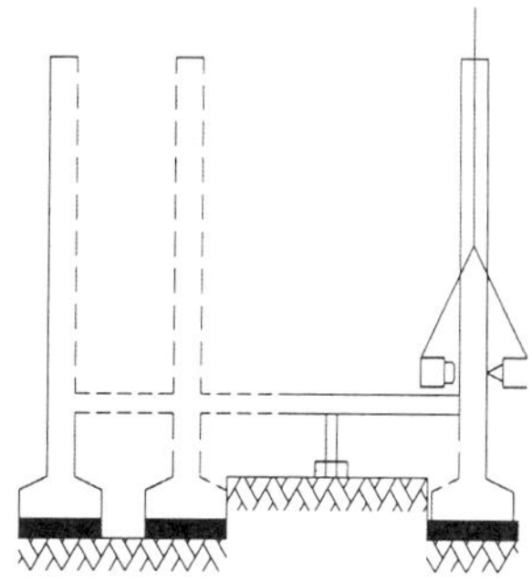

그림 23 - 17 기둥 해체작업

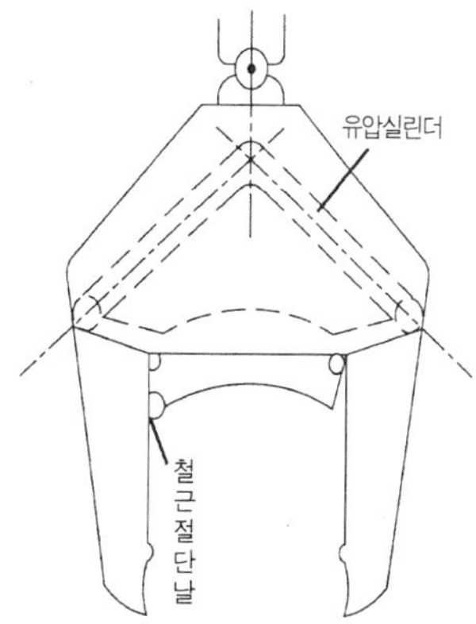

그림 23 - 18 압쇄기

② 작업방법

철근콘크리트 부재의 경우 철근은 가스절단한다. 해체는 주로 지상에서 실시하고, 선단의 프레임이 유압에 의해 자유로이 회전되기 때문에 부재의 축방향에 따라 파쇄해나간다. 프레임의 개구폭은 각 기종에 따라 한도가 있기 때문에 개구폭보다 큰 부재는 파쇄할 수 없으며, 반대로 너무 얇은 부재는 잭에 스페이서를 끼워 사용한다.

표 23 - 8 압쇄기 공법의 장 · 단점

	장 점	단 점
현수식	· 소음이 적고 진동이 없다. · 해체물 처리에 관계없이 작업할 수 있다.	· 해체시간이 길어진다. · 준비작업이 길어 작업능률이 저하된다.
탑재식	· 소음이 적고 진동이 없다. · 기동성 및 파쇄능률이 좋다.	· 중량이 무거워 상층에서의 작업이 어렵다. · 대상물의 단면치수에 따른 제한이 있다.

2) 잭에 의한 공법

① 원 리

대형의 유압잭을 슬래브와 슬래브 사이, 보와 보 사이에 설치하고 잭의 스트록을 유압에 의해 늘려서 상층의 보, 슬래브를 밀어올려 해체하는 방법이다(그림 23 - 19). 상층의 보나 슬래브를 해체하는 경우에는 하층의 보나 슬래브를 반력면으로 하여 접촉부분의 면적을 넓게 취하고, 상층의 보나 슬래브에 접하는 가력부는 면적을 좁게 하여 잭으로 밀어올리면 쉽게 파쇄할 수 있다.

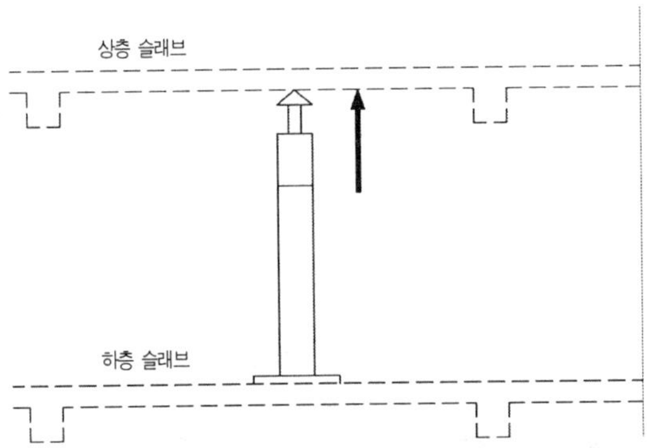

그림 23 - 19 잭공법의 기본원리(수직방향)

② 작업방법

슬래브보다 보를 먼저 치켜올리면 슬래브의 구속력에 의해 반력측의 보가 파괴되므로 슬래브를 먼저 해체한다. 잭의 들어올림만으로 완전히 해체할 수 없을 때에는 브레이커를 사용한다. 9mm 이상의 철근은 가스절단하면서 점차적으로 잭업(jack - up)하여 슬래브 전체를 해체한다.

보는 양측의 슬래브가 해체된 뒤에 보의 양단 또는 중심을 파괴하여 브레이커와 가스절단을 이용하여 보를 큰 덩어리 형태로 파괴한다. 기둥은 잭을 이용하는 것보다 다른 장비를 사용하는 것이 좋다. 내벽은 브레이커에 의해 소분할하는 방법 또는 전도에 의한 방법이 효과적이다.

표 23 - 9 잭공법의 장 · 단점

장 점	단 점
· 슬래브나 보의 해체는 능률적이다. · 기동성이 좋으며, 시공능률이 좋다. · 소음, 진동이 작다.	· 콘크리트 파편 등의 낙하로 위험성이 있다. · 분진의 발생이 있다. · 외벽, 외주의 해체가 어렵다.

(4) 팽창력식 해체

1) 정적 파쇄제에 의한 공법

① 원 리

정적 파쇄제는 주성분이 산화칼슘(CaO)인 광물의 수화반응에 의한 팽창압으로 콘크리트 부재를 해체한다. 충전 후 파쇄까지 걸리는 시간은 12~20시간 정도이지만 특수산화제로 테르밋을 사용하면 20~30분 내에 파쇄가 가능하다.

② 작업방법

콘크리트 부재에 천공 후, 충전작업은 분말타입의 정적 파쇄제의 경우 물로 반죽한 슬러리를 천공시킨 구멍에 흘려넣어 충전시키며, 수평 구멍과 상향 구멍으로의 충전시에는 스펀지 마개나 공기빼기 역류방지 밸브를 부착한 마개를 이용하여 모르타르 펌프 등으로 압송하여 충전시킨다. 양생은 정적 파쇄제를 충전한 후 즉시 시트 등으로 작업현장을 덮는다.

표 23-10 정적 파쇄제 공법의 장・단점

장 점	단 점
・화약류와 같은 법적 규제가 없어서 취급이 용이하다. ・소음, 진동, 비석이 없이 파쇄가 가능하다.	・파쇄속도가 느리다. ・천공, 천공각 등의 작업에 정밀성이 요구된다.

2) 고압가스에 의한 공법

① 원 리

고압가스에 의한 파쇄법은 비연소성 가스(주로 탄산가스)의 압력을 이용한 것이며, 고압가스 용기에 충전된 액체가스를 온수로 가열하여 기화된 가스가 소정의 압력(약 80~120kgf/cm^2)에 도달하면 밸브를 열어 콘크리트 천공 내에 설치한 스토퍼의 선단에서 분사시켜 콘크리트 부재를 파쇄한다.

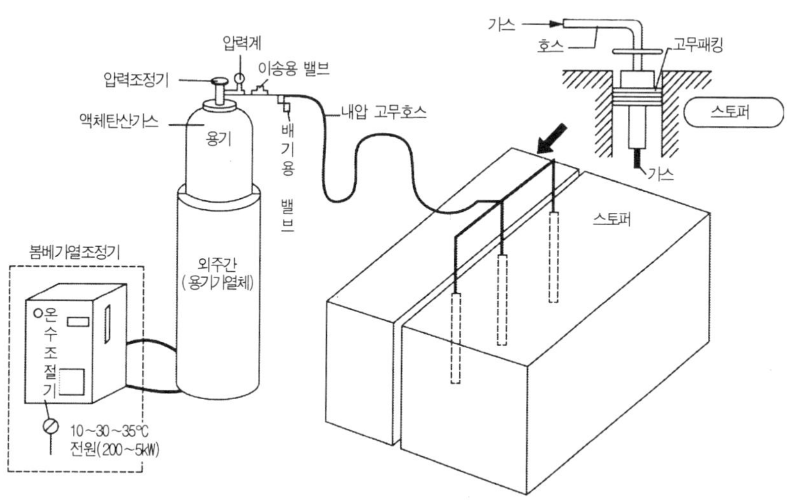

그림 23-20 고압가스 파쇄장치

② 작업방법

고압가스를 이용한 파쇄방법의 작업순서는 다음과 같다.

- 파쇄하려는 콘크리트를 천공한다.
- (깊이 : 콘크리트 두께의 약 2/3 정도, 구멍직경 : 40~45cm, 구멍간의 간격 : 0.5~1.5m)
- 구멍에 있는 가스 분출구에 가스 누설용 마개를 설치한다.
- 누설용 마개와 가스통 사이를 내압 고무호스로 연결한다.
- 가스통 내의 가스가 소정의 압력에 달할 때까지 가열한다.
- 소정의 압력에 달한 후에는 가스 공급용 밸브를 순간적으로 연다.

표 23 - 11 고압가스공법의 장·단점

장 점	단 점
· 화재의 위험이 없다. · 가스압력의 조정으로 균열의 크기, 파편 형태 조절이 가능하다.	· 해체속도가 느리다. · 9mm 철근 이상의 철근콘크리트 파쇄가 어렵다.

(5) 화약에 의한 해체

1) 발파해체공법

① 원 리

발파해체공법은 기둥이나 전단벽과 같은 주요 구조부재의 일부 지점에 구멍을 뚫어 화약을 장약하고, 뇌관을 이용하여 정확한 시간차를 두고 폭발시켜 끊어둠으로써 폭발력이 아닌 건축물이나 구조물의 자중에 의해 순차적으로 안전하게 무너져내리게 하는 공법이다. 주변의 충격을 최소화시키기 위해서는 정확한 폭파지점의 선택에 알맞은 폭약량과 뇌관 배열 등의 노하우가 필요하다.

② 작업방법

사용 폭약량에 따라 다르지만 소음 및 진동이 순간적으로 미소하게 발생한다. 특히 발파 후 약 10분 동안 대량의 분진이 발생하므로 발파 직후 살수작업이 요구된다. 전기뇌관 사용시 발파장소 주위에 송신소 등의 시설물이 있으면 뇌관의 각선에 유도전류가 발생하여 폭발할 수 있으므로 화약류를 이동시키기 전에 송신소에서 발사되는 주파수(특히 AM전파)와 출력상태를 확인한다.

표 23-12 발파해체공법의 장·단점

장 점	단 점
· 공사기간이 짧고 고층 건물일수록 공사비가 저렴하다. · 붕괴시 시각적 효과가 뛰어나므로 대외 홍보에 유리하다. · 철골 철근콘크리트조를 포함한 모든 구조물에 적용할 수 있다.	· 사전 파쇄작업이 필요하다. · 비석 제어를 위해 철저한 방호가 이루어져야 한다. · 발파시 주변 교통 및 주민 통제가 이루어져야 한다. · 폭약의 관리에 철저해야 한다. · 작업 전 지역주민의 승낙을 얻어야 한다. · 소음, 분진이 발생한다.

사진 23-1 건축물의 발파해체

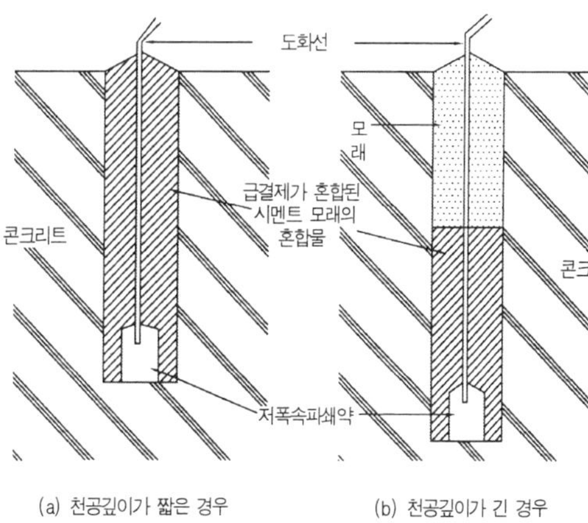

그림 23-21 전색방법

2) 저폭속 파쇄약에 의한 공법

① 원 리

파쇄약의 폭발에 의해 발생하는 가스의 압력으로 콘크리트를 파쇄시키며, 콘크리트 파쇄기라고도 한다. 화약은 크롬산염과 브롬산염이 주가 된다. 연소 후 발생하는 1,000~2,000kgf/cm^{2}의 가스압에 의해 천공 주변에 미소한 균열을 발생시키고, 이 균열에 밀어버리는 것 같은 약한 가스 압력이 작용하게 되어 이와 직각방향으로 인장응력이 작용하여 콘크리트 및 암석이 파쇄하게 된다.

② 작업방법

콘크리트 파쇄약의 직경이 통상 28mm이므로 30~35mm로 천공한 후 장약을 하는데 점화구를 1개씩 끼운 약통을 구멍에 넣고 급결제가 혼합된 시멘트 모르타르를 넣어 철저히 구멍을 메운다.

(6) 분사파쇄식 해체

1) 워터제트에 의한 방법

① 원 리

워터제트에 의한 파쇄원리는 초고압, 초고속 물의 분사에 의한 충격에너지에 의해 콘크리트를 파쇄하는 것이다. 콘크리트 파쇄에 필요한 분사압력은 콘크리트 강도의 10~15배 정도이다. 초고속 분사수가 고체에 충돌할 경우 수격작용을 일으켜 충격력이 발생한다. 콘크리트는 이 충격력에 의해 분사점을 중심으로 박리하는 것 같이 날리며 파쇄된다.

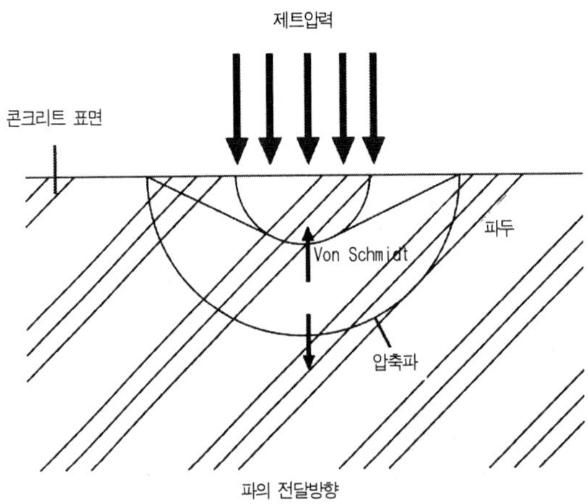

그림 23-22 파쇄기구

② 작업방법

콘크리트를 연속적으로 절단하여 철근을 노출시킨 후 철근을 가스 절단한다. 이어서 남은 콘크리트를 파쇄한다.

표 23-13 워터제트공법의 장·단점

장 점	단 점
· 수중에서도 절단이 가능하다. · 분진과 진동이 없다.	· 물의 배수처리가 필요하다. · 장치의 운전음, 물의 분사음, 파쇄음 등이 크다.

2) 연마재 혼합 워터제트에 의한 공법

① 원 리

연마재 혼합 워터제트의 원리는 초고압 워터제트를 분사할 때 흡입압에 의해 자동적으로 흡입된 연마재와의 혼합수를 노즐에서 분사하도록 만든 것이다. 연마재는 가네트 등의 광물계, 세라믹 등의 금속계, 고로 등의 인조계를 사용한다.

② 작업방법

워터제트에 의한 방법과 동일하다.

표 23-14 연마재 혼합 워터제트공법의 장·단점

장 점	단 점
· 작업장소에 제한이 거의 없다. · 비교적 협소한 장소에서도 시공이 가능하다. · 진동과 분진이 없다.	· 시공비가 비싸며 장치의 내구성이 떨어진다. · 물과 연마재의 배수장치가 필요하다. · 고압수 발생장치에서의 소음이 크다.

(7) 화염식 해체

1) 화염제트에 의한 공법

① 원 리

로켓제트의 원리를 이용한 것으로 로켓형 버너에서 등유와 산소를 혼합한 고온, 고압의 화염제트를 노즐 전면에서 폭발시키면 마하 4~6의 초음속으로 화염이 분사된다. 이것을 이용하여 철근콘크리트를 용융·해체시킨다.

② 작업방법

해체대상 부위에 분사시켜 가며 해체를 진행한다.

표 23-15 화염제트공법의 장·단점

장 점	단 점
· 철골 철근콘크리트의 해체에 유리하다. · 부재의 계획적인 해체가 가능하다.	· 취급이 어렵다. · 화재의 위험성이 있다.

(8) 전도 해체

① 원 리

해체하고자 하는 부재의 일부를 파쇄 또는 절단한 후 전도모멘트를 이용하여 전도시켜 해체한다.

일반적으로 주위에 공지가 있는 경우, 외벽이나 벽체 보·기둥·칸막이 벽과 기둥, 굴뚝 등과 같이 좁고 높은 부재의 해체 경우에 적용한다.

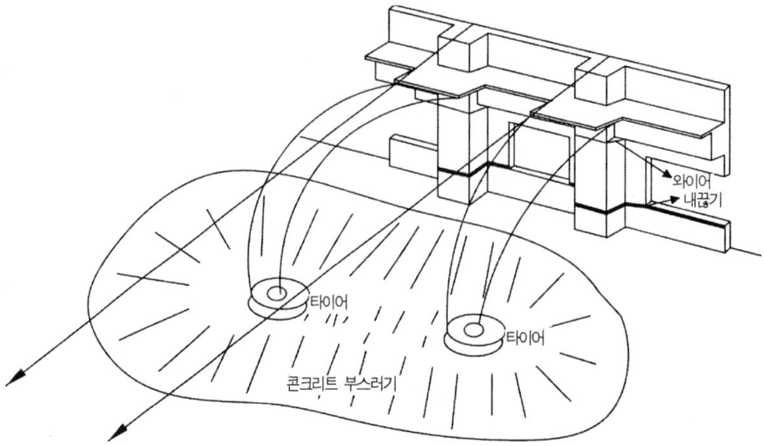

그림 23-23 전도에 의한 해체

② **작업방법**

자중으로 인한 전도모멘트와 와이어의 인장력을 이용하여 전도시키며, 전도된 부재의 파쇄는 브레이커 등으로 실시하여 반출한다. 전도에 의한 해체방법은 다음과 같다.

-부재가 전도하는 바닥판 위에 쿠션재로 콘크리트 부스러기나 타이어를 깔아둔다.

-전도부재의 상부에 와이어를 부착시켜 체인블록(chain block), 레버블록(lever block) 등을 사이에 끼우고 밑은 슬래브에 구멍을 뚫고 보에 돌리든가 견고한 고정물에 고정한다.

-벽 및 보에 수직·수평방향 테끊기를 하여 가로 및 수직 철근을 노출시킨다.

-벽의 수평방향 테끊기 위치에 맞추어 기둥을 전도방향으로 중앙까지 깎아 철근을 노출시킨다.

-기둥의 전도 반대쪽 및 양쪽 면의 콘크리트를 주근이 완전히 노출될 정도로 깎는다.

-보의 가로철근, 벽의 가로철근, 세로철근을 절단한다.

-기둥의 전도 반대쪽의 철근을 전도에 필요한 수만 남기고 양측면에서 대칭으로 절단한다.

-와이어를 체인블록, 레버블록 등으로 가볍게 당겨서 전도시킨다.

표 23-16 전도에 의한 해체공법의 장·단점

장 점	단 점
·계획을 잘하면 매우 능률적이다.	·소음, 진동, 분진공해가 크다. ·2차 파쇄가 필요하다.

23-6-4 안전대책

해체공사는 각종 사고에 대한 안전관리계획을 세워야 한다. 아무리 작업성과가 훌륭하다 할지라도 작업에 따른 재해발생률이 크게 되면 아무런 의미가 없는 것이다.

구조물의 해체시공이 점차 기계화됨에 따라 기계 사용에 따른 재해발생도가 점차 증가 추세에 있으며, 기계화시공의 진전에 대응하는 재해방지 대책이 매우 중요하며, 제반 관련 기계에 대해서는 작업이 수행되기 전에 다음과 같은 사항을 충분히 검토・확인해야 한다.

① 기계의 설치・사용에 대한 법규를 준수하고, 기계의 성능을 연구하여 충분히 알아둔다.
② 건설기계는 사용 전 기계의 점검 및 정기검사를 실시하여 기계의 이상 유무를 확인한다.
③ 기계의 취급책임자 및 운전자의 선임 : 건설기계 사용상의 관리를 하고 특히 취급책임자 및 운전자 이외의 사람에게는 취급시키지 않도록 한다.
④ 건설기계의 작업시에는 취급자 이외에는 작업범위 내에 사람의 출입을 통제한다.
⑤ 건설기계의 작업이 진행되고 있을 때에는 기계가 완전하게 작업할 수 있도록 유도자를 배치하고 각종 신호를 정하여 수행한다.

23-6-5 공해와 대책

해체공사를 원활히 수행하기 위해서는 지역주민과의 관계를 원만히 유지해야 하는데, 가장 큰 문제는 공해 등을 포함한 환경문제이다. 따라서 해체공사를 시행함에 있어 주변환경에 미치는 영향을 고려하여 시공관리와 환경관리가 양립될 수 있도록 해야 하며, 공사현장의 주변에 대해서는 소음, 진동 및 분진대책을 고려해야 한다. 구체적인 방지대책을 설정하기 위해서는 환경보전법에서 규정하고 있는 규제기준을 감안하여 대책 목표값을 정해야 하며, 저공해형 건설기계 및 공법의 도입, 적용 등을 모색할 필요가 있다. 표 23-17은 공해의 종류와 그 대책에 대한 것이다.

표 23-17 공해의 종류와 대책

종 류	방 지 대 책
소음공해	・공사 전체의 소음방지 대책으로 소음이 적은 공법의 채용, 양생재의 설치, 주변 거주자에 사전 양해 및 보상 등의 방법이 있다. ・기기의 방음대책으로, 기존의 기기에 소음기, 방음기, 방음커버를 설치하거나 기기를 설계하는 단계에서 방음대책을 고려한다. ・소음원에 대한 대책으로, 저공해형 공법 및 건설기계의 채택, 방음덮개 및 차음박스 설치 등 동력원에 대한 소음방지대책 수립 등이 있다. ・소음 전파경로상의 대책으로, 정치식 건설기계에 대해 적용할 수 있는 방음하우스, 방음벽 등에 의한 단열효과를 이용하는 방법과 해체하는 건축물 개구부에 방음패널을 설치하여 건축물 내에서 발생하는 소음이 외부에 전파되지 않도록 하는 방법이 있다.

진동공해	· 회전기계는 기계 회전수에 의한 고유진동수와 회전측의 휨에 의한 고유진동수를 일치시키지 않도록 한다. · 왕복운동 기계는 관성력을 다단계 실린더로 교환하든가, 별도로 특수한 장치를 만들어 상쇄시키도록 한다. · 지진력을 발생시키는 건설기계(진동파일 드라이버)는 지반과 공진을 피하고 기계 자신의 진폭을 저감시켜 지반에서의 진동전파를 작게 하는 것이 필요하다. · 지반과 밀접한 지중보, 기초는 강구로 직접 타격하지 않는다. 강구를 이용한 타격은 타격시에 진동이 전달되지 않도록 구조물, 지반 등을 적절한 위치에서 절연시켜 둘 필요가 있다. · 대형 부재를 전도하는 경우에는 전도하는 면에 폐타이어 등을 쿠션재로 이용하여 지반에 전파되는 충격진동을 저감하도록 한다.
분진공해	· 발생원을 밀폐화하는 방법으로, 부분적인 방진커버 혹은 설비 전체를 가리는 시설물을 이용하는 방법 등이 있다. · 토사 야적장과 같이 넓은 부지에서 분진이 발생할 경우에는 물뿌림과 방진벽을 세우는 것이 좋다. 방진벽은 외풍의 직접적 영향을 감소시키며, 분진의 비산을 방지할 수 있다. · 물에 의하여 분진의 발생을 억제하는 방법은 분진의 발생원을 습윤하게 하여 점성에 의해 분진의 비산을 방지하는 것이다. · 건설공사중에 발생하는 분진을 전기집진기, 세정집진기 등을 이용하여 제거할 수 있지만, 집진기 선정시에는 설치공간과 경제성에 대해서 고려할 필요가 있다.

참고 문헌

1) 대한건축학회 : 건설부제정 건축공사표준시방서, 1994.
2) 장기인 : 건축시공학, 보성각, 1996.
3) 신현식·김문한·김무한 : 건축시공학, 문운당, 1994.
4) 정상진·정병훈·임칠순 : 건축시공학, 도서출판 효성, 1993.
5) 정상진외 10인 : 건축재료학, 보성각, 1995.
6) 임병훈역 : 건축생산기술사전, 명문사, 1990.
7) 건축공법사전편집위원회 : 건축공법사전, 명문사, 1990.
8) 대한건축학회 : 건축학전서(8) 건축시공, 기문당, 1997.
9) 김정현 : 최신건축시공학, 기문당, 1990.
10) 장기인 : 건축구조학, 보성각, 1993.
11) 김정수외 5인 : 건축일반구조학, 문운당, 1993.
12) 진한도서 편집부 : 건축공사 시공데이터북 상·하, 1994.
13) 국제도서 편집부 : 건축의 내장공사, 1991.
14) 길정천 : 건축구조학, 야정문화사, 1995.
15) 白山和久外 9人 : 建築施工技術ハンドブック, 朝倉書店, 1985.
16) 狩野春一 : 建築施工法ポケットブック, オーム社, 1969.
17) 岡田清 六車熙 : コンクリート工學ハンドブック, 朝倉書店, 1985.
18) 森田司郎外 2人 : 建築林科·施工, 鹿島出版社, 1984.
19) 鯉田和夫 : 建築施工, 技報堂, 1981.
20) 建築施工管理研究会 : 建築施工管理技術テキスト, 1993.
21) 杉浦光義 : 建築施工, オーム社, 1993.
22) 內田祥哉 : 建築施工, 市ケ谷出版社, 1992.
23) 小野井伍外 1人 : 建築施工, 井上書院, 1995.
24) 大岸佐吉外 1人 : 建築生產, オーム社, 1996.
25) 建築施工実務研究会 : 建築施工実務入門, 彰國社, 1994.
26) 內田祥哉 : 建築構法計画, 鹿島出版社, 1983.
27) 西島一夫外 1人 : 建築施工, 学芸出版社, 1995.
28) 谷口英武外 1人 : 建築構法, 建築技術, 1996.
29) 內田祥哉 : 建築構法(제3편), 市ケ谷出版社, 1995.
30) 重倉祐光 2人 : 建築用 防水材料, 技術書院, 1985.
31) 福田てニ外 1人 : 土と建築の地圭工事, 技術書院, 1970.

32) 日本建築仕上材工業会：建築用 仕上途材ガげガシク, 1990.

33) 奥島正一：ユンクリート工事の管理, 学芸出版社, 1980.

34) 高矯孝治：塗装工事の知識, 鹿島出版会, 1996.

35) 彰国社：建築施工図 作成の手順と技法, 1993.

36) 丸一俊雄：タイル工事施工マニュアル, 井上書院, 1993.

37) 新建築學大系編集委員會：新建築學大系 46 構造材料と施工, 1983.

38) 新建築學大系編集委員會：新建築學大系 47 仕上材料と施工, 1983.

39) 新建築學大系編集委員會：新建築學大系 48 工事管理, 1983.

40) 日本建築學會：JASS5, 鐵筋ユンクリート工事, 1995.

41) Lux, Donald G., Ray, Wills E., The World of Construction, Mcknight Publishing Company.

42) Smith, Ronald C., Principles and Practices of Heavy Construction, Prentice-Hall, 1967.

43) Hardie, G. M., Building Construction：Principles, Practices and Marterials, Prentice Hall., 1995.

44) Schmidt, John L., Lewis, Walter H., Olin, Harold Bennett, Construction：Principles, Materials & Methods, American Savings and Loan Institure Press, 1970.

저자소개

정상진(鄭尙鎭)
단국대학교, 일본동경공업대 대학원(공학박사)
저서 : 건축시공학, 건축재료학, 건축재료실험
건설교통부 중앙건설기술심의위원, 기술사시험위원,
금호건설·대한주택공사자문위원
현, 단국대학교 건축공학과 교수

소양섭(蘇暘燮)
전북대학교, 전북대 대학원(공학박사)
저서 : 건축재료학
한국시설안전기술공단 기술자문위원
한국건축시공학회 이사
현, 전북대학교 건축공학과 교수

문장수(文鏘洙)
전남대학교, 전남대 대학원(공학박사)
저서 : 건축시공·건축품질시험·건설안전기술사
서울시 기술심의위원
현, 금호건설 건설기술연구소 수석연구원

안용선(安容善)
한양대학교, 한양대 대학원(공학박사)
대구광역시 건설기술자문위원
경북건축분쟁조정위원, 대한주택공사자문위원
현, 영남대학교 건축공학과 교수

정재영(鄭宰泳)
연세대학교, 연세대 대학원(공학박사)
저서 : 건축시공
대전광역시 건설기술심의위원, 기술사시험위원
현, 한남대학교 건축공학과 교수

강경인(姜敬仁)
고려대학교, 일본동경공업대 대학원(공학박사)
저서 : 건축재료학
대한적산협회자문위원
현, 고려대학교 건축공학과 교수

김영수(金泳秀)
서울대학교, 서울대 대학원(공학박사)
저서 : 건축재료학
신항만건설기술심의위원,
경남·부산광역시·울산광역시 기술심의위원
현, 부산대학교 건축공학과 교수

김의식(金義植)
조선대학교, 원광대 대학원
저서 : 건축적산학
광주광역시·전남 기술심의위원
현, 조선대학교 건축공학과 교수

건축시공학

2012년 3월 20일 인쇄
2012년 3월 25일 발행

저 자 정상진 정재영 소양섭 강경인
문장수 김영수 안용선 김의식

발 행 인 강해작

발 행 처 기문당

주 소 서울 성동구 무학봉28길 4-1
(왕십리동 966-22)

전 화 2295-6171(代)~5

팩 스 2296-8188

출판등록 1976. 10. 7 (1976-2)

홈페이지 http : // 기문당
http : // www.kimoondang.com

I S B N 89-7086-231-5 93540

정 가 30,000원